Creo 2.0 模具工程师宝典

北京兆迪科技有限公司　编著

中国水利水电出版社
www.waterpub.com.cn

内 容 提 要

本书是从零开始全面、系统学习和运用 Creo 2.0 软件进行模具设计的宝典类书籍。全书分为三篇，第一篇为模具工程师必备的基础知识，包括模具塑料及成型工艺、模具设计理论知识；第二篇为模具工程师必备的 Creo 2.0 知识，包括 Creo 2.0 概述和安装、工作界面与基本操作、二维草图、零件设计、曲面设计、自顶向下设计、装配、工程图等；第三篇为 Creo 2.0 模具设计入门、进阶与精通，包括 Creo 2.0 模具设计导入与快速入门、模具设计前的分析与检测、各种分型面的设计方法与技巧、模具设计方法——分型面法、体积块法和组件法、流道与水线设计、模具设计的修改、塑料顾问、模架的结构与设计、EMX 7.0 模架设计和模具设计实际综合应用等。

本书是根据北京兆迪科技有限公司给国内外众多著名公司培训的教案整理而成的，具有很强的实用性和广泛的适用性。本书附 2 张多媒体 DVD 学习光盘，制作了 493 个 Creo 模具设计技巧和具有针对性范例的教学视频并进行了详细的语音讲解，长达 26.7 小时（1602 分钟），光盘还包含本书所有的教案文件、范例文件及练习素材文件（2 张 DVD 光盘，教学文件容量共计 6.8GB）；另外，为方便低版本用户和读者的学习，光盘中特提供了 Creo 1.0 版本的素材源文件。读者在系统学习本书后，能够迅速地运用 Creo 来完成复杂产品的模具设计工作。

本书可作为技术人员的 Creo 模具自学教程和参考书籍，也可供大专院校师生教学参考。

图书在版编目（CIP）数据

Creo 2.0模具工程师宝典 / 北京兆迪科技有限公司编著. -- 北京 : 中国水利水电出版社, 2013.12
ISBN 978-7-5170-1592-5

Ⅰ. ①C… Ⅱ. ①北… Ⅲ. ①模具－计算机辅助设计－应用软件 Ⅳ. ①TG76-39

中国版本图书馆CIP数据核字(2013)第321626号

策划编辑：杨庆川/杨元泓　　责任编辑：宋俊娥　　封面设计：梁　燕

书　　名	Creo 2.0 模具工程师宝典
作　　者	北京兆迪科技有限公司　编著
出版发行	中国水利水电出版社 （北京市海淀区玉渊潭南路 1 号 D 座　100038） 网址：www.waterpub.com.cn E-mail：mchannel@263.net（万水） sales@waterpub.com.cn 电话：（010）68367658（发行部）、82562819（万水）
经　　售	北京科水图书销售中心（零售） 电话：（010）88383994、63202643、68545874 全国各地新华书店和相关出版物销售网点
排　　版	北京万水电子信息有限公司
印　　刷	北京蓝空印刷厂
规　　格	184mm×260mm　16 开本　45.75 印张　908 千字
版　　次	2014 年 1 月第 1 版　2014 年 1 月第 1 次印刷
印　　数	0001—3000 册
定　　价	89.80 元（附 2DVD）

本书导读

为了能更好地学习本书的知识，请您仔细阅读下面的内容。

写作环境

本书使用的操作系统为 Windows XP，对于 Windows 2000 Professional/Server 操作系统，本书内容和范例也同样适用。本书采用的写作蓝本是 Creo 2.0 中文版，对英文 Creo 2.0 版本同样适用。

光盘使用

本书随书光盘中有完整的素材源文件和全程语音讲解视频，读者学习本书时如果配合光盘使用，将达到最佳学习效果。

为方便读者练习，特将本书所有素材文件、已完成的实例文件、配置文件和视频语音讲解文件等放入随书附带的光盘中，读者在学习过程中可以打开相应素材文件进行操作和练习。

本书附多媒体 DVD 光盘两张，建议读者在学习本书前，先将两张 DVD 光盘中的所有文件复制到计算机硬盘的 D 盘中，然后再将第二张光盘 creo2mo-video2 文件夹中的所有文件复制到第一张光盘的 video 文件夹中。在 D 盘上 creo2mo 目录下共有 4 个子目录：

（1）Creo2.0_system_file 子目录：包含系统配置文件。

（2）work 子目录：包含本书的全部已完成的实例文件。

（3）video 子目录：包含本书讲解中的视频录像文件（含语音讲解）。读者学习时，可在该子目录中按顺序查找所需的视频文件。

（4）before 子目录：为方便 Creo 低版本用户和读者学习，光盘中特提供了 Creo 1.0 版本主要章节的素材源文件。

光盘中带有“ok”扩展名的文件或文件夹表示已完成的范例。

本书约定

- 本书中有关鼠标操作的简略表述说明如下：
  - ☑ 单击：将鼠标指针移至某位置处，然后按一下鼠标的左键。
  - ☑ 双击：将鼠标指针移至某位置处，然后连续快速地按两次鼠标的左键。
  - ☑ 右击：将鼠标指针移至某位置处，然后按一下鼠标的右键。
  - ☑ 单击中键：将鼠标指针移至某位置处，然后按一下鼠标的中键。
  - ☑ 滚动中键：只是滚动鼠标的中键，而不能按中键。
  - ☑ 选择（选取）某对象：将鼠标指针移至某对象上，单击以选取该对象。

☑ 移动某对象：将鼠标指针移至某对象上，然后按下鼠标的左键不放，同时移动鼠标，将该对象移动到指定的位置后再松开鼠标的左键。

- 本书中的操作步骤分为 Task、Stage 和 Step 三个级别，说明如下：
  - ☑ 对于一般的软件操作，每个操作步骤以 Step 字符开始。
  - ☑ 每个 Step 操作视其复杂程度，其下面可含有多级子操作，例如 Step1 下可能包含（1）、（2）、（3）等子操作、（1）子操作下可能包含①、②、③等子操作，①子操作下可能包含 a）、b）、c）等子操作。
  - ☑ 如果操作较复杂，需要几个大的操作步骤才能完成，则每个大的操作冠以 Stage1、Stage2、Stage3 等，Stage 级别的操作下再分 Step1、Step2、Step3 等操作。
  - ☑ 对于多个任务的操作，则每个任务冠以 Task1、Task2、Task3 等，每个 Task 操作下则可包含 Stage 和 Step 级别的操作。
- 已建议读者将随书光盘中的所有文件复制到计算机硬盘的 D 盘中，所以书中在要求设置工作目录或打开光盘文件时，所述的路径均以“D:\”开始。

软件设置

- 设置 Creo 系统配置文件 config.pro：将 D:\creo2\creo2.0_system_file\下的 config.pro 复制至 Creo 安装目录的\text 目录下。假设 Creo 1.0 的安装目录为 C:\Program Files\PTC\Creo 1.0，则应将上述文件复制到 C:\Program Files\PTC\Creo 1.0\Common Files\F000\text 目录下。退出 Creo，然后再重新启动 Creo，config.pro 文件中的设置将生效。
- 设置 Creo 界面配置文件 creo_parametric_customization.ui： 选择“文件”下拉菜中的 文件 → 选项 命令，系统弹出“Creo Parametric 选项”对话框；在“Creo Parametric 选项”对话框中单击 自定义功能区 区域，单击 导入/导出(P) 按钮，在弹出的快捷菜单中选择 导入自定义文件 选项，系统弹出“打开”对话框。选中 D:\creo2\ creo2.0_system_file\文件夹中的 creo_parametric_customization.ui 文件，单击 打开 按钮，然后单击 导入所有自定义 按钮。

技术支持

本书是根据北京兆迪科技有限公司给国内外一些著名公司（含国外独资和合资公司）培训的教案整理而成的，具有很强的实用性，其主编和参编人员均来自北京兆迪科技有限公司，该公司专门从事 CAD/CAM/CAE 技术的研究、开发、咨询及产品设计与制造服务，并提供 Creo、Ansys、Adams 等软件的专业培训及技术咨询，读者在学习本书的过程中如果遇到问题，可通过访问该公司的网站 http://www.zalldy.com 来获得技术支持。咨询电话：010-82176248，010-82176249。

前　言

Creo是由美国PTC公司最新推出的一套博大精深的机械三维CAD/CAM/CAE参数化软件系统，涵盖了产品从概念设计、工业造型设计、三维模型设计、分析计算、动态模拟与仿真、工程图输出，到生产加工成产品的全过程，其应用范围涉及航空航天、汽车、机械、数控（NC）加工以及电子等诸多领域。本书是从零开始全面、系统学习和运用Creo 2.0软件进行模具设计的宝典类书籍，其特色如下：

- 内容全面。本书包含模具工程师必备的模具基本知识、Creo 2.0知识以及模具设计的所有知识和技能；书中融入了Creo生产一线模具设计高手多年的经验和技巧，具有很强的实用性。
- 前呼后应，浑然一体。书中后面章节大部分产品的模具设计范例，都在前面的零件设计、曲面设计等章节中详细讲述了其三维建模的方法和过程，这样的安排有利于提升模具工程师的产品三维建模能力，使其具有更强的职业竞争力。
- 范例丰富。对软件中的主要命令和功能，先结合简单的范例进行讲解，然后安排一些较复杂的综合范例和实际应用帮助读者深入理解、灵活运用。
- 讲解详细，条理清晰。学习本书后，保证自学的读者能独立学习和运用Creo软件。
- 写法独特。采用Creo中真实的对话框和按钮等进行讲解，使初学者能够直观、准确地操作软件，从而大大地提高学习效率。
- 附加值高。本书附2张多媒体DVD学习光盘，制作了493个Creo模具设计技巧和具有针对性范例的教学视频并进行了详细的语音讲解，长达26.7小时（1602分钟），2张DVD光盘教学文件容量共计6.8GB，可以帮助读者轻松、高效地学习。

本书是根据北京兆迪科技有限公司给国内外一些著名公司（含国外独资和合资公司）培训的教案整理而成的，具有很强的实用性，其主编和主要参编人员主要来自北京兆迪科技有限公司，该公司专门从事CAD/CAM/CAE技术的研究、开发、咨询及产品设计与制造服务，并提供Creo、Ansys、Adams等软件的专业培训及技术咨询，在编写过程中得到了该公司的大力帮助，在此表示衷心的感谢。

本书由北京兆迪科技有限公司组织编写，詹友刚任主编，参加编写的人员还有冯元超、刘江波、周涛、詹路、刘静、雷保珍、刘海起、魏俊岭、任慧华、赵枫、邵为龙、侯俊飞、龙宇、施志杰、詹棋、高政、孙润、李倩倩、黄红霞、尹泉、李行、詹超、尹佩文、赵磊、王晓萍、陈淑童、周攀、吴伟、王海波、高策、冯华超、周思思、黄光辉、党辉、冯峰、詹聪、平迪、管璇、王平、李友荣、杨慧、龙保卫、李东梅、杨泉英和彭伟辉。

本书已经过多次审核，如有疏漏之处，恳请广大读者予以指正。电子邮箱：zhanygjames@163.com。

编　者

2014年1月

目　录

第三篇 Creo 2.0 模具设计入门、进阶与精通

第一篇
模具工程师必备的基础知识

1 模具塑料及成型工艺

1.1 模具塑料

塑料在日常用品和工业上被广泛应用，在有些环境下还可以替代钢铁，比如有些弯管，发动机里以前用铸铁制造的零件，现在有些也可用塑料代替，工业上经常会提出“以塑代钢”设计，这样会使模具产品更轻便、耐用。

1.1.1 塑料的概述

塑料是以高分子合成树脂为主要成分，加入其它助剂而构成的人造材料，具有质量轻，强度高，耐腐蚀性好，耐热性、耐寒性、绝缘性能好，具有良好的力学性能，可塑性良好，易于成型，无污染等特点。因此在机械、医学、日常生活等领域中得到了广泛的应用。

1.1.2 塑料的分类

目前，塑料品种已达 300 多种，常见的约 30 多种。根据塑料的成型用途、工艺性能和加工方法可以对塑料进行分类。

1. 按“用途”分类

塑料可分为通用塑料、工程塑料和特种塑料三种。通用塑料常见的如 PE（聚乙烯）、PP（聚丙烯）、PS（聚苯乙烯）、PVC（聚氯乙烯）等；工程塑料常见的如 ABS、PA（俗称尼龙）、PC（聚碳酸脂）、POM（聚甲醛）、PMMA（有机玻璃）等；特种塑料是指具有特种功能（如导电、导磁和导热等），可用于航天航空等特殊应用领域的塑料，常见的如氟塑料盒有机硅等。

2. 按“成型工艺性能”分类

塑料可分为热固性塑料和热塑性塑料两种。热固性塑料指冷却凝固成型后不可以重新融化的塑料，如酚醛塑料、脲醛塑料和环氧树脂等；热塑性塑料指在特定温度范围内能反复加热软化和冷却硬化的塑料，通用塑料和工程塑料都属于热塑性塑料。

3. 按“加工方法”分类

根据各种塑料不同的加工成型分类，可以分为膜压、层压、注塑、挤出、吹塑和反应注塑塑料等多种类型。膜压塑料多为物性的加工性能与一般固性塑料相类似的塑料；层压塑料是指浸有树脂的纤维织物，经叠合、热压而结合成为整体的塑料；注塑、挤出和吹塑多为物性和加工性能与一般热塑性塑料相类似；反应注塑塑料是将液态原料注入型腔内，使其反应固化成一定形状制品的塑料，如聚氨酯。

1.1.3 塑料的性能

塑料的性能主要是指塑料在成型工艺过程中所表现出来的成型特征。在模具设计过程中，要充分考虑这些因素对塑料成型过程和成型效果的影响。

1. 塑料的收缩性

塑料制品的收缩不仅与塑料本身的热胀冷缩有关，而且与模具结构及成型工艺条件等因素有关，将塑料制品的收缩称为成型收缩，以收缩率表示收缩性的大小，即单位长度塑料制品收缩量的百分数。

设计模具型腔尺寸时，应该按塑料的收缩性进行设计，在注塑成型过程中控制好模型、注塑压力、注塑速度及冷却时间等因素以控制零件成型后的最终尺寸。

2. 塑料的流动性

塑料的流动性是指在流动过程中，塑料熔体在一定温度和压力作用下填充型腔的能力。

流动性差的塑料，在注塑成型时不易填充型腔，易产生缺料，在塑料熔体交汇处不能很好地熔接而产生熔接痕。这些缺陷会导致零件的报废，反之，若材料的流动性好，注塑成型时容易产生飞边和流延现象。浇注系统的形式、尺寸和布置，包括型腔的表面粗糙度、浇道截面厚度、型腔形式、排气系统和冷却系统等模具结构都对塑料的流动性有重要影响。

3. 塑料的取向和结晶

取向是由于各向异性导致塑料在各个方向上收缩不一致的现象。影响取向的因素主要有塑料品种、制品壁厚和温度等。除此之外，模具的浇口位置、数量和断面大小对塑料制品的取向方向、取向程度和各个部位的取向分子情况也有重大影响，是模具设计时必须重视的问题。

结晶是塑料中树脂大分子的排列呈三向远程有序的现象，影响结晶的主要因素有塑料类型、添加剂、模具温度和冷却速度。结晶对于塑料的性能有重要影响，因此，在模具设计和塑件成型过程中应予以特别注意。

4. 热敏性

热敏性是指塑料在稳定变化后，对塑料性能的改变情况，如热稳定性。热稳定性差的塑料，在高温受热条件下，若浇口截面过小，剪切力过大或料温增高就容易发生变色、降解和分解等情况。为防止热敏性塑料材料出现过热分解现象，可以采取加入稳定剂、合理选择设备、合理控制成型温度及成型周期和及时清理设备等措施。

1.2 模具成型工艺

模具成型工艺主要包括原理、过程及参数三个部分。

1.2.1 注塑成型工艺原理

注塑成型又称注射成型，是热塑性材料常用的加工方法之一。借助螺杆（或柱塞）的推力，将已塑化好的熔融状态（即粘流态）的塑料注射入闭合好的模腔内，经固化定型后取得制品的工艺过程，如图 1.2.1 所示为塑料的熔化原理图。

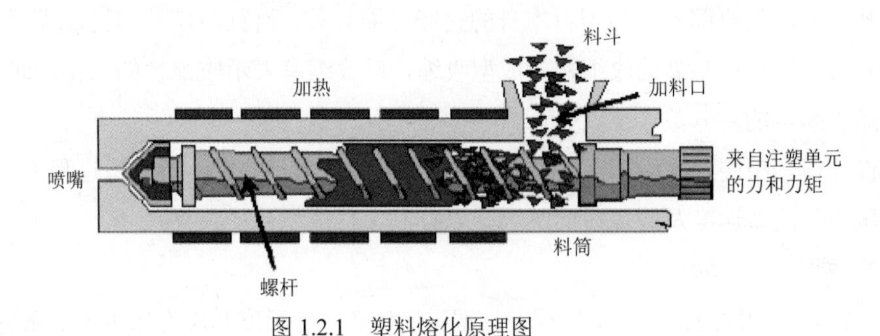

图 1.2.1 塑料熔化原理图

注射成型是一个循环过程，每一周期主要包括：定量加料－熔融塑化－施压注射－充模冷却－起模取件，取出塑件后又再闭模，进行下一个循环。

1.2.2 注塑成型工艺过程

塑件的注塑成型工艺过程主要包括填充－保压－冷却－脱模等 4 个阶段，这 4 个阶段直接决定着制品的成型质量，而且这 4 个阶段是一个完整的连续过程。

1. 填充阶段

填充是整个注塑循环过程中的第一步，时间从模具闭合开始注塑算起，到模具型腔填充到大约 95%为止。理论上，填充时间越短，成型效率越高，但是实际中，成型时间或者注塑速度要受到很多条件的制约。

（1）高速填充。高速填充时剪切率较高，塑料由于剪切变稀的作用而存在粘度下降的情形，使整体流动阻力降低；局部的粘滞加热影响也会使固化层厚度变薄。因此在流动控制阶段，填充行为往往取决于待填充的体积大小。即在流动控制阶段，由于高速填充，熔体的剪切变稀效果往往很大，而薄壁的冷却作用并不明显，于是速率的效用占了上风。

（2）低速填充。热传导控制低速填充时，剪切率较低，局部粘度较高，流动阻力较大。由于热塑料补充速率较慢，流动较为缓慢，使热传导效应较为明显，热量迅速为冷模壁带走。加上较少量的粘滞加热现象，固化层厚度较厚，又进一步增加壁部较薄处的流动阻力。

由于喷泉流动的原因，在流动波前面的塑料高分子链排向几乎平行在流动波前。因此两股塑料熔胶在交汇时，接触面的高分子链互相平行；加上两股熔胶性质各异（在模腔中滞留时间不同，温度、压力也不同），造成熔胶交汇区域在微观上结构强度较差。在光线下将零件摆放在适当的角度用肉眼观察，可以发现有明显的接合线产生，这就是熔接痕的形成机理。熔接痕不仅影响塑件外观，同时由于微观结构的松散，易造成应力集中，从而使得该部分的强度降低而发生断裂。

一般而言，在高温区产生熔接的熔接痕强度较佳，因为高温情形下，高分子链活动性较佳，可以互相穿透缠绕，此外高温度区域两股熔体的温度较为接近，熔体的热性质几乎相同，增加了熔接区域的强度；反之在低温区域，熔接强度较差。

2. 保压阶段

保压阶段的作用是持续施加压力，压实熔体，增加塑料密度（增密），以补偿塑料的收缩行为。在保压过程中，由于模腔中已经填满塑料，背压较高。在保压压实过程中，注塑机螺杆仅能慢慢地向前作微小移动，塑料的流动速度也较为缓慢，这时的流动称作保压流动。由于在保压阶段，塑料受模壁冷却而固化加快，熔体粘度增加也很快，因此模具型腔内的阻力很大。在保压的后期，材料密度持续增大，塑件也逐渐成型，保压阶段要一直持续到浇口固化封口为止，此时保压阶段的模腔压力达到最高值。

在保压阶段，由于压力相当高，塑料呈现部分可压缩特性。在压力较高区域，塑料较为密实，密度较高；在压力较低区域，塑料较为疏松，密度较低，因此造成密度分布随位置及时间发生变化。保压过程中塑料流速极低，流动不再起主导作用；压力为影响保压过程的主要因素。保压过程中塑料已经充满模腔，此时逐渐固化的熔体作为传递压力的介质。模腔中的压力借助塑料传递至模壁表面，有撑开模具的趋势，因此需要适当的锁模力进行锁模。涨模力在正常情形下会微微将模具撑开，对于模具的排气具有帮助作用；但若涨模力过大，易造成成型品毛边、溢料，甚至撑开模具。因此在选择注塑机时，应选择具有足够大锁模力的注塑机，以防止涨模现象并能有效进行保压。

3. 冷却阶段

在注塑成型模具中，冷却系统的设计非常重要。这是因为成型塑料制品只有冷却固化到一定刚性，脱模后才能避免塑料制品因受到外力而产生变形。由于冷却时间约占整个成型周期的 70%～80%，因此设计良好的冷却系统可以大幅缩短成型时间，提高注塑生产率，降低成本。设计不当的冷却系统会使成型时间拉长，增加成本；冷却不均匀更会进一步造成塑料制品的翘曲变形。

根据实验，由熔体进入模具的热量大体分两部分散发，一部分有 5%经辐射、对流传递到大气中，其余 95%从熔体传导到模具。塑料制品在模具中由于冷却水管的作用，热量由模腔中的塑料通过热传导经模架传至冷却水管，再通过热对流被冷却液带走。少数未被冷却液带走的热量则继续在模具中传导，至接触外界后散溢于空气中。

注塑成型的成型周期由合模时间、充填时间、保压时间、冷却时间及脱模时间组成。其中以冷却时间所占比重最大，大约为 70%～80%。因此冷却时间将直接影响塑料制品成型周期长短及产量大小。脱模阶段塑料制品温度应冷却至低于塑料制品的热变形温度，以防止塑料制品因残余应力导致的松弛现象或脱模外力所造成的翘曲及变形。

影响制品冷却速率的因素有：

（1）塑料制品设计方面。主要是塑料制品壁厚。制品厚度越大，冷却时间越长。一般而言，冷却时间约与塑料制品厚度的平方成正比，或是与最大流道直径的 1.6 次方成正比。即塑料制品厚度加倍，冷却时间增加 4 倍。

（2）模具材料及其冷却方式。模具材料，包括模具型芯、型腔材料以及模架材料对冷却速度的影响很大。模具材料热传导系数越高，单位时间内将热量从塑料传递而出的效果越佳，冷却时间也越短。

（3）冷却水管配置方式。冷却水管越靠近模腔，管径越大，数目越多，冷却效果越佳，冷却时间越短。

（4）冷却液流量。冷却水流量越大（一般以达到紊流为佳），冷却水以热对流方式带走热量的效果也越好。

（5）冷却液的性质。冷却液的粘度及热传导系数也会影响到模具的热传导效果。冷却液黏度越低，热传导系数越高，温度越低，冷却效果越佳。

（6）塑料选择。塑料的热传导系数是指塑料将热量从热的地方向冷的地方传导速度的量度。塑料的热传导系数越高，代表热传导效果越佳，或是塑料比热低，温度容易发生变化，因此热量容易散逸，热传导效果较佳，所需冷却时间较短。

（7）加工参数设定。料温越高，模温越高，顶出温度越低，所需冷却时间越长。

冷却系统的设计规则：所设计的冷却通道要保证冷却效果均匀而迅速。设计冷却系统的目的在于维持模具适当而有效率的冷却。冷却孔应使用标准尺寸，以方便加工与组装。

设计冷却系统时，模具设计者必须根据塑件的壁厚与体积决定下列设计参数——冷却孔的位置与尺寸、孔的长度、孔的种类、孔的配置与连接以及冷却液的流动速率与传热性质。

4. 脱模阶段

脱模是一个注塑成型循环中的最后一个环节。虽然制品已经冷固成型，但脱模还是对制品的质量有很重要的影响，脱模方式不当，可能会导致产品在脱模时受力不均，顶出时引起产品变形等缺陷。脱模的方式主要有两种：顶杆脱模和脱料板脱模。设计模具时要根据产品的结构特点选择合适的脱模方式，以保证产品质量。对于选用顶杆脱模的模具，顶杆的设置应尽量均匀，并且位置应选在脱模阻力最大以及塑件强度和刚度最大的地方，以免塑件变形损坏。而脱料板一般用于深腔薄壁容器以及不允许有推杆痕迹的透明制品的脱模，这种机构的特点是脱模力大且均匀，运动平稳，无明显的遗留痕迹。

1.2.3 注塑成型工艺参数

塑件的注塑成型工艺中影响产品质量的参数包括压力、时间与温度等。

1. 注塑压力

注塑压力是由注塑系统的液压系统提供的。液压缸的压力通过注塑机螺杆传递到塑料熔体上，塑料熔体在压力的推动下，经注塑机的喷嘴进入模具的竖流道（对于部分模具来说也是主流道）、主流道、分流道，并经浇口进入模具型腔，这个过程即为注塑过程，或者称之为填充过程。压力的存在是为了克服熔体流动过程中的阻力，或者反过来说，流动过程中存在的阻力需要注塑机的压力来抵消，以保证填充过程顺利进行。

在注塑过程中，注塑机喷嘴处的压力最高，以克服熔体全程中的流动阻力。其后，压力沿着流动长度往熔体最前端波前处逐步降低，如果模腔内部排气良好，则熔体前端最后的压力就是大气压。

影响熔体填充压力的因素很多，概括起来有3类：①材料因素，如塑料的类型、黏度等；②结构性因素，如浇注系统的类型、数目和位置，模具的型腔形状以及制品的厚度等；③成型的工艺要素。

2. 注塑时间

这里所说的注塑时间是指塑料熔体充满型腔所需要的时间，不包括模具开、合等辅助时间。尽管注塑时间很短，对于成型周期的影响也很小，但是注塑时间的调整对于浇口、流道和型腔的压力控制有着很大作用。合理的注塑时间有助于熔体理想填充，而且对于提高制品的表面质量以及减小尺寸公差有着非常重要的意义。

注塑时间要远远低于冷却时间，大约为冷却时间的1/10～1/15，这个规律可以作为预测塑件全部成型时间的依据。在作模流分析时，只有当熔体完全是由螺杆旋转推动注满型腔的情况下，分析结果中的注塑时间才等于工艺条件中设定的注塑时间。如果在型腔充满前发生螺杆的保压切换，那么分析结果将大于工艺条件的设定。

3. 注塑温度

注塑温度是影响注塑压力的重要因素。注塑机料筒有 5～6 个加热段，每种原料都有其合适的加工温度（详细的加工温度可以参阅材料供应商提供的数据）。注塑温度必须控制在一定的范围内。温度太低，熔料塑化不良，影响成型件的质量，增加工艺难度；温度太高，原料容易分解。在实际的注塑成型过程中，注塑温度往往比料筒温度高，高出的数值与注塑速率和材料的性能有关，最高可达 30℃。这是由于熔料通过注料口时受到剪切而产生很高的热量造成的。在作模流分析时可以通过两种方式来补偿这种差值，一种是设法测量熔料对空注塑时的温度，另一种是建模时将射嘴也包含进去。

4. 保压压力与时间

在注塑过程将近结束时，螺杆停止旋转，只是向前推进，此时注塑进入保压阶段。保压过程中注塑机的喷嘴不断向型腔补料，以填充由于制件收缩而空出的容积。如果型腔充满后不进行保压，制件大约会收缩 25%左右，特别是筋处由于收缩过大而形成收缩痕迹。保压压力一般为充填最大压力的 85%左右，当然要根据实际情况来确定。

5. 背压

背压是指螺杆反转后退储料时所需要克服的压力。采用高背压有利于色料的分散和塑料的融化，但同时延长了螺杆回缩时间，降低了塑料纤维的长度，增加了注塑机的压力，因此背压应该低一些，一般不超过注塑压力的 20%。注塑泡沫塑料时，背压应该比气体形成的压力高，否则螺杆会被推出料筒。有些注塑机可以将背压编程，以补偿熔化期间螺杆长度的缩减，这样会降低输入热量，令温度下降。不过由于这种变化的结果难以估计，故不易对机器作出相应的调整。

2 注塑模具设计理论知识

2.1 模具结构和类别

模具是用装配形成的空腔（一个或多个），以成型制品所需的形状来生产零件的一种装置。

2.1.1 注塑模具的基本结构

塑料注塑成型所用的模具称为注塑模具，简称注塑模。塑料的注塑成型过程，是借助于注射机内的螺杆或柱塞的能力，将已熔化的塑料熔体以一定的压力和速率注射到闭合的模具型腔内，经冷却、固化和定型后开模而获得制品的。

注塑模由定模和动模两部分组成。动模安装在注射机的移动工作台上；定模安装在注射机的固定工作台上。动模和定模闭合后已熔化的塑料通过浇注系统注入到模具型腔内冷却、固化与定型。根据模具中各个零件的不同功能，注塑模可由以下 7 个系统或机构组成。

1. 成型零部件

指构成模具型腔直接与塑料熔体相接触的成型制品的模具零部件。通常有凸模、型芯、成型杆、凹模和镶块等零件或部件。在动模与定模闭合后，成型零部件便确定了制品的内外轮廓和尺寸。

2. 浇注系统

由注射机喷嘴到型腔之间的进料通道称为浇注系统。通常由主流道、分流道、浇口和冷料井组成。

3. 导向与定位机构

为了确保动模和定模闭合时能够准确导向和定位，需要分别在动模和定模上设置导柱和导套。深腔注塑模还应该在主分型面上设置锥面定位装置。

4. 脱模机构

脱模机构指开模过程的后期，将制品从模具中脱出的机构。脱模机构由锥杆、主流道拉料杆、推板及复位杆组成。

5. 侧向分型抽芯机构

带有侧凹或侧孔的制品，在被脱出模具之前，必须先进行侧向分型将侧向型芯抽出。

6. 温度调节系统

为了满足注塑成型工艺性对模具温度的要求，模具应该设有冷却或加热的温度调节系统。模具的冷却主要采用循环水冷却方式，模具的加热有通入热水、蒸汽、热油和置入加热元件等方法，有的注塑模还配备了模温自动调节装置。

7. 排气系统

为了在注塑成型过程中将型腔内原有空气和塑料熔体中的气体排出，在模具分型面上常开有排气槽。当型腔内的排气量不大时，可以直接利用分型面之间的间隙自然排气，也可以利用模具的推杆与配合孔之间的活动间隙排气。

2.1.2 塑料模具的一般类别

虽然目前市面上塑料模具的结构类型多种多样，但按照其结构特征来说，主要分为以下几种：

1. 二板式注塑模

二板式注塑模（单分型面模）是最简单的一种注塑模，它仅由动模和定模两部分组成，如图 2.1.1 所示。这种简单的二板式注塑模在塑件生产中的应用十分广泛，根据实际塑件的要求，也可增加其他部件，如嵌件支撑销、螺纹成型芯和活动成型芯等，从而这种简单的二板式结构也可以演变成多种复杂的结构使用。在大批量生产中，二板式注塑模可以被设计成多型腔模。

2. 三板式模具

三板式模具（双分型面模）中流道和模具分型面在不同的平面上，单模具打开时，流道凝料能和制品一起被顶出并与模具分离。这种模具的一大特点是制品必须适合于中心浇口注射成型，可以在制品和流道自模具的不同平面落下，能够很容易地分开送出。

三板式模具的组成包括定模板（也叫浇道、流道板或者锁模板）、中间板（也叫型腔板和浇口板）和动模板，如图 2.1.2 所示。和二板式模具相比，这种模具在定模板和动模板之间多了一个浮动模板，浇注系统常在定模板和中间板之间，而塑件在浮动部分和动模固定板之间。

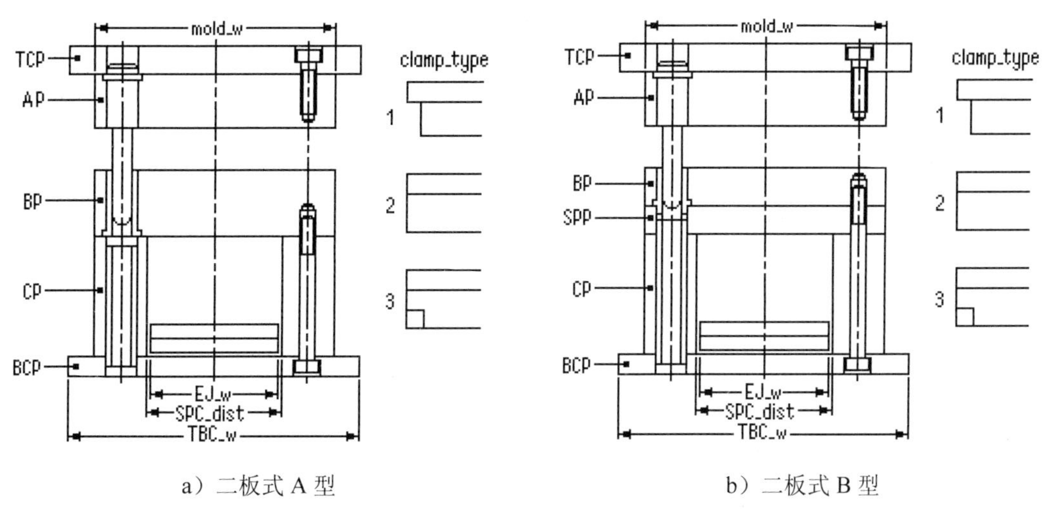

a）二板式 A 型　　b）二板式 B 型

图 2.1.1　二板式模具

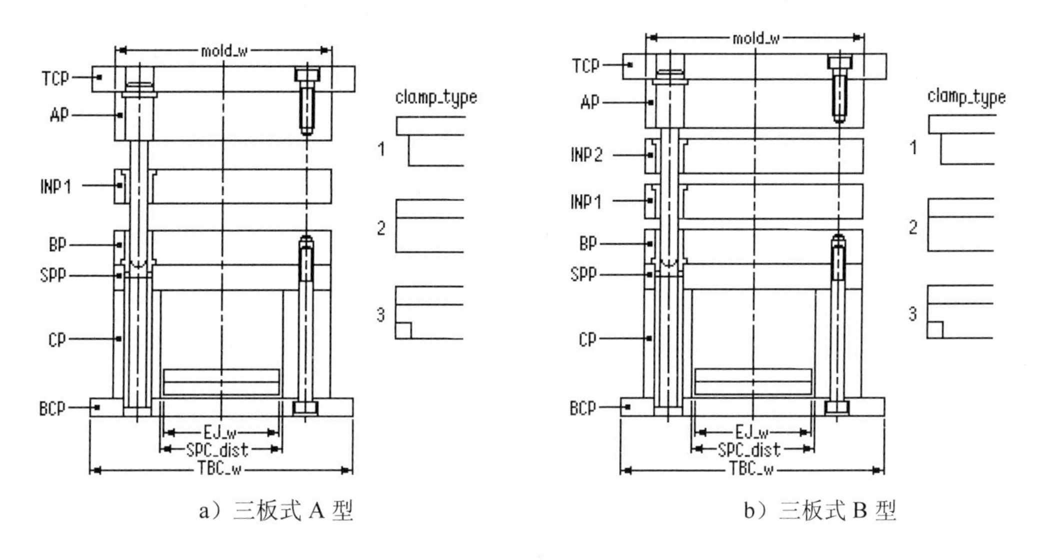

a）三板式 A 型　　b）三板式 B 型

图 2.1.2　三板式模具

3. 热流道模具

热流道模具在生产过程中被电热丝加热，塑料一直处于熔融状态，相比普通模具会节省很多流道废料。注塑过程更容易控制。也称为“无流道模具”，不是真的没有流道，只是不产生流道废料。

2.2　注塑模具的设计流程

由于注塑模具的多样性和复杂性，很难总结标准的设计流程，这里列出的设计流程仅供参考。

1. 接收任务书

塑件任务书通常由塑件设计者提出，其内容主要包括：

（1）经过审核、会签的正式塑件图纸，并注明塑件采用塑料的牌号、表面粗糙度和尺寸精度等技术信息。

（2）塑料说明书或技术要求（对于常规工程塑料可通过查阅相关技术手册获得）。

（3）塑件预期产量情况。

（4）塑件样品（改进型或仿制类制品可提供）。

模具设计任务书由塑件工艺员根据塑件任务书提出，模具设计人员则根据塑件任务书和模具设计任务书进行模具设计。

2. 收集、分析、消化原始资料

收集整理有关塑件设计、成型工艺、所用设备、机械加工及特殊加工方面的资料，为模具设计做准备。

（1）消化塑件图，了解塑件的用途，分析其工艺性、尺寸精度等技术要求。如塑件的形状、颜色、透明度、使用性能、几何结构、斜度、有无嵌件等；熔接痕、收缩等成型缺陷的许可程度；有无涂装、电镀、胶接、机械加工等后加工工序。对塑件图中精度要求最高的尺寸进行分析，估计成型公差是否低于塑件的公差，可否成型出合乎要求的塑件来。此外，还要了解塑料的塑化及成型工艺参数。

（2）消化工艺资料，分析工艺任务书所提出的成型方法、设备型号、材料规格、模具结构类型等要求是否恰当。成型材料应当满足塑料制件的强度要求，具有好的流动性、均匀性和各向同性、热稳定性。根据塑件的用途，成型材料应满足染色、电镀的条件、装饰性能、必要的弹性和塑性、透明性或者反射性能、胶接性或者焊接性等要求。

（3）选择成型设备，了解要采用的注射机的注射量、锁模压力、注射压力、模具安装形式及尺寸、顶出装置及尺寸、喷嘴孔直径及喷嘴球面半径、主流道浇口套定位圈尺寸、模具最大厚度和最小厚度、模板行程等。初步估计模具外形尺寸，判断模具能否在所选的注射机上安装和使用。

3. 模具详细结构方案

（1）型腔布置。根据塑件的特点，考虑设备条件，决定型腔数量和分布形式。

（2）确定分型面。分型面的位置要有利于模具加工、排气、脱模及成型操作，有利于保证塑件的表面质量。

（3）确定浇注系统。即主流道、分流道和内浇口的形式、位置、大小。

（4）排气系统。包括排气方法、排气位置、尺寸。

（5）选择顶出方式。包括顶杆、顶管、顶板、组合式顶出等。

（6）决定侧凹处理方法，即抽芯方式。

（7）决定冷却、加热方式及加热冷却沟槽的形状、位置、加热元件的设计或选用及安装部位。

（8）模具材料，进行强度计算或查阅经验数据，确定模具各部分厚度及外形尺寸、结构及所有连接、定位、导向件位置。

（9）确定主要成型零件的结构形式。

（10）计算成型零件的工作尺寸。

4. 绘制模具图

（1）绘制总装图。尽量按比例绘制，并由型腔部分开始。模具总装图包括如下内容：模具成型部分结构；浇注系统、排气系统的结构形式；分型面及脱模方式；外形结构及所有连接件、定位、导向件的位置；模具的总体尺寸，即长、宽、闭合高度；按顺序编出全部零件序号，并填写明细表；标注技术要求和使用说明；塑件图。

（2）绘制零件图。一般来说，由总装图拆绘零件图的顺序为：先内后外；先复杂后简单；先成型零件，后结构零件。图纸表达的各种信息要完整、准确，原则上按比例绘制，视图选择要合理，投影正确，使加工者容易看得懂，给装配人员提供尽量准确有用的信息，零件图尽可能与装配图一致；标注尺寸要统一、集中、有序、完整。尺寸标注时应按照先主要零件尺寸和脱模斜度，再配合尺寸，最后其它尺寸的顺序；其它内容如：零件名称、模具图号、材料牌号、热处理和硬度要求、表面处理、图形比例、自由尺寸精度等级、技术要求等均要填写完整；校对、审图，校对的内容包括：复算主要零件、成型零件尺寸和配合尺寸；检查总装图上有无遗漏零件，总装图与零件图有无矛盾；检查零件图有无尺寸遗漏；材料、热处理等要求是否恰当。

5. 模具设计的标准化

过去一副模具从设计到制造完成的时间需要三个月左右的时间，目前最短也需要一个半月到两个月，其制造工时从几百小时到几万个小时不等，如何设法减少繁重的设计和制造工作量，缩短生产准备时间，以降低制造成本，最大限度地推行标准化设计是实现上述目的的有效途径。标准化工作的内容包括以下几个方面：

（1）模具整体结构标准化。根据生产设备的规格，定出若干种标准结构和外形尺寸，在设计模具时，仅绘制部分零件图，标准部分可以预先制造，这样一来可以大大缩短设计和制造周期。

（2）常用模具零件标准化。凡是能够标准化的模具零件和部件，应尽量标准化，使模具零件具有一定的互换性。

（3）模架的标准化。对于生产批量小、品种多、形状简单、生产急用的模具，尽量采用标准模架，不仅缩短设计和制造周期，而且能够降低成本。

6. 结束语

模具设计是一项技术含量很高的工作，不仅要求设计人员具备相当的理论知识基础和丰富的实践经验，而且要求他们养成认真细致的工作习惯，如果按照设计流程来展开工作，一定会减少不必要的技术失误，进而对提高设计工作效率，缩短整个模具周期，降低生产成本产生积极的影响。

2.3 注塑模 CAD 技术

模具的设计与加工水平直接关系到产品的质量与更新换代。随着工业的发展，人们愈来愈关注如何缩短模具设计与加工的生产周期及怎样提高模具加工的质量，传统的模具设计与制造方法已不能适用产品及时更新换代和提高质量的要求。将计算机应用于模具工业，即使用计算机进行产品设计、工艺设计与成型工艺的模拟等，提高了模具设计效率与加工质量，缩短了模具生产的周期。

2.3.1 模具 CAX 技术

1. 模具 CAD

CAD（Computer Aided Design）是利用计算机硬件、软件系统辅助人们对产品或工程进行设计、绘图和工程分析与技术文档编制等设计活动的总称。利用计算机运算速度快、精确度高和信息存储量大的优势进行数值分析计算、图形处理及信息管理等，可以将人从繁杂的重复任务中解放出来，专注于创造性的工作。模具工业中 CAD 的应用，使模具设计的水平得以迅速发展，提高了生产率，改善了质量，降低了成本，减轻了劳动强度。

（1）CAD 可以提高模具的设计质量。在计算机系统内存储了各个有关专业的综合性的技术知识，为模具的设计和工艺的制造提供了科学的依据。计算机与设计人员的相互作用，有利于发挥人、机各自的特长，使模具设计和制造工业更加合理化。系统采用的优化设计方法有助于某些工艺参数和模具结构的优化。

（2）CAD 可以节省时间，提高生产效率。设计计算和图样绘制的自动化大大缩短了设计时间，CAD 与 CAM 的一体化可以明显缩短从设计到制造的周期。

（3）CAD 可以大幅降低成本。计算机的高速运算和自动绘图大大节省了劳动力。

（4）CAD 技术将设计人员从繁冗的计算、绘图和 NC 编程工作中解放出来，使其可以从事更多的创造性劳动。

2. 模具 CAE

CAE（Computer Aided Engineering）技术，借助于有限元法、有限差分法和边界元法等数值计算方法，分析型腔中塑料的流动、保压和冷却过程，计算制品和模具的应力分布，预测制品的翘曲变形，并由此分析工艺条件、材料参数，以及模具结构对制品质量的影响，以达到优化制品、模具结构和优选成型工艺参数的目的。塑料注塑成型 CAE 软件主要包括流动保压模拟、流道平衡分析、冷却模拟、模具刚度、强度分析和应力计算、翘曲预测等功能。其中流动保压模拟软件能提供不同时刻型腔内塑料熔体的温度、压力和剪切应力分布，其预测结果能直接指导工艺参数的选定及流道系统设计；流道平衡分析软件能帮助用户对一模多腔模具的流道系统进行平衡设计，计算各个流道和浇口的尺寸，以保证塑料熔体能同时充满各个型腔；冷却模拟软件能计算冷却时间，强度分析功能能够对模具结构力学性能进行分析，帮助对模具型腔壁厚和模板的刚度和强度的校核。

3. 模具 CAM

CAM（Computer Aided Manufacture）技术，是用计算机辅助完成产品制造过程的统称，有狭义的 CAM 和广义的 CAM。狭义的 CAM 主要指产品的数控加工，它的输入信息是零件的工艺路线和工序内容，输出信息是刀具的运动轨迹和数控程序。广义的 CAM 主要是指利用计算机进行零件的工艺规划、数控程序编程和加工过程仿真等，还包括制造活动中与物流有关的所有过程（加工、装配、检验、存储和输送）的监视、控制和管理。

2.3.2 塑料模具 CAD 技术

1. 注塑模具 CAD 的主要内容

塑料注塑成型生产包括塑料产品设计、模具结构设计、模具加工制造和模塑生产等几个主要方面，它需要产品设计师、模具设计师、模具加工工艺师及熟练操作工协同来完成，它是一个设计、修改、再设计的反复迭代、不断优化的过程。CAD 技术在注塑模中的应用表现在以下几个方面。

（1）塑料制品的设计。塑料制品应该根据使用要求进行设计，同时，考虑塑料性能的要求、成型的工艺特点、模具结构及制造工艺、成型设备、生产批量及生产成本，以及外形的美观大方等各方面的因素。基于特征的三维造型 CAD 软件为设计师提供了方便的设计平台，强大的编辑功能和曲面造型功能，逼真的显示效果使设计者可以运用自如地表达自己的设计意图，真正做到所想即所得，而且制品的各种参数全部计算保存，为后续的模具设计和分析打下了良好的基础。

（2）模具结构设计。注塑模具结构要根据塑料制品的形状、精度、大小、工艺要求和生产批量来决定，包括型腔数目及排列方式、浇注系统、成型部件、冷却系统、脱模机构和侧抽芯结构等几大部分，同时，尽量采用标准模架。CAD 技术在注塑模具中的应用主要体现在注塑结构设计中。

（3）模具开模、合模运动仿真。注塑模具结构复杂，要求各部件运行自如、互不干涉且对模具零件的顺序动作、行程有严格的控制。运动 CAD 技术可以对模具开模、合模，以及对制品被顶出的全过程进行仿真，从而检查出模具结构设计不合理之处，并及时更正，以减少修模时间。

2. 应用注塑模 CAD 系统进行模具设计的通用流程

（1）制品制造，可以直接采用通用的三维造型软件。

（2）根据注塑制品采用专家系统进行模具的概念设计，专家系统包括模具结构设计、模具制造工艺规划和模具价格估计等模块，在专家系统的推理过程中，采用基于知识与基于实例相结合的推理方法，推理的结果是注塑工艺和模具的初步方案。方案设计包括型腔数目与布置、浇口类型、模架类型、脱模方式和抽芯方式等。

在模具初步方案确定后，用 CAF 软件进行流动、保压、冷却和翘曲分析，以确定合适的浇注系统和冷却系统等。如果分析结构不能满足生产要求，那么可以根据用户的要求修改注塑制品的结构或修改模具的设计方案。

2.4 国内塑料模具行业的发展现状

塑料制品在日常社会中得到广泛利用，模具技术已成为衡量一个国家产品制造水平的重要标志之一。国内注塑模在质与量上有了较快的发展。与国外的先进技术相比，我国还有大部分企业仍然处于需要技术改造、技术创新、提高产品质量、加强现代化管理以及体制转轨的关键时期。

塑料制品在汽车、机电、仪表、航天航空等国家支柱产业及与人民日常生活相关的各个领域中得到了广泛的应用。整体来看我国塑料模具无论是在数量上，还是在质量、技术和能力等方面都有了很大进步，但与国民经济发展的需求、世界先进水平相比，差距仍很大。一些大型、精密、复杂、长寿命的中高档塑料模具每年仍需大量进口。在总量供不应求的同时，一些低档塑料模具却供过于求，市场竞争激烈，还有一些技术含量不太高的中档塑料模具也有供过于求的趋势。

经过近几年的发展，塑料模具已显示出一些新的发展趋势。

1. 大力提高注塑模开发能力

将开发工作尽量往前推，直至介入到模具用户的产品开发中去，甚至在尚无明确用户对象之前进行开发，变被动为主动。

目前，电视机和显示器外壳、空调器外壳、摩托车塑件等已采用这种方法，手机和电话机模具开发也已开始尝试。这种做法打破了长期以来模具厂只能等有了合同，才能根据用户要求进行模具设计的被动局面。

2. 注塑模具从依靠钳工技艺转变为依靠现代技术

随着模具企业设计和加工水平的提高，注塑模具的制造正在从过去主要依靠钳工的技艺转变为主要依靠技术。这不仅是生产手段的转变，也是生产方式的转变和观念的上升。这一趋势使得模具的标准化程度不断提高，模具精度越来越高，生产周期越来越短，钳工比例越来越低，最终促进了模具工业的整体水平不断提高。

3. 模具生产正在向信息化迅速发展

在信息社会中，作为一个高水平的现代模具企业，单单只是CAD/CAM的应用已远远不够。目前许多企业已经采用了 CAE、CAT、PDM、CAPP、KBE、KBS、RE、CIMS、ERP等技术及其他先进制造技术和虚拟网络技术等，这些都是信息化的表现。向信息化方向发展这一趋向已成为行业共识。

4. 注塑模向更广的范围发展

随着人类社会的不断进步，模具必然会向更广泛的领域和更高水平发展。现在，能把握机遇、开拓市场，不断发现新的增长点的模具企业和能生产高技术含量的模具企业的业务很是红火，利润水平和职工收入都很好。因此，模具企业应把握这个趋向，不断提高综合素质和国际竞争力。

第二篇

模具工程师必备的 Creo 2.0 知识

3

Creo 2.0 基础知识

3.1 Creo 2.0 各模块简介

美国 PTC 公司（Parametric Technology Corporation，参数技术公司）于 1985 年在美国波士顿成立。自 1989 年上市伊始，就引起机械 CAD/CAE/CAM 界的极大震动，销售额及净利润连续 50 个季度递增，每年以翻倍的速度增长。PTC 公司已占全球 CAID/CAD/CAE/CAM/PDM 市场份额的 43%以上，成为 CAID/CAD/CAE/CAM/PDM 领域最具代表性的软件公司。

Creo 是美国PTC 公司于 2010 年 10 月推出的 CAD 设计软件包。Creo 是整合了 PTC 公司的 Pro/Engineer 的参数化技术、CoCreate 的直接建模技术和 ProductView 的三维可视化技术三个软件的新型 CAD 设计软件包，是 PTC 公司闪电计划所推出的第一个产品。

作为 PTC 闪电计划中的一员，Creo 具备互操作性、开放、易用三大特点。在产品生命周期中，不同的用户对产品开发有着不同的需求。不同于目前的解决方案，Creo 旨在消除 CAD 行业中几十年迟迟未能解决的问题：

- 解决机械 CAD 领域中未解决的重大问题，包括基本的易用性、互操作性和装配管理。
- 采用全新的方法实现解决方案（建立在 PTC 的特有技术和资源上）。
- 提供一组可伸缩、可互操作、开放且易于使用的机械设计应用程序。
- 为设计过程中的每一名参与者适时提供合适的解决方案。

Creo 通过整合原来的 Pro/Engineer、CoCreate 和 ProductView 三个软件后，重新分成

各个更为简单而具有针对性的子应用模块，所有这些模块统称为 Creo Elements。而原来的三个软件则分别整合为新的软件包中的一个子应用：

- Pro/Engineer 整合为 Creo Elements/Pro。
- CoCreate 整合为 Creo Elements/Direct。
- ProductView 整合为 Creo Elements/View。

整个 Creo 软件包将分成 30 个子应用，所有这些子应用被划分为四大应用模块，分别是：

- AnyRole APPs（应用）：在恰当的时间向正确的用户提供合适的工具，使组织中的所有人都参与到产品开发过程中。最终结果是激发新思路、创造力以及个人效率。
- AnyMode Modeling（建模）：提供业内唯一真正的多范型设计平台，使用户能够采用二维、三维直接或三维参数等方式进行设计。在某一个模式下创建的数据能在任何其他模式中访问和重用，每个用户可以在所选择的模式中使用自己或他人的数据。此外，Creo 的 AnyMode 建模将让用户在模式之间进行无缝切换，而不丢失信息或设计思路，从而提高团队效率。
- AnyData Adoption（采用）：用户能够统一使用任何 CAD 系统生成的数据，从而实现多 CAD 设计的效率和价值。参与整个产品开发流程的每一个人，都能够获取并重用 Creo 产品设计应用软件所创建的重要信息。此外，Creo 将提高原有系统数据的重用率，降低了技术锁定所需的高昂转换成本。
- AnyBOM Assembly（装配）：为团队提供所需的能力和可扩展性，以创建、验证和重用高度可配置产品的信息。利用 BOM 驱动组件以及与 PTC Windchill PLM 软件的紧密集成，用户将开启并达到团队乃至企业前所未有过的效率和价值水平。

注意：以上有关 Creo 的功能模块的介绍仅供参考，如有变动则以 PTC 公司的最新相关正式资料为准，特此说明。

3.2 Creo 推出的意义

Creo 在拉丁语中是创新的含义。Creo 的推出，是为了解决困扰制造企业在应用 CAD 软件中的四大难题。CAD 软件已经应用了几十年，三维软件也已经出现了二十多年，似乎技术与市场逐渐趋于成熟。但是，目前制造企业在 CAD 应用方面仍然面临着四大核心问题：

（1）软件的易用性。目前 CAD 软件虽然在技术上已经逐渐成熟，但是软件的操作还很复杂，宜人化程度有待提高。

（2）互操作性。不同的设计软件的造型方法各异，包括特征造型、直觉造型等，二维设计还在广泛应用。但这些软件相对独立，操作方式完全不同，对于客户来说，鱼和熊掌不可兼得。

（3）数据转换的问题。这个问题依然是困扰 CAD 软件应用的大问题。一些厂商试图通过图形文件的标准来锁定用户，因而导致用户有很高的数据转换成本。

（4）装配模型如何满足复杂的客户配置需求。由于客户需求的差异，往往会造成由于复杂的配置而大大延长产品交付的时间。

Creo 的推出，正是为了从根本上解决这些制造企业在 CAD 应用中面临的核心问题，从而真正将企业的创新能力发挥出来，帮助企业提升研发协作水平，让 CAD 应用真正提高效率，为企业创造价值。

3.3 Creo 的安装

3.3.1 安装要求

1. 计算机硬件要求

Creo 2.0 软件系统可在工作站（Workstation）或个人计算机（PC）上运行。如果在个人计算机上安装，为了保证软件安全和正常使用，计算机硬件要求如下：

- CPU 芯片：一般要求 Pentium 3 以上，推荐使用 Intel 公司生产的奔腾双核处理器。
- 内存：一般要求 1GB 以上。如果要装配大型部件或产品，进行结构、运动仿真分析或产生数控加工程序，则建议使用 2GB 以上的内存。
- 显卡：一般要求支持 Open-GL 的 3D 显卡，分辨率为 1024×768 像素以上，推荐至少使用 64 位独立显卡，显存 512MB 以上。如果显卡性能太低，打开软件后，会自动退出。
- 网卡：使用 Creo 软件，必须安装网卡。
- 硬盘：安装 Creo 2.0 软件系统的基本模块，需要 2.7GB 左右的硬盘空间，考虑到软件启动后虚拟内存及获取联机帮助的需要，建议在硬盘上准备 5.0GB 以上的空间。
- 鼠标：强烈建议使用三键（带滚轮）鼠标，如果使用二键鼠标或不带滚轮的三键鼠标，会极大地影响工作效率。
- 显示器：一般要求使用 15 英寸以上的显示器。
- 键盘：标准键盘。

2. 操作系统要求

如果在工作站上运行 Creo 2.0 软件，操作系统可以为 UNIX 或 Windows NT；如果在个人计算机上运行，操作系统可以为 Windows NT、Windows 98/ME/2000/XP，推荐使用 Windows 2000 Professional。

3.3.2 安装前的准备工作

为了更好地使用 Creo，在软件安装前应对计算机系统进行设置，主要包括操作系统的环境变量设置和虚拟内存设置。设置环境变量的目的是使软件的安装和使用能够在中文状态下进行，这将有利于中文用户的使用；设置虚拟内存的目的是为软件系统进行几何运算预留临时存储数据的空间。各类操作系统的设置方法基本相同，下面以 Windows XP Professional 操作系统为例说明设置过程。

1. 环境变量设置

下面的操作是创建 Windows 环境变量 lang，并将该变量的值设为 chs，这样可保证在安装 Creo 2.0 时，其安装界面是中文的。

Step 1 选择 Windows 的 开始 → 设置(S) → 控制面板(C) 命令。

Step 2 在弹出的控制面板中，双击 系统 图标。

Step 3 从系统弹出的“系统属性”对话框中单击 高级 选项卡，在 启动和故障恢复 区域中单击 环境变量(N) 按钮。

Step 4 在“环境变量”对话框中，单击 新建(W) 按钮。

Step 5 在“新建系统变量”对话框中，创建 变量名(N): 为 lang、变量值(V): 为 chs 的系统变量。

Step 6 依次单击 确定 → 确定 → 确定 按钮。

说明：

（1）使用 Creo 2.0 时，系统可自动显示中文界面，因而可以不用设置环境变量 lang。

（2）如果在“系统特性”对话框的 高级 选项卡中创建环境变量 lang，并将其值设为 eng，则 Creo 2.0 的软件界面将变成英文的。

2. 虚拟内存设置

Step 1 同环境变量设置的 Step1。

Step 2 同环境变量设置的 Step2。

Step 3 在“系统属性”对话框中单击 高级 选项卡，在 性能 区域中单击 设置(S) 按钮。

Step 4 从弹出的“性能选项”对话框中，单击 高级 选项卡，在 虚拟内存 区域中单击 更改(C) 按钮。

Step 5 系统弹出“虚拟内存”对话框，可在 初始大小(MB)(I): 文本框中输入虚拟内存的最小值，在 最大值(MB)(X): 文本框中输入虚拟内存的最大值。虚拟内存的大小可根据计算机硬盘空间的大小进行设置，但初始大小至少要达到物理内存的 2 倍，最大值可达到物理内存的 4 倍以上。例如，用户计算机的物理内存为 256MB，初始值一般设置为 512MB，最大值可设置为 1024MB；如果装配大型部件或产品，建议将初始值设置为 1024MB，最大值设置为 2048MB。单击 设置(S) 和 确定 按钮后，计算机会提示用户在重新启动计算机后设置才生效，然后一直单击 确定 按钮。重新启动计算机后，完成设置。

3. 查找计算机（服务器）的网卡号

在安装 Creo 系统前，必须合法地获得 PTC 公司的软件使用许可证，这是一个文本文件，该文件是根据用户计算机（或服务器，也称为主机）上的网卡号赋予的，具有唯一性。下面以 Windows XP Professional 操作系统为例，说明如何查找计算机的网卡号。

Step 1 选择 Windows 的 开始 → 程序(P) → 附件 → 命令提示符 命令。

Step 2 在 C:\>提示符下，输入 ipconfig /all 命令并按回车键，即可获得计算机网卡号。图 3.3.1 中的 02-24-1D-52-27-78 即为网卡号。

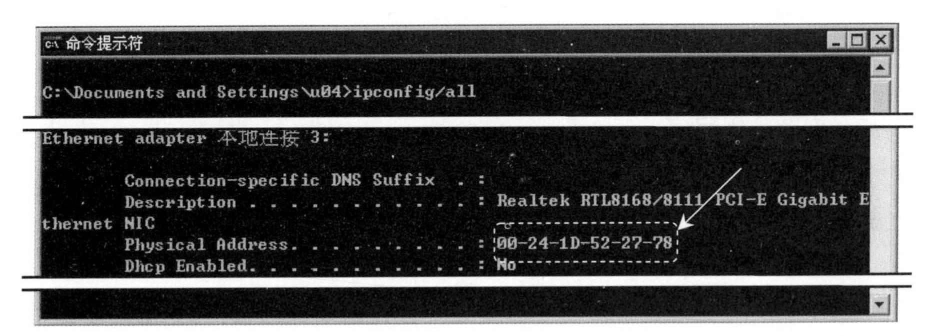

图 3.3.1　获得网卡号

3.3.3　Creo 安装方法与详细安装过程

单机版的 Creo 2.0（中文版）在各种操作系统下的安装过程基本相同，下面仅以 Windows XP Professional 为例，说明其安装过程。

Stage1. 进入安装界面

Step 1 首先将合法获得的 Creo 的许可证文件 ptc_licfile.dat 复制到计算机中的某个位置，例如 C:\Program Files\Creo2_license\ptc_licfile.dat。

Step 2 Creo 2.0 软件有一张安装光盘，先将安装光盘放入光驱内（如果已将系统安装文件复制到硬盘上，可双击系统安装目录下的 setup.exe 文件），等待片刻后，会出现系统安装提示。

Step 3 在选择任务选项卡中选中 ◉ 安装新软件 复选框，然后单击 下一步(N) 按钮。

Step 4 在系统弹出的对话框中选中 ◉ 我接受许可协议(A) 复选框，然后单击 下一步(N) 按钮。

Stage2. 安装许可证项目

Step 1 在系统弹出的图 3.3.2 所示的对话框中，将许可文件 C:\ProgramFiles\Creo2_license\

ptc_licfile.dat 拖放到图 3.3.2 所示的地方。

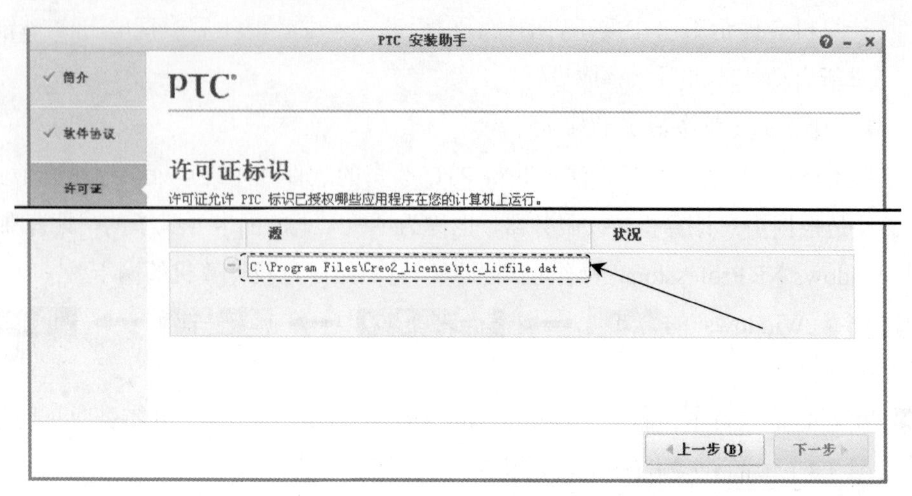

图 3.3.2　安装许可证

Step 2　单击 下一步(N) 按钮。

Stage3．安装应用程序

Step 1　在系统弹出的图 3.3.3 所示的对话框中选中 ☑ 应用程序 复选框。

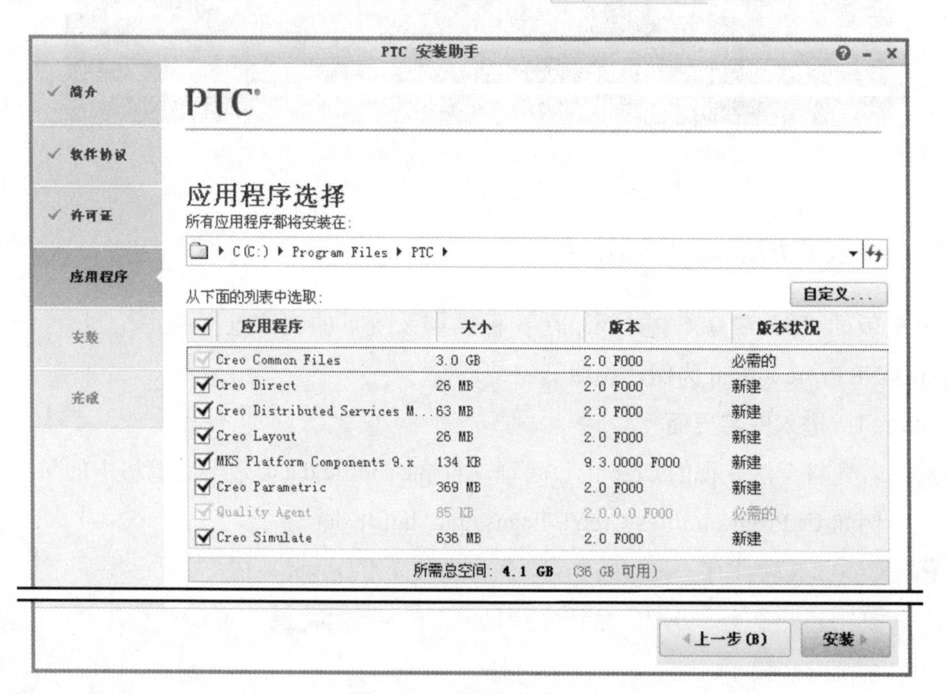

图 3.3.3　安装应用程序

Step 2　单击 安装 按钮。

Stage4．安装

Step 1　此时系统弹出如图 3.3.4 所示的“安装”对话框。

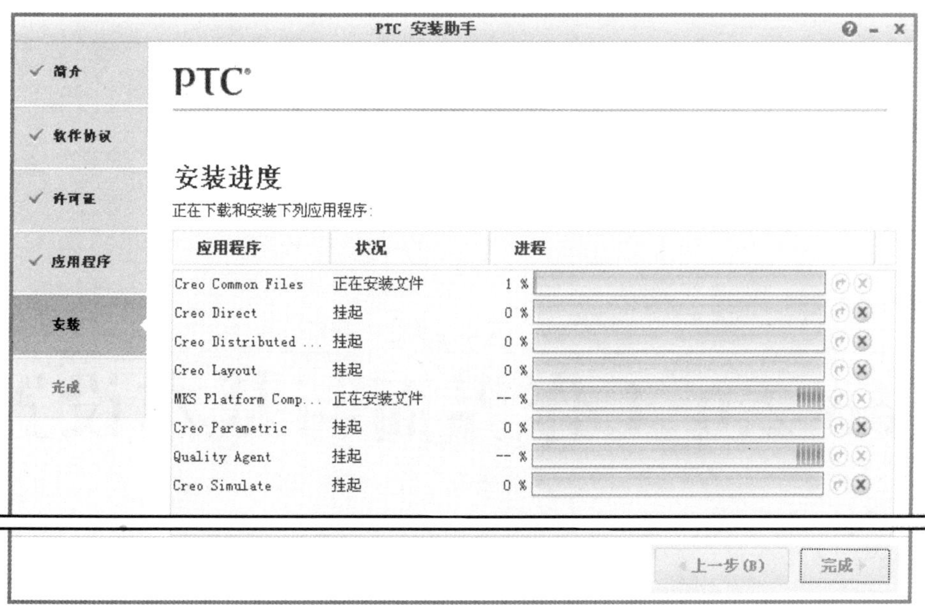

图 3.3.4　系统安装提示

Step 2　过几分钟后，系统安装完成，弹出图 3.3.5 所示的对话框。

图 3.3.5　“安装完成”对话框

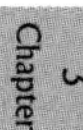

Step 3　单击 完成 按钮。

4

Creo 2.0 工作界面与基本设置

4.1 设置系统配置文件 config.pro

可以利用一个名为 config.pro 的系统配置文件预设 Creo 软件的工作环境和进行全局设置，例如 Creo 软件的界面是中文还是英文（或者中英文双语）由 menu_translation 选项来控制，这个选项有三个可选的值 yes、no 和 both，分别可以使软件界面为中文、英文和中英文双语。

本书所附光盘中的 config.pro 文件中对一些基本的选项进行了设置，强烈建议读者进行如下操作，使该 config.pro 文件中的设置有效，这样可以保证后面学习中的软件配置与本书相同，从而提高学习效率。

将 D:\creo2mo\creo2_system_file\下的 config.pro 复制至 Creo 安装目录的\text 目录下。假设 Creo 2.0 的安装目录为 C:\Program Files\PTC\Creo 2.0，则应将上述文件复制到 C:\Program Files\PTC\Creo 2.0\Common Files\F000\text 目录下。退出 Creo，然后重新启动 Creo，config.pro 文件中的设置将生效。

4.2 设置工作界面配置文件 creo_parametric_customization.ui

可以利用一个名为 creo_parametric_customization.ui 的系统配置文件预设 Creo 软件工作环境的工作界面（包括工具栏中按钮的位置）。

本书所附光盘中的 creo_parametric_customization.ui 对软件界面进行一定设置，建议读者进行如下操作，使软件界面与本书相同，从而提高学习效率。

Step 1 进入配置界面选择“文件”下拉菜单中的 文件 → 选项 命令，系统弹出“Creo Parametric 选项”对话框。

Step 2 导入配置文件。在“Creo Parametric 选项”对话框中单击 自定义功能区 区域，单击 导入/导出(P) 按钮，在弹出的快捷菜单中选择 导入自定义文件 选项，系统弹出“打开”对话框。

Step 3 选中 D:\creo2mo\creo2.0_system_file\文件夹中的 creo_parametric_customization.ui 文件，单击 打开 按钮，然后单击 导入所有自定义 按钮。

4.3 启动 Creo 2.0 软件

一般来说，有两种方法可启动并进入 Creo 软件环境。

方法一：双击 Windows 桌面上 Creo 软件的快捷图标。

说明：只要是正常安装，Windows 桌面上会显示 Creo 软件的快捷图标。对于快捷图标的名称，可根据需要进行修改。

方法二：从 Windows 系统的“开始”菜单进入 Creo，操作方法如下：

Step 1 单击 Windows 桌面左下角的 开始 按钮。

Step 2 选择 程序(P) → PTC Creo → Creo Parametric 2.0 命令，如图 4.3.1 所示，系统便进入 Creo 软件环境。

图 4.3.1 Windows 的“开始”菜单

4.4 Creo 2.0 工作界面

4.4.1 工作界面简介

在学习本节时，请先打开目录 D:\creo2mo\work\ch04 下的 support_part.prt 文件。

Creo 2.0 工作界面包括下拉菜单区、菜单管理器区、顶部工具栏按钮区、右工具栏按钮区、消息区、图形区及导航选项卡区，如图 4.4.1 所示。

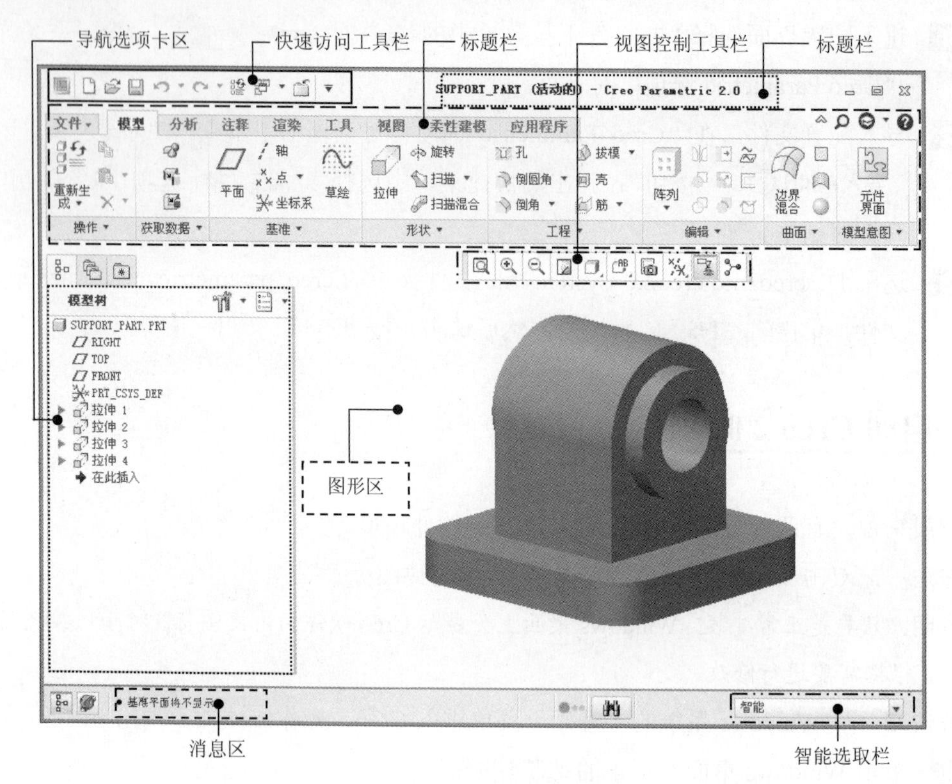

图 4.4.1　Creo 2.0 工作界面

1．导航选项卡区

导航选项卡包括三个页面选项：模型树或层树、文件夹浏览器和收藏夹。

- “模型树”中列出了活动文件中的所有零件及特征，并以树的形式显示模型结构，根对象（活动零件或组件）显示在模型树的顶部，其从属对象（零件或特征）位于根对象之下。例如在活动装配文件中，“模型树”列表的顶部是组件，组件下方是每个元件零件的名称；在活动零件文件中，“模型树”列表的顶部是零件，零件下方是每个特征的名称。若打开多个 Creo 模型，则“模型树”只反映活动模型的内容。
- “文件夹浏览器”类似于 Windows 的“资源管理器”，用于浏览文件。
- “收藏夹”用于有效组织和管理个人资源。

2．快速访问工具栏

快速访问工具栏中包含新建、保存、修改模型和设置 Creo 环境的一些命令。快速访问工具栏为快速进入命令及设置工作环境提供了极大的方便，用户可以根据具体情况定制快速访问工具栏。

3．标题栏

标题栏显示了当前的软件版本以及活动的模型文件名称。

4. 功能区

功能区中包含“文件”下拉菜单和命令选项卡。命令选项卡显示了 Creo 中的所有功能按钮，并以选项卡的形式进行分类。用户可以根据需要自己定义各功能选项卡中的按钮，也可以自己创建新的选项卡，将常用的命令按钮放在自定义的功能选项卡中。

注意：用户会看到有些菜单命令和按钮处于非激活状态（呈灰色，即暗色），这是因为它们目前还没有处在发挥功能的环境中，一旦它们进入有关的环境便会自动激活。

5. 视图控制工具条

图 4.4.2 所示的视图控制工具栏是将“视图”功能选项卡中部分常用的命令按钮集成到了一个工具条中，以便随时调用。

图 4.4.2 视图控制工具栏

6. 图形区

图形区是 Creo 各种模型图像的显示区。

7. 消息区

在用户操作软件的过程中，消息区会实时地显示与当前操作相关的提示信息等，以引导用户的操作。消息区有一个可见的边线，将其与图形区分开，若要增加或减少可见消息行的数量，可将鼠标指针置于边线上，按住鼠标左键，将鼠标指针移动到所期望的位置。

消息分五类，分别以不同的图标提醒：

8. 智能选取栏

智能选取栏也称过滤器，主要用于快速选取某种需要的要素（如几何、基准等）。

9. 菜单管理器区

菜单管理器区位于屏幕的右侧，在进行某些操作时，系统会弹出此菜单，如单击 模型 功能选项卡 操作 ▾ 节点下的 特征操作 命令，系统弹出图 4.4.3 所示的菜单管理器。

图 4.4.3 “特征”菜单管理器

4.4.2 工作界面的定制

工作界面的定制步骤如下：

Step 1 进入定制工作对话框。选择 文件 ▾ ➡ 选项 命令，即可进入“Creo Parametric 选项”对话框。

Step 2 窗口设置。在“Creo Parametric 选项”对话框中单击 窗口设置 区域，即可进入软件窗口设置界面。在此界面中可以进行导航选项卡的设置、模型树的设置、浏览器设置、辅助窗口设置以及图形工具栏设置等，如图 4.4.4 所示。

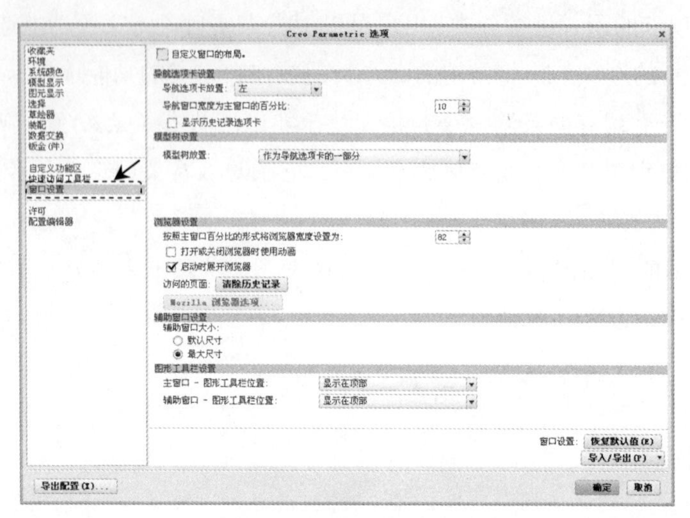

图 4.4.4 “窗口设置”界面

Step 3 快速访问工具栏的设置。在“Creo Parametric 选项”对话框中单击快速访问工具栏区域，即可进入快速访问工具栏设置界面，如图 4.4.5 所示，在此界面中可以定制快速访问工具栏中的按钮，具体操作方法如下。

（1）在“Creo Parametric 选项”对话框的从下列位置选取命令(C):下拉列表中选择所有命令选项。

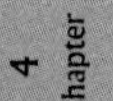

（2）在命令区域中选择 拭除未显示的... 选项，然后单击 添加(A) >> 按钮。

（3）单击对话框右侧的 ⬇ 按钮和 ⬆ 按钮，可以调整添加的按钮在快速访问工具栏中的位置。

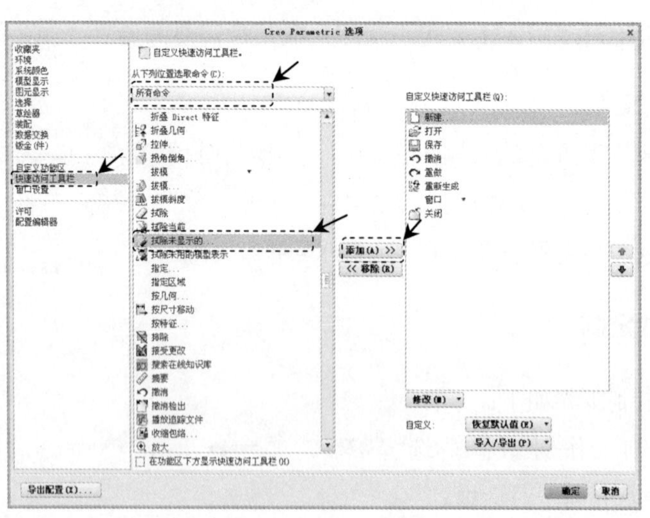

图 4.4.5 “快速访问工具栏”设置界面

Step 4　功能区的设置。在“Creo Parametric 选项”对话框中单击 自定义功能区 区域，即可进入功能区设置界面。在此界面中可以设置功能区各选项卡中的按钮，并可以创建新的用户选项卡，如图 4.4.6 所示。

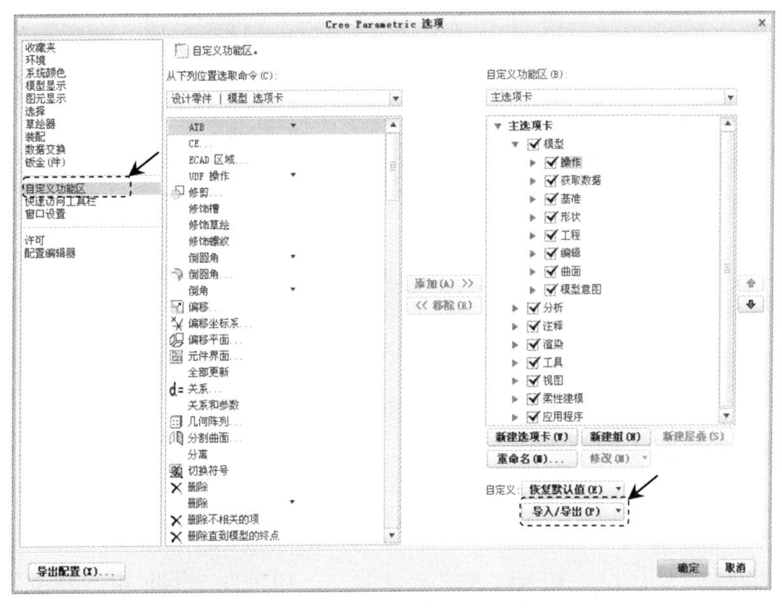

图 4.4.6　“自定义功能区”设置界面

Step 5　导出/导入配置文件。在“Creo Parametric 选项”对话框中单击 导入/导出(P) 按钮，在弹出的快捷菜单中选择 导出所有功能区和快速访问工具栏自定义 选项，系统弹出“导出”对话框，单击 保存 按钮，可以将界面配置文件 creo_parametric_customization.ui 导出到当前工作目录中。

4.5　Creo 软件的环境设置

选择“文件”下拉菜单中的 文件 → 选项 命令，在弹出的“Creo Parametric 选项”对话框中选择 环境 选项，即可进入软件环境设置界面，如图 4.5.1 所示。

在“Creo Parametric 选项”对话框中选择其他选项，可以设置系统颜色、模型显示、图元显示、草绘器选项以及一些专用模块环境设置等。用户可以利用 config.pro 的系统配置文件管理 Creo 软件的工作环境，有关 config.pro 的配置请参考本章“4.1 设置系统配置文件 config.pro”中的内容。

注意：在“环境”对话框中改变设置，仅对当前进程产生影响。当再次启动 Creo 时，如果存在配置文件 config.pro，则由该配置文件定义环境设置；否则由系统默认配置定义。

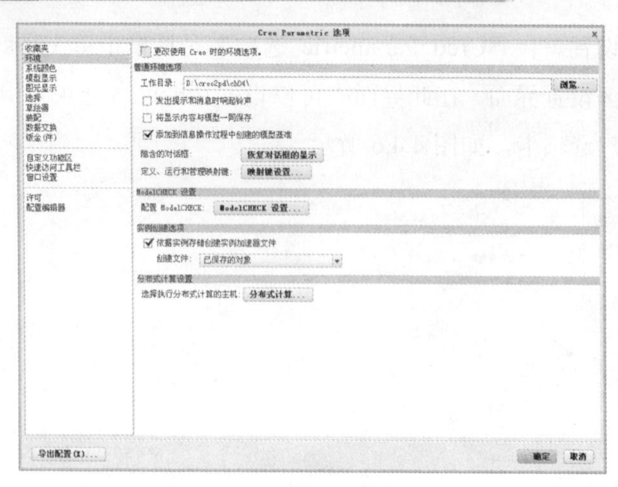

图 4.5.1 “环境”设置界面

4.6 创建用户文件目录

使用 Creo 软件时，应该注意文件的目录管理。如果文件管理混乱，会造成系统找不到正确的相关文件，从而严重影响 Creo 软件的安全相关性，同时也会使文件的保存、删除等操作产生混乱，因此应按照操作者的姓名、产品名称（或型号）建立用户文件目录，如本书要求在 D 盘上创建一个名为 Creo-course 的文件夹作为用户目录。

4.7 设置 Creo 软件的工作目录

由于 Creo 软件在运行过程中将大量的文件保存在当前目录中，并且常常从当前目录中自动打开文件，为了更好地管理 Creo 软件的大量有关联的文件，应特别注意，在进入 Creo 后，开始工作前最要紧的事情是“设置工作目录”。其操作过程如下：

Step 1 选择下拉菜单 文件 → 管理会话(M) → 选择工作目录(W) 更改工作目录。 命令（或单击 主页 选项卡中的 按钮）。

Step 2 在弹出的图 4.7.1 所示的“选择工作目录”对话框中选择“D:”。

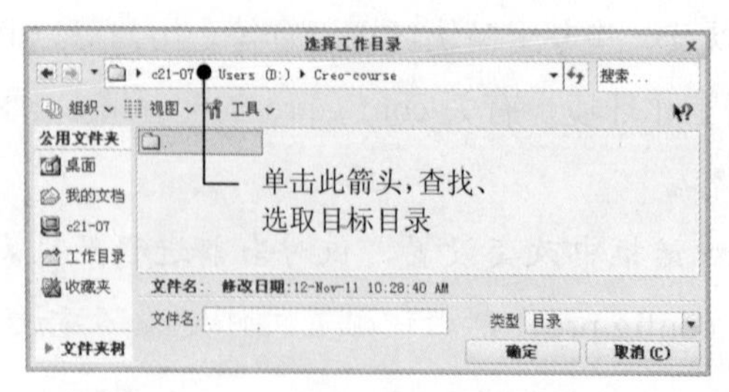

图 4.7.1 “选择工作目录”对话框

Step 3 查找并选取目录 Creo-course。

Step 4 单击对话框中的 确定 按钮。

完成这样的操作后，目录 D:\Creo-course 即变成工作目录，而且目录 D:\Creo-course 也变成当前目录，将来文件的创建、保存、自动打开、删除等操作都将在该目录中进行。

在本书中，如果未加说明，所指的“工作目录”均为 D:\Creo-course 目录。

说明：进行下列操作后，双击桌面上的 Creo 图标进入 Creo 软件系统，即可自动切换到指定的工作目录。

（1）右击桌面上的 Creo 图标，在弹出的快捷菜单中选择 属性(R) 命令。

（2）图 4.7.2 所示的“Creo Parametric 2.0 属性”对话框被打开，单击该对话框的 快捷方式 选项卡，然后在 起始位置(S): 文本框中输入 D:\Creo-course，并单击 确定 按钮。

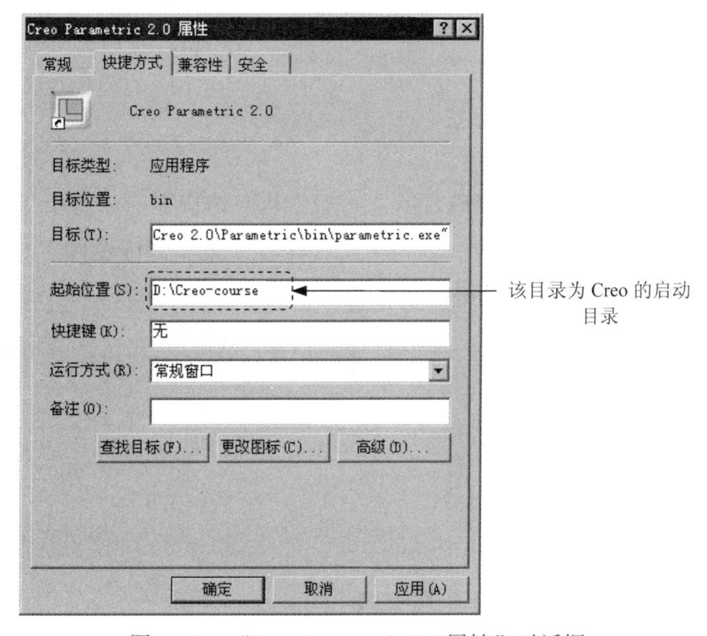

图 4.7.2 “Creo Parametric 2.0 属性”对话框

注意：设置好启动目录后，每次启动 Creo 软件，系统自动在启动目录中生成一个名为 trail.txt 的文件。该文件是一个后台记录文件，它记录了用户从打开软件到关闭期间的所有操作记录。读者应注意保护好当前启动目录的文件夹，如果启动目录文件夹丢失，系统会将生成的后台记录文件放在桌面上。

5 二维草图设计

5.1 概述

Creo 零件设计是以特征为基础进行的，大部分几何体特征都来源于二维截面草图。创建零件模型的过程，就是先创建几何特征的 2D 草图，然后将 2D 草图变换为 3D 特征，并对所创建的各个特征进行适当的布尔运算，最终得到完整零件的一个过程。因此二维截面草图是零件建模的基础，十分重要。掌握合理的草图绘制方法和技巧，可以极大地提高零件设计的效率。

5.2 草绘环境中的主要术语

下面列出了 Creo 软件草绘中经常使用的术语。

图元：指二维草绘图中的任何几何元素（如直线、中心线、圆弧、圆、椭圆、样条曲线、点或坐标系等）。

参考图元：指创建特征截面二维草图或轨迹时所参考的图元。

尺寸：图元大小、图元之间位置的量度。

约束：定义图元间的位置关系。定义约束后，其约束符号会出现在被约束的图元旁边。例如，在约束两条直线垂直后，垂直的直线旁边将分别显示一个垂直约束符号。默认状态下，约束符号显示为蓝色。

参数：草绘中的辅助元素。

关系：关联尺寸和/或参数的等式。例如，可使用一个关系将一条直线的长度设置为另一条直线的两倍。

"弱"尺寸："弱"尺寸是由系统自动建立的尺寸。当用户增加需要的尺寸时，系统可以在没有用户确认的情况下自动删除多余的"弱"尺寸。默认状态下，"弱"尺寸在屏幕中显示为青色。

"强"尺寸：是指由用户创建的尺寸，系统不能自动将这样的尺寸删除。如果几个"强"尺寸发生冲突，系统会要求删除其中一个。另外用户也可将符合要求的"弱"尺寸转化为"强"尺寸。默认状态下，"强"尺寸显示为蓝色。

冲突：两个或多个"强"尺寸或约束可能会产生矛盾或多余条件。出现这种情况，必须删除一个不需要的约束或尺寸。

5.3 进入草绘环境

进入草绘环境的操作方法如下：

Step 1 选择下拉菜单 文件 → 新建(N) 命令（或单击"新建"按钮）。

Step 2 系统弹出"新建"对话框，在该对 话 框中选中 草绘 单选项；在 名称 后的文本框中输入草图名（如 s1）；单击 确定 按钮，即进入草绘环境。

注意：还有一种进入草绘环境的途径，就是在创建某些特征（例如拉伸、旋转、扫描等）时，以这些特征命令为入口，进入草绘环境。

5.4 草绘工具按钮简介

进入草绘环境后，屏幕上会出现草绘时所需要的各种工具按钮，常用工具按钮及其功能注释如图 5.4.1 所示。

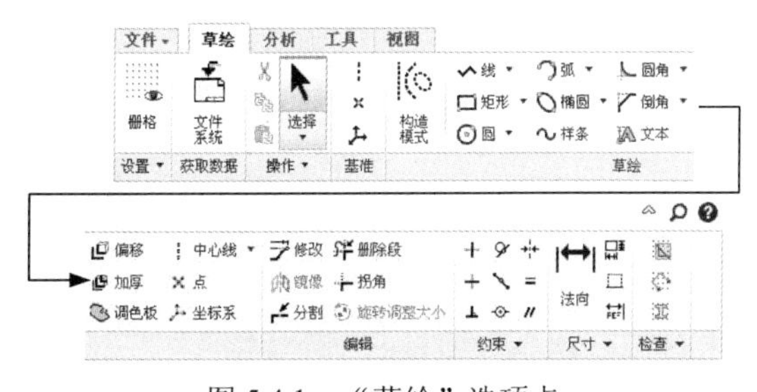

图 5.4.1 "草绘"选项卡

图 5.4.1 中各区域的工具按钮的简介如下：

- 设置 区域：设置草绘栅格的属性、图元线条样式等。
- 获取数据 区域：导入外部草绘数据。
- 操作 区域：对草图进行复制、粘贴、剪切、删除、切换图元构造和转换尺寸等。

- 基准 区域：绘制基准中心线、基准点以及基准坐标系。
- 草绘 区域：绘制直线、矩形、圆等实体图元以及构造图元。
- 编辑 区域：镜像、修剪、分割草图，调整草图比例和修改尺寸值。
- 约束 ▾ 区域：添加几何约束。
- 尺寸 ▾ 区域：添加尺寸约束。
- 检查 ▾ 区域：检查开放端点、重复图元和封闭环等。

5.5 草图设计前的环境设置

1. 设置网格间距

根据将要绘制的模型草图的大小，可设置草绘环境中的网格大小，其操作流程如下：

Step 1 单击 草绘 功能选项卡的 设置 ▾ 节点下的 栅格 命令。

Step 2 此时系统弹出“栅格设置”对话框，在 栅格间距 选项组中选中 ◉ 静态 单选项，然后在 X 间距 和 Y 间距 文本框中输入间距值；单击 确定 按钮，结束栅格设置。

说明：Creo 软件支持笛卡儿坐标和极坐标网格。当第一次进入草绘环境时，系统显示笛卡儿坐标网格。

通过“栅格设置”对话框，可以修改网格间距和角度。其中，X 间距仅设置 X 方向的间距，Y 间距仅设置 Y 方向的间距；还可设置相对于 X 轴的网格线的角度。当刚开始草绘时（创建任何几何形状之前），使用网格可以控制二维草图的近似尺寸。

2. 设置优先约束项目

选择下拉菜单 文件 ▾ ➡ 选项 命令，在系统弹出的“Creo Parametric 选项”对话框的草绘器选项卡的草绘器约束假设区域中，可以设置草绘环境中的优先约束项目。只有在这里选中了一些约束选项，在绘制草图时系统才会自动地添加相应的约束，否则不会自动添加。

3. 设置优先显示

在“Creo Parametric 选项”对话框的草绘器选项卡的对象显示设置区域中，可以设置草绘环境中的优先显示项目等。只有在这里选中了这些显示选项，在绘制草图时，系统才会自动显示草图的尺寸、约束符号、顶点等项目。

注意：在此如果选中草绘器栅格区域中的 ☑ 捕捉到栅格 复选框，则前面已设置好的网格就会起到捕捉定位的作用。

4. 草绘区的快速调整

单击“网格显示”按钮，如果看不到网格，或者网格太密，可以缩放草绘区；如果想调整图形在草绘区的上下、左右的位置，可以移动草绘区。

鼠标操作方法说明：

- 中键滚轮（缩放草绘区）：滚动鼠标的中键滚轮，向前滚可看到图形在缩小，向后滚可看到图形在变大。
- 中键（移动草绘区）：按住鼠标中键，移动鼠标，可看到图形跟着鼠标移动。

注意：这样调整草绘区不会改变图形的实际大小和实际空间位置，它的作用是便于用户查看和操作图形。

5.6 二维草图的绘制

5.6.1 概述

要进行草绘，应先从草绘功能选项卡的 草绘 区域中选取一个绘图命令，然后可通过在屏幕图形区中单击点来创建图元。

在绘制图元的过程中，当移动鼠标指针时，Creo 系统会自动确定可添加的约束并将其显示。当同时出现多个约束时，只有一个约束处于活动状态，显示为绿色。

草绘图元后，用户还可通过“约束”对话框继续添加约束。

在绘制草图的过程中，Creo 系统会自动标注几何图元，这样产生的尺寸称为“弱”尺寸（以青色显示），系统可以自动删除或改变它们。用户可以把有用的“弱”尺寸转换为“强”尺寸（以蓝色显示）。

Creo 具有尺寸驱动功能，即图形的大小随着图形尺寸的改变而改变。用 Creo 进行设计，一般是先绘制大致的草图，然后再修改其尺寸，在修改尺寸时输入准确的尺寸值，即可获得最终所需大小的图形。

说明：草绘环境中鼠标的使用：

- 草绘时，可单击鼠标左键在绘图区选择点，单击鼠标中键终止当前操作或退出当前命令。
- 草绘时，可以通过单击鼠标右键来禁用当前约束，也可以按 Shift 键和鼠标右键来锁定约束。
- 当不处于绘制图元状态时，按 Ctrl 键并单击，可选取多个项目；右击将显示带有最常用草绘命令的快捷菜单。

5.6.2 绘制一般直线

绘制一般直线的步骤如下所示：

Step 1 在 草绘 选项卡中单击“线”命令按钮 线 中的 ▾，再单击 线链 按钮。

说明：还有一种方法进入直线绘制命令：在绘图区右击，从弹出的快捷菜单中选择 线链(C) 命令。

Step 2 单击直线的起始位置点，这时可看到一条“橡皮筋”线附着在鼠标指针上。

Step 3 单击直线的终止位置点，系统便在两点间创建一条直线，并且在直线的终点处出现另一条“橡皮筋”线。

Step 4 重复步骤 Step3，可创建一系列连续的线段。

Step 5 单击鼠标中键，结束直线的创建。

说明：在草绘环境中，单击“撤销”按钮可撤销上一个操作，单击“重做”按钮重新执行被撤销的操作。这两个按钮在草绘环境中十分有用。

5.6.3 绘制相切直线

绘制相切直线的步骤如下所示：

Step 1 在 草绘 选项卡中单击“线”命令按钮 线 中的 ，再单击 直线相切 按钮。

Step 2 在第一个圆或弧上单击一点，这时可观察到一条始终与该圆或弧相切的“橡皮筋”线附着在鼠标指针上。

Step 3 在第二个圆或弧上单击与直线相切的位置点，这时便产生一条与两个圆（弧）相切的直线段。

Step 4 单击鼠标中键，结束相切直线的创建。

5.6.4 绘制中心线

Creo 2.0 提供了两种中心线创建方法，分别是 基准 区域中的 中心线 和 草绘 区域中的 中心线 ，分别用来创建几何中心线和一般中心线。几何中心线是作为一个旋转特征的旋转轴线；一般中心线是作为作图辅助线中心线使用的，或作为截面内的对称中心线使用的。下面介绍创建方法。

方法一：创建 2 点几何中心线。

Step 1 单击 基准 区域中的 中心线 按钮。

Step 2 在绘图区的某位置单击，一条中心线附着在鼠标指针上。

Step 3 在另一位置点单击，系统即绘制一条通过此两点的“中心线”。

方法二：创建 2 点中心线。

说明：创建 2 点几何中心线的方法和创建 2 点中心线的方法完全一样，此处不再介绍。

5.6.5 绘制矩形

矩形对于绘制二维草图十分有用，可省去绘制 4 条线的麻烦。绘制矩形的步骤如下所示：

Step 1 在 草绘 选项卡中单击按钮 矩形 中的 ▾，然后再单击 拐角矩形 按钮。

说明：还有一种方法可进入矩形绘制命令：在绘图区右击，从弹出的快捷菜单中选择 拐角矩形(C) 命令。

Step 2 在绘图区的某位置单击，放置矩形的一个角点，然后将该矩形拖至所需大小。

Step 3 再次单击，放置矩形的另一个角点，即完成矩形的创建。

5.6.6 绘制圆

绘制圆的方法有如下三种。

方法一：中心/点——通过选取中心点和圆上一点来创建圆。

Step 1 单击“圆”命令按钮 圆 ▾ 中的 圆心和点 。

Step 2 在某位置单击，放置圆的中心点，然后将该圆拖至所需大小并单击确定。

方法二：三点——通过选取圆上的三个点来创建圆。

方法三：同心圆。单击“圆”命令按钮 圆 ▾ 中的 3点 。

Step 1 单击“圆”命令按钮 圆 ▾ 中的 同心 。

Step 2 选取一个参考圆或一条圆弧边来定义圆心。

Step 3 移动鼠标指针，将圆拖至所需大小并单击完成。

5.6.7 绘制椭圆

绘制椭圆的步骤如下所示：

Step 1 单击“圆”命令按钮 ▾ 中的 中心和轴椭圆。

Step 2 在绘图区某位置单击，放置椭圆的中心点。

Step 3 移动鼠标指针，将椭圆拉至所需形状并单击完成。

说明：椭圆有如下特性：

- 椭圆的中心点相当于圆心，可以作为尺寸和约束的参考。
- 椭圆由两个半径定义：X 半径和 Y 半径。从椭圆中心到椭圆的水平半轴长度称为 X 半径，竖直半轴长度称为 Y 半径。
- 当指定椭圆的中心和椭圆半径时，可用的约束有“相切”、“图元上的点”和“相等半径”等。

5.6.8 绘制圆弧

共有四种绘制圆弧的方法。

方法一：点/终点圆弧——确定圆弧的两个端点和弧上的一个附加点来创建一个三点圆弧。

Step 1 单击“圆弧”命令按钮 弧 ▾ 中的 3点/相切端 。

Step 2 在绘图区某位置单击，放置圆弧的一个端点；在另一位置单击，放置另一端点。

Step 3 此时移动鼠标指针，圆弧呈橡皮筋样变化，单击确定圆弧上的一点。

方法二：同心圆弧。

Step 1 单击“圆弧”命令按钮 弧 中的 同心。

Step 2 选取一个参考圆或一条圆弧边来定义圆心。

Step 3 将圆拉至所需大小，然后在圆上单击两点以确定圆弧的两个端点。

方法三：圆心/端点圆弧。

Step 1 单击“圆弧”命令按钮 弧 中的 圆心和端点。

Step 2 在某位置单击，确定圆弧中心点，然后将圆拉至所需大小，并在圆上单击两点以确定圆弧的两个端点。

方法四：创建与三个图元相切的圆弧。

Step 1 单击“圆弧”命令按钮 弧 中的 3 相切。

Step 2 分别选取三个图元，系统便自动创建与这三个图元相切的圆弧。

注意：在第三个图元上选取不同的位置点，则可创建不同的相切圆弧。

5.6.9 绘制圆角

绘制圆角的步骤如下所示：

Step 1 单击“圆角”命令按钮 圆角 中的 圆形修剪。

Step 2 分别选取两个图元（两条边），系统便在这两个图元间创建圆角，并将两个图元裁剪至交点。

5.6.10 绘制样条曲线

样条曲线是通过任意多个中间点的平滑曲线。绘制样条曲线的步骤如下所示：

Step 1 单击 草绘 区域中的 样条 按钮。

Step 2 单击一系列点，可观察到一条“橡皮筋”样条附着在鼠标指针上。

Step 3 单击鼠标中键结束样条曲线的绘制。

5.6.11 将一般图元变成构建图元

Creo 中构建图元（构建线）是作为辅助线（参考线）使用，构建图元以虚线显示。草绘中的直线、圆弧、样条曲线等图元都可以转化为构建图元。下面以图 5.6.1 为例来说明其创建方法。

Step 1 选择下拉菜单 文件 → 管理会话(M) → 选择工作目录(W) 更改工作目录。 命令，将工作目录设置为 D:\creo2mo\work\ch05.06。

Step 2 选择下拉菜单 文件 → 打开(O)... 命令，打开文件 construct.sec。

Step 3 按住 Ctrl 键，选取图 5.6.1a 中的圆和五边形。

Step 4 右击，在弹出的快捷菜单中选择 构造 命令，被选取的图元就转换成构建图元。结果如图 5.6.1b 所示。

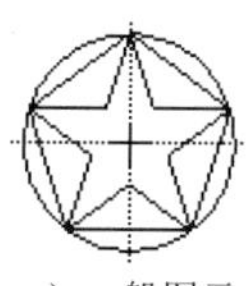

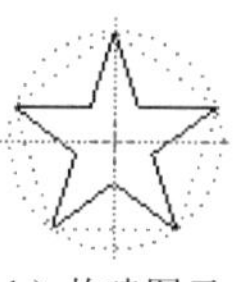

a）一般图元　　b）构建图元

图 5.6.1 将图元转换为构建图元

5.6.12 在草图中创建文本

在草图中创建文本的步骤如下所示：

Step 1 单击 草绘 区域中的 文本 按钮。

Step 2 在系统 ➡选择行的起点，确定文本高度和方向。的提示下，单击一点作为起始点。

Step 3 在系统 ➡选择行的第二点，确定文本高度和方向。的提示下，单击另一点。此时在两点之间会显示一条构造线，该线的长度决定文本的高度，该线的角度决定文本的方向。

Step 4 系统弹出图 5.6.2 所示的“文本”对话框，在 文本行 文本框中输入文本（一般应少于 79 个字符）。

Step 5 可设置下列文本选项（图 5.6.2）：

- 字体 下拉列表框：从系统提供的字体和 TrueType 字体列表中选取一类。
- 位置: 选区：
  - ☑ 水平：水平方向上，起始点可位于文本行的左边、中心或右边。
  - ☑ 垂直：垂直方向上，起始点可位于文本行的底部、中间或顶部。
- 长宽比 文本框：拖动滑动条增大或减小文本的长宽比。
- 斜角 文本框：拖动滑动条增大或减小文本的倾斜角度。
- 沿曲线放置 复选框：选中此复选框，可沿着一条曲线放置文本。然后需选择希望在其上放置文本的弧或样条曲线（图 5.6.3）。

图 5.6.2 “文本”对话框

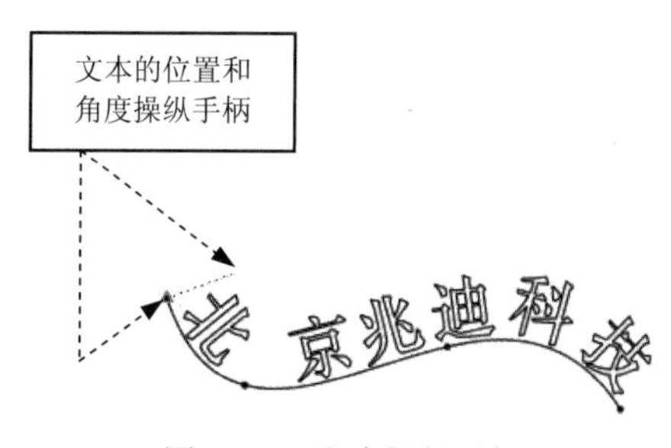

图 5.6.3 文本操纵手柄

- 字符间距处理：启用文本字符串的字符间距处理。这样可控制某些字符对之间的空格，改善文本字符串的外观。字符间距处理属于特定字体的特征。或者，可设置 sketcher_default_font_kerning 配置选项，以自动为创建的新文本字符串启用字符间距处理。

Step 6 单击 确定 按钮，完成文本创建。

说明：在绘图区，可以拖动如图 5.6.3 所示的操纵手柄来调整文本的位置和角度等。

5.6.13 使用以前保存过的图形创建当前草图

利用前面介绍的基本绘图功能，用户可以从头绘制各种要求的二维草图；另外，还可以继承和使用以前在 Creo 软件或其他软件（如 AutoCAD）中保存过的二维草图。

1. 保存 Creo 草图的操作方法

在草绘环境中选择下拉菜单 文件 → 保存(S) 命令。

2. 使用以前保存过的草图的操作方法

Step 1 在草绘环境中单击 获取数据 区域中的“文件系统”按钮 文件系统，此时系统弹出“打开”对话框。

Step 2 单击“类型”后的▾按钮，从弹出的下拉列表中选择要打开文件的类型（Creo 模型二维草图的格式是.sec）。

Step 3 选取要打开的文件（s2d0001.sec）并单击 打开 ▾ 按钮，在绘图区单击一点以确定草图放置的位置，该二维草图便显示在图形区中（图 5.6.4），同时系统弹出“旋转调整大小”操控板。

Step 4 在“旋转调整大小”操控板内，输入一个比例值和一个旋转角度值。

Step 5 在“旋转调整大小”操控板中单击✔按钮，完成添加此新几何图形。

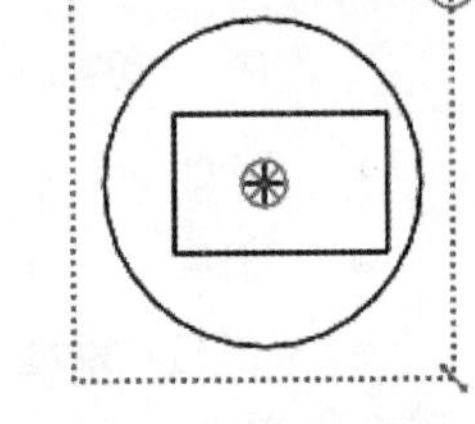

图 5.6.4 图元操作图

5.6.14 调色板

草绘器调色板是一个预定义草图的定制库，用户可以将调色板中存储的草图方便地调用到当前的草绘图形中，也可以将自定义的轮廓草图保存到调色板中备用。

1. 调用调色板中的草图轮廓

在正确安装 Creo 2.0 后，草绘器调色板中就已存储了一些常用的草图轮廓，下面以实例讲解调用调色板中草图轮廓的方法。

Step 1 选择下拉菜单 文件 → 新建(N) 命令（或单击“新建”按钮）。

Step 2 系统弹出“新建”对话框，在该对话框中选中 ◉ 草绘 单选项；在 名称 后的文本框中接受系统默认的草图名称；单击 **确定** 按钮，即进入草绘环境。

Step 3 选择命令。在 **草绘** 选项卡中单击“调色板”按钮 调色板，系统自动弹出图 5.6.5 所示的“草绘器调色板”对话框。

说明：调色板中具有表示草图轮廓类别的四个选项卡：**多边形**、**轮廓**、**形状**、**星形**。每个选项卡都具有唯一的名称，并且至少包括一种截面。

- **多边形**：包括常规多边形，如五边形、六边形等。
- **轮廓**：包括常规的轮廓，如C形轮廓、I形轮廓等。
- **形状**：包括其他的常见形状，如弧形跑道、十字形等。
- **星形**：包括常规的星形形状，如五角星、六角星。

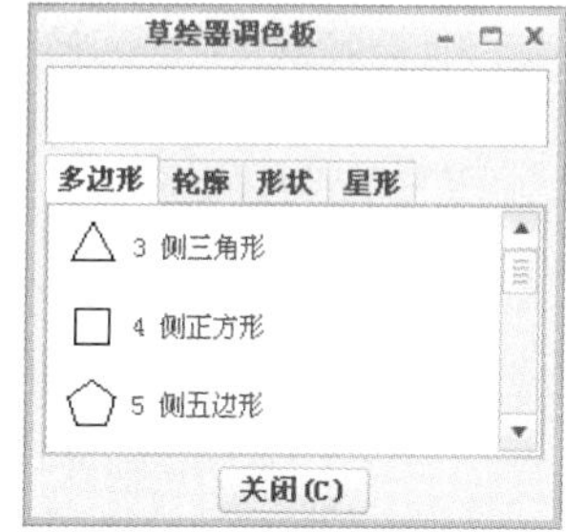

图 5.6.5 “草绘器调色板”对话框

Step 4 选择选项卡。在“草绘器调色板”对话框中选取 **多边形** 选项卡（在列表框中出现与选定的选项卡中的形状相应的缩略图和标签），在列表框中选取 6 侧六边形 选项，此时在预览区域中会出现与选定形状相对应的截面。

Step 5 将选定的选项拖到图形区。选中 6 侧六边形 选项后按住鼠标左键不放，把光标移到图形区中，然后松开鼠标，选定的图形就自动出现在图形区中，图形区中的图形如图 5.6.6 所示。此时系统弹出“旋转调整大小”操控板。

说明：选中 6 侧六边形 选项后，双击 6 侧六边形 选项，把光标移到图形区中合适的位置，单击鼠标左键，选定的图形也会自动出现在图形区中。

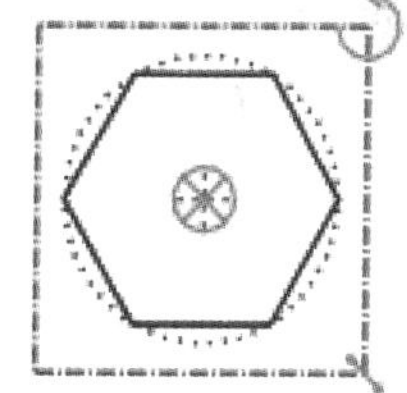
图 5.6.6 六边形

Step 6 在“旋转调整大小”操控板的 文本框中输入数值 5.0，单击 ✔ 按钮。

注意：输入的尺寸和约束被创建为强尺寸和约束。

Step 7 单击“草绘器调色板”中的 **关闭(C)** 按钮，完成图 5.6.7 所示的“六边形”的调用。

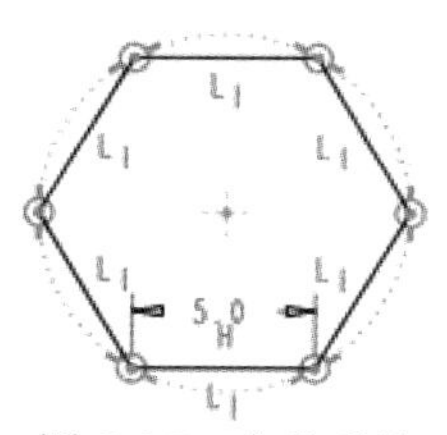

图 5.6.7 定义后的“六边形”

2. 将图 5.6.7 所示的草图轮廓存储到调色板中

当调色板中的草图轮廓不能满足绘图的需要时，用户可以把所自定义的草图轮廓添加到调色板中。下面以实例讲解将自定义草图轮廓添加到调色板中的方法。

Step 1 选择下拉菜单 **文件** → 管理会话(M) → 选择工作目录(W) 命令，将工作目录设置至 Creo 2.0 安装目录\text\sketcher_palette\shapes。

Step 2 单击“新建”按钮 。

Step 3 系统弹出“新建”对话框，在该对话框中选中 ◉ 草绘 单选项；在 名称 后的文本框中输入草图名 HEART，单击 **确定** 按钮，即进入草绘环境。

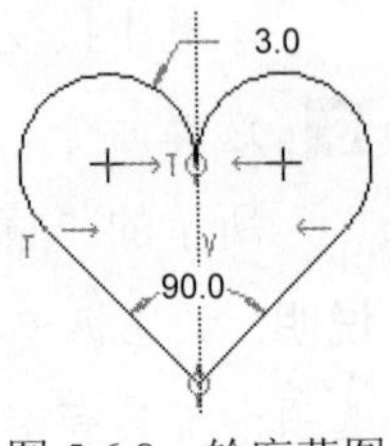

图 5.6.8 轮廓草图

Step 4 编辑轮廓草图，绘制图 5.6.8 所示的心形。

Step 5 将轮廓草图保存至工作目录下，即调色板存储库中。选择草绘环境中的下拉菜单 文件 → 保存(S) 命令，系统弹出“保存对象”对话框，单击 确定 按钮，完成草图的保存。

说明：保存的轮廓草图文件必须是扩展名为.sec 的文件。

Step 6 在调色板中查看保存后的轮廓。在 草绘 工具栏中单击“调色板”按钮 调色板，系统自动弹出“草绘器调色板”对话框；在“草绘器调色板”中选取 形状 选项卡，此时在列表框中就能找到图 5.6.9 所示的 Heart 选项。

图 5.6.9 “草绘器调色板”对话框

5.7 二维草图的编辑

5.7.1 删除图元

删除图元的步骤如下：

Step 1 在绘图区单击或框选（框选时要框住整个图元）要删除的图元（可看到选中的图元变红）。

Step 2 按键盘上的 Delete 键，所选图元即被删除。

也可采用下面的方法删除图元：右击，在弹出的快捷菜单中选择 删除(D) 命令。

5.7.2 直线的操纵

Creo 提供了图元操纵功能，可方便地旋转、拉伸和移动图元。

操纵 1 的操作流程（图 5.7.1）：在绘图区，把鼠标指针移到直线上，按下左键不放，同时移动鼠标（此时鼠标指针变为），此时直线以远离鼠标指针的那个端点为圆心转动，达到绘制意图后，松开鼠标左键。

操纵 2 的操作流程（图 5.7.2）：在绘图区，把鼠标指针移到直线的某个端点上，按下左键不放，同时移动鼠标，此时会看到直线以另一端点为固定点伸缩或转动，达到绘制意图后，松开鼠标左键。

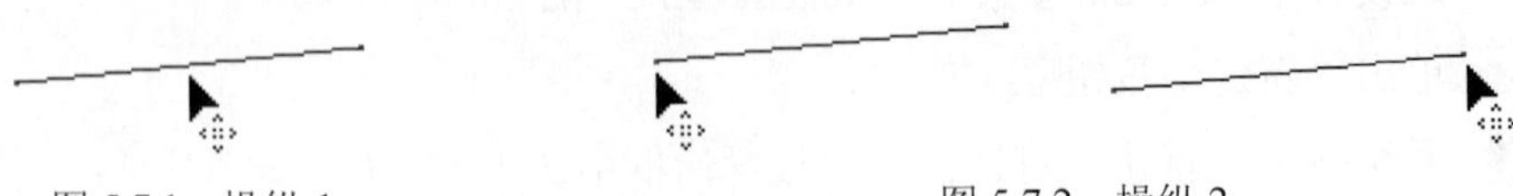

图 5.7.1 操纵 1　　图 5.7.2 操纵 2

5.7.3 圆的操纵

操纵 1 的操作流程（图 5.7.3）：把鼠标指针移到圆的边线上，按下左键不放，同时移动鼠标，此时会看到圆在变大或缩小。达到绘制意图后，松开鼠标左键。

操纵 2 的操作流程（图 5.7.4）：把鼠标指针移到圆心上，按下左键不放，同时移动鼠标，此时会看到圆随着指针一起移动。达到绘制意图后，松开鼠标左键。

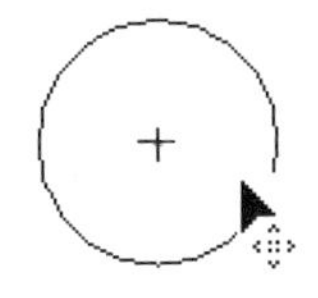

图 5.7.3 操纵 1

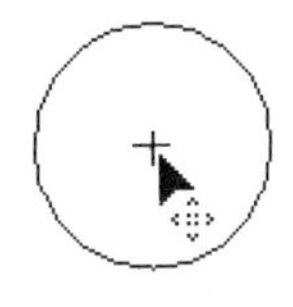

图 5.7.4 操纵 2

5.7.4 圆弧的操纵

操纵 1 的操作流程（图 5.7.5）：把鼠标指针移到圆弧上，按下左键不放，同时移动鼠标，此时会看到圆弧半径变大或变小。达到绘制意图后，松开鼠标左键。

操纵 2 的操作流程（图 5.7.6）：把鼠标指针移到圆弧的某个端点上，按下左键不放，同时移动鼠标，此时会看到圆弧以另一端点为固定点旋转，并且圆弧的包角也在变化。达到绘制意图后，松开鼠标左键。

操纵 3 的操作流程（图 5.7.7）：把鼠标指针移到圆弧的圆心点上，按下左键不放，同时移动鼠标，此时圆弧以某一端点为固定点旋转，并且圆弧的包角及半径也在变化。达到绘制意图后，松开鼠标左键。

操纵 4 的操作流程（图 5.7.7）：先单击圆心，然后把鼠标指针移到圆心上，按下左键不放，同时移动鼠标，此时圆弧随着指针一起移动。达到绘制意图后，松开鼠标左键。

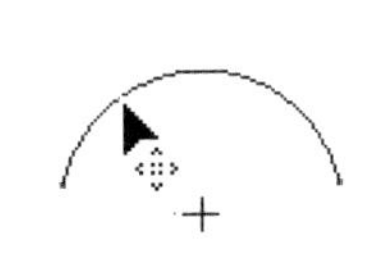

图 5.7.5 操纵 1

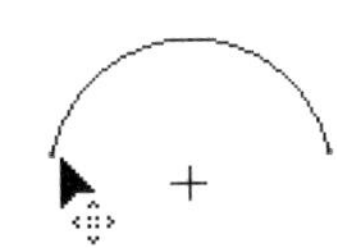

图 5.7.6 操纵 2

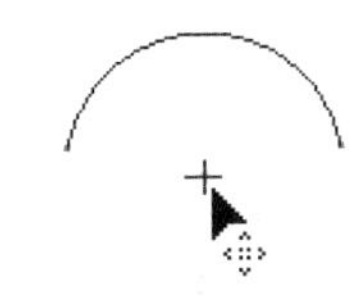

图 5.7.7 操纵 3 和 4

说明：点和坐标系的操纵很简单，读者不妨自己试一试。同心圆弧的操纵与圆弧基本相似。

5.7.5 比例缩放和旋转图元

按比例缩放和旋转图元的步骤如下所示：

Step 1 在绘图区单击或框选（框选时要框住整个图元）要比例缩放的图元（可看到选中的图元变绿）。

Step 2 单击 草绘 功能选项卡的 编辑 区域中的按钮，图形区出现图 5.7.8 所示的图元操作图。

（1）单击选取不同的操纵手柄，可以进行移动、缩放和旋转操纵（为了精确，也可以在“旋转调整大小”操控板内输入相应的缩放比例和旋转角度值）。

（2）单击✔按钮，确认变化并退出。

5.7.6 复制图元

复制图元的步骤如下所示：

Step 1 在绘图区单击或框选（框选时要框住整个图元）要复制的图元，如图 5.7.9 所示（可看到选中的图元变绿）。

Step 2 单击 草绘 功能选项卡的 操作 ▾ 区域中的按钮，然后单击按钮；再在绘图区单击一点以确定草图放置的位置，则图形区出现图 5.7.10 所示的图元操作图和“旋转调整大小”操控板。Creo 在复制二维草图的同时，还可对其进行比例缩放和旋转。

Step 3 单击✔按钮，确认变化并退出。

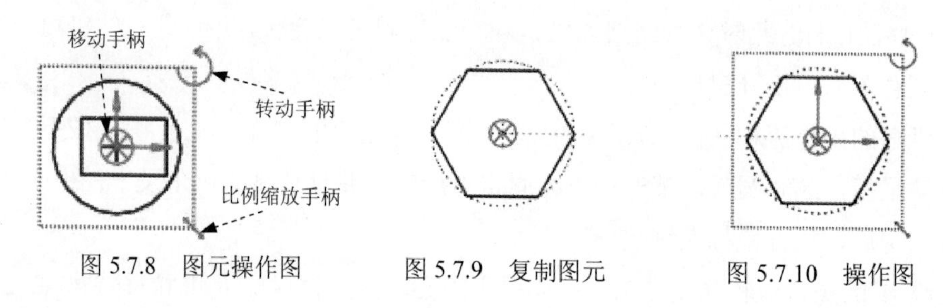

图 5.7.8 图元操作图　　图 5.7.9 复制图元　　图 5.7.10 操作图

5.7.7 镜像图元

镜像图元的步骤如下所示：

Step 1 在绘图区单击或框选要镜像的图元。

Step 2 单击 草绘 功能选项卡的 编辑 区域中的按钮。

Step 3 系统提示选取一个镜像中心线，选取图 5.7.11 所示的中心线（如果没有可用的中心线，可用绘制中心线的命令绘制一条中心线。这里要特别注意：基准面的投影线看上去像中心线，但它并不是中心线）。

5.7.8 裁剪图元

裁剪图元的方法有三种。

方法一：去掉方式。

Step 1 单击 草绘 功能选项卡的 编辑 区域中的按钮。

Step 2 分别单击第一个和第二个图元要去掉的部分，如图 5.7.12 所示。

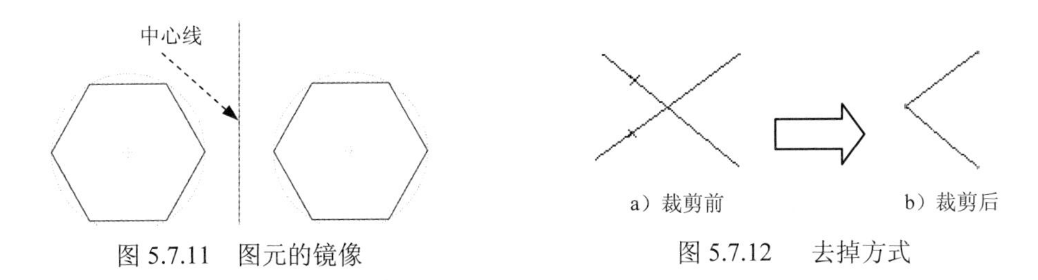

图 5.7.11 图元的镜像

图 5.7.12 去掉方式

方法二：保留方式。

Step 1 单击 草绘 功能选项卡的 编辑 区域中的 按钮。

Step 2 分别单击第一个和第二个图元要保留的部分，如图 5.7.13 所示。

方法三：图元分割。

Step 1 单击 草绘 功能选项卡的 编辑 区域中的 按钮。

Step 2 单击一个要分割的图元，如图 5.7.14 所示。系统在单击处断开了图元。

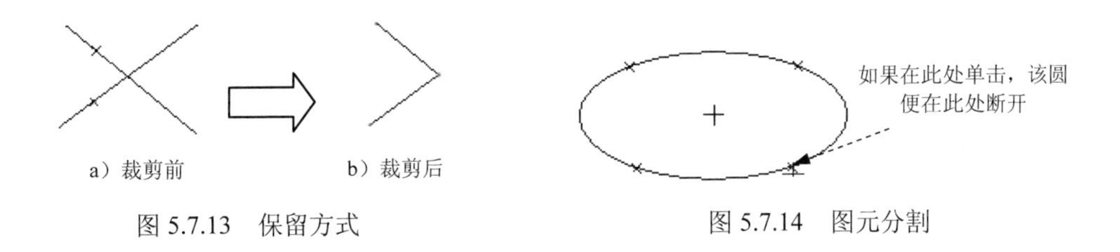

图 5.7.13 保留方式

图 5.7.14 图元分割

5.7.9 样条曲线的操纵

1. 样条曲线的操纵

操纵 1 的操作流程（图 5.7.15）：把鼠标指针 移到样条曲线的某个端点上，按下左键不放，同时移动鼠标，此时样条曲线以另一端点为固定点旋转，同时大小也在变化。达到绘制意图后，松开鼠标左键。

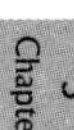

操纵 2 的操作流程（图 5.7.16）：把鼠标指针 移到样条曲线的中间点上，按下左键不放，同时移动鼠标，此时样条曲线的拓扑形状（曲率）不断变化。达到绘制意图后，松开鼠标左键。

图 5.7.15 操纵 1

图 5.7.16 操纵 2

2. 样条曲线的高级编辑

样条曲线的高级编辑包括增加插入点、创建控制多边形、显示曲线曲率、创建关联坐标系和修改各点坐标值等。下面说明其操作步骤。

Step 1　在图形区中双击图 5.7.17 所示的样条曲线。

Step 2　系统弹出图 5.7.18 所示的“样条”操控板。

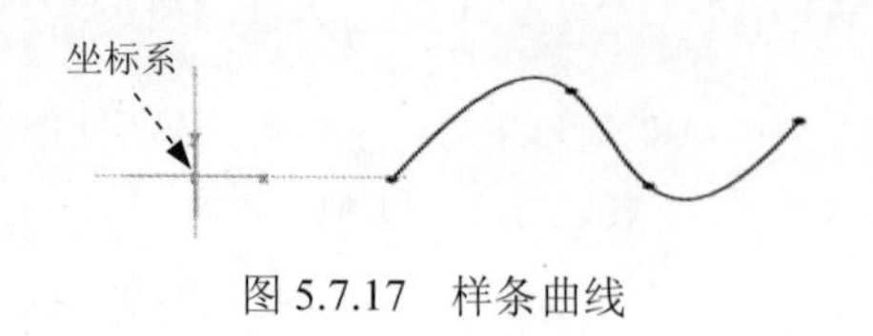

图 5.7.17　样条曲线

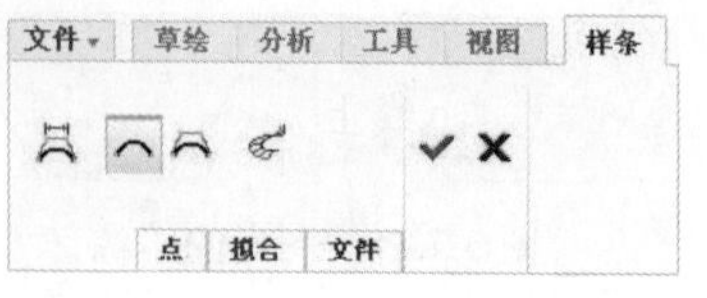

图 5.7.18　“样条”操控板

修改方法有以下几种。

- 在“样条修改”操控板中，按下 点 按钮，然后单击样条曲线上的相应点，可以显示并更改该点的坐标值（相对坐标或绝对坐标）。
- 在操控板中按下 拟合 按钮，可以对样条曲线的拟合情况进行设置。
- 在操控板中，按下 文件 按钮，并选取相关联的坐标系（图 5.7.19），就可形成相对于此坐标系的该样条曲线上所有点的坐标数据文件。
- 在操控板中，按下按钮，可创建控制多边形，如图 5.7.20 所示。如果已经创建了控制多边形，单击此按钮则可删除创建的控制多边形。

图 5.7.19　创建控制多边形

图 5.7.20　显示曲率分析图

- 在操控板中，按下或按钮，可以显示内插点（图 5.7.19）或控制点（图 5.7.20）。
- 在操控板中，按下按钮，可显示样条曲线的曲率分析图，如图 5.7.20 所示，同时操控板上会出现图 5.7.21 所示的调整界面，通过滚动 比例 滚轮可调整曲率线的长度，通过滚动 密度 滚轮可调整曲率线的数量。

图 5.7.21　调整曲率界面

- 在样条曲线上需要增加点的位置右击，选择 添加点 命令，便可在该位置增加一个点。

注意：当样条曲线以内插点的形式显示时，在样条曲线上需要增加点的位置右击，才能弹出 添加点 命令；当样条曲线以控制点的形式显示时，需在控制点连成的直线上右击才能弹出 添加点 命令。

- 在样条曲线上右击需要删除的点，选择 删除点 命令，便可将该点在样条曲线中删除。

Step 3　单击✔按钮，完成编辑。

- 在样条曲线上需要增加点的位置右击，选择 添加点 命令，便可在该位置增加一个点。

注意：当样条曲线以内插点的形式显示时，在样条曲线上需要增加点的位置右击，才能弹出 添加点 命令；当样条曲线以控制点的形式显示时，需在控制点连成的直线上右击才能弹出 添加点 命令。

- 在样条曲线上右击需要删除的点，选择 删除点 命令，便可将该点在样条曲线中删除。

5.7.10 设置线体

"线造型"选项可用来设置二维草图的线体，包括线型和颜色。下面以绘制图 5.7.22 所示的直线为例，来说明设置线体的方法。

Step 1 选择命令。单击 草绘 功能选项卡中的 设置 ▾ 按钮，在弹出的快捷菜单中选择 设置线造型 选项，系统弹出图 5.7.23 所示的"线造型"对话框。

图 5.7.22 绘制的直线

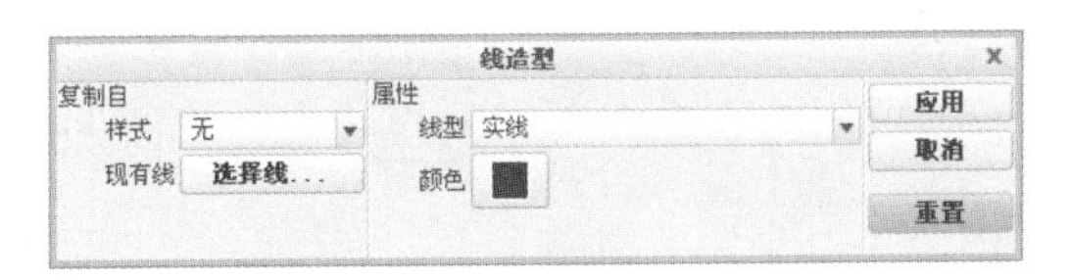

图 5.7.23 "线造型"对话框

图 5.7.23 所示的"线造型"对话框中各选项的说明如下：

- 复制自区域：
  - ☑ 样式 下拉列表：可以选取任意一个线型来设置线型名称。
  - ☑ 选择线... 按钮：单击此按钮可以在草绘图形区中复制现有的线型。
- 属性区域：
  - ☑ 线型下拉列表：可以选取一种线型来设置线型。
  - ☑ 颜色按钮：单击此按钮可以在弹出的"颜色"对话框中设置所选线的颜色。

Step 2 在复制自区域的 样式 下拉列表中选取无选项，此时属性区域的线型下拉列表中自动选取短划线选项。

Step 3 设置颜色。

（1）在属性区域的颜色选项中单击 按钮，系统弹出图 5.7.24 所示的"颜色"对话框。

图 5.7.24 所示的"颜色"对话框中各选项的说明如下：

- 系统颜色 区域：选取任意一个线型按钮来设置线型颜色。
- 用户定义的区域：选取一种颜色来设置线型颜色。
- 新建... 按钮：单击此按钮，可以从图 5.7.25 所示的"颜色编辑器"对话框中设置一种颜色来定义线型颜色。

（2）在用户定义的区域的下拉列表中选取"蓝色"按钮来设置线型颜色。

（3）单击 确定 按钮，完成"颜色"的设置。此时在"线造型"对话框中属性区域的颜色选项的颜色按钮变成蓝色，而且复制自区域的样式下拉列表自动选取无选项。

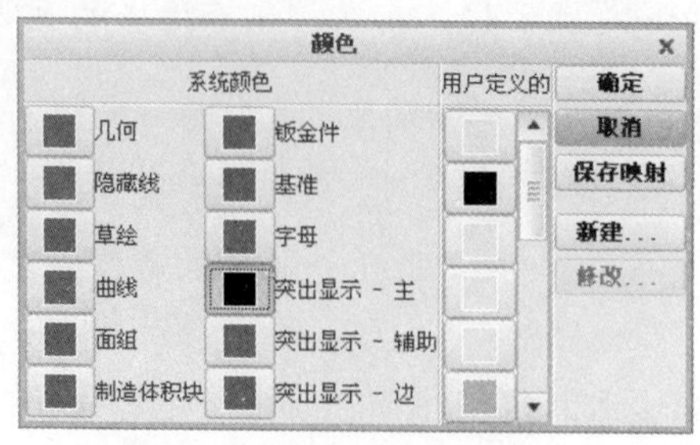

图 5.7.24 “颜色”对话框

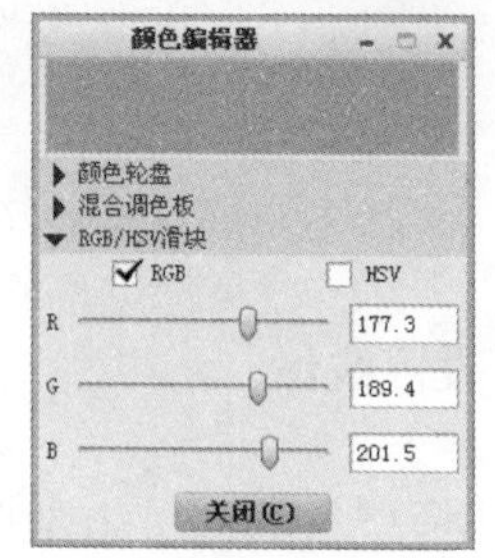

图 5.7.25 “颜色编辑器”对话框

Step 4 在“线造型”对话框中单击 应用 按钮，然后单击 关闭 按钮，完成“线造型”的设置。

Step 5 在 草绘 选项卡中单击“线链”命令按钮 线 中的 ▾，再单击 线链 按钮，绘制出如图 5.7.22 所示的直线，该直线的线型为短划线，并且其颜色为蓝色。

说明：

- 如果设置的“线体”不符合要求，可以在“线造型”对话框中单击 重置 按钮进行重新设置，或单击 草绘 功能选项卡中的 设置 ▾ 按钮，在弹出的快捷菜单中选择 清除线造型 选项，清除已经设置的“线造型”后再重新设置。
- 设置完“线造型”后，无论在工具栏中选取任意绘图按钮，绘出的图形都将以设置的线型和颜色输出，并且设置一次“线造型”只能使用一种线型和颜色，涉及到更改线型和颜色时，必须重新设置“线造型”。

5.8 草图的诊断

在 Creo 2.0 中提供了诊断草图的功能，包括诊断图元的封闭区域、开放区域、重叠区域及诊断图元是否满足相应的特征要求。

5.8.1 着色的封闭环

“着色封闭环”命令用预定义的颜色将图元中封闭的区域进行填充，非封闭的区域图元无变化。

下面举例说明“着色封闭环”命令的使用方法。

Step 1 将工作目录设置至 D:\creo2mo\work\ch05.08，打开文件 diagnostics_sketch.sec。

Step 2 选择命令。单击 草绘 功能选项卡 检查 ▾ 区域中的 按钮，系统自动在图 5.8.1 所示的圆内侧填充颜色。

说明：

- 当绘制的图形不封闭时，草图将无任何变化；若草图中有多个封闭环时，系统将在所有封闭的图形中填充颜色；如果用封闭环创建新图元，则新图元将自动着色显示；如果草图中存在几个彼此包含的封闭环，则最外的封闭环被着色，而内部的封闭环将不着色。

- 对于具有多个草绘器组的草绘，识别封闭环的标准可独立适用于各个组。所有草绘器组的封闭环的着色颜色都相同。
- 如果想设置系统默认的填充颜色，选择“文件”下拉菜单中的 文件 → 选项 命令，在弹出的“Creo Parametric 选项”对话框中选择 系统颜色 选项，即可进入系统分颜色设置界面，单击 ▶ 草绘器 折叠按钮，在 着色封闭环 选项的按钮上单击，就可以在弹出的列表中选取各种系统设置的颜色。

下面举例说明“加亮开放端点”命令的使用方法。

Step 1 将工作目录设置至 D:\creo2mo\work\ch05.08，打开文件 diagnostics_sketch.sec。

Step 2 选择命令。单击 草绘 功能选项卡 检查 ▾ 区域中的按钮，系统自动加亮图 5.8.2 所示的各个开放端点。

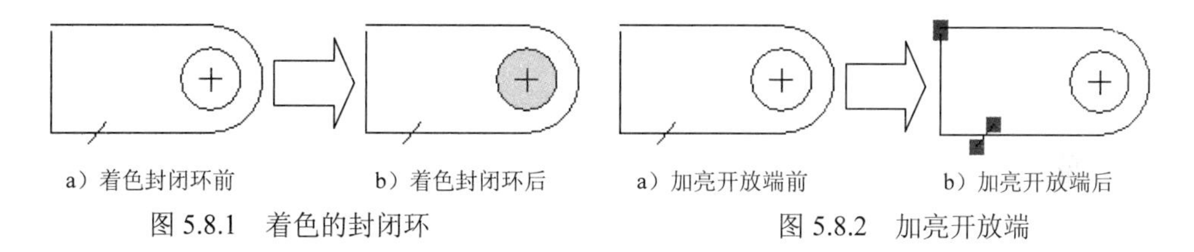

a）着色封闭环前　b）着色封闭环后　a）加亮开放端前　b）加亮开放端后

图 5.8.1　着色的封闭环　　图 5.8.2　加亮开放端

说明：

- 构造几何的开放端不会被加亮。
- 在“加亮开放端点”诊断模式中 ，所有现有的开放端均加亮显示。
- 如果用开放端创建新图元，则新图元的开放端自动着色显示。

Step 3 再次单击按钮，使其处于弹起状态，退出对开放端点的加亮。

5.8.2 重叠几何

“重叠几何”命令用于检查图元中所有相互重叠的几何（端点重合除外），并将其加亮。下面举例说明“重叠几何”命令的使用方法。

Step 1 将工作目录设置至 D:\creo2mo\work\ch05.08，打开文件 diagnostics_sketch.sec。

Step 2 选择命令。单击 草绘 功能选项卡 检查 ▾ 区域中的按钮，系统自动加亮图 5.8.3 所示的重叠的图元。

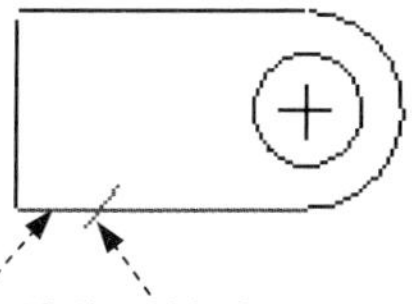

交叉的两条线已被加亮

图 5.8.3　加亮重叠部分

说明：

- 加亮重叠几何按钮不保持活动状态。
- 若系统默认的填充颜色不符合要求，可以选择“文件”下拉菜单中的 文件 →

选项命令，在弹出的“Creo Parametric 选项”对话框中选择系统颜色选项，单击▼图形折叠按钮，在■▼边突出显示选项的■▼按钮上单击，就可以在弹出的列表中选取各种系统设置的颜色。

Step 3 再次单击按钮，使其处于弹起状态，退出对重叠几何的加亮。

5.8.3 “特征要求”功能

“特征要求”命令用于检查图元是否满足当前特征的设计要求。需要注意的是，该命令只能在零件模块的草绘环境中才可用。

下面举例说明“特征要求”命令的使用方法。

Step 1 在零件模块的拉伸草绘环境中绘制图 5.8.4 所示的图形组。

Step 2 选择命令。单击 草绘 功能选项卡 检查▼ 区域中的“特征要求”按钮，系统弹出图 5.8.5 所示的“特征要求”对话框。

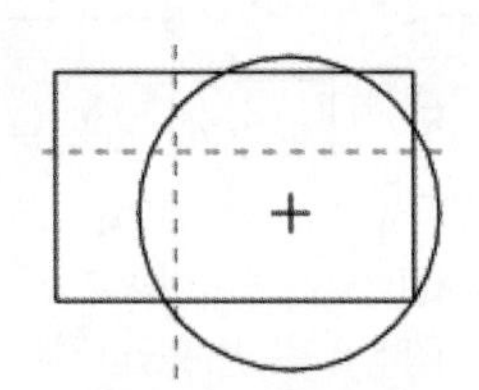

图 5.8.4 绘制的图形组

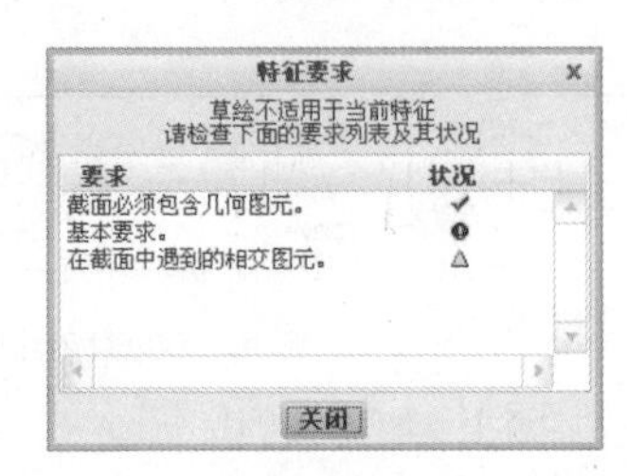

图 5.8.5 “特征要求”对话框

图 5.8.5 所示的“特征要求”对话框的“状况”列中各符号的说明如下：

- ✔——表示满足零件设计要求。
- ❶——表示不满足零件设计要求。
- △——表示满足零件设计要求，但是对草绘进行简单的改动就有可能不满足零件设计要求。

Step 3 单击 关闭 按钮，把“特征要求”对话框中状况列表中带 ❶ 和 △ 的选项进行修改。由于在零件模块中才涉及到修改，这里就不详细叙述，具体修改步骤请参考第 6 章零件模块部分。

5.9 二维草图的尺寸标注

5.9.1 关于二维草图的尺寸标注

在绘制二维草图的几何图元时，系统会及时自动地产生尺寸，这些尺寸被称为“弱”尺寸，系统在创建和删除它们时并不给予警告，但用户不能手动删除，“弱”尺寸显示为青色。用户还可以按设计意图增加尺寸以创建所需的标注布置，这些尺寸称为“强”尺寸。增加“强”尺寸时，系统自动删除多余的“弱”尺寸和约束，以保证二维草图的完全约束。在退出草绘环境之前，把二维草图中的“弱”尺寸变成“强”尺寸是一个很好的习惯，这样可确保系统在没有得到用户的确认前不会删除这些尺寸。

5.9.2 标注线段长度

标注线段长度的步骤如下所示：

Step 1 单击 草绘 功能选项卡 尺寸 ▾ 区域中的“法向”按钮 法向。

说明： 本书中的 法向 按钮在后文中将简化为 按钮，在绘图区右击，从弹出的快捷菜单中选择 尺寸 命令。

Step 2 选取要标注的图元：单击位置 1 以选择直线（图 5.9.1）。

Step 3 确定尺寸的放置位置：在位置 2 单击鼠标中键。

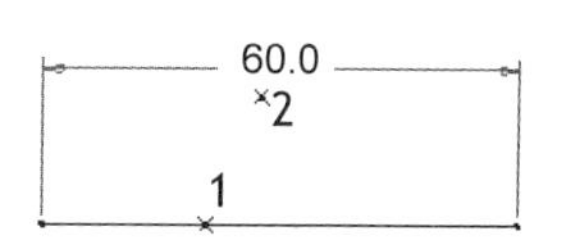

图 5.9.1 线段长度尺寸

5.9.3 标注两条平行线间的距离

标注两条平行线间的距离的步骤如下所示：

Step 1 单击 草绘 功能选项卡 尺寸 ▾ 区域中的 按钮。

Step 2 分别单击位置 1 和位置 2 以选择两条平行线，中键单击位置 3 以放置尺寸（图 5.9.2）。

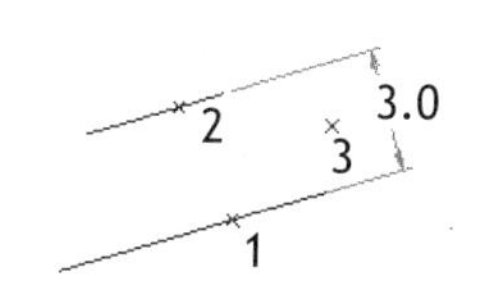

图 5.9.2 平行线距离

5.9.4 标注一点和一条直线之间的距离

标注点和直线之间的距离的步骤如下所示：

Step 1 单击 草绘 功能选项卡 尺寸 ▾ 区域中的 按钮。

Step 2 单击位置 1 以选择一点，单击位置 2 以选择直线；中键单击位置 3 以放置尺寸（图 5.9.3）。

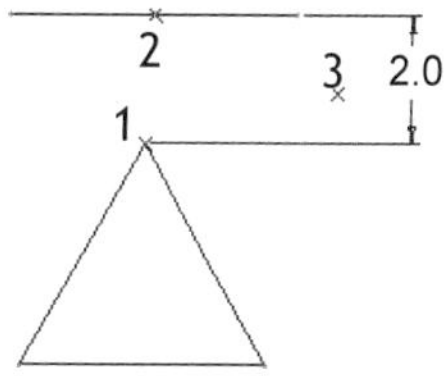

图 5.9.3 点、线间的距离

5.9.5 标注两点间的距离

标注两点间的距离的步骤如下所示：

Step 1 单击 草绘 功能选项卡 尺寸 ▾ 区域中的 按钮。

Step 2 分别单击位置 1 和位置 2 以选择两点，中键单击位置 3 以放置尺寸（图 5.9.4）。

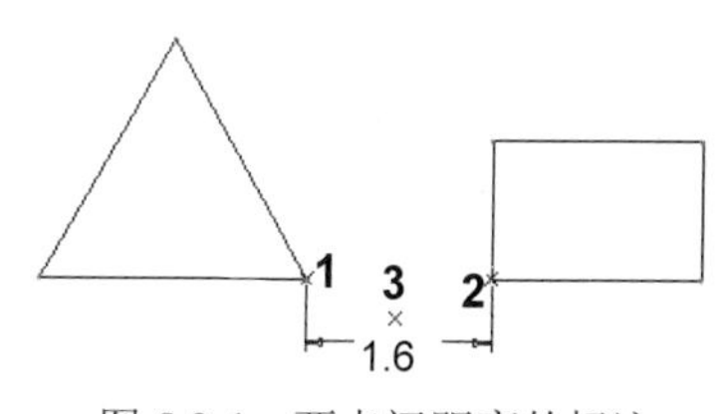

图 5.9.4 两点间距离的标注

5.9.6 标注对称尺寸

标注对称尺寸的步骤如下所示：

Step 1　单击 草绘 功能选项卡 尺寸 ▾ 区域中的|↔|按钮。

Step 2　选取点 1，再选取一条对称中心线，然后再次选取点 1；中键单击位置 2 以放置尺寸（图 5.9.5）。

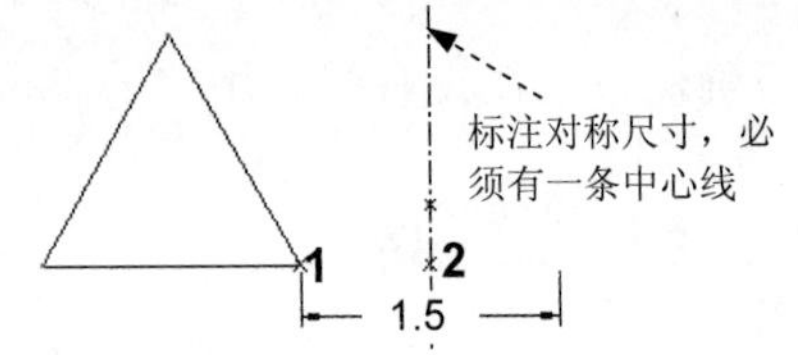

图 5.9.5　对称尺寸的标注

5.9.7　标注两条直线间的角度

标注两条直线间的角度的步骤如下所示：

Step 1　单击 草绘 功能选项卡 尺寸 ▾ 区域中的|↔|按钮。

Step 2　分别单击位置 1 和位置 2 以选取两条直线；

中键单击位置 3 以放置尺寸（锐角，如图 5.9.6 所示），或中键单击位置 4 以放置尺寸（钝角，如图 5.9.7 所示）。

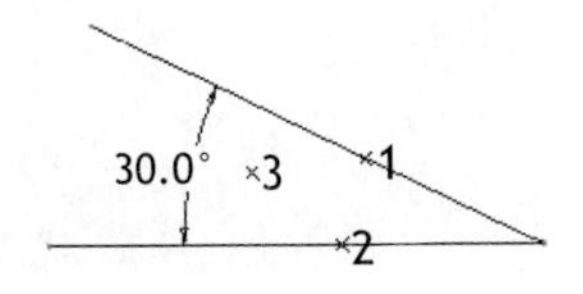

图 5.9.6　两条直线间角度的标注——锐角

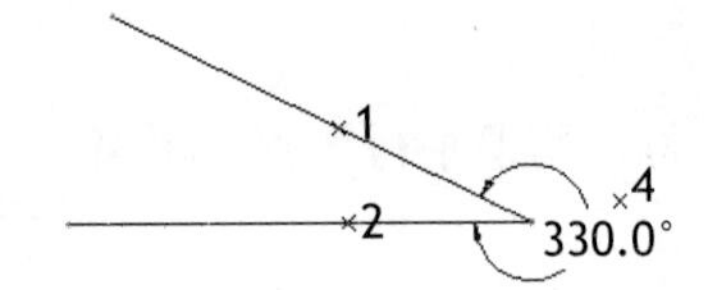

图 5.9.7　两条直线间角度的标注——钝角

5.9.8　标注圆弧角度

标注圆弧角度的步骤如下所示：

Step 1　单击 草绘 功能选项卡 尺寸 ▾ 区域中的|↔|按钮。

Step 2　分别选择弧的端点 1、端点 2 及弧上一点 3；中键单击位置 4 放置尺寸，如图 5.9.8 所示。

5.9.9　标注半径

标注半径的步骤如下所示：

Step 1　单击 草绘 功能选项卡 尺寸 ▾ 区域中的|↔|按钮。

Step 2　单击位置 1 选择圆上一点，中键单击位置 2 放置尺寸（图 5.9.9）。注意：在草绘环境下不显示半径 R 符号。

5.9.10　标注直径

标注直径的步骤如下所示：

Step 1　单击 草绘 功能选项卡 尺寸 ▾ 区域中的|↔|按钮。

Step 2　分别单击位置 1 和位置 2 以选择圆上两点，中键单击位置 3 以放置尺寸（图 5.9.10），或者双击圆上的某一点如位置 1 或位置 2，然后中键单击位置 3 以放置尺寸。注意：在草绘环境下不显示直径ϕ符号。

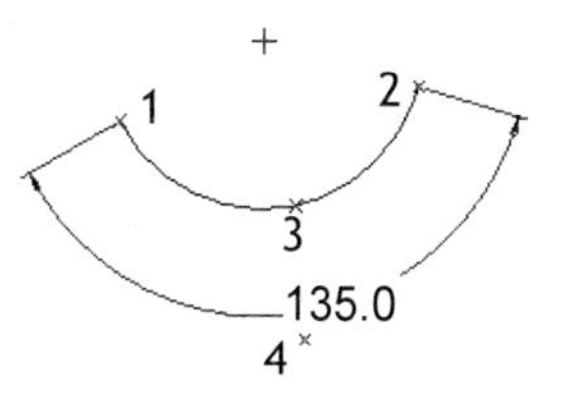

图 5.9.8　圆弧角度

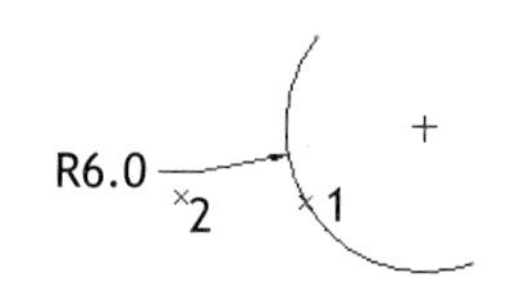

图 5.9.9　半径

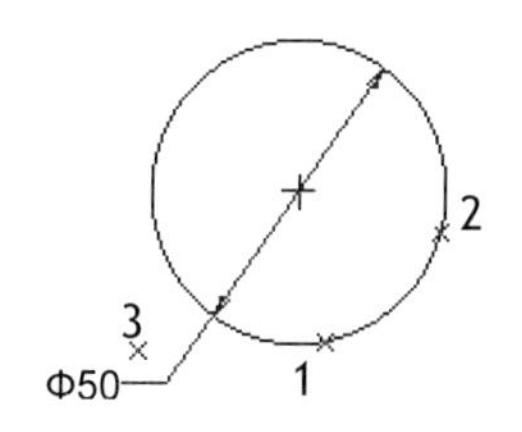

图 5.9.10　直径

5.10　尺寸标注的修改

5.10.1　控制尺寸的显示

可以用下列方法之一打开或关闭尺寸显示：

- 选择“文件”下拉菜单中的 文件 → 选项命令，系统弹出“Creo Parametric 选项”对话框，单击其中的草绘器选项，然后选中或取消 ☑显示尺寸和 ☑显示弱尺寸复选框，从而打开或关闭尺寸和弱尺寸的显示。
- 在 ☑显示尺寸复选框被选中的情况下，单击“视图控制”工具栏中的按钮，在弹出的菜单中选中或取消 ☑ 显示尺寸复选框。
- 要禁用默认尺寸显示，需将配置文件 config.pro 中的变量 sketcher_disp_dimensions 设置为 no。

5.10.2　移动尺寸

如果要移动尺寸文本的位置，可按下列步骤操作：

Step 1　单击 草绘 功能选项卡 操作 ▾ 区域中的。

Step 2　单击要移动的尺寸文本。选中后，可看到尺寸变绿。

Step 3　按下左键并移动鼠标，将尺寸文本拖至所需位置。

5.10.3　修改尺寸值

有两种方法可修改标注的尺寸值。

方法一：

Step 1　单击中键，退出当前正在使用的草绘或标注命令。

Step 2　在要修改的尺寸文本上双击，此时出现图 5.10.1b 所示的尺寸修正框 5.23 。

Step 3　在尺寸修正框 5.23 中输入新的尺寸值（图 5.10.1）后，按回车键完成修改，如图 5.10.1c 所示。

Step 4　重复步骤 Step2～Step3，修改其他尺寸值。

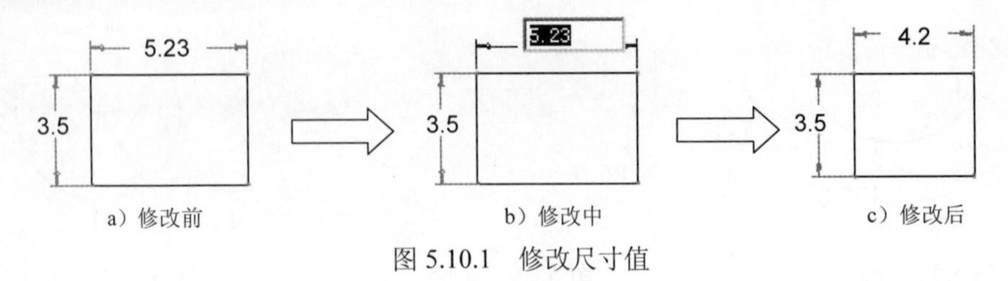

图 5.10.1　修改尺寸值

方法二：

Step 1　单击 草绘 功能选项卡 操作 区域中的↖。

Step 2　单击要修改的尺寸文本，此时尺寸颜色变绿（按下 Ctrl 键可选取多个尺寸目标）。

Step 3　单击 草绘 功能选项卡 编辑 区域中的按钮，此时出现图 5.10.2 所示的“修改尺寸”对话框，所选取的每一个目标的尺寸值和尺寸参数（如 sd45、sd44 等 sd#系列的尺寸参数）出现在“尺寸”列表中。

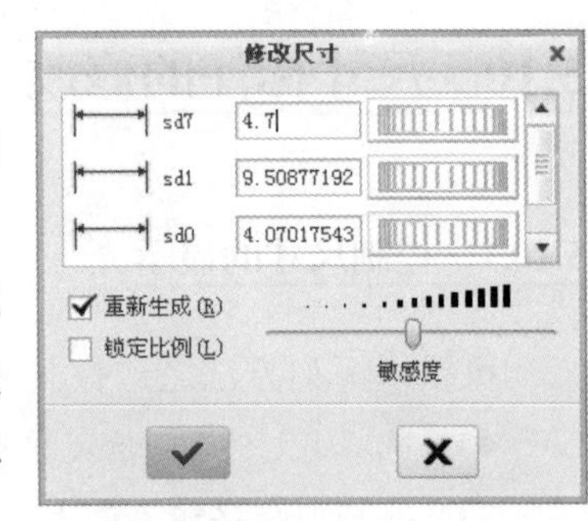

图 5.10.2　“修改尺寸”对话框

Step 4　在尺寸列表中输入新的尺寸值。

注意：也可以单击并拖移尺寸值旁边的旋转轮盘。要增加尺寸值，向右拖移；要减少尺寸值，则向左拖移。在拖移该轮盘时，系统会自动更新图形。

Step 5　修改完毕后，单击 ✔ 按钮。系统生成二维草图并关闭对话框。

5.10.4　输入负尺寸

在修改线性尺寸时，可以输入一个负尺寸值，它会使几何改变方向。在草绘环境中，负号总是出现在尺寸旁边，但在“零件”模式中，尺寸值总以正值出现。

5.10.5　修改尺寸值的小数位数

可以使用“Creo Parametric 选项”对话框来指定尺寸值的默认小数位数。

Step 1　选择下拉菜单中的 文件 → 选项 命令。

Step 2　系统弹出“Creo Parametric 选项”对话框，在 草绘器 选项卡 尺寸和求解器精度 区域的 尺寸的小数位数: 文本框中输入一个新值，单击按钮来增加或减少小数位数；单击 确定 按钮，系统接受该变化并关闭对话框。

注意：增加尺寸时，系统将数值四舍五入到指定的小数位数。

5.10.6　替换尺寸

可以创建一个新的尺寸替换草绘环境中现有的尺寸，以便使新尺寸保持原始的尺寸参数（sd#）。当要保留与原始尺寸相关的其他数据时（例如，在“草图”模式中添加了几何公差符号或额外文本），替换尺寸非常有用。

其操作方法如下：

Step 1　选中要替换的尺寸，右击，在弹出的快捷菜单中选择 替换(P) 命令，选取的尺寸即被删除。

Step 2　创建一个新的相应尺寸。

5.10.7　将“弱”尺寸转换为“强”尺寸

退出草绘环境之前，将二维草图中的“弱”尺寸加强是一个很好的习惯，那么如何将“弱”尺寸变成“强”尺寸呢？

操作方法如下：

Step 1　在绘图区选取要加强的“弱”尺寸（呈青色）。

Step 2　右击，在快捷菜单中选择 强(S) 命令，此时可看到所选的尺寸由青色变为蓝色，说明已经完成转换。

注意：

- 在整个 Creo 软件中，每当修改一个“弱”尺寸值或在一个关系中使用它时，该尺寸就自动变为“强”尺寸。
- 加强一个尺寸时，系统按四舍五入原则对其取整到系统设置的小数位数。

5.11　草图中的几何约束

按照工程技术人员的设计习惯，在草绘时或草绘后，希望对绘制的草图增加一些平行、相切、相等、共线等约束来帮助定位几何。在 Creo 系统的草绘环境中，用户随时可以很方便地对草图进行约束。下面将对约束进行详细介绍。

5.11.1　约束的显示

1. 约束的屏幕显示控制

单击“视图控制”工具栏中的按钮，在弹出的菜单中选中或取消 显示约束 复选框，即可控制约束符号在屏幕中的显示/关闭。

2. 约束符号的不同颜色的含义

- 约束：显示为蓝色。
- 鼠标指针所在的约束：显示为淡绿色。
- 选定的约束（或活动约束）：显示为绿色。

- 锁定的约束：放在一个圆中。
- 禁用的约束：用一条直线穿过约束符号。

3. 各种约束符号列表

各种约束的显示符号见表 5.11.1。

表 5.11.1　约束符号列表

约束名称	约束显示符号
中点	M
相同点	O
水平图元	H
竖直图元	V
图元上的点	-O- - -
相切图元	T
垂直图元	⊥
平行线	$//_1$
相等半径	在半径相等的图元旁，显示一个下标的 R（如 R1、R2 等）
具有相等长度的线段	在等长的线段旁，显示一个下标的 L（如 L1、L2 等）
对称	 —▸◂—
图元水平或竖直排列	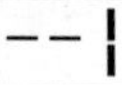 - - |
共线	═
使用边	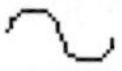 ∽

5.11.2　约束的禁用、锁定与切换

在用户绘制图元的过程中，系统会自动捕捉约束并显示约束符号。例如，在绘制直线的过程中，当定义直线的起点时，如果将鼠标指针移至一个圆弧附近，系统便自动将直线的起点与圆弧线对齐并显示对齐约束符号（小圆圈），此时如果：

- 右击，对齐约束符号（小圆圈）上被画上斜线（图 5.11.1），表示对齐约束被“禁用”，即对齐约束不起作用。如果再次右击，“禁用”则被取消。
- 按住 Shift 键同时按下鼠标右键，对齐约束符号（小圆圈）外显示一个大一点的圆圈（图 5.11.2），这表示该对齐约束被“锁定”，此时无论将鼠标指针移至何处，系统总是将直线的起点“锁定”在圆弧（或圆弧的延长线）上。再次按住 Shift 键和鼠标右键，“锁定”即被取消。

在绘制图元的过程中，当出现多个约束时，只有一个约束处于活动状态，其约束符号以亮颜色（绿色）显示；其余约束为非活动状态，其约束符号以青色显示。只有活动的约束可以被“禁用”或“锁定”。用户可以使用 Tab 键，轮流将非活动约束“切换”为活动约束，这样用户就可以将多个约束中的任意一个约束设置为“禁用”或“锁定”。例如，

在绘制图 5.11.3 中的直线 1 时，当直线 1 的起点定义在圆弧上后，在定义直线 1 的终点时，当其终点位于直线 2 上的某处，系统会同时显示三个约束：第一个约束是直线 1 的终点与直线 2 的对齐约束，第二个约束是直线 1 与直线 3 的平行约束，第三个约束是直线 1 与圆弧的相切约束。由于图 5.11.3 中当前显示平行约束符号为亮颜色（绿色），表示该约束为活动约束，所以可以将该平行约束设置为“禁用”或“锁定”。如果按键盘上的 Tab 键，可以轮流将其余两个约束“切换”为活动约束，然后将其设置为“禁用”或“锁定”。

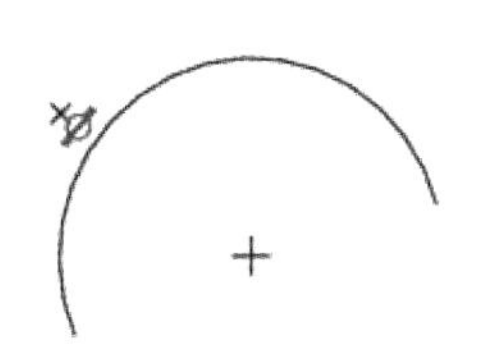

图 5.11.1　约束的“禁用”

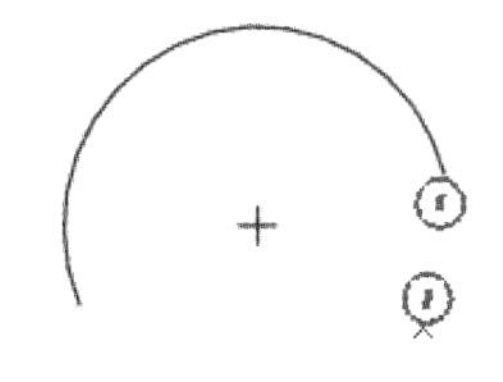

图 5.11.2　约束的“锁定”

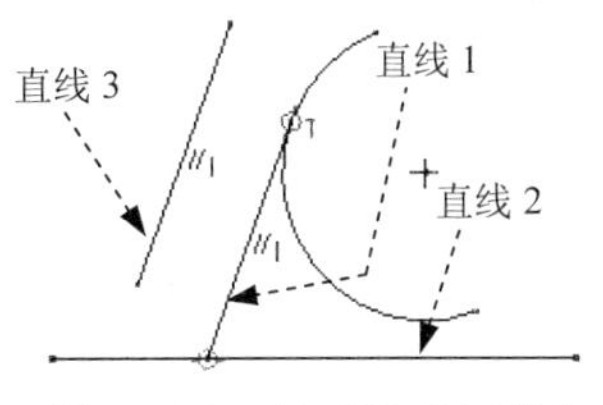

图 5.11.3　约束的“切换”

5.11.3　Creo 软件支持的约束种类

草绘后，用户还可按设计意图手动建立各种约束，Creo 支持的约束种类如表 5.11.2 所示。

表 5.11.2　Creo 支持的约束种类

按钮	约束
┼	使直线或两点竖直
┼	使直线或两点水平
⊥	使两直线图元垂直
9	使两图元（圆与圆、直线与圆等）相切
＼	把一点放在线的中间
-⊙-	使两点、两线重合，或使一个点落在直线或圆等图元上
→¦←	使两点或顶点对称于中心线
=	创建相等长度、相等半径或相等曲率
//	使两直线平行

5.11.4　创建约束

下面以图 5.11.4 所示的相切约束为例，介绍创建约束的步骤。

Step 1　单击 草绘 功能选项卡 约束 ▾ 区域中的 9 按钮。

Step 2　系统在信息区提示 ➡选择两图元使它们相切，分别选取直线和圆。

Step 3　此时系统按创建的约束更新截面，并显示约束符号“T”。如果不显示约束符号，单击“视图控制”工具栏中的 按钮，在弹出的菜单中选中 ☑ 显示约束 复选框，可显示约束。

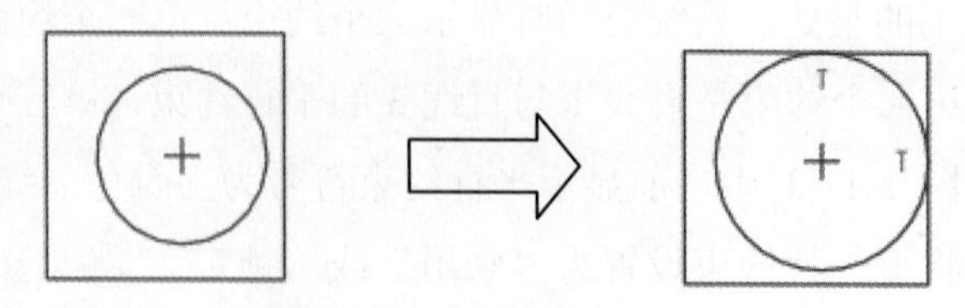

图 5.11.4　图元的相切约束

Step 4　重复步骤 Step2～Step3，可创建其他的约束。

5.11.5　删除约束

删除约束的步骤如下所示：

Step 1　单击要删除的约束的显示符号（如上例中的“T”），选中后，约束符号的颜色变绿。

Step 2　右击，在快捷菜单中选择 删除(D) 命令（或按 Delete 键），系统删除所选的约束。

注意：删除约束后，系统会自动增加一个约束或尺寸来使二维草图保持全约束状态。

5.11.6　解决约束冲突

当增加的约束或尺寸与现有的约束或“强”尺寸相互冲突或多余时，例如在图 5.11.5 所示的二维草图中添加尺寸 4.0 时（图 5.11.6），系统就会加亮冲突尺寸或约束，同时系统弹出图 5.11.7 所示的“解决草绘”对话框，要求用户删除（或转换）加亮的尺寸或约束之一。

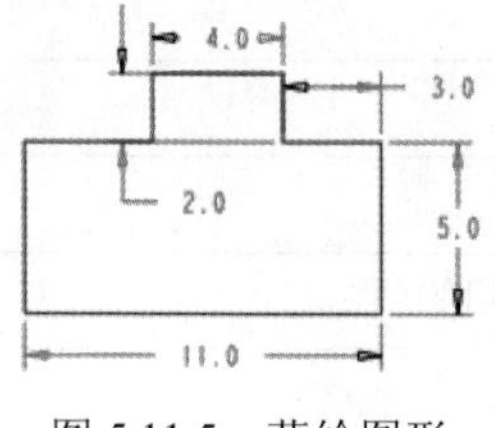

图 5.11.5　草绘图形

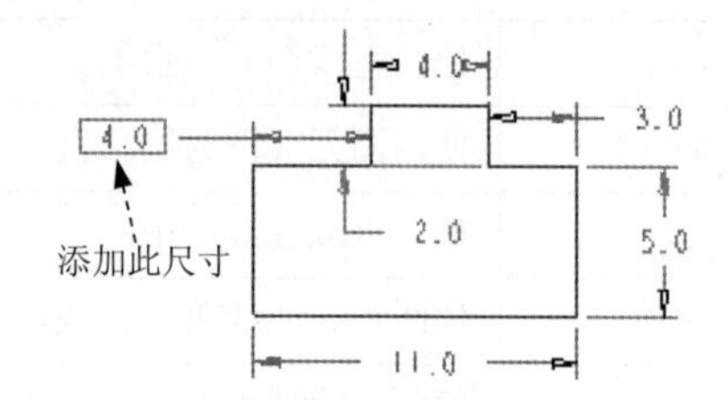

图 5.11.6　添加尺寸

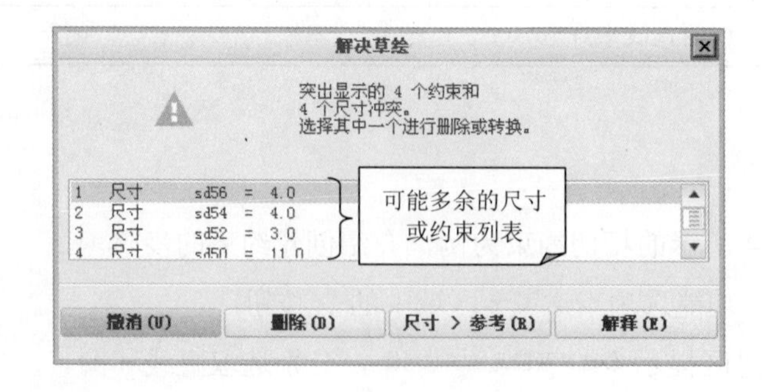

图 5.11.7　“解决草绘”对话框

各选项说明如下：

- 撤消(U) 按钮：撤销刚刚导致二维草图的尺寸或约束冲突的操作。
- 删除(D) 按钮：从列表框中选择某个多余的尺寸或约束，将其删除。
- 尺寸 > 参考(R) 按钮：选取一个多余的尺寸，将其转换为一个参考尺寸。
- 解释(E) 按钮：选择一个约束，获取约束说明。

5.12 锁定尺寸

在二维草图中，选取一个尺寸（例如选取图 5.12.1 中的尺寸 2.3），再单击 草绘 功能选项卡 操作 ▾ 节点下的 切换锁定 命令，可以将尺寸锁定。注意：被锁定的尺寸将以深红色显示。当编辑、修改二维草图时（包括增加、修改草图尺寸），非锁定的尺寸有可能被系统自动删除或修改其大小，而锁定后的尺寸则不会被系统自动删除或修改（但用户可以手动修改锁定的尺寸）。这是一个非常有用的操作技巧，在创建和修改复杂的草图时会经常用到。

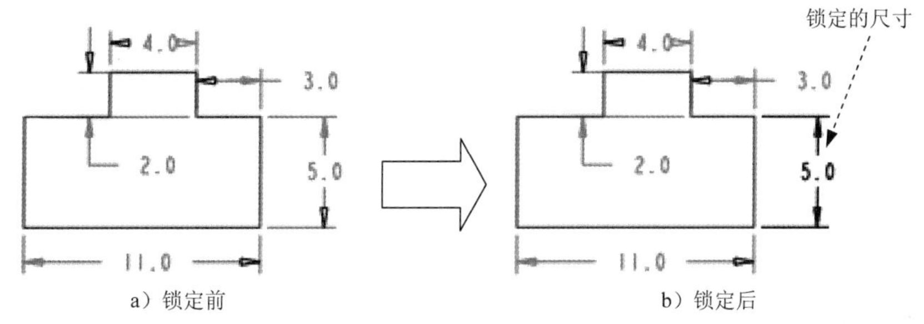

a）锁定前 b）锁定后

图 5.12.1 尺寸的锁定

注意：当选取被锁定的尺寸，并单击 草绘 功能选项卡 操作 ▾ 节点下的 切换锁定 命令后，该尺寸即被解锁，此时该尺寸恢复为锁定前的颜色。

- 通过设置草绘器优先选项，可以设置尺寸的自动锁定。操作方法是：选择下拉菜单中的 文件 ▾ ➡ 选项 命令，系统弹出“Creo Parametric 选项”对话框，单击其中的 草绘器 选项，在 拖动截面时的尺寸行为 区域中选中 □锁定已修改的尺寸(L) 或 □锁定用户定义的尺寸(U) 复选框。
- □锁定已修改的尺寸(L) 和 □锁定用户定义的尺寸(U) 两者的区别如下：
  - ☑ □锁定已修改的尺寸(L)：锁定被修改过的尺寸。
  - ☑ □锁定用户定义的尺寸(U)：锁定用户定义的（强）尺寸。

5.13 Creo 草图设计与二维软件图形绘制的区别

与其他二维软件（如 AutoCAD）相比，Creo 的二维草图的绘制有自己的方法、规律和技巧。用 AutoCAD 绘制二维图形，通过一步一步地输入准确的尺寸，可以直接得到最终需要的图形。而用 Creo 绘制二维图形，开始一般不需要给出准确的尺寸，而是先绘制草图，勾勒出图形的大概形状，然后再为草图创建符合工程需要的尺寸布局，最后修改草图的尺寸，在修改时输入各尺寸的准确值（正确值）。由于 Creo 具有尺寸驱动功能，所以草图在修改尺寸后，图形的大小会随着尺寸而变化。这样绘制图形的方法虽然烦琐，但在实际的产品设计中，它比较符合设计师的思维方式和设计过程。假如某个设计师需要对产品中的一个零件进行全新设计，那么在刚开始设计时，设计师的脑海里只会有这个零件的大概轮廓和形状，所以他会先以草图的形式把它勾勒出来，草图完成后，设计师接着会考虑图形（零件）的尺寸布局、基准定位等，最后设计师根据诸多因素（如零件的功能、零件的强度要求、零件与产品中其他零件的装配关系等）确定零件每个尺寸的最终准确值，从而完成零件的设计。由此看来，Creo 的这种“先绘草图，再改尺寸”的绘图方法是有一定道理的。

5.14 Creo 草图设计综合应用 1

应用概述：

本应用从新建一个草图开始，详细介绍了草图的绘制、编辑和标注的过程，要重点掌握的是绘图前的设置、约束的处理以及尺寸的处理技巧。图形如图 5.14.1 所示，其绘制过程如下：

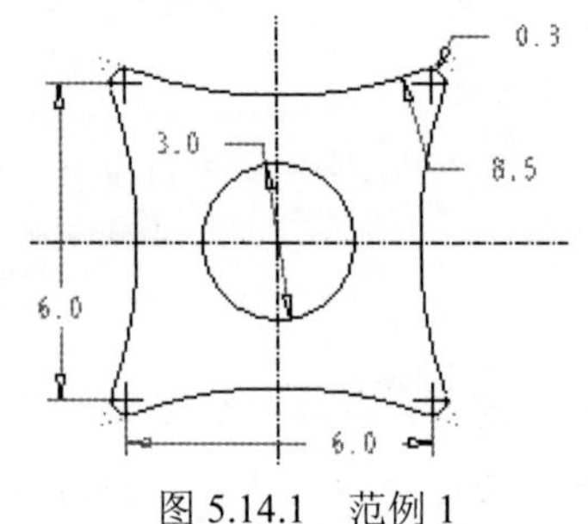

图 5.14.1 范例 1

Stage1．新建一个草绘文件

Step 1 选择下拉菜单 文件 → 新建 命令（或单击“新建”按钮）。

Step 2 系统弹出“新建”对话框，在该对话框中选中 草绘 单选项；在 名称 后的文本框中输入草图名称 sketch01；单击 确定 按钮，即进入草绘环境。

Stage2．绘图前的必要设置

Step 1 设置栅格。

（1）在 草绘 选项卡中单击 栅格 按钮。

（2）此时系统弹出“栅格设置”对话框，在 栅格间距 选项组中选择 ◉ 静态 单选项，然后在 X 间距 和 Y 间距 文本框中输入间距值 1.0；单击 确定 按钮，完成栅格设置。

（3）在“视图”工具条中单击“草绘显示过滤器”按钮，在弹出的菜单中选中 ☑ 显示栅格 复选框，可以在图形区中显示栅格。

Step 2 此时，绘图区中的每一个栅格表示 1 个单位。为了便于查看和操作图形，可以滚动鼠标中键滚轮，调整栅格到合适的大小（图 5.14.2）。单击视图工具栏中的“草绘显示过滤器”按钮，在弹出的菜单中取消选中☐显示栅格复选框，将栅格的显示关闭。

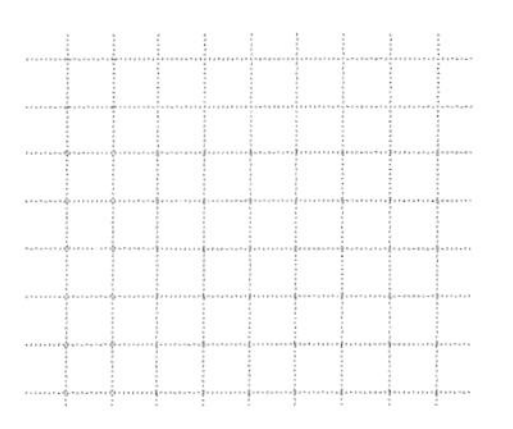

图 5.14.2　调整栅格到合适的大小

Stage3．创建草图以勾勒出图形的大概形状

由于 Creo 具有尺寸驱动功能，开始绘图时只需绘制大致的形状即可。

Step 1　单击 草绘 区域中的 中心线 按钮，绘制图 5.14.3 所示的两条中心线（一条水平中心线和一条垂直中心线）。

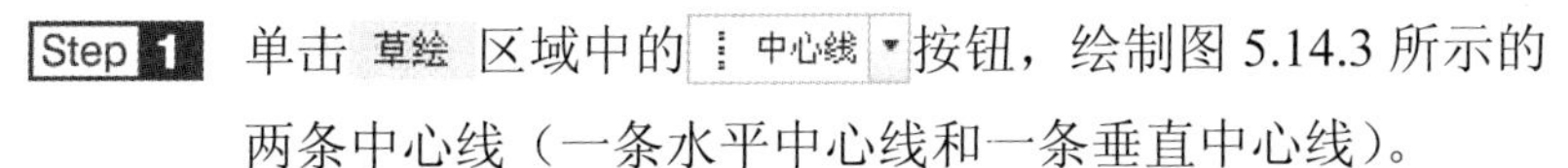

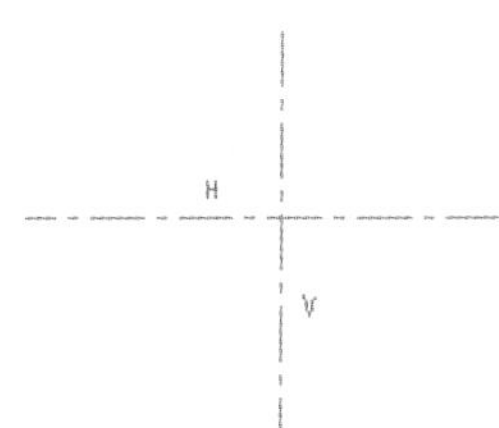

图 5.14.3　绘制中心线

Step 2　在 草绘 选项卡中单击“线链”按钮 弧 中的 3点/相切端，绘制图 5.14.4 所示的图形。

Step 3　单击“圆角”按钮 圆角 中的 圆形，绘制图 5.14.5 所示的图形。

Step 4　单击“圆”按钮 圆，绘制图 5.14.6 所示的图形（系统会自动捕捉两中心线交点）。

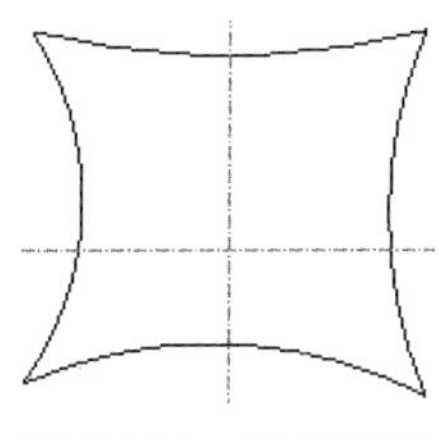

图 5.14.4　绘制图形

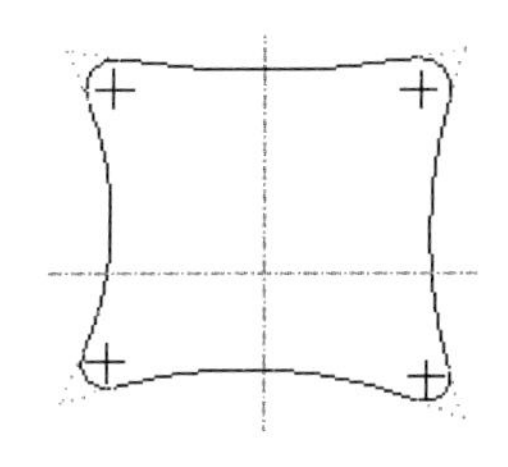

图 5.14.5　绘制图形

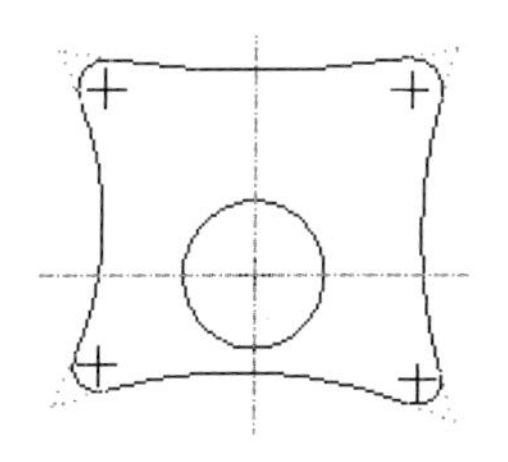

图 5.14.6　绘制图形

Stage4．为草图创建约束

Step 1　选中按钮中的☑显示约束复选框，打开约束显示；在图 5.14.7 所示的图形中选取要相等的圆弧。完成操作后，图形如图 5.14.7 所示。

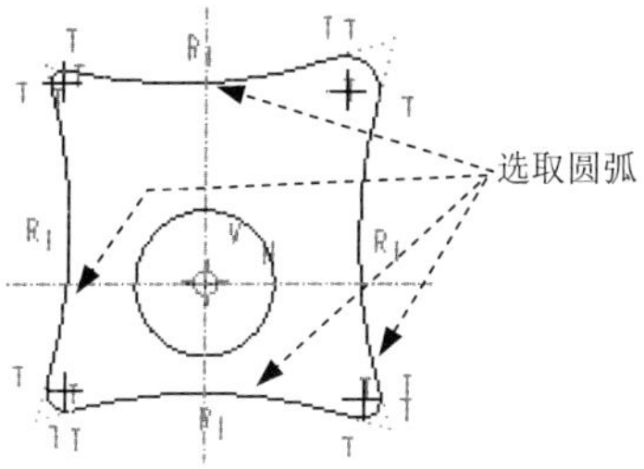

Step 2　在图 5.14.8 所示的图形中选取要相等的圆角。完成操作后，图形如图 5.14.8 所示。

图 5.14.7　绘制图形

Step 3　在图 5.14.9 所示的图形中选取要对称的点。点 1、点 4 和点 2、点 3 关于竖直方向对称，点 1、点 2 关于水平方向对称，完成操作后，图形如图 5.14.9 所示。

Stage5．调整草图尺寸

Step 1　选中按钮中的☑显示尺寸复选框，打开尺寸显示；系统自动标注的尺寸如图 5.14.10 所示。移动尺寸至合适的位置，如图 5.14.11 所示。

Step 2　双击要修改的尺寸，然后在出现的文本框中输入正确的尺寸值，并按回车键；用同样的方法修改其余的尺寸值，完成后的图形如图 5.14.12 所示。

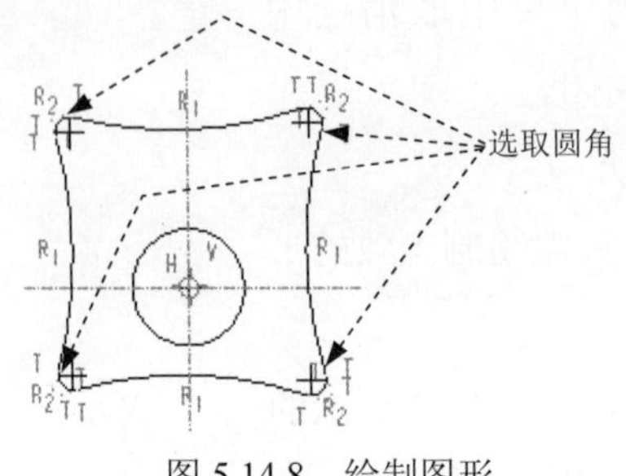

图 5.14.8 绘制图形

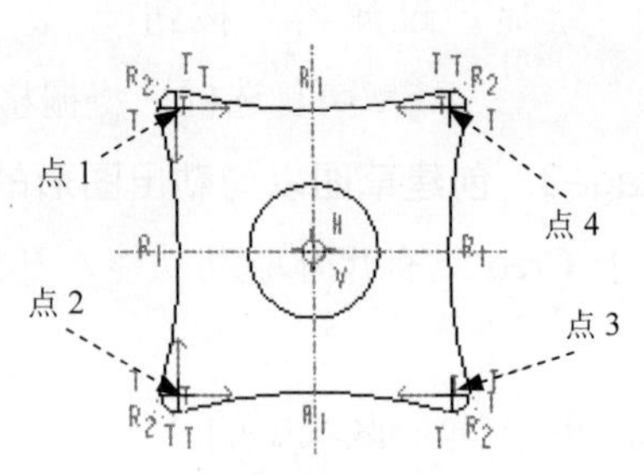

图 5.14.9 最终图形

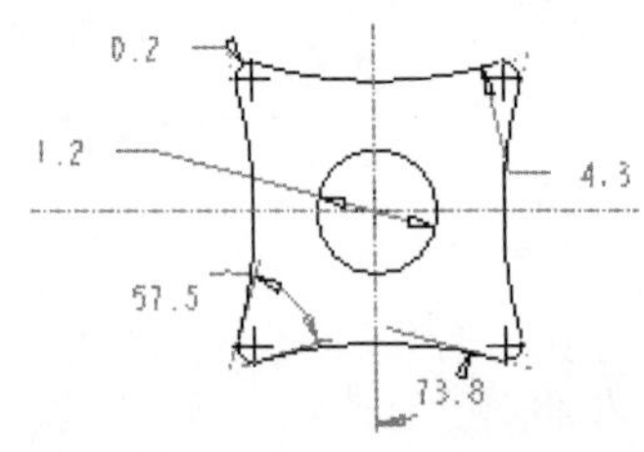

图 5.14.10 系统默认给出的尺寸

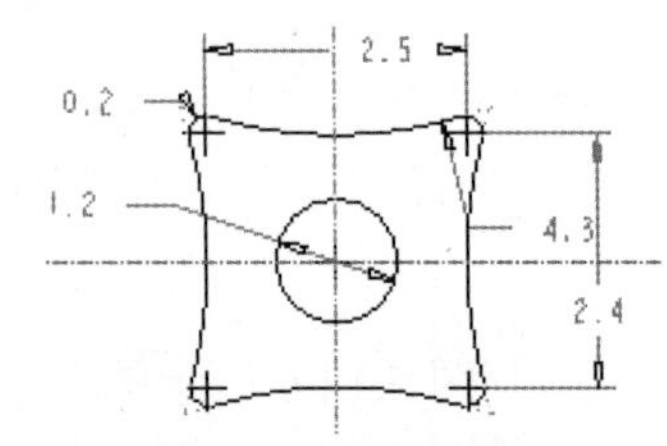

图 5.14.11 调整后的尺寸

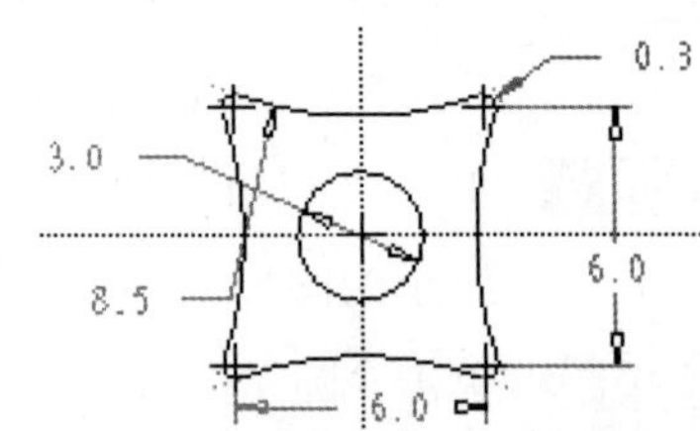

图 5.14.12 绘制的图形

5.15 Creo 草图设计综合应用 2

应用概述：

本应用主要介绍草图的绘制、编辑和标注的过程，读者要重点掌握约束与尺寸的处理技巧。图形如图 5.15.1 所示，其绘制过程如下：

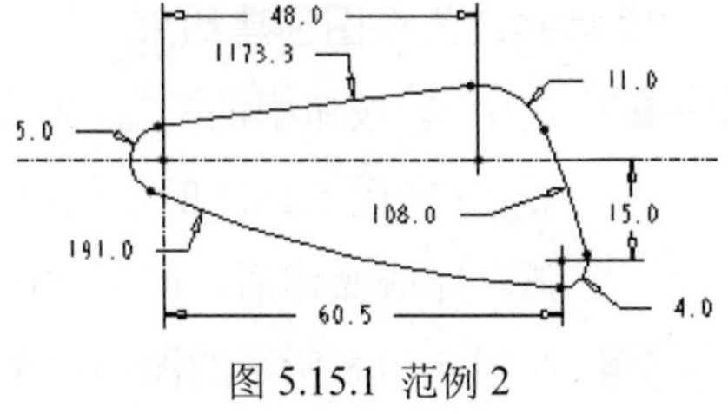

图 5.15.1 范例 2

Stage1．新建一个草绘文件

Step 1 选择下拉菜单 文件 → 新建 命令（或单击“新建”按钮）。

Step 2 系统弹出“新建”对话框，在该对话框中选中 草绘 单选项；在 名称 后的文本框中输入草图名称 sketch02；单击 确定 按钮，即进入草绘环境。

Stage2．绘图前的必要设置

Step 1 设置栅格。

（1）在 草绘 选项卡中单击 栅格 按钮。

（2）此时系统弹出“栅格设置”对话框，在 栅格间距 选项组中选择 静态 单选项，然后在 X 间距 和 Y 间距 文本框中输入间距值 10；单击 确定 按钮，完成栅格设置。

（3）在“视图”工具条中单击“草绘显示过滤器”按钮，在弹出的菜单中选中 显示栅格 复选框，可以在图形区中显示栅格。

Step 2 此时，绘图区中的每一个栅格表示 10 个单位。为了便于查看和操作图形，可以滚动鼠标中键滚轮，调整栅格到合适的大小（图 5.15.2）。单击视图工具栏中的“草绘显示过滤器”按钮，在弹出的菜单中取消选中 显示栅格 复选框，将栅格的显示关闭。

Stage3．创建草图以勾勒出图形的大概形状

由于 Creo 具有尺寸驱动功能，开始绘图时只需绘制大致的形状即可。

Step 1 单击 草绘 区域中的 中心线 按钮，绘制图 5.15.3 所示的两条中心线（一条水平中心线和一条垂直中心线）。

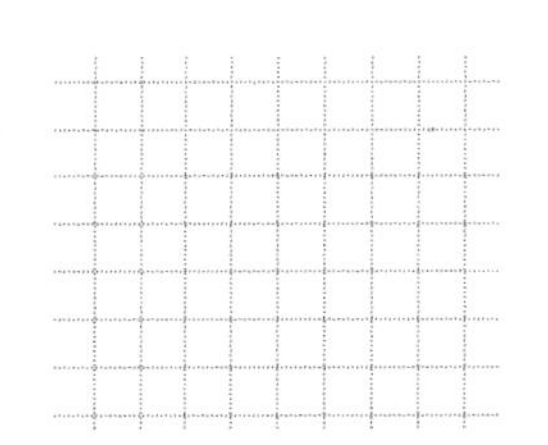

图 5.15.2 调整栅格到合适的大小

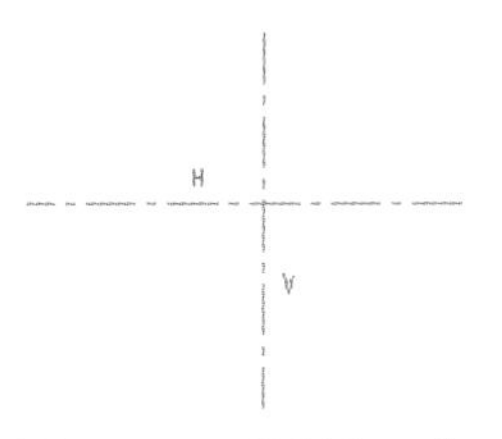

图 5.15.3 绘制中心线

Step 2 在 草绘 选项卡中单击“圆弧”命令按钮 弧 中的 3点/相切端，绘制图 5.15.4 所示的图形。

Step 3 单击“圆角”命令按钮 圆角 中的 圆形，绘制图 5.15.5 所示的圆弧。

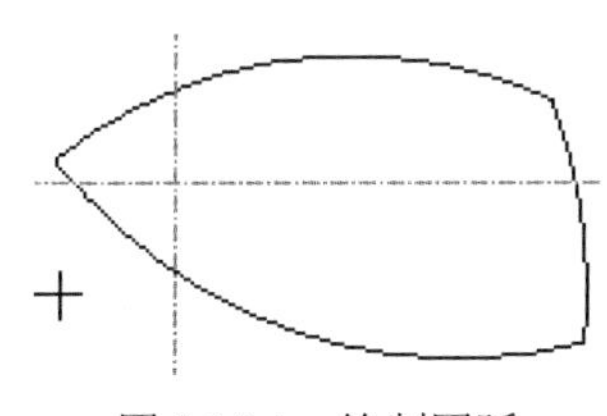

图 5.15.4 绘制圆弧

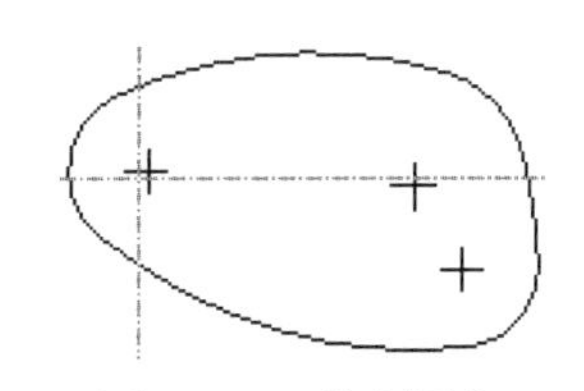

图 5.15.5 绘制图角

Stage4．为草图创建约束

添加重合约束。选中按钮中的 显示约束 复选框，打开约束显示；在图 5.15.6 所示的图形中选取圆心 1 与水平中心线、竖直中心线分别重合，再选取圆心 2 与水平中心线重合。完成操作后，图形如图 5.15.6 所示。

Stage5．调整草图尺寸

Step 1 选中按钮中的 显示尺寸 复选框，打开尺寸显示，移动尺寸至合适的位置；单击有用的尺寸，然后右击，在系统弹出的快捷菜单中选择 锁定 命令，其结果如图 5.15.7 所示（深黑色尺寸为锁定尺寸）。

Step 2 单击 尺寸 区域中的“标注”按钮；先标注圆心 2 与垂直中心线的距离，然后标注圆心 3 分别与水平中心线，竖直中心线的距离，此时图形如图 5.15.8 所示。

Step 3 双击要修改的尺寸，然后在系统弹出的文本框中输入正确的尺寸值，并按回车键。

用同样的方法修改其余的尺寸值，其结果如图 5.15.9 所示。

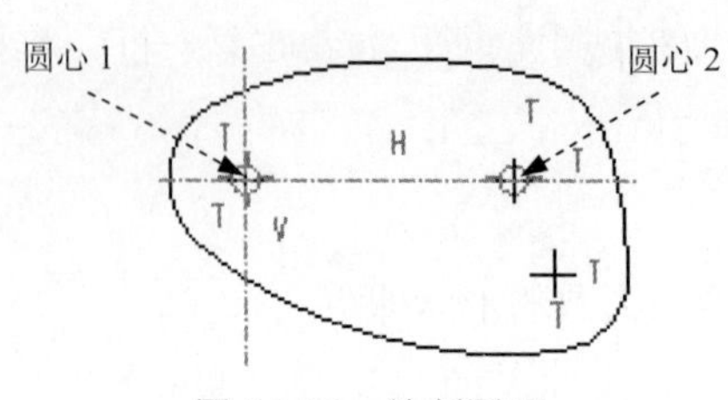

图 5.15.6　绘制图形

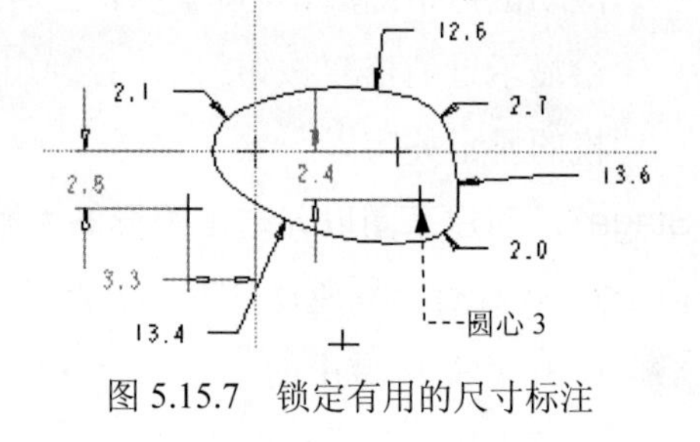

图 5.15.7　锁定有用的尺寸标注

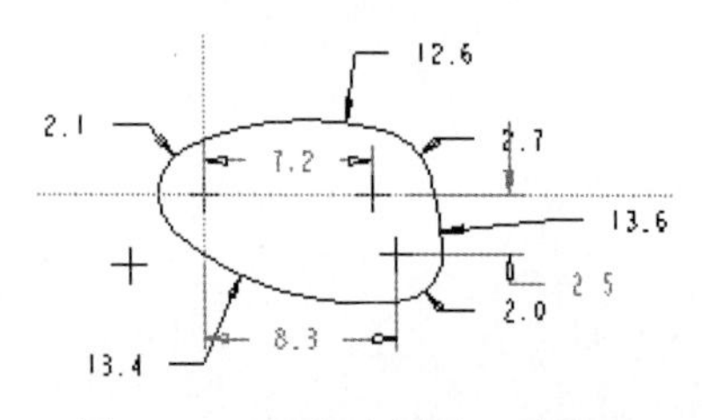

图 5.15.8　添加有用的尺寸标注

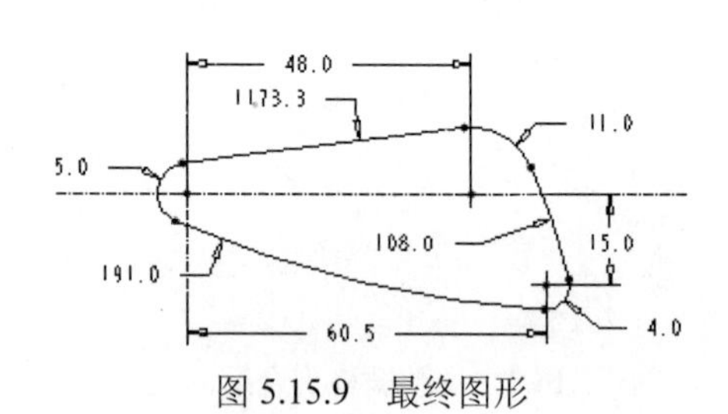

图 5.15.9　最终图形

5.16　Creo 草图设计综合应用 3

应用概述：

本应用从新建一个草图开始，详细介绍草图的绘制、编辑和标注的过程，要重点掌握绘图前的设置、处理约束的操作过程与细节。本节主要绘制图 5.16.1 所示的图形，其具体绘制过程如下。

Stage1．新建一个草绘文件

Step 1　选择下拉菜单 文件 → 新建(N) 命令（或单击“新建”按钮）。

Step 2　系统弹出“新建”对话框，在该对话框中选中 ◉ 草绘 单选项；在 名称 后的文本框中输入草图名称 sketch03；单击 确定 按钮，即进入草绘环境。

Stage2．绘图前的必要设置

Step 1　设置栅格。

（1）在 草绘 选项卡中单击 按钮。

（2）此时系统弹出“栅格设置”对话框，在 栅格间距 选项组中选择 ◉ 静态 单选项，然后在 X 间距 和 Y 间距 文本框中输入间距值 10；单击 确定 按钮，完成栅格设置。

（3）在“视图”工具条中单击“草绘显示过滤器”按钮，在弹出的菜单中选中 ☑ 显示栅格 复选框，可以在图形区中显示栅格。

Step 2　此时，绘图区中的每一个栅格表示 10 个单位。为了便于查看和操作图形，可以滚动鼠标中键滚轮，调整栅格到合适的大小（图 5.16.2）。单击视图工具栏中的“草绘显示过滤器”按钮，在弹出的菜单中取消选中 显示栅格 复选框，将栅格的显示关闭。

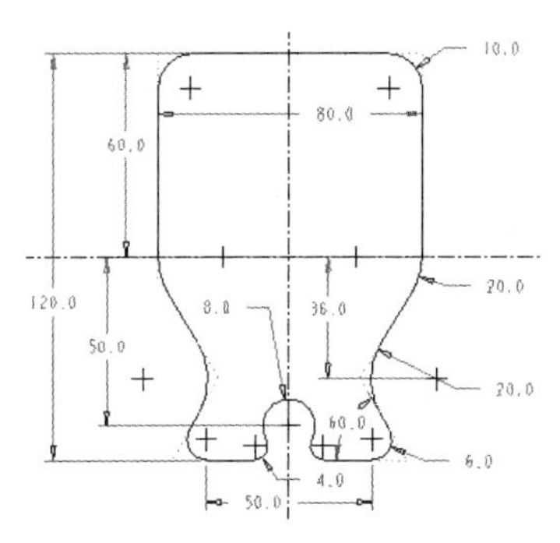

图 5.16.1　范例 3

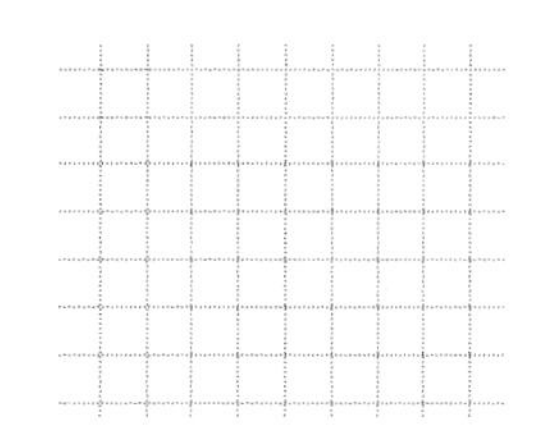

图 5.16.2　调整栅格到合适的大小

Stage3．创建草图以勾勒出图形的大概形状

由于 Creo 具有尺寸驱动功能，开始绘图时只需绘制大致的形状即可。

Step 1 单击 草绘 区域中的 中心线 按钮，绘制图 5.16.3 所示的两条中心线（一条水平中心线和一条垂直中心线）。

Step 2 在 草绘 选项卡中单击“直线”命令按钮 线 中的 线链，绘制图 5.16.4 所示的图形。

Step 3 单击“圆弧”命令按钮 弧 中的 3点/相切端。使圆心约束在竖直中心线上，绘制图 5.16.5 所示的图形。

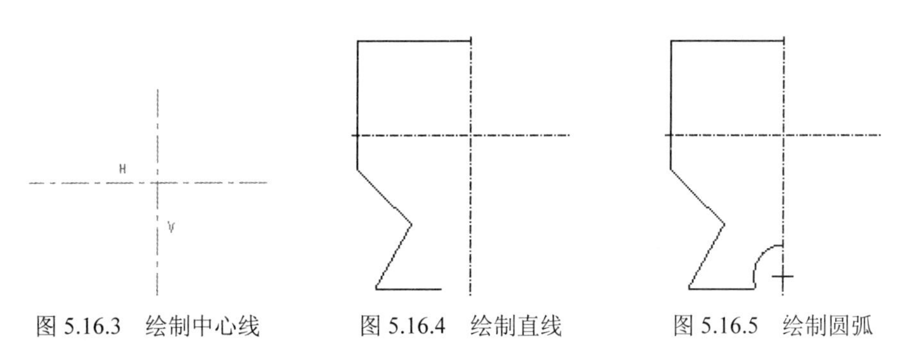

图 5.16.3　绘制中心线　　图 5.16.4　绘制直线　　图 5.16.5　绘制圆弧

Step 4 单击“圆角”命令按钮 圆角 中的 圆形，绘制图 5.14.3 所示的圆弧。

Step 5 在绘图区框选图 5.16.6 所绘制的图元为镜像图元。单击 草绘 功能选项卡 编辑 区域中的按钮，选取竖直中心线，其结果如图 5.16.7 所示。

Stage4．为草图编辑约束

添加重合约束。单击 草绘 功能选项卡 约束 ▾ 区域中的按钮，选择图 5.16.8a 所示的圆心 1 和水平中心线；完成操作后，图形如图 5.16.8b 所示。

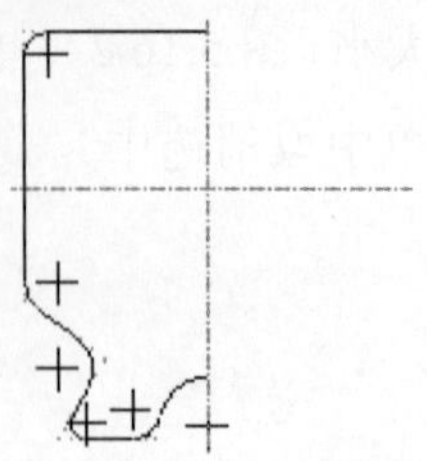

图 5.16.6　绘制圆角

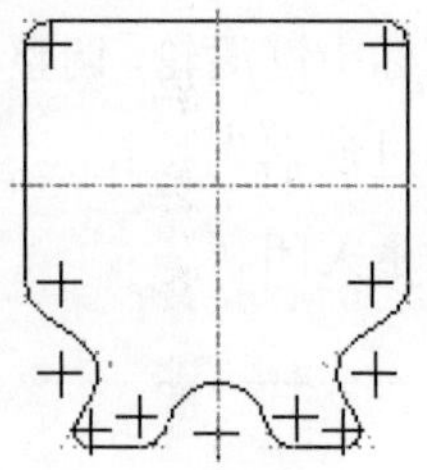

图 5.16.7 镜像图元

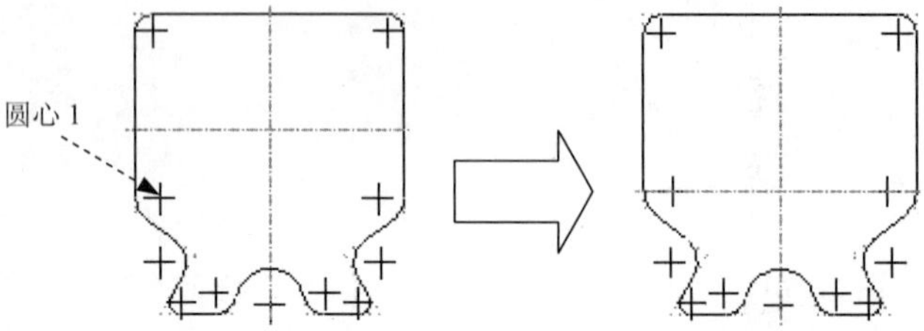

圆心 1

a）添加约束前

b）添加约束后

图 5.16.8　添加约束

Stage5．调整草图尺寸

Step 1 选中按钮中的 显示尺寸 复选框，打开尺寸显示，系统会自动标注尺寸，移动尺寸至合适的位置，其结果如图 5.16.9 所示。

Step 2 双击要修改的尺寸，然后在系统弹出的文本框中输入正确的尺寸值，并按回车键。用同样的方法修改其余的尺寸值，其结果如图 5.16.10 所示。

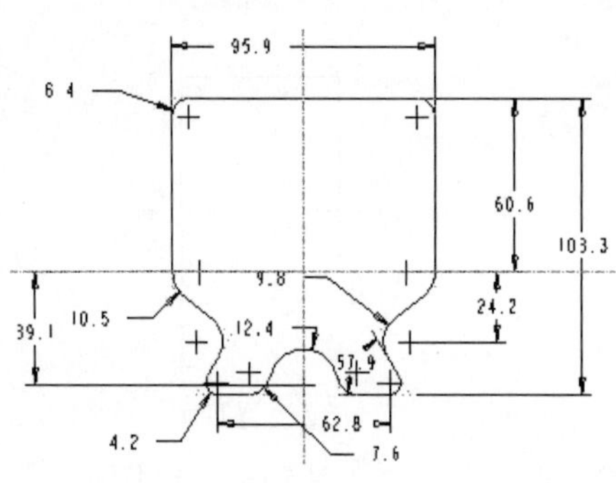

图 5.16.9　锁定有用的尺寸标注

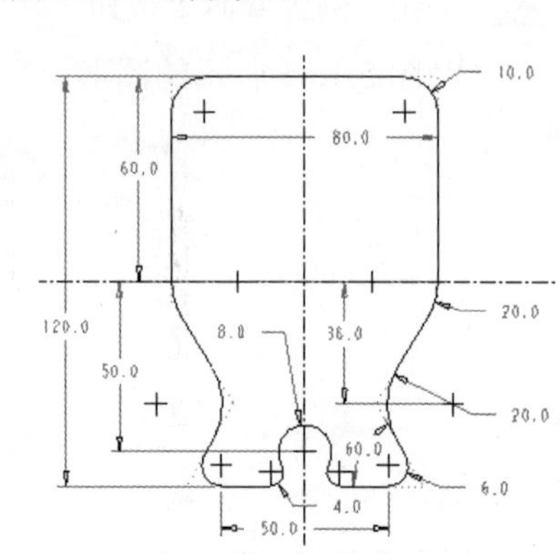

图 5.16.10　最终图形

6 零件设计

6.1 使用 Creo 创建零件的一般过程

6.1.1 概述

用 Creo 软件创建零件产品，其方法十分灵活，按大的方法分类，有以下几种。

1. “积木”式的方法

这是大部分机械零件的实体三维模型的创建方法。这种方法是先创建一个反映零件主要形状的基础特征，然后在这个基础特征上添加其他的一些特征，如伸出、切槽（口）、倒角、圆角等。

2. 由曲面生成零件的实体三维模型的方法

这种方法是先创建零件的曲面特征，然后把曲面转换成实体模型。

3. 从装配中生成零件的实体三维模型的方法

这种方法是先创建装配体，然后在装配体中创建零件。

本章将主要介绍用第一种方法创建零件的一般过程，其他的方法将在后面章节中陆续介绍。

下面以一个零件——支撑座（support_part）为例，说明用 Creo 软件创建零件三维模型的一般过程，同时介绍拉伸（Extrude）特征的基本概念及其创建方法。支撑座的模型如图 6.1.1 所示。

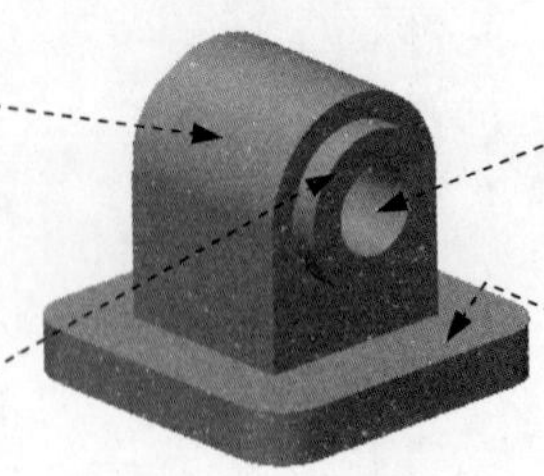

第一个添加特征：实体拉伸特征
第三个添加特征：切削实体拉伸特征
第二个添加特征：实体拉伸特征
基础特征：实体拉伸特征

图 6.1.1　支撑座三维模型

6.1.2　新建一个零件文件

准备工作：将目录 D:\creo2mo\work\ch06\ch06.01 设置为工作目录。在后面的章节中，每次新建或打开一个模型文件（包括零件、装配件等）之前，都应先将工作目录设置正确。

操作步骤如下：

Step 1　选择下拉菜单 文件 → 新建(N) 命令（或单击“新建”按钮），此时系统弹出“新建”对话框。

Step 2　选择文件类型和子类型。在对话框中选中 类型 选项组中的 ◉ 零件 单选项，选中 子类型 选项组中的 ◉ 实体 单选项。

Step 3　输入文件名。在 名称 文本框中输入文件名。

说明：

- 每次新建一个文件时，Creo 会显示一个默认名。如果要创建的是零件，默认名的格式是 prt 后跟一个序号（如 prt0001），以后再新建一个零件，序号自动加 1。
- 在 公用名称 文本框中可输入模型的公共描述，该描述将映射到 Winchill 中的 CAD 文档名称中去。一般设计中不对此进行操作。

Step 4　取消选中 □ 使用默认模板 复选框并选取适当的模板。通过单击 □ 使用默认模板 复选框来取消使用默认模板，然后单击对话框中的 确定 按钮，系统弹出“新文件选项”对话框，在“模板”选项组中选取 PTC 公司提供的米制实体零件模板 mmns_part_solid 选项（如果用户所在公司创建了专用模板，可用 浏览... 按钮找到该模板），然后单击 确定 按钮，系统立即进入零件的创建环境。

注意：为了使本书的通用性更强，在后面各个 Creo 模块（包括零件、装配件、工程制图、钣金件、模具设计）的介绍中，无论是范例介绍还是章节练习，当新建一个模型（包括零件模型、装配体模型、模具制造模型）时，如未加注明，都是取消选中 □ 使用默认模板 复选框，而且都是使用 PTC 公司提供的以 mmns 开始的米制模板。

关于模板及默认模板的说明：

Creo 的模板分为两种类型：模型模板和工程图模板。模型模板分为零件模型模板、装配模型模板和模具模型模板等，这些模板其实都是一个标准 Creo 模型，它们都包含预定义的特征、层、参数、命名的视图、默认单位及其他属性，Creo 为其中各类模型分别提供了两种模板，一种是米制模板，以 mmns 开始，使用米制度量单位；一种是英制模板，以 inlbs 开始，使用英制单位。

工程图模板是一个包含创建工程图项目说明的特殊工程图文件，这些工程图项目包括视图、表、格式、符号、捕捉线、注释、参数注释及尺寸。另外，PTC 标准绘图模板还包含三个正交视图。

用户可以根据个人或本公司的具体需要，对模板进行更详细的定制，并可以在配置文件 config.pro 中将这些模板设置成默认模板。

6.1.3 创建零件的基础特征

基础特征是一个零件的主要轮廓特征，创建什么样的特征作为零件的基础特征比较重要，一般由设计者根据产品的设计意图和零件的特点灵活掌握。本例中的支撑座零件的基础特征是一个图 6.1.2 所示的拉伸（Extrude）特征。拉伸特征是将截面草图沿着草绘平面的垂直方向投影而形成的，它是最基本且经常使用的零件造型选项。

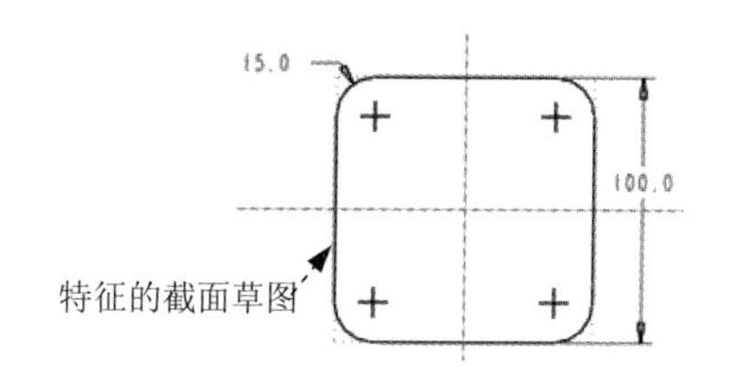

通过拉伸

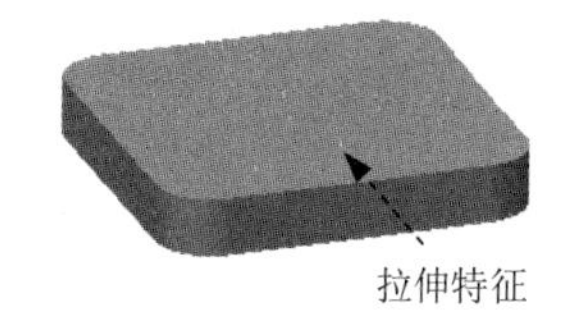

图 6.1.2 “拉伸”示意图

1. 选取特征命令

进入 Creo 的零件设计环境后，屏幕的绘图区中应该显示图 6.1.3 所示的三个相互垂直的默认基准平面，如果没有显示，可单击“视图控制”工具栏中的按钮，然后在弹出的菜单中选中 平面显示 复选框，将基准平面显现出来。

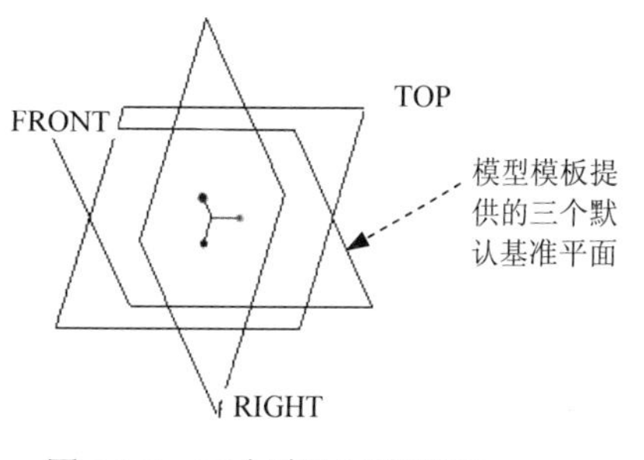

图 6.1.3 三个默认基准平面

进入 Creo 的零件设计环境后，在软件界面上方会显示“模型”功能选项卡，该功能选项卡中包含 Creo 中所有的零件建模工具，特征命令的选取方法一般是单击其中的命令按钮。

本例中需要选择拉伸命令，在 “模型”功能选项卡中单击 拉伸 按钮即可。

说明：本书中的 拉伸 按钮在后文中将简化为 拉伸 按钮。

2. 定义拉伸类型

在选择 拉伸 命令后，屏幕上方会出现操控板。在操控板中，按下实体特征类型按钮

（默认情况下，此按钮为按下状态）。

说明：利用拉伸工具，可以创建如下几种类型的特征：

- 实体类型：单击操控板中的“拉伸为实体”按钮□，可以创建实体类型的特征。在由截面草图生成实体时，实体特征的截面草图完全由材料填充，并沿草图平面的法向伸展来生成实体，如图 6.1.4 所示。
- 曲面类型：单击操控板中的“拉伸为曲面”按钮，可以创建一个拉伸曲面。在 Creo 中，曲面是一种没有厚度和重量的片体几何，但通过相关命令操作可变成带厚度的实体，如图 6.1.5 所示。
- 薄壁类型：单击“薄壁特征类型”按钮，可以创建薄壁类型特征。在由截面草图生成实体时，薄壁特征的截面草图则由材料填充成均厚的环，环的内侧或外侧或中心轮廓线是截面草图，如图 6.1.6 所示。

图 6.1.4 “实体”特征

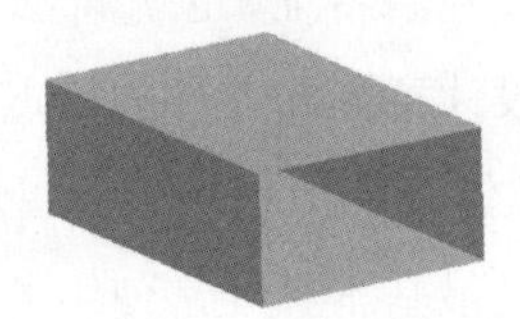

图 6.1.5 “曲面”特征

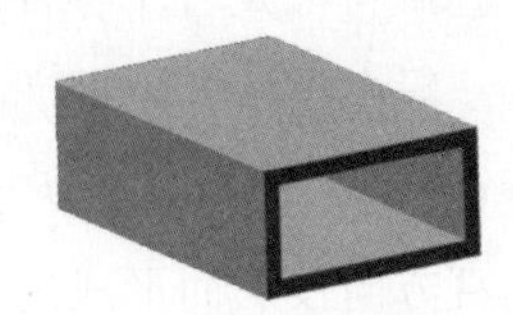

图 6.1.6 “薄壁”特征

- 切削类型：操控板中的“移除材料”按钮被按下时，可以创建切削特征。

一般来说，创建的特征可分为“正空间”特征和“负空间”特征。“正空间”特征是指在现有零件上添加材料，“负空间”特征是指在现有零件上移除材料，即切削。

如果“移除材料”按钮被按下，同时“拉伸为实体”按钮□也被按下，则用于创建“负空间”实体，即从零件中移除材料。当创建零件的第一个（基础）特征时，零件中没有任何材料，所以零件的第一个（基础）特征不可能是切削类型的特征，因而切削按钮是灰色的，不能选取。

如果“移除材料”按钮被按下，同时“拉伸为曲面”按钮也被按下，则用于曲面的裁剪，即使用正在创建的曲面特征裁剪已有曲面。

如果“移除材料”按钮被按下，同时“薄壁特征”按钮及“拉伸为实体”按钮□也被按下，则用于创建薄壁切削实体特征。

3. 定义截面草图

Step 1 选取命令。在绘图区中右击，从弹出的快捷菜单中，选择 定义内部草绘... 命令，此时系统弹出“草绘”对话框。

Step 2 定义截面草图的放置属性。

（1）定义草绘平面。

选取 RIGHT 基准平面作为草绘平面，操作方法如下：将鼠标指针移至图形区中的

RIGHT 基准平面的边线或 RIGHT 字符附近，该基准平面的边线外会出现绿色加亮的边线，此时单击 RIGHT 基准平面就被定义为草绘平面，并且“草绘”对话框中“草绘平面”区域的文本框中显示出“RIGHT：F1（基准平面）”。

（2）定义草绘视图方向。此例中我们不进行操作，采用模型中默认的草绘视图方向。

说明：完成 Step2 后，图形区中 RIGHT 基准平面的边线旁边会出现一个黄色的箭头(图 6.1.7)，该箭头方向表示查看草绘平面的方向。如果要改变该箭头的方向，有三种方法：

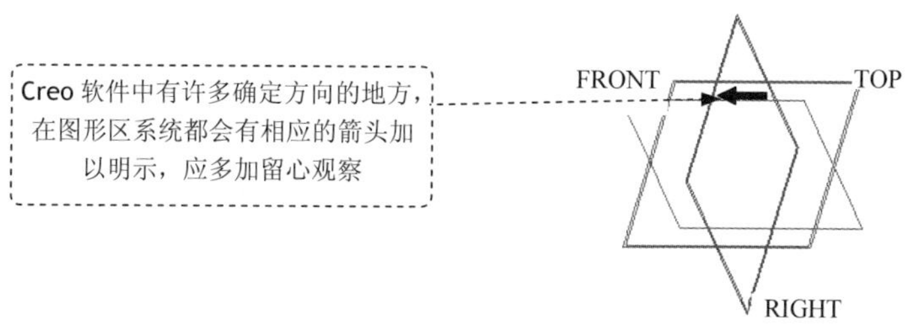

图 6.1.7 查看方向箭头

方法一：单击“草绘”对话框中的 反向 按钮。

方法二：将鼠标指针移至该箭头上，单击。

方法三：将鼠标指针移至该箭头上，右击，在弹出的快捷菜单中选择 反向 命令。

（3）对草绘平面进行定向。

说明：选取草绘平面后，开始草绘前，还必须对草绘平面进行定向，定向完成后，系统即让草绘平面与屏幕平行，并按所指定的定向方位来摆放草绘平面。要完成草绘平面的定向，必须进行下面的操作：

第一，先指定草绘平面的参考平面，即指定一个与草绘平面相垂直的平面作为参考。“草绘平面的参考平面”有时简称为“参考平面”、“参考平面”或“参考”。

第二，再指定参考平面的方向，即指定参考平面的放置方位，参考平面可以朝向显示器屏幕的 顶 部或 底部 或 右 侧或 左 侧。

此例中，按如下方法定向草绘平面：

① 指定草绘平面的参考平面：此时“草绘”对话框的“参考”文本框自动加亮，单击图形区中的 FRONT 基准平面。

② 指定参考平面的方向：单击对话框中 方向 选框后面的 ▾ 按钮，在弹出的列表中选择 底部 选项。完成这两步操作后，“草绘”对话框的显示如图 6.1.8 所示。

（4）单击对话框中的 草绘 按钮。此时系统进行草绘平面的定向，并使其与屏幕平行，如图 6.1.9 所示。从图中可看到，FRONT 基准平面现在水平放置，并且 FRONT 基准平面的橘黄色的一侧面在底部。至此，系统就进入了截面的草绘环境。

Step 3 创建特征的截面草图。

基础拉伸特征的截面草图如图 6.1.10 所示。下面将以此为例介绍特征截面草图的一般创建步骤。

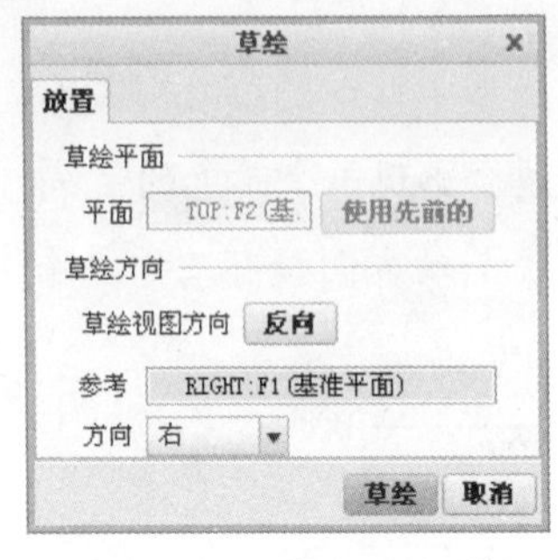

图 6.1.8　“草绘”对话框

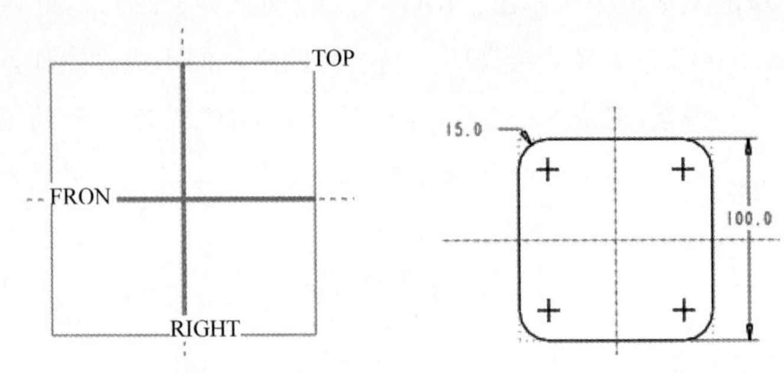

图 6.1.9　草绘平面与屏幕平行　图 6.1.10　基础特征的截面草图

（1）定义草绘参考。进入 Creo 2.0 的草绘环境后，系统将自动为草图的绘制及标注选取足够的草绘参考（如本例中，系统默认选取了 FRONT 和 RIGHT 基准平面作为草绘参考）。本例中在此我们不进行操作。

说明：在用户的草绘过程中，Creo 会自动对图形进行尺寸标注和几何约束，但系统在自动标注和约束时必须参考一些点、线、面，这些点、线、面就是草绘参考。

关于 Creo 的草绘参考应注意如下几点：

- 查看当前草绘参考：在图形区中右击，在系统弹出的快捷菜单中选择 参考(R)... 选项，系统弹出“参考”对话框，在参考列表区系统列出了当前的草绘参考（该图中的两个草绘参考 FRONT 和 TOP 基准平面是系统默认选取的）。如果用户想添加其他的点、线、面作为草绘参考，可以通过在图形上直接单击来选取。
- 要使草绘截面的参考完整，必须至少选取一个水平参考和一个垂直参考，否则会出现错误警告提示。
- 在没有足够的参考来摆放一个截面时，系统会自动弹出“参考”对话框，要求用户先选取足够的草绘参考。
- 在重新定义一个缺少参考的特征时，必须选取足够的草绘参考。

“参考”对话框中几个选项的介绍如下：

- 按钮：用于为尺寸和约束选取参考。单击此按钮后，再在图形区的二维草绘图形中单击欲作为参考基准的直线（包括平面的投影直线）、点（包括直线的投影点）等目标，系统立即将其作为一个新的参考显示在“参考”列表区中。
- 剖面(X) 按钮：单击此按钮，再选取目标曲面，可将草绘平面与某个曲面的交线作为参考。
- 删除(D) 按钮：如果要删除参考，可在参考列表区选取要删除的参考名称，然后单击此按钮。

（2）设置草图环境，调整草绘区。

（3）绘制截面草图并进行标注。下面将说明创建截面草图的一般流程，在以后的章节中，当创建截面草图时，可参考这里的内容。

① 草绘截面几何图形的大体轮廓。使用 Creo 软件绘制截面草图，开始时没有必要很精确地绘制截面的几何形状、位置和尺寸，只需勾勒截面的大概形状即可。

其操作提示与注意事项如下：

为了使草绘时图形显示得更简洁、清晰，建议先将尺寸和约束符号的显示关闭。方法如下：

a）单击“视图控制”工具栏中的按钮，在弹出的菜单中取消选中 显示尺寸 复选框，不显示尺寸。

b）选中按钮中的 显示约束 复选框，显示约束。

c）在 草绘 选项卡中单击“线链”命令按钮 线 中的，再单击按钮 线链，绘制图 6.1.11 所示的 6 条直线（绘制时不要太在意图中直线的大小和位置，只要大概的形状与图 6.1.11 相似就可以）。

d）在 草绘 选项卡中单击“圆形”命令按钮 圆角 中的，再单击按钮 圆形，绘制图 6.1.11 所示的 4 个圆弧。

e）单击 草绘 区域中的 中心线，绘制图 6.1.12 所示的中心线（水平中心线与 FRONT 基准平面重合）。

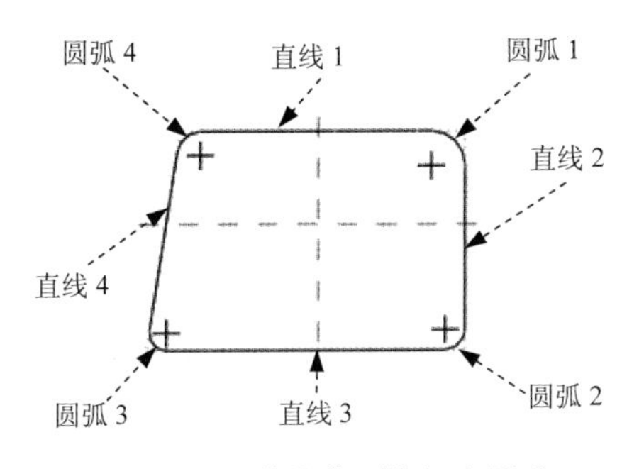

图 6.1.11 草绘截面的初步图形

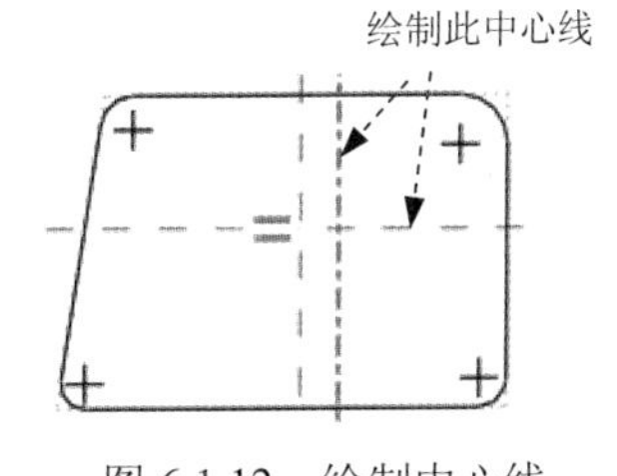

图 6.1.12 绘制中心线

② 建立约束。操作提示如下：

a）显示约束。确认按钮中的 显示约束 复选框被选中。

b）删除无用的约束。在绘制草图时，系统会自动添加一些约束，而其中有些是无用的，例如在图 6.1.13a 中，系统自动添加了“相等”约束（注意：读者绘制时，可能没有这个约束，这取决于绘制时鼠标的走向与停留的位置）。删除约束的操作方法：单击 草绘 功能选项卡 操作 区域中的按钮，选取“相等”约束，右击，在弹出的快捷菜单中选择 删除(D) 命令。

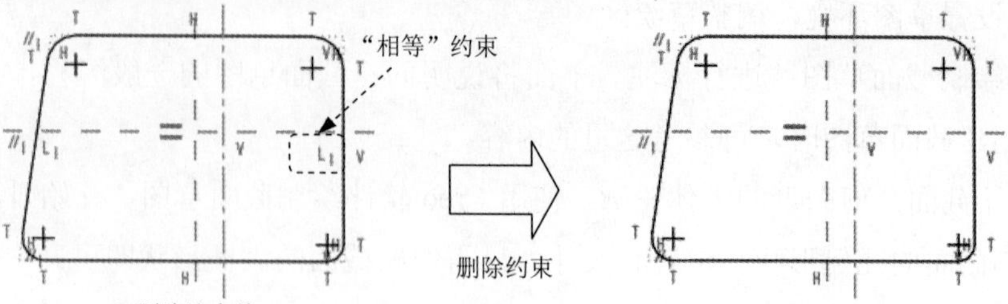

“相等”约束

删除约束

a）删除约束前　　b）删除约束后

图 6.1.13　草绘截面的初步图形

c）添加重合约束。单击 约束▼ 区域中的按钮，然后在图 6.1.14a 所示的图形中，先单击中心线，再单击图中的基准平面边线。完成操作后，图形如图 6.1.14b 所示。

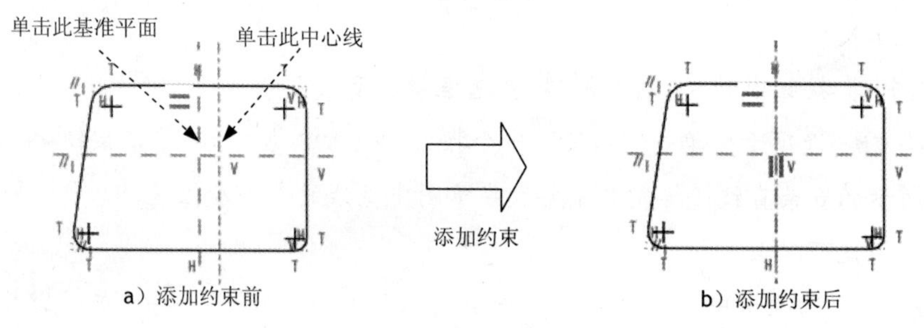

图 6.1.14　添加重合约束

d）添加相等约束。单击 约束▼ 区域中的 = 按钮，然后分别单击图 6.1.15a 所示的圆弧 1 和圆弧 2、圆弧 1 和 3、圆弧 1 和圆弧 4。完成操作后，图形如图 6.1.15b 所示。

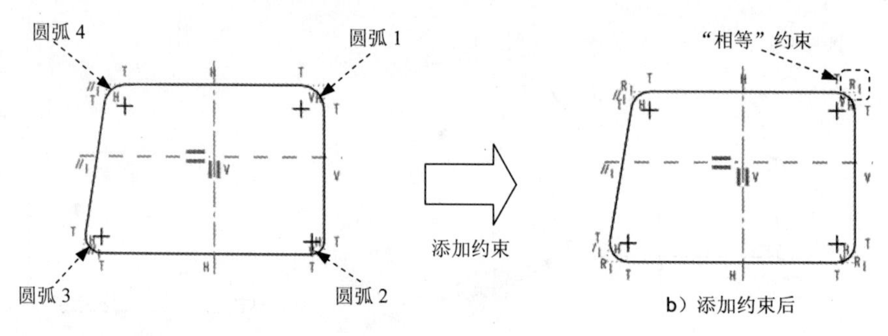

图 6.1.15　添加重合约束

e）添加对称约束。单击 约束▼ 区域中的按钮，然后分别单击图 6.1.16a 所示的竖直中心线及圆心 1 和圆心 2，再单击水平中心线及圆心 2 和圆心 3，完成操作后，图形如图 6.1.16b 所示。

f）添加竖直约束。单击 草绘 功能选项卡 约束▼ 区域中的 十 按钮，然后单击图 6.1.17a 所示的线段。完成操作后，图形如图 6.1.17b 所示。

d）添加相等约束。单击 约束▼ 区域中的 = 按钮，然后分别单击图 6.1.18a 所示的直线 1 和直线 2，完成操作后，图形如图 6.1.18b 所示。

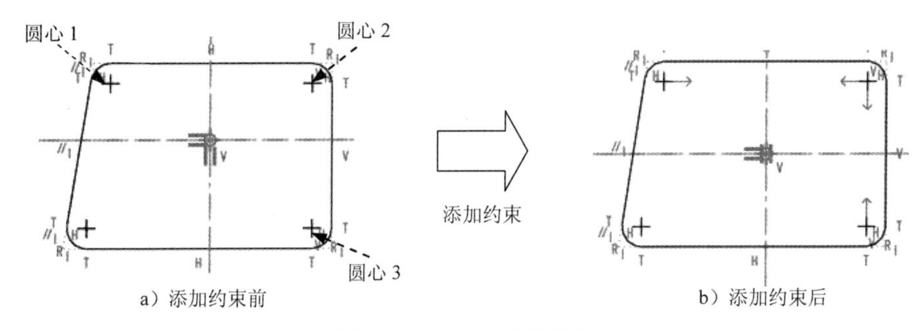

图 6.1.16 添加对称约束

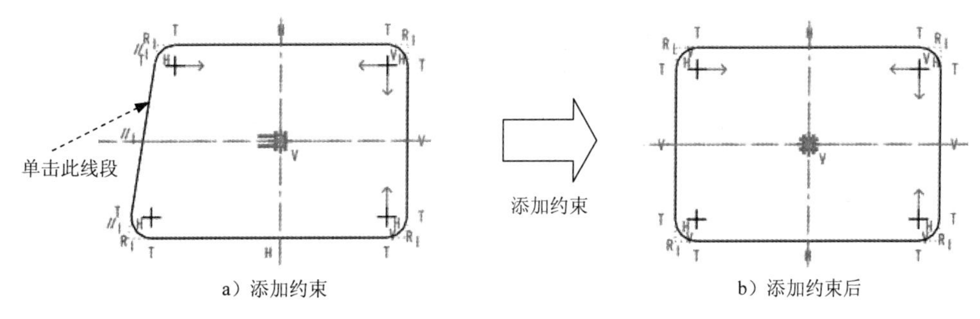

图 6.1.17 添加竖直约束

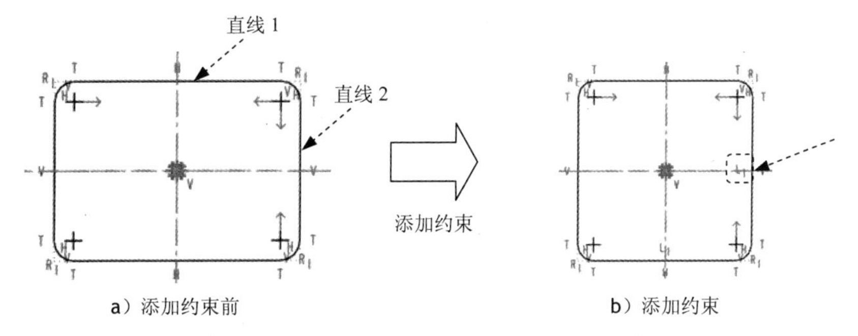

图 6.1.18 添加重合约束

③ 将尺寸修改为设计要求的尺寸。其操作提示与注意事项如下：

- 尺寸的修改往往安排在建立约束以后进行。
- 修改尺寸前要注意，如果要修改的尺寸的大小与设计目的的尺寸相差太大，应该先用图元操纵功能将其“拖到”与目的尺寸相近，然后再双击尺寸，输入目的尺寸。
- 注意修改尺寸的顺序，先修改对截面外观影响不大的尺寸。

a）选中按钮中的 显示尺寸 复选框，打开尺寸显示。此时图形如图 6.1.19 所示。

b）如图 6.1.20a 所示，双击要修改的尺寸，然后在弹出的文本框中输入正确的尺寸值，并按回车键。修改后，图形如图 6.1.20b 所示。

说明： 在修改尺寸时，为防止图形变得很凌乱，要注意修改尺寸的先后顺序，先修改对截面外观影响不大的尺寸（如图 6.1.20a 所示的图形中，尺寸 12.9 是对截面外观影响不大的尺寸，所以建议先修改此尺寸）。

图 6.1.19　打开尺寸显示　　　　图 6.1.20　修改尺寸

④ 调整尺寸位置。将草图的尺寸移动至适当的位置，如图 6.1.21 所示。

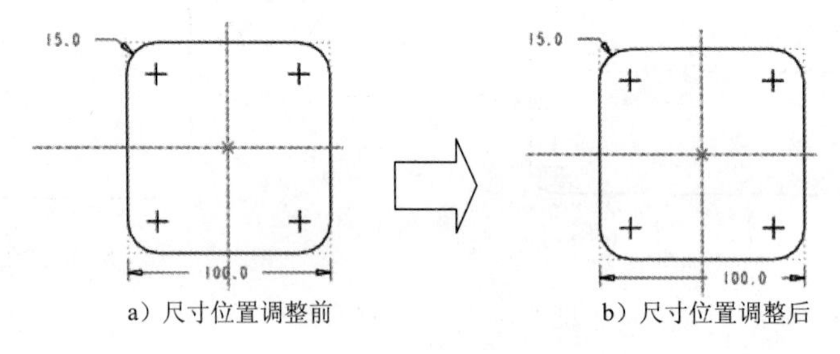

图 6.1.21　尺寸位置调整

⑤ 分析当前截面草图是否满足拉伸特征的设计要求。单击 检查 ▾ 区域中的“特征要求”命令，系统弹出图 6.1.22 所示的“特征要求”对话框，从对话框中可以看出当前的草绘截面拉伸特征的设计要求。单击 关闭 按钮以关闭“特征要求”对话框。

（4）单击草绘工具栏中的“确定”按钮✔，完成拉伸特征的截面草绘，退出草绘环境。

注意：草绘“确定”按钮✔的位置一般如图 6.1.23 所示。

注意：如果系统弹出图 6.1.24 所示的“未完成截面”错误提示，则表明截面不闭合或截面中有多余的线段，此时可单击 否(N) 按钮，然后修改截面中的错误，完成修改后再单击✔按钮。

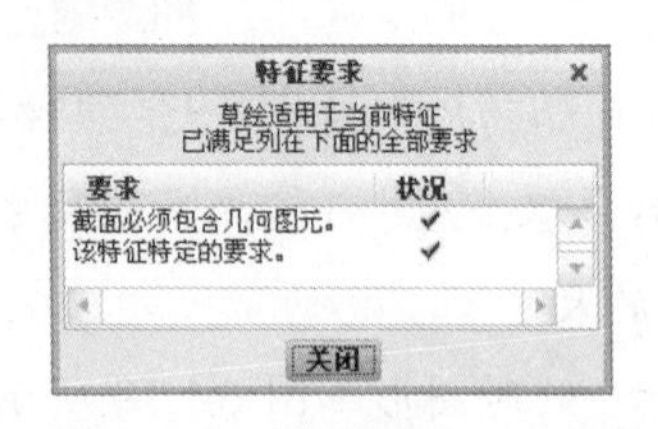

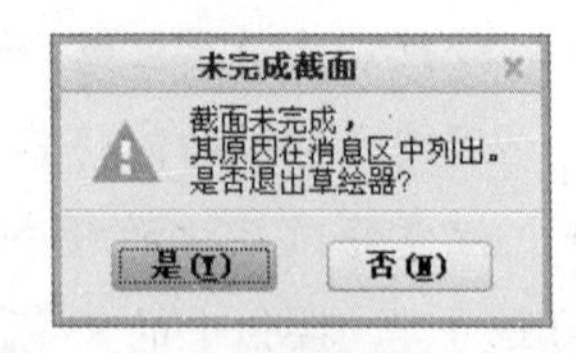

图 6.1.22　“特征要求”对话框　　图 6.1.23　“确定”按钮　　图 6.1.24　“未完成截面”错误提示

绘制实体拉伸特征的截面时，应该注意如下要求：

- 截面必须闭合，截面的任何部位不能有缺口，如图 6.1.25a 所示。如果有缺口，可用命令 修剪掉，将缺口封闭。

- 截面的任何部位不能探出多余的线头，如图 6.1.25b 所示，较长的多余的线头用修剪命令修剪掉，如果线头特别短，即使足够放大也不可见，则必须用修剪命令修剪掉。
- 截面可以包含一个或多个封闭环，生成特征后，外环以实体填充，内环则为孔。环与环之间不能相交或相切，如图 6.1.25c 和图 6.1.25d 所示；环与环之间也不能有直线（或圆弧等）相连，如图 6.1.25e 所示。

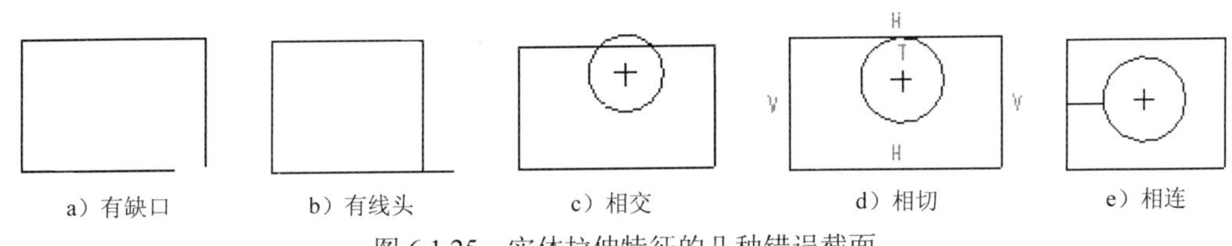

图 6.1.25 实体拉伸特征的几种错误截面

注意：曲面拉伸特征的截面可以是开放的，但截面不能有多于一个的开放环。

4. 定义拉伸深度属性

Step 1 定义深度方向。不进行操作，采用模型中默认的深度方向。

注意：按住鼠标的中键且移动鼠标，可将草图从图 6.1.26 所示的状态旋转到图 6.1.27 所示的状态，此时在模型中可看到一个黄色的箭头，该箭头表示特征拉伸的方向；当选取的深度类型为（对称深度），该箭头的方向没有太大的意义；如果为单侧拉伸，应注意箭头的方向是否为将要拉伸的深度方向。

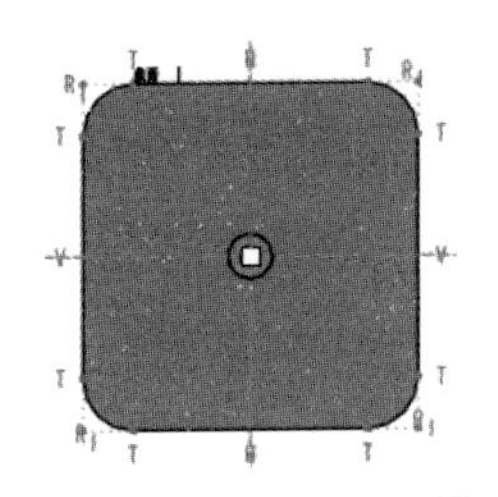
图 6.1.26 草绘平面与屏幕平行

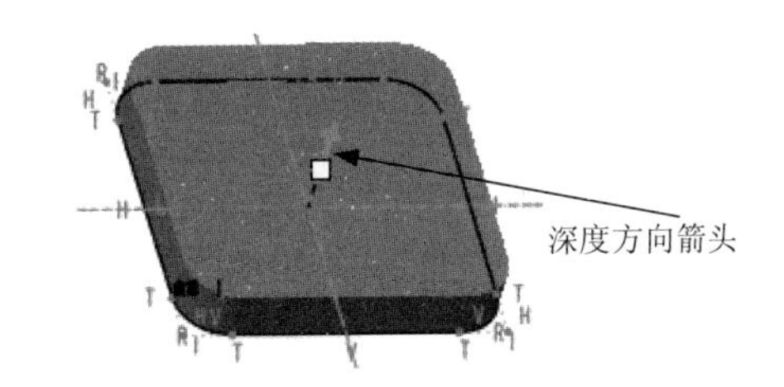

图 6.1.27 草绘平面与屏幕不平行

要改变箭头的方向，有如下几种方法：

方法一：在操控板中，单击深度文本框 240.0 后面的按钮。

方法二：将鼠标指针移至深度方向箭头上，单击。

方法三：将鼠标指针移至深度方向箭头附近，右击，选择 反向 命令。

方法四：将鼠标指针移至模型中的深度尺寸 15.0 上，右击，在系统弹出的图 6.1.28 所示的快捷菜单中选择 反向深度方向 命令。

Step 2 选取深度类型。在操控板中，选取深度类型为（即“定值拉伸”）。

Step 3 定义深度值。在深度文本框 216.15 中输入深度值 15.0，并按回车键。

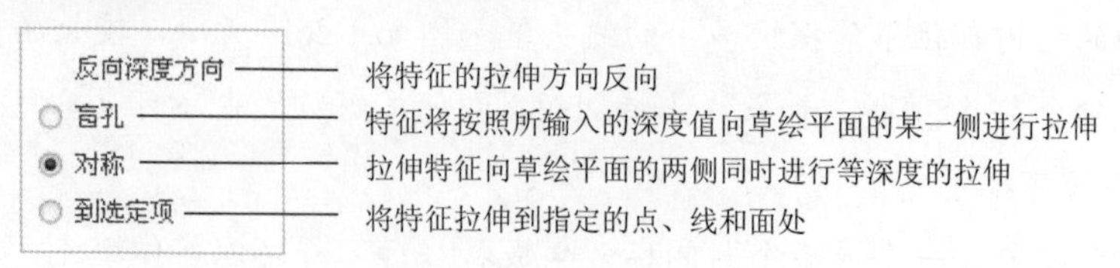

图 6.1.28　深度快捷菜单

单击操控板中的按钮后的按钮，可以选取特征的拉伸深度类型，各选项说明如下。

- 单击按钮（定值，以前的版本称为“盲孔”），可以创建“定值”深度类型的特征，此时特征将从草绘平面开始，按照所输入的数值（即拉伸深度值）向特征创建的方向一侧进行拉伸。
- 单击按钮（对称），可以创建“对称”深度类型的特征，此时特征将在草绘平面两侧进行拉伸，输入的深度值被草绘平面平均分割，草绘平面两边的深度值相等。
- 单击按钮（到选定的），可以创建“到选定的”深度类型的特征，此时特征将从草绘平面开始拉伸至选定的点、曲线、平面或曲面。

其他几种深度选项的相关说明：

- 当在基础特征上添加其他某些特征时，还会出现下列深度选项：
  - ☑ （到下一个）：深度在零件的下一个曲面处终止。
  - ☑ （穿透）：特征在拉伸方向上延伸，直至与所有曲面相交。
  - ☑ （穿至）：特征在拉伸方向上延伸，直到与指定的曲面（或平面）相交。
- 使用“穿过”类选项时，要考虑下列规则：
  - ☑ 如果特征要拉伸至某个终止曲面，则特征的截面草图的大小不能超出终止曲面（或面组）的范围。
  - ☑ 如果特征应终止于其到达的第一个曲面，需使用（到下一个）选项，使用选项创建的伸出项不能终止于基准平面。
  - ☑ 使用（到选定的）选项时，可以选择一个基准平面作为终止面。
  - ☑ 如果特征应终止于其到达的最后曲面，需使用（穿透）选项。
  - ☑ 穿过特征没有与伸出项深度有关的参数，修改终止曲面可改变特征深度。
- 对于实体特征，可以选择以下类型的曲面为终止面：
  - ☑ 零件的某个表面，它不必是平面的。
  - ☑ 基准平面，它不必平行于草绘平面。
  - ☑ 一个或多个曲面组成的面组。
  - ☑ 在以“装配”模式创建特征时，可以选择另一个元件的几何作为选项的参考。
  - ☑ 用面组作为终止曲面，可以创建与多个曲面相交的特征。这对创建包含多个终止曲面的阵列非常有用。

图 6.1.29 显示了拉伸的有效深度选项。

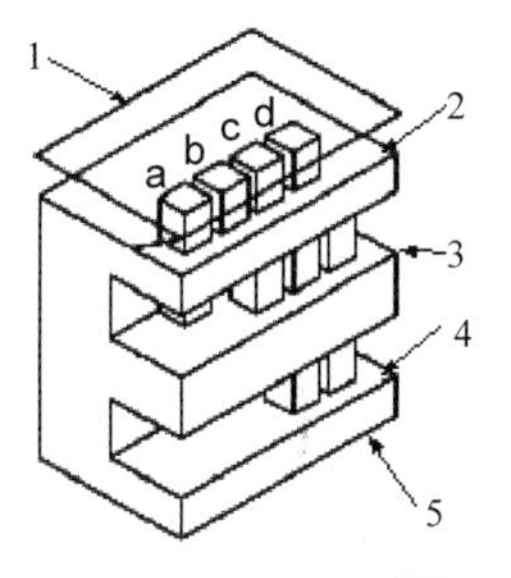

图 6.1.29　拉伸深度选项示意图

5. 完成特征的创建

Step 1　特征的所有要素被定义完毕后，单击操控板中的“预览”按钮，预览所创建的特征，以检查各要素的定义是否正确。预览时，可按住鼠标中键进行旋转查看，如果所创建的特征不符合设计意图，可选择操控板中的相关项，重新定义。

Step 2　预览完成后，单击操控板中的“完成”按钮，完成特征的创建。

6.1.4　添加其他特征

1. 添加拉伸特征 1

在创建零件的基本特征后，可以增加其他特征。现在要添加图 6.1.30 所示的实体拉伸特征，操作步骤如下：

Step 1　单击“拉伸”命令按钮 拉伸。

Step 2　在出现的操控板中选取拉伸类型：确认“实体类型”按钮被按下。

Step 3　定义截面草图。

（1）在绘图区中右击，从弹出的快捷菜单中选择 定义内部草绘... 命令。

图 6.1.30　添加拉伸特征

（2）定义截面草图的放置属性。

① 设置草绘视图方向：选取 FRONT 平面为草绘平面，RIGHT 平面为参照平面，方向为 顶。

② 单击“草绘”对话框中的 草绘 按钮。至此，系统进入截面草绘环境。

（3）创建图 6.1.31 所示的特征截面，详细操作过程如下：

① 定义截面草绘参考。在此不进行操作，接受系统给出的默认参考。

② 为了使草绘时图形显示得更清晰，先需要设置视图的显示方式：在“视图控制”工具栏中单击按钮，在弹出的菜单中选择 消隐 选项，切换到“不显示隐藏线”方式。

③ 绘制、标注截面的准备工作。

a）先绘制一条图 6.1.32 所示的垂直中心线（所创建中心线与 RIGHT 基准平面重合）。

b）添加参考线。单击“参考”命令按钮，系统弹出“参考”对话框，单击图 6.1.33

所示的线段。

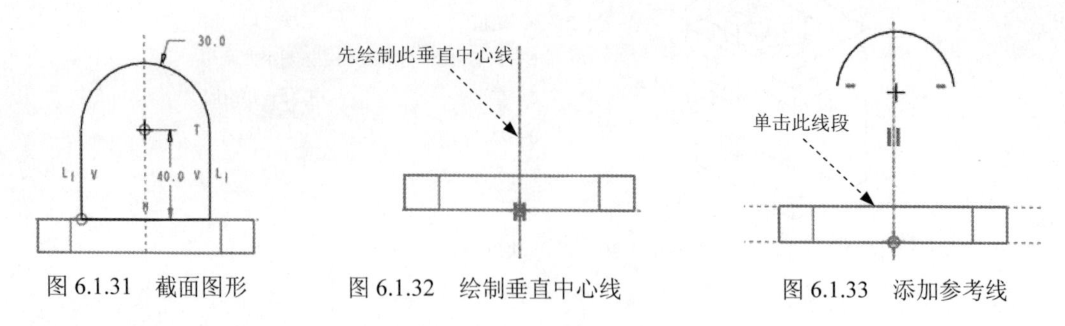

图 6.1.31　截面图形　　图 6.1.32　绘制垂直中心线　　图 6.1.33　添加参考线

说明："使用边"类型的说明："使用边"分为"单个"、"链"和"环"三个类型，假如要使用图 6.1.34 中的上、下两条直线段，可先选中 ◉ 单一(S) 单选项，然后逐一选取两条线段；假如要使用图 6.1.35 中相连的两个圆弧和直线线段，可先选中 ◉ 链(H) 单选项，然后选取该"链"中的首尾两个图元——圆弧；假如要使用图 6.1.36 中闭合的两个圆弧和两条直线线段，可先选中 ◉ 环(L) 单选项，然后选取该"环"中的任意一个图元。另外，利用"链"类型也可选择闭合边线中的任意几个相连的图元链。

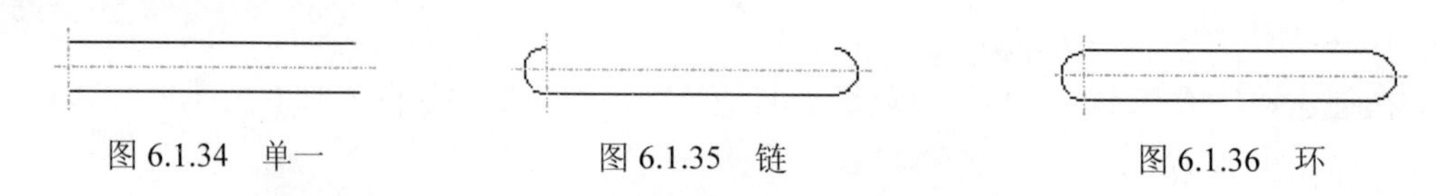

图 6.1.34　单一　　图 6.1.35　链　　图 6.1.36　环

还有一种"偏移使用边"命令（命令按钮 偏移），如图 6.1.37 所示。由图可见，所创建的边线与原边线有一定距离的偏移，偏移方向有相应的箭头表示。

图 6.1.37　偏移使用边

④ 绘制大概轮廓。

a）为了使图面显示得更简洁、清晰，建议将尺寸显示关闭。

b）显示约束。确认 按钮中的 显示约束 复选框处于选中状态（即显示约束）。

c）绘制圆弧。单击"圆弧"命令按钮 弧 中的 3点/相切端，绘制图 6.1.38 所示的圆弧。

注意：在绘制草图时，系统会自动加上一些约束，在这些约束中有些是无用的，读者绘制时可能没有这个约束，自动添加的约束取决于绘制时鼠标的走向与停留的位置。

d）绘制截面的直线部分。单击"线"命令按钮 线 中的 线链，绘制图 6.1.39 所示的直线。

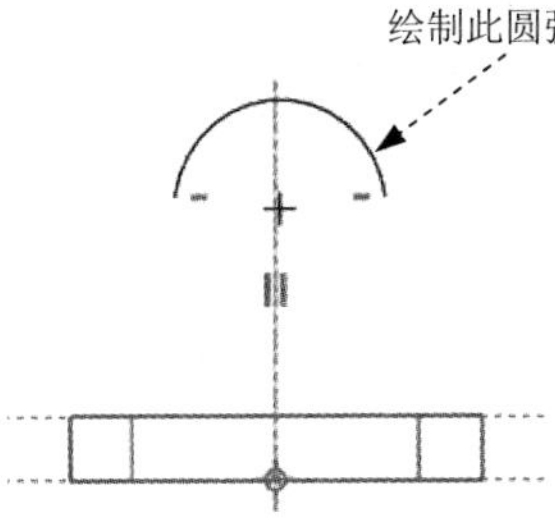

绘制此圆弧

图 6.1.38　绘制圆弧

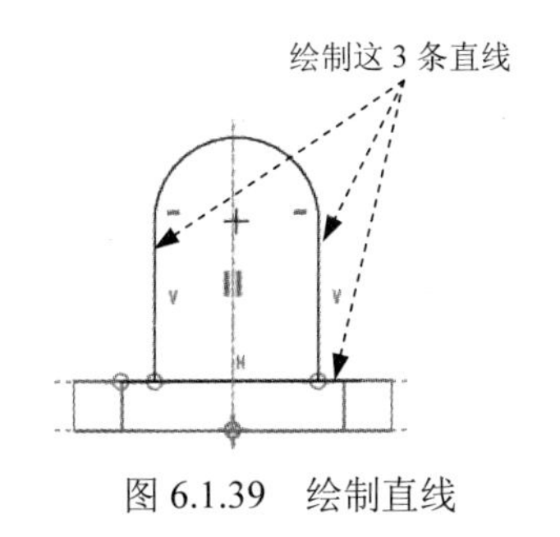

图 6.1.39　绘制直线

⑤ 修剪截面的多余边线。

a）单击 编辑 区域中的 按钮。

b）按住鼠标左键并拖动，绘制图 6.1.40a 所示的路径，则与此路径相交的部分被剪掉。

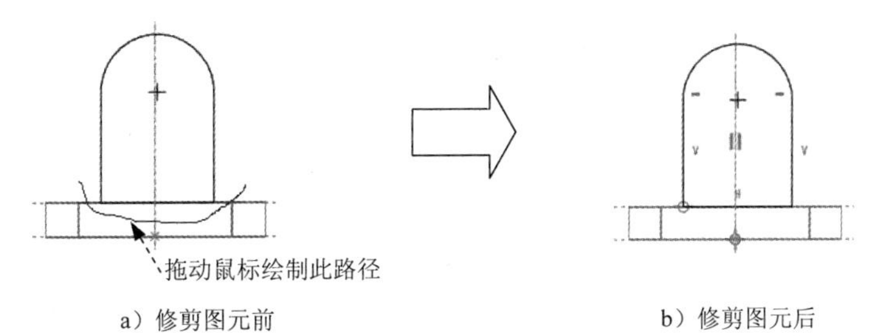

a）修剪图元前　　b）修剪图元后

图 6.1.40　修剪图元

c）添加相切约束。单击 约束 ▾ 区域中的 按钮，然后分别单击图 6.1.41a 所示的直线 1 和圆弧 1，完成操作后，图形如图 6.1.41b 所示。

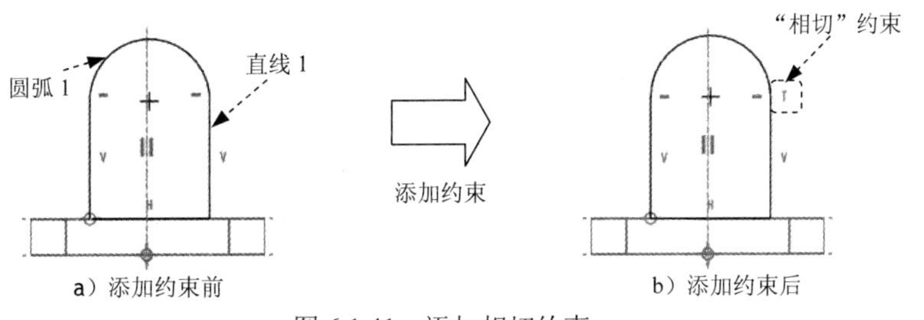

a）添加约束前　　b）添加约束后

图 6.1.41　添加相切约束

d）删除无用的约束。单击 草绘 功能选项卡 操作 ▾ 区域中的 按钮，选取“水平对齐”约束，右击，在弹出的快捷菜单中选择 删除(D) 命令，结果如图 6.1.42b 所示。

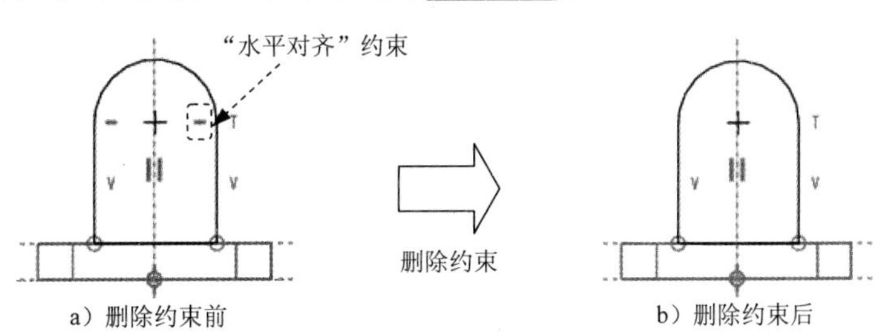

a）删除约束前　　b）删除约束后

图 6.1.42　删除无用约束

e）添加对称约束。单击 约束▼ 区域中的 按钮，然后分别单击图 6.1.43a 所示的竖直中心线及端点 1 和端点 2，完成操作后，图形如图 6.1.43b 所示。

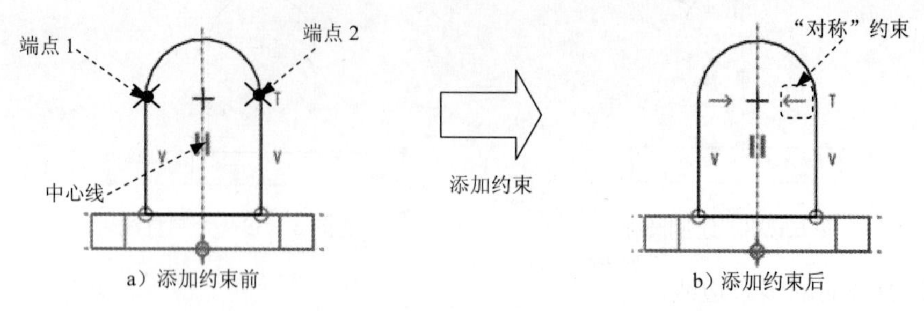

图 6.1.43 添加对称约束

f）添加相等约束。单击 约束▼ 区域中的 = 按钮，然后分别单击图 6.1.44a 所示的直线 1 和直线 2，完成操作后，图形如图 6.1.44b 所示。

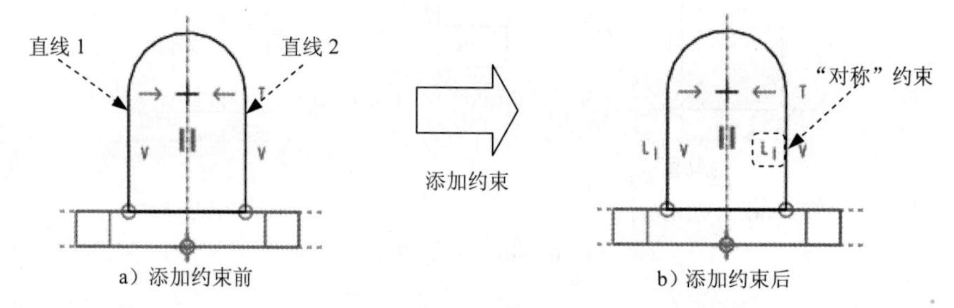

图 6.1.44 添加相等约束

g）为了确保草图正确，建议使用 编辑 区域中的 按钮对图形的每个交点处进行进一步的修剪处理。

⑥ 修改图 6.1.45 所示的直线的尺寸。

a）显示尺寸：选中 按钮中的 显示尺寸 复选框，打开尺寸显示。

b）双击图 6.1.45 所示的尺寸 50.6，然后在弹出的文本框中输入正确的新尺寸 40.0，并按回车键。

⑦ 按同样的操作方法修改其他的尺寸（图 6.1.46）。

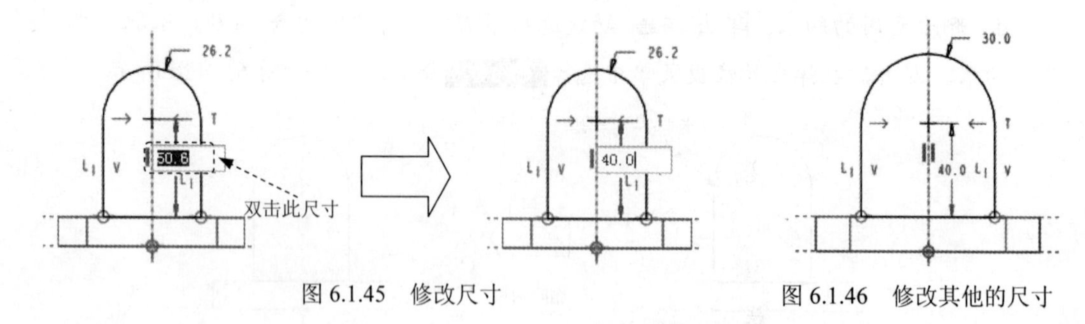

图 6.1.45 修改尺寸　　图 6.1.46 修改其他的尺寸

（4）完成截面绘制后，单击“草绘”工具栏中的“确定”按钮 ✔。

Step 4 定义拉伸深度属性。

（1）选取深度类型。在操控板中，选取深度类型 （对称）。

（2）定义深度值。输入深度值54.0。

Step 5 完成特征的创建。

（1）特征的所有要素被定义完毕后，单击操控板中的“预览”按钮，预览所创建的特征，以检查各要素的定义是否正确。如果所创建的特征不符合设计意图，可选择操控板中的相关项，重新定义。

（2）在操控板中，单击“完成”按钮，完成特征的创建。

注意：由上面的操作可知，该拉伸特征的截面几何中引用了基础特征的一条边线，这就形成了它们之间的父子关系，即该拉伸特征是基础特征的子特征。特征的父子关系很重要，父特征的删除或隐含等操作会直接影响到子特征。

2. 添加拉伸特征2。

参照拉伸特征1的创建方法，截面草图如图6.1.47所示，拉伸深度值为70.0，结果如图6.1.48所示。

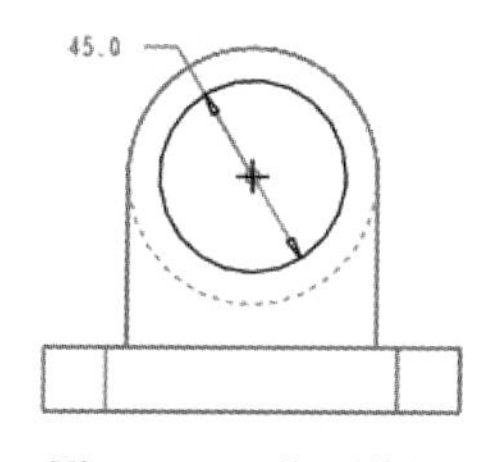

图6.1.47　截面草图

图6.1.48　拉伸特征2

3. 添加图6.1.49所示的切削拉伸孔特征

图6.1.49　添加切削拉伸特征

Step 1 选取特征命令。单击“拉伸”命令按钮 拉伸，屏幕上方出现拉伸操控板。

Step 2 定义拉伸类型。确认“实体”按钮被按下，并按下操控板中的“移除材料”按钮。

Step 3 定义截面草图。

（1）选取命令。在绘图区中右击，从弹出的快捷菜单中选择 定义内部草绘... 命令。

（2）定义截面草图的放置属性。

① 定义草绘平面。选取FRONT基准平面为草绘平面。

② 设置草绘视图方向。采用模型中默认的黄色箭头方向为草绘视图方向。

③ 对草绘平面进行定向。

a）指定草绘平面的参考平面：选取RIGHT基准平面作为参考平面。

b）指定参考平面的方向：在对话框的“方向”下拉列表中选择右作为参考平面的

方向。

④ 单击“草绘”对话框中的 草绘 按钮。

（3）创建图 6.1.50 所示的特征截面。

① 进入截面草绘环境后，接受系统的默认参考。

② 绘制、标注截面（图 6.1.50）；完成绘制后，单击“草绘”工具栏中的“完成”按钮✔。

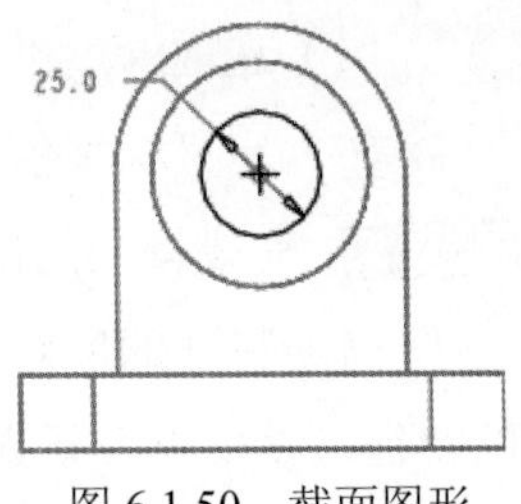

图 6.1.50　截面图形

Step 4　定义拉伸深度属性。

（1）选取深度类型并输入深度值。在操控板中，选取深度类型（即“穿透”）。

（2）单击 选项 选项卡，在深度区域的侧 1 与侧 2 下拉列表中均选择 穿透选项。

Step 5　在操控板中，单击“完成”按钮✔，完成切削拉伸特征的创建。

6.1.5　保存模型文件

1. 本例零件的保存操作

Step 1　单击“快速访问工具栏”中的按钮（或选择下拉菜单 文件 → 保存(S) 命令），系统弹出“保存对象”对话框，文件名出现在 模型名称 文本框中。

Step 2　单击 确定 按钮。如果不进行保存操作，单击 取消 按钮。

注意：“保存”模型文件时，建议用户使用现有名称，如果要修改文件的名称，选择下拉菜单 文件(F) → 管理文件(F) → 重命名(R) 重命名当前对象和子对象。命令来实现。

2. 文件保存操作的几条命令的说明

- “保存”：
  - ☑ 如果从进程中（内存）删除对象或退出 Creo 而不保存，则会丢失当前进程中的所有更改。
  - ☑ Creo 在磁盘上保存模型对象时，其文件名格式为“对象名.对象类型.版本号”。例如，创建零件 support_part，第 1 次保存时的文件名为 support_part.prt.1，再次保存时版本号自动加 1，这样在磁盘中保存对象时不会覆盖原有的对象文件。
  - ☑ 新建对象将保存在当前工作目录中；如果是打开的文件，保存时，将存储在原目录中，如果 override_store_back 设置为 no（默认设置），而且没有原目录的写入许可，同时将配置选项 save_object_in_current 设置为 yes，则此文件将保存在当前目录中。
- “保存副本”：选择下拉菜单 文件 → 另存为(A) → 保存副本(A) 保存活动窗口中对象的副本。命令，系统弹出“保存副本”对话框，可保存一个文件的副本。

说明：

- “保存副本”的作用是保存指定对象文件的副本，可将副本保存到同一目录或不同的目录中，无论哪种情况都要给副本命名一个新的（唯一）名称，即使在不同的目录中“保存副本”文件，也不能使用与原始文件名相同的文件名。

- “保存副本”对话框允许Creo将文件输出为不同格式，以及将文件另存为图像，这也许是Creo设立“保存副本”命令的一个很重要的原因，也是与文件“备份”命令的主要区别所在。
- “备份”：选择下拉菜单 文件 → 另存为(A) → 保存备份(B) 将对象备份到当前目录。命令，可对一个文件进行备份。

  关于文件备份的几点说明：

  ☑ 可将文件备份到不同的目录。

  ☑ 在备份目录中备份对象的修正版重新设置为1。

  ☑ 必须有备份目录的写入许可，才能进行文件的备份。

  ☑ 如果要备份装配件、工程图或制造模型，Creo在指定目录中保存其所有从属文件。

  ☑ 如果装配件有相关的交换组，备份该装配件时，交换组不保存在备份目录中。
- 文件“重命名”：选择下拉菜单 文件(F) → 管理文件(F) → 重命名(R) 重命名当前对象和子对象。命令，可对一个文件进行重命名。

  关于文件“重命名”的几点说明：

  ☑ “重命名”的作用是修改模型对象的文件名称。

  ☑ 如果从非工作目录检索某对象，并重命名此对象，然后保存，它将保存到对其进行检索的原目录中，而不是当前的工作目录中。

6.2 Creo文件操作

6.2.1 打开Creo文件

假设已经退出Creo软件，重新进入软件后，要打开文件support_part.prt，其操作过程如下：

Step 1 设置工作目录。选择下拉菜单 文件 → 管理会话(M) → 选择工作目录(W) 更改工作目录。命令，将工作目录设置为D:\creo2mo\work\ch06\ch06.02。

Step 2 选择下拉菜单 文件 → 打开(O) 命令，系统弹出“文件打开”对话框。

Step 3 通过单击“查找范围”列表框后面的按钮▾，找到模型文件所在的文件夹（目录）后，在文件列表中选择要打开的文件名support_part.prt，然后单击 打开 ▾ 按钮，即可打开文件，或者双击文件名也可打开文件。

6.2.2 拭除与删除 Creo 文件

本节中提到的“对象”是一个用 Creo 创建的文件，例如草绘、零件模型、制造模型、装配体模型、工程图等。

1. 拭除文件

（1）从内存中拭除未显示的对象。

如果选择下拉菜单 文件 → 关闭(C) 命令（或单击 视图 功能选项卡 窗口 区域中的 按钮）关闭一个窗口，窗口中的对象便不在图形区显示，但只要工作区处于活动状态，对象仍保留在内存中，我们称这些对象为“未显示的对象”。

选择下拉菜单 文件 → 管理会话(M) → 拭除未显示的(D) 从此会话中移除不在窗口中的所有对象。命令后，系统弹出“拭除未显示的”对话框，在该对话框中列出未显示的对象，单击 确定 按钮，所有的未显示的对象将从内存中拭除，但它们不会从磁盘中删除。当参考未显示的对象的装配件或工程图仍处于活动状态时，系统则不能拭除该未显示的对象。

（2）从内存中拭除当前对象。

第一种情况：如果当前对象为零件、格式、布局等类型时，选择下拉菜单 文件 → 管理会话(M) → 拭除当前(C) 从此会话中移除活动窗口中的对象。命令，系统弹出“拭除确认”对话框，单击 是 按钮，当前对象将从内存中拭除，但它们不会从磁盘中删除。

第二种情况：如果当前对象为装配、工程图、模具等类型，选择下拉菜单 文件 → 管理会话(M) → 拭除当前(C) 从此会话中移除活动窗口中的对象。命令，系统弹出“拭除”对话框，选取要拭除的关联对象后，再单击 是 按钮，则当前对象及选取的关联对象将从内存中被拭除。

2. 删除文件

（1）删除文件的旧版本。

每次选择下拉菜单 文件 → 保存(S) 命令保存对象时，系统都创建对象的一个新版本，并将它写入磁盘。系统对存储的每一个版本连续编号（简称版本号），例如，对于零件文件，其格式为 support_part.prt1、support_part.prt 2、support_part.prt3 等。

注意：

- 这些文件名中的版本号（1、2、3 等），只有通过 Windows 操作系统的窗口才能看到，在 Creo 中打开文件时，在文件列表中则看不到这些版本号。
- 如果在 Windows 操作系统的窗口中还是看不到版本号，可进行这样的操作：在 Windows 窗口中选择下拉菜单 工具(T) □ 文件夹选项(O)... 命令，在“文件夹选项”对话框的 查看 选项卡中，选中 □ 隐藏已知文件类型的扩展名 复选框。

使用 Creo 软件创建模型文件时（包括零件模型、装配模型、制造模型等），在最终完成模型的创建后，可将模型文件的所有旧版本删除。

选择下拉菜单 文件▼ ➡ 管理文件(F) ➡ 删除旧版本(O) 删除指定对象除最高版本号以外的所有版本。命令后，单击✔按钮（或按回车键），系统就会将对象的除最新版本外的所有版本删除。

例如：假设支撑座零件（文件名为 support_part.prt）已经完成，选择下拉菜单 文件▼ ➡ 管理文件(F) ➡ 删除旧版本(O) 删除指定对象除最高版本号以外的所有版本。命令，即可删除其旧版本文件。

（2）删除文件的所有版本。

在设计完成后，可将没有用的模型文件的所有版本删除。

选择下拉菜单 文件▼ ➡ 管理文件(F) ➡ 删除所有版本(A) 从磁盘删除指定对象的所有版本。命令后，系统弹出警告对话框，单击 是(Y) 按钮，系统就会删除当前对象的所有版本。如果选择删除的对象是族表的一个实例，则实例和普通模型都不能被删除；如果选择删除的对象是普通模型，则将删除此普通模型。

6.3 模型的显示控制

在学习本节时，请先将工作目录设置为 D:\creo2mo\work\ch06\ch06.03，然后打开模型文件 support_part.prt。

6.3.1 模型的几种显示方式

在 Creo 软件中，模型有 5 种显示方式（图 6.3.1），单击 视图 功能选项卡 模型显示 区域中的“显示样式”按钮，在弹出的菜单中选择相应的显示样式，可以切换模型的显示方式。

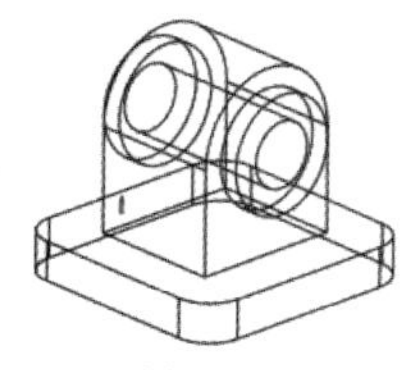
a）线框显示方式

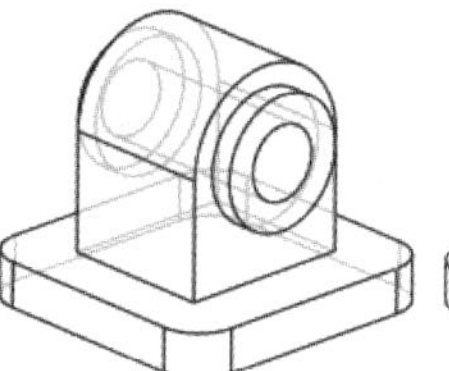
b）隐藏线显示方式

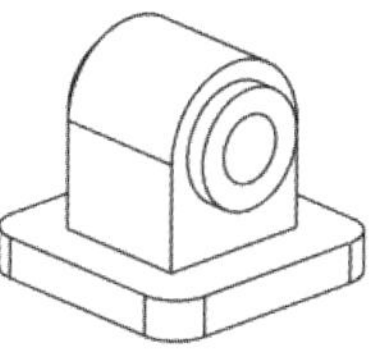
c）消隐显示方式

d）着色显示方式

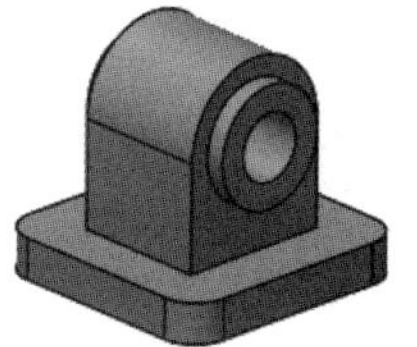
e）带边着色显示方式

图 6.3.1 模型的 5 种显示方式

- 线框 显示方式：模型以线框形式显示，模型所有的边线显示为深颜色的实线，如图 6.3.1a 所示。
- 隐藏线 显示方式：模型以线框形式显示，可见的边线显示为深颜色的实线，不可见的边线显示为虚线（在软件中显示为灰色的实线），如图 6.3.1b 所示。
- 消隐 显示方式：模型以线框形式显示，可见的边线显示为深颜色的实线，不可见的边线被隐藏起来（即不显示），如图 6.3.1c 所示。

- 着色 显示方式：模型表面为灰色，部分表面有阴影感，所有边线均不可见，如图 6.3.1d 所示。
- 带边着色 显示方式：模型表面为灰色，部分表面有阴影感，高亮显示所有边线，如图 6.3.1e 所示。

6.3.2 模型的移动、旋转与缩放

用鼠标可以控制图形区中的模型显示状态：

- 滚动鼠标中键，可以缩放模型：向前滚，模型缩小；向后滚，模型变大。
- 按住鼠标中键，移动鼠标，可旋转模型。
- 先按住 Shift 键，然后按住鼠标中键，移动鼠标可移动模型。

注意：采用以上方法对模型进行缩放和移动操作时，只是改变模型的显示状态，而不能改变模型的真实大小和位置。

6.3.3 模型的定向

1. 关于模型的定向

利用模型的“定向”功能可以将绘图区中的模型定向在所需的方位。例如在图 6.3.2 中，方位 1 是模型的默认方位，方位 2 是在方位 1 基础上将模型旋转一定的角度而得到的方位，方位 3、4、5 属于正交方位（这些正交方位常用于模型工程图中的视图）。可单击 视图 功能选项卡 方向 ▼ 区域中的 重定向 按钮（或单击“视图控制”工具栏中的 按钮，然后在弹出的菜单中单击 重定向(O)... 按钮），打开“方向”对话框，通过该对话框对模型进行定向。

a）方位 1

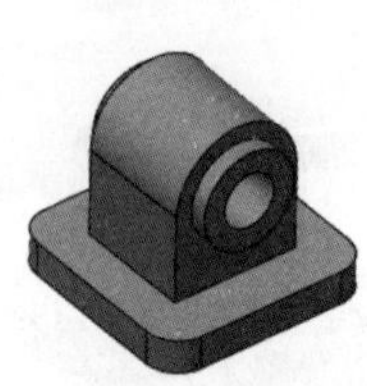
b）方位 2

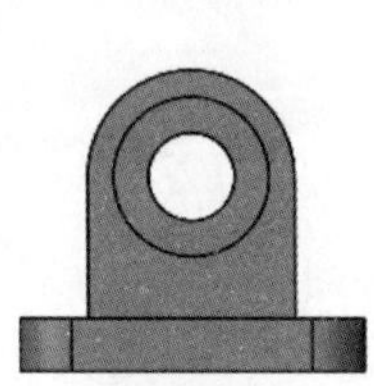
c）方位 3

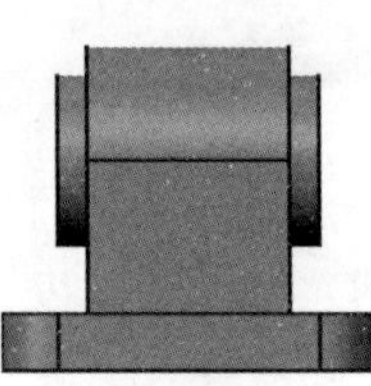
d）方位 4

e）方位 5

图 6.3.2 模型的几种方位

2. 模型定向的一般方法

常用的模型定向的方法为“参考定向”。这种定向方法的原理是：在模型上选取两个正交的参考平面，然后定义两个参考平面的放置方位。例如在图 6.3.3 中，如果能够确定模型上表面 1 和表面 2 的放置方位，则该模型的空间方位就能完全确定。参考的放置方位有如下几种（图 6.3.4）：

- 前：使所选取的参考平面与显示器的屏幕平面平行，方向朝向屏幕前方，即面对操作者。

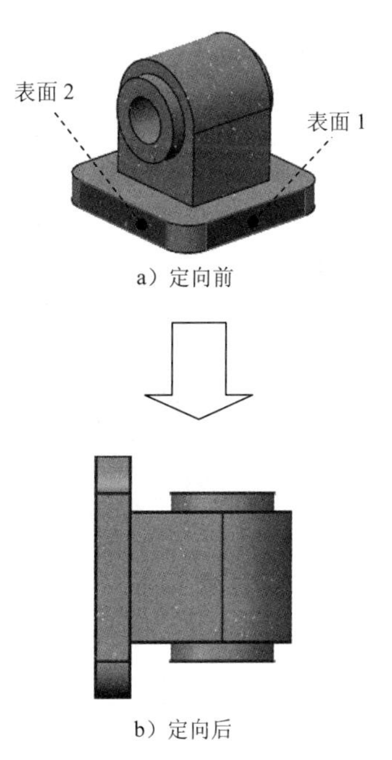

图 6.3.3 模型的定向

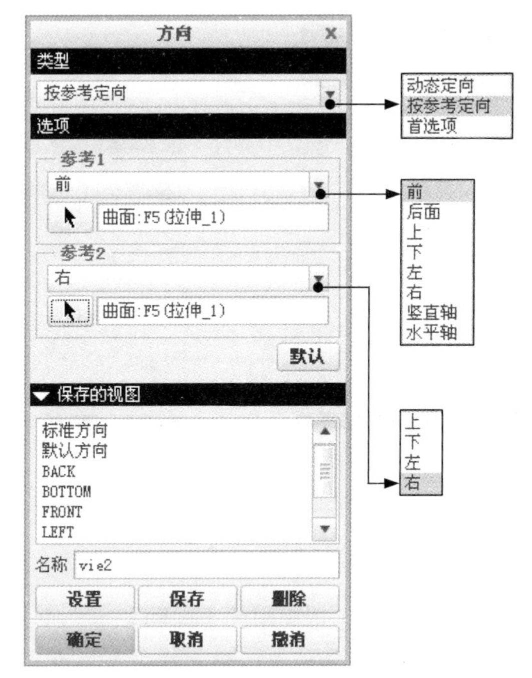

图 6.3.4 “方向”对话框

- 后面：使参考平面与屏幕平行且朝向屏幕后方，即背对操作者。
- 上：使参考平面与显示器屏幕平面垂直，方向朝向显示器的上方，即位于显示器上部。
- 下：使参考平面与屏幕平面垂直，方向朝下，即位于屏幕下部。
- 左：使参考平面与屏幕平面垂直，方向朝左。
- 右：使参考平面与屏幕平面垂直，方向朝右。
- 竖直轴：选择该选项后，需选取模型中的某个轴线，系统将使该轴线竖直（即垂直于地平面）放置，从而确定模型的放置方位。
- 水平轴：选择该选项，系统将使所选取的轴线水平（即平行于地平面）放置，从而确定模型的放置方位。

3. 动态定向

在“方向”对话框的类型下拉列表中选择动态定向选项，系统显示“动态定向”对话框，如图 6.3.5 所示，移动界面中的滑块，可以方便地对模型进行移动、旋转与缩放。

4. 定向的优先选项

选择类型下拉列表中的首选项选项，在弹出的图 6.3.6 所示的对话框中，可以选择模型的旋转中心和模型默认的方向。模型默认的方向可以是“斜轴测”或“等轴测”，也可以由用户定义。在工具栏中单击按钮，可以控制模型上是否显示旋转符号（模型上的旋转中心符号如图 6.3.7 所示）。

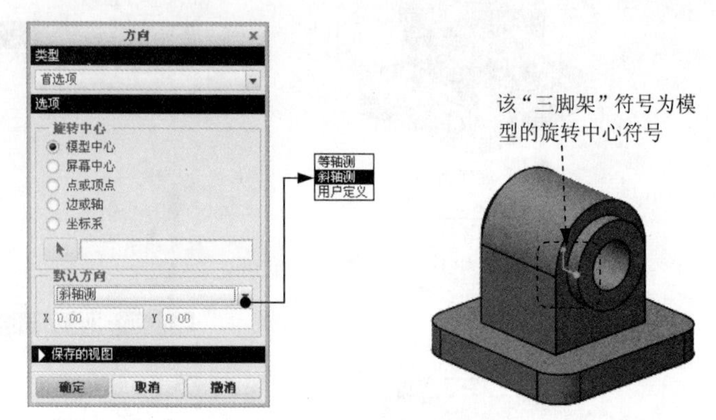

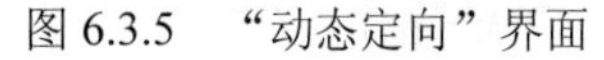

图 6.3.5　“动态定向”界面　　图 6.3.6　“首选项”界面　　图 6.3.7　模型的旋转中心符号

5. 模型视图的保存

模型视图一般包括模型的定向和显示大小。当将模型视图调整到某种状态后（即某个方位和显示大小），可以将这种视图状态保存起来，以便以后直接调用。

6. 模型定向的举例

下面介绍图 6.3.3 中模型定向的操作过程。

Step 1　单击视图工具栏中的按钮，然后在弹出的菜单中单击 重定向(O)... 按钮。

Step 2　确定参考 1 的放置方位。

（1）采用默认的方位 右 作为参考 1 的方位。

（2）选取模型的表面 1 作为参考 1。

Step 3　确定参考 2 的放置方位。

（1）在下拉列表中选择 前 作为参考 2 的方位。

（2）选取模型的表面 2 作为参考 2。此时系统立即按照两个参考所定义的方位重新对模型进行定向。

Step 4　完成模型的定向后，可将其保存起来以便下次能方便地调用。保存视图的方法是：在对话框中的 名称 文本框中输入视图名称 VIEW20，然后单击 保存 按钮。

6.4　Creo 模型树的介绍、操作与应用

6.4.1　关于模型树

图 6.4.1 所示为 Creo 的模型树，在新建或打开一个文件后，它一般会出现在屏幕的左侧。如果看不见这个模型树，可在导航选项卡中单击“模型树”标签，如果此时显示的

是“层树”，可选择导航选项卡中的 ➡ 模型树(M) 命令。

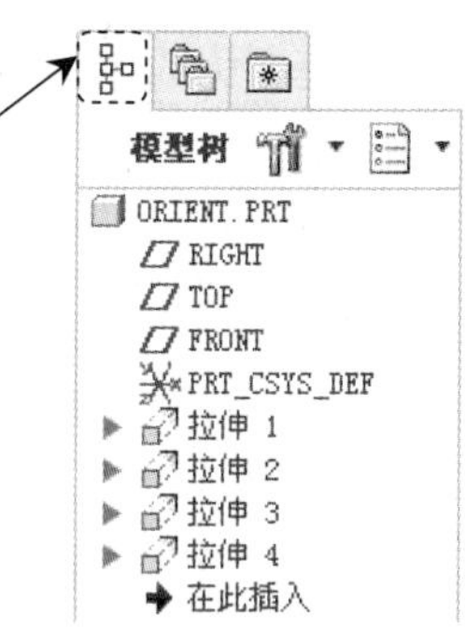

图 6.4.1 模型树

模型树以树的形式列出了当前活动模型中的所有特征或零件，根（主）对象显示在树的顶部，从属对象（零件或特征）位于其下。在零件模型中，模型树列表的顶部是零件名称，零件名称下方是每个特征的名称；在装配体模型中，模型树列表的顶部是总装配，总装配下是各子装配和零件，每个子装配下方则是该子装配中各个零件的名称，每个零件的下方是零件中各个特征的名称。模型树只列出当前活动的零件或装配模型的零件级与特征级对象，不列出组成特征的截面几何要素（如边、曲面、曲线等）。例如，一个基准点特征包含多个基准点图元，模型树中则只列出基准点特征名。

如果打开了多个 Creo 窗口，则模型树内容只反映当前活动文件（即活动窗口中的模型文件）。

6.4.2 模型树界面的介绍

模型树的操作界面及各下拉菜单中命令的功能如图 6.4.2 所示。

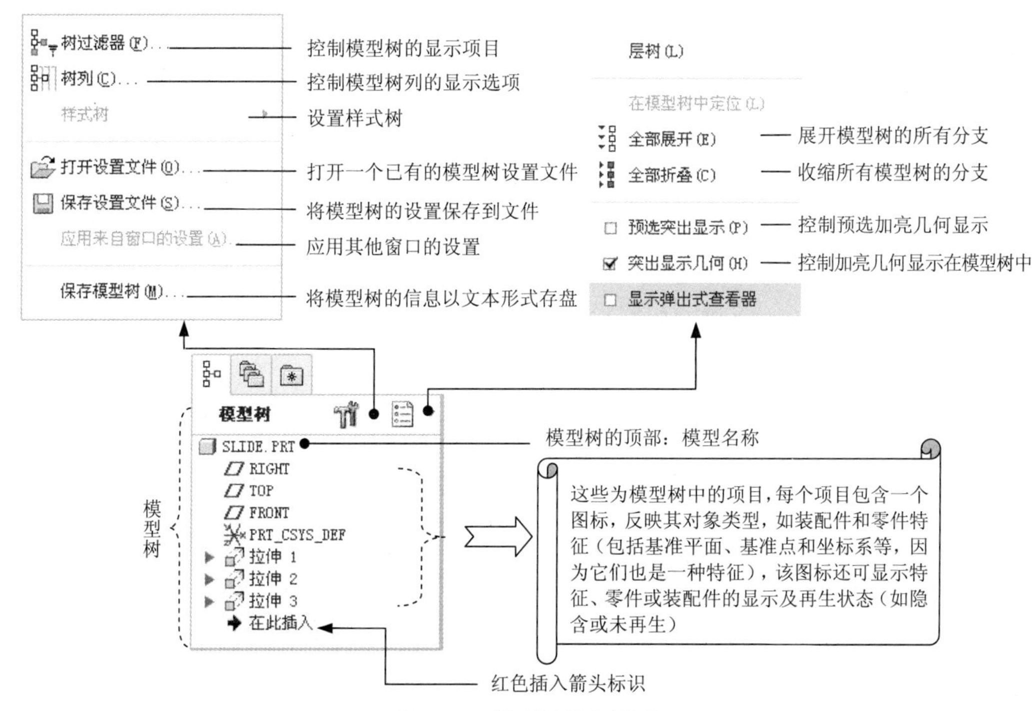

图 6.4.2 模型树操作界面

注意：选择模型树下拉菜单 中的 保存设置文件(S)... 命令，可将模型树的设置保存在一个.cfg 文件中，并可重复使用，提高工作效率。

6.4.3 模型树的作用与操作

1. 控制模型树中项目的显示

在模型树操作界面中，选择 → 树过滤器(F)... 命令，通过该对话框可控制模型中各类项目是否在模型树中显示。

2. 模型树的作用

（1）在模型树中选取对象。可以从模型树中选取要编辑的特征或零件对象。当要选取的特征或零件在图形区的模型中不可见时，此方法尤为有用。当要选取的特征和零件在模型中禁止选取时，仍可在模型树中进行选取操作。

注意：Creo 的模型树中不列出特征的草绘几何（图元），所以不能在模型树中选取特征的草绘几何。

（2）在模型树中使用快捷命令。右击模型树中的特征名或零件名，可打开一个快捷菜单，从中可选择相对于选定对象的特定操作命令。

（3）在模型树中插入定位符。“模型树”中有一个带红色箭头的标识，该标识指明在创建特征时特征的插入位置。默认情况下，它的位置总是在模型树列出的所有项目的最后。可以在模型树中将其上下拖动，将特征插入到模型中的其他特征之间。将插入符移动到新位置时，插入符后面的项目将被隐含，这些项目将不在图形区的模型上显示。

6.4.4 模型搜索

利用“模型搜索”功能可以在模型中按照一定的规则搜索、过滤和选取项目，这对于较复杂的模型尤为重要。单击 工具 功能选项卡 调查 ▼ 区域中的“查找”按钮，系统弹出“搜索工具”对话框，通过该对话框可以设定某些规则来搜索模型。执行搜索后，满足搜索条件的项目将会在“模型树”窗口中加亮显示。如果选中了 ✔ 突出显示几何(H) 命令，对象也会在图形区中加亮显示。

6.5 Creo 层的介绍、操作与应用

6.5.1 关于 Creo 的层

Creo 提供了一种有效组织模型和管理诸如基准线、基准平面、特征和装配中的零件等要素的手段，这就是“层（Layer）”。通过层，可以对同一个层中的所有共同的要素进行显示、隐藏和选择等操作。在模型中，想要多少层就可以有多少层。层中还可以有层，也就是说，一个层还可以组织和管理其他许多的层。通过组织层中的模型要素并用层来简化显示，可以使很多任务流水线化，并可提高可视化程度，极大地提高工作效率。

层显示状态与其对象一起局部存储，这意味着在当前 Creo 工作区改变一个对象的显示状态，不影响另一个活动对象的相同层的显示，然而装配中层的改变或许会影响到低层对象（子装配或零件）。

6.5.2 进入层的操作界面

有两种方法可进入层的操作界面。

方法一：在导航选项卡中选择 → 层树(L)命令，即可进入“层”的操作界面。

方法二：单击 视图 功能选项卡 可见性 区域中的“层”按钮，也可进入“层”的操作界面。

通过该操作界面可以操作层、层的项目及层的显示状态。

注意：*使用 Creo 时，如果正在进行其他命令操作（例如正在进行伸出项拉伸特征的创建），可以同时使用“层”命令，以便可按需要操作层显示状态或层关系，而不必退出正在进行的命令再进行“层”操作。“层”的操作界面反映了“支撑座”零件（support_part）中层的状态，由于创建该零件时使用 PTC 公司提供的模板 mmns_part_solid，该模板提供了这些预设的层。*

进行层操作的一般流程：

Step 1 选取活动层对象（在零件模式下无须进行此步操作）。

Step 2 进行“层”操作，比如创建新层、向层中增加项目、设置层的显示状态等。

Step 3 保存状态文件（可选）。

Step 4 保存当前层的显示状态。

Step 5 关闭“层”操作界面。

6.5.3 选取活动层对象

在一个总装配（组件）中，总装配和其下的各级子装配及零件下都有各自的层树，所以在装配模式下，在进行层操作前，要明确是在哪一级的模型中进行层操作，要在其上面进行层操作的模型称为“活动层对象”。为此，在进行有关层的新建、删除等操作之前，必须先选取活动层对象。

注意：*在零件模式下，不必选取活动层对象，当前工作的零件自然就是活动层对象。*

例如打开随书光盘中\creo2mo\work\ch06\ch06.05 目录下的名为 layer.asm 的装配，显示该装配的层树。现在如果希望在零件 shaft_bush.prt 上进行层操作，需将该零件设置为“活动层对象”，其操作方法如下：

Step 1 在层操作界面中，单击 LAYER.ASM (顶级模型，活动的) 后的按钮。

Step 2 系统弹出模型列表，从该列表中选取 shaft_bush.prt 零件。

6.5.4 创建新层

创建新层的步骤如下所示：

Step 1 在层的操作界面中，选择 ▾ → 新建层(N)... 命令。

Step 2 完成上步操作后，系统弹出“层属性”对话框。

（1）在 名称: 后面的文本框内输入新层的名称（也可以接受默认名）。

注意：层是以名称来识别的，层的名称可以用数字或字母数字的形式表示，最多不能超过 31 个字符。在层树中显示层时，首先是按数字名称层排序，然后是按字母数字名称层排序。字母数字名称的层按字母排序。不能创建未命名的层。

（2）在 层Id: 后面的文本框内输入“层标识”号。层的“标识”的作用是当将文件输出到不同格式（如 IGES）时，利用其标识，可以识别一个层。一般情况下可以不输入标识号。

（3）单击 确定 按钮。

6.5.5 在层中添加项目

层中的内容，如基准线、基准平面等，称为层的“项目”。向一个层中添加项目的方法如下：

Step 1 在“层树”中，单击一个欲向其中添加项目的层，然后右击，在系统弹出的快捷菜单中选择 层属性... 命令，此时系统弹出“层属性”对话框。

Step 2 向层中添加项目。首先确认对话框中的 包括... 按钮被按下，然后将鼠标指针移至图形区的模型上，可看到当鼠标指针接触到基准平面、基准轴、坐标系、伸出项特征等项目时，相应的项目变成淡绿色，此时单击，相应的项目就会添加到该层中。

Step 3 如果要将项目从层中排除，可单击对话框中的 排除... 按钮，再选取项目列表中的相应项目。

Step 4 如果要将项目从层中完全删除，先选取项目列表中的相应项目，再单击 移除 按钮。

Step 5 单击 确定 按钮，关闭“层属性”对话框。

6.5.6 设置层的隐藏

可以将某个层设置为“隐藏”状态，这样层中的项目（如基准曲线、基准平面）在模型中将不可见。层的“隐藏”也叫层的“遮蔽”，设置的方法一般如下：

Step 1 在图 6.5.1 所示的“层树”中，选取要设置显示状态的层，右击，在系统弹出的快捷菜单中选择 隐藏 命令。

Step 2 单击视图工具栏中的“重画”按钮，可以在模型上看

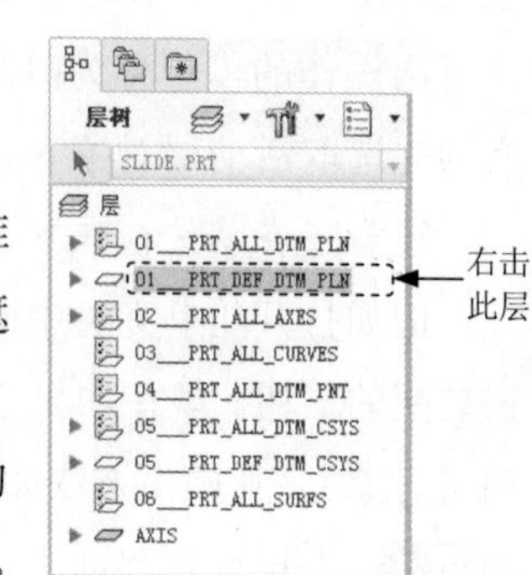

图 6.5.1 模型的层树

到“隐藏”层的变化效果。

6.5.7 层树的显示与控制

单击层操作界面中 ▾ 的下拉菜单，可对层树中的层进行展开、收缩等操作。

6.5.8 关于系统自动创建层

在 Creo 中，当创建某些类型的特征（如曲面特征、基准特征等）时，系统会自动创建新层，新层中包含所创建的特征或该特征的部分几何元素，以后如果创建相同类型的特征，系统会自动将该特征（或其部分几何元素）加入相应的层中。例如，在用户创建了一个基准平面 DTM1 特征后，系统会自动在层树中创建名为 DATUM 的新层，该层中包含刚创建的基准平面 DTM1 特征，以后如果创建其他的基准平面，系统会自动将其放入 DATUM 层中；又如，在用户创建旋转特征后，系统会自动在层树中创建名为 AXIS 的新层，该层中包含刚创建的旋转特征的中心轴线，以后用户创建含有基准轴的特征（截面中含有圆或圆弧的拉伸特征中均包含中心轴几何）或基准轴特征时，系统会自动将它们放入 AXIS 层中。

注意： 对于其二维草绘截面中含有圆弧的拉伸特征，须在系统配置文件 config.pro 中将选项 show_axes_for_extr_arcs 的值设为 yes，图形区的拉伸特征中才显示中心轴线，否则不显示中心轴线。

6.5.9 将模型中层的显示状态与模型文件一起保存

将模型中的各层设为所需要的显示状态后，只有将层的显示状态先保存起来，模型中层的显示状态才能随模型的保存而与模型文件一起保存，否则下次打开模型文件后，以前所设置的层的显示状态会丢失。保存层的显示状态的操作方法是，选择层树中的任意一个层，右击，从弹出的图 6.5.2 所示的快捷菜单中选择 保存状况 命令。

注意：

- 在没有改变模型中的层的显示状态时， 保存状况 命令是灰色的。
- 如果没有对层的显示状态进行保存，则在保存模型文件时，系统会在屏幕下部的信息区提示 ⚠警告：层显示状况未保存。，如图 6.5.3 所示。

图 6.5.2 快捷菜单

图 6.5.3 信息区的提示

6.6 特征的编辑与编辑定义

6.6.1 特征的编辑

特征的编辑也叫特征的修改，即对特征的尺寸和尺寸的相关修饰元素进行修改，下面介绍其操作方法。

1. 进行特征编辑状态的两种方法

方法一：从模型树选择编辑命令，然后进行特征的编辑。

举例说明如下：

Step 1 选择下拉菜单 文件 → 管理会话(M) → 选择工作目录(W) 更改工作目录。命令，将工作目录设置为 D:\creo2mo\work\ch06\ch06.06。

Step 2 选择下拉菜单 文件 → 打开(O) 命令，打开文件 support_part.prt。

Step 3 在零件（support_part）的模型树中（如果看不到模型树，选择导航区中的 → 模型树(M) 命令），单击要编辑的特征，然后右击，在快捷菜单中选择 编辑 命令，此时该特征的所有尺寸都显示出来，以便进行编辑。

方法二：双击模型中的特征，然后进行特征的编辑。

这种方法是直接在图形区的模型上双击要编辑的特征，此时该特征的所有尺寸也都会显示出来。对于简单的模型，这是修改特征的一种常用方法。

2. 编辑特征尺寸值

通过上述方法进入特征的编辑状态后，如果要修改特征的某个尺寸值，方法如下：

Step 1 在模型中双击要修改的特征的某个尺寸。

Step 2 在弹出的图 6.6.1 所示的文本框中，输入新的尺寸，并按回车键。

Step 3 编辑特征的尺寸后，必须进行"再生"操作，重新生成模型，这样修改后的尺寸才会重新驱动模型。方法是单击 模型 功能选项卡 操作 ▾ 区域中的 按钮。

3. 修改特征尺寸的修饰

进入特征的编辑状态后，如果要修改特征的某个尺寸的修饰，其一般操作过程如下：

Step 1 在模型中单击要修改其修饰的某个尺寸。

Step 2 右击，在弹出的图 6.6.2 所示的快捷菜单中选择 属性... 命令，此时系统弹出 "尺寸属性" 对话框。

Step 3 可以在"尺寸属性"对话框中的 属性 选项卡、显示 选项卡以及 文本样式 选项卡中进行相应修饰项的设置修改。

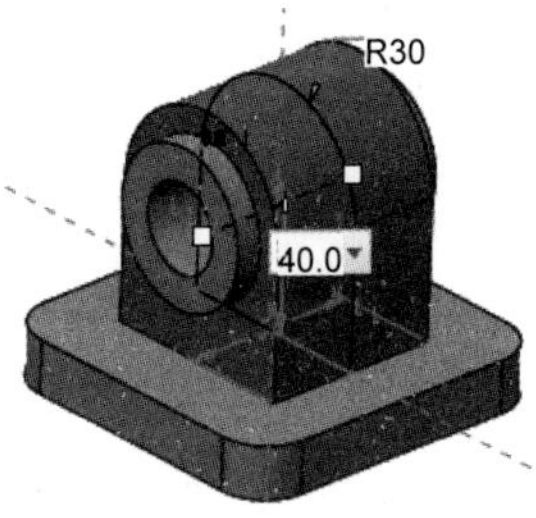

图 6.6.1　修改尺寸

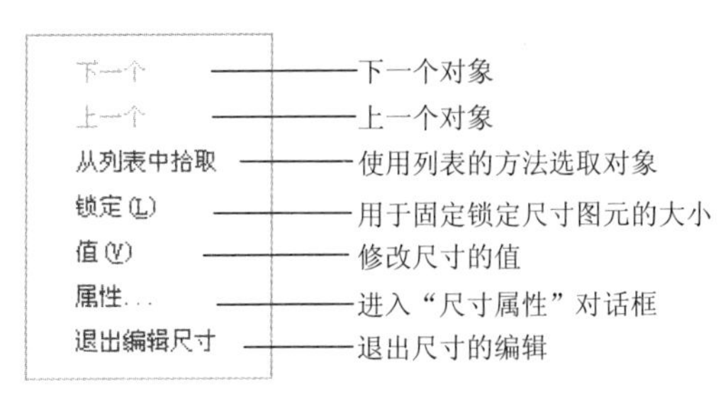

图 6.6.2　快捷菜单

6.6.2　查看零件信息及特征父子关系

在模型树中选择某个特征，然后右击，选择菜单中的信息▸命令，系统将显示图 6.6.3 所示的子菜单，通过该菜单可查看所选特征的信息、零件的信息和所选特征与其他特征间的父子关系。在图 6.6.4 所示为支撑座零件（support_part）中基础拉伸特征与其他特征的父子关系信息对话框。

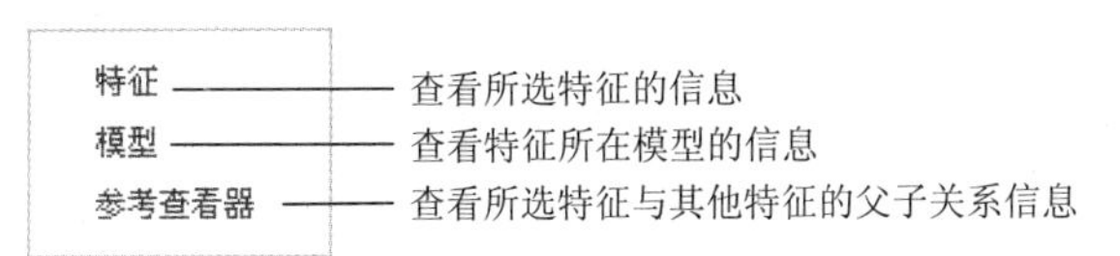

图 6.6.3　信息子菜单

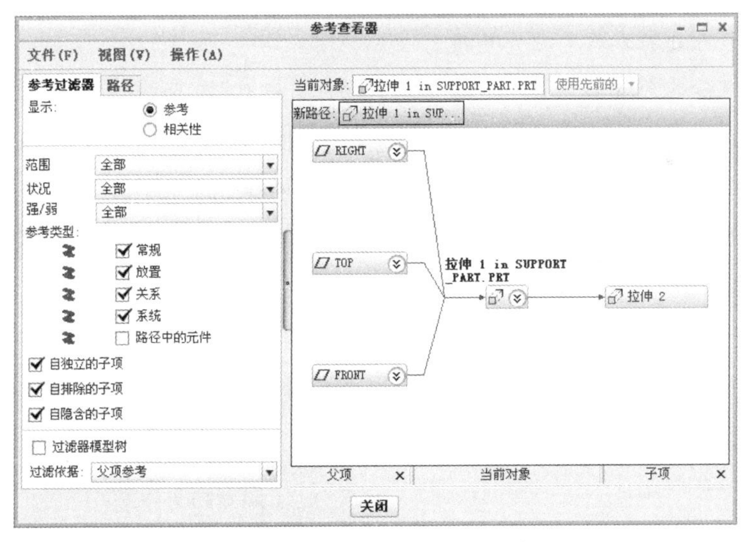

图 6.6.4　“参考查看器”对话框

6.6.3　删除特征

在模型树中选择某个特征，然后右击，在菜单中选择删除命令，可删除所选的特征。

如果要删除的特征有子特征，例如要删除支撑座（support_part）中的基础拉伸特征（图 6.6.5），系统将弹出图 6.6.6 所示的“删除”对话框，同时系统在模型树上加亮该拉伸特征的所有子特征。如果单击对话框中的 确定 按钮，则系统删除该拉伸特征及其所有子特征。

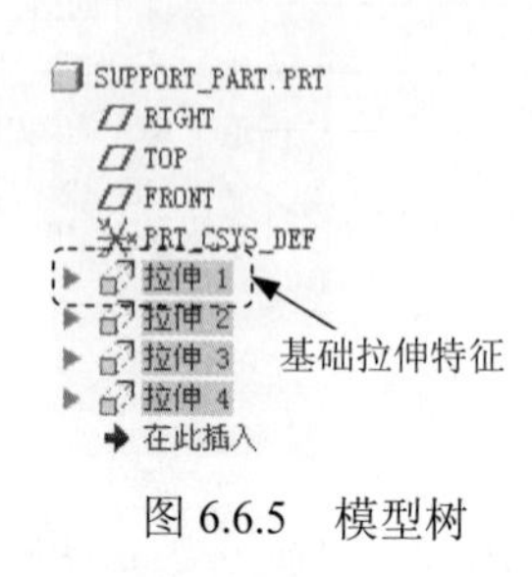

图 6.6.5　模型树

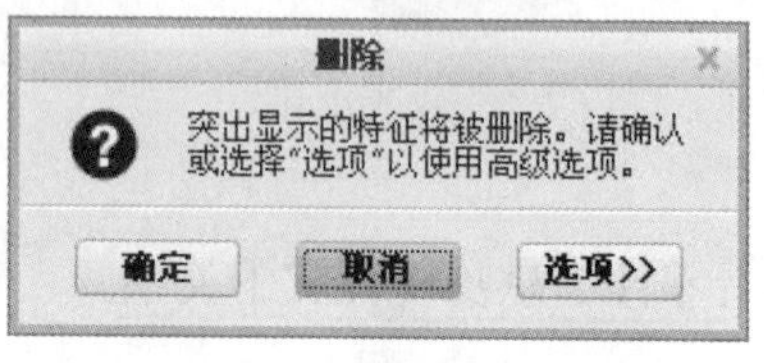

图 6.6.6　“删除”对话框

6.6.4　特征的隐含与隐藏

1. 特征的隐含（Suppress）与恢复隐含（Resume）

在菜单中选择 隐含 命令，即可“隐含”所选取的特征。“隐含”特征就是将特征从模型中暂时删除。如果要“隐含”的特征有子特征，子特征也会一同被“隐含”。类似地，在装配模块中，可以“隐含”装配体中的元件。隐含特征的作用如下：

- 隐含某些特征后，用户可更专注于当前工作区域。
- 隐含零件上的特征或装配体中的元件可以简化零件或装配模型，减少再生时间，加速修改过程和模型显示速度。
- 暂时删除特征（或元件）可尝试不同的设计迭代。

一般情况下，特征被“隐含”后，系统不在模型树上显示该特征名。如果希望在模型树上显示该特征名，可以在导航选项卡中选择 → 树过滤器(F)... 命令，系统弹出“模型树项”对话框，选中该对话框中的 ☑隐含的对象 复选框，然后单击 确定 按钮，这样被隐含的特征名就会显示在模型树中，注意被隐含的特征名前有一个填黑的小正方形标记，如图 6.6.7 所示。

如果想要恢复被隐含的特征，可在模型树中右击隐含特征名，再在弹出的快捷菜单中选择 恢复 命令，如图 6.6.8 所示。

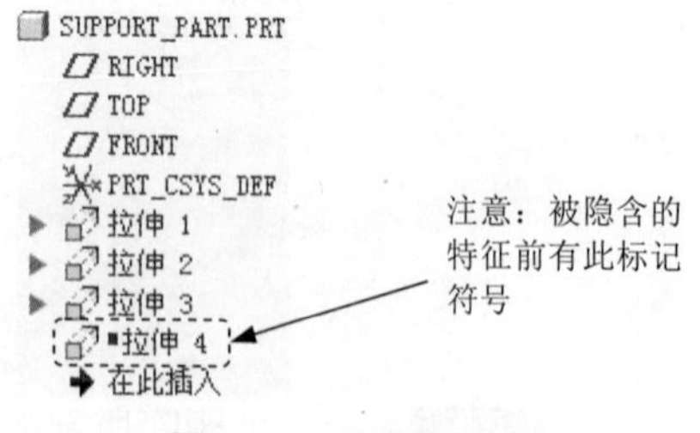

图 6.6.7　特征的隐含

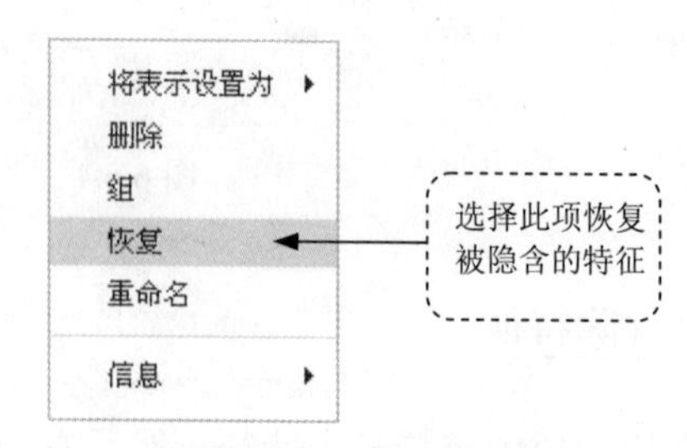

图 6.6.8　快捷菜单

2. 特征的隐藏（Hide）与取消隐藏（Unhide）

在支撑座零件（support_part）的模型树中，右击某些基准特征名（如 TOP 基准平面），从弹出的图 6.6.9 所示的快捷菜单中选择 隐藏 命令，即可“隐藏”该基准特征，也就是在零件上看不见此特征，这种功能相当于层的隐藏功能。

如果想要取消被隐藏的特征，可在模型树中右击隐藏的特征名，再在弹出的快捷菜单中选择 取消隐藏 命令，如图 6.6.10 所示。

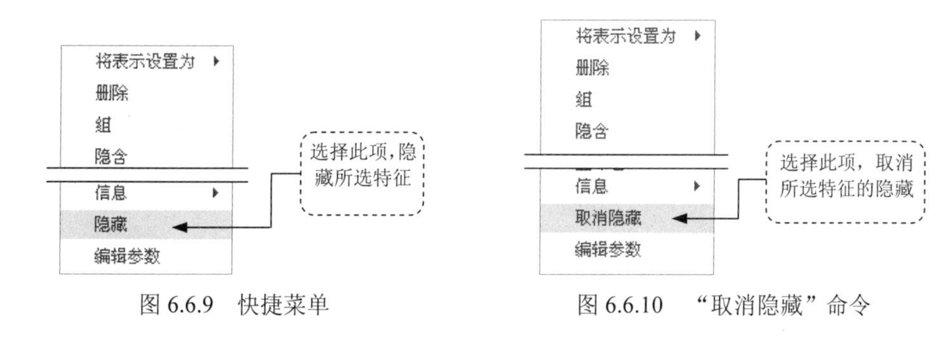

图 6.6.9　快捷菜单　　图 6.6.10　“取消隐藏”命令

6.6.5　特征的编辑定义

当特征创建完毕后，如果需要重新定义特征的属性、截面的形状或特征的深度选项，就必须对特征进行“编辑定义”，也叫“重定义”。下面以支撑座（support_part）的加强肋拉伸特征为例说明其操作方法：在支撑座（support_part）的模型树中，右击“拉伸 1”特征，再在弹出的快捷菜单中选择 编辑定义 命令，此时系统弹出操控板界面，按照图中所示的操作方法，可重新定义该特征的所有元素。

1. 重定义特征的属性

在操控板中重新选定特征的深度类型和深度值及拉伸方向等属性。

2. 重定义特征的截面

Step 1　在操控板中单击 放置 按钮，然后在弹出的界面中单击 编辑... 按钮（或者在绘图区中右击，从弹出的快捷菜单中选择 编辑内部草绘... 命令）。

Step 2　此时系统进入草绘环境，单击 草绘 功能选项卡 设置 ▾ 区域中的 按钮，系统会弹出“草绘”对话框。

Step 3　此时系统将加亮原来的草绘平面，用户可选取其他平面作为草绘平面，并选取方向。也可通过单击 使用先前的 按钮，来选择前一个特征的草绘平面及参考平面。

Step 4　选取草绘平面后，系统加亮原来的草绘平面的参考平面，此时可选取其他平面作为参考平面，并选取方向。

Step 5　完成草绘平面及其参考平面的选取后，系统再次进入草绘环境，可以在草绘环境中修改特征草绘截面的尺寸、约束关系、形状等。修改完成后，单击“完成”按钮✔。

6.7 多级撤销/重做功能

在对特征、组件和制图的所有操作中，如果错误地删除、重定义或修改了某些内容，只需一个简单的“撤销”操作就能恢复原状。下面以一个例子进行说明。

说明：系统配置文件 config.pro 中的配置选项 general_undo_stack_limit 可用于控制撤消或重做操作的次数，默认及最大值为 50。

Step 1 新建一个零件，将其命名为 Undo_op。

Step 2 创建图 6.7.1 所示的拉伸特征。

Step 3 创建图 6.7.2 所示的切削拉伸特征。

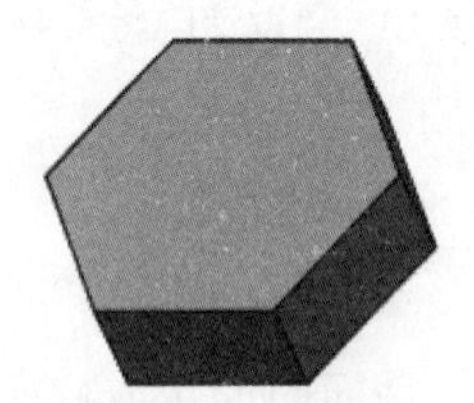
图 6.7.1 拉伸特征

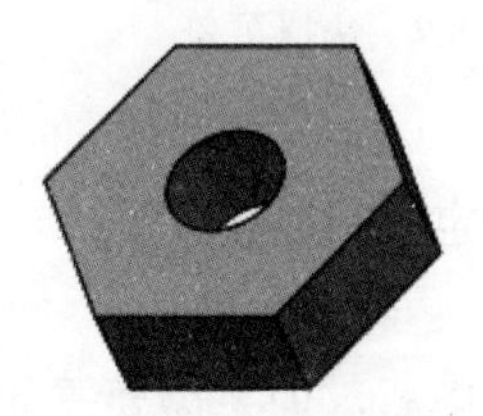
图 6.7.2 切削特征

Step 4 删除上步创建的切削拉伸特征，然后单击工具栏中的↶（撤销）按钮，则刚刚被删除的切削拉伸特征又恢复回来了；如果再单击工具栏中的↷（重做）按钮，恢复的切削拉伸特征又被删除了。

6.8 旋转特征

6.8.1 关于旋转特征

如图 6.8.1 所示，旋转（Revolve）特征是将截面绕着一条中心轴线旋转而形成的形状特征。注意旋转特征必须有一条绕其旋转的中心线。

要创建或重新定义一个旋转特征，可按下列操作顺序给定特征要素：定义截面放置属性（包括草绘平面、参考平面和参考平面的方向）→绘制旋转中心线→绘制特征截面→确定旋转方向→输入旋转角。

6.8.2 旋转特征的一般创建过程

下面说明创建旋转特征的详细过程。

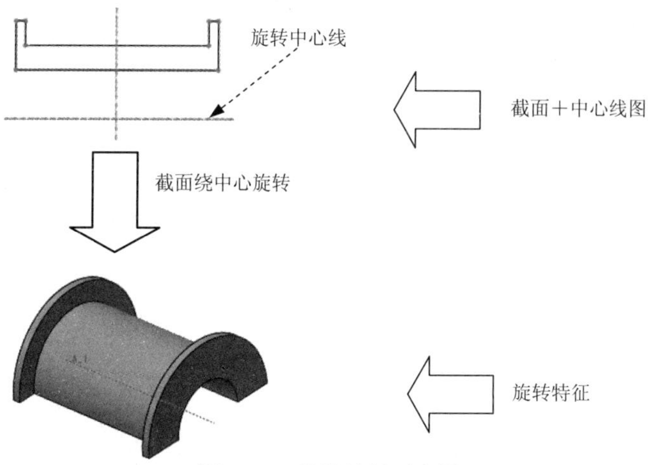

图 6.8.1 旋转特征示意图

Task1. 新建文件

新建一个零件，文件名为 revolve，使用零件模板 mmns_part_solid。

Task2. 创建如图 6.8.1 所示的实体旋转特征

Step 1 选取特征命令。单击 模型 功能选项卡 形状 ▾ 区域中的 旋转 按钮。

Step 2 定义旋转类型。完成上步操作后，弹出操控板，该操控板反映了创建旋转特征的过程及状态。在操控板中按下“实体类型”按钮（默认选项）。

Step 3 定义特征的截面草图。

（1）在操控板中单击 放置 按钮，然后在弹出的界面中单击 定义... 按钮，系统弹出“草绘”对话框。

（2）定义截面草图的放置属性。选取 TOP 基准平面为草绘平面，采用模型中默认的方向为草绘视图方向；选取 RIGHT 基准平面为参考平面，方向为 右；单击对话框中的 草绘 按钮。

（3）系统进入草绘环境后，绘制图 6.8.2 所示的旋转特征截面草图。

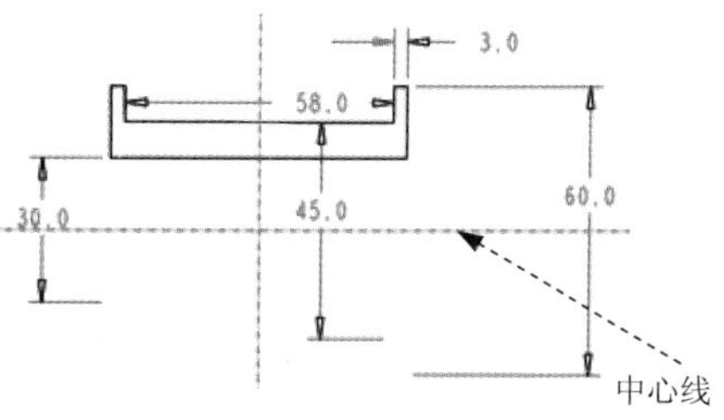

图 6.8.2 截面草图

说明：本例接受系统默认的 RIGHT 基准平面和 FRONT 基准平面为草绘参考。

旋转特征截面绘制的规则：

- 旋转截面必须有一条中心线，围绕中心线旋转的草图只能绘制在该中心线的一侧。
- 若草绘中使用的中心线多于一条，Creo 将自动选取草绘的第一条中心线作为旋转轴，除非用户另外选取。
- 实体特征的截面必须是封闭的，而曲面特征的截面则可以不封闭。

① 单击 草绘 选项卡 草绘 区域中的 中心线 按钮，在 FRONT 基准平面所在的线上绘

制一条旋转中心线（图 6.8.2）。

② 绘制绕中心线旋转的封闭几何；按图中的要求，标注、修改、整理尺寸；完成特征截面后，单击“确定”按钮✔。

Step 4 定义旋转角度参数。在操控板中，选取旋转角度类型⊥（即草绘平面以指定的角度值旋转），再在角度文本框中输入角度值 180.0，并按回车键。

说明：单击操控板中的按钮⊥后的▾按钮，可以选取特征的旋转角度类型，各选项说明如下：

- 单击⊥按钮，特征将从草绘平面开始按照所输入的角度值进行旋转。
- 单击⊟按钮，特征将在草绘平面两侧分别从两个方向以输入角度值的一半进行旋转。
- 单击⊥按钮，特征将从草绘平面开始旋转至选定的点、曲线、平面或曲面。

Step 5 完成特征的创建。单击操控板中的✔按钮。至此，图 6.8.1 所示的旋转特征已创建完成。

6.9 倒角特征

构建特征是这样一类特征，它们不能单独生成，而只能在其他特征上生成。构建特征包括倒角特征、圆角特征、孔特征、修饰特征等。本节主要介绍倒角特征。

6.9.1 关于倒角特征

倒角（Chamfer）命令位于 模型 功能选项卡 工程▾ 区域中（图 6.9.1），倒角分为以下两种类型：

- 边倒角：边倒角是在选定边处截掉一块平直剖面的材料，以在共有该选定边的两个原始曲面之间创建斜角曲面（图 6.9.2）。
- 拐角倒角：拐角倒角是在零件的拐角处去除材料（图 6.9.3）。

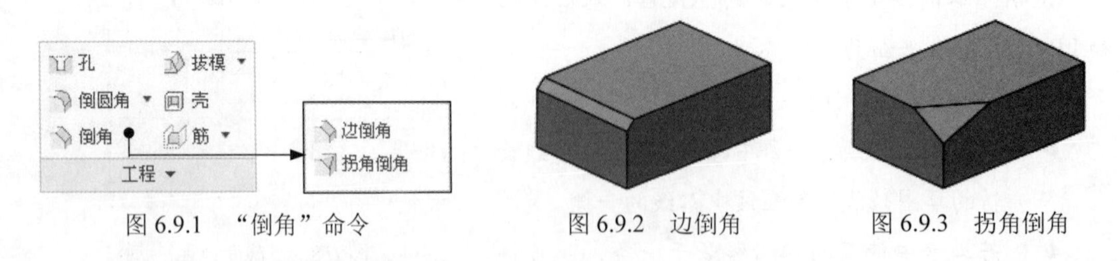

图 6.9.1 “倒角”命令　　图 6.9.2 边倒角　　图 6.9.3 拐角倒角

6.9.2 简单倒角特征的一般创建过程

下面说明在一个模型上添加倒角特征（图 6.9.4）的详细过程。

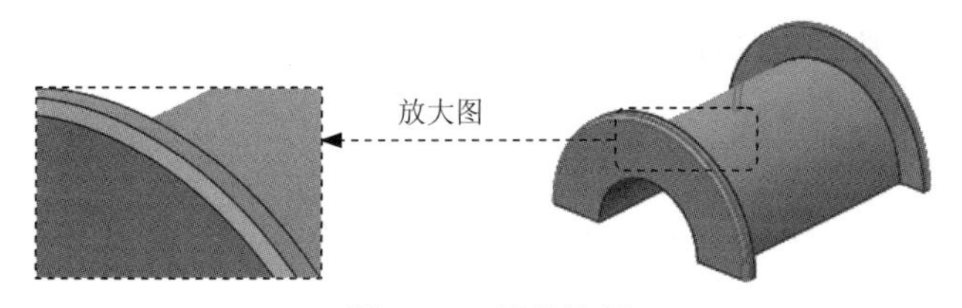

图 6.9.4 倒角特征

Stage1. 打开一个已有的零件三维模型

将工作目录设置为 D:\creo2mo\work\ch06\ch06.09，打开文件 chamfer.prt。

Stage2. 添加倒角（边倒角）

Step 1 单击 模型 功能选项卡 工程 区域中的 倒角 按钮，系统弹出倒角操控板。

Step 2 选取模型中要倒角的边线，如图 6.9.5 所示。

Step 3 选择边倒角方案。本例选取 D x D 方案。

Step 4 设置倒角尺寸。在操控板的倒角尺寸文本框中输入数值 1.0，并按回车键。

说明：在一般零件的倒角设计中，通过移动图 6.9.6 中的两个小方框来动态设置倒角尺寸是一种比较好的设计操作习惯。

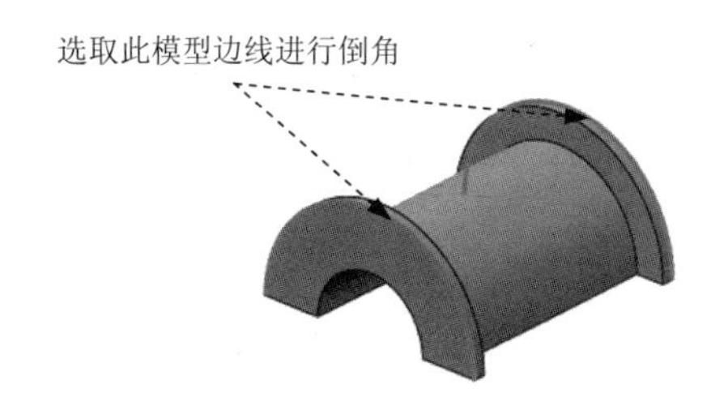

图 6.9.5 选取要倒角边线

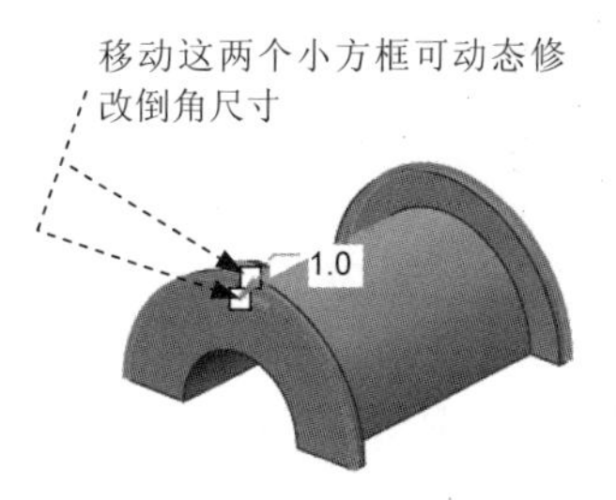

图 6.9.6 调整倒角大小

Step 5 在操控板中单击 ✔ 按钮，完成倒角特征的构建。

6.10 圆角特征

6.10.1 关于圆角特征

使用圆角（Round）命令可创建曲面间的圆角或中间曲面位置的圆角。曲面可以是实体模型的表面，也可以是曲面特征。在 Creo 中，可以创建两种不同类型的圆角：简单圆角和高级圆角。创建简单的圆角时，只能指定单个参考组，并且不能修改过渡类型；当创建高级圆角时，可以定义多个“圆角组”，即圆角特征的段。

6.10.2 简单圆角的一般创建过程

下面以图 6.10.1 所示的模型为例，说明创建一般简单圆角的过程。

Step 1 将工作目录设置为 D:\creo2mo\work\ch06\ch06.10，打开文件 round_simple.prt。

Step 2 单击 模型 功能选项卡 工程 ▾ 区域中的 倒圆角 ▾ 按钮，系统弹出操控板。

Step 3 选取圆角放置参考。在图 6.10.2 中的模型上选取要倒圆角的边线，此时模型的显示状态如图 6.10.3 所示。

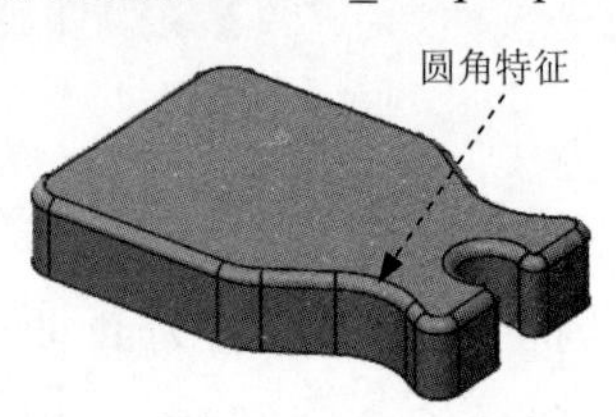

图 6.10.1 创建一般简单圆角

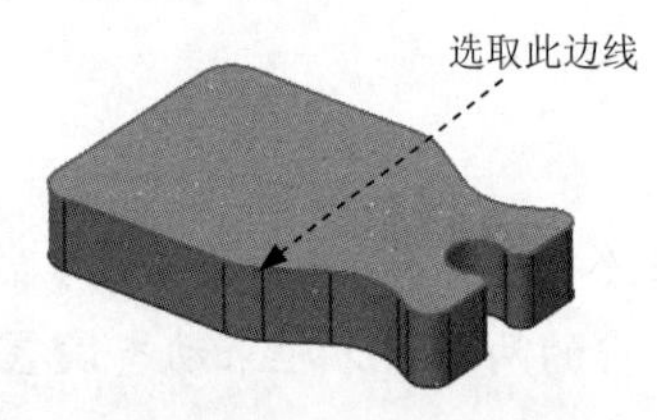

图 6.10.2 选取圆角边线

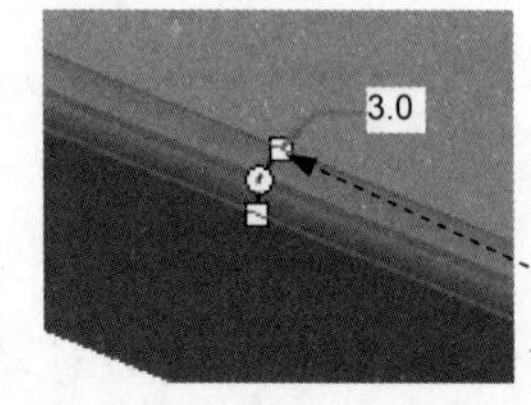

图 6.10.3 调整圆角的大小

Step 4 在操控板中，输入圆角半径值 3.0，然后单击“完成”按钮 ✔，完成圆角特征的创建。

6.10.3 完全圆角的创建过程

如图 6.10.4 所示，通过指定一对边可创建完全圆角，此时这一对边所构成的曲面会被删除，圆角的大小被该曲面限制。下面说明创建一般完全圆角的过程。

Step 1 将工作目录设置为 D:\creo2mo\work\ch06\ch06.10，打开文件 round_full.prt。

Step 2 单击 模型 功能选项卡 工程 ▾ 区域中的 倒圆角 ▾ 按钮。

Step 3 选取圆角的放置参考。在模型上选取图 6.10.4 所示的两条边线，操作方法为：先选取一条边线，然后按住键盘上的 Ctrl 键，再选取另一条边线。

Step 4 在操控板中单击 集 按钮，系统弹出图 6.10.5 所示的界面，在该界面中单击 完全倒圆角 按钮。

Step 5 在操控板中单击“完成”按钮 ✔，完成特征的创建。

6.10.4 自动倒圆角

通过使用“自动倒圆角”命令可以同时在零件的面组上创建多个恒定半径的倒圆角特征。下面通过图 6.10.6 所示的模型来说明创建自动倒圆角的一般过程。

Step 1 将工作目录设置至 D:\creo2mowork\ch06\ch06.10，打开文件 round_auto.prt。

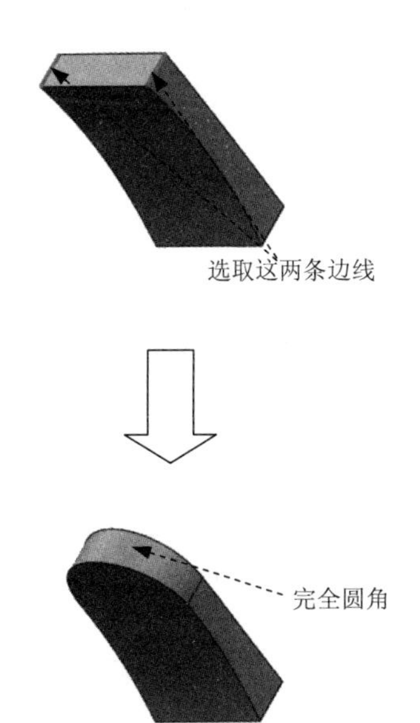

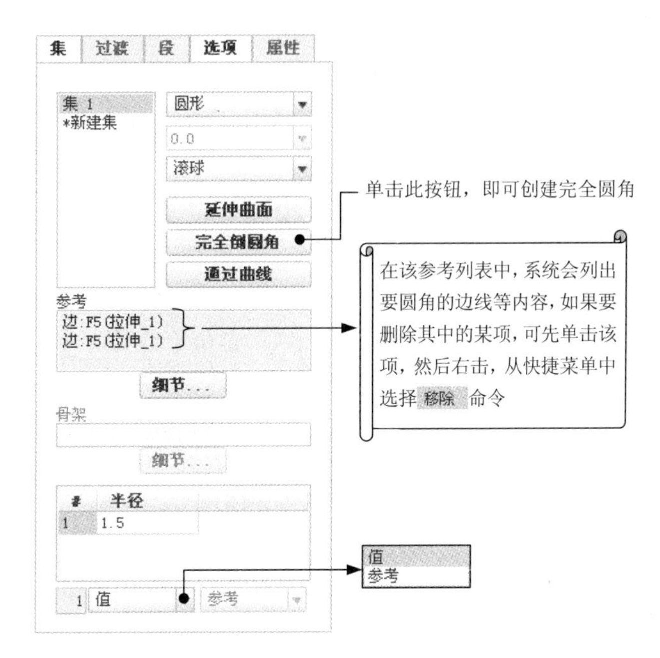

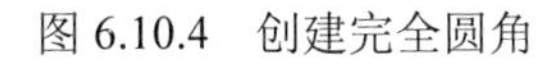

图 6.10.4　创建完全圆角　　　　图 6.10.5　圆角的设置界面

图 6.10.6　创建自动倒圆角

Step 2　单击 模型 功能选项卡 工程 ▾ 区域中 倒圆角 ▾ 节点下的 自动倒圆角 命令，系统弹出操控板。

Step 3　设置自动倒圆角的范围。在操控板中单击 范围 按钮，在“范围”界面上选中 ◉ 实体几何 单选项、☑ 凸边 和 ☑ 凹边 复选框。

Step 4　定义圆角大小。在凸边文本框中输入凸边的半径值 5.0，在凹边文本框中输入凹边的半径值 4.0。

说明：当只在凸边文本框中输入半径值时，系统会默认凹边的半径值与凸边的相同。

Step 5　在操控板中单击“完成”按钮✔，系统自动弹出图 6.10.7 所示的“自动倒圆角播放器”窗口，完成“自动倒圆角”特征的创建。

图 6.10.7　自动倒圆角播放器

6.11 孔特征

6.11.1 关于孔特征

在 Creo 中，可以创建三种类型的孔特征（Hole）。

- 直孔：具有圆截面的切口，它始于放置曲面并延伸到指定的终止曲面或用户定义的深度。
- 草绘孔：由草绘截面定义的旋转特征。锥形孔可作为草绘孔创建。
- 标准孔：具有基本形状的螺孔。它是基于相关的工业标准的，可带有不同的末端形状、标准沉孔和埋头孔。对选定的紧固件，既可计算攻螺纹，也可计算间隙直径；用户既可利用系统提供的标准查找表，也可创建自己的查找表来查找这些直径。

6.11.2 孔特征（直孔）的一般创建

下面说明在一个模型上添加孔特征（直孔）的详细操作过程。

Stage1. 打开一个已有的零件

将工作目录设置为 D:\creo2mo\work\ch06\ch06.11，打开文件 hole.prt（图 6.11.1）。

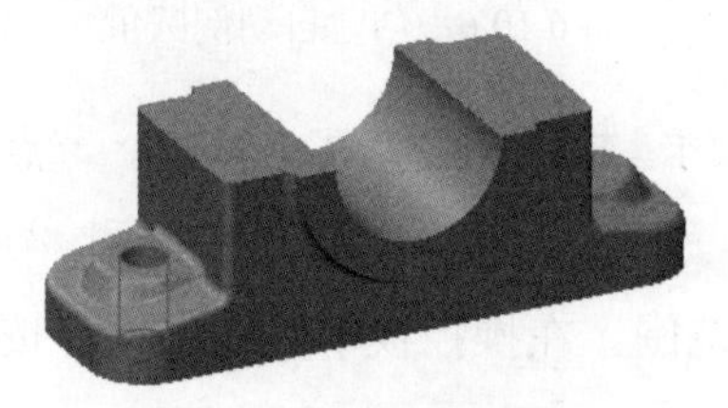

图 6.11.1 创建孔特征

Stage2. 添加孔特征（直孔）

Step 1 单击 模型 功能选项卡 工程 ▾ 区域中的 孔 按钮。

Step 2 选取孔的类型。完成上步操作后，系统弹出孔特征操控板。本例是添加直孔，由于直孔为系统默认，这一步可省略。如果创建标准孔或草绘孔，可单击创建标准孔的按钮，或单击“草绘定义钻孔轮廓”按钮。

Step 3 定义孔的放置。

（1）定义孔放置的放置参考。选取图 6.11.2 所示的端面为放置参考，此时系统以当前默认值自动生成孔的轮廓，可按照图中说明进行相应动态操作。

注意：孔的放置参考可以是基准平面或零件上的平面或曲面（如柱面、锥面等），也可以是基准轴。为了直接在曲面上创建孔，该孔必须是径向孔，且该曲面必须是凸起状。

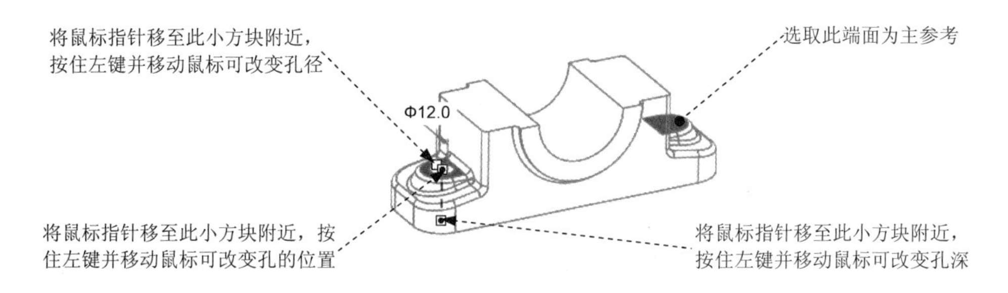

图 6.11.2 选取放置参考

（2）定义孔放置的方向。单击操控板中的 **放置** 按钮，在系统弹出的界面中单击 **反向** 按钮，可改变孔的放置方向（即孔放置在放置参考的那一边），本例采用系统默认的方向，即孔在实体这一侧。

（3）定义孔的放置类型。单击“类型”下拉列表框后的按钮，选取 线性 选项。

孔的放置类型介绍如下：

- 线性：参考两边或两平面放置孔（标注两线性尺寸）。如果选择此放置类型，接下来必须选择参考边（平面）并输入距参考的距离。
- 径向：绕一中心轴及参考一个面放置孔（需输入半径距离）。如果选择此放置类型，接下来必须选择中心轴及角度参考的平面。
- 直径：绕一中心轴及参考一个面放置孔（需输入直径）。如果选择此放置类型，接下来必须选择中心轴及角度参考的平面。
- 同轴：创建一根中心轴的同轴孔。接下来必须选择参考的中心轴。

（4）定义孔的位置。按住Ctrl键，选取图6.11.3所示的轴 A_2。

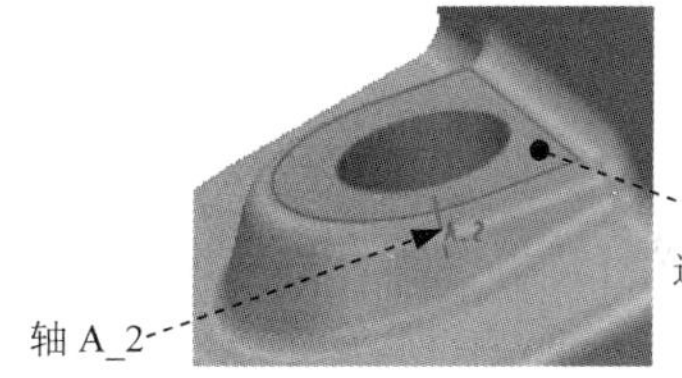

图 6.11.3 创建孔特征

Step 4 定义孔的直径及深度。在操控板中输入直径值 12.0，选取深度类型（即“穿透”）。

说明：在操控板中，单击“深度”类型后的按钮，可出现如下几种深度选项：

- （定值）：创建一个平底孔。如果选中此深度选项，接下来必须指定“深度值”。
- （穿过下一个）：创建一个一直延伸到零件的下一个曲面的孔。
- （穿透）：创建一个和所有曲面相交的孔。
- （穿至）：创建一个穿过所有曲面直到指定曲面的孔。如果选取此深度选项，也必须选取曲面。
- （指定的）：创建一个一直延伸到指定点、顶点、曲线或曲面的平底孔。

- (对称): 创建一个在草绘平面的两侧具有相等深度的双侧孔。

Step 5 在操控板中单击“完成”按钮，完成特征的创建。

6.11.3 螺孔的一般创建过程

下面说明创建螺孔（标准孔）的一般过程（图 6.11.4）。

Stage1. 打开一个已有的零件三维模型

将工作目录设置为 D:\creo2mo\work\ch06\ch06.11，打开文件 hole_thread.prt。

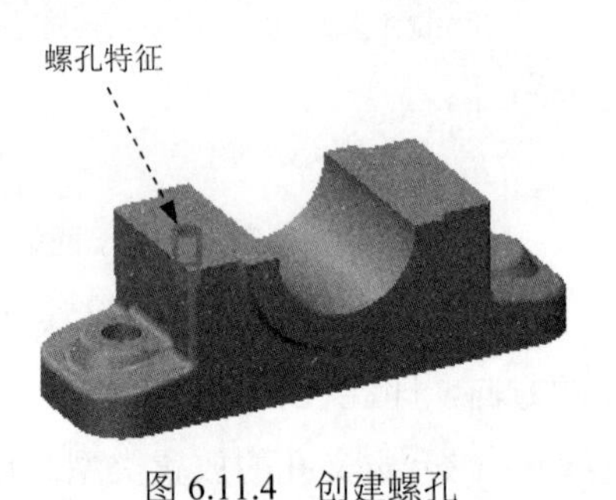

图 6.11.4 创建螺孔

Stage2. 添加螺孔特征

Step 1 单击 模型 功能选项卡 工程 ▼ 区域中的 孔 按钮，系统弹出孔特征操控板。

Step 2 定义孔的放置。

（1）定义孔放置的放置参考。单击操控板中的 放置 按钮，选取图 6.11.5 所示的模型表面——圆柱面为放置参考。

（2）定义孔放置的方向及类型。采用系统默认的放置方向，放置类型为 线性 。

（3）定义次参考及定位尺寸。单击 偏移参考 下的“单击此处添加…”字符，然后选取如图 6.11.5 所示的模型表面为第一线性参考，在后面的“距离”文本框中输入 12.0；按住 Ctrl 键，可选取第二个参考 FRONT 基准平面，在后面的“距离”文本框中输入到 FRONT 基准平面的距离值 0，再按回车键。

Step 3 在操控板中，按下螺孔类型按钮；选择 ISO 螺孔标准，螺孔大小为 M8×1.25，深度类型为（定值），输入深度值为 16.0。

Step 4 选择螺孔结构类型和尺寸。在操控板中，在操控板中按下按钮，再单击 形状 按钮，再在图 6.11.6 所示的界面中选中 可变 单选项。

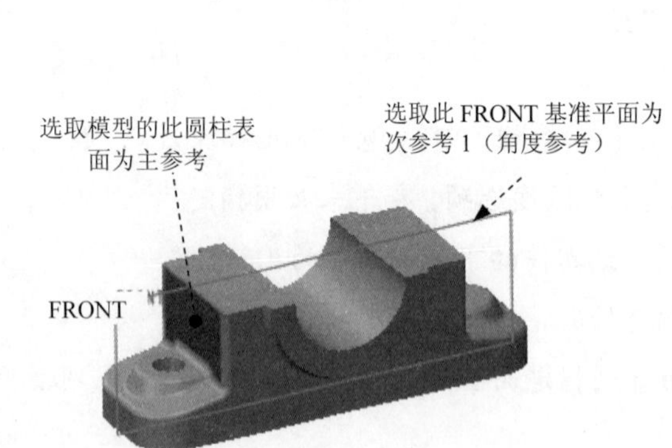

图 6.11.5 孔的放置

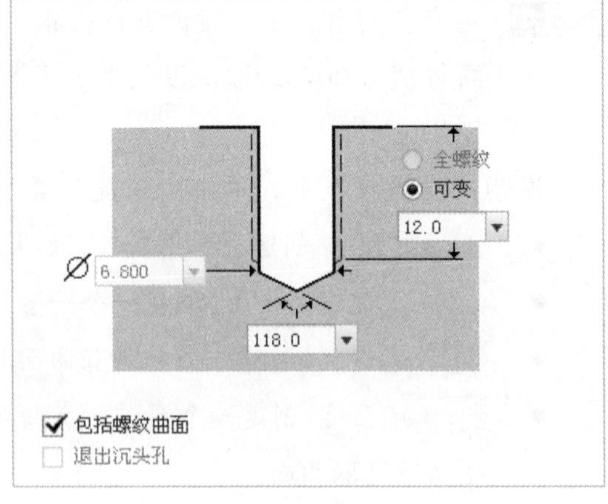

图 6.11.6 深度可变螺孔

Step 5 在操控板中单击“完成”按钮，完成特征的创建。

螺孔有 4 种结构形式：

（1）一般螺孔形式。在操控板中，单击，再单击 形状，系统弹出如图 6.11.6 所示的界面。

（2）埋头螺钉螺孔形式。在操控板中单击和，再单击 形状 按钮，系统弹出图 6.11.7 所示的界面。

注意： 如果不选中 包括螺纹曲面 复选框，则在将来生成工程图时，就不会有螺纹细实线。

（3）沉头螺钉螺孔形式。在操控板中，在操控板中单击和，再单击 形状 按钮，系统弹出图 6.11.8 所示的界面。

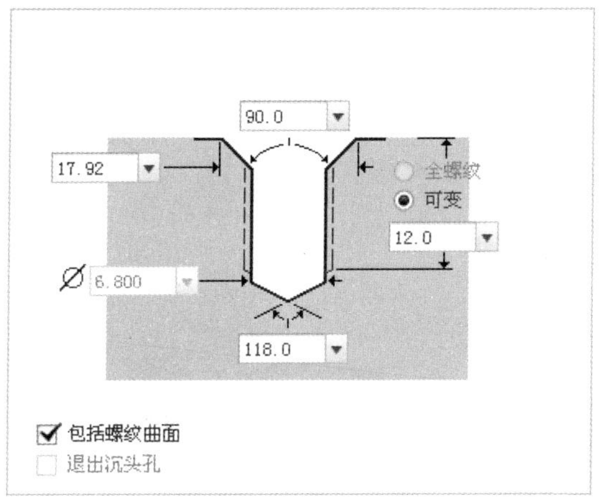

图 6.11.7　埋头螺钉螺孔 1

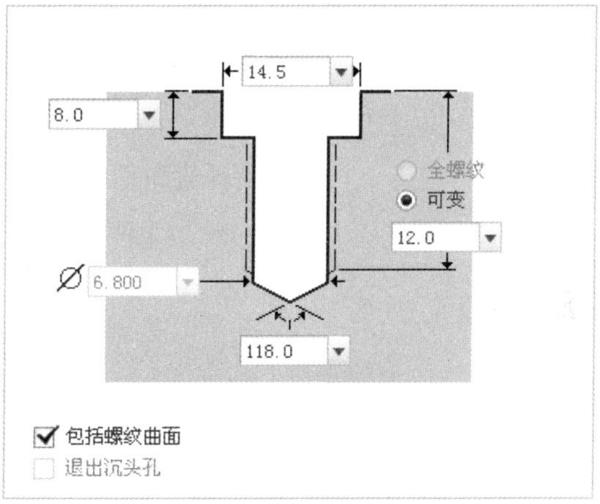

图 6.11.8　沉头螺钉螺孔（可变）

（4）螺钉过孔形式。有三种形式的过孔：

- 在操控板中取消选择、和，选择“间隙孔”，再单击 形状 按钮，则螺孔形式如图 6.11.9 所示。

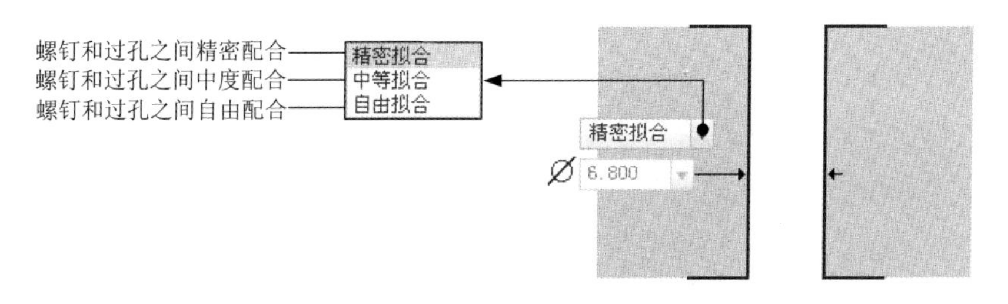

图 6.11.9　螺钉过孔

- 在操控板中单击，再单击 形状 按钮，则螺孔形式如图 6.11.10 所示。
- 在操控板中单击，再单击 形状 按钮，则螺孔形式如图 6.11.11 所示。

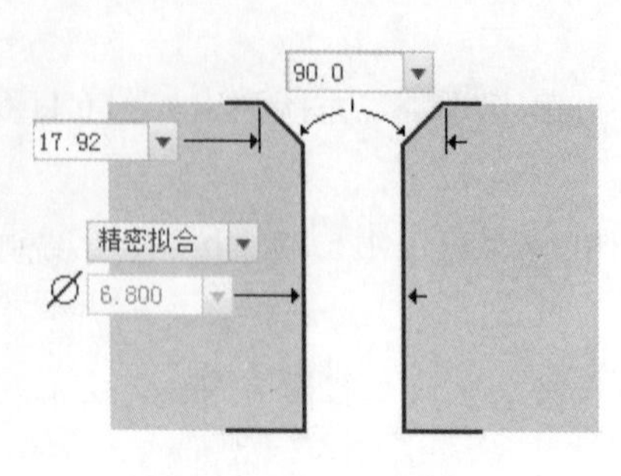

图 6.11.10　埋头螺钉过孔

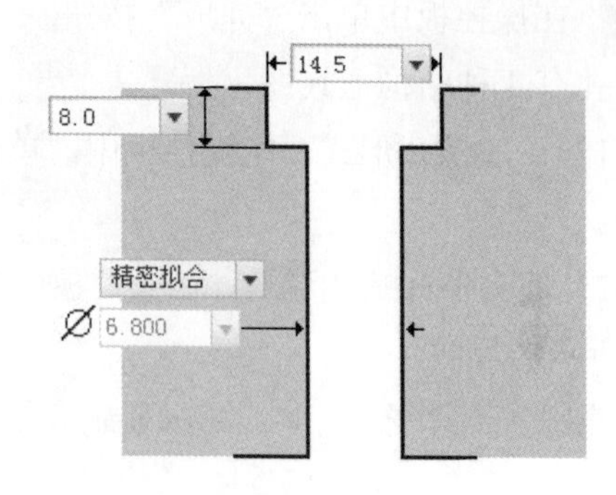

图 6.11.11　沉头螺钉过孔

6.12　抽壳特征

如图 6.12.1 所示，“（抽）壳”特征（Shell）是将实体的一个或几个表面去除，然后掏空实体的内部，留下一定壁厚的壳。在使用该命令时，各特征的创建次序非常重要。

下面以图 6.12.1 所示的模型为例，说明抽壳操作的一般过程。

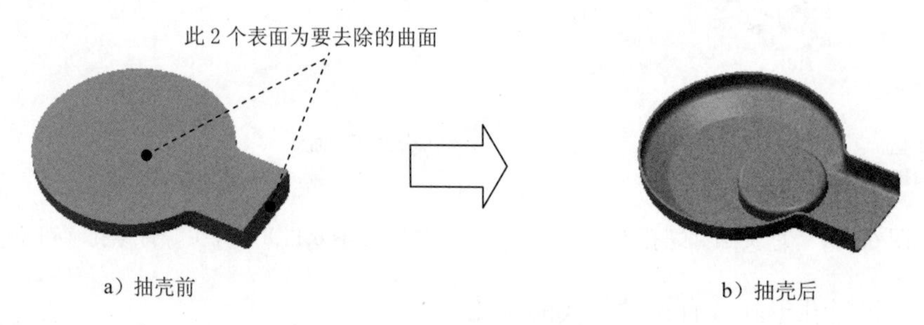

a）抽壳前　　b）抽壳后

图 6.12.1　等壁厚的抽壳

Step 1　将工作目录设置为 D:\creo2mo\work\ch06\ch06.12，打开文件 shell.prt。

Step 2　单击 模型 功能选项卡 工程 ▾ 区域中的 壳 按钮。

Step 3　选取抽壳时要去除的实体表面。此时，系统弹出图 6.12.2 所示的“壳”特征操控板，并且在信息区提示 ➡选择要从零件移除的曲面。，按住 Ctrl 键，选取图 6.12.1a 中的 2 个表面为要去除的曲面。

Step 4　定义壁厚。在操控板的“厚度”文本框中，输入抽壳的壁厚值 2.0。

注意：这里如果输入正值，则壳的厚度保留在零件内侧；如果输入负值，壳的厚度将增加到零件外侧。也可单击按钮 来改变内侧或外侧。

Step 5　在操控板中单击“完成”按钮 ✔，完成抽壳特征的创建。

6.13　筋特征

筋（肋）是设计用来加固零件的，也常用来防止出现不需要的折弯。筋（肋）特征的创建过程与拉伸特征基本相似，不同的是筋（肋）特征的截面草图是不封闭的，筋（肋）的截面只是一条直线。Creo 2.0 提供了两种筋（肋）特征的创建方法，分别是轨迹筋和轮廓筋。

6.13.1　轨迹筋

轨迹筋常用于加固塑料零件，通过在腔槽曲面之间草绘筋轨迹，或通过选取现有草绘来创建轨迹筋。

下面以图 6.13.1 所示的轨迹筋特征为例，说明创建轨迹筋特征的一般过程。

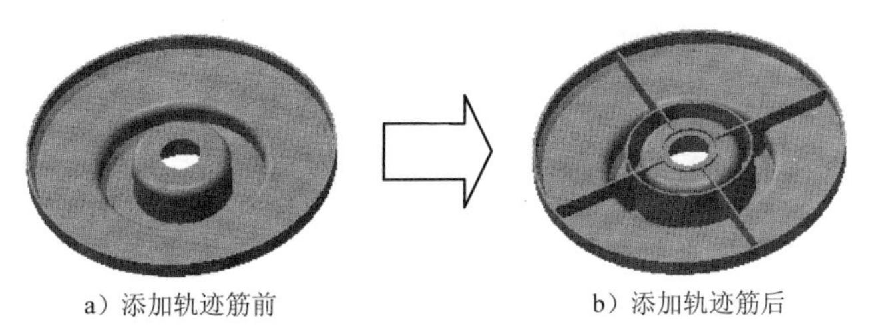

a）添加轨迹筋前　　　　b）添加轨迹筋后

图 6.13.1　轨迹筋特征

Step 1 将工作目录设置至 D:\creo2mo\work\ch06\ch06.13，打开文件 rib_01.prt。

Step 2 单击 模型 功能选项卡 工程 ▾ 区域 筋 ▾ 按钮中的 ▾，在弹出的菜单中选择 轨迹筋，系统弹出图 6.13.2 所示的操控板，该操控板反映了创建轨迹筋的过程及状态。

图 6.13.2　“轨迹筋”特征操控板

Step 3 定义草绘放置属性。在图 6.13.2 所示的操控板的 放置 界面中单击 定义... 按钮，选取 DTM1 基准平面为草绘平面，选取 RIGHT 平面为参考面，方向为 右。

Step 4 定义草绘参考。单击 草绘 功能选项卡 设置 ▾ 区域中的 按钮，系统弹出图 6.13.3 所示的“参考”对话框，选取图 6.13.4 所示的边线为草绘参考，单击 关闭(C) 按钮。

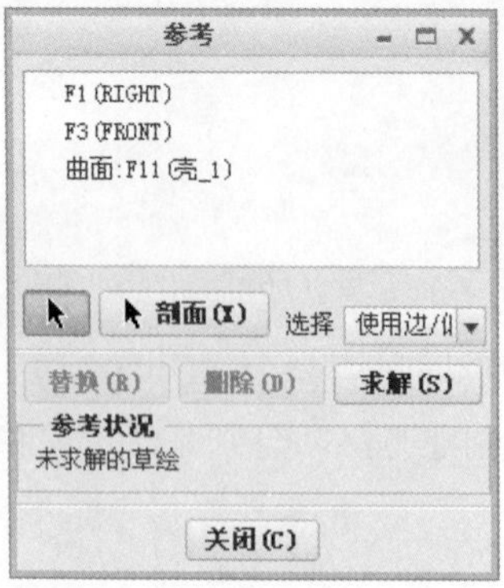

图 6.13.3 “参考”对话框

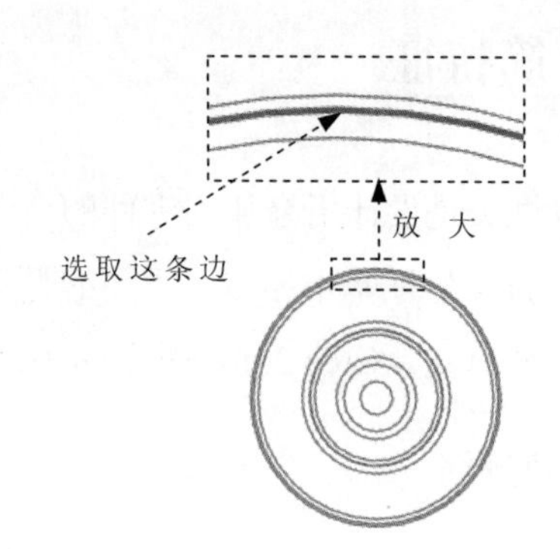

图 6.13.4 定义草绘参考

Step 5 绘制图 6.13.5 所示的轨迹筋特征截面图形。完成绘制后，单击“确定”按钮✔。

Step 6 定义加材料的方向。在模型中单击“方向”箭头，直至箭头的方向如图 6.13.6 所示（箭头方向指向壳体底面）。

Step 7 定义筋的厚度值 0.8。

Step 8 在操控板中单击“完成”按钮✔，完成筋特征的创建。

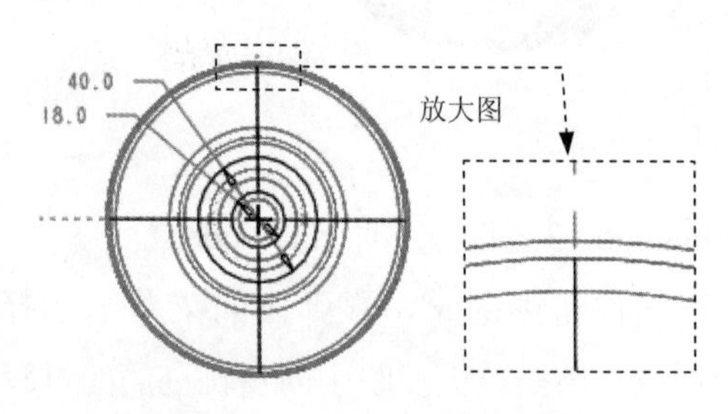

图 6.13.5 轨迹筋特征截面图形

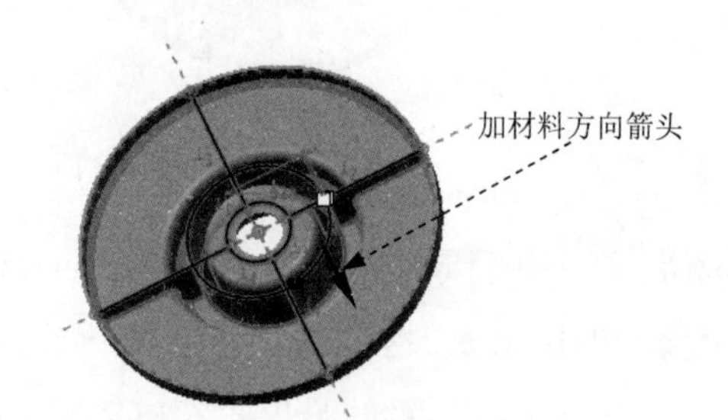

图 6.13.6 定义加材料的方向

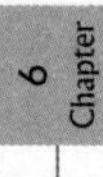

6.13.2 轮廓筋

轮廓筋是设计中连接到实体曲面的薄翼或腹板伸出项，一般通过定义两个垂直曲面之间的特征横截面来创建轮廓筋。

下面以图 6.13.7 所示的筋特征为例，说明创建轮廓筋特征的一般过程。

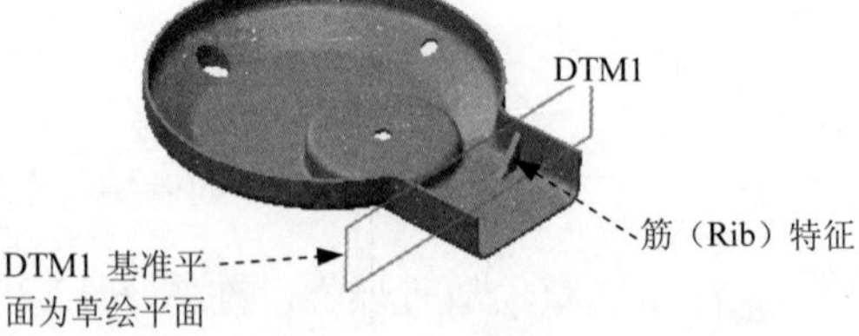

DTM1
筋（Rib）特征
DTM1 基准平面为草绘平面

图 6.13.7 筋特征

Step 1 将工作目录设置为 D:\creo2mo\work\ch06\ch06.13，打开文件 rib_02.prt。

Step 2 单击 模型 功能选项卡 工程 ▾ 区域 筋 ▾ 节点下的 轮廓筋 命令，系统弹出操控板，该操控板反映了创建筋特征的过程及状态。

Step 3 定义草绘截面放置属性。

（1）在操控板的 放置 界面中单击 定义... 按钮，选取 DTM1 基准平面为草绘平面。

（2）采用系统默认的参考面，方向为底部。

说明：如果模型的表面选取较困难，可用“列表选取”的方法。其操作步骤介绍如下：

- 将鼠标指针移至目标附近，右击。
- 在弹出的快捷菜单中选择 从列表中拾取 命令。
- 在弹出的列表对话框中，依次单击各项目，同时模型中对应的元素会变亮，找到所需的目标后，单击对话框下部的 确定(O) 按钮。

Step 4 定义草绘参考。单击 草绘 功能选项卡 设置 ▾ 区域中的 按钮，系统弹出“参考”对话框，选取图 6.13.8 所示的两条边线为草绘参考，单击 关闭(C) 按钮。

Step 5 绘制图 6.13.8 所示的筋特征截面图形。完成绘制后，单击“确定”按钮 ✔。

Step 6 定义加材料的方向。在模型中单击“方向”箭头，直至箭头的方向如图 6.13.9 所示。

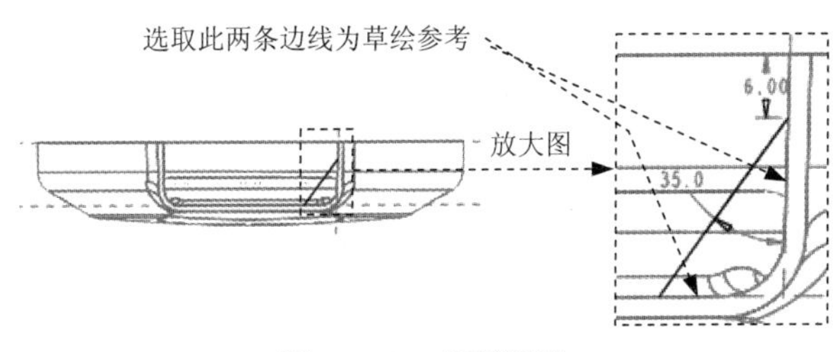

图 6.13.8 截面图形

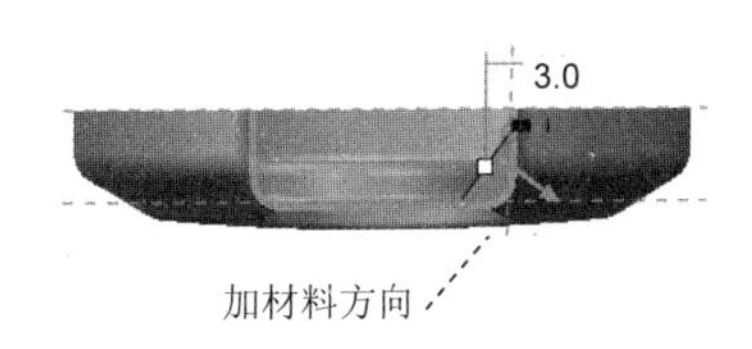

图 6.13.9 定义加材料的方向

Step 7 定义筋的厚度值 3.0。

Step 8 在操控板中，单击“完成”按钮 ✔，完成筋特征的创建。

6.14 拔模特征

6.14.1 拔模特征简述

注射件和铸件往往需要一个拔摸斜面才能顺利脱模，Creo 的拔摸（斜度）特征就是用来创建模型的拔摸斜面。下面先介绍有关拔模的几个关键术语。

- 拔模曲面：要进行拔模的模型曲面（见图 6.14.1）。
- 枢轴平面：拔模曲面可绕着枢轴平面与拔模曲面的交线旋转而形成拔模斜面（见图 6.14.1a）。
- 枢轴曲线：拔模曲面可绕着一条曲线旋转而形成拔模斜面。这条曲线就是枢轴曲线，它必须在要拔模的曲面上（见图 6.14.1a）。

- 拔模参考：用于确定拔模方向的平面、轴和模型的边。
- 拔模方向：拔模方向总是垂直于拔模参考平面或平行于拔模参考轴或参考边。
- 拔模角度：拔模方向与生成的拔模曲面之间的角度（见图 6.14.1b）。
- 旋转方向：拔模曲面绕枢轴平面或枢轴曲线旋转的方向。
- 分割区域：可对拔模曲面进行分割，然后为各区域分别定义不同的拔模角度和方向。

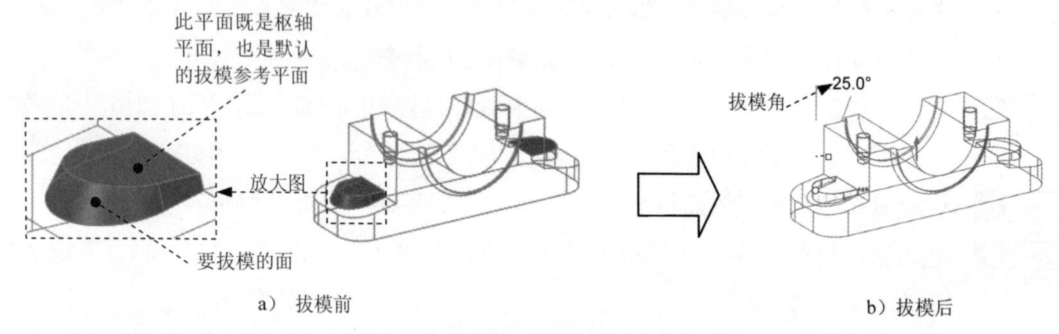

图 6.14.1　拔模（斜度）特征

6.14.2　根据枢轴平面拔模

1. 根据枢轴平面创建不分离的拔模特征

下面讲述如何根据枢轴平面创建一个不分离的拔模特征。

Step 1　将工作目录设置至 D:\creo2mo\work\ch06\ch06.14，打开文件 draft_01.prt。

Step 2　单击 模型 功能选项卡 工程 ▾ 区域中的 拔模 ▾ 按钮，此时出现图 6.14.2 所示的“拔模”操控板。

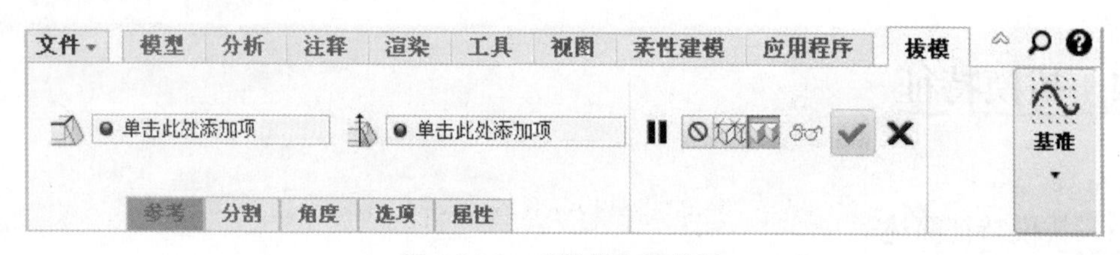

图 6.14.2　“拔模”操控板

Step 3　选取要拔模的曲面。选取图 6.14.3 所示的模型表面。

Step 4　选取拔模枢轴平面。

（1）在操控板中单击图标后的 ● 单击此处添加项 字符。

（2）选取图 6.14.4 所示的模型表面。完成此步操作后，模型如图 6.14.4 所示。

说明：拔模枢轴既可以是一个平面，也可以是一条曲线。当选取一个平面作为拔模枢轴时，该平面称为枢轴平面；当选取一条曲线作为拔模枢轴时，该曲线称为枢轴曲线。

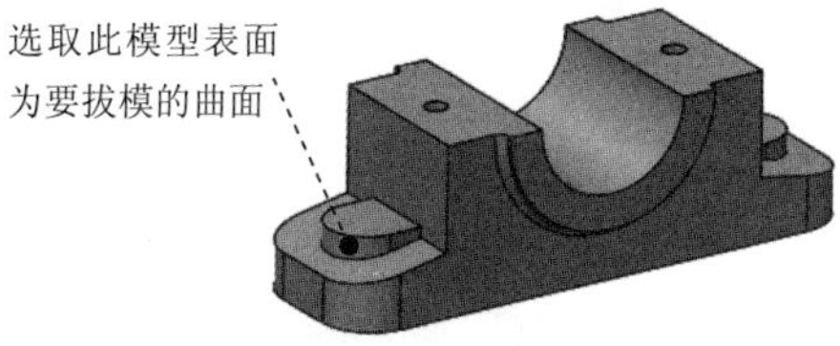

图 6.14.3 选取要拔模的曲面

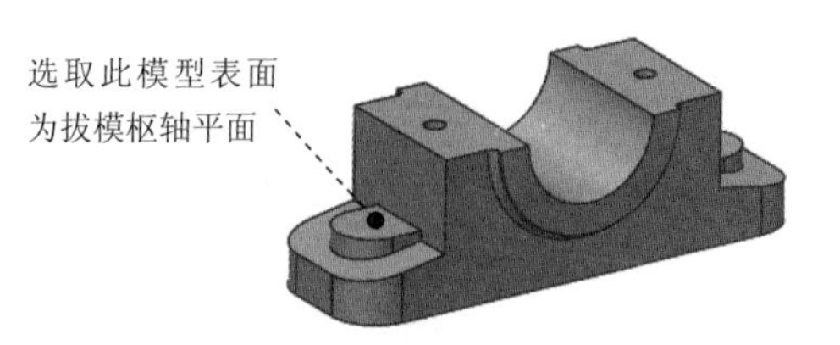

图 6.14.4 选取拔模枢轴平面

Step 5 选取拔模方向参考及改变拔模方向。一般情况下不进行此步操作，因为在用户选取拔模枢轴平面后，系统通常默认地以枢轴平面为拔模参考平面（见图 6.14.5）；如果要重新选取拔模参考，例如选取图 6.14.6 所示的模型表面为拔模参考平面，则可进行如下操作：

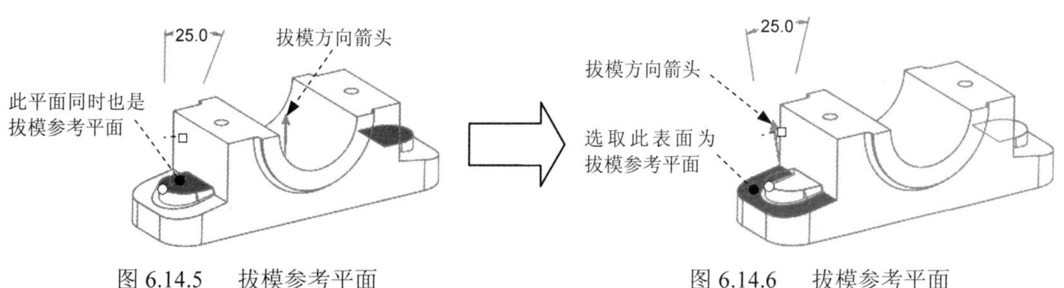

图 6.14.5 拔模参考平面　　图 6.14.6 拔模参考平面

（1）在图 6.14.7 所示的操控板中，单击图标后的 1个平面 字符。

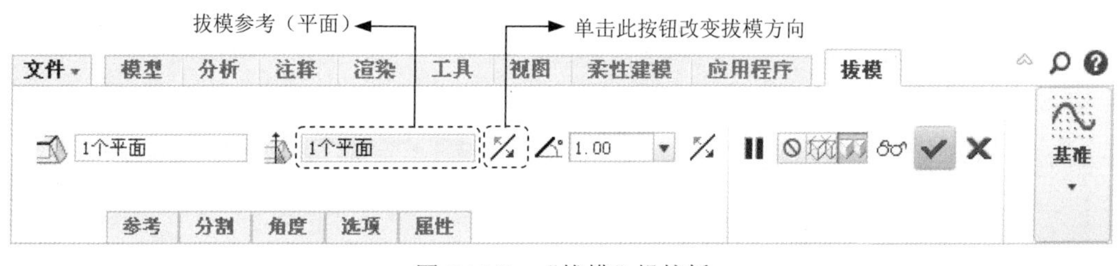

图 6.14.7 “拔模”操控板

（2）选取图 6.14.6 所示的模型表面。如果要改变拔模方向，可单击按钮。

Step 6 修改拔模角度及拔模角方向。如图 6.14.8 所示，此时可在操控板中修改拔模角度（图 6.14.9）和改变拔模角的方向（图 6.14.10）。

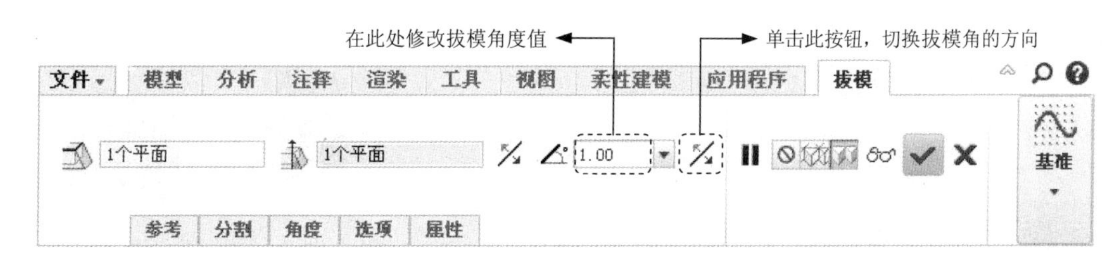

图 6.14.8 “拔模”操控板

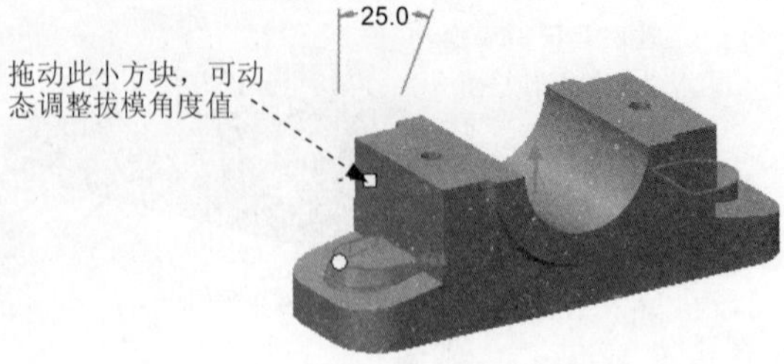

25.0

拖动此小方块，可动态调整拔模角度值

图 6.14.9　调整拔模角大小

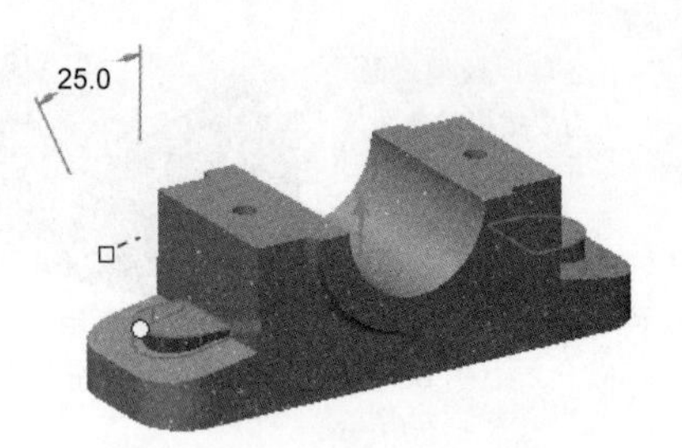

图 6.14.10　改变拔模角方向

Step 7　在操控板中单击按钮✓，完成拔模特征的创建。

2. 根据枢轴平面创建分离的拔模特征

图 6.14.11a 所示为拔模前的模型，图 6.14.11b 所示为拔模后的模型。由该图可看出，拔模面被枢轴平面分离成两个拔模侧面（拔模 1 和拔模 2），这两个拔模侧面可以有独立的拔模角度和方向。下面以此模型为例，介绍如何根据枢轴平面创建一个分离的拔模特征。

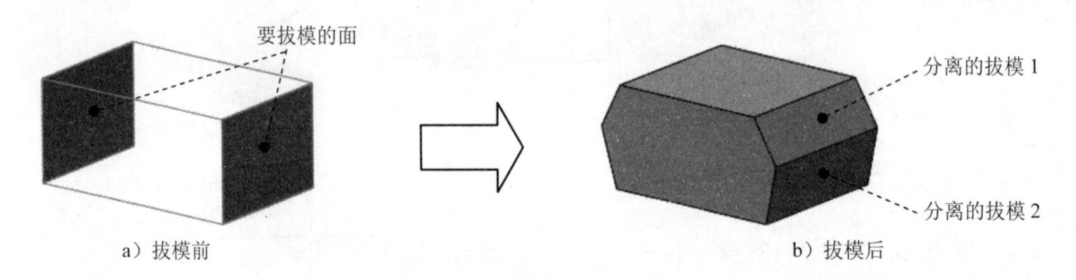

图 6.14.11　创建分离的拔模特征

Step 1　将工作目录设置至 D:\creo2mo\work\ch06\ch06.14，打开文件 draft_02.prt。

Step 2　单击 模型 功能选项卡 工程 ▾ 区域中的 拔模 ▾ 按钮，此时出现图 6.14.12 所示的“拔模”操控板。

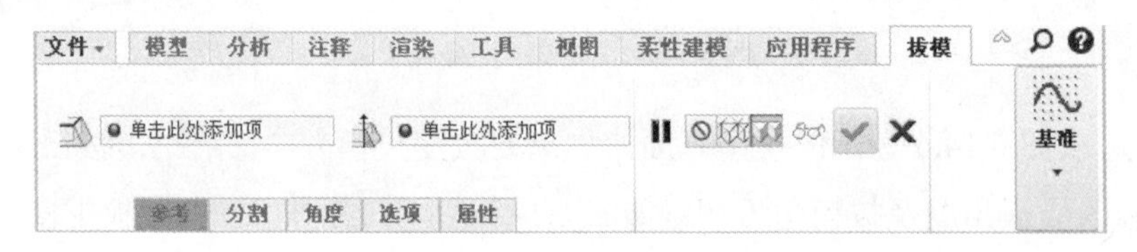

图 6.14.12　“拔模”操控板

Step 3　选取要拔模的曲面。按住 Ctrl 键，依次选取图 6.14.13 所示的两个模型表面。

Step 4　选取拔模枢轴平面。先在操控板中单击图标后的 ● 单击此处添加项 字符，再选取 TOP 基准平面。

Step 5　采用默认的拔模方向参考（枢轴平面）

Step 6　选取分割选项和侧选项。

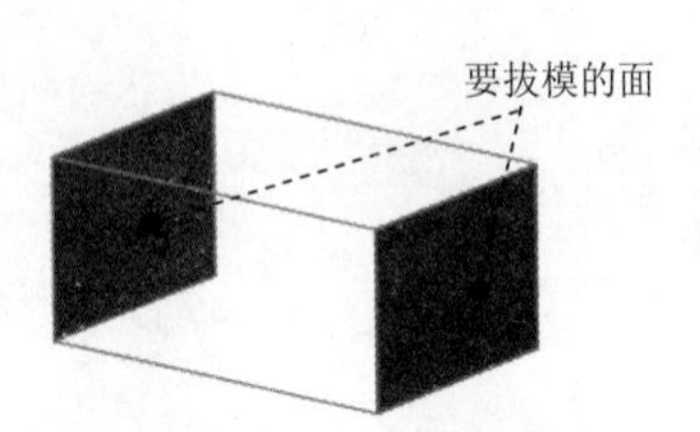

图 6.14.13　要拔模的曲面

（1）选取分割选项：在操控板中单击 分割 按钮，在弹出界面的分割选项 列表框中选取 根据拔模枢轴分割 方式，如图 6.14.14 所示。

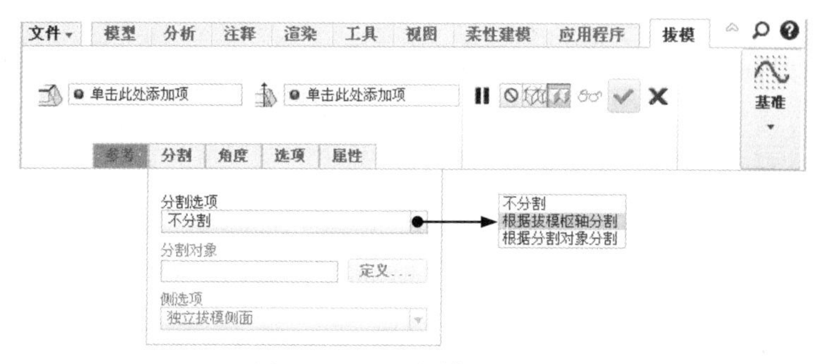

图 6.14.14 “拔模”操控板

（2）选取侧选项：在该界面的 侧选项 列表框中选取 独立拔模侧面，如图 6.14.15 所示。

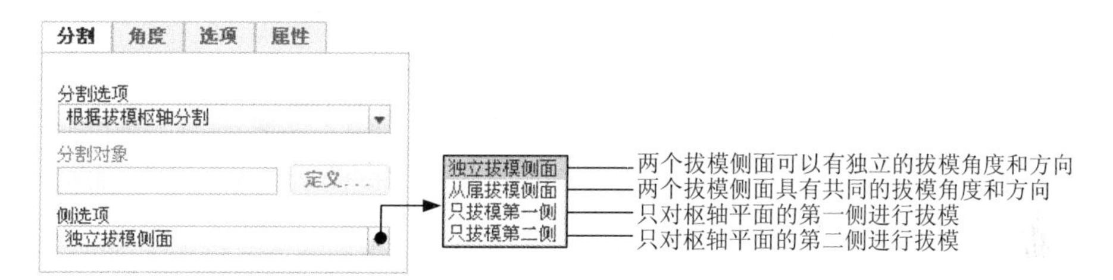

图 6.14.15 “分割”界面

Step 7 在操控板的相应区域修改两个拔模侧的拔模角度和方向，如图 6.14.16 所示。

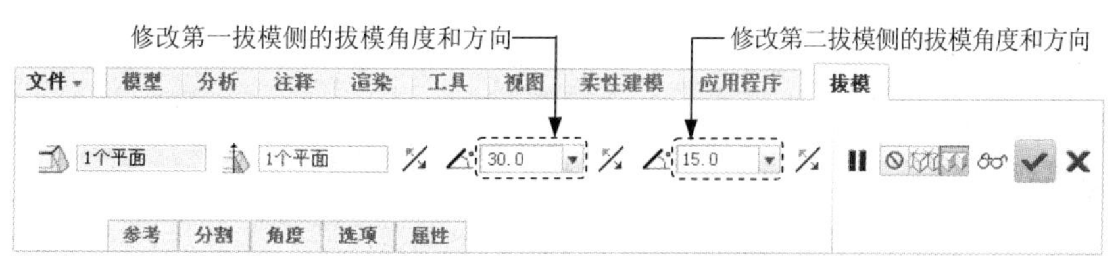

图 6.14.16 “拔模”操控板

Step 8 单击操控板中的按钮✔，完成拔模特征的创建。

6.15 常用的基准特征及其应用

Creo 中的基准包括基准平面、基准轴、基准曲线、基准点和坐标系。这些基准在创建零件的一般特征、曲面、剖切面、装配中都十分有用。

6.15.1 基准平面

基准平面也称基准平面。在创建一般特征时，如果模型上没有合适的平面，用户可以将基准平面作为特征截面的草绘平面及其参考平面；也可以根据一个基准平面进行标注，就好像它是一条边。基准平面的大小都可以调整，以使其看起来适合零件、特征、曲面、边、轴或半径。

基准平面有两侧：橘黄色侧和灰色侧。法向方向箭头指向橘黄色侧。基准平面在屏幕中显示为橘黄色或灰色取决于模型的方向。当装配元件、定向视图和选择草绘参考时，应注意基准平面的颜色。

要选择一个基准平面，可以选择其名称，或选择它的一条边界。

1. 创建基准平面的一般过程

下面以一个范例来说明基准平面的一般创建过程。如图 6.15.1 所示，现在要创建一个基准平面 DTM1，使其穿过图中模型的一个边线，并与模型上的一个表面成 45° 夹角。

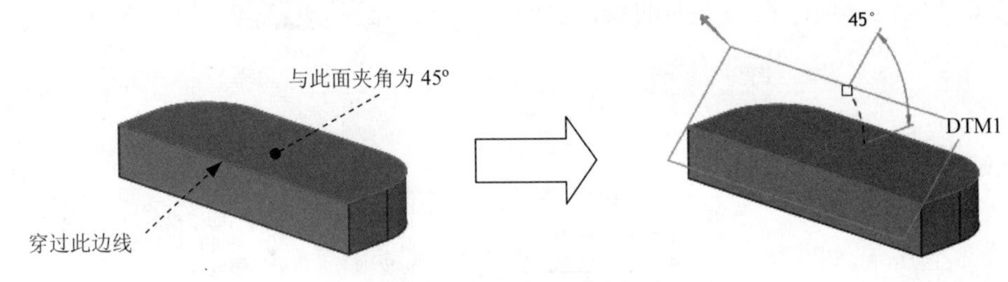

图 6.15.1　基准平面的创建

Step 1　将工作目录设置为 D:\creo2mo\work\ch06\ch06.15，打开 datum_plane.prt。

Step 2　单击 模型 功能选项卡 基准 ▾ 区域中的“平面”按钮，系统弹出相应的对话框。

Step 3　选取约束。

（1）穿过约束。选取图 6.15.1 所示的边线。

（2）角度约束。按住 Ctrl 键，选取图 6.15.1 所示的参考平面。

（3）给出夹角。在对话框下部的文本框中键入夹角值 45.0，并按回车键。

Step 4　修改基准平面的名称。可在 属性 选项卡的 名称 文本框中键入新的名称。

2. 创建基准平面的其他约束方法：通过平面

要创建的基准平面通过另一个平面，即与这个平面完全一致，该约束方法能单独确定一个平面。

Step 1　单击“平面”按钮。

Step 2　选取某一参考平面，再在对话框中选择 穿过 选项。

3. 创建基准平面的其他约束方法：偏距平面

要创建的基准平面平行于另一个平面，并且与该平面有一个偏距距离。该约束方法能单独确定一个平面。

Step 1　单击“平面”按钮。

Step 2 选取某一参考平面，然后输入偏距的距离值 20.0。

4. 创建基准平面的其他约束方法：偏距坐标系

用此约束方法可以创建一个基准平面，使其垂直于一个坐标轴并偏离坐标原点。当使用该约束方法时，需要选择与该平面垂直的坐标轴，以及给出沿该轴线方向的偏距。

Step 1 单击“平面”按钮。

Step 2 选取某一坐标系。

Step 3 选取所需的坐标轴，然后输入偏距的距离值 50.0。

5. 控制基准平面的法向方向和显示大小

尽管基准平面实际上是一个无穷大的平面，但在默认情况下，系统根据模型大小对其进行缩放显示。显示的基准平面的大小随零件尺寸而改变。除了那些即时生成的平面以外，其他所有基准平面的大小都可以加以调整，以适应零件、特征、曲面、边、轴或半径。操作步骤如下：

Step 1 在模型树上单击一基准平面，然后右击，从弹出的快捷菜单中选择编辑定义命令。

Step 2 在对话框中，打开显示选项卡。

Step 3 在对话框中，单击 反向 按钮，可改变基准平面的法向方向。

Step 4 要确定基准平面的显示大小，有如下三种方法：

方法一：采用默认大小，根据模型（零件或组件）自动调整基准平面的大小。

方法二：拟合参考大小。在对话框中，选中 ☑ 调整轮廓 复选框，在下拉列表框中选择参考选项，再通过选取特征、曲面、边、轴线、零件等参考元素，使基准平面的显示大小拟合所选参考元素的大小。

- 拟合特征：根据零件或组件特征调整基准平面大小。
- 拟合曲面：根据任意曲面调整基准平面大小。
- 拟合边：调整基准平面大小使其适合一条所选的边。
- 拟合轴线：根据一轴调整基准平面大小。
- 拟合零件：根据选定零件调整基准平面的大小。该选项只适用于组件。

方法三：给出拟合半径。根据指定的半径来调整基准平面大小，半径中心定在模型的轮廓内。

6.15.2 基准轴

如同基准平面，基准轴也可以作为特征创建时的参考。基准轴对创建基准平面、同轴放置项目和径向阵列特别有用。

基准轴的产生也分两种情况：一是基准轴作为一个单独的特征来创建；二是在创建带有圆弧的特征期间，系统会自动产生一个基准轴，但此时必须将配置文件选项 show_axes_ for_extr_arcs 设置为 yes。

创建基准轴后，系统用 A_1、A_2 等依次自动分配其名称。要选取一个基准轴，可选择基准轴线自身或其名称。

1. 创建基准轴的一般过程

下面以一个范例来说明创建基准轴的一般过程。在图 6.15.2 所示的 datum_axis.prt 零件中，经过模型上的两点创建基准轴。

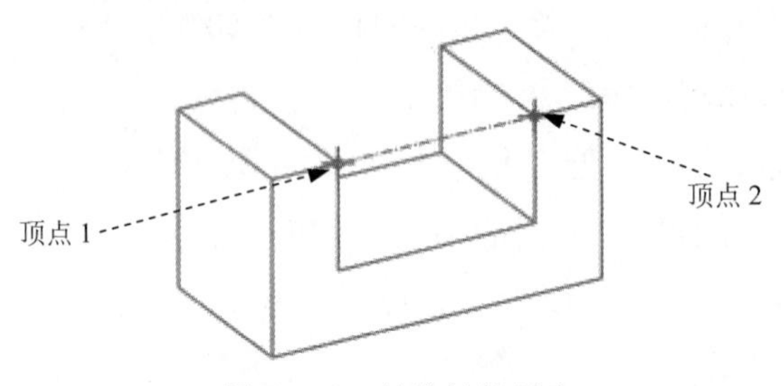

图 6.15.2 基准轴的创建

Step 1 将工作目录设置为 D:\creo2mo\work\ch06\ch06.15，打开文件 datum_axis.prt。

Step 2 单击 模型 功能选项卡 基准▾ 区域中的 / 轴 按钮。

Step 3 选取如图 6.15.2 所示的顶点 1，按住 Ctrl 键，再选取顶点 2。

注意：创建基准轴有如下一些约束方法：

- 过边界：要创建的基准轴通过模型上的一个直边。
- 垂直平面：要创建的基准轴垂直于某个“平面”。使用此方法时，应先选取基准轴要与其垂直的平面，然后分别选取两条定位的参考边，并定义到参考边的距离。
- 过点且垂直于平面：要创建的基准轴通过一个基准点并与一个“平面”垂直，“平面”可以是一个现成的基准平面或模型上的表面，也可以创建一个新的基准平面作为“平面”。
- 过圆柱：要创建的基准轴通过模型上的一个旋转曲面的中心轴。使用此方法时，再选择一个圆柱面或圆锥面即可。
- 两平面：在两个指定平面（基准平面或模型上的平面表面）的相交处创建基准轴。两平面不能平行，但在屏幕上不必显示相交。
- 两个点/顶点：要创建的基准轴通过两个点，这两个点既可以是基准点，也可以是模型上的顶点。

Step 4 修改基准轴的名称。在对话框中属性选项卡的“名称”文本框中键入新的名称。

2. 练习

练习要求：对图 6.15.3 所示的 plane_body 零件，在中部的切削特征上创建一个基准平面 REF_ZERO。

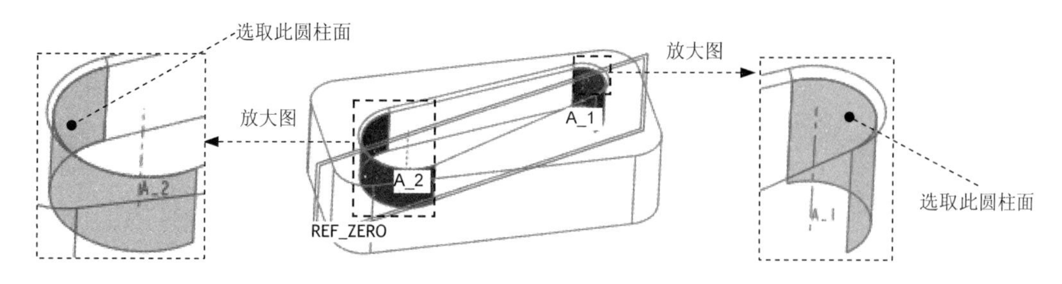

图 6.15.3 plane_body.prt 零件

Step 1 将工作目录设置为 D:\creo2mo\work\ch06\ch06.15，打开文件 plane_body.prt。

Step 2 创建一个基准轴 A_1。单击 轴 按钮，选取图 6.15.3 所示的圆柱面（见放大图）。

Step 3 创建一个基准轴 A_2。单击 轴 按钮，选取图 6.15.3 所示的圆柱面（见放大图）。

Step 4 创建一个基准平面 REF_ZERO。单击“平面”按钮；选取 A_1 轴，约束设置为“穿过”；按住 Ctrl 键，选取 A_2 轴，约束设置为“穿过”，将此基准平面改名为 REF_ZERO。

6.15.3 基准点

基准点用来为网格生成加载点、在绘图中连接基准目标和注释、创建坐标系及管道特征轨迹，也可以在基准点处放置轴、基准平面、孔和轴肩。

默认情况下，Creo 将一个基准点显示为叉号×，其名称显示为 PNTn，其中 n 是基准点的编号。要选取一个基准点，可选择基准点自身或其名称。

可以使用配置文件选项 datum_point_symbol 来改变基准点的显示样式。基准点的显示样式可使用下列任意一个：CROSS、CIRCLE、TRIANGLE 或 SQUARE。

可以重命名基准点，但不能重命名在布局中声明的基准点。

1. 创建基准点的方法一：在曲线/边线上

用位置的参数值在曲线或边上创建基准点，该位置参数值确定从一个顶点开始沿曲线的长度。

如图 6.15.4 所示，现需要在模型边线上创建基准点 PNT0，操作步骤如下：

Step 1 先将工作目录设置为 D:\creo2mo\work\ch06\ch06.15，然后打开 point_01.prt 文件。

Step 2 单击 模型 功能选项卡 基准 ▾ 区域中 点 ▾ 节点下的 点 命令（或直接单击 点 ▾ 按钮）。

说明：单击 模型 功能选项卡 基准 ▾ 区域 点 ▾ 按钮中的 ▾，会出现图 6.15.5 所示的“点”菜单。

图 6.15.5 中各按钮的说明如下：

A：创建基准点。

B：创建偏移坐标系基准点。

C：创建域基准点。

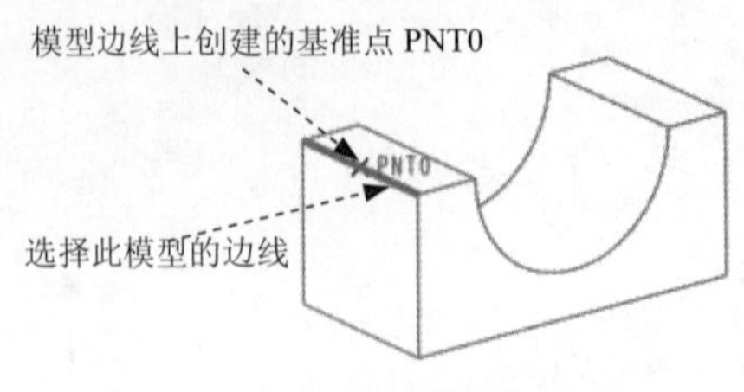

图 6.15.4　线上基准点的创建

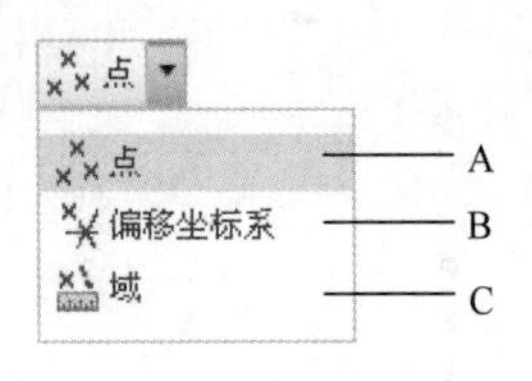

图 6.15.5　“点”菜单

Step 3　选取图 6.15.6 所示的模型的边线，系统立即产生一个基准点 PNT0，如图 6.15.7 所示。

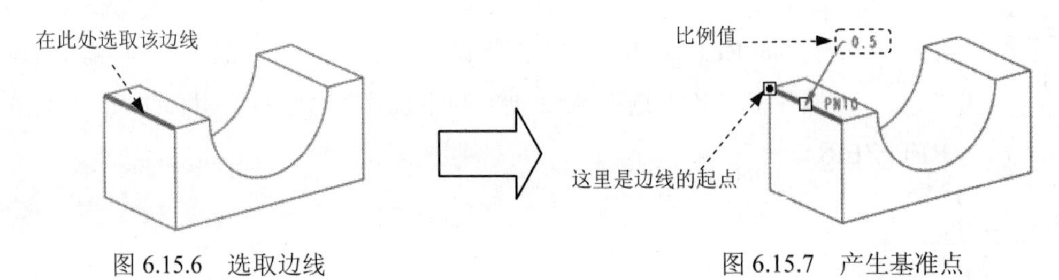

图 6.15.6　选取边线　　　　图 6.15.7　产生基准点

Step 4　在“基准点”对话框中，先选择基准点的定位方式（比率 或 实数），再键入基准点的定位数值（比率系数或实际长度值）。

2. 创建基准点的方法二：顶点

在零件边、曲面特征边、基准曲线或输入框架的顶点上创建基准点。

如图 6.15.8 所示，现需要在模型的顶点处创建一个基准点 PNT0，操作步骤如下：

Step 1　先将工作目录设置为 D:\creo2mo\work\ch06\ch06.15，然后打开文件 point_02.prt。

Step 2　单击 点 按钮。

Step 3　如图 6.15.8 所示，选取模型的顶点，系统立即在此顶点处产生一个基准点 PNT0。

3. 创建基准点的方法三：过中心点

在一条弧、一个圆或一个椭圆图元的中心处创建基准点。

如图 6.15.9 所示，现需要在模型上表面的孔的圆心处创建一个基准点 PNT0，操作步骤如下：

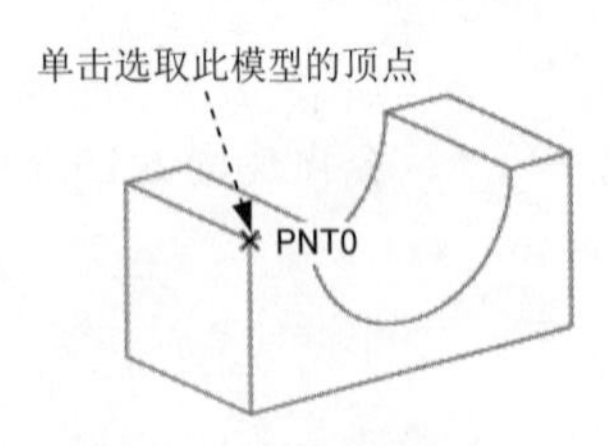

图 6.15.8　顶点基准点的创建

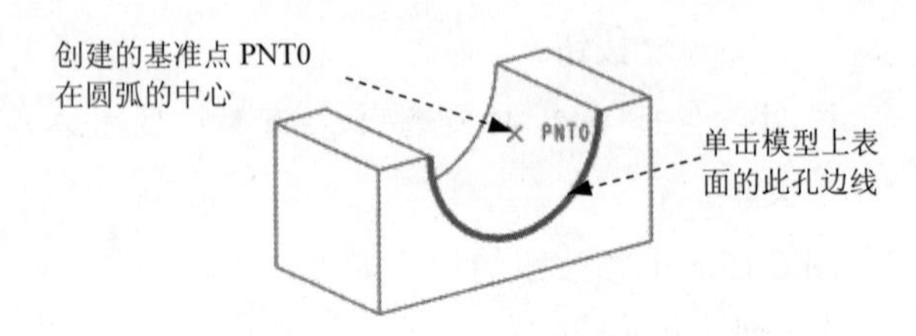

图 6.15.9　过中心点基准点的创建

Step 1 将工作目录设置为 D:\creo2mo\work\ch06\ch06.15，打开文件 point_03.prt。

Step 2 单击 点 按钮。

Step 3 如图 6.15.9 所示，选取模型上表面的孔边线。

Step 4 在“基准点”对话框的下拉列表中选取 居中 选项。

6.15.4 坐标系

坐标系是可以增加到零件和装配件中的参考特征，它可用于：

- 计算质量属性。
- 装配元件。
- 为“有限元分析（FEA）”放置约束。
- 为刀具轨迹提供制造操作参考。
- 用于定位其他特征的参考（坐标系、基准点、平面和轴线、输入的几何等）。

在 Creo 系统中，可以使用下列三种形式的坐标系：

- 笛卡尔坐标系。系统用 X、Y 和 Z 表示坐标值。
- 柱坐标系。系统用半径、theta（θ）和 Z 表示坐标值。
- 球坐标系。系统用半径、theta（θ）和 phi（ψ）表示坐标值。

利用三个平面创建坐标系，方法如下：选择三个平面（模型的表平面或基准平面），这些平面不必正交，其交点成为坐标原点，选定的第一个平面的法向定义一个轴的方向，第二个平面的法向定义另一轴的大致方向，系统使用右手定则确定第三轴。

如图 6.15.10 所示，现需要在三个垂直平面（平面 1、平面 2 和平面 3）的交点上创建一个坐标系 CSO，操作步骤如下：

Step 1 将工作目录设置为 D:\creo2mo\work\ch06\ch06.15，打开文件 create_csys.prt。

Step 2 单击 模型 功能选项卡 基准 ▾ 区域中的 坐标系 按钮。

Step 3 选择三个垂直平面。如图 6.15.10 所示，选择平面 1；按住键盘的 Ctrl 键，选择平面 2；按住键盘的 Ctrl 键，选择平面 3。此时系统就创建了图 6.15.11 所示的坐标系，注意字符 X、Y、Z 所在的方向正是相应坐标轴的正方向。

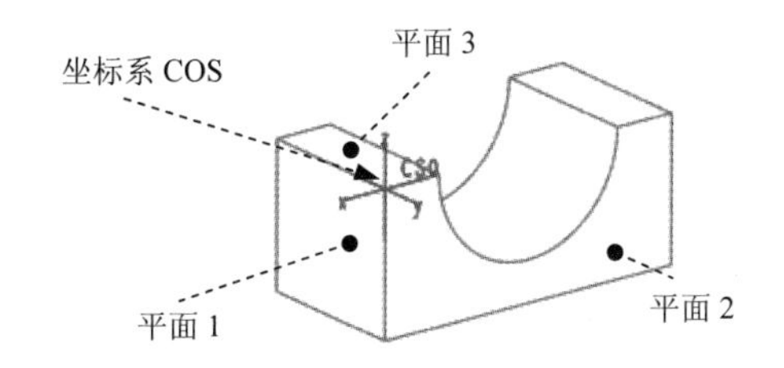

图 6.15.10 由三个平面创建坐标系

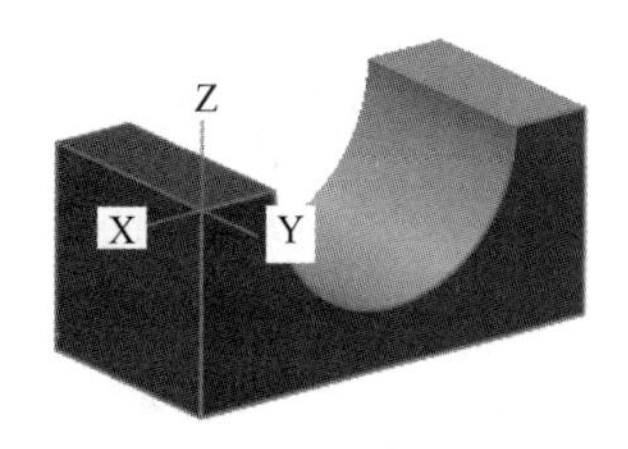

图 6.15.11 生成坐标系

Step 4 修改坐标轴的位置和方向。在“坐标系”对话框中，打开 方向 选项卡，在该选项卡的界面中可以修改坐标轴的位置和方向。

6.16 特征的重新排序及插入

6.16.1 概述

在 6.14 节中，曾提到对一个零件进行抽壳时，零件中特征的创建顺序非常重要，如果各特征的顺序安排不当，抽壳特征会生成失败，有时即使能生成抽壳，但结果也不会符合设计的要求。

可按下面的操作方法进行验证：

Step 1 将工作目录设置为 D:\creo2mo\work\ch06\ch06.16，打开文件 cover.prt。

Step 2 将底部圆角半径从 R10 改为 R30，单击 模型 功能选项卡 操作▼ 区域中的 按钮重新生成模型，会看到盖子的底部裂开一条缝，如图 6.16.1 所示。显然这不符合设计意图，之所以会产生这样的问题，是因为圆角特征和抽壳特征的顺序安排不当，解决办法是将圆角特征调整到抽壳特征的前面，这种特征顺序的调整就是特征的重新排序（Reorder）。

6.16.2 特征的重新排序

这里以前面的盖子（cover）为例，说明特征重新排序（Reorder）的操作方法。如图 6.16.2 所示，在零件的模型树中，单击盖底的“倒圆角 1”特征，按住左键不放并拖动鼠标，拖至“壳 1”特征的上面，然后松开左键，这样盖底的倒圆角特征 1 就调整到抽壳特征的前面了，参照上述操作将倒圆角 2、倒圆角 3 拖至“壳 1”特征的上面，完成后如图 6.16.2 所示。

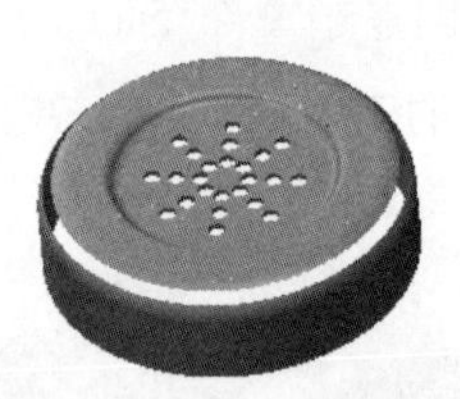

图 6.16.1 注意抽壳特征的顺序

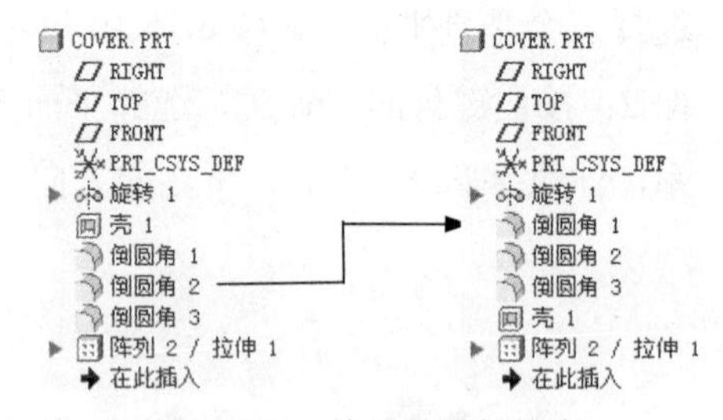

图 6.16.2 特征的重新排序

6.16.3 特征的插入

在 6.16.2 节的练习中，当所有的特征完成以后，假如还要添加一个图 6.16.3 所示的切削旋转特征，并要求该特征添加在模型的底部圆角特征的后面、抽壳特征的前面（图 6.16.4），利用“特征的插入”功能可以满足这一要求。下面说明其操作过程。

Step 1　在模型树中，将特征插入符号 ➔ 在此插入 从末尾拖至抽壳特征的前面，如图 6.16.4 所示。

图 6.16.3　切削旋转特征　　　　图 6.16.4　特征的插入操作

Step 2　单击 模型 功能选项卡 形状 ▾ 区域中的 旋转 按钮，创建槽特征，草图截面的尺寸如图 6.16.5 所示。

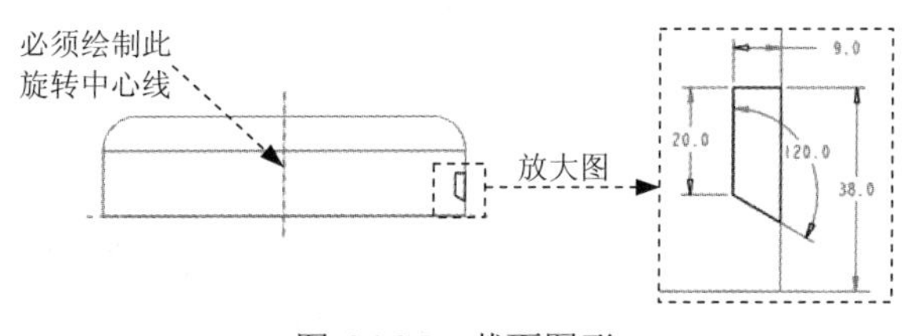

图 6.16.5　截面图形

Step 3　完成槽的特征创建后，再将插入符号 ➔ 在此插入 拖至模型树的底部。

6.17　复制特征

特征的复制（Copy）命令用于创建一个或多个特征的副本，如图 6.17.1 所示。Creo 的特征复制包括镜像复制、平移复制、旋转复制等，下面几节将分别介绍它们的操作过程。

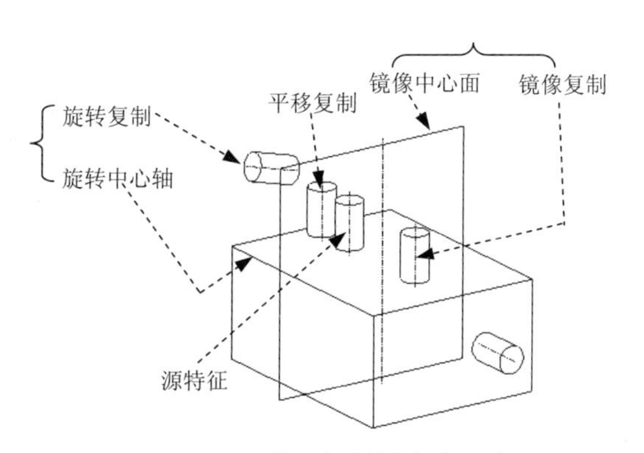

图 6.17.1　特征复制的多种方式

6.17.1 镜像复制

特征的镜像复制就是将源特征相对一个平面（这个平面称为镜像中心平面）进行镜像，从而得到源特征的一个副本。如图 6.17.2 所示，对这个孔特征进行镜像复制的操作过程如下：

方法一：

Step 1 将工作目录设置为 D:\creo2mo\work\ch06\ch06.17，打开文件 feature_copy_01.prt。

Step 2 单击 模型 功能选项卡 操作 ▾ 节点下的 特征操作 命令，系统弹出图 6.17.3 所示的菜单管理器；在 ▾ FEAT (特征) 菜单管理器中选择 Copy (复制) 命令。

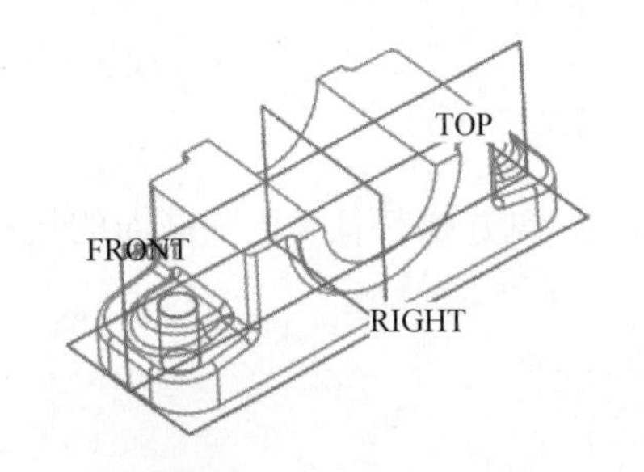

图 6.17.2 镜像复制特征

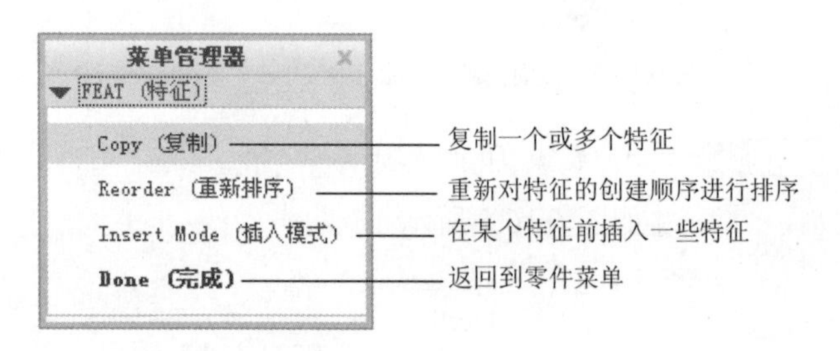

图 6.17.3 “特征”菜单

Step 3 在图 6.17.4 所示的菜单中，选择 A 部分中的 Mirror (镜像) 命令、B 部分中的 Select (选择) 命令、C 部分中的 Independent (独立) 命令、D 部分中的 Done (完成) 命令。

Step 4 选取要镜像的特征。在弹出的图 6.17.5 所示的“选择特征”菜单中，选择 Select (选择) 命令，再选取要镜像复制的孔特征，单击“选择”对话框中的 确定 按钮，再单击该菜单管理器中的 Done (完成) 命令。

说明：图 6.17.5 所示的“选择特征”菜单中的各命令介绍如下：

- Select (选择)：在模型中选取要镜像的特征。
- Layer (层)：按层选取要镜像的特征。
- Range (范围)：按特征序号的范围选取要镜像的特征。

说明：一次可以选取多个特征进行复制。

Step 5 定义镜像中心平面。在图 6.17.6 所示的菜单中，选择 Plane (平面) 命令，再选取 RIGHT 基准平面为镜像中心平面。

方法二：

Step 1 将工作目录设置为 D:\creo2mo\work\ch06\ch06.17，打开文件 feature_copy_02.prt。

Step 2 选取要镜像复制的孔特征。

Step 3 单击 模型 功能选项卡 编辑 ▾ 区域中的“镜像”按钮 镜像，系统弹出“镜像”操控板。

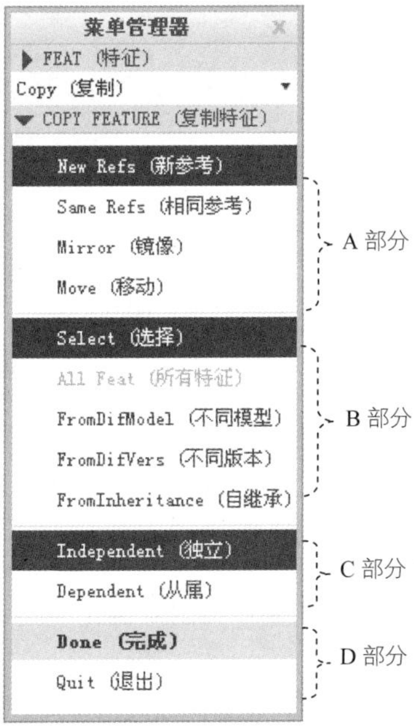

图 6.17.4 “复制特征”菜单

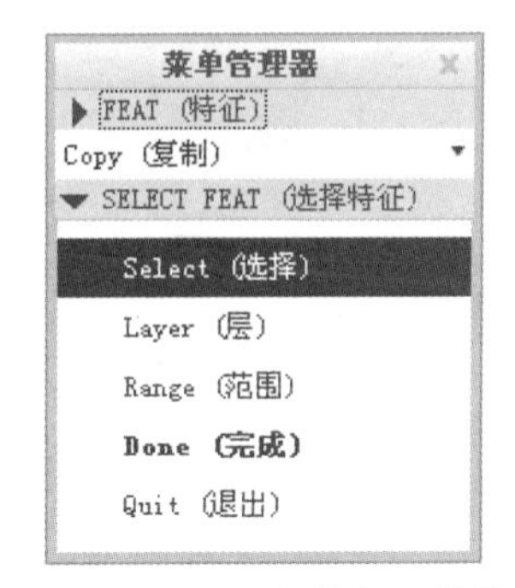

图 6.17.5 “选择特征”菜单

图 6.17.6 “设置平面”菜单

Step 4 选取 RIGHT 基准平面为镜像中心平面。

Step 5 单击操控板中的“完成”按钮✔。

6.17.2 平移复制

下面将对图 6.17.1 中的源特征进行平移（Translate）复制，操作步骤如下：

Step 1 单击 模型 功能选项卡 操作 ▾ 节点下的 特征操作 命令，在弹出的菜单管理器中选择 Copy（复制） 命令。

Step 2 在 ▼ COPY FEATURE（复制特征） 菜单中，选择 A 部分中的 Move（移动） 命令、B 部分中的 Select（选择） 命令、C 部分中的 Independent（独立） 命令、D 部分中的 Done（完成） 命令。

Step 3 选取要“移动”复制的源特征。在图 6.17.5 所示的菜单中，选择 Select（选择） 命令，再选取要“移动”复制的轮廓筋特征，然后选择 Done（完成） 命令。

Step 4 选取“平移”复制子命令。在“移动特征”菜单中，选择 Translate（平移） 命令。

Step 5 选取“平移”的方向。在 ▼ GEN SEL DIR（一般选取方向） 菜单中，选择 Crv/Edg/Axis（曲线/边/轴） 命令，再选取图 6.17.7 所示的模型边线为平移方向参考；此时模型中出现平移方向的箭头（图 6.17.7），在图 6.17.8 所示的 ▼ DIRECTION（方向） 菜单中依次选择 Flip（反向） 与 Okay（确定） 命令；在 输入偏移距离 提示下，输入平移的距离值 20.0，并按回车键，然后选择 Done Move（完成移动） 命令。

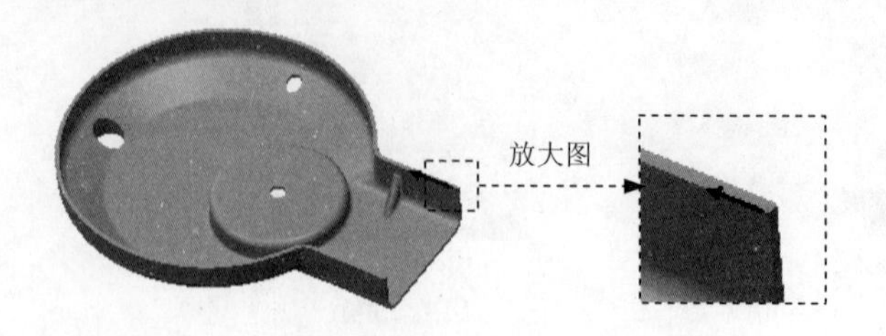

图 6.17.7　平移方向

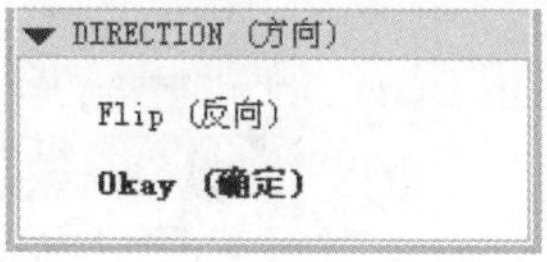

DIRECTION（方向）
Flip（反向）
Okay（确定）

图 6.17.8　“方向”菜单

注意：完成本步操作后，系统弹出“组元素”对话框（图 6.17.9）和▼组可变尺寸菜单（图 6.17.10），并且模型上显示源特征的所有尺寸（图 6.17.11），当把鼠标指针移为 Dim1、Dim2 或 Dim3 时，系统就加亮模型上的相应尺寸。如果在移动复制的同时要改变特征的某个尺寸，可从屏幕选取该尺寸或在▼组可变尺寸菜单的尺寸前面放置选中标记，然后选择 Done（完成）命令，此时系统会提示输入新值，输入新值并按回车键。如果在复制时，不想改变特征的尺寸，可直接选择 Done（完成）命令。

图 6.17.9　“组元素”对话框

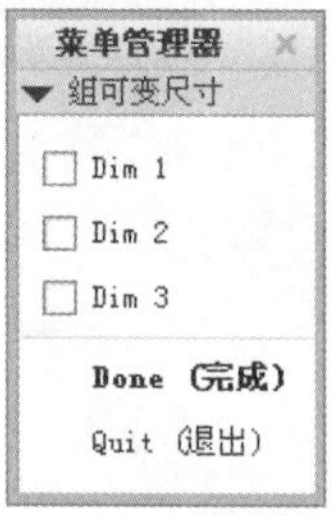

菜单管理器
▼组可变尺寸
Dim 1
Dim 2
Dim 3
Done（完成）
Quit（退出）

图 6.17.10　“组可变尺寸”菜单

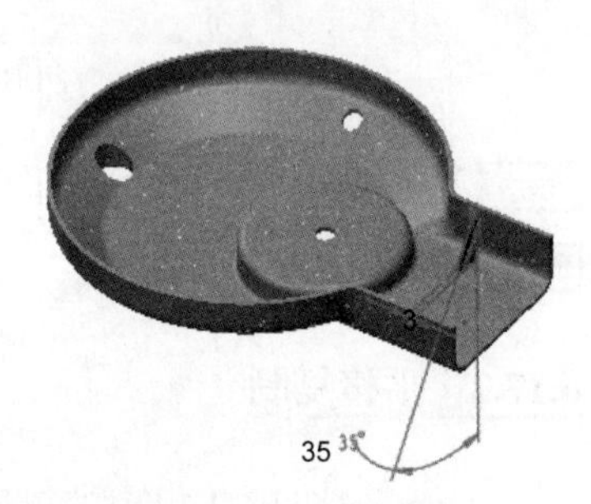

图 6.17.11　源特征尺寸

Step 6　选择 Done（完成）命令；单击“组元素”对话框中的 确定 按钮，完成“平移”复制操作。

6.17.3　旋转复制

下面将对图 6.17.1 中的源特征进行旋转（Rotate）复制，操作提示如下：参考上一节的“平移”复制的操作 9 方法，注意在菜单中选择 Rotate（旋转）命令，在选取旋转中心轴时，应先选择 Crv/Edg/Axis（曲线/边/轴）命令。

6.18　阵列特征

特征的阵列（Pattern）命令用于创建一个特征的多个副本，阵列的副本称为“实例”。阵列可以是矩形阵列（图 6.18.1），也可以是环形阵列，在阵列时，各个实例的大小也可以递增变化。下面将分别介绍其操作过程。

6.18.1 矩形阵列

下面介绍图 6.18.1 中圆柱体特征的矩形阵列的操作过程。

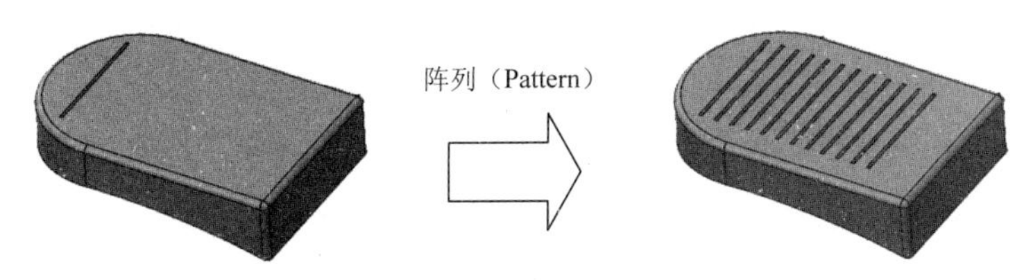

图 6.18.1 创建矩形阵列

Step 1 将工作目录设置为 D:\creo2mo\work\ch06\ch06.18，打开文件 pattern_rect.prt。

Step 2 在模型树中选取要阵列的特征——拉伸 3，再右击，选择阵列...命令（另一种方法是先选取要阵列的特征，然后单击 模型 功能选项卡 编辑▼ 区域中的“阵列”按钮）。

注意：一次只能选取一个特征进行阵列，如果要同时阵列多个特征，应预先把这些特征组成一个“组（Group）”。

Step 3 选取阵列类型。在操控板的 选项 界面中单击▾按钮，然后选择常规 选项。

注意：完成 Step2 的操作后，系统出现阵列操控板，单击操控板中的 选项 按钮，Creo 将阵列分为三类。

- 相同 阵列的特点和要求：
  - ☑ 所有阵列的实例大小相同。
  - ☑ 所有阵列的实例放置在同一曲面上。
  - ☑ 阵列的实例不与放置曲面边、任何其他实例边或放置曲面以外任何特征的边相交。

例如在图6.18.2所示的阵列中，虽然孔的直径大小相同，但其深度不同，所以不能用 相同 阵列，可用 可变 或 常规 进行阵列。

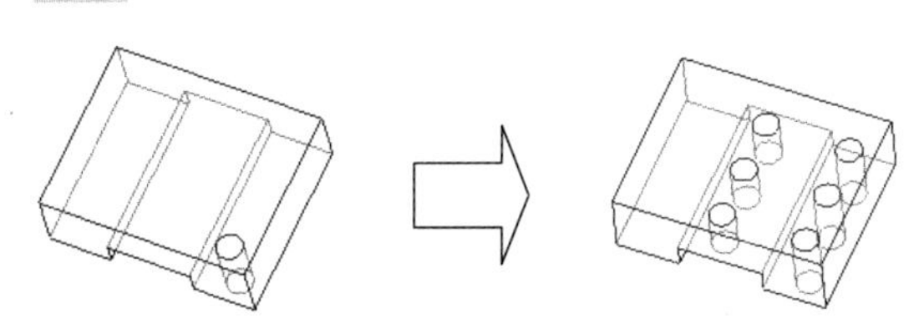

图 6.18.2 矩形阵列

- 可变 阵列的特点和要求：
  - ☑ 实例大小可变化。
  - ☑ 实例可放置在不同曲面上。

☑ 没有实例与其他实例相交。

注意：对于“可变”阵列，Creo分别为每个实例特征生成几何，然后一次生成所有交截。

- 常规 阵列的特点：
  ☑ 系统对“一般”特征的实例不做什么要求。系统计算每个单独实例的几何，并分别对每个特征求交。可用该命令使特征与其他实例接触、自交，或与曲面边界交叉。如果实例与基础特征内部相交，即使该交截不可见，也需要进行“一般”阵列。在进行阵列操作时，为了确保阵列创建成功，建议读者优先选中 常规 按钮。

Step 4 选择阵列控制方式。在操控板中选择以“尺寸”方式控制阵列。

Step 5 选取第一方向引导尺寸并给出增量（间距）值。

选取图 6.18.3 中的第一方向阵列引导尺寸 20.0，再在“方向 1”的“增量”文本框中输入数值-8.0；完成操作后的界面如图 6.18.4 所示。

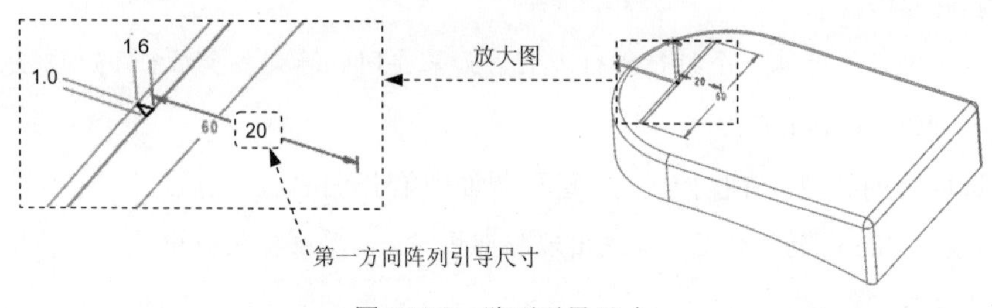

图 6.18.3 阵列引导尺寸

Step 6 给出第一方向阵列的个数。在操控板中的第一方向的阵列个数栏中输入数值 12。

Step 7 在操控板中单击“完成”按钮✓。完成后的模型如图 6.18.5 所示。

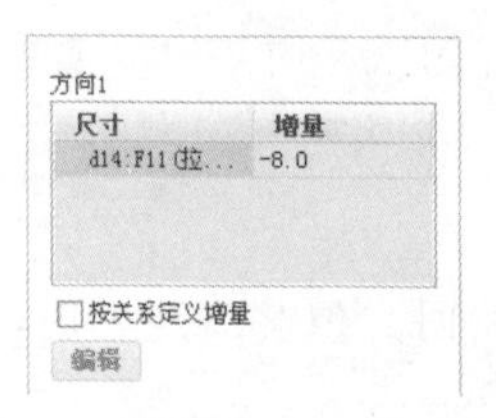

图 6.18.4 完成操作后的“尺寸”界面

图 6.18.5 完成后的模型

6.18.2 删除阵列

下面举例说明删除阵列的操作方法：如图 6.18.6 所示，在模型树中单击 ▶ 阵列 1 / 拉伸 2，再右击，选择 删除阵列 命令。

6.18.3 环形阵列

下面以图 6.18.7 所示的模型为例介绍使用轴进行环形阵列的操作过程。

Step 1 将工作目录设置为 D:\creo2mo\work\ch06\ch06.18，打开文件 pattern_circle.prt。

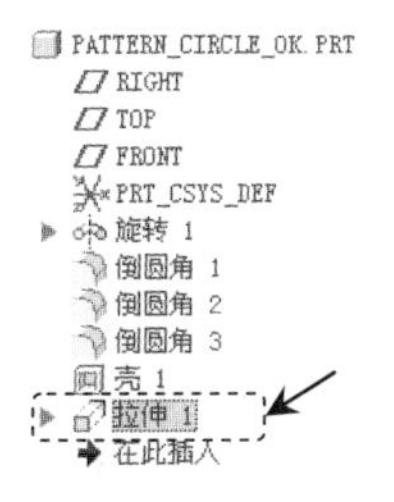

图 6.18.6 模型树

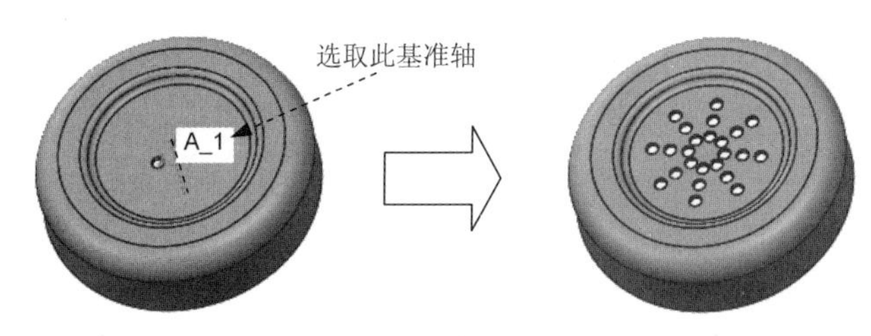

图 6.18.7 利用轴进行环形阵列

Step 2 在图 6.18.6 所示的模型树中单击 拉伸 1 特征，再右击，选择 阵列... 命令。

Step 3 选取阵列中心轴和阵列数目。

(1)在操控板中的 尺寸 下拉列表框中选择 轴 选项，再选取绘图区中模型的基准轴 A_1。

(2) 在操控板中的第一方向阵列数量栏中输入数量值 8，在增量栏中输入角度增量值 45.0；在第二方向阵列数量栏中输入数量值 3，在增量栏中输入增量值 22.0。

Step 4 在操控板中单击 ✔ 按钮，完成操作。

6.19 特征的成组

图 6.19.1 所示的模型中的加强筋结构，包括两个轮廓筋和两个倒圆角特征，如果要对整个加强筋结构作为一个整体进行镜像操作，必须将它们归成一组，这就是 Creo 中特征成组（Group）的概念（注意：欲成为一组的数个特征在模型树中必须是连续的）。下面以此为例说明创建“组”的一般过程。

Step 1 将工作目录设置为 D:\creo2mo\work\ch06\ch06.19，打开文件 create_group.prt。

Step 2 按住 Ctrl 键，在图 6.19.2a 所示的模型树中选取轮廓筋 1、轮廓筋 2、倒圆角 7 和倒圆角 8 特征。

Step 3 单击 模型 功能选项卡中的 操作 ▾ 按钮，在弹出的菜单中选择 组 命令，，此时轮廓筋 1、轮廓筋 2、倒圆角 7 和倒角 8 四个特征合并为 组LOCAL_GROUP （图 6.19.2b），至此完成组的创建。

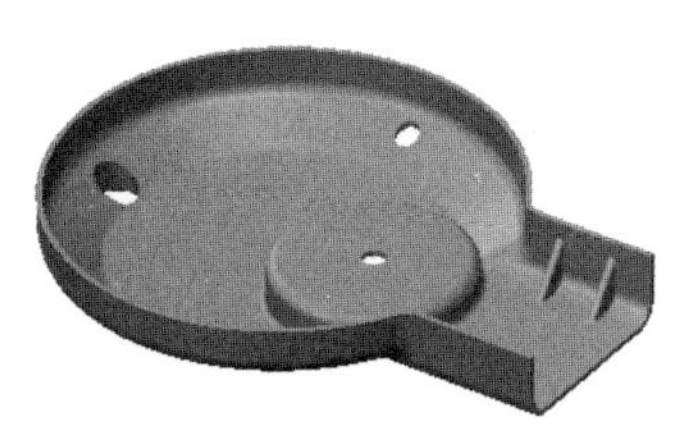

图 6.19.1 特征的成组

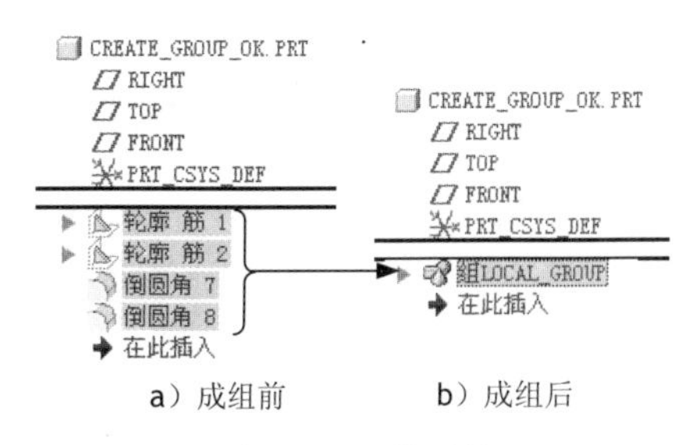

图 6.19.2 模型树

6.20 扫描特征

6.20.1 关于扫描特征

如图 6.20.1 所示，扫描（Sweep）特征是将一个截面沿着给定的轨迹“掠过”而生成的，所以也叫“扫掠”特征。要创建或重新定义一个扫描特征，必须给定两大特征要素，即扫描轨迹和扫描截面。

6.20.2 扫描特征的一般创建过程

下面以图 6.20.1 为例，说明创建扫描特征的一般过程。

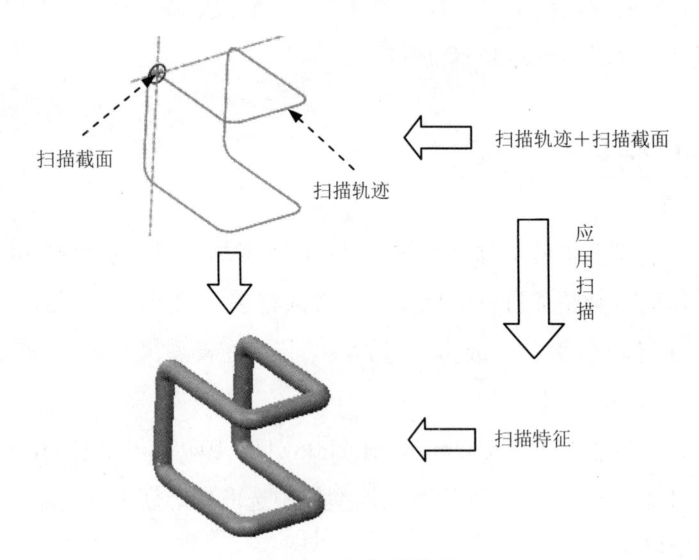

图 6.20.1 扫描特征

Step 1 将工作目录设置为 D:\creo2mo\work\ch06\ch06.20，打开文件 create_sweep.prt。

Step 2 选择扫描命令。单击 模型 功能选项卡 形状 ▾ 区域中的 扫描 ▾ 按钮（图 6.20.2），系统弹出图 6.20.3 所示的“扫描”操控板。

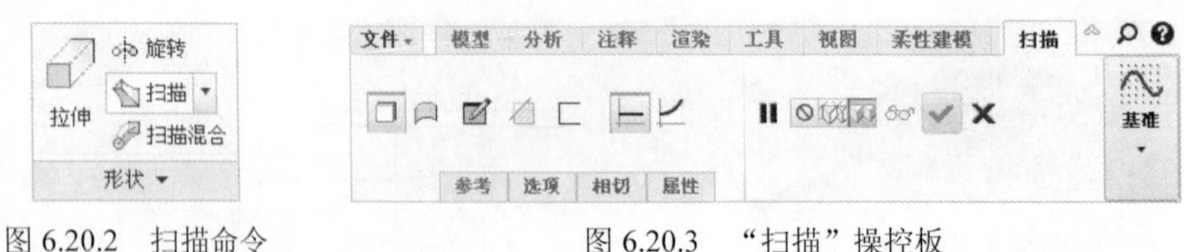

图 6.20.2 扫描命令　　图 6.20.3 “扫描”操控板

Step 3 定义扫描轨迹。

（1）在操控板中确认“实体”按钮和“恒定轨迹”按钮被按下。

（2）在图形区中选取图 6.20.4 所示的扫描轨迹曲线。

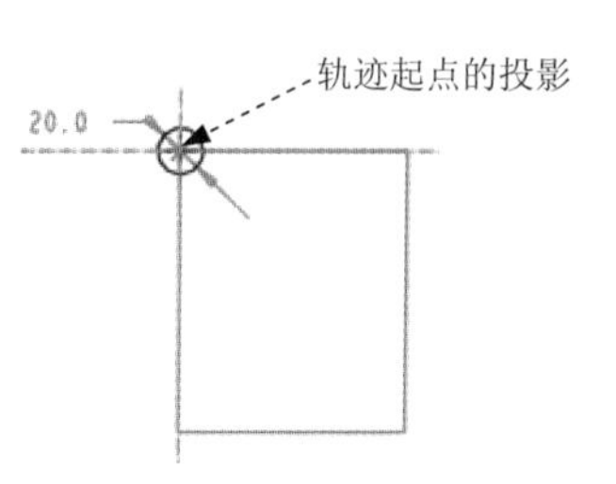

图 6.20.4　草绘平面与屏幕平行

Step 4　创建扫描特征的截面。

（1）在操控板中单击“创建或编辑扫描截面”按钮，系统自动进入草绘环境。

（2）绘制并标注扫描截面的草图。

（3）完成截面的绘制和标注后，单击“确定”按钮。

Step 5　单击操控板中的按钮，完成扫描特征的创建。

6.21　混合特征

6.21.1　关于混合特征

将一组截面沿其边线用过渡曲面连接形成一个连续的特征，就是混合（Blend）特征。混合特征至少需要两个截面。图 6.21.1 所示的混合特征是由三个截面混合而成的。

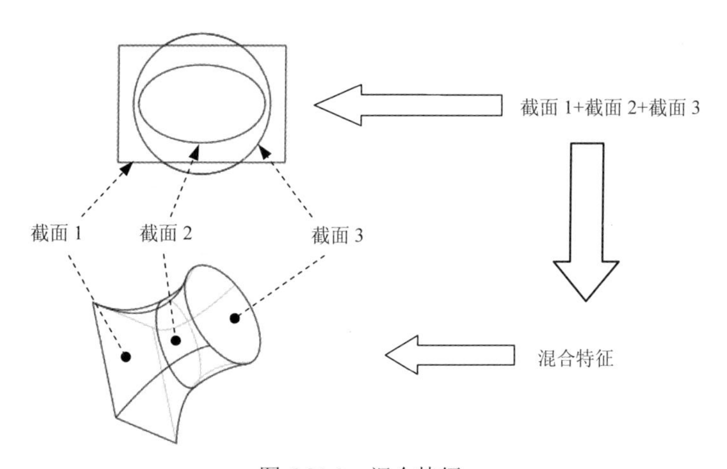

图 6.21.1　混合特征

6.21.2　混合特征的一般创建过程

下面以图 6.21.2 所示的混合特征为例，说明创建混合特征的一般过程。

Step 1　新建一个零件，文件名为 create_blend.prt。

Step 2　在 模型 功能选项卡的 形状 下拉菜单中选择 混合 命令。

Step 3　定义混合类型。在操控板中确认“混合为实体”按钮和“与草绘截面混合”按钮被按下。

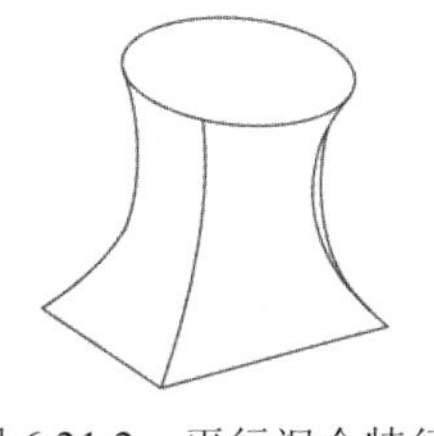
图 6.21.2　平行混合特征

Step 4 创建混合特征的第一个截面。单击“混合”操控板中的 截面 按钮，在系统弹出的界面中选中 ◉ 草绘截面 单选项，单击 定义... 按钮；然后选择 TOP 基准面作为草绘平面，选择 RIGHT 基准面作为参考平面，方向为 右，单击 草绘 按钮，进入草绘环境后，接受系统给出的默认参考 FRONT 和 RIGHT，绘制图 6.21.3 所示的截面草图 1，将图 6.21.3 所示的点作为截面的起点。

注意：草绘混合特征中的每一个截面时，Creo 系统会在第一个图元的绘制起点产生一个带方向的箭头，此箭头表明截面的起点和方向

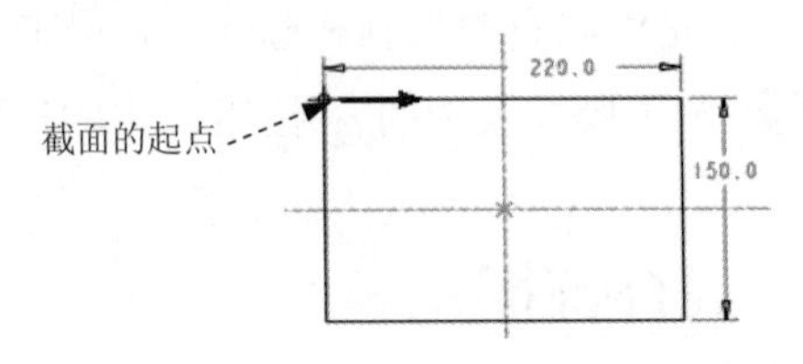

图 6.21.3 截面草图 1

注意：先绘制两条中心线，单击 □ 矩形 ▾ 按钮绘制长方形，进行对称约束，修改、调整尺寸。

Step 5 创建混合特征的第二个截面。单击“混合”操控板中的 截面 按钮，选中 ● 截面 2 选项，定义“草绘平面位置定义方式” 类型为 ◉ 偏移尺寸，偏移自“截面 1”的偏移距离为 100，单击 草绘... 按钮；绘制图 6.21.4 所示的截面草图 2，将图 6.21.4 所示的点为截面的起点，单击工具栏中的 ✔ 按钮，退出草绘环境。

注意：①由于第二个截面与第一个截面实际上是两个相互独立的截面，所以在进行对称约束时，必须重新绘制中心线。

② 在创建混合特征的多个截面时，Creo 要求各个截面的图元数（或顶点数）相同（当第一个截面或最后一个截面为一个单独的点时，不受此限制）。在本例中，前面一个截面是长方形，它们有四条直线（即四个图元），而第二个截面为一个圆，只是一个图元，没有顶点。所以这一步要做的是将第二个截面（圆）变成四个图元。

说明：定义截面起点的方法，选取图 6.21.4 所示的点，再右击，从弹出的快捷菜单中选择 起点(S) 命令（或者在 草绘 功能选项卡 设置 ▾ 下拉菜单中选择 特征工具 ▸ □ 起点 命令），如果想改变起点处的箭头方向，再右击，从弹出的快捷菜单中选择 起点(S) 命令。

Step 6 创建混合特征的第三个截面。单击“混合”操控板中的 截面 按钮，单击 插入 按钮，定义“草绘平面位置定义方式” 类型为 ◉ 偏移尺寸，偏移自“截面 2”的偏移距离为 100，单击 草绘... 按钮；绘制图 6.21.5 所示的截面草图 3，将图 6.21.5 所示的点为截面的起点，单击工具栏中的 ✔ 按钮，退出草绘环境。

Step 7 完成前面的所有截面后，单击草绘工具栏中的“确定”按钮 ✔。

Step 8 单击“混合”操控板中的 选项 按钮，在弹出的“选项”对话框中选择“混合曲

面”的类型为◉ 平滑。

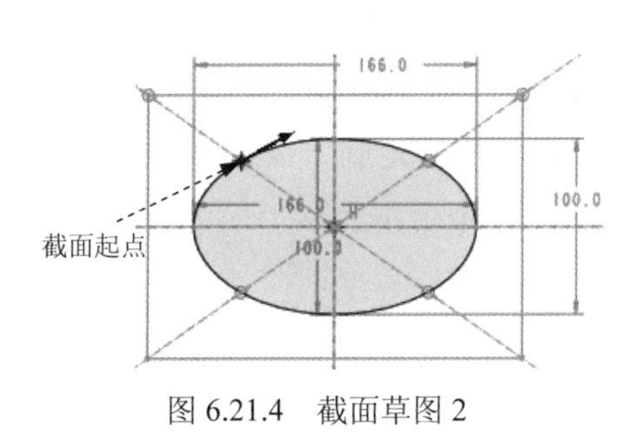

图 6.21.4　截面草图 2

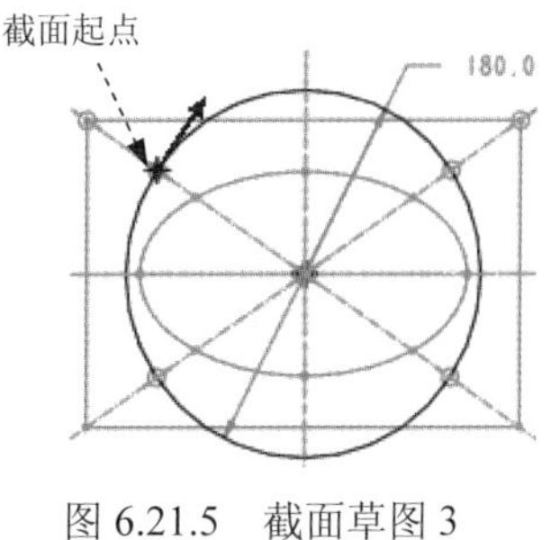

图 6.21.5　截面草图 3

Step 9　单击“混合”操控板中的✔按钮。至此，完成混合特征的创建。

6.22　螺旋扫描特征

6.22.1　关于螺旋扫描特征

如图 6.22.1 所示，将一个截面沿着螺旋轨迹线进行扫描，可形成螺旋扫描（Helical Sweep）特征。

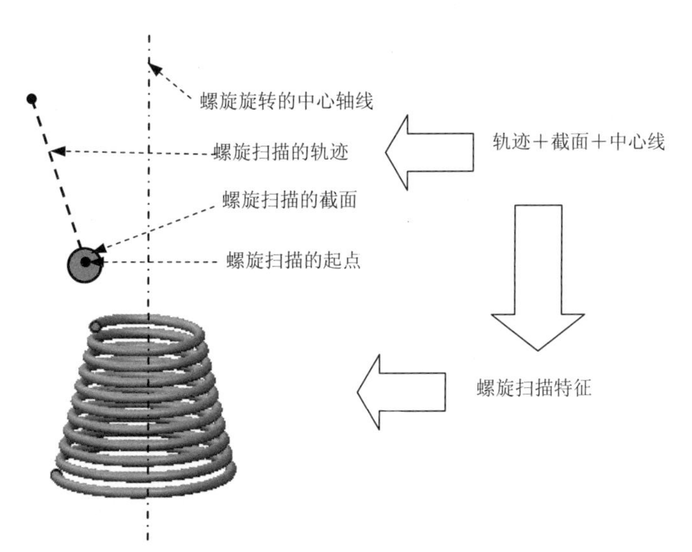

图 6.22.1　螺旋扫描特征

6.22.2　螺旋扫描特征的创建过程

这里以图 6.22.1 所示的螺旋扫描特征为例，说明创建这类特征的一般过程。

Step 1　新建一个零件，文件名为 create_helical_sweep.prt。

Step 2 选择命令。单击 模型 功能选项卡 形状 ▾ 区域 扫描 ▾ 按钮中的 ▾，在弹出的菜单中选择 螺旋扫描 命令，系统弹出“螺旋扫描”操控板。

Step 3 定义螺旋扫描轨迹。

（1）在操控板中确认“实体”按钮和“使用右手定则”按钮被按下。

（2）单击操控板中的 参考 按钮，在弹出的界面中单击 定义... 按钮，系统弹出“草绘”对话框。

（3）选取 TOP 基准平面作为草绘平面，选取 RIHGT 基准平面作为参考平面，方向为 右，系统进入草绘环境，绘制图 6.22.2 所示的螺旋扫描轨迹草图。

（4）单击✔按钮，退出草绘环境。

Step 4 定义螺旋节距。在操控板的 26.0 文本框中输入节距值 26.0，并按回车键。

Step 5 创建螺旋扫描特征的截面。在操控板中单击按钮，系统进入草绘环境，绘制和标注图 6.22.3 所示的截面——圆，然后单击草绘工具栏中的✔按钮。

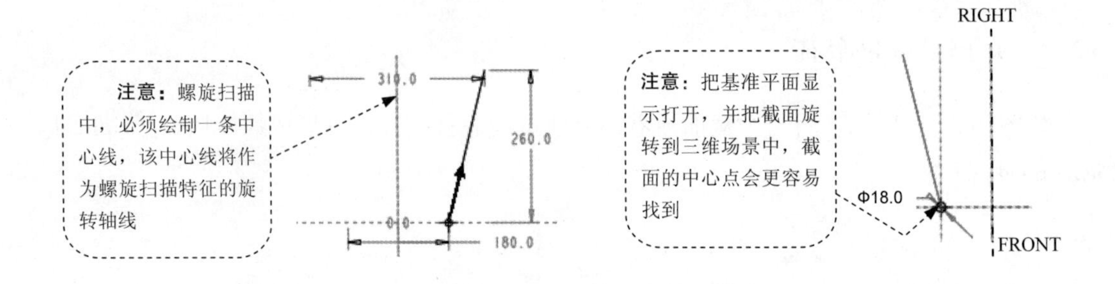

图 6.22.2 螺旋扫描轨迹线　　　　图 6.22.3 截面图形

Step 6 系统将自动选取草绘平面并进行定向。在三维场景中绘制截面比较直观。

Step 7 单击操控板中的✔按钮，完成螺旋扫描特征的创建。

6.23 Creo 零件设计实际应用 1——叶轮的设计

应用概述：

本应用主要运用了拉伸、旋转、阵列及混合命令，其难点是创建叶轮上的叶片，此特征是通过两截面混合而成，然后结合轴向阵列方式即可将整个叶片特征完成。零件模型及模型树如图 6.23.1 所示。

注意：在后面的模具设计部分，将会介绍该三维模型零件的模具设计。

说明：本应用前面的详细操作过程请参见随书光盘中 video\ch06.23\reference\文件下的语音视频讲解文件 impeller-r01.avi。

Step 1 打开文件 D:\creo2mo\work\ch06.23\impeller_ex.prt。

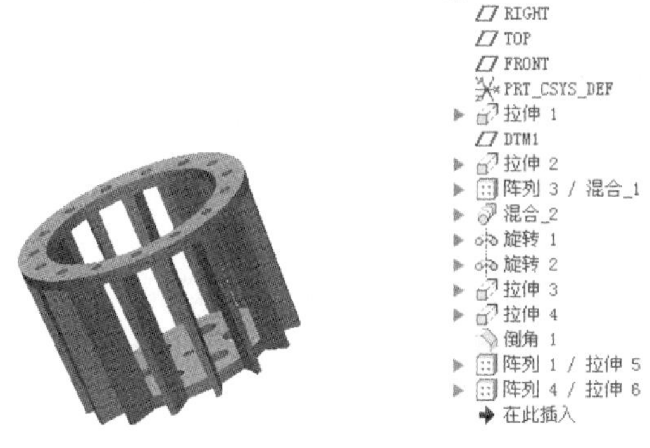

图 6.23.1　零件模型及模型树

Step 2　创建图 6.23.2 所示的阵列特征 1。在模型树中选取混合特征 1 右击，选择 阵列... 命令；在操板中选择**轴**选项，在模型中选取基准轴 A_1；在操控板中输入阵列的个数 15，按回车键；输入角度增量值为 24，并按回车键；单击✔按钮，完成阵列特征 1 的创建。

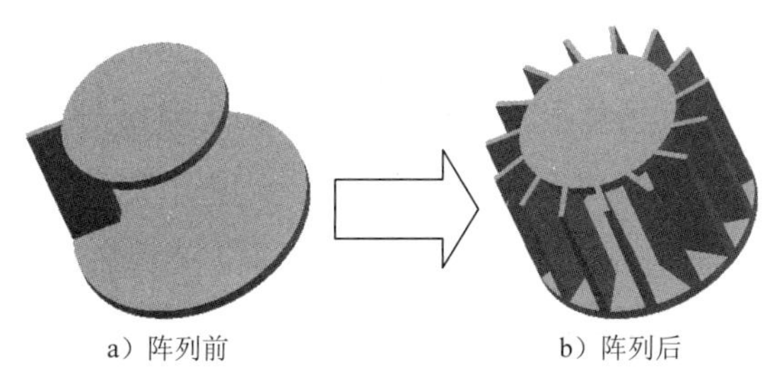

a）阵列前　　b）阵列后

图 6.23.2　阵列 1

Step 3　创建图 6.23.3 所示的混合特征 2。在操控板中单击 **模型** 功能选项卡 形状 ▾ 下的 混合 按钮，并按下“移除材料”按钮；在绘图区右击，从系统弹出的快捷菜单中选择 定义内部草绘... 命令；选取如图 6.23.4 所示的基准平面为草绘平面，RIGHT 基准平面为参考平面，方向为 右；绘制图 6.23.5 所示的截面草图，单击✔按钮；在“平行混合”操控板的“截面”选项卡中选中“截面 2”，在 偏移自 下的文本框中输入偏移值-25，单击 **草绘...** 按钮；绘制图 6.23.6 所示的截面草图，单击✔按钮；单击操控板中的✔按钮，完成特征的创建。

图 6.23.3　混合 2

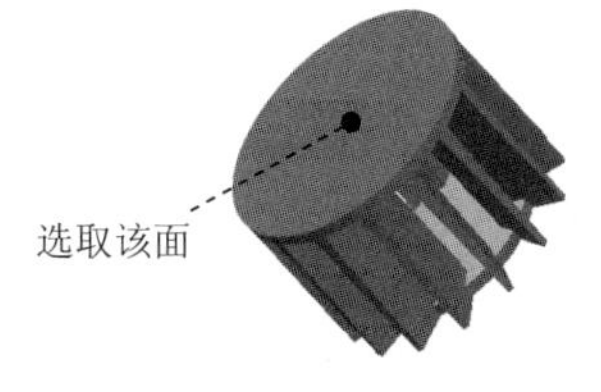

图 6.23.4　选取基准面

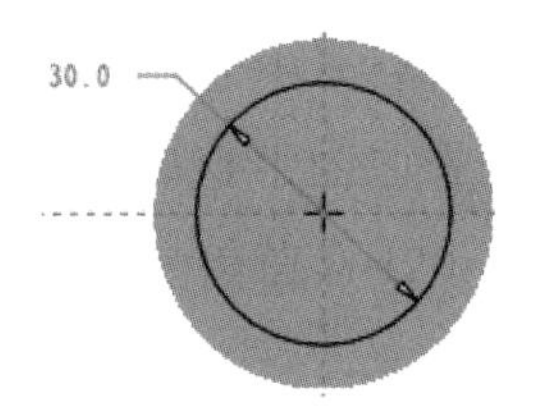

图 6.23.5　截面草图

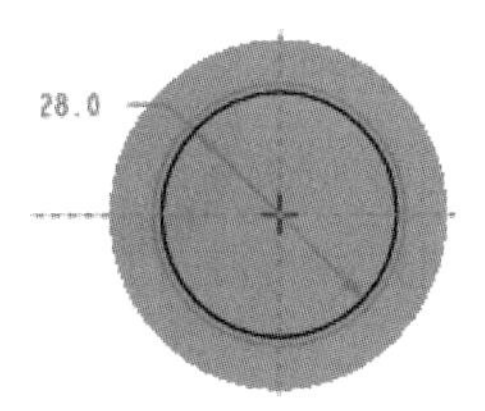

图 6.23.6　截面草图

Step 4 创建图 6.23.7 所示的旋转特征 1。在操控板中单击“旋转”按钮 旋转；选取 RIGHT 基准平面为草绘平面，TOP 基准平面为参考平面，方向为顶；单击 草绘 按钮，绘制图 6.23.8 所示的截面草图（包括中心线）；在操控板中选择旋转类型为⊥，在角度文本框中输入角度值 360.0，单击✔按钮，完成旋转特征 1 的创建。

图 6.23.7 旋转 1

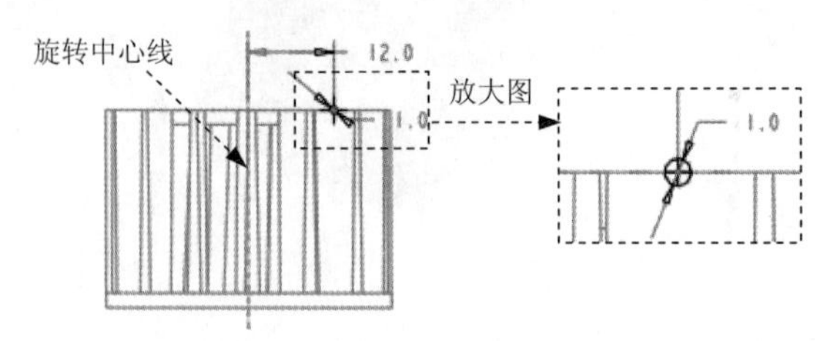

图 6.23.8 截面草图

Step 5 创建图 6.23.9 所示的旋转特征 2。在操控板中单击“旋转”按钮 旋转，并按下“移除材料”按钮；选取 FRONT 基准平面为草绘平面，RIGHT 基准平面为参考平面，方向为左；单击 草绘 按钮，绘制图 6.23.10 所示的截面草图（包括中心线）；在操控板中选择旋转类型为⊥，在角度文本框中输入角度值 360.0，单击✔按钮，完成旋转特征 2 的创建。

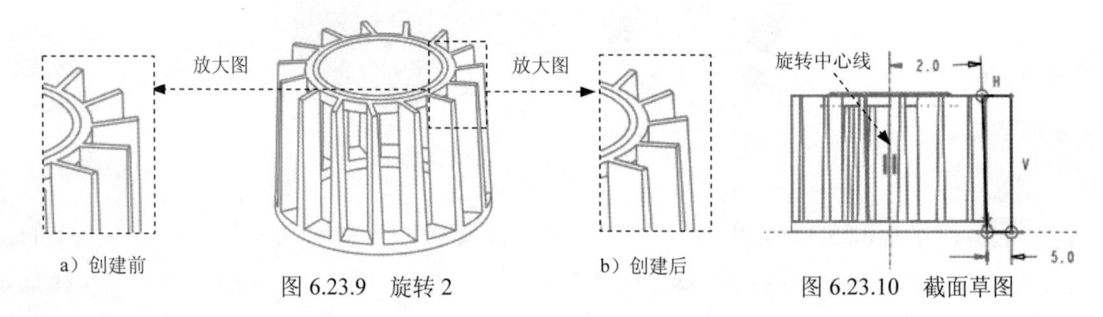

图 6.23.9 旋转 2

图 6.23.10 截面草图

Step 6 创建图 6.23.11 所示的拉伸特征 3。在操控板中单击“拉伸”按钮 拉伸；选取基准平面 DTM1 为草绘平面，选取 RIGHT 基准平面为参考平面，方向为左；绘制图 6.23.12 所示的截面草图，在操控板中定义拉伸类型为⊥，输入深度值 3.5，单击✔按钮，完成拉伸特征 3 的创建。

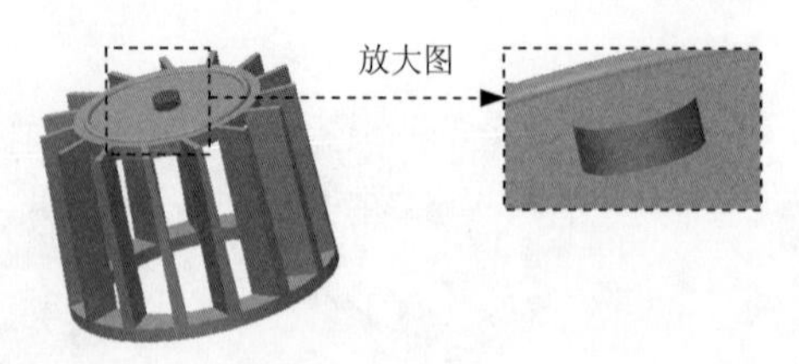

图 6.23.11 拉伸 3

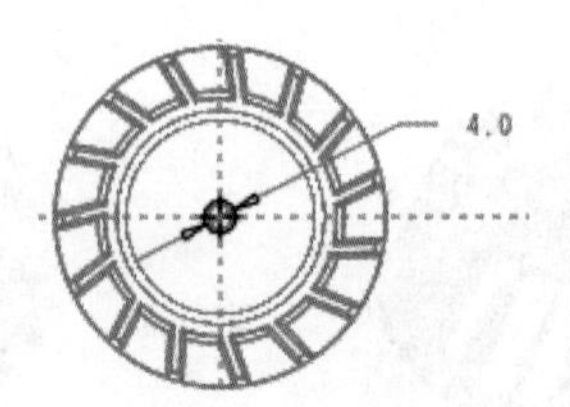

图 6.23.12 截面草图

Step 7 创建图 6.23.13 所示的拉伸特征 4。在操控板中单击“拉伸”按钮 拉伸，并按下

“移除材料”按钮[icon]。选取基准平面 DTM1 为草绘平面，选取 RIGHT 基准平面为参考平面，方向为左；绘制图 6.23.14 所示的截面草图，在操控板中定义拉伸类型为[icon]，单击[icon]按钮调整拉伸方向，单击✔按钮，完成拉伸特征 4 的创建。

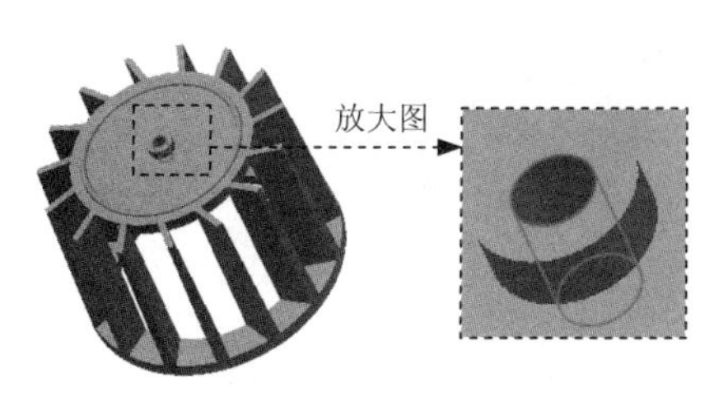

图 6.23.13　拉伸 4

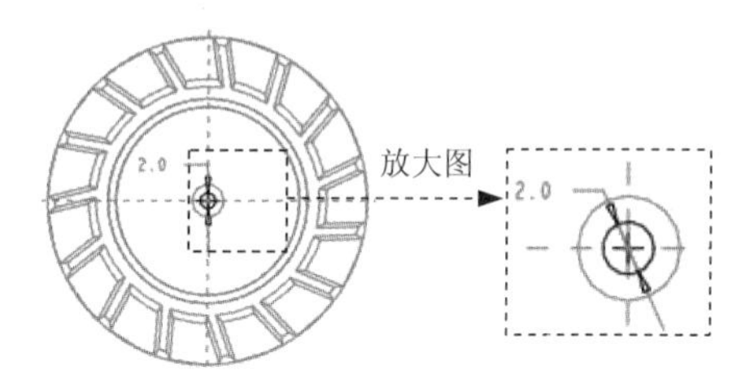

图 6.23.14　截面草图

Step 8 创建图 6.23.15b 所示的倒角特征 1。选取图 6.23.15a 所示的一条边线为倒角的边线；输入倒角值 0.5。

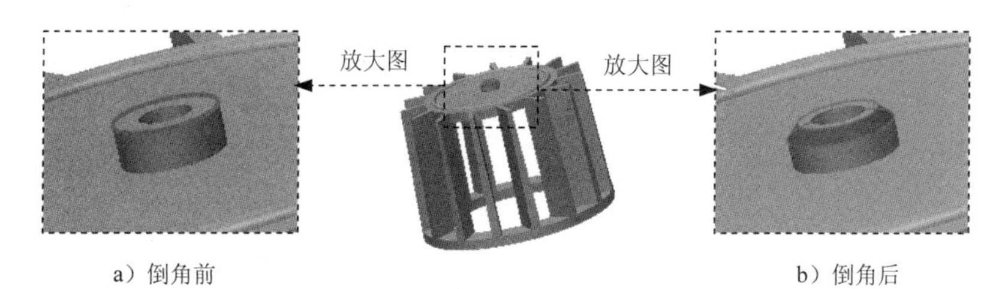

图 6.23.15　倒角 1

Step 9 创建图 6.23.16 所示的拉伸特征 5。在操控板中单击“拉伸”按钮[icon 拉伸]，并按下“移除材料”按钮[icon]；选取基准平面 DTM1 为草绘平面，选取 RIGHT 基准平面为参考平面，方向为顶；绘制图 6.23.17 所示的截面草图，在操控板中定义拉伸类型为[icon]，单击[icon]按钮调整拉伸方向，单击✔按钮，完成拉伸特征 5 的创建。

图 6.23.16　拉伸 5

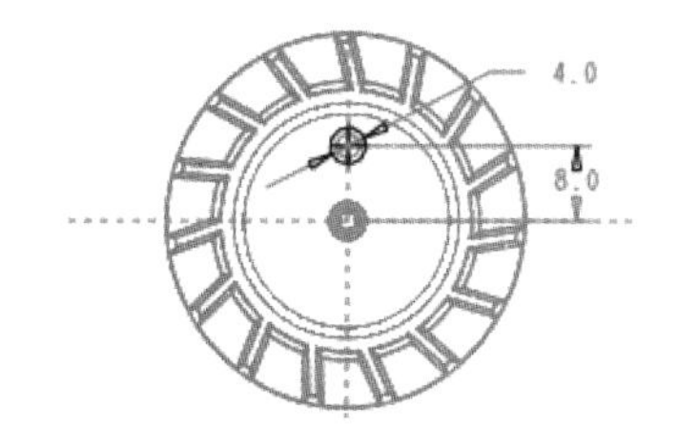

图 6.23.17　截面草图

Step 10 创建图 6.23.18 所示的阵列特征 2。在模型树中选取拉伸 5 所创建的特征后，选择阵列...命令。在操板中选择**轴**选项，在模型中选取基准轴 A_1；在操控板中输入阵列的个数 6，按回车键；输入角度增量值为 60，并按回车键。单击✔按钮，完成阵列特征 2 的创建。

Step 11 后面的详细操作过程请参见随书光盘中 video\ch06.23\reference\文件下的语音视

频讲解文件 impeller-r02.avi。

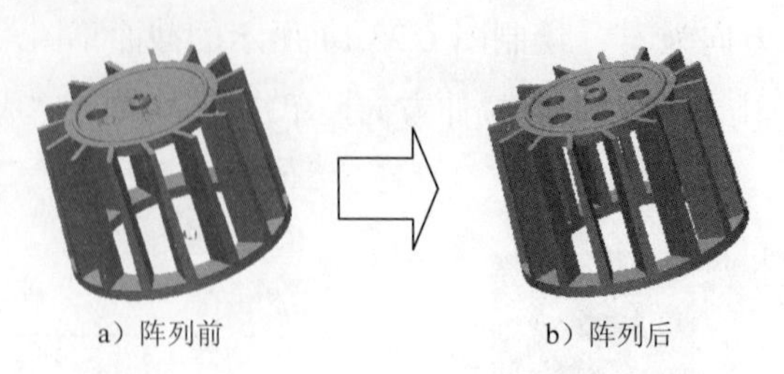

图 6.23.18　阵列 2

6.24　Creo 零件设计实际应用 2——垃圾桶上盖的设计

应用概述：

本应用介绍了一个垃圾桶上盖的设计过程。主要是讲述拉伸、倒圆角、基准、组和镜像等特征命令的应用。所建的零件模型及模型树如图 6.24.1 所示。

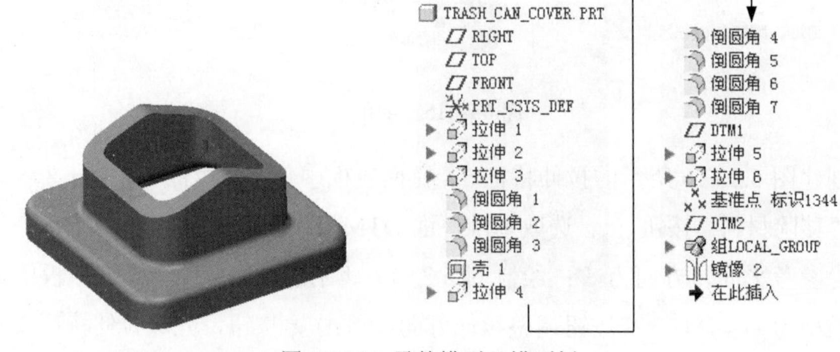

图 6.24.1　零件模型及模型树

注意：在后面的模具设计部分，将会介绍该三维模型零件的模具设计。

说明：本应用前面的详细操作过程请参见随书光盘中 video\ch06.24\reference\文件下的语音视频讲解文件 TRASH_CAN_COVER-r01.avi。

Step 1　打开文件 D:\creo2mo\work\ch06.24\trash_can_cover_ex.prt。

Step 2　创建图 6.24.2 所示的抽壳特征 1。单击 **模型** 功能选项卡 工程 ▾ 区域中的“壳”按钮 回壳，选取图 6.24.3 所示的面为移除面，在 厚度 文本框中输入壁厚值为 1.0，单击 ✔ 按钮，完成抽壳特征 1 的创建。

Step 3　创建图 6.24.4 所示的拉伸特征 4。在操控板中单击“拉伸”按钮 拉伸，在操控板中按下“移除材料”按钮 ◿，选取 TOP 基准平面为草绘平面，选取 RIGHT 基准平面为参考平面，方向为 底部；单击 **草绘** 按钮，绘制图 6.24.5 所示的截面草图，在操控板中选择拉伸类型为⊟，单击↗按钮调整拉伸方向；单击✔按钮，完成拉伸特征4的创建。

图 6.24.2　抽壳特征 1

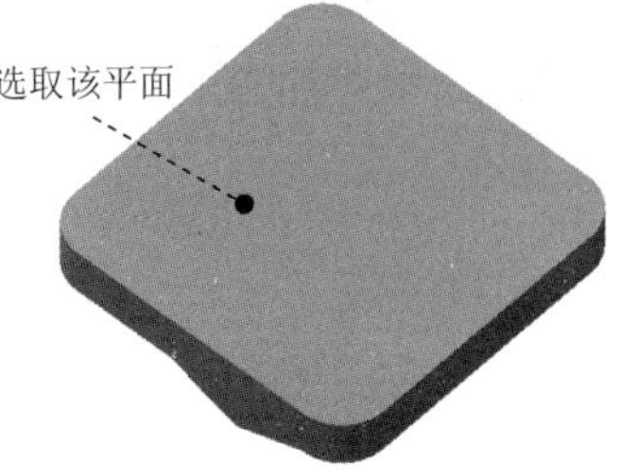

图 6.24.3　定义移除面

图 6.24.4　拉伸特征 4

Step 4　创建倒圆角特征 4。选取图 6.24.6 所示的边线为倒圆角的边线；输入倒圆角半径值 2.0。

Step 5　创建倒圆角特征 5。选取图 6.24.7 所示的边线为倒圆角的边线；输入倒圆角半径值 1.0。

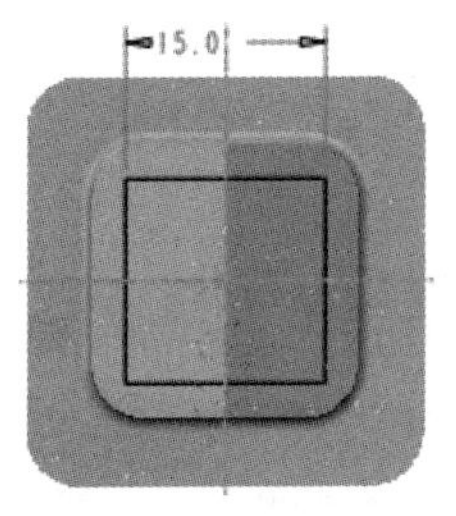

图 6.24.5　截面草图

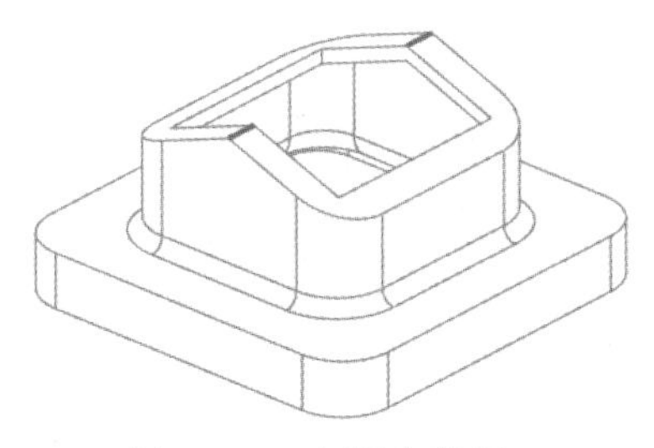
图 6.24.6　倒圆角特征 4

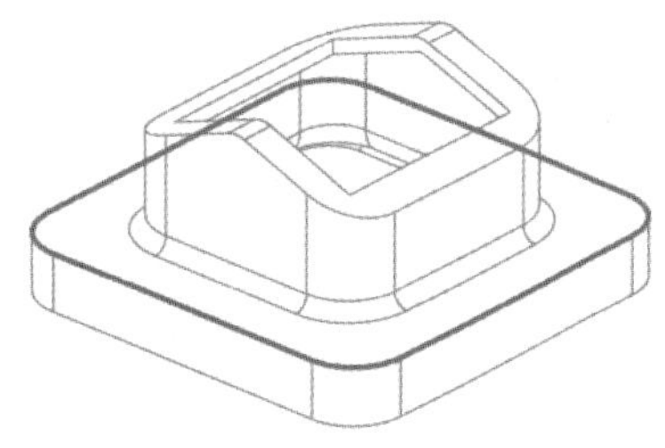
图 6.24.7　倒圆角特征 5

Step 6　创建倒圆角特征 6。选取图 6.24.8 所示的边线为倒圆角的边线；输入倒圆角半径值 2.0。

Step 7　创建倒圆角特征 7。选取图 6.24.9 所示的边线为倒圆角的边线；输入倒圆角半径值 2.0。

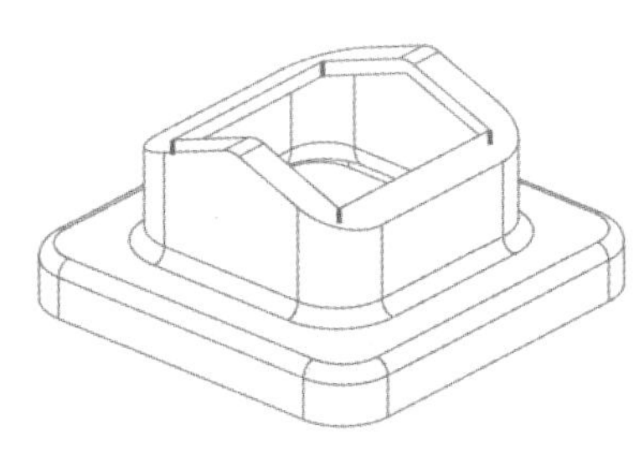
图 6.24.8　倒圆角特征 6

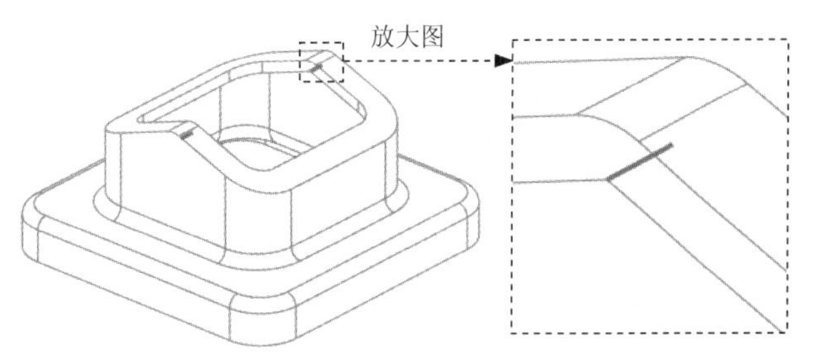

图 6.24.9　倒圆角特征 7

Step 8　创建图 6.24.10 所示的基准平面 DTM1。单击 模型 功能选项卡 基准 ▾ 区域中的“平面”按钮▱，在模型树中选取 TOP 基准平面为偏距参考面，在对话框中输入偏移距离值为 8.5，单击对话框中的 确定 按钮。

图 6.24.10　基准平面 DTM1

Step 9　创建图 6.24.11 所示的拉伸特征 5。在操控板中单击“拉伸”按钮 拉伸。选取基准平面 DTM1 为草绘平面，选取 RIGHT 基准平面为参考平面，方向为 右；单击 草绘 按钮，绘制图 6.24.12 所示的截面草图，在操控板中选择拉伸类型为 ，单击 按钮，输入深度值 0.5，单击 按钮调整加厚方向；单击 ✔ 按钮，完成拉伸特征 5 的创建。

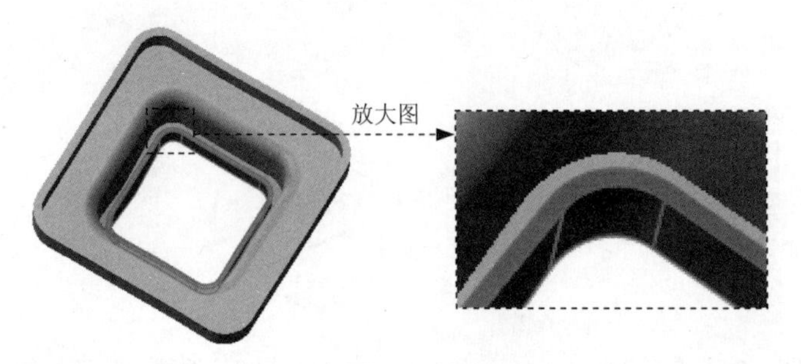

图 6.24.11　拉伸特征 5

图 6.24.12　截面草图

Step 10　创建图 6.24.13 所示的拉伸特征 6。在操控板中单击“拉伸”按钮 拉伸。在操控板中按下“移除材料”按钮 。选取 RIGHT 基准平面为草绘平面，选取 TOP 基准平面为参考平面，方向为 右；单击 草绘 按钮，绘制图 6.24.14 所示的截面草图，在操控板中单击 选项 选项卡，在 深度 区域的 侧 1 与 侧 2 下拉列表中均选择 ；单击 ✔ 按钮，完成拉伸特征 6 的创建。

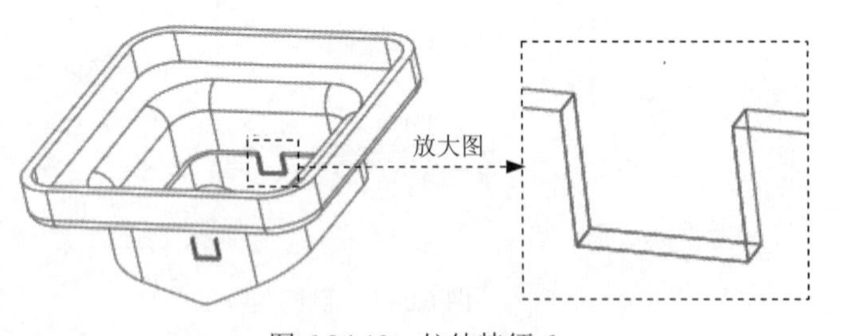

图 6.24.13　拉伸特征 6

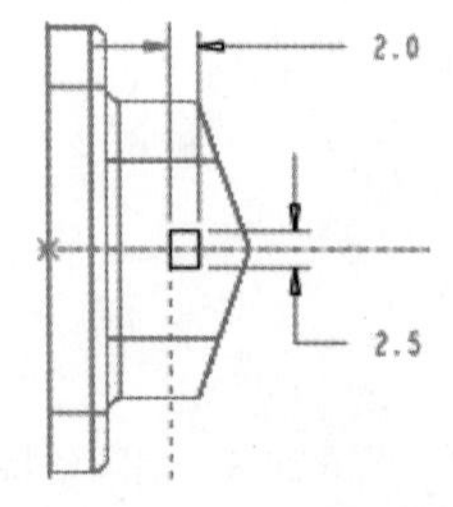

图 6.24.14　截面草图

Step 11　创建图 6.24.15 所示的基准点 PNT0、PNT1。单击“创建基准点”按钮 点，选取图 6.24.15 所示的曲线 1 为参考，在 偏移 文本框中输入数值 0.5，完成点 PNT0 的创建；单击“基准点”对话框中的 新点 命令，选取图 6.24.15 所示的曲线 2 为参考，在 偏移 文本框中输入数值 0.5，完成点 PNT1 的创建；单击对话框中的 确定 按钮，完成基准点的创建。

Step 12　创建图 6.24.16 所示的基准平面 DTM1（注：本步的详细操作过程请参见随书光盘中 video\ch06.24\reference\文件下的语音视频讲解文件 TRASH_CAN_COVER-r02.avi）。

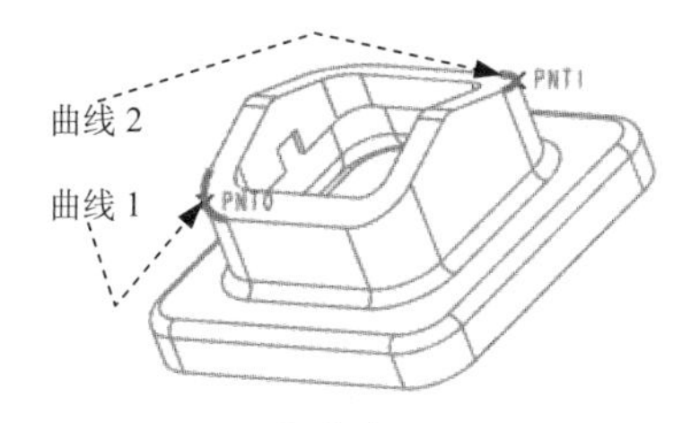

图 6.24.15　基准点 PNT0、PNT1

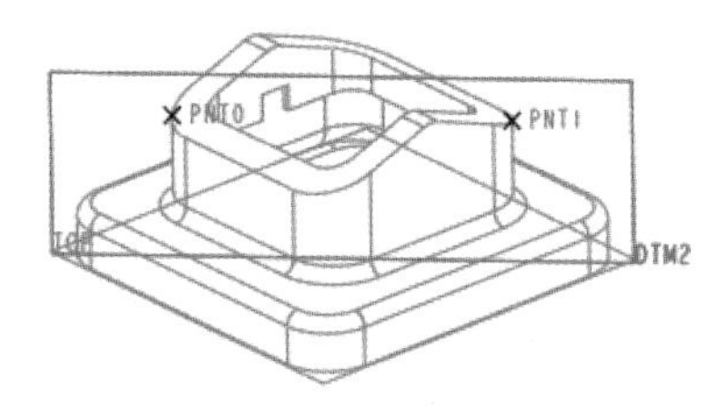

图 6.24.16　基准平面 DTM1

Step 13　创建图 6.24.17 所示的拉伸特征 7。在操控板中单击“拉伸”按钮 拉伸。选取基准平面 DTM2 为草绘平面，选取 TOP 基准平面为参考平面，方向为 顶；单击 草绘 按钮，绘制图 6.24.18 所示的截面草图，在操控板中选择拉伸类型为 ⊟，输入深度值 0.4，单击 ✓ 按钮，完成拉伸特征 7 的创建。

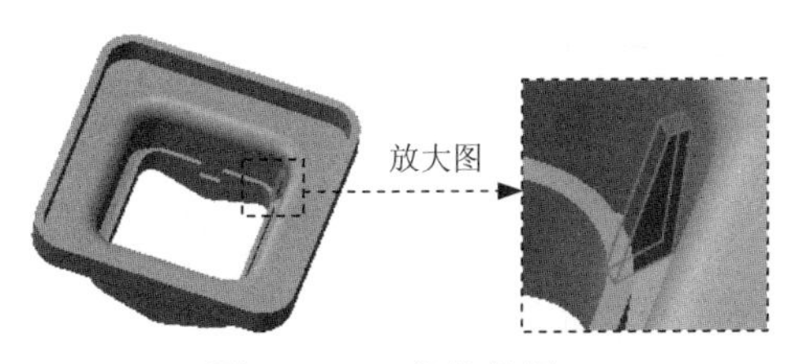

图 6.24.17　拉伸特征 7

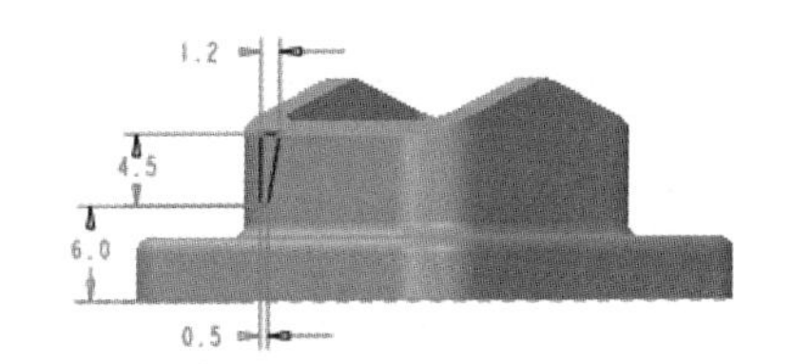

图 6.24.18　截面草图

Step 14　创建图 6.24.19 所示的镜像特征 1。在图形区中选取拉伸特征 7 为镜像特征。选取 FRONT 基准平面为镜像平面，单击 ✓ 按钮，完成镜像特征 1 的创建。

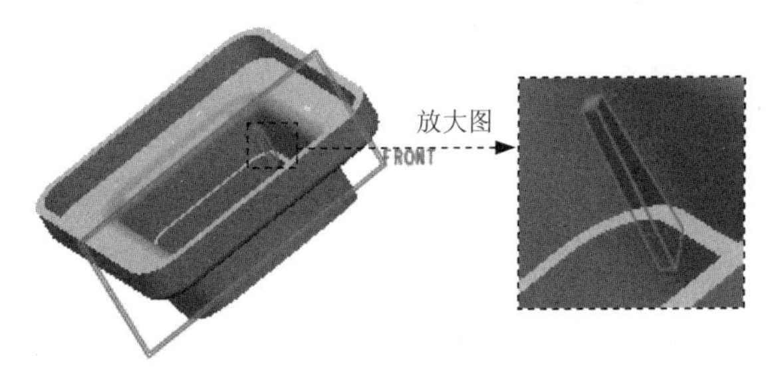

图 6.24.19　镜像特征 1

Step 15　后面的详细操作过程请参见随书光盘中 video\ch06.24\reference\文件下的语音视频讲解文件 TRASH_CAN_COVER-r03.avi。

6.25 Creo 零件设计实际应用 3——异型塑料盖的设计

应用概述：

本应用介绍了异型塑料盖的设计过程。通过练习本例，读者可以掌握实体的拉伸、拔模、镜像、阵列、倒圆角和抽壳等特征的应用。在创建特征的过程中，需要注意特征的创建顺序及复制命令的使用技巧。零件模型及模型树如图 6.25.1 所示。

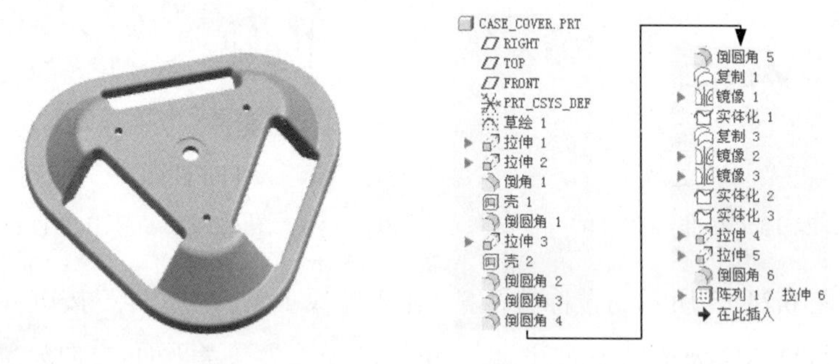

图 6.25.1 模型与特征树

注意：在后面的模具设计部分，将会介绍该三维模型零件的模具设计。

说明：本应用前面的详细操作过程请参见随书光盘中 video\ch06.25\reference\文件下的语音视频讲解文件 CASE_COVER-r01.avi。

Step 1 打开文件 D:\creo2mo\work\ch06.25\case_cover_ex.prt。

Step 2 创建图 6.25.2 所示的抽壳特征 1。单击 模型 功能选项卡 工程 ▾ 区域中的“壳”按钮 回 壳，选取图 6.25.3 所示的面为移除面，在 厚度 文本框中输入壁厚值为 5.0，单击 ✔ 按钮，完成抽壳特征 1 的创建。

图 6.25.2 抽壳特征 1

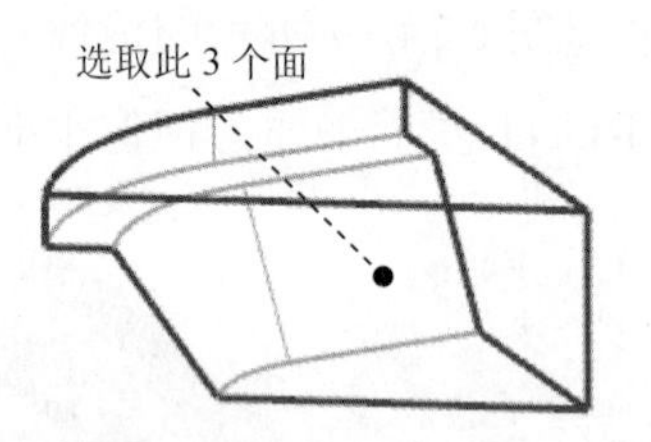

图 6.25.3 定义移除面

Step 3 创建图 6.25.4b 所示的倒圆角特征 1。单击 模型 功能选项卡 工程 ▾ 区域中的 倒圆角 ▾ 按钮，选取图 6.25.4a 所示的边线为倒圆角的边线；在倒圆角半径文本框中输入值 3.0。单击 ✔ 按钮，完成倒圆角 1 的创建。

Step 4 创建图 6.25.5 所示的拉伸特征 3。在操控板中单击“拉伸”按钮 拉伸。操控板中按下“移除材料”按钮。选取 TOP 基准平面为草绘平面，选取 RIGHT 基准平面为参考平面，方向为 右；单击 草绘 按钮，绘制图 6.25.6 所示的截面草图。在操控板中选择拉伸类型为⊟，单击⁄按钮调整拉伸方向，单击✔按钮，完成拉伸特征 3 的创建。

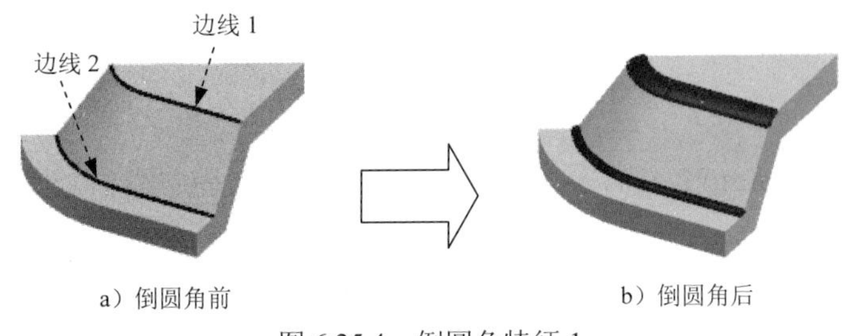

a）倒圆角前　　b）倒圆角后

图 6.25.4　倒圆角特征 1

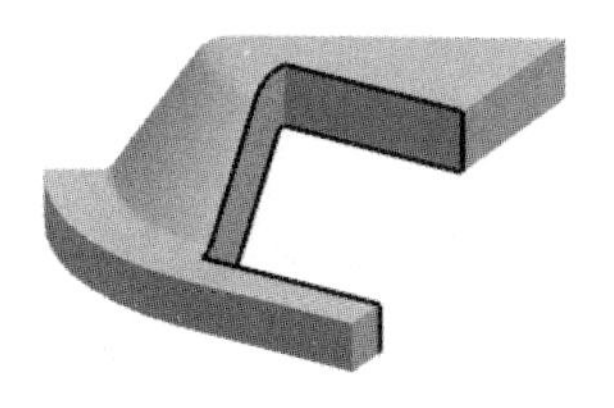

图 6.25.5　拉伸特征 3

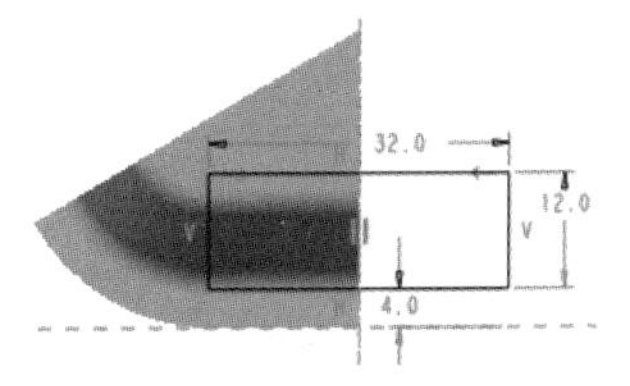

图 6.25.6　截面草图

Step 5 创建图 6.25.7 所示的抽壳特征 2。单击 模型 功能选项卡 工程 ▾ 区域中的“壳”按钮 回壳，选取图 6.25.8 所示的面为移除面，在 厚度 文本框中输入壁厚值为 2.5，单击 参考 按钮，在“非默认厚度”选项里选择图 6.25.9 所示的面，输入厚度值 1.2，单击✔按钮，完成抽壳特征 2 的创建。

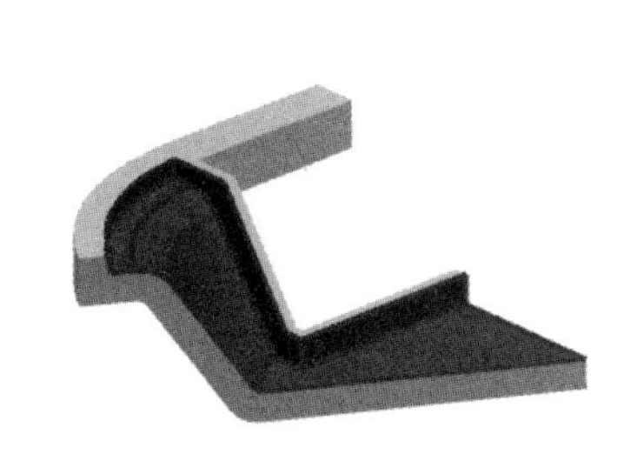

图 6.25.7　抽壳特征 2

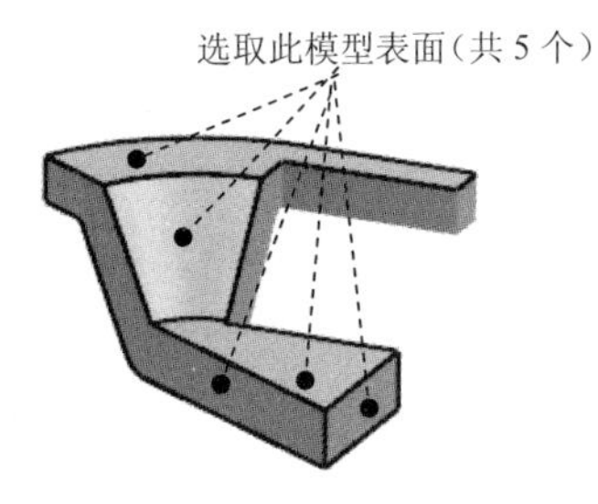

图 6.25.8　定义移除面

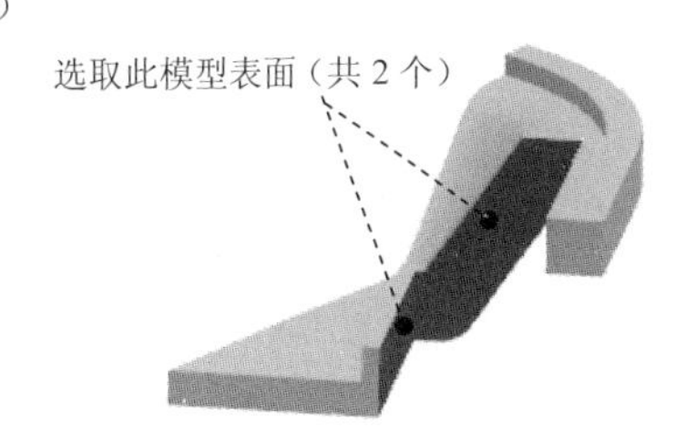

图 6.25.9　定义备选面

Step 6 创建图 6.25.10b 所示的倒圆角特征 2。单击 模型 功能选项卡 工程 ▾ 区域中的 倒圆角 ▾ 按钮，选取图 6.25.10a 所示的边线 1 为倒圆角的边线，在倒圆角半径文本框中输入值 1.0；在集选项卡里单击 *新建集 命令，选取图 6.25.10a 所示的边线 2 为倒圆角的边线，在倒圆角半径文本框中输入值 2.0；单击✔按钮，完成倒圆角 2 的创建。

Step 7 创建图 6.25.11b 所示的倒圆角特征 3。单击 模型 功能选项卡 工程 ▾ 区域中的 倒圆角 ▾ 按钮，选取图 6.25.11a 所示的边线 1 为倒圆角的边线，在倒圆角半径文本框中输入值 2.5；在集选项卡里单击 *新建集 命令，选取图 6.25.11a 所示的边线 2 为倒圆角的边线，在倒圆角半径文本框中输入值 1.0；单击✔按钮，完成倒圆角 3 的创建。

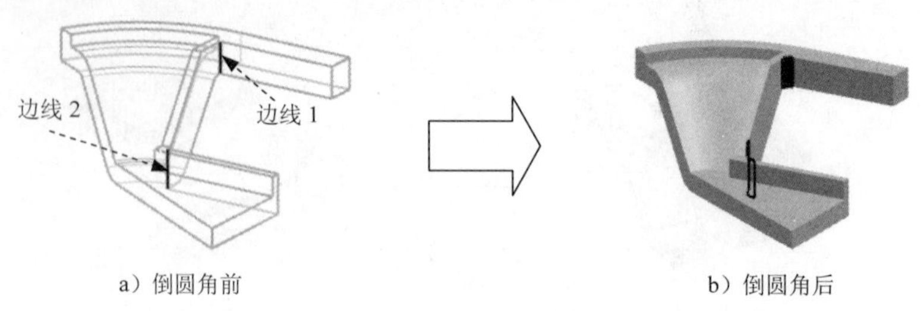

a）倒圆角前　　b）倒圆角后

图 6.25.10　倒圆角特征 2

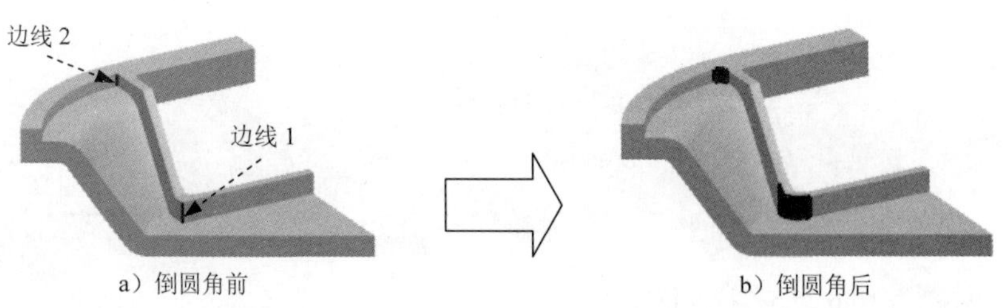

a）倒圆角前　　b）倒圆角后

图 6.25.11　倒圆角特征 3

Step 8 创建图 6.25.12b 所示的倒圆角特征 4。单击 模型 功能选项卡 工程 ▾ 区域中的 倒圆角 ▾ 按钮，选取图 6.25.12a 所示的边线为倒圆角的边线；在倒圆角半径文本框中输入值 1.0。单击✔按钮，完成倒圆角 4 的创建。

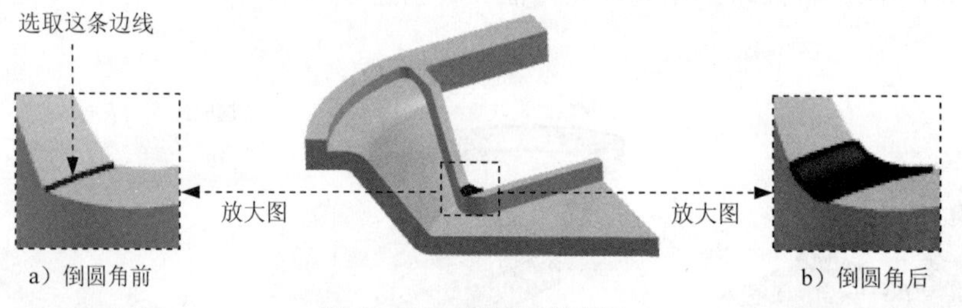

a）倒圆角前　　b）倒圆角后

图 6.25.12　倒圆角特征 4

Step 9 创建图 6.25.13b 所示的倒圆角特征 5。单击 模型 功能选项卡 工程 ▾ 区域中的 倒圆角 ▾ 按钮，选取图 6.25.13a 所示的边线为倒圆角的边线；在倒圆角半径文本框中输入值 1.0。单击✔按钮，完成倒圆角 5 的创建。

Step 10 创建图 6.25.14 所示的复制曲面 1。选取图 6.25.14 所示的模型全部曲面为要复制的曲面；单击“复制”按钮，然后单击“粘贴”按钮 ▾；单击✔按钮，完成复制曲面 1 的创建。

Step 11 创建图 6.25.15 所示的镜像特征 1。选取复制曲面 1 为镜像特征，单击 模型 功能选项卡 编辑 ▾ 区域中的“镜像”按钮，选取 RIGHT 基准平面为镜像平面，单击✓按钮，完成镜像特征1的创建。

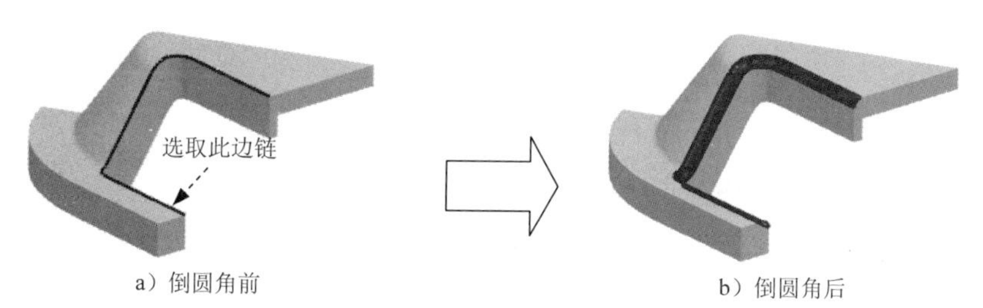

a）倒圆角前　　b）倒圆角后

图 6.25.13　倒圆角特征 5

Step 12 创建图 6.25.16 所示的曲面实体化 1。取图 6.25.17 所示的封闭曲面为要实体化的对象。单击 模型 功能选项卡 编辑 ▾ 区域中的 实体化 按钮。单击✓按钮，完成曲面实体化 1 的创建。

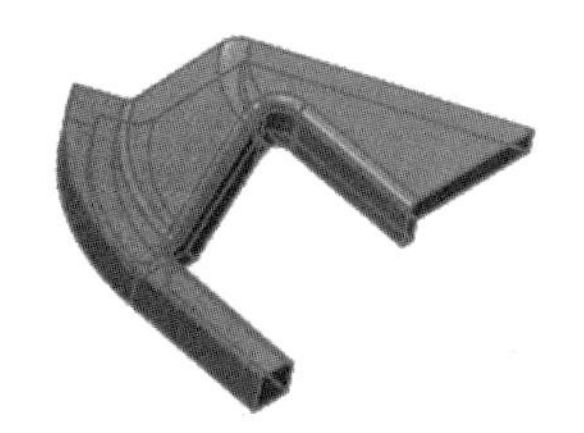

图 6.25.14　复制曲面 1

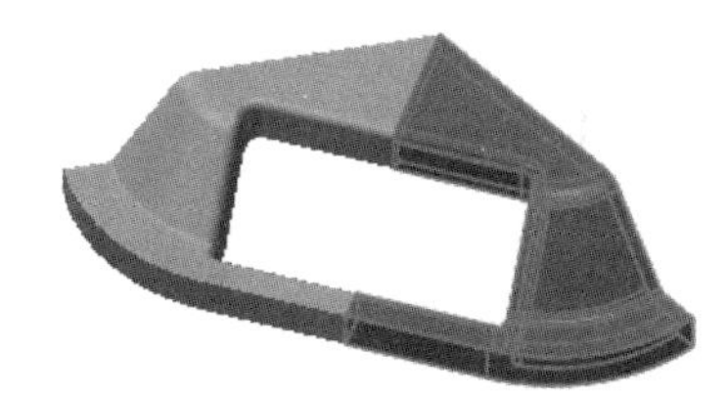

图 6.25.15　镜像体特征 1

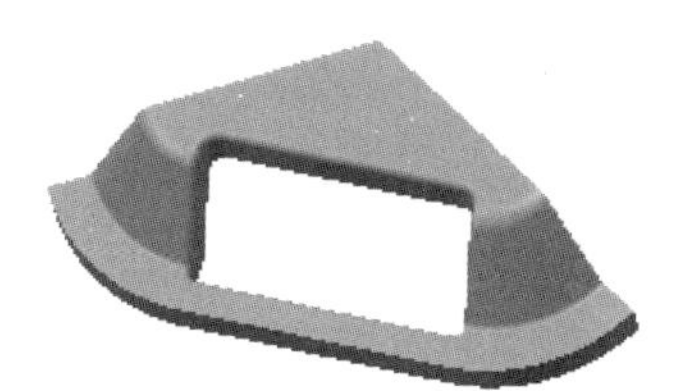

图 6.25.16　实体化 1

Step 13 创建图 6.25.18 所示的复制曲面 2。选取图 6.25.18 所示的模型全部曲面为要复制的曲面；单击 “复制”按钮，然后单击“粘贴”按钮；单击✓按钮，完成复制曲面 1 的创建。

Step 14 创建图 6.25.19 所示的镜像特征 2。选取复制曲面 2 为镜像特征，单击 模型 功能选项卡 编辑 ▾ 区域中的“镜像”按钮，选取图 6.25.20 所示的平面为镜像平面，单击✓按钮，完成镜像特征 2 的创建。

图 6.25.17　实体化曲面

图 6.25.18　复制曲面 2

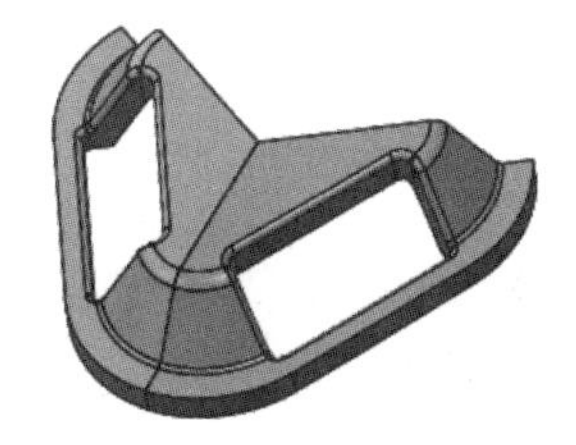

图 6.25.19　镜像特征 2

Step 15 创建图 6.25.21 所示的镜像特征 3。选取镜像 2 为镜像特征，单击 模型 功能选项卡 编辑 ▾ 区域中的“镜像”按钮，选取 RIGHT 基准平面为镜像平面，单击✓按钮，完成镜像特征 3 的创建。

Step 16 后面的详细操作过程请参见随书光盘中 video\ch06.25\reference\文件下的语音视

频讲解文件 CASE_COVER-r02.avi。

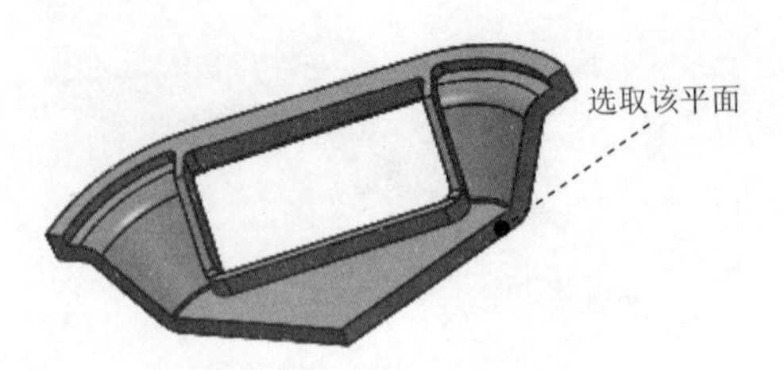

图 6.25.20 镜像特征平面

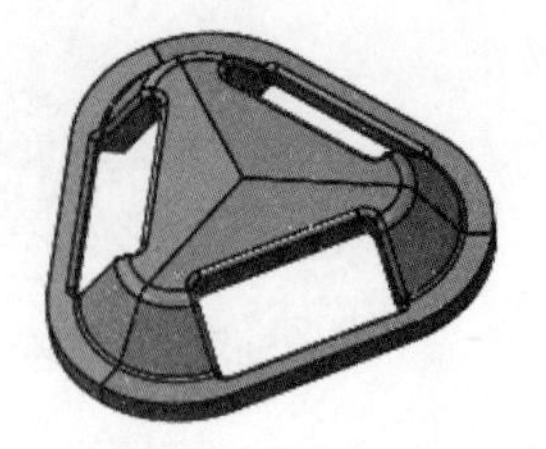

图 6.25.21 镜像特征 3

6.26 Creo 零件设计实际应用 4——圆形盖固定架的设计

应用概述：

本应用介绍了圆形盖固定架的设计过程。设计过程中的关键点是阵列特征的创建，通过此模型的学习可以让读者知道如何根据实际需要来阵列特征。零件模型及特征树如图 6.26.1 所示。

图 6.26.1 零件模型和特征树

注意： 在后面的模具设计部分，将会介绍该三维模型零件的模具设计。

说明： 本应用前面的详细操作过程请参见随书光盘中 video\ch06.26\reference\文件下的语音视频讲解文件 PART_CASTING-r01.avi。

Step 1 打开文件 D:\creo2mo\work\ch06.26\part_casting_ex.prt。

Step 2 创建图 6.26.2b 所示的拔模特征 1。单击 模型 功能选项卡 工程 ▾ 区域中的 拔模 ▾ 按钮。选取图 6.26.3 所示的模型表面为拔模曲面；选取图 6.26.3 所示的模型表面为拔模枢轴平面。采用系统默认的拔模方向，在拔模角度文本框中输入拔模角度值 1.5。单击 ✔ 按钮，完成拔模特征 1 的创建。

Step 3 创建组特征 1。按住 Ctrl 键，选取“拉伸 2”和“拔模斜度 1”特征后右击，在系统弹出的快捷菜单中选择 组 命令，完成组特征 1 的创建。

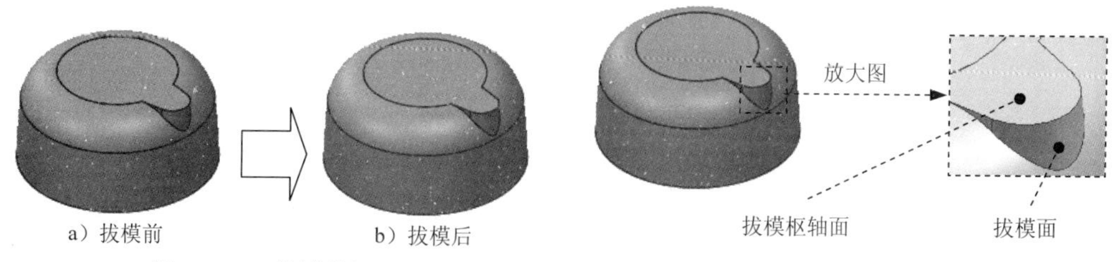

图 6.26.2　拔模特征 1　　　图 6.26.3　定义拔模枢轴面、拔模面

Step 4　创建图 6.26.4b 所示的阵列特征 1。在模型树中选择组特征 1 右击，选择 阵列... 命令。在阵列操控板的 选项 选项卡的下拉列表中选择 常规 选项。在阵列控制方式下拉列表中选择 轴 选项。选取图 6.26.4a 中的轴 A_2 阵列中心轴；在阵列操控板中输入阵列个数为 3，成员之间的角度值为 120；单击 ✔ 按钮，完成阵列特征 1 的创建。

Step 5　创建图 6.26.5 所示的拉伸特征 2。在操控板中单击“拉伸”按钮 拉伸；在操控板中按下“移除材料”按钮 ；选取如图 6.26.5 所示的模型表面为草绘平面，选取 RIGHT 基准平面为参考平面，方向为 右；单击 草绘 按钮，绘制图 6.26.6 所示的截面草图；单击操控板中的 选项 按钮，在操控板中定义拉伸类型为 ，输入深度值 20.0；单击 ✔ 按钮，完成拉伸特征 2 的创建。

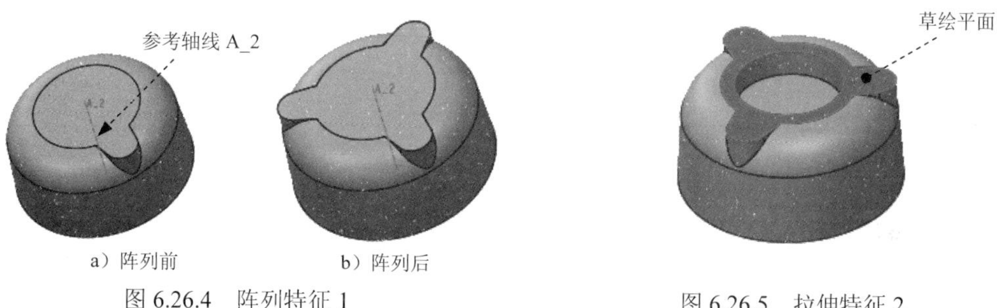

图 6.26.4　阵列特征 1　　　图 6.26.5　拉伸特征 2

Step 6　创建拔模特征 2。单击 模型 功能选项卡 工程 ▾ 区域中的 拔模 ▾ 按钮。选取图 6.26.7 所示的模型表面为拔模曲面；选取图 6.26.7 所示的模型表面为拔模枢轴平面。采用系统默认的拔模方向，在拔模角度文本框中输入拔模角度值 5.0。单击 ✔ 按钮，完成拔模特征 2 的创建。

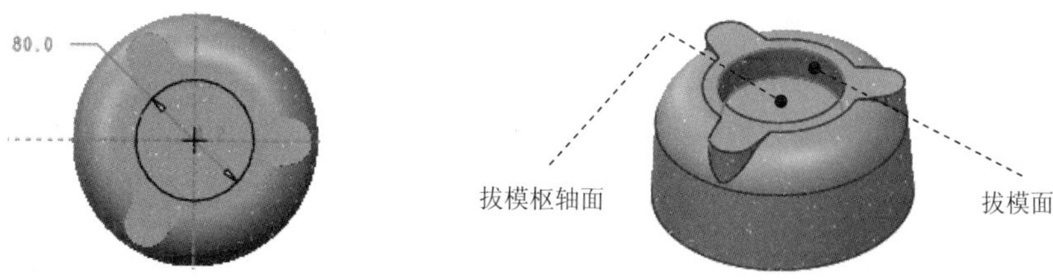

图 6.26.6　截面草图　　　图 6.26.7　定义拔模枢轴面、拔模面

Step 7 创建图 6.26.8 所示的抽壳特征 1。单击 模型 功能选项卡 工程 ▾ 区域中的“壳”按钮 回壳，选取图 6.26.9 所示的面为移除面，在 厚度 文本框中输入壁厚值为 2.5，单击 ✔ 按钮，完成抽壳特征 1 的创建。

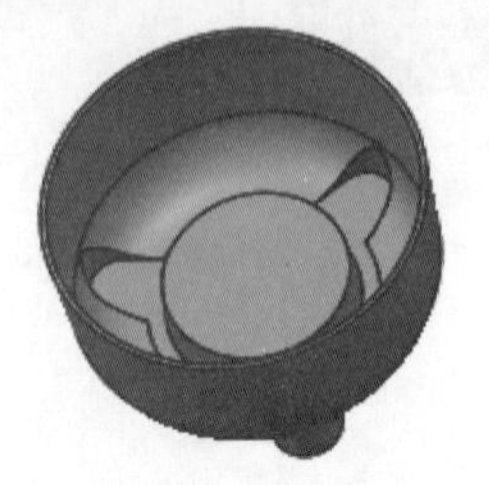

图 6.26.8 抽壳特征 1

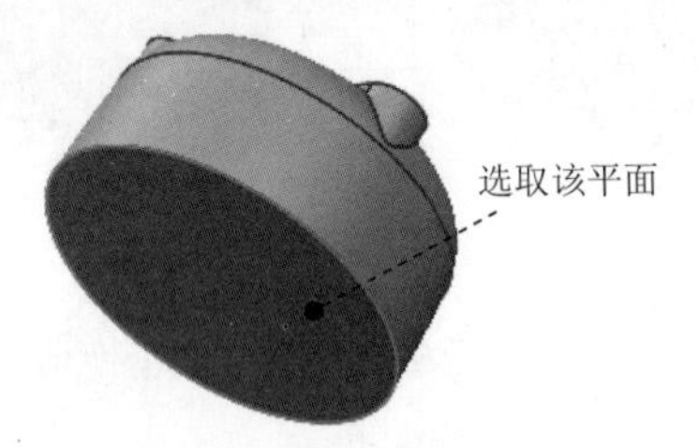

图 6.26.9 定义移除面

Step 8 创建图 6.26.10 所示的拉伸特征 3。在操控板中单击“拉伸”按钮 拉伸；选取如图 6.26.10 所示的模型表面为草绘平面，选取 RIGHT 基准平面为参考平面，方向为 右；单击 草绘 按钮，绘制图 6.26.11 所示的截面草图；单击操控板中的 选项 按钮，在操控板中定义拉伸类型为 ⊥⊥，输入深度值 3.0；单击 ✔ 按钮，完成拉伸特征 3 的创建。

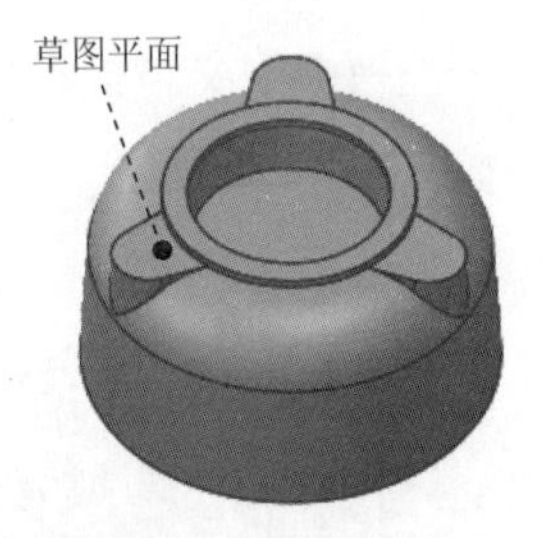

图 6.26.10 拉伸特征 3

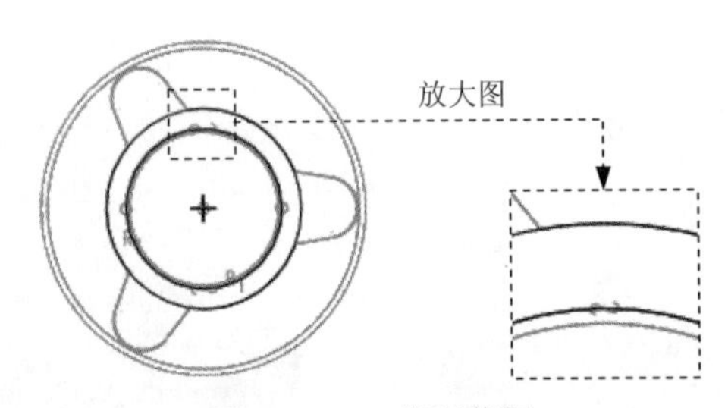

图 6.26.11 截面草图

Step 9 创建拔模特征 3。单击 模型 功能选项卡 工程 ▾ 区域中的 拔模 ▾ 按钮。选取图 6.26.12 所示的模型表面为拔模面；选取图 6.26.13 所示的模型表面为拔模枢轴面。采用系统默认的拔模方向，在拔模角度文本框中输入拔模角度值 5.0。单击 ✔ 按钮，完成拔模特征 3 的创建。

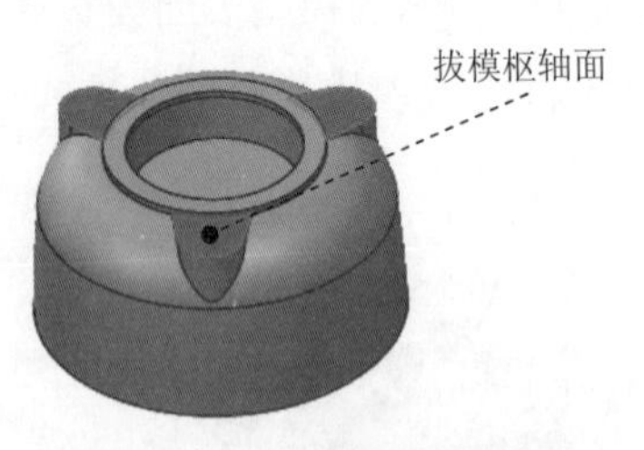

图 6.26.12 定义拔模枢轴面

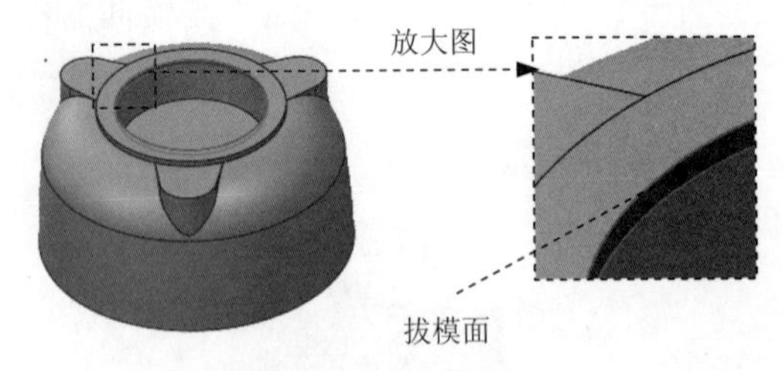

图 6.26.13 定义拔模面

Step 10 创建图 6.26.14b 所示的倒圆角特征 1。选取图 6.26.14a 所示的边线为倒圆角的边线；输入倒圆角半径值 2.0。

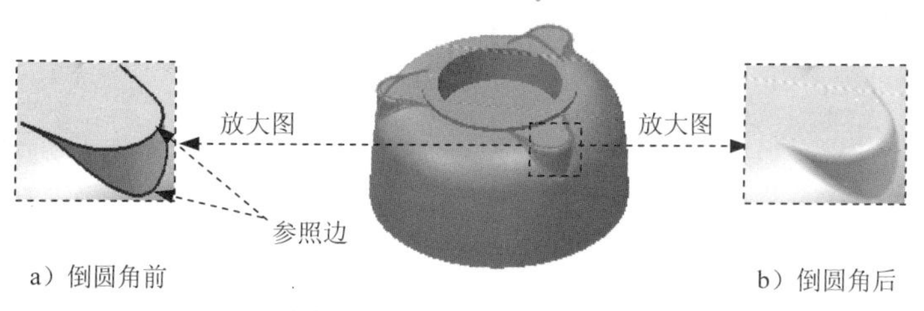

图 6.26.14 倒圆角特征 1

Step 11 创建倒圆角特征 2。选取图 6.26.15 所示的边线为倒圆角的边线；输入倒圆角半径值 2.0。

Step 12 创建倒圆角特征 3。选取图 6.26.16 所示的边线为倒圆角的边线；输入倒圆角半径值 6.0。

Step 13 创建倒圆角特征 4。选取图 6.26.17 所示的边线为倒圆角的边线；输入倒圆角半径值 8.0。

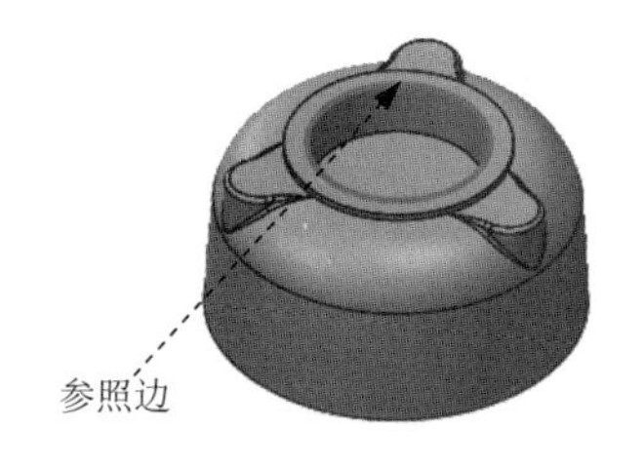

图 6.26.15 自定义边线

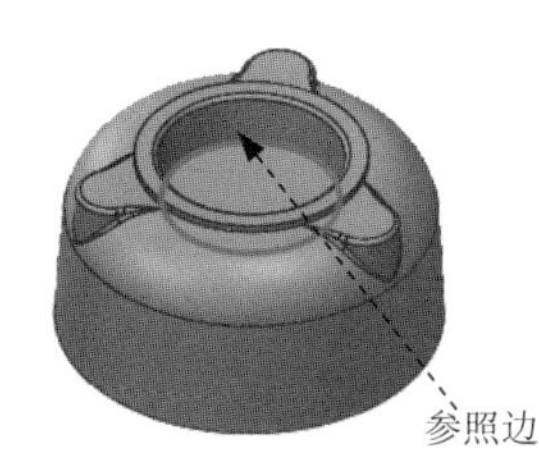

图 6.26.16 自定义边线

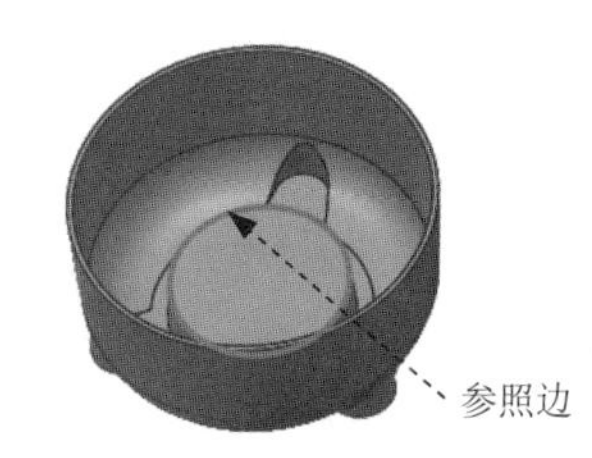

图 6.26.17 自定义边线

Step 14 创建倒圆角特征 5。选取图 6.26.18 所示的边线为倒圆角的边线；输入倒圆角半径值 1.5。

Step 15 创建倒圆角特征 6。选取图 6.26.19 所示的边线为倒圆角的边线；输入倒圆角半径值 1.5。

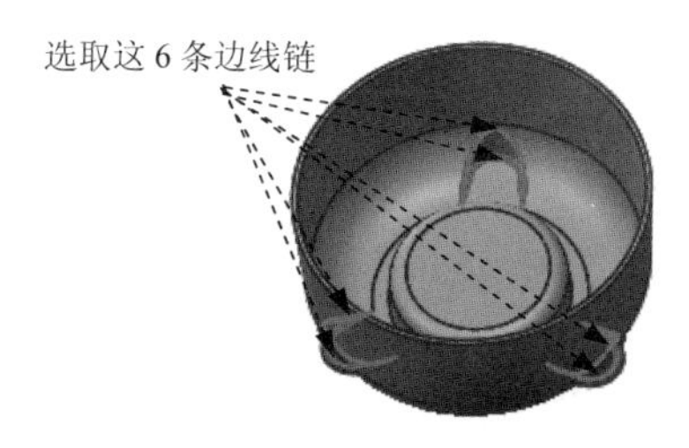

图 6.26.18 自定义边线

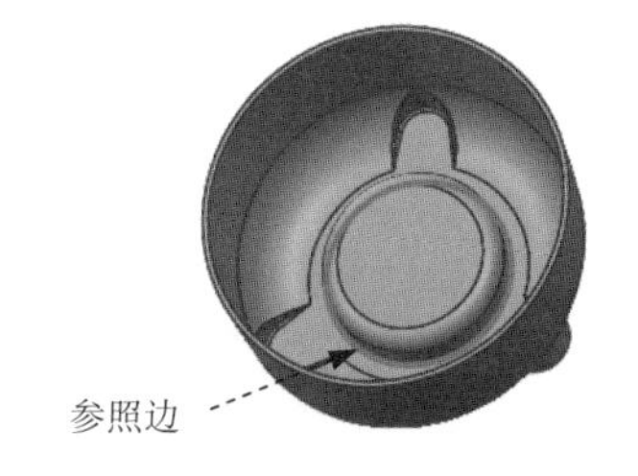

图 6.26.19 自定义边线

Step 16 创建图 6.26.20 所示的拉伸特征 4。在操控板中单击“拉伸”按钮 拉伸；选取 TOP 基准平面为草绘平面，选取 RIGHT 基准平面为参考平面，方向为 左；单击 草绘 按钮，绘制图 6.26.21 所示的截面草图；单击操控板中的 选项 按钮，在操控板中定义拉伸类型为 ，输入深度值 2.5；单击 ✔ 按钮，完成拉伸特征 4 的创建。

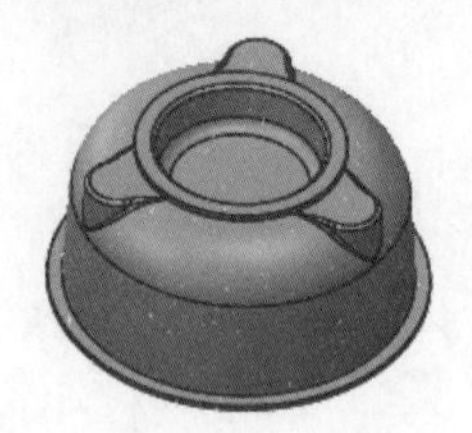

图 6.26.20　拉伸特征 4

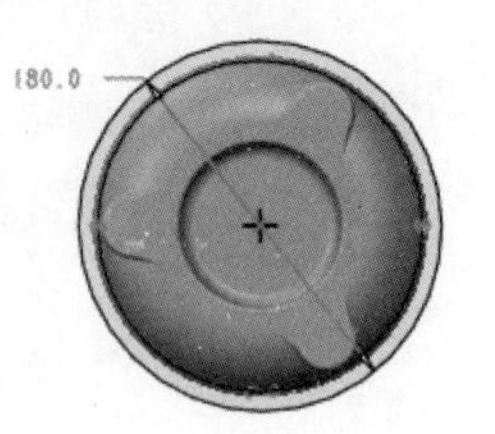

图 6.26.21　截面草图

Step 17 创建图 6.26.22 所示的拉伸特征 5。在操控板中单击“拉伸”按钮 拉伸；在操控板中按下“移除材料”按钮；选取如图 6.26.22 所示的模型表面为草绘平面，选取 FRONT 基准平面为参考平面，方向为 左；单击 草绘 按钮，绘制图 6.26.23 所示的截面草图；单击操控板中的 选项 按钮，在操控板中定义拉伸类型为；单击按钮，完成拉伸特征 5 的创建。

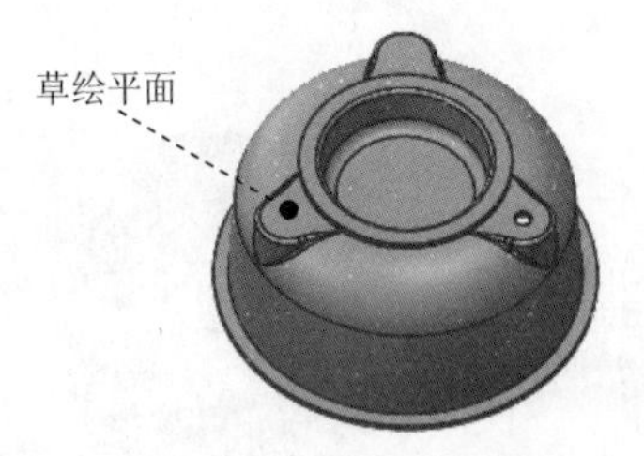

图 6.26.22　拉伸特征 5

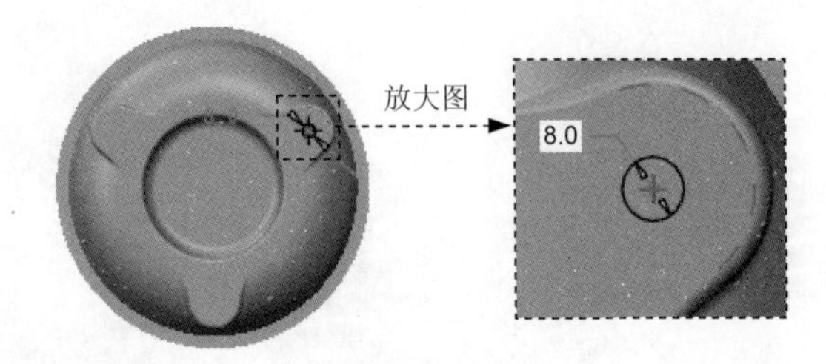

图 6.26.23　截面草图

Step 18 创建图 6.26.24 所示的拉伸特征 6。在操控板中单击“拉伸”按钮 拉伸；在操控板中按下“移除材料”按钮；选取如图 6.26.24 所示的模型表面为草绘平面，选取 FRONT 基准平面为参考平面，方向为 左；单击 草绘 按钮，绘制图 6.26.25 所示的截面草图；单击操控板中的 选项 按钮，在操控板中定义拉伸类型为；单击按钮，完成拉伸特征 6 的创建。

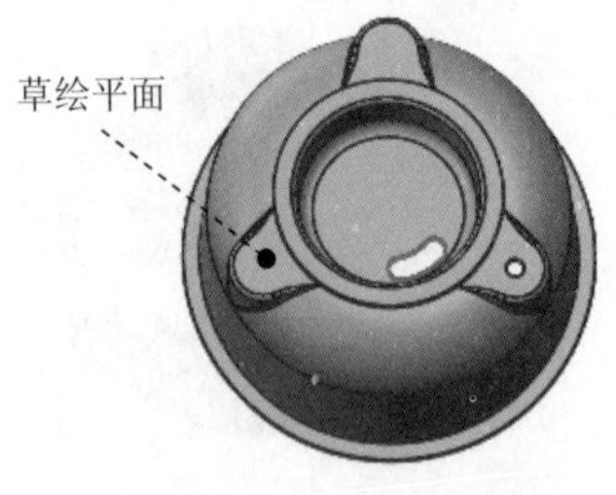

图 6.26.24　拉伸特征 6

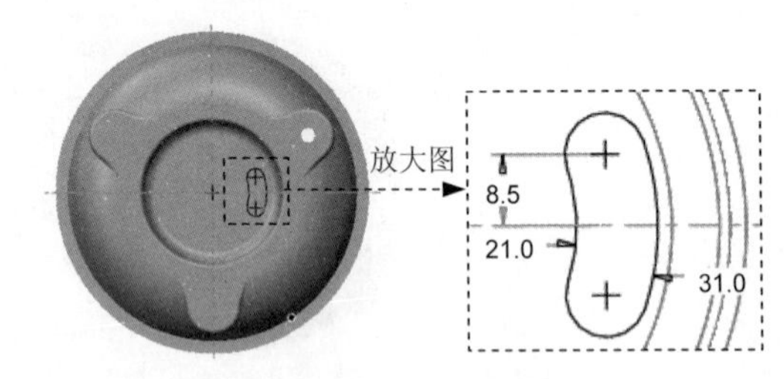

图 6.26.25　截面草图

Step 19 创建组特征 2。按住 Ctrl 键，选取 Step17~Step18 创建的特征后右击，在系统弹出的快捷菜单中选择 组 命令，完成组特征 2 的创建。

Step 20 创建图 6.26.26b 所示的阵列特征 2。在模型树中选择组特征 2 右击，选择 阵列... 命令。在阵列操控板的 选项 选项卡的下拉列表中选择 常规 选项。在阵列控制方式

下拉列表中选择 轴 选项。选取图 6.26.26a 中的轴 A_8 为阵列中心轴；在阵列操控板中输入阵列个数为 3，成员之间的角度值为 120；单击✔按钮，完成阵列特征 2 的创建。

Step 21 创建图 6.26.27 所示的拉伸特征 7。在操控板中单击“拉伸”按钮 拉伸；在操控板中按下“移除材料”按钮；选取如图 6.26.27 所示的模型表面为草绘平面，选取 RIGHT 基准平面为参考平面，方向为 右；单击 草绘 按钮，绘制图 6.26.28 所示的截面草图；单击操控板中的 选项 按钮，在操控板中定义拉伸类型为；单击✔按钮，完成拉伸特征 7 的创建。

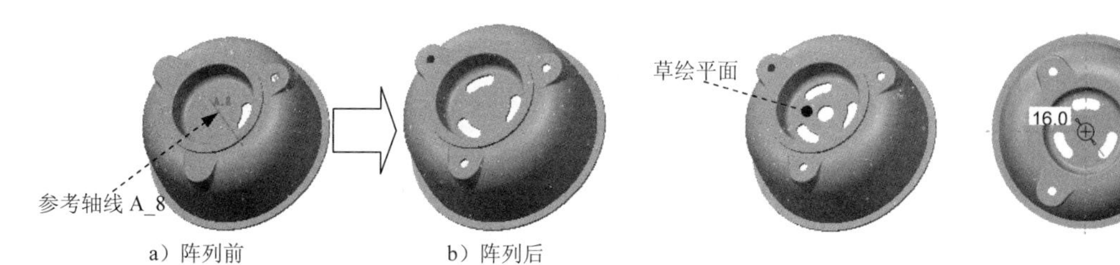

a）阵列前　　b）阵列后

图 6.26.26　阵列特征 2　　图 6.26.27　拉伸特征 7　　图 6.26.28　截面草图

Step 22 创建图 6.26.29 所示的拉伸特征 8。在操控板中单击“拉伸”按钮 拉伸；在操控板中按下“移除材料”按钮；选取如图 6.26.29 所示的模型表面为草绘平面，选取 RIGHT 基准平面为参考平面，方向为 右；单击 草绘 按钮，绘制图 6.26.30 所示的截面草图；单击操控板中的 选项 按钮，在操控板中定义拉伸类型为，选取如图 6.26.29 所示的模型表面为参考；单击✔按钮，完成拉伸特征 8 的创建。

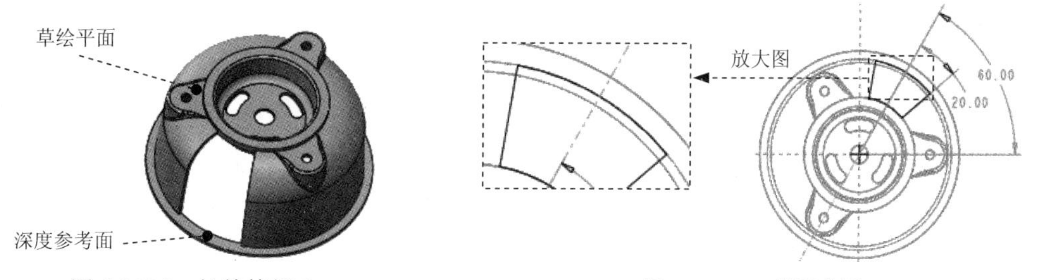

图 6.26.29　拉伸特征 8　　图 6.26.30　截面草图

Step 23 创建图 6.26.31b 所示的阵列特征 3。在模型树中选择拉伸特征 8 右击，选择 阵列... 命令。在阵列操控板的 选项 选项卡的下拉列表中选择 常规 选项。在阵列控制方式下拉列表中选择 轴 选项。选取图 6.26.31a 中的轴 A_8 为阵列中心轴；在阵列操控板中输入阵列个数为 3，成员之间的角度值为 120；单击✔按钮，完成阵列特征 3 的创建。

Step 24 创建倒圆角特征 7。选取图 6.26.32 所示的边线为倒圆角的边线；输入倒圆角半径值 3.0。

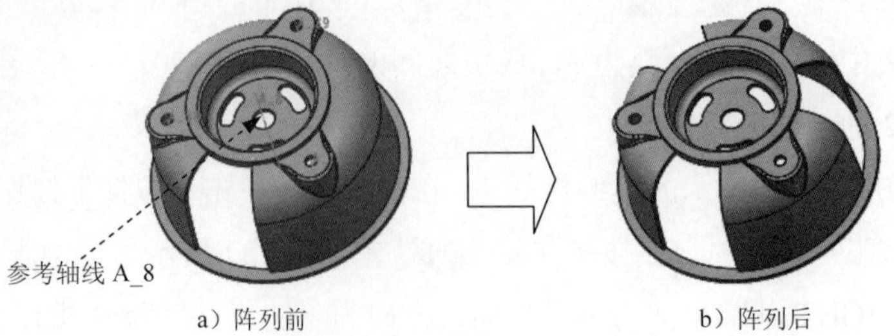

参考轴线 A_8

a）阵列前　　　　b）阵列后

图 6.26.31　阵列特征 3

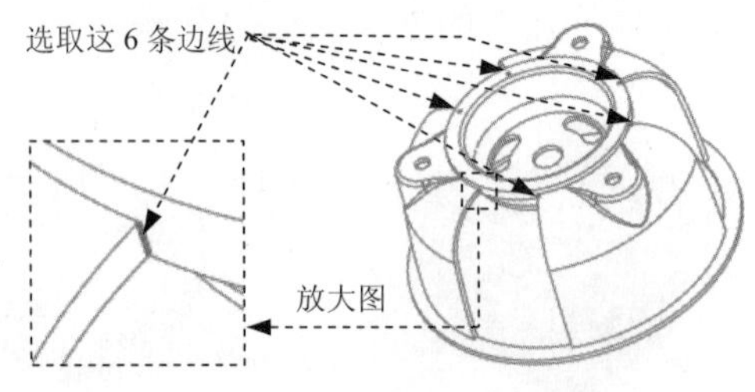

图 6.26.32　自定义边线

Step 25 创建倒圆角特征 8。选取图 6.26.33 所示的边线链为倒圆角的边线；输入倒圆角半径值 1.0。

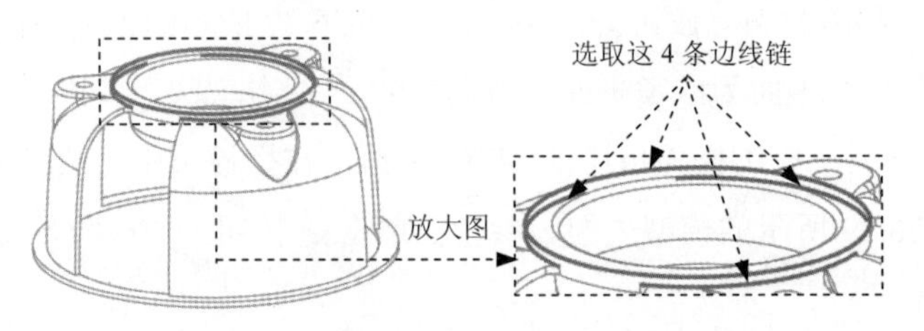

图 6.26.33　自定义边线

Step 26 创建图 6.26.34 所示的拉伸特征 9。在操控板中单击“拉伸”按钮 拉伸；选取如图 6.26.34 所示的模型表面为草绘平面，选取 FRONT 基准平面为参考平面，方向为 右；单击 草绘 按钮，绘制图 6.26.35 所示的截面草图；单击操控板中的 选项 按钮，在操控板中定义拉伸类型为，输入深度值 15.0；单击✔按钮，完成拉伸特征 9 的创建。

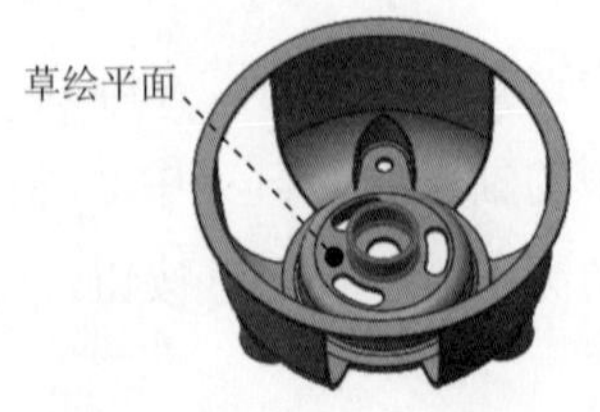

图 6.26.34　拉伸特征 9

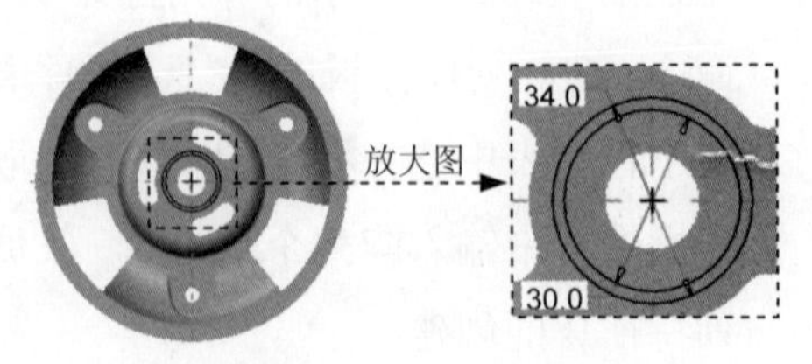

图 6.26.35　截面草图

Step 27 后面的详细操作过程请参见随书光盘中 video\ch06.26\reference\文件下的语音视

频讲解文件 PART_CASTING-r02.avi。

6.27　Creo 零件设计实际应用 5——充电器上盖的设计

应用概述：

本应用介绍了一个充电器上盖的设计过程。主要讲述实体拉伸、壳、组、镜像和拔模等特征命令的应用。所建的零件模型及模型树如图 6.27.1 所示。

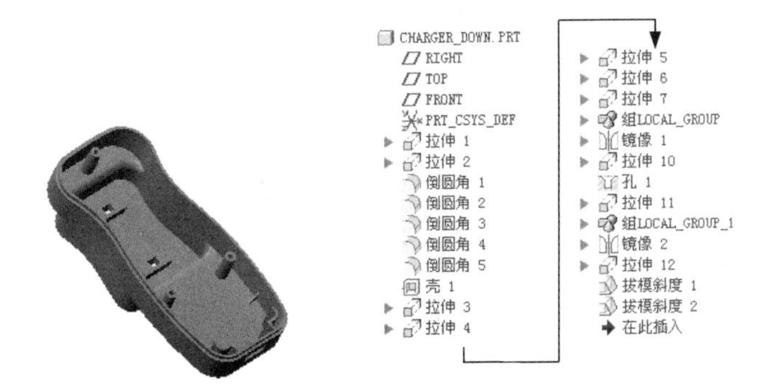

图 6.27.1　零件模型及模型树

注意：在后面的模具设计部分，将会介绍该三维模型零件的模具设计。

说明：本应用前面的详细操作过程请参见随书光盘中 video\ch06.27\reference\文件下的语音视频讲解文件 CHARGER_DOWN-r01.avi。

Step 1　打开文件 D:\creo2mo\work\ch06.27\charger_down_ex.prt。

Step 2　创建图 6.27.2 所示的抽壳特征 1。单击 模型 功能选项卡 工程 ▾ 区域中的“壳”按钮 壳，选取图 6.27.3 所示的面为移除面，在 厚度 文本框中输入壁厚值为 1.0，单击 ✔ 按钮，完成抽壳特征 1 的创建。

Step 3　创建图 6.27.4 所示的拉伸特征 3。在操控板中单击“拉伸”按钮 拉伸。选取图 6.27.4 所示平面为草绘平面，选取 RIGHT 基准平面为参考平面，方向为 左；单击 草绘 按钮，绘制图 6.27.5 所示的截面草图，在操控板中选择拉伸类型为 ⊥⊥，输入深度值 2.0；单击 ✔ 按钮，完成拉伸特征 3 的创建。

图 6.27.2　抽壳特征 1

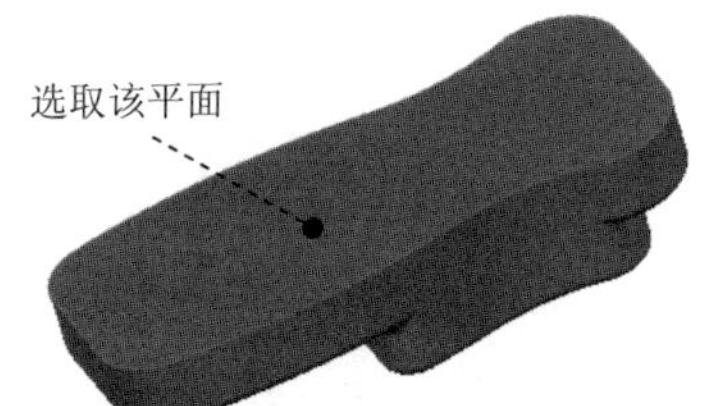

图 6.27.3　定义移除面

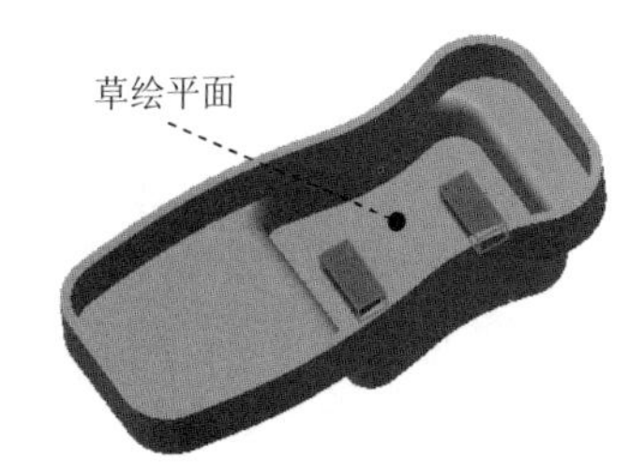

图 6.27.4　拉伸特征 3

Step 4 创建图 6.27.6 所示的拉伸特征 4。在操控板中单击“拉伸”按钮 拉伸。在操控板中按下“移除材料”按钮 。选取图 6.27.6 所示平面为草绘平面，选取 RIGHT 基准平面为参考平面，方向为 左；单击 草绘 按钮，绘制图 6.27.7 所示的截面草图，在操控板中选择拉伸类型为 ，输入深度值 1.5，单击 ✔ 按钮，完成拉伸特征 4 的创建。

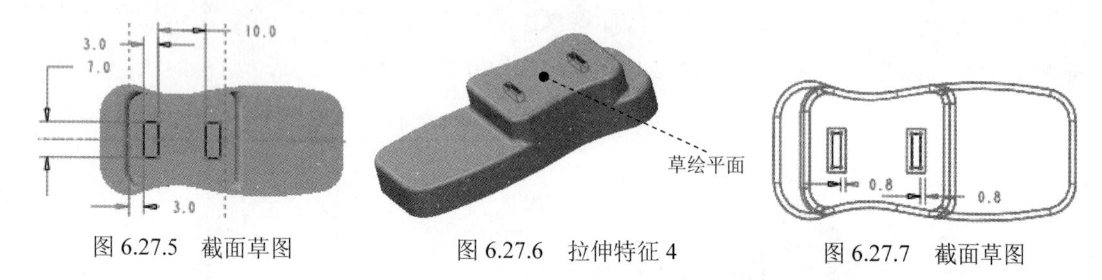

图 6.27.5 截面草图　　图 6.27.6 拉伸特征 4　　图 6.27.7 截面草图

Step 5 创建图 6.27.8 所示的拉伸特征 5。在操控板中单击“拉伸”按钮 拉伸。在操控板中按下“移除材料”按钮 。选取图 6.27.8 所示的平面为草绘平面，选取 RIGHT 基准平面为参考平面，方向为 左；单击 草绘 按钮，绘制图 6.27.9 所示的截面草图，在操控板中选择拉伸类型为 ，单击 ✔ 按钮，完成拉伸特征 5 的创建。

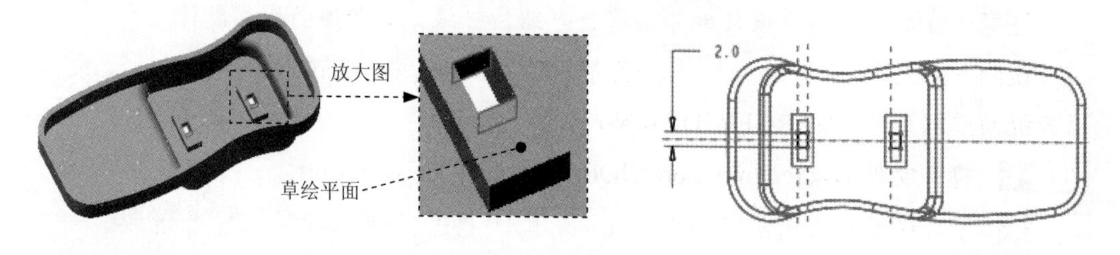

图 6.27.8 拉伸特征 5　　图 6.27.9 截面草图

Step 6 创建图 6.27.10 所示的拉伸特征 6。在操控板中单击“拉伸”按钮 拉伸。选取图 6.27.10 所示平面为草绘平面，选取 RIGHT 基准平面为参考平面，方向为 左；单击 草绘 按钮，绘制图 6.27.11 所示的截面草图，在操控板中选择拉伸类型为 ，输入深度值 0.8，单击 按钮，输入深度值 0.5；单击 ✔ 按钮，完成拉伸特征 6 的创建。

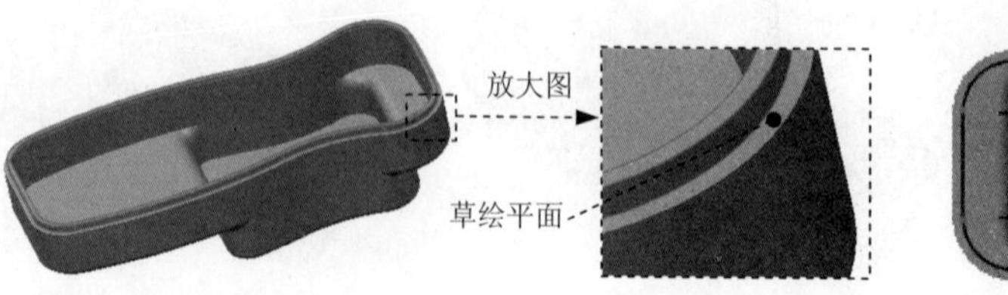

图 6.27.10 拉伸特征 6

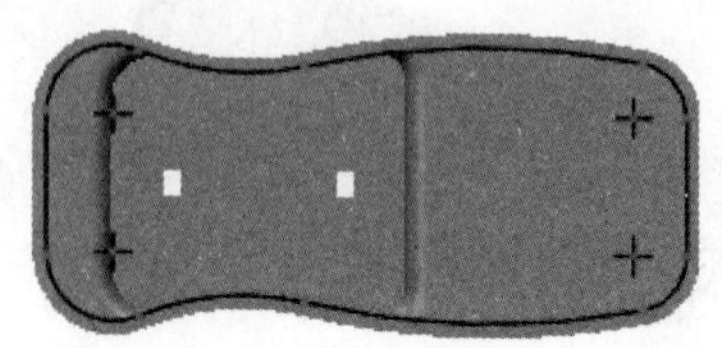

图 6.27.11 截面草图

Step 7　创建图 6.27.12 所示的拉伸特征 7。在操控板中单击“拉伸”按钮 拉伸。在操控板中按下“移除材料”按钮。选取图 6.27.12 所示的平面为草绘平面，选取 RIGHT 基准平面为参考平面，方向为左；单击 草绘 按钮，绘制图 6.27.13 所示的截面草图，在操控板中选择拉伸类型为，输入深度值 0.25，单击按钮，完成拉伸特征 7 的创建。

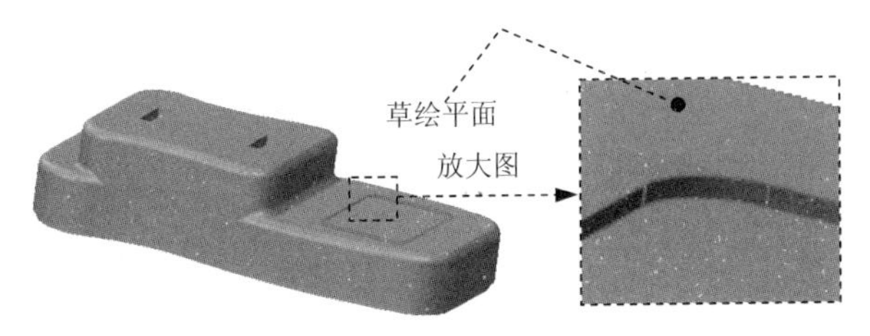

图 6.27.12　拉伸特征 7

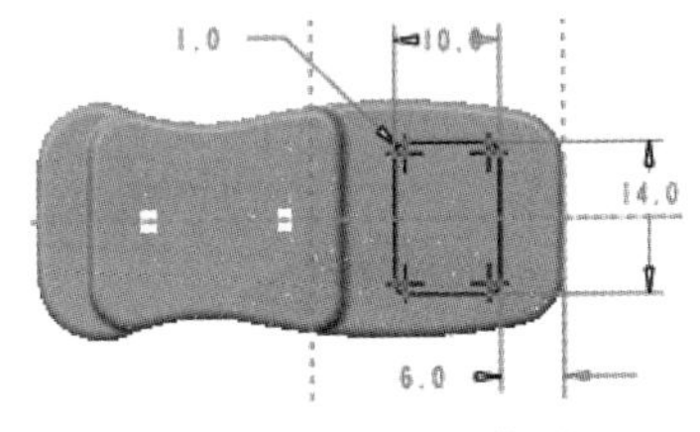

图 6.27.13　截面草图

Step 8　创建图 6.27.14 所示的拉伸特征 8。在操控板中单击“拉伸”按钮 拉伸。在操控板中按下“移除材料”按钮。选取图 6.27.14 所示的平面为草绘平面，选取 RIGHT 基准平面为参考平面，方向为左；单击 草绘 按钮，绘制图 6.27.15 所示的截面草图，在操控板中选择拉伸类型为，单击按钮，完成拉伸特征 8 的创建。

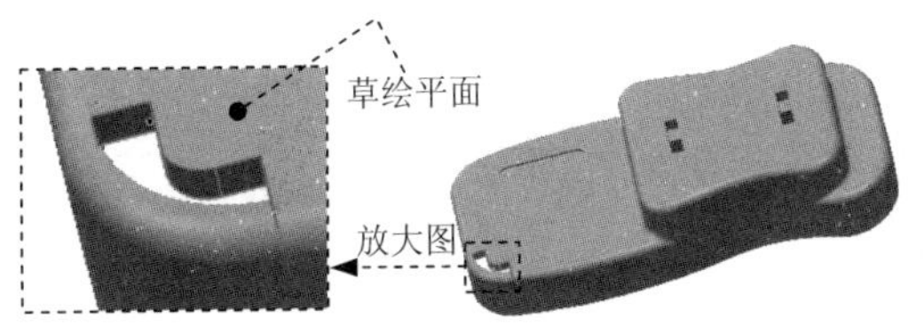

图 6.27.14　拉伸特征 8

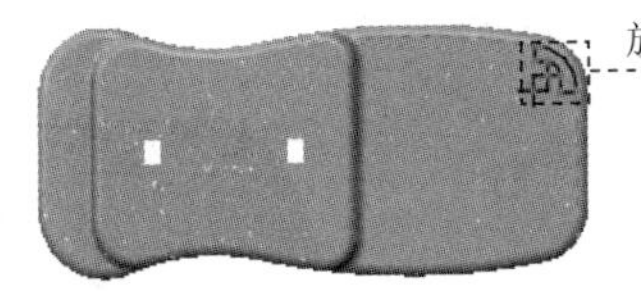
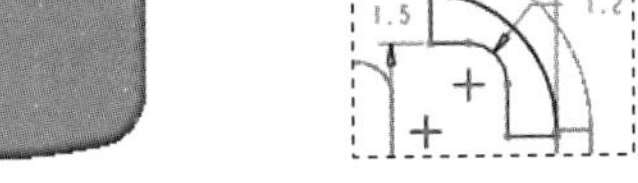

图 6.27.15　截面草图

Step 9　创建图 6.27.16 所示的拉伸特征 9。在操控板中单击“拉伸”按钮 拉伸。选取图 6.27.16 所示平面为草绘平面，选取 RIGHT 基准平面为参考平面，方向为左；单击 草绘 按钮，绘制图 6.27.17 所示的截面草图，在操控板中选择拉伸类型为，选取图 6.27.16 所示的平面为深度参考面，单击按钮，完成拉伸特征 9 的创建。

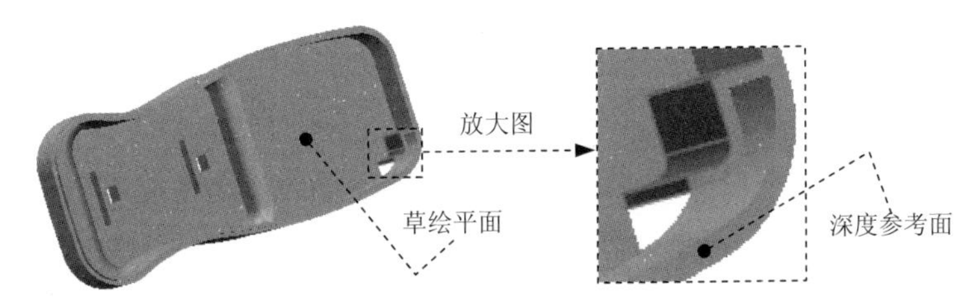

图 6.27.16　拉伸特征 9

Step 10　创建组特征。按住 Ctrl 键，在模型树中选择 Step8~Step9 所创建的特征后右击，在弹出的快捷菜单中选择 组 命令，所创建的特征即可合并为 组LOCAL_GROUP。

Step 11 创建图 6.27.18 所示的镜像特征 1。在模型树中选取 组LOCAL_GROUP 为镜像特征；单击 模型 功能选项卡 编辑 区域中的“镜像”按钮；选取 FRONT 基准平面为镜像平面，单击 ✔ 按钮，完成镜像特征 1 的创建。

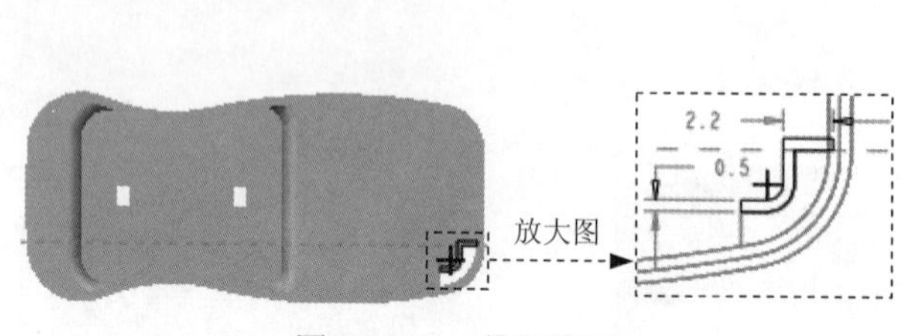

图 6.27.17 截面草图

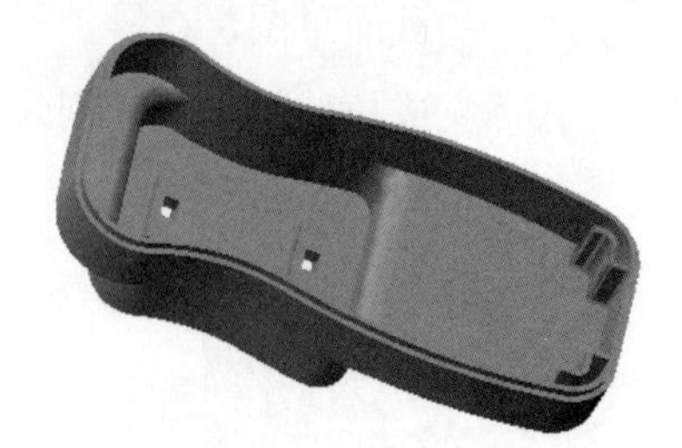

图 6.27.18 镜像特征 1

Step 12 创建图 6.27.19 所示的拉伸特征 10。在操控板中单击“拉伸”按钮 拉伸。选取图 6.27.19 所示的平面为草绘平面，选取 RIGHT 基准平面为参考平面，方向为 左；单击 草绘 按钮，绘制图 6.27.20 所示的截面草图，在操控板中选择拉伸类型为，选取图 6.27.19 所示的平面为终止面，单击 ✔ 按钮，完成拉伸特征 10 的创建。

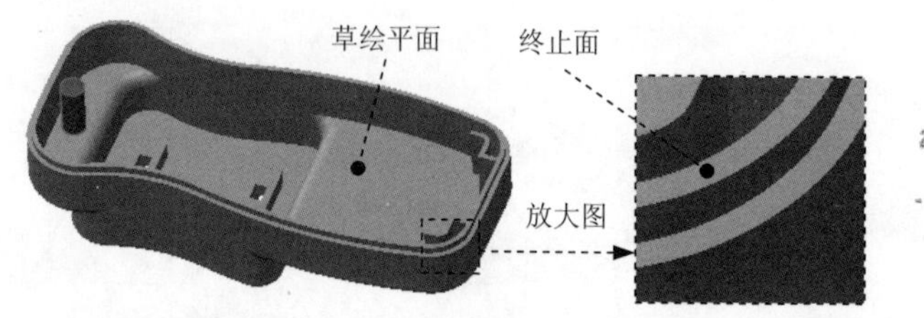

图 6.27.19 拉伸特征 9

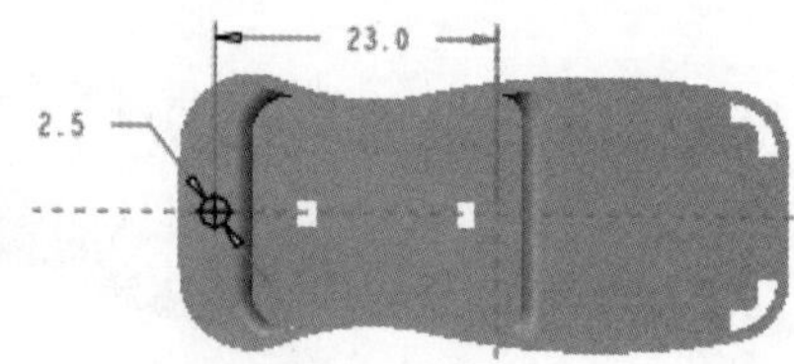

图 6.27.20 截面草图

Step 13 创建图 6.27.21 所示的孔特征 1。单击 模型 功能选项卡 工程 区域中的 孔 按钮。选取图 6.27.21 所示的模型表面为主参考；按住 Ctrl 键，选取图 6.27.21 所示的轴线为次参考；在操控板中确认“使用标准孔轮廓作为钻孔轮廓”按钮 和“添加沉孔”按钮 被按下，单击 形状 选项卡，在系统弹出的孔形状参数界面中的设置如图 6.27.22 所示；单击 ✔ 按钮，完成孔特征 1 的创建。

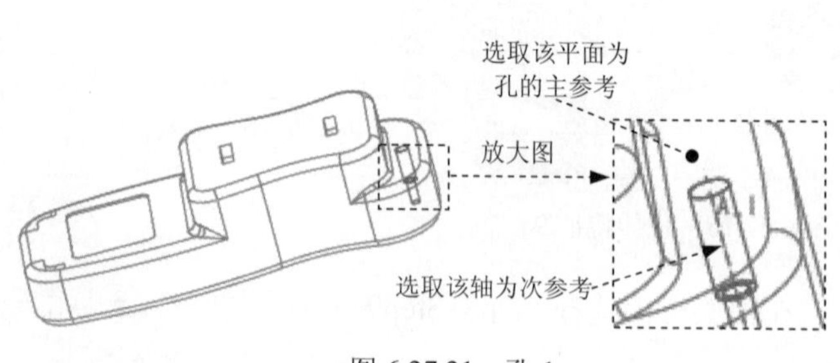

图 6.27.21 孔 1

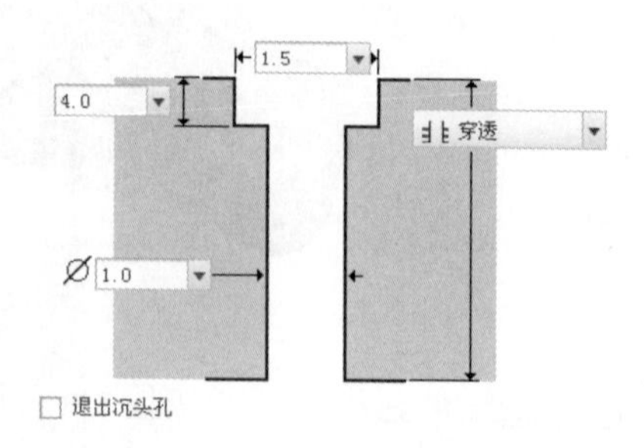

图 6.27.22 定义孔的形状

Step 14 创建图 6.27.23 所示的拉伸特征 11。在操控板中单击"拉伸"按钮 拉伸。选取图 6.27.23 所示的平面为草绘平面，选取 RIGHT 基准平面为参考平面，方向为 左；单击 草绘 按钮，绘制图 6.27.24 所示的截面草图，在操控板中选择拉伸类型为 ，单击 ✓ 按钮，完成拉伸特征 11 的创建。

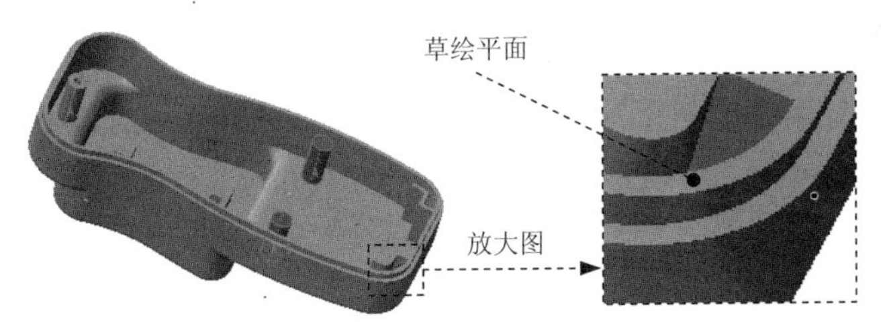

图 6.27.23　拉伸特征 11

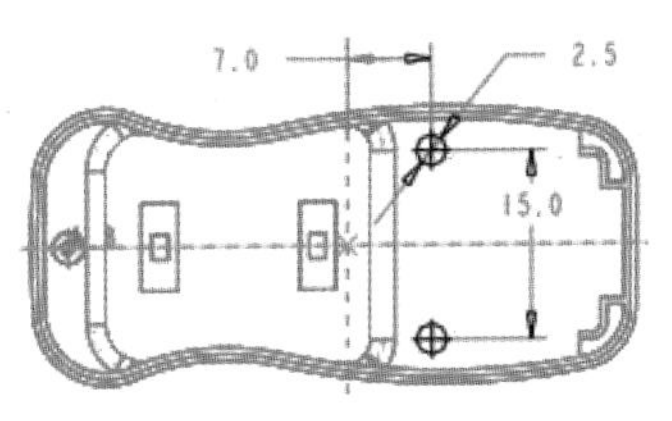

图 6.27.24　截面草图

Step 15 创建图 6.27.25 所示的孔特征 2。单击 模型 功能选项卡 工程 ▾ 区域中的 孔 按钮。选取图 6.27.25 所示的模型表面为主参考；按住 Ctrl 键，选取图 6.27.25 所示的轴线为次参考；单击"使用预定义矩形作为钻孔轮廓"按钮 ，单击 形状 选项卡，在系统弹出的孔形状参数界面中的设置如图 6.27.26 所示；单击 ✓ 按钮，完成孔特征 2 的创建。

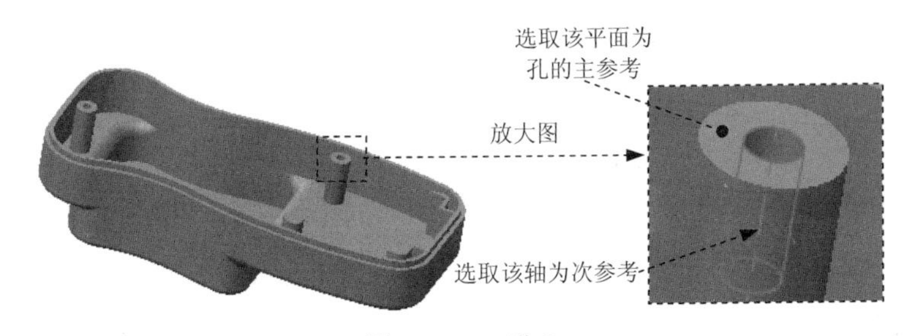

图 6.27.25　孔 2

Step 16 创建图 6.27.27 所示的基准点 PNT0。单击"创建基准点"按钮 点 ▾，选择图 6.27.27 所示的边线为参考，在 偏移 文本框中输入数值 0.6，在完成后单击 确定 按钮。

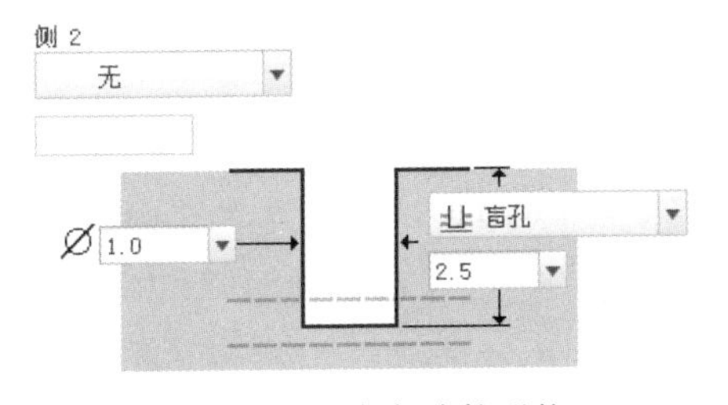

图 6.27.26　定义孔的形状

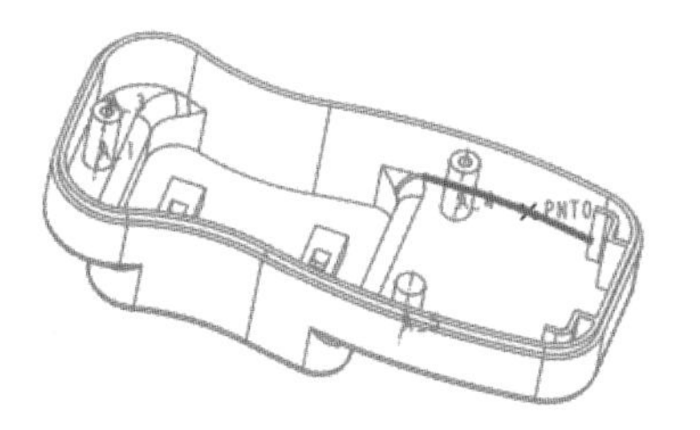

图 6.27.27　基准点 PNT0

Step 17 创建图 6.27.28 所示的基准平面 DTM1（注：本步的详细操作过程请参见随书光盘中 video\ch06.27\reference\文件下的语音视频讲解文件 CHARGER_DOWN-r02.avi）。

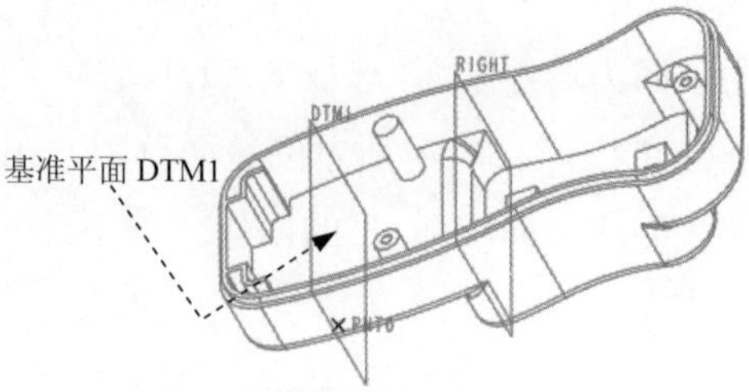

图 6.27.28　基准平面 DTM1

Step 18 创建图 6.27.29 所示的轮廓筋特征 1。单击 模型 功能选项卡 工程 ▾ 区域 筋 ▾ 下的 轮廓筋 按钮。选取基准平面 DTM1 为草绘平面，TOP 基准平面为参考平面，方向为 底部；单击 草绘 按钮，绘制图 6.23.30 所示的截面草图。在图形区单击箭头调整筋的生成方向指向实体侧，采用系统默认的加厚方向，在厚度文本框中输入筋的厚度值 0.5。单击 ✔ 按钮，完成轮廓筋特征 1 的创建。

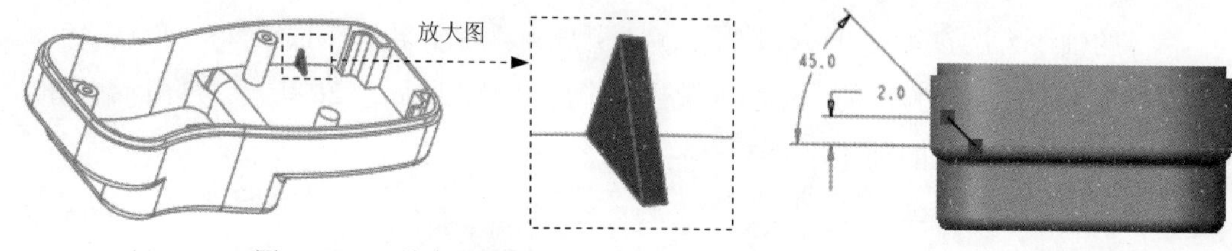

图 6.27.29　轮廓筋特征 1　　图 6.27.30　截面草图

Step 19 创建图 6.27.31b 所示的倒圆角特征 6。单击 模型 功能选项卡 工程 ▾ 区域中的 倒圆角 ▾ 按钮；选取图 6.27.31a 所示的侧面，按住 Ctrl 键，选取另外一侧面，再选取图 6.27.31a 所示的斜面；单击 ✔ 按钮，完成倒圆角特征 6 的创建。

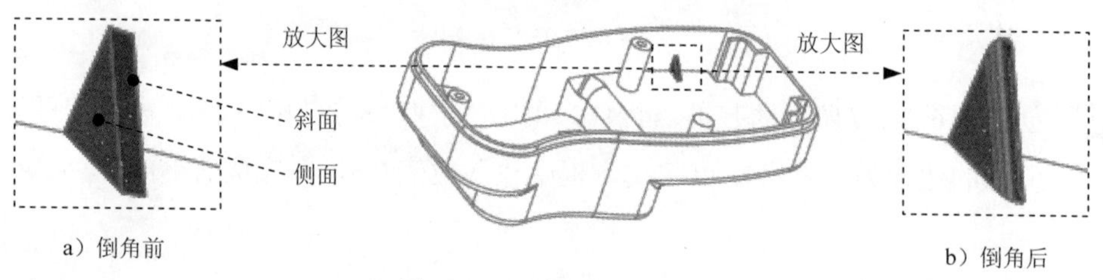

a）倒角前　　b）倒角后

图 6.27.31　倒圆角特征 6

Step 20 创建组特征。按住 Ctrl 键，在模型树中选择 Step15~Step19 所创建的特征后右击，在弹出的快捷菜单中选择 组 命令，所创建的特征即可合并为 组LOCAL_GROUP_1。

Step 21 创建图 6.27.32 所示的镜像特征 2。在模型树中选取 组LOCAL_GROUP_1 为镜像特征；单击 模型 功能选项卡 编辑 ▾ 区域中的“镜像”按钮；选取 FRONT 基准平面为镜像平面，单击 ✔ 按钮，完成镜像特征 2 的创建。

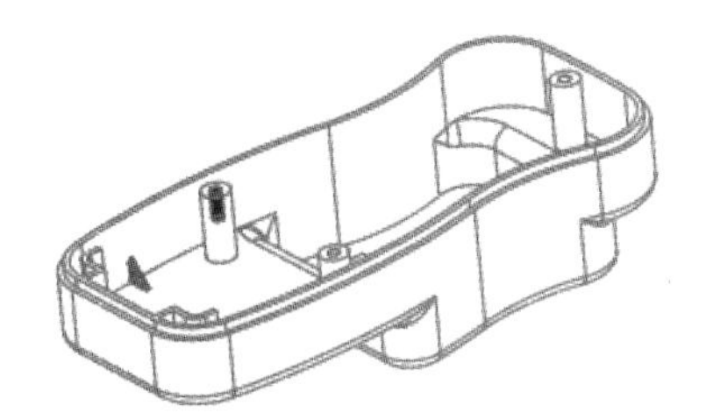

图 6.27.32 镜像特征 2

Step 22 后面的详细操作过程请参见随书光盘中 video\ch06.27\reference\文件下的语音视频讲解文件 CHARGER_DOWN -r03.avi。

7

曲面设计

7.1 曲面的创建

7.1.1 填充曲面

模型 功能选项卡 曲面▾ 区域中的□命令用于创建填充曲面——填充特征，它创建的是一个二维平面特征。利用拉伸命令也可创建某些填充曲面，不过拉伸有深度参数，而填充无深度参数（图 7.1.1）。

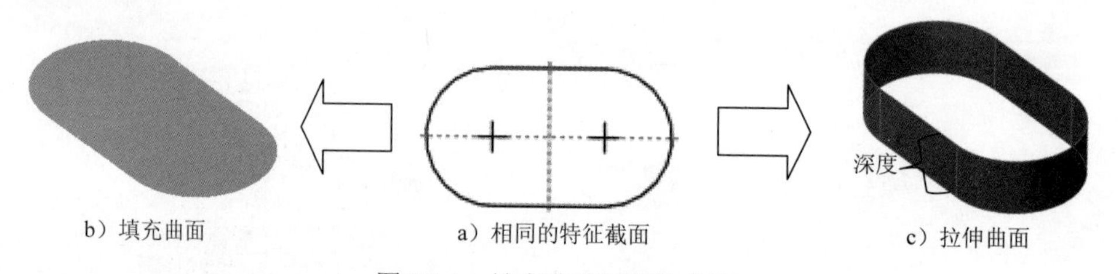

b）填充曲面　a）相同的特征截面　c）拉伸曲面

图 7.1.1　填充曲面与拉伸曲面

创建填充曲面的一般操作步骤如下：

Step 1　进入零件设计环境后，单击 模型 功能选项卡 曲面▾ 区域中的□按钮，此时屏幕上方会出现图 7.1.2 所示的“填充”操控板。

Step 2　在绘图区中右击，从弹出的快捷菜单中选择 定义内部草绘... 命令，进入草绘环境；创建一个封闭的草绘截面，完成后单击✔按钮。

注意：填充特征的截面草图必须是封闭的。

Step 3　在操控板中单击“完成”按钮✔，完成填充曲面特征的创建。

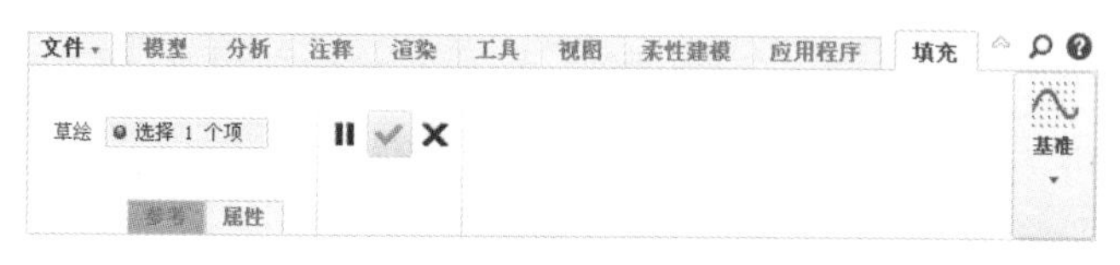

图 7.1.2　“填充”操控板

7.1.2　拉伸和旋转曲面

拉伸、旋转、扫描、混合等曲面的创建方法与相应类型的实体特征基本相同。下面仅以拉伸曲面和旋转曲面为例进行介绍。

1. 创建拉伸曲面

如图 7.1.3 所示的曲面特征为拉伸曲面，创建过程如下：

Step 1　单击 模型 功能选项卡 形状 ▾ 区域中的 拉伸 按钮，此时系统弹出图 7.1.4 所示的操控板。

图 7.1.3　不封闭曲面

图 7.1.4　“拉伸”操控板

Step 2　按下操控板中的“曲面类型”按钮。

Step 3　定义草绘截面放置属性：右击，从弹出的菜单中选择 定义内部草绘... 命令；指定 TOP 基准平面为草绘面，采用模型中默认的黄色箭头的方向为草绘视图方向，指定 RIGHT 基准平面为参考面，方向为 右 。

Step 4　创建特征截面。进入草绘环境后，首先接受默认参考，然后绘制图 7.1.5 所示的截面草图，完成后单击 ✔ 按钮。

Step 5　定义曲面特征的“开放”或“闭合”。单击操控板中的 选项 按钮，在其界面中选中 ☑ 封闭端 复选框，使曲面特征的两端部封闭。注意：对于封闭的截面草图才可选择该项（图 7.1.6）。取消选中 ☐ 封闭端 复选框，可以使曲面特征的两端部开放（图 7.1.3）。

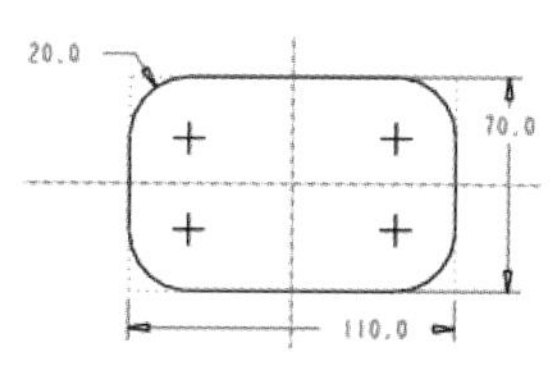

图 7.1.5　截面草图

图 7.1.6　封闭曲面

Step 6 选取深度类型及其深度：选取深度类型，输入深度值 40.0。

Step 7 在操控板中单击“完成”按钮，完成曲面特征的创建。

2. 创建旋转曲面

图 7.1.7 所示的曲面特征为旋转曲面，创建的操作步骤如下：

Step 1 单击 模型 功能选项卡 形状 ▾ 区域中的 旋转 按钮，单击操控板中的“曲面类型”按钮。

Step 2 定义草绘截面放置属性。指定 FRONT 基准平面为草绘面，RIGHT 基准平面为参考面，方向为 右 。

Step 3 创建特征截面：接受默认参考；绘制图 7.1.8 所示的特征截面（截面可以不封闭），注意必须有一条中心线作为旋转轴，完成后单击按钮。

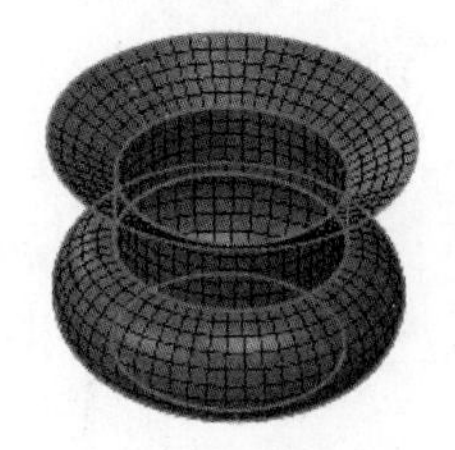

图 7.1.7 旋转曲面

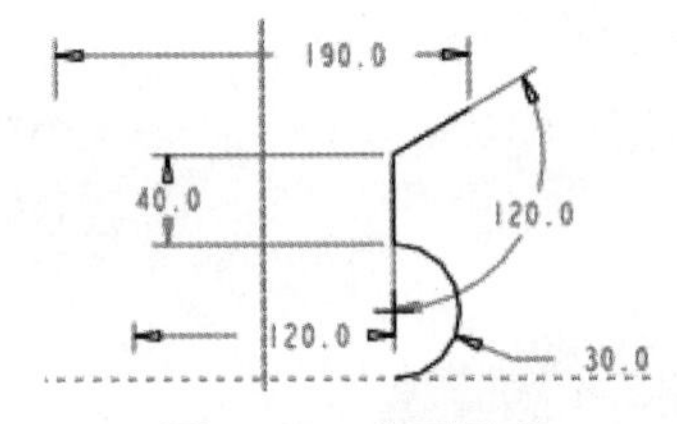

图 7.1.8 截面图形

Step 4 定义旋转类型及角度：选取旋转类型（即草绘平面以指定角度值旋转），角度值为 360.0。

Step 5 在操控板中单击“完成”按钮，完成曲面特征的创建。

7.1.3 曲面的网格显示

单击 分析 功能选项卡 检查几何 ▾ 区域中的 网格曲面 按钮，系统弹出图 7.1.9 所示的对话框，利用该对话框可对曲面进行网格显示设置，如图 7.1.10 所示。

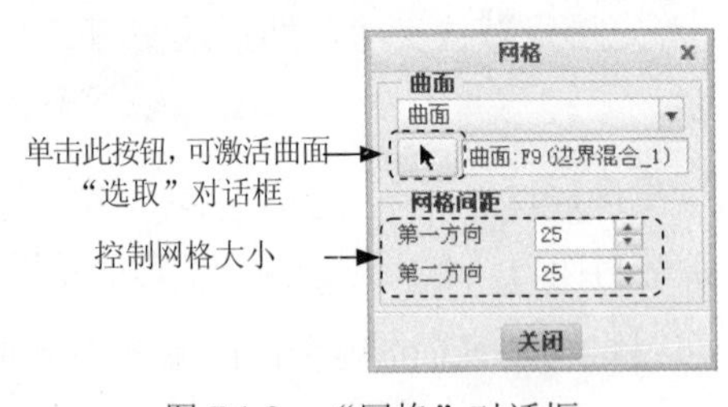

图 7.1.9 “网格”对话框

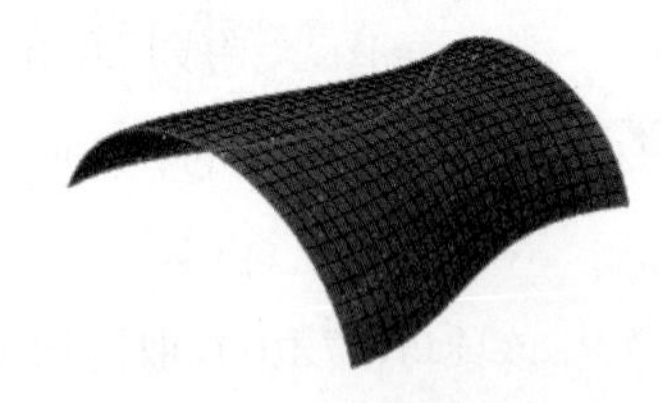

图 7.1.10 曲面网格显示

7.1.4 边界曲面

边界混合曲面，即是参考若干曲线或点（它们在一个或两个方向上定义曲面）来创建的混合曲面。在每个方向上选定的第一个和最后一个图元定义曲面的边界。如果添加更多的参考图元（如控制点和边界），则能更精确、更完整地定义曲面形状。

选取参考图元的规则如下：

- 曲线、模型边、基准点、曲线或边的端点可作为参考图元使用。
- 在每个方向上，都必须按连续的顺序选择参考图元。
- 对于在两个方向上定义的混合曲面来说，其外部边界必须形成一个封闭的环，这意味着外部边界必须相交。

下面以图 7.1.11 为例说明创建边界混合曲面的一般过程。

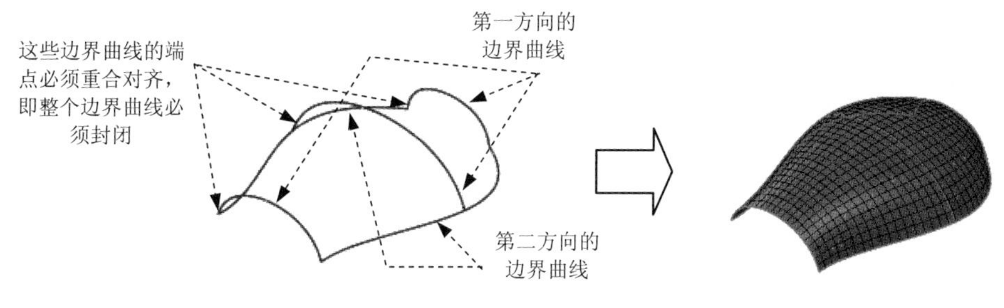

图 7.1.11 创建边界曲面

Step 1 设置工作目录和打开文件。

（1）选择下拉菜单 文件 → 管理会话(M) → 选择工作目录(W) 更改工作目录。命令，将工作目录设置为 D:\creo2mo\work\ch07.01。

（2）选择下拉菜单 文件 → 打开(O) 命令，打开文件 surf_border_blended.prt。

Step 2 单击 模型 功能选项卡 曲面 区域中的“边界混合”按钮，屏幕上方出现图 7.1.12 所示的操控板。

图 7.1.12 “边界混合”操控板

Step 3 定义第一方向的边界曲线。按住 Ctrl 键，分别选取图 7.1.11 所示的第一方向的三条边界曲线。

Step 4 定义第二方向的边界曲线。在操控板中单击按钮后面的第二方向曲线操作栏中的“单击此处添加项”字符，按住 Ctrl 键，分别选取第二方向的两条边界曲线。

Step 5 在操控板中单击“完成”按钮，完成边界曲面的创建。

7.1.5 偏移曲面

单击 模型 功能选项卡 编辑 ▼ 区域中的 偏移 按钮，注意要激活 偏移 工具，首先必须选取一个曲面。偏移操作由图 7.1.13 所示的操控板完成。

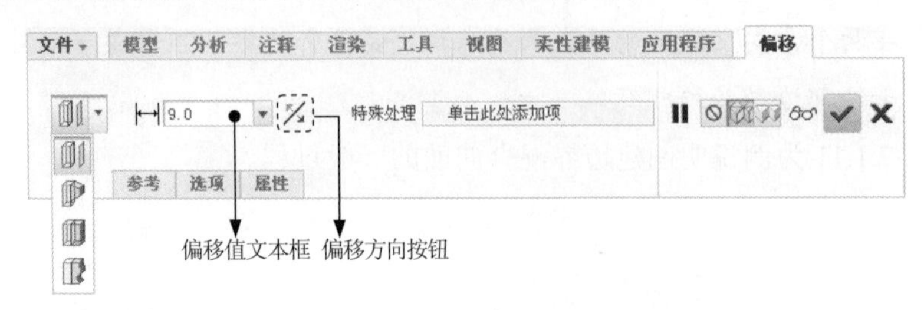

图 7.1.13 操控板

曲面“偏移”操控板的说明如下：

- 参考：用于指定要偏移的曲面，操作界面如图 7.1.14 所示。
- 选项：用于指定偏移方式及要排除的曲面等，操作界面如图 7.1.15 所示。

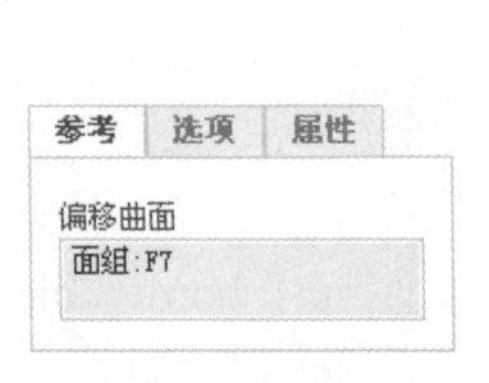

图 7.1.14 “参考”界面

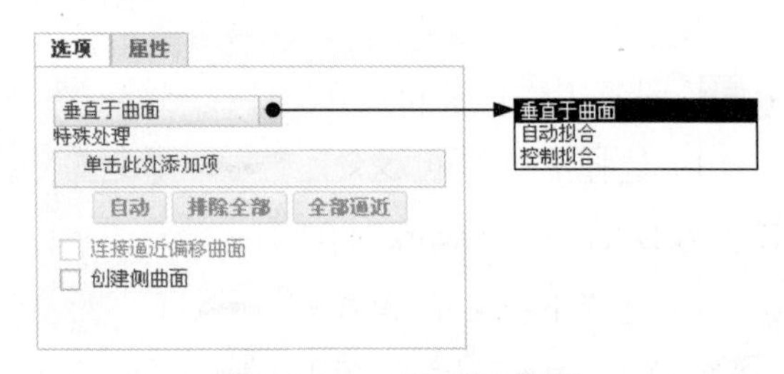

图 7.1.15 “选项”界面

☑ 垂直于曲面：偏距方向将垂直于原始曲面（默认项）。

☑ 自动拟合：系统自动将原始曲面进行缩放，并在需要时平移它们。不需要其他的用户输入。

☑ 控制拟合：在指定坐标系下将原始曲面进行缩放并沿指定轴移动，以创建“最佳拟合”偏距。要定义该元素，应选择一个坐标系，并通过在 X 轴、Y 轴和 Z 轴选项之前放置选中标记，来选择缩放的允许方向（图 7.1.16）。

- 偏移特征类型，如图 7.1.17 所示。

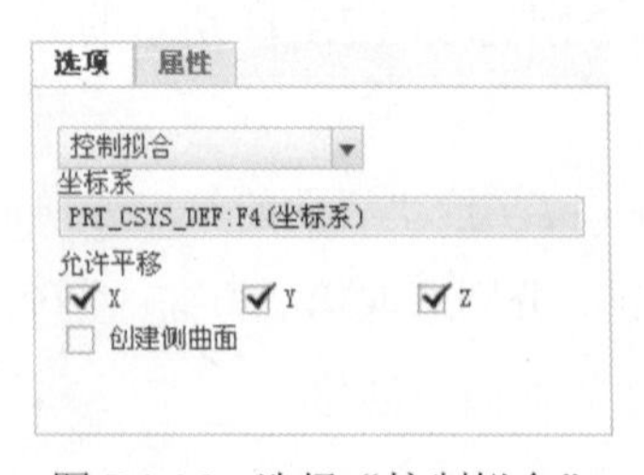

图 7.1.16 选择“控制拟合”

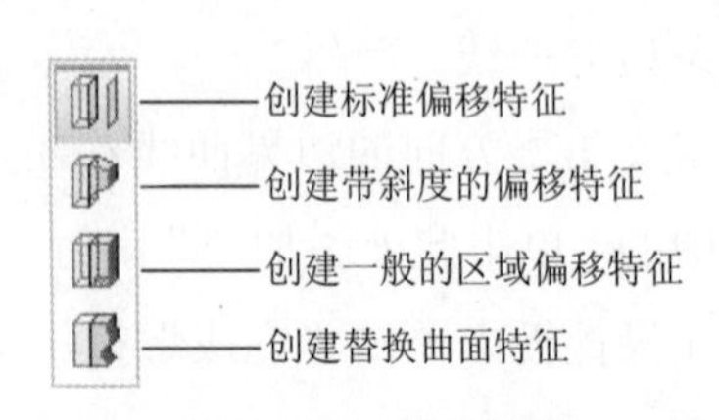

图 7.1.17 偏移类型

1. 标准偏移

标准偏移是从一个实体的表面创建偏移的曲面（图 7.1.18），或者从一个曲面创建偏移的曲面（图 7.1.19）。操作步骤如下：

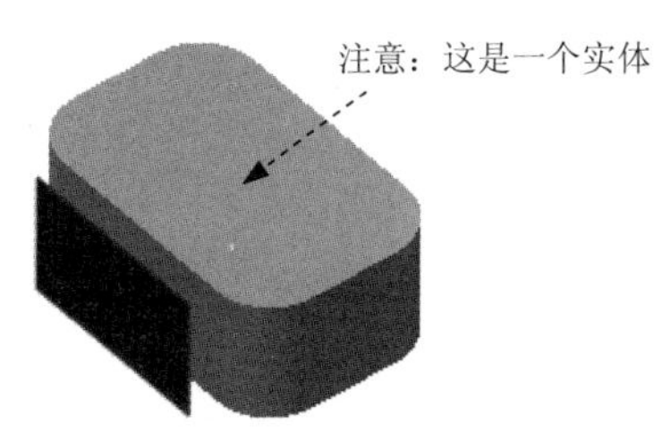

图 7.1.18　实体表面偏移

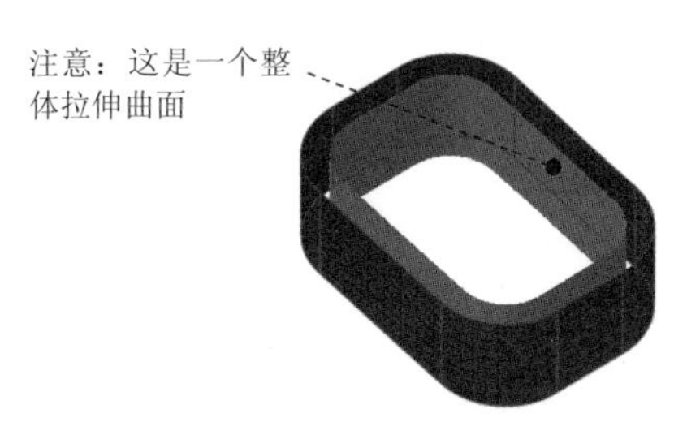

图 7.1.19　曲面面组偏移

Step 1　将工作目录设置为 D:\creo2mo\work\ch07.01，打开文件 surf_offset.prt。

Step 2　在屏幕下方的智能选取栏中选择“几何”或“面组”选项，然后选取要偏移的曲面。

Step 3　单击 模型 功能选项卡 编辑 ▾ 区域中的 偏移 按钮。

Step 4　定义偏移类型。在操控板中的偏移类型栏中选取（标准）。

Step 5　定义偏移值。在操控板中输入偏移距离值 10.0。

Step 6　在操控板中，单击按钮预览所创建的偏移曲面，然后单击✔按钮，完成操作。

2. 拔模偏移

曲面的拔模偏移就是在曲面上创建带斜度侧面的区域偏移。拔模偏移特征可用于实体表面或面组。下面介绍在图 7.1.20 所示的面组上创建拔模偏移的操作过程。

Step 1　将工作目录设置为 D:\creo2mo\work\ch07.01，打开 surf_draft_offset.prt。

Step 2　选取图 7.1.20 所示的要拔模的面组。

Step 3　单击 模型 功能选项卡 编辑 ▾ 区域中的 偏移 按钮。

Step 4　定义偏移类型：在操控板的偏移类型栏中选取（即带有斜度的偏移）。

Step 5　定义偏移选项：单击操控板中的 选项 按钮，选取 垂直于曲面；然后选取 侧曲面垂直于 为 ◉ 曲面，选取 侧面轮廓 为 ◉ 直 。

Step 6　定义偏移参考：单击操控板中的 参考 按钮，在弹出的界面中单击 定义... 按钮；系统弹出“草绘”对话框，草绘拔模区域。选取 TOP 基准平面为草绘平面，RIGHT 基准平面为参考平面，方向为 顶；创建图 7.1.21 所示的封闭图形（可以绘制多个封闭图形）。

Step 7　输入偏移值 10.0；输入侧面的拔模角度 30.0，系统使用该角度相对于它们的默认位置对所有侧面进行拔模。

Step 8　在操控板中单击按钮，预览所创建的偏移曲面，然后单击✔按钮，完成操作。

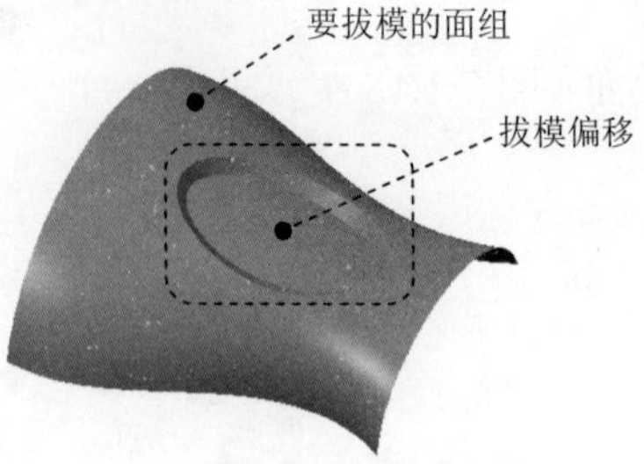

图 7.1.20　拔模偏移

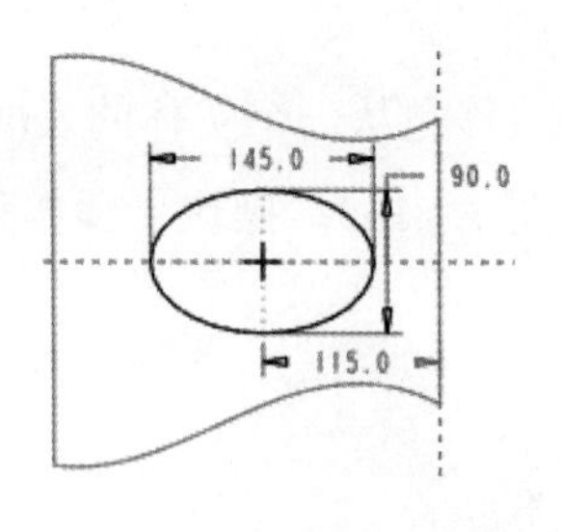

图 7.1.21　截面图形

7.1.6　曲面的复制

模型 功能选项卡 操作 区域中的“复制”按钮和“粘贴”按钮可以用于曲面的复制，复制的曲面与源曲面的形状和大小相同。曲面的复制功能在模具设计中定义分型面时特别有用。注意要激活工具，首先必须选取一个曲面。

1. 曲面复制的一般过程

曲面复制的一般操作过程如下：

Step 1　在屏幕下方的智能选取栏中选择“几何”或“面组”选项，然后在模型中选取某个要复制的曲面。

Step 2　单击 模型 功能选项卡 操作 区域中的“复制”按钮。

Step 3　单击 模型 功能选项卡 操作 区域中的“粘贴”按钮，系统弹出图 7.1.22 所示的操控板，在该操控板中进行设置（按住 Ctrl 键，可选取其他要复制的曲面）。

Step 4　在操控板中单击“完成”按钮，则完成曲面的复制操作。

图 7.1.22 所示的操控板的说明如下：

- 参考 按钮：指定复制参考。操作界面如图 7.1.23 所示。

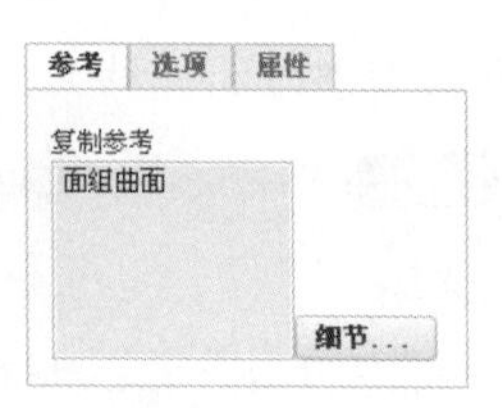

图 7.1.22　操控板

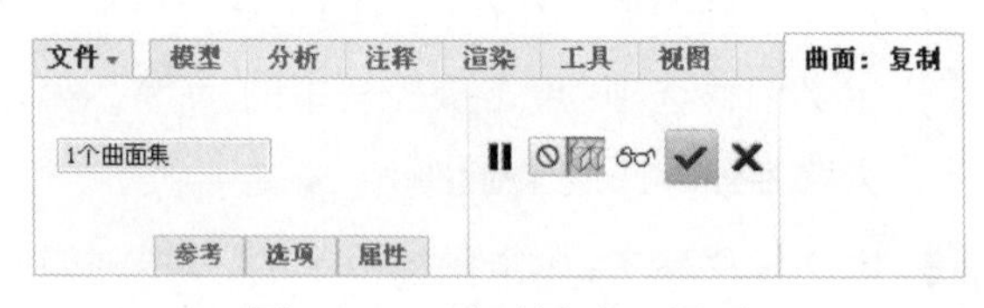

图 7.1.23　“复制参考”界面

- 选项 按钮：
  - ☑ 按原样复制所有曲面 单选项：按照原来的样子复制所有曲面。
  - ☑ 排除曲面并填充孔 单选项：复制某些曲面，可以选择填充曲面内的孔。操作界面如图 7.1.24 所示。
  - ☑ 排除轮廓：选取要从当前复制特征中排除的曲面。

☑ 填充孔/曲面：在选定曲面上选取要填充的孔。

☑ ◉复制内部边界单选项：仅复制边界内的曲面。操作界面如图 7.1.25 所示。

☑ 边界曲线：定义包含要复制的曲面的边界。

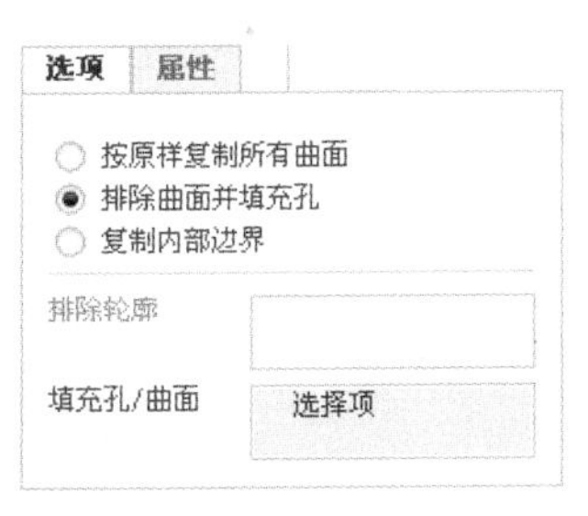

图 7.1.24 排除曲面并填充孔

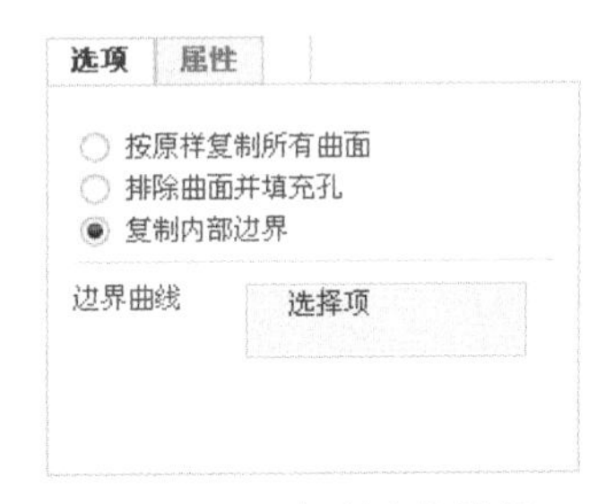

图 7.1.25 复制内部边界

2. 曲面选取的方法介绍

可打开文件 D:\creo2mo\work\ch07.01\surf_copy.prt 进行练习。

- 选取独立曲面：在曲面复制状态下，选取图 7.1.26 所示的智能选取栏中的 曲面，可选取要复制的曲面。选取多个独立曲面须按 Ctrl 键；要去除已选的曲面，只需按住 Ctrl 键并单击此面即可，如图 7.1.27 所示。

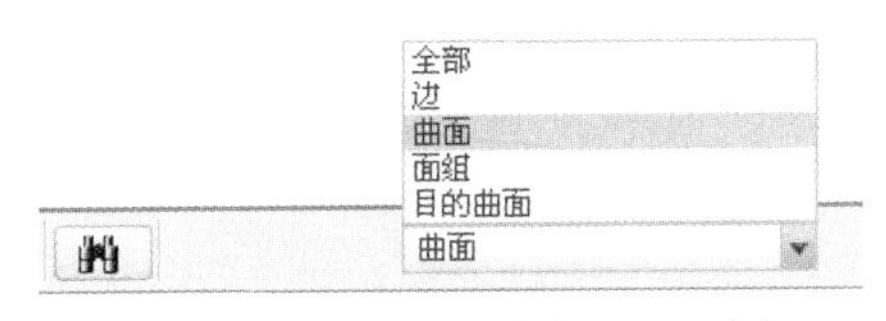

图 7.1.26 “智能选取”工具栏

图 7.1.27 选取要复制的曲面

- 通过定义种子曲面和边界曲面来选择曲面：此种方法将选取从种子曲面开始向四周延伸直到边界曲面的所有曲面（其中包括种子曲面，但不包括边界曲面）。如图 7.1.28 所示，选取螺钉的底部平面，使该曲面成为种子曲面，然后按住键盘上的 Shift 键，同时选取螺钉头的顶部平面，使该曲面成为边界曲面，完成这两个操作后，从螺钉的底部平面到顶部平面间的所有曲面都将被选取（不包括顶部平面），如图 7.1.29 所示。

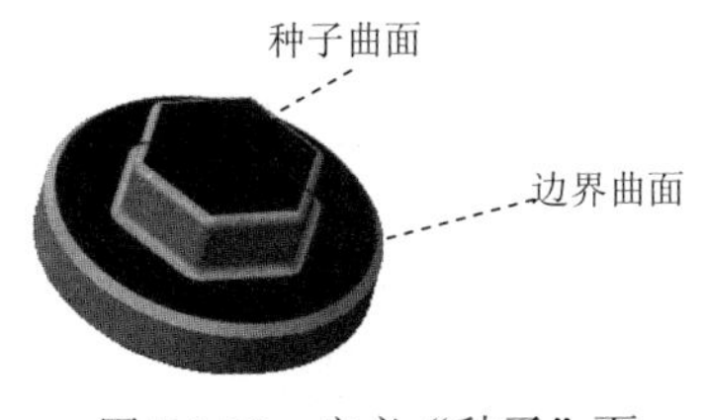

图 7.1.28 定义“种子”面

图 7.1.29 完成曲面的复制

- 选取面组曲面：在图 7.1.26 所示的“智能选取”工具栏中，选择“面组”选项，再在模型上选择一个面组，面组中的所有曲面都将被选取。

- 选取实体曲面：在图形区右击，系统弹出图 7.1.30 所示的快捷菜单，选择 实体曲面 命令，实体中的所有曲面都将被选取。
- 选取目的曲面：模型中多个相关联的曲面组成目的曲面。

先在图 7.1.26 所示的“智能选取”工具栏中选择“目的曲面”，然后再选取某一曲面，如选取图 7.1.31 所示的曲面，可形成图 7.1.32 所示的目的曲面；选取图 7.1.33 所示的曲面，可形成图 7.1.34 所示的目的曲面。

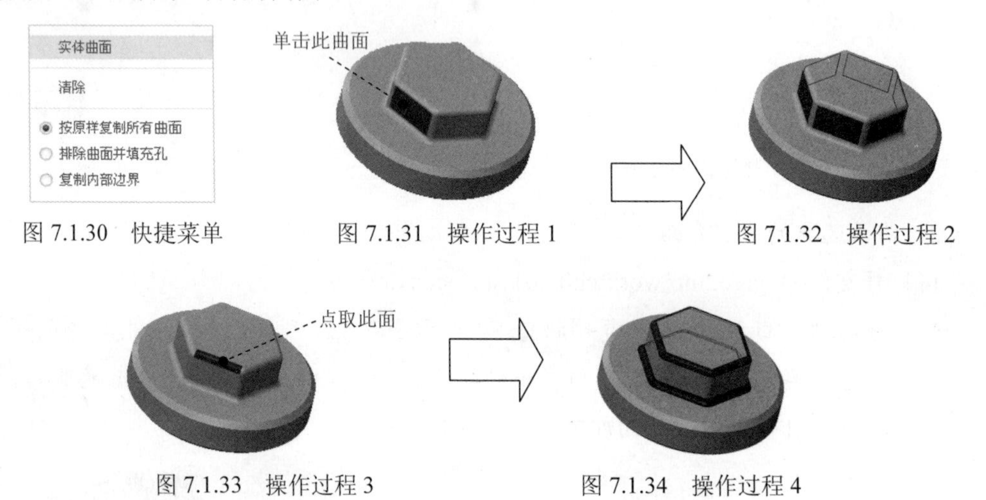

图 7.1.30　快捷菜单　图 7.1.31　操作过程 1　图 7.1.32　操作过程 2

图 7.1.33　操作过程 3　图 7.1.34　操作过程 4

7.2　曲面的修剪

曲面的修剪（Trim）就是将选定曲面上的某一部分剪除掉，它类似于实体的切削（Cut）功能。曲面的修剪有许多方法，下面将分别介绍。

7.2.1　一般的曲面修剪

在 模型 功能选项卡 形状 ▾ 区域中各命令特征的操控板中按下“曲面类型”按钮及“切削特征”按钮，可产生一个“修剪”曲面，用这个“修剪”曲面可将选定曲面上的某一部分剪除掉。注意：产生的“修剪”曲面只用于修剪，而不会出现在模型中。

下面以图 7.2.1 所示的曲面修剪为例，介绍曲面修剪的一般方法。

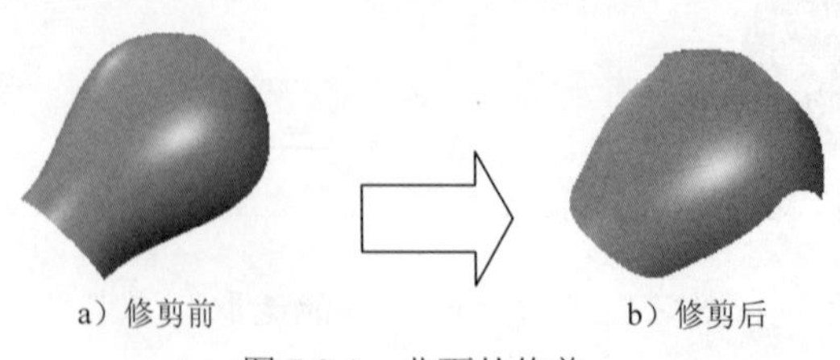

图 7.2.1　曲面的修剪

Step 1 将工作目录设置为 D:\creo2mo\work\ch07.02，打开文件 surf_trim_01.prt。

Step 2 单击 模型 功能选项卡 形状 ▾ 区域中的 拉伸 按钮。

Step 3 按下操控板中的“曲面类型”按钮及“移除材料”按钮。

Step 4 选取要修剪的曲面，如图 7.2.2 所示。

Step 5 定义修剪曲面特征的截面要素：选取 RIGHT 基准平面为草绘面，TOP 基准平面为参考面，方向为 顶；绘制图 7.2.3 所示的截面草图。

Step 6 在操控板中，选取两侧深度类型均为，输入深度值 97.0；切削方向如图 7.2.4 所示。

Step 7 单击 ✔ 按钮，完成操作。

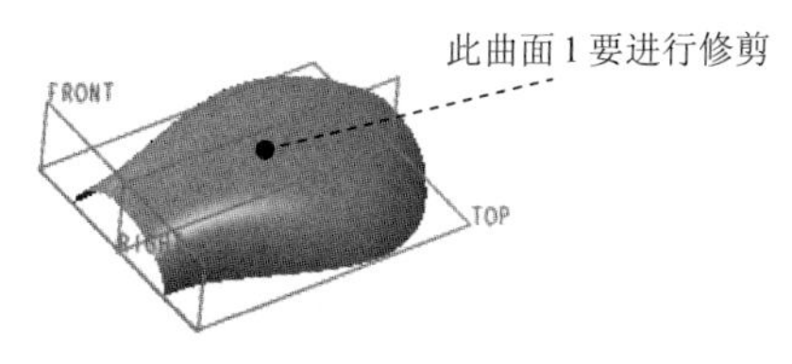

图 7.2.2 选择要修剪的曲面

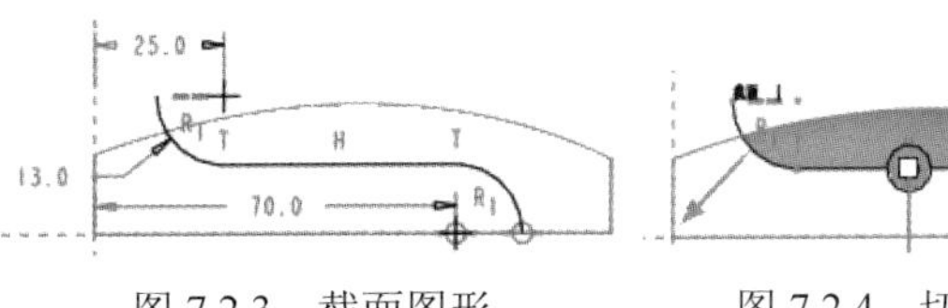

图 7.2.3 截面图形

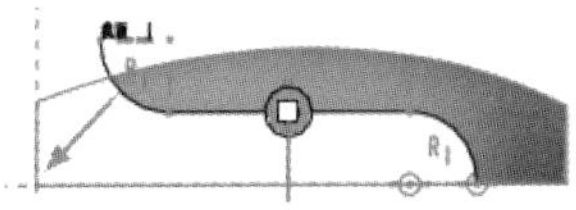

图 7.2.4 切削方向

7.2.2 用面组或曲线修剪面组

通过 模型 功能选项卡 编辑 ▾ 区域中的 修剪 命令按钮，可以用另一个面组、基准平面或沿一个选定的曲线链来修剪面组。

下面以图 7.2.5 为例，说明其操作过程。

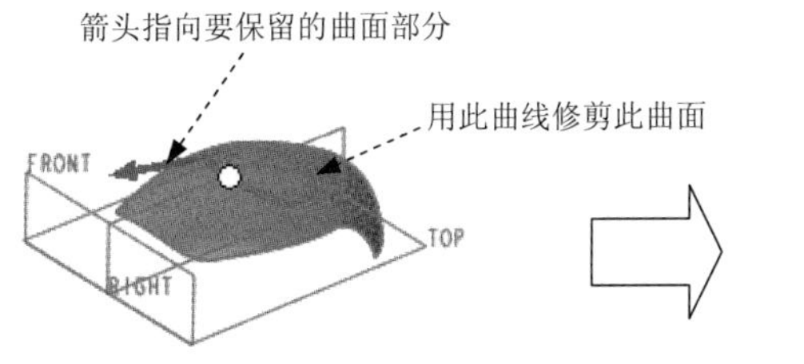

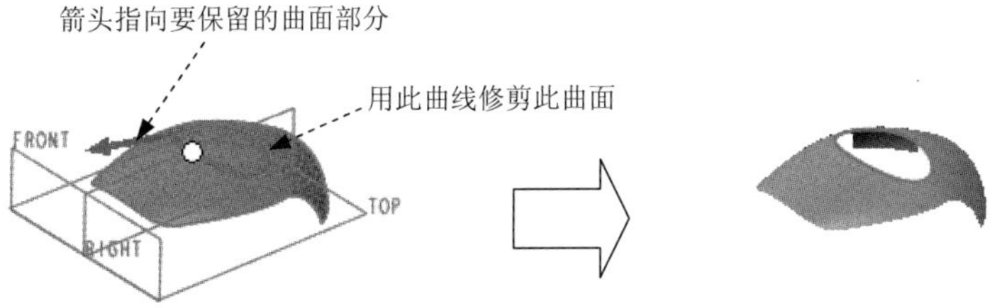

图 7.2.5 修剪面组

Step 1 将工作目录设置为 D:\creo2mo\work\ch07.02，打开 surf_trim_02.prt。

Step 2 选取图 7.2.5 中要修剪的曲面。

Step 3 单击 模型 功能选项卡 编辑 ▾ 区域中的 修剪 按钮，系统弹出“修剪”操控板。

Step 4 在系统 

的提示下，选取修剪对象，此例中选取如图 7.2.5 所示的曲线作为修剪对象。

Step 5 确定要保留的部分。一般采用默认的箭头方向。

Step 6 在操控板中单击 按钮，预览修剪的结果；单击 ✔ 按钮，则完成修剪。

如果用曲线进行曲面的修剪，要注意如下几点：

- 修剪面组的曲线可以是基准曲线，或者是模型内部曲面的边线，或者是实体模型边的连续链。
- 用于修剪的基准曲线应该位于要修剪的面组上，并且不应延伸超过该面组的边界。
- 如果曲线未延伸到面组的边界，系统将计算其到面组边界的最短距离，并在该最短距离方向继续修剪。

7.3 曲面的合并与延伸操作

7.3.1 曲面的合并

使用 模型 功能选项卡 编辑▼ 区域中的 合并 命令按钮，可以对两个相邻或相交的曲面（或者面组）进行合并（Merge）。

合并后的面组是一个单独的特征，“主面组”将变成“合并”特征的父项。如果删除“合并”特征，原始面组仍保留。在“组件”模式中，只有属于相同元件的曲面，才可用曲面合并。

1. 合并两个面组

下面以一个例子来说明合并两个面组的操作过程。

Step 1 将工作目录设置为 D:\creo2mo\work\ch07.03，打开文件 surf_merge_01.prt。

Step 2 按住 Ctrl 键，选取要合并的两个面组（曲面）。

Step 3 单击 模型 功能选项卡 编辑▼ 区域中的 合并 按钮，系统弹出“合并”操控板，如图 7.3.1 所示。

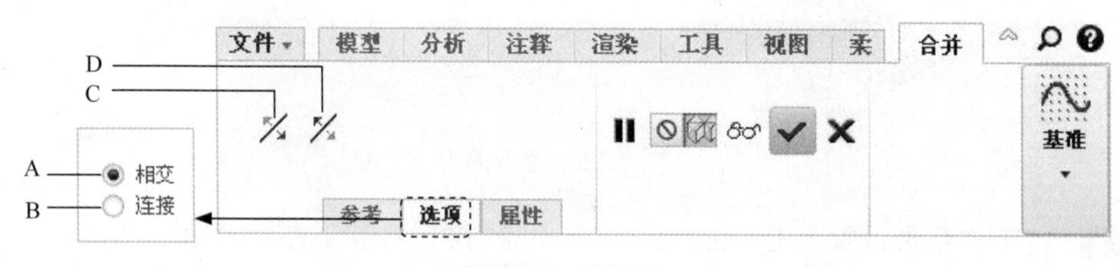

图 7.3.1 操控板

图 7.3.1 中操控板各选项或按钮的说明如下：

A：合并两个相交的面组，可有选择性地保留原始面组的各部分。

B：合并两个相邻的面组，一个面组的一侧边必须在另一个面组上。

C：改变要保留的第一面组的侧。

D：改变要保留的第二面组的侧。

Step 4 定义合并类型。默认时，系统使用◉相交合并类型。

- ◉相交单选项：交截类型，合并两个相交的面组。通过单击图 7.3.1 中的 C 按钮或 D 按钮，可分别指定两个面组的哪一侧包括在合并特征中，如图 7.3.2 所示。
- ◉连接单选项：即连接类型，合并两个相邻面组，其中一个面组的边完全落在另一个面组上，如图 7.3.3 所示。如果一个面组超出另一个，通过单击图 7.3.1 中的 C 按钮或 D 按钮，可指定面组的哪一部分包括在合并特征中。

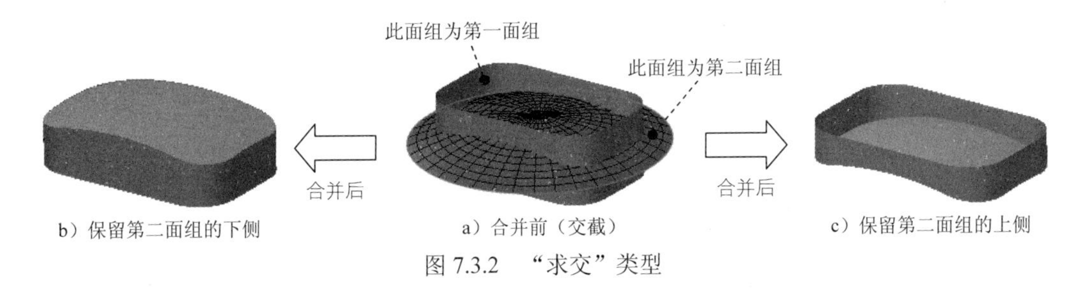

图 7.3.2 “求交”类型

Step 5 单击 按钮，预览合并后的面组，确认无误后，单击✔按钮。

2. 合并多个面组

下面以图 7.3.4 所示的模型为例，说明合并多个面组的操作过程。

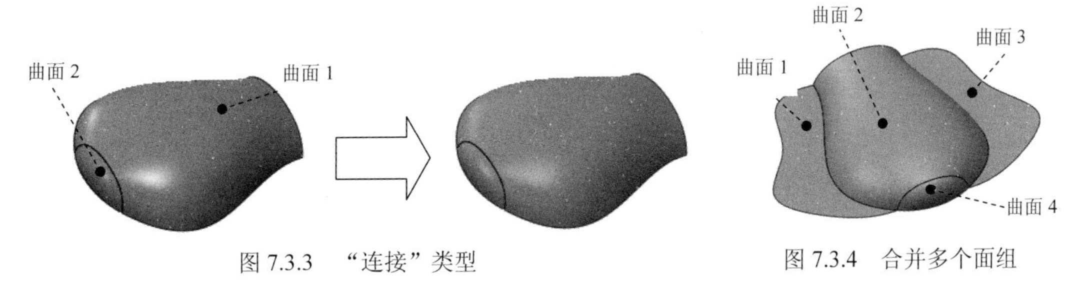

图 7.3.3 “连接”类型 图 7.3.4 合并多个面组

Step 1 将工作目录设置至 D:\creo2mo\work\ch07.03，打开文件 surf_merge_02.prt。

Step 2 按住 Ctrl 键，选取要合并的 4 个面组（曲面）。

Step 3 单击 模型 功能选项卡 编辑▼ 区域中的 合并 按钮。

Step 4 单击 按钮，预览合并后的面组，确认无误后，单击✔按钮。

注意：

- 如果多个面组相交，将无法合并。
- 所选面组的所有边不得重叠，而且必须彼此邻接。
- 选取要合并的面组时，必须按照它们的邻接关系按次序排列。
- 面组会以选取时的顺序放在面组列表框中。不过，如果使用区域选取，面组列表框中的面组会根据它们在“模型树”上的特征编号加以排序。

7.3.2 曲面的延伸

曲面的延伸（Extend）就是将曲面延长某一距离或延伸到某一平面，延伸部分曲面与原始曲面类型可以相同，也可以不同。下面以图 7.3.5 所示为例，说明曲面延伸的一般操作过程。

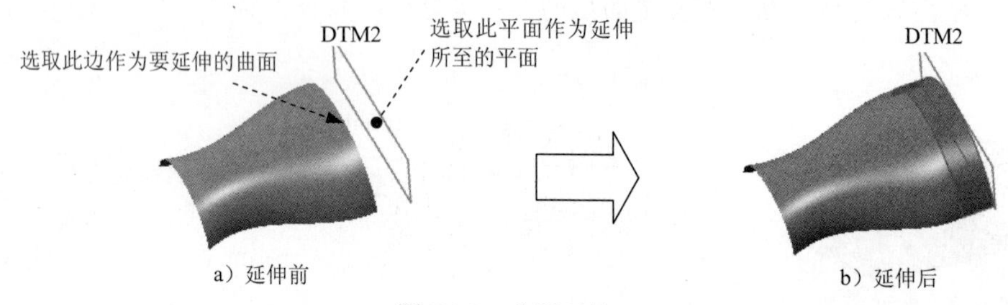

图 7.3.5 曲面延伸

Step 1 将工作目录设置为 D:\creo2mo\work\ch07.03，打开文件 surf_extend.prt。

Step 2 在智能选取栏中选取 几何 选项，然后选取图 7.3.5 中的边作为要延伸的边。

Step 3 单击 模型 功能选项卡 编辑 ▾ 区域中的 延伸 按钮，此时系统弹出图 7.3.6 所示的操控板。

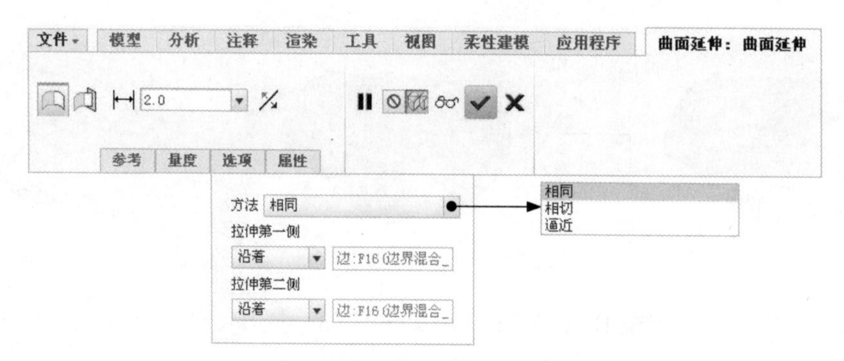

图 7.3.6 操控板

Step 4 在操控板中按下按钮（延伸类型为“至平面”）。

Step 5 选取延伸终止面，如图 7.3.5 所示。

延伸类型说明如下：

- ：将曲面边延伸到一个指定的终止平面。
- ：沿原始曲面延伸曲面，包括下列三种方式，如图 7.3.6 所示。
  - ☑ 相同：创建与原始曲面相同类型的延伸曲面（例如平面、圆柱、圆锥或样条曲面）。将按指定距离并经过其选定的原始边界延伸原始曲面。
  - ☑ 切线：创建与原始曲面相切的延伸曲面。

☑ 逼近：延伸曲面与原始曲面形状逼近。

Step 6 单击 按钮，预览延伸后的面组，确认无误后，单击“完成”按钮 。

7.4 曲面面组的转化

7.4.1 使用“实体化”命令创建实体

使用 模型 功能选项卡 编辑 ▾ 区域中的 实体化 按钮命令，可将面组用作实体边界来创建实体。

1. 用封闭的面组创建实体

如图 7.4.1 所示，将把一个封闭的面组转化为实体特征，操作过程如下：

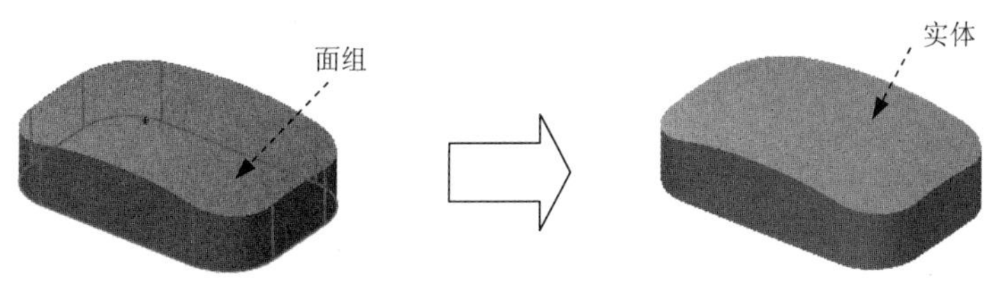

图 7.4.1 用封闭的面组创建实体

Step 1 将工作目录设置为 D:\creo2mo\work\ch07.04，打开文件 surf_to_solid.prt。

Step 2 选取要将其变成实体的面组。

Step 3 单击 模型 功能选项卡 编辑 ▾ 区域中的 实体化 按钮，系统弹出图 7.4.2 所示的操控板。

Step 4 单击 按钮，完成实体化操作。完成后的模型树如图 7.4.3 所示。

图 7.4.2 操控板

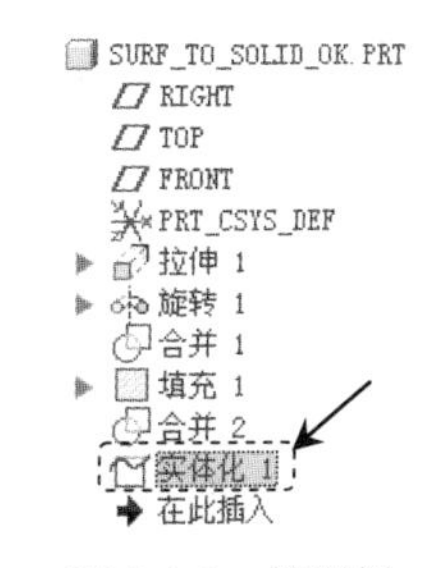

图 7.4.3 模型树

注意：使用该命令前，需将模型中所有分离的曲面“合并”成一个封闭的整体面组。

2. 用“曲面”创建实体表面

如图 7.4.4 所示，可以用一个面组替代实体表面的一部分，替换面组的所有边界都必须位于实体表面上，操作过程如下：

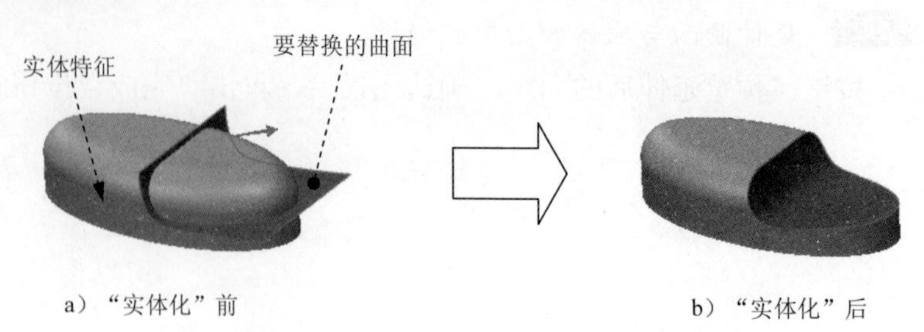

图 7.4.4　用“曲面”创建实体表面

Step 1　将工作目录设置为 D:\creo2mo\work\ch07.04，打开 solid_replace_surf.prt。

Step 2　选取要将其变成实体的曲面。

Step 3　单击 模型 功能选项卡 编辑 ▾ 区域中的 实体化 按钮，此时出现图 7.4.5 所示的操控板。

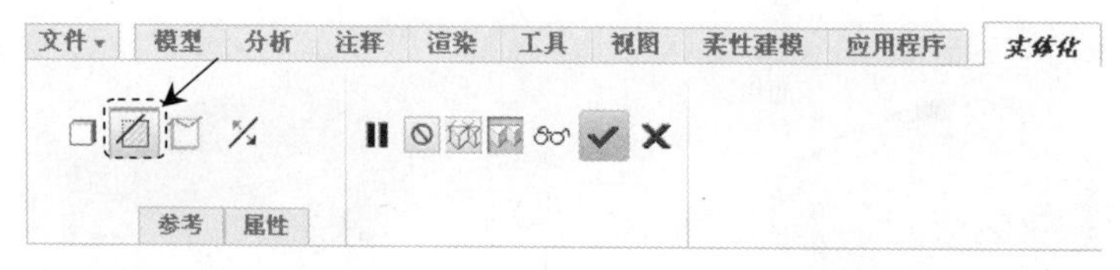

图 7.4.5　操控板

Step 4　在操控板中单击“移除材料”按钮。

Step 5　确认实体保留部分的方向。

Step 6　单击“完成”按钮，完成实体化操作。

7.4.2　使用“偏移”命令创建实体

在 Creo 中，可以用一个面组替换实体零件的某一整个表面，如图 7.4.6 所示。其操作过程如下：

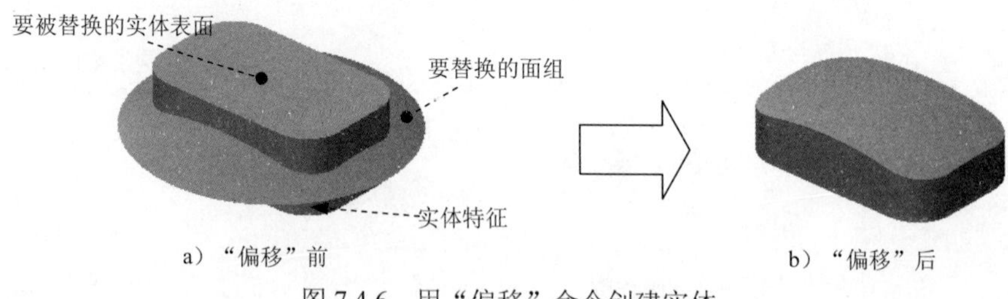

图 7.4.6　用“偏移”命令创建实体

Step 1　将工作目录设置为 D:\creo2mo\work\ch07.04，打开文件 surf_patch_solid.prt。

Step 2　选取要被替换的一个实体表面，如图 7.4.6 所示。

Step 3　单击 模型 功能选项卡 编辑 ▾ 区域中的 偏移 按钮。

Step 4　定义偏移特征类型。在操控板中选取（替换曲面）类型。

Step 5 在系统◆选择要替换实体曲面的面组。的提示下，选取替换曲面，如图 7.4.6 所示。

Step 6 单击✔按钮，完成替换操作。

7.4.3 使用“加厚”命令创建实体

Creo 软件可以将开放的曲面（或面组）转化为薄板实体特征，图 7.4.7 所示即为一个转化的例子，其操作过程如下：

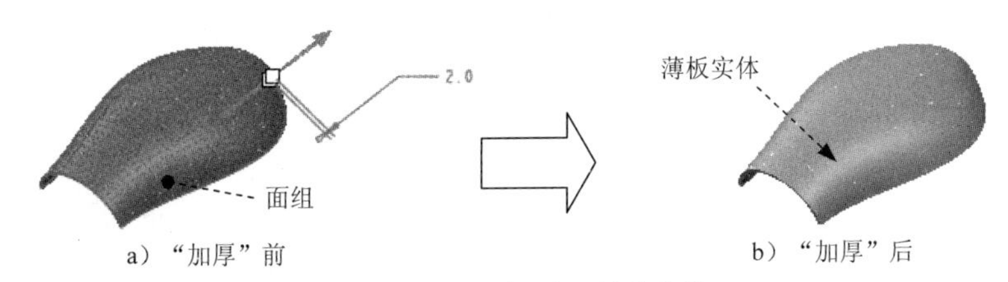

图 7.4.7 用“加厚”创建实体

Step 1 将工作目录设置为 D:\creo2mo\work\ch07.04，打开文件 thick_surf.prt。

Step 2 选取要将其变成实体的面组。

Step 3 单击 模型 功能选项卡 编辑 ▾ 区域中的 加厚 按钮，系统弹出图 7.4.8 所示的特征操控板。

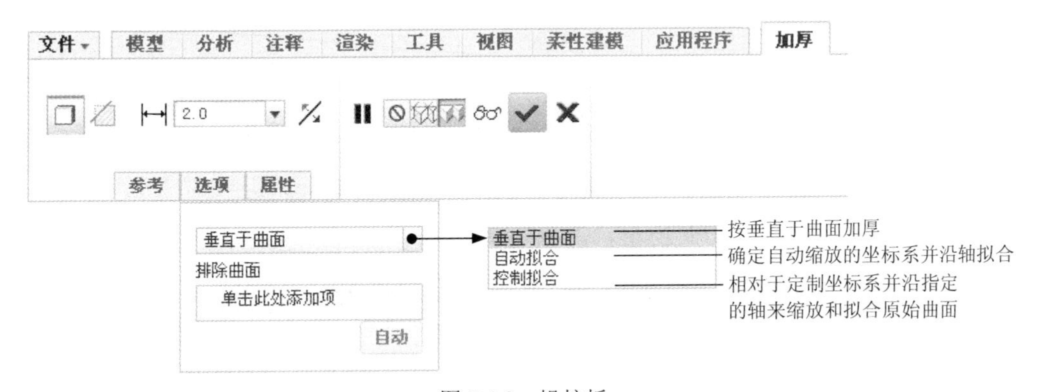

图 7.4.8 操控板

Step 4 选取加材料的侧，输入薄板实体的厚度值 2.0，选取偏距类型 垂直于曲面。

Step 5 单击✔按钮，完成加厚操作。

7.5 Creo 曲面设计实际应用 1——水杯盖的设计

应用概述：

本应用主要运用了如下一些特征命令：旋转、阵列和抽壳，其难点是创建模型上的波纹，在进行这个特征的阵列操作时，确定增量尺寸比较关键。零件模型及模型树如图 7.5.1 所示。

说明：本应用前面的详细操作过程请参见随书光盘中 video\ch07.05\reference\文件下的语音视频讲解文件 CUP_COVER-r01.avi。

Step 1 打开文件 D:\creo2mo\work\ch07.05\cup_cover_ex.prt。

Step 2 创建图 7.5.2 所示的拉伸曲面 1。在操控板中单击“拉伸”按钮 拉伸，按下操控板中的“曲面类型”按钮。选取 TOP 基准平面为草绘平面，选取 RIGHT 基准平面为参考平面，方向为 右；绘制图 7.5.3 所示的截面草图，在操控板中定义拉伸类型为，输入深度值 30.0，单击按钮调整拉伸方向，单击按钮，完成拉伸曲面 1 的创建。

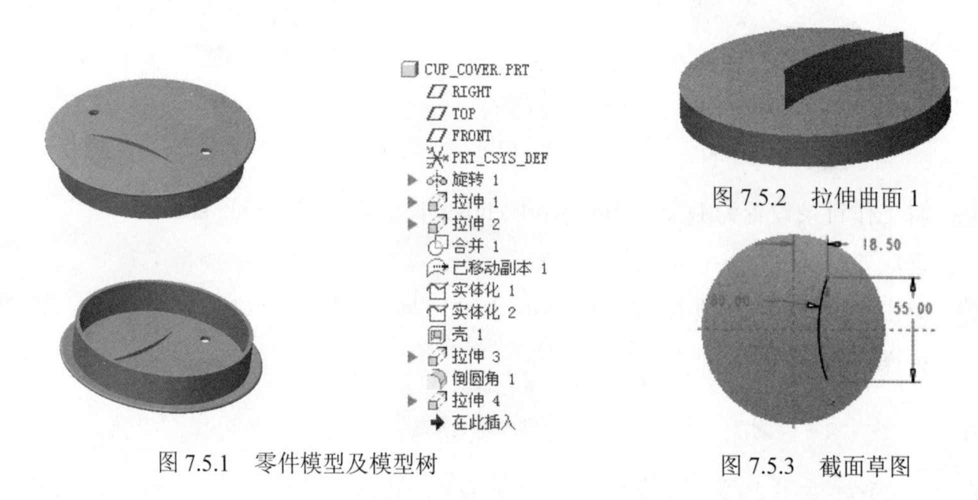

图 7.5.1 零件模型及模型树

图 7.5.2 拉伸曲面 1

图 7.5.3 截面草图

Step 3 创建图 7.5.4 所示的拉伸曲面 2。在操控板中单击“拉伸”按钮 拉伸，按下操控板中的“曲面类型”按钮。选取 RIGHT 基准平面为草绘平面，选取 TOP 基准平面为参考平面，方向为 顶；选取图 7.5.5 所示的两条边线为参考，绘制图 7.5.6 所示的截面草图，在操控板中定义拉伸类型为，输入深度值 55.0，单击按钮调整拉伸方向，单击按钮，完成拉伸曲面 2 的创建。

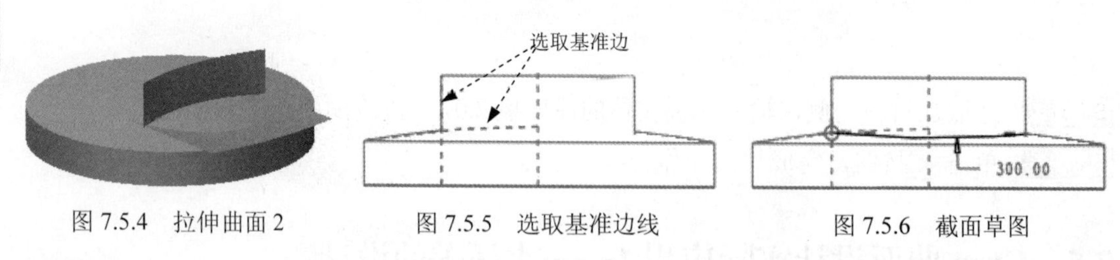

图 7.5.4 拉伸曲面 2

图 7.5.5 选取基准边线

图 7.5.6 截面草图

Step 4 创建图 7.5.7 所示的曲面合并 1。按住 Ctrl 键，选取图 7.5.8 所示的面组为合并对象；单击 合并 按钮，调整箭头方向如图 7.5.8 所示；单击按钮，完成曲面合并 1 的创建。

Step 5 创建图 7.5.9 所示的复制曲面。在屏幕下方的智能选取栏中选择“面组”选项，选取图 7.5.10 所示的曲面为要复制的曲面；单击 “复制”按钮，然后单击“粘贴”按钮下的选择性粘贴；单击 对副本应用移动/旋转变换(A) 选项，单击按钮，选取图 7.5.10 所示的中心轴线，输入旋转角度 180.0，单击 选项 按钮，取消 隐藏原始几何，单击按钮，完成复制曲面 1 的创建。

图 7.5.7 合并 1

选取面组

图 7.5.8 箭头方向

图 7.5.9 复制曲面

Step 6 创建图 7.5.11 所示的曲面实体化 1。选取图 7.5.12 所示的曲面为实体化的对象；单击实体化按钮，按下“移除材料”按钮；调整图形区中的箭头使其指向要保留的实体；单击按钮，完成曲面实体化 1 的创建。

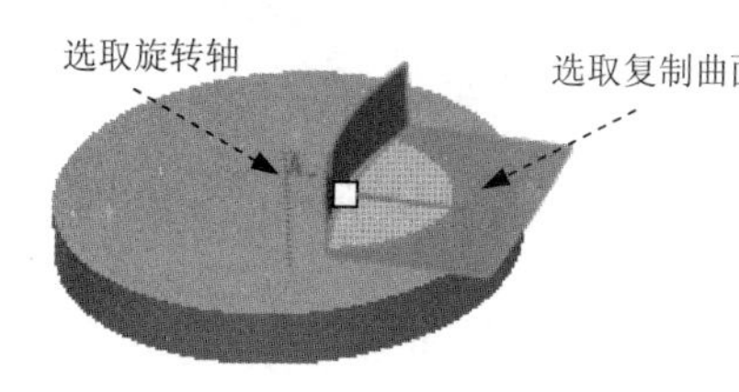

图 7.5.10 选择曲面及旋转轴

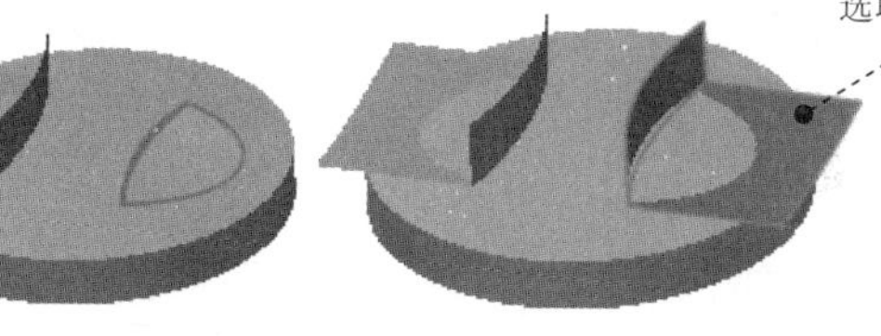

图 7.5.11 实体化 1　　图 7.5.12 选取实体化曲面

Step 7 创建图 7.5.13 所示的曲面实体化 2。选取图 7.5.14 所示的曲面为实体化的对象；单击实体化按钮，按下“移除材料”按钮；调整图形区中的箭头使其指向要保留的实体；单击按钮，完成曲面实体化 2 的创建。

Step 8 创建图 7.5.15 所示的抽壳特征 1。单击 模型 功能选项卡 工程 区域中的“壳”按钮壳，选取图 7.5.16 所示的面为移除面，在 厚度 文本框中输入壁厚值为 2.0，单击按钮，完成抽壳特征 1 的创建。

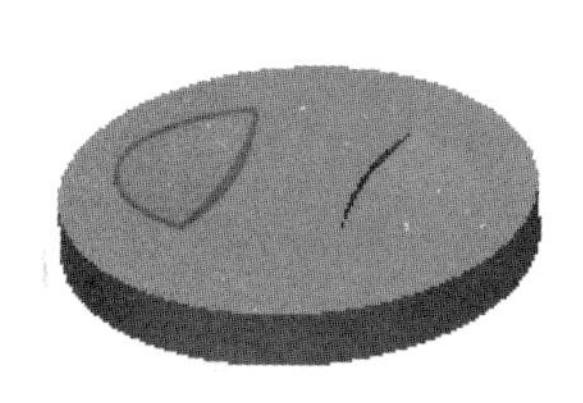

图 7.5.13 实体化 2

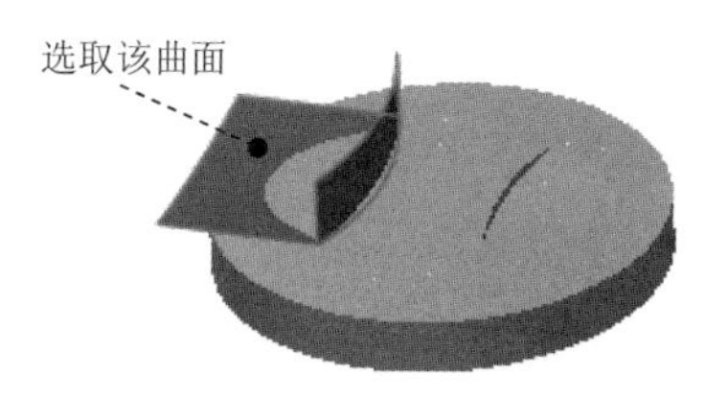

图 7.5.14 选取实体化曲面

图 7.5.15 抽壳 1

Step 9 创建图 7.5.17 所示的拉伸特征 3。在操控板中单击“拉伸”按钮拉伸。选取 TOP 基准平面为草绘平面，选取 RIGHT 基准平面为参考平面，方向为右；单击 草绘 按钮，绘制图 7.5.18 所示的截面草图，在操控板中选择拉伸类型为，单击按钮调整拉伸方向；单击加厚草绘□按钮，输入厚度值 2.0；单击按钮调整厚度方向，单击✔按钮，完成拉伸特征 3 的创建。

图 7.5.16　定义移除面　　图 7.5.17　拉伸 3　　图 7.5.18　截面草图

Step 10　创建图 7.5.19b 所示的倒圆角特征 1。选取图 7.5.19a 所示的边线为倒圆角的边线；输入倒圆角半径值 1.0。

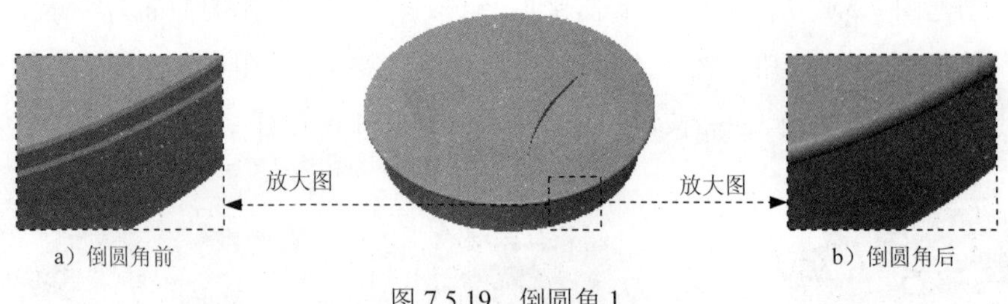

图 7.5.19　倒圆角 1

Step 11　创建图 7.5.20 所示的拉伸特征 4。在操控板中单击“拉伸”按钮拉伸。选取 TOP 基准平面为草绘平面，选取 RIGHT 基准平面为参考平面，方向为左；单击 草绘 按钮，绘制图 7.5.21 所示的截面草图，在操控板中选择拉伸类型为；单击按钮调整拉伸方向，并按下“移除材料”按钮，单击✔按钮，完成拉伸特征 4 的创建。

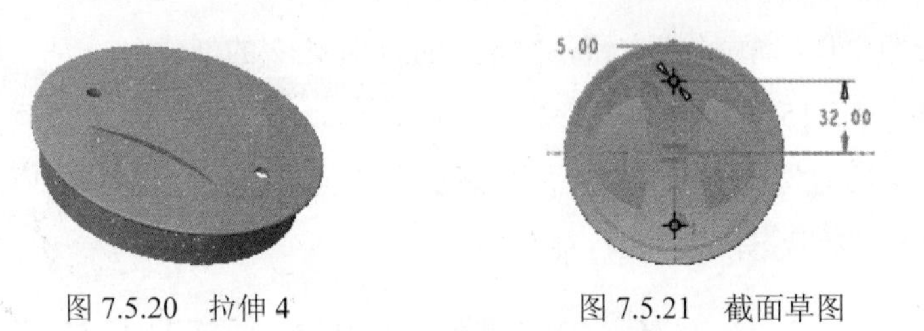

图 7.5.20　拉伸 4　　图 7.5.21　截面草图

Step 12　保存零件模型文件。

7.6　Creo 曲面设计实际应用 2——香皂盒盖的设计

应用概述：

本应用主要运用了如下一些特征命令：拉伸、合并、加厚和倒圆角，零件模型及模型树如图 7.6.1 所示。

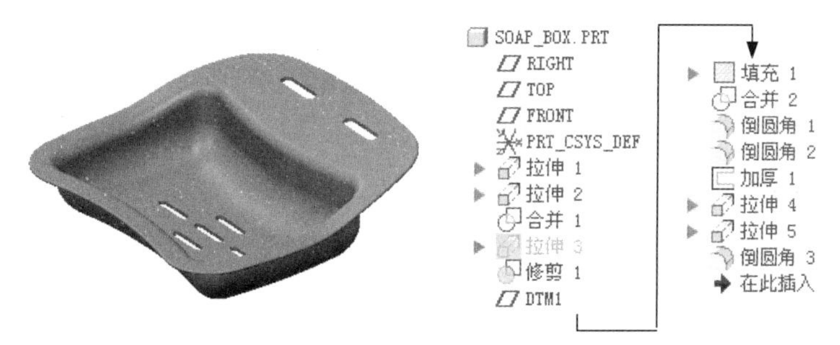

图 7.6.1 零件模型及模型树

说明：本应用前面的详细操作过程请参见随书光盘中 video\ch07.06\reference\文件下的语音视频讲解文件 SOAP_BOX-r01.avi。

Step 1 打开文件 D:\creo2mo\work\ch07.06\soap_box_ex.prt。

Step 2 创建图 7.6.2 所示的曲面合并 1。按住 Ctrl 键，选取图 7.6.3 所示的面组为合并对象；单击 合并 按钮，调整箭头方向如图 7.6.3 所示；单击✓按钮，完成曲面合并 1 的创建。

Step 3 创建图 7.6.4 所示的拉伸曲面 3。在操控板中单击“拉伸”按钮 拉伸，按下操控板中的“曲面类型”按钮。选取 TOP 基准平面为草绘平面，选取 RIGHT 基准平面为参考平面，方向为左；绘制图 7.6.5 所示的截面草图，在操控板中定义拉伸类型为，输入深度值 60.0，单击按钮调整拉伸方向，单击✓按钮，完成拉伸曲面 3 的创建。

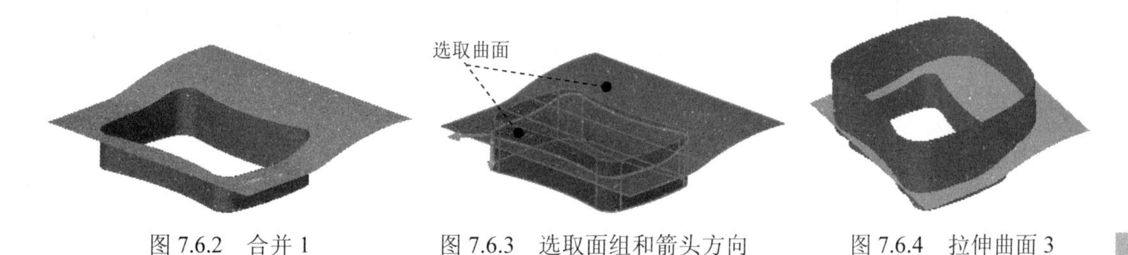

图 7.6.2 合并 1　　图 7.6.3 选取面组和箭头方向　　图 7.6.4 拉伸曲面 3

Step 4 创建图 7.6.6 所示的曲面修剪 1。选取图 7.6.7 所示的曲面为要修剪的曲面；单击 修剪 按钮；选取图 7.6.7 所示的曲面作为修剪对象，调整图形区中的箭头使其指向要保留的部分；单击✓按钮，完成曲面修剪 1 的创建。

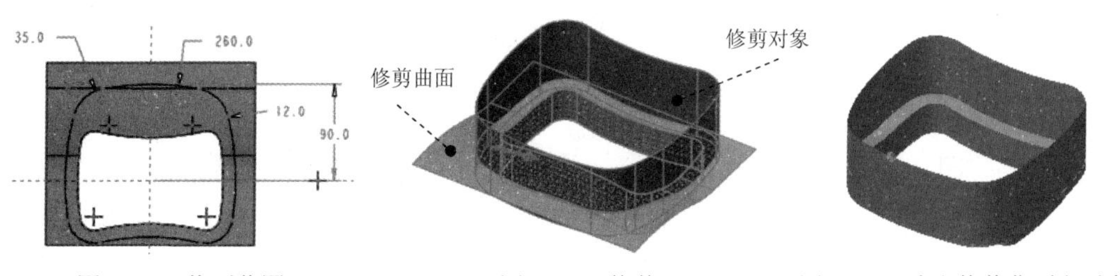

图 7.6.5 截面草图　　图 7.6.6 修剪 1　　图 7.6.7 选取修剪曲面和对象

Step 5 创建图 7.6.8 所示的基准平面特征 1。单击“平面”按钮，在模型树中选取 TOP 基准平面为偏距参考面，在对话框中输入偏移距离值 20.0，单击对话框中的 确定 按钮。

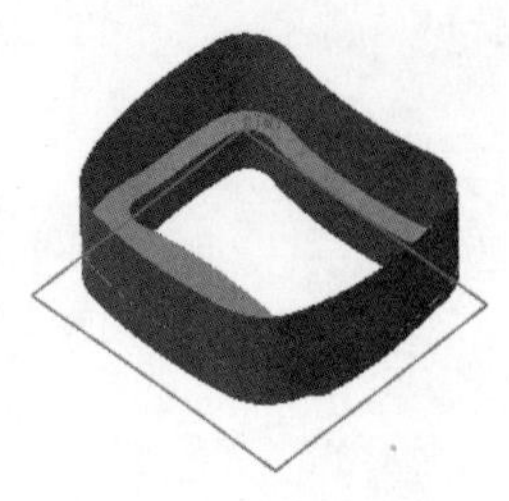

图 7.6.8 基准平面

Step 6 创建图 7.6.9 所示的填充曲面 1。单击 填充 按钮；选取图 7.6.10 所示的 DTM1 基准平面为草绘平面， RIGHT 基准平面为参考平面，方向为 右；绘制图 7.6.11 所示的截面草图；单击 按钮，完成填充曲面 1 的创建。

Step 7 创建图 7.6.12 所示的曲面合并 2。按住 Ctrl 键，选取图 7.6.13 所示的面组为合并对象；单击 合并 按钮；单击 按钮，完成曲面合并 2 的创建。

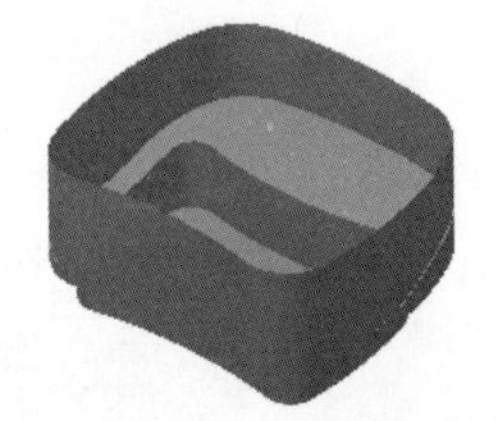

图 7.6.9 填充 1

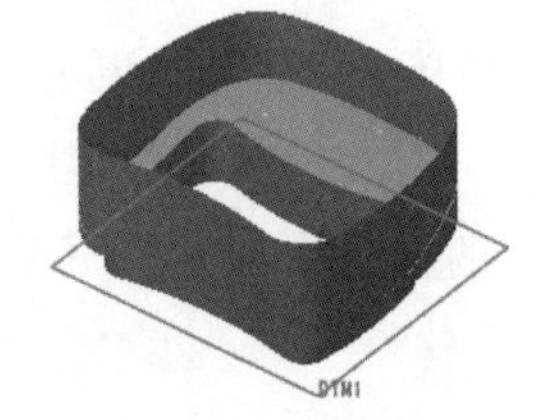

图 7.6.10 选取基准平面

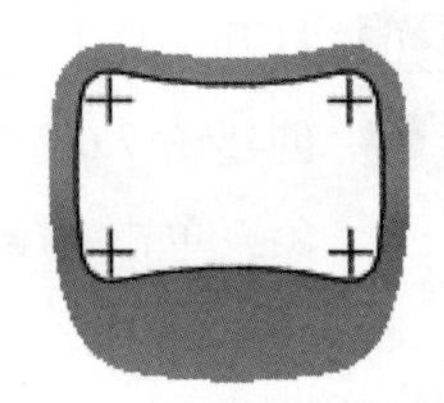

图 7.6.11 截面草图

Step 8 创建图 7.6.14 所示的倒圆角特征 1。选取图 7.6.15 所示的边线为倒圆角的边线；输入倒圆角半径值 20.0。

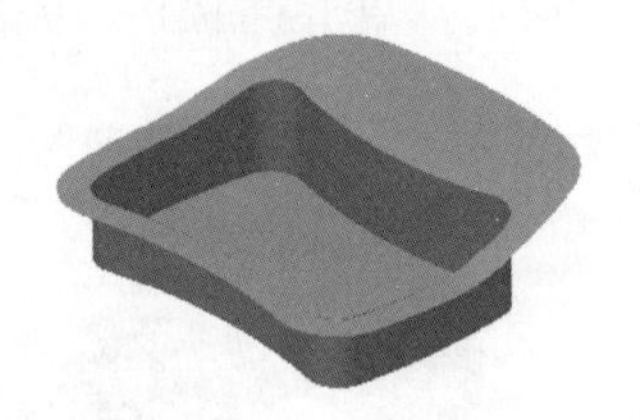

图 7.6.12 合并 2

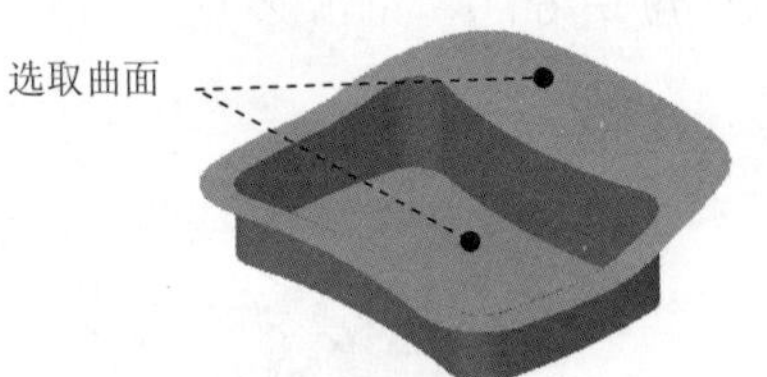

图 7.6.13 选取合并面组

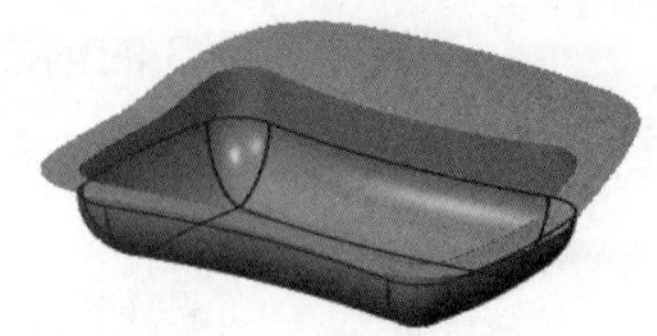

图 7.6.14 倒圆角 1

Step 9 创建图 7.6.16 所示的倒圆角特征 2。选取图 7.6.17 所示的边线为倒圆角的边线；输入倒圆角半径值 4.0。

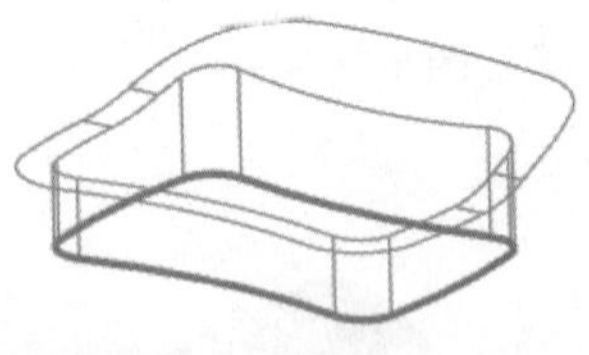

图 7.6.15 定义倒圆角边线

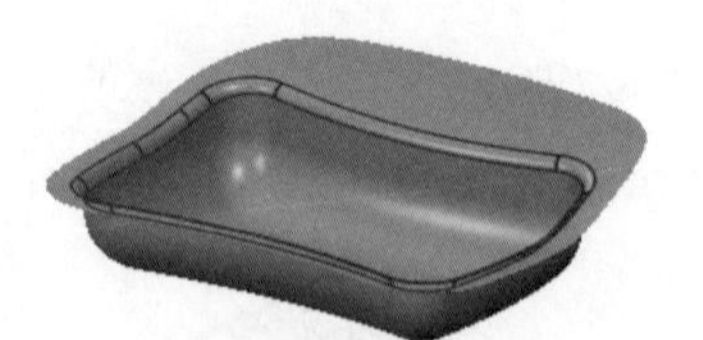

图 7.6.16 倒圆角 2

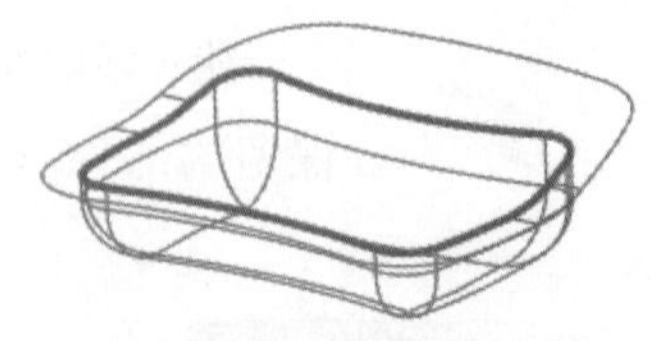

图 7.6.17 定义倒圆角边线

Step 10 创建图 7.6.18 所示的曲面加厚 1。选取图 7.6.19 所示的曲面为要加厚的对象；单击 加厚 按钮；输入厚度值 2.0，调整加厚方向如图 7.6.19 所示；单击 按钮，完成加厚操作。

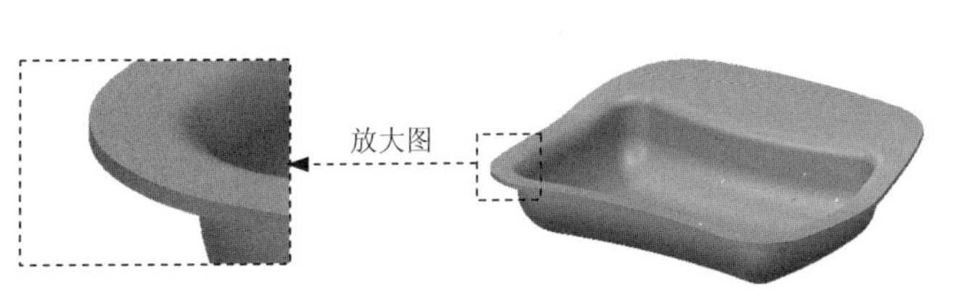

图 7.6.18　加厚 1

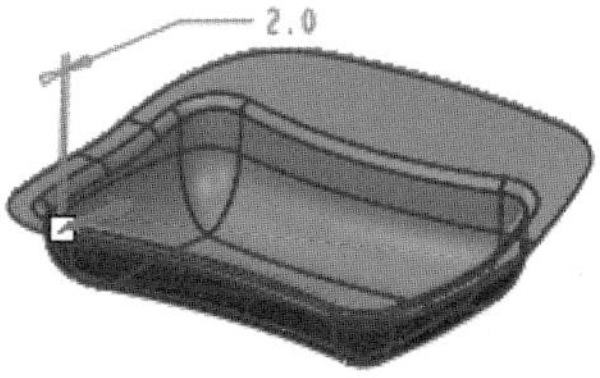

图 7.6.19　加厚对象和箭头方向

Step 11　后面的详细操作过程请参见随书光盘中 video\ch07.06\reference\文件下的语音视频讲解文件 SOAP_BOX-r02.avi。

7.7　Creo 曲面设计实际应用 3——面板的设计

应用概述：

本应用主要运用了如下一些特征命令：拉伸、边界混合、镜像、合并、实体化和抽壳。零件模型及模型树如图 7.7.1 所示。

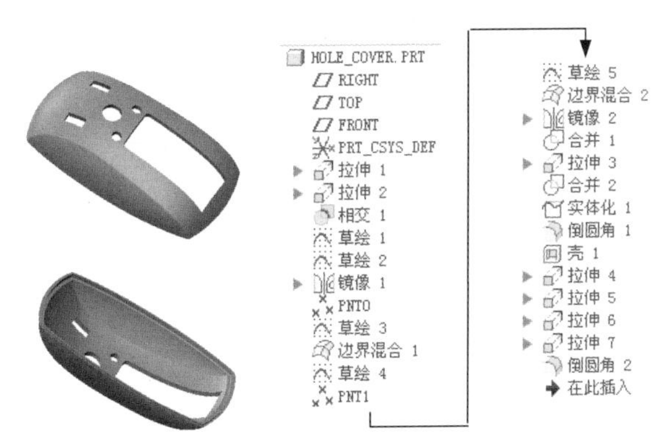

图 7.7.1　零件模型及模型树

注意：在后面的模具设计部分，将会介绍该三维模型零件的模具设计。

说明：本应用前面的详细操作过程请参见随书光盘中 video\ch07.07\reference\文件下的语音视频讲解文件 face_cover-r01.avi。

Step 1　打开文件 D:\creo2mo\work\ch07.07\face_cover_ex.prt。

Step 2　创建图 7.7.2 所示的草绘 1。在操控板中单击“草绘”按钮；选取 TOP 基准平面作为草绘平面，选取 RIGHT 基准平面为参考平面，方向为右，单击 草绘 按钮，绘制图 7.7.3 所示的草图。

Step 3　创建图 7.7.4 所示的草绘 2。在操控板中单击“草绘”按钮；选取 TOP 基准平面作为草绘平面，选取 RIGHT 基准平面为参考平面，方向为右，单击 草绘 按钮，绘制图 7.7.5 所示的草图。

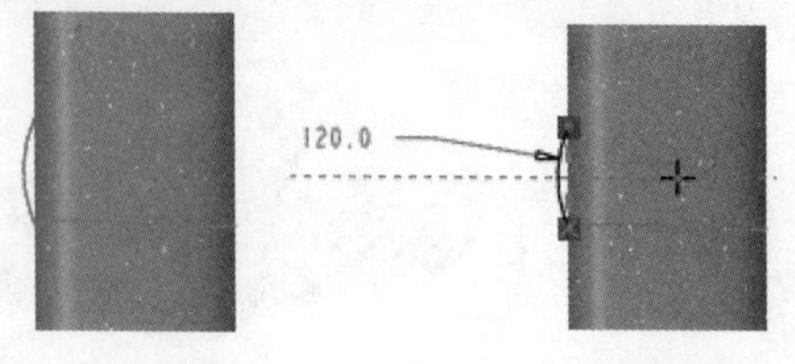

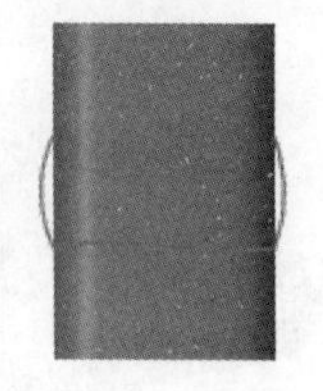

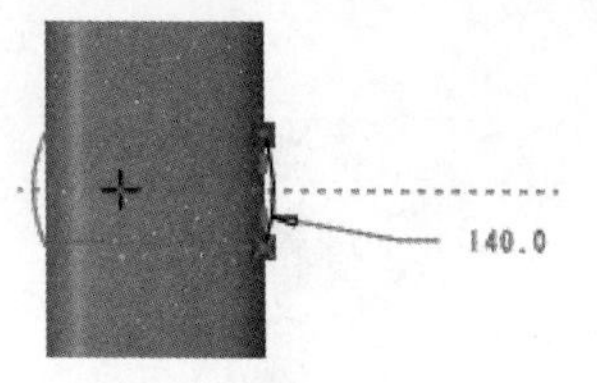

图 7.7.2　草绘 1　　图 7.7.3　截面草图　　图 7.7.4　草绘 2　　图 7.7.5　截面草图

Step 4　创建图 7.7.6 所示的镜像特征 1。在模型树中选取相交 1 特征。选取 FRONT 基准平面为镜像平面，单击✔按钮，完成镜像特征 1 的创建。

Step 5　创建图 7.7.7 所示的基准点 PNT0（注：本步的详细操作过程请参见随书光盘中 video\ch07.07\reference\文件下的语音视频讲解文件 face_cover-r02.avi）。

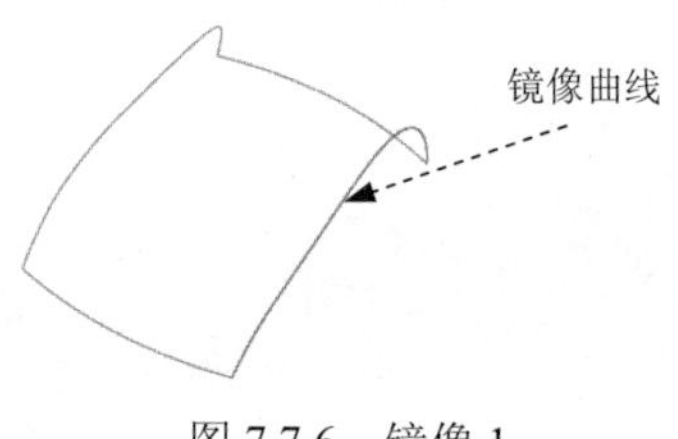

图 7.7.6　镜像 1

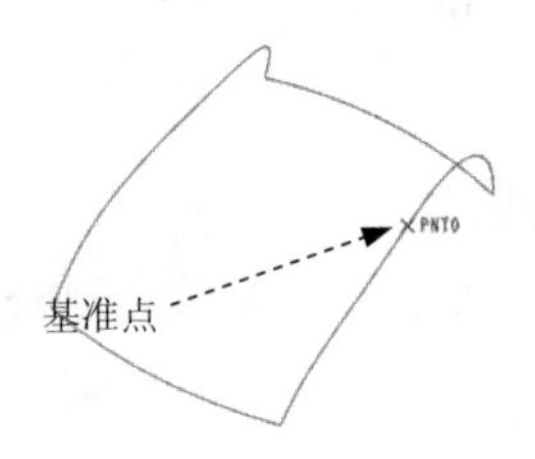

图 7.7.7　基准点 1

Step 6　创建图 7.7.8 所示的草绘 3。在操控板中单击“草绘”按钮；选取 RIGHT 基准平面作为草绘平面，选取 TOP 基准平面为参考平面，方向为右，单击 **草绘** 按钮，绘制图 7.7.9 所示的草图。

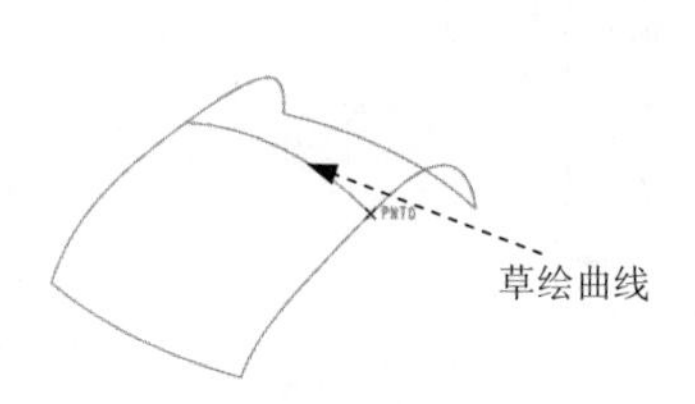

图 7.7.8　草绘 3

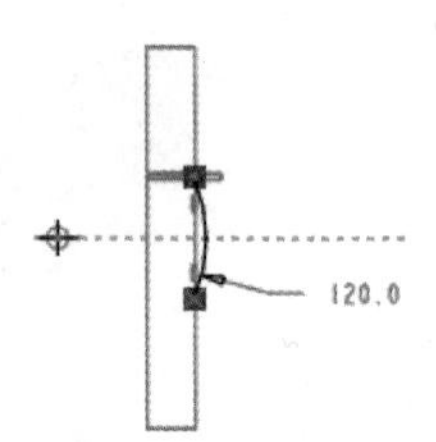

图 7.7.9　截面草图

Step 7　创建图 7.7.10 所示的边界混合曲面 1。单击“边界混合”按钮；选取图 7.7.11 所示的曲线为第一方向曲线，选取图 7.7.11 所示的曲线为第二方向曲线；单击✔按钮，完成边界混合曲面 1 的创建。

图 7.7.10　边界混合

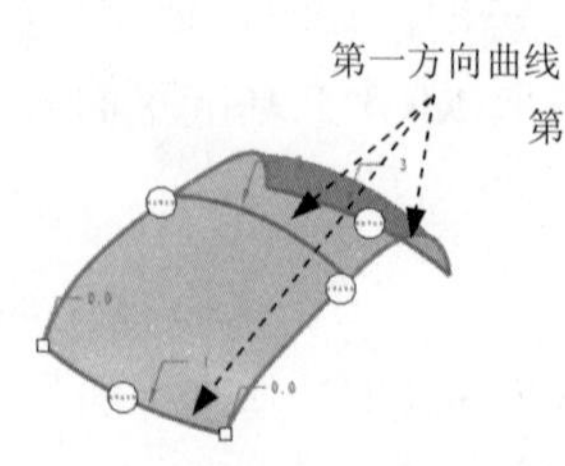

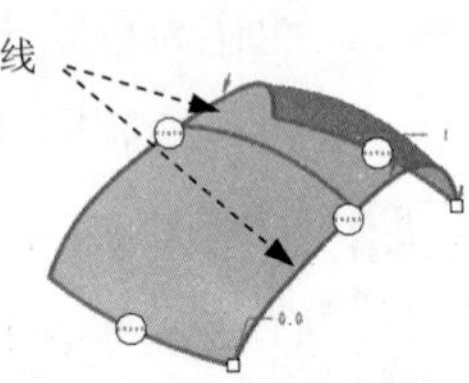

图 7.7.11　选取曲线

Step 8 创建图 7.7.12 所示的草绘 4。在操控板中单击“草绘”按钮；选取 TOP 基准平面作为草绘平面，选取 RIGHT 基准平面为参考平面，方向为右，单击 草绘 按钮，绘制图 7.7.13 所示的草图。

Step 9 创建图 7.7.14 所示的基准点 PNT1（注：本步的详细操作过程请参见随书光盘中 video\ch07.07\reference\文件下的语音视频讲解文件 face_cover-r03.avi）。

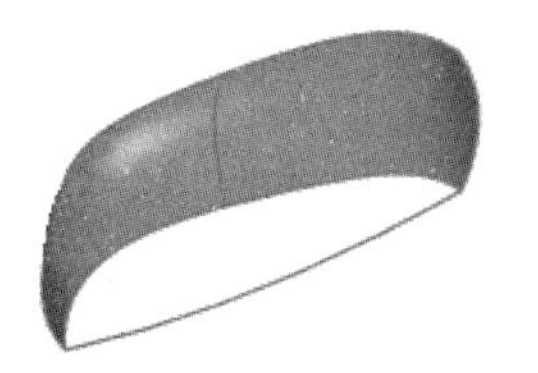
图 7.7.12 草绘 4

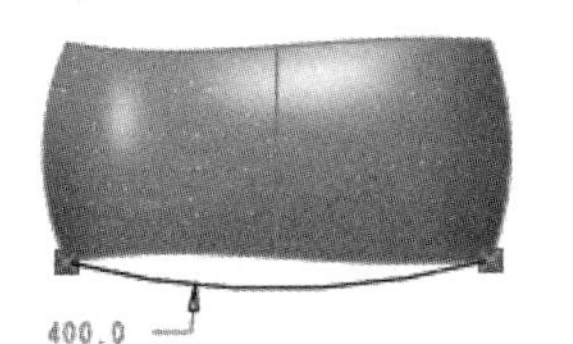

图 7.7.13 截面草图

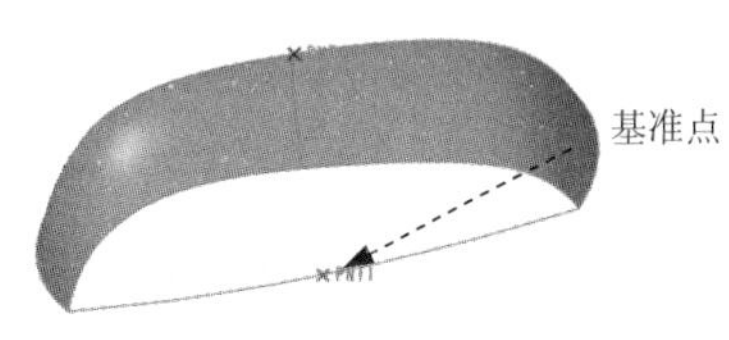

图 7.7.14 基准点 2

Step 10 创建图 7.7.15 所示的草绘 5。在操控板中单击“草绘”按钮；选取 RIGHT 基准平面作为草绘平面，选取 TOP 基准平面为参考平面，方向为顶，单击 草绘 按钮，绘制图 7.7.16 所示的草图。

图 7.7.15 草绘 5

图 7.7.16 截面草绘

Step 11 创建图 7.7.17 所示的边界混合曲面 2。单击“边界混合”按钮；选取图 7.7.18 所示的曲线为第一方向曲线，选取图 7.7.18 所示的曲线为第二方向曲线；单击✔按钮，完成边界混合曲面 2 的创建。

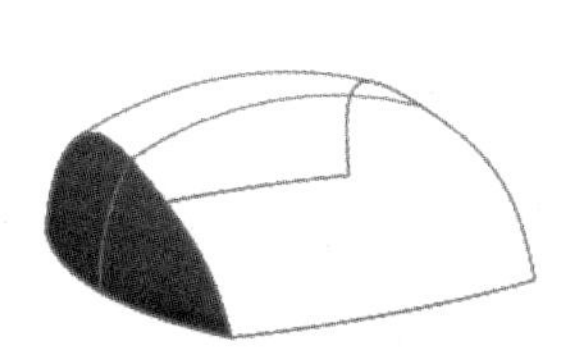
图 7.7.17 边界混合 2

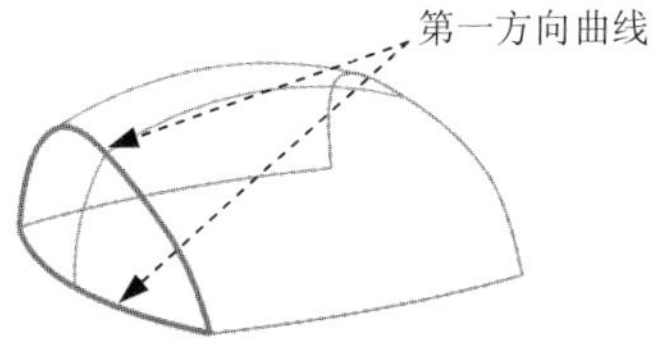

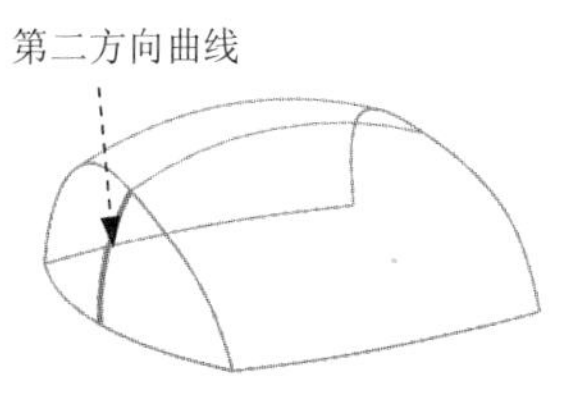

图 7.7.18 选取曲线

Step 12 创建图 7.7.19 所示的镜像特征 2。在图形区中选取边界混合 2 所示的特征。选取 FRONT 基准平面为镜像平面，单击✔按钮，完成镜像特征 2 的创建。

Step 13 创建图 7.7.20 所示的曲面合并 1。按住 Ctrl 键，在模型树中选取边界混合 1、边界混合 2 和镜像 2 的面组为合并对象；单击 合并 按钮，单击✔按钮，完成曲面合并 1 的创建。

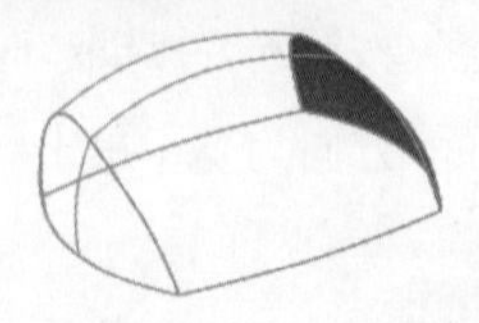

图 7.7.19　镜像 2

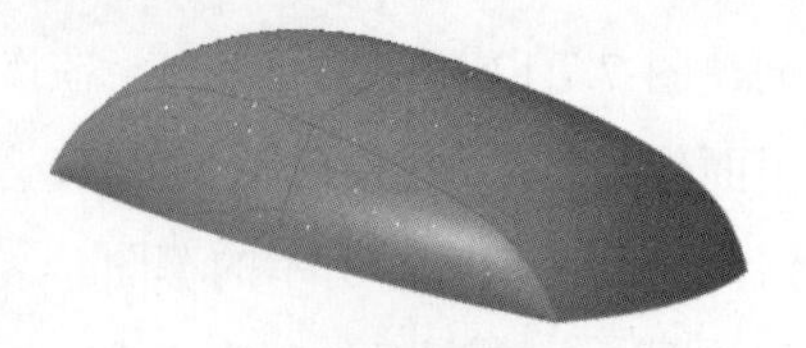

图 7.7.20　合并 1

Step 14　创建图 7.7.21 所示的拉伸曲面 3。在操控板中单击“拉伸”按钮 拉伸，按下操控板中的“曲面类型”按钮。选取 FRONT 基准平面为草绘平面，选取 RIGHT 基准平面为参考平面，方向为 右；绘制图 7.7.22 所示的截面草图，在操控板中定义拉伸类型为，输入深度值 200.0，单击按钮调整拉伸方向，单击✔按钮，完成拉伸曲面 3 的创建。

图 7.7.21　拉伸 3

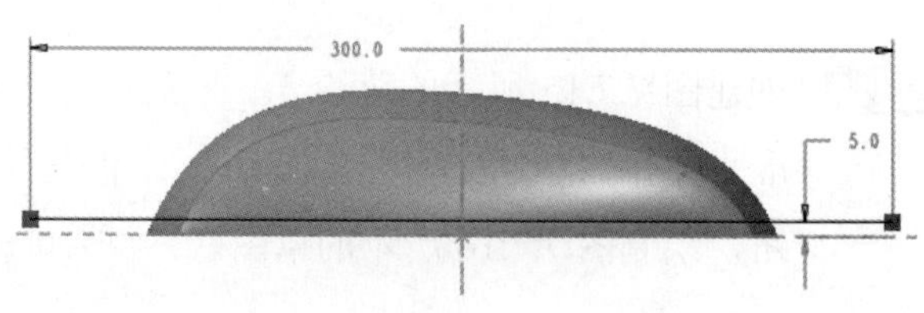

图 7.7.22　截面

Step 15　创建图 7.7.23 所示的曲面合并 2。按住 Ctrl 键，在模型树中选取合并 1 和拉伸 3 的面组为合并对象，调整箭头方向；单击 合并 按钮，单击✔按钮，完成曲面合并 2 的创建。

Step 16　创建图 7.7.24 所示的曲面实体化 1。选取封闭曲面为实体化的对象；单击 实体化 按钮；单击✔按钮，完成曲面实体化 1 的创建。

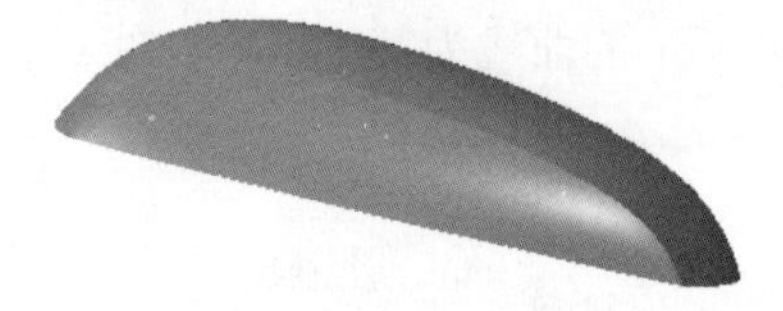

图 7.7.23　合并 2

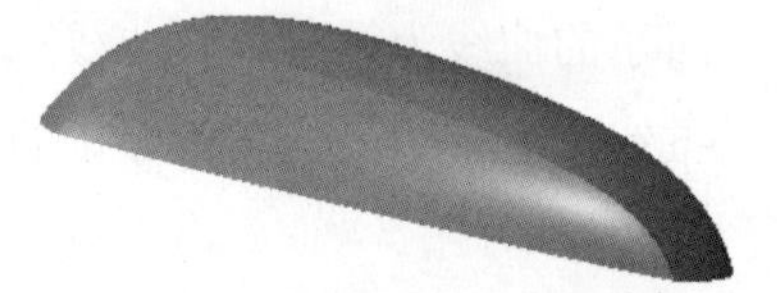

图 7.7.24　实体化 1

Step 17　创建图 7.7.25b 所示的倒圆角特征 1。选取图 7.7.25b 所示的边线为倒圆角的边线；输入倒圆角半径值 3.0。

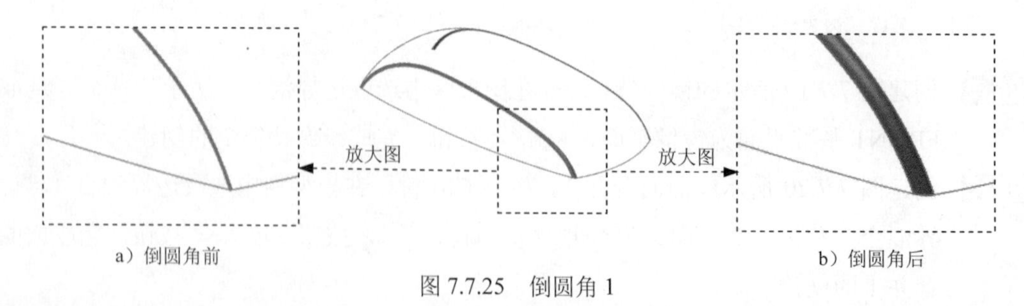

a）倒圆角前　　b）倒圆角后

图 7.7.25　倒圆角 1

Step 18　创建图 7.7.26 所示的抽壳特征 1。单击 模型 功能选项卡 工程 ▾ 区域中的“壳”按钮 壳，选取图 7.7.27 所示的面为移除面，在 厚度 文本框中输入壁厚值为 5.0，单击✔按钮，完成抽壳特征 1 的创建。

Step 19　创建图 7.7.28 所示的拉伸特征 4。在操控板中单击“拉伸”按钮 拉伸。在操控板中按下“移除材料”按钮。选取 TOP 基准平面为草绘平面，选取 RIGHT 基准平面为参考平面，方向为 右；单击 草绘 按钮，绘制图 7.7.29 所示的截面草图，在操控板中选择拉伸类型为，输入深度值 100，单击按钮调整拉伸方向，单击✔按钮，完成拉伸特征 4 的创建。

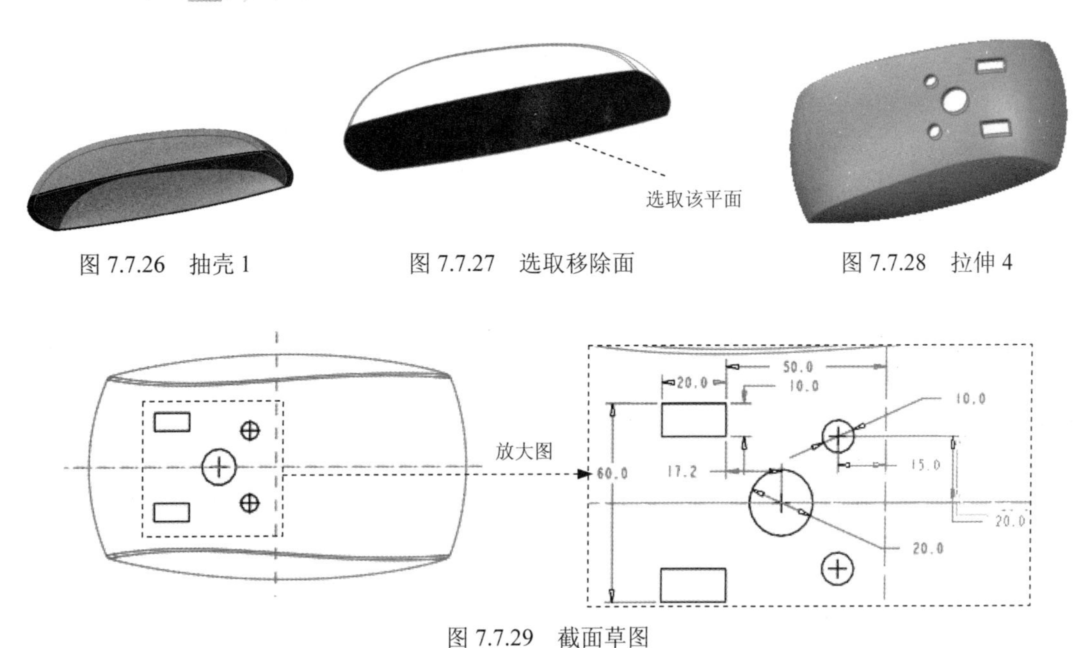

图 7.7.26　抽壳 1　　图 7.7.27　选取移除面　　图 7.7.28　拉伸 4

图 7.7.29　截面草图

Step 20　创建图 7.7.30 所示的拉伸特征 5。在操控板中单击“拉伸”按钮 拉伸。在操控板中按下“移除材料”按钮。选取 TOP 基准平面为草绘平面，选取 RIGHT 基准平面为参考平面，方向为 右；单击 草绘 按钮，绘制图 7.7.31 所示的截面草图，在操控板中选择拉伸类型为，输入深度值 100，单击按钮调整拉伸方向，单击✔按钮，完成拉伸特征 5 的创建。

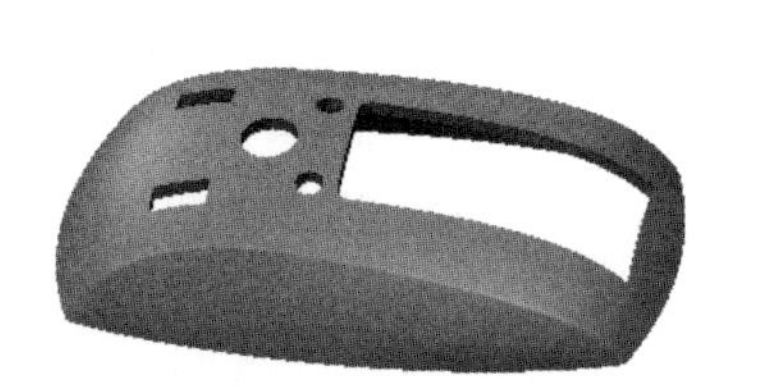

图 7.7.30　拉伸 5

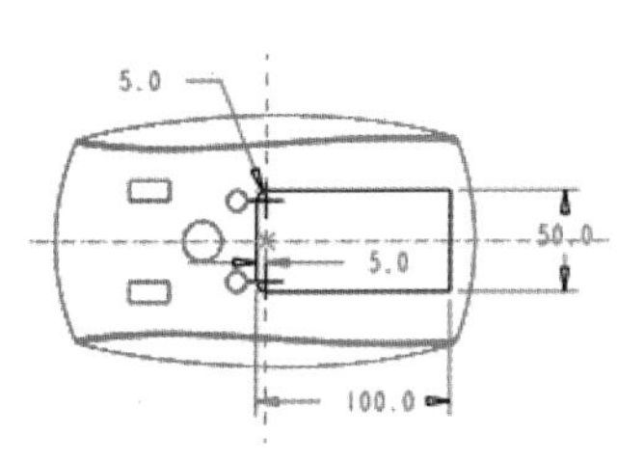

图 7.7.31　截面草图

Step 21 创建图 7.7.32b 所示的拉伸特征 6。在操控板中单击“拉伸”按钮 拉伸。在操控板中按下“移除材料”按钮。选取如图 7.7.32a 所示的曲面为草绘平面，选取拉伸 3 曲面为参考平面，方向为 底部；单击 草绘 按钮，绘制图 7.7.33 所示的截面草图，在操控板中选择拉伸类型为，输入深度值 3，单击“加厚草绘”按钮，输入厚度值 4，单击按钮调整拉伸方向，单击按钮，完成拉伸特征 6 的创建。

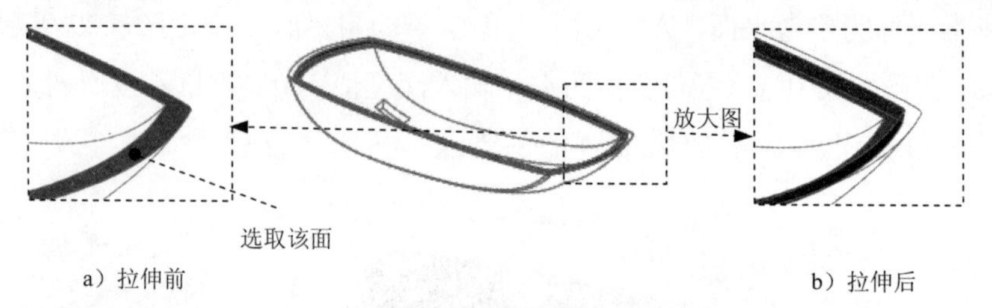

a）拉伸前　　b）拉伸后

图 7.7.32　拉伸 6

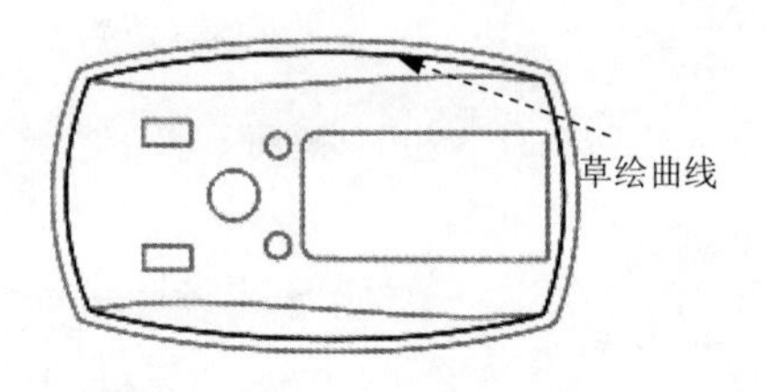

图 7.7.33　截面草绘

Step 22 后面的详细操作过程请参见随书光盘中 video\ch07.07\reference\文件下的语音视频讲解文件 face_cover-r04.avi。

8 产品的自顶向下设计

8.1 概述

8.1.1 概述自顶向下设计

自顶向下设计（Top-Down Design）是一种先进的模块化的设计思想，是一种从整体到局部的设计思想，即产品设计由系统布局、总图设计、部件设计到零件设计的一种自上而下、逐步细化的设计过程。

自顶向下设计（Top-Down Design）符合产品的实际开发流程。进行自顶向下设计时，设计者从系统角度入手，针对设计目的，综合考虑形成产品的各种因素，确定产品的性能、组成以及各部分的相互关系和实现方式，形成产品的总体方案；在此基础上分解设计目标，分派设计任务到分系统具体实施；分系统从上级系统获得关键数据和定位基准，并在上级系统规定的边界内展开设计，最终完成产品开发。

通过该过程，确保设计由原始的概念开始，逐渐地发展成熟为具有完整零部件造型的最终产品，把关键信息放在一个中心位置，在设计过程中通过捕捉中心位置的信息，传递到较低级别的产品结构中。如果改变这些信息，将自动更新整个系统。

自顶向下设计（Top-Down Design）方法主要包括以下特点：

（1）自顶向下的设计方法可以获得较好的整体造型，尤其适合以项目小组形式展开并行设计，极大提高产品更新换代的速度，加快新产品的上市时间。

（2）零件之间彼此不会互相牵制，所有重要变动可以由主架构来控制，设计弹性较大。

（3）零件彼此间的关联性较低，机构可预先拆分给不同的人员进行设计工作，充分达到设计分工及同步设计的工作，从而缩短设计时程，使得产品能较早进入市场。

（4）可以在骨架模型中指定产品规格的参数，然后在全参数的系统中随意调整，理论上只要变动骨架模型中的产品规格参数就可以产生一个新的机构。

（5）先期的规划时程较长，进入细部设计可能会需要经过较长的时间。

8.1.2 自顶向下设计流程

在 Creo 2.0 中进行自顶向下设计的一般流程如下：

Step 1 设置工作目录。

Step 2 新建装配文件。

Step 3 创建骨架模型。

（1）在装配环境中创建一个空的骨架模型文件。

（2）激活骨架模型文件，复制几何特征（作为骨架模型中的基准）。

（3）设计骨架模型（产品的总体造型）。

（4）创建骨架模型分型面（用于分割骨架模型）。

Step 4 创建各级控件。

（1）创建一个空的零件文件。

（2）激活零件文件，插入骨架模型或控件（实现骨架模型或控件的分享）。

（3）以骨架模型为基础创建二级控件，以二级控件创建下游各级控件。

（4）创建各级控件分型面（用于分割控件）。

Step 5 创建装配体零件。

（1）创建一个空的零件文件。

（2）激活零件文件，插入骨架模型或控件（实现骨架模型或控件的分享）。

（3）完成产品零件造型。

Step 6 根据产品的复杂程度和设计需要，创建更多的控件和装配体零件。

Step 7 设置零部件显示（隐藏各级控件）。

Step 8 保存产品文件。

8.2 鼠标自顶向下设计

8.2.1 概述

如图 8.2.1 所示的是一鼠标模型，主要包括顶盖、底盖、鼠标按键和滚轮部件组成。

根据该产品模型的结构特点，可以使用自顶向下设计方法对其进行设计，其自顶向下设计流程如图 8.2.2 所示。

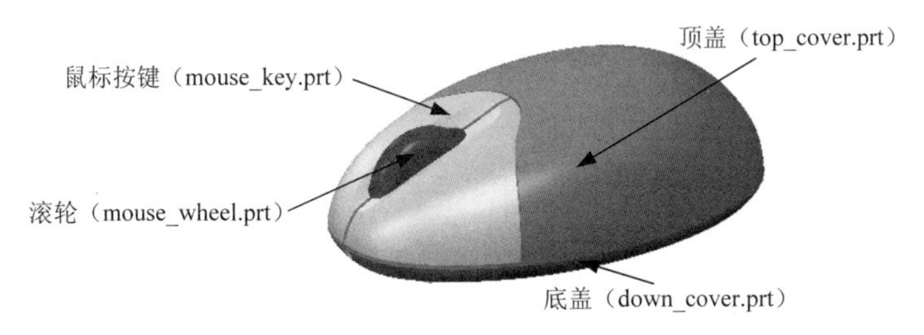

图 8.2.1　产品模型图

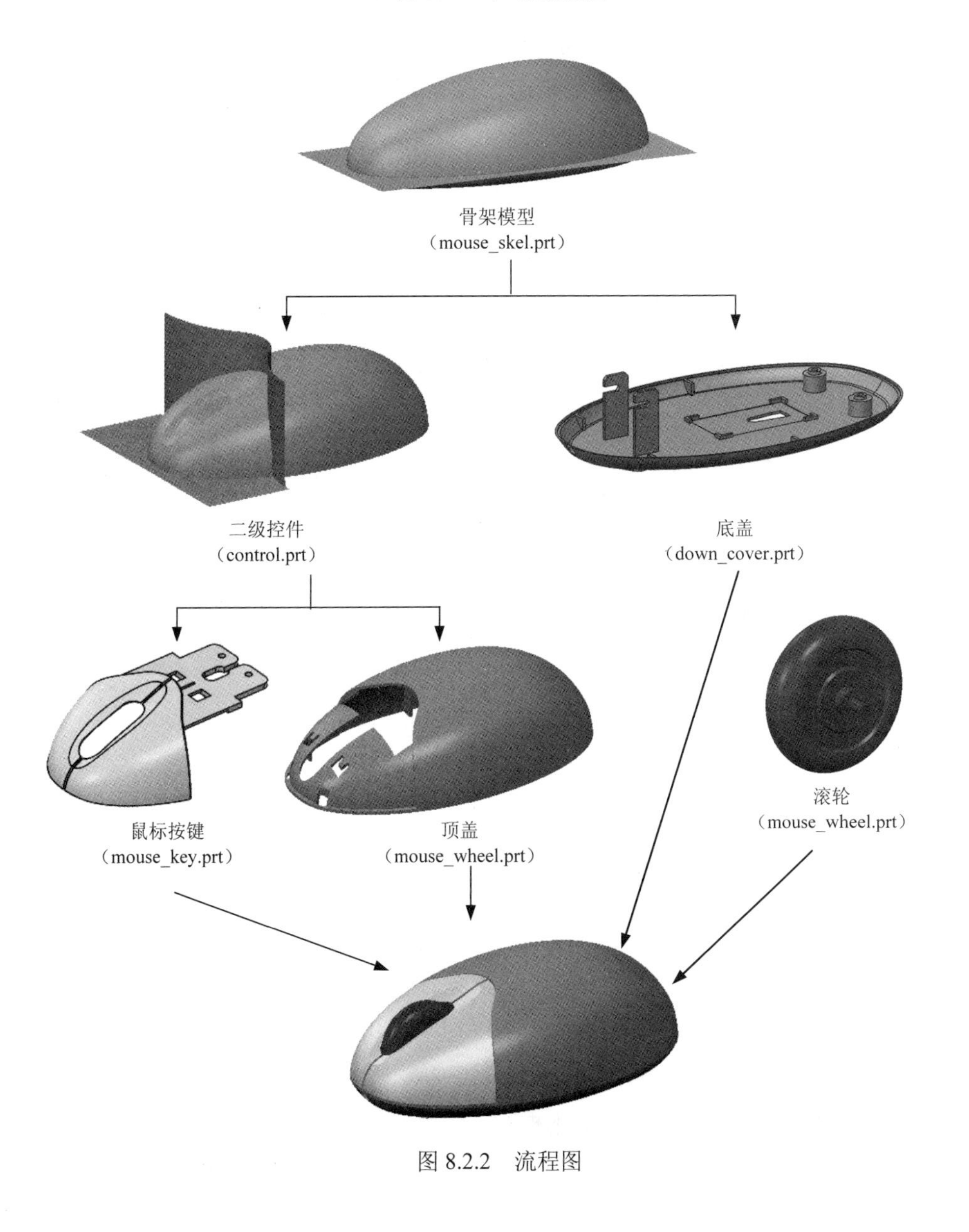

图 8.2.2　流程图

8.2.2 鼠标自顶向下设计过程

Task1. 新建一个装配体文件

Step 1 单击“新建”按钮，在系统弹出的“新建”对话框中，进行下列操作：选中**类型**选项组中的◉ 装配单选项；选中**子类型**选项组中的◉ 设计单选项；在名称文本框中输入文件名 mouse；取消选中☐ 使用默认模板复选框；单击该对话框中的**确定**按钮。

Step 2 选取适当的装配模板。在系统弹出的“新文件选项”对话框的**模板**选项组中选择mmns_asm_design模板；单击该对话框中的**确定**按钮。

Step 3 设置模型树的显示。在模型树操作界面中选择节点下的树过滤器(F)...；在系统弹出的“模型树项”对话框中，选中☑ 特征复选框，如图 8.2.3 所示，并单击**确定**按钮。

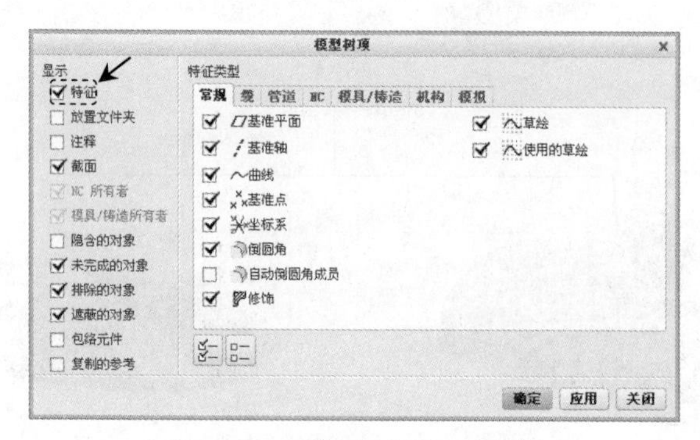

图 8.2.3 “模型树项”对话框

Task2. 创建骨架模型 MOUSE_SKEL

在装配环境下，创建图 8.2.4 所示的鼠标的骨架模型及模型树。

图 8.2.4 骨架模型及模型树

Step 1 在装配体中建立骨架模型 MOUSE_SKEL。单击**模型**功能选项卡元件▾区域中的“创建”按钮；此时系统弹出“元件创建”对话框，选中**类型**选项组中的◉ 骨架模型单选项，在名称文本框中输入文件名 MOUSE_SKEL，然后单击**确定**按钮；在“创建选项”对话框中选中◉ 空单选项，单击**确定**按钮。

Step 2 激活骨架模型。在模型树中选择 MOUSE_SKEL.PRT，然后右击，在系统弹出的快捷菜单中选择 激活 命令。

（1）单击 模型 功能选项卡 获取数据 ▾ 区域中的“复制几何”按钮，在系统弹出的“复制几何”操控板中进行下面的操作。

（2）在“复制几何”操控板中，先确认“将参考类型设置为装配上下文”按钮被按下，然后单击“仅限发布几何”按钮（使此按钮为弹起状态）。

（3）在“复制几何”操控板中单击 参考 选项卡，系统弹出“参考”界面；单击 参考 文本框中的 单击此处添加项 字符，在“智能选取”栏中选择 基准平面 选项，然后按住键盘上的 Ctrl 键选取装配文件中的三个基准平面。

（4）在“复制几何”操控板中单击 选项 选项卡，选中 ◉ 按原样复制所有曲面 单选项。

（5）在“复制几何”操控板中单击“完成”按钮✔。

（6）完成操作后，所选的基准平面就复制到 MOUSE_SKEL.PRT 中。

Step 3 在装配体中打开主控件 MOUSE_SKEL.PRT。在模型树中选择 ▸ MOUSE_SKEL.PRT，然后右击，在系统弹出的快捷菜单中选择 打开 命令。

Step 4 创建图 8.2.5 所示的拉伸曲面 1。在操控板中单击“拉伸”按钮 拉伸，并按下“曲面类型”按钮；选取 ASM_FRONT 基准平面为草绘平面，选取 ASM_RIGHT 基准平面为参考平面，方向为 右；单击 草绘 按钮，绘制图 8.2.6 所示的截面草图；在操控板中定义拉伸类型为，输入深度值 10.0；单击✔按钮，完成拉伸特征 1 的创建。

Step 5 创建图 8.2.7 所示的基准平面 DTM1（注：本步的详细操作过程请参见随书光盘中 video\ch08.02\reference\文件下的语音视频讲解文件“Task2. 创建骨架模型 MOUSE_SKEL-r01.avi”）。

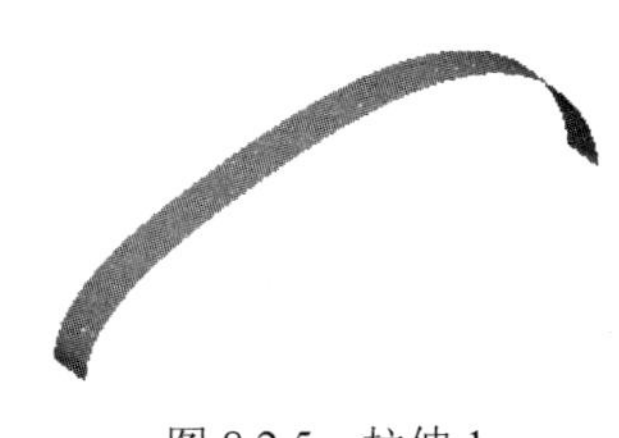

图 8.2.5　拉伸 1

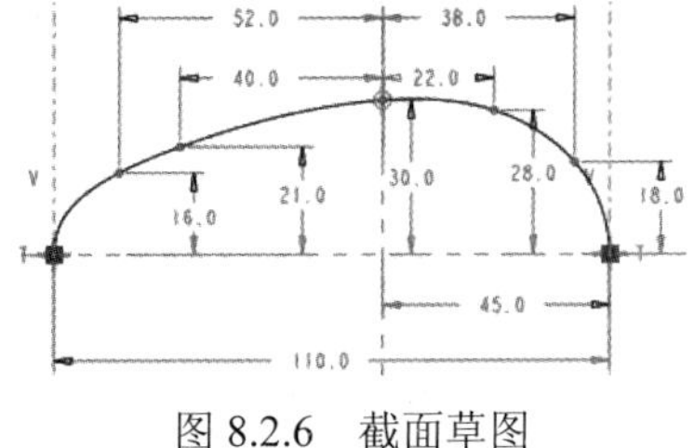

图 8.2.6　截面草图

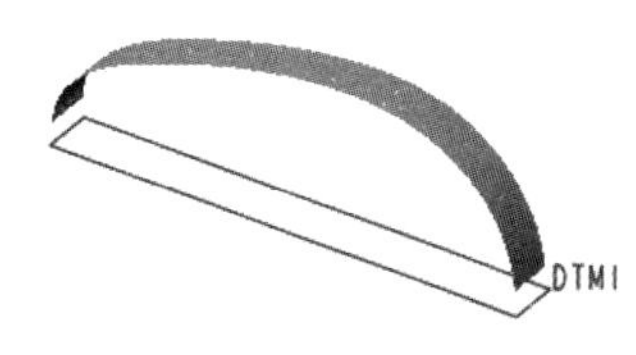

图 8.2.7　基准平面 DTM1

Step 6 创建图 8.2.8 所示的拉伸曲面 2。在操控板中单击“拉伸”按钮 拉伸，并按下“曲面类型”按钮；选取 ASM_FRONT 基准平面为草绘平面，选取 ASM_RIGHT 基准平面为参考平面，方向为 右；单击 草绘 按钮，绘制图 8.2.9 所示的截面草图；在操控板中定义拉伸类型为，输入深度值 10.0；单击✔按钮，完成拉伸特征 2 的创建。

Step 7 创建图 8.2.10 所示的拉伸曲面 3。在操控板中单击“拉伸”按钮，并按下“曲面类型”按钮；选取 ASM_FRONT 基准平面为草绘平面，选取 ASM_RIGHT 基准平面为参考平面，方向为右；单击 草绘 按钮，绘制图 8.2.11 所示的截面草图；在操控板中定义拉伸类型为，输入深度值 10.0；单击✔按钮，完成拉伸特征 3 的创建。

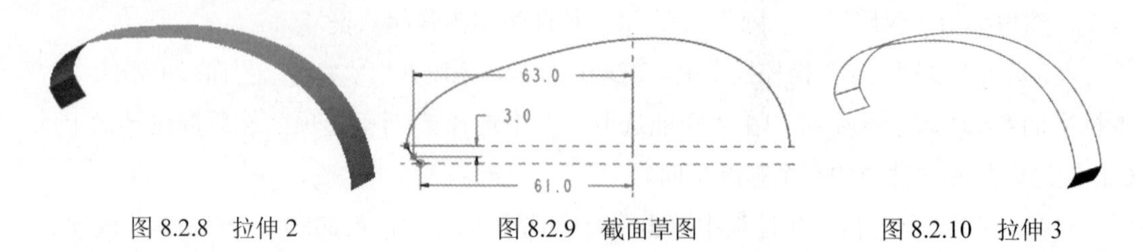

图 8.2.8 拉伸 2　　图 8.2.9 截面草图　　图 8.2.10 拉伸 3

Step 8 创建图 8.2.12 所示的草绘 1。在操控板中单击“草绘”按钮；选取 ASM_TOP 基准平面为草绘平面，选取 ASM_RIGHT 基准平面为参考平面，方向为右；单击 草绘 按钮，绘制图 8.2.12 所示的草绘。

Step 9 创建图 8.2.13 所示的基准点——PNT0（注：本步的详细操作过程请参见随书光盘中 video\ch08.02\reference\文件下的语音视频讲解文件“Task2．创建骨架模型 MOUSE_SKEL-r02.avi”）。

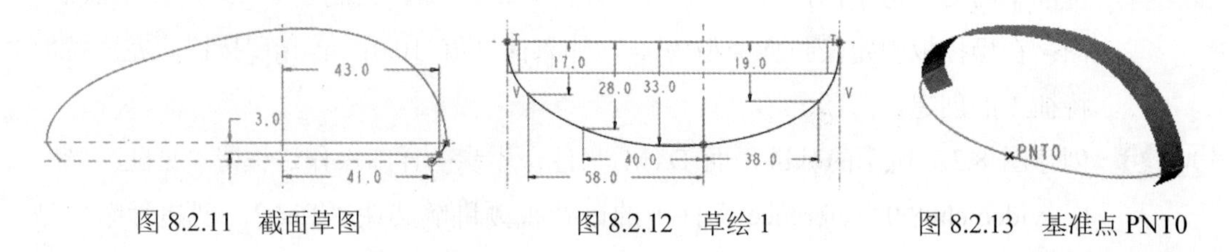

图 8.2.11 截面草图　　图 8.2.12 草绘 1　　图 8.2.13 基准点 PNT0

Step 10 创建图 8.2.14 所示的基准点——PNT1（注：本步的详细操作过程请参见随书光盘中 video\ch08.02\reference\文件下的语音视频讲解文件“Task2．创建骨架模型 MOUSE_SKEL-r03.avi”）。

Step 11 创建图 8.2.15 所示的草绘 2。在操控板中单击“草绘”按钮；选取 ASM_RIGHT 基准平面为草绘平面，选取 ASM_FRONT 基准平面为参考平面，方向为左；单击 草绘 按钮，绘制图 8.2.15 所示的草绘。

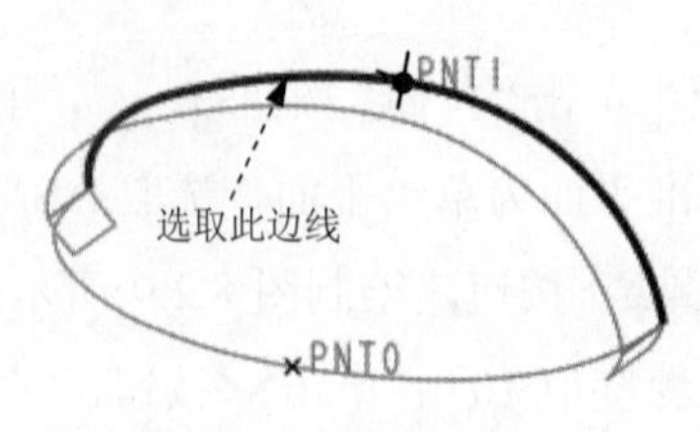

图 8.2.14 基准点 PNT1

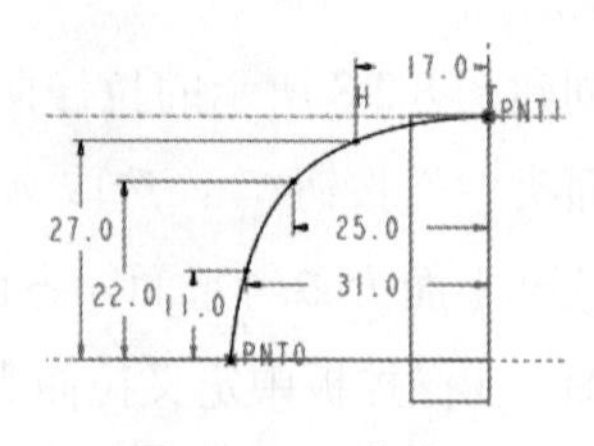

图 8.2.15 草绘 2

Step 12 创建图 8.2.16 所示的边界混合曲面 1。单击 模型 功能选项卡 曲面 ▾ 区域中的"边界混合"按钮；在"边界混合"操控板中单击 曲线 按钮，系统弹出"曲线"界面，按住 Ctrl 键，依次选取图 8.2.17 所示的草绘 1 和边线 1 为第一方向曲线；选取图 8.2.17 所示的草绘 2 为第二方向曲线；单击 约束 按钮，在"约束"界面中将边界"方向 1-最后一条链的"条件"设置为 相切；单击 ✔ 按钮，完成边界混合曲面的创建。

Step 13 创建图 8.2.18 所示的草绘 3。在操控板中单击"草绘"按钮；选取 DTM1 基准平面为草绘平面，选取 ASM_RIGHT 基准平面为参考平面，方向为 右；单击 草绘 按钮，绘制图 8.2.18 所示的草绘。

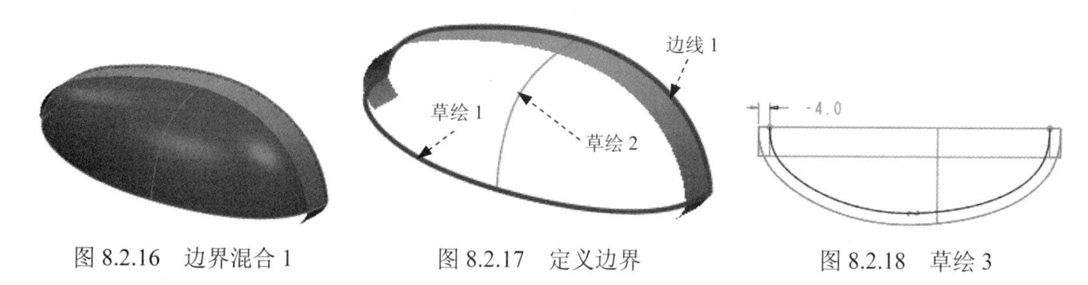

图 8.2.16 边界混合 1　　图 8.2.17 定义边界　　图 8.2.18 草绘 3

Step 14 创建图 8.2.19 所示的基准点——PNT2。单击 模型 功能选项卡 基准 ▾ 区域中的"基准点"按钮 点 ▾；选取图 8.2.18 所示的草绘曲线和 ASM_RIGHT 基准平面为基准点的放置参考；单击 确定 按钮，完成 PNT2 基准点的创建。

Step 15 创建图 8.2.20 所示的草绘 4。在操控板中单击"草绘"按钮；选取 ASM_RIGHT 基准平面为草绘平面，选取 ASM_FRONT 基准平面为参考平面，方向为 左；单击 草绘 按钮，绘制图 8.2.20 所示的草绘。

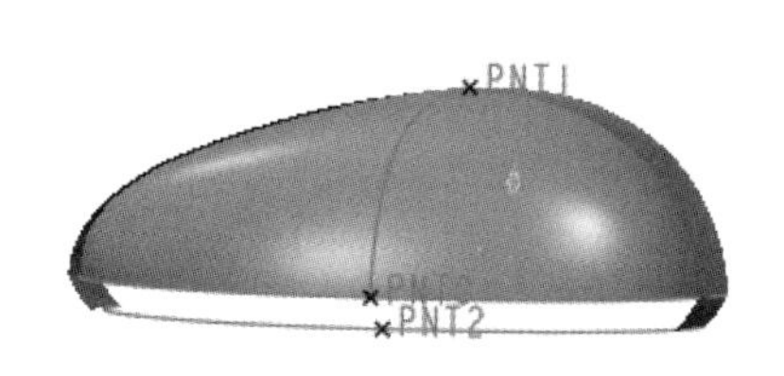

图 8.2.19 基准点 PNT2

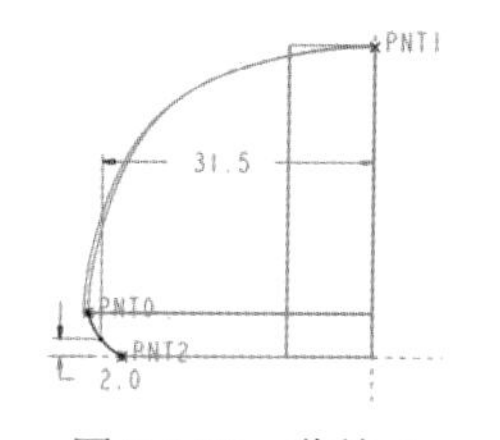

图 8.2.20 草绘 4

Step 16 创建图 8.2.21 所示的边界混合曲面 2。单击 模型 功能选项卡 曲面 ▾ 区域中的"边界混合"按钮；在"边界混合"操控板中单击 曲线 按钮，系统弹出"曲线"界面，按住 Ctrl 键，依次选取图 8.2.22 所示的边线 1、草绘 4 和边线 2 为第一方向曲线；选取图 8.2.22 所示的草绘 3 和草绘 2 为第二方向曲线；单击 约束 按钮，在"约束"界面中将边界"方向 1-第一条链和最后一条链的"条件"均设置为 相切，单击 ✔ 按钮，完成边界混合曲面的创建。

图 8.2.21　边界混合 2

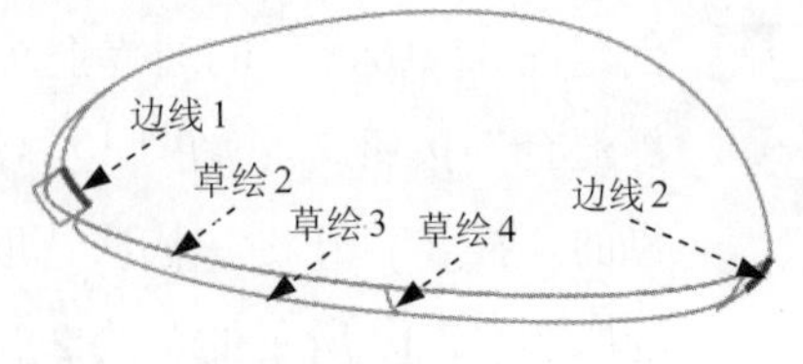

图 8.2.22　定义边界

Step 17　创建曲面合并 1。按住 Ctrl 键，选取边界混合曲面 1 和边界混合曲面 2 为合并对象；单击 合并 按钮，单击 ✓ 按钮，完成曲面合并 1 的创建。

Step 18　创建组特征 1。按住 Ctrl 键，在模型树中选择 Step8~Step17 所创建的特征后右击，在系统弹出的快捷菜单中选择 组 命令，所创建的特征即可合并为 组LOCAL_GROUP。

Step 19　创建图 8.2.23 所示的镜像特征 1。在模型树中选取 组LOCAL_GROUP 为镜像对象；单击 模型 功能选项卡 编辑 ▾ 区域中的"镜像"按钮；选取 ASM_FRONT 基准平面为镜像平面；单击 ✓ 按钮，完成镜像特征 1 的创建。

Step 20　创建曲面合并 2。按住 Ctrl 键，选取图 8.2.24 面组 1 和面组 2 为合并对象；单击 合并 按钮，单击 ✓ 按钮，完成曲面合并 2 的创建。

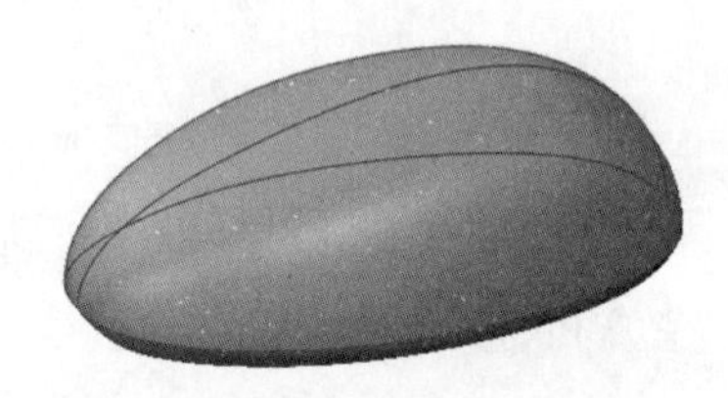
图 8.2.23　镜像 1

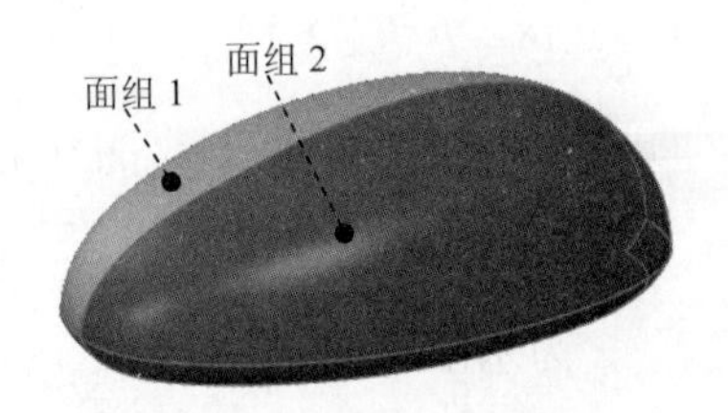

图 8.2.24　定义合并对象

Step 21　创建图 8.2.25 所示的填充曲面 1。单击 模型 功能选项卡 曲面 ▾ 区域中的 填充 按钮，系统弹出"填充"操控板；在"填充"操控板中单击 参考 按钮，在系统弹出的界面中单击 定义... 按钮；选取 DTM1 基准平面为草绘平面，单击 草绘 按钮，利用"投影"命令，绘制图 8.2.26 所示的截面草图；在"填充"操控板中单击 ✓ 按钮，完成填充曲面的创建。

图 8.2.25　填充 1

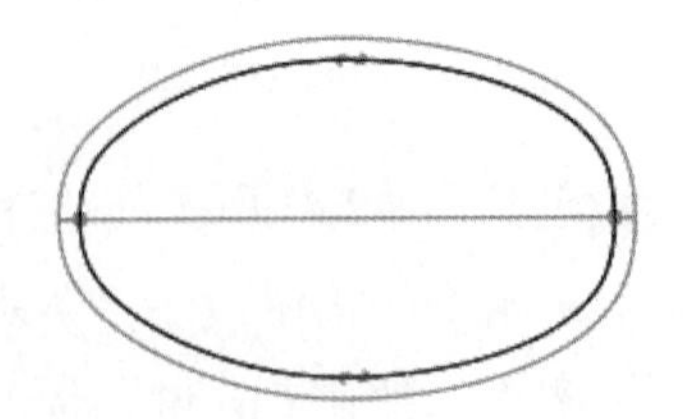
图 8.2.26　截面草图

Step 22　创建曲面合并 3。按住 Ctrl 键，选取曲面合并 2 和填充曲面 1 为合并对象；单击 合并 按钮，单击 ✓ 按钮，完成曲面合并 3 的创建。

Step 23　创建图 8.2.27b 所示的倒圆角特征 1。单击 模型 功能选项卡 工程 ▾ 区域中的 倒圆角 ▾ 按钮，选取图 8.2.27a 所示的边线为圆角放置参考，在圆角半径文本框中输入数值 2.0。

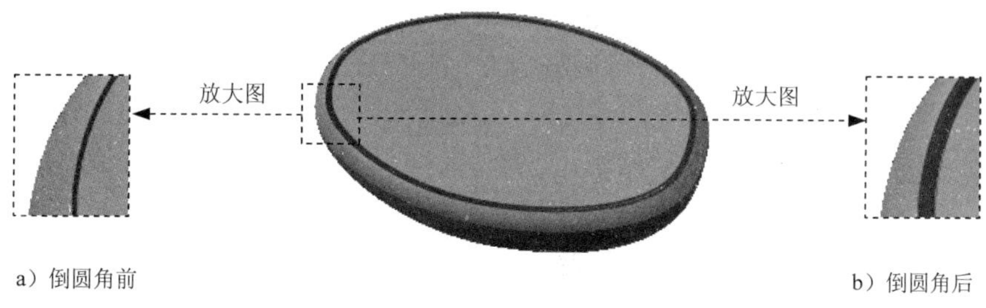

a）倒圆角前　b）倒圆角后

图 8.2.27　倒圆角 1

Step 24　创建曲面实体化 1。在绘图区选取整个面组为对象；单击 模型 功能选项卡 编辑 ▾ 区域中的 实体化 按钮；单击 ✔ 按钮，完成曲面实体化 1 的创建。

Step 25　创建图 8.2.28 所示的拉伸曲面 4。在操控板中单击“拉伸”按钮 拉伸，并按下“曲面类型”按钮；在操控板中单击“拉伸”按钮 拉伸，并按下“曲面类型”按钮；选取 ASM_FRONT 基准平面为草绘平面，选取 ASM_RIGHT 基准平面为参考平面，方向为 右；单击 草绘 按钮，绘制图 8.2.29 所示的截面草图后，在操控板中定义拉伸类型为，输入深度值 80.0。单击 ✔ 按钮，完成拉伸曲面 4 的创建。

图 8.2.28　拉伸曲面 1

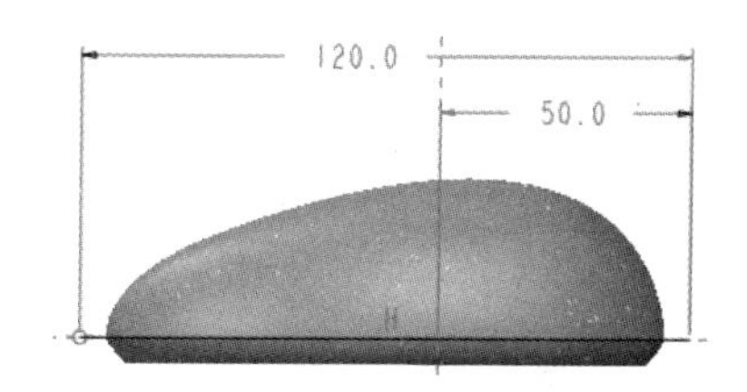

图 8.2.29　截面草图

Step 26　切换窗口，返回到 MOUSE.ASM。

Task3．创建底盖 DOWN_COVER

底盖（DOWN_COVER）是从骨架模型中分割出来后经过细化而得到的最终的模型零件。下面讲解底盖（DOWN_COVER）的创建过程，零件模型及模型树如图 8.2.30 所示。

Step 1　在装配体中建立 DOWN_COVER.PRT。单击 模型 功能选项卡 元件 ▾ 区域中的“创建”按钮；在系统弹出的“元件创建”对话框中选中 类型 选项组中的 ◉ 零件 单选项，选中 子类型 选项组中的 ◉ 实体 单选项，然后在 名称 文本框中输入文件名 down_cover，单击 确定 按钮；在系统弹出的“创建选项”对话框中选中 ◉ 空 单选项，单击 确定 按钮。

DOWN_COVER.PRT
合并 标识1
实体化 1
壳 1
拉伸 1
镜像 1
拉伸 2
倒角 1
拉伸 3
拉伸 4
拉伸 5
组LOCAL_GROUP
镜像 2
拉伸 8
孔 1
镜像 3
拉伸 9
拉伸 10
拉伸 11
倒角 2
旋转 1
拉伸 12
拉伸 13
组LOCAL_GROUP_1
镜像 4
在此插入

图 8.2.30 零件模型及模型树

Step 2 激活底盖模型。激活零件。在模型树中选择 DOWN_COVER.PRT，然后右击，在系统弹出的快捷菜单中选择 激活 命令；单击 模型 功能选项卡中的 获取数据 按钮，在系统弹出的菜单中选择 合并/继承 命令，系统弹出“合并/继承”操控板，在该操控板中进行下列操作：在操控板中，先确认“将参考类型设置为装配上下文”按钮被按下；复制几何。在操控板中单击 参考 选项卡，系统弹出“参考”界面；选中 复制基准 复选框，然后选取骨架模型；单击“完成”按钮。

Step 3 在模型树中选择 DOWN_COVER.PRT，然后右击，在系统弹出的快捷菜单中选择 打开 命令。

Step 4 创建图 8.2.31 所示的实体化 1。在“智能选取”栏中选择 几何 选项，然后选取图 8.2.31a 所示的曲面；单击 模型 功能选项卡 编辑 区域中的 实体化 按钮，并按下“移除材料”按钮；单击调整图形区中的箭头使其指向要去除的实体，如图 8.2.31a 所示；在“实体化”操控板中单击“完成”按钮，完成实体化 1 的创建。

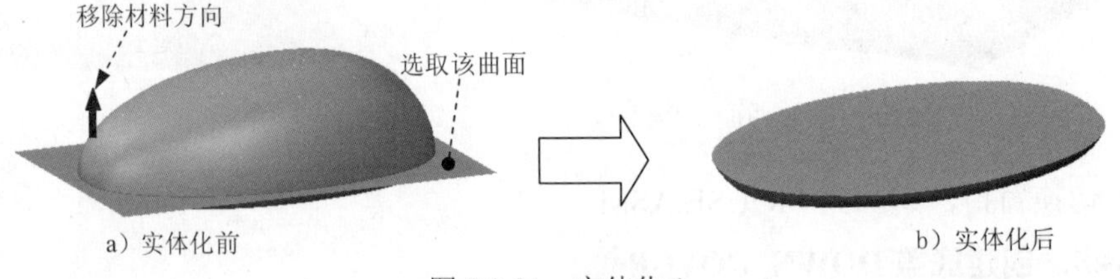

图 8.2.31 实体化 1

Step 5 创建图 8.2.32 所示的抽壳特征 1。在操控板中单击“壳”按钮 壳，选取图 8.2.32 所示的模型表面为要去除的面；抽壳的壁厚为 1.0；单击按钮，完成特征的创建。

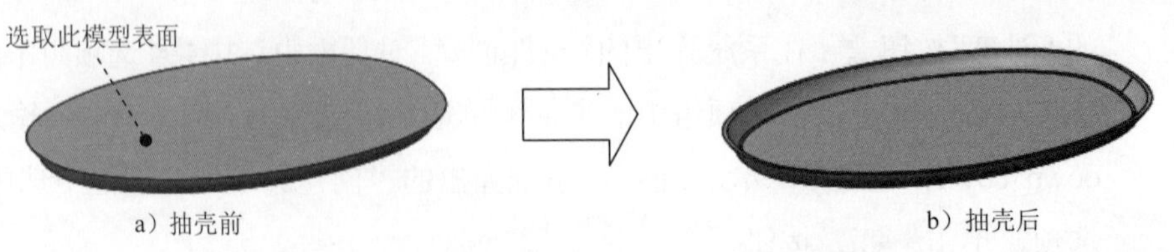

图 8.2.32 抽壳 1

Step 6　创建图 8.2.33 所示的实体拉伸特征 1。在操控板中单击 拉伸 按钮；选取图 8.2.33 所示的模型表面为草绘平面，选取 ASM_RIGHT 基准平面为参考平面，方向为 右；单击 草绘 按钮，绘制图 8.2.34 所示的截面草图；在操控板中定义拉伸类型为 ，输入深度值 19.0；在操控板中单击“加厚”按钮 ，输入厚度值 1.0；单击 按钮，完成特征的创建。

Step 7　创建图 8.2.35 所示的镜像特征 1。选取图 8.2.33 所示的拉伸特征 1 为要镜像的对象，单击 模型 功能选项卡 编辑 ▾ 区域中的 镜像 按钮，选取 ASM_FRONT 基准平面为镜像平面，单击 按钮，完成特征的创建。

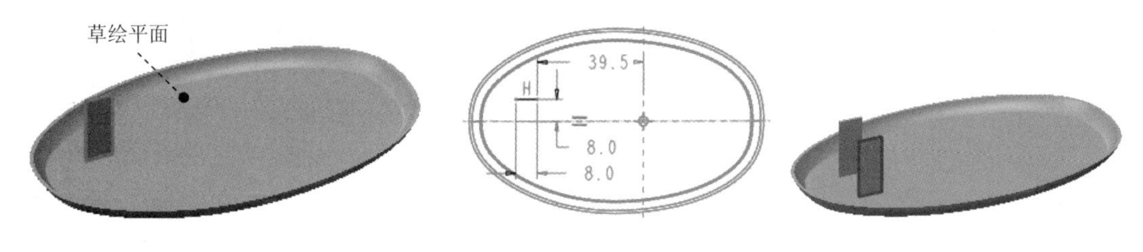

图 8.2.33　拉伸 1　　图 8.2.34　截面草图　　图 8.2.35　镜像 1

Step 8　创建图 8.2.36 所示的拉伸特征 2。在操控板中单击“拉伸”按钮 拉伸，并按下“移除材料”按钮 ；选取 ASM_FRONT 基准平面为草绘平面，选取 ASM_RIGHT 基准平面为参考平面，方向为 右；单击 草绘 按钮，绘制图 8.2.37 所示的截面草图；在操控板中定义拉伸类型为 ，输入深度值 20；单击 按钮，完成特征的创建。

图 8.2.36　拉伸 2

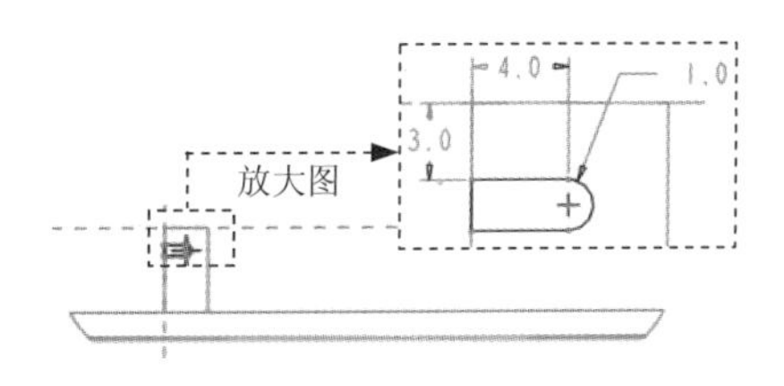

图 8.2.37　截面草图

Step 9　创建图 8.2.38b 所示的倒角特征 1。单击 模型 功能选项卡 工程 ▾ 区域中的 倒角 ▾ 按钮，按住 Ctrl 键，选取图 8.2.38a 所示的边线为倒角的边线；在 D x D ▾ 下拉列表中选择 D x D 选项，，倒角值 1.0。单击 按钮，完成特征的创建。

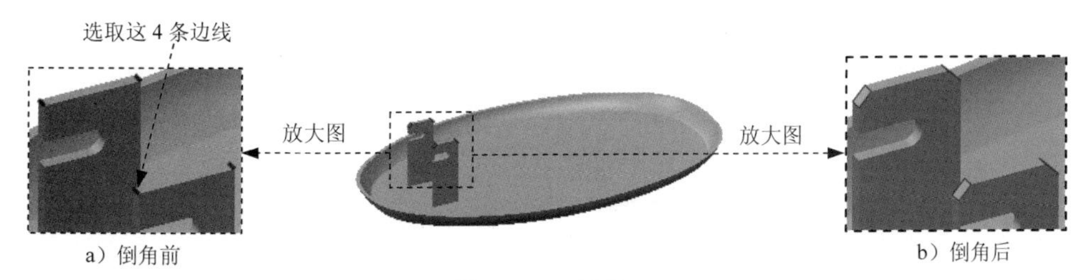

a）倒角前　　b）倒角后

图 8.2.38　倒角 1

Step 10 创建图 8.2.39 所示的拉伸特征 3。在操控板中单击 拉伸 按钮；选取图 8.2.39 所示的模型表面为草绘平面，选取 ASM_RIGHT 基准平面为参考平面，方向为 右；单击 草绘 按钮，绘制图 8.2.40 所示的截面草图；在操控板中单击 选项 按钮，在系统弹出的界面中定义 侧 1 的拉伸深度类型为 盲孔，输入深度值 4.8；定义 侧 2 的拉伸深度类型为 盲孔，输入深度值 1.6；单击 ✓ 按钮，完成特征的创建。

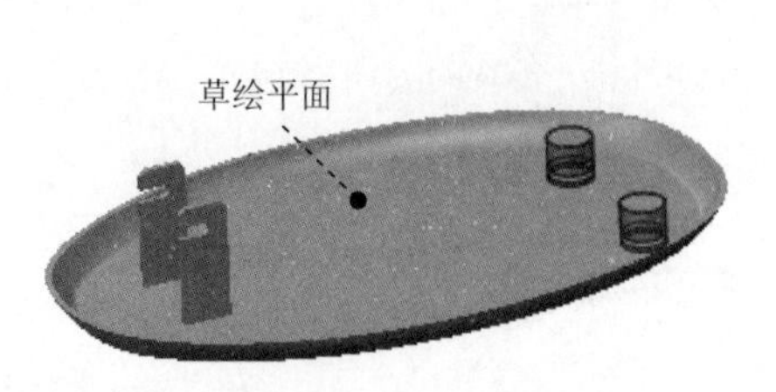

图 8.2.39 拉伸 3

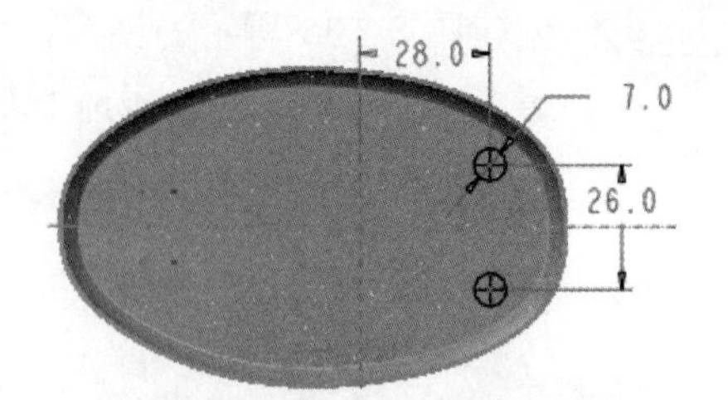

图 8.2.40 截面草图

Step 11 创建图 8.2.41 所示的拉伸特征 4。在操控板中单击 拉伸 按钮，并按下“移除材料”按钮；选取图 8.2.41 所示的模型表面为草绘平面，单击 反向 按钮，选取 ASM_RIGHT 基准平面为参考平面，方向为 右；单击 草绘 按钮，绘制图 8.2.42 所示的截面草图；在操控板中定义拉伸类型为，输入深度值 0.5；在操控板中单击“加厚”按钮，输入厚度值 1.0，并单击 按钮将加厚类型设置为草绘的两侧；单击 ✓ 按钮，完成特征的创建。

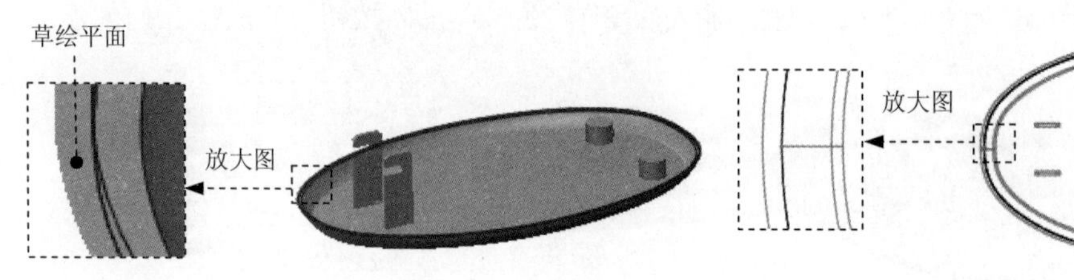

图 8.2.41 拉伸 4

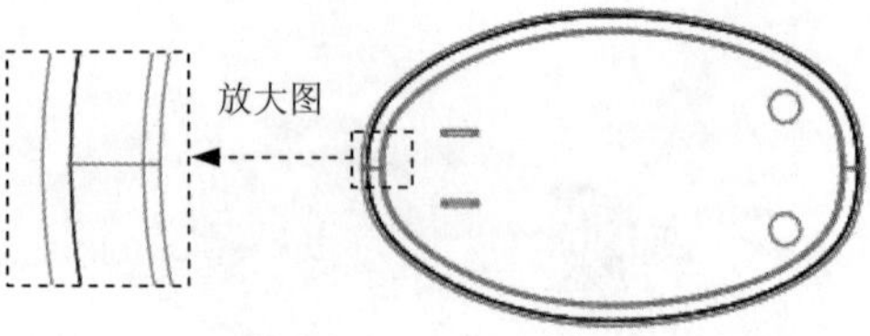

图 8.2.42 截面草图

Step 12 创建图 8.2.43 所示的拉伸特征 5。在操控板中单击 拉伸 按钮，并按下“移除材料”按钮；选取 ASM_RIGHT 基准平面为草绘平面，选取 ASM_FRONT 基准平面为参考平面，方向为 右；单击 草绘 按钮，绘制图 8.2.44 所示的截面草图；在操控板中定义拉伸类型为；单击 ✓ 按钮，完成特征的创建。

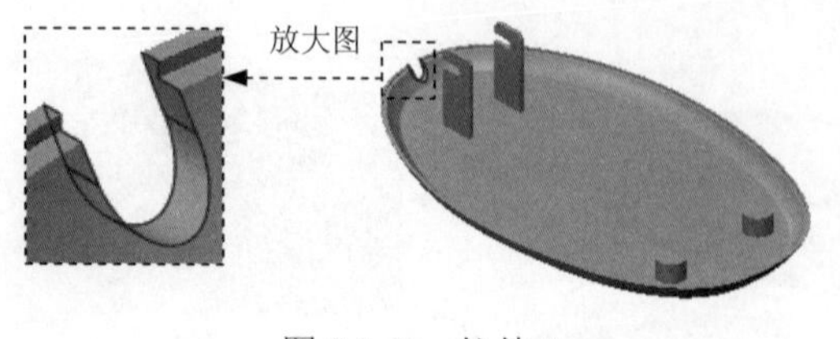

图 8.2.43 拉伸 5

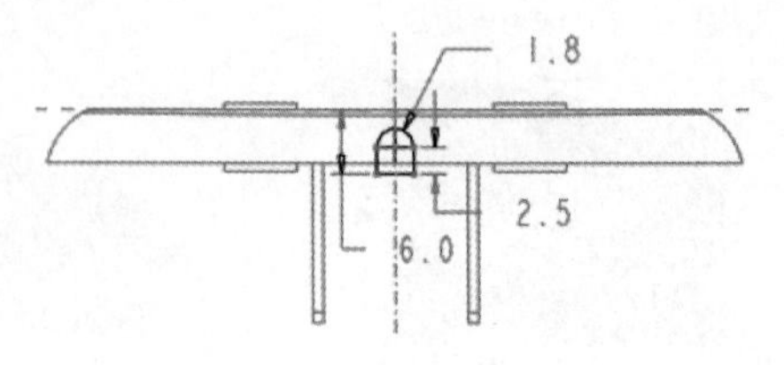

图 8.2.44 截面草图

Step 13 创建图 8.2.45 所示的拉伸特征 6。在操控板中单击 拉伸 按钮；选取图 8.2.45 所示的模型表面为草绘平面，选取 ASM_RIGHT 基准平面为参考平面，方向为 右；单击 草绘 按钮，绘制图 8.2.46 所示的截面草图；在操控板中定义拉伸类型为；在操控板中单击“加厚”按钮，输入厚度值 1.0，并单击按钮将加厚类型设置为草绘的两侧；单击按钮，完成特征的创建。

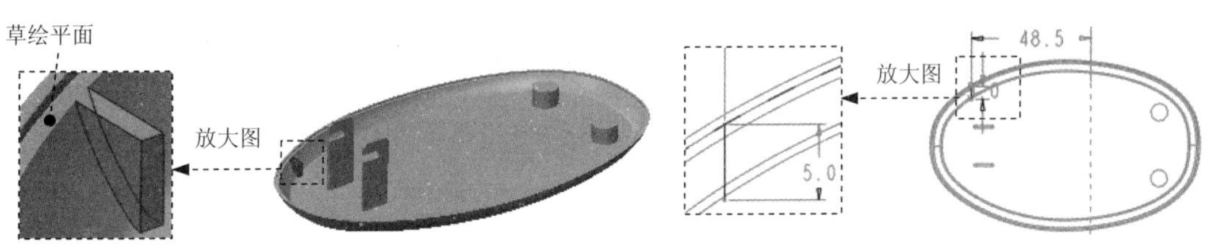

图 8.2.45 拉伸 6　　图 8.2.46 截面草图

Step 14 创建图 8.2.47 所示的拉伸特征 7。在操控板中单击 拉伸 按钮；选取图 8.2.47 所示的模型表面为草绘平面，选取 ASM_RIGHT 基准平面为参考平面，方向为 右；单击 草绘 按钮，绘制图 8.2.48 所示的截面草图；在操控板中定义拉伸类型为；在操控板中单击“加厚”按钮，输入厚度值 1.0，并单击按钮将加厚类型设置为草绘的两侧；单击按钮，完成特征的创建。

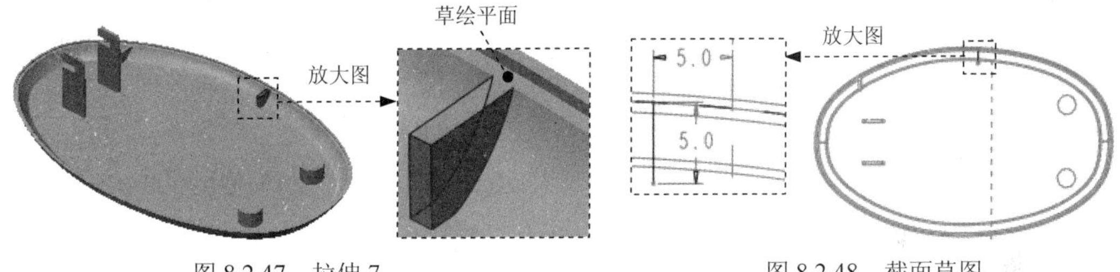

图 8.2.47 拉伸 7　　图 8.2.48 截面草图

Step 15 创建组特征 1。按住 Ctrl 键，在模型树中选择 Step13 和 Step14 所创建的特征后右击，在系统弹出的快捷菜单中选择 组 命令，所创建的特征即可合并为 组LOCAL_GROUP。

Step 16 创建图 8.2.49 所示的镜像特征 2。在模型树中选取 组LOCAL_GROUP 为镜像对象；单击 模型 功能选项卡 编辑 ▾ 区域中的“镜像”按钮；选取 ASM_FRONT 基准平面为镜像平面；单击按钮，完成镜像特征的创建。

图 8.2.49 镜像 2

Step 17 创建图 8.2.50 所示的拉伸特征 8。在操控板中单击 拉伸 按钮；选取图 8.2.50 所示的模型表面为草绘平面，选取 ASM_RIGHT 基准平面为参考平面，方向为 右；

单击 草绘 按钮，绘制图 8.2.51 所示的截面草图；在操控板中定义拉伸类型为 ⊥⊥，输入深度值 1.0；单击 ✔ 按钮，完成特征的创建。

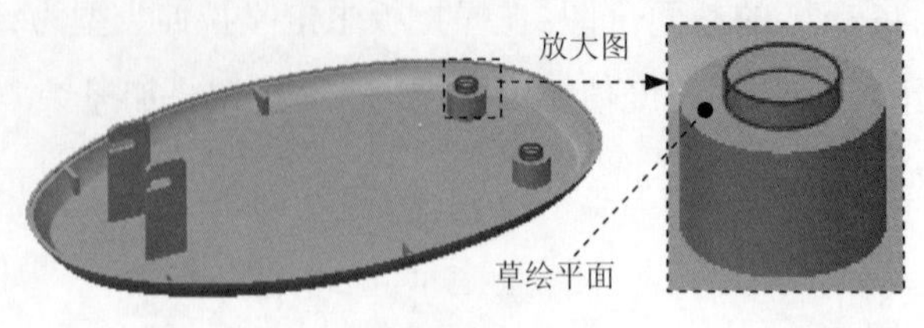

图 8.2.50　拉伸 8

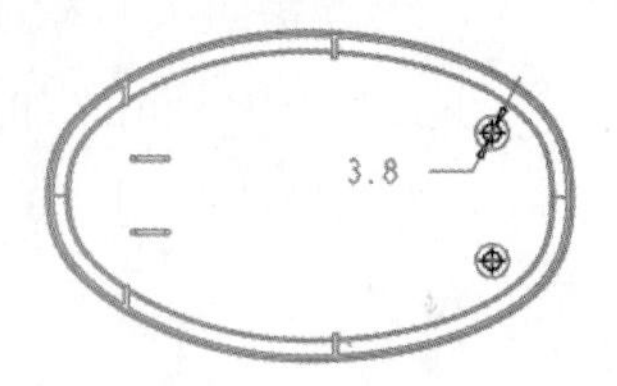

图 8.2.51　截面草图

Step 18　创建图 8.2.52 所示的孔特征 1。单击 模型 功能选项卡 工程 ▾ 区域中的 孔 按钮；选取图 8.2.52 所示的模型表面为放置面，按住 Ctrl 键选取基准轴 A_2 作为放置参考，放置类型为 同轴；在操控板中依次按下“使用标准孔轮廓作为钻孔轮廓”按钮 ∪ 和“添加沉孔”按钮 ⊢⊣；在操控板中单击 形状 选项卡，在系统弹出的界面中设置图 8.2.53 所示的参数；单击 ✔ 按钮，完成孔特征的创建。

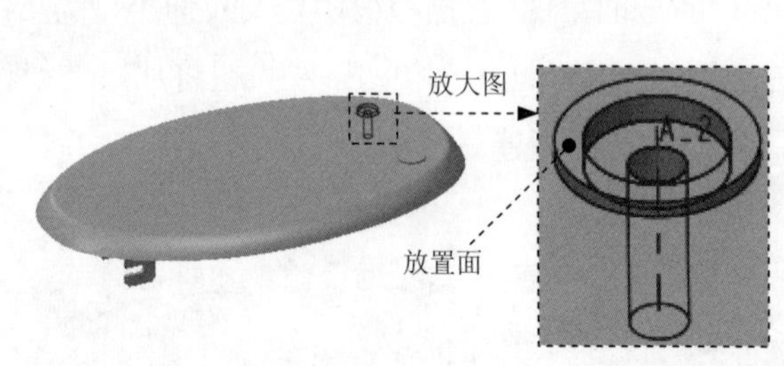

图 8.2.52　孔 1

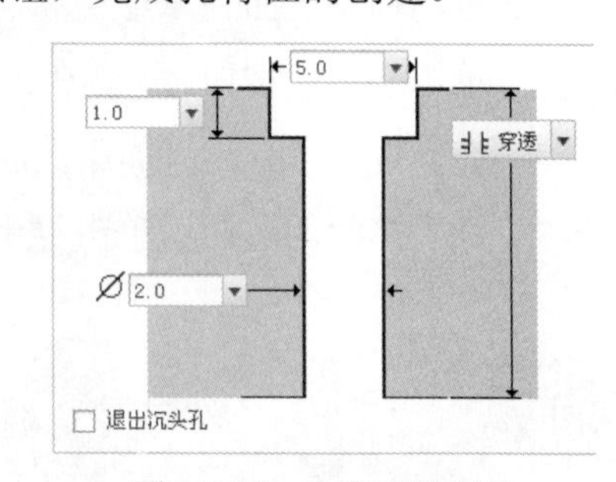

图 8.2.53　定义孔的形状

Step 19　创建图 8.2.54 所示的镜像特征 3。选取上一步创建的孔特征为要镜像的对象，单击 模型 功能选项卡 编辑 ▾ 区域中的 镜像 按钮，选取 ASM_FRONT 基准平面为镜像平面，单击 ✔ 按钮，完成镜像特征创建。

Step 20　创建图 8.2.55 所示的拉伸特征 9。在操控板中单击 拉伸 按钮；选取图 8.2.55 所示的模型表面为草绘平面，选取 ASM_RIGHT 基准平面为参考平面，方向为 右；单击 草绘 按钮，绘制图 8.2.56 所示的截面草图；在操控板中定义拉伸类型为 ⊥⊥，输入深度值 1.0；在操控板中单击“加厚”按钮 ⊏，输入厚度值 1.0，并单击 ⁄ 按钮将加厚类型设置为草绘的外侧；单击 ✔ 按钮，完成特征的创建。

图 8.2.54　镜像 3

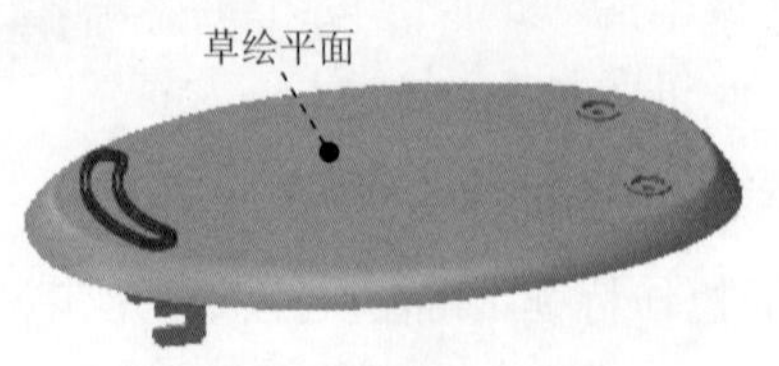

图 18.2.55　拉伸 9

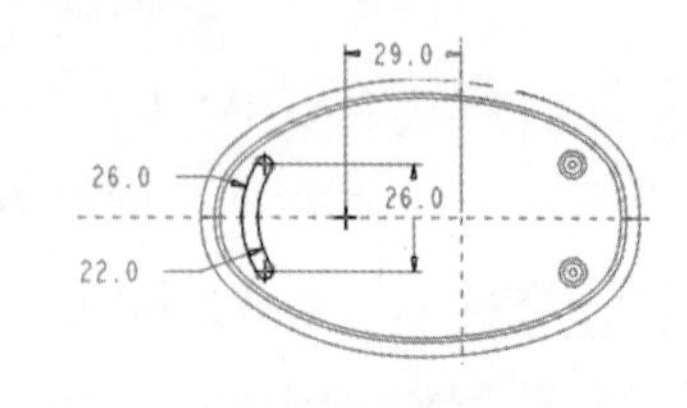

图 8.2.56　截面草图

Step 21 创建图 8.2.57 所示的拉伸特征 10。在操控板中单击 拉伸 按钮，并按下“移除材料”按钮；选取图 8.2.57 所示的模型表面为草绘平面，选取 ASM_RIGHT 基准平面为参考平面，方向为 左；单击 草绘 按钮，绘制图 8.2.58 所示的截面草图；在操控板中定义拉伸类型为，输入深度值 0.2；单击 按钮，完成特征的创建。

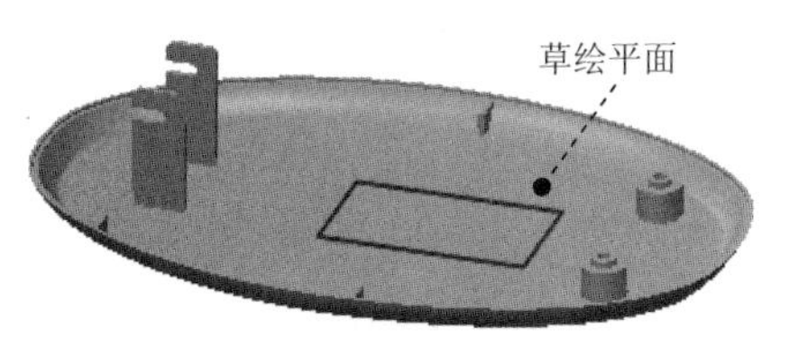

图 8.2.57 拉伸 10

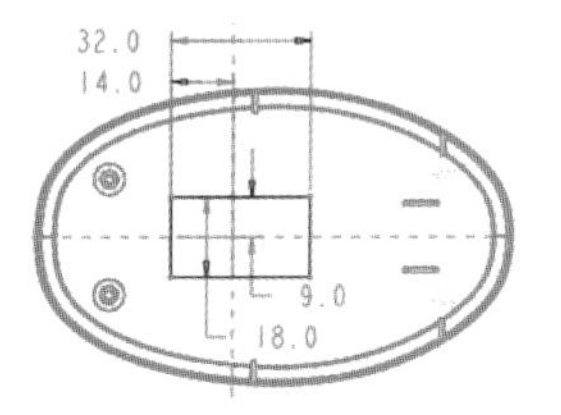

图 8.2.58 截面草图

Step 22 创建图 8.2.59 所示的拉伸特征 11。在操控板中单击 拉伸 按钮，并按下“移除材料”按钮；选取图 8.2.59 所示的模型表面为草绘平面，选取 ASM_RIGHT 基准平面为参考平面，方向为 右；单击 草绘 按钮，绘制图 8.2.60 所示的截面草图；在操控板中定义拉伸类型为，输入深度值 0.5；单击 按钮，完成特征的创建。

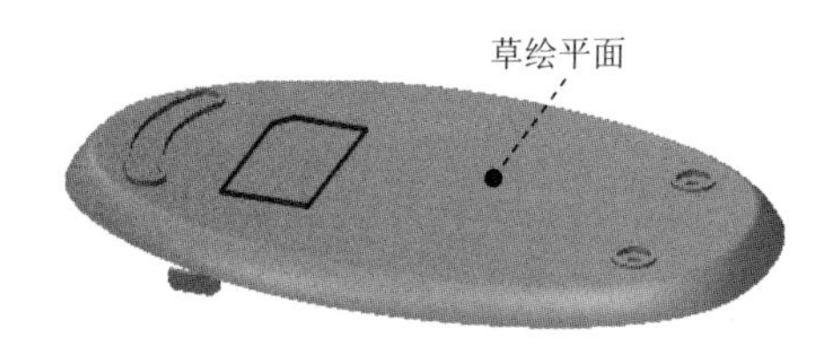

图 8.2.59 拉伸 10

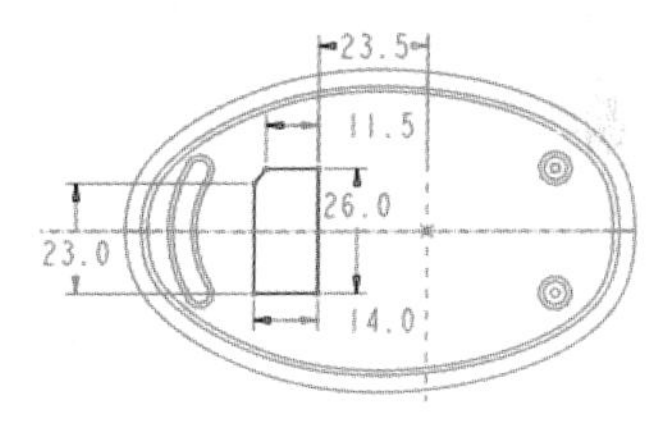

图 8.2.60 截面草图

Step 23 创建图 8.2.61b 所示的倒角特征 2。按住 Ctrl 键，选取图 8.2.61a 所示的边线为倒角的边线；在 D x D 下拉列表中选择 D x D 选项，输入倒角值 0.5。

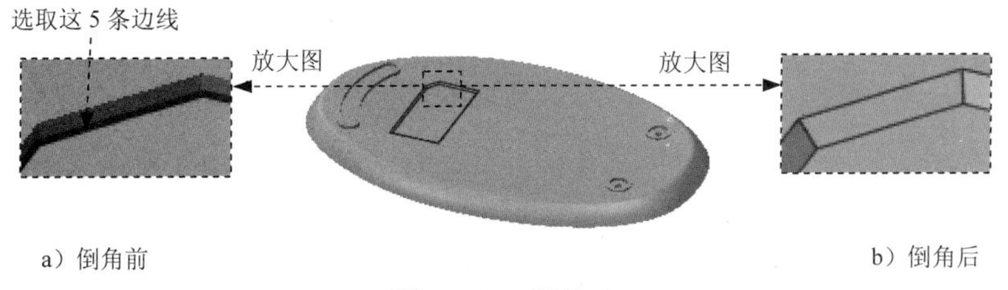

a）倒角前 b）倒角后

图 8.2.61 倒角 2

Step 24 创建图 8.2.62 所示的旋转特征 1。在操控板中单击“旋转”按钮 旋转，并按下“移除材料”按钮；选取 ASM_FRONT 基准平面为草绘平面，选取 ASM_RIGHT 基准平面为参考平面，方向为 右；单击 草绘 按钮，绘制图 8.2.63 所示的截面草图（包括旋转中心线）；在操控板中定义旋转类型为，在角度文本框中输入角度值 360；单击 按钮，完成特征的创建。

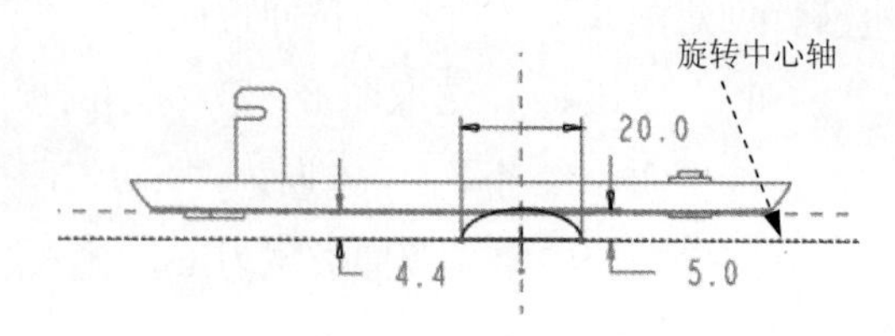

图 8.2.62　旋转 1

图 8.2.63　截面草图

说明：截面草图中所绘制的图元为部分椭圆。

Step 25 创建图 8.2.64 所示的拉伸特征 12。在操控板中单击 拉伸 按钮，并按下“移除材料”按钮；选取图 8.2.64 所示的模型表面为草绘平面，选取 ASM_RIGHT 基准平面为参考平面，方向为 右；单击 草绘 按钮，绘制图 8.2.65 所示的截面草图；在操控板中定义拉伸类型为，输入深度值 0.2；在操控板中单击“加厚”按钮，输入厚度值 0.3，并单击按钮将加厚类型设置为草绘的外侧；单击按钮，完成特征的创建。

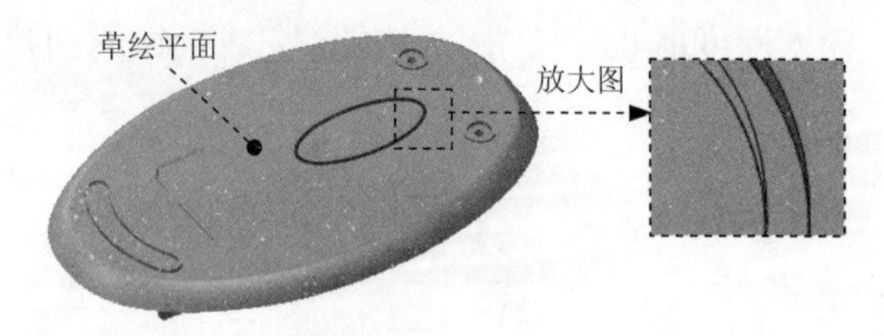

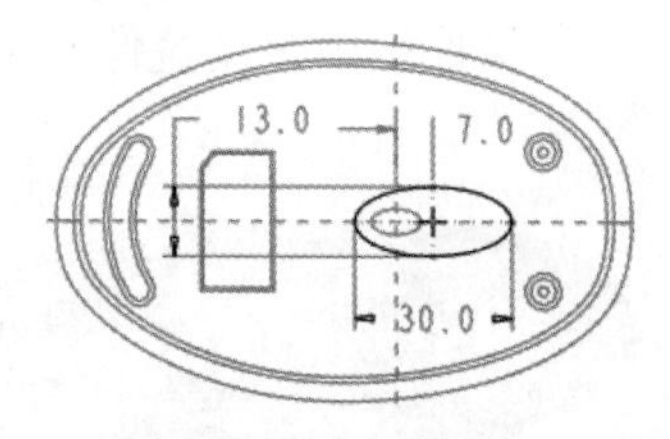

图 8.2.64　拉伸 12

图 8.2.65　截面草图

Step 26 创建图 8.2.66 所示的拉伸特征 13。在操控板中单击 拉伸 按钮，并按下“移除材料”按钮；选取图 8.2.66 所示的模型表面为草绘平面，，选取 ASM_RIGHT 基准平面为参考平面，方向为 右；单击 草绘 按钮，绘制图 8.2.67 所示的截面草图；在操控板中定义拉伸类型为，输入深度值 0.2；单击按钮，完成特征的创建。

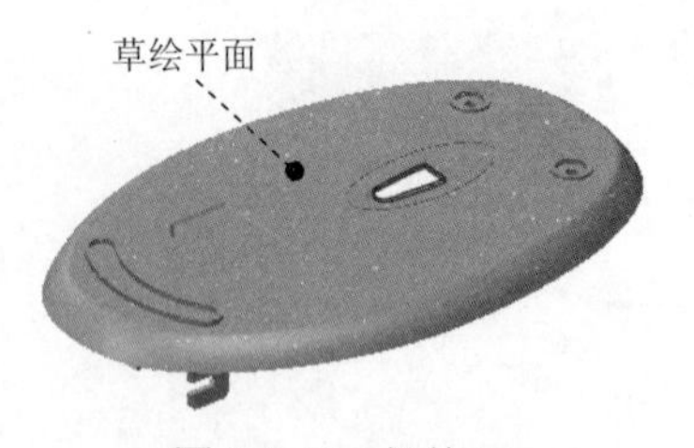

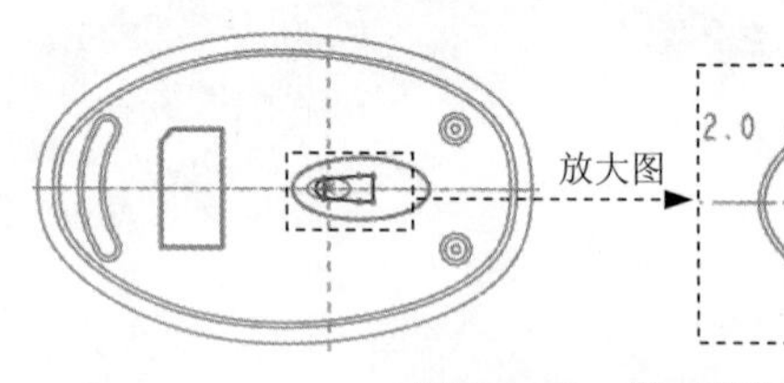

图 8.2.66　拉伸 13

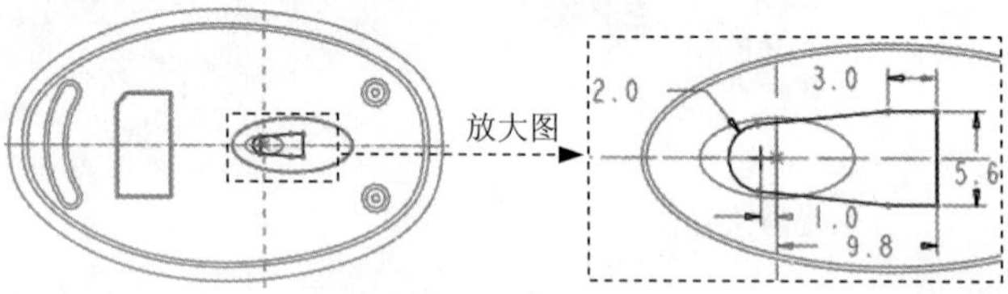

图 8.2.67　截面草图

Step 27 创建图 8.2.68 所示的拉伸特征 14。在操控板中单击 拉伸 按钮；选取图 8.2.68 所示的模型表面为草绘平面，选取 ASM_RIGHT 基准平面为参考平面，方向为 右；单击 草绘 按钮，绘制图 8.2.69 所示的截面草图；在操控板中定义拉伸类型为，输入深度值 1.0；在操控板中单击“加厚”按钮，输入厚度值 1.0，并单击按钮将加厚类型设置为草绘的外侧；单击✔按钮，完成特征的创建。

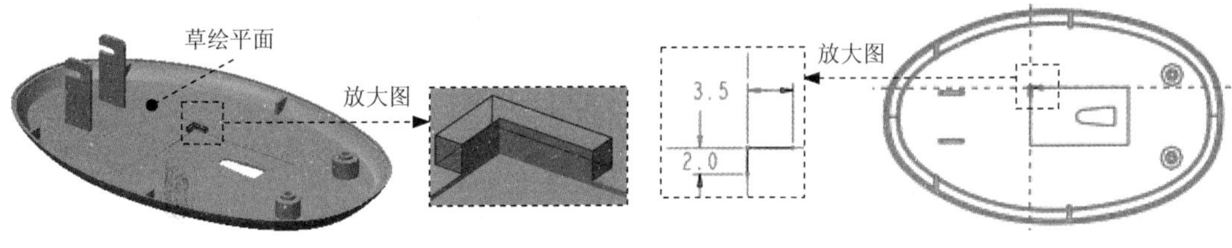

图 8.2.68 拉伸 14　　　　图 8.2.69 截面草图

Step 28 创建图 8.2.70 所示的拉伸特征 15。在操控板中单击 拉伸 按钮；选取图 8.2.70 所示的模型表面为草绘平面，选取 ASM_RIGHT 基准平面为参考平面，方向为 右；单击 草绘 按钮，绘制图 8.2.71 所示的截面草图；在操控板中定义拉伸类型为 ⊥⊥，输入深度值 1.0；在操控板中单击"加厚"按钮 ⊏，输入厚度值 1.0，并单击 ⁄ 按钮将加厚类型设置为草绘的外侧；单击✔按钮，完成特征的创建。

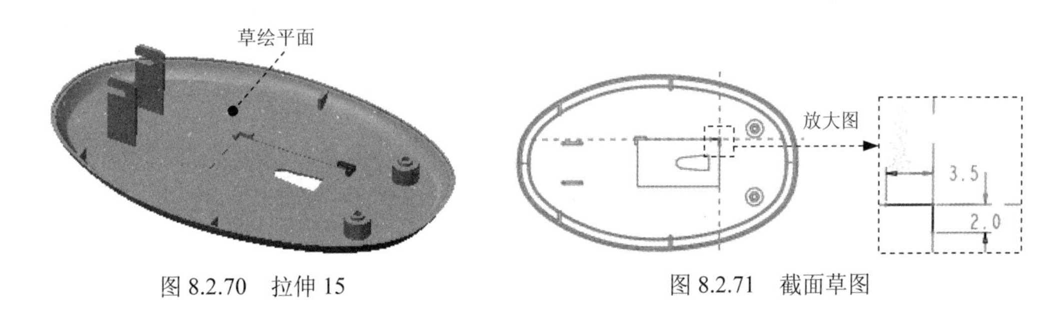

图 8.2.70 拉伸 15　　　　图 8.2.71 截面草图

Step 29 创建组特征 2。按住 Ctrl 键，在模型树中选择 Step27 和 Step28 所创建的特征后右击，在系统弹出的快捷菜单中选择 组 命令，所创建的特征即可合并为 组LOCAL_GROUP_1。

Step 30 创建图 8.2.72 所示的镜像特征 2。在模型树中选取 组LOCAL_GROUP_1 为镜像对象；单击 模型 功能选项卡 编辑 ▾ 区域中的"镜像"按钮 ⫴；选取 ASM_FRONT 基准平面为镜像平面；单击✔按钮，完成镜像特征的创建。

Step 31 切换窗口，返回到 MOUSE.ASM。

Task4. 创建二级主控件 CONTROL

二级主控件（CONTROL）是从骨架模型中分割出来的一部分，它继承了骨架模型的相应外观形状，同时它又作为控件模型为顶盖和鼠标按键提供相应的外观和对应尺寸，保证了设计零件的可装配性。下面讲解二级主控件（CONTROL.PRT）的创建过程，零件模型及模型树如图 8.2.73 所示。

Step 1 在装配体中建立二级主控件 CONTROL。单击 模型 功能选项卡 元件 ▾ 区域中的"创建"按钮 ⊞；系统弹出"元件创建"对话框，选中 类型 选项组中的 ◉ 零件单选项，选中 子类型 选项组中的 ◉ 实体 单选项，然后在 名称 文本框中输入文件名 control，单击 确定 按钮；在系统弹出的“创建选项”对话框中选中 ◉ 空 单选项，单击 确定 按钮。

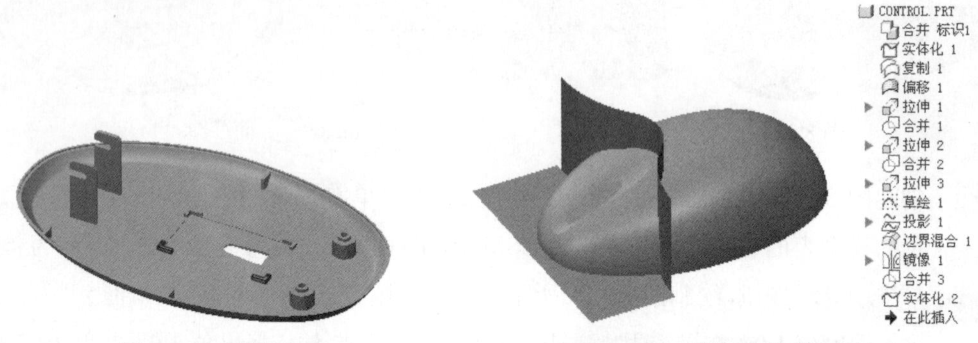

图 8.2.72 镜像 4

图 8.2.73 零件模型及模型树

Step 2 激活 CONTROL 模型。在模型树中单击 CONTROL.PRT，然后右击，在系统弹出的快捷菜单中选择 激活 命令；单击 模型 功能选项卡 获取数据 ▾ 区域中的 合并/继承 命令，系统弹出“合并/继承”操控板，在该操控板中进行下列操作：先确认“将参考类型设置为装配上下文”按钮被按下；在该操控板中单击 参考 选项卡，系统弹出“参考”界面；选中 ☑复制基准 复选框，然后选取骨架模型；单击“完成”按钮✔。

Step 3 在模型树中选择 CONTROL.PRT，然后右击，在系统弹出的快捷菜单中选择 打开 命令。

Step 4 创建图 8.2.74b 所示的实体化 1。选取图 8.2.74a 所示的曲面；单击 模型 功能选项卡 编辑 ▾ 区域中的 实体化 按钮，并按下“移除材料”按钮；调整图形区中的箭头使其指向要移除的实体，如图 8.2.74a 所示；单击✔按钮，完成实体化 1 的创建。

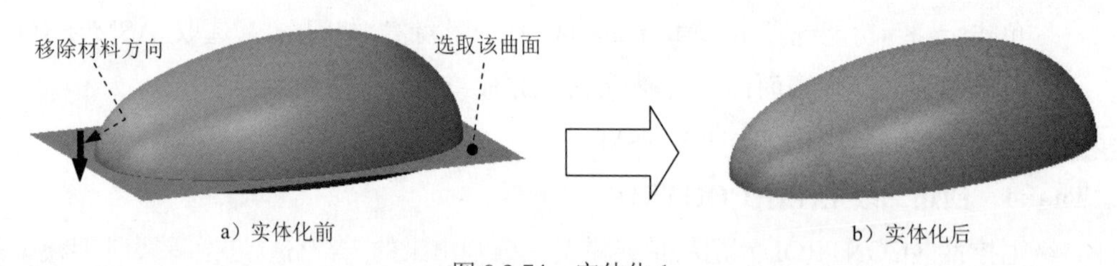

a）实体化前　　b）实体化后

图 8.2.74 实体化 1

Step 5 创建图 8.2.75 所示的复制曲面 1。选取图 8.2.75 所示的曲面为要复制的曲面；单击“复制”按钮，然后单击“粘贴”按钮 ▾；单击✔按钮，完成复制曲面的创建。

Step 6 创建图 8.2.76 的偏移曲面 1（隐藏复制 1）。选取图 8.2.75 所示的复制曲面 1 为要偏移的曲面；单击 模型 功能选项卡 编辑 ▾ 区域中的 偏移 按钮；在操控板的偏移类型栏中选择“标准偏移”选项，输入偏移距离 1.5，单击 按钮调整偏移方向向内；在操控板中单击 选项 按钮，在其下的下拉列表中选择 自动拟合 选项；单击 ✔ 按钮，完成偏移曲面 1 的创建。

Step 7 创建图 8.2.77 所示的拉伸曲面 1。在操控板中单击“拉伸”按钮 拉伸，并按下“曲面类型”按钮；选取 ASM_TOP 基准平面为草绘平面，选取 ASM_RIGHT 基准平面为参考平面，方向为 右；单击 草绘 按钮，绘制图 8.2.78 所示的截面草图；在该操控板中定义拉伸类型为，输入深度值 40；单击 ✔ 按钮，完成拉伸曲面 1 的创建。

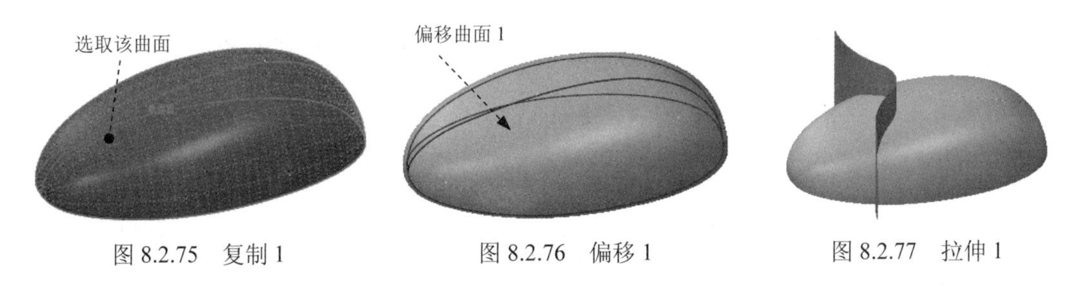

图 8.2.75 复制 1　　图 8.2.76 偏移 1　　图 8.2.77 拉伸 1

Step 8 创建图 8.2.79 所示的曲面合并 1。按住 Ctrl 键，选取图 8.2.80 所示的面组为合并对象；单击 合并 按钮，调整箭头方向如图 8.2.80 所示；单击 ✔ 按钮，完成曲面合并 1 的创建。

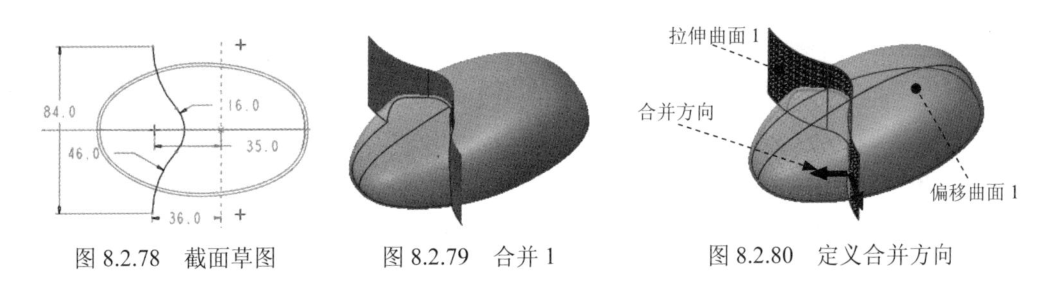

图 8.2.78 截面草图　　图 8.2.79 合并 1　　图 8.2.80 定义合并方向

Step 9 创建图 8.2.81 所示的拉伸曲面 2。在操控板中单击“拉伸”按钮 拉伸，并按下“曲面类型”按钮；选取 ASM_FRONT 基准平面为草绘平面，选取 ASM_RIGHT 基准平面为参考平面，方向为 右；单击 草绘 按钮，绘制图 8.2.82 所示的截面草图；在操控板中定义拉伸类型为，输入深度值 90.0；单击 ✔ 按钮，完成拉伸曲面的创建。

Step 10 创建图 8.2.83 所示的曲面合并 2。按住 Ctrl 键，选取图 8.2.84 所示的面组为合并对象；单击 合并 按钮，调整箭头方向如图 8.2.84 所示；单击 ✔ 按钮，完成曲面合并 2 的创建。

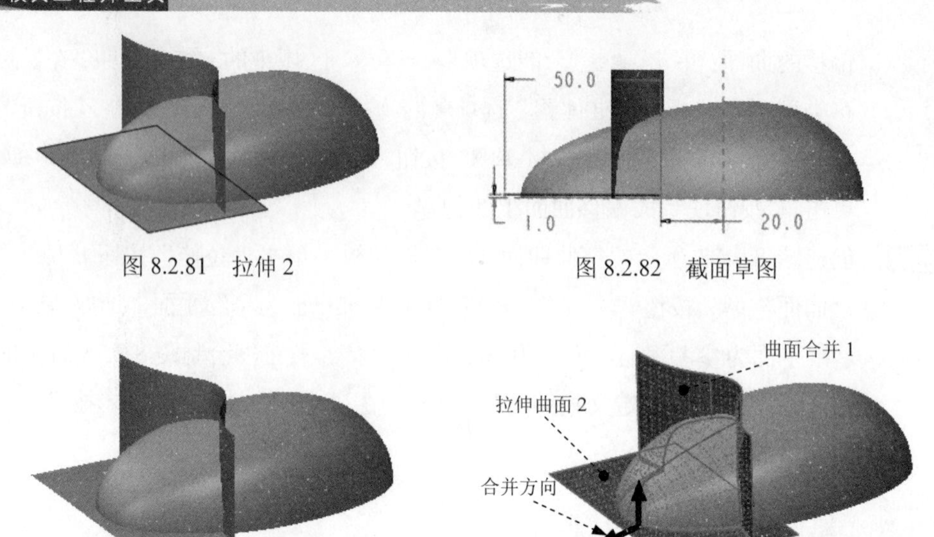

图 8.2.81　拉伸 2　　图 8.2.82　截面草图

图 8.2.83　合并 2　　图 8.2.84　定义合并方向

Step 11 创建图 8.2.85 所示的拉伸曲面 3。在操控板中单击“拉伸”按钮，并按下“曲面类型”按钮；选取 ASM_FRONT 基准平面为草绘平面，选取 ASM_RIGHT 基准平面为参考平面，方向为右；单击 草绘 按钮，绘制图 8.2.86 所示的截面草图；在该操控板中定义拉伸类型为，输入深度值 10.0；单击按钮，完成拉伸曲面的创建。

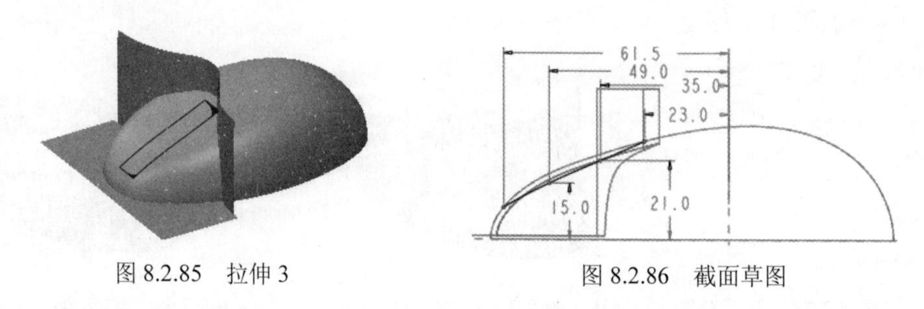

图 8.2.85　拉伸 3　　图 8.2.86　截面草图

Step 12 创建图 8.2.87 所示的草绘 1。在操控板中单击“草绘”按钮；选取 ASM_TOP 基准平面为草绘平面，选取 ASM_RIGHT 基准平面为参考平面，方向为右；单击 草绘 按钮，绘制图 8.2.87 所示的草绘。

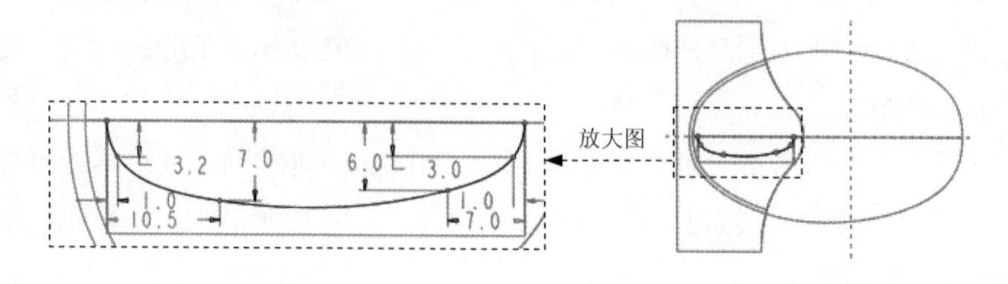

图 8.2.87　草绘 1

Step 13 创建图 8.2.88 所示的投影曲线 1。选取草绘 1 为投影对象；单击 模型 功能选项卡 编辑 ▾ 区域中的“投影”按钮；选取图 8.2.89 所示的模型外表面，系统立即产生图 8.2.88 所示的投影曲线；单击✔按钮，完成投影曲线的创建。

Step 14 创建图 8.2.90 所示的边界混合曲面 1。单击 模型 功能选项卡 曲面 ▾ 区域中的“边界混合”按钮；在“边界混合”操控板中单击 曲线 按钮，系统弹出“曲线”界面，按住 Ctrl 键，依次选取图 8.2.91 所示的投影曲线 1 和拉伸曲面 3 上的边线 1 为第一方向曲线；单击 约束 按钮，在“约束”界面中将边界方向 1-最后一条链的“条件”设置为 相切；单击✔按钮，完成边界混合曲面的创建。

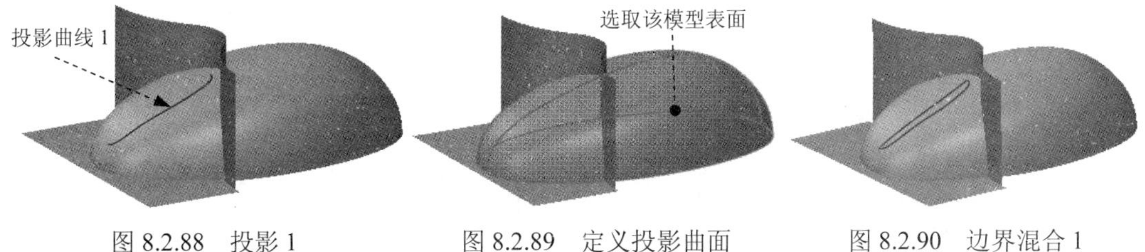

图 8.2.88　投影 1　　图 8.2.89　定义投影曲面　　图 8.2.90　边界混合 1

Step 15 创建图 8.2.92 所示的镜像特征 1。选取上一步所创建的边界混合曲面 1 为镜像特征；单击 模型 功能选项卡 编辑 ▾ 区域中的“镜像”按钮，选取 ASM_FRONT 基准平面为镜像平面；单击✔按钮，完成镜像特征 1 的创建。

Step 16 创建曲面合并 3。按住 Ctrl 键，选取图 8.2.93 所示的面组为合并对象；单击 合并 按钮，单击✔按钮，完成曲面合并 3 的创建。

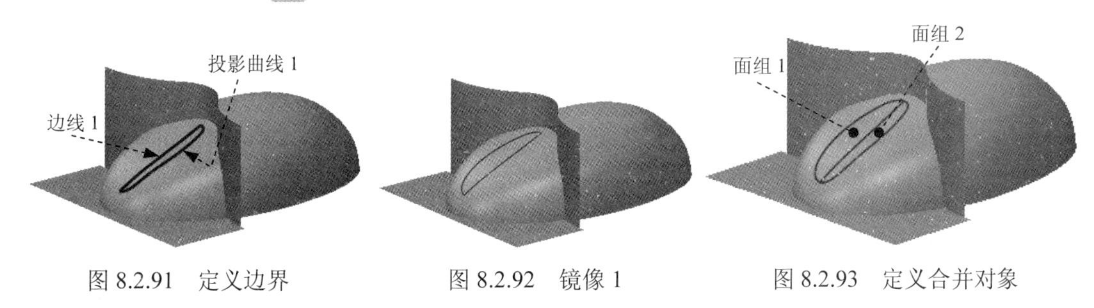

图 8.2.91　定义边界　　图 8.2.92　镜像 1　　图 8.2.93　定义合并对象

Step 17 创建图 8.2.94b 所示的实体化 2。选取图 8.2.94a 所示的曲面；单击 模型 功能选项卡 编辑 ▾ 区域中的 实体化 按钮，并按下“移除材料”按钮；调整图形区中的箭头使其指向要移除的实体，如图 8.2.94a 所示；单击✔按钮，完成实体化 1 的创建。

Step 18 切换窗口，返回到 MOUSE.ASM。

Task5．创建顶盖 TOP_COVER

顶盖是从二级控件中分割出来后经过细化而得到的最终模型零件。下面讲解前盖（TOP_COVER.PRT）的创建过程，零件模型及模型树如图 8.2.95 所示。

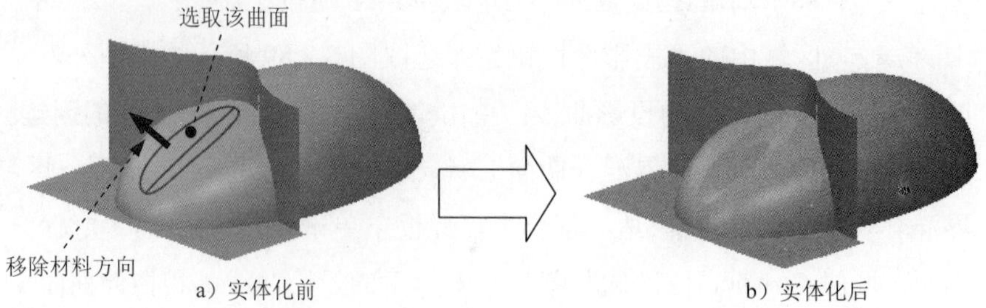

选取该曲面

移除材料方向

a）实体化前　　　　b）实体化后

图 8.2.94　实体化 1

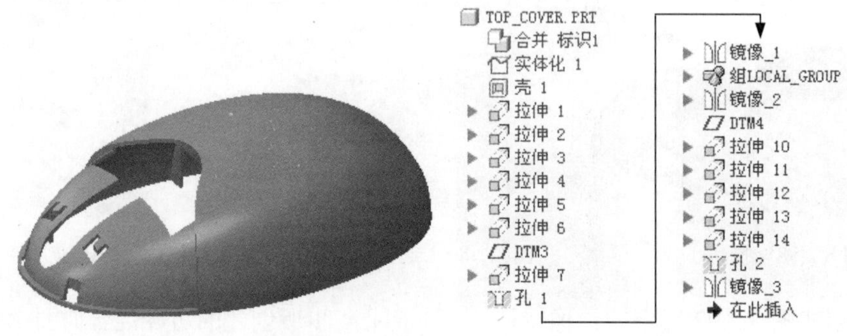

图 8.2.95　零件模型及模型树

Step 1 在装配体中建立 TOP_COVER.PRT。单击 模型 功能选项卡 元件▼ 区域中的“创建”按钮；在系统弹出的“元件创建”对话框中选中 类型 选项组中的 ◉ 零件 单选项，选中 子类型 选项组中的 ◉ 实体 单选项，然后在 名称 文本框中输入文件名 top_cover，单击 确定 按钮；在系统弹出的“创建选项”对话框中选中 ◉ 空 单选项，单击 确定 按钮。

Step 2 激活顶盖模型。在模型树中选择 TOP_COVER.PRT，然后右击，在系统弹出的快捷菜单中选择 激活 命令；单击 模型 功能选项卡中的 获取数据▼ 按钮，在系统弹出的菜单中选择 合并/继承 命令，系统弹出“合并/继承”操控板，在该操控板中进行下列操作：先确认“将参考类型设置为装配上下文”按钮被按下，在操控板中单击 参考 选项卡，系统弹出“参考”界面；选中 ☑复制基准 复选框，然后选取二级主控件 CONTROL；单击“完成”按钮✔。

Step 3 在模型树中选择 TOP_COVER.PRT，然后右击，在系统弹出的快捷菜单中选择 打开 命令。

Step 4 创建图 8.2.96b 所示的实体化 1。选取图 8.2.96a 所示的曲面；单击 模型 功能选项卡 编辑▼ 区域中的 实体化 按钮，并按下“移除材料”按钮；调整图形区中的箭头使其指向要移除的实体，如图 8.2.96a 所示；单击✔按钮，完成实体化 1 的创建。

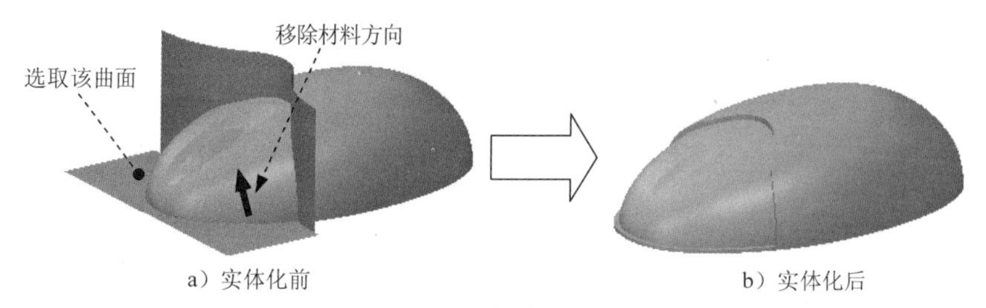

图 8.2.96　实体化 1

Step 5 创建图 8.2.97 所示的抽壳特征 1。单击 模型 功能选项卡 工程 ▾ 区域中的“壳”按钮 壳；选取图 8.2.98 所示的模型表面为要移除面。在 厚度 文本框中输入壁厚值为 1.0；在操控板中单击 参考 按钮，定义图 8.2.99 所示的模型表面为非默认厚度对象，其厚度值为 0.8；单击 ✔ 按钮，完成抽壳特征的创建。

图 8.2.97　抽壳 1

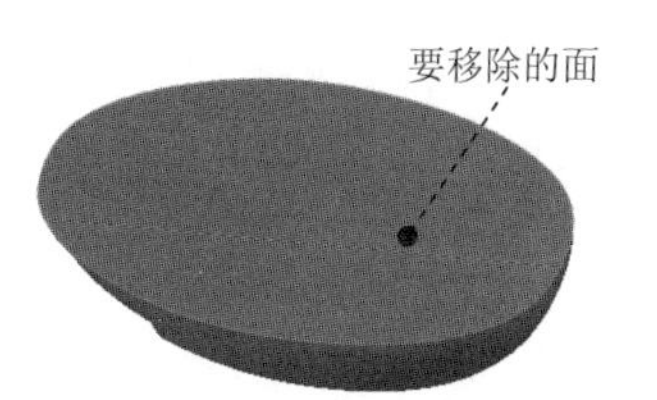

图 8.2.98　定义移除面

Step 6 创建图 8.2.100 所示的拉伸特征 1。在操控板中单击“拉伸”按钮 拉伸，按下“移除材料”按钮；选取 ASM_TOP 基准平面为草绘平面，选取 ASM_RIGHT 基准平面为参考平面，方向为 右；单击 草绘 按钮，绘制图 8.2.101 所示的截面草图；在操控板中定义拉伸类型为；单击 ✔ 按钮，完成拉伸特征的创建。

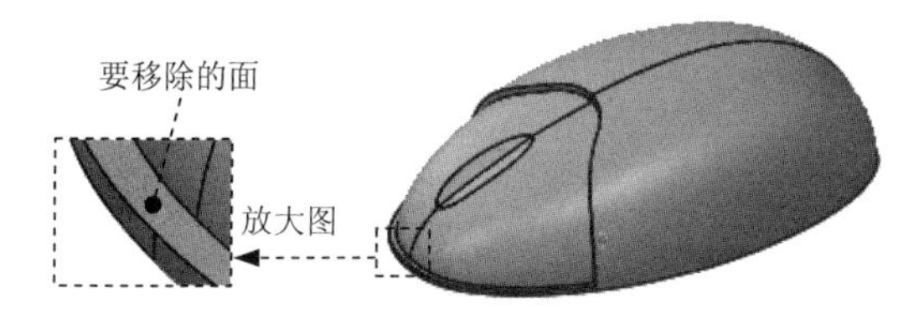

图 8.2.99　定义移除面

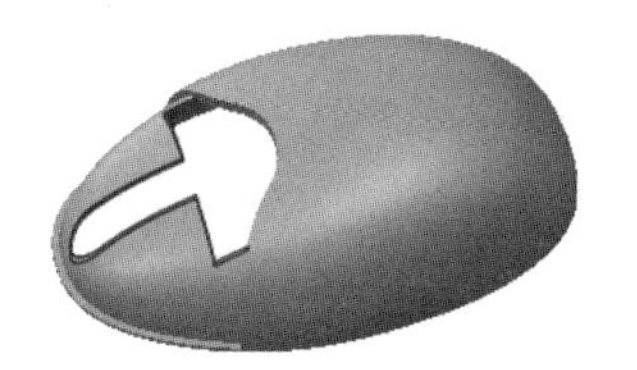

图 8.2.100　拉伸 1

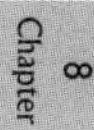

Step 7 创建图 8.2.102 所示的拉伸特征 2。在操控板中单击“拉伸”按钮 拉伸，按下“移除材料”按钮；选取 ASM_TOP 基准平面为草绘平面，选取 ASM_RIGHT 基准平面为参考平面，方向为 右；单击 草绘 按钮，绘制图 8.2.103 所示的截面草图；在操控板中定义拉伸类型为，选取图 8.2.104 所示的模型表面为拉伸至选定对象；单击 ✔ 按钮，完成拉伸特征的创建。

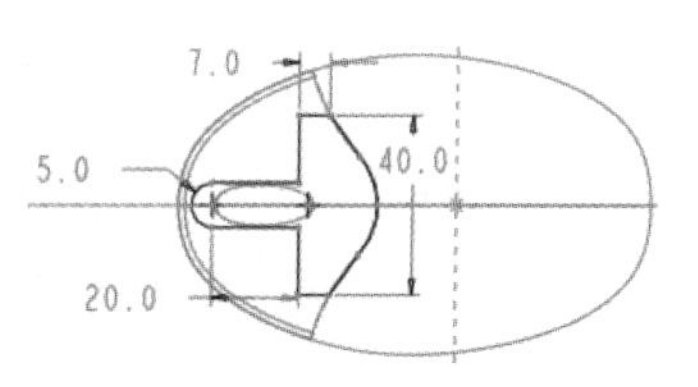

图 8.2.101　截面草图

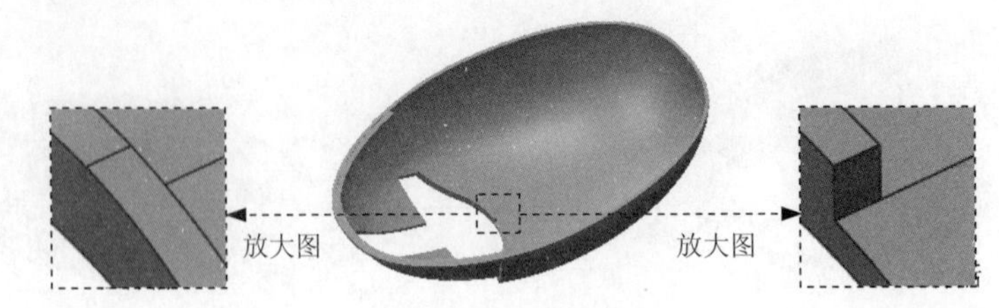

图 8.2.102　拉伸 2

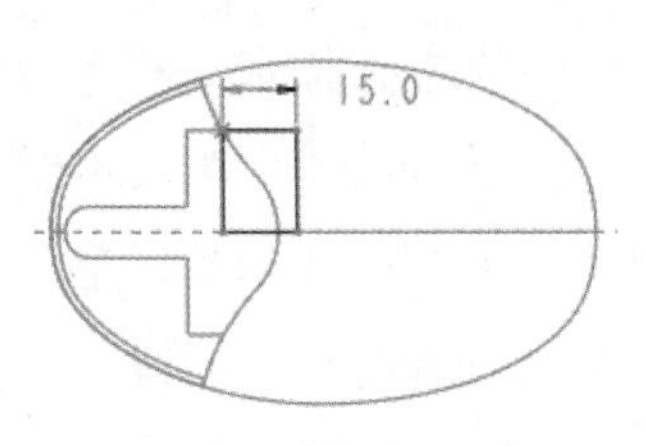

图 8.2.103　截面草图

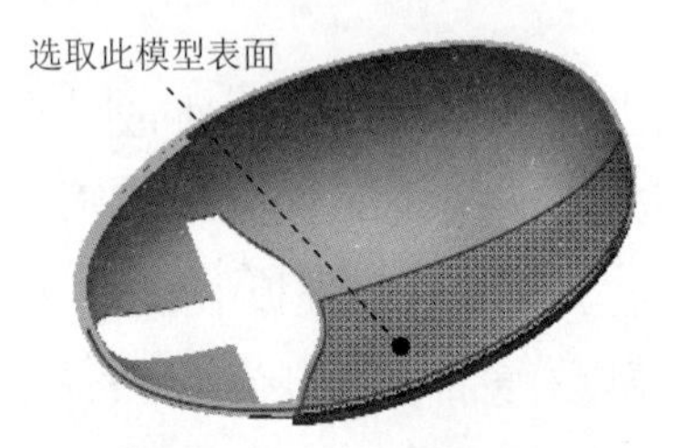

图 8.2.104　定义拉伸至选定对象

Step 8　创建图 8.2.105 所示的拉伸特征 3。在操控板中单击“拉伸”按钮 拉伸，按下“移除材料”按钮；选取 ASM_TOP 基准平面为草绘平面，选取 ASM_RIGHT 基准平面为参考平面，方向为 右；单击 草绘 按钮，绘制图 8.2.106 所示的截面草图；在操控板中定义拉伸类型为，选取图 8.2.107 所示的模型表面为拉伸至选定对象；单击按钮，完成拉伸特征的创建。

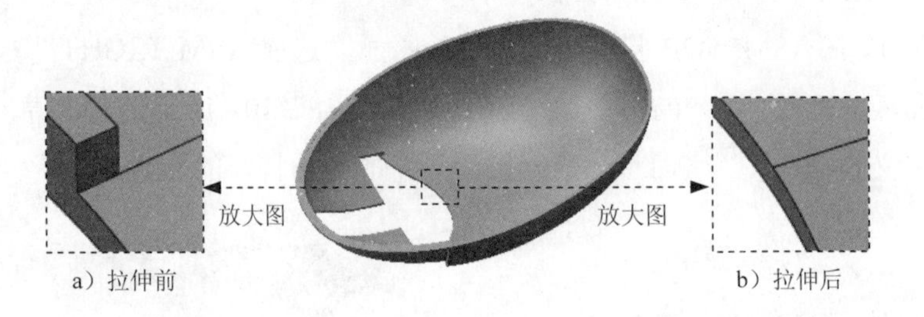

a）拉伸前　　b）拉伸后

图 8.2.105　拉伸 3

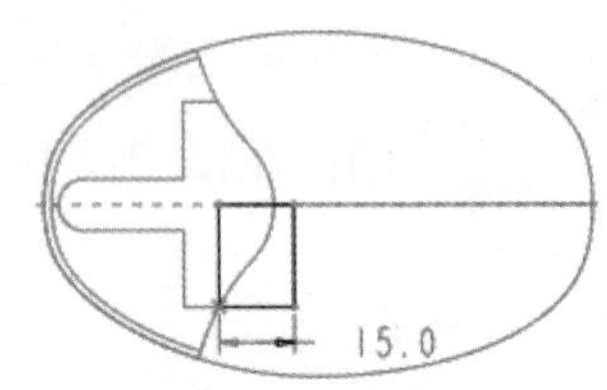

图 8.2.106　截面草图

Step 9　创建图 8.2.108 所示的拉伸特征 4。在操控板中单击“拉伸”按钮 拉伸，按下“移除材料”按钮；选取 ASM_TOP 基准平面为草绘平面，选取 ASM_RIGHT 基准平面为参考平面，方向为 右；单击 草绘 按钮，绘制图 8.2.109 所示的截面草图；在操控板中定义拉伸类型为；单击按钮，完成拉伸特征的创建。

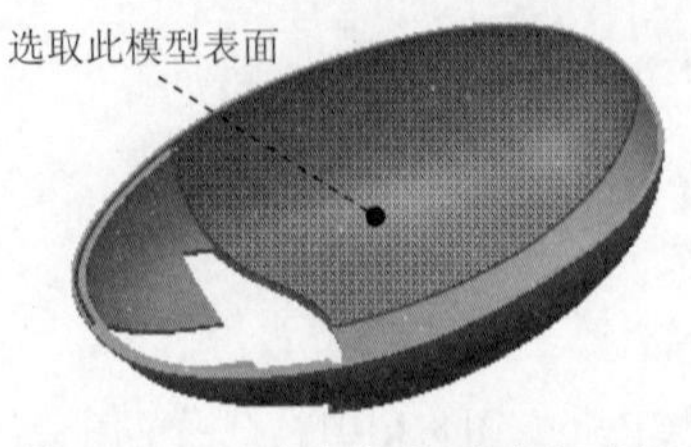

图 8.2.107　定义拉伸至选定对象

图 8.2.108　拉伸 4

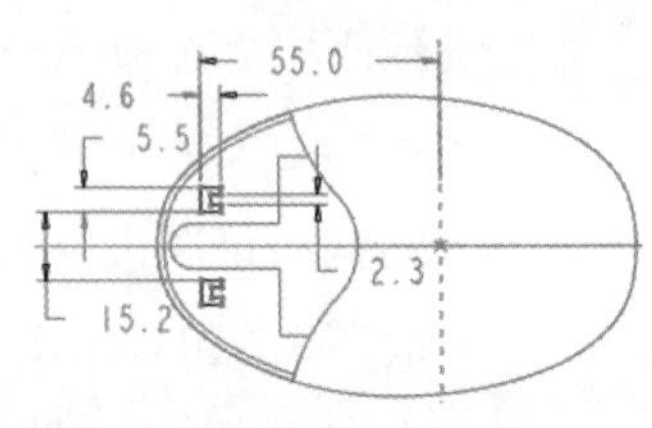

图 8.2.109　截面草图

Step 10 创建图 8.2.200 所示的实体拉伸特征 5。在操控板中单击 拉伸 按钮；选取图 8.2.200 所示的模型表面为草绘平面，选取 ASM_RIGHT 基准平面为参考平面，方向为 右；单击 草绘 按钮，绘制图 8.2.201 所示的截面草图；在操控板中定义拉伸类型为 ⊥，输入深度值 0.5；在操控板中单击“加厚”按钮 ，输入厚度值 0.5，并单击 按钮将加厚类型设置为草绘的外侧；单击 ✔ 按钮，完成特征的创建。

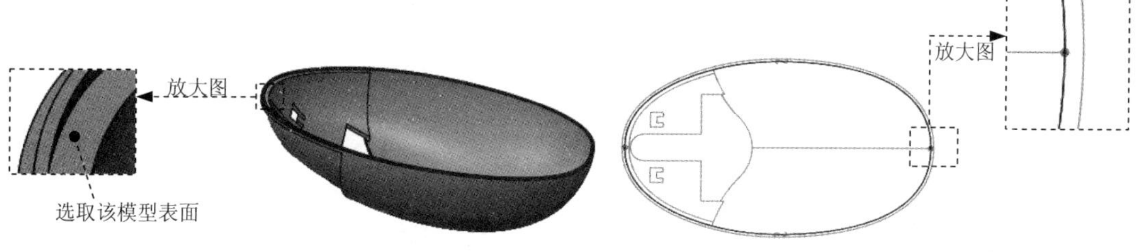

图 8.2.200 拉伸 5　　　图 8.2.201 截面草图

Step 11 创建图 8.2.202 所示的拉伸特征 6。在操控板中单击“拉伸”按钮 拉伸，按下“移除材料”按钮 ；选取 ASM_TOP 基准平面为草绘平面，单击 反向 按钮，选取 ASM_RIGHT 基准平面为参考平面，方向为 右；单击 草绘 按钮，绘制图 8.2.203 所示的截面草图；在操控板中单击 选项 按钮，在系统弹出的界面中定义 侧 1 的拉伸深度类型为 穿透；定义 侧 2 的拉伸深度类型为 穿透；单击 ✔ 按钮，完成特征的创建。

Step 12 创建图 8.2.204 所示的基准平面 DTM2。单击“平面”按钮 ，选取 ASM_TOP 基准平面为偏距参考面，在对话框中输入偏移距离值 0.8；单击 确定 按钮，完成基准平面 DTM2 的创建。

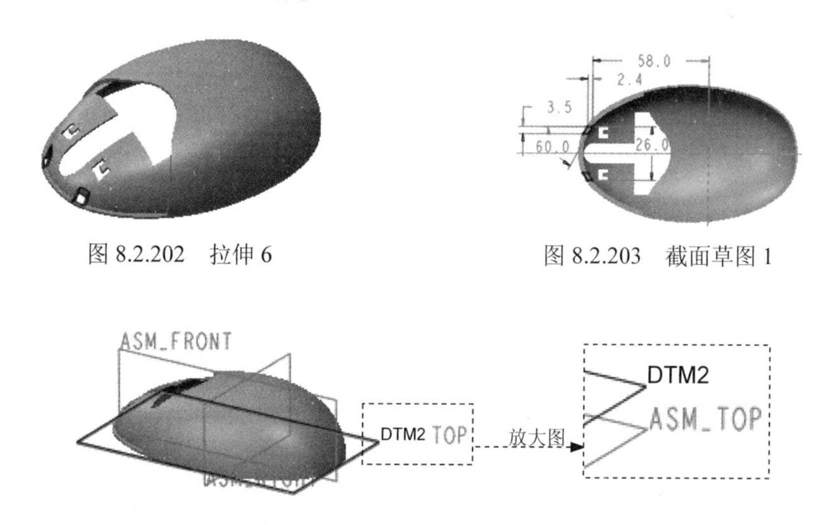

图 8.2.202 拉伸 6　　　图 8.2.203 截面草图 1

图 8.2.204 基准平面 DTM2

Step 13 创建图 8.2.205 所示的拉伸特征 7。在操控板中单击“拉伸”按钮 拉伸；选取

DTM2 基准平面为草绘平面，选取 ASM_RIGHT 基准平面为参考平面，方向为右；单击 草绘 按钮，绘制图 8.2.206 所示的截面草图；在操控板中定义拉伸类型为；单击按钮，完成拉伸特征的创建。

图 8.2.205　拉伸 7

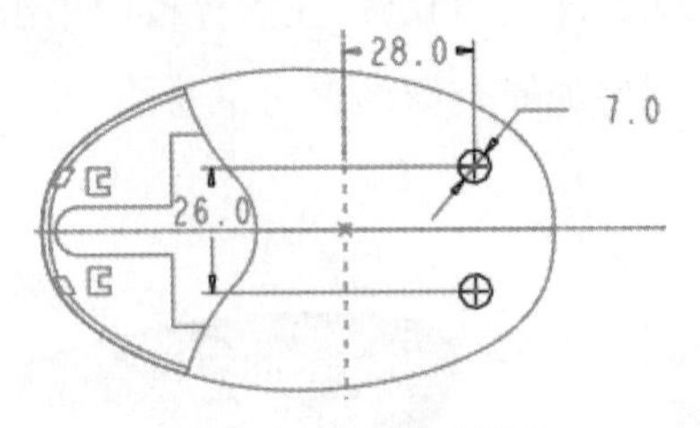

图 8.2.206　截面草图

Step 14 创建图 8.2.207 所示的孔特征 1。单击 模型 功能选项卡 工程 ▾ 区域中的 孔 按钮；选取图 8.2.207 所示的模型表面为放置面，按住 Ctrl 键选取基准轴 A_2 作为放置参考 ；在操控板中依次按下“使用标准孔轮廓作为钻孔轮廓”按钮和“添加沉孔”按钮；在操控板中单击 形状 选项卡，在系统弹出的界面中设置图 8.2.208 所示的参数；单击按钮，完成孔特征的创建。

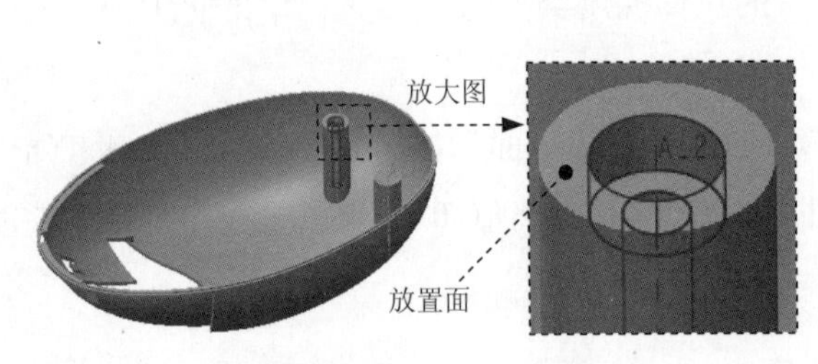

图 8.2.207　孔 1

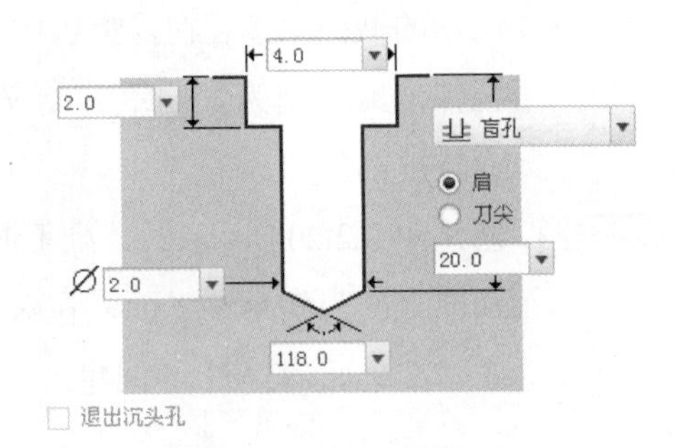

图 8.2.208　定义孔的形状

Step 15 创建图 8.2.209 所示的镜像特征 1。选取上一步创建的孔特征 1 为镜像对象；单击 模型 功能选项卡 编辑 ▾ 区域中的“镜像”按钮，选取 ASM_FRONT 基准平面为镜像平面；单击按钮，完成镜像特征 1 的创建。

图 8.2.209　镜像 1

Step 16 创建图 8.2.210 所示的拉伸特征 8。在操控板中单击 拉伸 按钮；选取图 8.2.210 所示的模型表面为草绘平面，选取 ASM_RIGHT 基准平面为参考平面，方向为右；单击 草绘 按钮，绘制图 8.2.211 所示的截面草图；在操控板中定义拉伸类型为；在操控板中单击“加厚”按钮，输入厚度值 1.0，并单击按钮将加厚类型设置为草绘的两侧；单击按钮，完成特征的创建。

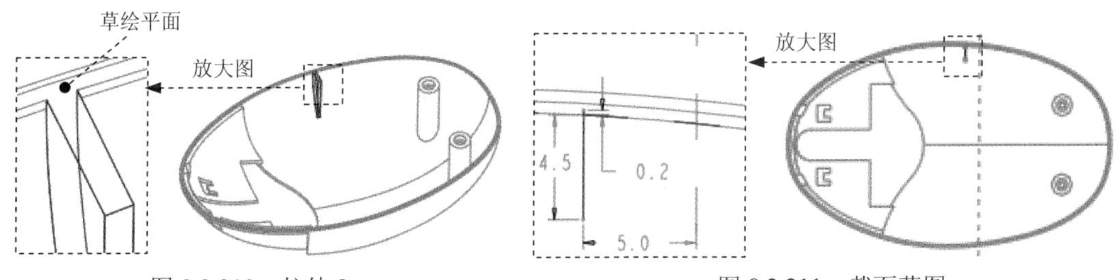

图 8.2.210　拉伸 8　　　　图 8.2.211　截面草图

Step 17 创建图 8.2.212 所示的拉伸特征 9。在操控板中单击 拉伸 按钮；选取图 8.2.212 所示的模型表面为草绘平面，选取 ASM_RIGHT 基准平面为参考平面，方向为 右；单击 草绘 按钮，绘制图 8.2.213 所示的截面草图；在操控板中定义拉伸类型为 ；在操控板中单击“加厚”按钮，输入厚度值 1.0，并单击按钮将加厚类型设置为草绘的两侧；单击✔按钮，完成特征的创建。

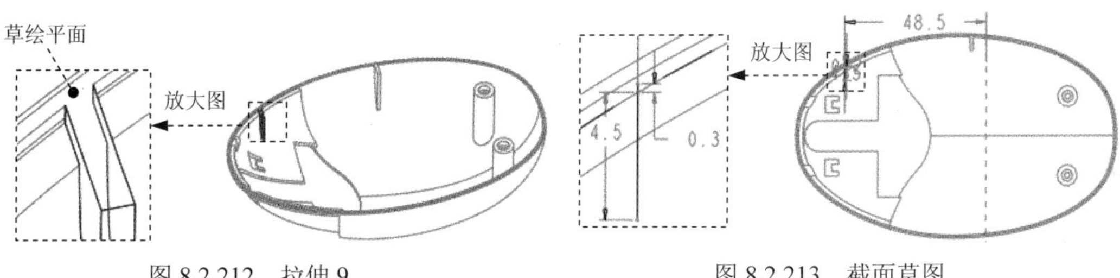

图 8.2.212　拉伸 9　　　　图 8.2.213　截面草图

Step 18 创建组特征 1。按住 Ctrl 键，在模型树中选择 Step16 和 Step17 所创建的特征后右击，在系统弹出的快捷菜单中选择 组 命令，所创建的特征即可合并为 組LOCAL_GROUP。

Step 19 创建图 8.2.214 所示的镜像特征 2。在模型树中选取 組LOCAL_GROUP 为镜像对象；单击 模型 功能选项卡 编辑 ▾ 区域中的“镜像”按钮；选取 ASM_FRONT 基准平面为镜像平面；单击✔按钮，完成镜像特征的创建。

Step 20 创建图 8.2.215 所示的基准平面 DTM3。单击“平面”按钮，选取 ASM_TOP 基准平面为偏距参考面，在对话框中输入偏移距离值 21；单击 确定 按钮，完成基准平面 DTM3 的创建。

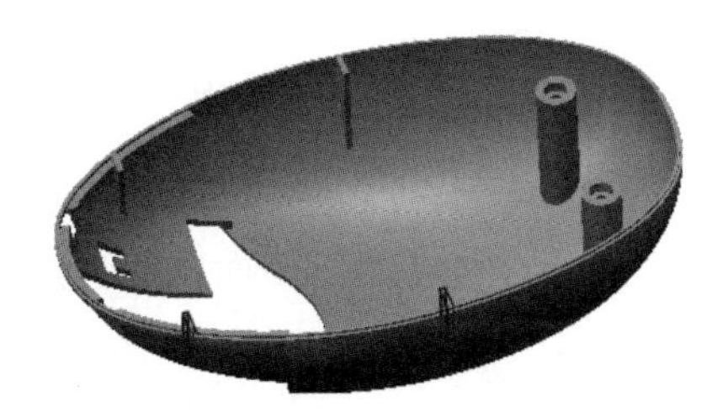

图 8.2.214　镜像 2

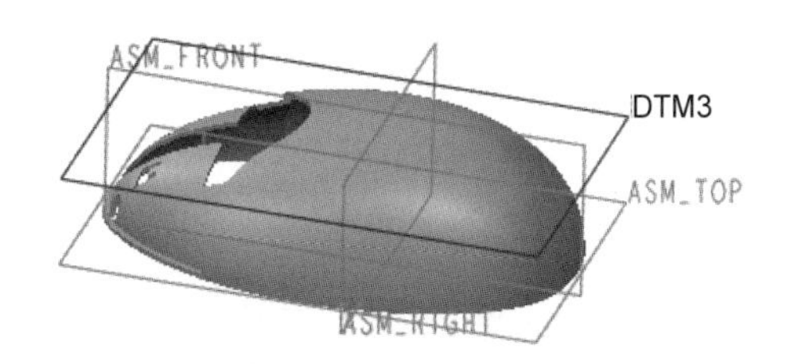

图 8.2.215　基准平面 DTM3

Step 21 创建图 8.2.216 所示的拉伸特征 8。在操控板中单击拉伸按钮；选取 DTM4 基准平面为草绘平面，选取 ASM_RIGHT 基准平面为参考平面，方向为右；单击草绘按钮，绘制图 8.2.217 所示的截面草图；在操控板中定义拉伸类型为⊟；在操控板中单击“加厚”按钮□，输入厚度值 1.0，并单击✗按钮将加厚类型设置为草绘的外侧；单击✔按钮，完成特征的创建。

图 8.2.216　拉伸 10

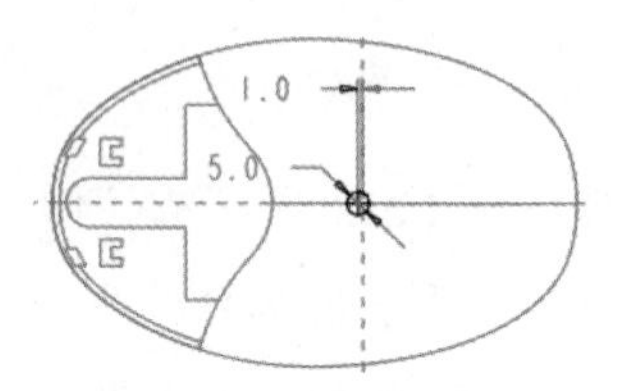

图 8.2. 217　截面草图

Step 22 创建图 8.2.218 所示的拉伸特征 11。在操控板中单击拉伸按钮；选取 DTM4 基准平面为草绘平面，选取 ASM_RIGHT 基准平面为参考平面，方向为右；单击草绘按钮，绘制图 8.2.219 所示的截面草图；在操控板中定义拉伸类型为⊟；在操控板中单击“加厚”按钮□，输入厚度值 1.0，并单击✗按钮将加厚类型设置为草绘的两侧；单击✔按钮，完成特征的创建。

Step 23 参照 Step22，创建图 8.2.220 所示的拉伸特征 12，其截面草图如图 8.2.221 所示。

图 8.2. 218　拉伸 11

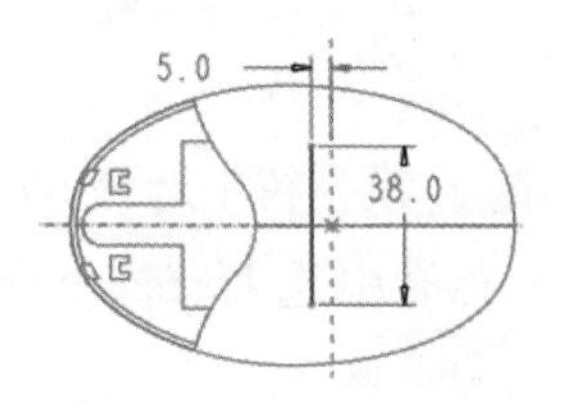

图 8.2. 219　截面草图

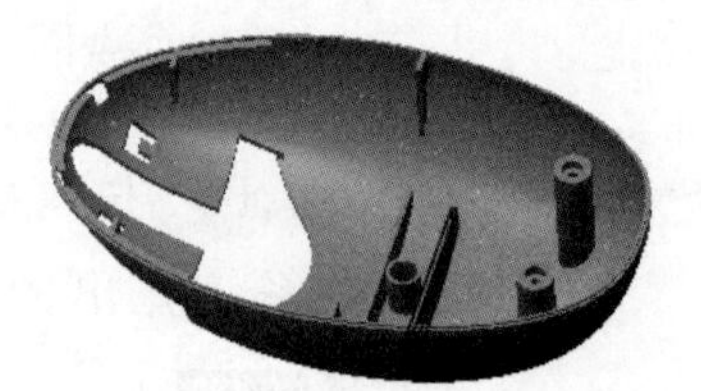
图 8.2.220　拉伸 12

Step 24 参照 Step22，创建图 8.2.222 所示的拉伸特征 13，其截面草图如图 8.2.223 所示。

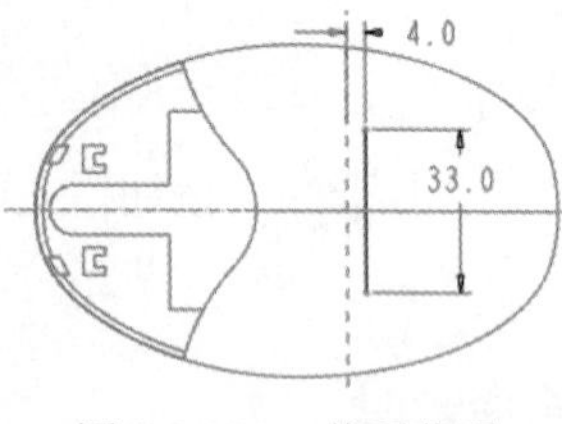

图 8.2.221　截面草图

图 8.2.222　拉伸 13

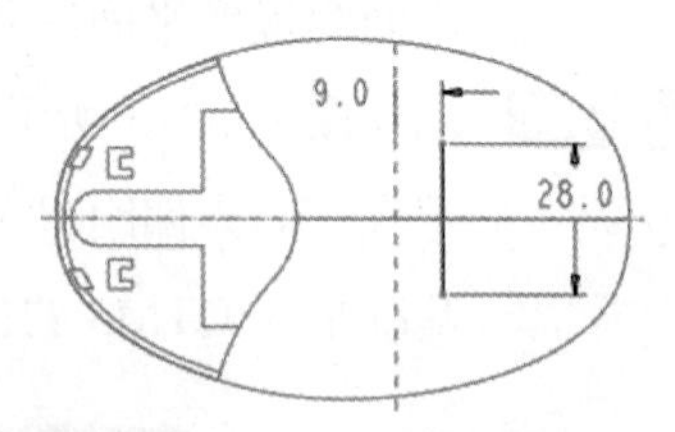

图 8.2.223　截面草图

Step 25 创建图 8.2.224 所示的拉伸特征 14。在操控板中单击“拉伸”按钮拉伸；选取 DTM4 基准平面为草绘平面，选取 ASM_RIGHT 基准平面为参考平面，方向为右；单击草绘按钮，绘制图 8.2.225 所示的截面草图；在操控板中定义拉伸类型为⊟；单击✔按钮，完成拉伸特征的创建。

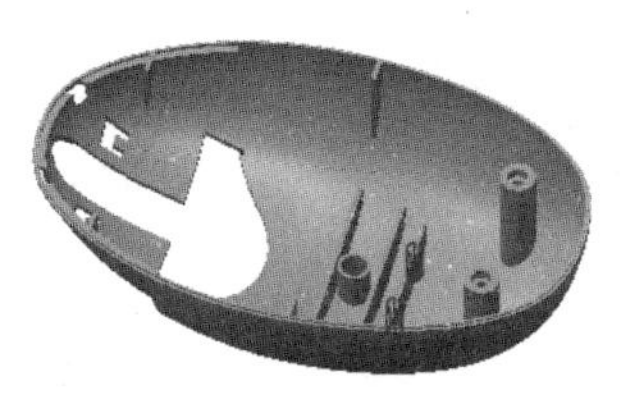

图 8.2.224　拉伸 7

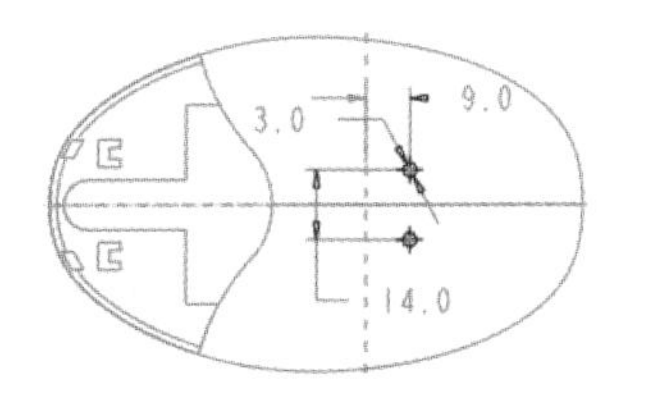

图 8.2.225　截面草图

Step 26　创建图 8.2.226 所示的孔特征 2。单击 模型 功能选项卡 工程 ▾ 区域中的 孔 按钮；选取图 8.2.226 所示的模型表面为放置面，按住 Ctrl 键选取基准轴 A_8 作为放置参考；在 ∅ 后的文本框中输入值 2.0，定义深度类型为 ⫫，选取图 8.2.227 所示的模型表面为钻孔至选定对象；单击 ✓ 按钮，完成孔特征的创建。

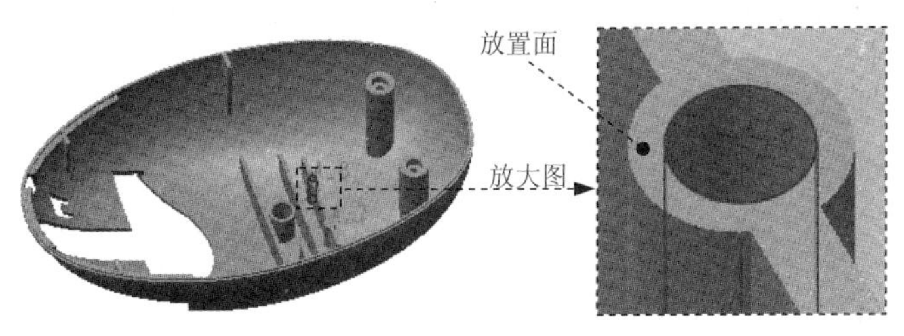

图 8.2.226　孔 2

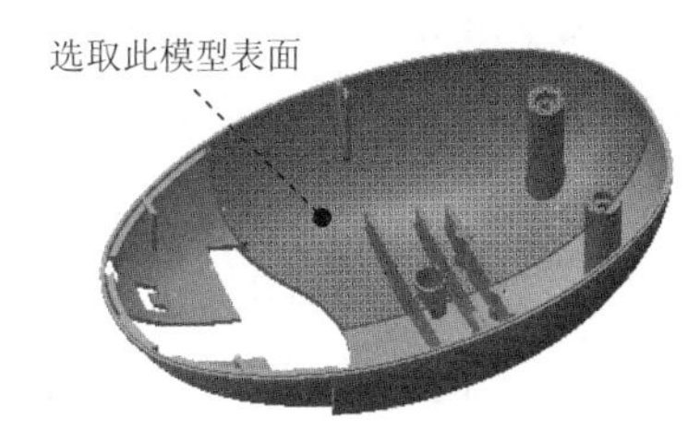

图 8.2.227　定义钻孔至选定对象

Step 27　创建图 8.2.228 所示的镜像特征 3。选取上一步创建的孔特征 2 为镜像对象；单击 模型 功能选项卡 编辑 ▾ 区域中的“镜像”按钮 ，选取 ASM_FRONT 基准平面为镜像平面；单击 ✓ 按钮，完成镜像特征 1 的创建。

Step 28　切换窗口，返回到 MOUSE.ASM。

Task6. 创建鼠标按键 MOUSE_KEY

鼠标按键是从二级控件中分割出来后经过细化而得到的最终模型零件。下面讲解鼠标按键（MOUSE_KEY.PRT）的创建过程，零件模型及模型树如图 8.2.229 所示。

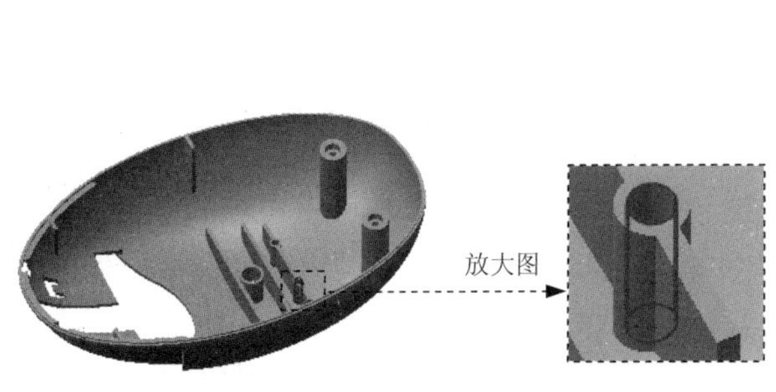

图 8.2.228　镜像 3

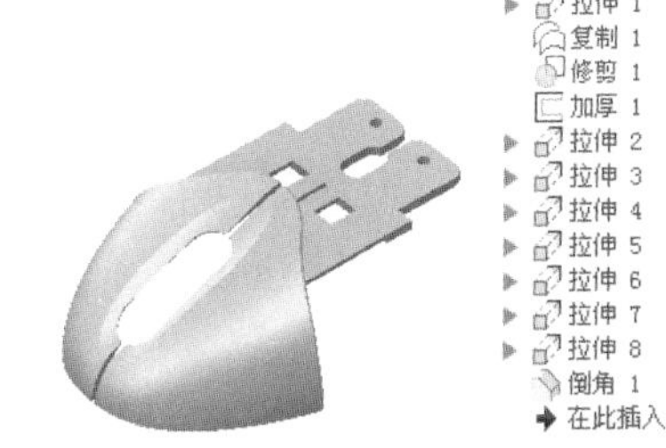

图 8.2.229　零件模型及模型树

Step 1　在装配体中建立 MOUSE_KEY.PRT。单击 模型 功能选项卡 元件 ▾ 区域中的“创建”按钮 ；在系统弹出的“元件创建”对话框中选中 类型 选项组中的 ◉ 零件单选项，选中 子类型 选项组中的 ◉ 实体 单选项，然后在 名称 文本框中输入文件名 mouse_key，单击 确定 按钮；在系统弹出的“创建选项”对话框中选中 ◉ 空 单选项，单击 确定 按钮。

Step 2 激活鼠标按键模型。在模型树中选择 MOUSE_KEY.PRT，然后右击，在系统弹出的快捷菜单中选择 激活 命令；单击 模型 功能选项卡中的 获取数据 ▾ 按钮，在系统弹出的菜单中选择 合并/继承 命令，系统弹出“合并/继承”操控板，在该操控板中进行下列操作：先确认“将参考类型设置为装配上下文”按钮被按下；在操控板中单击 参考 选项卡，系统弹出“参考”界面；选中 ☑ 复制基准 复选框，然后选取二级主控件 CONTROL；单击“完成”按钮 ✔。

Step 3 在模型树中选择 MOUSE_KEY.PRT，然后右击，在系统弹出的快捷菜单中选择 打开 命令。

Step 4 创建图 8.2.230b 所示的实体化 1。选取图 8.2.230a 所示的曲面；单击 模型 功能选项卡 编辑 ▾ 区域中的 实体化 按钮，并按下“移除材料”按钮；调整图形区中的箭头使其指向要移除的实体，如图 8.2.230a 所示；单击 ✔ 按钮，完成实体化 1 的创建。

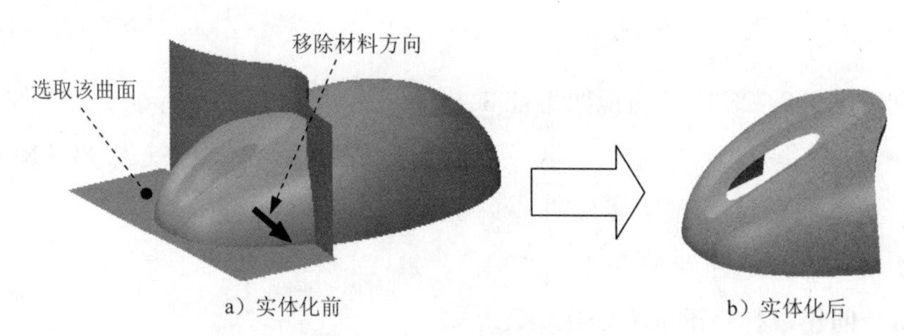

a）实体化前　　b）实体化后

图 8.2.230　实体化 1

Step 5 创建图 8.2.231 所示的基准平面 DTM2。单击“平面”按钮，选取 ASM_TOP 基准平面为偏距参考面，在对话框中输入偏移距离值 20；单击 确定 按钮，完成基准平面 DTM2 的创建。

Step 6 创建图 8.2.231 所示的拉伸曲面 1。在操控板中单击“拉伸”按钮 拉伸，并按下“曲面类型”按钮；选取 DTM4 基准平面为草绘平面，选取 ASM_RIGHT 基准平面为参考平面，方向为 右；单击 草绘 按钮，绘制图 8.2.233 所示的截面草图；在该操控板中定义拉伸类型为，输入深度值 10；单击 ✔ 按钮，完成拉伸曲面 1 的创建。

Step 7 创建图 8.2.234 所示的复制曲面 1。选取图 8.2.234 所示的模型表面为要复制的曲面；单击“复制”按钮，然后单击“粘贴”按钮；单击 ✔ 按钮，完复制曲面的创建。

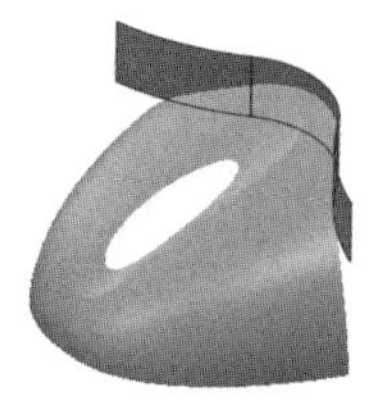

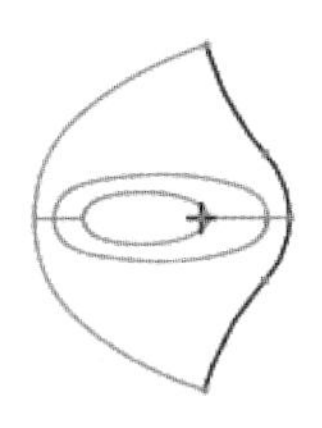

图 8.2.231　基准平面 DTM3　　图 8.2.232　拉伸 1　　图 8.2.233　截面草图

Step 8 创建图 8.2.235 所示的曲面修剪 1。选取图 8.2.236 所示的拉伸曲面为要修剪的曲面；单击 修剪 按钮；选取复制曲面作为修剪对象，调整图形区中的箭头使其指向要保留的部分；单击✔按钮，完成曲面修剪 1 的创建。

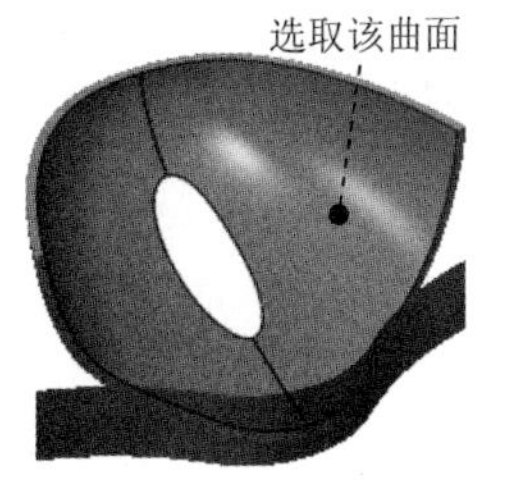

图 8.2.234　复制 1

图 8.2.235　修剪 1

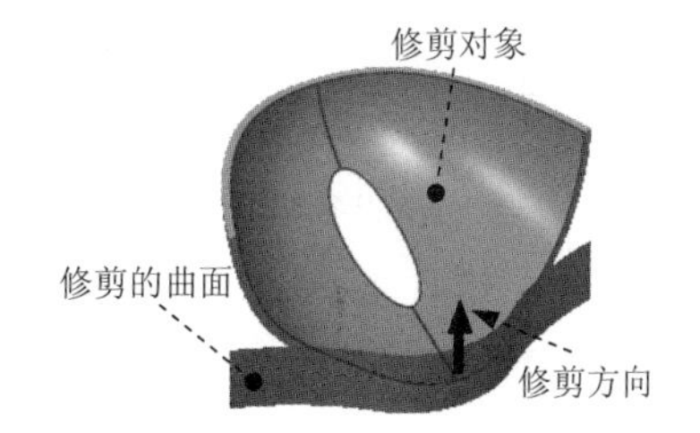

图 8.2.236　定义修剪参考

Step 9 创建图 8.2.237 所示的曲面加厚 1。选取上一步创建的曲面修剪 1 为要加厚的对象；单击 加厚 按钮；输入厚度值 1.0，调整加厚方向如图 8.2.328 所示；单击✔按钮，完成曲面加厚的创建。

Step 10 创建图 8.2.239 所示的拉伸特征 2。在操控板中单击 拉伸 按钮；选取 DTM2 基准平面为草绘平面，选取 ASM_RIGHT 基准平面为参考平面，方向为 右；单击 草绘 按钮，绘制图 8.2.240 所示的截面草图；在该操控板中定义拉伸类型为 ⊥，输入深度值 1.0；单击✔按钮，完成特征的创建。

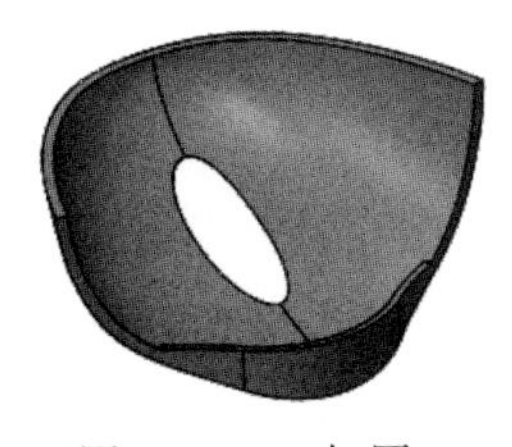

图 8.2.327　加厚 1

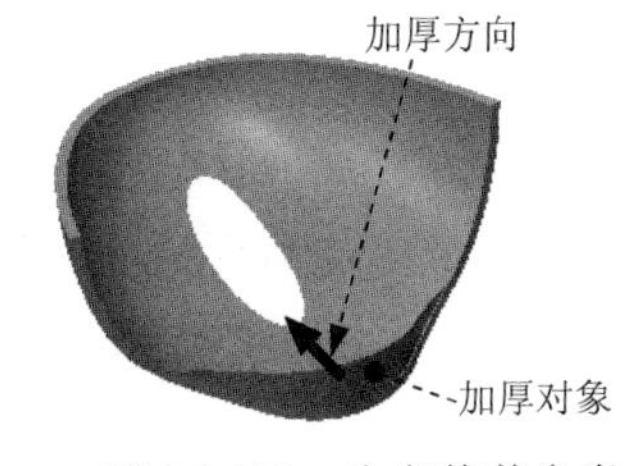

图 8.2.238　定义修剪参考

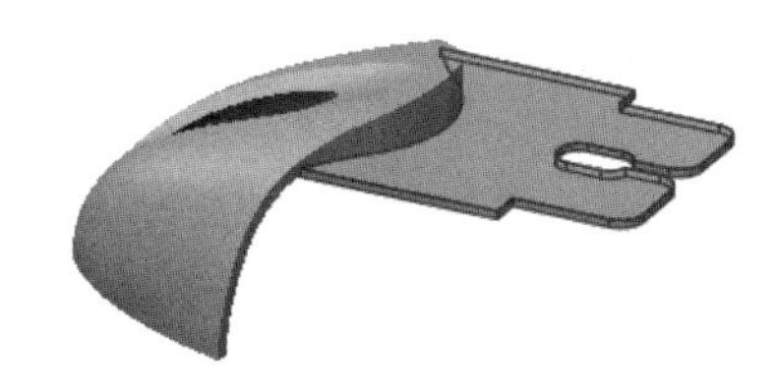

图 8.2.239　拉伸 2

Step 11 创建图 8.2.241 所示的拉伸特征 3。在操控板中单击 拉伸 按钮，并按下“移除材料”按钮 ；选取 DTM3 基准平面为草绘平面，选取 ASM_RIGHT 基准平面为参考平面，方向为 右；单击 草绘 按钮，绘制图 8.2.242 所示的截面草图；在操控板中定义拉伸类型为 ⫼；单击✔按钮，完成特征的创建。

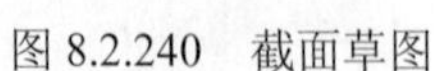
图 8.2.240　截面草图

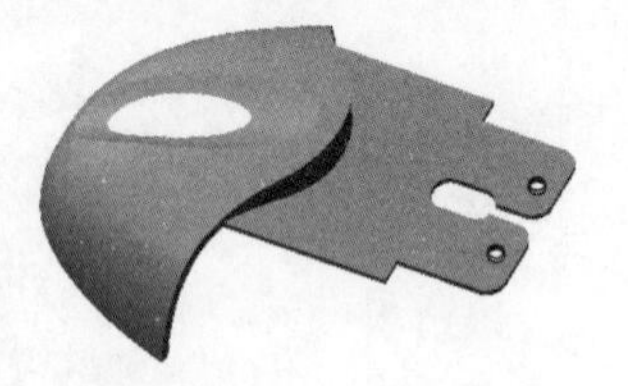
图 8.2.241　拉伸 3

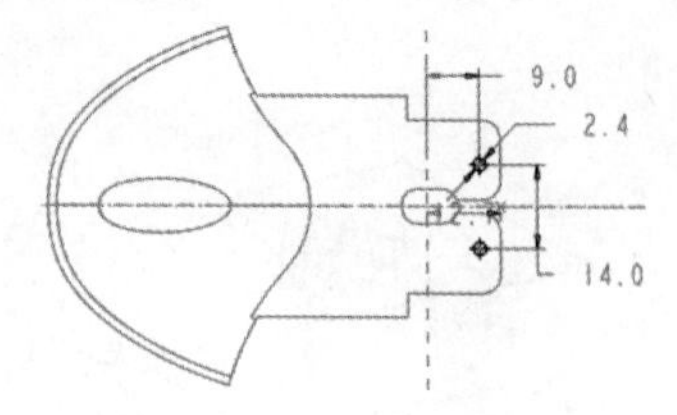

图 8.2.242　截面草图

Step 12 创建图 8.2.243 所示的拉伸特征 4。在操控板中单击“拉伸”按钮 拉伸，按下“移除材料”按钮；选取 DTM2 基准平面为草绘平面，选取 ASM_RIGHT 基准平面为参考平面，方向为 右；单击 草绘 按钮，绘制图 8.2.244 所示的截面草图；在操控板中单击 选项 按钮，在系统弹出的界面中定义 侧 1 拉伸深度类型为 穿透；定义 侧 2 拉伸深度类型为 穿透；单击✔按钮，完成特征的创建。

Step 13 创建图 8.2.245 所示的拉伸特征 5。在操控板中单击 拉伸 按钮，并按下“移除材料”按钮；选取 DTM3 基准平面为草绘平面，选取 ASM_RIGHT 基准平面为参考平面，方向为 右；单击 草绘 按钮，绘制图 8.2.246 所示的截面草图；在操控板中定义拉伸类型为；单击✔按钮，完成特征的创建。

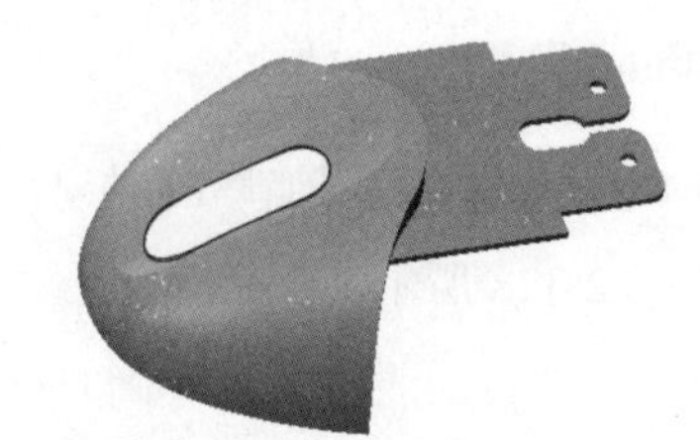
图 8.2.243　拉伸 4

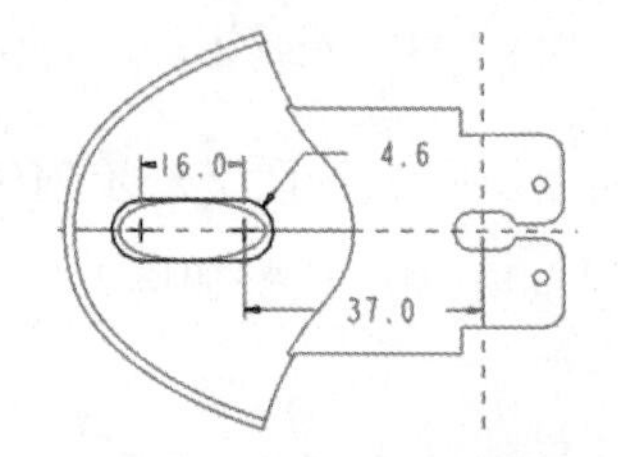

图 8.2.244　截面草图

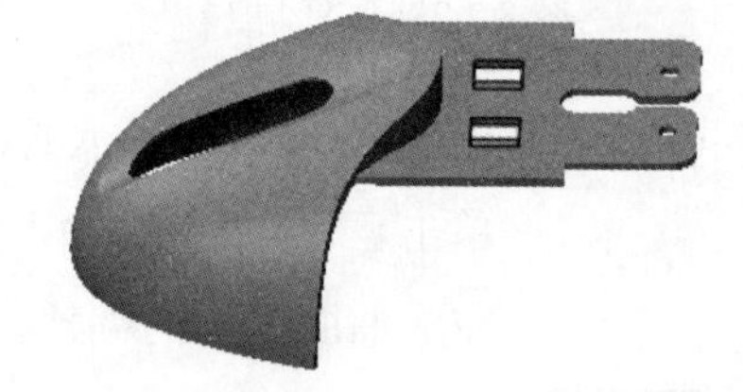
图 8.2.245　拉伸 5

Step 14 创建图 8.2.247 所示的拉伸特征 6。在操控板中单击 拉伸 按钮，并按下“移除材料”按钮；选取 DTM3 基准平面为草绘平面，选取 ASM_RIGHT 基准平面为参考平面，方向为 右；单击 草绘 按钮，绘制图 8.2.248 所示的截面草图；在操控板中单击 选项 按钮，在系统弹出的界面中定义 侧 1 拉伸深度类型为 穿透；定义 侧 2 拉伸深度类型为 穿透；在操控板中单击“加厚”按钮，输入厚度值 1.0，并单击按钮将加厚类型设置为草绘的两侧；单击✔按钮，完成特征的创建。

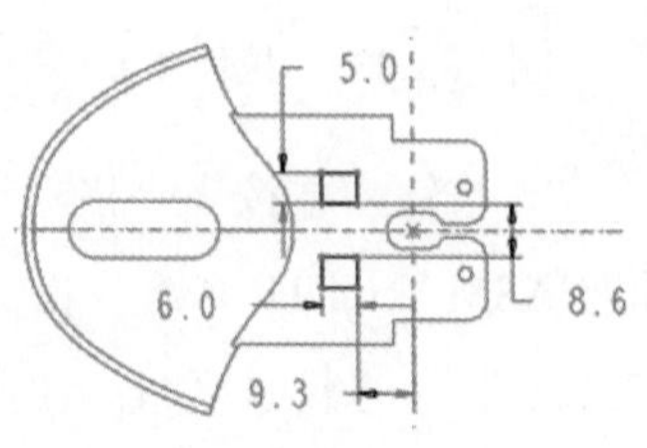

图 8.2.246　截面草图

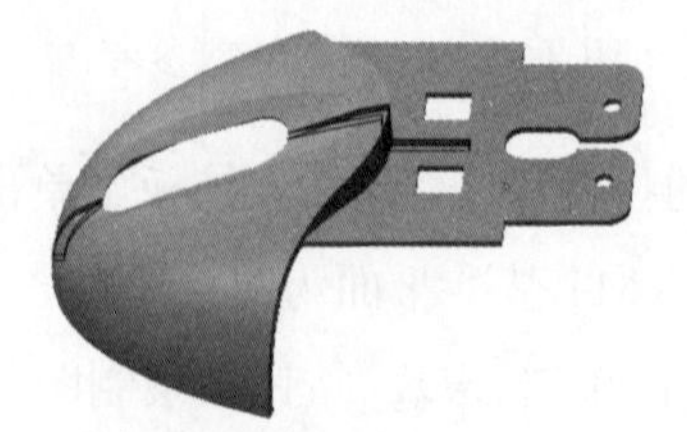
图 8.2.247　拉伸 6

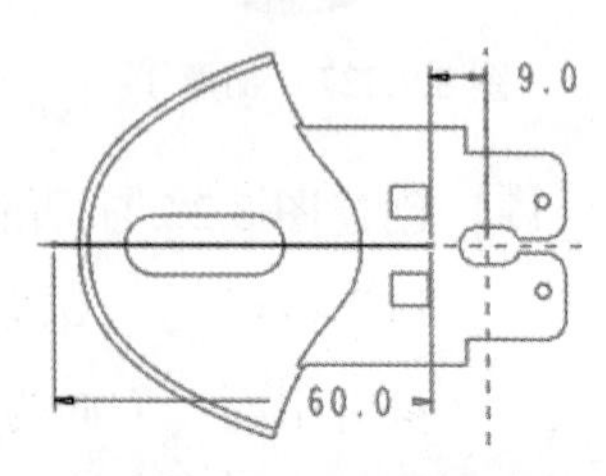

图 8.2.248　截面草图

Step 15 创建图 8.2.249 所示的拉伸特征 7。在操控板中单击 拉伸 按钮；选取 DTM3 基准平面为草绘平面，选取 ASM_RIGHT 基准平面为参考平面，方向为 右；单击 草绘 按钮，绘制图 8.2.250 所示的截面草图；在该操控板中定义拉伸类型为 ⊥⊥，输入深度值 1.0，单击 ⁄ 按钮调整拉伸的方向；单击 ✔ 按钮，完成特征的创建。

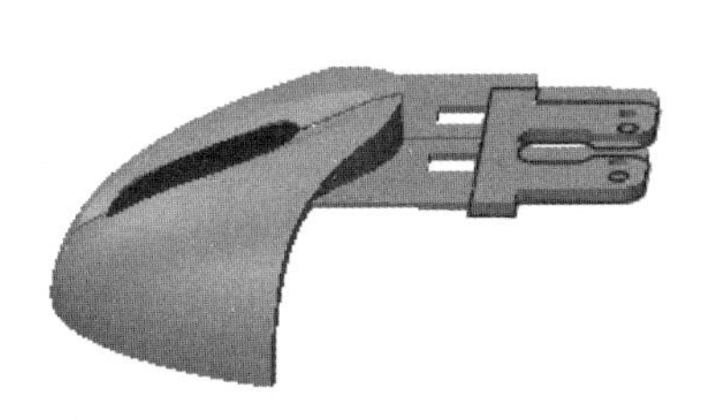

图 8.2.249 拉伸 7

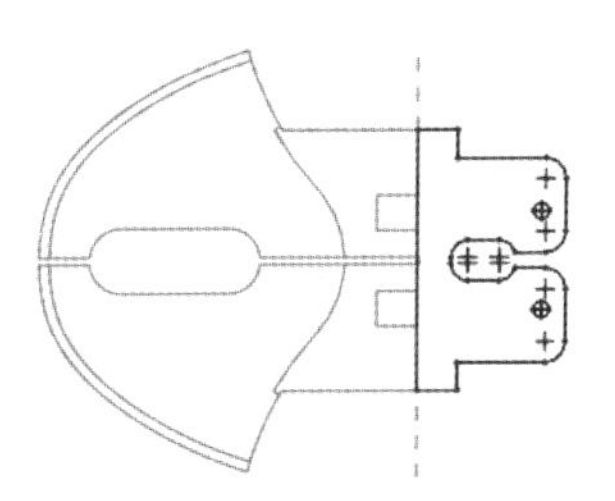

图 8.2.250 截面草图

Step 16 创建图 8.2.251 所示的拉伸特征 8。在操控板中单击 拉伸 按钮；选取图 8.2.251 所示的模型表面为草绘平面，选取 ASM_RIGHT 基准平面为参考平面，方向为 右；单击 草绘 按钮，绘制图 8.2.252 所示的截面草图；在该操控板中定义拉伸类型为 ⊥⊥，输入深度值 1.0，单击 ⁄ 按钮调整拉伸的方向；单击 ✔ 按钮，完成特征的创建。

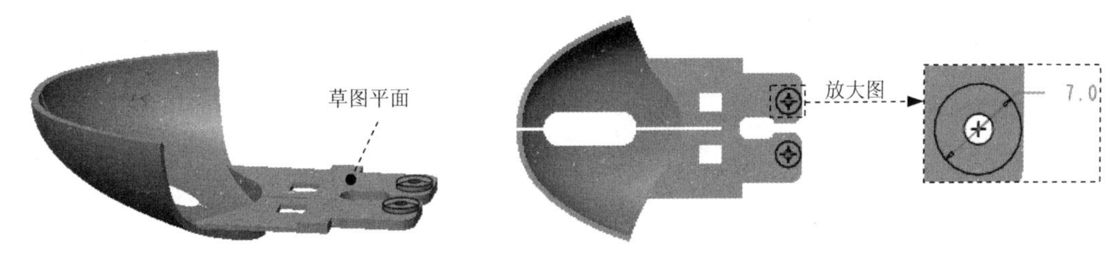

图 8.2.251 拉伸 8

图 8.2.252 截面草图

Step 17 创建图 8.2.253b 所示的倒角特征 1。单击 模型 功能选项卡 工程 ▾ 区域中的 倒角 ▾ 按钮，按住 Ctrl 键，选取图 8.2.253a 所示的边链为倒角的边线；在 D x D ▾ 下拉列表中选择 D x D 选项，，倒角值 0.4。单击 ✔ 按钮，完成特征的创建。

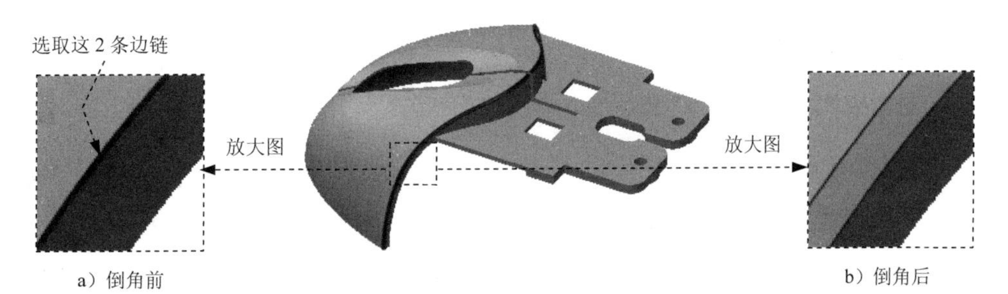

图 8.2.253 倒角 1

Step 18 切换窗口，返回到 MOUSE.ASM。

Task7. 创建鼠标滚轮 MOUSE_WHEEL

零件模型及模型树如图 8.2.254 所示。

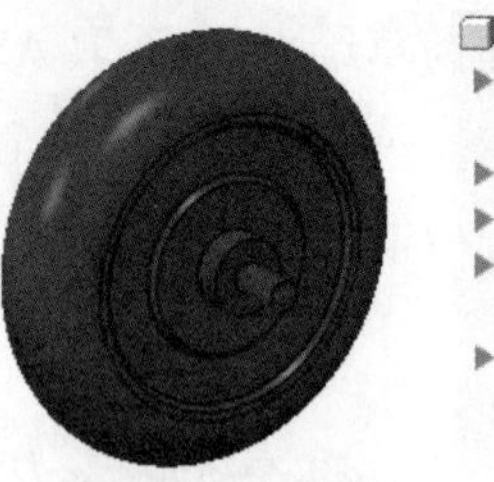

图 8.2.254 零件模型及模型树

Step 1 在装配体中建立 MOUSE_WHEEL.PRT。单击 模型 功能选项卡 元件 ▾ 区域中的“创建”按钮；在系统弹出的“元件创建”对话框中选中 类型 选项组中的 ◉ 零件 单选项，选中 子类型 选项组中的 ◉ 实体 单选项，然后在 名称 文本框中输入文件名 mouse_wheel，单击 确定 按钮；在系统弹出的“创建选项”对话框中选中 ◉ 空 单选项，单击 确定 按钮。

Step 2 激活鼠标滚轮模型。在模型树中选择 MOUSE_WHEEL.PRT，然后右击，在系统弹出的快捷菜单中选择 激活 命令。

Step 3 创建图 8.2.255 所示的实体拉伸特征 1。在操控板中单击 拉伸 按钮；选取 ASM_FRONT 基准平面为草绘平面，选取 ASM_TOP 基准平面为参考平面，方向为 顶；单击 草绘 按钮，绘制图 8.2.256 所示的截面草图；在操控板中定义拉伸类型为 ，输入深度值 8.0；单击 ✔ 按钮，完成特征的创建。

Step 4 创建图 8.2.257 所示的倒圆角特征 1。单击 模型 功能选项卡 工程 ▾ 区域中的 倒圆角 ▾ 按钮，按住 Ctrl 键，选取图 8.2.258 所示两个模型侧表面为圆角放置参考，在操控板中单击 集 按钮，在系统弹出的界面中单击 完全倒圆角 按钮；选取图 8.2.259 所示的模型表面为驱动曲面；单击 ✔ 按钮，完成特征的创建。

图 8.2.255 拉伸 1

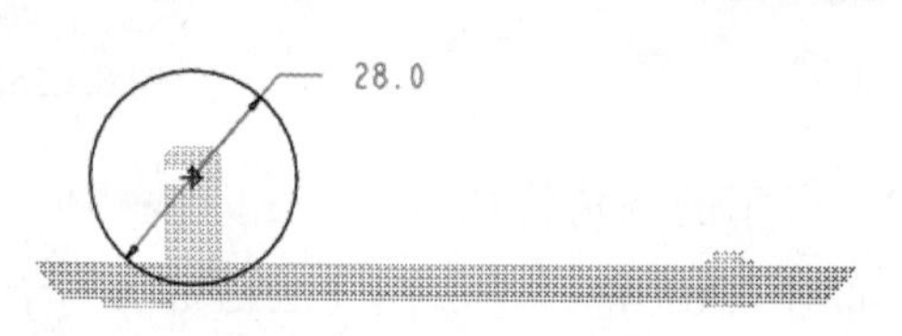

图 8.2.256 截面草图

图 8.2.257 倒圆角 1

Step 5 创建图 8.2.260 所示的拉伸特征 2。在操控板中单击 拉伸 按钮；选取 ASM_FRONT 基准平面为草绘平面，选取 ASM_TOP 基准平面为参考平面，方向为 顶；单击 草绘 按钮，绘制图 8.2.261 所示的截面草图；在操控板中定义拉伸类型为 ，输入深度值 12.0；单击 ✔ 按钮，完成特征的创建。

Step 6 创建图 8.2.262 所示的拉伸特征 3。在操控板中单击 拉伸 按钮；选取 ASM_FRONT 基准平面为草绘平面，选取 ASM_TOP 基准平面为参考平面，方向为 顶；单击 草绘 按钮，绘制图 8.2.263 所示的截面草图；在操控板中定义拉伸类型为 ，输入深度值 20.0；单击 ✔ 按钮，完成特征的创建。

图 8.2.258 定义放置参考 图 8.2.259 定义驱动曲面 图 8.2.260 拉伸 2 图 8.2.261 截面草图

Step 7 创建图 8.2.264 所示的拉伸特征 4。在操控板中单击 拉伸 按钮，并按下“移除材料”按钮；选取图 8.2.264 所示的模型表面为草绘平面，选取 ASM_RIGHT 基准平面为参考平面，方向为 右；单击 草绘 按钮，绘制图 8.2.265 所示的截面草图；在该操控板中定义拉伸类型为，输入深度值 0.5；单击按钮，完成特征的创建。

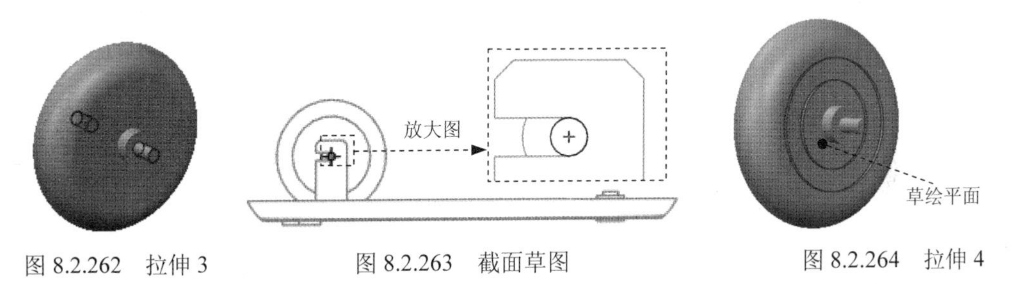

图 8.2.262 拉伸 3 图 8.2.263 截面草图 图 8.2.264 拉伸 4

Step 8 创建图 8.2.266 所示的基准平面 DTM1。单击“平面”按钮，选取 ASM_FRONT 基准平面为偏距参考面，在对话框中输入偏移距离值 0；单击 确定 按钮，完成基准平面 DTM1 的创建。

Step 9 创建图 8.2.267 所示的镜像特征 1。选取 Step7 所示的拉伸特征 4 为要镜像的对象，单击 模型 功能选项卡 编辑 ▾ 区域中的 镜像 按钮，选取 ASM_FRONT 基准平面为镜像平面，单击按钮，完成特征的创建。

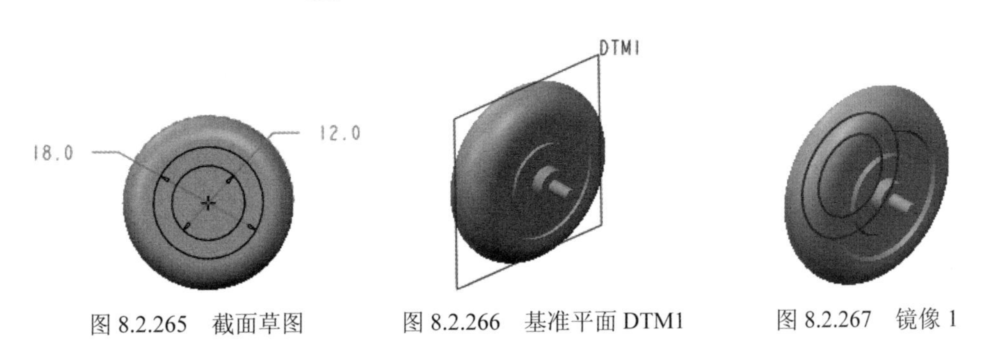

图 8.2.265 截面草图 图 8.2.266 基准平面 DTM1 图 8.2.267 镜像 1

Step 10 创建图 8.2.268b 所示的倒角特征 1。单击 模型 功能选项卡 工程 ▾ 区域中的 倒角 ▾ 按钮，按住 Ctrl 键，选取图 8.2.268a 所示的边链为倒角的边线；在

D x D 下拉列表中选择 D x D 选项，，倒角值 0.4。单击 ✓ 按钮，完成特征的创建。

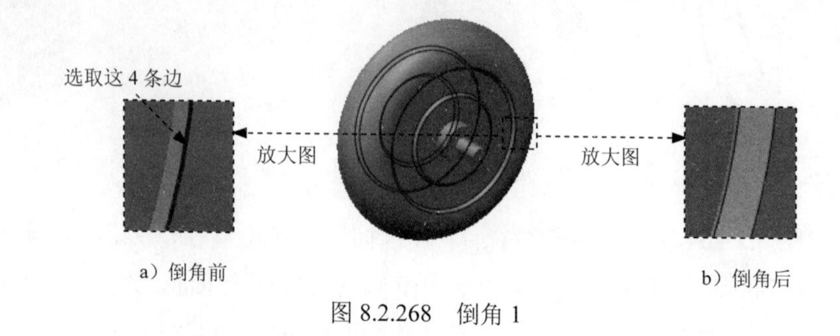

图 8.2.268　倒角 1

Step 11　切换窗口，返回到 MOUSE.ASM。

Task8. 编辑模型显示

以上对模型的各个部件已经创建完成，但还不能得到清晰的装配体模型，要想得到比较清晰的装配体部件还要进行如下的简单编辑：

Step 1　按住 Ctrl 键，在模型树中选取 MOUSE_SKEL.PRT 和 CONTROL.PRT，然后右击，在弹出的下拉列表中单击 隐藏 命令。

Step 2　隐藏草图、基准、曲线和曲面。在模型树区域中选取 下拉列表中的 层树(L) 选项，在弹出的层区域中，按住 Ctrl 键，依次选取 ▶ AXIS、▶ CURVE、▶ DATUM 和 ▶ QUILT，然后右击，在弹出的下拉列表中单击 隐藏 命令；在“层树”列表中并右击，在弹出的下拉列表中单击 保存状况 命令。然后单击 → 模型树(M) 命令。

Step 3　保存装配体模型文件。

9 装配设计

Creo 的装配模块用来建立零件间的相对位置关系，从而形成复杂的装配体。

Creo 提供了自底向上和自顶向下两种装配功能。如果首先设计好全部零件，然后将零件作为部件添加到装配体中，则称之为自底向上装配；如果首先设计好装配体模型，然后在装配体中组建模型，最后生成零件模型，则称之为自顶向下装配。自底向上装配是一种常用的装配模式，本书主要介绍自底向上装配。

9.1 各种装配约束的概念

利用装配约束，可以指定一个元件相对于装配体（组件）中其他元件（或装配环境中基准特征）的放置方式和位置。装配约束的类型包括匹配（Mate）、对齐（Align）、插入（Insert）等。在 Creo 中，一个元件通过装配约束添加到装配体中后，它的位置会随着与其有约束关系的元件的改变而相应改变，而且约束设置值作为参数可随时修改，并可与其他参数建立关系方程，这样整个装配体实际上是一个参数化的装配体。

关于装配约束，请注意以下几点：

- 一般来说，建立一个装配约束时，应选取元件参考和组件参考。元件参考和组件参考分别是元件和装配体中用于约束定位和定向的点、线、面。例如通过对齐（Align）约束将一根轴放入装配体的一个孔中，轴的中心线就是元件参考，而孔的中心线就是组件参考。
- 系统一次只添加一个约束。例如不能用一个“对齐”约束将一个零件上两个不同的孔与装配体中的另一个零件上的两个不同的孔对齐，必须定义两个不同的对齐约束。

- 要对一个元件在装配体中完整地指定放置和定向（即完整约束），往往需要定义数个装配约束。
- 在 Creo 中装配元件时，可以将多于所需的约束添加到元件上。即使从数学的角度来说，元件的位置已完全约束，还可能需要指定附加约束，以确保装配件达到设计意图。建议将附加约束限制在 10 个以内，系统最多允许指定 50 个约束。

1. “面与面” 重合

当约束对象是两平面或基准平面时，两零件的朝向可以通过“反向”按钮来切换，如图 9.1.1 所示。

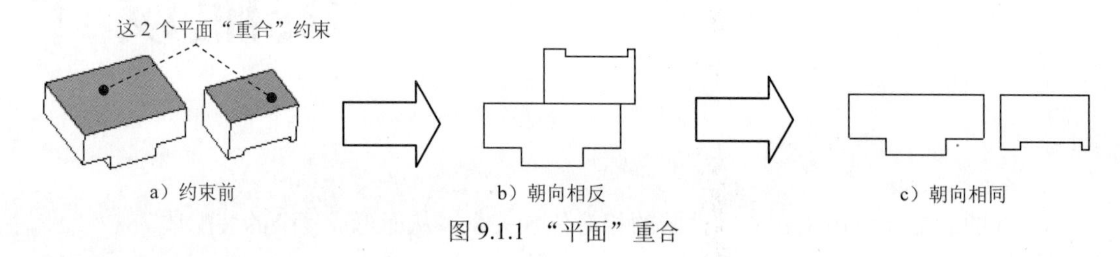

图 9.1.1 “平面”重合

当约束对象是具有中心轴线的圆柱面时，圆柱面的中心轴线将重合，如图 9.1.2 所示。

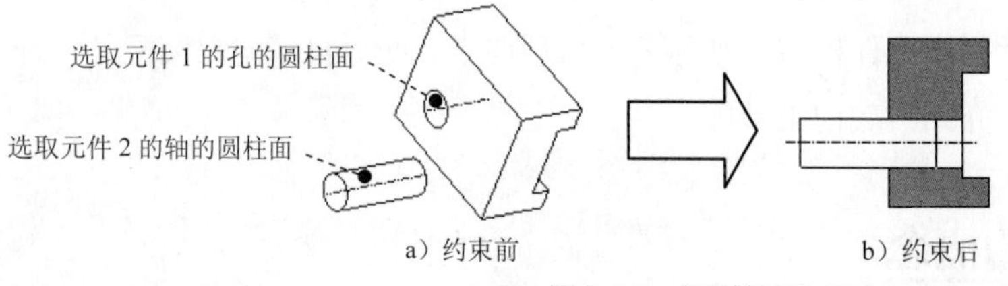

图 9.1.2 “圆柱面”重合

2. “线与线” 重合

当约束对象是直线或基准轴时，直线或基准轴相重合，如图 9.1.3 所示。

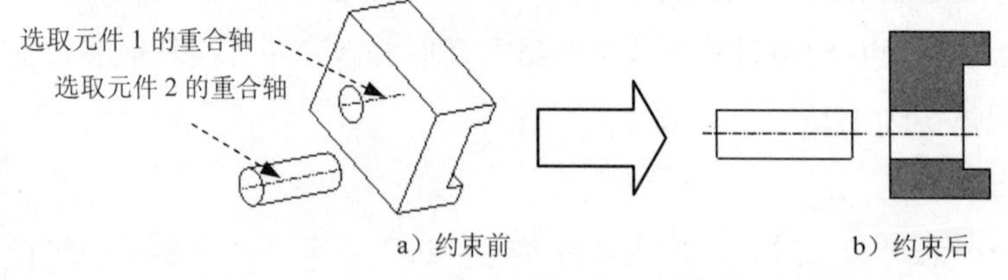

图 9.1.3 “线与线”重合

注意：图 9.1.3 所示的“线与线” 重合与图 9.1.2 所示的“圆柱面”重合的结果是一样的，但是选取的约束对象不同，前者需要选取轴线，后者需要选取旋转面。

3. “距离” 约束

使用“距离”约束定义两个装配元件中的点、线和平面之间的距离值。约束对象可以是元件中的平整表面、边线、顶点、基准点、基准平面和基准轴，所选对象不必是同一种类型，例如可以定义一条直线与一个平面之间的距离。当约束对象是两平面时，两平面平行（图 9.1.4）；当约束对象是两直线时，两直线平行；当约束对象是一直线与一平面时，直线与平面平行。当距离值为 0 时，所选对象将重合、共线或共面。

a）约束前　　b）约束后

图 9.1.4　“距离”约束

4. “相切”约束

用“相切（Tangent）”约束可控制两个曲面相切，如图 9.1.5 所示。

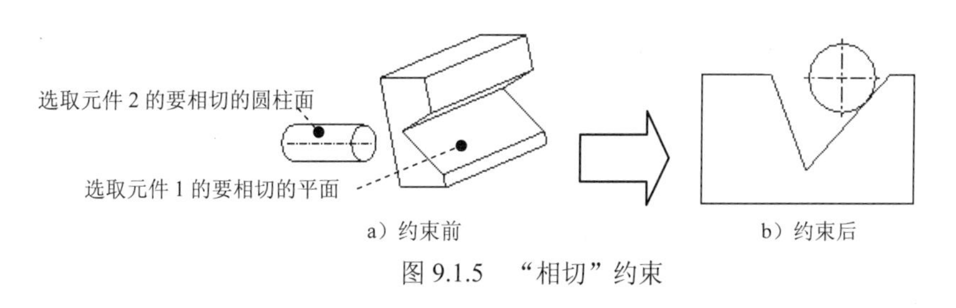

a）约束前　　b）约束后

图 9.1.5　“相切”约束

5. “坐标系”约束

用“坐标系（Coord Sys）”约束可将两个元件的坐标系对齐，或者将元件的坐标系与装配件的坐标系对齐，即一个坐标系中的 X 轴、Y 轴、Z 轴与另一个坐标系中的 X 轴、Y 轴、Z 轴分别对齐，如图 9.1.6 所示。

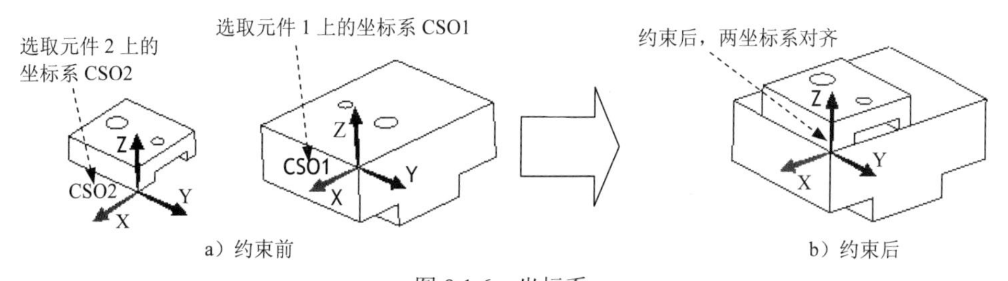

a）约束前　　b）约束后

图 9.1.6　坐标系

6. “线上点”约束

用“线上点（Pnt On Line）”约束可将一条线与一个点对齐。“线”可以是零件或装配件上的边线、轴线或基准曲线；“点”可以是零件或装配件上的顶点或基准点，如图 9.1.7 所示。

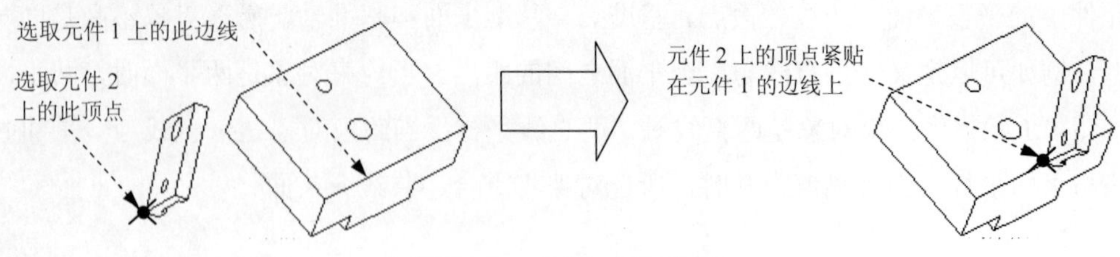

图 9.1.7 “线与点”重合

7. “曲面上的点”约束

用“曲面上的点（Pnt On Srf）”约束可使一个曲面和一个点对齐。“曲面”可以是零件或装配件上的基准平面、曲面特征或零件的表面；“点”可以是零件或装配件上的顶点或基准点，如图 9.1.8 所示。

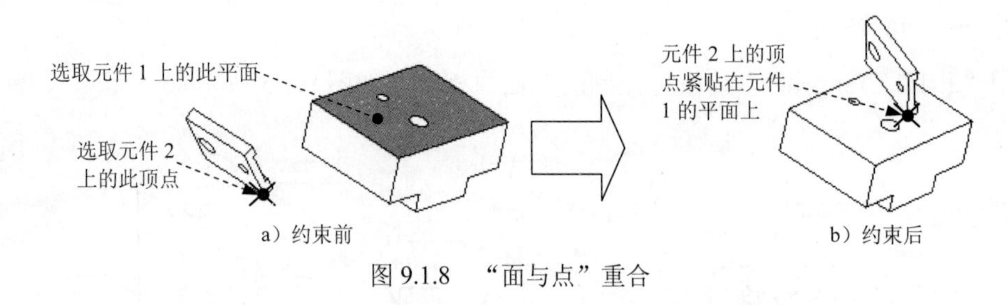

图 9.1.8 “面与点”重合

8. “线与面”约束

“线与面”约束可将一个曲面与一条边线对齐。“曲面”可以是零件或装配件中的基准平面、表面或曲面面组；“边线”为零件或装配件上的边线，如图 9.1.9 所示。

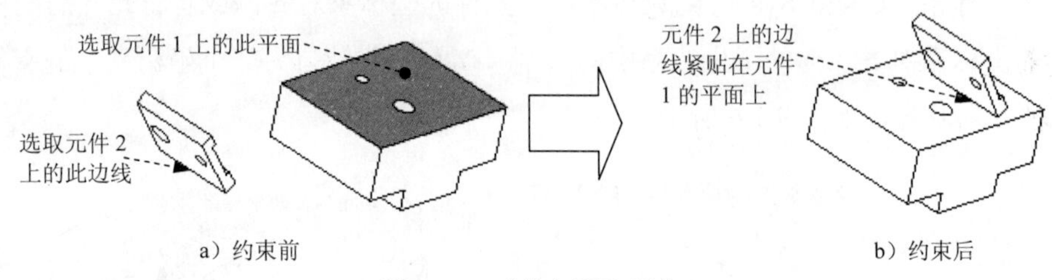

图 9.1.9 “线与面”重合

9. “默认”约束

“默认”约束也称为“缺省”约束，可以用该约束将元件上的默认坐标系与装配环境的默认坐标系对齐。当向装配环境中引入第一个元件（零件）时，常常对该元件实施这种约束形式。

10. “固定”约束

“固定”约束也是一种装配约束形式，可以用该约束将元件固定在图形区的当前位置。当向装配环境中引入第一个元件（零件）时，也可对该元件实施这种约束形式。

9.2　产品装配的一般过程

下面以一个装配体模型——轴和轴套的装配（asm_shaft.asm）为例（图 9.2.1），说明装配体创建的一般过程。

9.2.1　新建装配文件

新建装配文件的步骤如下：

Step 1　选择下拉菜单 文件 → 管理会话(M) → 选择工作目录(W) 更改工作目录。 命令，将工作目录设置为 D:\creo2mo\work\ch09.02。

Step 2　单击“新建”按钮，在弹出的文件“新建”对话框中，进行下列操作：选中 类型 选项组下的 ◉ 装配 单选项；选中 子类型 选项组下的 ◉ 设计 单选项；在 名称 文本框中输入文件名 process_asm；通过取消 □ 使用默认模板 复选框中的“√”号，来取消“使用默认模板”。后面将介绍如何定制和使用装配默认模板；单击该对话框中的 确定 按钮。

Step 3　在系统弹出的“新文件选项”对话框中（图 9.2.2），进行下列操作：选取适当的装配模板。在模板选项组中，选取 mmns_asm_design 模板命令；对话框中的两个参数 DESCRIPTION 和 MODELED_BY 与 PDM 有关，一般不对此进行操作；□ 复制关联绘图 复选框一般不用进行操作；单击该对话框中的 确定 按钮。

完成这一步操作后，系统进入装配模式（环境），此时在图形区可看到三个正交的装配基准平面（图 9.2.3）。

图 9.2.1　轴和轴套的装配

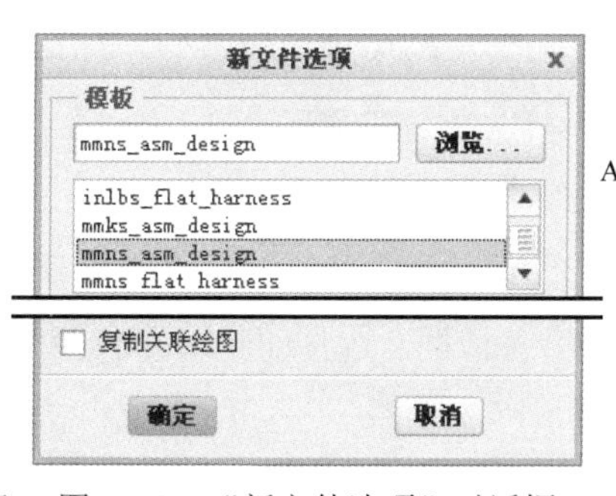

图 9.2.2　“新文件选项”对话框

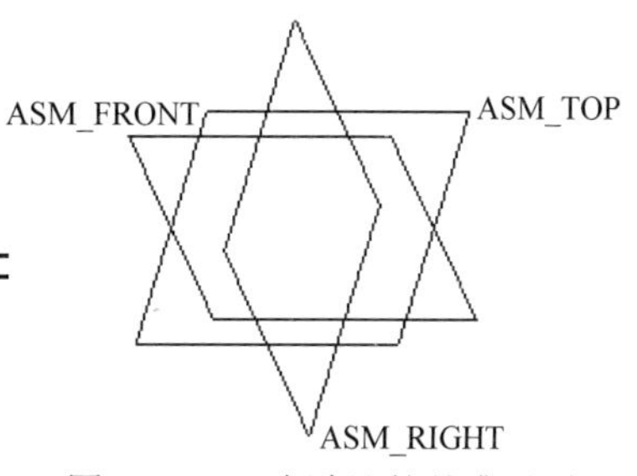

图 9.2.3　三个默认的基准平面

9.2.2　装配第一个元件

在向装配环境中添加装配元件之前，一般应先建立三个正交的装配基准平面，方法为：进入装配模式后，单击 模型 功能选项卡 基准 ▾ 区域中的“平面”按钮，系统便自动创建三个正交的装配基准平面。

如果不创建三个正交的装配基准平面，那么基础元件就是放置到装配环境中的第一个零件、子组件或骨架模型，此时无须定义位置约束，元件只按默认放置。如果用互换元件来替换基础元件，则替换元件也总是按默认放置。

说明：本例中由于选取了 mmns_asm_design 模板命令，系统便自动创建三个正交的装配基准平面，所以无须再创建装配基准平面。

Step 1 引入第一个零件。

（1）单击 模型 功能选项卡 元件▾ 区域（图 9.2.4）中的“组装”按钮（或单击 组装▾ 按钮，然后在弹出的菜单中选择 组装 选项，如图 9.2.5 所示。

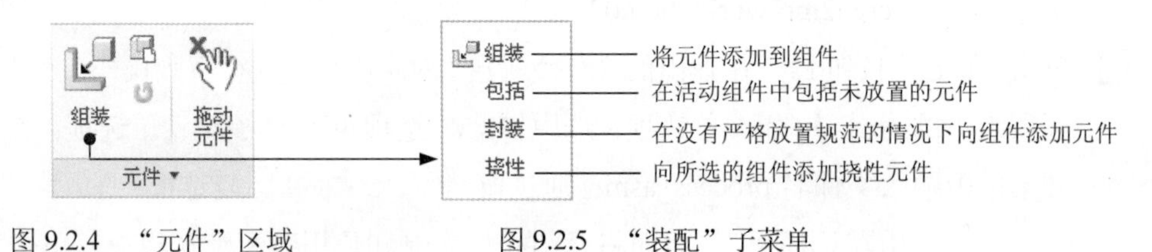

图 9.2.4 “元件”区域　　　图 9.2.5 “装配”子菜单

元件▾ 区域及 组装▾ 菜单下的几个命令的说明：

组装：将已有的元件（零件、子装配件或骨架模型）装配到装配环境中。用“元件放置”对话框，可将元件完整地约束在装配件中。

（创建）：选择此命令，可在装配环境中创建不同类型的元件：零件、子装配件、骨架模型及主体项目，也可创建一个空元件。

（重复）：使用现有的约束信息在装配中添加一个当前选中零件的新实例，但是当选中零件以“默认”或“固定”约束定位时无法使用此功能。

封装：选择此命令可将元件不加装配约束地放置在装配环境中，它是一种非参数形式的元件装配。关于元件的“封装”详见后面的章节。

包括：选择此命令，可在活动组件中包括未放置的元件。

挠性：选择此命令可以向所选的组件添加挠性元件（如弹簧）。

（2）此时系统弹出文件“打开”对话框，选择驱动杆零件模型文件 shaft.prt，然后单击 打开▾ 按钮。

Step 2 完全约束放置第一个零件。完成上步操作后，系统弹出元件放置操控板，在该操控板中单击 放置 按钮，在“放置”界面的 约束类型 下拉列表中选择 默认 选项，将元件按默认放置，此时操控板中显示的信息为 状况:完全约束，说明零件已经完全约束放置；单击操控板中的 ✔ 按钮。

9.2.3 装配第二个元件

1. 引入第二个零件

单击 模型 功能选项卡 元件▾ 区域中“组装”按钮；然后在弹出的文件“打开”对话框中，选取轴套零件模型文件 bush.prt，单击 打开 ▾ 按钮。

2. 放置第二个零件前的准备

第二个零件引入后，可能与第一个零件相距较远，或者其方向和方位不便于进行装配放置。解决这个问题的方法有两种。

方法一：移动元件（零件）。

Step 1 在元件放置操控板中单击 移动 按钮，系统弹出“移动”界面。

Step 2 在 运动类型 下拉列表中选择 平移 选项。

Step 3 选取运动参考。在“移动”界面中选中 ◉ 在视图平面中相对 单选项（相对于视图平面移动元件）。

Step 4 在绘图区按住鼠标左键，并移动鼠标，可看到装配元件（如轴套零件模型）随着鼠标的移动而平移，将其从图 9.2.6 中的位置平移到图 9.2.7 中的位置。

Step 5 与前面的操作相似，在“移动”界面的 运动类型 下拉列表中选择 旋转，然后选中 ◉ 在视图平面中相对 单选项，将轴套从图 9.2.7 所示的状态旋转至图 9.2.8 所示的状态，此时的位置状态比较便于装配元件。

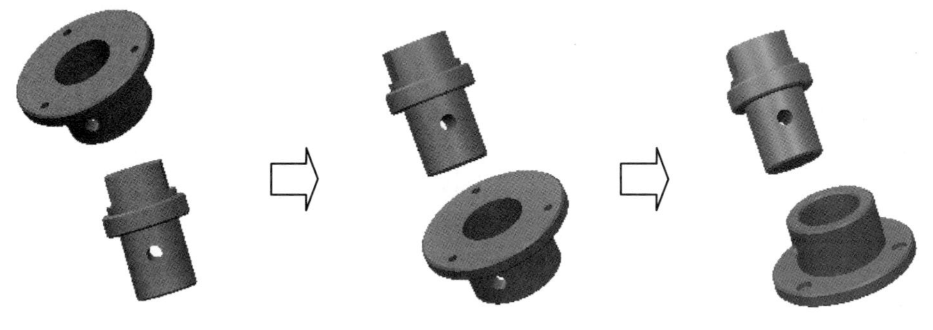

图 9.2.6 位置 1　　图 9.2.7 位置 2　　图 9.2.8 位置 3

Step 6 在元件放置操控板中单击 放置 按钮，弹出“放置”界面，可对元件进行放置。

方法二：打开辅助窗口。

在元件放置操控板中，单击按钮即可打开一个包含要装配元件的辅助窗口，如图 9.2.9 所示。在此窗口中可单独对要装入的元件（如轴套零件模型）进行缩放（中键滚轮）、旋转（中键）和平移（Shift＋中键）。这样就可以将要装配的元件调整到方便选取装配约束参考的位置。

3. 完全约束放置第二个零件

当引入元件到装配件中时，系统将选择“自动”放置。从装配体和元件中选择一对有效参考后，系统将自动选择适合指定参考的约束类型。约束类型的自动选择可省去手动从约束列表中选择约束的操作步骤，从而有效地提高工作效率。但某些情况下，系统自动指定的约束不一定符合设计意图，需要重新进行选取。这里需要说明一下，本书中的例子都是采用手动选择装配的约束类型，这主要是为了方便讲解，使讲解内容条理清楚。

Step 1 定义第一个装配约束。在“放置”界面的 约束类型 下拉列表框中选择 重合选项；分别选取图 9.2.10 所示的两个平面为约束对象。

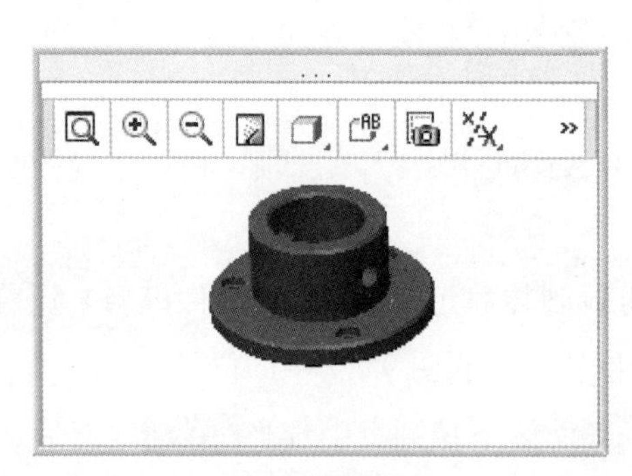

图 9.2.9 辅助窗口

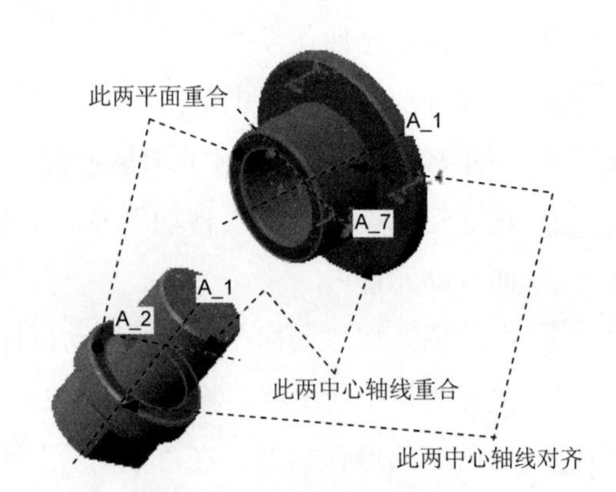

图 9.2.10 选取约束面和对齐轴

注意：为了保证参考选择的准确性，建议采用列表选取的方法选取参考。

此时“放置”界面的 状况 选项组中显示的信息为 部分约束 ，所以还得继续添加装配约束，直至显示 完全约束 。

Step 2 定义第二个和第三个装配约束。

（1）在“放置”界面中单击 ➜新建约束 字符，在 约束类型 下拉列表框中选择 重合 选项。

（2）选取如图 9.2.10 所示的一组要对齐的轴线。

（3）用同样的方法使图 9.2.10 中另一组轴线对齐。此时界面下部的 状况 栏中显示的信息为 完全约束 。

Step 3 单击“元件放置”操控板中的 ✔ 按钮，完成装配体的创建。

9.3 元件的复制

可以对完成装配后的元件进行复制。如图 9.3.1 和图 9.3.2 所示，现需要对图中的螺钉元件进行复制，下面介绍其操作过程。

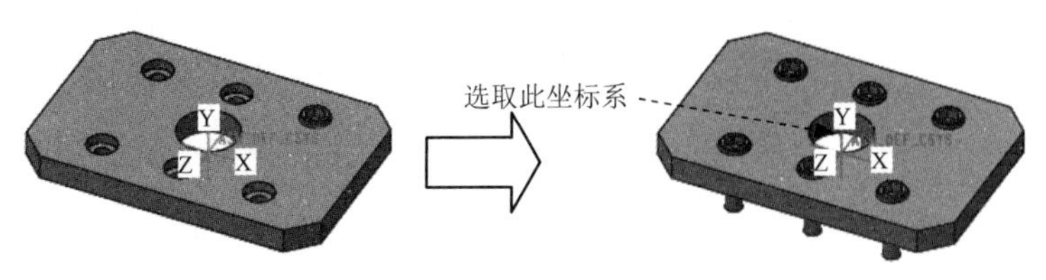

图 9.3.1　复制前　　　　图 9.3.2　复制后

Step 1　将工作目录设置为 D:\creo2mo\work\ch09.03，打开 component_copy.asm。

Step 2　单击 模型 功能选项卡 元件▼ 节点下的 元件操作 命令。

Step 3　在弹出的菜单管理器中选择 Copy (复制) 命令。

Step 4　在弹出的菜单中选择 Select (选择) 命令，并选择图 9.3.2 所示的坐标系。

Step 5　选择要复制的螺钉元件，并在“选择”对话框中单击 确定 按钮。

Step 6　选择复制类型。在“复制”子菜单中选择 Translate (平移) 命令。

Step 7　在 X 轴方向进行平移复制。（注：此处复制会根据所建坐标轴方向不同而选择不同的轴方向。）

（1）在菜单中选择 X Axis (X 轴) 命令。

（2）在系统 输入 平移的距离x方向: 的提示下，输入沿 X 轴的移动距离值 40.0。

（3）选择 Done Move (完成移动) 命令。

（4）在系统 输入沿这个复合方向的实例数目: 的提示下，输入沿 X 轴的实例个数 3。

Step 8　在 Y 轴方向进行平移复制。在菜单中选择 Y Axis (Y 轴) 命令；在系统 输入 平移的距离x方向: 的提示下，输入沿 Y 轴的移动距离值 0；选择 Done Move (完成移动) 命令；在系统 输入沿这个复合方向的实例数目: 的提示下，输入沿 Y 轴的实例个数 1。

Step 9　在 Z 轴方向进行平移复制。选择 Z Axis (Z 轴) 命令；在系统的提示下，输入沿 Z 轴的移动距离-60.0；选择 Done Move (完成移动) 命令；在系统的提示下，输入沿 Z 轴的实例个数 2。

Step 10　选择菜单中的 Done/Return (完成/返回) 命令。

9.4　元件的阵列

与在零件模型中特征的阵列（Pattern）一样，在装配体中，也可以进行元件的阵列（Pattern），装配体中的元件包括零件和子装配件。元件阵列的类型主要包括“参考阵列”和“尺寸阵列”。

9.4.1　参考阵列

如图 9.4.1 至图 9.4.3 所示，元件“参考阵列”是以装配体中某一零件中的特征阵列为参考，来进行元件的阵列。图 9.4.3 中的 3 个阵列螺钉，是参考装配体中元件 1 上的 3 个阵列孔进行创建的，所以在创建“参考阵列”之前，应提前在装配体的某一零件中创建参考特征的阵列。

在 Creo 中，用户还可以用参考阵列后的元件为另一元件创建“参考阵列”。在图 9.4.3 的例子中，已使用“参考阵列”选项创建了 3 个螺钉阵列，因此可以再一次使用“参考阵列”命令将螺母阵列装配到螺钉上。

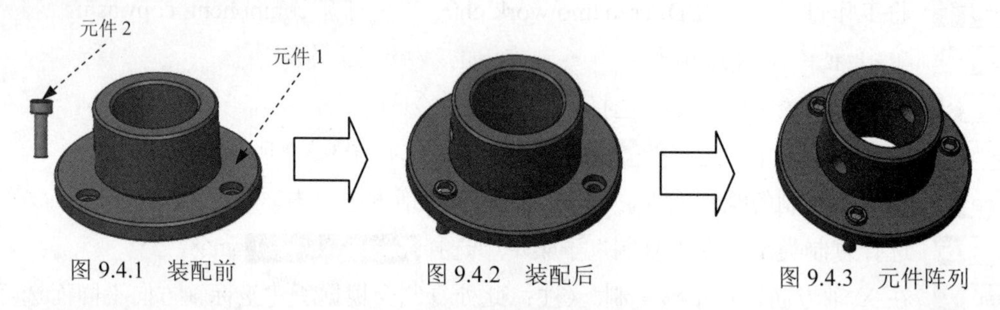

图 9.4.1　装配前　　图 9.4.2　装配后　　图 9.4.3　元件阵列

下面介绍创建元件 2 的参考阵列的操作过程。

Step 1　将工作目录设置为 D:\creo2mo\work\ch09.04.01，打开文件 pattern_ref.asm。

Step 2　在图 9.4.4 所示的模型树中单击 BOLT.PRT（元件 2），右击，从系统弹出的图 9.4.5 所示的快捷菜单中选择 阵列... 命令。

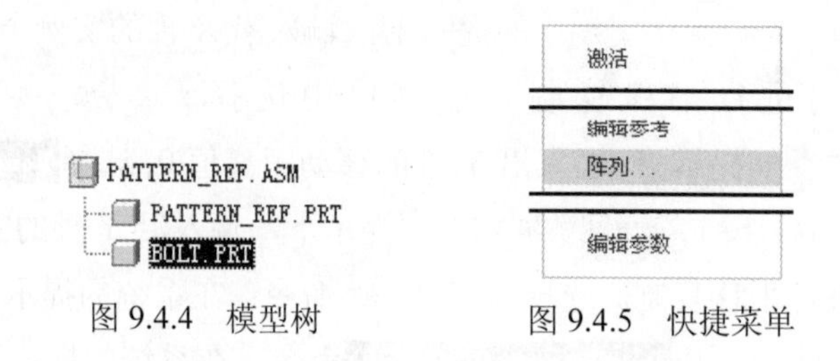

图 9.4.4　模型树　　图 9.4.5　快捷菜单

说明：在装配环境中，另一种进入的方式：单击 模型 功能选项卡 修饰符 ▾ 区域中的“阵列”命令。

Step 3　在“阵列”操控板的阵列类型框中选取 参考，单击“完成”按钮 ✔。此时，系统便自动参考元件 1 中的孔的阵列，创建图 9.4.3 所示的元件阵列。如果修改阵列中的某一个元件，则系统就会像在特征阵列中一样修改每一个元件。

9.4.2　尺寸阵列

如图 9.4.6 所示，元件的“尺寸阵列”是使用装配中的约束尺寸创建阵列，所以只有使用诸如“距离”或“角度偏移”这样的约束类型才能创建元件的“尺寸阵列”。创建元件的“尺寸阵列”，也遵循“零件”模式中“特征阵列”的规则。这里请注意：如果要重定义阵列化的元件，必须在重定义元件放置后再重新创建阵列。

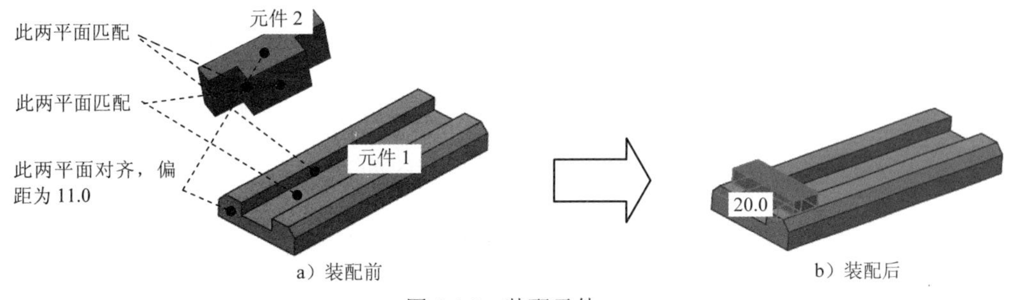

图 9.4.6 装配元件

下面开始创建元件 2 的尺寸阵列，操作步骤如下：

Step 1 将工作目录设置为 D:\creo2mo\work\ch09.04.02，打开 scale_pattern.asm。

Step 2 在模型树中选取元件 2，右击，从弹出的快捷菜单中选择 阵列... 命令。

Step 3 系统提示 ➡选择要在第一方向上改变的尺寸。，选取图 9.4.7 中的尺寸 20.0。

Step 4 在出现的增量尺寸文本框中输入数值 80.0，并按回车键，如图 9.4.7 所示。也可单击“阵列”操控板中的 尺寸 按钮，在弹出的“尺寸”界面中作相应的设置或修改。

Step 5 在“阵列”操控板中输入实例总数 5。

Step 6 单击操控板中的 ✔ 按钮，此时即得到图 9.4.8 所示的元件 2 的阵列。

图 9.4.7 选取尺寸

图 9.4.8 阵列后

9.5 修改装配体中的元件

一个装配体完成后，可以对该装配体中的任何元件（包括零件和子装配件）进行下面的一些操作：元件的打开与删除、元件尺寸的修改、元件装配约束偏距值的修改（如匹配约束和对齐约束偏距的修改）、元件装配约束的重定义等。这些操作命令一般从模型树中获取。

下面以修改装配体 asm_modify.asm 中的 asm_bush.prt 零件为例进行说明。

Step 1 将工作目录设置为 D:\creo2mo\work\ch09.05，打开文件 asm_modify.asm。

Step 2 在装配模型树界面中选择 ➡ 树过滤器(F)... 命令，然后选中“显示”选

项组下的 ☑ 特征 复选框，这样每个零件中的特征都将在模型树中显示。

Step 3 单击模型树中 ▸ SHAFT_BUSH.PRT 前面的 ▸ 号。

Step 4 此时 ▸ SHAFT_BUSH.PRT 中的特征显示出来，右击要修改的特征（如 ▸ 拉伸 1），系统弹出的快捷菜单中，可选取所需的编辑、编辑定义等命令，对所选特征进行相应操作。

如图 9.5.1 所示，在装配体 asm_modify.asm 中，如果要将零件 shaft_bush 中的尺寸 65.0 改成 50.0，操作方法如下：

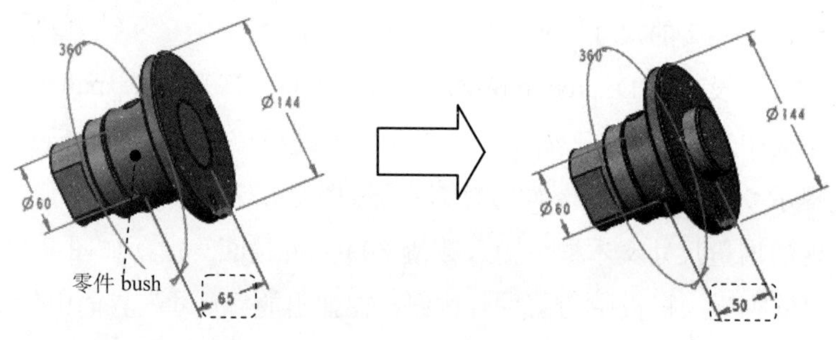

图 9.5.1 修改尺寸

Step 1 显示要修改的尺寸。在模型树中，右击零件 SHAFT_ BUSH.PRT 中的 旋转 1 特征，选择 编辑 命令，系统即显示该特征的尺寸，如图 9.5.1 所示。

Step 2 双击要修改的尺寸 65.0，输入新尺寸 50.0，然后按回车键。

Step 3 装配模型的再生：右击零件 ▸ SHAFT_BUSH.PRT，在弹出的菜单中选择 重新生成 命令。

注意：修改装配模型后，必须进行“重新生成”操作，否则模型不能按修改的要求更新。

说明：再生：单击 模型 功能选项卡 操作 ▾ 区域中的 按钮（或者在模型树中，右击要进行再生的元件，然后从弹出的快捷菜单中选取 重新生成 命令），此方式只再生被选中的对象。

9.6 模型的视图管理

9.6.1 模型的定向视图

定向（Orient）视图功能可以将组件以指定的方位进行摆放，以便观察模型或为将来生成工程图做准备。图 9.6.1 是装配体 view_manage.asm 定向视图的例子，下面说明创建定向视图的操作方法。

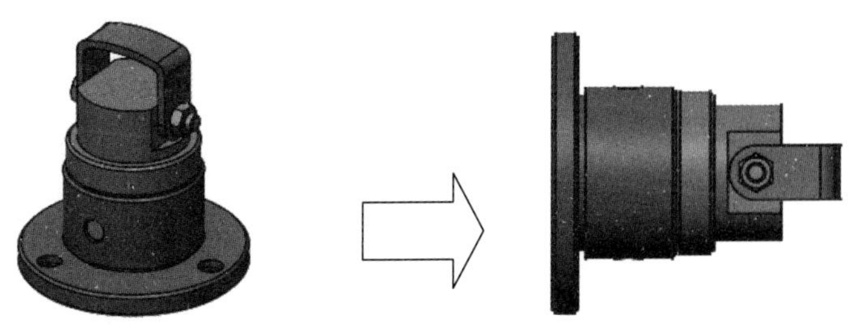

图 9.6.1 定向视图

1. 创建定向视图

Step 1 将工作目录设置为 D:\creo2mo\work\ch09.06.01，打开文件 view_manage.asm。

Step 2 选择 视图 功能选项卡 模型显示 区域 管理视图 节点下的 视图管理器 命令，在弹出的“视图管理器”对话框的 定向 选项卡中单击 新建 按钮，命名新建视图为 VIEW_1，并按回车键。

Step 3 选择 编辑 → 重新定义 命令，系统弹出“方向”对话框；在 类型 下拉列表中选取 按参考定向 选项，如图 9.6.2 所示。

Step 4 定向组件模型。定义放置参考 1：在 参考1 下面的下拉列表中选择 前，再选取图 9.6.3 中的装配基准平面 ASM_FRONT。该步操作的意义是使所选的装配基准平面 ASM_FRONT 朝前（即与屏幕平行且面向操作者）；定义放置参考 2：在 参考2 下面的列表中选择 右，再选取图中的模型表面，即使所选表面朝向右边。

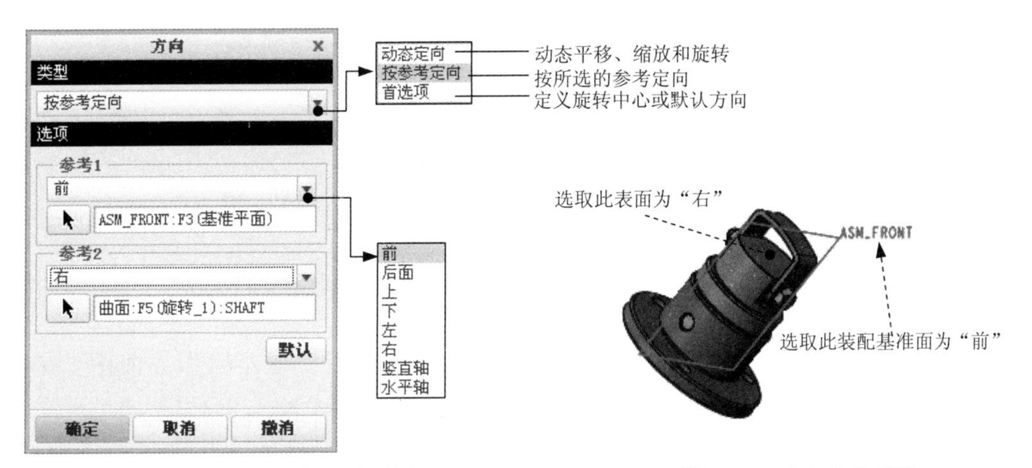

图 9.6.2 “方向”对话框　　　　图 9.6.3 定向组件模型

Step 5 单击 确定 按钮，关闭“方向”对话框，再单击“视图管理器”对话框的 关闭 按钮。

2. 设置不同的定向视图

用户可以为装配体创建多个定向视图，每一个都对应于装配体的某个局部或层，在进行不同局部的设计时，可将相应的定向视图设置到当前工作区中，操作方法是在“视图管理器”对话框的 定向 选项卡中，选择相应的视图名称，然后双击；或选中视图名称后，选择 选项 ➡ 激活 命令。

9.6.2 模型的横截面

1. 横截面概述

横截面（X-Section）也称 X 截面、剖截面，它的主要作用是查看模型剖切的内部形状和结构。在零件模块或装配模块中创建的横截面，可用于在工程图模块中生成剖视图。

在 Creo 中，横截面分两种类型：

- “平面”横截面：用平面对模型进行剖切，如图 9.6.4 所示。
- “偏距”横截面：用草绘的曲面对模型进行剖切，如图 9.6.5 所示。

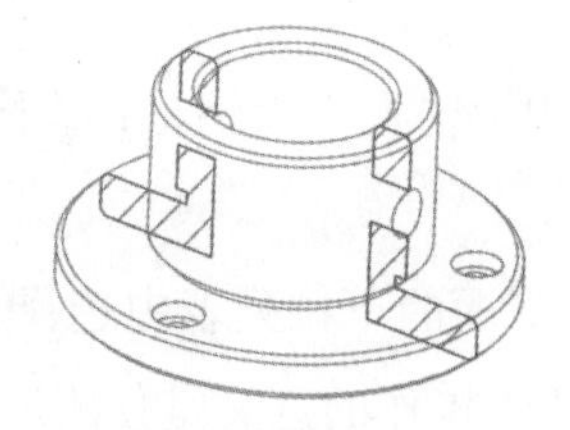

图 9.6.4 “平面”横截面

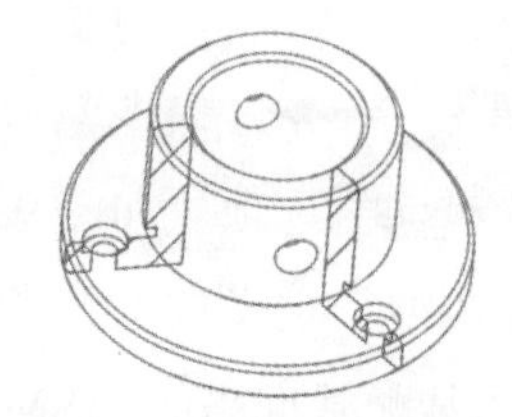

图 9.6.5 “偏距”横截面

选择 视图 功能选项卡 模型显示 区域“管理视图”节点下的 视图管理器 命令，在弹出的对话框中单击 截面 选项卡，即可进入横截面操作界面。

2. 创建一个“平面”横截面

下面以零件模型 planar_section.prt 为例，说明创建图 9.6.4 所示的“平面”横截面的一般操作过程。

Step 1 将工作目录设置为 D:\creo2mo\work\ch09.06.02，打开文件 planar_section.prt。

Step 2 选择 视图 功能选项卡 模型显示 区域 管理视图 节点下的 视图管理器 命令。

Step 3 选择截面类型。单击 截面 选项卡，在弹出的视图管理器操作界面中，单击 新建 ➡ 平面 命令，输入名称 section_1，并按回车键，此时系统弹出“截面”操控板。

Step 4 定义截面参考。单击“截面”操控板的“参考”按钮 参考；在模型中选取 FRONT 基准面，此时模型上显示新建的剖面；单击“截面”对话框中的 ✔ 按钮，完成截面 section_1 的创建。

3. 创建一个“偏距”横截面

下面以零件模型 offset_section.prt 为例，说明创建图 9.6.5 所示的“偏距”横截面的一般操作过程。

Step 1　将工作目录设置为 D:\creo2mo\work\ch09.06.02，打开文件 offset_section.prt。

Step 2　选择 视图 功能选项卡 模型显示 区域 管理视图 节点下的 视图管理器 命令。

Step 3　单击 截面 选项卡，在其选项卡中单击 新建 按钮，选择“偏移”选项 偏移，输入名称 section_2，并按回车键。

Step 4　系统弹出“截面”操控板，如图 9.6.6 所示。

图 9.6.6　“截面”操控板

Step 5　绘制偏距横截面草图。在图 9.6.6 所示的“截面”操控板的 草绘 界面中单击 定义... 按钮，然后选取 TOP 基准平面为草绘平面；绘制图 9.6.7 所示的偏距横截面草图，完成后单击“确定”按钮 ✔。

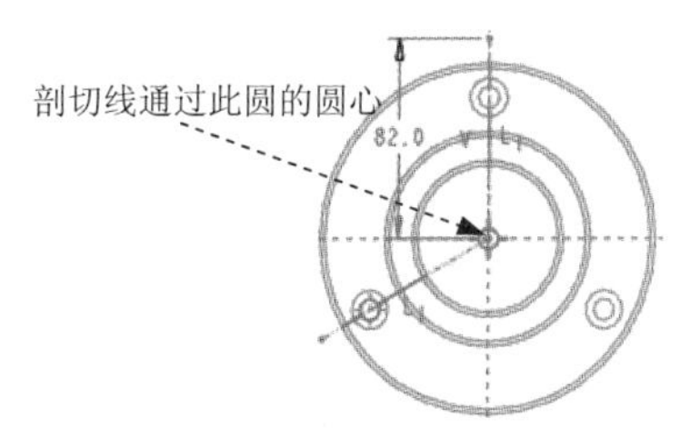

图 9.6.7　偏距剖截面草图

9.6.3　模型的分解视图（爆炸图）

装配体的分解（Explode）状态也叫爆炸状态，就是将装配体中的各零部件沿着直线或坐标轴移动或旋转，使各个零件从装配体中分解出来，如图 9.6.8 所示。分解状态对于表达各元件的相对位置十分有帮助，因而常常用于表达装配体的装配过程、装配体的构成。

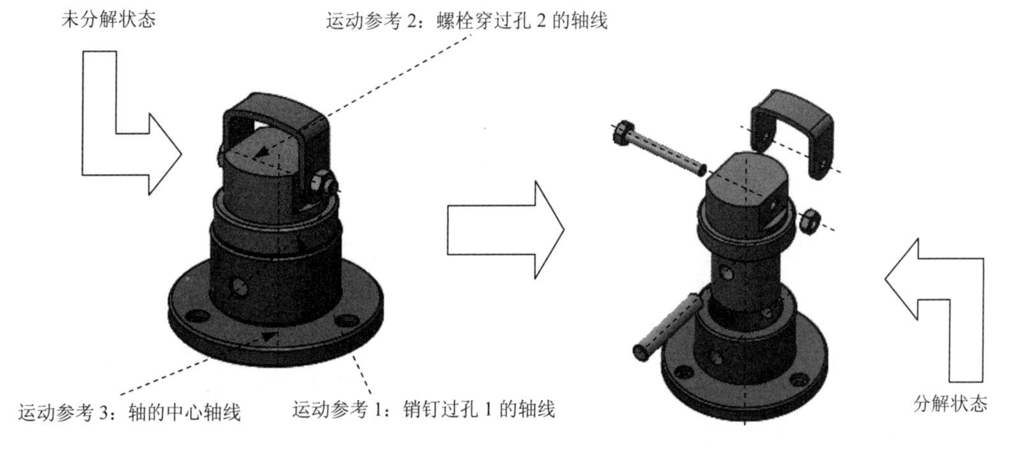

图 9.6.8　装配体的分解图

1. 创建分解视图

下面以装配体 explode_view.asm 为例，说明创建装配体的分解状态的一般操作过程。

Step 1 将工作目录设置为 D:\creo2mo\work\ch09.06.03.01，打开文件 explode_view.asm。

Step 2 选择 视图 功能选项卡 模型显示 区域 管理视图 节点下的 视图管理器 命令，在“视图管理器”对话框的 分解 选项卡中单击 新建 按钮，输入分解的名称 exp0001，并按回车键。

Step 3 单击“视图管理器”对话框中的 属性>> 按钮，在图 9.6.9 所示的“视图管理器”对话框中单击 按钮，系统弹出图 9.6.10 所示的“分解工具”操控板。

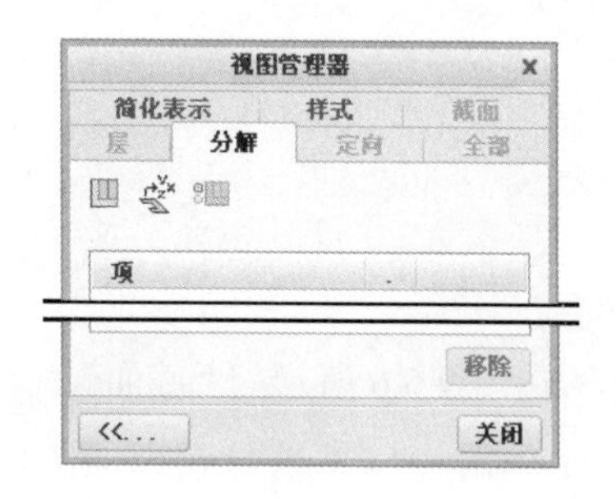

图 9.6.9 “视图管理器”对话框

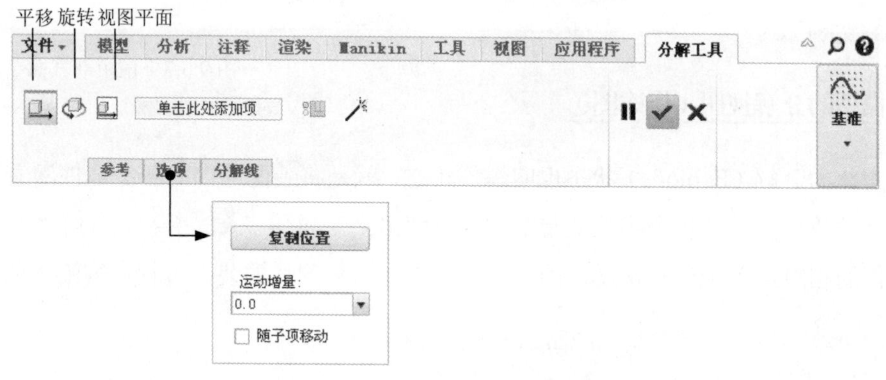

图 9.6.10 “分解工具”操控板

Step 4 定义沿运动参考 1 的平移运动。在“分解工具”操控板中单击“平移”按钮；在图 9.6.10 所示的“分解工具”操控板中激活“单击此处添加项”，再选取图 9.6.8 中的销钉过孔 1 的轴线作为运动参考，即销钉将沿该孔 1 的轴线平移；选取销钉，移动鼠标，进行移动操作。

Step 5 定义沿运动参考 2 的平移运动。在“分解工具”操控板中单击“平移”按钮；在图 9.6.10 所示的“分解工具”操控板中激活“单击此处添加项”，再选取图 9.6.8 中的螺栓过孔 2 的轴线作为运动参考，即螺栓将沿该孔 2 的轴线平移；选取螺栓，移动鼠标，进行移动操作；参考上面的详细步骤，将螺母和连接件平移，结果如图 9.6.8 所示。

Step 6 定义沿运动参考 3 的平移运动。在“分解工具”操控板中单击“平移”按钮（由于前面运动也是平移运动，可省略本步操作），将原有的中心轴线移除（在操控板中右击 1个项，然后选择 移除 命令即可）；选取图 9.6.8 中轴的中心轴线作为运动参考，轴上装配的法兰将沿该中心轴线平移；单击操控板中的 选项 按钮，然后取消选择 随子项移动 复选框；选取 SHAFT 进行移动操作；完成以上分解移动后，单击“分解工具”对话框中的✔按钮。

Step 7 保存分解状态。在“视图管理器”对话框中单击 <<... 按钮；在“视图管理器”对话框中单依次单击 编辑 ➡ 保存... 按钮；在“保存显示元素”对话框中单击 确定 按钮。

Step 8 单击“视图管理器”对话框中的 关闭 按钮。

2. 设定当前状态

用户可以为装配体创建多个分解状态，根据需要，可以将某个分解状态设置到当前工作区中。操作方法：在“视图管理器”对话框的 分解 选项卡中，选择相应的视图名称，然后双击，或选中视图名称后，选择 选项 ➡ 激活 命令。此时在当前视图位置有一个红色箭头指示。

3. 取消分解视图的分解状态

选择 视图 功能选项卡 模型显示 区域中的 分解图 命令，可以取消分解视图的分解状态，从而回到正常状态。

4. 创建分解状态的偏距线

下面以图 9.6.11 为例，说明创建偏距线的一般操作过程。

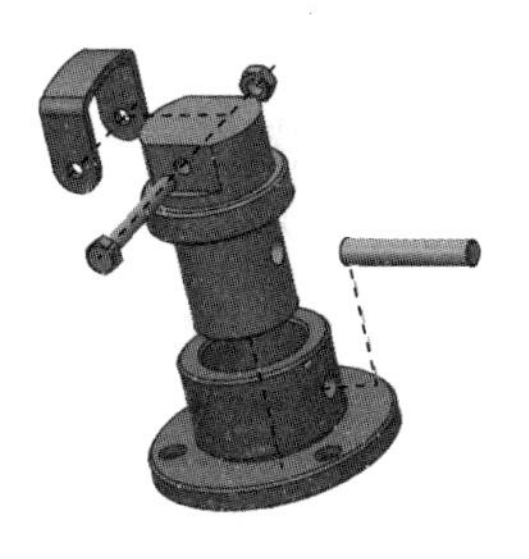

图 9.6.11 创建装配体的分解状态的偏距线

Step 1 将工作目录设置为 D:\creo2mo\work\ch09.06.03.02，打开文件 explode_line.asm。

Step 2 选择 视图 功能选项卡 模型显示 区域 管理视图 节点下的 视图管理器 命令，在“视图管理器”对话框的 分解 选项卡中选中 Exp0001，然后依次单击 编辑 ➡ 编辑位置 按钮。

Step 3 修改偏距线的样式。单击“分解工具”操控板中的 分解线 按钮，然后再单击 默认线造型 按钮；系统弹出图 9.6.12 所示的“线造型”对话框，在下拉列表框中选择 短划线 线型，单击 应用 ➡ 关闭 按钮。

Step 4 创建装配体的分解状态的偏距线。

（1）单击“分解工具”操控板中的 分解线 按钮，再单击“创建修饰偏移线”按钮，如图 9.6.13 所示。

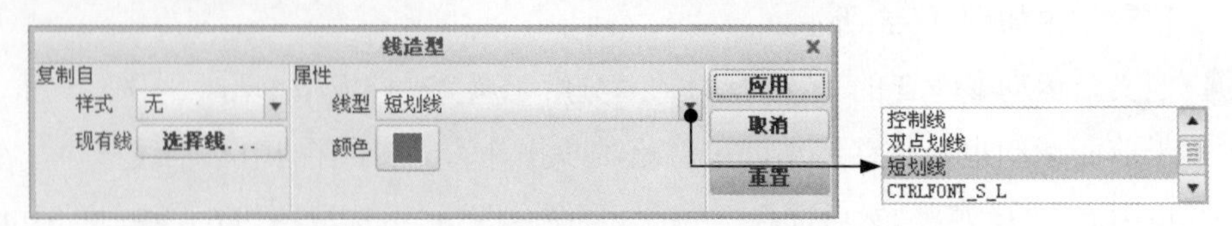

图 9.6.12 “线造型”对话框

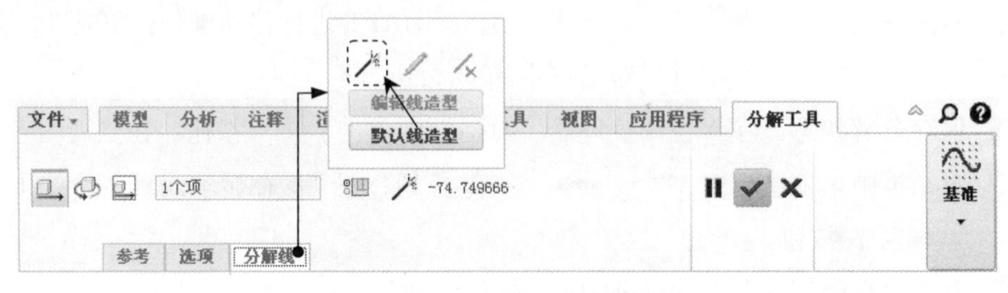

图 9.6.13 “分解工具”操控板

（2）参照图 9.6.14 所示的参考对象指示，创建分解线。（详细操作方法和过程详见视频录像，结果如图 9.6.14 所示。）

图 9.6.14 操作过程

注意：选取轴线时，在轴线上单击的位置不同，会出现不同的结果，如图 9.6.15 所示。

Step 5 保存分解状态。在“视图管理器”对话框中单击 << ... 按钮；在“视图管理器”对话框中依次单击 编辑 ➡ 保存... 按钮；在“保存显示元素”对话框中单击 确定 按钮。

Step 6 单击“视图管理器”对话框中的 关闭 按钮。

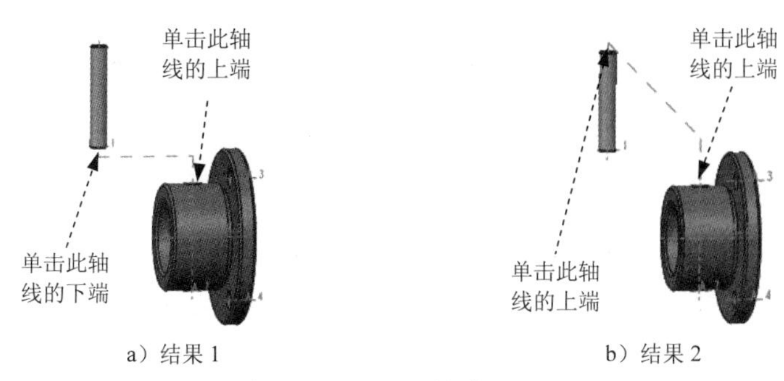

a）结果1　　b）结果2

图 9.6.15　不同的结果对比

9.7　在装配体中创建零件

9.7.1　概述

在实际产品开发过程中，产品中的一些零部件的尺寸、形状可能依赖于产品中的其他零部件，这些零件如果在零件模块中单独进行设计，会存在极大的困难和诸多不便，同时也很难建立各零部件间的相关性。Creo 软件提供在装配体中直接创建零部件的功能，下面用两个例子说明在装配体中创建零部件的一般操作过程。

9.7.2　在装配体中创建零件举例

本范例是在装配体中创建零件（销钉），其目的是装配尺寸和轴套孔直径的变化能够驱动销钉的尺寸变化。

如图 9.7.1 所示，现需要在装配体 create_part.asm 中创建一个零件销钉 pin，操作过程如下：

Step 1　先将工作目录设置为 D:\creo2mo\work\ch09.07，然后打开文件 create_part.asm。

Step 2　在图 9.7.2 所示的装配体模型树中，右击 CREATE_PART.ASM，从弹出的快捷菜单中，选择 激活 命令（如果该对象已经是激活状态，则没有此命令）；单击 模型 功能选项卡 元件 ▾ 区域中的“创建”按钮。

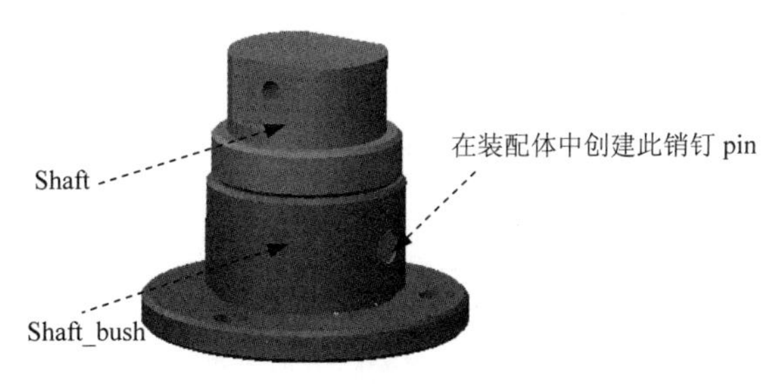

图 9.7.1　在装配体中创建元件

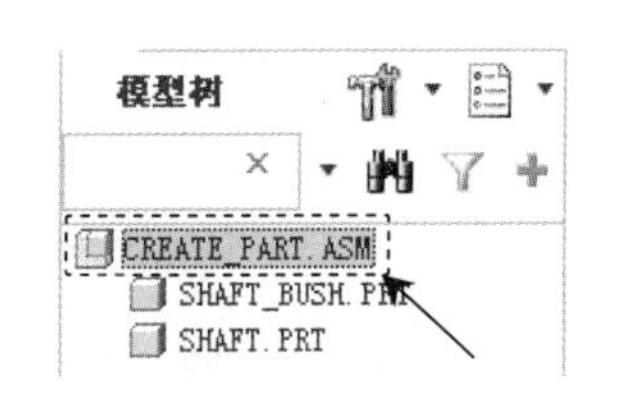

图 9.7.2　模型树

Step 3　定义元件的类型及创建方法。此时系统弹出“元件创建”对话框，选中类型选项组中的◉零件，选中子类型选项组中的◉实体，然后在名称文本框中输入文件名pin；单击确定按钮；此时系统弹出“创建选项”对话框，选择◉创建特征单选项，并单击确定按钮。

Step 4　创建旋转特征。在操控板中单击“旋转”按钮旋转。设置零件body的FRONT基准面为草绘平面，RIGHT基准面为参考平面，方向为右；选取螺孔特征的边线为草绘参考；绘制图9.7.3所示的截面草图；选取旋转角度类型（即草绘平面以指定的角度值旋转），角度值为360.0。

注意：在进行草绘时，为了使创建的销钉PIN.PRT能够随装配尺寸的变化而相应改变，即装配尺寸的改变能够驱动销钉PIN.PRT的变化，需要手动选取参考，应该将视图设为（线框状态），选取参考如图9.7.3所示。

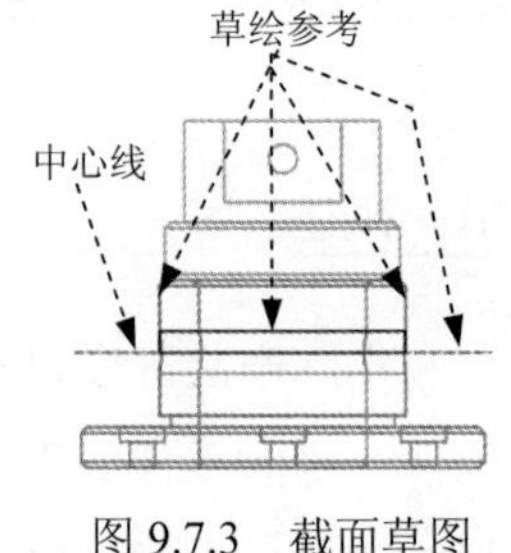

图9.7.3　截面草图

Step 5　创建该轴的其他特征（例如倒角等）。在模型树中右击销钉PIN.PRT，选择打开命令，系统进入零件模型环境，即可添加其他零件特征。

Step 6　验证：在该装配体中改变零件轴SHAFT的销孔的尺寸，零件销钉PIN的尺寸也相应改变；改变法兰SHAFT_BUSH的外径尺寸，销钉的长度也相应变化，这就实现了在装配体中创建零件的最终目的。

9.8　装配设计实际应用——轴承座装配

下面以图9.8.1所示为例，讲述一个多部件的装配实例的一般过程，使读者进一步熟悉Creo 2.0的装配操作。

Step 1　将工作目录设置至D:\Creo2.0\work\ch09.08。

Step 2　新建文件。选择下拉菜单文件 → 新建(N)命令，系统弹出“新建”对话框，在类型选项组中选择◉ 装配单选项，选中子类型选项组下的◉设计单选项；在名称文本框中输入文件名bearing_stand，取消选中□使用默认模板复选框，单击确定按钮，在系统弹出的“新文件选项”对话框的模板选项组中选择mmns_asm_design模板，单击确定按钮，系统进入装配环境。

Step 3　添加第一个零件（下基座）。

（1）单击模型功能选项卡元件区域中的“组装”按钮，此时系统弹出文件“打开”对话框，选择support_part.prt，然后单击打开按钮。

（2）完全约束放置第一个零件。在该操控板中单击放置按钮，在其界面的约束类型

下拉列表中选择 默认 选项，将元件按默认放置，此时操控板中显示的信息为 状况:完全约束；说明零件已经完全约束放置；单击操控板中的✔按钮。

Step 4 添加轴套并定位，如图 9.8.2 所示。

图 9.8.1 综合装配实例

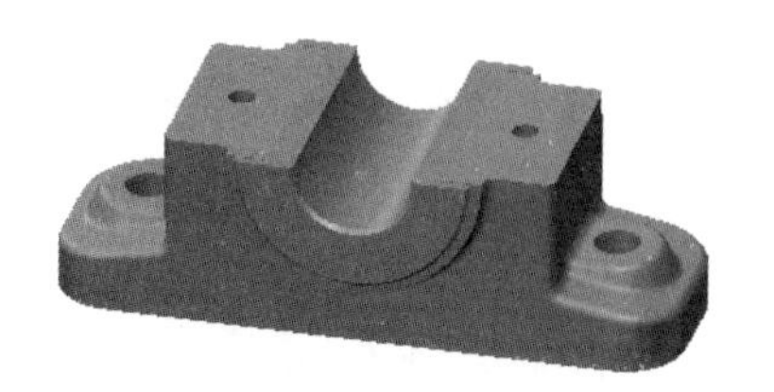

图 9.8.2 添加轴套

（1）单击 模型 功能选项卡 元件▾ 区域中“组装”按钮；然后在弹出的文件“打开”对话框中，选取轴套零件模型文件 tube.prt，单击 打开 ▾ 按钮。

（2）添加约束。单击 放置 选项卡，系统弹出“放置”界面，在 约束类型 下拉列表框中选择 重合 约束类型，分别选取图 9.8.3 所示的模型表面 1 和图 9.8.4 所示的模型表面 2；单击“新建约束”字符，在 约束类型 下拉列表框中选择 重合 约束类型，分别选取图 9.8.3 所示的模型表面 3 和图 9.8.4 所示的模型表面 4；在 约束类型 下拉列表框中选择 重合 约束类型，分别选取图 9.8.3 所示的模型轴 1 和图 9.8.4 所示的模型轴 2；单击✔按钮，完成轴套的装配。

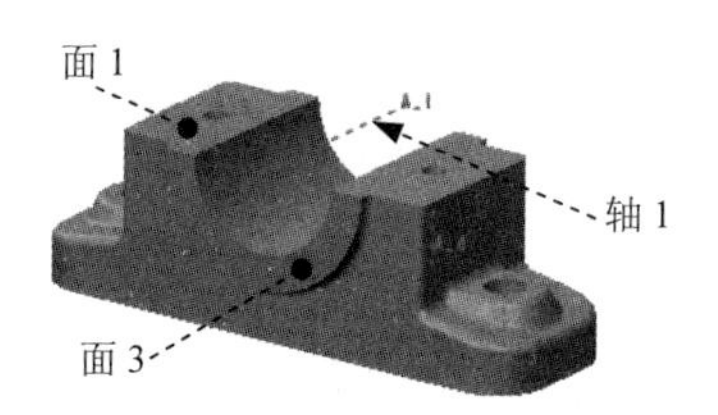

图 9.8.3 选择面和轴

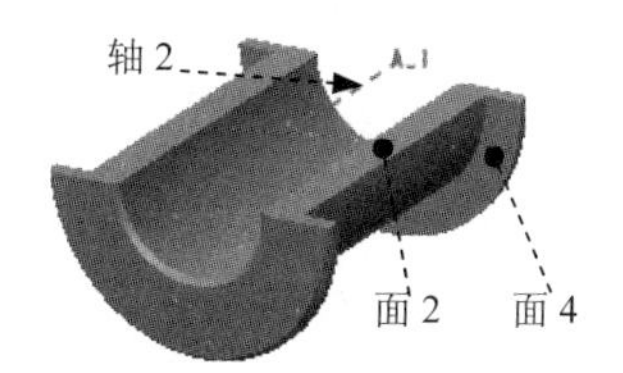

图 9.8.4 选择重合面和轴

Step 5 镜像图 9.8.5 所示轴套。单击 模型 功能选项卡 元件▾ 区域中的“创建”按钮；系统弹出“元件创建”对话框；在对话框的 类型 选项组中选中 ◉ 零件 单选项，并选中 子类型 选项组下的 ◉ 镜像 单选项，在 名称 文本框中输入文件名 tube-_mirror；单击 确定 按钮；此时系统弹出“镜像零件”对话框；选取图 9.8.6 所示的元件轴套为镜像零件参考，选取 FRONT 基准平面为平面参考，单击 确定 按钮，完成轴套的镜像操作。

Step 6 添加上盖，如图 9.8.7 所示。单击 模型 功能选项卡 元件▾ 区域中的“组装”按钮；然后在弹出的文件“打开”对话框中，选取轴套零件模型文件 cover_part.prt，单击 打开 ▾ 按钮；参照 Step3 的详细操作步骤，选择图 9.8.8 所示的面 1 与面 2、面 3（圆柱面）与面 4（圆柱面）、面 5（圆柱面）与面 6（圆柱面）添加重合约束。

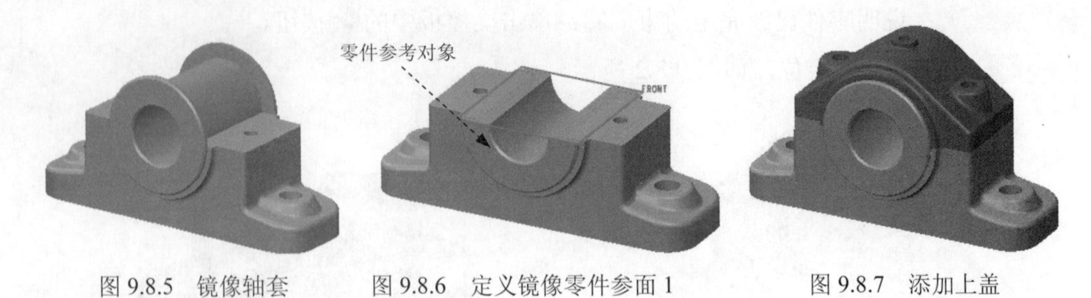

图 9.8.5　镜像轴套　　图 9.8.6　定义镜像零件参面 1　　图 9.8.7　添加上盖

Step 7　添加垫圈 1，如图 9.8.9 所示。

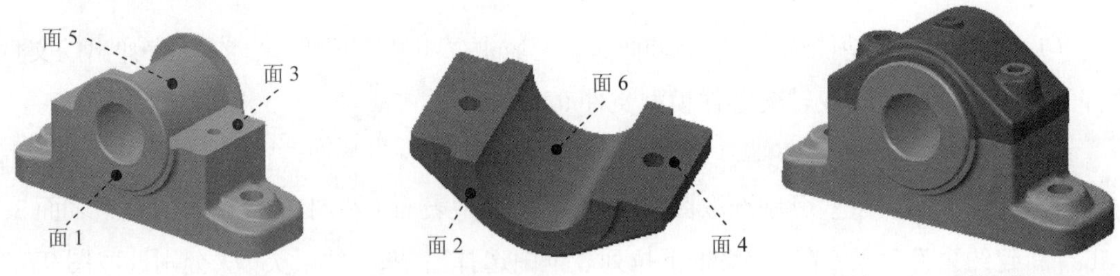

图 9.8.8　选择重合面　　图 9.8.9　添加垫圈 1

（1）单击 模型 功能选项卡 元件▾ 区域中“组装”按钮；然后在弹出的文件“打开”对话框中，选取垫圈零件模型文件 ring_part.prt，单击 打开 ▾ 按钮，再单击单击✔按钮。

（2）添加约束。单击 放置 选项卡，系统弹出“放置”界面，在 约束类型 下拉列表框中选择 重合 约束类型，分别选取图 9.8.10 所示的模型表面 1 和图 9.8.11 所示的模型表面 2；单击“新建约束”字符，在 约束类型 下拉列表框中选择 重合 约束类型，分别选取图 9.8.10 所示的模型轴 1 和图 9.8.11 所示的模型轴 2；单击✔按钮，完成垫圈 1 的装配。

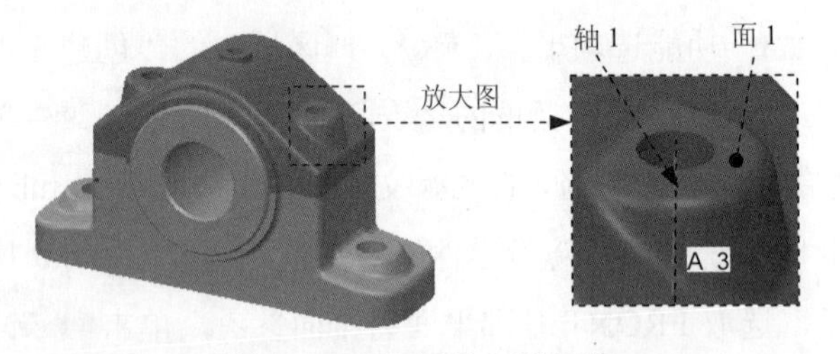

图 9.8.10　选择重合面和轴

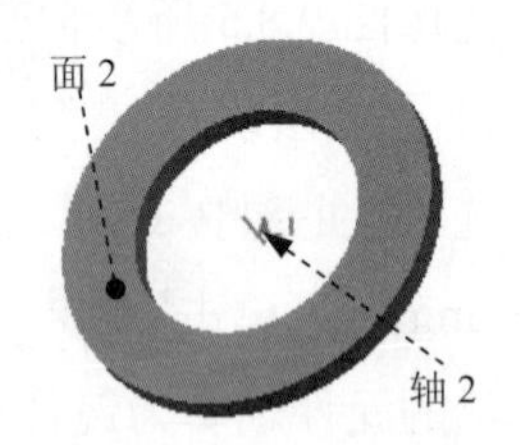

图 9.8.11　选择重合面和轴

Step 8　参照上一步的详细操作步骤，添加垫圈 2，结果如图 9.8.12 所示。（具体操作参见录像。）

Step 9　添加螺栓 1，如图 9.8.13 所示。

（1）单击 模型 功能选项卡 元件▾ 区域中“组装”按钮；然后在弹出的文件

“打开”对话框中，选取螺栓零件模型文件 bolt_part.prt，单击 打开 按钮，再单击 ✔ 按钮。

图 9.8.12 添加垫圈 2

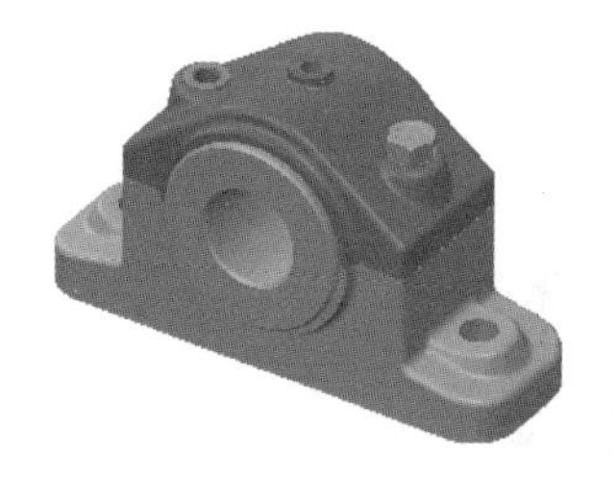

图 9.8.13 添加螺栓 1

（2）添加约束。单击 放置 选项卡，系统弹出“放置”界面，在 约束类型 下拉列表框中选择 重合 约束类型，分别选取图 9.8.14 所示的模型表面 1 和图 9.8.15 所示的模型表面 2；单击“新建约束”字符，在 约束类型 下拉列表框中选择 重合 约束类型，分别选取图 9.8.14 所示的模型轴 1 和图 9.8.15 所示的模型轴 2；单击 ✔ 按钮，完成螺栓 1 的装配。

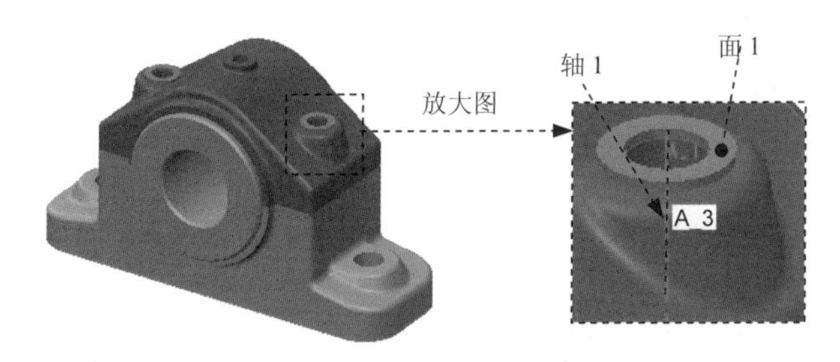

图 9.8.14 选择重合面和轴

Step 10 参照上一步的详细操作步骤，添加螺栓 2，结果如图 9.8.16 所示。（具体操作参见录像。）

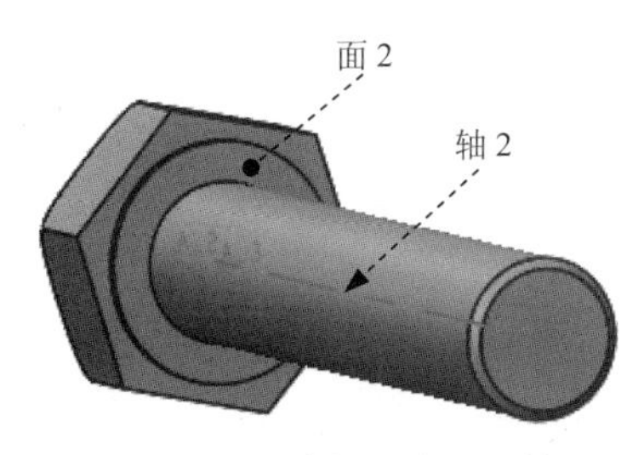

图 9.8.15 选择重合面和轴

图 9.8.16 添加螺栓 2

Step 11 保存总装配模型。

10

模型的测量与分析

10.1　模型的测量

10.1.1　测量距离

下面以一个简单的模型为例，说明距离测量的一般操作过程和测量类型。

Step 1 将工作目录设置为 D:\creo2mo\work\ch10.01，打开文件 distance.prt。

Step 2 选择 分析 功能选项卡 测量 ▼ 区域中的“测量”命令，系统弹出“测量：汇总”对话框。

Step 3 测量面到面的距离。

（1）在系统弹出图 10.1.1 所示的“测量：汇总”对话框中，单击“距离”按钮，然后单击“展开对话框”按钮▼。

（2）先选取图 10.1.2 所示的模型表面 1，按住 Ctrl 键，选取图 10.1.2 所示的模型表面 2。

（3）在图 10.1.1 所示的“测量：距离”对话框的结果区域中，可查看测量后的结果。

说明：可以在“测量：距离”对话框的结果区域中查看测量结果，也可以在模型上直接显示测量或分析结果。

Step 4 测量点到面的距离，如图 10.1.3 所示。操作方法参见 Step3。

图 10.1.1　“距离”对话框

Step 5 测量点到线的距离，如图 10.1.4 所示。操作方法参见 Step3。

Step 6 测量线到线的距离，如图 10.1.5 所示。操作方法参见 Step3。

Step 7 测量点到点的距离，如图 10.1.6 所示。操作方法参见 Step3。

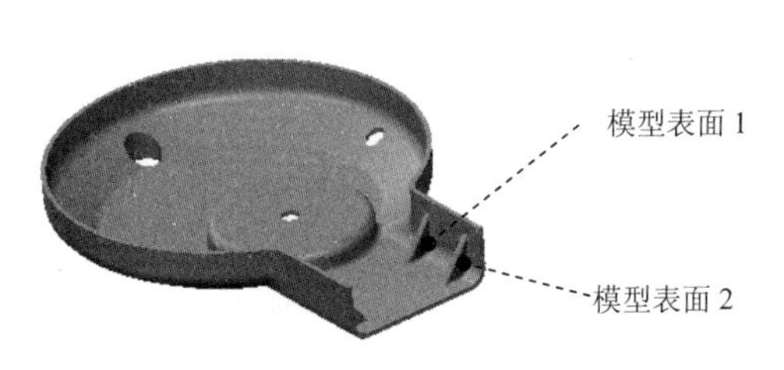

图 10.1.2 测量面到面的距离

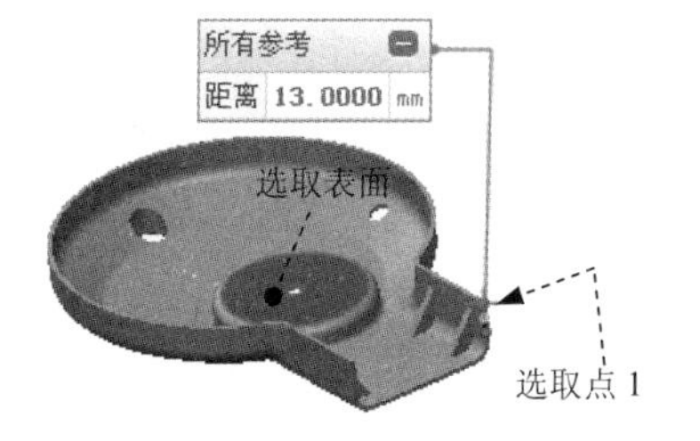

图 10.1.3 点到面的距离

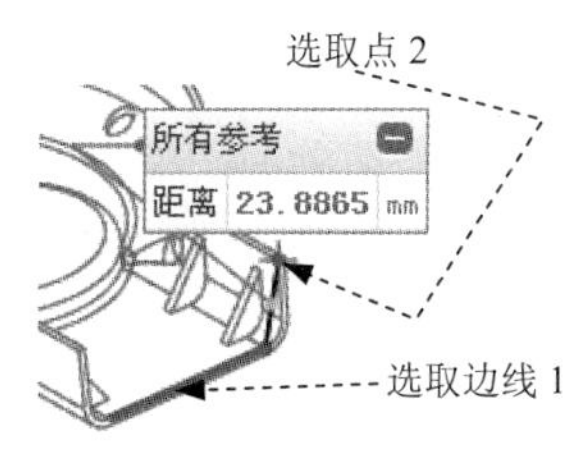

图 10.1.4 点到线的距离

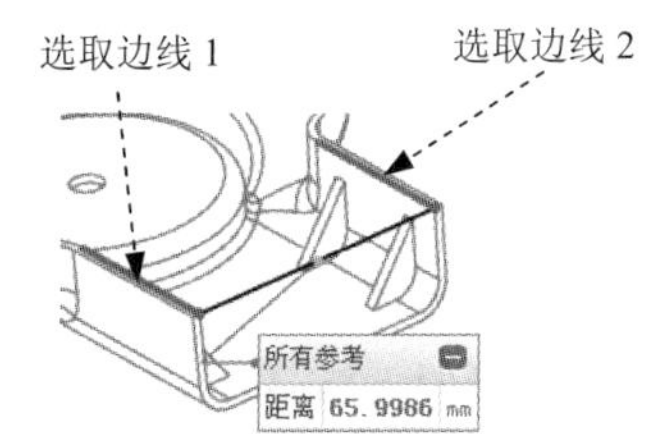

图 10.1.5 线到线的距离

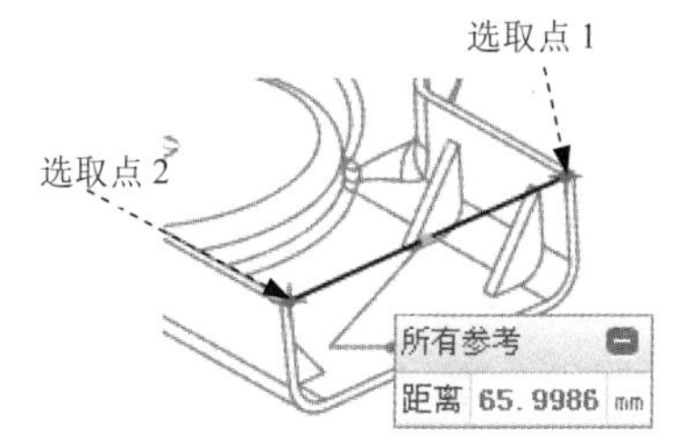

图 10.1.6 点到点的距离

Step 8 测量点到坐标系的距离，如图 10.1.7 所示。操作方法参见 Step3。

Step 9 测量点到曲线的距离，如图 10.1.8 所示。操作方法参见 Step3。

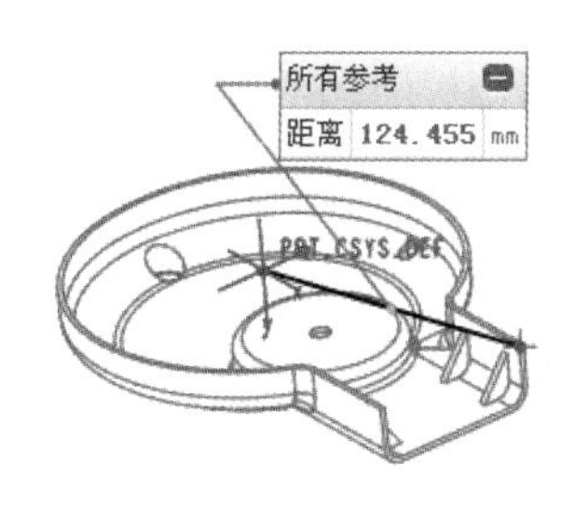

图 10.1.7 点到坐标系的距离

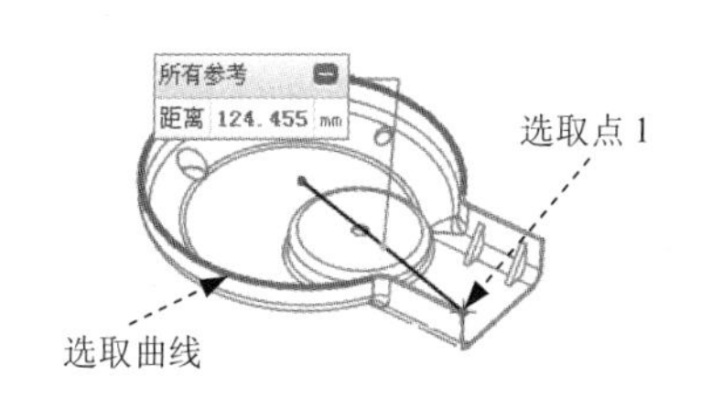

图 10.1.8 点到曲线的距离

Step 10 测量点与点间的投影距离，投影参考为平面。在图 10.1.9 所示的“测量：距离”对话框中进行下列操作：

（1）选取图 10.1.10 所示的点 1。

（2）按住 Ctrl 键，选取图 10.1.10 所示的点 2。

（3）在“投影”文本框中的“单击此处添加项目”字符上单击，然后选取图 10.1.10 中的模型表面 3。

（4）在图 10.1.9 所示的“测量：距离”对话框的结果区域中，可查看测量的结果。

图 10.1.9 “测量：距离”对话框

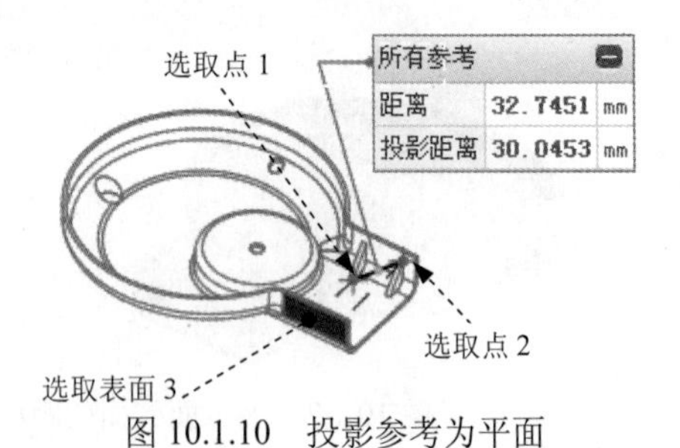

图 10.1.10 投影参考为平面

Step 11 测量点与点间的投影距离（投影参考为直线）。

（1）选取图 10.1.11 所示的点 1。

（2）按住 Ctrl 键，选取图 10.1.11 所示的点 2。

（3）在“投影”文本框中的“单击此处添加项”字符上单击，然后选取图 10.1.11 中的模型边线 3。

（4）在图 10.1.12 所示的“测量：距离”对话框的结果区域中，可查看测量的结果。

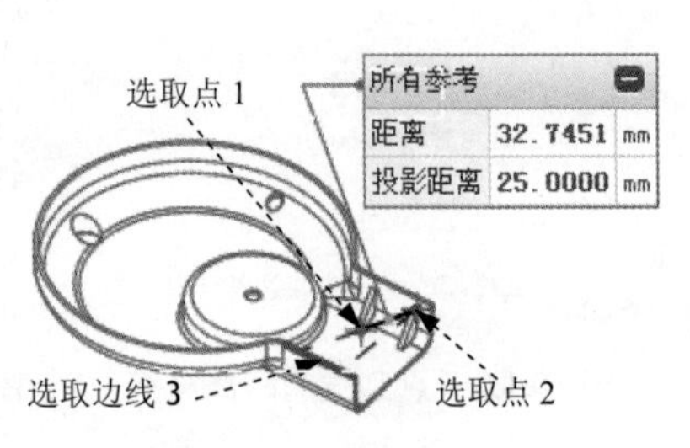

图 10.1.11 投影参考为直线

10.1.2 测量角度

Step 1 将工作目录设置为 D:\creo2mo\work\ch10.01，打开文件 angle.prt。

Step 2 选择 分析 功能选项卡 测量 ▾ 区域中的“测量”命令，系统弹出“测量：汇总”对话框。

Step 3 在弹出的“测量：汇总”对话框中，单击“角度”按钮，如图 10.1.13 所示。

图 10.1.12 “测量：距离”对话框

图 10.1.13 “测量：角度”对话框

Step 4　测量面与面间的角度。

（1）选取图 10.1.14 所示的模型表面 1。

（2）按住 Ctrl 键，选取图 10.1.14 所示的模型表面 2。

（3）在图 10.1.13 所示的“测量：角度”对话框的结果区域中，可查看测量的结果。

Step 5　测量线与面间的角度。

（1）选取图 10.1.15 所示的模型表面 1。

（2）按住 Ctrl 键，选取图 10.1.15 所示的边线 2。

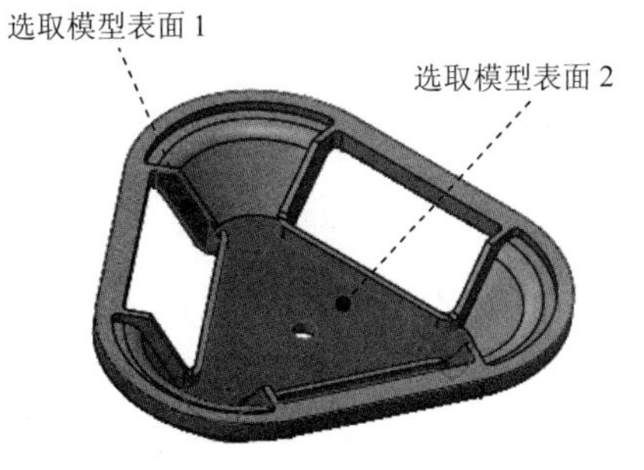

图 10.1.14　测量面与面间的角度

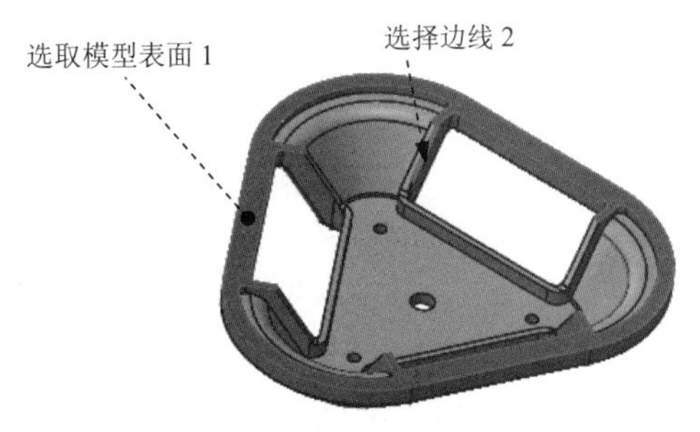

图 10.1.15　测量线与面间的角度

（3）在图 10.1.16 所示的“测量：角度”对话框的结果区域中，可查看测量的结果。

Step 6　测量线与线间的角度。

（1）选取图 10.1.17 所示的边线 1。

图 10.1.16　“测量：角度”对话框

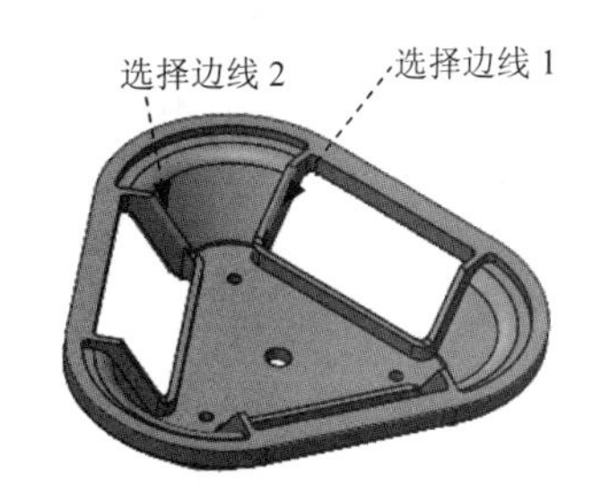

图 10.1.17　测量线与线间的角度

（2）按住 Ctrl 键，选取图 10.1.17 所示的边线 2。

（3）在图 10.1.18 所示的“测量：角度”对话框的结果区域中，可查看测量的结果。

10.1.3　测量曲线长度

Step 1　将工作目录设置为 D:\creo2mo\work\ch10.01，打开文件 curve_length.prt。

Step 2　选择 分析 功能选项卡 测量 ▾ 区域中的“测量”命令，系统弹出“测量：汇总”对话框。

Step 3 在弹出的“测量：汇总”对话框中，单击“长度”按钮，如图 10.1.19 所示。

图 10.1.18 “测量：角度”对话框

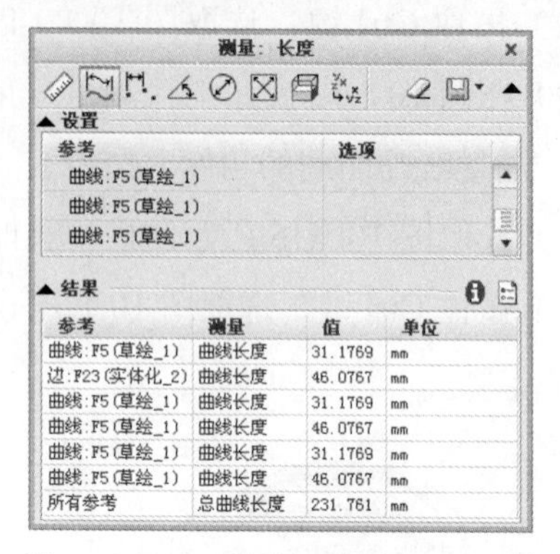

图 10.1.19 “测量：长度”对话框

Step 4 测量多个相连的曲线的长度，在图 10.1.19 所示的“测量：长度”对话框中进行下列操作：

（1）首先选取图 10.1.20 所示的边线 1，再按住 Ctrl 键，选取图 10.1.20 所示的其余边线，直到图 10.1.20 所示的一整圈边线被选取。

说明：当只需要测量一条曲线时，只需选取要测量的曲线，就会在结果区域中查看到测量的结果。

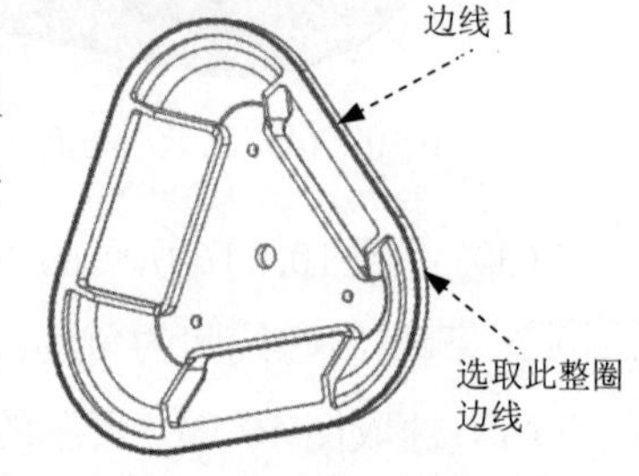

图 10.1.20 测量模型边线

（2）在图 10.1.21 所示的“测量：长度”对话框的结果区域中，可查看测量的结果。

Step 5 测量曲线特征的总长。在图 10.1.21 所示的“测量：长度”对话框中进行下列操作：

（1）在模型树中选取图 10.1.22 所示的草绘曲线特征。

（2）在图 10.1.21 所示的“测量：长度”对话框的结果区域中，可查看测量的结果。

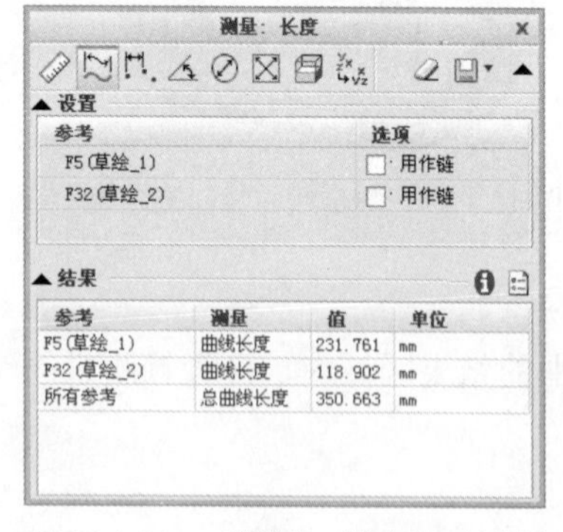

图 10.1.21 “测量：长度”对话框

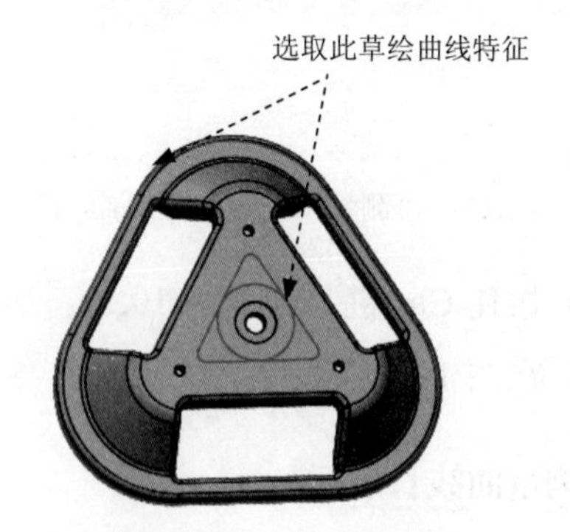

图 10.1.22 测量草绘曲线

10.1.4 测量面积

Step 1 将工作目录设置为 D:\creo2mo\work\ch10.01，打开文件 area.prt。

Step 2 选择 分析 功能选项卡 测量 ▾ 区域中的“测量”命令，系统弹出“测量：汇总”对话框。

Step 3 在弹出的“测量：汇总”对话框中，单击“面积”按钮，如图 10.1.23 所示。

Step 4 测量曲面的面积。

（1）选取图 10.1.24 所示的模型表面。

图 10.1.23 “测量：面积”对话框

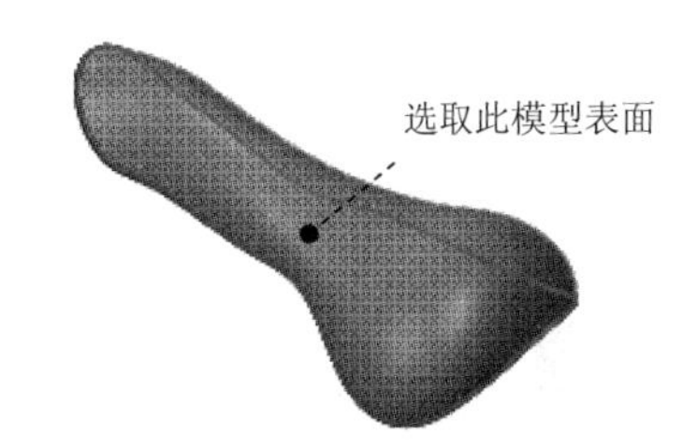

图 10.1.24 测量面积

（2）在图 10.1.23 所示的“测量：面积”对话框的结果区域中，可查看测量的结果。

10.2 模型的基本分析

10.2.1 模型的质量属性分析

通过模型质量属性分析，可以获得模型的体积、总的表面积、质量、重心位置、惯性力矩、惯性张量等数据。下面简要说明其操作过程。

Step 1 将工作目录设置为 D:\creo2mo\work\ch10.02，打开文件 mass_analysis.prt。

Step 2 选择 分析 功能选项卡 模型报告 区域 质量属性 ▾ 节点下的 质量属性 命令。

Step 3 在弹出的“质量属性”对话框中，打开 分析 选项卡，如图 10.2.1 所示。

Step 4 在视图控制工具栏中 节点下选中 ☑ 坐标系显示 复选框，显示坐标系。

Step 5 在 坐标系 区域取消选中 □ 使用默认设置 复选框（否则系统自动选取默认的坐标系），然后选取图 10.2.2 所示的坐标系。

Step 6 在图 10.2.1 所示的 分析 选项卡的结果区域中，显示出分析后的各项数据。

说明：这里模型质量的计算是采用默认的密度，如果要改变模型的密度，可选择下拉菜单 文件 → 准备(R) → 模型属性(I) 命令。

10.2.2 横截面质量属性分析

通过横截面（剖截面）质量属性分析，可以获得模型上某个横截面的面积、重心位置、惯性张量、截面模数等数据。

Step 1 将工作目录设置为 D:\creo2mo\work\ch10.02，打开文件 section_analysis.prt。

Step 2 选择 分析 功能选项卡 模型报告 区域 质量属性 节点下的 横截面质量属性 命令。

Step 3 在弹出的“横截面属性”对话框中，打开 分析 选项卡。

Step 4 在视图控制工具栏中 节点下选中 ☑ 坐标系显示 和 ☑ 平面显示 复选框，显示坐标系和基准平面。

Step 5 在 分析 选项卡的 名称 下拉列表框中选择 SECTION_1 横截面。

说明：SECTION_1 是提前创建的一个横截面。

Step 6 在 坐标系 区域取消选中 □ 使用默认设置 复选框，然后选取图 10.2.3 所示的坐标系。

Step 7 在图 10.2.4 所示的 分析 选项卡的结果区域中，显示出分析后的各项数据。

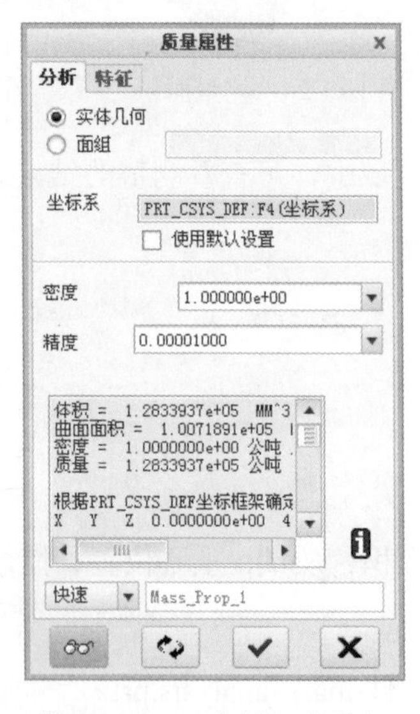

图 10.2.1 “分析”选项卡

图 10.2.2 模型质量属性分析

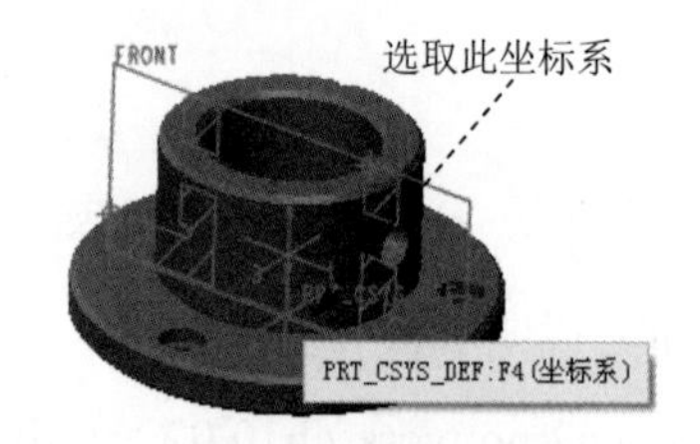

图 10.2.3 横截面质量属性分析

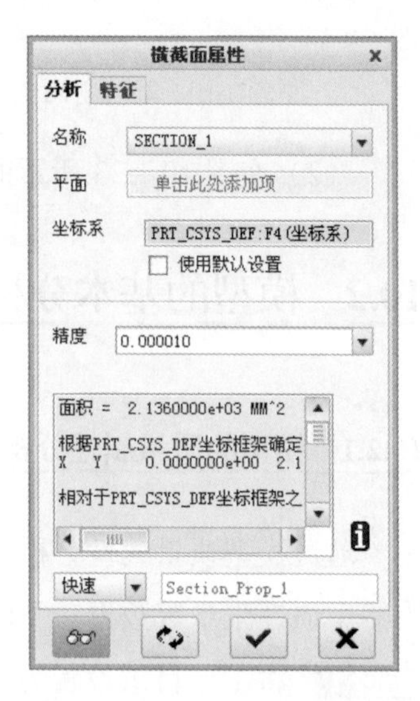

图 10.2.4 “分析”选项卡

10.2.3 配合间隙

通过配合间隙分析，可以计算模型中的任意两个曲面之间的最小距离，如果模型中布置有电缆，配合间隙分析还可以计算曲面与电缆之间、电缆与电缆之间的最小距离。下面简要说明其操作过程。

Step 1　将工作目录设置为 D:\creo2mo\work\ch10.02，打开文件 clearance_analysis.prt。

Step 2　选择 分析 功能选项卡 检查几何 ▾ 区域中的 配合间隙 命令。

Step 3　在弹出的“配合间隙”对话框中，打开 分析 选项卡，如图 10.2.5 所示。

Step 4　在 几何 区域的 自 文本框中单击“选取项”字符，然后选取图 10.2.6 所示的模型表面 1。

图 10.2.5　“配合间隙”对话框

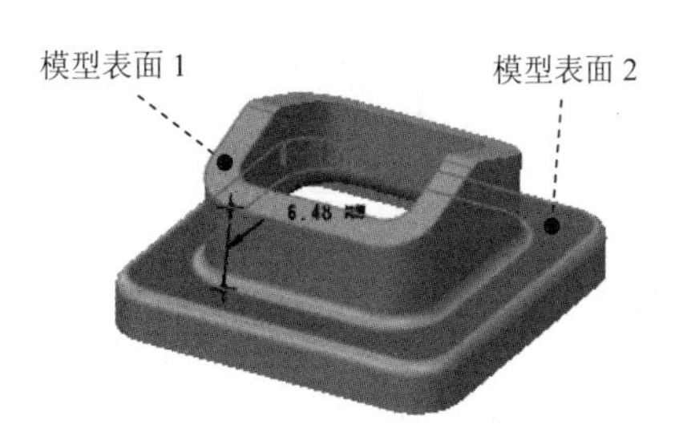

图 10.2.6　成对间隙分析

Step 5　在 几何 区域的 至 文本框中单击“选取项”字符，然后选取图 10.2.6 所示的模型表面 2。

Step 6　在图 10.2.6 所示的 分析 选项卡的结果区域中，显示出分析后的结果。

10.2.4　体积块

通过体积块分析可以计算模型中的某个基准平面一侧的模型体积，下面简要说明其操作过程：

Step 1　将工作目录设置为 D:\creo2mo\work\ch10.02，打开文件 one_side_vol.prt。

Step 2　选择 分析 功能选项卡 测量 ▾ 区域中的“体积”命令，系统弹出“测量：体积”对话框。

Step 3　在视图控制工具栏中 节点下选中 ☑ 平面显示 复选框，显示基准平面。

Step 4　在 平面 文本框中单击“单击此处添加项”字符，然后选取图 10.2.7 所示的基准平面 DTM3。

Step 5　在图 10.2.8 所示的 结果 区域中，显示出分析后的结果。

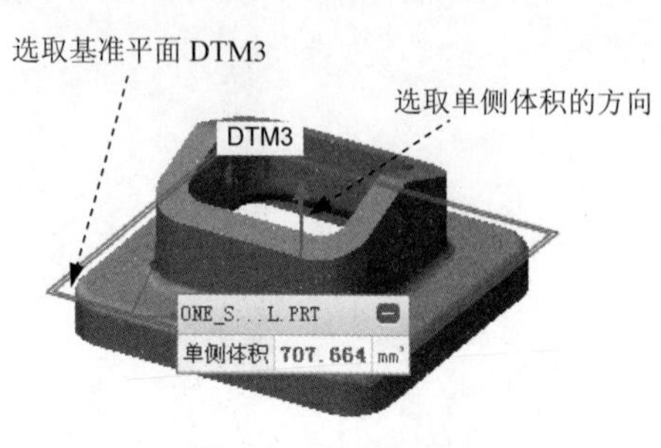

图 10.2.7　体积分析

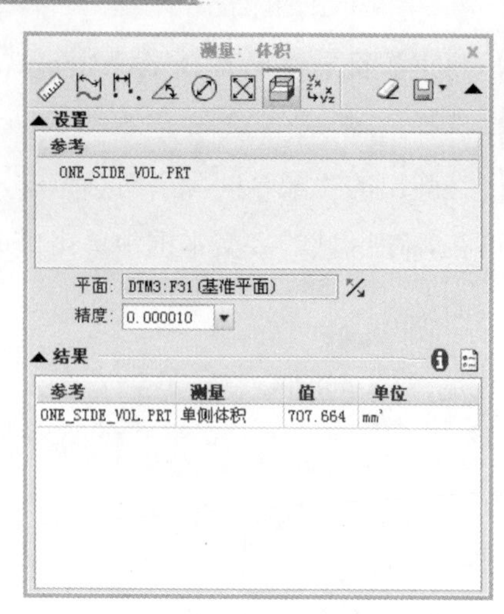

图 10.2.8　“分析”选项卡

10.3　曲线与曲面的曲率分析

10.3.1　曲线的曲率分析

下面简要说明曲线的曲率分析的操作过程。

Step 1　将工作目录设置为 D:\creo2mo\work\ch10.03，打开文件 curve_analysis.prt。

Step 2　选择 分析 功能选项卡 检查几何 ▾ 区域 曲率 ▾ 节点下的 曲率 命令。

Step 3　在图 10.3.1 所示的“曲率”对话框的 分析 选项卡中进行下列操作：

（1）单击 几何 文本框中的“选取项”字符，然后选取要分析的曲线。

（2）在 质量 文本框中输入质量值 50。

（3）在 比例 文本框中输入比例值 150.00。

（4）其余参数均采用默认设置值，此时在绘图区中显示图 10.3.2 所示的曲率图，通过显示的曲率图可以查看该曲线的曲率走向。

Step 4　在 分析 选项卡的结果区域中，可查看曲线的最大曲率和最小曲率，如图 10.3.3 所示。

10.3.2　曲面的曲率分析

下面简要说明曲面的曲率分析的操作过程。

Step 1　将工作目录设置为 D:\creo2mo\work\ch10.03，打开文件 surface_analysis.prt。

Step 2　选择 分析 功能选项卡 检查几何 ▾ 区域 曲率 ▾ 节点下的 着色曲率 命令。

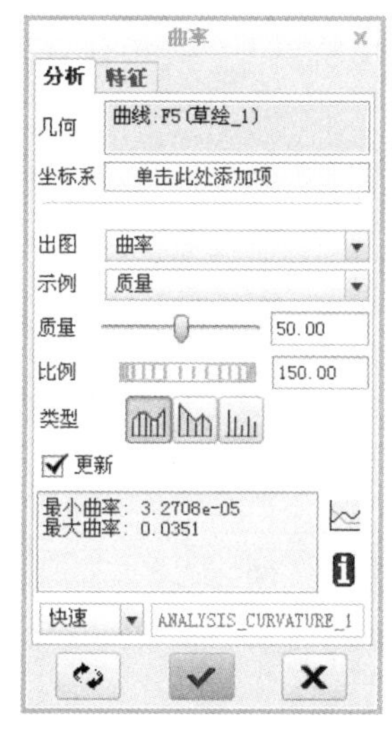

图 10.3.1 “分析”选项卡

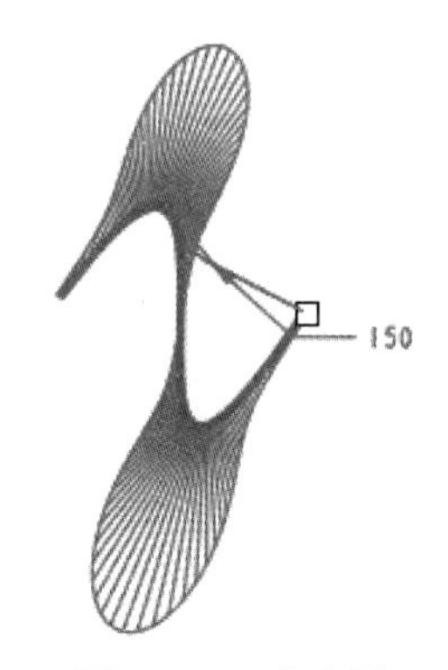

图 10.3.2 曲率图

图 10.3.3 “着色曲率”对话框

Step 4 在 分析 选项卡的结果区域中，可查看曲面的最大高斯曲率和最小高斯曲率。

Step 3 在图 10.3.3 所示的“着色曲率”对话框中，打开 分析 选项卡，单击 曲面 文本框中单击“选取项”字符，然后选取要分析的曲面，此时曲面上呈现出一个彩色分布图（图 10.3.4），同时系统弹出“颜色比例”对话框（图 10.3.5）。彩色分布图中的不同颜色代表不同的曲率大小，颜色与曲率大小的对应关系可以从“颜色比例”对话框中查阅。

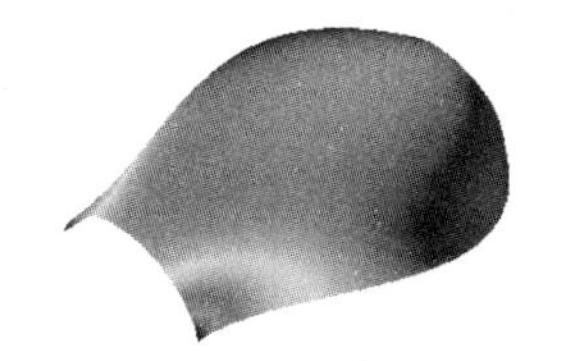

图 10.3.4 要分析的曲面

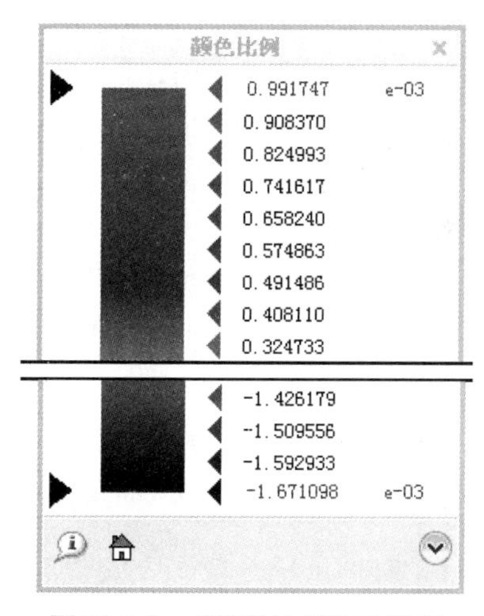

图 10.3.5 “颜色比例”对话框

11
工程图制作

11.1 新建工程图文件

新建工程图的操作过程如下：

Step 1 先将工作目录设置至 D:\creo2mo\work\ch11.01，然后在工具栏中单击“新建”按钮。

Step 2 在弹出的图 11.1.1 所示的“新建”对话框中，进行下列操作。

（1）选中 类型 区域中的 ◉ 绘图 单选项。

注意：在这里不要将“草绘”和“绘图”两个概念相混淆。“草绘”是指在二维平面里绘制图形；“绘图”指的是绘制工程图。

（2）在 名称 文本框中输入工程图的文件名，例如 support_part_drw。

（3）取消选中 □ 使用默认模板 复选框，即不使用默认的模板。

（4）在对话框中单击 确定 按钮，系统弹出图 11.1.2 所示的“新建绘图”对话框（一）。

图 11.1.2 所示的“新建绘图”对话框（一）中各选项的功能说明如下：

- 默认模型 区域：在该区域中选取要生成工程图的零件或装配模型，一般系统会默认选取当前活动的模型，如果要选取其他模型，请单击 浏览... 按钮。
- 指定模板 区域：在该区域中选取工程图模板。
  - ◆ ◉空 单选项：在图 11.1.2 所示的 方向 区域中选取图纸方向，其中“可变”为自定义图纸幅面尺寸，在 大小 区域中定义图纸的幅面尺寸；使用此单选项打开的绘图文件既不使用模板，也不使用图框格式。

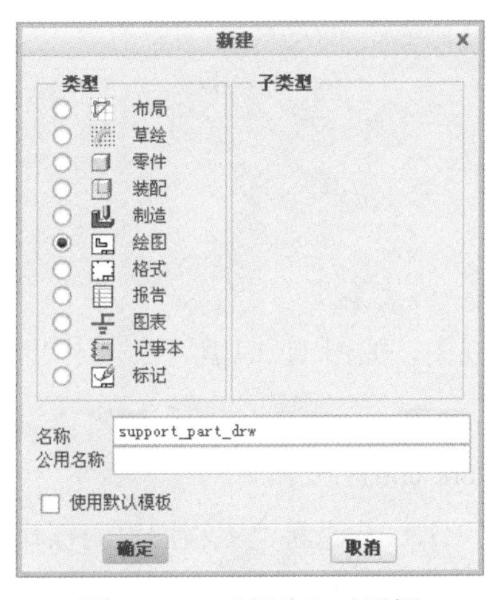

图 11.1.1 “新建”对话框

图 11.1.2 “新建绘图”对话框（一）

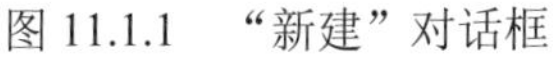

☑ ◉格式为空 单选项：在图 11.1.3 所示的 格式 区域中，单击 浏览... 按钮，然后选取所需的格式文件，并将其打开；其中，打开的绘图文件只使用其图框格式，不使用模板。

☑ ◉使用模板 单选项：在图 11.1.4 所示的 模板 区域的文件列表中选取所需模板或单击 浏览... 按钮，然后选取所需的模板文件。

图 11.1.3 “新建绘图”对话框（二）

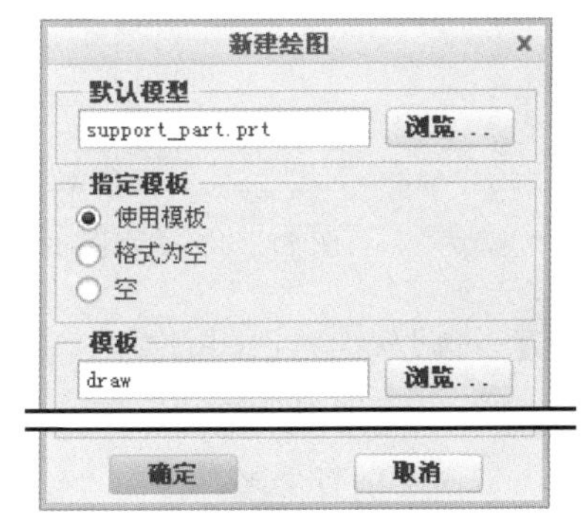

图 11.1.4 “新建绘图”对话框（三）

Step 3 定义工程图模板。

（1）在图 11.1.2 所示的“新建绘图”对话框（一）中，单击 浏览... 按钮，在“打开”对话框中选取模型文件 support_part.prt，单击 打开 按钮。

（2）在 指定模板 区域中选中 ◉空 单选项，在 方向 区域中单击“横向”按钮，然后在 大小 区域的下拉列表中选取 A3 选项。

注意：在本书中，如无特别说明，默认工程图模板为空模板，方向为“横向”，幅面尺寸为 A3。

（3）在对话框中单击 确定 按钮，则系统将会自动进入工程图模式（工程图环境）。

11.2 工程图视图的创建

11.2.1 创建主视图

下面介绍如何创建 base_part.prt 零件模型主视图，如图 11.2.1 所示。操作步骤如下：

Step 1 设置工作目录：选择下拉菜单 文件 → 管理会话(M) → 选择工作目录(W) 更改工作目录。命令，将工作目录设置至 D:\creo2mo\work\ch011.02。

Step 2 在工具栏中单击“新建”按钮，参考 11.1 节“新建工程图”的操作过程，选择三维模型 support_part.prt 为绘图模型，进入工程图模块。

Step 3 在绘图区中右击，系统弹出图 11.2.2 所示的快捷菜单，选择 插入普通视图... 命令。

Step 4 在系统 选择绘图视图的中心点. 的提示下，在屏幕图形区选择一点。系统弹出“绘图视图”对话框。

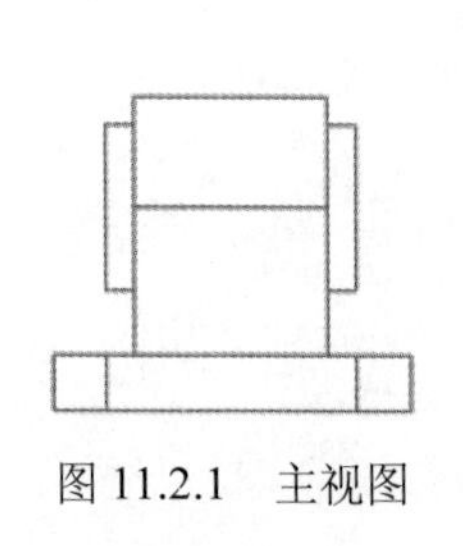

图 11.2.1 主视图

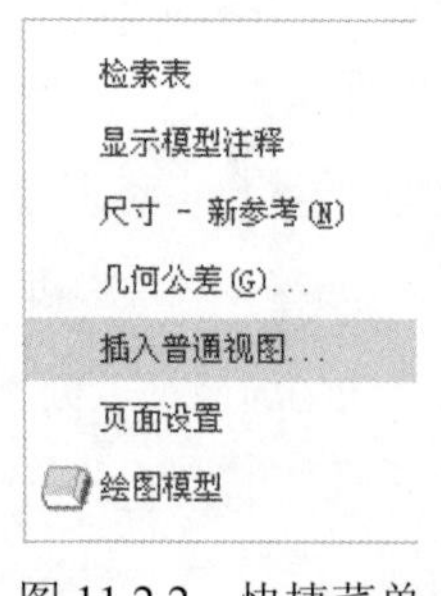

图 11.2.2 快捷菜单

Step 5 定向视图。视图的定向一般采用下面两种方法。

方法一：选取参考进行定向。

（1）定义放置参考 1。在“绘图视图”对话框中，选择“类别”下的“视图类型”；在其选项卡界面的视图方向选项组中，选中选取定向方法中的 ◉ 几何参考，如图 11.2.3 所示；单击对话框中“参考 1”旁的箭头，在弹出的方位列表中，选择前选项（图 11.2.4），再选择图 11.2.5 中的模型表面 1。这一步操作的意义是使所选模型表面朝前（即与屏幕平行且面向操作者）。

（2）定义放置参考 2。单击对话框中“参考 2”旁的箭头，在弹出的方位列表中，选择顶选项，再选取图 11.2.5 中的模型表面 2。这一步操作的意义是使所选模型表面朝向屏幕的顶部。这时模型即按图 11.2.4 所示的方位摆放在屏幕中。

说明：如果此时希望返回以前的默认状态，请单击对话框中的 默认方向 按钮。

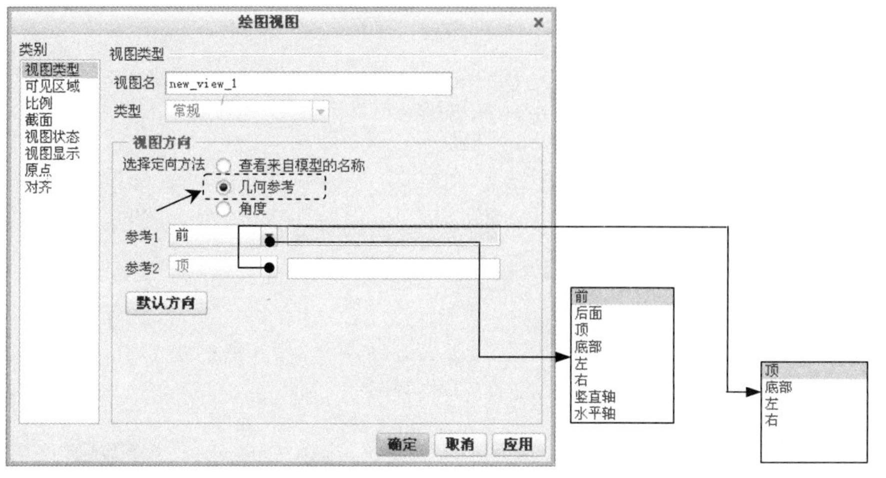

图 11.2.3 “绘图视图”对话框　　图 11.2.4 “参考”选项

方法二：采用已保存的视图方位进行定向。

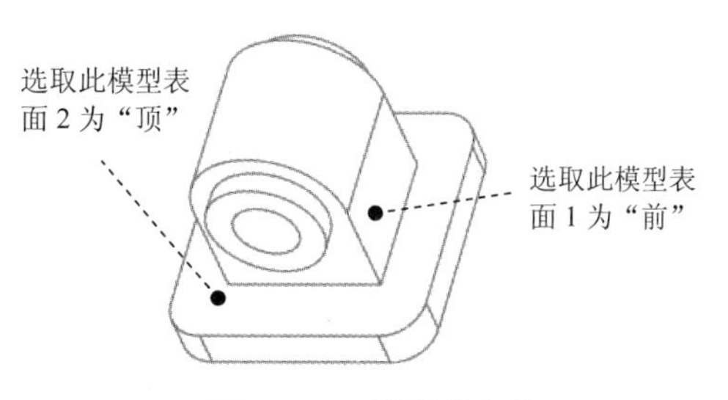

图 11.2.5 模型的定向

（1）在零件或装配环境中，可以很容易地将模型摆放在工程图视图所需要的方位。方法如下：选择 视图 功能选项卡 模型显示 区域 节点下的 视图管理器 命令，系统弹出图 11.2.6 所示的“视图管理器”对话框，在 定向 选项卡中单击 新建 按钮，并命名新建视图为 V1，然后选择 编辑 ▾ ➡ 重新定义 命令；弹出图 11.2.7 所示的“方向”对话框，可以按照方法一中的操作步骤将模型在空间摆放好，然后单击 确定 ➡ 关闭 按钮。

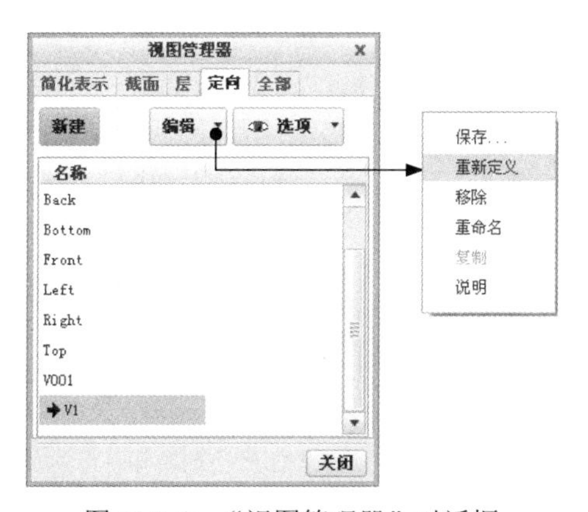

图 11.2.6 “视图管理器”对话框

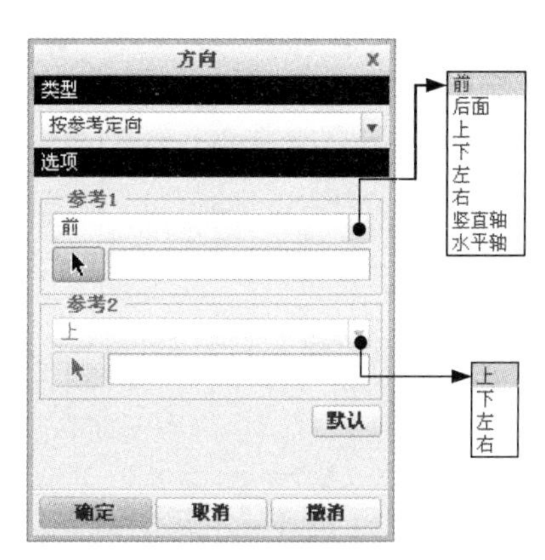

图 11.2.7 “方向”对话框

（2）在模型的零件或装配环境中保存了视图 V1 后，就可以在工程图环境中用第二种方法定向视图。操作方法：在图 11.2.8 所示的对话框中，找到并选取视图名称 V1，则系统即按 V1 的方位定向视图。

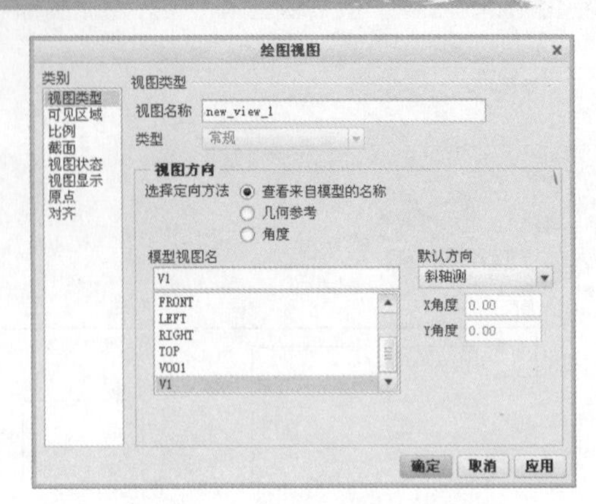

图 11.2.8 “绘图视图”对话框

Step 6 定制比例。在弹出的对话框中，选择 类别 选项组中的 比例 选项，选中 自定义比例 单选项，并输入比例值 1.0。

Step 7 选择 类别 选项组中的 视图显示 选项，在 视图显示选项 区域的 显示样式 下拉列表中选择 消隐 选项。

Step 8 单击“绘图视图”对话框中的 确定 按钮，关闭对话框。至此，就完成了主视图的创建。

11.2.2 创建投影视图

在 Creo 中，可以创建投影视图，投影视图包括右视图、左视图、俯视图和仰视图。下面以创建左视图为例，说明创建这类视图的一般操作过程。

Step 1 选择图 11.2.9 所示的主视图，然后右击，系统弹出图 11.2.10 所示的快捷菜单，然后选择该快捷菜单中的 插入投影视图... 命令。

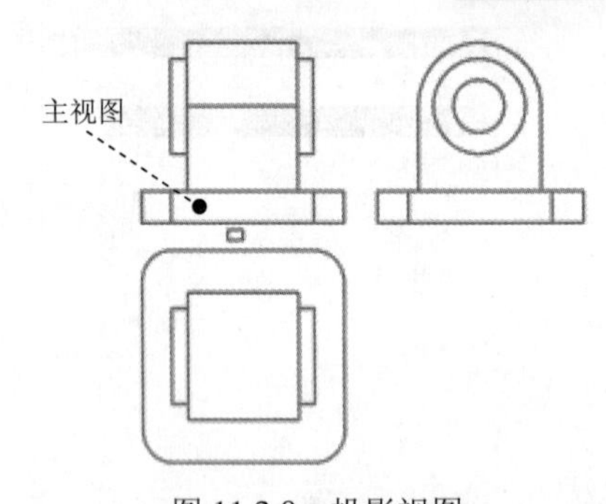

图 11.2.9 投影视图

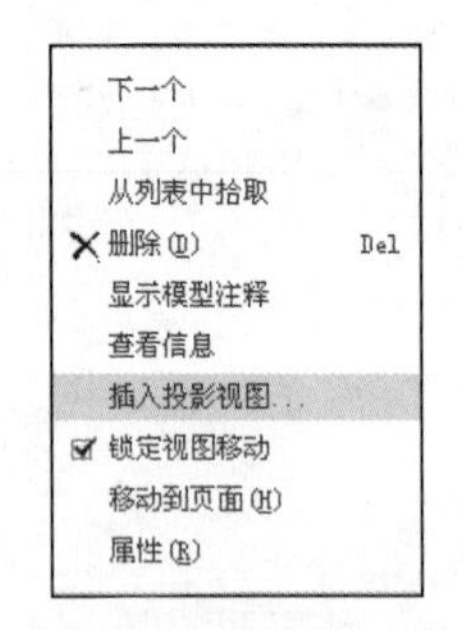

图 11.2.10 快捷菜单

说明：还有一种进入“投影视图”命令的方法，就是在工具栏区选择 布局 → 投影 命令。利用这种方法创建投影视图，必须先单击选中其父视图。

Step 2 在系统 选择绘图视图的中心点。的提示下，在图形区的主视图的右部任意选择一点，系统自动创建左视图，如图 11.2.9 所示。

Step 3 参照上面的方法在主视图的下面任意选择一点，则会产生俯视图。

11.2.3 创建轴测图

在工程图中创建图 11.2.11 所示的轴测图的目的主要是为了方便读图（图 11.2.11 所示的轴测图为隐藏线的显示状态），其创建方法与主视图基本相同，它也是作为“一般”视图来创建。通常轴测图是作为最后一个视图添加到图纸上的。下面说明其操作的一般过程。

Step 1 在绘图区中右击，从弹出的快捷菜单中选择 插入普通视图... 命令。

Step 2 在系统 ➡选择绘图视图的中心点. 的提示下，在图形区选取一点作为轴测图位置点。

Step 3 系统弹出图 11.2.12 所示的“绘图视图”对话框，选取查看方位 V001。

Step 4 定制比例。在“绘图视图”对话框中，选取 类别 区域中的 比例 选项，选中 ◉ 自定义比例 单选项，并输入比例值为 1。

Step 5 单击对话框中的 确定 按钮，关闭对话框。

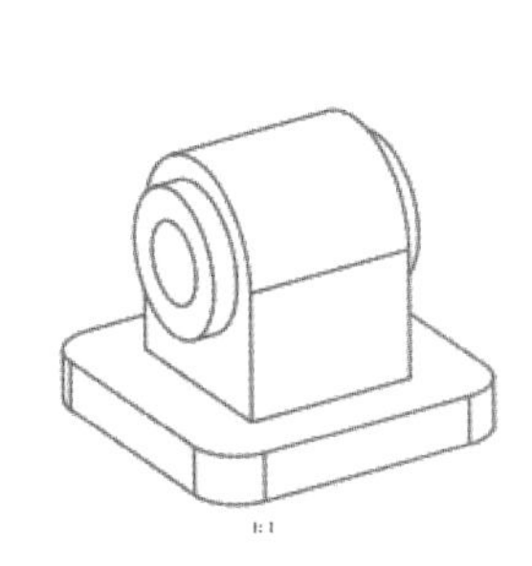

图 11.2.11 轴测图

图 11.2.12 “绘图视图”对话框

注意：要使轴测图的摆放方位满足表达要求，可先在零件或装配环境中，将模型在空间摆放到合适的视角方位，然后将这个方位保存成一个视图名称（如 V001）。然后在工程图中，在添加轴测图时选取已保存的视图方位名称（如 V001），即可进行视图定向。这种方法很灵活，能使创建的轴测图摆放成任意方位，以适应不同的表达要求。具体操作请读者回顾预备知识里的相关内容。

11.3 工程图视图基本操作

11.3.1 移动视图与锁定视图

基本视图创建完毕后往往还需对其进行移动和锁定操作，将视图摆放在合适的位置，使整个图面更加美观明了。

1. 移动视图

移动视图前首先选取所要移动的视图，并且查看该视图是否被锁定。一般在第一次移动前，系统默认所有视图都是被锁定的，因此需要解除锁定再进行移动操作。下面说明移动视图操作的一般过程。

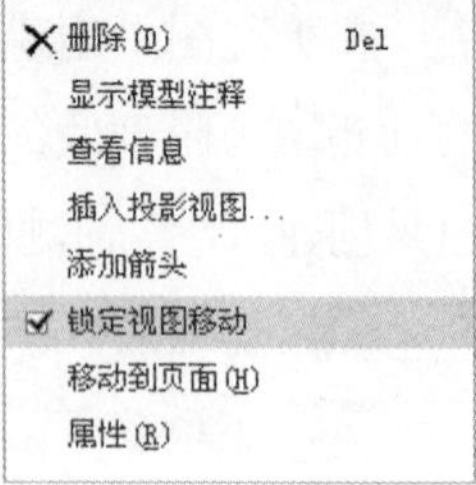

图 11.3.1 快捷菜单

Step 1 将工作目录设置至 D:\creo2mo\work\ch11.03.01，打开文件 move_view.drw。

Step 2 在图形区中选中并右击左视图，在弹出的图 11.3.1 所示的快捷菜单中选择 锁定视图移动 命令（去掉该命令前面的✓）。

Step 3 选取并拖动左视图，将其放置在合适位置，如图 11.3.2 所示。

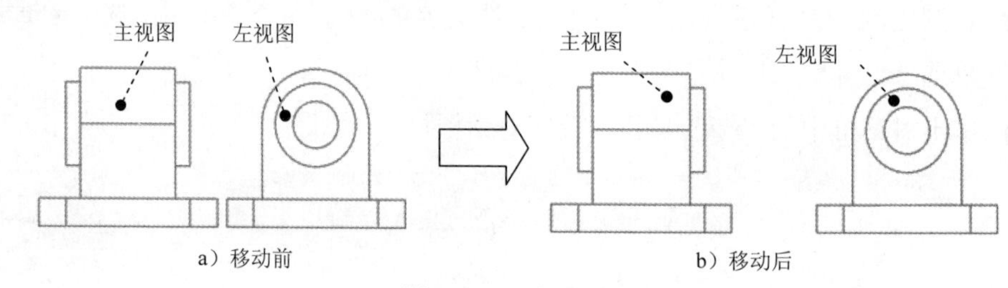

图 11.3.2 移动视图

说明：

- 如果移动主视图，则相应的子视图也会随之移动；如果移动投影视图则只能上下或左右移动，以保持该视图与主视图对应关系不变。一旦某个视图被解除锁定状态，则其他视图也同时被解除锁定，同样一个视图被锁定后其他视图也同时被锁定。
- 当视图解除锁定时，单击视图，视图边界线顶角处会出现图 11.3.3 所示的点，且光标显示为四向箭头形式；当锁定视图时，视图边界线会变成图 11.3.4 所示的形状。

2. 锁定视图

在视图移动调整后，为了避免今后因误操作使视图相对位置发生变化，这时需要对视图进行锁定。在绘图区右击需要锁定的视图，在弹出的快捷菜单中选择 锁定视图移动 命令，如图 11.3.5 所示，操作后视图被锁定。

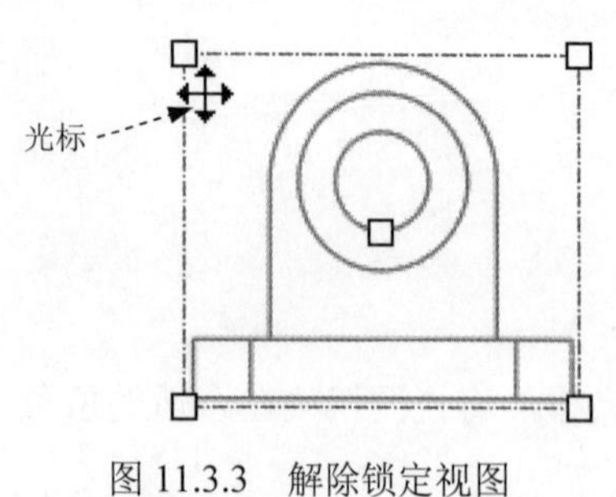

图 11.3.3 解除锁定视图

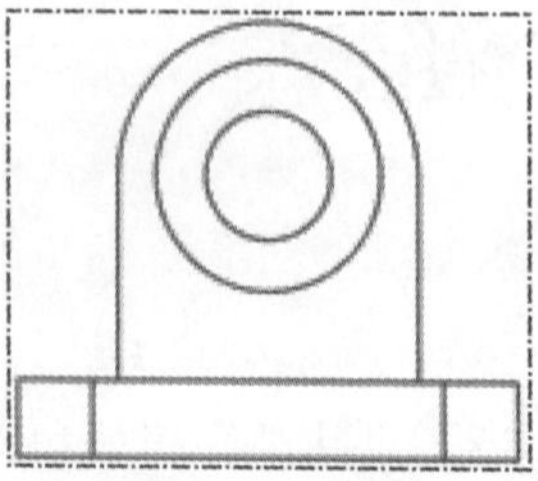

图 11.3.4 锁定视图

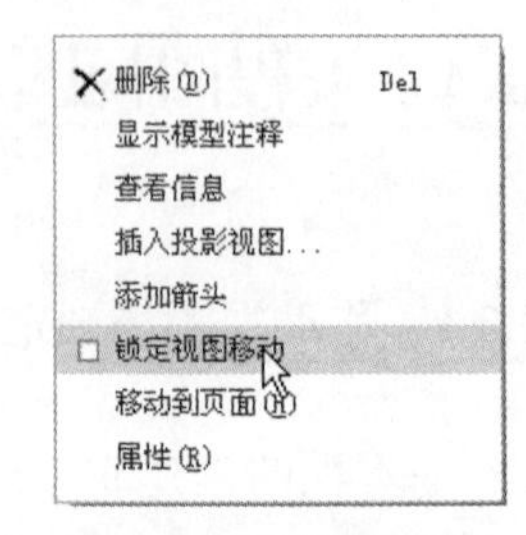

图 11.3.5 快捷菜单

11.3.2 拭除、恢复和删除视图

对于大型复杂的工程图，尤其是零件成百上千的复杂装配图，视图的打开、再生与重画等操作往往会占用系统很多资源。因此除了对众多视图进行移动锁定操作外，还应对某些不重要的或暂时用不到的视图采取拭除操作，将其暂时从图面中拭去，当要进行编辑时还可将视图恢复显示，而对于不需要的视图则可以将其删除。

1. 拭除视图

拭除视图就是将视图暂时隐藏起来，但该视图还存在。在这里拭除的含义和在 Creo 2.0 其他应用中拭除的含义是相同的。当需要显示已拭除的视图时还可通过恢复视图操作来将其恢复显示，下面说明拭除视图的一般操作过程。

Step 1 将工作目录设置至 D:\creo2mo\work\ch11.03.02，打开 remove_view.drw 工程图文件。

Step 2 在功能选项卡区域的 布局 选项卡中单击 拭除视图 按钮。

Step 3 在系统 ◆选取要拭除的绘图视图。 的提示下，选取图 11.3.6a 中的轴测图，则系统会用一个带有视图名的矩形框来临时代替该轴测图，如图 11.3.6b 所示。

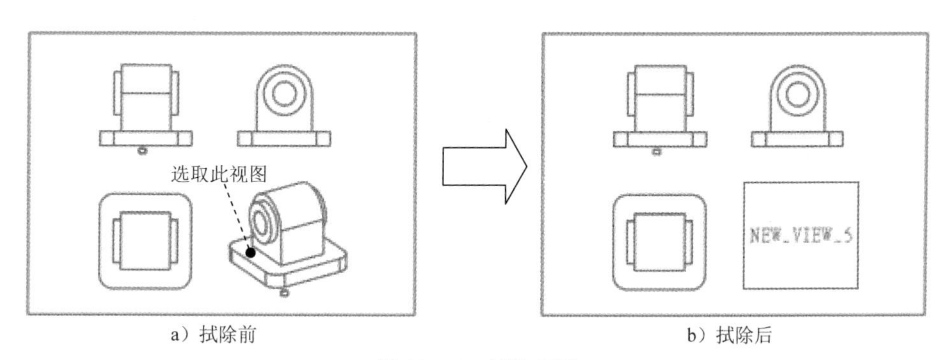

a）拭除前　　b）拭除后

图 11.3.6 拭除视图

Step 4 单击中键，完成对轴测图的拭除操作。

2. 恢复视图

如果想恢复已经拭除的视图，须进行恢复视图操作。恢复视图和拭除视图是相逆的过程，恢复视图操作的一般过程如下：

Step 1 将工作目录设置至 D:\creo2mo\work\ch11.03.02，打开 resume_view.drw 工程图文件。

Step 2 在功能选项卡区域的 布局 选项卡中单击 恢复视图 按钮。

Step 3 系统弹出图 11.3.7 所示的 ▼ 视图名称 菜单。

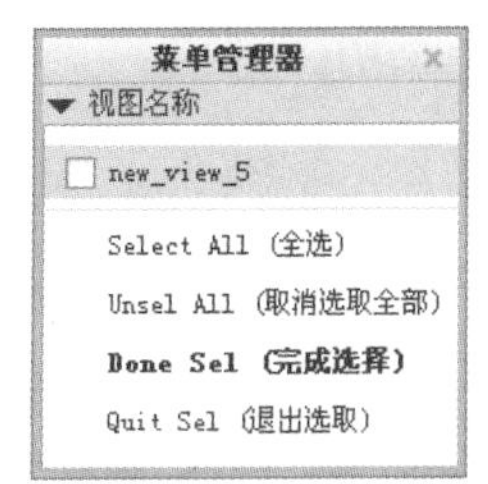

图 11.3.7 “视图名称”菜单

Step 4 在系统 ◆选取要恢复的绘图视图. 的提示下，选中图 11.3.7

所示的视图 NEW_VIEW_5（即轴测图）。

Step 5 选择 Done Sel (完成选择) 命令，完成视图的恢复操作。

3. 删除视图

对于不需要的视图可以进行视图的删除操作，其一般操作过程如下：

Step 1 将工作目录设置至 D:\creo2mo\work\ch11.03.02，打开 delete_view.drw 工程图文件。

Step 2 选取图 11.3.8a 所示的轴测图为要删除的视图，在该视图上右击，在图 11.3.9 所示的快捷菜单中选择 ✕ 删除(D) Del 命令，删除视图后如图 11.3.8b 所示。

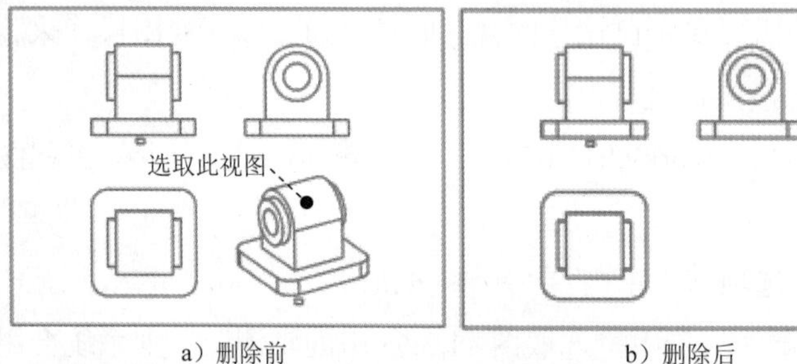

a）删除前　　b）删除后

图 11.3.8　删除视图

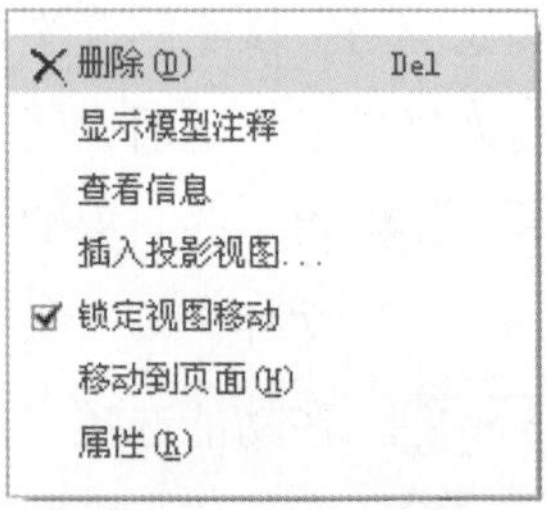

✕ 删除(D)　Del
显示模型注释
查看信息
插入投影视图...
☑ 锁定视图移动
移动到页面(H)
属性(R)

图 11.3.9　快捷菜单

注意：如果删除主视图则子视图也将被删除，而且是永久性的删除，如果是误操作可以单击“撤销”按钮↶马上将视图恢复过来，但存盘后无法再恢复被删除的视图。

11.3.3　视图显示模式

为了符合工程图的要求，常常需要对视图的显示方式进行编辑控制。由于在创建零件模型时，模型显示一般都为着色图状态，当在未改变视图显示模式的情况下创建工程图视图时，系统将默认视图显示为图 11.3.10a 所示的着色状态。这种着色状态不容易反映视图特征，这时可以编辑视图为消隐状态，使视图清晰简洁，其操作过程如下：

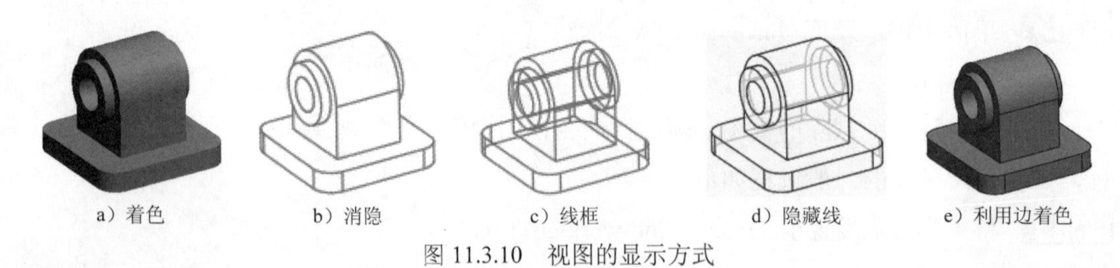
a）着色　　b）消隐　　c）线框　　d）隐藏线　　e）利用边着色

图 11.3.10　视图的显示方式

Step 1 将工作目录设置至 D:\creo2mo\work\ch11.03.03，打开文件 view_display.drw。

Step 2 双击要更改显示方式的视图，系统弹出“绘图视图”对话框。

Step 3 在 类别 区域中选取 视图显示 选项，如图 11.3.11 所示，在 显示样式 下拉列表中选择 消隐 选项，单击 确定 按钮，完成操作后该视图的显示如图 11.3.10b 所示；

如果选取 线框 选项，则该视图的显示如图 11.3.10c 所示；如果选取 隐藏线 选项，则该视图的显示如图 11.3.10d 所示。

注意：以下各章节创建视图时，如无特别说明，均在“绘图视图”对话框中将视图显示模式设置为“消隐”，且在操作过程中省略此步骤，请读者留意。

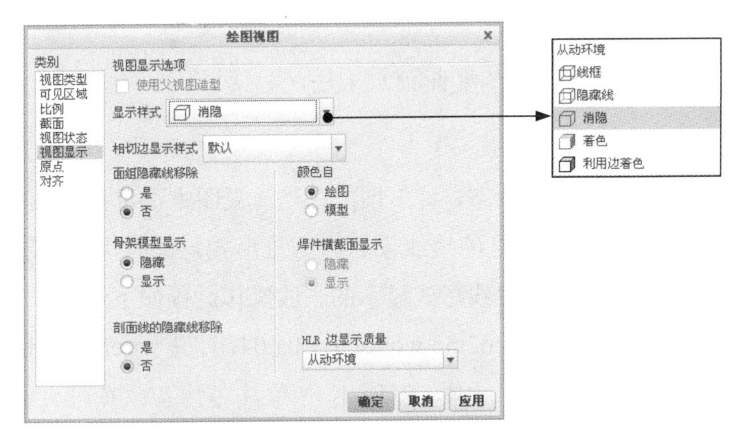

图 11.3.11 “绘图视图”对话框

11.3.4 边显示、相切边显示控制

1. 边显示

使用 Creo 2.0 绘制工程图，不仅可以设置各个视图的显示方式，甚至可以设置各个视图中每根线条的显示方式，这就是边显示。边显示一般有拭除直线、线框、隐藏方式、隐藏线及消隐五种方式。这样一来，可以通过修改边的显示方式使视图清晰简洁，而且容易区分零组件。边显示在装配体工程图中尤为重要。

在功能选项卡区域的 布局 选项卡中单击 边显示 按钮，即可打开 ▼ EDGE DISP (边显示) 菜单。

a. 拭除直线

如果需要简化视图里的图线，可以根据情况选择性地拭除一些直线，这样使视图显得清晰明白。可拭除的直线为可见直线，对于不可见的直线则没有拭除的意义。下面以图 11.3.12 所示拭除 support_part 零件主视图的相切边为例，说明拭除直线的一般操作过程。

Step 1 将工作目录设置至 D:\creo2mo\work\ch11.03.04，打开 erase_line.drw 工程图文件。

Step 2 在功能选项卡区域的 布局 选项卡中单击 边显示 按钮，系统弹出 ▼ EDGE DISP (边显示) 菜单。

Step 3 选择 Erase Line (拭除直线) 命令，系统会提示选取要拭除的直线，按住 Ctrl 键选取图 11.3.12a 所示的边线，选择 ▼ EDGE DISP (边显示) 菜单中的 Done (完成) 命令，完成后的视图如图 11.3.12b 所示。

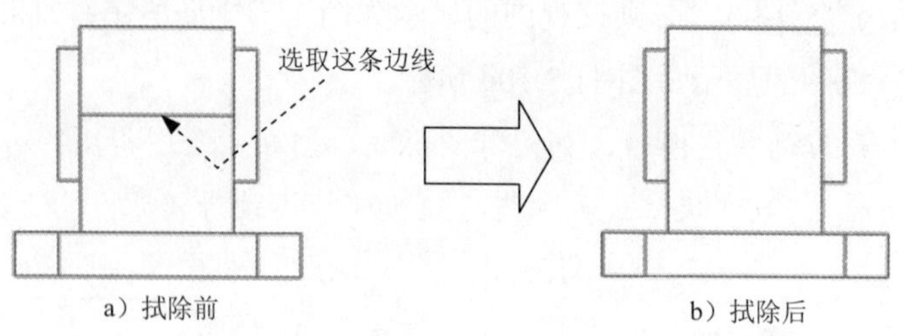

图 11.3.12　拭除直线

b. 线框

如果视图处于无隐藏线显示状态，许多图线在当前视图中不可见或以虚线显示，这时如果有必要可以把在视图中不可见的边线设置为可见形式，此时需选择 Wireframe（线框）命令。将虚线或不可见边线设置为实线形式显示的一般操作过程如下：

Step 1　将工作目录设置至 D:\creo2mo\work\ch11.03.04，打开 wireframe.drw 工程图文件。

Step 2　在功能选项卡区域的 布局 选项卡中单击 边显示 按钮，此时系统弹出 ▼ EDGE DISP（边显示）菜单。

Step 3　选择 Wireframe（线框）命令，系统提示选取要显示的边线，选取图 11.3.13a 所示的边线（该边线在光标划过时以淡蓝色显示），选择 ▼ EDGE DISP（边显示）菜单中的 Done（完成），完成后的视图如图 11.3.13b 所示。

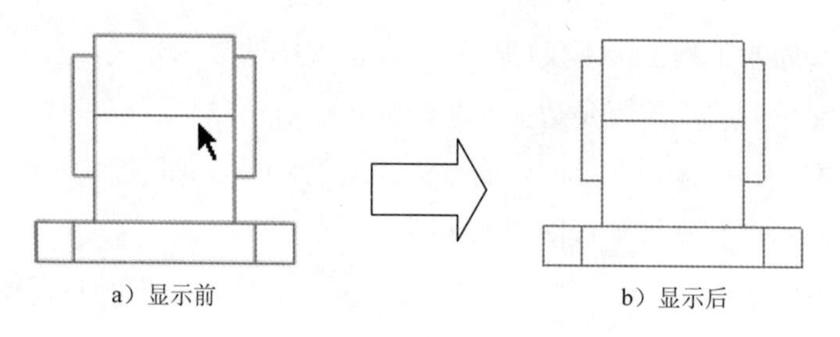

图 11.3.13　不可见边线以线框显示

c. 隐藏方式

当需要指定某些边线（这些边线可以是可见边线，也可以是不可见边线）为虚线时，可以设置其为“隐藏方式”显示。其一般操作过程如下：

Step 1　将工作目录设置至 D:\creo2mo\work\ch11.03.04，打开 hidden_style.drw 工程图文件。

Step 2　在功能选项卡区域的 布局 选项卡中单击 边显示 按钮，此时系统弹出 ▼ EDGE DISP（边显示）菜单。

Step 3　选择 Hidden Style（隐藏方式），系统提示选取要显示的边线，按住 Ctrl 键选取图 11.3.14a 所示的两条边线，选择 ▼ EDGE DISP（边显示）菜单中的 Done（完成），完成后的视图如图 11.3.14b 所示。

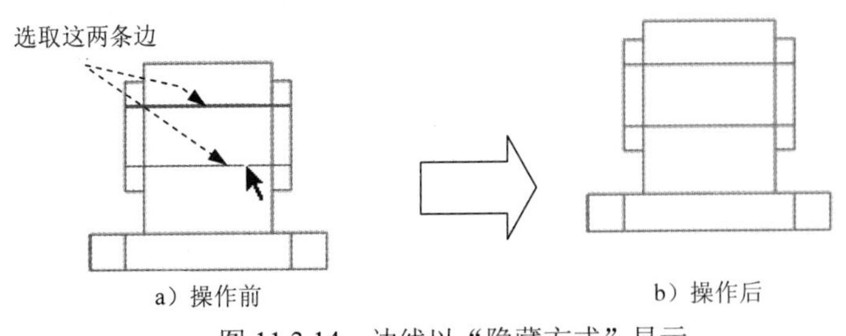

图 11.3.14 边线以“隐藏方式”显示

d. 隐藏线

前面提到以 Wireframe（线框） 形式显示边线可以将不可见边线以实线形式显示，而以 Hidden Line（隐藏线） 方式显示边线时则是将不可见边线变换成虚线。

e. 消隐

对前面使用 Wireframe（线框） 和 Hidden Line（隐藏线） 方式显示的不可见边线，如果希望恢复其原来的不可见状态，可以通过 No Hidden（消隐） 命令来实现。读者可以自己尝试操作一下。

2. 相切边显示控制

在工程图里，对于某些视图，尤其对于轴测图来说，许多情况需要显示或者不显示零件的相切边（默认情况下零件的倒圆角也具有相切边），Creo 提供了对零件的相切边显示进行控制的功能；如图 11.3.15 所示，对于该轴测图，可以进行如下操作使其不显示相切边。

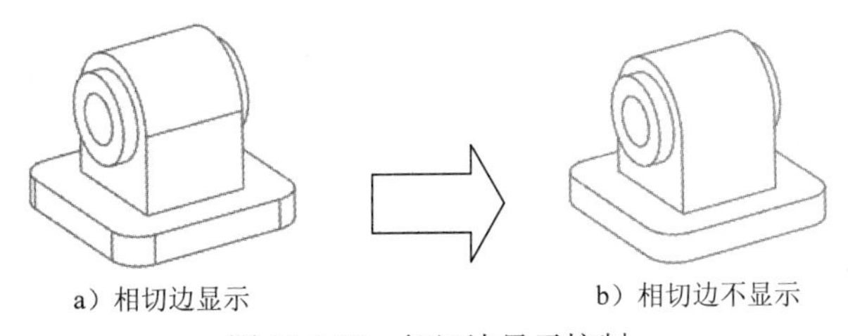

图 11.3.15 相切边显示控制

Step 1 将工作目录设置至 D:\creo2mo\work\ch11.03.04，打开文件 tan_display.drw。

Step 2 双击图形区中的视图，系统弹出“绘图视图”对话框。

Step 3 选取 视图显示 选项，在 相切边显示样式 中选取 无 选项，然后单击 确定 按钮，完成操作后该视图的显示如图 11.3.15b 所示。

11.4 创建高级工程图视图

11.4.1 破断视图

在机械制图中，经常遇到一些细长形的零件，若要反映整个零件的尺寸形状，需用大幅面的图纸来绘制。为了既节省图纸幅面，又可以反映零件形状尺寸，在实际绘图中常采用破断视图。破断视图指的是从零件视图中删除选定两点之间的视图部分，将余下的两部分合并成一个带破断线的视图。创建破断视图之前，应当在当前视图上绘制破断线。通常有两种方法绘制破断线：一是通过创建几个断点，然后以绘制通过这些断点的直线（垂直线或者水平线）作为破断线；二是通过绘制样条曲线、选取视图轮廓为"S"曲线或几何上的心电图形等形状来作为破断线。确认后系统将删除视图中两破断线间的视图部分，合并保留需要显示的部分（即破断视图）。下面以创建图 11.4.1 所示长轴的破断视图为例说明创建破断视图的一般操作步骤。

Step 1　将工作目录设置至 D:\creo2mo\work\ch11.04.01，打开文件 broken_view.drw。

Step 2　双击图形区中的视图，系统弹出"绘图视图"对话框。

Step 3　在该对话框中，选取 类别 区域中的 可见区域 选项，将 视图可见性 设置为 破断视图，如图 11.4.2 所示。

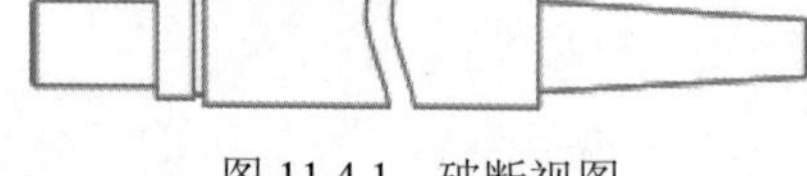
图 11.4.1　破断视图

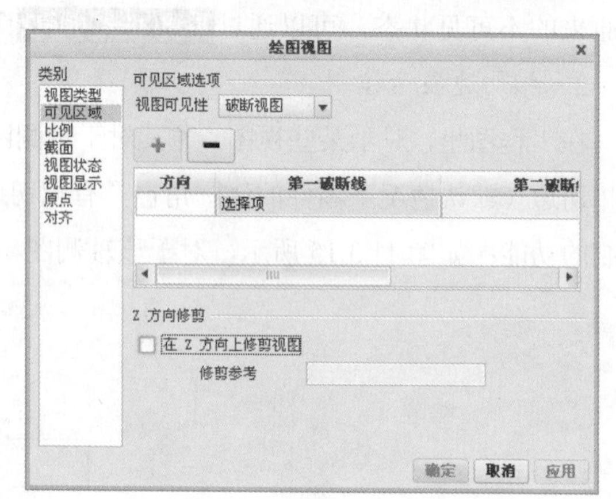

图 11.4.2　"绘图视图"对话框

Step 4　单击"添加断点"按钮 ＋，再选取图 11.4.3 所示的点（注意：点在图元上，不是在视图轮廓线上），接着在系统 ➪草绘一条水平或垂直的破断线。 的提示下绘制一条垂直线作为第一破断线（不用单击"草绘直线"按钮 ＼，直接以刚才选取的点作为起点绘制垂直线），此时视图如图 11.4.4 所示，然后选取图 11.4.4 所示的点，此时自动生成第二破断线，如图 11.4.5 所示。

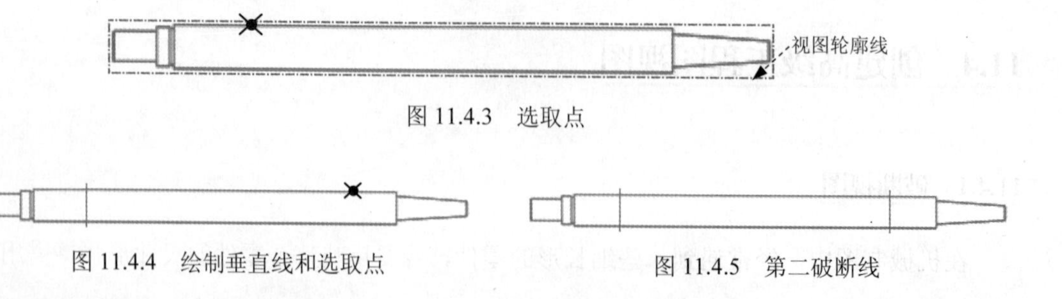

图 11.4.3　选取点

图 11.4.4　绘制垂直线和选取点

图 11.4.5　第二破断线

Step 5 选取破断线造型。在 破断线造型 栏中选取 草绘 选项，如图 11.4.6 所示。

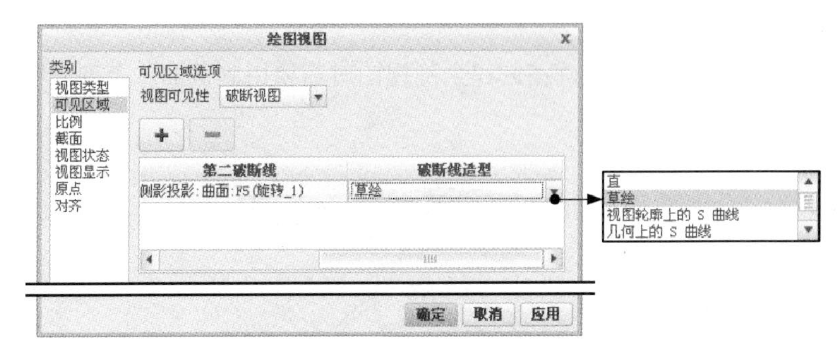

图 11.4.6 选择破断线造型

Step 6 绘制图 11.4.7 所示的样条曲线（不用单击草绘样条曲线按钮，直接在图形区绘制样条曲线），草绘完成后单击中键，此时生成草绘样式的破断线，如图 11.4.8 所示。

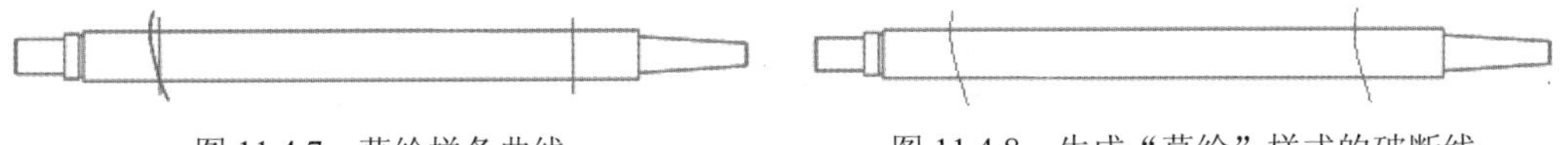

图 11.4.7 草绘样条曲线　　图 11.4.8 生成“草绘”样式的破断线

注意：如果在草绘样条曲线时，样条曲线和视图的相对位置不同，则视图被删除的部分不同，如图 11.4.9 所示。

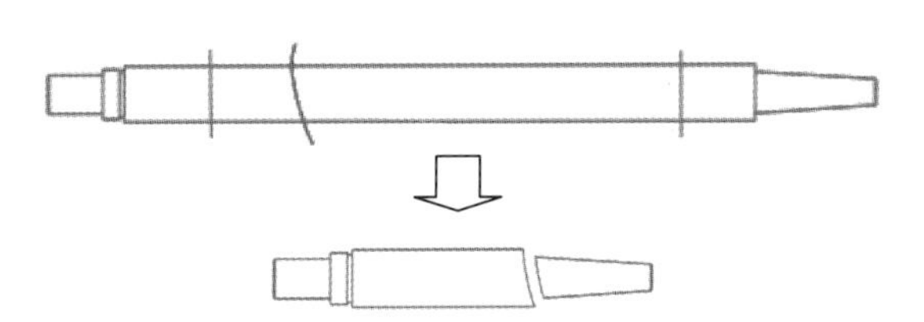

图 11.4.9 样条曲线相对位置不同时的破断视图

Step 7 单击“绘图视图”对话框中的 确定 按钮，关闭对话框，此时生成图 11.4.10 所示的破断视图。

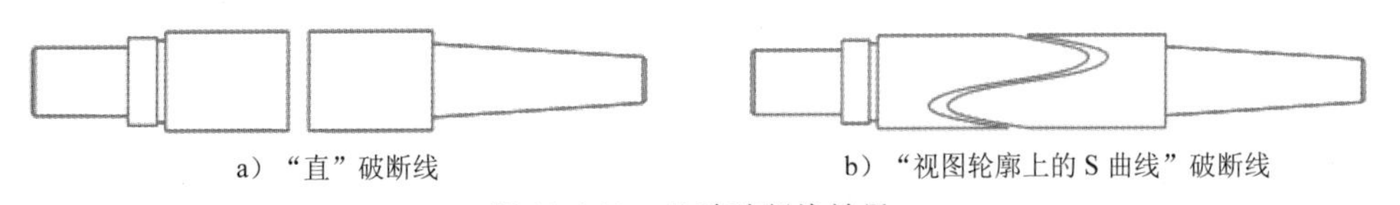

a）“直”破断线　　b）“视图轮廓上的 S 曲线”破断线

图 11.4.10 几种破断线效果

说明：

- 选取不同的“破断线造型”将会得到不同的破断线效果，如图 11.4.10 所示。
- 在工程图配置文件中，可以用 broken_view_offset 参数来设置破断线的间距，也可在图形区先解除视图锁定，然后拖动破断视图中的一个视图来改变破断线的间距。

11.4.2　全剖视图

全剖视图属于 2D 截面视图，在创建全剖视图时需要用到截面。全剖视图如图 11.4.11 所示，操作过程如下：

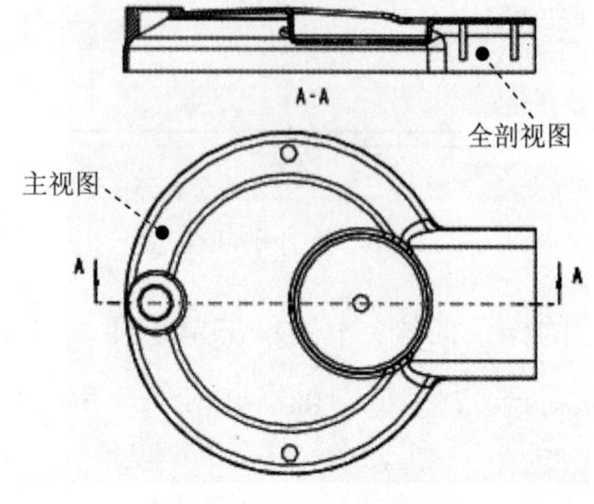

图 11.4.11　全剖视图

Step 1　将工作目录设置至 D:\creo2mo\work\ch11.04.02，打开 all_cut_view. drw 工程图文件。

Step 2　双击仰视图，系统弹出图 11.4.12 所示的"绘图视图"对话框。

Step 3　设置剖视图选项。在图 11.4.12 所示的对话框中，选取 类别 区域中的 截面 选项；设置为 ◉ 2D 横截面，然后单击 + 按钮；模型边可见性 设置为 ◉ 总计；在 名称 下拉列表框中选取剖截面 ✓A（A 剖截面在零件模块中已提前创建），在 剖切区域 下拉列表框中选取 完全 选项；单击对话框中的 确定 按钮，关闭对话框。

Step 4　添加箭头。

（1）选取图 11.4.11 所示的全剖视图，然后右击，从图 11.4.13 所示的快捷菜单中选择 添加箭头 命令。

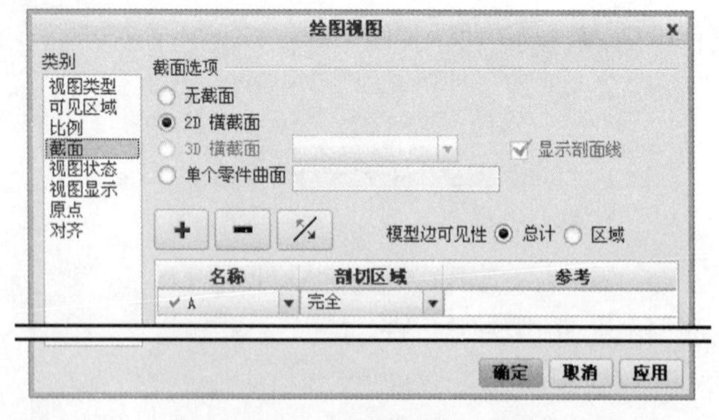

图 11.4.12　"绘图视图"对话框

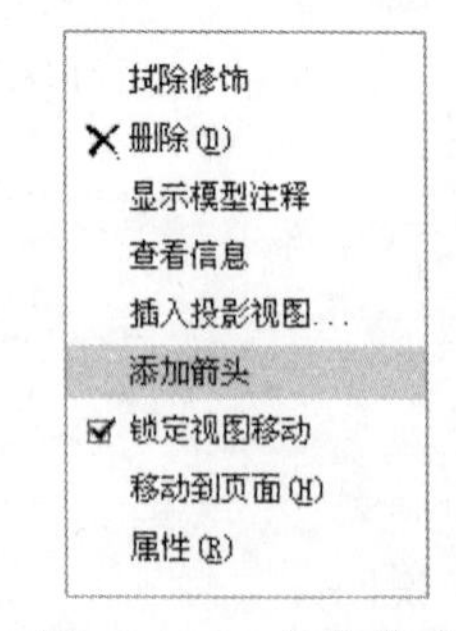

图 11.4.13　快捷菜单

（2）在系统 ➪给箭头选出一个截面在其处垂直的视图。中键取消。的提示下，单击主视图，系统自动生成箭头。

注意：本章在选取新制工程图模板时选用了“空”模板，如果选用了其他模板所得到的箭头可能会有所差别。

11.4.3 半视图与半剖视图

半视图常用于表达具有对称形状的零件模型，使视图简洁明了。创建半视图时需选取一个基准平面作为参照平面（此平面在视图中必须垂直于屏幕），视图中只显示此基准平面指定一侧的视图，另一侧不显示。

在半剖视图中，参照平面指定的一侧以剖视图显示，而在另一侧以普通视图显示，所以需要创建剖截面。

半视图和半剖视图分别如图 11.4.14 和图 11.4.15 所示，下面分别介绍其操作步骤。

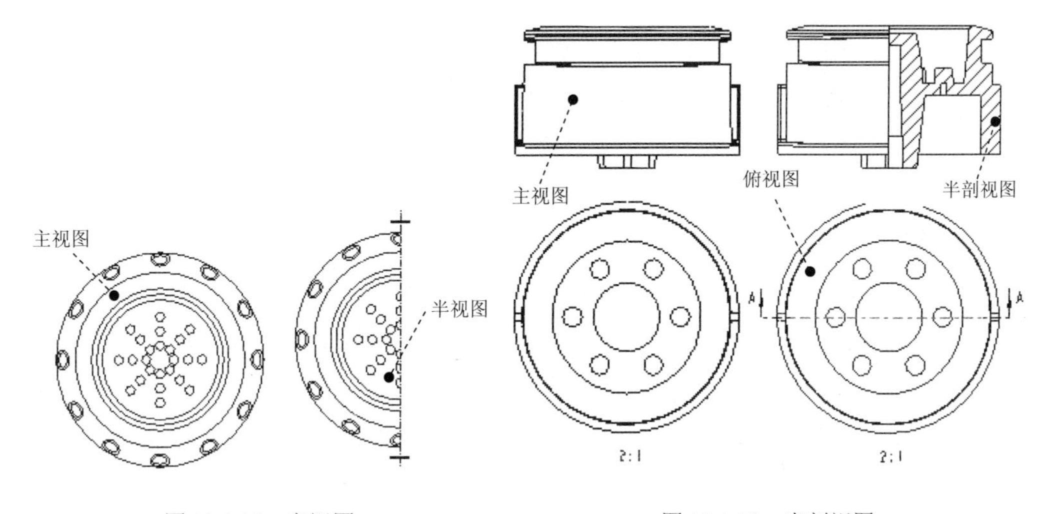

图 11.4.14 半视图　　图 11.4.15 半剖视图

1. 创建半视图

Step 1 将工作目录设置至 D:\creo2mo\work\ch11.04.03.01，打开 half_view.drw 工程图文件。

Step 2 双击图 11.4.16 所示的主视图，系统弹出“绘图视图”对话框。

Step 3 在对话框的 类别 区域中选取 可见区域 选项，将 视图可见性 设置为 半视图 。

Step 4 在系统 ⇨给半视图的创建选择参照平面。的提示下，选取图 11.4.16 所示的 RIGHT 基准平面。此时视图如图 11.4.17 所示，图中箭头为半视图的创建方向（箭头指向左侧表示仅显示左侧部分，箭头指向右侧表示仅显示右侧部分）；单击“反向保留侧”按钮 使箭头指向右侧；将 对称线标准 设置为 对称线；单击对话框中的 应用 按钮，系统生成半视图，此时“绘图视图”对话框如图 11.4.18 所示。

Step 5 单击对话框中的 关闭 按钮，关闭对话框。

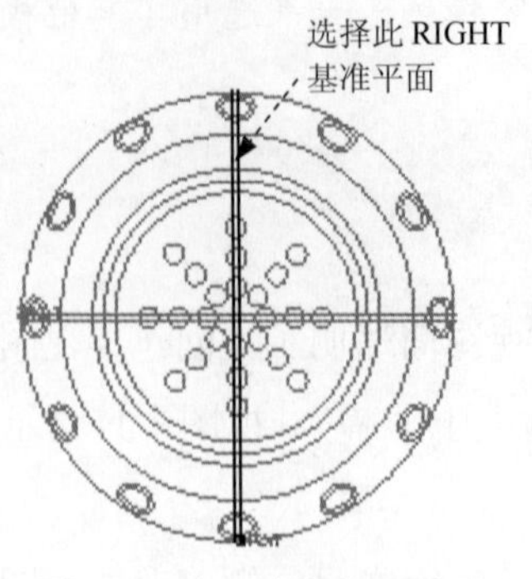

图 11.4.16 选取参照平面

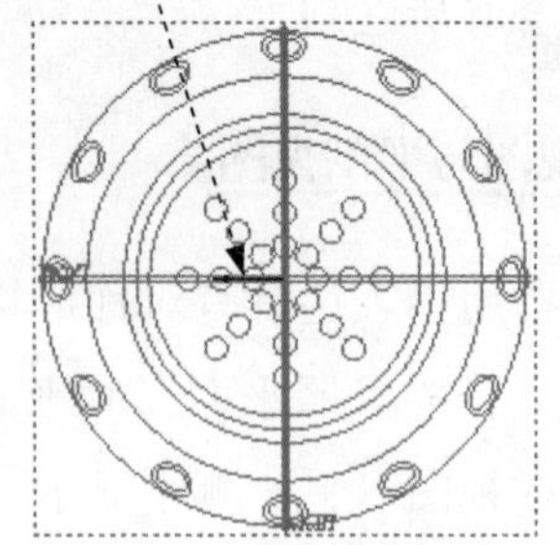

图 11.4.17 选择视图的创建方向

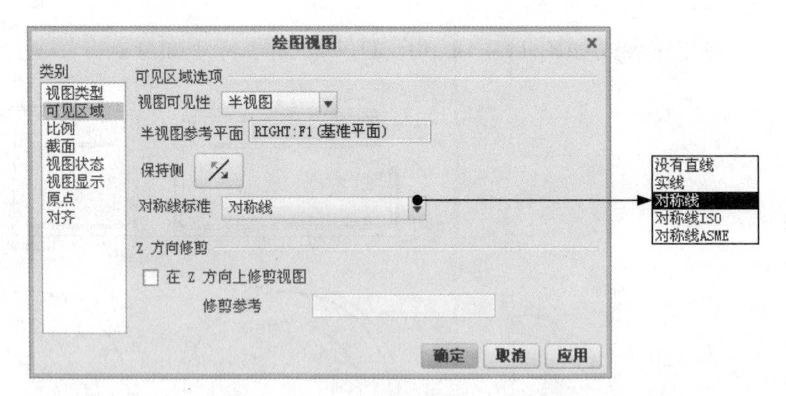

图 11.4.18 “绘图视图”对话框

2. 创建半剖视图

Step 1 将工作目录设置至 D:\creo2mo\work\ch11.04.03.02，打开 half_cut_view.drw 工程图文件。

Step 2 双击图 11.4.15 所示的主视图，系统弹出“绘图视图”对话框。

Step 3 设置剖视图选项。

（1）在图 11.4.19 所示的对话框中，选取类别区域中的截面选项。

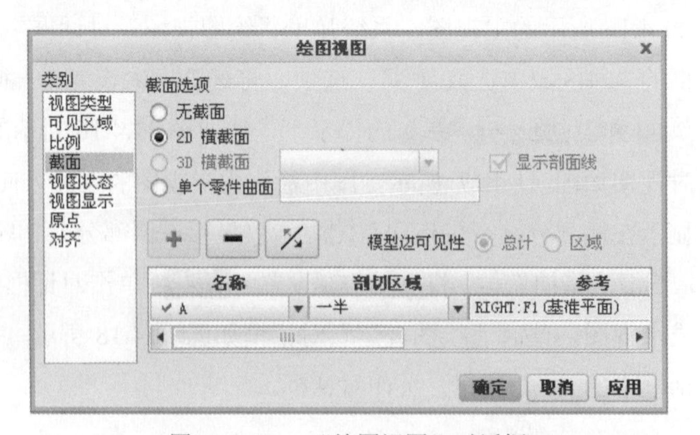

图 11.4.19 “绘图视图”对话框

（2）将截面选项设置为 ◉ 2D 横截面，将模型边可见性设置为 ◉ 总计，然后单击 + 按钮。

（3）在 名称 下拉列表中选取剖截面 ✔A（A 剖截面在零件模块中已提前创建），在 剖切区域 下拉列表框中选取一半选项。

（4）在系统 ➪为半截面创建选取参照平面。的提示下，选取图 11.4.20 所示的 RIGHT 基准平面，此时视图如图 11.4.21 所示，图中箭头表明半剖视图的创建方向；单击对话框中的 应用 按钮，系统生成半剖视图，此时“绘图视图”对话框如图 11.4.19 所示，单击“绘图视图”对话框中的 关闭 按钮。

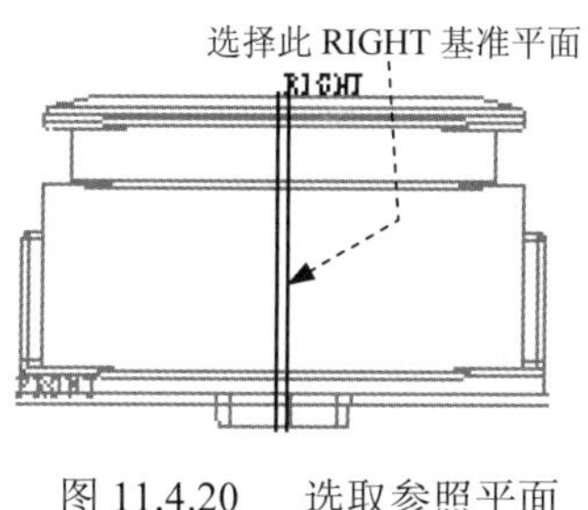

图 11.4.20　选取参照平面

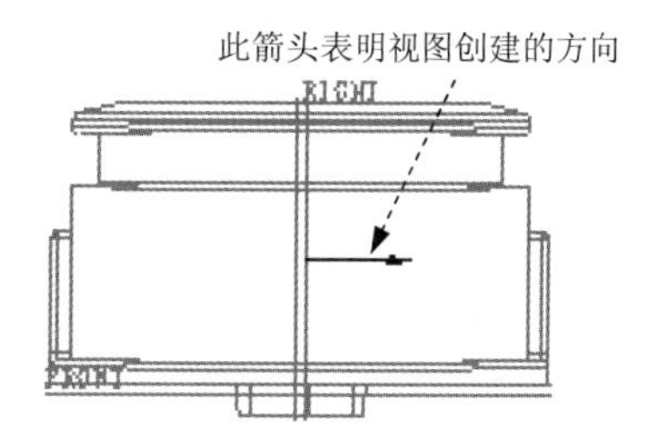

图 11.4.21　选择视图的创建方向

Step 4　添加箭头。选取图 11.4.15 所示的半剖视图，右击，从弹出的菜单中选择 添加箭头 命令；系统 ➪给箭头选出一个截面在其处垂直的视图。中键取消。的提示下，单击俯视图，系统自动生成箭头。

11.4.4　局部视图与局部剖视图

局部视图只显示视图欲表达的部位，且将视图的其他部分省略或断裂，创建局部视图时需先指定一个参照点作为中心点并在视图上草绘一条样条曲线以选定一定的区域，生成的局部视图将显示以此样条曲线为边界的区域。

局部剖视图以剖视的形式显示所选定区域的视图，可以用于某些复杂的视图中，使图样简洁，增加图样的可读性。在一个视图中还可以做多个局部截面，这些截面可以不在一个平面上，用以更加全面地表达零件的结构。

1. 创建局部视图

创建局部视图如图 11.4.22 所示，操作步骤如下：

Step 1　将工作目录设置至 D:\creo2mo\work\ch11.04.04.01，打开 local_view.drw 工程图文件。

Step 2　双击图 11.4.22 所示的俯视图，系统弹出“绘图视图”对话框，选取 类别 区域中的 可见区域 选项，将 视图可见性 设置为 局部视图。

Step 3　绘制部分视图的边界线。

（1）此时系统提示 ➪选择新的参考点。单击"确定"完成。，在投影视图的边线上选取一点（如果不在模型的边线上选取点，则系统不认可），这时在选取的点附近出现一个十字线，如图

11.4.23 所示。

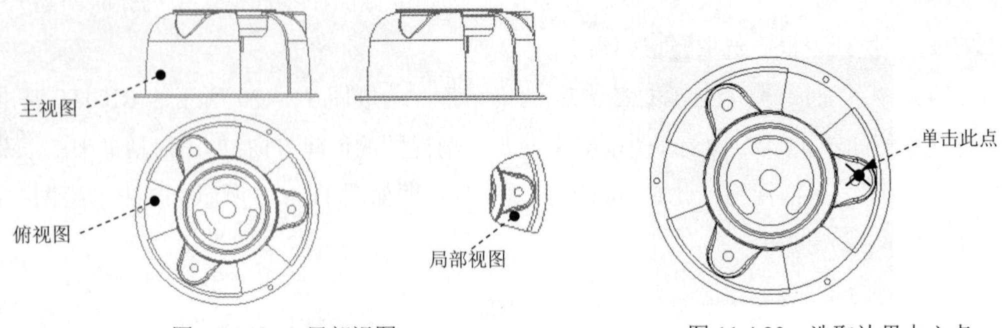

图 11.4.22　局部视图　　　　图 11.4.23　选取边界中心点

注意：在视图较小的情况下，此十字线不易看见，可通过放大视图区来观察；移动或缩放视图区时，十字线可能会消失，但不妨碍操作的进行。

（2）在系统◆在当前视图上草绘样条来定义外部边界。的提示下，直接绘制图 11.4.24 所示的样条线来定义外部边界。当绘制到封闭时，单击中键结束绘制（在绘制边界线前，不要选择样条线的绘制命令，可直接单击进行绘制）。

Step 4　单击对话框中的 确定 按钮，关闭对话框。

2. 创建局部剖视图

创建局部剖视图如图 11.4.25 所示，操作步骤如下：

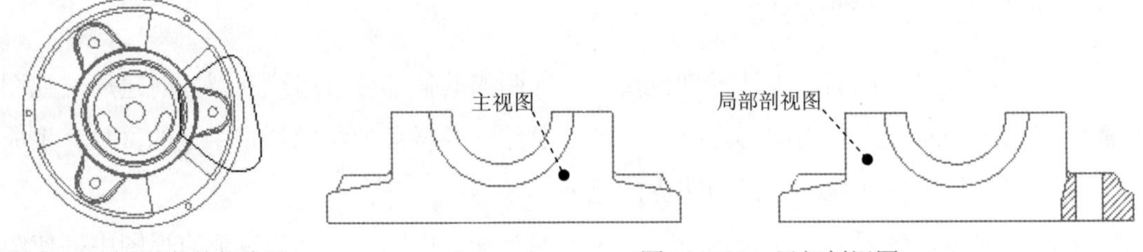

图 11.4.24　定义外部边界　　　　图 11.4.25　局部剖视图

Step 1　将工作目录设置至 D:\creo2mo\work\ch11.04.04.02，打开 local_cut_view.drw 工程图文件。

Step 2　双击图 11.4.25 所示主视图，系统弹出“绘图视图”对话框。

Step 3　设置剖视图选项。在“绘图视图”对话框中，选取 类别 区域中的 截面 选项；截面选项 设置为 ◉ 2D 横截面，将 模型边可见性 设置为 ◉ 总计，然后单击 + 按钮； 名称 下拉列表框中选取剖截面 A（A 剖截面在零件模块中已提前创建），在 剖切区域 下拉列表框中选取 局部 选项。

Step 4　绘制局部剖视图的边界线。此时系统提示◆选择截面间断的中心点< A >.，在投影视图（图 11.4.26）的边线上选取一点（如果不在模型边线上选取点，系统不认可），这时在选取的点附近出现一个十字线；系统◆草绘样条，不相交其它样条，来定义一轮廓线。的提示下，直接绘制图 11.4.27 所示的样条线来定义局部剖视图的边界，当绘制到封闭时，单击中键结束绘制。

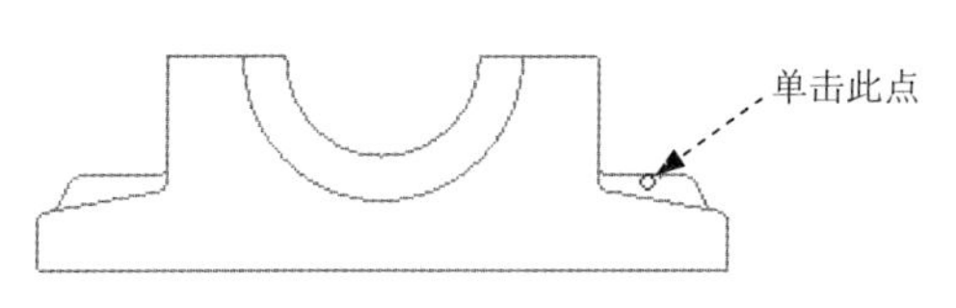

图 11.4.26　截面间断的中心点

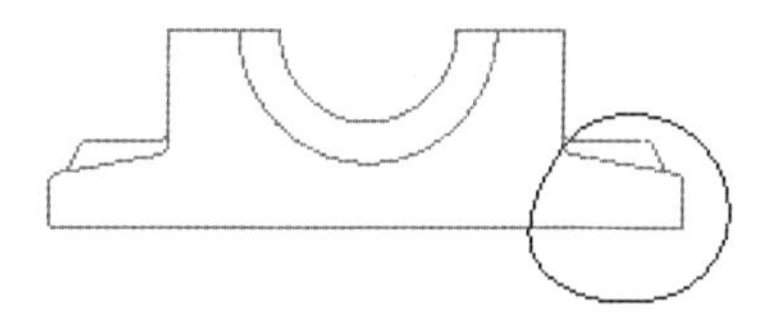

图 11.4.27　草绘轮廓线

Step 5　单击 确定 按钮完成操作。

11.4.5　辅助视图

辅助视图又叫向视图，它也是投影生成的，它和一般投影视图的不同之处在于它是沿着零件上某个斜面投影生成的，而一般投影视图是正投影。它常用于具有斜面的零件。在工程图中，当正投影视图表达不清楚零件的结构时，可以采用辅助视图。

辅助视图如图 11.4.28 所示，操作过程如下：

Step 1　将工作目录设置至 D:\creo2mo\work\ch11.04.05，打开 aide_view.drw 工程图文件。

Step 2　在功能选项卡区域的 布局 选项卡中单击 辅助 按钮。

Step 3　在系统◆在主视图上选择穿过前侧曲面的轴或作为基准曲面的前侧曲面的基准平面。的提示下，选取图 11.4.29 所示的边线（在图 11.4.29 所示的视图中，所选取的边线其实为一个面，由于此面和视图垂直，所以其退化为一条边线；在主视图非边线的地方选取，系统不认可）。

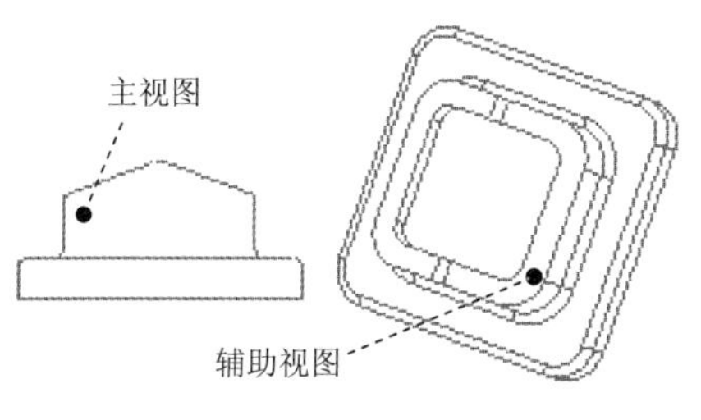

图 11.4.28　辅助视图

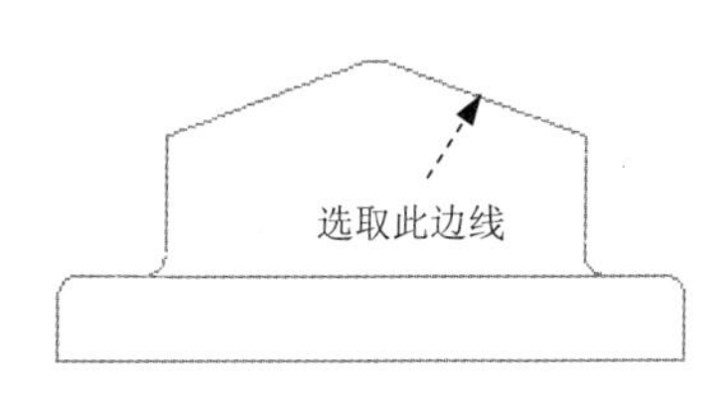

图 11.4.29　选取基准平面

Step 4　在系统◆选择绘图视图的中心点。的提示下，在主视图的左下方选取一点来放置辅助视图。

Step 5　移动辅助视图至合适的位置，具体操作过程参见视频录像。

11.4.6　放大视图

放大视图是对视图的局部进行放大显示，所以又被称为“局部放大视图”。放大视图以放大的形式显示所选定的区域，可以用于显示视图中相对尺寸较小且较复杂的部分，增加图样的可读性；创建局部放大视图时需先在视图上选取一点作为参照中心点并草绘一条样条曲线以选定放大区域，放大视图所显示的大小和图纸缩放比例有关。例如，图纸比例为 2:1 时，则放大视图所显示的大小为其父项视图的两倍，并可以根据实际需要调整比例，这在后面视图的编辑与修改中会讲到。

放大视图如图 11.4.30 所示，其操作过程如下：

Step 1 将工作目录设置至 D:\creo2mo\work\ch11.04.06，打开文件 magnify_view.drw。

Step 2 在功能选项卡区域的 布局 选项卡中单击 详细 按钮。

Step 3 在系统 ➡在一现有视图上选择要查看细节的中心点. 的提示下，在图样的边线上选取一点（在视图的非边线的地方选取的点，系统不认可），此时在选取的点附近出现一个十字线，如图 11.4.31 所示。

注意：在视图较小的情况下，此十字线不易看见，可通过放大视图区来观察；移动或缩放视图区时，十字线可能会消失，但不妨碍操作的进行。

Step 4 绘制放大视图的轮廓线。

在系统 ➡草绘样条，不相交其它样条，来定义一轮廓线。 的提示下，绘制图 11.4.32 所示的样条线以定义放大视图的轮廓，当绘制到封闭时，单击中键结束绘制（在绘制边界线前，不要选择样条线的绘制命令，而是直接单击进行绘制）。

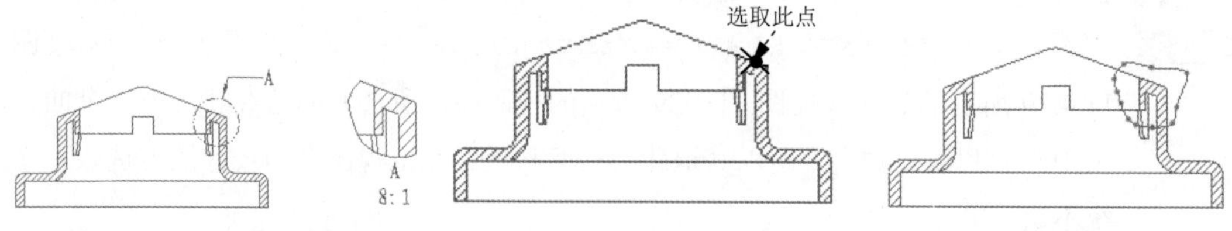

图 11.4.30　局部放大视图　　图 11.4.31　选择放大图的中心点　　图 11.4.32　放大图的轮廓线

Step 5 在系统 ➡选择绘图视图的中心点. 的提示下，在图形区选取一点来放置放大图。

Step 6 设置轮廓线的边界类型。在创建的局部放大视图上双击，系统弹出图 11.4.33 所示的“绘图视图”对话框（一）；在 父项视图上的边界类型 下拉列表中，选取 圆 选项，然后单击 应用 按钮，此时轮廓线变成一个双点画线的圆，如图 11.4.32 所示。

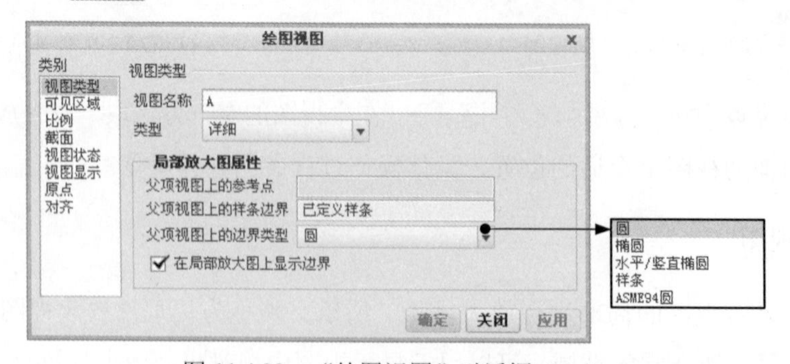

图 11.4.33　“绘图视图”对话框（一）

Step 7 在“绘图视图”对话框中，选取 类别 区域中的 比例 选项，再选中 ◉ 自定义比例 单选项，然后在后面的文本框中输入比例值 8.000。

Step 8 单击对话框中的 关闭 按钮，关闭对话框。

11.4.7 旋转视图和旋转剖视图

旋转视图又叫旋转截面视图，因为在创建旋转视图时常用到剖截面。它是从现有视图引出的，主要用于表达剖截面的剖面形状，因此常用于“工字钢”等零件。此剖截面必须和它所引出的那个视图相垂直。在 Creo 2.0 工程图环境中，旋转视图的截面类型均为区域截面，即只显示被剖切的部分，因此在创建旋转视图的过程中不会出现“截面类型”菜单。

旋转剖视图是完整截面视图，但它的截面是一个偏距截面（因此需创建偏距剖截面）。其显示绕某一轴的展开区域的截面视图，在“绘图视图”对话框中用到的是“全部对齐”选项，且需选取某个轴。

1. 旋转视图

旋转视图如图 11.4.34 所示，操作步骤如下：

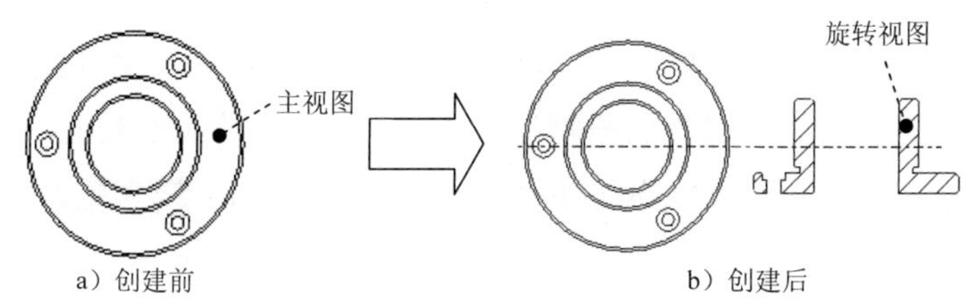

图 11.4.34 旋转视图

Step 1 将工作目录设置至 D:\creo2mo\work\ch11.04.07.01，打开文件 rotate_view.drw。

Step 2 在功能选项卡区域的 布局 选项卡中单击 旋转 按钮。

Step 3 在系统 ➡选择旋转界面的父视图. 的提示下，单击所选取图形区中的主视图。

Step 4 在 ➡选择绘图视图的中心点. 的提示下，在图形区的俯视图的右侧选取一点，系统立即生成旋转视图，并弹出图 11.4.35 所示的“绘图视图”对话框（系统已自动选取截面 A，在此例中只有截面 A 符合创建旋转视图的条件；如果有多个截面符合条件，需读者自己选取）。

图 11.4.35 “绘图视图”对话框

Step 5　此时系统显示提示 ➡选择对称轴或基准(中键取消)。，一般不需要选取对称轴或基准，直接单击中键或在对话框中单击 确定 按钮完成旋转视图的创建。

2. 旋转剖视图

旋转剖视图如图 11.4.36 所示，操作步骤如下：

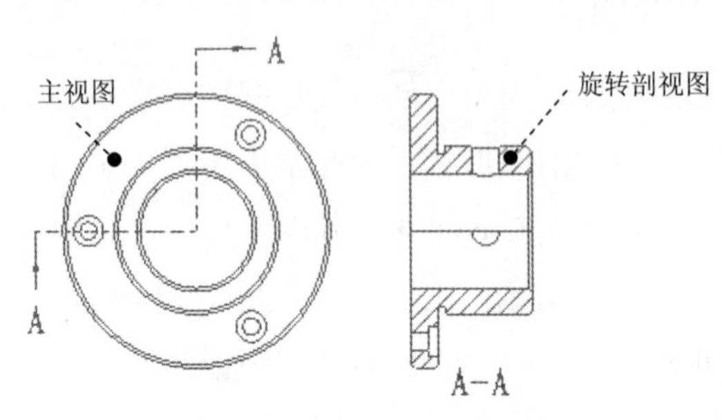

图 11.4.36　旋转剖视图

Step 1　将工作目录设置至 D:\creo2mo\work\ch11.04.07.02，打开 rotate_cut_view.drw 文件。

Step 2　双击图 11.4.36 所示的左视图，系统弹出“绘图视图”对话框。

Step 3　设置剖视图选项。在图 11.4.37 所示的对话框中，选取 类别 区域中的 截面 选项；将 截面选项 设置为 ◉ 2D 横截面，将 模型边可见性 设置为 ◉ 总计，然后单击 + 按钮；在 名称 下拉列表框中选取剖截面 ✓ A （A 剖截面是偏距剖截面，在零件模块中已提前创建），在 剖切区域 下拉列表框中选取 全部(对齐) 选项；在系统 ➡选择轴(在轴线上选择)。的提示下选取图 11.4.38 所示的轴线（如果在视图中基准轴没有显示，需单击 按钮打开基准轴的显示）。

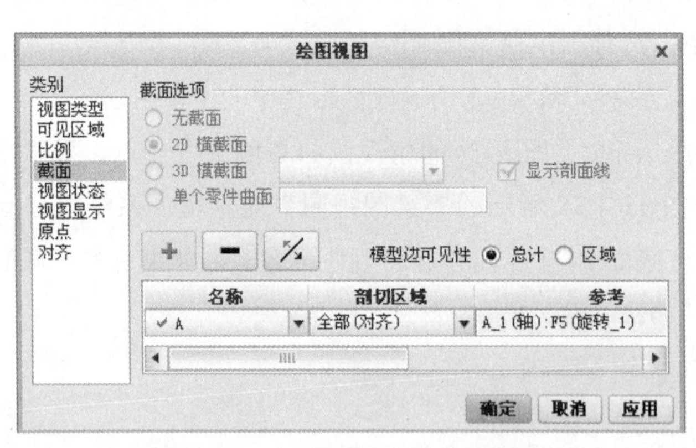

图 11.4.37　“绘图视图”对话框

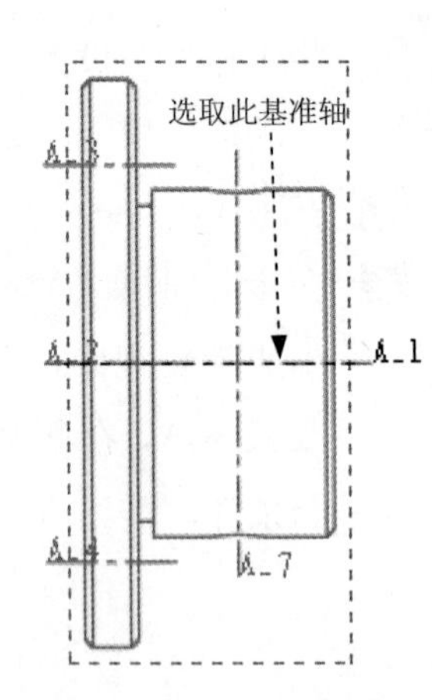

图 11.4.38　选取基准轴

Step 4　单击对话框中的 确定 按钮，关闭对话框。

Step 5　添加箭头。选取图 11.4.36 所示的旋转剖视图，然后右击，从弹出的快捷菜单中选择 添加箭头 命令；单击主视图，系统自动生成箭头。

11.4.8 阶梯剖视图

阶梯剖视图属于 2D 截面视图，其与全剖视图在本质上没有区别，但它的截面是偏距截面。创建阶梯剖视图的关键是创建好偏距截面，可以根据不同的需要创建偏距截面来实现阶梯剖视以达到充分表达视图的需要。阶梯剖视图如图 11.4.39 所示，创建操作步骤如下：

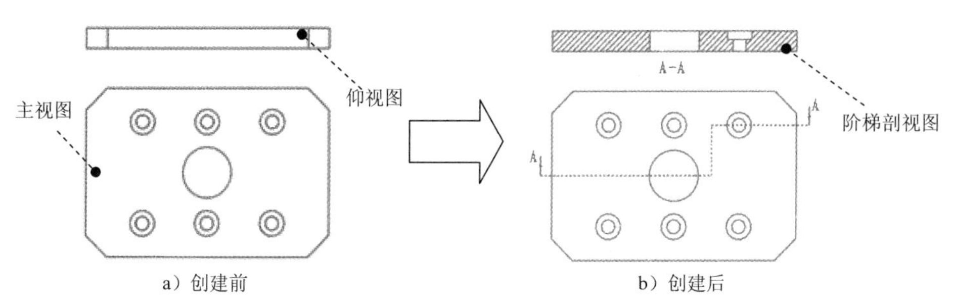

图 11.4.39 阶梯剖视图

Step 1 将工作目录设置至 D:\creo2mo\work\ch11.04.08，打开 step_cut_view.drw 工程图文件。

Step 2 双击图 11.4.39 所示的仰视图，系统弹出“绘图视图”对话框。

Step 3 设置剖视图选项。在“绘图视图”对话框中，选取 类别 区域中的 截面 选项；将 截面选项 设置为 ◉ 2D 横截面，然后单击 + 按钮；将 模型边可见性 设置为 ◉ 总计；在 名称 下拉列表框中选取剖截面 ✔ A，在 剖切区域 下拉列表框中选取 完全 选项；单击对话框中的 确定 按钮，关闭对话框。

Step 4 添加箭头。选取图 11.4.39 所示的阶梯剖视图，然后右击，从弹出的快捷菜单中选择 添加箭头 命令；单击主视图，系统自动生成箭头。

11.4.9 移出剖面

移出剖面也被称为“断面图”，常用在只需表达零件断面的场合下，这样可以使视图简化，又能使视图所表达的零件结构清晰易懂。在创建移出剖面时关键是要将“绘图视图”对话框中的 模型边可见性 设置为 ◉ 区域 选项。

移出剖面如图 11.4.40 所示，创建操作步骤如下：

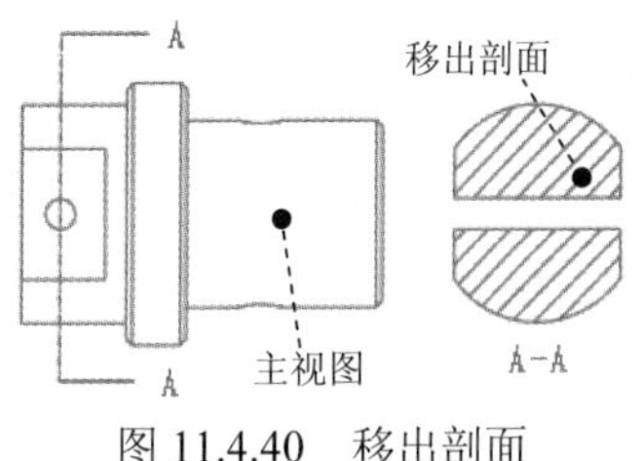

图 11.4.40 移出剖面

Step 1 将工作目录设置至 D:\creo2mo\work\ch11.04.09，打开文件 section_view.drw。

Step 2 在图形区双击右视图，系统弹出“绘图视图”对话框。

Step 3 设置剖视图选项。在“绘图视图”对话框中，选取 类别 区域中的 截面 选项；将 截面选项 设置为 ◉ 2D 横截面，然后单击 + 按钮；将

模型边可见性 设置为 ◉ 区域 ；在 名称 下拉列表框中选取剖截面 ✓A，在 剖切区域 下拉列表框中选取完全选项，单击对话框中的 确定 按钮，关闭对话框，完成移出剖面的添加，如图 11.4.40 所示。

Step 4 添加箭头。选取图 11.4.40 所示的断面图，然后右击，从弹出的快捷菜单中选择 添加箭头 命令；单击主视图，系统自动生成箭头。

11.5 工程图的尺寸标注与编辑

11.5.1 概述

在工程图模式下，可以创建下列几种类型的尺寸。

1. 被驱动尺寸

被驱动尺寸来源于零件模块中的三维模型的尺寸，它们源于统一的内部数据库。在工程图模式下，可以利用 注释 工具栏下的“显示模型注释”命令，将被驱动尺寸在工程图中自动地显现出来或拭除（即隐藏），但它们不能被删除。在三维模型上修改模型的尺寸，在工程图中，这些尺寸随着变化，反之亦然。这里有一点要注意：在工程图中可以修改被驱动尺寸值的小数位数，但是舍入之后的尺寸值不驱动模型几何。

2. 草绘尺寸

在工程图模式下利用 注释 工具栏下的 尺寸 命令，可以手动标注两个草绘图元间、草绘图元与模型对象间以及模型对象本身的尺寸，这类尺寸称为“草绘尺寸”，其可以被删除。还要注意：在模型对象上创建的“草绘尺寸”不能驱动模型，也就是说，在工程图中改变“草绘尺寸”的大小，不会引起零件模块中的相应模型的变化，这一点与“被驱动尺寸”有根本的区别，所以如果在工程图环境中发现模型尺寸标注不符合设计的意图（例如标注的基准不对），最佳的方法是进入零件模块环境，重定义截面草绘图的标注，而不是简单地在工程图中创建“草绘尺寸”来满足设计意图。

由于草绘图可以与某个视图相关，也可以不与任何视图相关，因此“草绘尺寸”的值有两种情况。

（1）当草绘图元不与任何视图相关时，草绘尺寸的值与草绘比例（由绘图设置文件 drawing.dtl 中的选项 draft_scale 指定）有关，例如假设某个草绘圆的半径值为 5：

- 如果草绘比例为 1.0，该草绘圆的半径尺寸显示为 5。
- 如果草绘比例为 2.0，该草绘圆的半径尺寸显示为 10。
- 如果草绘比例为 0.5，在绘图中出现的图元就为 2.5。

注意：改变选项 draft_scale 的值后，应该进行再生。方法为选择下拉菜单 审阅 ➡

更新绘制 命令。

虽然草绘图的草绘尺寸的值随草绘比例变化而变化，但草绘图的显示大小不受草绘比例的影响。

配置文件 config.pro 中的选项 create_drawing_dims_only 用于控制系统如何保存被驱动尺寸和草绘尺寸，该选项设置为 no（默认）时，系统将被驱动尺寸保存在相关的零件模型（或装配模型）中；设置为 yes 时，仅将草绘尺寸保存在绘图中。所以用户正在使用 intralink 时，如果尺寸被存储在模型中，则在修改时要对此模型进行标记，并且必须将其重新提交给 intralink，为避免绘图中每次参考模型时都进行此操作，可将选项设置为 yes。

（2）当草绘图元与某个视图相关时，草绘图的草绘尺寸的值不随草绘比例而变化，草绘图的显示大小也不受草绘比例的影响，但草绘图的显示大小随着与其相关的视图的比例变化而变化。

3. 草绘参考尺寸

在工程图模式下，在功能区中选择 注释 ➡ 参考尺寸 命令，可以将两个草绘图元间、草绘图元与模型对象间以及模型对象本身的尺寸标注成参考尺寸，参考尺寸是草绘尺寸中的一个分支。所有的草绘参考尺寸一般都带有符号 REF，从而与其他尺寸相区别；如果配置文件选项 parenthesize_ref_dim 设置为 yes，系统则将参考尺寸放置在括号中。

注意： 当标注草绘图元与模型对象间的参考尺寸时，应提前将它们关联起来。

11.5.2 被驱动尺寸

下面以图 11.5.1 所示的零件 shaft 为例，说明创建被驱动尺寸的一般操作过程。

Step 1 将工作目录设置至 D:\creo2mo\work\ch11.05.02，打开文件 dimension.drw。

Step 2 在功能区中选择 注释 ➡ 显示模型注释 命令。按住 Ctrl 键，在图形中选择图 11.5.1 所示的主视图和投影视图。

Step 3 在系统弹出的图 11.5.2 所示的对话框中，进行下列操作：单击对话框顶部的 选项卡。选取显示类型：在对话框的 类型 下拉列表中选择 全部 选项，然后单击 按钮，如果还想显示轴线，则在对话框中单击 选项卡，然后单击 按钮；单击对话框底部的 确定 按钮。

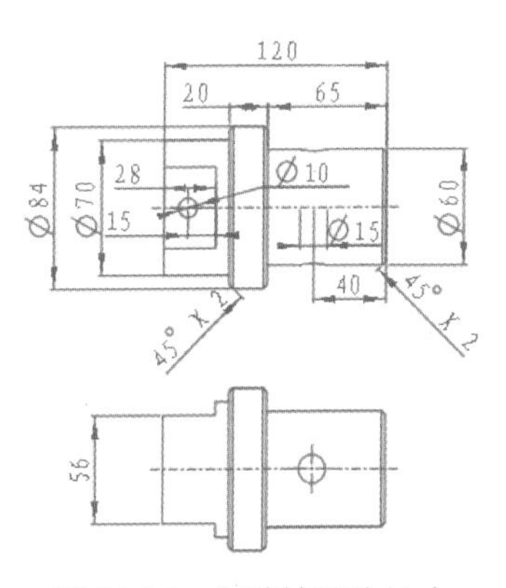

图 11.5.1 创建被驱动尺寸

图 11.5.2 所示的“显示模型注释”对话框中各选项卡说明如下：

- : 显示模型尺寸。

- ：显示模型几何公差。
- ：显示模型注解。
- ：显示模型表面粗糙度（光洁度）。
- ：显示模型符号。
- ：显示模型基准。
- ：全部选取。
- ：全部取消选取。

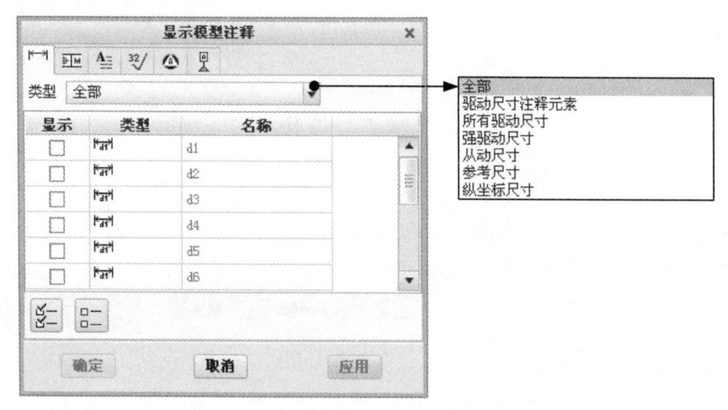

图 11.5.2 “显示模型注释”对话框

11.5.3 草绘尺寸

在 Creo 中，草绘尺寸分为一般的草绘尺寸、草绘参考尺寸和草绘坐标尺寸三种类型，它们主要用于手动标注工程图中两个草绘图元间、草绘图元与模型对象间以及模型对象本身的尺寸，坐标尺寸是一般草绘尺寸的坐标表达形式。

从在功能区 **注释** 选项中，“尺寸”、“参考尺寸”和“纵坐标尺寸”下拉选项的说明如下：

- 新参考：每次选取新的参考进行标注。
- 公共参考：使用某个参考进行标注后，可以以这个参考为公共参考，连续进行多个尺寸的标注。
- 纵坐标尺寸：创建单一方向的坐标表示的尺寸标注。
- 自动标注纵坐标：在模具设计和钣金件平整形态零件上自动创建纵坐标尺寸。

由于草绘尺寸和草绘参考尺寸的创建方法一样，所以下面仅以一般的草绘尺寸为例，说明“新参考”和“公共参考”这两种类型尺寸的创建方法。

1.“新参考”尺寸标注

下面以图 11.5.3 所示的零件模型 base_down 为例，说明在模型上创建草绘“新参考”尺寸的一般操作过程。

Step 1 将工作目录设置至 D:\creo2mo\work\ch11.05.03，打开文件 dimension.drw。

Step 2 在功能区中选择 **注释** → 尺寸 命令。

Step 3 在图 11.5.4 所示的▼ ATTACH TYPE（依附类型）菜单中，选择 On Entity（图元上）命令，然后选取图 11.5.3 所示的模型的边线 1。

Step 4 在图 11.5.4 所示的菜单中，选择 On Entity（图元上）命令，然后选取图 11.5.3 所示的模型的边线 2。

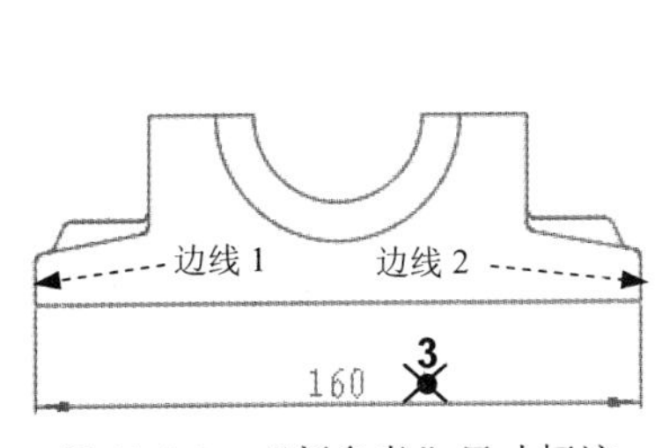

图 11.5.3 “新参考”尺寸标注

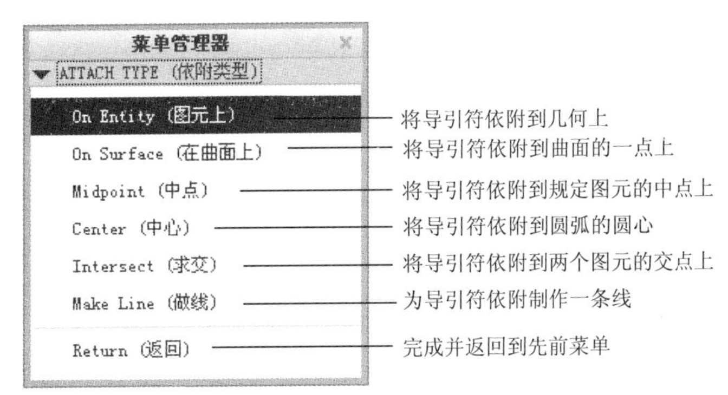

图 11.5.4 “依附类型”菜单

Step 5 在图 11.5.3 所示的“3”点处单击鼠标中键，确定尺寸文本的位置。

说明：在标注点到点的距离时，确定尺寸文本的位置，系统会弹出图 11.5.5 所示的菜单来定义尺寸的类型。

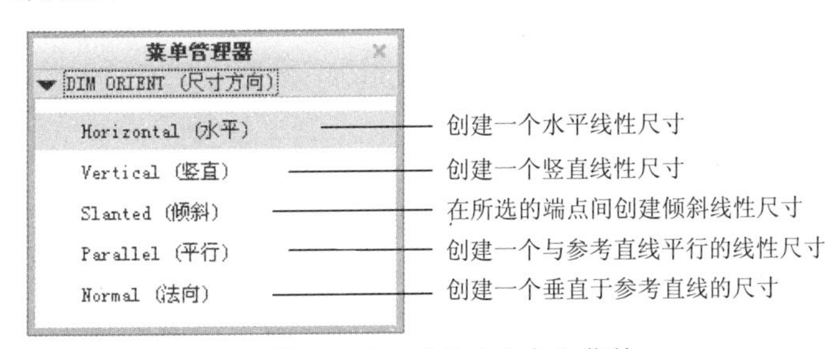

图 11.5.5 “尺寸方向”菜单

Step 6 结束标注。在▼ ATTACH TYPE（依附类型）菜单中，选择 Return（返回）命令。

2.“公共参考”尺寸标注

下面继续以图 11.5.6 所示的零件模型 base_down 为例，说明在模型上创建草绘“公共参考”尺寸的一般操作过程。

Step 1 在功能区中选择 **注释** → 尺寸 命令。

Step 2 在▼ ATTACH TYPE（依附类型）菜单中选择 On Entity（图元上）命令，然后选取图 11.5.6 所示的模型的边线 1。

Step 3 在▼ ATTACH TYPE（依附类型）菜单中选择 On Entity（图元上）命令，然后选取图 11.5.6 所示的模型的边线 2。

Step 4 用鼠标中键单击图 11.5.6 所示的“3”点处，确定尺寸文本的位置。

Step 5 在 ▼ ATTACH TYPE (依附类型) 菜单中选择 On Entity (图元上) 命令，然后选取图 11.5.6 所示的模型的边线 4。

Step 6 用鼠标中键单击图 11.5.6 所示的“5”点处，确定尺寸文本的位置。

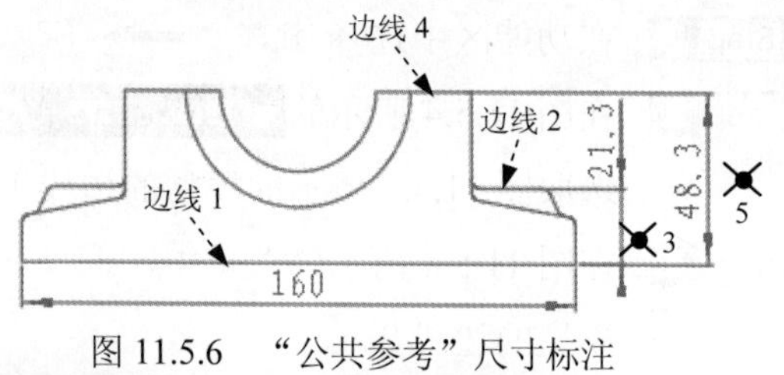

图 11.5.6 “公共参考”尺寸标注

Step 7 如果要结束标注，选择 ▼ ATTACH TYPE (依附类型) 菜单中的 Return (返回) 命令。

11.5.4 尺寸的编辑

从前面一节创建被驱动尺寸的操作中，我们会注意到，由系统自动显示的尺寸在工程图上有时会显得杂乱无章，尺寸相互遮盖，尺寸间距过松或过密，某个视图上的尺寸太多，出现重复尺寸（例如，两个半径相同的圆标注两次），这些问题通过尺寸的操作工具都可以解决，尺寸的操作包括尺寸（包括尺寸文本）的移动、拭除、删除（仅对草绘尺寸），尺寸的切换视图，修改尺寸的数值和属性（包括尺寸公差、尺寸文本字高、尺寸文本字形）等。下面分别进行介绍。

1. 移动尺寸及其尺寸文本

移动尺寸及其尺寸文本的方法：选择要移动的尺寸，当尺寸加亮变红后，再将鼠标指针放到要移动的尺寸文本上，按住鼠标的左键，并移动鼠标，尺寸及尺寸文本会随着鼠标移动，移到所需的位置后，松开鼠标的左键。

2. 尺寸编辑的快捷菜单

如果要对尺寸进行其他的编辑，可以这样操作：选择要编辑的尺寸，当尺寸加亮变红后，右击，此时系统会依照单击位置的不同弹出不同的快捷菜单。

- 拭除：选择该选项后，系统会拭除选取的尺寸（包括尺寸文本和尺寸界线），也就是使该尺寸在工程图中不显示。

尺寸“拭除”操作完成后，如果要恢复它的显示，操作方法如下：

Step 1 在绘图树中单击 ▸ 注释 前的节点。

Step 2 选中被拭除的尺寸并右击，在弹出的快捷菜单中选择 取消拭除 命令。

- 修剪尺寸界线：该选项的功能是修剪尺寸界限。
- 将项移动到视图：该选项的功能是将尺寸从一个视图移动到另一个视图，操作方法：选择该选项后，接着选择要移动到的目的视图。

下面将在模型 shaft 的工程图的俯视图中创建图 11.5.7 所示的尺寸，方法如下：

Step 1 将工作目录设置至 D:\creo2mo\work\ch11.05.04，打开文件 edit_dimension_01.drw。

Step 2 在图 11.5.7 所示的主视图中选取尺寸“ϕ15”，然后右击，从弹出的快捷菜单中选

择 将项移动到视图 命令。

Step 3 在系统 ◆选择模型视图或窗口。 的提示下，选择图 11.5.7 所示的俯视图，此时“主视图”中的尺寸“ϕ15”被移动到“俯视图”中。

Step 4 参考 Step2 和 Step3，将“主视图”中的尺寸“40”移动到“俯视图”中。

3. 清理尺寸（Clean Dims）

对于杂乱无章的尺寸，Creo 系统提供了一个强有力的整理工具，这就是“清理尺寸（Clean Dims）”功能。

下面以零件模型 shaft 为例，说明“清理尺寸”的一般操作过程。

Step 1 在功能区中选择 **注释** ➡ 清理尺寸 命令。

Step 2 此时系统提示 ◆选择要清除的视图或独立尺寸。，如图 11.5.8 所示，选择模型 shaft 的主视图，并单击鼠标中键一次。

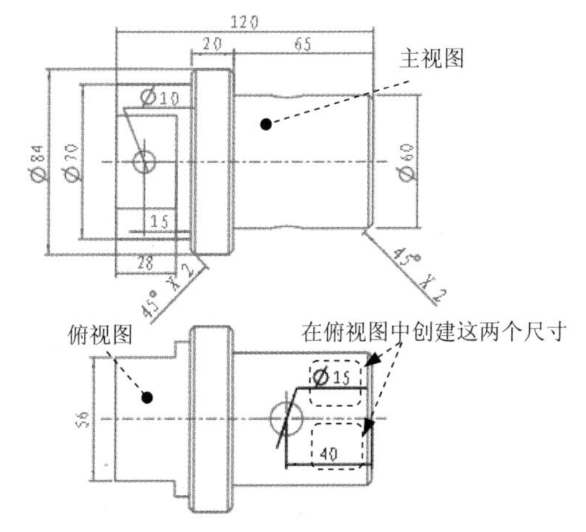

图 11.5.7 将尺寸从“主视图”移动到“俯视图”

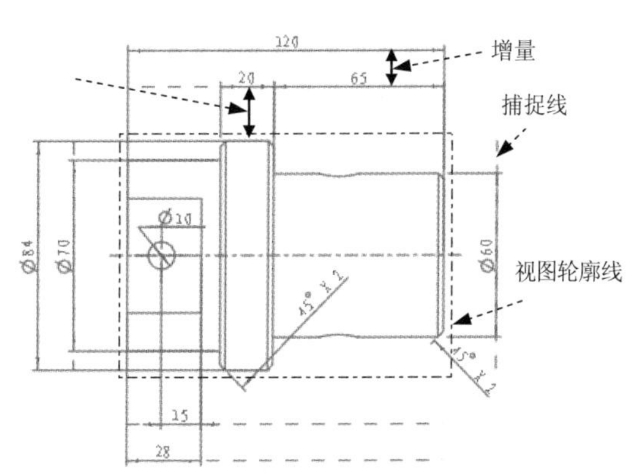

图 11.5.8 整理尺寸

Step 3 完成上步操作后，图 11.5.9 所示的“清除尺寸”对话框被激活，该对话框有 放置 选项卡和 修饰 选项卡，这两个选项卡的内容分别如图 11.5.9 和图 11.5.10 所示。

图 11.5.9 “放置”选项卡

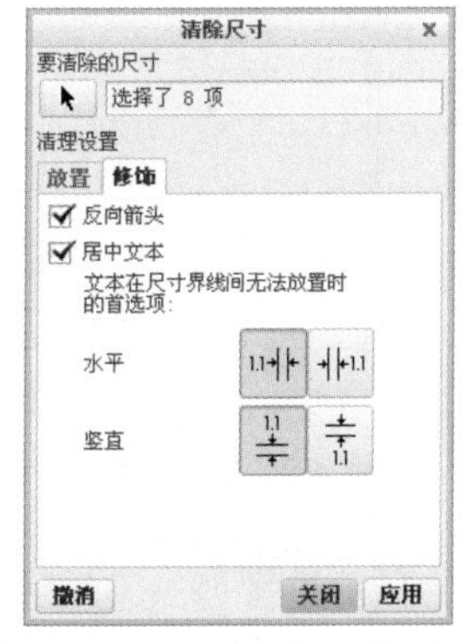

图 11.5.10 “修饰”选项卡

11.5.5 关于尺寸公差的显示设置

配置文件 drawing.dtl 中的选项 tol_display 和配置文件 config.pro 中的选项 tol_mode 与工程图中的尺寸公差有关，如果要在工程图中显示和处理尺寸公差，必须先配置这两个选项。

- tol_display 选项：该选项控制尺寸公差的显示。如果设置为 yes，则尺寸标注显示公差；如果设置为 no，则尺寸标注不显示公差。
- tol_mode 选项：该选项控制尺寸公差的显示形式。如果设置为 nominal，则尺寸只显示名义值，不显示公差；如果设置为 limits，则公差尺寸显示为上限和下限；如果设置为 plusminus，则公差值为正负值，正值和负值是独立的；如果设置为 plusminussym，则公差值为正负值，正负公差的值用一个值表示。

11.6 工程图中基准的创建

11.6.1 创建工程图基准

1. 在工程图模块中创建基准轴

下面将在模型 bracket 的工程图中创建图 11.6.1 所示的基准轴 D，以此说明在工程图模块中创建基准轴的一般操作过程。

Step 1 将工作目录设置至 D:\creo2mo\work\ch11.06.01，打开文件 datum_aixs.drw。

Step 2 在功能区中选择 注释 ➡ 模型基准 ▼ ➡ 模型基准轴 命令。

Step 3 系统弹出图 11.6.2 所示的基准“轴”对话框，在此对话框中进行下列操作。

（1）在“轴”对话框的“名称”文本框中输入基准名 A。

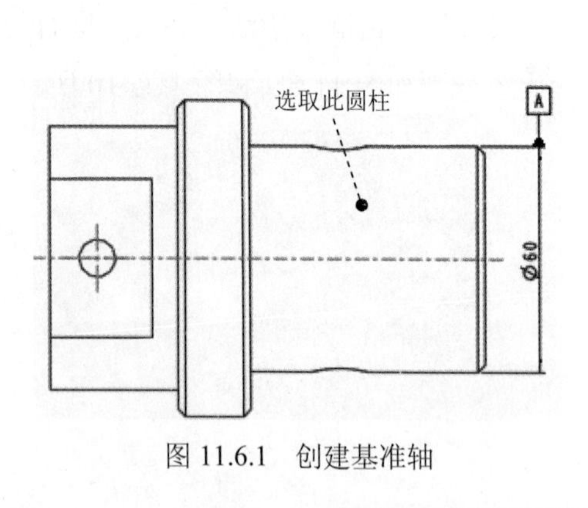

图 11.6.1 创建基准轴

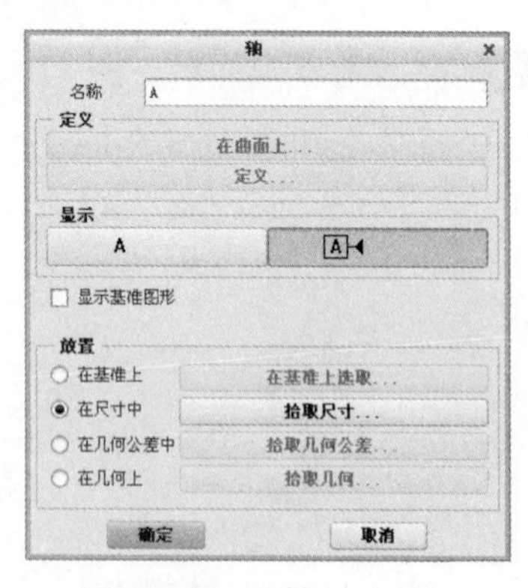

图 11.6.2 “轴”对话框

（2）单击该对话框中的 定义... 按钮，在弹出的图 11.6.3 所示的“基准轴”菜单中选取 Thru Cyl（过柱面） 命令，然后选取图 11.6.1 所示的圆柱的边线。

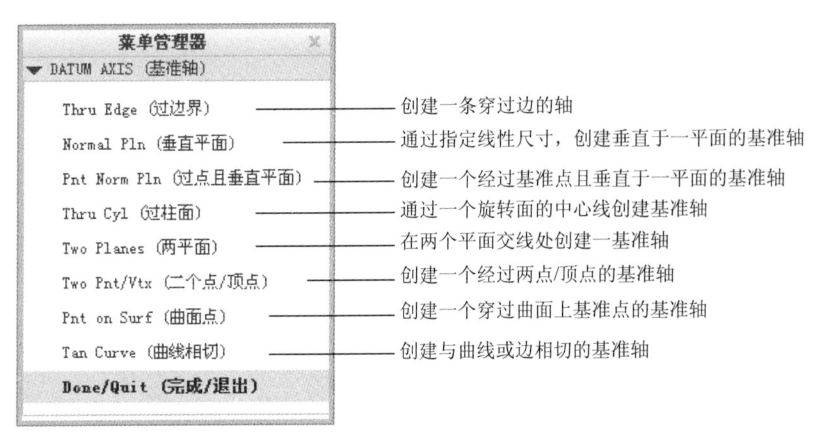

图 11.6.3 “基准轴”菜单

（3）在“轴”对话框的 显示 选项组中单击 A◀ 按钮。

（4）在“轴”对话框的 放置 选项组中选中 ◉ 在尺寸中 单选项，并选取尺寸“ϕ60”。

（5）在“轴”对话框中单击 确定 按钮，系统即在每个视图中创建基准符号。

Step 4 分别将基准符号移至合适的位置，基准的移动操作与尺寸的移动操作方法一样。

2. 在工程图模块中创建基准面

下面将在模型 bracket 的工程图中创建图 11.6.4 所示的基准 A，以此说明在工程图模块中创建基准面的一般操作过程。

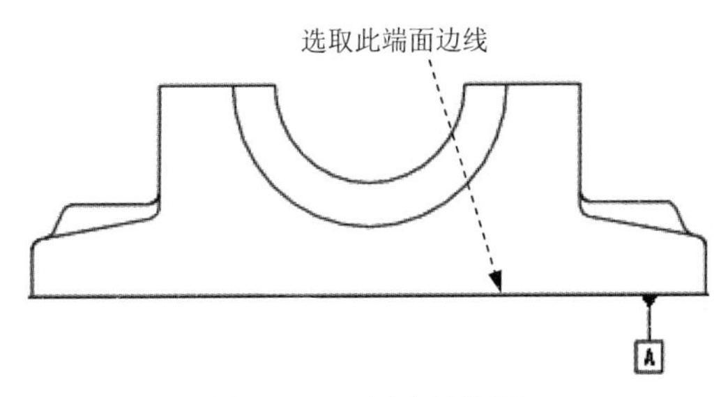

图 11.6.4 创建基准面

Step 1 将工作目录设置至 D:\creo2mo\work\ch11.06.02，打开文件 datum_planar.drw。

Step 2 在功能区中选择 注释 ➡ ▱ 模型基准 ▾ ➡ ▱ 模型基准平面 命令。

Step 3 系统弹出“基准”对话框，在此对话框中进行下列操作。

（1）在“基准”对话框中的“名称”文本框中输入基准名 A。

（2）单击该对话框中的 定义 选项组中的 在曲面上... 按钮，然后选择图 11.6.4 所示的端面的边线。

（3）在“基准”对话框的 显示 选项组中单击 A◀ 按钮。

（4）在“基准”对话框的 放置 选项组中选中 ◉ 在基准上 单选项。

（5）在“基准”对话框中单击 确定 按钮。

Step 4　将基准符号移至合适的位置。

11.6.2　工程图基准的拭除与删除

拭除基准的真正含义是在工程图环境中不显示基准符号，同尺寸的拭除一样；而基准的删除是将其从模型中真正完全地去除，所以基准的删除要切换到零件模块中进行，其操作方法如下：

（1）切换到模型窗口。

（2）从模型树中找到基准名称，并单击该名称，再右击，从弹出的菜单中选择“删除”命令。

注意：一个基准被拭除后，系统还不允许重名，只有切换到零件模块中，将其从模型中删除后才能给出同样的基准名。

如果一个基准被某个几何公差使用，则只有先删除该几何公差，才能删除该基准。

11.7　形位公差

下面将在模型 bracket 的工程图中创建几何公差（形位公差），以此说明在工程图模块中创建几何公差的一般操作过程。

Step 1　首先将工作目录设置至 D:\creo2mo\work\ch11.07，打开文件 tolerance.drw。

Step 2　在功能区中选择 **注释** ➡ 命令。

Step 3　系统弹出图 11.7.1 所示的“几何公差”对话框，在此对话框中进行下列操作。

（1）在左边的公差符号区域中，单击位置公差符号。

（2）在 **模型参考** 选项卡中进行下列操作。

① 定义公差参考。如图 11.7.1 所示，单击参考: 选项组中的类型 箭头，从弹出的菜单中选取曲面 选项，并选取图 11.7.2 所示的曲面。

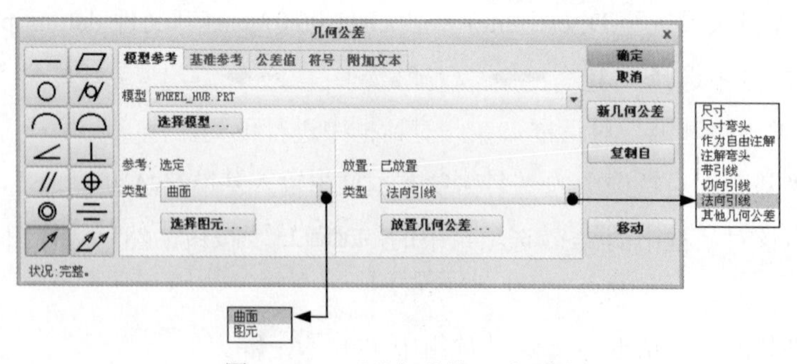

图 11.7.1　“几何公差”对话框

② 定义公差的放置。如图 11.7.1 所示，单击放置: 选项组中的类型 箭头，从弹出的

菜单中选取 法向引线 选项，在弹出的图 11.7.3 所示的“引线类型”菜单中选取 Automatic（自动）命令，然后选取图 11.7.2 所示的模型边线，选择 Done（完成）命令；单击图 11.7.2 所示的“1”点处，以确定几何公差的放置位置。

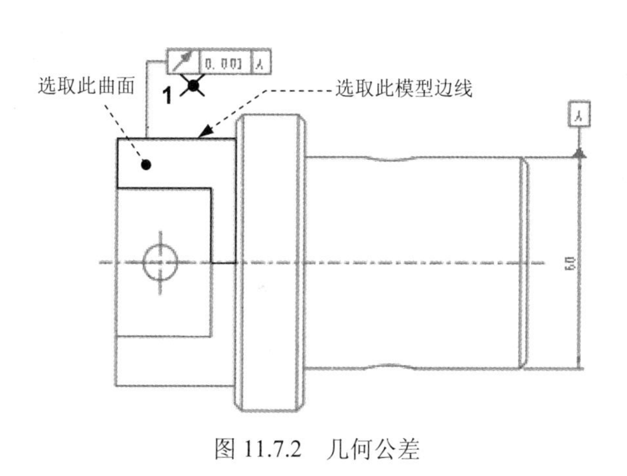

图 11.7.2 几何公差

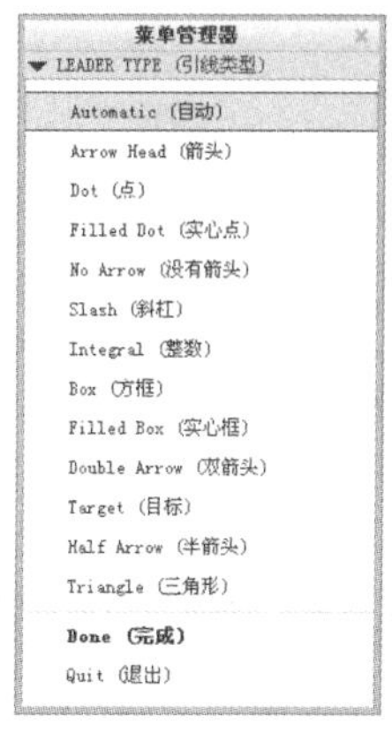

图 11.7.3 “引线类型”菜单

（3）在 基准参考 选项卡中单击 首要 子选项卡中的 基本 箭头（图 11.7.4），从弹出的列表中选取基准 A，如图 11.7.4 所示。

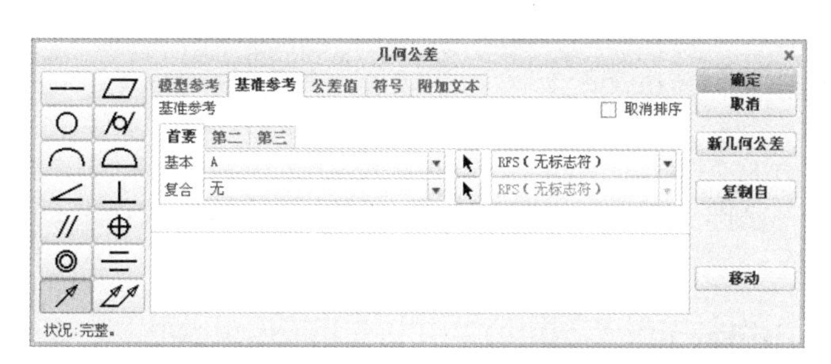

图 11.7.4 “几何公差”对话框的“基准参考”选项卡

注意：如果该位置公差参考的基准不止一个，请选择 第二 和 第三 子选项卡，再进行同样的操作，以增加第二、第三参考。

（4）在 公差值 选项卡中输入公差值 0.001，按回车键。

（5）单击“几何公差”对话框中的 确定 按钮。

11.8 表面粗糙度

下面将在模型 support_part 的工程图中创建如图 11.8.1 所示的表面粗糙度（表面光洁度），以此说明在工程图模块中创建表面粗糙度的一般操作过程。

Step 1 将工作目录设置至 D:\creo2mo\work\ch11.08，打开文件 surf_fini_drw.drw。

Step 2 在功能区中选择 注释 ➡ 表面粗糙度 命令。

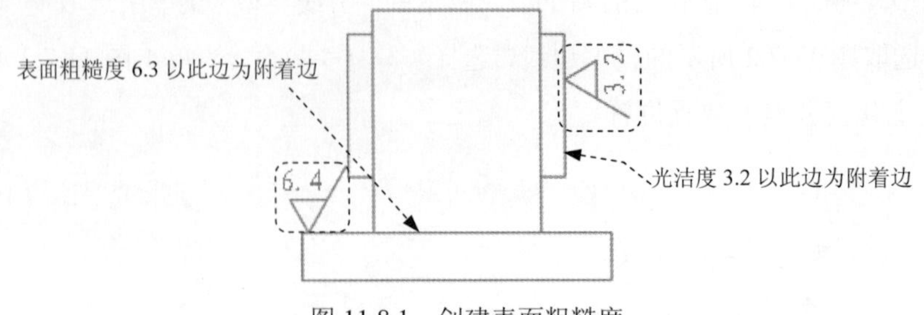

图 11.8.1　创建表面粗糙度

Step 3　检索表面粗糙度。

（1）从弹出的▼ GET SYMBOL（得到符号）菜单中选择Retrieve（检索）命令。

注意： 如果首次标注表面粗糙度，需进行检索，这样在以后需要再标注表面粗糙度时，便可直接在▼ GET SYMBOL（得到符号）菜单中选择Name（名称）命令，然后从“符号名称”列表中选取一个表面粗糙度的符号名称。

（2）从“打开”对话框中，选取 machined 文件夹，单击 打开 按钮，选取 standard1.sym，单击 打开 按钮。

Step 4　选取附着类型。从系统弹出的▼ INST ATTACH（实例依附）菜单中，选择Normal（法向）命令。

Step 5　在图形区中选取图 11.8.1 所示表面粗糙度为 3.2 的附着边，在系统弹出的输入roughness_height的值的提示中输入数值 3.2，并按回车键，完成表面粗糙度 3.2 的标注。

Step 6　按照相同方法即可标注表面粗糙度 6.3 的标注，最后单击中键结束标注。

11.9　工程图中的注释

11.9.1　注释菜单

在功能区中选择 注释 → 注解 命令，系统弹出▼ NOTE TYPES（注解类型）菜单（图 11.9.1）。在该菜单下，可以创建用户所要求的属性的注释，例如注释可连接到模型的一个或多个边上，也可以是“自由的”。创建第一个注释后，Creo 使用先前指定的属性要求来创建后面的注释。

11.9.2　创建无方向指引注释

下面以图 11.9.2 所示的注释为例，说明创建无方向指引注释的一般操作过程。

Step 1　将工作目录设置至 D:\creo2mo\work\ch11.09.01，打开文件 note_01.drw。

Step 2　在功能区中选择 注释 → 注解 命令。

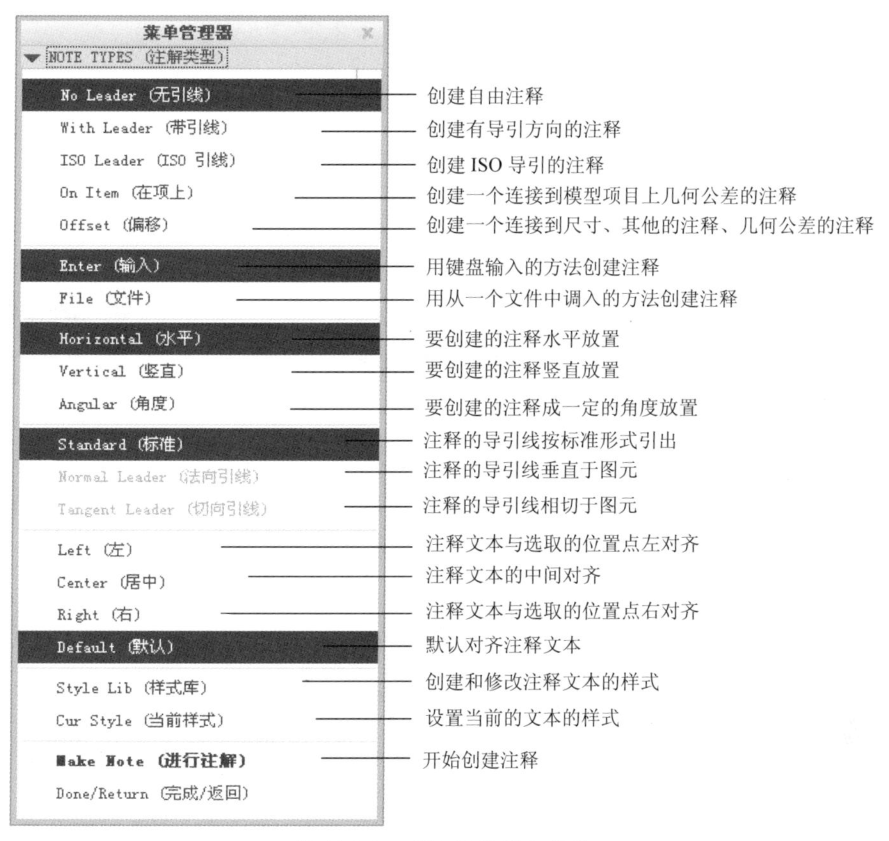

图 11.9.1 “注解类型”菜单

Step 3 在图 11.9.1 所示的菜单中，选择 No Leader（无引线）→ Enter（输入） Horizontal（水平）→ Standard（标准）→ Default（默认）→ Make Note（进行注解）命令。

Step 4 在弹出的图 11.9.3 所示的菜单中选取 命令，并在屏幕选择一点作为注释的放置点。

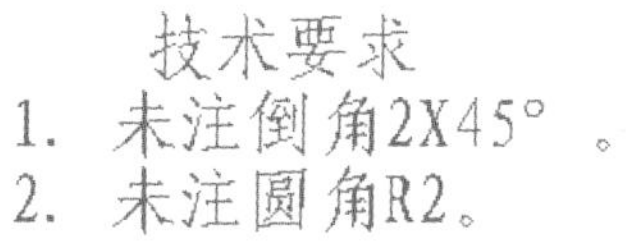

技术要求
1. 未注倒角2X45°。
2. 未注圆角R2。

图 11.9.2 无方向指引的注释

图 11.9.3 “选择点”对话框

Step 5 在系统输入注解:的提示下，输入“技术要求”，按回车键，再按回车键。

Step 6 选择 Make Note（进行注解）命令，在注释“技术要求”下面选择一点。

Step 7 在系统输入注解:的提示下，输入“1. 未注倒角 2×45° 。”，按回车键，输入“2. 未注圆角 R2。”，按两次回车键。

Step 8 选择 Done/Return（完成/返回）命令。

Step 9 调整注释中的文本——“技术要求”的位置、大小。

11.9.3 创建有方向指引注释

下面以图 11.9.4 中的注释为例，说明创建有方向指引注释的一般操作过程。

Step 1 将工作目录设置至 D:\creo2mo\work\ch11.09.02，打开文件 note_02.drw。

Step 2 在功能区中选择 **注释** ➡ 注解 命令。

Step 3 系统弹出图 11.9.1 所示的菜单，选择 With Leader (带引线) ➡ Enter (输入) ➡ Horizontal (水平) ➡ Standard (标准) ➡ Default (默认) ➡ Make Note (进行注解) 命令。

Step 4 定义注释导引线的起始点：在系统弹出的菜单中选择 On Entity (图元上) ➡ Arrow Head (箭头) 命令，然后选择注释指引线的起始点，如图 11.9.4 所示，选择 Done (完成) 命令。

Step 5 定义注释文本的位置点：在屏幕选择一点作为注释的放置点，如图 11.9.4 所示。

Step 6 在系统 输入注解: 的提示下，输入“此面需精加工”，按两次回车键。

Step 7 选择 Done/Return (完成/返回) 命令。

11.9.4 注释的编辑

与尺寸的编辑操作一样，单击要编辑的注释，再右击，在弹出的快捷菜单中选择 属性 命令，此时系统弹出图 11.9.5 所示的对话框，在该对话框的 文本 选项卡中可以修改注释文本，在 文本样式 选项卡中可以修改文本的字形、字高、字的粗细等造型属性。

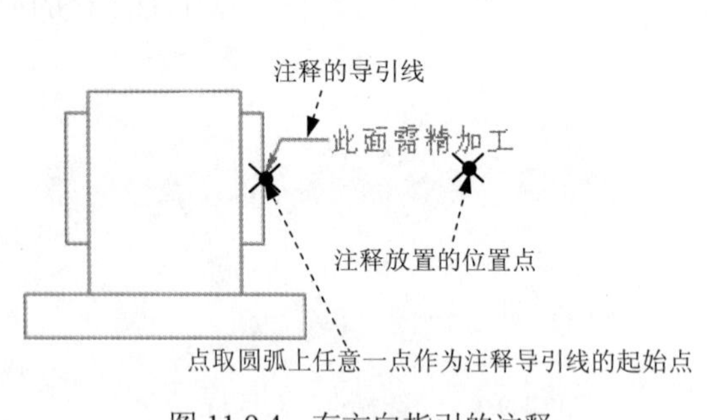

图 11.9.4 有方向指引的注释

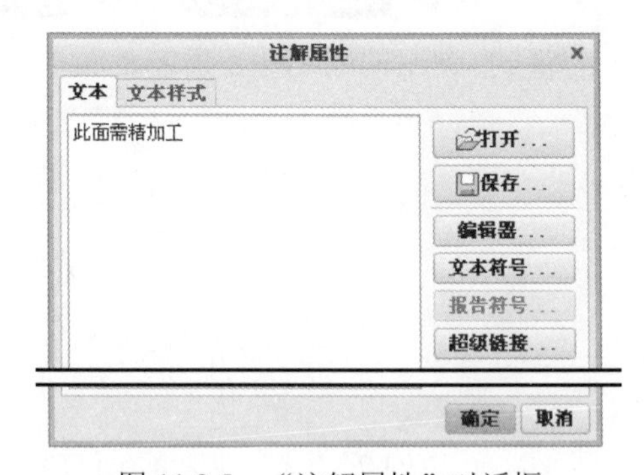

图 11.9.5 “注解属性”对话框

11.10 Creo 工程图设计综合实际应用

按照下面的操作要求，创建图 11.10.1 所示的零件工程图。

注意：创建工程图前，需正确配置 Creo 软件的工程图环境，配置方法参见 11.2 节。

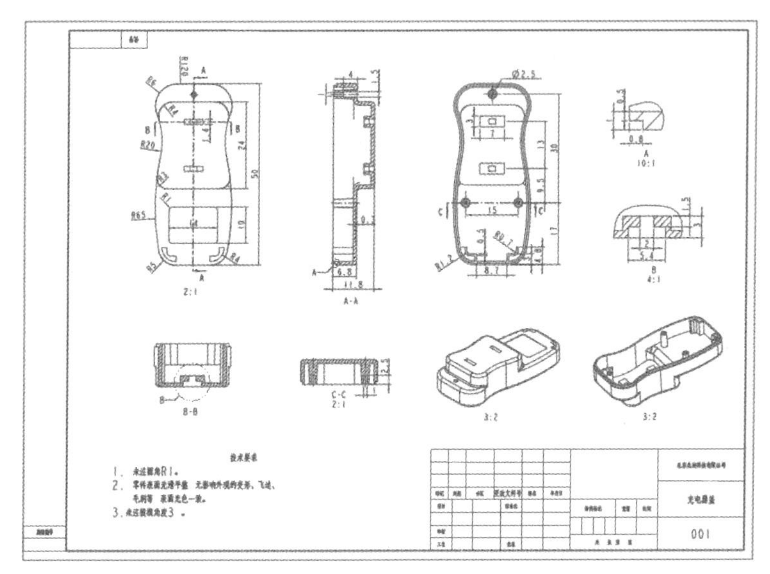

图 11.10.1 零件工程图范例

Task1．设置工作目录和打开三维零件模型

将工作目录设置至 D:\creo2mo\work\ch11.10，打开文件 charger_down.prt。

Task2．新建工程图

Step 1 选取“新建”命令。在工具栏中单击“新建”按钮□。

Step 2 选取文件类型，输入文件名，取消使用默认模板。在系统弹出的“新建”对话框中，进行下列操作：选中 类型 选项组中的 ◉ 绘图 单选项；在 名称 文本框中输入工程图的文件名，例如 charger_down_drawing；取消 ☑ 使用默认模板 复选框中的“√”号，不使用默认的模板；单击该对话框中的 确定 按钮。

Step 3 选取适当的工程图模板或图框格式。在系统弹出的“新建绘图”对话框中，进行下列操作。

（1）在 指定模板 选项组中，选中 ◉ 格式为空 单选项；在 格式 选项组中，单击 浏览... 按钮；在“打开”对话框中，选取 a3_form.frm 格式文件（D:\creo2mo\work\ch11.10），并将其打开。

（2）在“新建绘图”对话框中，单击 确定 按钮。完成这一步操作后，系统立即进入工程图模式（环境）。

Task3．创建图 11.10.1 所示的主视图

在工程图模式下，创建主视图。

Step 1 使用命令。在绘图区中右击，在系统弹出的快捷菜单中选择 插入普通视图... 命令。

注意：在选择 插入普通视图... 命令后，系统会弹出“选择组合状态”对话框，选中

☑ 不要提示组合状态的显示复选框，单击 确定 按钮即可，不影响后序的操作。

Step 2 在系统 ➡选择绘图视图的中心点. 的提示下，在屏幕图形区选择一点，系统弹出“绘图视图”对话框。

Step 3 选择“类别”选项组中的“视图类型”选项，在对话框中找到视图名称 new_view_1，在 视图方向 区域中选中 ◉ 查看来自模型的名称 选项，在 模型视图名 下的列表中选取 V001 选项，然后单击 应用 按钮，则系统按照 V001 的方位定向视图。

Step 4 选择“类别”选项组中的“比例”选项，在对话框中选中 ◉ 自定义比例 单选项，然后在后面的文本框中输入比例值 2.000，单击 应用 按钮。

Step 5 选择“类别”选项组中的“视图显示”选项，在对话框中选择显示样式 消隐，然后选择相切边样式 无，最后单击 应用 ➡ 关闭 按钮。

Task4. 创建左视图 1

Step 1 选择图 11.10.2 中的主视图，然后右击，在弹出的快捷菜单中选择 插入投影视图... 命令。

Step 2 在系统 ➡选择绘图视图的中心点. 的提示下，在图形区的主视图的右部任意选择一点，系统自动创建左视图 1。

Step 3 选择创建的左视图后右击，在弹出的快捷菜单中选择 属性(R) 命令，系统弹出“绘图视图”对话框，选择“类别”选项组中的“视图显示”选项，在对话框中选择显示样式 消隐，然后选择相切边样式 无，最后单击 应用 ➡ 关闭 按钮。

Task5. 创建左视图 2

Step 1 选择图 11.10.2 中的左视图 1，然后右击，在弹出的快捷菜单中选择 插入投影视图... 命令。

Step 2 在系统 ➡选择绘图视图的中心点. 的提示下，在图形区的左视图的右部任意选择一点，系统自动创建左视图 2。

Step 3 选择创建的左视图后右击，在弹出的快捷菜单中选择 属性(R) 命令，系统弹出“绘图视图”对话框，选择“类别”选项组中的“视图显示”选项，在对话框中选择显示样式 消隐，然后选择相切边样式 无，最后单击 应用 ➡ 关闭 按钮。

Task6. 创建俯视图 1

Step 1 选择图 11.10.3 所示的主视图，然后右击，在弹出的快捷菜单中选择 插入投影视图... 命令。

Step 2 在系统 ➡选择绘图视图的中心点. 的提示下，在图形区的主视图的下部任意选择一点，系统自动创建俯视图 1，如图 11.10.3 所示。

Step 3 选择创建的俯视图后右击，在弹出的快捷菜单中选择 属性(R) 命令，系统弹出“绘图视图”对话框，选择“类别”选项组中的“视图显示”选项，在对话框中选择显示样式 消隐，然后选择相切边样式 无，最后单击 应用 ➡ 关闭 按钮。

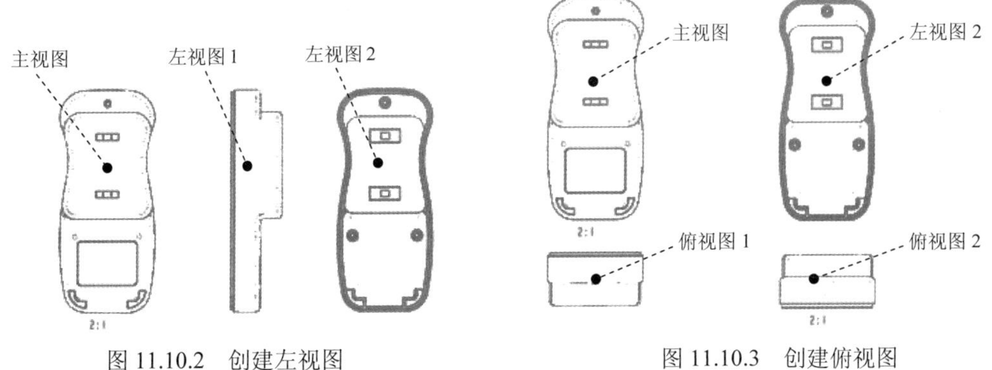

图 11.10.2 创建左视图

图 11.10.3 创建俯视图

Task7. 创建俯视图 2

Step 1 选择图 11.10.3 所示的左视图 2，然后右击，在弹出的快捷菜单中选择 插入投影视图... 命令。

Step 2 在系统 ➡选择绘图视图的中心点。的提示下，在图形区的左视图的下部任意选择一点，系统自动创建俯视图 2，如图 11.10.3 所示。

Step 3 选择创建的俯视图后右击，在弹出的快捷菜单中选择 属性(R) 命令，系统弹出“绘图视图”对话框，选择“类别”选项组中的“视图类型”选项，在 类型 下拉列表中选择 常规 选项；选择“类别”选项组中的“视图显示”选项，在对话框中选择显示样式 消隐，然后选择相切边样式 无；最后单击 应用 ➡ 关闭 按钮。

Task8. 创建轴测图

Step 1 在工程图模式下，创建轴测图 1。

（1）在绘图区中右击，在该快捷菜单中选择 插入普通视图... 命令。

（2）在系统 ➡选择绘图视图的中心点。的提示下，在屏幕图形区选择一点。在系统弹出的“绘图视图”对话框中，找到视图名称 V002，然后单击 确定 按钮，则系统按照 V002 的方位定向视图。

（3）选择“类别”选项组中的“比例”选项，在对话框中选中 ◉ 自定义比例 单选项，然后在后面的文本框中输入比例值 1.500，单击 应用 按钮。

（4）选择“类别”选项组中的“视图显示”选项，在对话框中选择显示样式 消隐，最后单击 应用 ➡ 关闭 按钮。

Step 2 按照 Step1 方法创建轴测图 2，选取 V003 为方位定向视图。

Task9. 调整视图的位置

在创建完视图后，如果它们在图纸上的位置不合适、视图间距太紧或太松，用户可以移动视图，操作方法是：

Step 1 取消“锁定视图移动”功能。选中某一视图右击，系统弹出图 11.10.4 所示的快捷菜单，选择该菜单中的锁定视图移动命令，去掉该命令前面的✓。

Step 2 移动视图的位置。

（1）移动主视图的位置。先单击图 11.10.5 所示的主视图，然后拖动鼠标将主视图移动到合适的位置，子视图（俯视图和左视图）同时也随其移动。

（2）移动左视图 1 的位置。单击图 11.10.5 所示的左视图 1，然后用鼠标左右拖移视图。

（3）移动左视图 2 的位置。单击图 11.10.5 所示的左视图 2，然后用鼠标左右拖移视图。

（4）移动俯视图 1 的位置。单击图 11.10.5 所示的俯视图 1，然后用鼠标上下拖移视图。

（5）移动俯视图 2 的位置。单击图 11.10.5 所示的俯视图 2，然后用鼠标上下拖移视图。

（6）移动轴测图 1 的位置。单击图 11.10.5 所示的轴测图 1，然后拖动鼠标将轴测图移动到合适的位置。

（7）移动轴测图 2 的位置。单击图 11.10.5 所示的轴测图 2，然后拖动鼠标将轴测图移动到合适的位置。

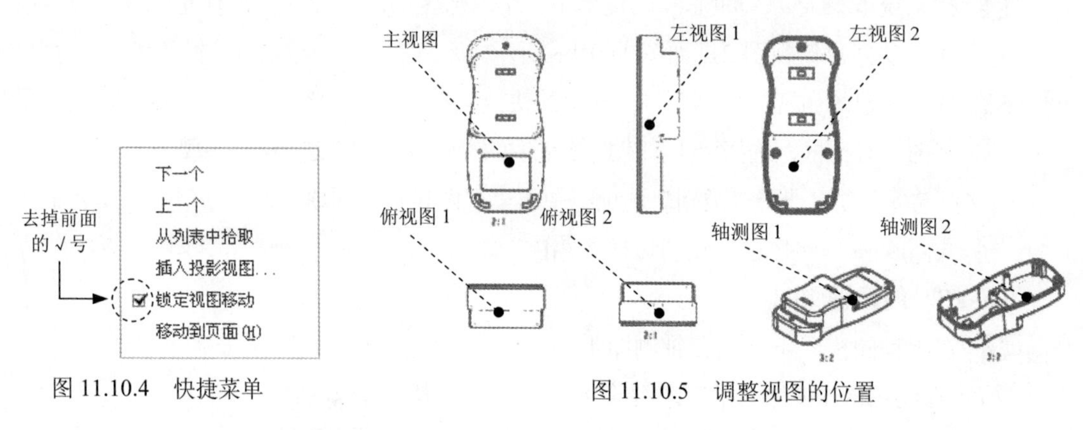

图 11.10.4　快捷菜单

图 11.10.5　调整视图的位置

Task10. 创建全剖视图

创建全剖视图如图 11.10.6 所示，操作步骤如下：

Step 1 双击上一步的左视图，系统弹出“绘图视图”对话框。

Step 2 设置剖视图选项。在“绘图视图”对话框中，选取类别区域中的截面选项；将截面选项设置为 ◉ 2D 横截面，将模型边可见性设置为 ◉ 总计，然后单击 + 按钮；在 名称 下拉列表框中选取剖截面 ✓A（A 剖截面在零件模块中已提前创建），在 剖切区域 下拉列表框中选取完全选项；单击对话框中的 确定 按钮，关闭对话框。

Step 3 此时“绘图视图”对话框如图 11.10.7 所示，单击 确定 按钮，关闭对话框。

Step 4 参照上一步，创建其余全剖视图，结果如图 11.10.8 所示，具体方法参见视频录像。

Step 5 双击图 11.10.9a 所示剖面线，系统弹出 ▼ MOD XHATCH (修改剖面线) 菜单，在该菜单中选择 Spacing (间距) 命令，系统弹出 ▼ MODIFY MODE (修改模式) 菜单，在该菜单中选择 Value (值) 命令，在弹出的窗口中输入间距值 2.5，单击✓按钮，完成剖面线间距的设置。

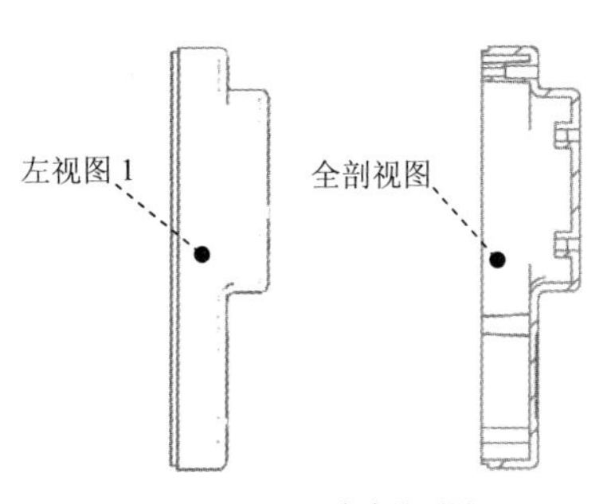

图 11.10.6 全剖视图

图 11.10.7 “绘图视图”对话框

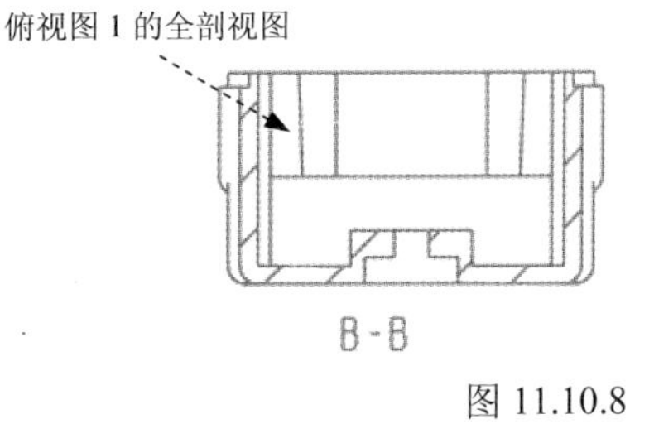

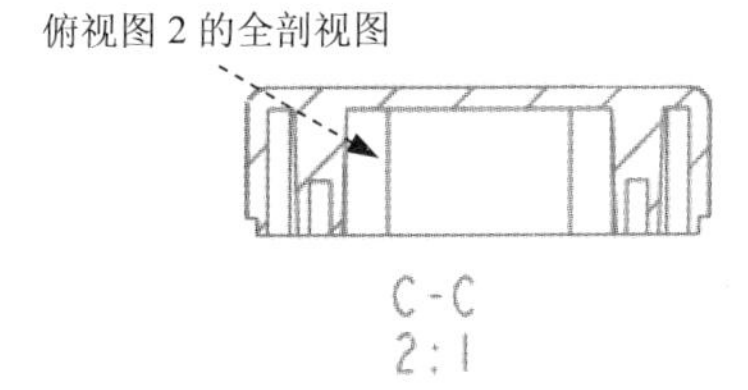

图 11.10.8 其余全剖视图

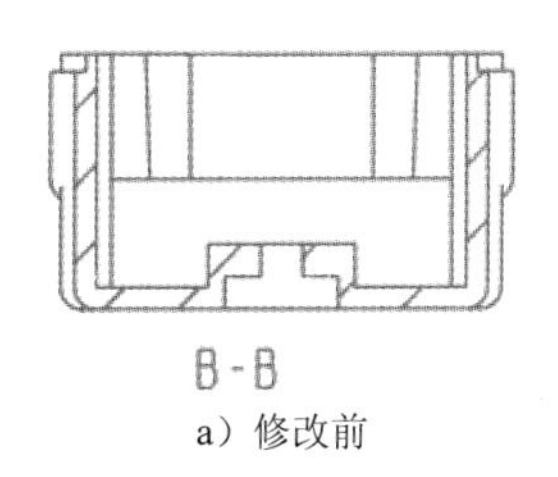

a）修改前

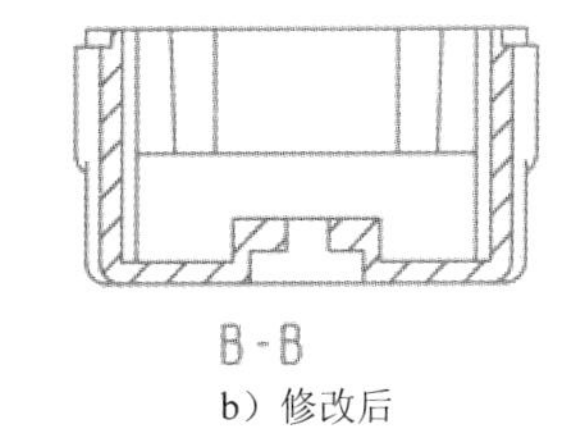

b）修改后

图 11.10.9 修改剖面线

Step 6 参照上一步，修改其余两处剖面线，间距值为 2.5，结果如图 11.10.10 所示，具体方法参见视频录像。

Task11. 创建放大视图

Step 1 在功能选项卡区域的 **布局** 选项卡中单击 详细 按钮，在系统 在一现有视图上选择要查看细节的中心点。的提示下，在图 11.10.11 所示的边线上选取一点（如果不在模型边线上选取点，系统不认可），绘制如图 11.10.11 所示的样条线以定义放大视图的轮廓，当绘制到封闭时，单击中键结束绘制（在绘制边界线前，不要选择样条线的绘制命令，而是直接单击进行绘制）。

Step 2 参照上一步，创建另一个放大图 B，结果如图 11.10.12 所示，具体方法参见视图录像。

Step 3 在 Step1 创建的放大视图上双击，在“绘图视图”对话框中，选择“类别”选项组中的“比例”选项，在对话框中选中 自定义比例 单选项，然后在后面的文本框中输入比例值 10.000，单击 应用 按钮。

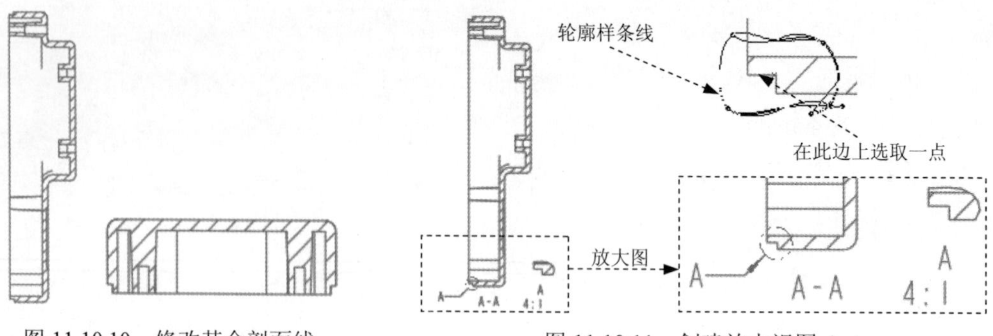

图 11.10.10　修改其余剖面线　　　图 11.10.11　创建放大视图 A-A

Step 4 将放大图移动到合适的位置，结果如图 11.10.13 所示。

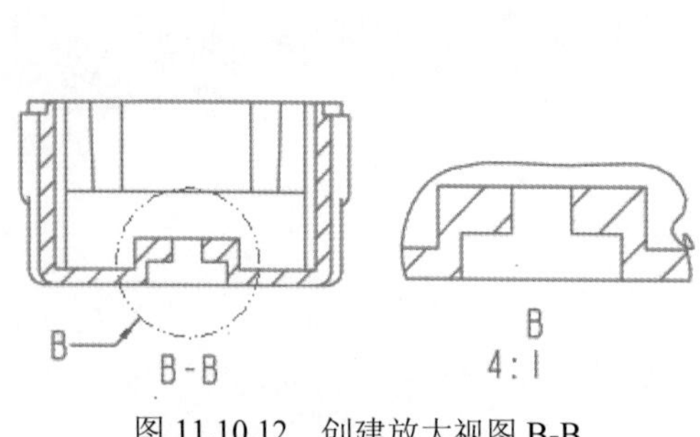

图 11.10.12　创建放大视图 B-B

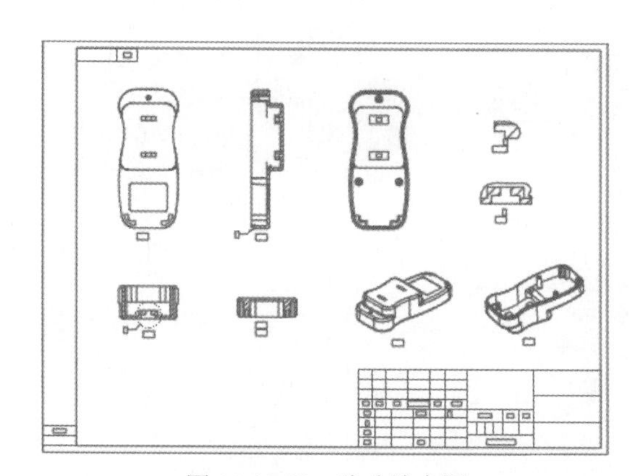

图 11.10.13　移动放大图

Task12. 添加箭头

Step 1 选取左视图 1，然后右击，从弹出的快捷菜单中选择 添加箭头 命令，在系统 ➪给箭头选出一个截面在其处垂直的视图。中键取消。的提示下，单击主视图，系统自动生成箭头；结果如图 11.10.14 所示。

Step 2 选取俯视图 1，然后右击，从弹出的快捷菜单中选择 添加箭头 命令，在系统 ➪给箭头选出一个截面在其处垂直的视图。中键取消。的提示下，单击主视图，系统自动生成箭头；选取俯视图 2，然后右击，从弹出的快捷菜单中选择 添加箭头 命令，在系统 ➪给箭头选出一个截面在其处垂直的视图。中键取消。的提示下，单击左视图 2，系统自动生成箭头；结果如图 11.10.15 所示。

Step 3 调整创建的箭头如图 11.10.16 所示。选中箭头，按住左键拖动箭头，将其调整到合适的位置，松开左键，依次将三个箭头调整到合适的位置。

Task13. 显示及调整中心线

Step 1 在功能区中单击 **注释** 选项卡，然后选中主视图并右击，在快捷菜单中选择显示模型注释命令，系统弹出“显示模型注释”对话框。在对话框中单击选项卡，在显示选项组中选中要显示的中心线的☑，单击 应用 ➡ 确定 按钮，其结果如图 11.10.17a 所示；选中显示的中心线，调整其长度如图 11.10.17b 所示（具体操作参见视频录像）。

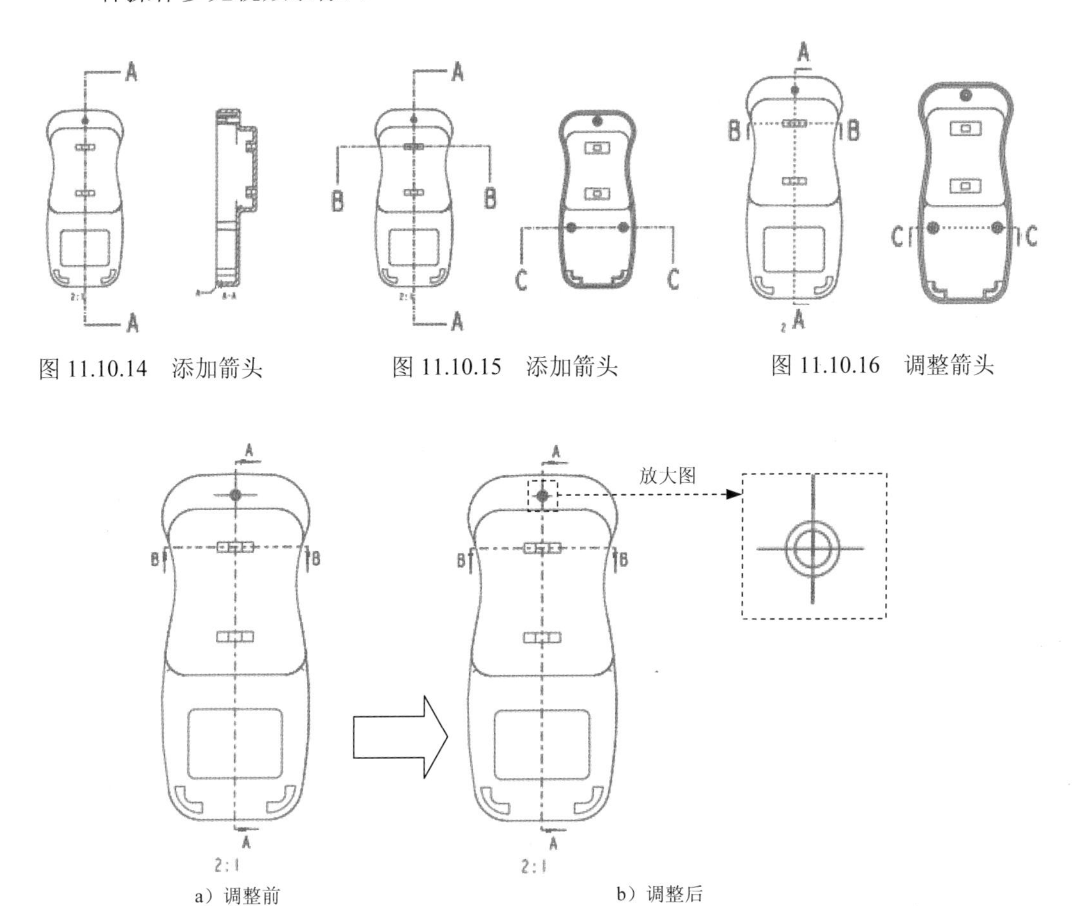

图 11.10.14　添加箭头　　图 11.10.15　添加箭头　　图 11.10.16　调整箭头

a）调整前　　b）调整后

图 11.10.17　调整中心线

Step 2 参照上一步，显示左视图 1、左视图 2 和俯视图 2 中的中心线并调整到合适的长度，结果如图 11.10.18 所示，具体方法参见视频录像。

Task14. 添加文字

Step 1 创建如图 11.10.19 所示的文字，双击该位置，系统弹出**注解属性**对话框，在**文本**文本框中输入如图 11.10.19 所示的文字；单击**文本样式**选项卡，在**注解/尺寸**区域内的水平下拉列表中选择中心选项，在竖直下拉列表中选择中间选项；单击 确定 按钮。

Step 2 创建如图 11.10.20 所示文字，双击该位置，系统弹出**注解属性**对话框，在**文本**文本框中输入如图 11.10.20 所示的文字；单击**文本样式**选项卡，在**字符**区域的高度文本框中输入值 5.0；单击 确定 按钮；在**注解/尺寸**区域内的水平下拉列表中选择中心选项，在竖直下拉列表中选择中间选项；单击 **确定** 按钮。

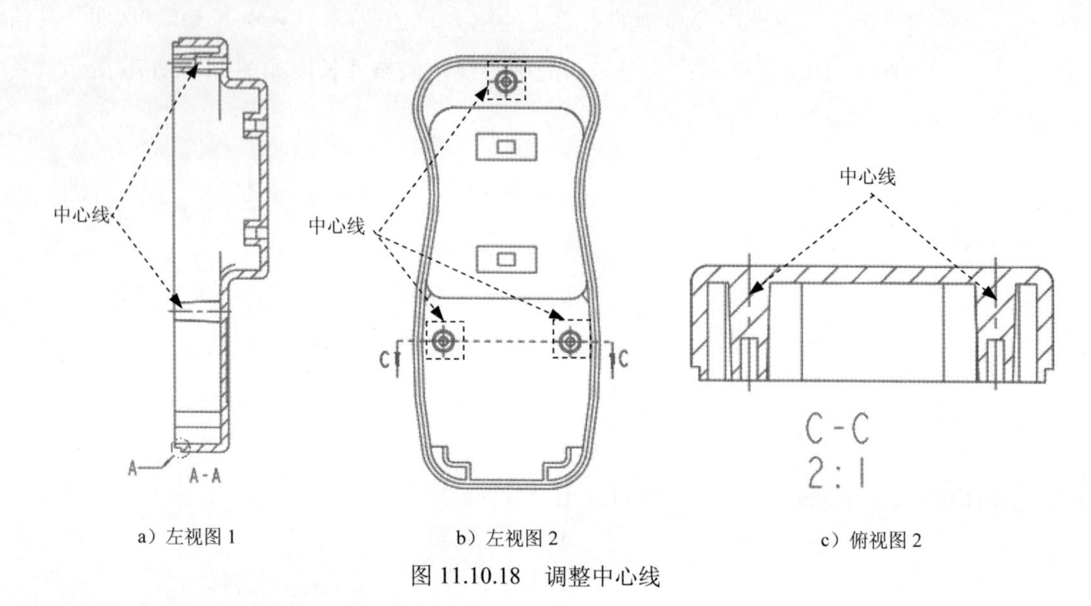

a）左视图 1　　b）左视图 2　　c）俯视图 2

图 11.10.18　调整中心线

								北京兆迪科技有限公司
标记	处数	分区	更改文件号	签名	年月日			
设计			标准化			阶段标记	重量	比例
审核								
工艺			批准			共 张 第 张		

放大图　北京兆迪科技有限公司

图 11.10.19　添加文字

								北京兆迪科技有限公司
标记	处数	分区	更改文件号	签名	年月日			充电器盖
设计			标准化			阶段标记	重量	比例
审核								001
工艺			批准			共 张 第 张		

图 11.10.20　添加文字

Step 3　参考上一步，添加文字“001”，结果如图 11.10.21 所示。

								北京兆迪科技有限公司
标记	处数	分区	更改文件号	签名	年月日			充电器盖
设计			标准化			阶段标记	重量	比例
审核								001
工艺			批准			共 张 第 张		

图 11.10.21　添加文字

Task15. 手动添加尺寸并编辑

Step 1 在功能选项卡区域的 注释 选项卡中选择 尺寸 ▾ ➡ 尺寸 - 新参考命令，在弹出的 ▾ ATTACH TYPE (依附类型) 菜单中选择 On Entity (图元上) 命令，选取图 11.10.22 所示的边线，在图 11.10.22 所示的位置单击中键，在系统弹出的 ARC PNT TYPE (弧/点类型) 对话框中选择 Tangent (相切) 选项，此时视图中显示尺寸，如图 11.10.23 所示；单击中键完成尺寸的标注。

Step 2 选择 尺寸 - 新参考 命令，在弹出的 ▾ ATTACH TYPE (依附类型) 菜单中选择 On Entity (图元上) 命令，选取图 11.10.24 所示的边线，在图 11.10.24 所示的位置单击中键，此时视图中显示尺寸，如图 11.10.25 所示；单击中键完成尺寸的标注。

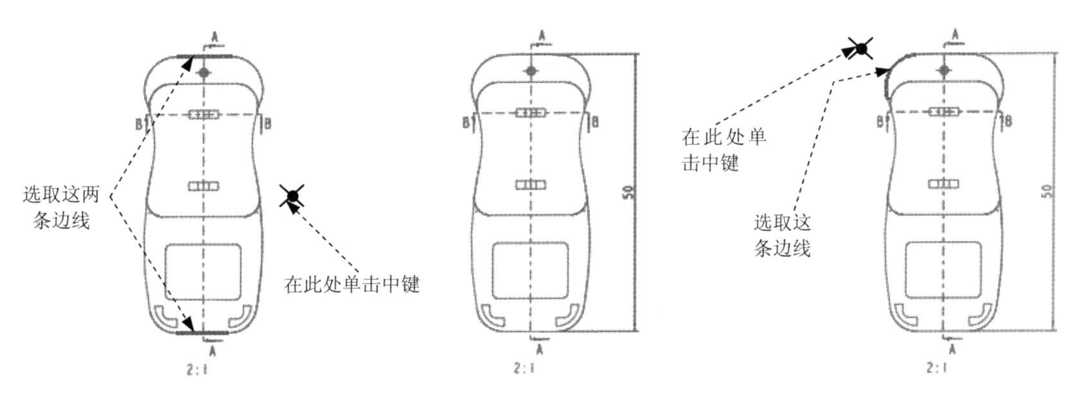

图 11.10.22 选取边线　　图 11.10.23 尺寸标注　　图 11.10.24 选取边线

Step 3 选择 尺寸 - 新参考 命令，在弹出的 ▾ ATTACH TYPE (依附类型) 菜单中选择 On Entity (图元上) 命令，双击图 11.10.26 所示的边线，在图 11.10.26 所示的位置单击中键，此时视图中显示尺寸，如图 11.10.27 所示；单击中键完成尺寸的标注。

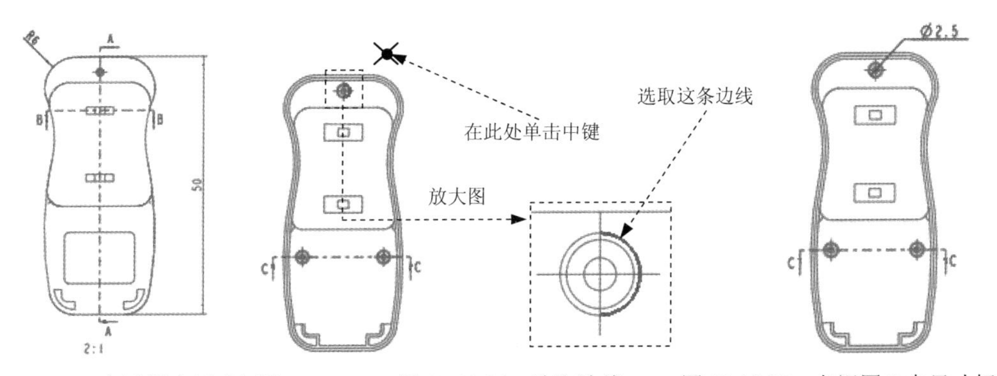

图 11.10.25 主视图中尺寸标注　　图 11.10.26 选取边线　　图 11.10.27 左视图 2 中尺寸标注

Step 4 选择 尺寸 - 新参考 命令，在弹出的 ▾ ATTACH TYPE (依附类型) 菜单中选择 Midpoint (中点) 命令，选取图 11.10.28 所示的边线，在图 11.10.28 所示的位置单击中键，在系统弹出的 DIM ORIENT (尺寸方向) 对话框中选择 Vertical (竖直) 选项，此时视图中显示尺寸，如图 11.10.29 所示；单击中键完成尺寸的标注。

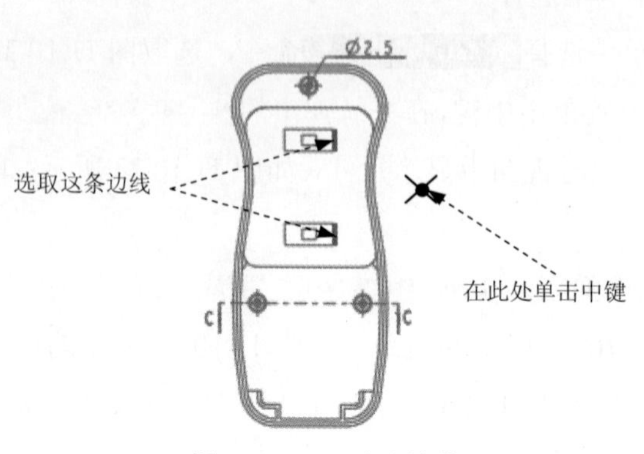

图 11.10.28　选取边线

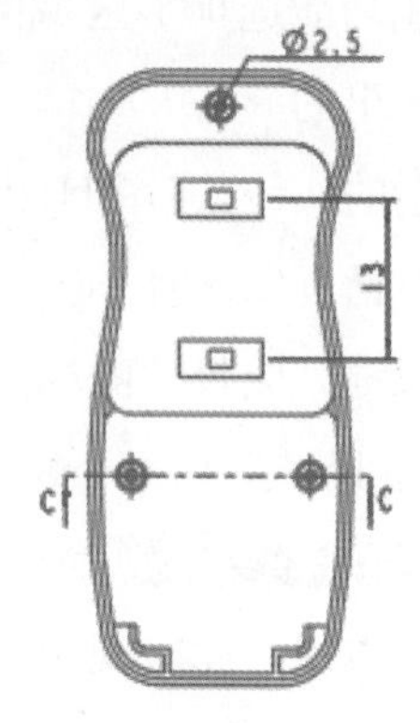

图 11.10.29　左视图 2 中尺寸标注

Step 5 参照 Step1~Step4 尺寸的添加方法，添加其余视图及放大图的尺寸并调整到合适的位置，结果如图 11.10.30 所示，具体方法参见视频录像。

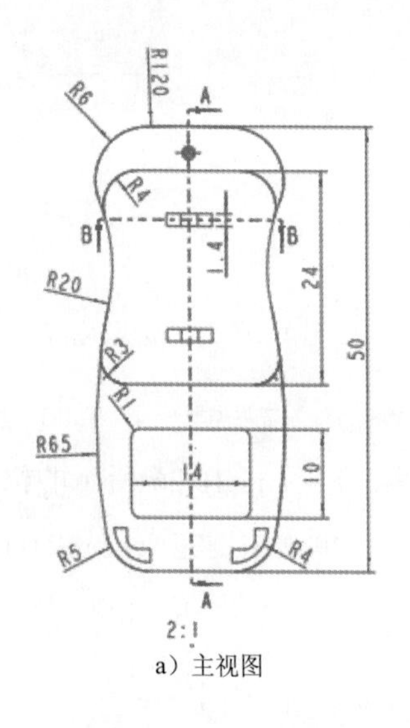

a）主视图

b）左视图 1

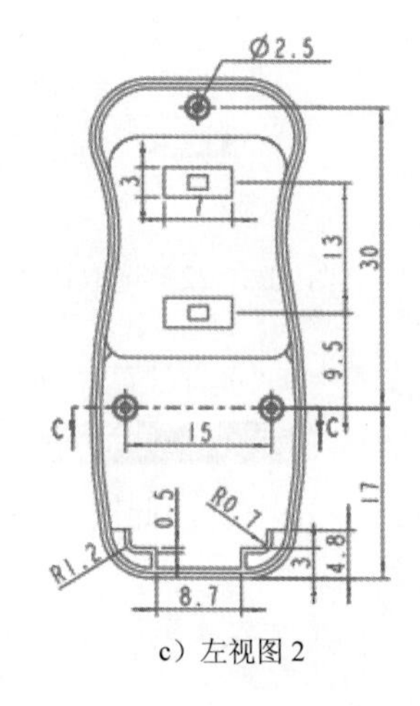

c）左视图 2

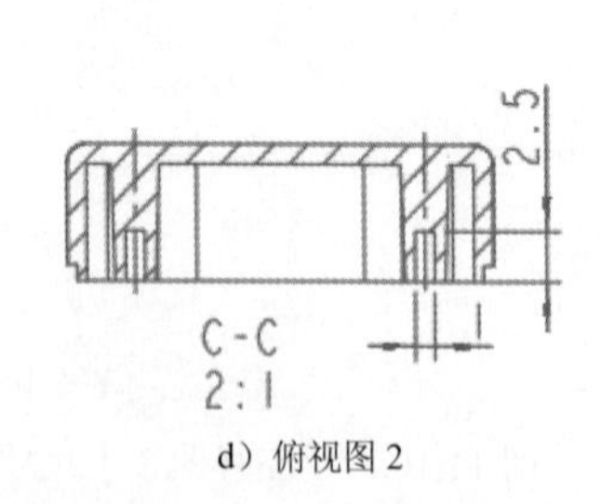

d）俯视图 2

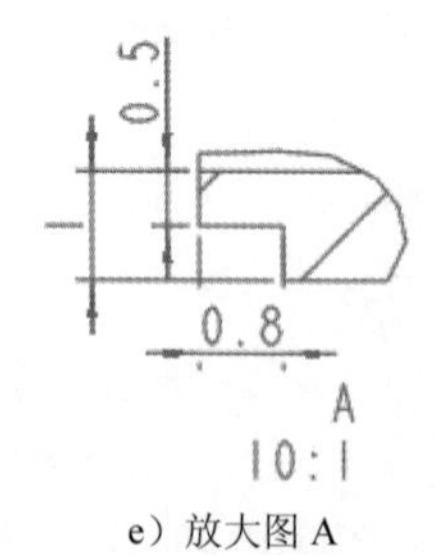

e）放大图 A

f）放大图 B

图 11.10.30　尺寸标注（二）

Task16. 插入并编辑注解

创建技术要求。

Step 1 在功能选项卡区域的 **注释** 选项卡中选择 注解 命令，在系统弹出的 ▼ NOTE TYPES（注解类型）菜单中依次选择 No Leader（无引线）→ Enter（输入）→ Horizontal（水平）→ Standard（标准）→ Default（默认）→ Make Note（进行注解）命令，在绘图区的空白处选取一点作为注解的放置点，在系统 输入注解: 的提示下输入文字"技术要求"，按两次回车键确定。

Step 2 选择 Make Note（进行注解）命令，在注解"技术要求"下面选取一点，在 输入注解: 文本框中输入文字"1. 未注圆角 R1。"，按回车键，继续输入文字"2. 零件表面光滑平整，无影响外观的变形、飞边、毛刺等，表面光色一致。"，按回车键，继续输入文字，"3. 未注拔模角度 3。"，按两次回车键，选择 Done/Return（完成/返回）命令，完成操作，结果如图 11.10.31 所示。

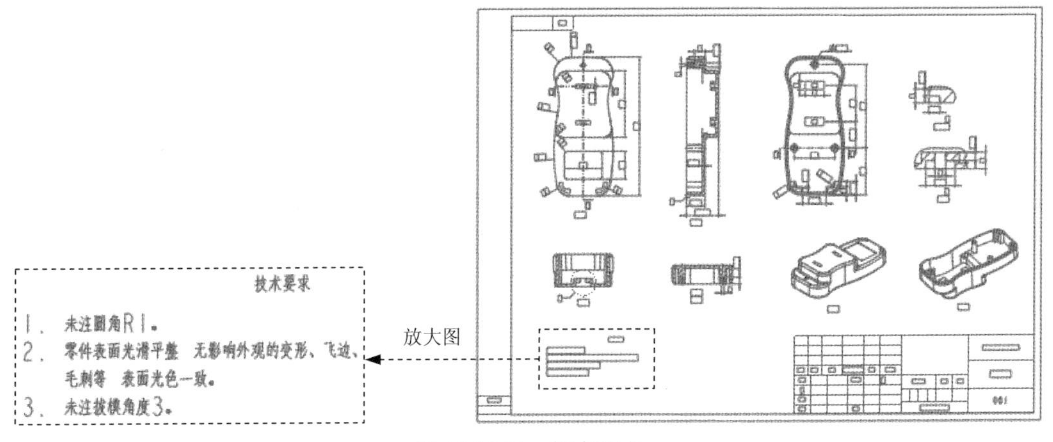

图 11.10.31　技术要求

Task17. 保存工程图

选择下拉菜单 文件 → 保存(S) 命令（或单击工具栏中的"保存"按钮），保存完成的工程图。

第三篇

Creo 2.0 模具设计入门、进阶与精通

12

Creo 2.0 模具设计导入

12.1 注射模具的结构组成

“塑料”（Plastic）即“可塑性材料”的简称，它是以高分子合成树脂为主要成分，在一定条件下可塑制成一定形状，且在常温下保持不变的材料。工程塑料（Engineering Plastic）是 20 世纪 50 年代在通用塑料基础上崛起的一类新型材料，工程塑料通常具有较好的耐腐蚀性、耐热性、耐寒性、绝缘性以及诸多良好的力学性能，例如较高的拉伸强度、压缩强度、弯曲强度、疲劳强度和较好的耐磨性等。

目前，塑料的应用领域日益广阔，如人们正在大量地使用塑料来生产冰箱、洗衣机、饮水机、洗碗机、卫生洁具、塑料水管、玩具、电脑键盘、鼠标、食品器皿和医用器具等。

塑料成型的方法（即塑件的生产方法）非常多，常见的方法有注射成型、挤压成型、真空成型和发泡成型等，其中，注射成型是最主要的塑料成型方法。注射模具则是注射成型的工具，其结构一般包括塑件成型元件、浇注系统和模座三大部分。

1. 塑件成型元件

塑件成型元件（即模仁）是注射模具的关键部分，其作用是成型塑件的结构和形状，塑件成型的主要元件包括上模型腔（或凹模型腔）、下模型腔（凸模型腔），如图 12.1.1 所示；如果塑件较复杂，则模具中还需要型芯、滑块和销等成型元件，如图 12.1.2 和图 12.1.3 所示。

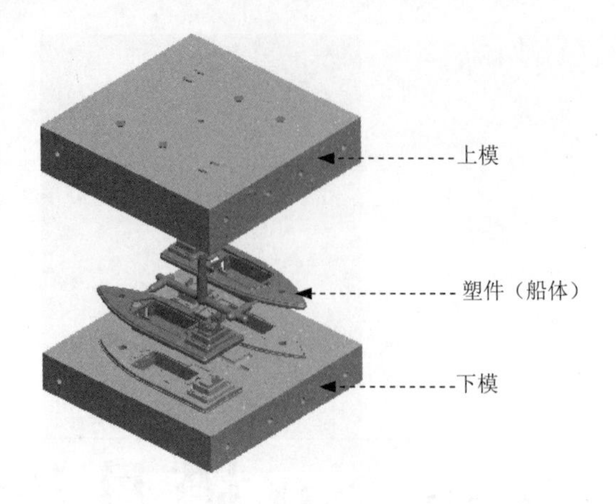

图 12.1.1　塑件成型元件

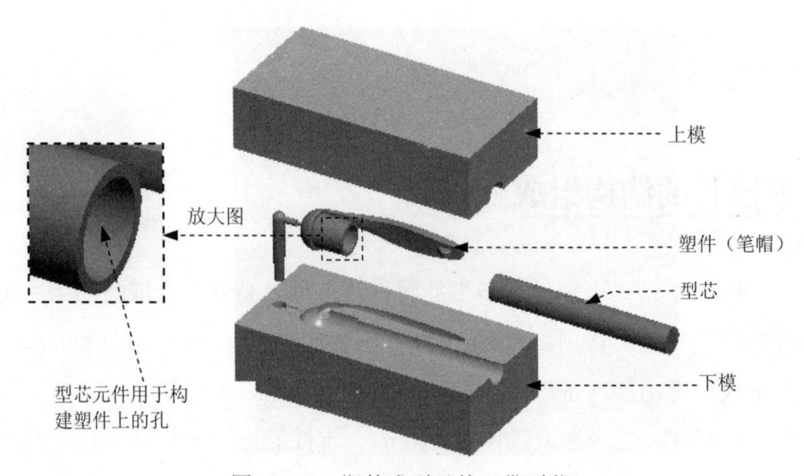

图 12.1.2　塑件成型元件（带型芯）

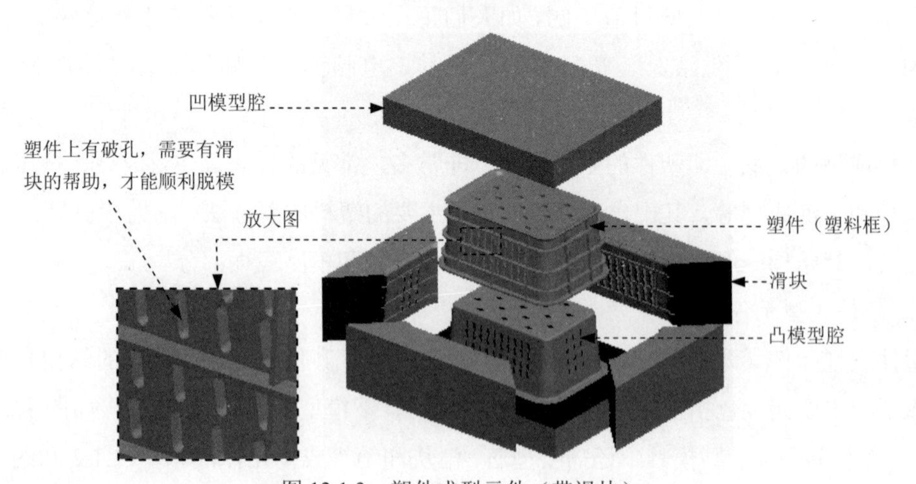

图 12.1.3　塑件成型元件（带滑块）

2. 浇注系统

浇注系统是塑料熔融物从注射机喷嘴流入模具型腔的通道，浇注系统一般包括浇道（Sprue）、流道（Runner）和浇口（Gate）三部分（图 12.1.4），浇道是熔融物从注射机进入模具的入口，浇口是熔融物进入模具型腔的入口，流道则是浇道和浇口之间的通道。

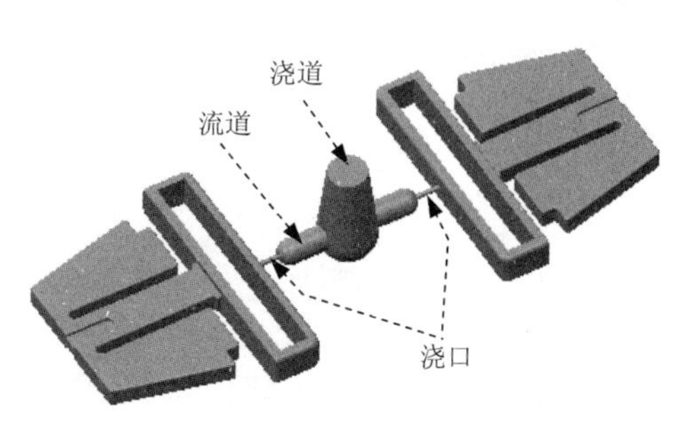

图 12.1.4 浇注系统

如果模具较大或者是一模多穴，可以安排多个浇口。当在模具中设置多个浇口时，其流道结构较复杂，主流道中会分出许多分流道（图 12.1.5），这样熔融物先流过主流道，然后通过分流道由各个浇口进入型腔。

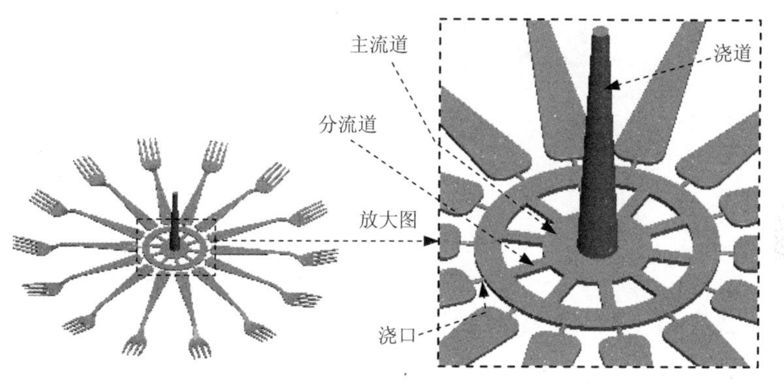

图 12.1.5 浇注系统（含分流道）

3. 模架的手动设计

在创建模架设计时，很多情况下标准的模架是不能满足实际生产需要的，这时就需要结合实际情况来手动设计模架的大小，以满足生产需要。图 12.1.6 所示为手动设计的模架。

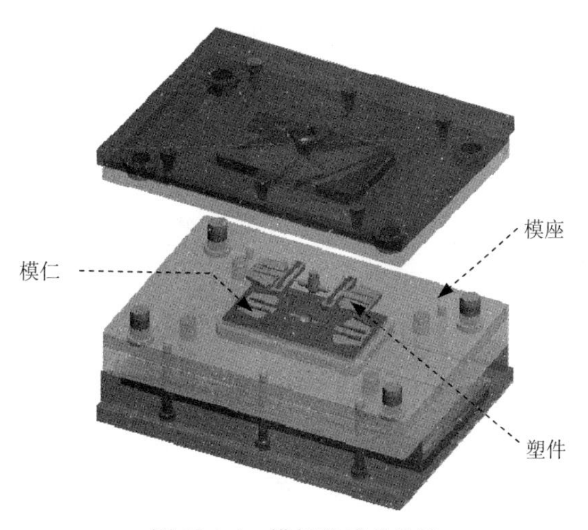

图 12.1.6 模架的手动设计

4. EMX 7.0 模架设计

图 12.1.7 所示的模架是通过 EMX 7.0 模块创建的，其模架中的所有标准零部件全都是由 EMX 模块提供的，只需确定装配位置即可。

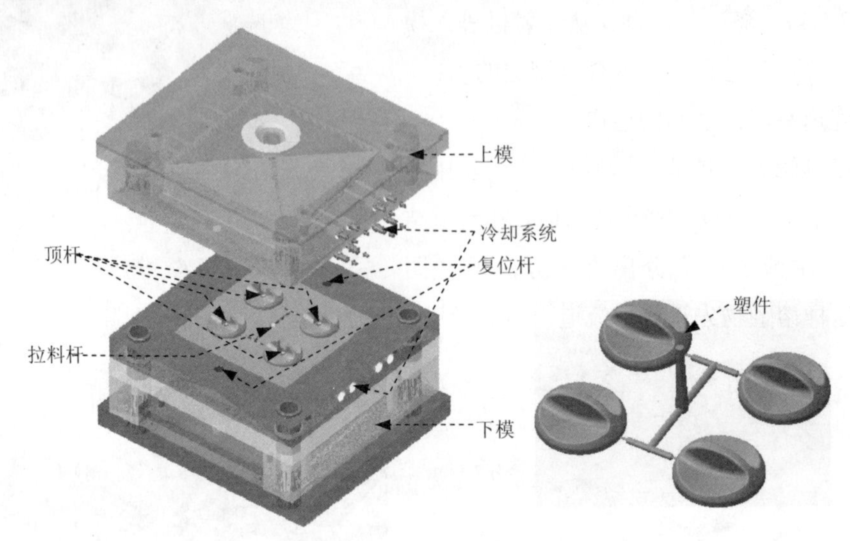

图 12.1.7　EMX7.0 模架设计

12.2　Creo 2.0 注射模具设计的解决方案

PTC 公司推出的 Creo 2.0 软件中，与注射模具设计有关的模块主要有三个：模具设计模块（Creo/MOLDESIGN）、模座设计模块（Expert Moldbase Extension，简称 EMX）和塑料顾问（Plastic Advisor）模块。

在模具设计模块（Creo/MOLDESIGN）中，用户可以创建、修改和分析模具元件及其组件（模仁），并可根据设计模型中的变化对它们快速更新。同时它还可实现如下功能：

- 设置注射零件的收缩率、收缩率的大小与注射零件的材料特性、几何形状和制模条件相对应。
- 对一个型腔或多型腔模具进行概念性设计。
- 对模具型腔、型芯、型腔嵌入块、砂型芯、滑块、提升器和定义模制零件形状的其他元件进行设计。
- 在模具组件中添加标准元件，例如模具基础、推销、注入口套管、螺钉（栓）、配件和创建相应间隙孔用的其他元件。
- 设计注射流道和水线。
- 拔模检测（Draft Check）、分型面检查（Parting Surface Check）等分析工具。

在模座设计模块（EMX）中，用户可以将模具元件直接装配到标准或是定制的模座中，对整个模具进行更完全、更详细的设计，从而大大地缩短模具的研发时间。该模块具备如下特点：

- 界面友好，使用方便，易于修改和重定义。
- 提供大量标准的模座、滑块和斜销等附件。
- 用户进行简单的设定后，系统可以自动产生 2D 工程图及材料明细表（BOM 表）。
- 可进行开模操作的动态仿真，并进行干涉检查。

在塑料顾问（Plastic Advisor）模块中，通过用户简单的设定，系统将自动进行塑料射出成型的模流分析，这样，模具设计人员在模具设计阶段，对塑料在型腔中的填充情况能够有所掌握，便于及早改进设计。

12.3 Creo 2.0 模具部分的安装说明

在安装 Creo 2.0 软件系统的过程中，当出现图 12.3.1 所示的对话框时，要注意在 ▼ 选项 组件中选择下面两个子组件。

- Mold Component Catalog ：该子组件中包含一些模具元件数据（如流道的数据）。
- Creo Plastic Advisor ： Creo 2.0 塑料顾问模块。

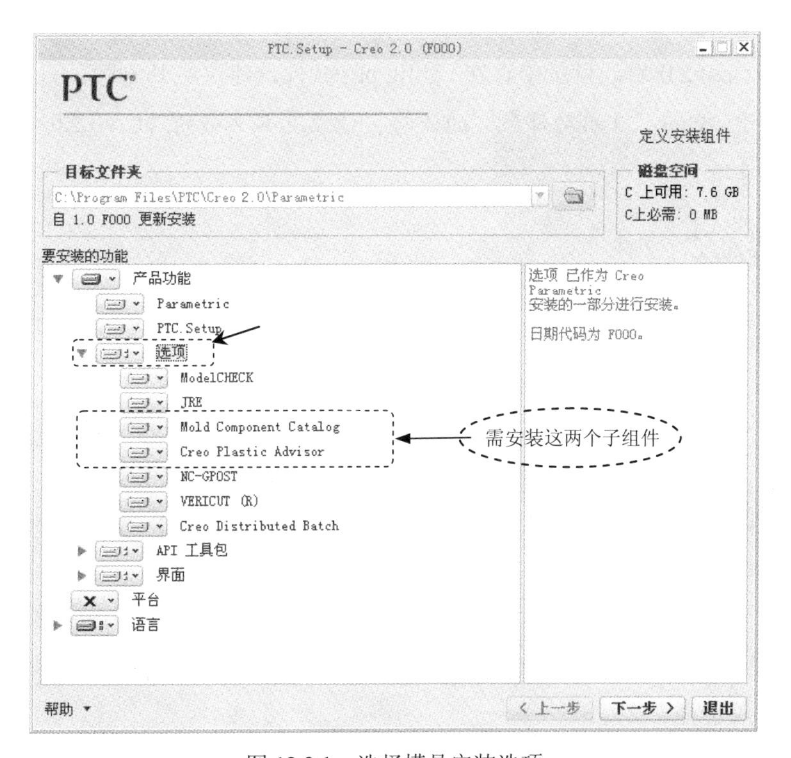

图 12.3.1 选择模具安装选项

12.4　Creo 2.0 系统配置

在使用本书学习 Creo 2.0 模具设计前，建议进行下列必要的操作和设置，这样可以保证后面学习中的软件配置和软件界面与本书相同，从而提高学习效率。

12.4.1　设置系统配置文件 config.pro

用户可以用一个名为 config.pro 的系统配置文件预设 Creo 2.0 软件的工作环境并进行全局设置，例如 Creo 2.0 软件的界面是中文还是英文，或者是中英文双语，这是由 menu_translation 选项来控制的，该选项有三个可选的值 yes、no 和 both，它们分别可以使软件界面为中文、英文和中英文双语。

本书附带的光盘中的 config.pro 文件对一些基本的选项进行了设置，读者进行如下操作后，可使该 config.pro 文件中的设置有效。

Step 1　复制系统文件。将目录 D:\Creo2mo\Creo2.0_system_file\下的 config.pro 文件复制至 Creo 2.0 的安装目录的\text 目录下。假设 Creo 2.0 安装目录为 C:\Program Files\PTC，则应将上述文件复制到 C:\Program Files\PTC\Creo 2.0\Common Files\F000\text 目录下。

Step 2　如果 Creo 2.0 启动目录中存在 config.pro 文件，建议将其删除。

说明：关于“Creo 2.0 启动目录”的概念，请参见本丛书的《Creo 2.0 快速入门教程》一书中的相关章节。

12.4.2　设置界面配置文件

用户可以利用一个名为 creo_parametric_customization.ui 的系统配置文件预设 Creo 软件工作环境的工作界面（包括工具栏中按钮的位置）。

本书附带的光盘中的 creo_paramctric_customization.ui 对软件界面进行一定的设置，建议读者进行如下操作，使软件界面与本书相同，从而提高学习效率。

Step 1　进入配置界面选择“文件”下拉菜中的 文件 → 选项 命令，系统弹出“Creo Parametric 选项”对话框。

Step 2　导入配置文件。在“Creo Parametric 选项”对话框中单击 自定义功能区 区域，单击 导入/导出(P) 按钮，在弹出的快捷菜单中选择 导入自定义文件 选项，系统弹出“打开”对话框。

Step 3　选中 D:\Creo2mo\Creo2.0_system_file\文件夹中的 creo_parametric_customization.ui 文件，单击 打开 按钮，然后单击 导入所有自定义 按钮。

12.5　Creo 2.0 模具设计工作界面

首先进行下面的操作，打开指定文件。

Step 1　选择下拉菜单 文件 → 管理会话(M) → 选择工作目录(W) 命令，将工作目录设置至 D:\creo2mo\work\ch12.05\ok。

Step 2　选择下拉菜单 文件 → 打开(O) 命令，打开文件 linker_mold.asm。

打开文件 linker_mold.asm 后，系统显示图 12.5.1 所示的模具工作界面，下面对该工作界面进行简要说明。

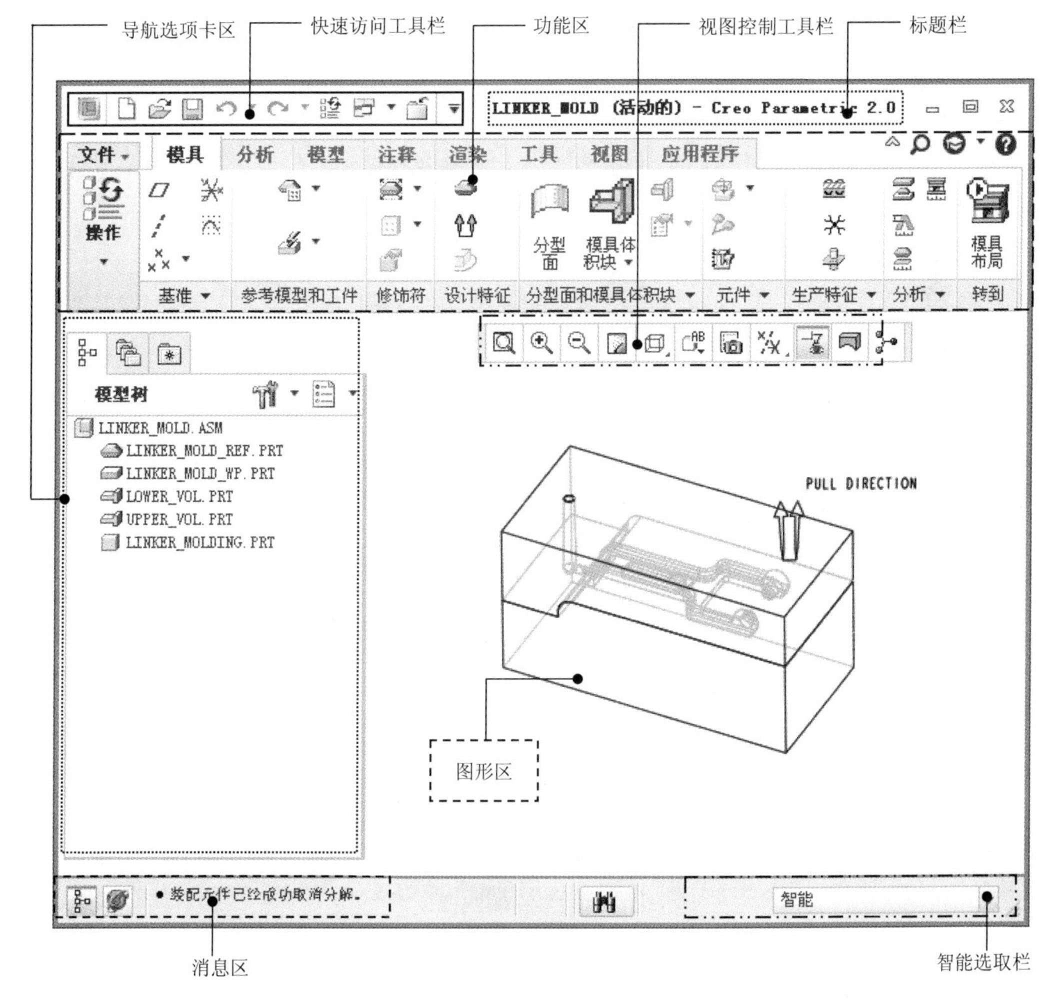

图 12.5.1　Creo 2.0 模具工作界面

模具工作界面包括下拉菜单区、菜单管理器区、顶部工具栏按钮区、智能选取栏、右工具栏按钮区、消息区、命令在线帮助区、图形区及导航选项卡区。

1. 导航选项卡区

导航选项卡包括三个页面选项：“模型树”、“文件夹浏览器”和“收藏夹”。

- “模型树”中列出了活动文件中的所有零件及特征，并以树的形式显示模型结构，根对象（活动零件或组件）显示在模型树的顶部，其从属对象（零件或特征）位于根对象之下。例如，在活动装配文件中，“模型树”列表的顶部是组件，组件下方是每个元件零件的名称；在活动零件文件中，“模型树”列表的顶部是零件，零件下方是每个特征的名称。若打开多个 Creo 2.0 模型，则“模型树”只反映活动模型的内容。
- “文件夹浏览器”类似于 Windows 的“资源管理器”，用于浏览文件。
- “收藏夹”用于有效地组织和管理个人资源。

2. 快速访问工具栏

快速访问工具栏中包含新建、保存、修改模型和设置 Creo 环境的一些命令。快速访问工具栏为快速进入命令及设置工作环境提供了极大的方便，用户可以根据具体情况定制快速访问工具栏。

3. 标题栏

标题栏显示了当前的软件版本以及活动的模型文件名称。

4. 功能区

功能区中包含“文件”下拉菜单和命令选项卡。命令选项卡显示了 Creo 中的所有功能按钮，并以选项卡的形式进行分类。用户可以根据需要自己定义各功能选项卡中的按钮，也可以自己创建新的选项卡，将常用的命令按钮放在自定义的功能选项卡中。

注意：用户会看到有些菜单命令和按钮处于非激活状态（呈灰色，即暗色），这是因为它们目前还没有处在发挥功能的环境中，一旦进入与它们有关的使用环境，便会自动激活。

图 12.5.2 是 Creo 中的“模具”功能选项卡。

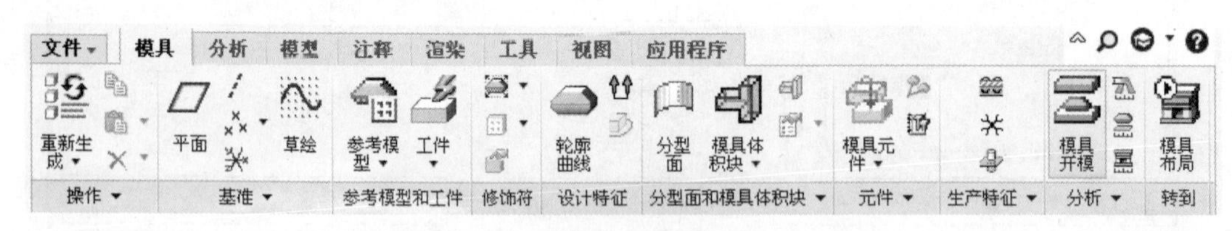

图 12.5.2 “模具”功能选项卡的命令按钮

5. 视图控制工具条

“视图控制”工具条是将“视图”功能选项卡中部分常用的命令按钮集成到一个工具条中，以便随时调用。

6. 图形区

图形区是 Creo 各种模型图像的显示区。

7. 消息区

在用户操作软件的过程中，消息区会实时地显示与当前操作相关的提示信息等，以引导用户的操作。消息区有一个可见的边线，将其与图形区分开，若要增加或减少可见消息行的数量，可将鼠标指针置于边线上，按住鼠标左键，将鼠标指针移动到所期望的位置。

消息分五类，分别以不同的图标提醒：

提示　信息　警告　出错　危险

8. 智能选取栏

智能选取栏也称过滤器，主要用于快速选取某种所需要的要素（如几何、基准等）。

9. 菜单管理器区

菜单管理器区位于屏幕的右侧，在进行某些操作时，系统会弹出此菜单，如创建混合特征时，系统会弹出“混合选项”菜单管理器。

13

Creo 2.0 模具设计快速入门

13.1 Creo 2.0 模具设计流程

使用 Creo 2.0 软件进行（注射）模具设计的一般流程为：

（1）在零件和组件模式下，对原始塑料零件（模型）进行三维建模。

（2）创建模具模型，包括以下两个步骤。

- 根据原始塑料零件，定义参考模型。
- 定义模具坯料（工件）。

（3）在参考模型上进行拔模检测，以确定它是否能顺利地脱模。

（4）设置模具模型的收缩率。

（5）定义分型曲面。

（6）增加浇口、流道和水线作为模具特征。

（7）将坯料（工件）分割成若干个单独的体积块。

（8）抽取模具体积块，以生成模具元件。

（9）创建浇注件。

（10）定义开模步骤。

（11）利用“塑料顾问”功能模块进行模流分析。

（12）根据模具的尺寸选取合适的模座。

（13）如果需要，可进行模座的相关设计。

（14）制作模具工程图，包括对推出系统和水线等进行布局。由于模具工程图的制作方法与一般零部件工程图的制作方法基本相同，本书不再进行介绍。

下面以图 13.1.1 所示的连接件（linker.prt）为例，说明用 Creo 2.0 软件设计模具的一般过程和方法。

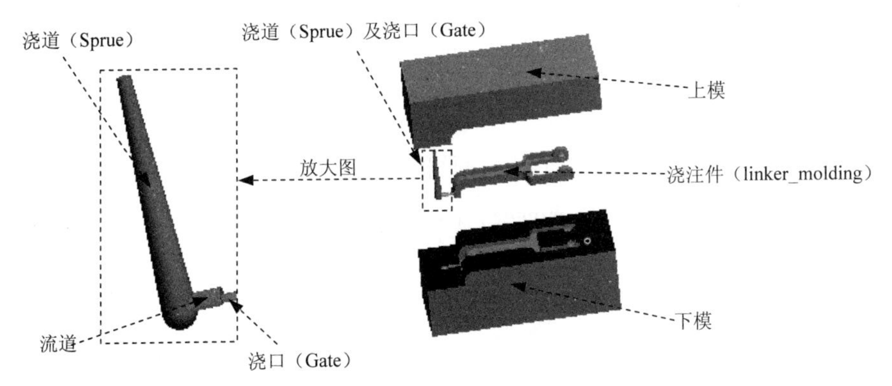

图 13.1.1 模具设计的一般过程

13.2 新建一个模具文件

Step 1 设置工作目录。选择下拉菜单 文件 → 管理会话(M) → 选择工作目录(W) 更改工作目录。命令（或单击 主页 选项卡中的按钮），将工作目录设置至 D:\creo2mo\work\ch13。

Step 2 选择下拉菜单 文件 → 新建(N) 命令（或单击“新建”按钮）。

Step 3 在图 13.2.1 所示的“新建”对话框中的 类型 区域中选中 ◉ 制造 单选项，在 子类型 区域中选中 ◉ 模具型腔 单选项，在 名称 文本框中输入文件名 linker_mold，取消 ☑ 使用默认模板 复选框中的“√”号，然后单击 确定 按钮。

Step 4 在弹出的图 13.2.2 所示的“新文件选项”对话框中，选取 mmns_mfg_mold 模板，单击 确定 按钮。

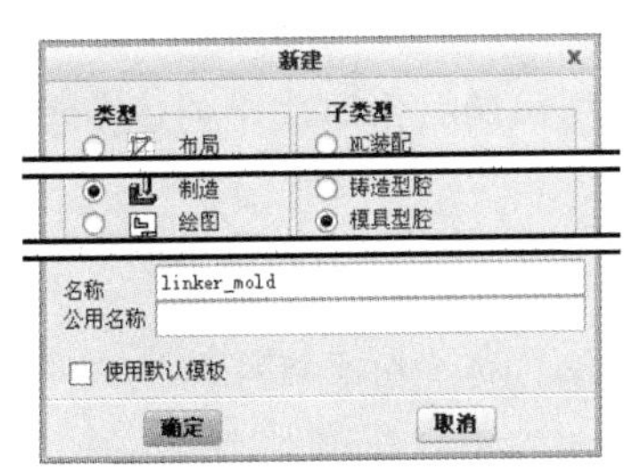

图 13.2.1 “新建”对话框

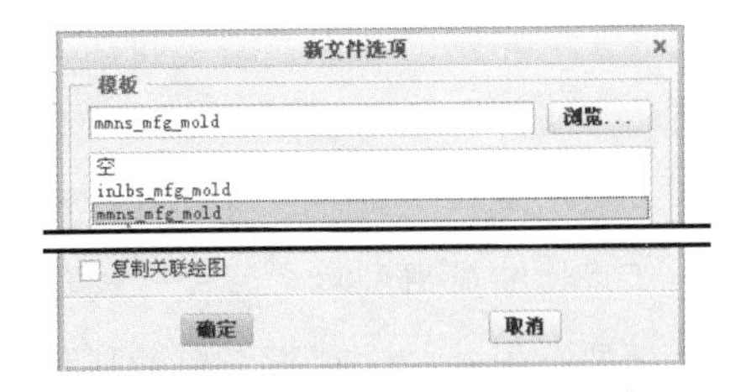

图 13.2.2 “新文件选项”对话框

说明：完成这一步操作后，系统进入模具设计模式（环境）。此时，在图形区可看到三个正交的默认基准平面和图 13.2.3 所示的“模具”选项卡。

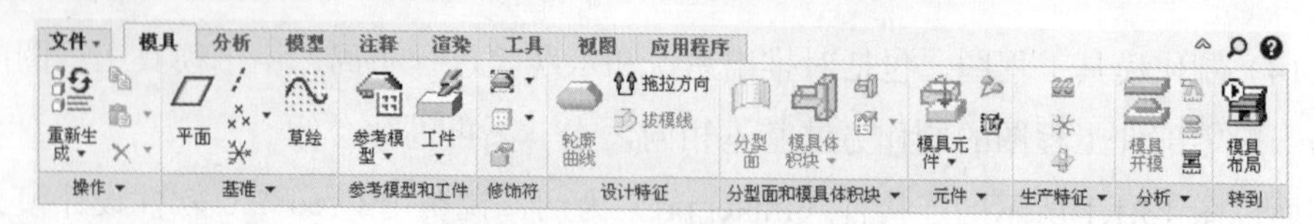

图 13.2.3 “模具”选项卡

13.3 建立模具模型

在开始设计模具前，应先创建一个“模具模型”（Mold Model），模具模型主要包括参考模型（Ref Model）和坯料（Workpiece）两部分，如图 13.3.1 所示。参考模型是设计模具的参考，它来源于设计模型（零件），坯料表示直接参与熔料成型的模具元件。

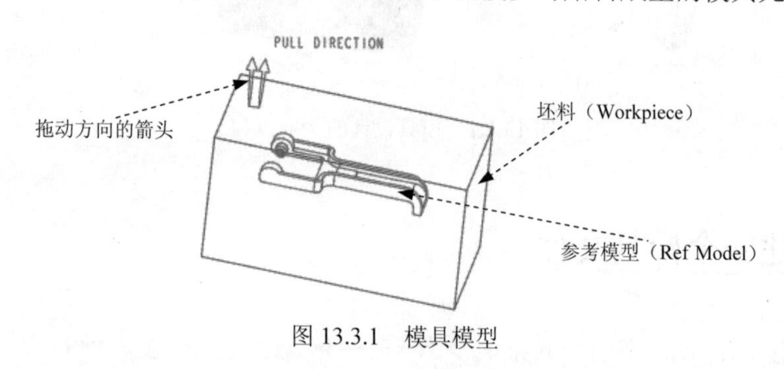

图 13.3.1 模具模型

设计模型（Design Model）与参考模型（Reference Model）的说明如下：

模具的设计模型（零件）通常代表产品设计者对其最终产品的构思。设计模型一般在 Creo 2.0 的零件模块环境（Part mode）或装配模块环境（Assembly Mode）中提前创建。通常设计模型几乎包含所有设计元素，但不包含制模技术所需要的元素。一般情况下，设计模型不设置收缩。为了方便零件的模具设计，在设计模型中最好创建开模所需要的拔模和圆角特征。

模具的参考模型通常表示应浇注的零件。参考模型通常用收缩命令进行收缩。有时设计模型中包含有需要进行变更的设计元素，在这种情况下，这些元素也应在参考模型上更改，模具设计模型是参考模型的源。设计模型与参考模型间的关系取决于创建参考模型时所用的方法。

装配参考模型时，可将设计模型几何复制（通过参考合并）到参考模型。在这种情况下，可将收缩应用到参考模型、创建拔模、倒圆角和其他特征，所有这些改变都不会影响设计模型。但是，设计模型中的任何改变会自动在参考模型中反映出来。另一种方法是，可将设计模型指定为模具的参考模型，在这种情况下，它们是相同的模型。

以上两种情况下，当在“模具”模块中工作时，可设置设计模型与模具之间的参数关系，一旦设定了关系，在改变设计模型时，任何相关的模具元件都会被更新，以反映所做的改变。

Stage1．定义参考模型

Step 1 单击 **模具** 功能选项卡 参考模型和工件 区域 中的“小三角”按钮▼，然后在系统弹出的列表中选择 组装参考模型 命令，系统弹出“打开”对话框。

说明：本书中的 按钮在后文中将简化为 参考模型 按钮。

Step 2 在“打开”对话框中选取三维零件模型 linker.prt 作为参考零件模型，然后单击 打开 按钮。

Step 3 系统弹出图 13.3.2 所示的“元件放置”操控板，在“约束”类型下拉列表中选择 自动 选项，单击 放置 按钮，系统弹出放置选项卡。

图 13.3.2 “元件放置”操控板

（1）在“放置”界面的 约束类型 下拉列表框中选择 重合 选项。

（2）分别选取 TOP 基准平面和 MAIN_PARTING_PLN 基准平面为重合约束，并单击 反向 按钮。

（3）在“放置”界面中单击 ➜新建约束 字符，在 约束类型 下拉列表框中选择 重合 选项。

（4）分别选取 FRONT 基准平面和 MOLD_FRONT 基准平面为重合约束。

（5）在“放置”界面中单击 ➜新建约束 字符，在 约束类型 下拉列表框中选择 重合 选项。

（6）分别选取 RIGHT 基准平面和 MOLD_RIGHT 基准平面为重合约束。

Step 4 单击“元件放置”操控板中的 ✔ 按钮，此时系统弹出图 13.3.3 所示的“创建参考模型”对话框，选中 ◉ 按参考合并 单选项，然后在 参考模型 区域的 名称 文本框中接受系统给出的默认的参考模型名称 LINKER_MOLD_REF（也可以输入其他字符作为参考模型名称），单击 确定 按钮。

说明：如果此时系统弹出有关精度的“警告”对话框，单击 确定 按钮即可，不影响后续操作。

说明：在图 13.3.3 所示的对话框中，有三个单选项，分别介绍如下：

- ◉ 按参考合并：选中此单选项，系统会复制一个与设计模型完全一样的零件模型（其默认的文件名为***_ref.prt）加入模具装配体，以后分型面的创建、模具元件体积块的创建和拆模等操作便可参考复制的模型进行。

- 同一模型：选中此单选项，系统则会直接将设计模型加入模具装配体，以后各项操作便直接参考设计模型进行。
- 继承：选中此单选项，参考零件将会继承设计零件中的所有几何和特征信息。用户可指定在不更改原始零件的情况下，在继承零件上修改几何及特征数据。“继承”可为在不更改设计零件的情况下修改参考零件提供更大的自由度。

说明：为了使屏幕简洁，可以隐藏参考模型的基准平面。操作步骤如下：

（1）在图13.3.4所示的模型树中，选择 ➡ 层树(L) 命令。

图 13.3.3 “创建参考模型”对话框

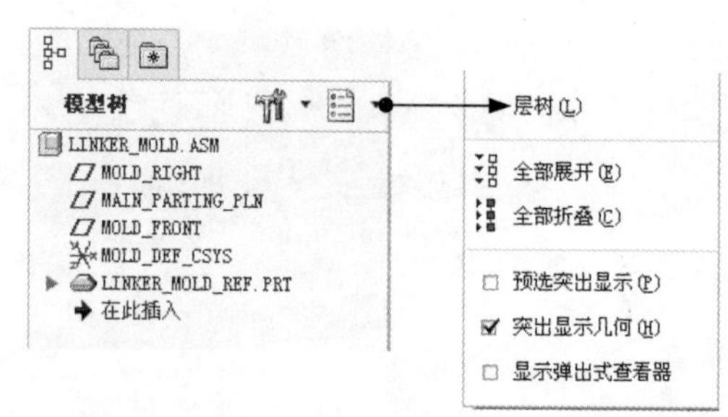

图 13.3.4 模型树状态

（2）在图13.3.5所示的层树中，单击 LINKER_MOLD.ASM (顶级模型，活动的) 后面的▼按钮，在下拉列表中选择LINKER_MOLD_REF.PRT，此时层树中显示出参考模型的层结构。

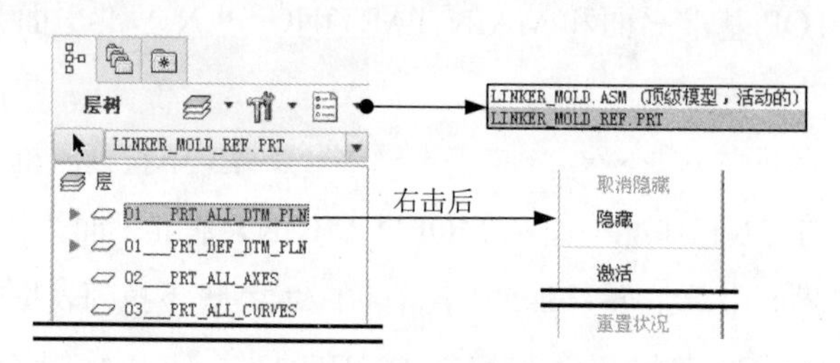

图 13.3.5 层树状态

（3）右击层树中要隐藏的层，在快捷菜单中选择 隐藏 命令。

（4）完成操作后，在导航选项卡中选择 ➡ 模型树(M) 命令，再切换到模型树状态。

Stage2. 定义坯料

Step 1 单击 **模具** 功能选项卡 参考模型和工件 区域 工件 中的“小三角”按钮▼，然后在系统弹出的列表中选择 创建工件 命令，系统弹出“元件创建”对话框。

说明：本书中的 工件 按钮在后文中将简化为 工件 按钮。

Step 2 在系统弹出的图 13.3.6 所示的“元件创建”对话框中，在 类型 区域选中 ◉ 零件 单选项，在 子类型 区域选中 ◉ 实体 单选项，在 名称 文本框中，输入坯料的名称 linker_mold_wp，然后单击 确定 按钮。

Step 3 在系统弹出的图 13.3.7 所示的“创建选项”对话框中，选中 ◉ 创建特征 单选项，然后单击 确定 按钮。

说明：在图 13.3.6 所示的“元件创建”对话框的 子类型 区域中，有三个可用的单选项，分别介绍如下：

- ◉ 实体：选中此单选项，可以创建一个实体零件作为坯料。
- ◉ 相交：选中此单选项，可以选择多个零件进行相交而产生一个坯料零件。
- ◉ 镜像：选中此单选项，用户可以对现有的零件进行镜像（需要选择一个镜像中心平面），以镜像后的零件作为坯料。

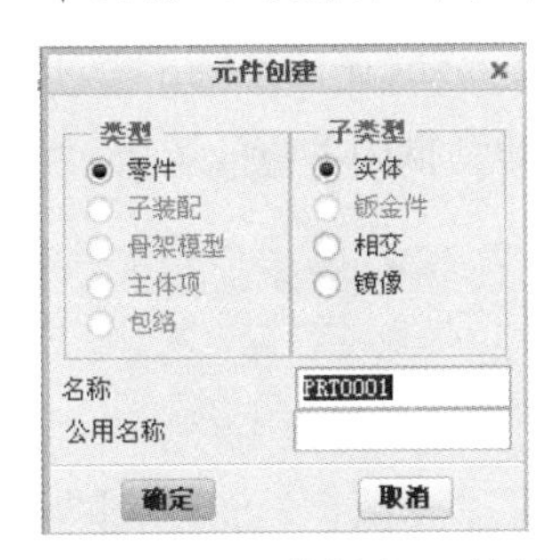

图 13.3.6 “元件创建”对话框

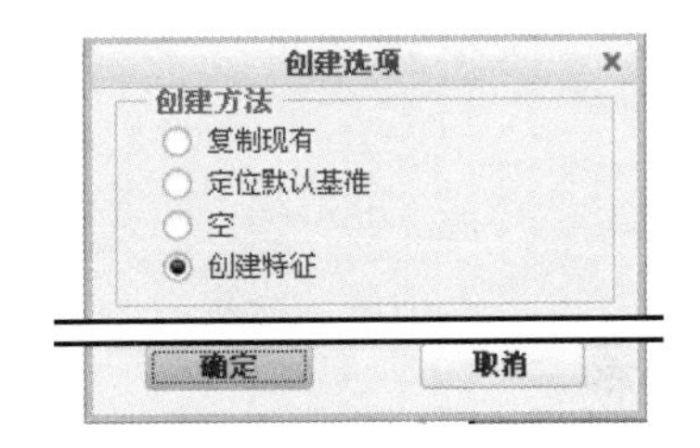

图 13.3.7 “创建选项”对话框

Step 4 创建坯料特征。

（1）选择命令。单击 **模具** 功能选项卡 形状 ▾ 区域中的 拉伸 按钮。

说明：本书中的 拉伸 按钮在后文中将简化为 拉伸 按钮。

（2）定义草绘截面放置属性。在绘图区中右击，从快捷菜单中选择 定义内部草绘... 命令，在系统弹出的“草绘”对话框中，选择 MAIN_PARTING_PLN 基准平面为草绘平面，MOLD_RIGHT 基准平面为草绘平面的参考平面，方向为 左，然后单击 草绘 按钮，系统进入截面草绘环境。

（3）进入截面草绘环境后，系统弹出“参考”对话框，选取 MOLD_RIGHT 基准平面、MOLD_FRONT 基准平面和 DTM1 平面为草绘参考，然后单击 关闭(C) 按钮，绘制图 13.3.8 所示的特征截面，完成绘制后，单击“草绘”操控板中的“确定”按钮 ✔。

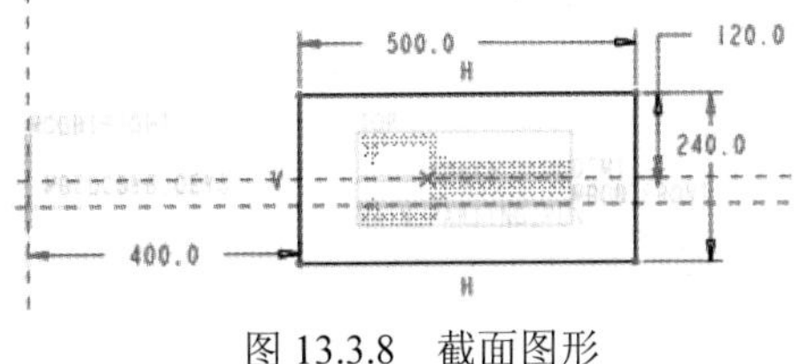

图 13.3.8 截面图形

（4）选取深度类型并输入深度值。在操控板中选择深度类型 （对称），在深度文本框中输入深度值 260.0 并按回车键。

（5）在操控板中单击 ✔ 按钮，则完成拉伸特征的创建。

13.4 设置收缩率

塑料制品从模具中取出后，注射件由于温度及压力的变化会产生收缩现象。为此，Creo 2.0 软件提供了收缩率（Shrinkage）功能，来纠正注射成品零件体积收缩上的偏差。用户通过设置适当的收缩率来放大参考模型，等到制品冷却收缩后便可以获得正确尺寸的注射零件。继续以前面的模型为例，设置收缩率的一般操作过程如下：

Step 1 单击**模具**功能选项卡生产特征 ▾区域中的“小三角”按钮▾，在系统弹出的图 13.4.1 所示的下拉菜单中单击按比例收缩 ▸后的▸按钮，然后选择按尺寸收缩命令。

Step 2 系统弹出图 13.4.2 所示的“按尺寸收缩”对话框，确认公式区域的1+ S按钮被按下，在收缩选项区域选中 ☑ 更改设计零件尺寸复选框，在收缩率区域的比率栏中输入收缩率 0.006，并按回车键，然后单击对话框中的 ✔ 按钮。

按比例收缩 ▸ 按比例收缩 按尺寸收缩

图 13.4.1 “按比例收缩”菜单

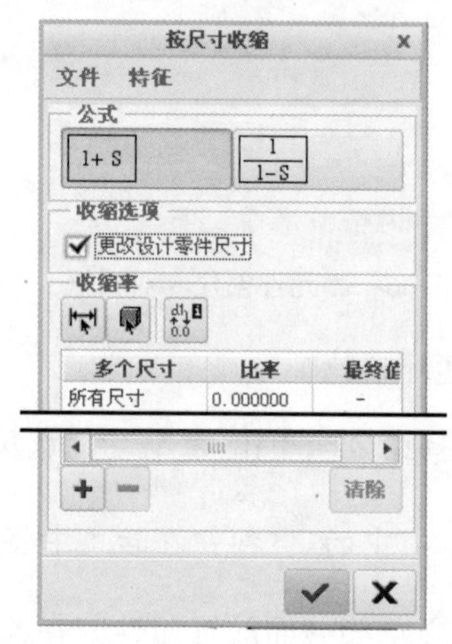

图 13.4.2 “按尺寸收缩”对话框

图 13.4.1 所示的按比例收缩 ▸菜单的说明如下：

- 按尺寸收缩：按尺寸来设定收缩率，根据选择的公式，系统用公式 1+S 或 1/(1-S) 计算比例因子。选择“按尺寸”收缩时，收缩率不仅会应用到参考模型，也可以应用到设计模型，从而使设计模型的尺寸受到影响。
- 按比例收缩：按比例来设定收缩率。注意：如果选择“按比例”收缩，应先选择某个坐标系作为收缩基准，并且分别对 X、Y、Z 轴方向设定收缩率。采用“按比例”收缩，收缩率只会应用到参考模型，不会应用到设计模型。

使用按尺寸收缩方式设置收缩率时，请注意：

- 在使用按尺寸方式对参考模型设置收缩率时，收缩率也会同时应用到设计模型上，从而使设计模型的尺寸受到影响，所以如果采用按尺寸方式收缩，可在图

13.4.2 所示的“按尺寸收缩”对话框的 收缩选项 区域中，取消选中 ☑ 更改设计零件尺寸 复选框，使设计模型恢复到没有收缩的状态，这是 按尺寸收缩 与 按比例收缩 的主要区别。

- 收缩率不累积。例如，输入数值 0.005 作为立方体 100 × 100 × 100 的整体收缩率，然后输入 0.01 作为一侧的收缩率，则沿此侧的距离是（1 + 0.01）× 100 = 101，而不是（1 + 0.005 + 0.01）× 100 = 101.5。尺寸的单个收缩率始终取代整体模型收缩率。
- 配置文件选项 shrinkage_value_display 用于控制模型的尺寸显示方式，它有两个可选值：percent_shrink（以百分比显示）和 final_value（按最后值显示）。

图 13.4.2 所示的“按尺寸收缩”对话框的 公式 区域中的两个按钮说明如下：

- 1 + S：S 为收缩率，代表在原来模型几何大小上放大 1+S 倍。
- 1/（1−S）：如果指定了收缩，则修改公式会引起所有尺寸值或缩放值的更新。例如：用初始公式（1+S）定义了按尺寸收缩，如果将此公式改为 1/（1−S），系统将提示确认或取消更改；如果确认更改，则在已按尺寸应用了收缩的情况下，必须从第一个受影响的特征再生模型。在前面的公式中，如果 S 值为正值，模型将产生放大效果；反之，若 S 值为负值，模型将产生缩小效果。

如果在“模具”或“铸造”模块中，使用 按比例收缩 方式设置收缩率时，请注意：

- 设计模型的尺寸不会受到影响。
- 如果在模具模型中装配了多个参考模型，系统将提示指定要应用收缩的模型，组件偏距也被收缩。
- 如果在“零件”模块中将按比例收缩应用到设计模型，则“收缩”特征属于设计模型，而不属于参考模型。收缩被参考模型几何精确地反映出来，但不能在“模具”或“铸造”模式中清除。
- 按比例收缩的应用应先于分型曲面或体积块的定义。
- 按比例收缩影响零件几何（曲面和边）以及基准特征（曲线、轴、平面、点等）。

13.5 创建模具分型曲面

如果采用分割（Split）的方法来产生模具元件（如上模型腔、下模型腔、型芯、滑块、镶块、销等），则必须先根据参考模型的形状创建一系列的曲面特征，然后再以这些曲面为参考，将坯料分割成各个模具元件。用于分割参考的这些曲面称为分型曲面，也叫分型面或分模面。分割上、下型腔的分型面一般称为主分型面；分割型芯、滑块、镶块和销的分型面一般分别称为型芯分型面、滑块分型面、镶块分型面和销分型面。完成后的分型面必须与要分割的坯料或体积块完全相交，但分型面不能自身相交。分型面特征在组件中创建，该特征的创建是模具设计的关键。

继续以前面的模型为例讲解如何创建零件 linker.prt 模具的分型面（图 13.5.1），以分离模具的上模型腔和下模型腔。操作过程如下：

Step 1 单击 **模具** 功能选项卡 分型面和模具体积块 ▾ 区域中的“分型面”按钮。系统弹出“分型面”选项卡。

Step 2 在系统弹出的“分型面”选项卡中的 控制 区域单击“属性”按钮，在图 13.5.2 所示的“属性”对话框中，输入分型面名称 main_ps，单击 **确定** 按钮。

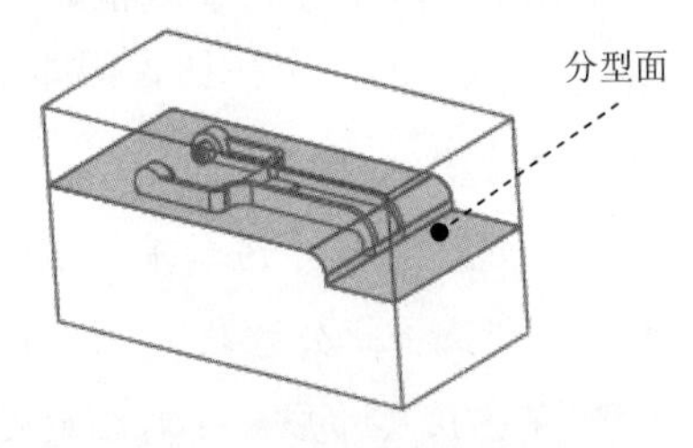

图 13.5.1 创建分型面

图 13.5.2 “属性”对话框

Step 3 创建曲面。

（1）选择命令。单击 **分型面** 功能选项卡 形状 ▾ 区域中的 拉伸 按钮。

（2）定义草绘截面放置属性。在图形区右击，从弹出的菜单中选择 定义内部草绘... 命令，在系统 ➡选择一个平面或曲面以定义草绘平面. 的提示下，选取图 13.5.3 所示的坯料表面 1 为草绘平面，然后选取图 13.5.3 所示的坯料表面 2 为参考平面，方向为 右，单击 **草绘** 按钮。

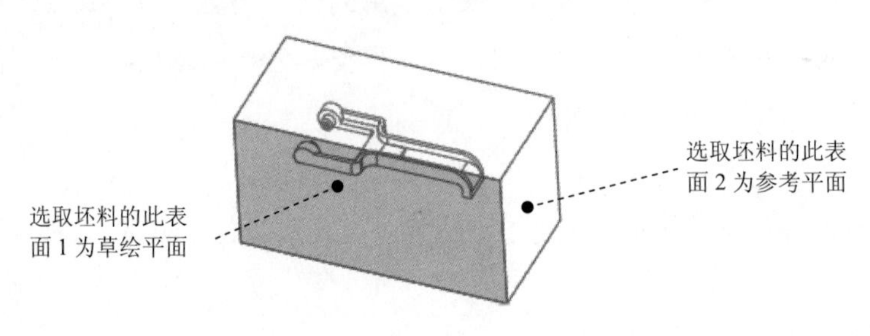

图 13.5.3 定义草绘平面

（3）截面草图。选取图 13.5.4 所示的坯料的边线和 MOLD_PARTING_PLN 基准平面为草绘参考，绘制图 13.5.4 所示的截面草图，完成截面的绘制后，单击“草绘”选项卡中的“确定”按钮 ✔。

（4）设置深度选项。选取深度类型，将模型调整到图 13.5.5 所示的方位，然后选取图中的坯料表面为拉伸终止面；在“拉伸”选项卡中，单击 ✔ 按钮，完成特征的创建。

Step 4 在“分型面”选项卡中，单击“确定”按钮 ✔，完成分型面的创建。

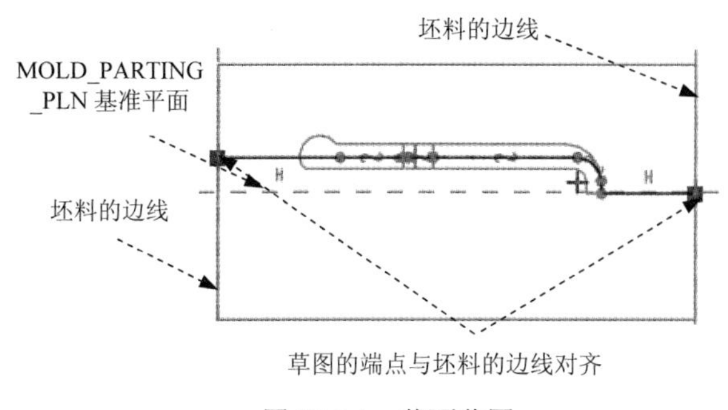

图 13.5.4 截面草图

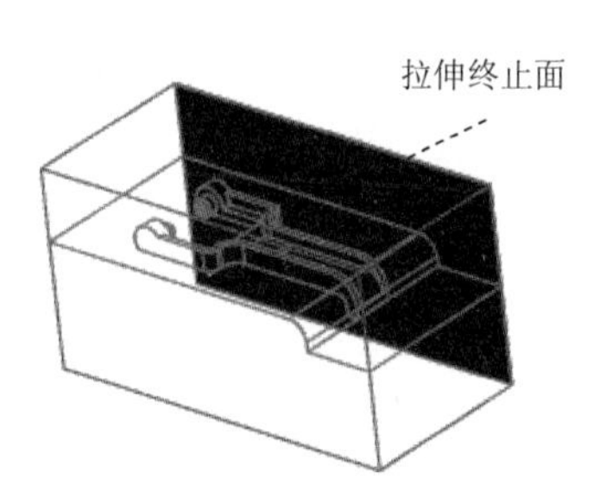

图 13.5.5 选取拉伸终止面

Step 5 在模型树中，查看前面创建的分型面特征。在图 13.5.6 所示的模型树界面中，选择 → 树过滤器(F)... 命令；在系统弹出的“模型树项”对话框中，选中 特征 复选框，然后单击 确定 按钮。此时，模型树中会显示出分型面特征，如图 13.5.7 所示。

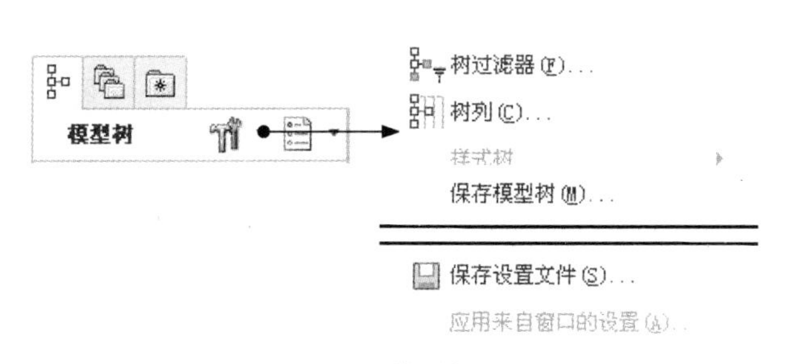

图 13.5.6 模型树界面

图 13.5.7 查看分型面特征

说明：若模型树中已经显示出特征，那么此步可不进行操作。

13.6 在模具中创建浇注系统

模具设计到这个阶段，需要构建浇注系统，包括浇道、浇口和流道等，这些要素是以特征的形式出现在模具模型中的。Creo 2.0 中有两类模具特征：常规特征和自定义特征。

- 常规特征是增加到模型中以促进注射进程的特定特征。这些特征包括侧面影像曲线、起模杆孔、浇道、浇口、流道、水线、拔模线、偏距区域、体积块和裁剪特征。
- 用户也可以预先在零件模式中创建注道、浇口和流道等自定义特征，然后在设计模具的浇注系统时，将这些自定义特征复制到模具组件中并修改其尺寸，这样就能够大大提高工作效率。

下面接着上一小节的操作在零件 linker.prt 的模具坯料中创建图 13.6.1 所示的浇注系统，以此说明在模具中创建特征的一般操作过程。

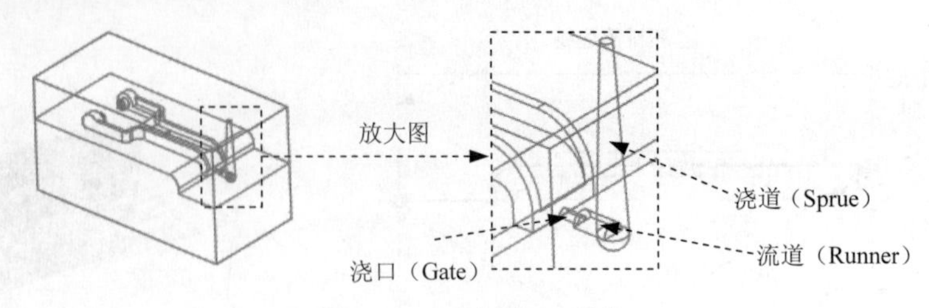

图 13.6.1　创建浇注系统

Stage1．创建浇道（Sprue）

Step 1　创建图 13.6.2 所示的基准平面 ADTM1，该基准平面将作为浇道特征的草绘平面。单击 模型 功能选项卡 基准 ▾ 区域中的“平面”按钮，系统弹出“基准平面”对话框，选取图 13.6.3 所示的参考件的顶面为参考平面(在列表框中选取)，然后输入偏距值 40.0，单击 确定 按钮。

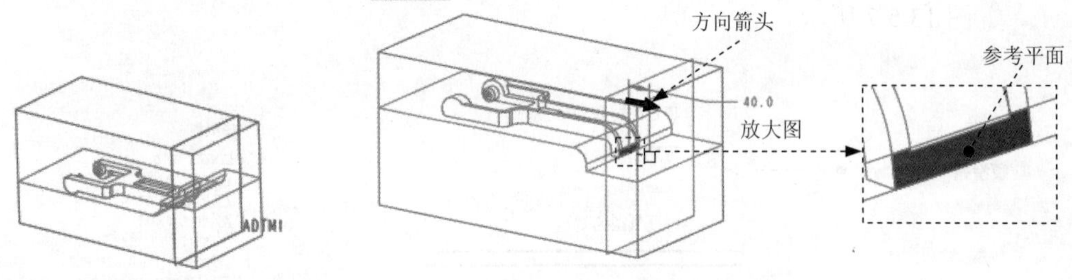

图 13.6.2　创建基准平面 ADTM1　　　　图 13.6.3　选取参考平面

说明：在选取参考平面时，可将坯料隐藏起来，也可从列表中选取，这里选取参考件的顶面。

Step 2　创建一个旋转特征作为主流道。单击 模型 功能选项卡 切口和曲面 ▾ 区域中的 旋转 按钮；选择 ADTM1 基准平面为草绘平面，选取一个与分型面平行的坯料顶面为参考平面（图 13.6.4），方向为 顶，单击 草绘 按钮，此时系统进入截面草绘环境；依次选取 DTM1 基准平面和图 13.6.5 所示的边线为草绘参考，然后绘制图 13.6.5 所示的截面草图（注意：要绘制旋转中心轴）。完成绘制后，单击“草绘”操控板中的“确定”按钮 ✔；选取旋转角度类型，旋转角度为 360°；单击操控板中的 ✔ 按钮，完成特征的创建。

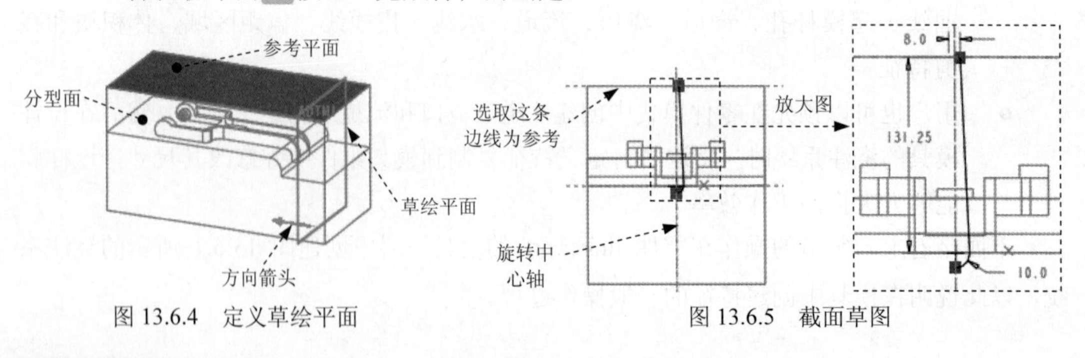

图 13.6.4　定义草绘平面　　　　图 13.6.5　截面草图

Stage2. 创建流道（Runner）

Step 1 创建图 13.6.6 所示的基准平面 ADTM2，该基准平面将在后面作为流道特征的草绘平面。在 模型 功能选项卡中单击“平面”按钮，系统弹出“基准平面”对话框，选取图 13.6.7 所示的参考件的顶面为参考平面，然后输入偏距值 15.0，单击对话框中的 确定 按钮。

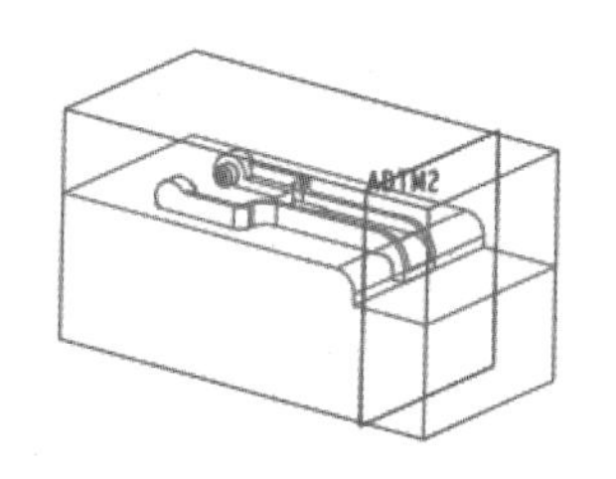

图 13.6.6 创建基准平面 ADTM2

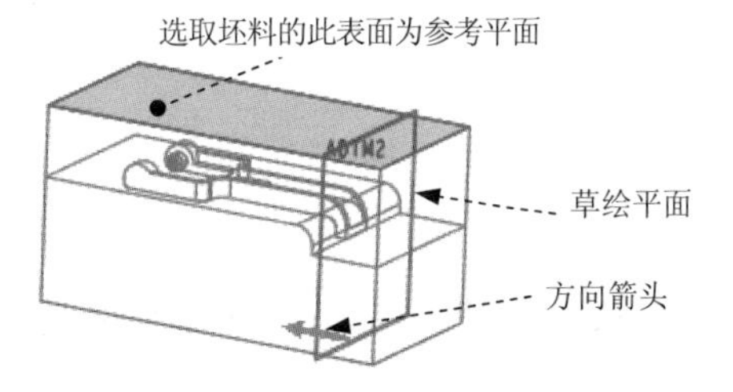

图 13.6.7 定义草绘平面

Step 2 创建一个拉伸特征作为分流道。单击 模型 功能选项卡 切口和曲面 ▾ 区域中的 拉伸 按钮，选取 ADTM2 基准平面为草绘平面，图 13.6.7 所示的坯料表面为参考平面，方向为 顶，单击 草绘 按钮，系统进入截面草绘环境。选取如图 13.6.8 所示的面为草绘参考，绘制图 13.6.8 所示的截面草图，完成绘制后，单击“草绘”操控板中的“确定”按钮 ✔；选取深度选项为（至曲面），然后选取图 13.6.9 所示的基准平面 ADTM1 为拉伸终止面。

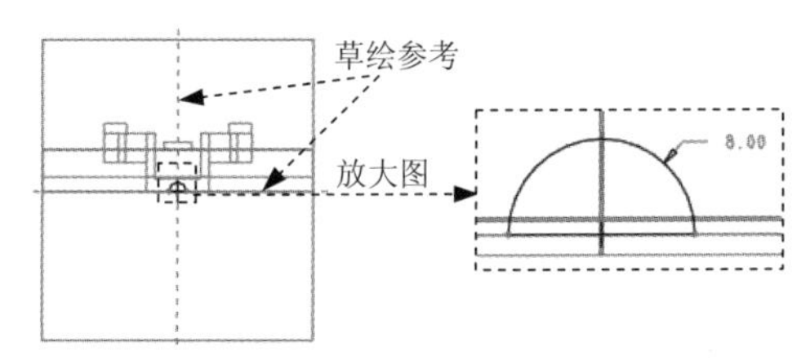

图 13.6.8 截面草图

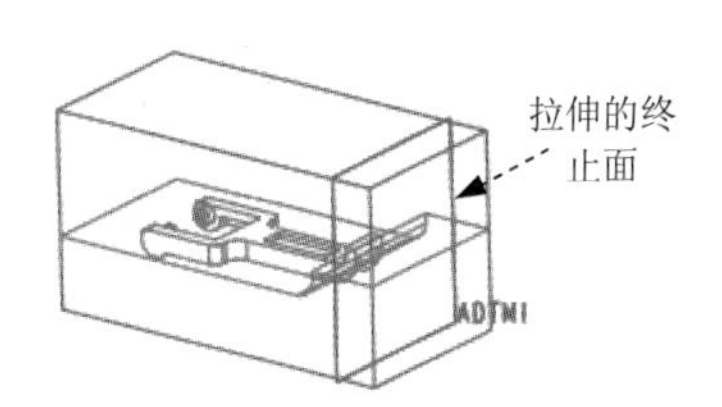

图 13.6.9 选取拉伸的终止面

Step 3 创建一个拉伸特征作为浇口。单击 模型 功能选项卡 切口和曲面 ▾ 区域中的 拉伸 按钮，选取 ADTM2 基准平面为草绘平面，图 13.6.10 所示的坯料表面为参考平面，方向为 顶，单击 草绘 按钮，选取 MAIN_PARTING_PLN 和 MOLD_RIGHT 基准平面为草绘参考，绘制图 13.6.11 所示的截面草图，选取深度类型为，选取图 13.6.9 所示的面为终止面。单击 ✔ 按钮，完成拉伸特征的创建。

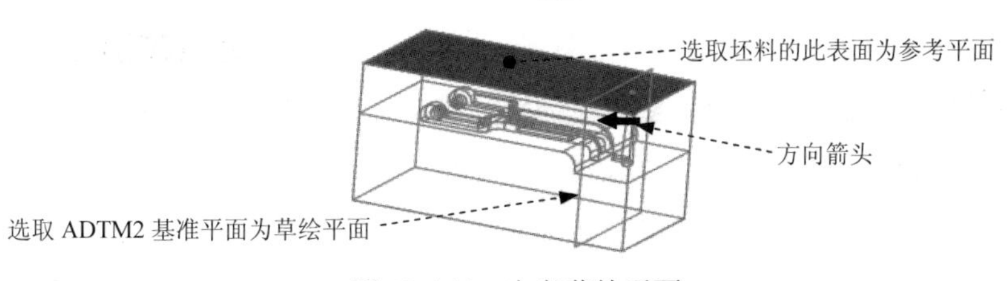

图 13.6.10 定义草绘平面

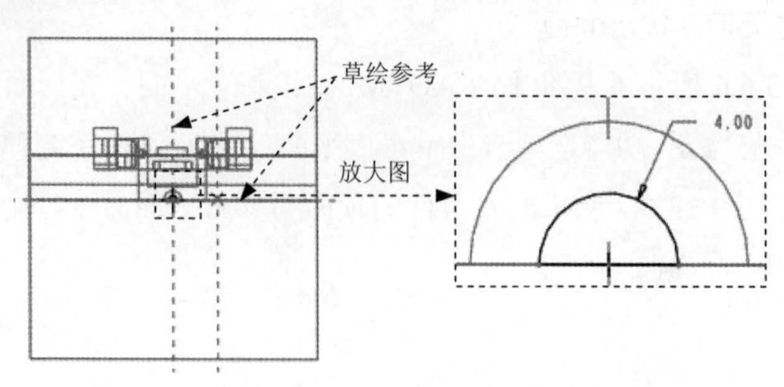

图 13.6.11　截面草图

13.7　创建模具元件的体积块

选择 **模具** 功能选项卡 分型面和模具体积块 ▾ 区域中的 模具体积块 ▾ ➡ 体积块分割 命令，可进入“分割体积块”菜单（图 13.7.1）。

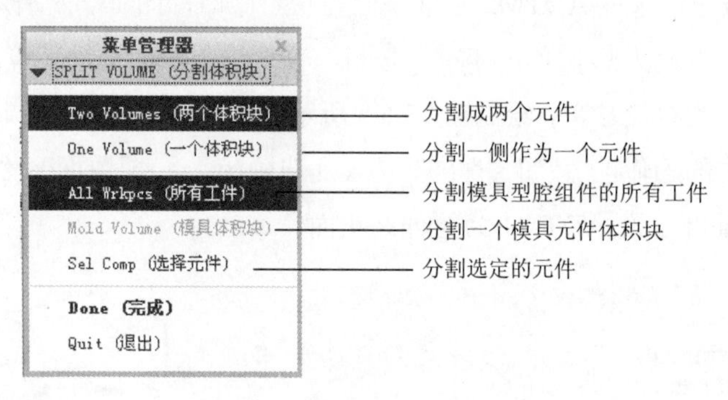

图 13.7.1　“分割体积块”菜单

模具的体积块没有实体材料，它由坯料中的封闭曲面组成。在模具的整个设计过程中，创建体积块是从坯料和参考零件模型到最终抽取模具元件的中间步骤。通过构造体积块创建模具元件，然后用实体材料填充体积块，可将该体积块转换成功能强大的 Creo 零件。

下面介绍在零件 linker.prt 的模具坯料中，利用前面创建的分型面——main_ps 将其分成上下两个体积块，这两个体积块将来会抽取为模具的上下型腔。

Step 1　选择 **模具** 功能选项卡 分型面和模具体积块 ▾ 区域中的 模具体积块 ▾ ➡ 体积块分割 命令，（即用“分割”的方法构建体积块）。

Step 2　在系统弹出的 ▾ SPLIT VOLUME (分割体积块) 菜单中，依次选择 Two Volumes (两个体积块) ➡ All Wrkpcs (所有工件) ➡ Done (完成) 命令，此时系统弹出图 13.7.2 所示的“分割”对话框和图 13.7.3 所示的“选择”对话框。

Step 3　用“列表选取”的方法选取分型面。

（1）在系统 ➡为分割工件选择分型面. 的提示下，在模型中主分型面的位置右击，从快捷菜

单中选取 从列表中拾取 命令。

（2）在系统弹出的“从列表中拾取”对话框中，选取列表中的 面組:F7(MAIN_PS) 分型面，然后单击 确定(O) 按钮。

（3）在“选择”对话框中单击 确定 按钮。

Step 4 在“分割”对话框中单击 确定 按钮。

Step 5 此时，系统弹出图 13.7.4 所示的“属性”对话框，同时模型的下半部分变亮，在该对话框中单击 着色 按钮，着色后的模型如图 13.7.5 所示，然后在对话框中输入名称 lower_vol，单击 确定 按钮。

Step 6 此时，系统返回“属性”对话框，同时模型的上半部分变亮，在该对话框中单击 着色 按钮，着色后的模型如图 13.7.6 所示，然后，在对话框中输入名称 upper_vol，单击 确定 按钮。

图 13.7.2 “分割”对话框

图 13.7.3 “选择”对话框

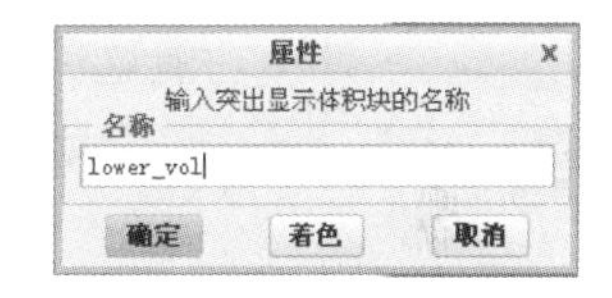

图 13.7.4 “属性”对话框（一）

图 13.7.5 着色后的下半部分体积块

图 13.7.6 着色后的上半部分体积块

13.8 抽取模具元件

在 Creo 模具设计中，模具元件常常是通过用实体材料填充先前定义的模具体积块而形成的，我们将这一自动执行的过程称为抽取。

完成抽取后，模具元件成为功能强大的 Creo 零件，并在模型树中显示出来。当然它们可在“零件”模块中检索到或打开，并能用于绘图以及用 NC 加工。在“零件”模块中可以为模具元件增加新特征，如倒角、圆角、冷却通路、拔模、浇口和流道。

抽取的元件保留与其父体积块的相关性，如果体积块被修改，则再生模具模型时，相应的模具元件也被更新。

下面以零件 linker 的模具为例，说明如何利用前面创建的各体积块来抽取模具元件。

选择 **模具** 功能选项卡 元件 ▾ 区域中 模具元件 ▾ ➡ 型腔镶块 命令，在系统弹出的图 13.8.1 所示的"创建模具元件"对话框中，单击 ≣ 按钮，选择所有体积块，然后单击 确定 按钮。

图 13.8.1 "创建模具元件"对话框

13.9 生成浇注件

完成了抽取元件的创建以后，系统便可产生浇注件，在这一过程中，系统自动将熔融材料通过主流道、分流道和浇口填充模具型腔。

下面以生成零件 linker 的浇注件为例，说明其操作过程。

Step 1 选择 **模具** 功能选项卡 元件 ▾ 区域中的 创建铸模 命令。

Step 2 在图 13.9.1 所示的系统提示框中，输入浇注零件名称 linker_molding，并单击两次 ✔ 按钮。

图 13.9.1 系统提示信息框

说明：从上面的操作可以看出浇注件的创建过程非常简单，那么创建浇注件有什么意义呢？下面进行简要说明。

- 检验分型面的正确性：如果分型面上有破孔，分型面没有与坯料完全相交，分型面自交，那么浇注件的创建将失败。
- 检验拆模顺序的正确性：拆模顺序不当，也会导致浇注件的创建失败。
- 检验流道和水线的正确性：流道和水线的设计不正确，浇注件也无法创建。
- 浇注件成功创建后，通过查看浇注件，可以验证浇注件是否与设计件（模型）相符，以便进一步检查分型面、体积块的创建是否完善。
- 开模干涉检查：对于建立好的浇注件，可以在模具开启操作时进行干涉检查，以便确认浇注件可以顺利拔模。
- 在 Creo 2.0 的塑料顾问模块（Plastic Advisor）中，用户可以对建立好的浇注件进行塑料流动分析、填充时间分析等。

13.10　定义模具开启

通过定义模具开启，可以模拟模具的开启过程，检查特定的模具元件在开模时是否与其他模具元件发生干涉。下面以 linker_mold.asm 例，说明开模的一般操作方法和步骤。

Stage1．将参考零件、坯料和分型面遮蔽起来

将模型中的参考零件、坯料和分型面遮蔽后，则工作区中模具模型中的这些元素将不显示，这样可使屏幕简洁，方便后面的模具开启操作。

Step 1　遮蔽参考零件和坯料。

（1）选择 **视图** 功能选项卡 可见性 区域中的“模具显示”按钮，系统弹出图 13.10.1 所示的“遮蔽-取消遮蔽”对话框（一）。

图 13.10.1　“遮蔽-取消遮蔽”对话框（一）

（2）在“遮蔽-取消遮蔽”对话框（一）左边的“可见元件”列表中，按住 Ctrl 键，选择参考零件 LINKER_MOLD_REF 和坯料 LINKER_MOLD_WP。

（3）单击对话框下部的 遮蔽 按钮。

说明：也可以从模型树上启动“遮蔽”命令，对相应的模具元素（如参考零件、坯料、体积块、分型面）进行遮蔽。例如，对于参考零件的遮蔽，可选择模型树中的 LINKER_MOLD_REF.PRT 项（图 13.10.2），然后右击，从弹出的快捷菜单中选择 遮蔽 命令。但在模具的某些设计过程中，无法采用这种方法对模具元素进行遮蔽或显示操作，这时就需要采用前面介绍的方法进行操作，因为在模具的任何操作过程中，用户随时都可以选择 **视图** 功能选项卡 可见性 区域中的“模具显示”按钮，对所需要模具元素进行遮蔽或显示。由于在模具（特别是复杂的模具）的设计过程中，用户为了方便选取或查看一些模具元素，经常需要进行遮蔽或显示操作，建议读者要熟练掌握采用“模具显示”按钮对模具元素进行遮蔽或显示的操作方法。

Step 2　遮蔽分型面。在对话框右边的“过滤”区域中，按下 分型面 按钮，此时“遮蔽-取消遮蔽”对话框（二）如图 13.10.3 所示；在对话框的“可见曲面”列表中选择分型面 MAIN_PS；单击对话框下部的 遮蔽 按钮。

图 13.10.2　从模型树中选择参考零件

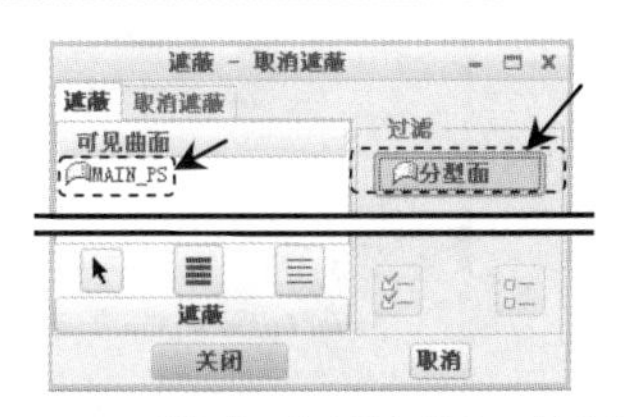

图 13.10.3　“遮蔽-取消遮蔽”对话框（二）

Step 3 单击对话框下部的 关闭 按钮，完成操作。

说明：如果要取消参考零件、坯料的遮蔽（即在模型中重新显示这两个元件），可在“遮蔽-取消遮蔽”对话框中按下列步骤进行操作。

（1）单击对话框上部的取消遮蔽选项卡标签，系统打开该选项卡。

（2）在对话框右边的“过滤”区域中，按下 元件 按钮，此时“遮蔽-取消遮蔽”对话框（三）如图 13.10.4 所示。

（3）在对话框的“遮蔽的元件”列表中，按住 Ctrl 键，选择参考零件 LINKER_MOLD_REF 和坯料 LINKER_MOLD_WP。

（4）单击对话框下部的取消遮蔽按钮。

如果要取消分型面的遮蔽，可按下列步骤进行操作。

（1）打开取消遮蔽选项卡后，按下“过滤”区域中的 分型面 按钮，此时“遮蔽-取消遮蔽”对话框（四）如图 13.10.5 所示。

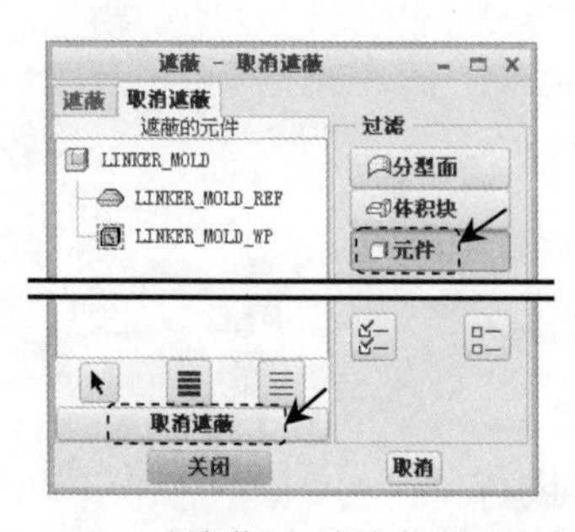

图 13.10.4 “遮蔽-取消遮蔽”对话框（三）

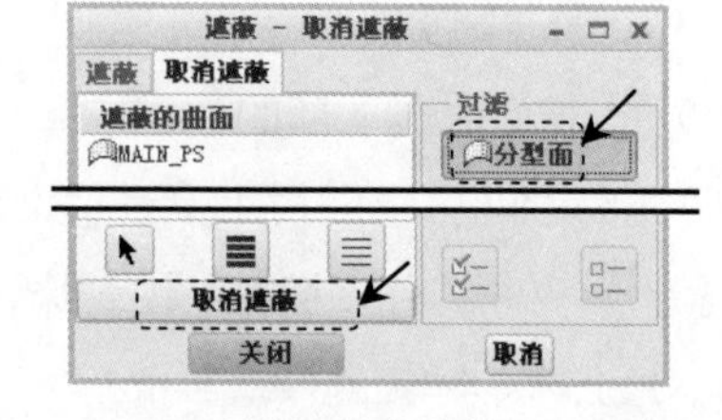

图 13.10.5 “遮蔽-取消遮蔽”对话框（四）

（2）在对话框的“遮蔽的曲面”列表中，选择分型面 MAIN_PS。

（3）单击对话框的下部的 取消遮蔽 按钮。

Stage2．开模步骤 1：移动上模

Step 1 选择 **模具** 功能选项卡 分析 ▾ 区域中的 命令。系统弹出图 13.10.6 所示的“菜单管理器”菜单。

说明：本书中的 按钮在后文中将简化为“模具开模”按钮。

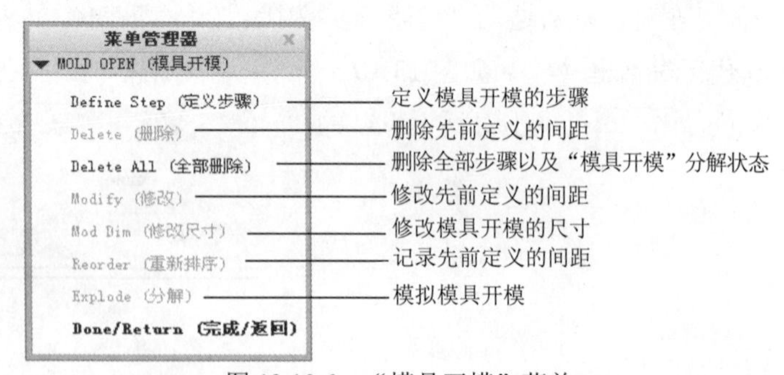

图 13.10.6 “模具开模”菜单

Step 2　在系统弹出的“菜单管理器”菜单中选择 Define Step（定义步骤）命令，在系统弹出的图 13.10.7 所示的 Define Step（定义步骤）菜单中选择 Define Move（定义移动）命令。

注意：对需要在移动前进行拔模检测的零件，可以选择 Draft Check（拔模检测）命令，进行拔模角度的检测。该产品零件没有拔模角度，此处就不进行拔模检测操作。

Step 3　选取要移动的模具元件。在系统 ➡为迁移号码1 选择构件. 的提示下，选取上模，在“选择”对话框中单击 确定 按钮。

Step 4　在系统 ➡通过选择边、轴或面选择分解方向. 提示下，选取图 13.10.8 所示的边线为移动方向，然后在系统 输入沿指定方向的位移 的提示下，输入要移动的距离值 200.0，并按回车键。

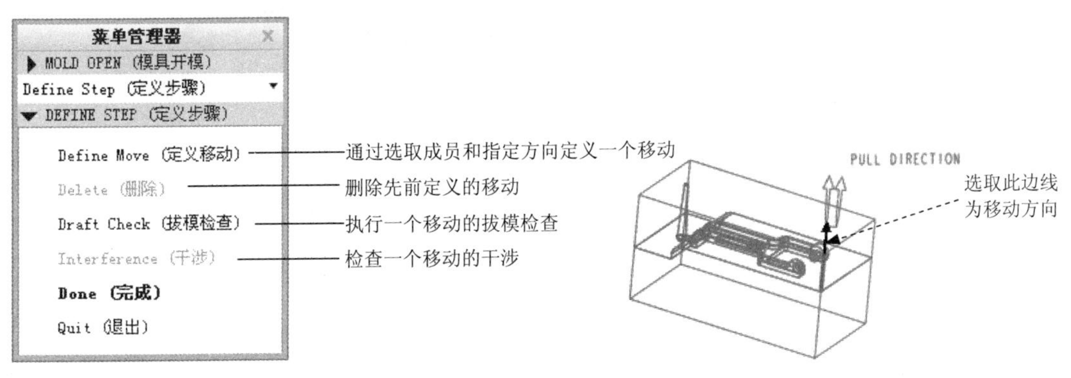

图 13.10.7　“定义步骤”菜单　　图 13.10.8　选取移动方向

Step 5　上模干涉检查。

（1）在 DEFINE STEP（定义步骤）菜单中选择 Interference（干涉）命令，在系统弹出的 模具移动 菜单中选择 移动 1，系统弹出 MOLD INTER（模具干涉）菜单。

（2）在系统的 ➡选择统计零件. 提示下，在模型树中选择铸模零件 LINKER_MOLDING.PRT，干涉出现在图 13.10.9 所示的位置处。

（3）在 MOLD INTER（模具干涉）菜单中选择 Done/Return（完成/返回）命令。

说明：系统判断此处干涉是由于浇道完全穿透上模，并非实际的干涉情况。

（4）在 DEFINE STEP（定义步骤）菜单中选择 Done（完成）命令。移动上模后，模型如图 13.10.10 所示。

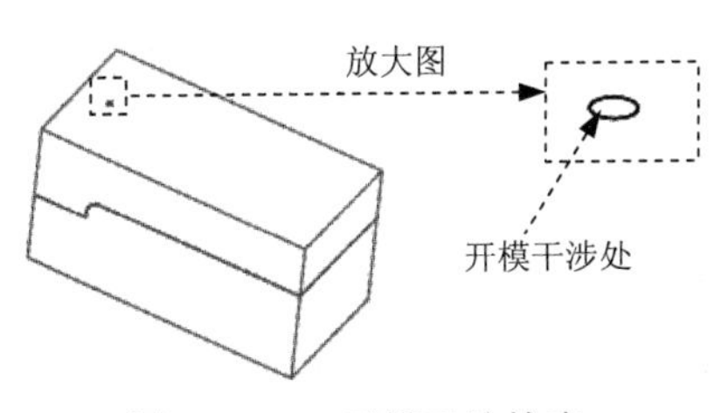

图 13.10.9　开模干涉检查

图 13.10.10　移动上模

Stage3．开模步骤 2：移动下模

Step 1 参考开模步骤 1 的操作方法，选取下模，选取图 13.10.11 所示的边线为移动方向，然后输入要移动的距离-200.0，并按回车键。

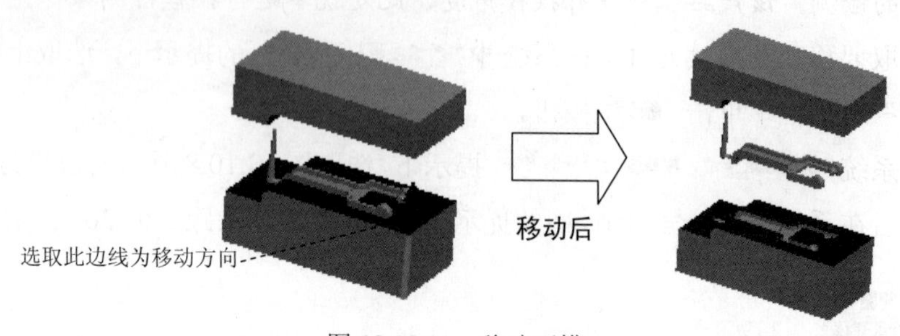

图 13.10.11 移动下模

Step 2 下模干涉检查。

（1）在 ▼ DEFINE STEP (定义步骤) 菜单中选择 Interference (干涉) 命令，在系统弹出的 ▼ 模具移动 菜单中选择 移动 1，系统弹出 ▼ MOLD INTER (模具干涉) 菜单。

（2）在系统的 ➡选择统计零件。提示下，在模型树中选择铸模零件 LINKER_MOLDING.PRT，此时系统提示 •没有发现干扰。。

（3）在 ▼ MOLD INTER (模具干涉) 菜单中选择 Done/Return (完成/返回) 命令。

Step 3 在 ▼ DEFINE STEP (定义步骤) 菜单中选择 Done (完成) 命令，然后选择 Done/Return (完成/返回) 命令，完成上、下模的开模动作。

Step 4 保存设计结果。选择下拉菜单 文件 ➡ 保存(S) 命令。

13.11 模具文件的有效管理

一个模具设计完成后将包含许多文件，例如，前面介绍的连接（linker）件模具就含有下列众多文件（图 13.11.1）：

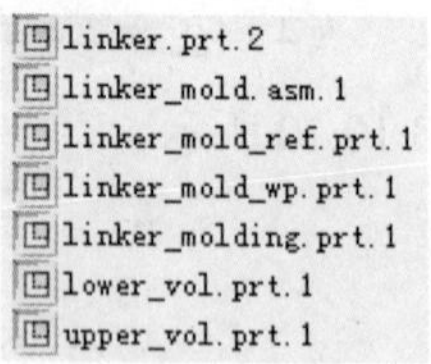

linker.prt.2
linker_mold.asm.1
linker_mold_ref.prt.1
linker_mold_wp.prt.1
linker_molding.prt.1
lower_vol.prt.1
upper_vol.prt.1

图 13.11.1 模具设计完成后所包含的文件

- linker.prt:（原始）设计模型（零件）文件。
- linker_mold.asm：模具设计文件，该文件名的前缀 linker_mold 由用户在新建模具时任意指定，后缀 asm 由系统默认指定。
- linker_mold_ref.prt：参考模型（零件）文件。该文件名的前缀 linker_mold_ref 在“创建参考模型”对话框中由系统默认指定，系统指定时，linker_mold_ref 中的 linker_mold 与模具设计文件 linker_mold.asm 的前缀一致，而_ref 则由系统自动指定。当然在“创建参考模型”

对话框中，用户也可任意对参考模型（零件）文件进行命名，不过在模具的实际设计过程中，还是由系统默认指定比较好一些。

- linker_mold_wp.prt: 坯料（工件）文件。该文件名的前缀 linker_mold_wp 是在“元件创建”对话框中由用户指定的。
- upper_vol.prt: 上模型腔零件文件。在默认情况下，该文件名的前缀 upper_vol 与其对应的上模体积块的名称一致。
- lower_vol.prt: 下模型腔零件文件。默认情况下，该文件名的前缀 lower_vol 与其对应的下模体积块的名称一致。
- linker_molding.prt: 浇注件文件。该文件名的前缀 linker_molding 是由用户指定的。

由于模具设计完成后会生成众多的文件，而且这些模具文件都是相互关联的，如果这些文件管理不好，模具设计文件将无法打开或者不能打开最新版本，从而给模具设计带来诸多不便，这一点必须引起读者的高度注意。

这里介绍一种有效组织和管理模具文件的方法，就是为每个塑件的模具设计分别创建一个目录，将原始设计模型（零件）文件置于对应的目录中，在模具设计开始前，需先将工作目录设置到对应的目录中，然后新建模具设计文件。下面还是以连接（linker）件为例，说明其操作过程。

Step 1 在硬盘 C:\下创建一个 linker_mold_test 目录。

Step 2 将原始设计模型文件 linker.prt 复制到目录 C:\ linker_mold_test 下。

Step 3 启动 Creo 2.0 软件。

Step 4 选择下拉菜单 文件 → 管理会话(M) → 选择工作目录(W) 更改工作目录。 命令，将 Creo 的工作目录设置至 C:\ linker_mold_test。

Step 5 选择下拉菜单 文件 → 新建(N) 命令（或单击“新建”按钮）。新建模具设计文件 linker_mold. asm。

Step 6 完成设计后，选择下拉菜单 文件 → 保存(S) 命令。保存模具设计文件 linker_mold. asm。

13.12 关于模具的精度

1. 概述

Creo 中的精度分为相对精度与绝对精度，系统默认的精度为相对精度，相对精度的有效范围从 0.0001～0.01，默认值为 0.0012。配置文件选项 accuracy_lower_bound 可定义此范围的下边界，下边界的指定值必须在 1.0000×10^{-6}～1.0000×10^{-4}之间。如果增加精度，再生时间也会增加。通常，应该将相对精度值设置为小于模型的最短边长度与模型外框的最长边长度的比值。如没有其他原因，请使用默认精度。

在 Creo 模具设计中，由于文件的精度与参考模型的精度不匹配，系统可能会提示精度冲突，此时最好是设置系统的绝对精度。绝对精度改进了不同尺寸或不同精度模型的匹配性（例如在其他系统中创建的输入模型）。为避免添加新特征到模型时可能出现的问题，建议在为模型增加附加特征前，设置参考模型为绝对精度。绝对精度在以下情况下非常有用。

- 在操作过程中，从一个模具组件复制几何到另一个模具，如“合并”和“切除”。
- 为制造和铸造而设计的模型。
- 将输入几何的精度匹配到其目标模型。

在下列情况下，可能需要改变精度。

- 在模型上放置小特征。
- 两个尺寸相差很大的模型相交（通过合并或切除）。对于两个要合并的模型，它们必须具有相同的绝对精度。为此，要估计每个模型的尺寸，并乘以其相应的当前精度。如果结果不同，则需输入生成相同结果的模型精度值，可能需要通过输入更多小数位数来提高较大模型的成型精度。例如，较小模型的尺寸为 200mm，且精度为 0.01，产生的结果为 2mm；如果较大模型的尺寸为 2000mm，且精度为 0.01，则产生的结果为 20mm，只有将较大模型的精度改为 0.001 才会产生相同的结果。

2. 控制模型的精度

改变模型精度以前，请确定要使用相对精度还是绝对精度。

要使用绝对精度，必须把配置文件选项 enable_absolute_accuracy 设为 yes。另外，配置文件选项 default_abs_accuracy 设置了绝对精度的默认值，当从“绝对精度”菜单中选择“输入值”时，系统会将该默认值包括在提示中。

14 模具设计前的分析与检测

14.1 模具分析

14.1.1 拔模检测

拔模检测（Draft Check）工具位于 **模具** 功能选项卡 分析 ▾ 区域中的“模具分析”按钮。该项目用于检测参考模型的拔模角（Draft Angle）是否符合设计需求，只有拔模角在要求的范围内，才能进行后续的模具设计工作，否则要进一步修改参考模型。下面以图 14.1.1 中的模型为例来说明拔模检测的一般操作步骤。

a）零件内表面

b）零件外表面

图 14.1.1　拔模检测

Stage1．进行零件内表面的拔模检测分析

Step 1　将工作目录设置至 D:\creo2mo\work\ch14.01.01，然后打开模具文件 aluminum_cover_mold.asm。

Step 2　遮蔽坯料。在模型树中右击 ALUMINUM_COVER_WP.PRT，选择 遮蔽 命令。

Step 3　单击 **模具** 功能选项卡 分析 ▾ 区域中的“模具分析”按钮。在系统弹出的图 14.1.2 所示的“模具分析”对话框中进行如下操作。

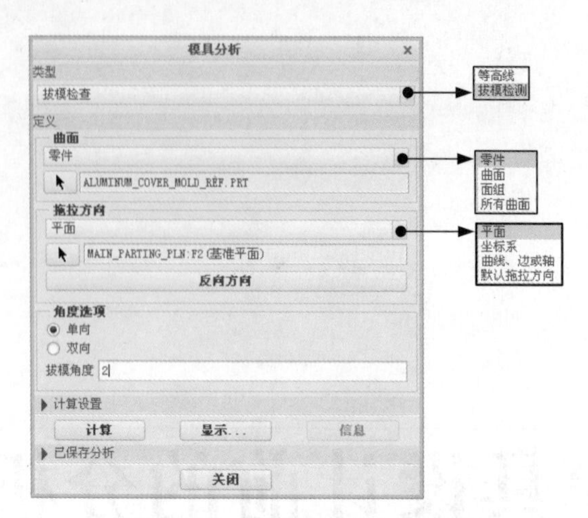

图 14.1.2 “模具分析”对话框

（1）选择分析类型。在类型区域的下拉列表中选择拔模检查选项。

（2）选择分析曲面。在曲面区域的下拉列表中选择零件选项，然后单击按钮，选取零件 ALUMINUM_COVER_MOLD_REF.PRT 为要拔模检测的对象，并单击“选择”对话框中的确定按钮。

（3）定义拔模方向。在拖拉方向下拉列表中选择平面选项，然后单击按钮，选取 MAIN_PARTING_PLN 基准平面作为拔模参考平面。此时系统显示出拔模方向，由于要对零件内表面进行拔模检测，因此该方向不是正确的拔模方向，单击反向方向按钮，结果如图 14.1.3 所示。

（4）设置拔模角度选项。在角度选项区域选中单向单选项，然后设置拔模角度检测值为 2.0，然后按 Enter 键。

（5）单击对话框中的显示...按钮，在弹出的图 14.1.4 所示的对话框中，将色彩数目设置为3，选中条纹着色复选框，选中动态更新复选框，单击确定按钮。

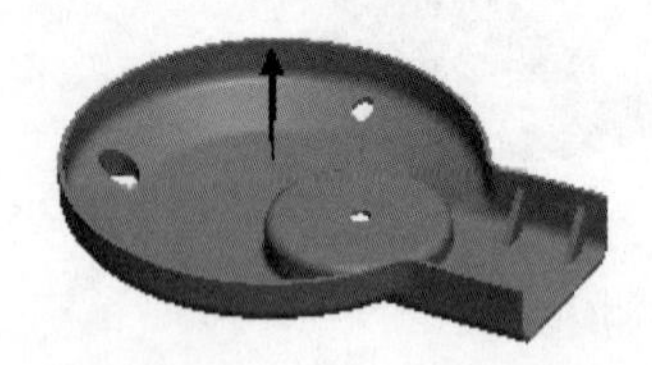

图 14.1.3 定义拔模方向

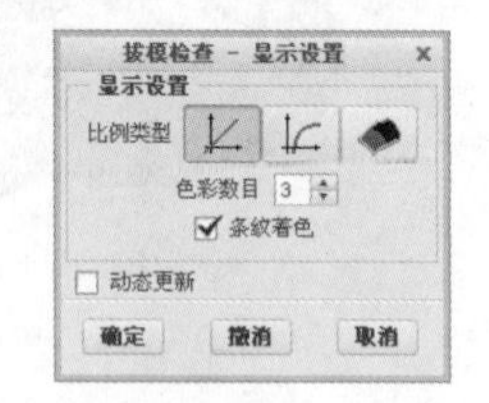

图 14.1.4 “拔模检测-显示设置”对话框

图 14.1.4 所示的对话框显示设置区域中的按钮介绍如下：

- （线性比例）：单击该按钮，以线性比例颜色来显示分析结果。
- （对数比例）：单击该按钮，以对数比例颜色来显示分析结果。
- （双色着色）：单击该按钮，以两种颜色来显示分析结果。
- 色彩数目 3：用于设置“线性比列”或“对数比列”的颜色显示种类。

（6）在“模具分析”对话框中单击 计算 按钮，此时系统开始进行分析，然后在参考模型上以色阶分布的方式显示出图 14.1.5 所示的检测结果，从图中可以看出，零件的内表面显示为紫红色，表明在该拔模方向上和设定的拔模角度值内无拔模干涉现象。

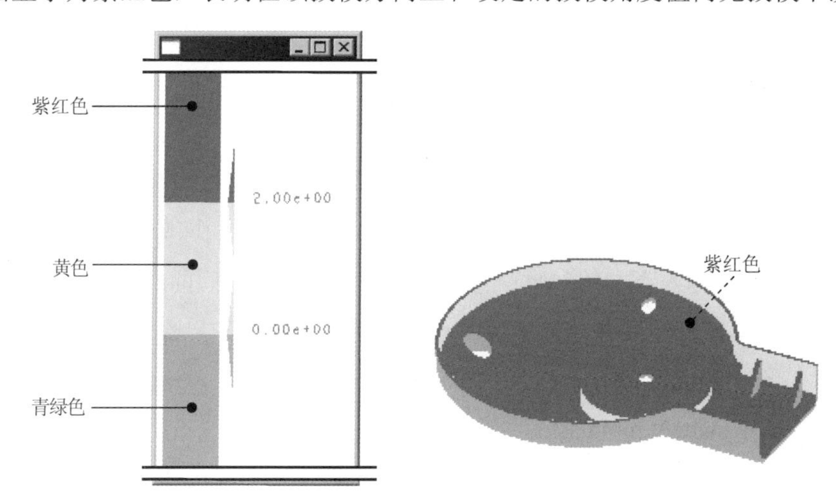

图 14.1.5 内表面拔模检测分析

说明：图 14.1.5 所示塑件上不同的部位显示不同颜色，不同的颜色代表不同的拔模面。在屏幕左部带有角度刻度的竖直颜色长条上，可查出每个部位的角度值。紫红色表示正值及拔模角度较大（最大可达 90°）的区域。青色表示负值及拔模角度较小（最小可达 -90°）的区域。黄色则表示紫红色和青色值外的所有区域。

（7）保存分析结果。在对话框中单击 ▶ 已保存分析，在 名称 文本框中输入 draft_check_1，单击文本框后的“保存模型时保存当前分析”按钮 。

Stage2. 进行零件外表面的拔模检测分析

Step 1 在图 14.1.2 所示的“模具分析”对话框中，单击 反向方向 按钮，此时拔模方向如图 14.1.6 所示。

Step 2 单击 计算 按钮，对零件外表面进行拔模检测，检测结果如图 14.1.7 所示。从图中可以看出，零件的外表面显示为紫红色，表明在该拔模方向上和设定的拔模角度值内无拔模干涉现象。

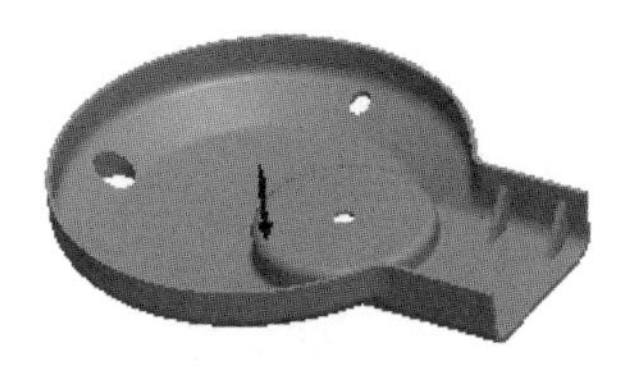

图 14.1.6 定义拔模方向

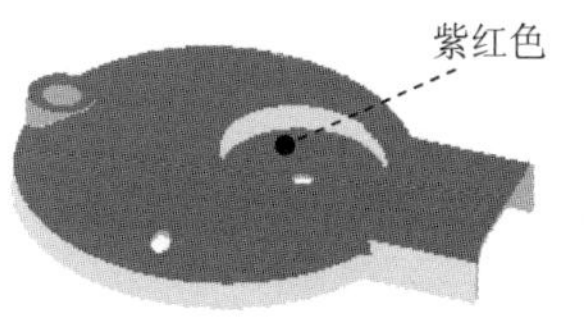

图 14.1.7 外表面拔模检测分析

Step 3 保存分析结果。在对话框中单击 ▶ 已保存分析，在 名称 文本框中输入 draft_check_2，单击文本框后的“保存模型时保存当前分析”按钮 。

Step 4 在“模具分析”对话框中单击 关闭 按钮，完成拔模检测分析。

Step 5 单击 模具 功能选项卡 操作 区域中的 重新生成 后的 按钮，在下拉菜单中单击 重新生成 按钮。选择下拉菜单 文件 → 保存(S) 命令，系统弹出“保存对象”对话框，单击 确定 按钮。

14.1.2 水线分析

水线用于传输冷却液，以冷却熔融材料。通过“水线分析”命令可以对水线与坯料或注塑件之间的间距进行检测，避免水线与坯料或注塑件之间的间隙过小而产生冷却不均匀。系统会根据用户输入不同的参数产生不同的结果，并以不同的颜色显示出来。下面以 gas_oven_switch_mold.asm 模型为例来说明水线分析的一般操作步骤。

Step 1 将工作目录设置至 D:\creo2mo\work\ch14.01.02，然后打开模具文件 gas_oven_switch_mold.asm。

Step 2 单击 模具 功能选项卡 分析 区域中的“模具分析”按钮；在系统弹出的图 14.1.8 所示的“模具分析”对话框中进行如下操作。

（1）选择分析类型。在 类型 区域的下拉列表中选择 等高线 选项（注：此处应翻译为“水线”）选项。

（2）选取零件。在 零件 选项下单击 按钮，选取零件 GAS_OVEN_SWITCH_WP.PRT。

（3）定义水线。在 等高线 区域的下拉列表中选择 所有等高线 选项（注：此处应翻译为“所有水线”）选项。

（4）设置最小间隙选项。在 最小间隙 的文本框中，输入数值 1.5。

说明：读者可以根据自己需要输入相应的检测数值。

（5）在“模具分析”对话框中，单击 计算 按钮，此时系统开始进行分析，在工件上以色阶分布的方式显示出结果（图 14.1.9）。参考模型中的紫红色区域表示水线与工件 GAS_OVEN_SWITCH_WP.PRT 外表面之间的距离小于输入的最小间隙值，绿色区域表示该距离大于输入的最小间隙值。

图 14.1.8 “模型分析”对话框

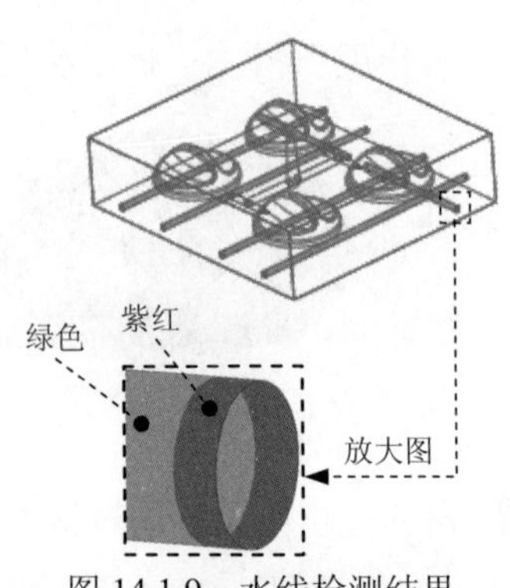

图 14.1.9 水线检测结果

说明： 最小间隙是指水线距离工件或参考模型之间的最小距离。若在最小间隙的文本框中输入数值 10.0 并单击 计算 按钮，此时在工件上显示出的结果如图 14.1.10 所示。

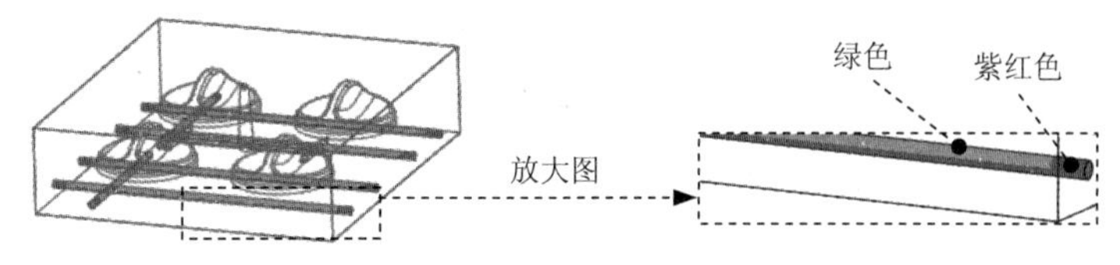

图 14.1.10　水线检测结果

Step 3　保存分析结果。在对话框中单击 ▶ 已保存分析，在 名称 文本框中输入 water_line_check，单击文本框后的“保存模型时保存当前分析”按钮。

Step 4　在“模具分析”对话框中，单击 关闭 按钮，完成水线分析。

Step 5　选择下拉菜单 文件 → 保存(S) 命令，系统弹出“保存对象”对话框，单击 确定 按钮。

14.2　厚度检测

厚度检测（Thickness Check）用于检测参考模型的厚度是否有过大或过小的现象。厚度检测也是拆模前必须做的准备工作之一，其方式有两种：平面（Planes）和切片（Slices）。“平面”检测法是以已存在的平面为基准，检测该基准平面与模型相交处的厚度，这是较为简单的检测方法，但一次仅能检测一个截面的厚度。“切片”检测法是通过切片的产生来检查零件在切片处的厚度，切片法的设定较为复杂，但可以一次检验较多的剖面。下面以设计零件 front_cover.prt 为例，说明用切片检测法检测厚度的一般操作步骤。

Step 1　将工作目录设置至 D:\creo2mo\work\ch14.02，然后打开模具文件 charger_down_mold.asm。

Step 2　遮蔽坯料。在模型树中右击 ▶ CHARGER_DOWN_WP.PRT，选择 遮蔽 命令。

Step 3　单击 **模具** 功能选项卡 分析 ▾ 区域中的“厚度检查”按钮。系统弹出图 14.2.1 所示的“模型分析”对话框，在此对话框中进行如下操作。

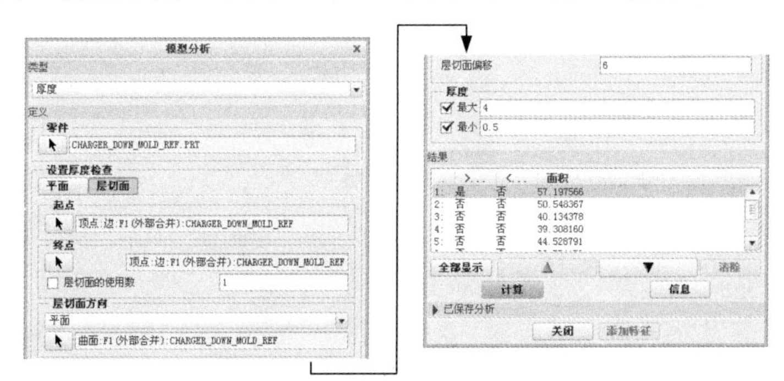

图 14.2.1　“模型分析”对话框

（1）确认 零件 区域的按钮自动按下，选择参考零件 CHARGER_DOWN_MOLD_REF.PRT 为要检查的零件，系统弹出图 14.2.2 所示的“菜单管理器”对话框。

图 14.2.2 “菜单管理器”对话框

（2）在 设置厚度检查 区域按下 层切面 按钮。

（3）定义层切面的起点和终点位置。此时 起点 区域的按钮自动按下，选取图 14.2.3 所示的零件前部端面上的一个顶点，以定义切面的起点；此时 终点 区域的按钮自动按下，选取图 14.2.3 所示的零件后部端面上的一个顶点以定义切面的终点。

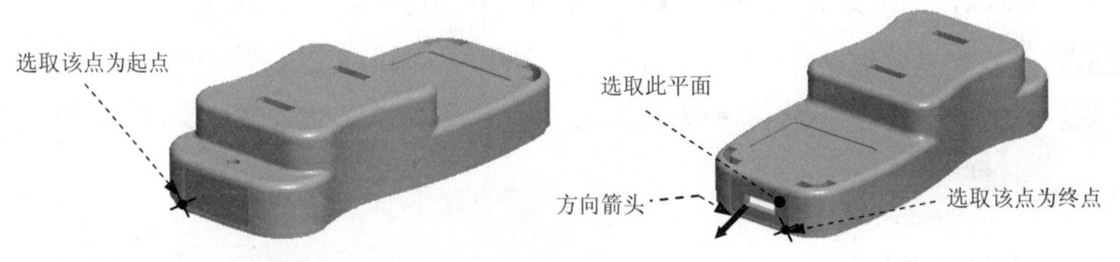

图 14.2.3 选择层切面的起点和终点

（4）定义层切面的排列方向。在 层切面方向 下拉列表中选择 平面 选项，然后在系统 ➪选择将垂直于此方向的平面. 的提示下，选取图 14.2.3 所示的平面，再单击 Okay（确定）命令，确认该图中的箭头方向为层切面的方向。

（5）设置各切面间的偏距值。设置 层切面偏移 的值为 6。

（6）定义厚度的最大值和最小值。在 厚度 区域，设置最大厚度值为 4，然后选中 ☑ 最小 复选框，设置最小厚度值为 0.5。

（7）结果分析。

① 单击对话框中的 计算 按钮，系统开始进行分析，然后在 结果 栏中显示出检测的结果。也可以单击 信息 按钮，则系统弹出图 14.2.4 所示的“信息窗口”对话框，从该对话框可以清晰地查看每一个切面的厚度是否超出设定范围以及每个切面的截面积，查看后关闭该对话框。

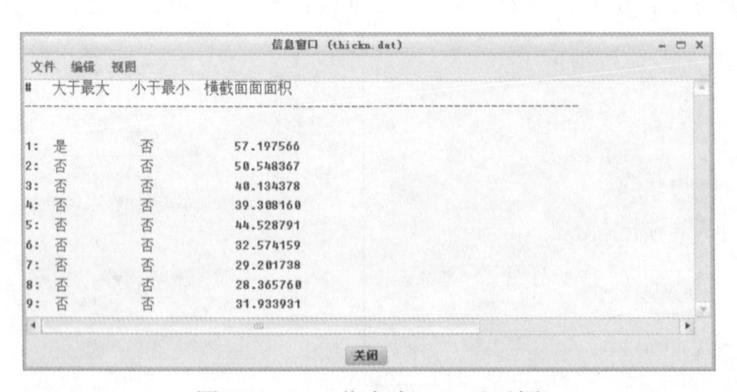

#	大于最大	小于最小	横截面面面积
1:	是	否	57.197566
2:	否	否	50.548367
3:	否	否	40.134378
4:	否	否	39.308160
5:	否	否	44.528791
6:	否	否	32.574159
7:	否	否	29.201738
8:	否	否	28.365760
9:	否	否	31.933931

图 14.2.4 “信息窗口”对话框

② 单击对话框中的 全部显示 按钮，则参考模型上显示出全部剖面，如图 14.2.5 所示，图中红色剖面表示大于设定的最大厚度值，深蓝色剖面表示介于设定最大厚度值和最小厚度值之间（即符合厚度范围）。

说明：在 厚度 区域的 ☑ 最小 文本框中输入厚度值 3，单击对话框中的 计算 按钮，再单击 全部显示 按钮，此时参考模型上显示出全部剖面，如图 14.2.6 所示。图中淡蓝色剖面表示小于设定的最大厚度值。

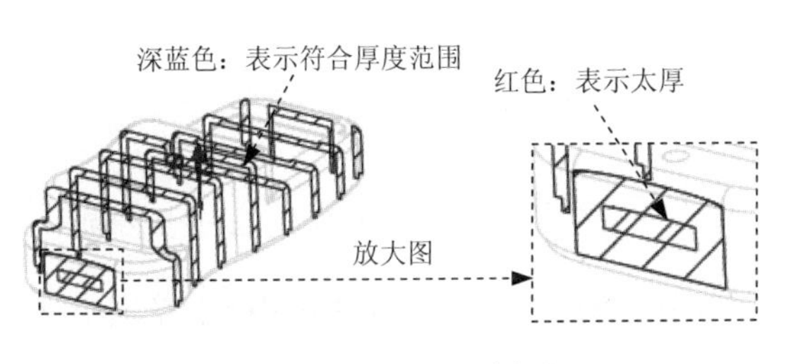

图 14.2.5　显示剖面

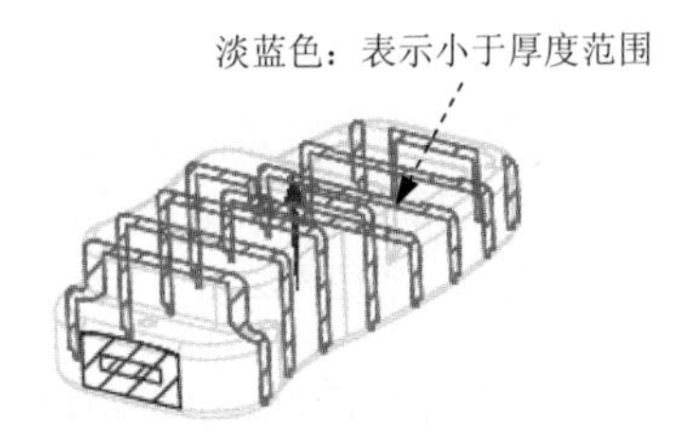

图 14.2.6　显示剖面

Step 4　保存分析结果。在对话框中单击 ▶ 已保存分析，在 名称 文本框中输入 Thickness_Check，单击文本框后的“保存”按钮 。

Step 5　在“模具分析”对话框中单击 ✕ 按钮，完成厚度检测。

Step 6　单击 **模具** 功能选项卡 操作 ▾ 区域中的 重新生成 后的 ▾ 按钮，在下拉菜单中单击 重新生成按钮。选择下拉菜单 文件 ▾ ➡ 保存(S) 命令，系统弹出“保存对象”对话框，单击 确定 按钮。

14.3　计算投影面积

投影面积（Project Area）项目用于检测参考模型在指定方向的投影面积，为模具设计和分析的辅助工具。下面仍以设计零件 front_cover.prt 为例，说明计算投影面积的一般操作步骤。

Step 1　将工作目录设置至 D:\creo2mo\work\ch14.03，然后打开模具文件 charger_down_mold.asm。

Step 2　遮蔽坯料。在模型树中右击 ▶ CHARGER_DOWN_WP.PRT，选择 遮蔽 命令。

Step 3　单击 **模具** 功能选项卡 分析 ▾ 区域中的“投影面积”按钮 。系统弹出图 14.3.1 所示的“测量”对话框，在此对话框中进行如下操作。

（1）在 图元 区域的下拉列表中选择 所有参考零件 选项。

（2）在 投影方向 下拉列表中选择 平面 选项，此时系统提示 ➡ 选择将垂直于此方向的平面。，然后选取 MAIN_PARTING_PLN 基准平面以定义投影方向，如图 14.3.2 所示。

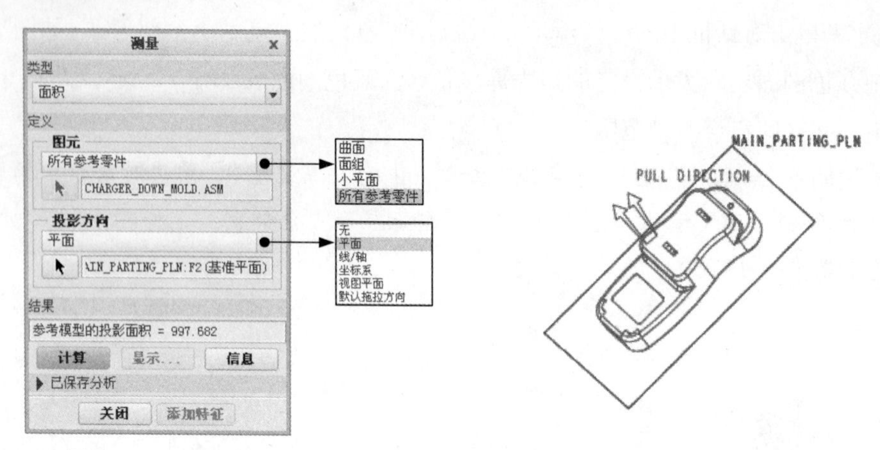

图 14.3.1 “测量”对话框

图 14.3.2 定义投影方向

（3）单击对话框中的 计算 按钮，系统开始计算，然后在 结果 栏中显示出计算结果，投影面积为 997.682，如图 14.3.1 所示。

Step 4 保存分析结果。在对话框中单击 ▶ 已保存分析，在 名称 文本框中输入 Project_Check，单击文本框后的“保存模型时保存当前分析”按钮 。

Step 5 在“测量”对话框中单击 关闭 按钮，完成厚度检测。

Step 6 单击 **模具** 功能选项卡 操作 ▾ 区域中的 重新生成 ▾ 后的 ▾ 按钮，在下拉菜单中单击 重新生成 按钮。选择下拉菜单 文件 ▾ ➡ 保存(S) 命令，系统弹出“保存对象”对话框，单击 确定 按钮。

14.4 检测分型面

分型面检测（Part Surface Check）工具用于检查分型面是否有相交的现象，也可用于确认分型面是否有破孔以及检测分型面的完整性。下面以一个例子详细说明分型面检测的一般操作步骤。

Step 1 将工作目录设置至 D:\creo2mo\work\ch14.04，然后打开模具文件 boat_top_mold.asm。

Step 2 遮蔽坯料和参考件。按住 Ctrl 键在模型树中选择 BOAT_TOP_MOLD_REF.PRT、BOAT_TOP_MOLD_REF_1.PRT 和 ▶ WP.PRT 选项，然后右击，在系统弹出的快捷菜单中选择 遮蔽 命令。

Step 3 单击 **模具** 功能选项卡 分析 ▾ 区域中的 ▾，在下拉菜单中单击 分型面检查 按钮。系统弹出图 14.4.1 所示的 ▼ Part Srf Check（零件曲面检测）菜单。

Step 4 检测分型面是否有自交。在 ▼ Part Srf Check（零件曲面检测）菜单中选择 Self-int Ck（自相交检测）命令，系统提示 ➡ 选择要检测的曲面:，选取分型面 MAIN_PS。此时系统提示 • 分型面在突出显示曲线中自相交.（图 14.4.2）。

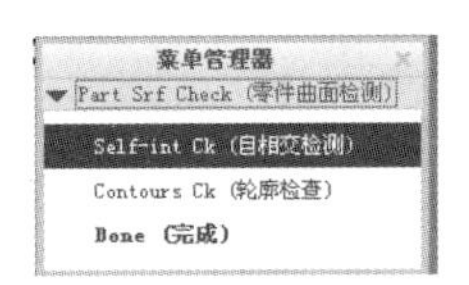

图 14.4.1　“零件曲面检测”菜单

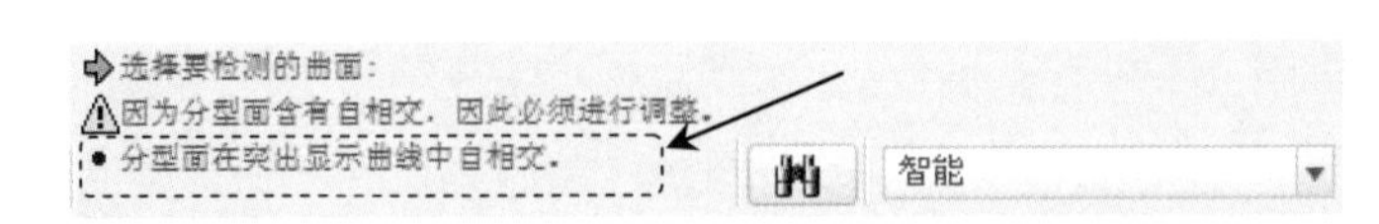

图 14.4.2　系统信息栏提示

Step 5　检查分型面是否有孔隙。

（1）在 Part Srf Check (零件曲面检测) 菜单中，选择 Contours Ck (轮廓检查) 命令，然后选取分型面 MAIN_PS。此时系统提示 • 分型面有 5 个轮廓线，确保每个都是必需的.，同时在分型面内部的一条边线上，首先出现了由若干点组成的围线（图 14.4.3）。由于围线在分型面内部，因此表明此处有孔隙。

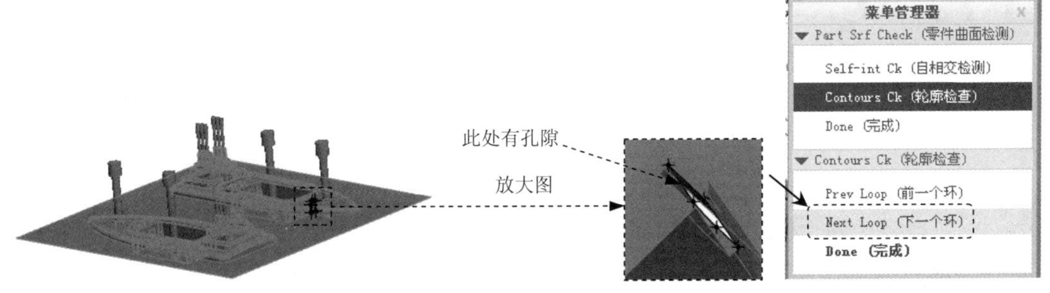

图 14.4.3　检测到的第一处围线　　图 14.4.4　“轮廓检查”菜单

（2）再选择 Next Loop (下一个环) 命令（图 14.4.4），此时分型面内部出现了图 14.4.5 所示的围线，表明此处有孔隙。

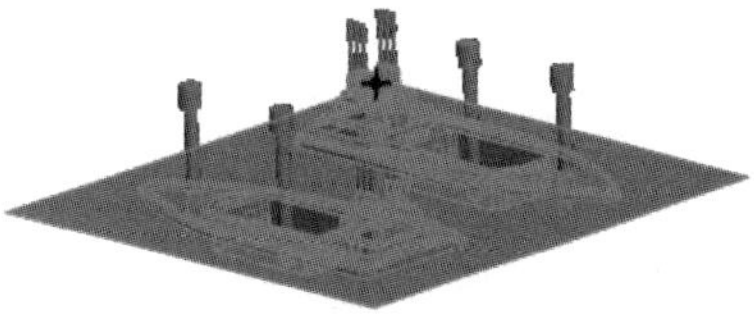

图 14.4.5　第二处围线

（3）再选择 Next Loop (下一个环) 命令，此时分型面内部出现了图 14.4.6 所示的围线，表明此处有孔隙。

（4）再选择 Next Loop (下一个环) 命令，此时分型面内部出现了图 14.4.7 所示的围线，表明此处有孔隙。

（5）再选择 Next Loop (下一个环) 命令，则分型面上出现了图 14.4.8 所示的围线，但由于此围线在分型面的外部四周，所以该围线不是孔隙。

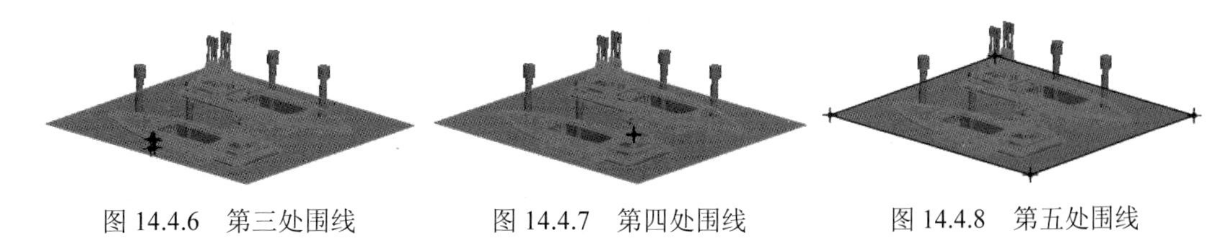

图 14.4.6　第三处围线　　图 14.4.7　第四处围线　　图 14.4.8　第五处围线

（6）至此，五处围线已检查完毕，单击两次选择 **Done (完成)** 命令，完成分型面的围线检测。

15 各种分型面的设计方法与技巧

15.1 一般分型面的设计方法

在 Creo 的模具设计中，创建分型面与一般曲面特征没有本质的区别，一般分型面的创建方法包括拉伸法、填充法以及复制延伸法等。其操作方法一般为单击 **模具** 功能选项卡 分型面和模具体积块 ▾ 区域中的“分型面”按钮。进入分型面的创建模式。

15.1.1 采用拉伸法设计分型面（一）

下面举例说明采用拉伸法设计分型面的一般方法和操作过程。

Stage1. 打开模具模型

将工作目录设置至 D:\creo2mo\work\ch15.01.01，然后打开文件 protect_lid_mold.asm。

Stage2. 创建分型面

Step 1 选择命令。单击 **模具** 功能选项卡 分型面和模具体积块 ▾ 区域中的“分型面”按钮。

Step 2 在系统弹出的“分型面”操控板中的 控制 区域中单击“属性”按钮，在“属性”对话框中，输入分型面名称 main_ps，单击 确定 按钮。

Step 3 通过“拉伸”的方法创建主分型面（图 15.1.1）。

（1）选择命令。单击 **分型面** 功能选项卡 形状 ▾ 区域中的 拉伸 按钮，此时系统弹出“拉伸”操控板。

（2）定义草绘截面放置属性。在图形区右击，从弹出的菜单中选择 定义内部草绘... 命令，在系统 选择一个平面或曲面以定义草绘平面. 的提示下，选取图 15.1.2 所示的坯料表面 1 为草绘平面，接受图 15.1.2 中默认的箭头方向为草绘视图方向，然后选取图 15.1.2 所示的坯料表面 2 为参考平面，方向为 右 。单击 草绘 按钮，进入草绘环境。

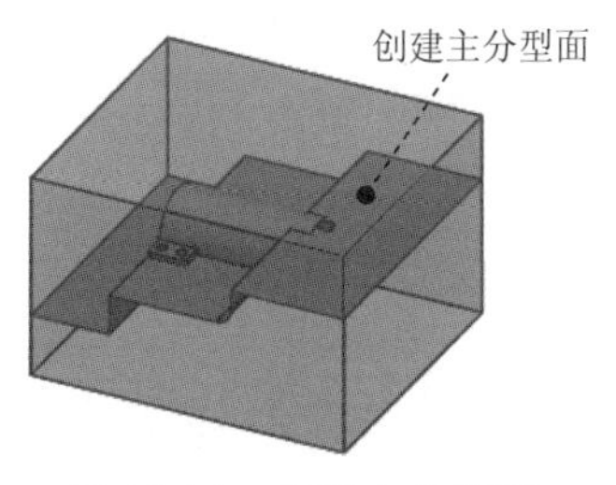

图 15.1.1　创建主分型面

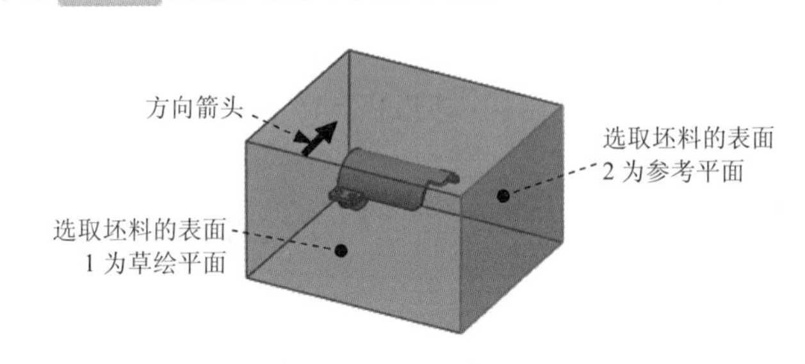

图 15.1.2　定义草绘平面

（3）截面草图。选取图 15.1.3 所示的坯料的边线和 MAIN_PARTING_PIN 基准平面为草绘参考，绘制图 15.1.3 所示的截面草图（截面草图中间的部分用投影来画），完成截面的绘制后，单击“草绘”选项卡中的“确定”按钮 ✔ 。

（4）设置深度选项。选取深度类型 ⊥⊥（到选定的），将模型调整到图 15.1.4 所示的视图方位，选取图中所示的坯料表面为拉伸终止面。

（5）在“拉伸”操控板中，单击 ✔ 按钮，完成特征的创建。

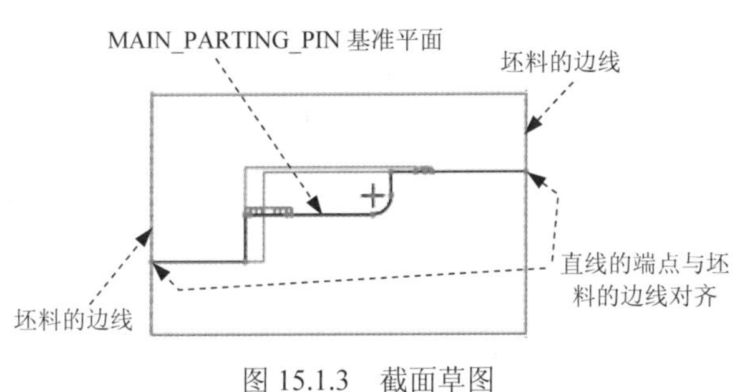

图 15.1.3　截面草图

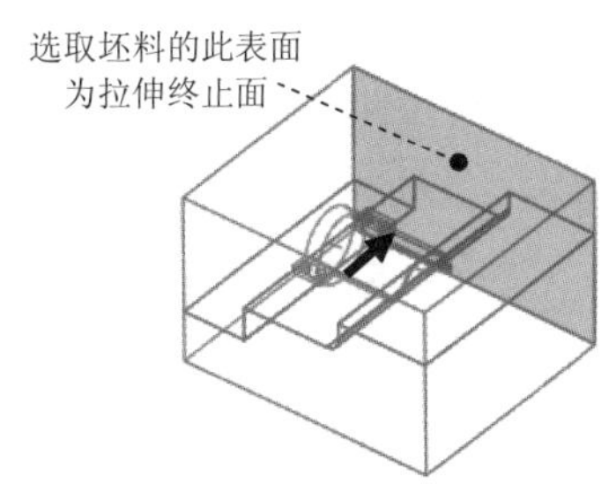

图 15.1.4　选取拉伸终止面

Step 4　在“分型面”选项卡中，单击“确定”按钮 ✔，完成分型面的创建。

Stage3．构建模具元件的体积块

Step 1　选择 **模具** 功能选项卡 分型面和模具体积块 ▾ 区域中的按钮 模具体积块 ▾ ➡ 体积块分割 命令，可进入“分割体积块”菜单。

Step 2　在系统弹出的 ▼ SPLIT VOLUME（分割体积块）菜单中，依次选择 Two Volumes（两个体积块） ➡ All Wrkpcs（所有工件） ➡ Done（完成） 命令，此时系统弹出“分割”对话框和“选择”对话框。

Step 3　用“列表选取”的方法选取分型面。在系统 ➡为分割工件选择分型面. 的提示下，先将鼠标指针移至模型中分型面的位置右击，从系统弹出的快捷菜单中选择 从列表中拾取 命令；单击列表中的 面组:F7(MAIN_PS) 分型面，然后单击 确定(O) 按钮；单击“选择”对话框中的 确定 按钮。在“岛列表”中选中 ☑岛1 复选框，然后单击 Done Sel（完成选择）选项。

Step 4　单击“分割”对话框中的 确定 按钮。

Step 5　此时系统弹出“属性”对话框，同时上半部分变亮，在该对话框中单击 着色 按钮，着色后的模型如图 15.1.5 所示。然后在对话框中输入名称 upper_vol，单击 确定 按钮。

Step 6　此时系统弹出“属性”对话框，同时下半部分变亮，在该对话框中单击 着色 按钮，着色后的模型如图 15.1.6 所示。然后在对话框中输入名称 lower_vol，单击 确定 按钮。

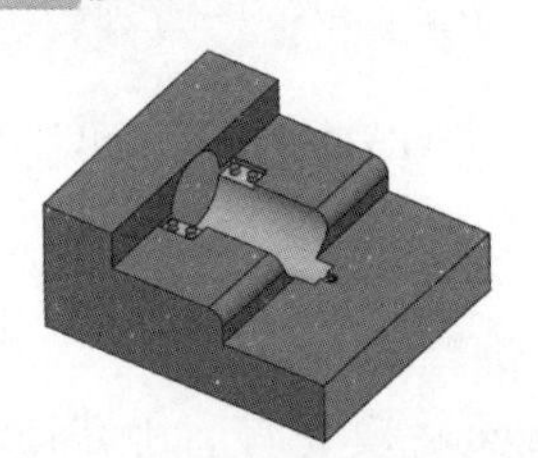

图 15.1.5　着色后的上半部分体积块

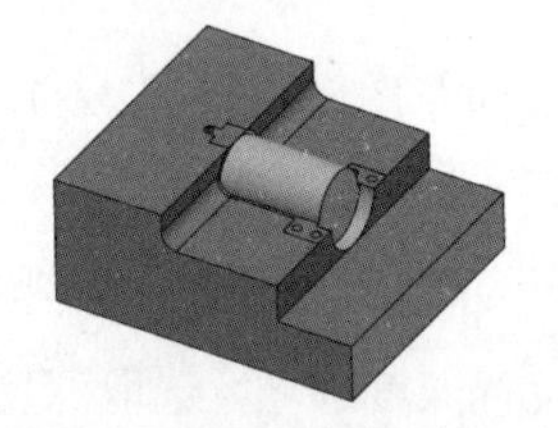

图 15.1.6　着色后的下半部分体积块

Stage4．抽取模具元件

Step 1　选择 模具 功能选项卡 元件 ▾ 区域中 模具元件 ▾ → 型腔镶块 命令，系统弹出“创建模具元件”对话框中，

Step 2　在“创建模具元件”对话框中单击 ≣ 按钮，选择所有体积块，然后单击 确定 按钮。

Stage5．生成浇注件

Step 1　选择 模具 功能选项卡 元件 ▾ 区域中的 创建铸模 命令，系统弹出图 15.1.7 所示的系统提示信息框。

图 15.1.7　系统提示信息框

Step 2　在系统提示框中，输入浇注零件名称 protect_lid_molding，并单击两次 ✓ 按钮。

15.1.2　采用拉伸法设计分型面（二）

下面举例说明采用拉伸法设计分型面的一般方法和操作过程。

Stage1．打开模具模型

将工作目录设置至 D:\creo2mo\work\ch15.01.02，然后打开文件 grip_mold.asm。

Stage2．创建分型面

Step 1　选择命令。单击 模具 功能选项卡 分型面和模具体积块 ▾ 区域中的“分型面”按钮。

Step 2 在系统弹出的“分型面”操控板中的 控制 区域中单击“属性”按钮，在“属性”对话框中，输入分型面名称 main_ps，单击 确定 按钮。

Step 3 通过“拉伸”的方法创建主分型面（图 15.1.8）。

（1）选择命令。单击 **分型面** 功能选项卡 形状 ▾ 区域中的 拉伸 按钮，此时系统弹出“拉伸”操控板。

（2）定义草绘截面放置属性。在图形区右击，从弹出的菜单中选择 定义内部草绘... 命令，在系统 ◆选择一个平面或曲面以定义草绘平面。的提示下，选取图 15.1.9 所示的坯料表面 1 为草绘平面，接受图 15.1.9 中默认的箭头方向为草绘视图方向，然后选取图 15.1.9 所示的坯料表面 2 为参考平面，方向为 顶。单击 草绘 按钮，进入草绘环境。

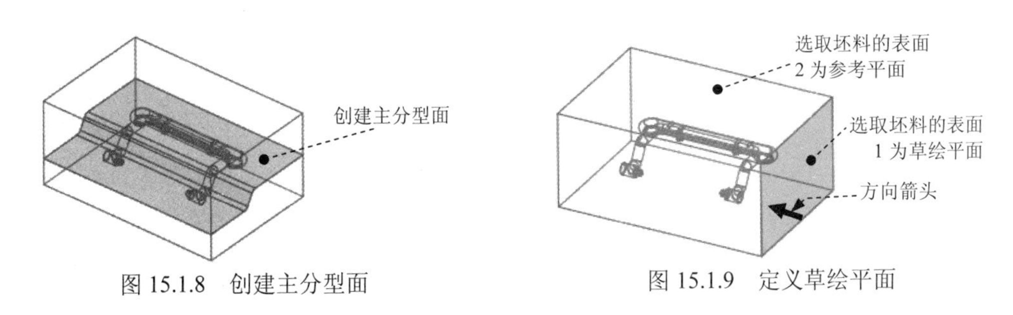

图 15.1.8 创建主分型面　　图 15.1.9 定义草绘平面

（3）截面草图。选取图 15.1.10 所示的坯料的边线和 MAIN_PARTING_PIN 基准平面为草绘参考，绘制图 15.1.10 所示的截面草图，完成截面的绘制后，单击“草绘”选项卡中的“确定”按钮 ✔。

（4）设置深度选项。选取深度类型 ⊥⊥（到选定的），将模型调整到图 15.1.11 所示的视图方位，选取图中所示的坯料表面为拉伸终止面。

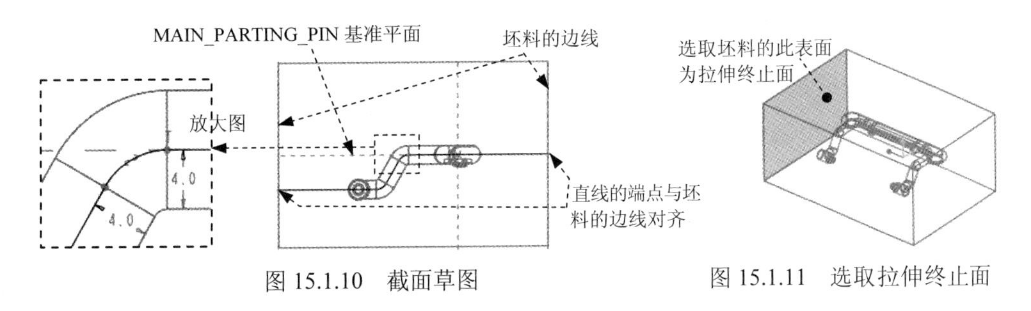

图 15.1.10 截面草图　　图 15.1.11 选取拉伸终止面

（5）在“拉伸”操控板中，单击 ✔ 按钮，完成特征的创建。

Step 4 在“分型面”选项卡中，单击“确定”按钮 ✔，完成分型面的创建。

Stage3．构建模具元件的体积块

Step 1 选择 **模具** 功能选项卡 分型面和模具体积块 ▾ 区域中的按钮 模具体积块 ▾ ➡ 体积块分割 命令，可进入“分割体积块”菜单。

Step 2 在系统弹出的▼SPLIT VOLUME (分割体积块)菜单中，依次选择Two Volumes (两个体积块) → All Wrkpcs (所有工件) → Done (完成)命令，此时系统弹出“分割”对话框和“选择”对话框。

Step 3 用“列表选取”的方法选取分型面。

（1）在系统 ➡为分割工件选择分型面. 的提示下，先将鼠标指针移至模型中分型面的位置右击，从系统弹出的快捷菜单中选择从列表中拾取命令。

（2）在“从列表中拾取”对话框中，单击列表中的面组:F7 (MAIN_PS)分型面，然后单击确定(O)按钮。

（3）单击“选择”对话框中的确定按钮。

Step 4 单击“分割”对话框中的确定按钮。

Step 5 此时系统弹出“属性”对话框，同时下半部分变亮，在该对话框中单击着色按钮，着色后的模型如图 15.1.12 所示。然后在对话框中输入名称 lower_vol，单击确定按钮。

Step 6 此时系统弹出“属性”对话框，同时上半部分变亮，在该对话框中单击着色按钮，着色后的模型如图 15.1.13 所示。然后在对话框中输入名称 upper_vol，单击确定按钮。

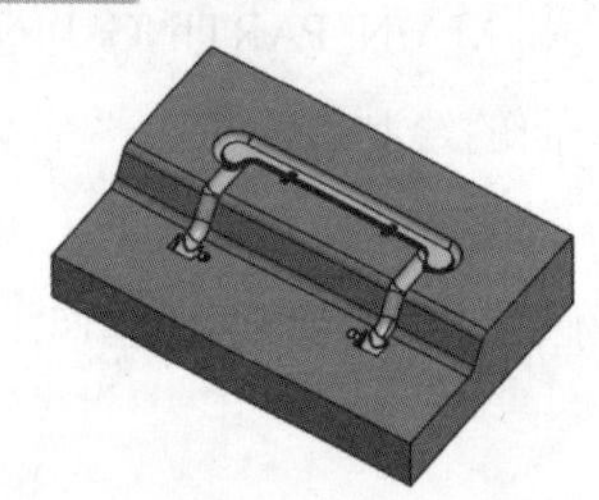

图 15.1.12 着色后的下半部分体积块

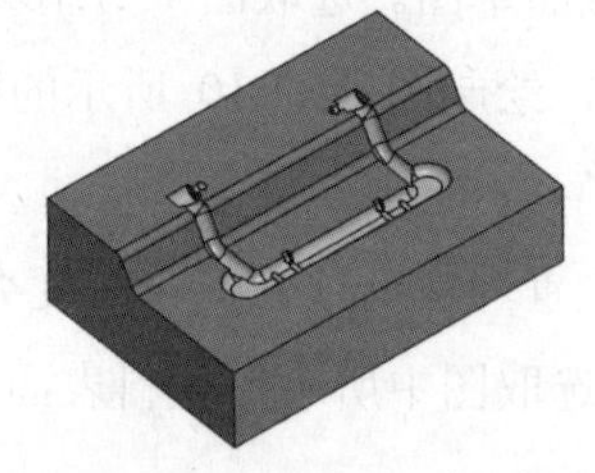

图 15.1.13 着色后的上半部分体积块

Stage4. 抽取模具元件

Step 1 选择 **模具** 功能选项卡元件▼区域中模具元件▼ → 型腔镶块命令，系统弹出“创建模具元件”对话框。

Step 2 在“创建模具元件”对话框中单击 ≣ 按钮，选择所有体积块，然后单击确定按钮。

Stage5. 生成浇注件

Step 1 选择 **模具** 功能选项卡元件▼区域中的创建铸模命令，系统弹出图 15.1.14 所示的系统提示信息框。

图 15.1.14 系统提示信息框

Step 2　在系统提示框中，输入浇注零件名称 grip_molding，并单击两次✔按钮。

15.1.3　采用填充法设计分型面（一）

下面举例说明采用填充法设计分型面的一般方法和操作过程。

Stage1．打开模具模型

将工作目录设置至 D:\creo2mo\work\ch15.01.03，然后打开文件 protect_cover_mold.asm。

Stage2．创建分型面

Step 1　单击 **模具** 功能选项卡 分型面和模具体积块 ▾ 区域中的“分型面”按钮。系统弹出“分型面”操控板。

Step 2　在系统弹出的“分型面”操控板中的 控制 区域单击按钮，在“属性”对话框中，输入分型面名称 main_ps，单击 确定 按钮。

Step 3　创建图 15.1.15 所示的基准平面 1。单击 **分型面** 功能选项卡 基准 ▾ 区域中的“平面”按钮；在模型树中选取 MAIN_PARTING_PLN 基准平面为偏距参考面，在对话框中输入偏移距离值 8.048（若方向相反则输入-8.048）；单击对话框中的 确定 按钮。

Step 4　通过“填充”的方法创建主分型面（图 15.1.16）。单击 **分型面** 功能选项卡 曲面设计 ▾ 区域中的“填充”按钮。此时系统弹出“填充”操控板；选取图中的 ADTM1 为草绘平面，然后选取 MOLD_RIGHT 为参考平面，方向为 顶。单击 草绘 按钮；通过“投影”命令创建图 15.1.17 所示的截面草图；在“填充”操控板中，单击✔按钮，完成特征的创建。

Step 5　在“分型面”选项卡中，单击“确定”按钮✔，完成分型面的创建。

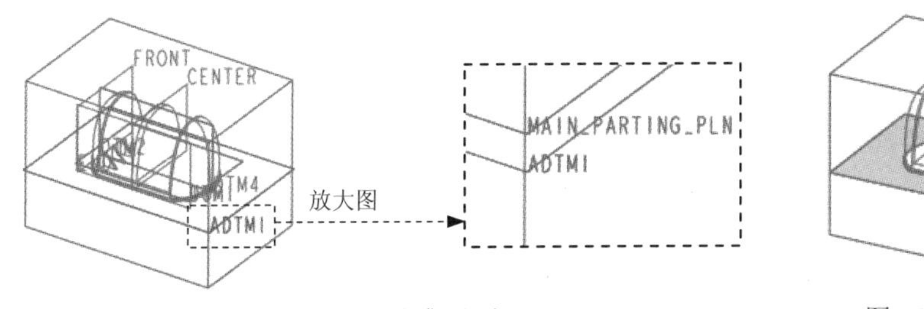

图 15.1.15　基准平面 1

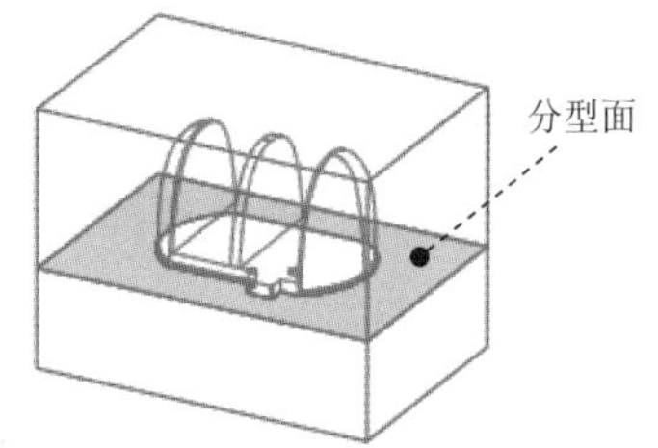

图 15.1.16　创建主分型面

Stage3．构建模具元件的体积块

Step 1　选择 **模具** 功能选项卡 分型面和模具体积块 ▾ 区域中的按钮 模具体积块 ▾ ➡ 体积块分割 命令（即用“分割”的方法构建体积块）。

Step 2　在系统弹出的 ▼ SPLIT VOLUME（分割体积块）菜单中，依次选择 Two Volumes（两个体积块） ➡ All Wrkpcs（所有工件） ➡ Done（完成）命令，此时系统弹出“分割”对话框和“选择”对话框。

Step 3 用“列表选取”的方法选取分型面。在系统 ➡为分割工件选择分型面. 的提示下，在模型中主分型面的位置右击，从快捷菜单中选择 从列表中拾取 命令；在弹出的“从列表中拾取”对话框中，选取列表中的 面组:F8(MAIN_PS) 分型面，然后单击 确定(O) 按钮；在“选择”对话框中单击 确定 按钮。

Step 4 在“分割”对话框中单击 确定 按钮。

Step 5 此时，系统弹出“属性”对话框，同时模型的下半部分变亮，在该对话框中单击 着色 按钮，着色后的模型如图 15.1.18 所示，然后，在对话框中输入名称 lower_vol，单击 确定 按钮。

Step 6 此时，系统弹出“属性”对话框，同时模型的上半部分变亮，在该对话框中单击 着色 按钮，着色后的模型如图 15.1.19 所示，然后，在对话框中输入名称 upper_vol，单击 确定 按钮。

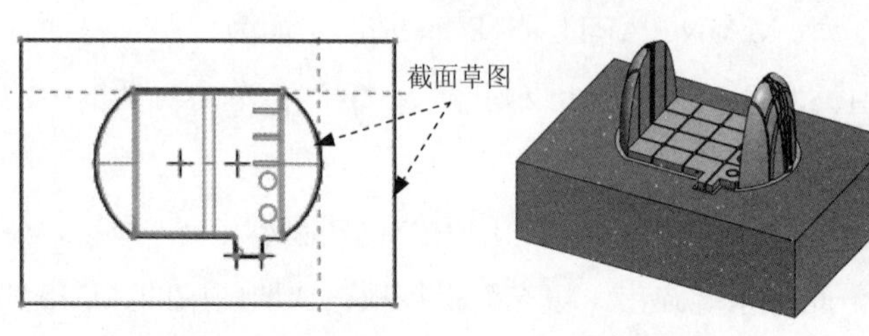

图 15.1.17 截面草图　　图 15.1.18 着色后的下半部分体积块　　图 15.1.19 着色后的上半部分体积块

Stage4. 抽取模具元件及生成浇注件

将浇注件命名为 molding。

15.1.4 采用填充法设计分型面（二）

下面举例说明采用填充法设计分型面的一般方法和操作过程。

Stage1. 打开模具模型

将工作目录设置至 D:\creo2mo\work\ch15.01.04，然后打开文件 turntable_mold.asm。

Stage2. 创建分型面

Step 1 单击 **模具** 功能选项卡 分型面和模具体积块 ▾ 区域中的“分型面”按钮。系统弹出“分型面”操控板。

Step 2 在系统弹出的“分型面”操控板中的 控制 区域单击按钮，在“属性”对话框中，输入分型面名称 main_ps，单击 确定 按钮。

Step 3 通过“填充”的方法创建主分型面(图 15.1.20)。单击 **分型面** 功能选项卡 曲面设计 ▾ 区域中的“填充”按钮。在绘图区右击，从弹出的菜单中选择 定义内部草绘... 命令，在系统 ➡选择一个平面或曲面以定义草绘平面. 的提示下，选取图中的 MAIN_PARTING_

PLN 为草绘平面，然后选取 MOLD_FRONT 为参考平面，方向为 右 。单击 草绘 按钮；通过“投影”命令 创建图 15.1.21 所示的截面草图，在“填充”操控板中，单击 ✔ 按钮，完成特征的创建。

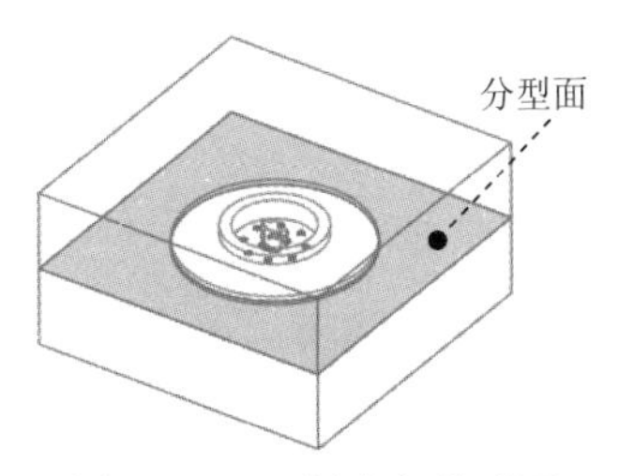

图 15.1.20　创建主分型面

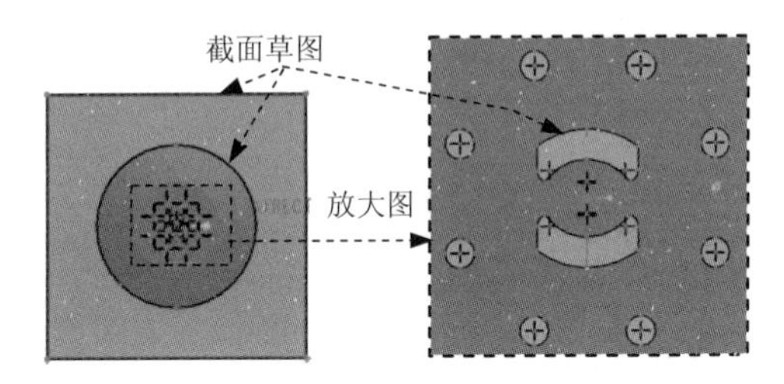

图 15.1.21　截面草图

Step 4　在“分型面”选项卡中，单击“确定”按钮 ✔，完成分型面的创建。

Stage3．构建模具元件的体积块

Step 1　选择 **模具** 功能选项卡 分型面和模具体积块 ▾ 区域中的按钮 模具体积块 ▾ ➡ 体积块分割 命令（即用“分割”的方法构建体积块）。

Step 2　在系统弹出的 ▼ SPLIT VOLUME（分割体积块） 菜单中，依次选择 Two Volumes（两个体积块） ➡ All Wrkpcs（所有工件） ➡ Done（完成） 命令，此时系统弹出“分割”对话框和“选择”对话框。

Step 3　用“列表选取”的方法选取分型面。在系统 ➡为分割工件选择分型面. 的提示下，在模型中主分型面的位置右击，从快捷菜单中选择 从列表中拾取 命令；选取列表中的 面组:F7(MAIN_PS) 分型面，然后单击 确定(O) 按钮；在“选择”对话框中单击 确定 按钮。

Step 4　在“分割”对话框中单击 确定 按钮。

Step 5　此时，系统弹出“属性”对话框，同时模型的下半部分变亮，在该对话框中单击 着色 按钮，着色后的模型如图 15.1.22 所示，然后，在对话框中输入名称 lower_vol，单击 确定 按钮。

Step 6　此时，系统弹出“属性”对话框，同时模型的上半部分变亮，在该对话框中单击 着色 按钮，着色后的模型如图 15.1.23 所示，然后，在对话框中输入名称 upper_vol，单击 确定 按钮。

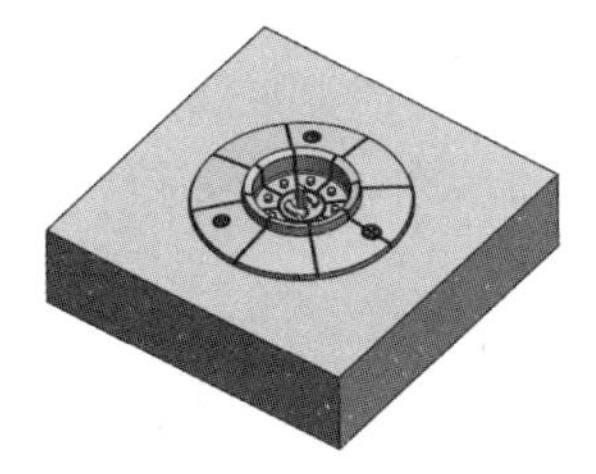

图 15.1.22　着色后的下半部分体积块

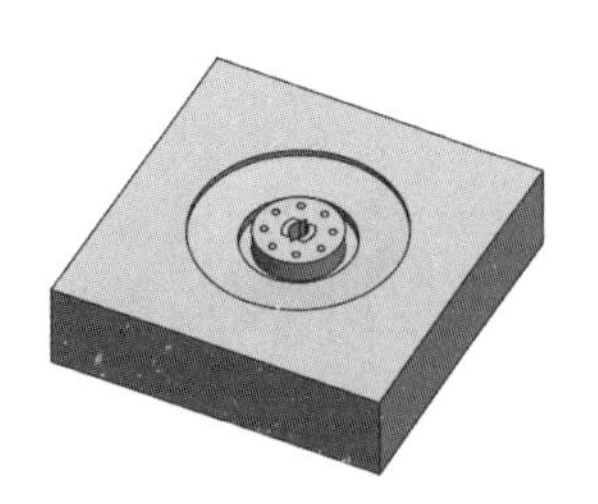

图 15.1.23　着色后的上半部分体积块

Stage4．抽取模具元件及生成浇注件

将浇注件命名为 MOLDING。

15.1.5 采用复制延伸法设计分型面（一）

下面举例说明采用复制延伸法设计分型面的一般方法和操作过程。

Stage1．打开模具模型

将工作目录设置至 D:\creo2mo\work\ch15.01.05，打开文件 part_casting_mold.asm。

Stage2．创建分型面

Step 1 单击 **模具** 功能选项卡 分型面和模具体积块 ▾ 区域中的“分型面”按钮，系统弹出“分型面”操控板。

Step 2 在系统弹出的“分型面”操控板中的 控制 区域单击按钮，在“属性”对话框中，输入分型面名称 main_ps，单击 **确定** 按钮。

Step 3 遮蔽坯料。在模型树中右击 PART_CASTING_WP.PRT，在快捷菜单中选择 遮蔽 命令。

Step 4 复制模型的内表面（共 60 个）。

（1）在屏幕右下方的“智能选取栏”中选择“几何”选项。按住 Ctrl 键选取图 15.1.24 所示的曲面。

（2）单击 **模具** 功能选项卡 操作 ▾ 区域中的“复制”按钮。单击 **模具** 功能选项卡 操作 ▾ 区域中的“粘贴”按钮 ▾。

（3）在系统弹出的 **曲面：复制** 操控板中单击 **选项** 选项卡，然后选中 ◉ 排除曲面并填充孔 单选项，然后单击 填充孔/曲面 区域中的 选择项 ，在图形区选择图 15.1.25 所示的面为参照。

（4）单击 **曲面：复制** 操控板中的 ✔ 按钮，结果如图 15.1.26 所示（隐藏实体）。

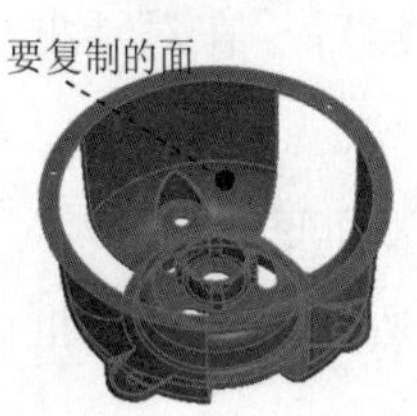

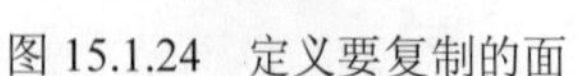
图 15.1.24 定义要复制的面

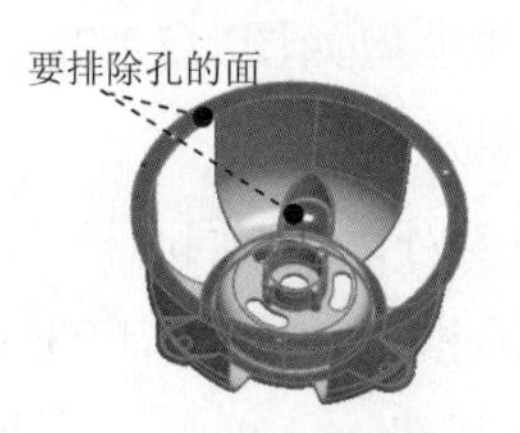

图 15.1.25 定义参照平面

图 15.1.26 复制完成后

Step 5 创建填充曲面（图 15.1.27）。单击 **分型面** 功能选项卡 曲面设计 ▾ 区域中的“填充”按钮；在绘图区右击，从弹出的菜单中选择 定义内部草绘... 命令，在系统 ➡选择一个平面或曲面以定义草绘平面. 的提示下，选取图 15.1.27 所示的平面为草绘平面，然后单击 **草绘** 按钮；通过“投影”命令创建图 15.1.28 所示的截面草图，完成截面的绘制后，单击“草绘”操控板中的“确定”按钮 ✔；在“填充”操控板中，单击 ✔ 按钮，完成特征的创建。

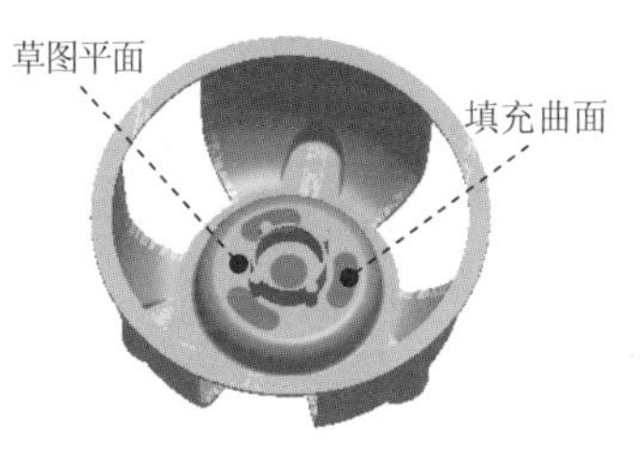

图 15.1.27　创建填充曲面

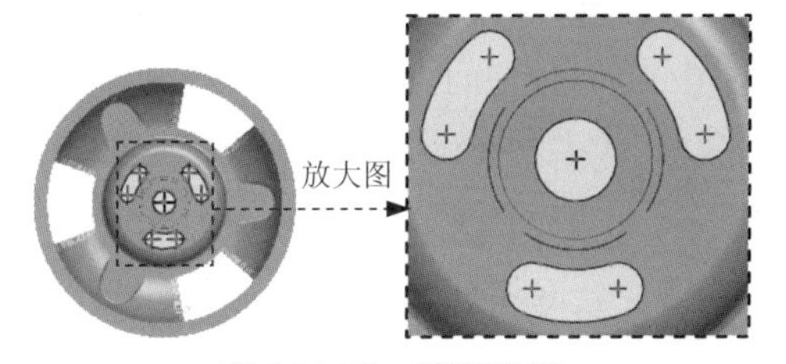

图 15.1.28　截面草图

Step 6　创建旋转曲面 1。单击 **分型面** 功能选项卡 形状 ▾ 区域中的“旋转”按钮 旋转；在绘图区右击，从弹出的菜单中选择 定义内部草绘... 命令，在系统 ➡选择一个平面或曲面以定义草绘平面。的提示下，选取图 15.1.29 所示的平面为草绘平面，然后单击 **草绘** 按钮；通过“投影”命令创建图 15.1.30 所示的截面草图，完成截面的绘制后，单击“草绘”操控板中的“确定”按钮✔。在“旋转”操控板中定义旋转类型为，输入角度值 40，单击✔按钮，完成特征的创建。结果如图 15.1.31 所示。

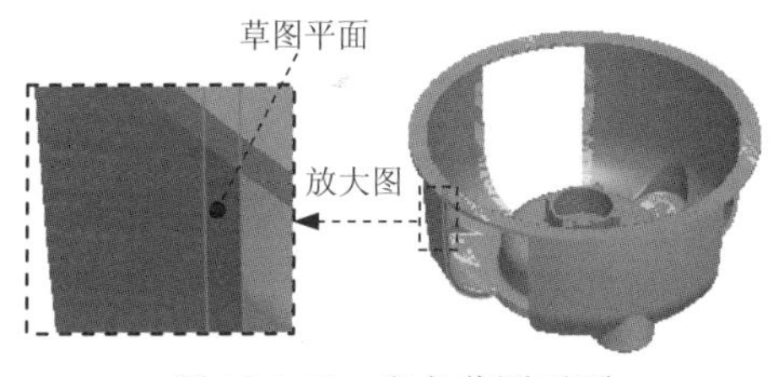

图 15.1.29　定义草图平面

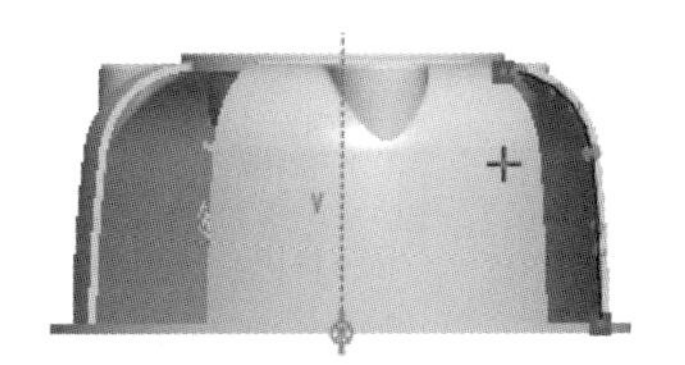

图 15.1.30　截面草图

说明：截面草图是投影模型的内侧边线。

Step 7　创建修剪曲面。选取上步创建的旋转曲面 1，单击 **分型面** 功能选项卡 编辑 ▾ 区域中的 修剪 按钮，此时系统弹出“修剪”操控板。在图形区选择图 15.1.32 所示的边界线为修剪对象，修剪方向如图 15.1.32 所示，单击✔按钮，完成特征的创建。

图 15.1.31　创建旋转曲面 1

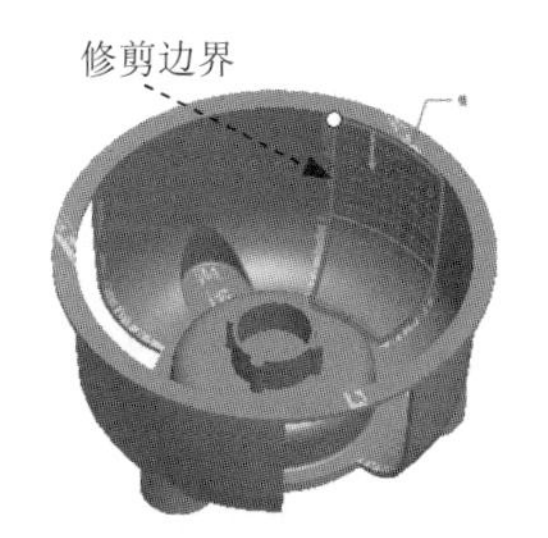

图 15.1.32　定义修剪边界

Step 8　参照 Step6~ Step7 的操作步骤，创建其余两处的旋转曲面并进行修剪。

Step 9　创建合并曲面。在图形区选择 Step4 的复制曲面、Step5 的填充曲面以及 Step6~ Step8 的旋转曲面为合并的对象，然后单击 编辑 ▾ 区域中的 合并 按钮，然后单击✔按钮，完成特征的创建。

Step 10 延伸分型面。

（1）在模型树中右击 PART_CASTING_WP.PRT，在弹出的快捷菜单中选择取消遮蔽命令。

（2）选取图 15.1.33 所示的复制曲面边链，再按住 Shift 键，选取与圆弧边相接的另一条边线（系统自动加亮一圈边线的余下部分）。

（3）选择命令。单击 **分型面** 功能选项卡 编辑 ▼ 区域中的 延伸按钮，在弹出的快捷菜单中单击 延伸 命令，此时系统弹出**延伸** 操控板，按下按钮（将曲面延伸到参考平面）；在系统 ➡选择曲面延伸所至的平面. 的提示下，选取图 15.1.34 所示的表面为延伸的终止面；预览延伸后的面组，确认无误后，单击✔按钮，完成后的延伸曲面如图 15.1.34 所示。

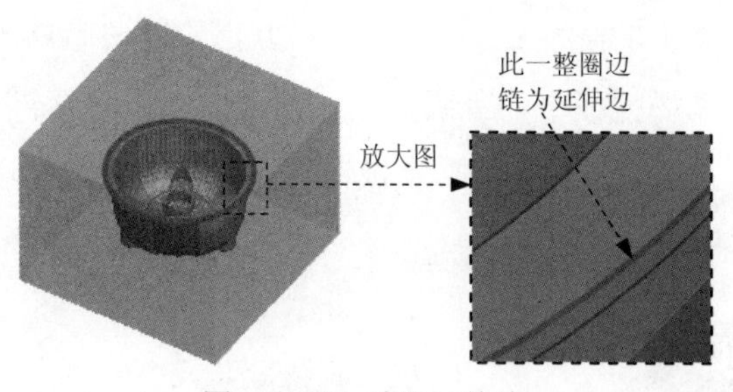

图 15.1.33 选取延伸边

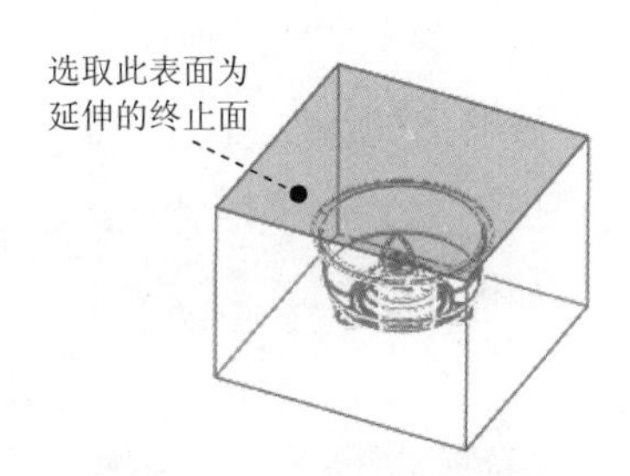

图 15.1.34 完成后的延伸曲面

Step 11 在“分型面”操控板中，单击“确定”按钮✔，完成分型面的创建。

Stage3. 构建模具元件的体积块

Step 1 选择 **模具** 功能选项卡 分型面和模具体积块 ▼ 区域中的 模具体积块 ▼ ➡ 体积块分割 命令，可进入“分割体积块”菜单。

Step 2 在系统弹出的 ▼ SPLIT VOLUME（分割体积块）菜单中，依次选择 Two Volumes（两个体积块） ➡ All Wrkpcs（所有工件） ➡ Done（完成）命令，此时系统弹出“分割”对话框和“选择”对话框。

Step 3 用“列表选取”的方法选取分型面。在系统 ➡为分割工件选择分型面. 的提示下，在模型中主分型面的位置右击，从快捷菜单中选择从列表中拾取命令；选取列表中的面组:F7(MAIN_PS)分型面，然后单击 确定(O) 按钮；在“选择”对话框中单击 确定 按钮。

Step 4 在“分割”对话框中单击 确定 按钮。

Step 5 系统弹出“属性”对话框，同时模型的下半部分变亮，在该对话框中单击 着色 按钮，着色后的模型如图 15.1.35 所示。然后在对话框中输入名称 lower_vol，单击 确定 按钮。

Step 6 系统返回“属性”对话框，同时模型的上半部分变亮，在该对话框中单击 着色 按钮，着色后的模型如图 15.1.36 所示。然后在对话框中输入名称 upper_vol，单击 确定 按钮。

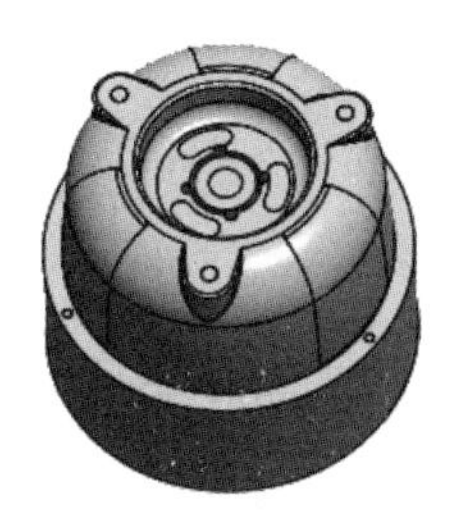
图 15.1.35　着色后的下半部分体积块

图 15.1.36　着色后的上半部分体积块

Stage 4．抽取模具元件及生成浇注件

将浇注件命名为 MOLDING。

15.1.6　采用复制延伸法设计分型面（二）

下面举例说明采用复制延伸法设计分型面的一般方法和操作过程。

Stage1．打开模具模型

将工作目录设置至 D:\creo2mo\work\ch15.01.06，打开文件 trash_can_cover_mold.asm。

Stage2．创建分型面

Step 1　单击 **模具** 功能选项卡 分型面和模具体积块 ▾ 区域中的“分型面”按钮。系统弹出“分型面”操控板。

Step 2　在系统弹出的“分型面”操控板中的 控制 区域单击按钮，在“属性”对话框中，输入分型面名称 main_ps，单击 确定 按钮。

Step 3　遮蔽坯料。在模型树中右击 TRASH_CAN_COVER_WP.PRT，在快捷菜单中选择 遮蔽 命令。

Step 4　创建拉伸曲面（图 15.1.37）。单击 **分型面** 功能选项卡 形状 ▾ 区域中的 拉伸 按钮，在图形区右击，从弹出的菜单中选择 定义内部草绘... 命令，在系统 ➡选择一个平面或曲面以定义草绘平面。的提示下，选取 MOLD_RIGHT 平面为草绘平面，接受默认箭头方向为草绘视图方向，单击 草绘 按钮，进入草绘环境。绘制图 15.1.38 所示的截面草图，完成截面的绘制后，单击“草绘”选项卡中的“确定”按钮 ✔；选取深度类型 （对称），然后在其后面的文本框中输入 18；在“拉伸”操控板中单击“确定”按钮 ✔，完成拉伸曲面的创建。

Step 5　创建修剪曲面。选择拉伸曲面为修剪的对象，单击 **分型面** 功能选项卡 编辑 ▾ 区域中的 修剪 按钮，此时系统弹出“修剪”操控板。在图形区选择图 15.1.39 所示的边界线为修剪对象，修剪方向如图 15.1.39 所示，单击 ✔ 按钮，完成特征的创建，结果如图 15.1.40 所示。

Step 6　复制模型的外表面。在屏幕右下方的“智能选取栏”中选择“几何”选项。按住 Ctrl 键选取图 15.1.41 所示的所需要的曲面；单击 **模具** 功能选项卡 操作 ▾ 区域中的“复制”按钮。单击 **模具** 功能选项卡 操作 ▾ 区域中的“粘贴”按钮；单击 **曲面：复制** 操控板中的 ✔ 按钮，结果如图 15.1.42 所示（隐藏实体）。

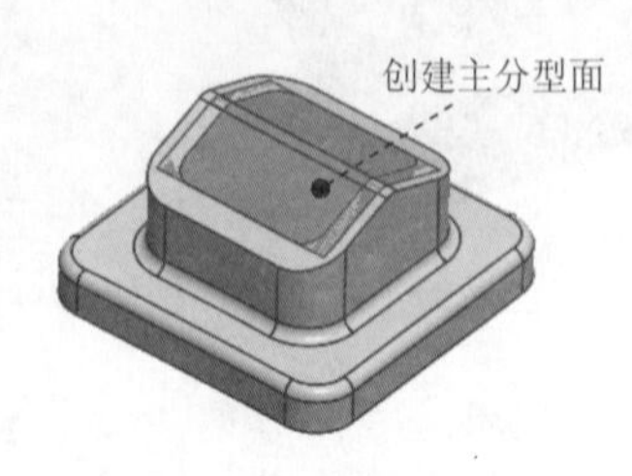

图 15.1.37　创建主分型面

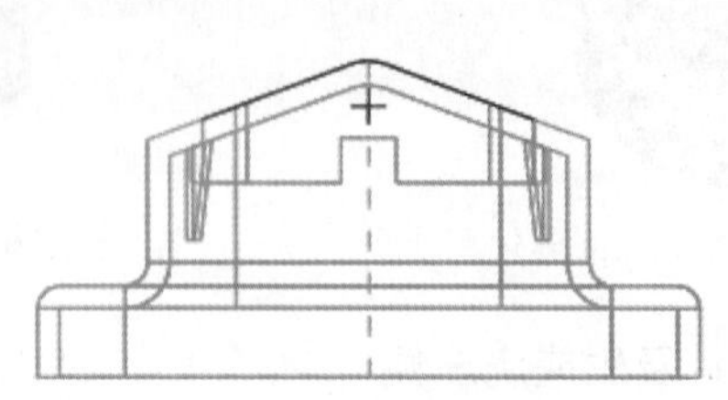
图 15.1.38　截面草图

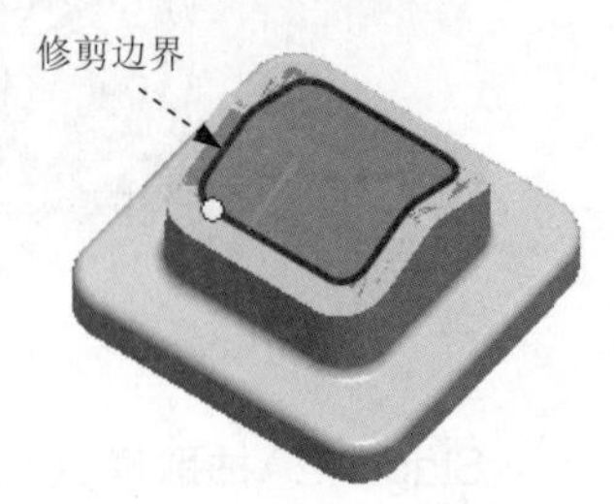

图 15.1.39　定义修剪边界

图 15.1.40　创建修剪曲面

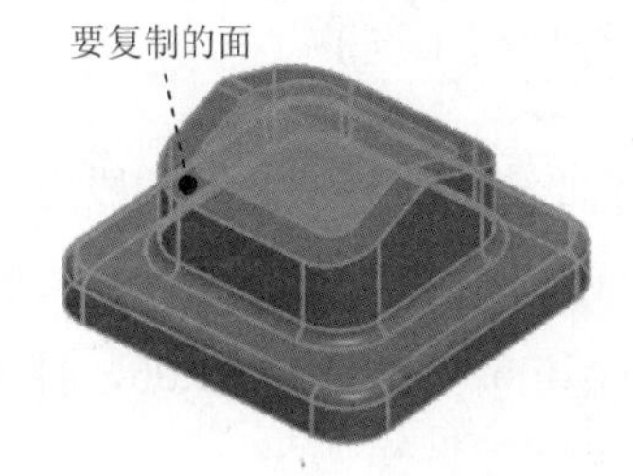

图 15.1.41　定义要复制的面

图 15.1.42　复制完成后

Step 7　创建合并曲面。在图形区选择 Step4 的拉伸曲面和 Step6 复制曲面为合并的对象，然后单击 编辑 ▾ 区域中的 合并 按钮，然后单击 ✔ 按钮，完成特征的创建。

Step 8　延伸分型面。

（1）在模型树中右击 TRASH_CAN_COVER_WP.PRT，在弹出的快捷菜单中选择 取消遮蔽 命令。

（2）选取图 15.1.43 所示的复制曲面边链，再按住 Shift 键，选取与圆弧边相接的另一条边线（系统自动加亮一圈边线的余下部分）。

（3）选择命令。单击 **模型** 功能选项卡 修饰符 ▾ 后的 ▾ 按钮，在弹出的快捷菜单中单击 延伸 命令，此时系统弹出 **延伸** 操控板，按下 按钮（将曲面延伸到参考平面）；在系统 ➡选择曲面延伸所至的平面. 的提示下，选取图 15.1.44 所示的表面为延伸的终止面；预览延伸后的面组，确认无误后，单击 ✔ 按钮，完成延伸曲面的创建。

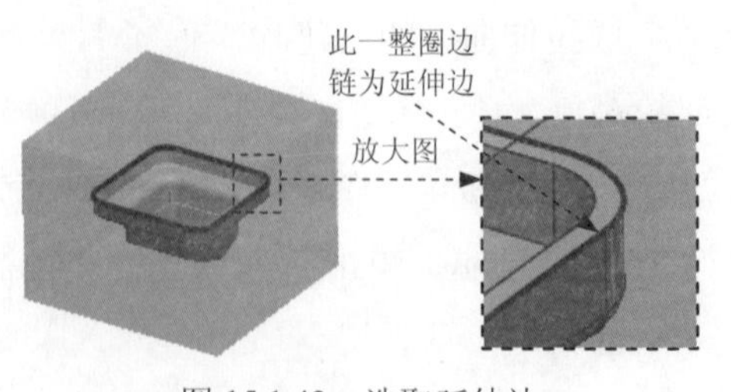

图 15.1.43　选取延伸边

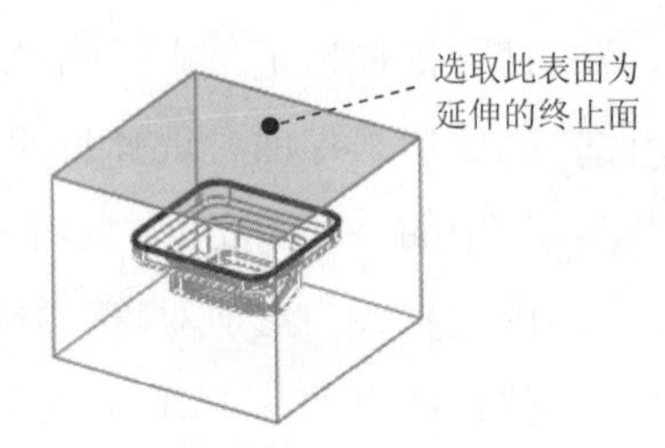

图 15.1.44　定义延伸终止面

Step 9　在“分型面”选项卡中，单击“确定”按钮 ✔，完成分型面的创建。

Stage3．构建模具元件的体积块

Step 1　选择 **模具** 功能选项卡 分型面和模具体积块 ▾ 区域中的 模具体积块 ▾ ➡ 体积块分割 命令，可进入“分割体积块”菜单。

Step 2　在系统弹出的 ▾ SPLIT VOLUME（分割体积块）菜单中，依次选择 Two Volumes（两个体积块） ➡ All Wrkpcs（所有工件） ➡ Done（完成） 命令，此时系统弹出“分割”对话框和“选择”对话框。

Step 3　用“列表选取”的方法选取分型面。在系统 ◆为分割工件选择分型面. 的提示下，在模型中主分型面的位置右击，从快捷菜单中选择 从列表中拾取 命令；选取列表中的 面组:F7(MAIN_PS) 分型面，然后单击 确定(O) 按钮；在“选择”对话框中单击 确定 按钮。

Step 4　在“分割”对话框中单击 确定 按钮。

Step 5　系统弹出“属性”对话框，同时模型的上半部分变亮，在该对话框中单击 着色 按钮，着色后的模型如图 15.1.45 所示。然后在对话框中输入名称 upper_vol，单击 确定 按钮。

Step 6　系统返回“属性”对话框，同时模型的下半部分变亮，在该对话框中单击 着色 按钮，着色后的模型如图 15.1.46 所示。然后在对话框中输入名称 lower_vol，单击 确定 按钮。

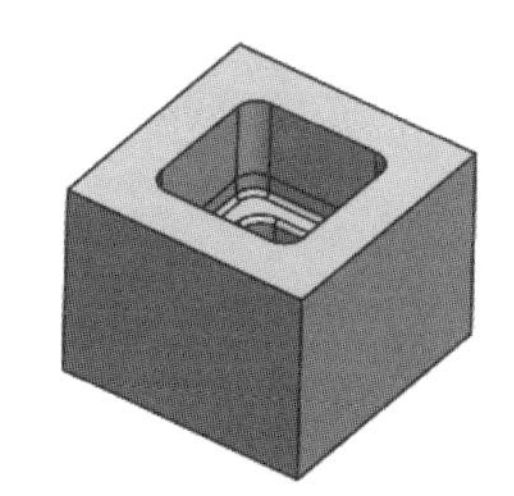

图 15.1.45　着色后的上半部分体积块

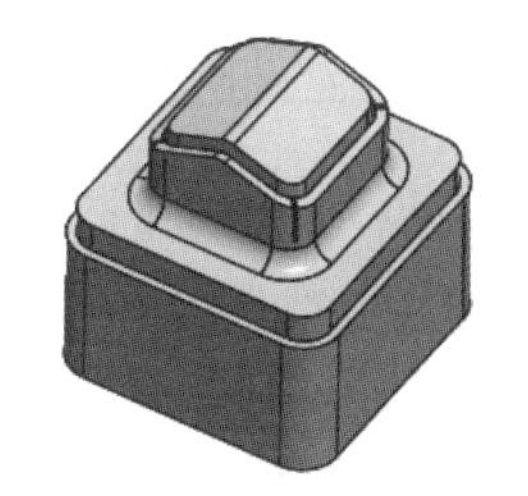

图 15.1.46　着色后的下半部分体积块

Stage4．抽取模具元件及生成浇注件

将浇注件命名为 MOLDING。

15.2　采用阴影法设计分型面

15.2.1　概述

在 Creo 的模具模块中，可以采用阴影法设计分型面，这种设计分型面的方法是利用光线投射会产生阴影的原理，在模具模型中迅速创建所需要的分型面。例如，在图 15.2.1a

所示的模具模型中，在确定了光线的投影方向后，系统先在参考模型上对着光线的一侧确定能够产生阴影的最大曲面，然后将该曲面延伸到坯料的四周表面，最后便得到图 15.2.1b 所示的分型面。

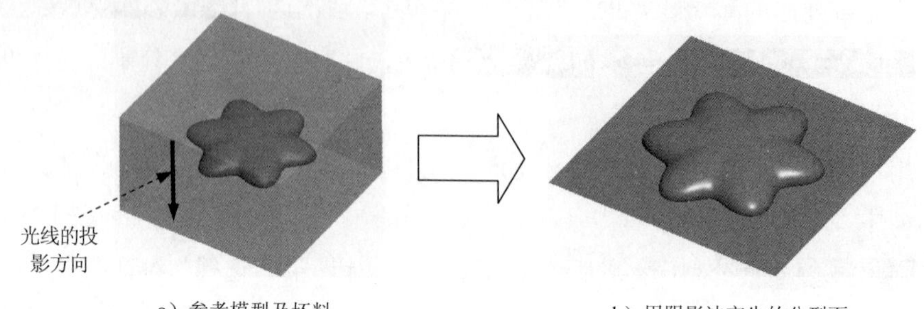

a）参考模型及坯料　　　　b）用阴影法产生的分型面

图 15.2.1　用阴影法设计分型面

采用阴影法设计分型面的命令 阴影曲面 位于 曲面设计 ▾ 区域的下拉列表中，利用该命令创建分型面应注意以下几点：

- 参考模型和坯料不得遮蔽，否则 阴影曲面 命令呈灰色而无法使用。
- 使用该命令前，需对参考模型创建足够的拔模特征。
- 使用 阴影曲面 命令创建的分型面是一个组件特征，如果删除一组边、删除一个曲面或改变环的数量，系统将会正确地再生该分型面。

15.2.2　阴影法设计分型面的一般操作过程

采用阴影法设计分型面的一般操作过程如下：

Step 1 单击 **模具** 功能选项卡 分型面和模具体积块 ▾ 区域中的“分型面”按钮。系统弹出“分型面”操控板。

Step 2 在系统弹出的“分型面”操控板中的 控制 区域单击按钮，在“属性”对话框中，输入分型面名称 ps，单击 确定 按钮。

Step 3 单击 **分型面** 功能选项卡中的 曲面设计 ▾ 按钮，在系统弹出的快捷菜单中单击 阴影曲面 按钮。系统弹出图 15.2.2 所示的“阴影曲面”对话框。

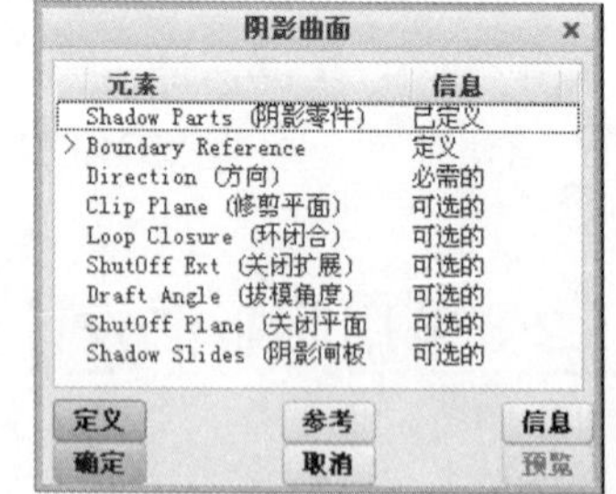

图 15.2.2　“阴影曲面”对话框

图 15.2.2 所示的“阴影曲面”对话框中各元素的说明如下：

- ShutOff Ext (关闭扩展)元素：用于定义“束子”的外围轮廓，一般以草绘的方式来定义“束子”的轮廓。
- Draft Angle (拔模角度)元素：用于定义“束子”四周侧面的拔模角度（倾斜角度）。
- ShutOff Plane (关闭平面 元素：用于定义“束子”的终止平面。

Step 4　指定阴影零件。可选取单个或多个参考模型。

Step 5　选取平面、曲线、边、轴或坐标系，以指定光线投影的方向。

Step 6　根据参考模型边缘的状况，可在阴影曲面上创建“束子”特征。“束子”特征是阴影曲面上的凸起状曲面，如图 15.2.3 所示。对于参考模型边缘比较复杂的模具，创建“束子”特征有利于模具的开启和加工。用户可使用“阴影曲面”对话框中的ShutOff Ext（关闭扩展）、Draft Angle（拔模角度）和ShutOff Plane（关闭平面）三个元素创建“束子”特征。

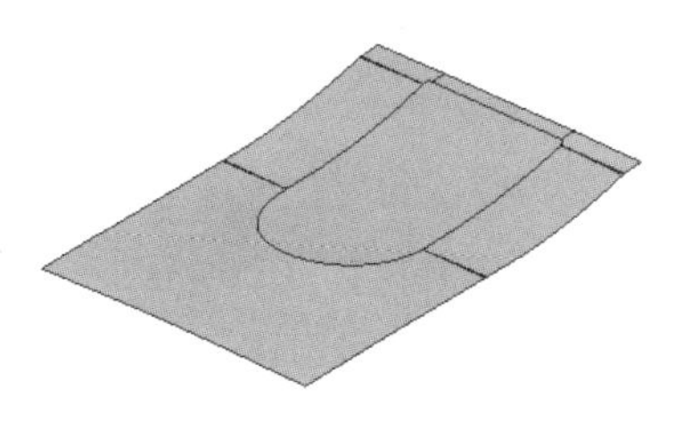

a）无“束子”特征的阴影曲面

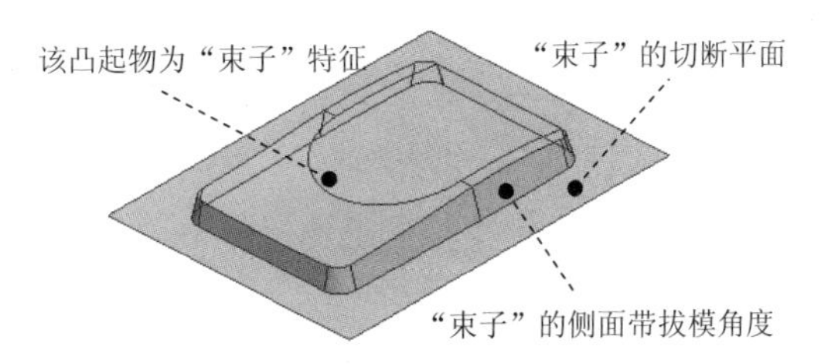

b）有“束子”特征的阴影曲面

图 15.2.3　创建“束子”特征

Step 7　单击“阴影曲面”对话框中的 预览 按钮，预览所创建的阴影曲面，然后单击 确定 按钮完成操作。

15.2.3　阴影法范例（一）——塑料盖的分模

下面以图 15.2.4 所示的模具为例，说明采用阴影法设计分型面的操作过程。

Stage1．打开模具模型

将工作目录设置至 D:\creo2mo\work\ch15.02.01，然后打开文件 sweep_mold.asm。

Stage2．创建分型面

下面将创建图 15.2.5 所示的分型面，以分离模具的上模和下模。

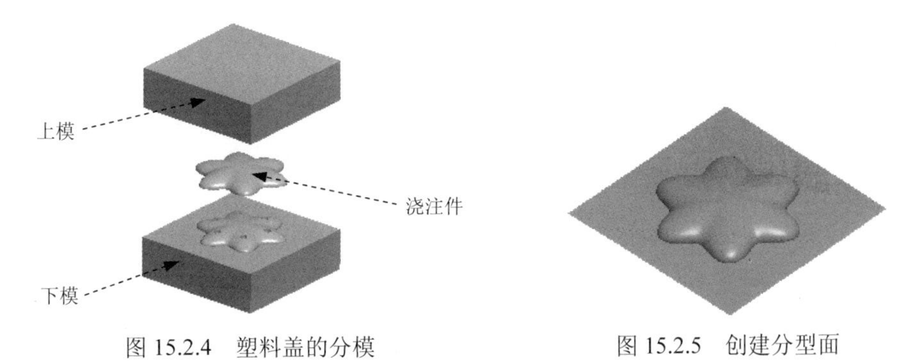

图 15.2.4　塑料盖的分模　　图 15.2.5　创建分型面

Step 1　单击 模具 功能选项卡 分型面和模具体积块 ▾ 区域中的“分型面”按钮，系统弹出“分型面”操控板。

Step 2 在系统弹出的“分型面”操控板中的 控制 区域单击按钮，在“属性”文本框框中输入分型面名称 ps，单击 确定 按钮。

Step 3 单击 **分型面** 功能选项卡中的 曲面设计 ▾ 按钮，在系统弹出的快捷菜单中单击 阴影曲面 按钮，系统弹出“阴影曲面”对话框。在“阴影曲面”对话框中选择 Direction (方向)，然后单击 定义 按钮，系统弹出 ▾ GEN SEL DIR (一般选择方向) 菜单。

Step 4 定义光线投影的方向。在系统弹出的 ▾ GEN SEL DIR (一般选择方向) 菜单中，用户可进行下面的操作来定义光线投影的方向。

（1）在 ▾ GEN SEL DIR (一般选择方向) 菜单中选择 Plane (平面) 命令（系统默认选取该命令）。

（2）在系统 ➡选择将垂直于此方向的平面. 的提示下，选取图 15.2.6 所示的坯料表面。

（3）选择 Okay (确定) 命令，确认图 15.2.6 中的箭头方向为光线投影的方向（若显示相反方向箭头，应单击反向命令）。

Step 5 单击“阴影曲面”对话框中的 预览 按钮，预览所创建的分型面，然后单击 确定 按钮完成操作。

Step 6 在“分型面”选项卡中，单击“确定”按钮✔，完成分型面的创建。

Stage3．用分型面创建上下两个体积块

Step 1 选择 **模具** 功能选项卡 分型面和模具体积块 ▾ 区域中的 模具体积块 ▾ ➡ 体积块分割 命令（即用“分割”的方法构建体积块）。

Step 2 在系统弹出的 ▾ SPLIT VOLUME (分割体积块) 菜单中，依次选择 Two Volumes (两个体积块) ➡ All Wrkpcs (所有工件) ➡ Done (完成) 命令，此时系统弹出“分割”对话框和“选择”对话框。

Step 3 在系统 ➡为分割工件选择分型面. 的提示下，选取图 15.2.7 所示的分型面，然后单击“选择”对话框中的 确定 按钮。

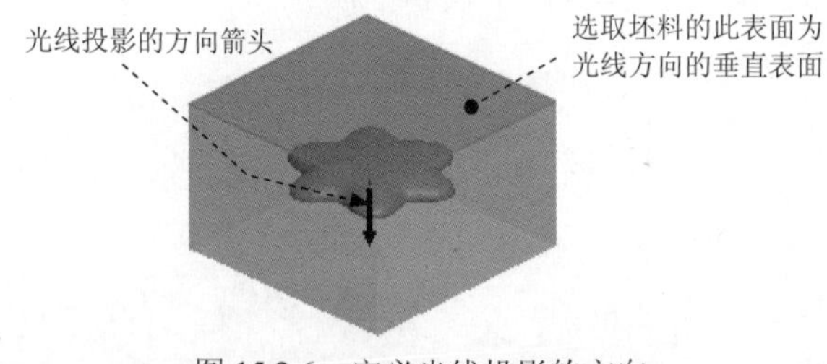

图 15.2.6　定义光线投影的方向

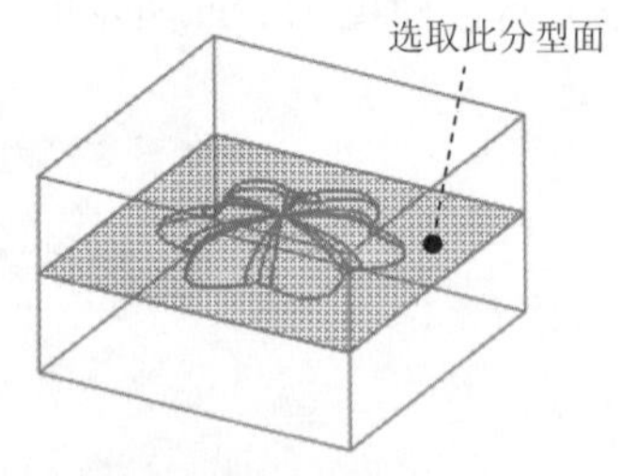

图 15.2.7　选取分型面

Step 4 在“分割”对话框中，单击 确定 按钮。

Step 5 此时，系统弹出“属性”对话框，同时模型的下半部分变亮，在该对话框中单击 着色 按钮，着色后的模型如图 15.2.8 所示，然后，在对话框中输入名称 lower_mold，单击 确定 按钮。

Step 6 系统再次弹出“属性”对话框，同时坯料中分型面上侧的部分变亮，如图 15.2.9 所示，输入名称 upper_mold，单击 确定 按钮。

图 15.2.8 着色后的下侧部分

图 15.2.9 着色后的上侧部分

Stage 4. 抽取模具元件及生成浇注件

将浇注件命名为 MOLDING。

15.2.4 阴影法范例（二）——带孔的防尘盖分模

图 15.2.10 所示的模具分型面是采用阴影法设计的，下面说明其操作过程。

Stage1. 打开模具模型

将工作目录设置至 D:\creo2mo\work\ch15.02.02，然后打开文件 aluminum_cover_mold.asm。

Stage2. 创建分型面

下面将创建图 15.2.11 所示的分型面，以分离模具的上模和下模。

Step 1 单击 **模具** 功能选项卡 分型面和模具体积块 ▼ 区域中的“分型面”按钮，系统弹出“分型面”操控板。

15 Chapter

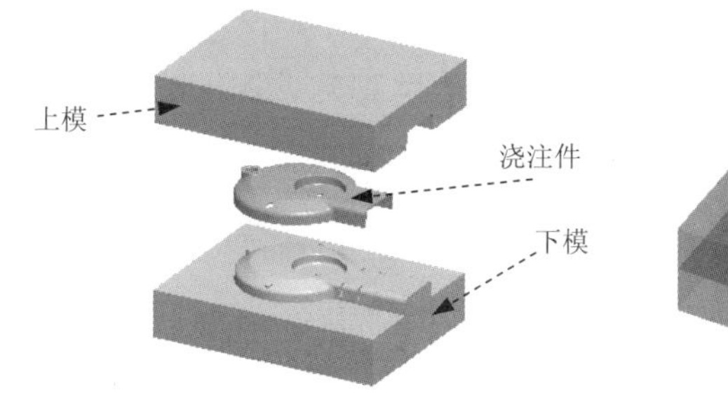

图 15.2.10 带孔的防尘盖分模

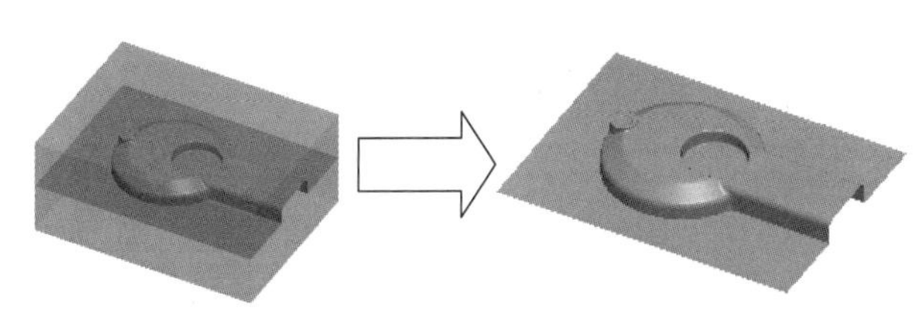
图 15.2.11 创建分型面

Step 2 在系统弹出的“分型面”操控板中的 控制 区域单击按钮，在“属性”文本框中输入分型面名称 ps，单击 确定 按钮。

Step 3 单击 **分型面** 功能选项卡中的 曲面设计 ▼ 按钮，在系统弹出的快捷菜单中单击 阴影曲面 按钮，系统弹出“阴影曲面”对话框，在“阴影曲面”对话框中选择 Direction（方向），然后单击 定义 按钮，系统弹出 ▼ GEN SEL DIR（一般选择方向）菜单。

Step 4 定义光线投影的方向。在系统弹出的 ▼ GEN SEL DIR（一般选择方向）菜单中，用户可进行下面的操作来定义光线投影的方向。

（1）在▼ GEN SEL DIR（一般选择方向）菜单中选择Plane（平面）命令（系统默认选取该命令）。

（2）在系统➪选择将垂直于此方向的平面.的提示下，选取图 15.2.12 所示的坯料表面。

（3）选择Okay（确定）命令，确认图 15.2.12 中的箭头方向为光线投影的方向（若显示相反方向的箭头，应单击反向命令）。

Step 5 单击“阴影曲面”对话框中的 预览 按钮，预览所创建的分型面，然后单击 确定 按钮完成操作。

Step 6 在“分型面”选项卡中，单击“确定”按钮✔，完成分型面的创建。

Stage3．用分型面创建上下两个体积块

Step 1 选择 模具 功能选项卡 分型面和模具体积块 ▾ 区域中的按钮 模具体积块 ▾ ➡ 体积块分割 命令（即用“分割”的方法构建体积块）。

Step 2 在系统弹出的▼ SPLIT VOLUME（分割体积块）菜单中，依次选择Two Volumes（两个体积块）➡ All Wrkpcs（所有工件）➡ Done（完成）命令，此时系统弹出“分割”对话框和“选择”对话框。

Step 3 在系统➪为分割工件选择分型面.的提示下，选取图 15.2.13 所示的分型面，然后单击“选择”对话框中的 确定 按钮。

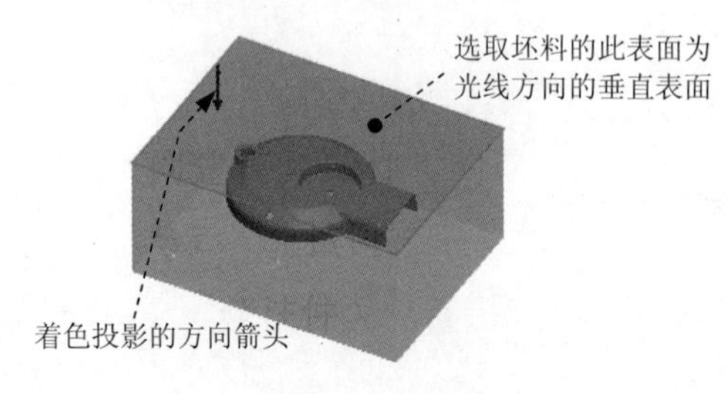

图 15.2.12　定义着色投影的方向

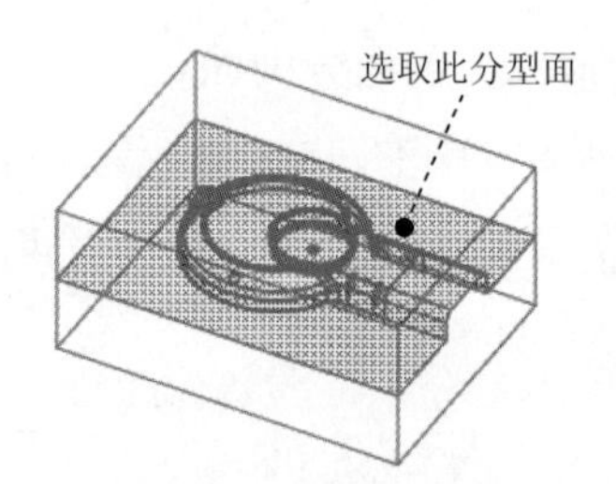

图 15.2.13　选取分型面

Step 4 在“分割”对话框中，单击 确定 按钮。

Step 5 此时，系统弹出“属性”对话框，同时坯料中分型面下侧的部分变亮，在该对话框中单击 着色 按钮，着色后的模型如图 15.2.14 所示，然后，在对话框中输入名称 lower_vol，单击 确定 按钮。

Step 6 系统再次弹出“属性”对话框，同时坯料中分型面上侧的部分变亮，如图 15.2.15 所示，输入名称 upper_vol，单击 确定 按钮。

图 15.2.14　着色后的分型面下侧

图 15.2.15　着色后的分型面上侧

Stage4．抽取模具元件及生成浇注件

将浇注件命名为 MOLDING。

15.2.5 阴影法范例（三）——塑料扣件的分模

图 15.2.16 所示的模具分型面是采用阴影法设计的，下面说明其操作过程。

Stage1．打开模具模型

将工作目录设置至 D:\creo2mo\work\ch15.02.03，打开文件 cover_mold.asm。

Stage2．创建分型面

下面将创建图 15.2.17 所示的分型面，以分离模具的上模和下模。

Step 1 单击 **模具** 功能选项卡 分型面和模具体积块 ▾ 区域中的“分型面”按钮。系统弹出“分型面”操控板。

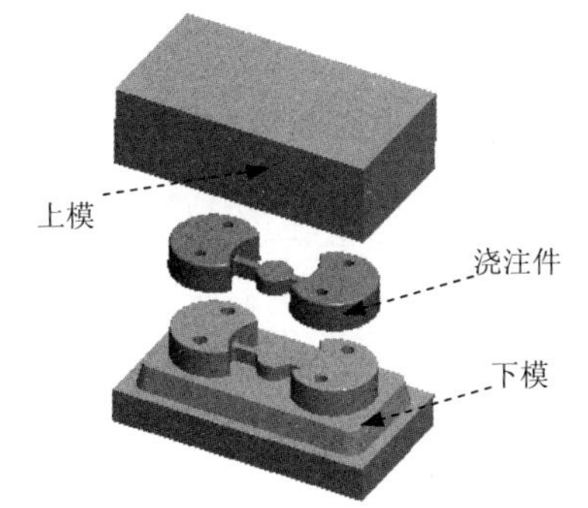

图 15.2.16 塑料扣件的分模

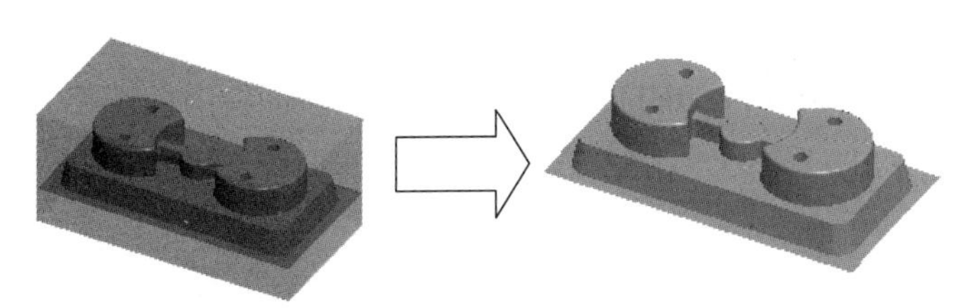

图 15.2.17 分型面

Step 2 在系统弹出的“分型面”操控板中的 控制 区域单击按钮，在“属性”文本框框中输入分型面名称 ps，单击 确定 按钮。

Step 3 单击 **分型面** 功能选项卡中的 曲面设计 ▾ 按钮，在系统弹出的快捷菜单中单击 阴影曲面 按钮，系统弹出“阴影曲面”对话框，在“阴影曲面”对话框中选择 Direction (方向)，然后单击 定义 按钮，系统弹出 ▾ GEN SEL DIR (一般选择方向) 菜单。

Step 4 定义光线投影的方向。在系统弹出的 ▾ GEN SEL DIR (一般选取方向) 菜单中，用户可进行下面的操作来定义光线投影的方向。

（1）在 ▾ GEN SEL DIR (一般选择方向) 菜单中选择 Plane (平面) 命令（系统默认选取该命令）。

（2）在系统 ➡选择将垂直于此方向的平面. 的提示下，选取图 15.2.18 所示的坯料表面。

（3）选择 Okay (确定) 命令，确认图 15.2.18 中的箭头方向为光线投影的方向（若显示相反方向的箭头，应单击反向命令）。

Step 5 在阴影曲面上创建“束子”特征。

（1）定义“束子”特征的轮廓。

① 在图 15.2.19 所示的“阴影曲面”对话框（一）中双击ShutOff Ext （关闭扩展）元素。

② 在系统弹出的▼ SHUTOFF EXT （关闭延伸）菜单中，选择 Boundary （边界） ➡ Sketch （草绘）命令。

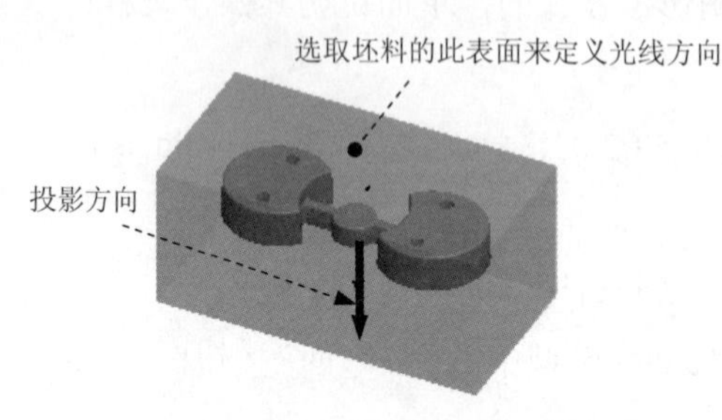

图 15.2.18　定义投影的方向

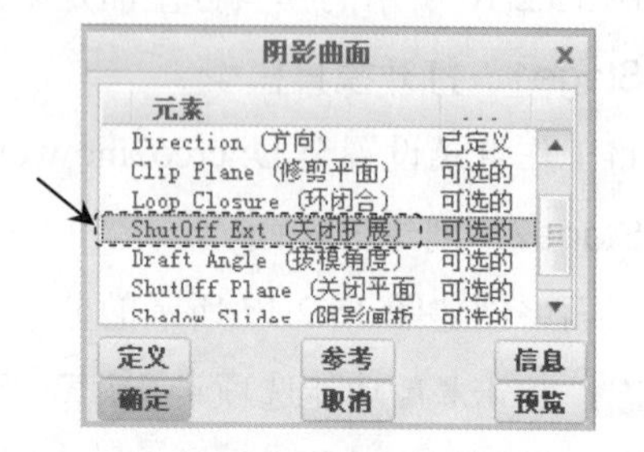

图 15.2.19 “阴影曲面”对话框（一）

③ 设置草绘平面。在▼ SETUP SK PLN （设置草绘平面）菜单中选择 Setup New （新设置）命令，然后在系统➡选择或创建一个草绘平面.的提示下，选取图 15.2.20 所示的坯料表面为草绘平面，选择 Okay （确定）命令，接受默认的箭头方向为草绘平面的查看方向，在▼ SKET VIEW （草绘视图）菜单中选择 Right （右）命令，然后在系统➡为草绘选择或创建一个水平或竖直的参考.的提示下，选取图 15.2.20 所示的坯料表面为参考平面。

④ 绘制“束子”轮廓。进入草绘环境后，选取 MOLD_FRONT 和 MOLD_RIGHT 基准平面为草绘参考，绘制图 15.2.21 所示的截面草图。完成绘制后，单击“确定”按钮 ✔。

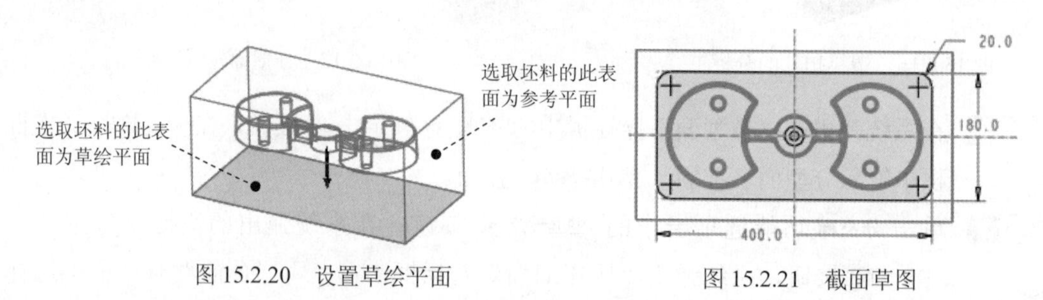

图 15.2.20　设置草绘平面　　　　图 15.2.21　截面草图

（2）定义“束子”的拔模角度。在“阴影曲面”对话框中，双击Draft Angle （拔模角度）元素；在系统弹出的输入拔模角值文本框中，输入拔模角度值 15，单击✔按钮。

（3）创建图 15.2.22 所示的基准平面 ADTM1，该基准平面将在下一步作为“束子”终止平面的参考平面。单击 基准▼ 区域中的“平面”按钮▱；系统弹出“基准平面”对话框，选取 MAIN_PARTING_PLN 基准平面为参考平面，然后输入偏移值 40.0；单击“基准平面”对话框中的 确定 按钮。

（4）定义“束子”的终止平面。在图 15.2.23 所示的“阴影曲面”对话框（二）中，双击 ShutOff Plane （关闭平面 元素；系统弹出▼ ADD RMV REF （加入删除参考）菜单，在系统选择一切断平面. 的提示下，选取上一步创建的 ADTM1 为参考平面；在 ADD RMV REF (加入删除参考) 菜单中，选择 Done/Return (完成/返回) 命令。

Step 6 单击“阴影曲面”对话框（二）中的 预览 按钮，预览所创建的分型面，然后单击 确定 按钮完成操作。

Step 7 在“分型面”选项卡中，单击“确定”按钮✔，完成分型面的创建。

Stage3. 用分型面创建上下两个体积块

Step 1 选择 模具 功能选项卡 分型面和模具体积块 ▾ 区域中的按钮 模具体积块 ▾ → 体积块分割 命令（即用“分割”的方法构建体积块）。

Step 2 在系统弹出的 ▾ SPLIT VOLUME (分割体积块) 菜单中，依次选择 Two Volumes (两个体积块) → All Wrkpcs (所有工件) → Done (完成) 命令，此时系统弹出“分割”对话框和“选择”对话框。

Step 3 在系统 为分割工件选择分型面. 的提示下，选取图 15.2.24 所示的分型面，然后单击“选择”对话框中的 确定 按钮，在“分割”对话框中，单击 确定 按钮。

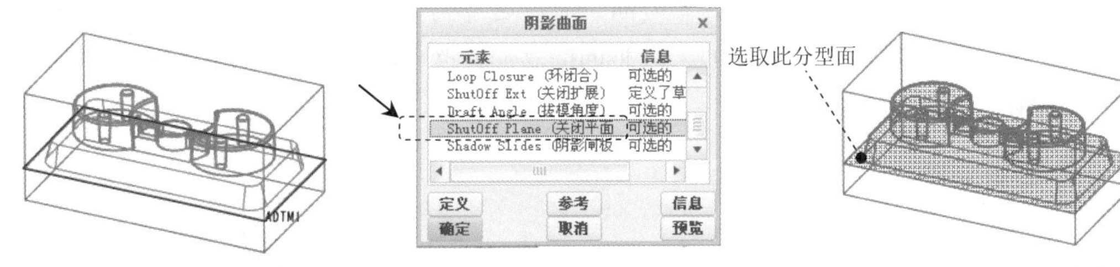

图 15.2.22 创建基准平面 ADTM1　图 15.2.23 “阴影曲面”对话框（二）　图 15.2.24 选取分型面

Step 4 此时，系统弹出“属性”对话框，同时坯料中分型面下半部分变亮，在该对话框中单击 着色 按钮，着色后的模型如图 15.2.25 所示，然后，在对话框中输入名称 lower_mold，单击 确定 按钮。

Step 5 系统再次弹出“属性”对话框，同时坯料中分型面上侧的部分变亮，如图 15.2.26 所示，输入名称 upper_mold，单击 确定 按钮。

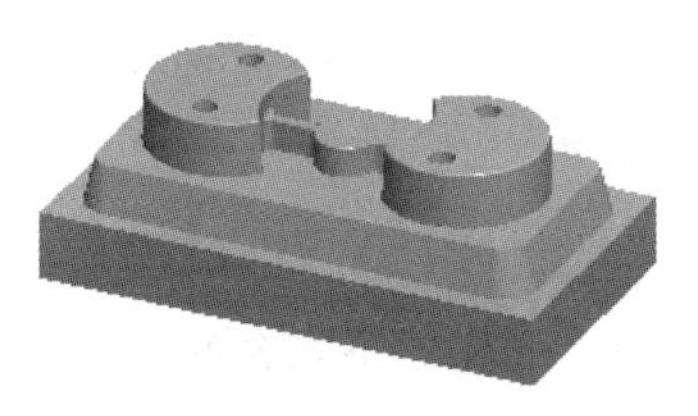

图 15.2.25 着色后的分型面下侧

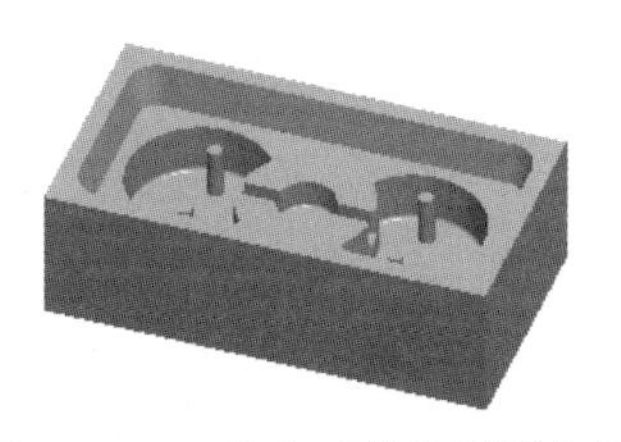

图 15.2.26 着色后的分型面上侧

Stage4. 抽取模具元件及生成浇注件

将浇注件命名为 MOLDING。

15.3 采用裙边法设计分型面

15.3.1 概述

裙边法（Skirt）是 Creo 的模具模块所提供的另一种创建分型面的方法，这是一种沿着参考模型的轮廓线来建立分型面的方法。采用这种方法设计分型面时，首先要创建分型线（Parting Line），然后利用该分型线来产生分型面。分型线通常是参考模型的轮廓线，一般可用轮廓曲线（Silhouette）来建立。

在完成分型线的创建后，通过指定开模方向，系统会自动将外部环路延伸至坯料表面及填充内部环路来产生分型面。

图 15.3.1 所示为采用裙边法设计分型面的例子，其中图 15.3.1a 是模具模型，图 15.3.1b 是根据参考模型创建的轮廓曲线，图 15.3.1c 是在用户指定开模方向后，系统自动生成的裙边曲面，该裙边曲面就是模具的分型面。通过这个例子可以看出，采用裙边法所构建出来的分型面是一个不包含参考模型本身表面的破面，这种分型面有别于一般的覆盖型分型面，这是裙边法最重要的特点。

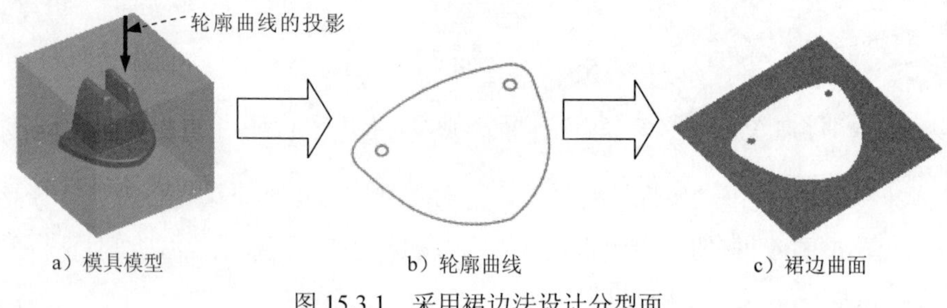

图 15.3.1　采用裙边法设计分型面

采用裙边法设计分型面的命令位于 曲面设计 ▾ 下拉菜单中，利用该命令创建分型面应注意以下几点：

- 参考模型和坯料不得遮蔽，否则“裙边曲面”命令呈灰色而无法使用。
- 使用该命令前，需创建分型曲线（Parting Line）。
- 使用“裙边曲面”命令创建的分型面也是一个组件特征。
- 使用“裙边曲面”命令创建分型面时，有时会出现延伸不完全的情况，此时用户必须手动定义其延伸要素。

15.3.2 轮廓曲线

轮廓曲线是沿着特定的方向对模具模型进行投影而得到的参考模型的轮廓曲线，参见

图 15.3.1b。由于参考模型形状的不同，所产生的轮廓曲线也将有所差异，但所有的轮廓曲线都是由一个或数个封闭的内部环路及外部环路所构成。轮廓曲线的主要作用是建立参考模型的分型线，辅助建立分型面。如果某些轮廓曲线段不产生所需的分型面几何或引起分型面延伸重叠，可将其排除并手工创建投影曲线。

轮廓曲线命令位于 设计特征 区域中（图 15.3.2），用户选择该命令后，系统会弹出图 15.3.3 所示的“轮廓曲线”对话框。

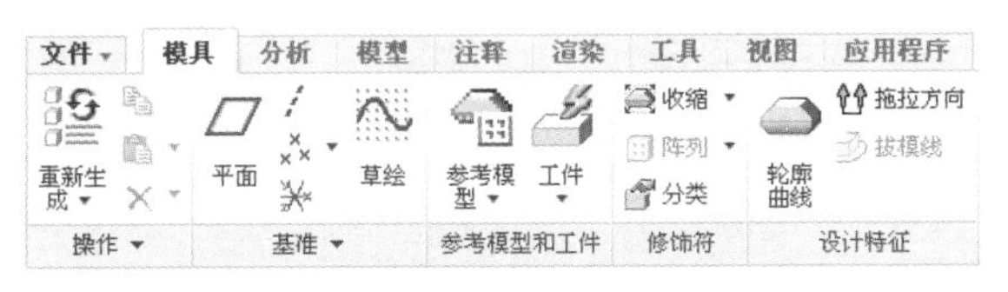

图 15.3.2　轮廓曲线的操作过程和命令

一般情况下，用户只需定义投影的方向，系统便可以自动完成轮廓曲线的建立，但是如果参考模型的某些曲面与投影方向平行时，则在曲面的上方及下方都将产生一条曲线链，而这两条曲线链并不能同时使用，此时就必须定义曲线对话框中的 Loop Selection（环选择 元素。双击该元素后，系统会弹出“环选择”对话框，该对话框包括两个选项卡，它们是 环 和 链 选项卡（图 15.3.4）。在 环 选项卡中，可以选择 包括 按钮来保留某个环路，或者选择 排除 按钮来去掉某个环路；在 链 选项卡中，则可以选择 上部 按钮来使用某个链的上半部分，或者选择 下部 按钮来使用某个链的下半部分。如果某个链仅是单个的链，则其状态为“单一”，该链便没有“上部”或“下部”可供选择，所以选择该链后， 上部 和 下部 按钮均为灰色。

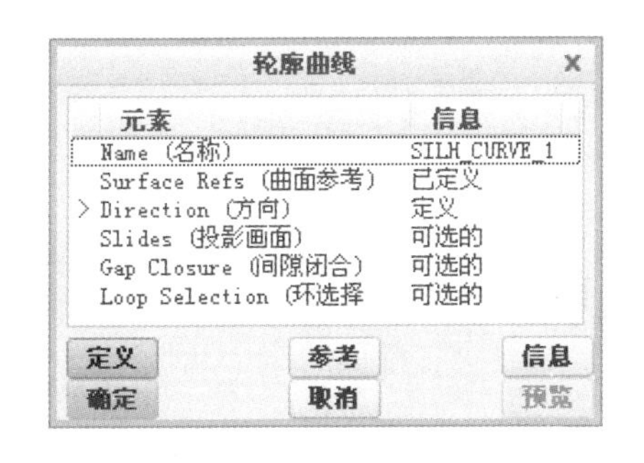

图 15.3.3　“轮廓曲线”对话框

a）“环”选项卡

b）“链”选项卡

图 15.3.4　“环选择”对话框

创建轮廓曲线的一般操作过程如下：

Step 1 单击 **模具** 功能选项卡中 设计特征 区域的“轮廓曲线”按钮，系统弹出“轮廓曲线”对话框。

Step 2 为要创建的轮廓曲线指定名称。系统会默认地命名为 SILH_CURVE_1 或 SILH_CURVE_2 等。

Step 3 选取平面、曲线、边、轴或坐标系，以指定光线投影的方向。

注意：如果已经定义了模型的“拖动方向”，则默认的光线投影方向自动为“拖动方向”的相反方向。

Step 4 可根据需要，在“轮廓曲线”对话框上指定以下任意一项元素。

- Slides (投影画面)：指定处理参考零件中底切区域的体积块和（或）元件。
- Gap Closure (间隙闭合)：处理初始侧面影像中的间隙。
- Loop Selection (环选择)：手工选取环或链，或二者都选，以解决底切和非拔模区中的模糊问题。

Step 5 单击“轮廓曲线”对话框中的 预览 按钮，预览所创建的轮廓曲线，如果发现问题，可双击对话框中的有关元素，进行定义或修改。

Step 6 确认无误后，单击“轮廓曲线”对话框中的 确定 按钮，完成轮廓曲线的创建操作。

15.3.3 裙边法设计分型面的一般操作过程

采用裙边法设计分型面的一般操作过程如下：

Step 1 单击 **模具** 功能选项卡 分型面和模具体积块 ▾ 区域中的“分型面”按钮，系统弹出“分型面”选项卡。

Step 2 在系统弹出的“分型面”操控板中的 控制 区域单击“属性”按钮，在“属性”对话框中，输入分型面名称 ps，单击 确定 按钮。

Step 3 单击 **分型面** 操控板中选择 曲面设计 ▾ 区域中的“裙边曲面”按钮，此时系统弹出“裙边曲面”对话框。

Step 4 指定参考模型。

- 如果模具模型中只有一个参考模型，系统会默认地选取它，此时“裙边曲面”对话框中 Ref Model (参考模型) 元素的信息状态为“已定义”。
- 如果模具模型中有多个参考模型，用户必须手动选取某个参考模型。

Step 5 指定工件（坯料）。必须选取 Creo 在其上创建裙边曲面特征的一个元件。如果模具模型中只有一个工件，系统会默认地选取该工件，此时“裙边曲面”对话框中 Boundary Reference 元素的信息状态为“已定义”。

Step 6 选取平面、曲线、边、轴或坐标系，以指定光线投影的方向。

注意：如果已定义了模型的“拖动方向”，则默认的光线投影方向自动为“拖动方向”的相反方向。

Step 7 在参考零件上选取分型线，分型线中可能含有内环（供将来填充用）和外环（供将来延伸用）。一般事先用轮廓曲线创建分型线。

Step 8 如果要进行裙边曲面的延伸控制，可双击“裙边曲面”对话框中的Extension (延伸)元素，系统弹出图 15.3.5 所示的“延伸控制”对话框。

图 15.3.5 所示的“延伸控制”对话框中的各选项卡说明如下：

- 在“延伸曲线”选项卡中，可以选取曲线特征中的哪些线段要加入裙边延伸。
- 在“相切条件”选项卡中，可以指定裙边的延伸方向与相邻的参考模型表面相切。
- 在“延伸方向”选项卡中，可以更改裙边曲面的延伸方向。

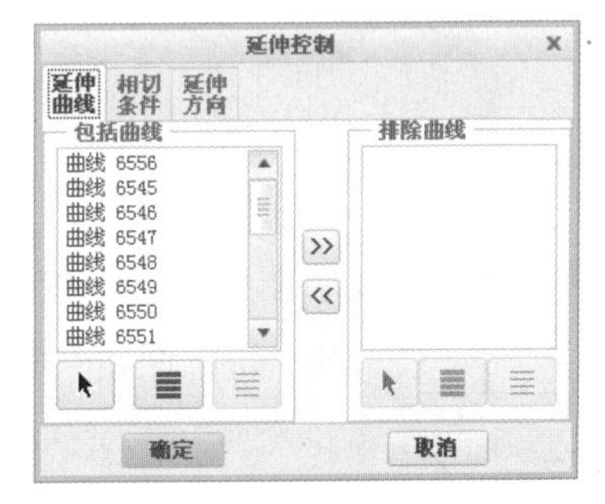

图 15.3.5 “延伸控制”对话框

Step 9 如果要改变处理内环的方法，可双击“裙边曲面”对话框中的Loop Closure (环闭合)元素，然后进行相关的操作。

Step 10 根据参考模型边缘的状况，可在裙边曲面上创建“束子”特征，用户可使用“裙边曲面”对话框中的ShutOff Ext (关闭扩展)、Draft Angle (拔模角度)和ShutOff Plane (关闭平面三个元素创建“束子”特征。在裙边曲面上创建“束子”特征的方法，与在阴影曲面上创建“束子”特征的方法相同。

- ShutOff Ext (关闭扩展)元素：用于定义束子的外围轮廓，一般以草绘的方式来定义束子的轮廓。
- Draft Angle (拔模角度)元素：用于定义束子四周侧面的拔模角度（倾斜角度）。
- ShutOff Plane (关闭平面元素：用于定义束子的终止平面。

Step 11 单击“裙边曲面”对话框中的 预览 按钮，预览所创建的裙边曲面，然后单击 确定 按钮完成操作。

15.3.4 裙边法范例（一）——塑料底座的分模

下面以图 15.3.6 所示的模具为例，说明采用裙边法设计分型面的一般操作过程。

Stage1．打开模具模型

将工作目录设置至 D:\creo2mo\work\ch15.03.01，打开文件 bracket_mold.asm。

Stage2．创建分型面

下面将创建图 15.3.7 所示的分型面，以分离模具的上模和下模。

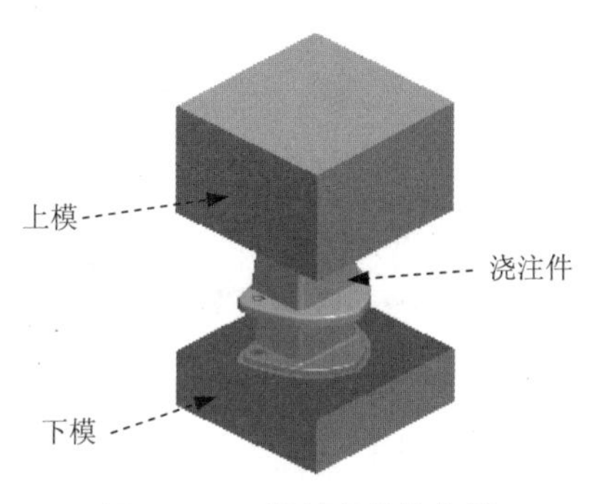

图 15.3.6 塑料底座的分模

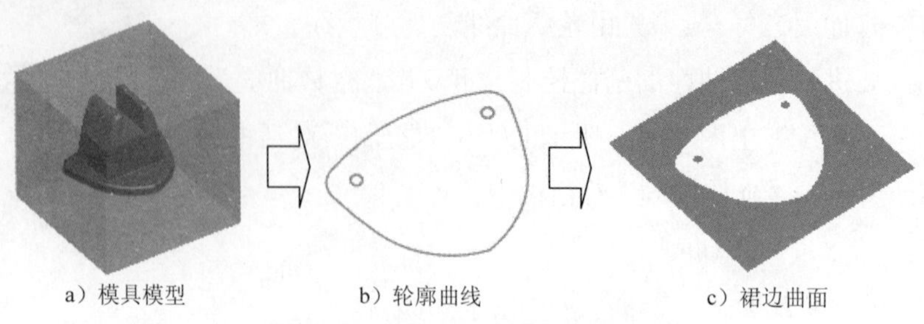

a）模具模型　　b）轮廓曲线　　c）裙边曲面

图 15.3.7　采用裙边法设计分型面

Step 1 创建轮廓曲线。单击 **模具** 功能选项卡中 设计特征 区域的“轮廓曲线”按钮，系统弹出“轮廓曲线”对话框；接受图 15.3.8 中所示的箭头方向为光线投影方向，单击“轮廓曲线”对话框中的 预览 按钮，预览所创建的轮廓曲线（图 15.3.9），然后单击 确定 按钮完成操作。

Step 2 设计分型面。

（1）单击 **模具** 功能选项卡 分型面和模具体积块 ▾ 区域中的“分型面”按钮，系统弹出“分型面”操控板。

（2）在系统弹出的“分型面”操控板中的 控制 区域单击按钮，在“属性”文本框中输入分型面名称 ps，单击 确定 按钮。

（3）单击 **分型面** 功能选项卡中的 曲面设计 ▾ 区域中的“裙边曲面”按钮，系统弹出“裙边曲面”对话框。

（4）定义光线投影的方向。接受图 15.3.9 中的箭头方向。

（5）在弹出的 ▾ CHAIN（链）菜单中，选择 Feat Curves（特征曲线）命令，然后在系统 ➪选择包含曲线的特征。的提示下，用“列表选取”的方法选取前面创建的轮廓曲线。将鼠标指针移至模型中曲线的位置，右击，从弹出的菜单中选择 从列表中拾取 命令，在弹出的“从列表中拾取”对话框中，选取 F7 (SILH_CURVE_1) 项，然后单击 确定(O) 按钮，选择 Done（完成）命令。

（6）在“裙边曲面”对话框中，单击 预览 按钮，预览所创建的分型面，然后单击 确定 按钮完成操作；在“分型面”选项卡中，单击“确定”按钮✔，完成分型面的创建。

Stage3．用分型面创建上下两个体积块

Step 1 选择 **模具** 功能选项卡 分型面和模具体积块 ▾ 区域中的按钮 模具体积块 ▾ ➡ 体积块分割 命令（即用“分割”的方法构建体积块）。

Step 2 在系统弹出的 ▾ SPLIT VOLUME（分割体积块）菜单中，依次选择 Two Volumes（两个体积块）➡ All Wrkpcs（所有工件）➡ Done（完成）命令，此时系统弹出“分割”对话框和“选择”对话框。

Step 3 在系统 ➪为分割工件选择分型面。的提示下，选取分型面，然后单击“选择”对话框中的 确定 按钮。

Step 4 在“分割”对话框中单击 确定 按钮。

Step 5 系统弹出“属性”对话框，同时坯料中分型面下侧的部分变亮（图15.3.10），在对话框中输入名称 lower_vol，单击 确定 按钮。

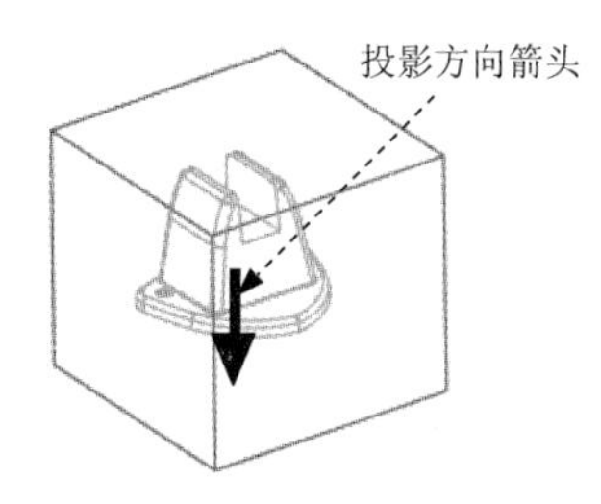

图15.3.8 定义光线投影方向

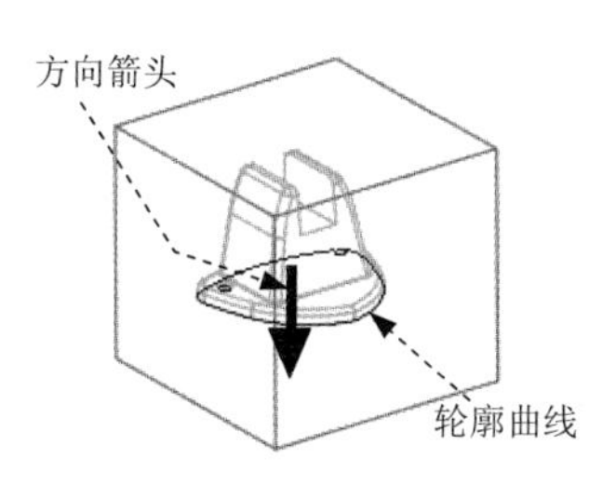

图15.3.9 轮廓曲线

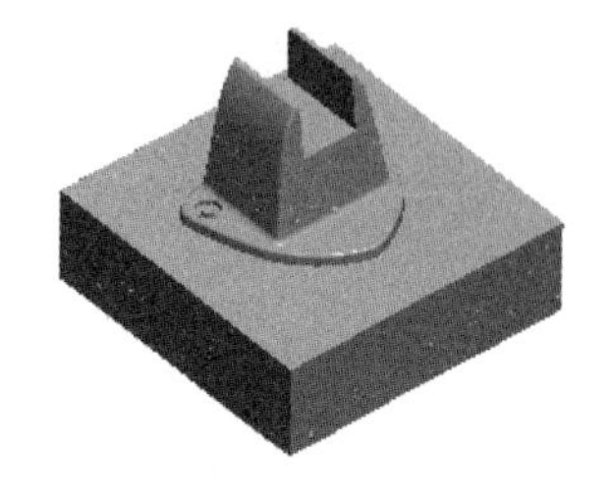

图15.3.10 着色后的下侧部分

Step 6 系统再次弹出“属性”对话框，同时坯料中分型面上侧的部分变亮（图15.3.11），输入名称 upper_vol，单击 确定 按钮。

Stage4．抽取模具元件及生成浇注件

将浇注件命名为 MOLDING。

15.3.5 裙边法范例（二）——面板的分模

图15.3.12 所示的模具分型面是采用裙边法设计的，下面说明其操作过程。

图15.3.11 着色后的上侧部分

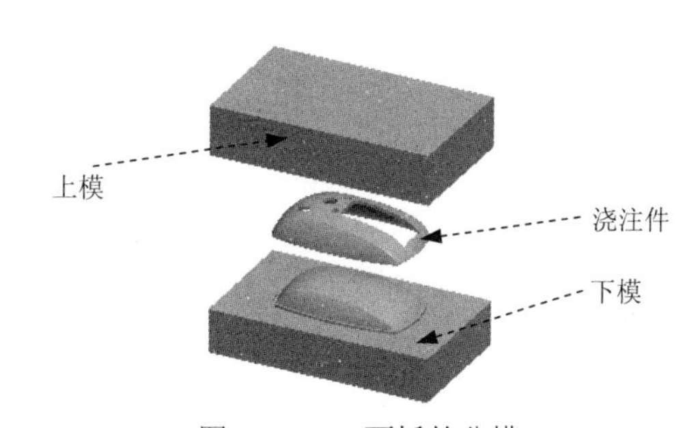

图15.3.12 面板的分模

Stage1．打开模具模型

将工作目录设置至 D:\creo2mo\work\ch15.03.02，打开文件 hole_cover_mold.asm。

Stage 2．创建分型面

下面将创建图15.3.13 所示的分型面，以分离模具的上模和下模。

Step 1 创建轮廓曲线。单击 **模具** 功能选项卡中 设计特征 区域的“轮廓曲线”按钮，系统弹出“轮廓曲线”对话框；在“轮廓曲线”对话框中选择 Direction (方向)，然后单击 定义 按钮，在系统 ➡选择将垂直于此方向的平面. 的提示下，选取图15.3.14 所示的坯料表面来定义光线的方向，选择 Okay (确定) 命令，接受图15.3.14 中的箭头方向为光线投影方向；单击“轮廓曲线”对话框中的 预览 按钮，预览所创建的轮廓曲线，然后单击 确定 按钮完成操作。

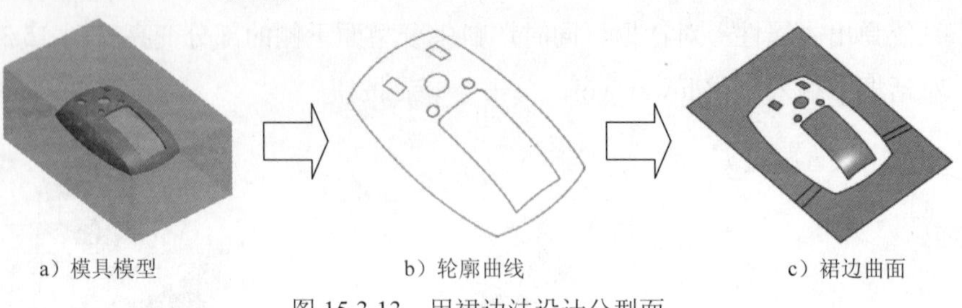

图 15.3.13　用裙边法设计分型面

Step 2 采用裙边法设计分型面。

（1）单击 **模具** 功能选项卡 分型面和模具体积块 ▾ 区域中的“分型面”按钮，系统弹出“分型面”操控板。

（2）在系统弹出的“分型面”操控板中的 控制 区域单击按钮，在“属性”文本框中输入分型面名称 ps，单击 确定 按钮。

（3）单击 **分型面** 功能选项卡中的 曲面设计 ▾ 区域中的“裙边曲面”按钮，系统弹出“裙边曲面”对话框。

（4）在系统 ➩选择将垂直于此方向的平面. 的提示下，接受系统默认的箭头方向为光线投影方向。

（5）在弹出的 ▼ CHAIN（链） 菜单中选择 Feat Curves（特征曲线） 命令，然后在系统 ➩选择包含曲线的特征. 的提示下，用“列表选取”的方法选取图 15.3.15 所示的轮廓曲线：将鼠标指针移至模型中曲线的位置，右击，在弹出的菜单中选择 从列表中拾取 命令，在弹出的“从列表中拾取”对话框中选取 F7(SILH_CURVE_1) 项，然后单击 确定(O) 按钮，选择 Done（完成） 命令。

（6）单击“裙边曲面”对话框中的 预览 按钮，预览所创建的分型面（图 15.3.16），然后单击 确定 按钮完成操作。

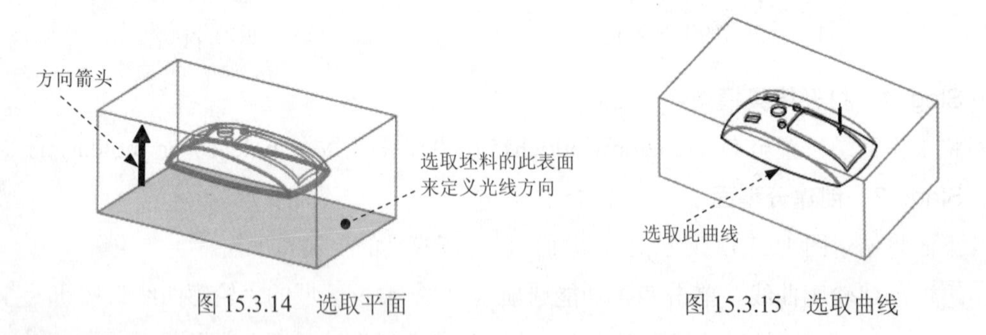

图 15.3.14　选取平面　　　图 15.3.15　选取曲线

（7）在“分型面”选项卡中，单击“确定”按钮✔，完成分型面的创建。

Stage3. 用分型面创建上下两个体积块

Step 1 选择 **模具** 功能选项卡 分型面和模具体积块 ▾ 区域中的按钮 模具体积块 ▾ ➡ 体积块分割 命

令（即用“分割”的方法构建体积块）。

Step 2 在系统弹出的 ▼ SPLIT VOLUME (分割体积块) 菜单中，依次选择 Two Volumes (两个体积块) → All Wrkpcs (所有工件) → Done (完成) 命令，此时系统弹出“分割”对话框和“选择”对话框。

Step 3 在系统 ➡为分割工件选择分型面. 的提示下，选取前面创建的分型面，并单击“选择”对话框中的 确定 按钮，再单击对话框中的 确定 按钮。

Step 4 系统弹出“属性”对话框，同时坯料中分型面下侧的部分变亮，如图 15.3.17 所示，在对话框中输入名称 lower_vol，单击 确定 按钮。

Step 5 系统再次弹出“属性”对话框，同时坯料中分型面上侧的部分变亮，如图 15.3.18 所示，输入名称 upper_vol，单击 确定 按钮。

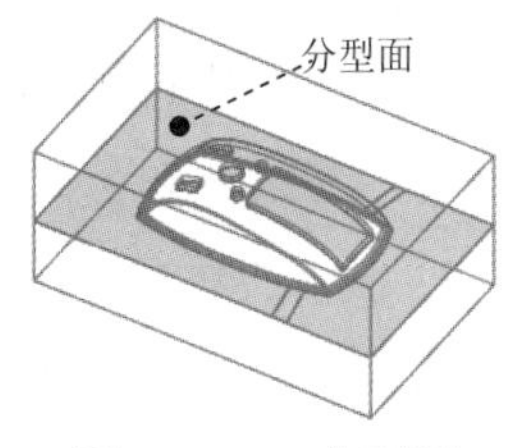

图 15.3.16 分型面

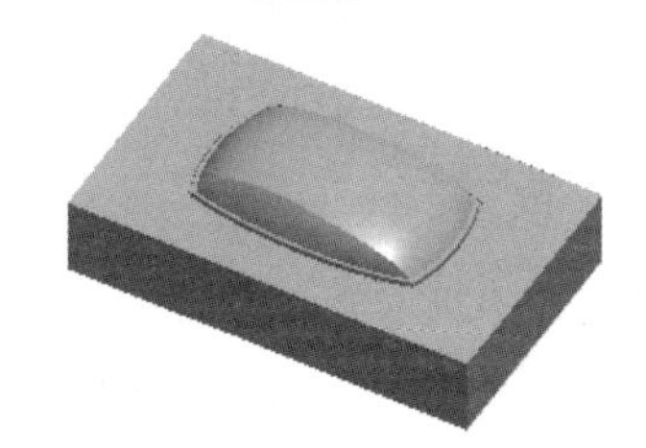

图 15.3.17 着色后的下侧部分

图 15.3.18 着色后的上侧部分

Stage4. 抽取模具元件及生成浇注件

将浇注件命名为 MOLDING。

15.3.6 裙边法范例（三）——钟表外壳的分模

图 15.3.19 所示的模具分型面是采用裙边法设计的，下面说明其操作过程。

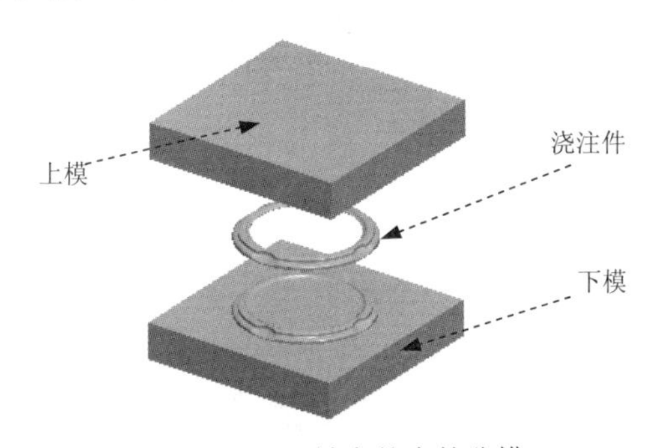

图 15.3.19 钟表外壳的分模

Stage1. 打开模具模型

将工作目录设置至 D:\creo2mo\work\ch15.03.03，打开文件 clock_surface_mold.asm。

Stage2. 创建分型面

下面要创建图 15.3.20 所示的分型面，以分离模具的上模和下模。

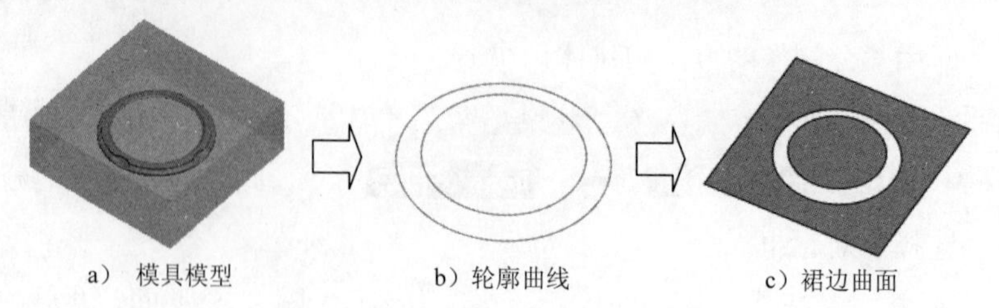

图 15.3.20 用裙边法设计分型面

Step 1 创建轮廓曲线。

（1）单击 **模具** 功能选项卡中 设计特征 区域的“轮廓曲线”按钮，系统弹出“轮廓曲线”对话框。

（2）接受系统默认的箭头方向为光线投影方向，遮蔽参考件和坯料。

（3）在轮廓曲线中选取所需的链。在弹出的图 15.3.21 所示的“轮廓曲线”对话框中，双击 Loop Selection (环选择 元素，在弹出的图 15.3.22 所示的“环选择”对话框中选择 **环** 选项卡，然后单击 按钮选中所有环，单击 **排除** 按钮，在环列表中选择 1 排除 和 6 排除，单击 **包括** 按钮；在 **链** 选项卡列表中选取 1-1 上部（此时图 15.3.23 所示的链变亮），单击 **下部** 按钮（此时图 15.3.24 所示的链变亮），单击 **确定** 按钮。

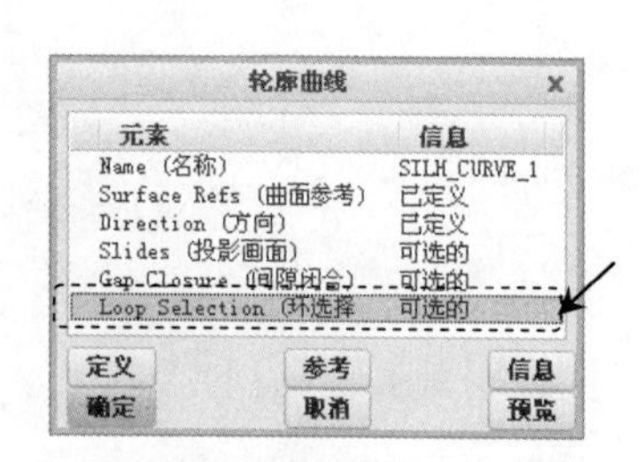

图 15.3.21 “轮廓曲线”对话框

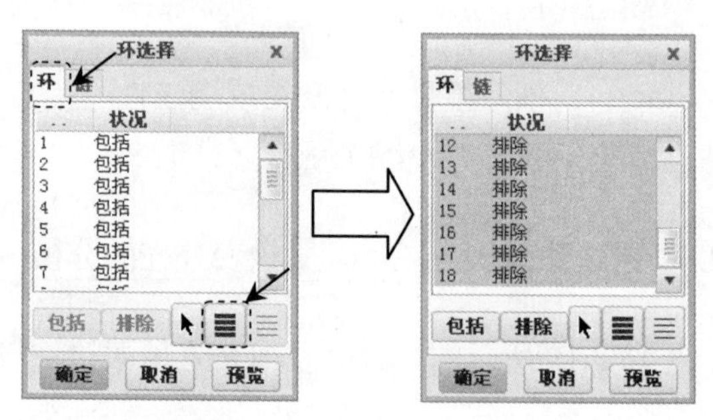

图 15.3.22 “环选择”对话框

（4）单击“轮廓曲线”对话框中的 **预览** 按钮，预览所创建的轮廓曲线，然后单击 **确定** 按钮完成操作。

（5）显示（去除遮蔽）参考件和坯料。

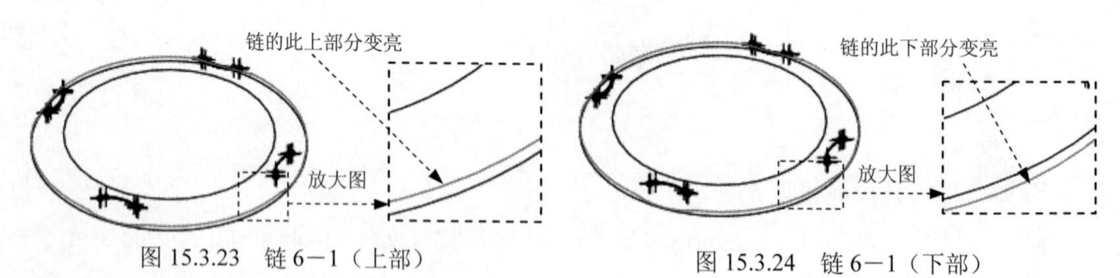

图 15.3.23 链 6−1（上部）

图 15.3.24 链 6−1（下部）

Step 2 采用裙边法设计分型面。

（1）单击**模具**功能选项卡 分型面和模具体积块 ▾ 区域中的“分型面”按钮，系统弹出“分型面”操控板。

（2）在系统弹出的“分型面”操控板中的 控制 区域单击按钮，在“属性”文本框中输入分型面名称 ps，单击 确定 按钮。

（3）单击**分型面**功能选项卡中的 曲面设计 ▾ 区域中的“裙边曲面”按钮，系统弹出“裙边曲面”对话框。

（4）接受图 15.3.25 中系统默认的箭头方向为光线投影方向。在弹出的▼ CHAIN（链）菜单中，选择 Feat Curves（特征曲线）命令，然后在系统◆选择包含曲线的特征。的提示下，选取图 15.3.26 所示的轮廓曲线 F7(SILH_CURVE_1)，然后单击 确定(O) 按钮，选择 Done（完成）命令。

（5）单击“裙边曲面”对话框中的 预览 按钮，预览所创建的分型面，然后单击 确定 按钮完成操作。

（6）在“分型面”选项卡中，单击“确定”按钮✓，完成分型面的创建。

Stage3．用分型面创建上下两个体积块

Step 1 选择**模具**功能选项卡 分型面和模具体积块 ▾ 区域中的按钮 模具体积块 ▾ ➡ 体积块分割 命令（即用“分割”的方法构建体积块）。

Step 2 在系统弹出的▼ SPLIT VOLUME（分割体积块）菜单中，依次选择 Two Volumes（两个体积块）➡ All Wrkpcs（所有工件）➡ Done（完成）命令，此时系统弹出“分割”对话框和“选择”对话框。

Step 3 在系统◆为分割工件选择分型面。的提示下，选取前面所创建的分型面，并单击“选择”对话框中的 确定 按钮，再单击对话框中的 确定 按钮。

Step 4 系统弹出“属性”对话框，同时坯料中分型面下侧的部分变亮，如图 15.3.27 所示，在对话框中输入名称 lower_mold，单击 确定 按钮。

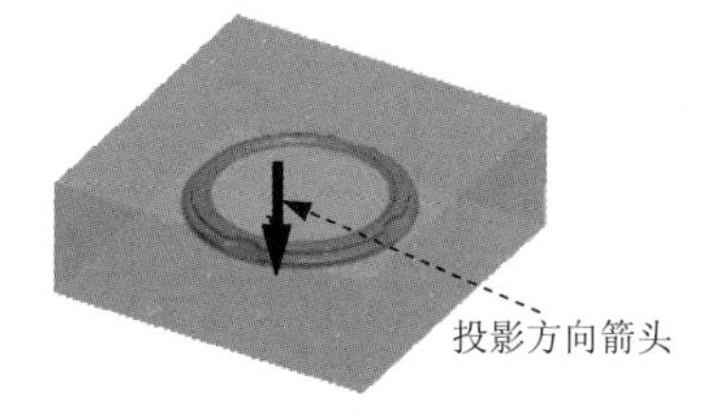

图 15.3.25　选取平面

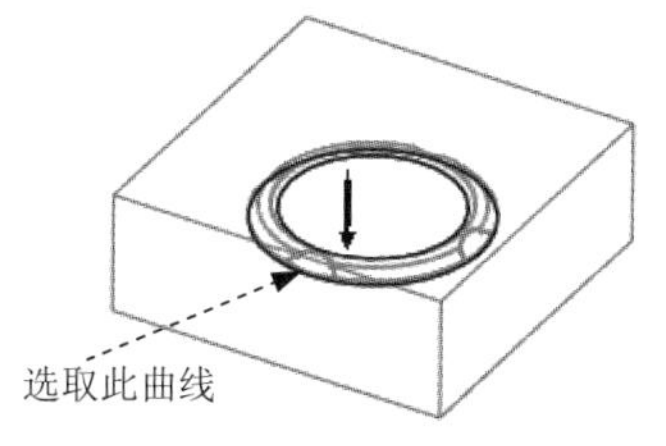

图 15.3.26　选取曲线

图 15.3.27　着色后的下侧部分

Step 5 系统再次弹出“属性”对话框，同时坯料中分型面上侧的部分变亮，如图 15.3.28 所示，输入名称 upper_mold，单击 确定 按钮。

Stage4．抽取模具元件及生成浇注件

将浇注件命名为 MOLDING。

15.3.7 裙边法范例（四）——鼠标盖的分模

图 15.3.29 所示的模具分型面是采用裙边法设计的，下面说明其操作过程。

图 15.3.28 着色后的上侧部分

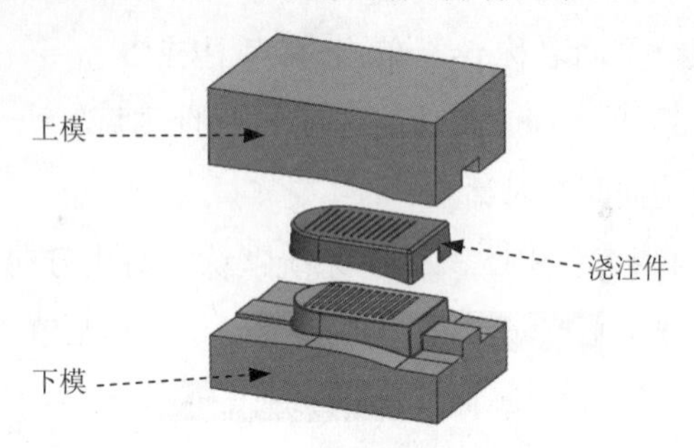

图 15.3.29 鼠标盖的分模

Stage1．打开模具模型

将工作目录设置至 D:\creo2mo\work\ch15.03.04，打开文件 shoe_mold.asm。

Stage2．创建分型面

下面将创建图 15.3.30 所示的分型面，以分离模具的上模和下模。

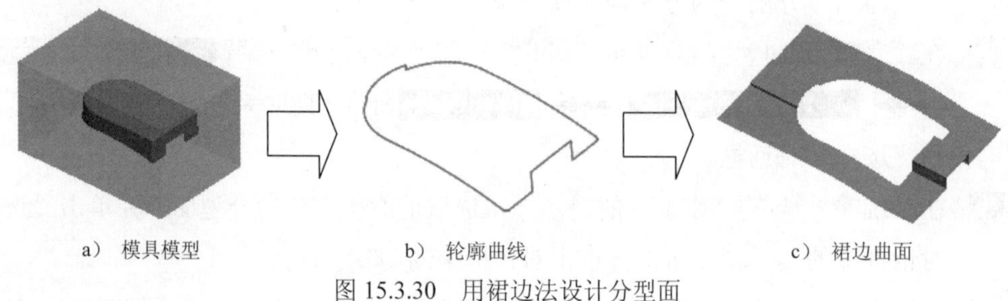

图 15.3.30 用裙边法设计分型面

Step 1 创建轮廓曲线。

（1）单击 **模具** 功能选项卡中 设计特征 区域的“轮廓曲线”按钮，系统弹出“轮廓曲线”对话框。

（2）在“轮廓曲线”对话框中选择 Direction（方向），然后单击 **定义** 按钮，系统弹出 ▼ GEN SEL DIR（一般选择方向）菜单，在系统 ◆选择将垂直于此方向的平面. 的提示下，选取图 15.3.31 所示的坯料表面来定义光线方向，选择 **Okay（确定）** 命令，接受图 15.3.31 中的箭头方向为光线投影方向。

（3）单击“轮廓曲线”对话框中的 **预览** 按钮，预览所创建的轮廓曲线。

（4）在轮廓曲线中选取所需的链。在“轮廓曲线”对话框中双击 Loop Selection（环选择 元素，在弹出的“环选择”对话框中选择 **链** 选项卡，然后在环列表

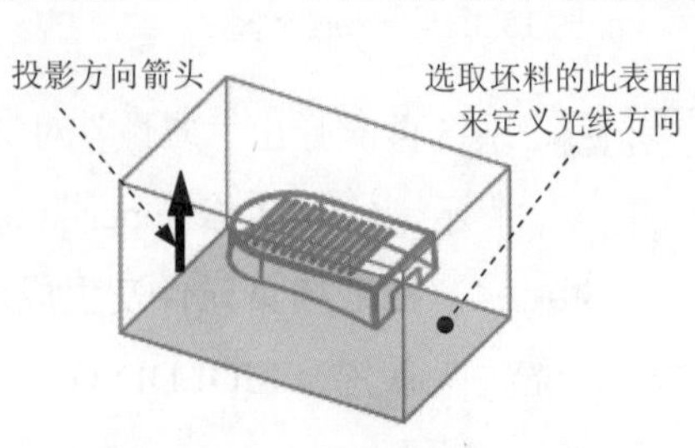

图 15.3.31 选取平面

中选中1-1　上部、1-2　上部、1-3　上部、1-4　上部，单击 下部 按钮（此时图 15.3.32 所示的链变亮），单击两次 确定 按钮，完成操作。

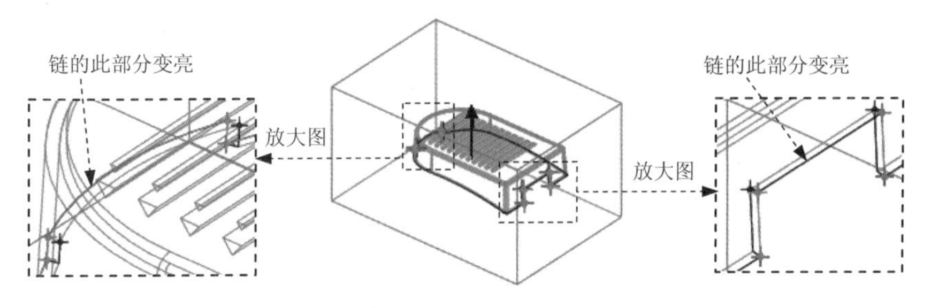

图 15.3.32　链 1—1 至 1—4（下部）

Step 2　采用裙边法设计分型面。

（1）单击 **模具** 功能选项卡 分型面和模具体积块 ▾ 区域中的“分型面”按钮，系统弹出“分型面”操控板。

（2）在系统弹出的“分型面”操控板中的 控制 区域单击按钮，在“属性”文本框中输入分型面名称 ps，单击 确定 按钮。

（3）单击 **分型面** 功能选项卡中的 曲面设计 ▾ 区域中的“裙边曲面”按钮，系统弹出“裙边曲面”对话框。

（4）在系统 ➡选择包含曲线的特征。的提示下，用“列表选取”的方法选取图 15.3.33 中的曲线，然后选择 Done (完成) 命令。

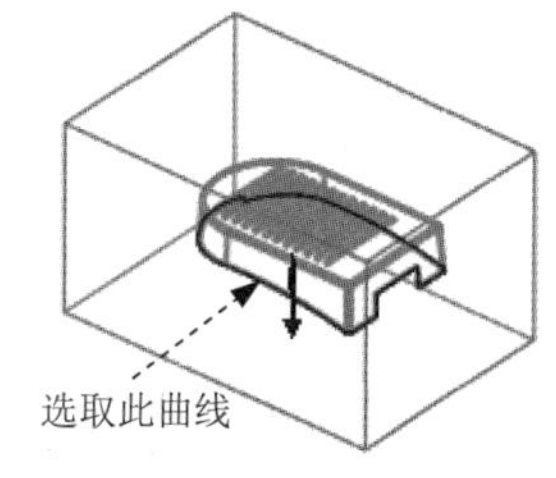

图 15.3.33　选取曲线

（5）在图 15.3.34 所示的“裙边曲面”对话框中，双击 Extension (延伸) 元素，系统弹出“延伸控制”对话框，选择“延伸方向”选项卡（图 15.3.35）。

（6）定义延伸点集 1。

① 在“延伸方向”选项卡中，单击 添加 按钮，系统弹出 ▾ GEN PNT SEL (一般点选取) 菜单，同时提示 ➡选择曲线端点和/或边界的其他点来设置方向。，按住 Ctrl 键，在模型中选取图 15.3.36 所示的四个点，然后单击“选择”对话框中的 确定 按钮，再在 ▾ GEN PNT SEL (一般点选取) 菜单中选择 Done (完成) 命令。

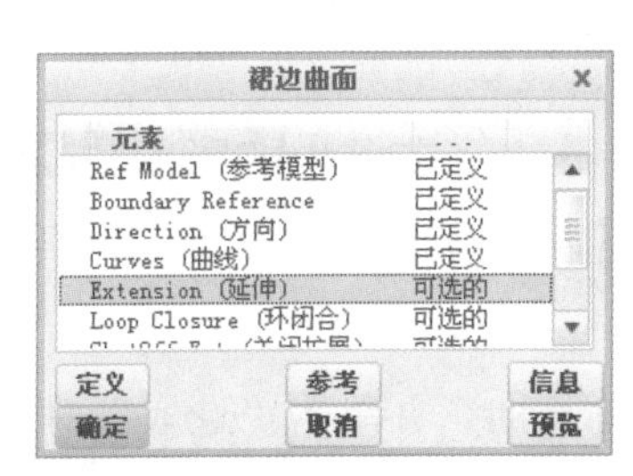

图 15.3.34　“裙边曲面”对话框

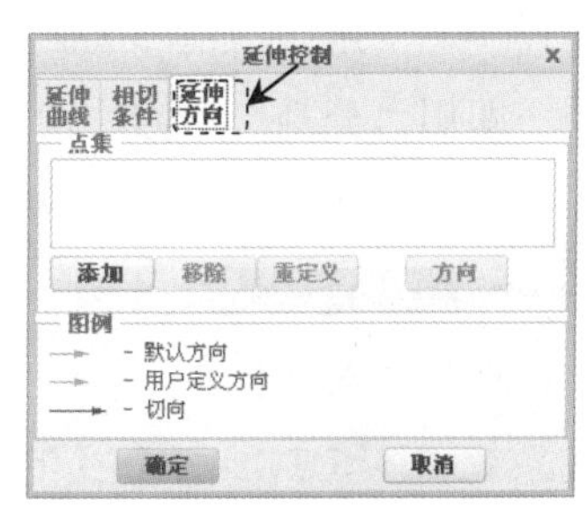

图 15.3.35　“延伸方向”选项卡

② 在▼GEN SEL DIR（一般选取方向）菜单中，选择Plane（平面）命令，然后选取图 15.3.37 所示的平面，选择Okay（确定）命令，接受图 15.3.37 中的箭头方向为延伸方向。

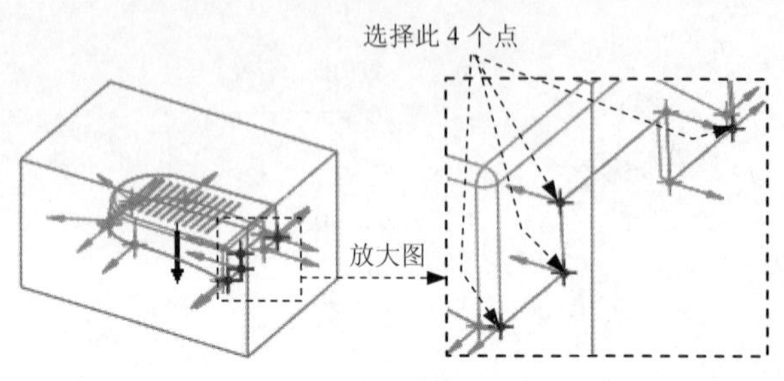

图 15.3.36　定义延伸点集（一）

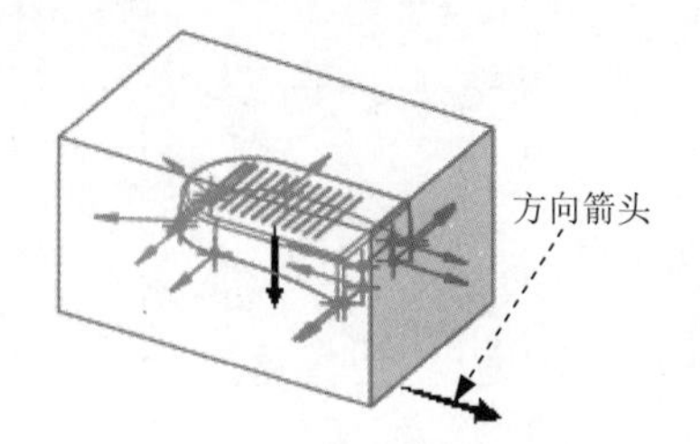

图 15.3.37　定义参考平面和延伸方向

（7）定义延伸点集 2。

① 在“延伸控制”对话框中，单击 添加 按钮，在 ➡选择曲线端点和/或边界的其他点来设置方向. 的提示下，按住 Ctrl 键，选取图 15.3.38 所示的四个点，然后单击“选择”对话框中的 确定 按钮，在▼GEN PNT SEL（一般点选取）菜单中，选择Done（完成）命令。

② 在弹出的▼GEN SEL DIR（一般选取方向）菜单中，选择Plane（平面）命令，然后选取图 15.3.39 所示的平面，调整延伸方向，如图 15.3.39 所示，然后选择Okay（确定）命令。

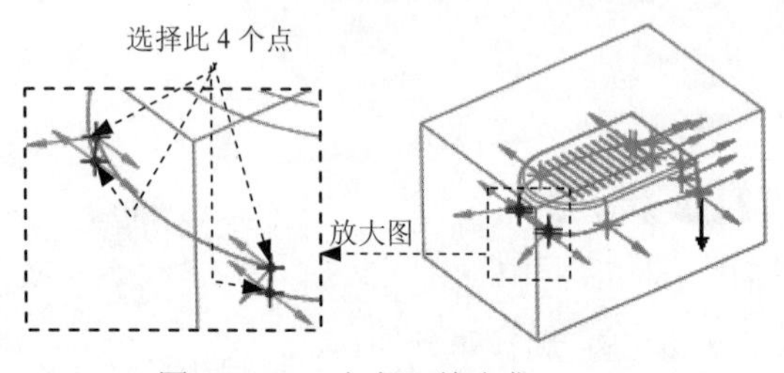

图 15.3.38　定义延伸点集（二）

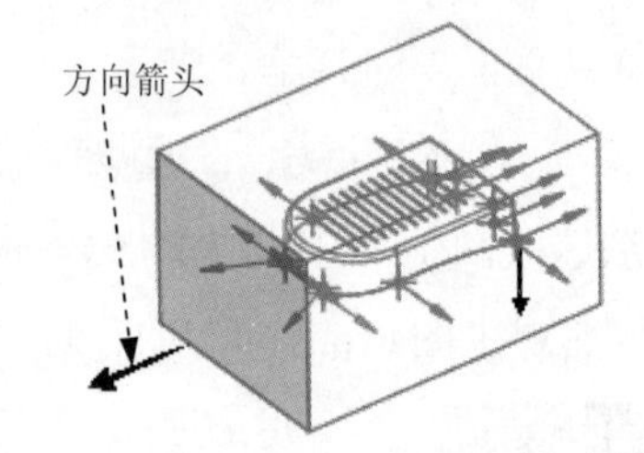

图 15.3.39　定义参考平面和延伸方向

（8）单击“延伸控制”对话框中的 确定 按钮。在“裙边曲面”对话框中，单击 预览 按钮，预览所创建的分型面，可以看到此时分型面已向四周延伸至坯料的表面。

（9）单击“裙边曲面”对话框中的 确定 按钮，完成分型面的创建。

（10）在“分型面”选项卡中，单击“确定”按钮✔，完成分型面的创建。

Stage3. 用分型面创建上下两个体积块

Step 1 选择 **模具** 功能选项卡 分型面和模具体积块 ▾ 区域中的按钮 模具体积块 ▾ ➡ 体积块分割 命令（即用“分割”的方法构建体积块）。

Step 2 在系统弹出的▼SPLIT VOLUME（分割体积块）菜单中，依次选择Two Volumes（两个体积块）➡ All Wrkpcs（所有工件）➡ Done（完成）命令，此时系统弹出“分割”对话框和“选择”对话框。

Step 3 在系统 ➡为分割工件选择分型面. 的提示下，选取分型面，并单击“选取”对话框中的 确定 按钮，再单击对话框中的 确定 按钮。

Step 4　系统弹出“属性”对话框，同时坯料中分型面下侧的部分变亮，如图 15.3.40 所示，输入体积块名称 lower_mold，单击 确定 按钮。

Step 5　系统再次弹出“属性”对话框，同时坯料中分型面上侧的部分变亮，如图 15.3.41 所示，输入体积块名称 upper_mold，单击 确定 按钮。

Stage4．抽取模具元件及生成浇注件

将浇注件命名为 MOLDING。

15.3.8　裙边法范例（五）——手电左盖的分模

图 15.3.42 所示的模具分型面是采用裙边法设计的，下面说明其操作过程。

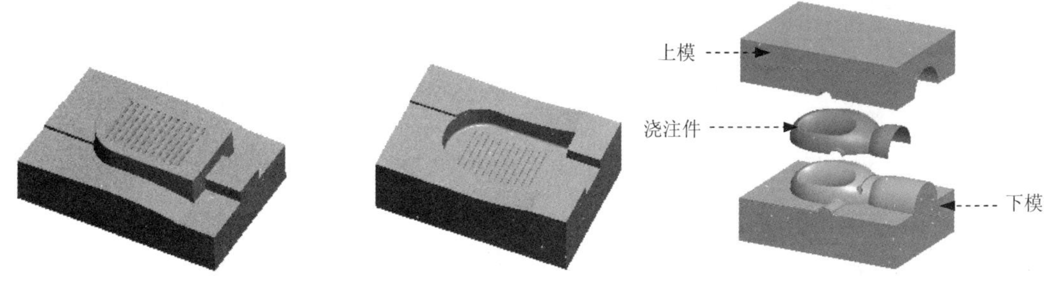

图 15.3.40　着色后的下侧部分　图 15.3.41　着色后的上侧部分　图 15.3.42　手电左盖的分模

Task1．打开模具模型

将工作目录设置至 D:\creo2mo\work\ch15.03.05，打开文件 left_cover_mold.asm。

Task2．创建分型面

下面将创建图 15.3.43 所示的分型面，以分离模具的上模和下模。

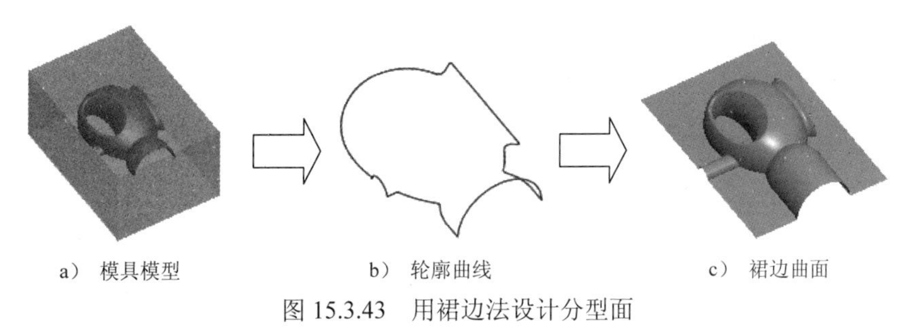

图 15.3.43　用裙边法设计分型面

Stage1．创建轮廓曲线

Step 1　单击 **模具** 功能选项卡中 设计特征 区域的“轮廓曲线”按钮，系统弹出“轮廓曲线”对话框。

Step 2　在“轮廓曲线”对话框中选择 Direction（方向），然后单击 定义 按钮，系统弹出 ▼ GEN SEL DIR（一般选择方向）菜单，在系统 ➡选择将垂直于此方向的平面。的提示下，选取图 15.3.44 所示的坯料表面来定义光线方向，选择 Okay（确定）命令，接受图 15.3.44

中的箭头方向为光线投影方向。

Step 3 在轮廓曲线中选取所需的链。在“轮廓曲线”对话框中双击 Loop Selection (环选择 元素，在弹出的“环选择”对话框中选择 环 选项卡，然后在列表中选中 2 包括、3 包括、4 包括，单击 排除 按钮；选择 链 选项卡，然后在环列表中选中 1-2 上部 和 1-4 上部，单击 下部 按钮（此时图 15.3.45 所示的链变亮），单击 确定 按钮，完成操作。

Step 4 单击对话框中的 确定 按钮，完成“轮廓曲线”特征的创建。

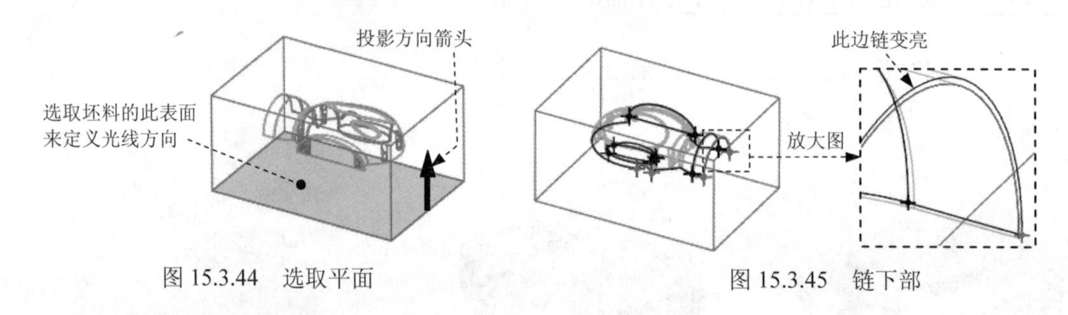

图 15.3.44 选取平面　　图 15.3.45 链下部

Stage2．采用裙边法设计分型面

Step 1 单击 **模具** 功能选项卡 分型面和模具体积块 ▾ 区域中的“分型面”按钮，系统弹出“分型面”操控板。

Step 2 在系统弹出的“分型面”操控板中的 控制 区域单击按钮，在“属性”文本框中输入分型面名称 ps，单击 确定 按钮。

Step 3 创建填充曲面（图 15.3.46）。单击 **分型面** 功能选项卡 曲面设计 ▾ 区域中的“填充”按钮。在绘图区右击，从弹出的菜单中选择 定义内部草绘... 命令，在系统 ➪选择一个平面或曲面以定义草绘平面. 的提示下，选取图 15.3.47 所示的平面为草绘平面，然后单击 草绘 按钮；通过“投影”命令创建图 15.3.48 所示的截面草图，完成截面的绘制后，单击“草绘”操控板中的“确定”按钮✔；在“填充”操控板中，单击✔按钮，完成特征的创建。

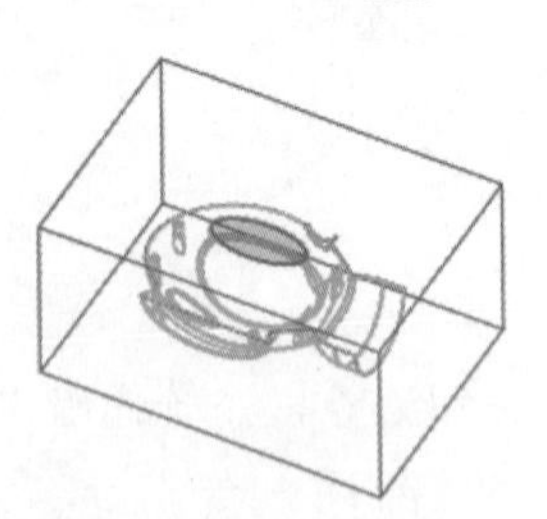

图 15.3.46 填充曲面

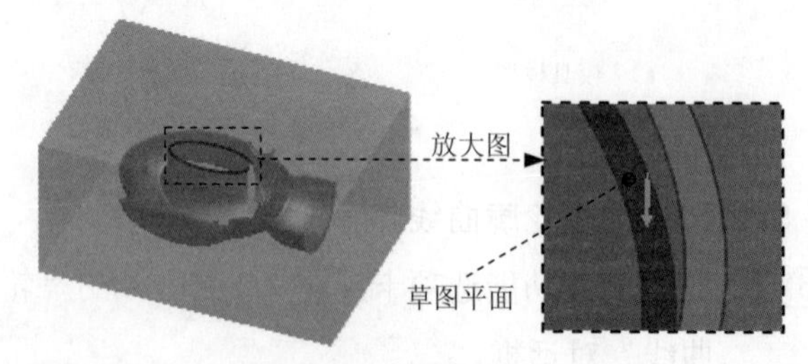

图 15.3.47 定义草图平面

Step 4 单击 **分型面** 功能选项卡中的 曲面设计 ▾ 区域中的“裙边曲面”按钮，系统弹出“裙边曲面”对话框。

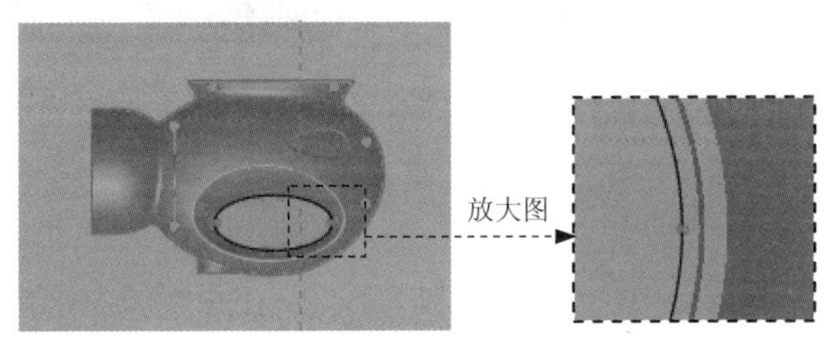

图 15.3.48　截面草图

Step 5　在系统➡选择包含曲线的特征。的提示下，用“列表选取”的方法选取轮廓曲线（即列表中的F7(SILH_CURVE_1)选项），选择Done (完成)命令。

Step 6　延伸裙边曲面。

（1）在图 15.3.49 所示的“裙边曲面”对话框中，双击Extension (延伸)元素，系统弹出“延伸控制”对话框，选择“延伸方向”选项卡（图 15.3.50）。

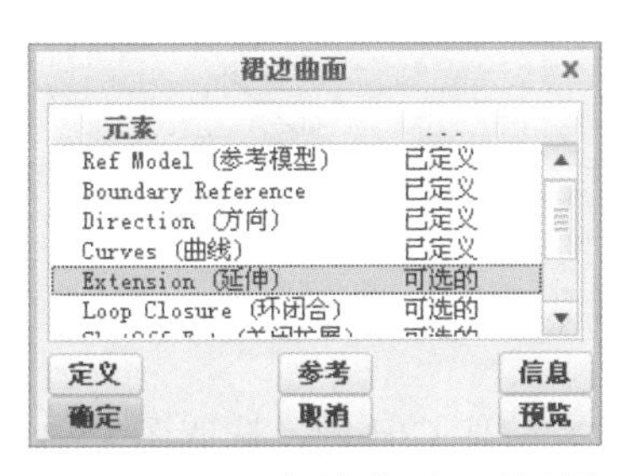

图 15.3.49　“裙边曲面”对话框

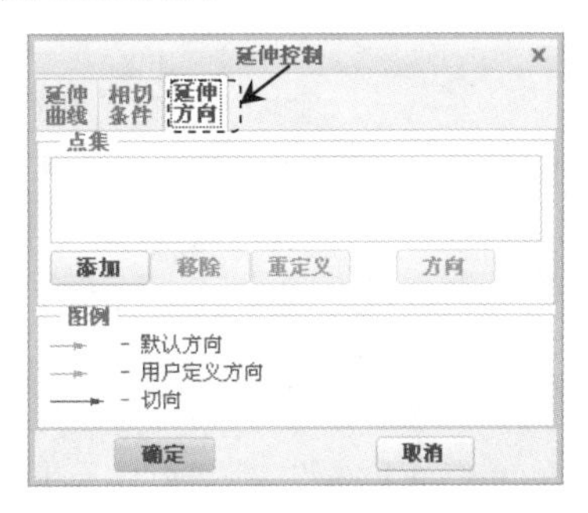

图 15.3.50　“延伸方向”选项卡

（2）定义延伸点集 1。

① 在“延伸方向”选项卡中，单击 添加 按钮，系统弹出▼GEN PNT SEL (一般点选取)菜单，同时提示➡选择曲线端点和/或边界的其他点来设置方向。，按住 Ctrl 键，在模型中选取图 15.3.51 所示的五个点，然后单击“选择”对话框中的 确定 按钮，再在▼GEN PNT SEL (一般点选取)菜单中选择Done (完成)命令。

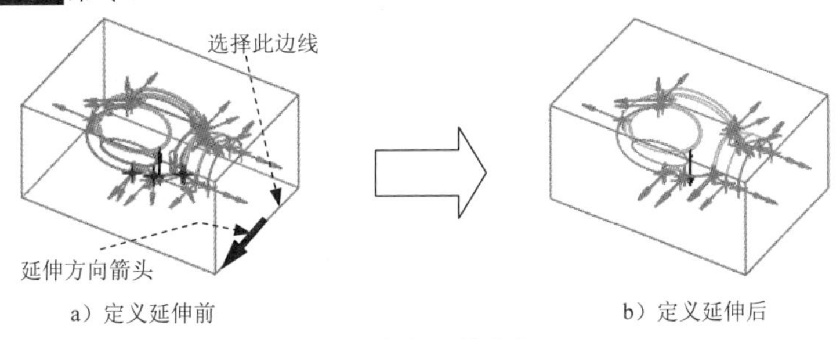

图 15.3.51　定义延伸点集（一）

说明：由于点分布得比较密集，在图中不能完全体现出来，选择点的具体过程请参见视频讲解。

② 在▼ GEN SEL DIR（一般选择方向）菜单中，选择Crv/Edg/Axis（曲线/边/轴）命令，然后选取图15.3.72所示的边线，单击 Flip（反向）按钮，选择Okay（确定）命令，接受图15.3.51中的箭头方向为延伸方向。

（3）定义延伸点集2。

① 在“延伸控制”对话框中，单击 添加 按钮，在➡选择曲线端点和/或边界的其他点来设置方向。的提示下，按住Ctrl键，选取图15.3.52所示的五个点，然后单击“选择”对话框中的 确定 按钮，在▼ GEN PNT SEL（一般点选取）菜单中，选择Done（完成）命令。

② 在弹出的▼ GEN SEL DIR（一般选择方向）菜单中，选择Crv/Edg/Axis（曲线/边/轴）命令，然后选取图15.3.52所示的边线，调整延伸方向，如图15.3.52所示，然后选择Okay（确定）命令。

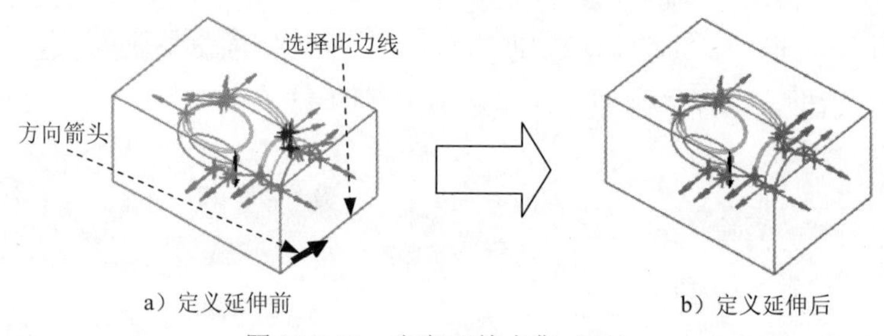

图15.3.52 定义延伸点集（二）

（4）定义延伸点集3。

① 在“延伸控制”对话框中，单击 添加 按钮，按住Ctrl键，选取图15.3.53所示的三个点，然后单击“选择”对话框中的 确定 按钮，选择Done（完成）命令。

② 在弹出的▼ GEN SEL DIR（一般选择方向）菜单中，选择Crv/Edg/Axis（曲线/边/轴）命令，然后选取图15.3.53所示的边线，单击 Flip（反向）按钮，选择Okay（确定）命令，接受图15.3.53中的箭头方向为延伸方向。

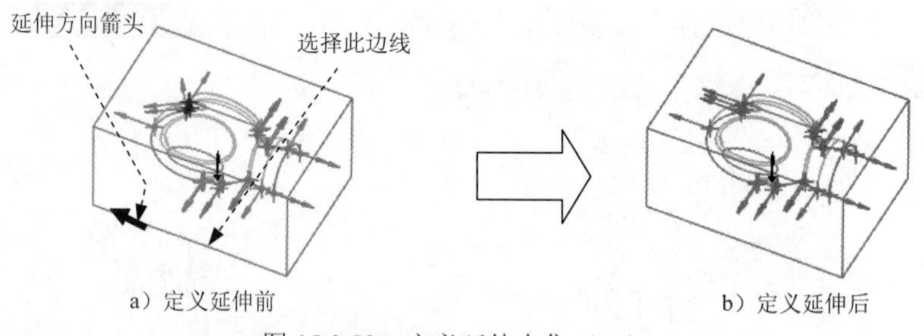

图15.3.53 定义延伸点集（三）

单击“延伸控制”对话框中的 确定 按钮。

（5）在“裙边曲面”对话框中，单击 预览 按钮，预览所创建的分型面，可以看到此时分型面已向四周延伸至坯料的表面。然后单击 确定 按钮完成操作。

Step 7 复制模型的外表面（共22个）。将坯料进行遮蔽；在屏幕右下方的“智能选取栏”

中选择“几何”选项。按住 Ctrl 键选取图 15.3.54 中所需要的曲面；单击 **模具** 功能选项卡 操作 ▾ 区域中的“复制”按钮。单击 **模具** 功能选项卡 操作 ▾ 区域中的“粘贴”按钮；单击 **曲面：复制** 操控板中的 ✔ 按钮，结果如图 15.3.55 所示（隐藏实体）。

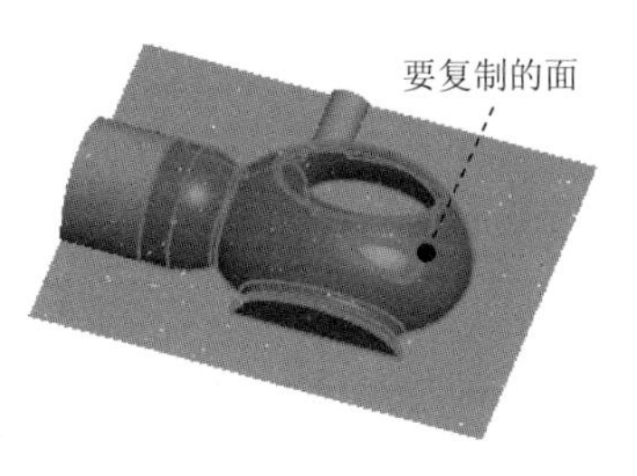

图 15.3.54 定义要复制的面

图 15.3.55 复制完成后

Step 8 创建合并曲面。在图形区选择填充曲面、复制的曲面以及裙边曲面为合并的对象，然后单击 编辑 ▾ 区域中的 合并 按钮，然后单击 ✔ 按钮，完成特征的创建。

Step 9 在“分型面”选项卡中，单击“确定”按钮 ✔，完成分型面的创建。

Task3. 用分型面创建上、下两个体积块

Step 1 选择 **模具** 功能选项卡 分型面和模具体积块 ▾ 区域中的按钮 模具体积块 ▾ ➡ 体积块分割 命令。

Step 2 在系统弹出的 ▼ SPLIT VOLUME (分割体积块) 菜单中，依次选择 Two Volumes (两个体积块) ➡ All Wrkpcs (所有工件) ➡ Done (完成) 命令，此时系统弹出“分割”对话框和“选择”对话框。

Step 3 在系统 ➡为分割工件选择分型面. 的提示下，选取分型面，并单击“选择”对话框中的 确定 按钮，再单击对话框中的 确定 按钮。

Step 4 系统弹出“属性”对话框，同时坯料中分型面下侧的部分变亮，如图 15.3.56 所示，输入体积块名称 lower_mold，单击 确定 按钮。

Step 5 系统再次弹出“属性”对话框，同时坯料中分型面上侧的部分变亮，如图 15.3.57 所示，输入体积块名称 upper_mold，单击 确定 按钮。

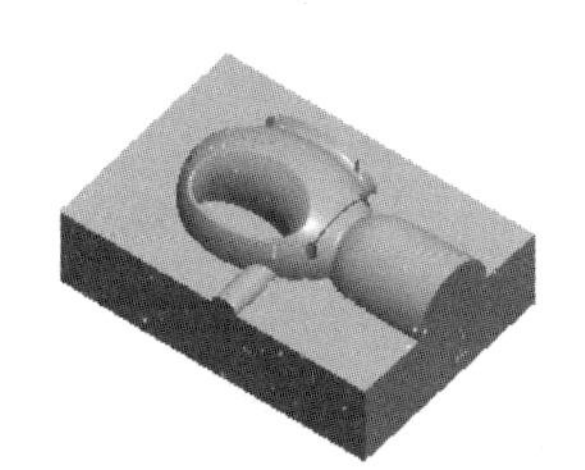

图 15.3.56 着色后的下侧部分

图 15.3.57 着色后的上侧部分

Task4. 抽取模具元件及生成浇注件

将浇注件命名为 MOLDING。

15.3.9 裙边法范例（六）——存储罐前盖的分模

图 15.3.58 所示的模具分型面是采用裙边法设计的，下面说明其操作过程。

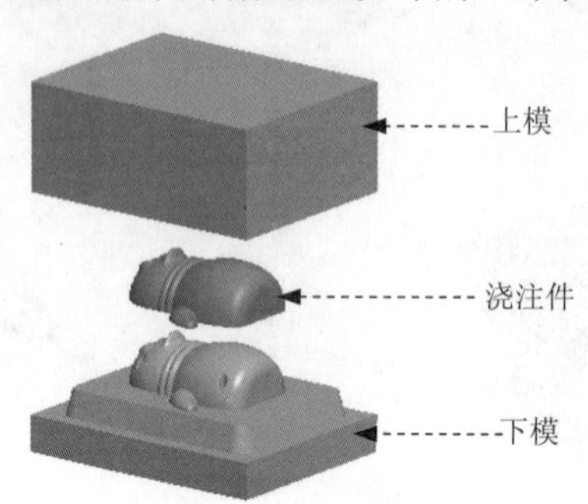

图 15.3.58 存储罐前盖的分型

Stage1. 打开模具模型

将工作目录设置至 D:\creo2mo\work\ch15.03.06，打开文件 money_saver_front_mold.asm。

Stage2. 创建主分型面

先采用裙边法创建模具的主分型面（图 15.3.59），主分型面的作用是分离模具的上模和下模。

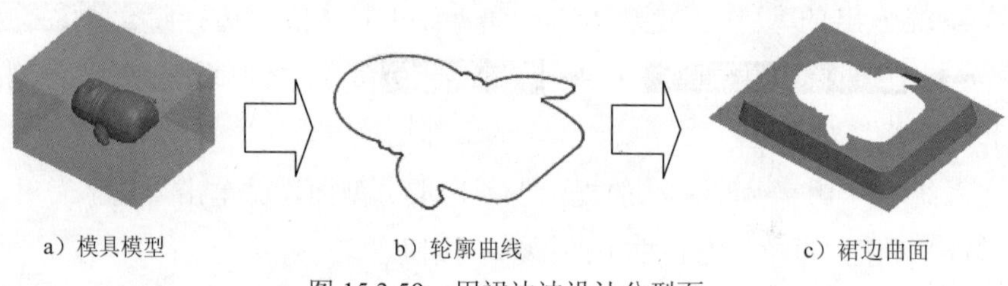

图 15.3.59 用裙边法设计分型面

Step 1 创建轮廓曲线。

（1）单击 **模具** 功能选项卡中 设计特征 区域的“轮廓曲线”按钮，系统弹出图 15.3.60 所示的“轮廓曲线”对话框。

（2）在“轮廓曲线”对话框中选择 Direction (方向)，然后单击 定义 按钮，系统弹出 ▼ GEN SEL DIR (一般选择方向) 菜单，在系统 ➡选择将垂直于此方向的平面. 的提示下，选取图 15.3.61 所示的坯料表面来定义光线方向，选择 **Okay (确定)** 命令，接受图 15.3.61 中的箭头方向为光线投影方向。

（3）在轮廓曲线中选取所需的链。在“轮廓曲线”对话框中双击 Loop Selection (环选择) 元素，在弹出的“环选择”对话框中选择 环 选项卡，然后在列表中选中 2 包括、3 包括，单击 排除 按钮(图 15.3.62 所示)；选择 链 选项卡，然后在环列表中选中 1-1 上部、1-2 上部和 1-3 上部，单击 下部 按钮，单击 确定 按钮，完成操作。

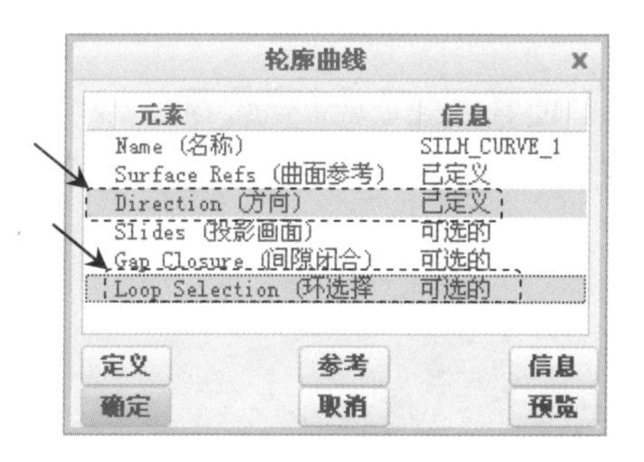

图 15.3.60 “轮廓曲线”对话框

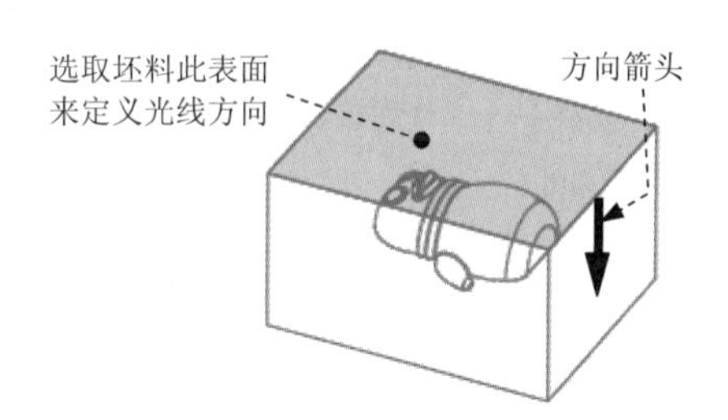

图 15.3.61 选取平面

a）操作前

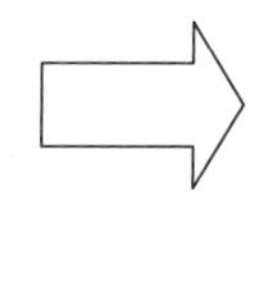

b）操作后

图 15.3.62 “环选择”对话框

（4）预览所创建的轮廓曲线，然后单击“轮廓曲线”对话框的 确定 按钮。

Step 2 采用裙边法创建主分型面。

（1）单击**模具**功能选项卡 分型面和模具体积块 ▾ 区域中的“分型面”按钮，系统弹出“分型面”操控板。

（2）在系统弹出的“分型面”操控板中的 控制 区域单击按钮，在“属性”文本框中输入分型面名称 ps，然后单击 确定 按钮。

（3）单击**分型面**功能选项卡中的 曲面设计 ▾ 区域中的“裙边曲面”按钮，系统弹出“裙边曲面”对话框。

（4）在系统 ➡选择包含曲线的特征。的提示下，用“列表选取”的方法选取前面创建的轮廓曲线（F7(SILH_CURVE_1)选项），选择 Done（完成）命令。

Step 3 延伸裙边曲面。

（1）在“裙边曲面”对话框中，双击 Extension（延伸）元素，系统弹出“延伸控制”对话框，选择“延伸方向”选项卡。

（2）定义延伸点集 1。

① 在“延伸方向”选项卡中，单击 添加 按钮，系统弹出 ▼GEN PNT SEL（一般点选取）菜单，同时提示 ➡选择曲线端点和/或边界的其他点来设置方向。，按住 Ctrl 键，在模型中选取图 15.3.63 所示的九个点，然后单击“选择”对话框中的 确定 按钮，再在 ▼GEN PNT SEL（一般点选取）菜单

中选择 Done (完成) 命令。

② 在 ▼ GEN SEL DIR (一般选择方向) 菜单中，选择 Crv/Edg/Axis (曲线/边/轴) 命令，然后选取图15.3.63所示的边线，单击 Flip (反向) 按钮，选择 Okay (确定) 命令，接受图15.3.63中的箭头方向为延伸方向。

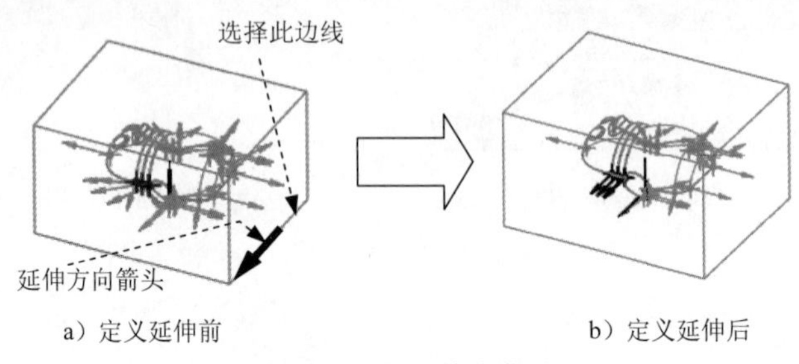

a）定义延伸前　　b）定义延伸后

图15.3.63　定义延伸点集（一）

说明：由于点分布得比较密集，在图中不能完全体现出来，选择点的具体过程请参见视频。

（3）定义延伸点集2。

① 在“延伸控制”对话框中，单击 添加 按钮，在 ➡选择曲线端点和/或边界的其他点来设置方向. 的提示下，按住Ctrl键，选取图15.3.64所示的八个点，然后单击“选择”对话框中的 确定 按钮，在 ▼ GEN PNT SEL (一般点选取) 菜单中，选择 Done (完成) 命令。

② 在弹出的 ▼ GEN SEL DIR (一般选择方向) 菜单中，选择 Crv/Edg/Axis (曲线/边/轴) 命令，然后选取图15.3.64所示的边线，调整延伸方向，如图15.3.64所示，然后选择 Okay (确定) 命令。

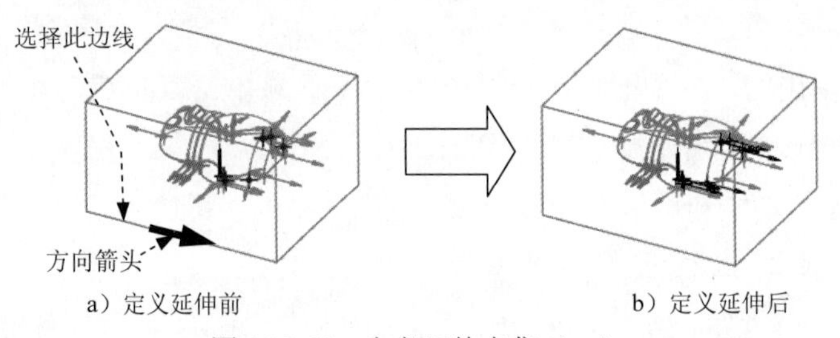

a）定义延伸前　　b）定义延伸后

图15.3.64　定义延伸点集（二）

（4）定义延伸点集3。

① 在“延伸控制”对话框中，单击 添加 按钮，按住Ctrl键，选取图15.3.65所示的九个点，然后单击“选择”对话框中的 确定 按钮，选择 Done (完成) 命令。

② 在弹出的 ▼ GEN SEL DIR (一般选择方向) 菜单中，选择 Crv/Edg/Axis (曲线/边/轴) 命令，然后选取图15.3.65所示的边线，选择 Okay (确定) 命令，接受图15.3.65中的箭头方向为延伸方向。单击“延伸控制”对话框中的 确定 按钮。

（5）在“裙边曲面”对话框中，单击 预览 按钮，预览所创建的分型面，可以看到此时分型面已向四周延伸至坯料的表面。

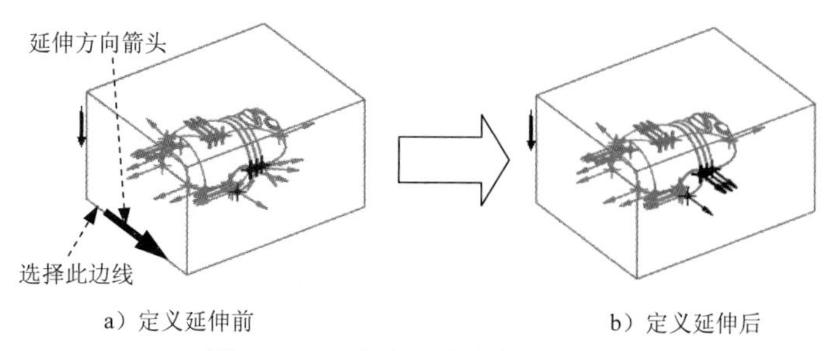

图 15.3.65　定义延伸点集（三）

Step 4 在裙边曲面上创建“束子”特征。

（1）定义“束子”特征的轮廓。

① 在图 15.3.66 所示的“裙边曲面”对话框（一）中双击ShutOff Ext (关闭扩展)元素。

② 在系统弹出的▼ SHUTOFF EXT (关闭延伸)菜单中，选择Boundary (边界) ➡ Sketch (草绘)命令。

③ 设置草绘平面。在▼ SETUP SK PLN (设置草绘平面)菜单中选择Setup New (新设置)命令，然后在系统➡选择或创建一个草绘平面.的提示下，选取图 15.3.67 所示的坯料表面为草绘平面，选择Okay (确定)命令，接受默认的箭头方向为草绘平面的查看方向，在▼ SKET VIEW (草绘视图)菜单中选择Left (左)命令，然后在系统➡为草绘选择或创建一个水平或竖直的参考.的提示下，选取图 15.3.67 所示的坯料表面为参考平面。

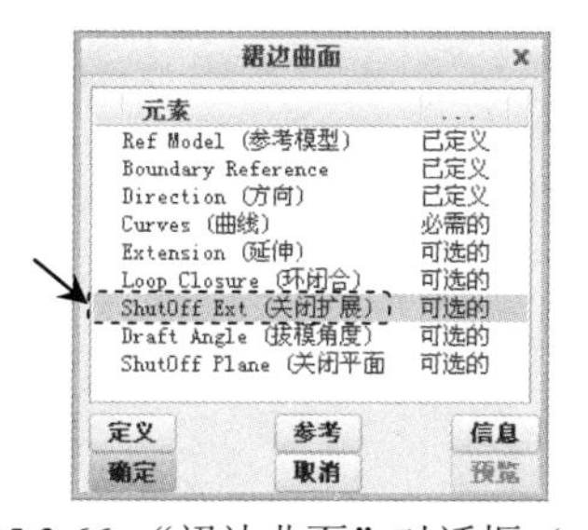

图 15.3.66 “裙边曲面”对话框（一）

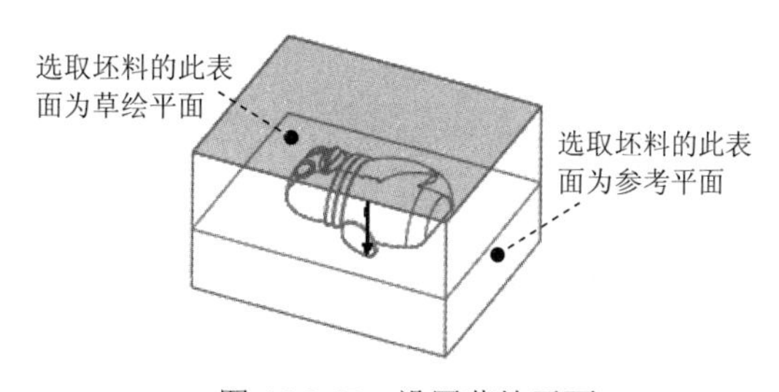

图 15.3.67　设置草绘平面

④ 绘制“束子”轮廓。进入草绘环境后，选取 MOLD_FRONT 和 MOLD_RIGHT 基准平面为草绘参考，绘制图 15.3.68 所示的截面草图。完成绘制后，单击“确定”按钮 ✔。

（2）定义“束子”的拔模角度。

① 在“裙边曲面”对话框中，双击Draft Angle (拔模角度)元素。

② 在系统弹出的输入拔模角值 文本框中，输入拔模角度值 15，单击✔按钮。

（3）创建图 15.3.69 所示的基准平面 ADTM1，该基准平面将在下一步作为“束子”终止平面的参考平面。单击 基准▼ 区域中的“平面”按钮▱；系统弹出“基准平面”对话框，选取 MAIN_PARTING_PLN 基准平面为参考平面，然后输入偏移值-50.0；单击“基准平面”对话框中的 确定 按钮。

（4）定义“束子”的终止平面。在图 15.3.70 所示的“裙边曲面”对话框（二）中，双击 ShutOff Plane (关闭平面 元素；系统弹出 ADD RMV REF (加入删除参考) 菜单，在系统 选择一切断平面. 的提示下，选取上一步创建的 ADTM1 为参考平面；在 ADD RMV REF (加入删除参考) 菜单中，选择 Done/Return (完成/返回) 命令。

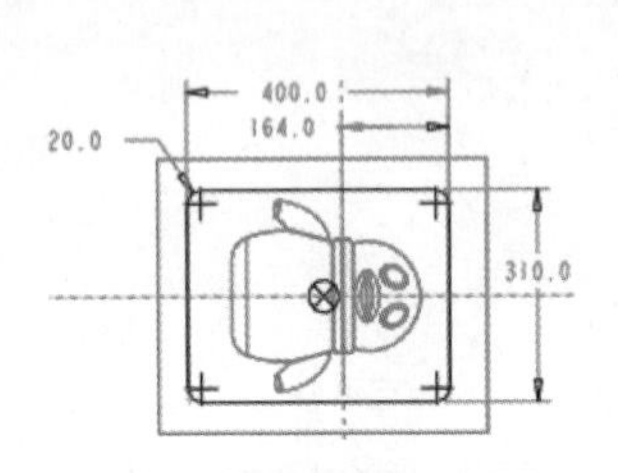

图 15.3.68　截面草图

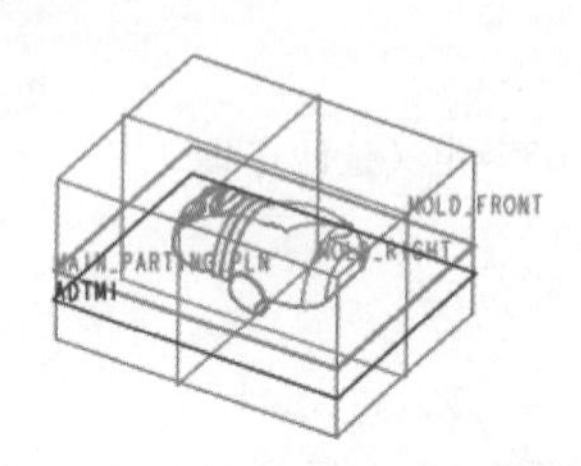

图 15.3.69　创建基准平面 ADTM1

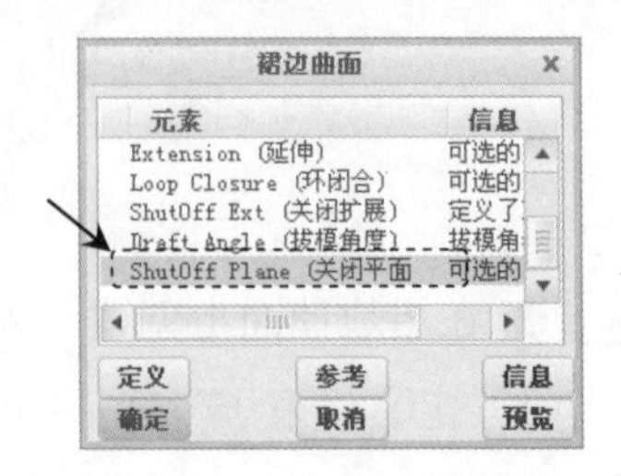

图 15.3.70　“裙边曲面”对话框（二）

Step 5　单击“裙边曲面”对话框（二）中的 预览 按钮，预览所创建的分型面，然后单击 确定 按钮完成操作。

Step 6　在“分型面”选项卡中，单击“确定”按钮✓，完成分型面的创建。

Stage3．用分型面创建上、下两个体积块

Step 1　选择 模具 功能选项卡 分型面和模具体积块 ▾ 区域中的按钮 模具体积块 → 体积块分割 命令。

Step 2　在系统弹出的 ▾ SPLIT VOLUME (分割体积块) 菜单中，依次选择 Two Volumes (两个体积块) → All Wrkpcs (所有工件) → Done (完成) 命令，此时系统弹出“分割”对话框和“选择”对话框。

Step 3　在系统 为分割工件选择分型面. 的提示下，选取分型面，并单击“选择”对话框中的 确定 按钮，再单击对话框中的 确定 按钮。

Step 4　系统弹出“属性”对话框，同时坯料中分型面下侧的部分变亮，如图 15.3.71 所示，输入体积块名称 lower_mold，单击 确定 按钮。

Step 5　系统再次弹出“属性”对话框，同时坯料中分型面上侧的部分变亮，如图 15.3.72 所示，输入体积块名称 upper_mold，单击 确定 按钮。

图 15.3.71　着色后的上侧部分

图 15.3.72　着色后的下侧部分

Task4．抽取模具元件及生成浇注件

将浇注件命名为 MOLDING。

16

模具设计方法——分型面法

16.1 概述

使用分型面法进行模具设计是 Creo 中最为常用的一种模具设计方法。通过该方法几乎可以完成从简单到复杂的所有模具设计。在这种设计方法中，分型面的创建起着关键的作用，所以在学习本章之前，读者应该熟练掌握创建分型面的各种方法，详细内容可以参看第 15 章。

在前面的 Creo 模具设计快速入门章节中，已经通过一个简单的例子详细地讲解了使用分型面设计模具的一般过程，所以本章将重点放在一些较为复杂的模具设计上，如带型芯的模具设计、带滑块的模具设计、带销的模具设计、带破孔塑件的模具设计、一模多穴模具设计以及内外侧同时抽芯的模具设计。

无论怎样复杂的模具，其设计思路是大致相同的。第一，将要开模的产品零件引入到 Creo 模具模块中。第二，通过手动或自动的方式来完成坯料的创建。第三，设置产品零件的收缩率。第四，在进入创建分型面的环境下，使用各种方法来完成分型面的创建（在创建分型面时，首先可以考虑的创建方法就是 Creo 模具模块中自带的自动分模技术，其次是通过特征命令来创建分型面，在很多情况下是通过阴影法和裙边法两种方法相结合共同来完成的）。第五，通过创建的分型面提取出模具体积块。第六，生成浇注件。第七，定义模具的开启。

16.2 带型芯的模具设计

下面将介绍另一个笔帽的模具设计，该笔帽与第 13 章模具设计中所介绍的连接件的区别是多了一个不通孔（盲孔），如图 16.2.1 所示。如果在设计该笔帽的模具时，仍然将模具的开模方向定义为竖直方向，那么笔帽中不通孔（盲孔）的轴线方向就与开模方向垂直，这就需要设计型芯模具元件才能构建该孔，因而该手柄的设计过程将会复杂一些。下面介绍该模具的设计过程。

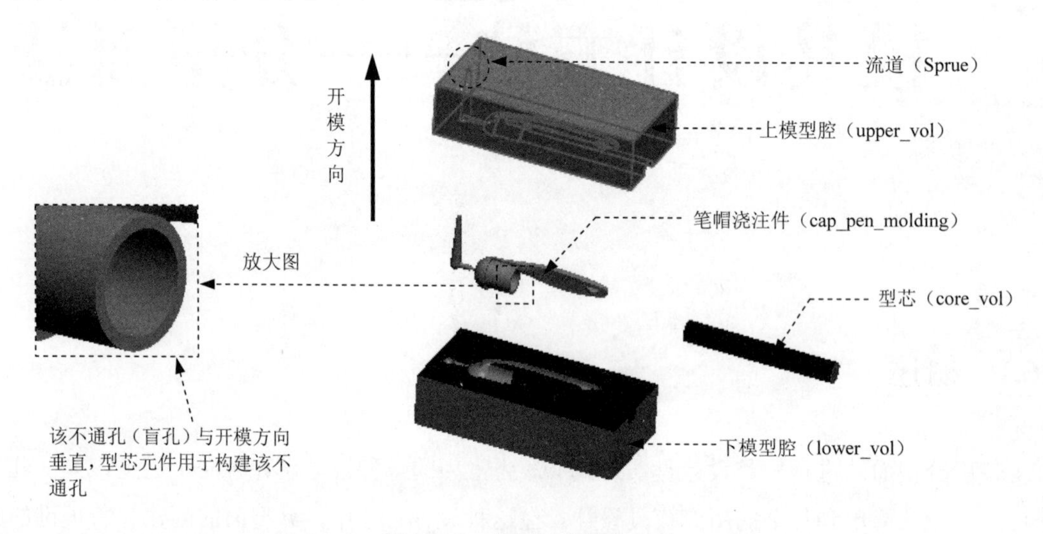

图 16.2.1 带型芯的模具设计

Task1. 新建一个模具制造模型，进入模具模块

注意：由于以前所执行的操作，内存中可能存在一些无用的文件，如果这些文件与将要进行的模具设计中的某些文件名称相同，就会造成模具设计的紊乱，所以在开始一个新的模具设计前，务必要清除这些无用的文件。操作方法为：先选择下拉菜单 文件 → 关闭(C) 命令，关闭所有窗口，然后选择 文件 → 管理会话(M) → 拭除未显示的(D) 命令，拭除所有不显示的文件。

Step 1 选择下拉菜单 文件 → 管理会话(M) → 选择工作目录(W) 命令，将工作目录设置至 D:\ creo2mo\work\ch16.02。

Step 2 选择下拉菜单 文件 → 新建(N) 命令（或单击“新建”按钮）。

Step 3 在“新建”对话框中，在 类型 区域中选中 ● 制造 单选项，在 子类型 区域中选中 ● 模具型腔 单选项，在 名称 文本框中输入文件名 cap_pen_mold，取消 ☑ 使用默认模板 复选框中的“√”号，然后单击 确定 按钮。

Step 4 在“新文件选项”对话框中，选取 mmns_mfg_mold 模板，单击 确定 按钮。

Task2. 建立模具模型

模具模型主要包括参考模型（Ref Model）和坯料（Workpiece），如图 16.2.2 所示。

Stage1. 引入参考模型

Step 1 单击 **模具** 功能选项卡 参考模型和工件 区域的 参考模型 中的“小三角”按钮 ▾，然后在系统弹出的列表中选择 组装参考模型 命令，系统弹出“打开”对话框。

Step 2 在“打开”对话框中选取三维零件模型 cap_pen.prt 作为参考零件模型，然后单击 打开 按钮。

Step 3 定义约束参考模型的放置位置。

（1）指定第一个约束。在操控板中单击 放置 按钮，在“放置”界面的“约束类型”下拉列表中选择 重合，选取参考件的 RIGHT 基准平面为元件参考，选取装配体的 MAIN_PARTING_PLN 基准平面为组件参考。

（2）指定第二个约束。单击 ➔新建约束 字符，在“约束类型”下拉列表中选择 重合，选取参考件的 TOP 基准平面为元件参考，选取装配体的 MOLD_RIGHT 基准平面为组件参考。

（3）指定第三个约束。单击 ➔新建约束 字符，在“约束类型”下拉列表中选择 重合，选取参考件的 FRONT 基准平面为元件参考，选取装配体的 MOLD_FRONT 基准平面为组件参考。

（4）至此，约束定义完成，单击元件放置操控板中的 ✔ 按钮，系统自动弹出“创建参考模型”对话框。

Step 4 在“创建参考模型”对话框中，选中 ◉ 按参考合并 单选项，然后在 参考模型 区域的 名称 文本框中，接受系统给出的默认的参考模型名称 CAP_PEN_MOLD_REF，再单击 确定 按钮，完成后的结果如图 16.2.3 所示。

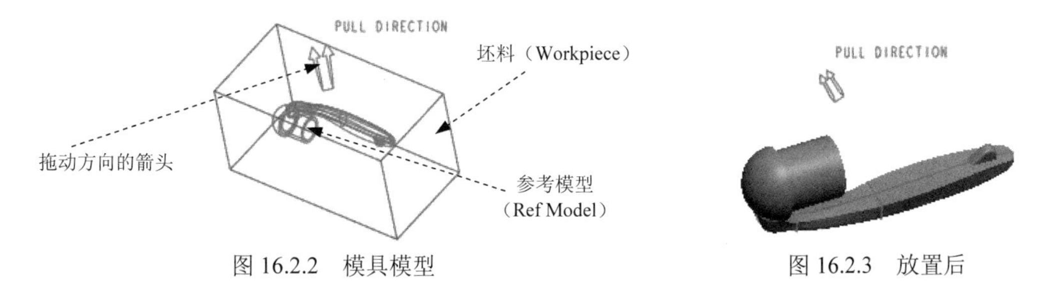

图 16.2.2 模具模型　　图 16.2.3 放置后

Stage2. 定义坯料

Step 1 单击 **模具** 功能选项卡 参考模型和工件 区域 工件 中的“小三角”按钮 ▾，然后在系统弹出的列表中选择 创建工件 命令，系统弹出“元件创建”对话框。

Step 2 在“元件创建”对话框中，在 类型 区域选中 ◉ 零件 单选项，在 子类型 区域选中 ◉ 实体 单选项，在 名称 文本框中，输入坯料的名称 cap_pen_wp，然后单击 确定 按钮。

Step 3 在弹出的“创建选项”对话框中，选中 创建特征 单选项，然后单击 确定 按钮。

Step 4 创建坯料特征。

（1）选择命令。单击 模具 功能选项卡 形状 ▾ 区域中的 拉伸 按钮。此时出现“拉伸”操控板。

（2）创建实体拉伸特征。在出现的操控板中，确认“实体”按钮被按下；在绘图区中右击，从快捷菜单中选择 定义内部草绘... 命令。系统弹出对话框，然后选择参考模型的 MAIN_PARTING_PLN 基准平面作为草绘平面，草绘平面的参考平面为 MOLD_RIGHT 基准平面，方位为 左，单击 草绘 按钮，至此系统进入截面草绘环境；系统弹出“参考”对话框，选取 MOLD_FRONT 基准平面和 Top 基准平面为草绘参考，然后单击 关闭(C) 按钮，绘制图 16.2.4 所示的特征截面。完成特征截面的绘制后，单击“草绘”操控板中的“确定”按钮✔；在操控板中，选取深度类型（对称），再在深度文本框中输入深度值 40.0，并按回车键；在操控板中单击✔按钮，则完成拉伸特征的创建。

Task3. 设置收缩率

Step 1 单击 模具 功能选项卡 生产特征 ▾ 区域中的“小三角”按钮▾，在系统弹出的下拉菜单中单击 按比例收缩 ▸后的▸按钮，然后选择 按尺寸收缩 命令。

Step 2 系统弹出“按尺寸收缩”对话框，确认 公式 区域的 1+S 按钮被按下，在 收缩选项 区域选中 ☑ 更改设计零件尺寸 复选框，在 收缩率 区域的 比率 栏中输入收缩率 0.006，并按回车键，然后单击对话框中的 ✔ 按钮。

Task4. 创建模具分型曲面

Stage1. 定义型芯分型面

下面的操作是创建零件 cap_pen.prt 模具的型芯分型曲面（图 16.2.5），以分离模具元件——型芯，其操作过程如下：

Step 1 单击 模具 功能选项卡 分型面和模具体积块 ▾ 区域中的“分型面”按钮，系统弹出“分型面”选项卡。

Step 2 在系统弹出的“分型面”选项卡中的 控制 区域单击“属性”按钮，在图 16.2.6 所示的对话框中，输入分型面名称 core_ps，单击对话框中的 确定 按钮。

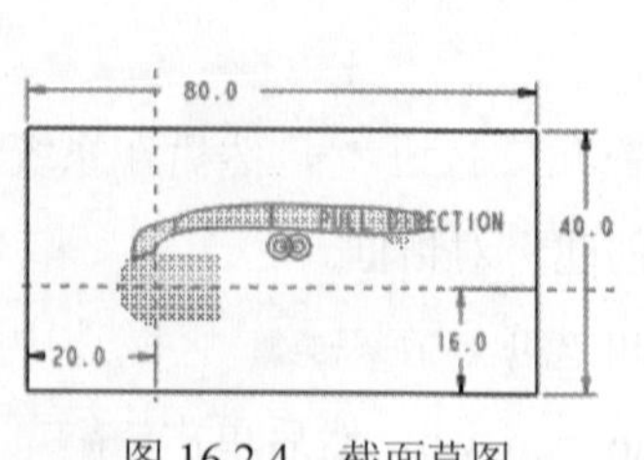

图 16.2.4 截面草图

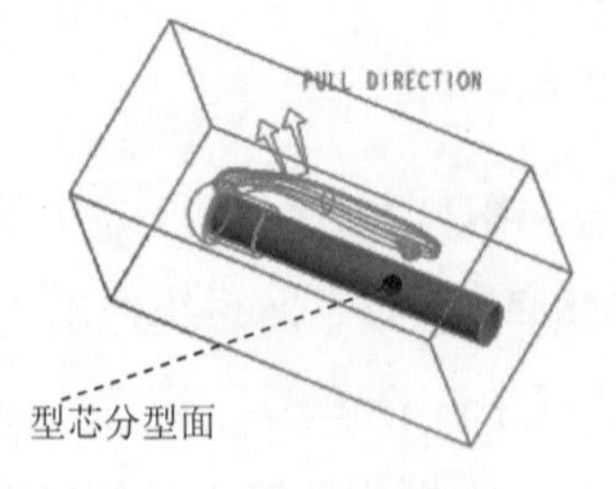

图 16.2.5 创建型芯的分型曲面

图 16.2.6 “属性”对话框

Step 3　通过曲面“复制”的方法，复制参考模型（笔帽）上孔的内表面。

（1）采用“种子面与边界面”的方法选取所需要的曲面。下面先选取“种子面”（Seed Surface），操作方法如下：

说明：用户分别选取种子面和边界面后，系统会自动选取从种子曲面开始向四周延伸直到边界曲面的所有曲面（其中包括种子曲面，但不包括边界曲面）。选择时先在屏幕右下方的“智能选取栏”中选择“几何”选项，如图 16.2.7 所示。

图 16.2.7　智能选取栏

① 在模型树中选中 CAP_PEN_WP.PRT 并右击，在弹出的快捷菜单中选择 遮蔽 命令。

② 将模型调整到图 16.2.8 所示的视图方位，先将鼠标指针移至模型中的目标位置，即图 16.2.8 中孔的底面（种子面）附近，右击，然后在弹出的快捷菜单中选取 从列表中拾取 命令。

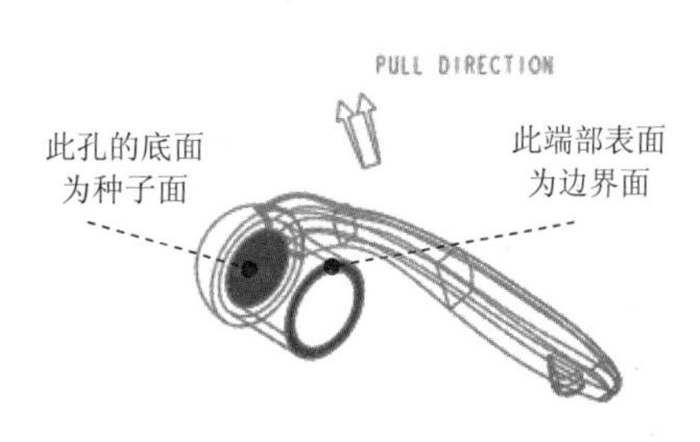

图 16.2.8　定义种子面和边界面

③ 选择图 16.2.9 中的列表项，此时图 16.2.8 中的孔的底面会加亮，即选择该底面为“种子面”。然后在“从列表中拾取”对话框（一）中单击 确定(O) 按钮。

（2）选取“边界面”（boundary surface），其操作方法如下：

① 按住 Shift 键，先将鼠标指针移至模型中的目标位置，即图 16.2.8 中的模型端部表面（边界面）附近，再右击，然后在弹出的快捷菜单中选择 从列表中拾取 命令。

② 选择图 16.2.10 中的列表项，此时图 16.2.8 中的端面会加亮，即该端面为所要选择的“边界面”。在“从列表中拾取”对话框（二）中单击 确定(O) 按钮，操作完成后的整个曲面如图 16.2.11 所示。

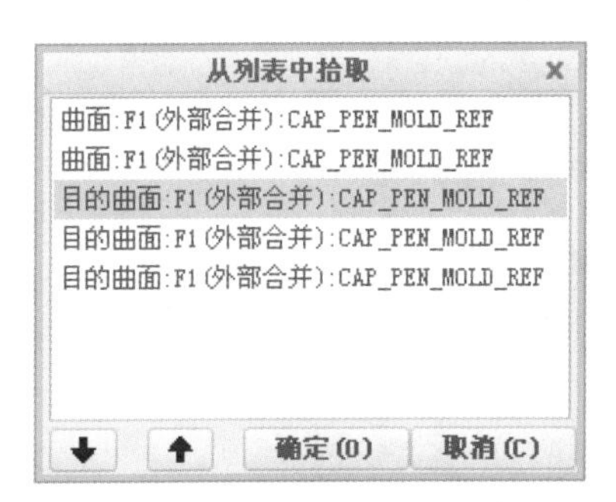

图 16.2.9　“从列表中拾取”对话框（一）

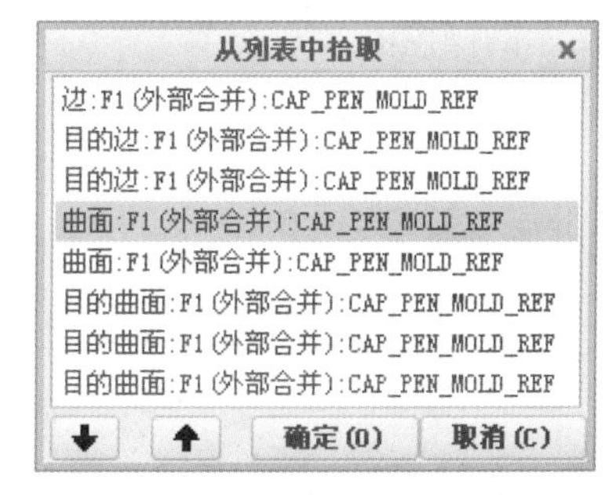

图 16.2.10　“从列表中拾取”对话框（二）

（3）单击 **模具** 功能选项卡 操作 ▾ 区域中的“复制”按钮。

（4）单击 **模具** 功能选项卡 操作 ▾ 区域中的“粘贴”按钮。在系统弹出的 **曲面：复制** 操控板中单击 ✔ 按钮。

（5）在模型树中选中 CAP_PEN_WP.PRT 并右击，在弹出的快捷菜单中选择 取消遮蔽 命令。

Step 4 将复制后的表面延伸至坯料的表面。

（1）采用“列表选取”的方法选取图 16.2.12 所示的圆弧为延伸边。

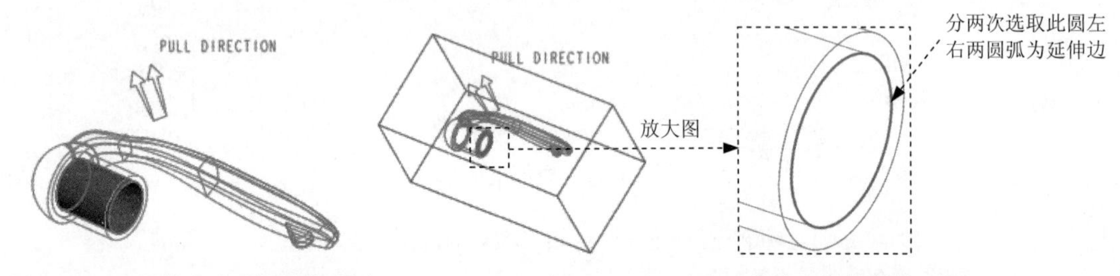

图 16.2.11　操作完成后的整个曲面　　　　图 16.2.12　选取延伸边和延伸的终止面

说明：要延伸的曲面是前面的复制曲面，延伸边线是该复制曲面端部的圆，该圆由两个半圆弧组成。

① 首先选择第一个半圆弧为延伸边。将鼠标指针移至模型中的目标位置，即图 16.2.12 中的圆弧附近，再右击，在弹出的快捷菜单中选择 从列表中拾取 命令，选择图 16.2.13 中的列表项，单击 确定(O) 按钮。

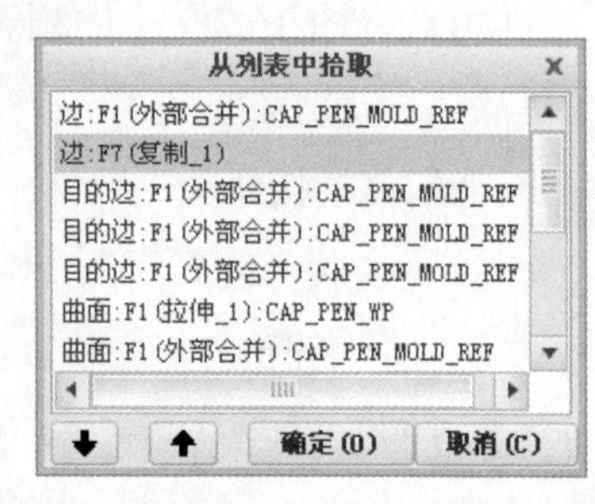

图 16.2.13　“从列表中拾取”对话框（三）

注意：图 16.2.12 中箭头所指的位置上有两个重合的圆弧边，一个为手柄零件模型上表面的边线，另一个为复制曲面的边线，具体可参见图 16.2.13 所示的列表对话框。由于要延伸复制的曲面，所以要选取的延伸边应该是复制曲面的边线，即“从列表中拾取”对话框（三）中的 边:F7(复制_1) 选项。

② 单击 **分型面** 功能选项卡 编辑 ▾ 区域中的 延伸 按钮，在弹出的快捷菜单中单击 延伸 命令，此时系统弹出“延伸”操控板。此时出现图 16.2.14 所示的操控板。

图 16.2.14　操控板

③ 按住 Shift 键，选择第二个半圆弧为延伸边。

（2）选取延伸的终止面。在操控板中，按下按钮（延伸类型为至平面）；在系统◆选择曲面延伸所至的平面.的提示下，选取图 16.2.15 所示的坯料的表面为延伸的终止面；单击按钮，预览延伸后的面组，确认无误后，单击✔按钮，完成后的延伸曲面如图 16.2.15 所示。

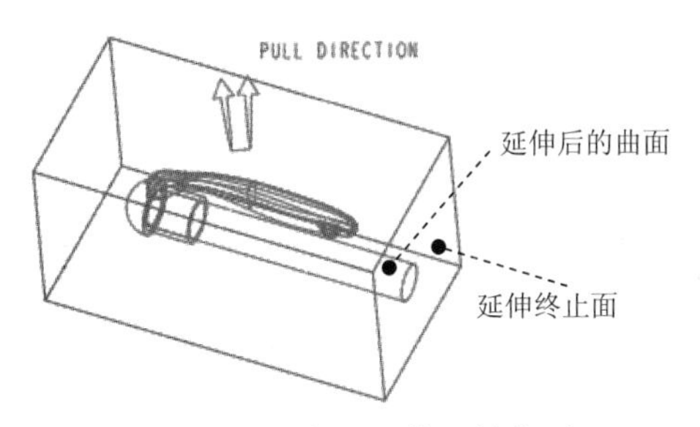

图 16.2.15　完成后的延伸曲面

Step 5　在“分型面”选项卡中，单击“确定”按钮✔，完成分型面的创建。

Step 6　为了方便查看前面所创建的型芯分型面，将其着色显示。单击 视图 功能选项卡 可见性 区域中的“着色”按钮；系统弹出图 16.2.16 所示的“搜索工具”对话框，系统在 找到1个项目: 列表中默认选择了 面组:F7(CORE_PS) 列表项，即型芯分型面，然后单击 >> 按钮，将其加入到 已选择 0 个项:(预期 1 个) 列表中，再单击 关闭 按钮，着色后的型芯分型面如图 16.2.17 所示；在图 16.2.18 所示的 ▼CntVolSel (继续体积块选取) 菜单中，选择 Done/Return (完成/返回) 命令。

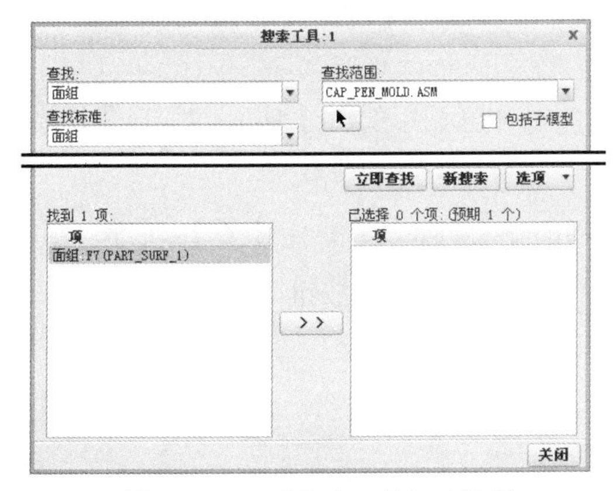

图 16.2.16　“搜索工具”对话框

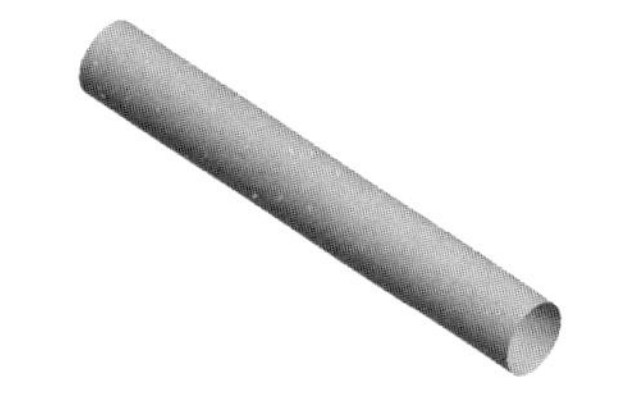

图 16.2.17　着色后的型芯分型面

Step 7　在模型树中查看前面创建的型芯分型面特征。

（1）在模型树界面中，选择 → 树过滤器(F)... 命令。

（2）在系统弹出的对话框中选中 ☑特征 复选框，然后单击该对话框中的 确定 按钮。此时，模型树中会显示型芯分型面的两个曲面特征：复制曲面特征和延伸曲面特征，如图 16.2.19 所示。通过在模型树上右击曲面特征，从弹出的快捷菜单中可以选择删除（Delete）、编辑定义（Edit Defintion）等命令进行相应的操作，如图 16.2.20 所示。

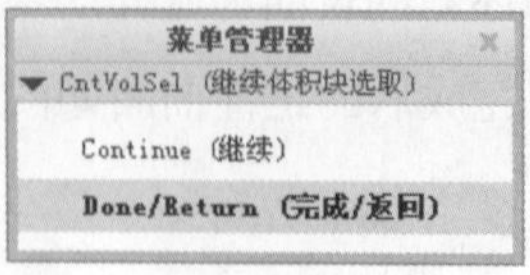

菜单管理器
▼ CntVolSel（继续体积块选取）
Continue（继续）
Done/Return（完成/返回）

图 16.2.18 “继续体积块选取”菜单

图 16.2.19 查看型芯分型面特征

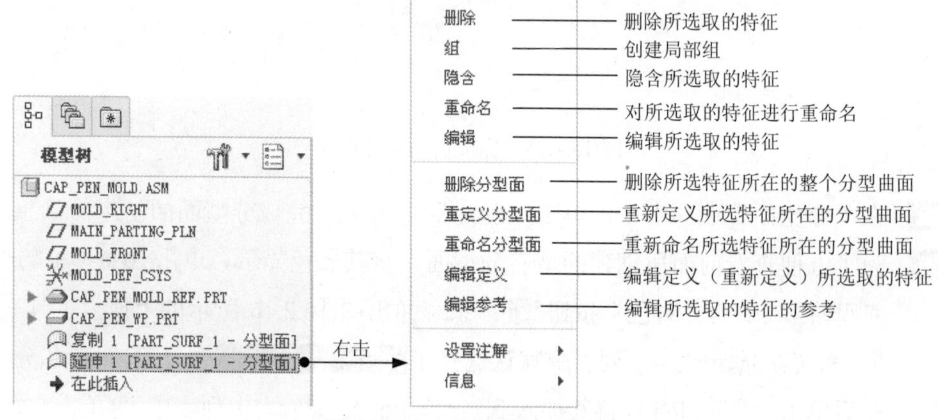

图 16.2.20 在模型树上右击

Stage2．定义主分型面

下面的操作是创建零件 cap_pen.prt 模具的主分型面（图 16.2.21），以分离模具的上模型腔和下模型腔，其操作过程如下：

Step 1 单击 **模具** 功能选项卡 分型面和模具体积块 ▼ 区域中的“分型面”按钮。系统弹出“分型面”选项卡。

Step 2 在系统弹出的“分型面”选项卡中的 控制 区域单击“属性”按钮，在“属性”对话框中，输入分型面名称 main_ps，单击 确定 按钮。

Step 3 通过“拉伸”的方法创建主分型面。

（1）单击 **分型面** 功能选项卡 形状 ▼ 区域中的 拉伸 按钮，此时系统弹出“拉伸”操控板。

（2）定义草绘截面放置属性。右击，从弹出的菜单中选择 定义内部草绘... 命令，在系统 ➡选择一个平面或曲面以定义草绘平面. 的提示下，选取图 16.2.22 所示的坯料表面 1 为草绘平面，接受图 16.2.22 中默认的箭头方向为草绘视图方向，然后选取图 16.2.22 所示的坯料表面 2 为参考平面，方向为 右 。

（3）截面草图。选取图 16.2.23 所示的坯料的边线为草绘参考，绘制图 16.2.23 所示的截面草图（截面草图为一条线段），完成截面的绘制后，单击“草绘”选项卡中的“确定”按钮 ✔。

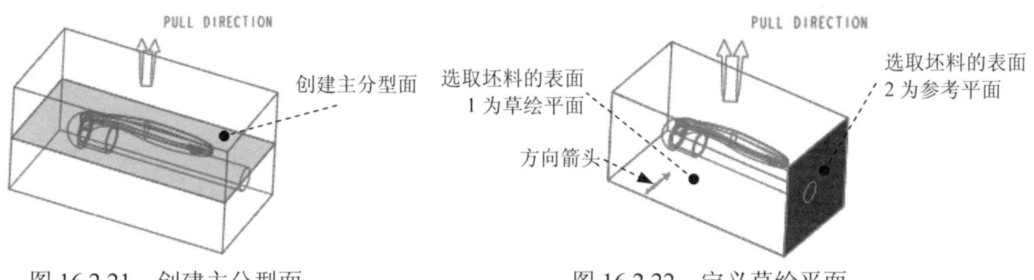

图 16.2.21　创建主分型面　　　　图 16.2.22　定义草绘平面

（4）设置深度选项。选取深度类型⊥（到选定的）；将模型调整到图 16.2.24 所示的视图方位，选取图 16.2.24 所示的坯料表面为拉伸终止面；在“拉伸”操控板中单击✔按钮，完成特征的创建。

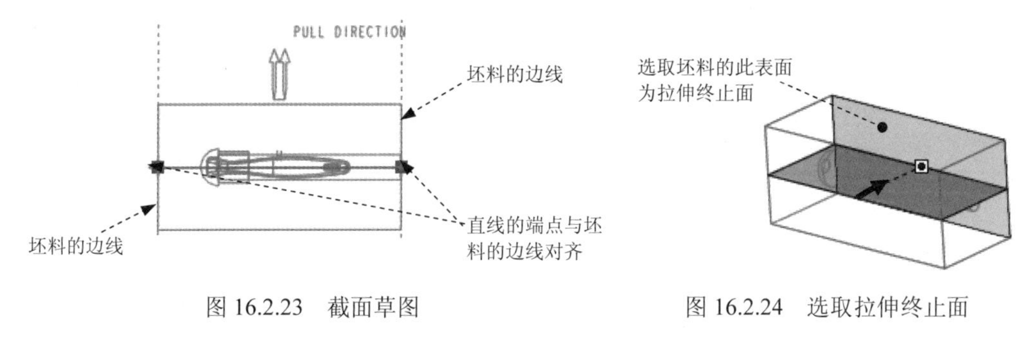

图 16.2.23　截面草图　　　　图 16.2.24　选取拉伸终止面

Step 4　在“分型面”选项卡中，单击“确定”按钮✔，完成分型面的创建。

Task5．在模具中创建浇注系统

下面的操作是在零件笔帽的模具坯料中创建图 16.2.25 所示的浇注系统。

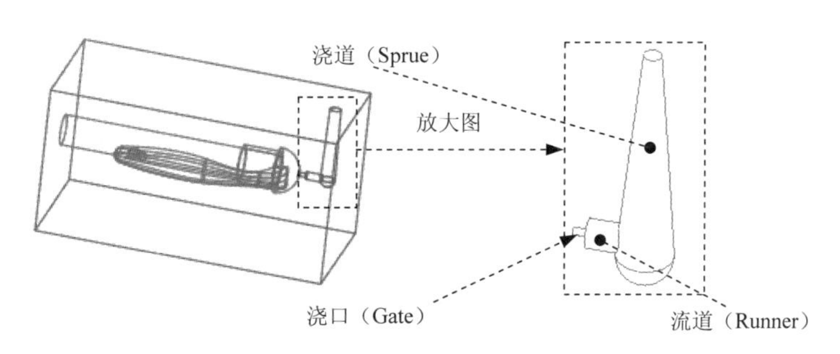

图 16.2.25　创建浇注系统

Stage1．创建浇道（Sprue）

Step 1　为了使屏幕简洁，将主分型面遮蔽起来。选择 **视图** 功能选项卡 可见性 区域中的“模具显示”按钮，弹出“遮蔽-取消遮蔽”对话框；在该对话框中按下 分型面 按钮，选择 MAIN_PS 选项，单击下方的 遮蔽 按钮；单击对话框中的 关闭 按钮。

Step 2　创建图 16.2.26 所示的基准平面 ADTM1，该基准平面将在后面作为注道特征的草绘平面。单击 模型 功能选项卡 基准 ▾ 区域中的“平面”按钮；系统弹出“基准平面”对话框，选取图 16.2.27 所示的侧面为参考平面，然后输入偏移值-6.0；单击“基准平面”对话框中的 确定 按钮。

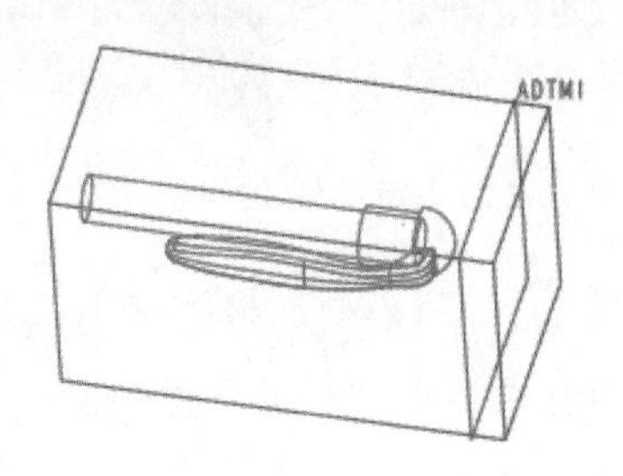

图 16.2.26 创建基准平面 ADTM1

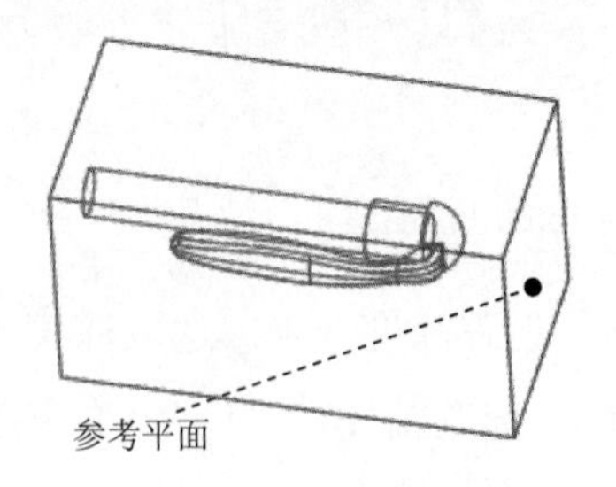

图 16.2.27 选取参照平面

Step 3 创建一个旋转特征作为注道。单击 模型 功能选项卡 切口和曲面 ▾ 区域中的 旋转 按钮；在弹出的操控板中，确认“实体”类型按钮被按下；右击，从快捷菜单中选择 定义内部草绘... 命令。选取图 16.2.28 所示的 ADTM1 基准平面为草绘平面，草绘平面的参考平面为图 16.2.28 所示的坯料表面，方位为 底部，单击 草绘 按钮。至此系统进入截面草绘环境。

Step 4 选取图 16.2.29 所示的边线为草绘参考，然后绘制图 16.2.29 所示的截面草图，完成特征截面的绘制后，单击“草绘”操控板中的“确定”按钮 ✔；在操控板中，选取旋转角度类型，旋转角度为 360°；单击操控板中的 ✔ 按钮，完成特征的创建。

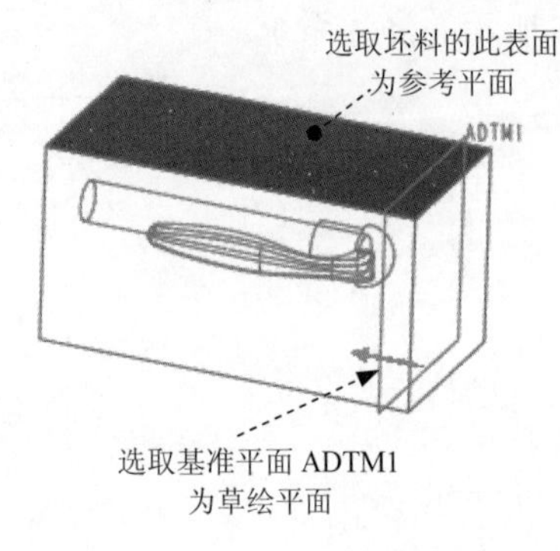

图 16.2.28 定义草绘平面

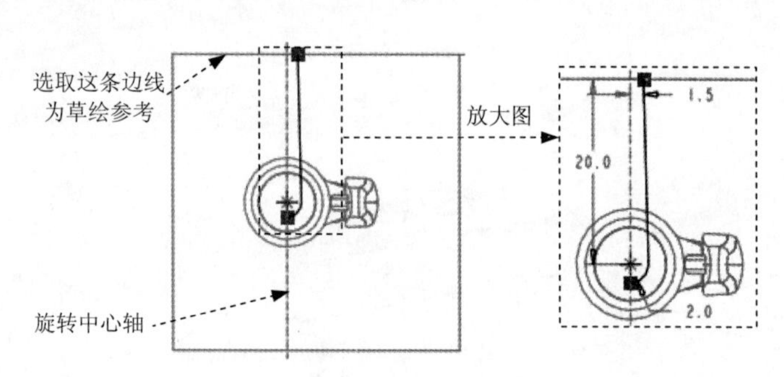

图 16.2.29 截面草图

Stage2．创建流道（Runner）

Step 1 创建图 16.2.30 所示的基准平面 ADTM2，该基准平面将在后面作为流道特征的草绘平面。在 模型 功能选项卡中单击“平面”按钮，系统弹出“基准平面”对话框，选取 ADTM1 为参考平面，然后输入偏移值 6.0；单击“基准平面”对话框中的 确定 按钮。

Step 2 创建一个拉伸特征作为流道。单击 模型 功能选项卡 切口和曲面 ▾ 区域中的 拉伸 按钮，在操控板中，确认“实体”按钮□被按下；右击，从快捷菜单中选择 定义内部草绘... 命令。选取图 16.2.31 所示的 ADTM2 基准平面为草绘平面，草绘平面的参考平面为图 16.2.31 所示的坯料表面，方位为 顶，单击 草绘 按钮。至此，系统进入截面草绘环境。绘制图 16.2.32 所示的截面草图，完成特征截面后，单击“草绘”操控板中的“确定”按钮✔；在操控板中选取深度选项⊥⊥（至曲面），然后选择图 16.2.33 所示的基准平面 ADTM1 为终止面；单击操控板中的✔按钮，完成特征的创建。

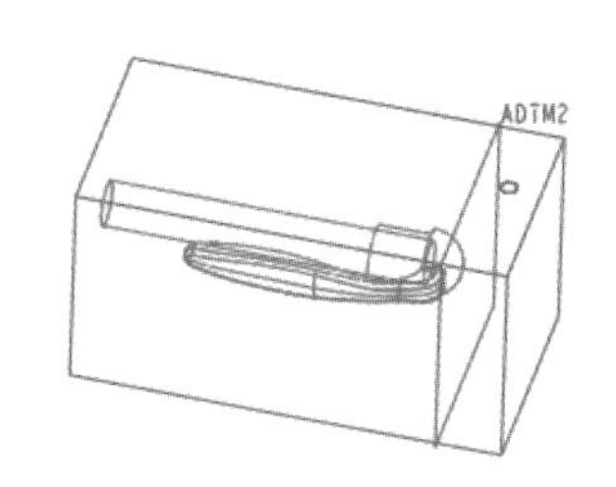

图 16.2.30　创建基准平面 ADTM2

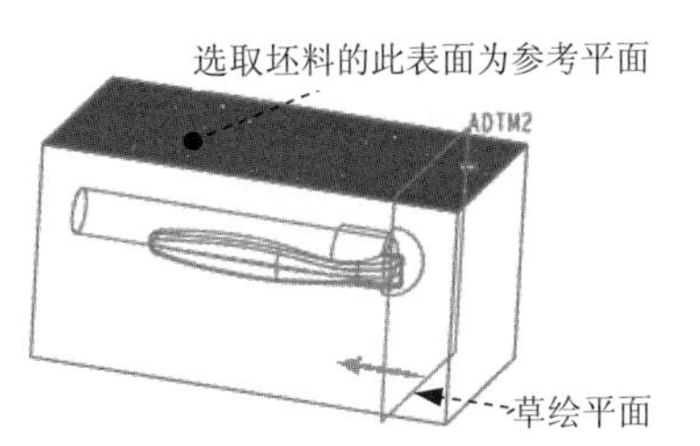

图 16.2.31　定义草绘平面

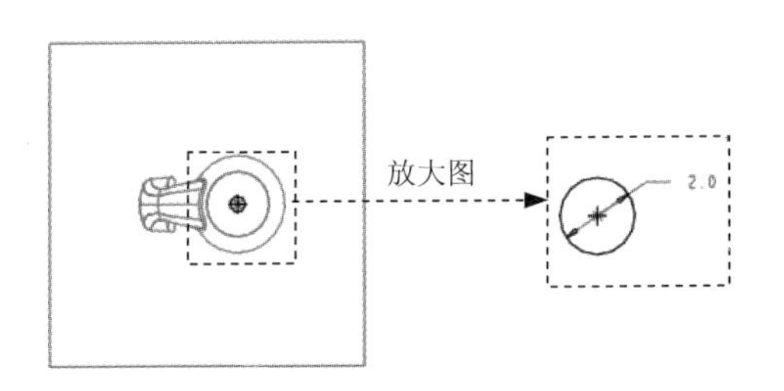

图 16.2.32　截面草图

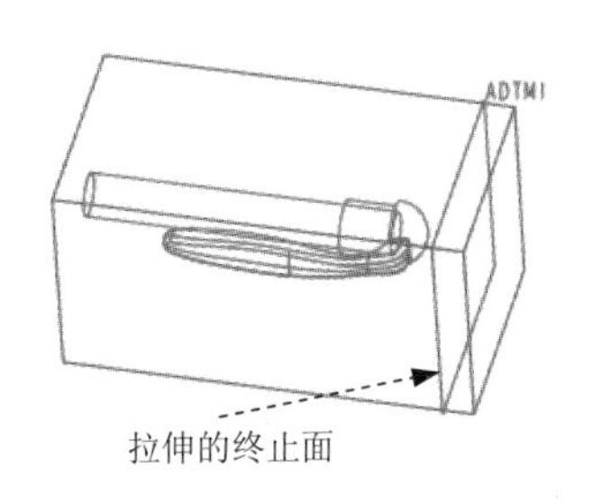

图 16.2.33　选取拉伸的终止面

Stage3．创建浇口（Gate）

Step 1 单击 模型 功能选项卡 切口和曲面▾ 区域中的 拉伸 按钮，此时系统在屏幕下方出现“拉伸”操控板。

Step 2 创建一个拉伸特征作为浇口。确认“实体”按钮□被按下；右击，从快捷菜单中选择 定义内部草绘... 命令。选择图 16.2.34 所示的 ADTM2 基准平面为草绘平面，草绘平面的参考平面为图 16.2.34 所示的坯料表面，方位为 顶，单击 草绘 按钮。至此，系统进入截面草绘环境；绘制图 16.2.35 所示的截面草图，完成特征截面后，单击“草绘”操控板中的“确定”按钮✔；选取深度选项⊟，输入深度值 2.0；单击操控板中的✔按钮，完成特征的创建。

Step 3 将主分型面取消遮蔽。选择 视图 功能选项卡 可见性 区域中的“模具显示”按钮，弹出“遮蔽-取消遮蔽”对话框；在该对话框中确认 分型面 按钮被按下，然后单击 取消遮蔽 选项卡，选择 MAIN_PS 选项，单击下方的 取消遮蔽 按钮；单击对话框中的 关闭 按钮。

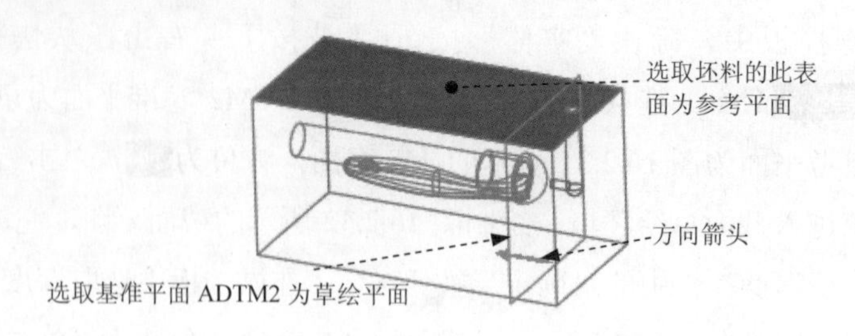

图 16.2.34 定义草绘平面

Task6. 构建模具元件的体积块

Stage1. 用型芯分型面创建型芯元件的体积

下面的操作是在零件笔帽的模具坯料中，用前面创建的型芯分型面——core_ps 来分割型芯元件的体积块，该体积块将来会抽取为模具的型芯元件。在该例子中，由于主分型面穿过型芯分型面，为了便于分割出各个模具元件，将先从整个坯料中分割出型芯体积块，然后从其余的体积块（即分离出型芯体积块后的坯料）中再分割出上、下型腔体积块。

Step 1 选择 模具 功能选项卡 分型面和模具体积块 ▾ 区域中的 模具体积块 ▾ ➡ 体积块分割 命令（即用“分割”的方法构建体积块）。

Step 2 在系统弹出的 ▾ SPLIT VOLUME (分割体积块) 菜单中，依次选择 Two Volumes (两个体积块) ➡ All Wrkpcs (所有工件) ➡ Done (完成) 命令，此时系统弹出图 16.2.36 所示的“分割”对话框。

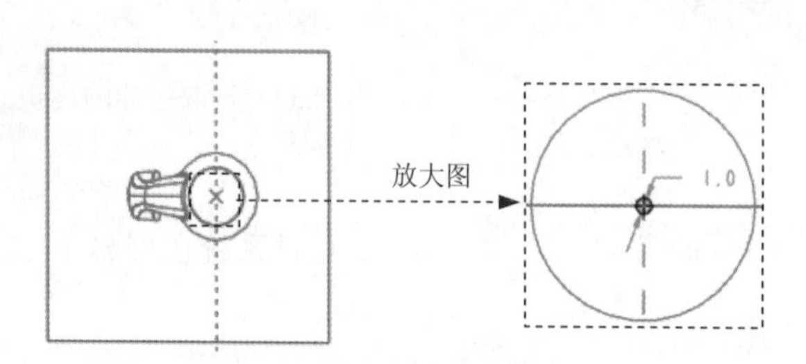

图 16.2.35 截面草图

图 16.2.36 “分割”对话框

Step 3 用“列表选取”的方法选取分型面。在系统 ➡为分割工件选择分型面. 的提示下，先将鼠标指针移至模型中的型芯分型面的位置并右击，然后从快捷菜单中选择 从列表中拾取 命令。

在图 16.2.37 所示的“从列表中拾取”对话框中，单击列表中的 面組:F7(CORE_PS) 分型面，然后单击 确定(O) 按钮；单击“选择”对话框中的 确定 按钮。

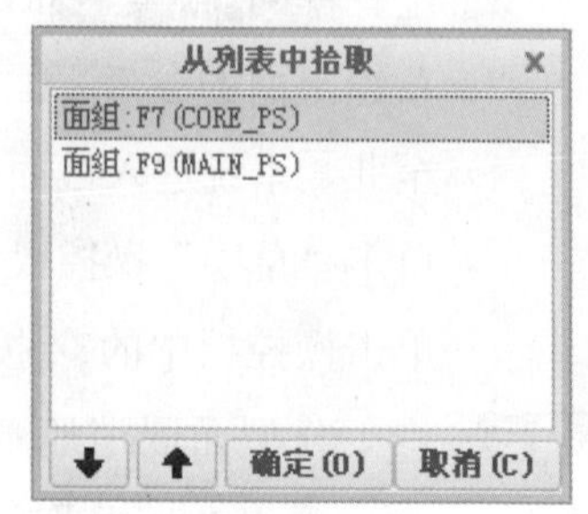

图 16.2.37 “从列表中拾取”对话框

Step 4 单击“分割”对话框中的 确定 按钮。

Step 5 此时系统弹出“属性”对话框，同时模型中的其余部分变亮，输入其余部分体积的名称 body_vol，单击 确定 按钮。

Step 6 此时系统弹出“属性”对话框，同时模型中的型芯部分变亮，输入型芯模具元件体积的名称 core_vol，单击 确定 按钮。

Stage2．用主分型面创建上下模腔的体积块

下面的操作是在零件笔帽的模具坯料中，用前面创建的主分型面——main_ps 来将前面生成的体积块 body_vol 分成上、下两个体积腔（块），这两个体积腔（块）将来会抽取为模具的上、下模具型腔。

Step 1 选择 **模具** 功能选项卡 分型面和模具体积块 ▾ 区域中的 模具体积块 ▾ ➡ 体积块分割 命令。

Step 2 在系统弹出的 ▼ SPLIT VOLUME（分割体积块）菜单中，依次选择 Two Volumes（两个体积块） ➡ Mold Volume（模具体积块） ➡ Done（完成）命令。此时系统弹出“分割”对话框和“搜索工具”对话框。

Step 3 在系统弹出的“搜索工具”对话框中，单击列表中的面组:F16(BODY_VOL)体积块，然后单击 >> 按钮，将其加入到 已选择 0 个项:(预期 1 个) 列表中，再单击 关闭 按钮。

Step 4 用“列表选取”的方法选取分型面。在系统 ➡为分割选定的模具体积块选择分型面. 的提示下，先将鼠标指针移至模型中主分型面的位置并右击，然后从系统弹出的快捷菜单中选取 从列表中拾取 命令；在弹出的“从列表中拾取”对话框中，单击列表中的 面组:F9(MAIN_PS) 分型面，然后单击 确定(O) 按钮；单击“选择”对话框中的 确定 按钮。

Step 5 单击“分割”信息对话框中的 确定 按钮。

Step 6 此时系统弹出“属性”对话框，同时 BODY_VOL 体积块的下半部分变亮，在该对话框中单击 着色 按钮，着色后的模型如图 16.2.38 所示。然后在对话框中输入名称 lower_vol，单击 确定 按钮。

Step 7 此时系统弹出“属性”对话框，同时 BODY_VOL 体积块的上半部分变亮，在该对话框中单击 着色 按钮，着色后的模型如图 16.2.39 所示。然后在对话框中输入名称 upper_vol，单击 确定 按钮。

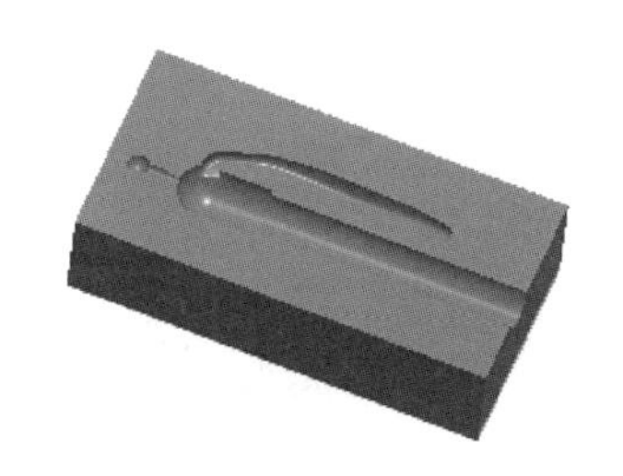

图 16.2.38 着色后的下半部分体积块

图 16.2.39 着色后的上半部分体积块

Task7. 抽取模具元件及生成浇注件

将浇注件命名为 cap_pen_molding。

Task8. 定义模具开启

Stage1. 将参考零件、坯料和分型面在模型中遮蔽起来

Stage2. 开模步骤 1：移动型芯

Step 1 单击 **模具** 功能选项卡 分析 ▾ 区域中的“模具开模”按钮（注：此处应翻译成“开启模具”），在系统弹出的 ▾ MOLD OPEN（模具开模）菜单中选择 Define Step（定义步骤）命令（注：此处应翻译成“定义开模步骤”）。

Step 2 在 ▾ DEFINE STEP（定义步骤）菜单中选择 Define Move（定义移动）命令。

Step 3 用“列表选取”的方法选取要移动的模具元件。在系统 ➪为迁移号码1 选择构件. 的提示下，先将鼠标指针移至图 16.2.40 所示模型中的位置 A 并右击，选取快捷菜单中的 从列表中拾取 命令；在系统弹出的“从列表中拾取”对话框中，单击列表中的型芯模具零件 CORE_VOL.PRT，然后单击 确定(O) 按钮；在“选择”对话框中单击 确定 按钮。

Step 4 在系统 ➪通过选择边、轴或面选择分解方向. 的提示下，选取图 16.2.40 所示的边线为移动方向，然后在系统 输入沿指定方向的位移 的提示下，输入要移动的距离值 80（由于图中箭头的指向与型芯要移动的方向相同，所以移动的距离值为正），并按回车键。

Step 5 干涉检查。

（1）检查型芯与上模的干涉。在 ▾ DEFINE STEP（定义步骤）菜单中选择 Interference（干涉）命令；系统提示 ➪选择移动进行干涉检查。，在“模具移动”菜单中选取 移动1 命令；在模具干涉菜单中选择 Static Part（静态零件）命令，此时系统提示 ➪选择统计零件.（注：此处应翻译成“选择静止的模具零件”），从屏幕的模型中选取上模，系统在信息区提示 • 没有发现干扰。；选择 Done/Return（完成/返回）命令，完成干涉检查。

（2）依照同样的方法，检查型芯与下模的干涉。

（3）依照同样的方法，检查型芯与浇注件的干涉。

Step 6 在 ▾ DEFINE STEP（定义步骤）菜单中选择 Done（完成）命令，完成型芯的移动，如图 16.2.41 所示。

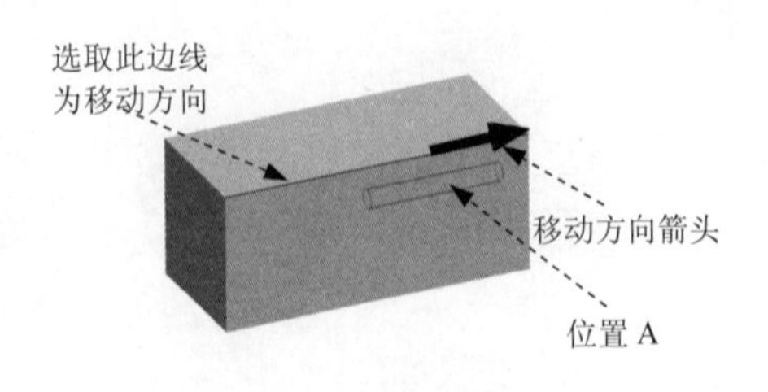

图 16.2.40 选取移动方向

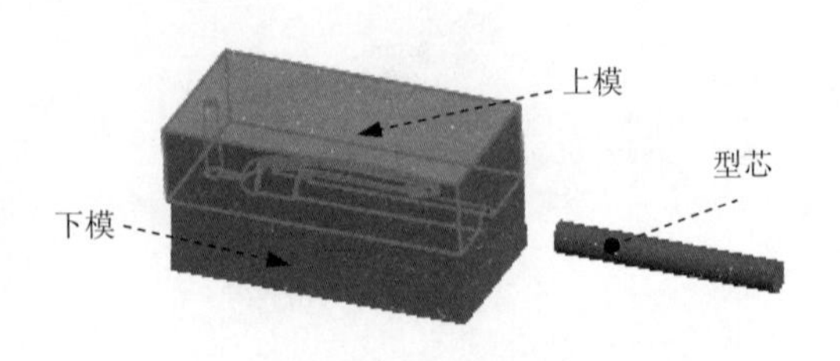

图 16.2.41 移动型芯

Stage3．开模步骤 2：移动上模

Step 1　参考开模步骤 1 的操作方法，选取上模，选取图 16.2.42 所示的边线为移动方向，然后输入要移动的距离值 60（如果移动方向箭头向下，则输入-60）。

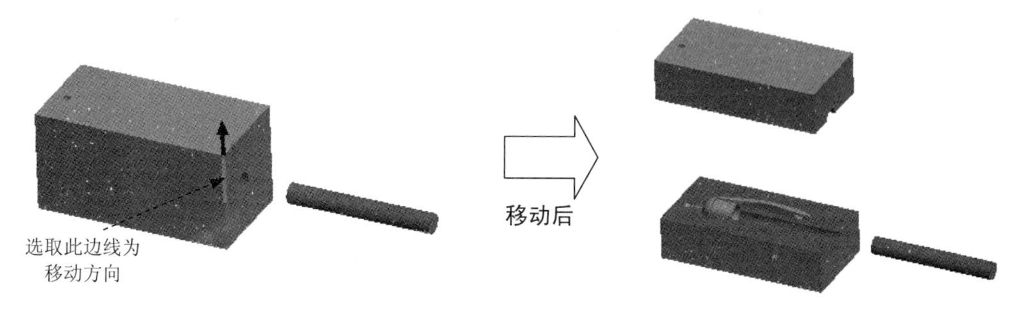

图 16.2.42　移动上模

Step 2　在 DEFINE STEP（定义间距）菜单中，选择 Done（完成）命令，完成上模的移动。

Stage4．开模步骤 3：移动下模

Step 1　参考开模步骤 1 的操作方法，选取下模，选取图 16.2.43 所示的边线为移动方向，然后输入要移动的距离值-40（如果移动方向箭头向下，则输入 40）。

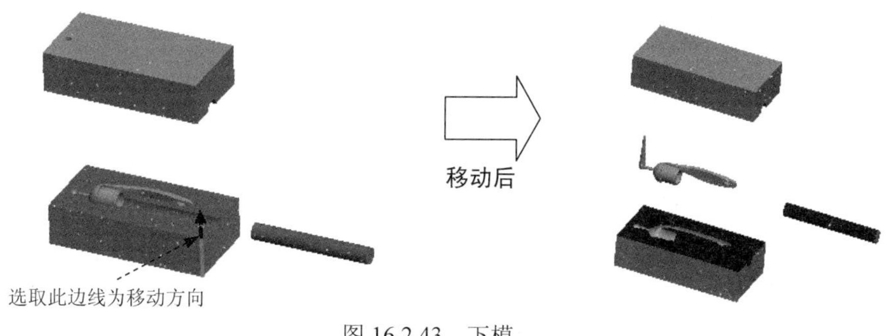

图 16.2.43　下模

Step 2　在 DEFINE STEP（定义间距）菜单中选择 Done（完成）命令，完成下模的移动。

Step 3　在 MOLD OPEN（模具开模）菜单中选择 Done/Return（完成/返回）命令，完成模具的开启。

Step 4　保存文件。选择下拉菜单 文件 ➡ 保存(S) 命令，保存文件。

16.3　带滑块的模具设计（一）

在图 16.3.1 所示的模具中，充电器上盖的侧面有一破孔，这样，模具中必须设计滑块，开模时，先将滑块移出，上、下模具才能顺利脱模。下面介绍该模具的主要设计过程。

Task1．新建一个模具制造模型

Step 1　将工作目录设置至 D:\ creo2mo\work\ch16.03。

Step 2 新建一个模具型腔文件，命名为 charger_down_mold，选取 mmns_mfg_mold 模板。

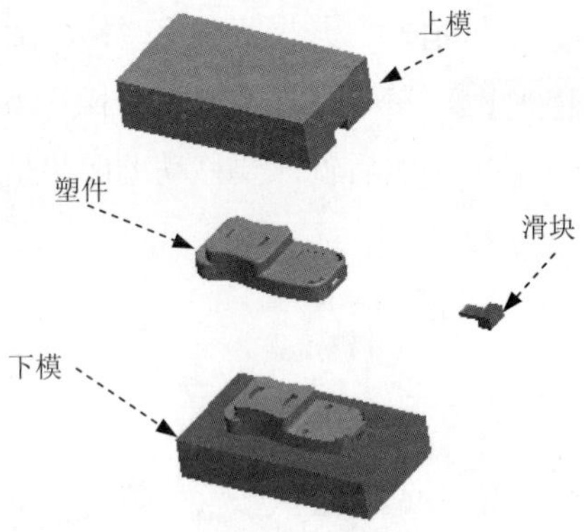

Task2. 建立模具模型

Stage1. 引入参考模型

Step 1 单击 **模具** 功能选项卡 参考模型和工件 区域“参考模型”按钮 中的“小三角”按钮 ▾，然后在系统弹出的列表中选择 定位参考模型 命令，系统弹出“打开”和“布局”对话框。

图 16.3.1 带滑块的模具设计（一）

Step 2 从弹出的文件“打开”对话框中，选取充电器盖模型——charger_down.prt 作为参考零件模型，并将其打开，系统弹出“创建参考模型”对话框。

Step 3 在“创建参考模型”对话框中选中 ◉ 按参考合并 单选项，然后接受 参考模型 区域的 名称 文本框中系统默认的名称，再单击 确定 按钮。

Step 4 在“布局”对话框的 参考模型起点与定向 区域中单击 按钮，然后在 ▾ GET CSYS TYPE（获得坐标系类型） 菜单中选择 Dynamic（动态） 命令。系统弹出“参考模型方向”对话框。

Step 5 在系统弹出的“参考模型方向”对话框的 值 文本框中输入数值 90，然后单击 确定 按钮。

Step 6 单击“布局”对话框中的 预览 按钮，定义后的拖动方向如图 16.3.2 所示，然后单击 确定 按钮。系统弹出“警告”对话框，单击 确定 按钮。

Step 7 在 ▾ CAV LAYOUT（型腔布置） 菜单管理器中单击 Done/Return（完成/返回） 命令。

Stage2. 创建坯料

创建图 16.3.3 所示的坯料，操作步骤如下：

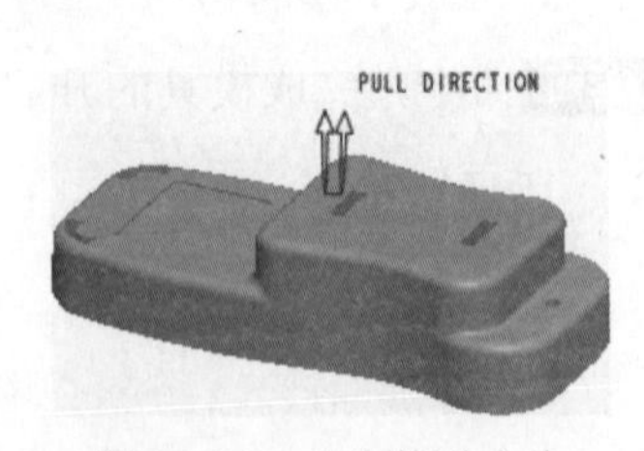

图 16.3.2 定义拖动方向

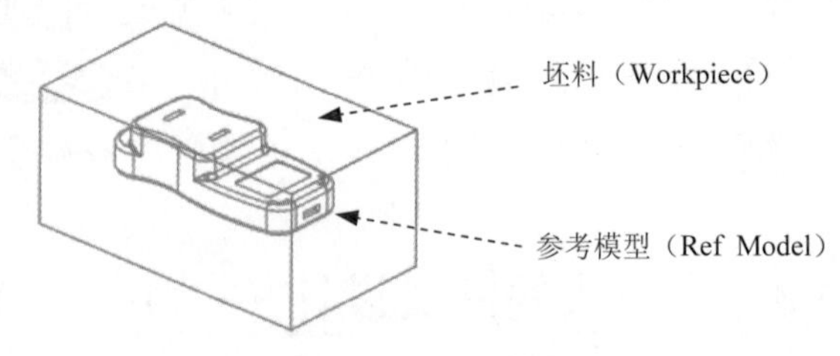

图 16.3.3 模具模型

Step 1 单击 **模具** 功能选项卡 参考模型和工件 区域 工件 中的“小三角”按钮 ▾，然后在系统弹出的列表中选择 创建工件 命令，系统弹出“元件创建”对话框。

Step 2 在“元件创建”对话框中，在 类型 区域选中 ◉ 零件 单选项，在 子类型 区域选中 ◉ 实体 单选项，在 名称 文本框中，输入坯料的名称 charger_down_wp，然后单击

确定 按钮。

Step 3 在弹出的“创建选项”对话框中，选中 ◉ 创建特征 单选项，然后单击 确定 按钮。

Step 4 创建坯料特征。

（1）选择命令。单击 **模具** 功能选项卡 形状 ▾ 区域中的 拉伸 按钮。此时出现“拉伸”操控板。

（2）创建实体拉伸特征。在出现的操控板中，确认“实体”按钮被按下；在绘图区中右击，从弹出的快捷菜单中选择 定义内部草绘... 命令。选择 MAIN_PARTING_PLN 基准平面作为草绘平面，草绘平面的参考平面为 MOLD_RIGHT 基准平面，方位为 右 ，单击 草绘 按钮，选取 MOLD_RIGHT 基准平面和 MOLD_FRONT 基准平面为草绘参考，截面草图如图 16.3.4 所示，完成特征截面的绘制后，单击“草绘”操控板中的“确定”按钮✔；在操控板中单击 选项 按钮，从系统弹出的界面中选取 侧 1 的深度类型 盲孔，再在深度文本框中输入深度值 18.0，并按回车键；然后选取 侧 2 的深度类型 盲孔，再在深度文本框中输入深度值 10.0，并按回车键；在“拉伸”操控板中单击✔按钮，完成特征的创建。

Task3. 设置收缩率

将参考模型的收缩率设置为 0.006。

Task4. 创建主分型面

以下操作是创建充电器盖模具的主分型曲面（图 16.3.5），其操作过程如下：

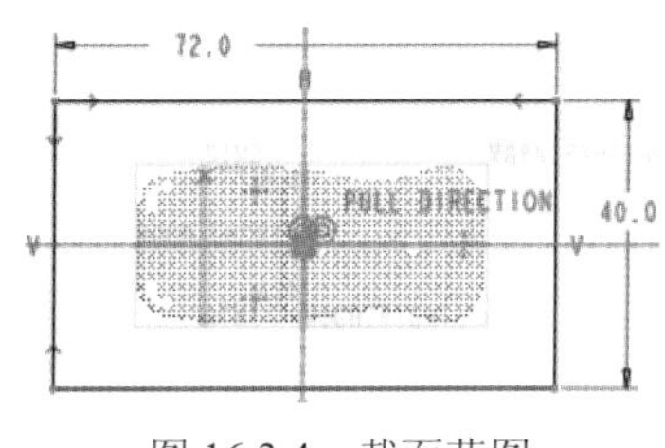

图 16.3.4 截面草图

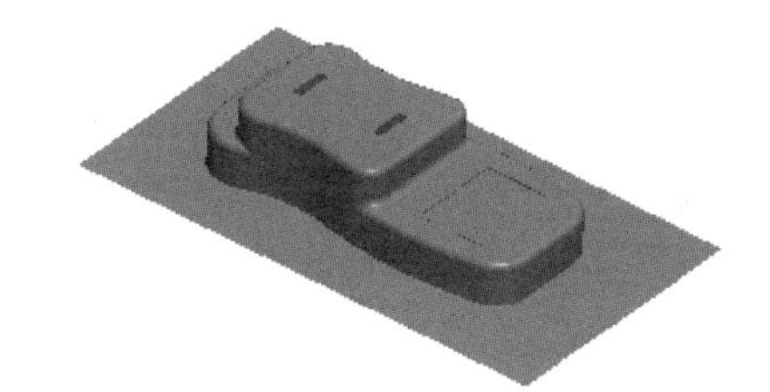
图 16.3.5 创建主分型曲面

Step 1 单击 **模具** 功能选项卡 分型面和模具体积块 ▾ 区域中的“分型面”按钮，系统弹出“分型面”选项卡。

Step 2 在系统弹出的“分型面”选项卡中的 控制 区域单击“属性”按钮，输入分型面名称 main_ps，单击对话框中的 确定 按钮。

Step 3 为了方便选取图元，将坯料遮蔽。在模型树中右击 CHARGER_DOWN_WP.PRT，从弹出的快捷菜单中选择 遮蔽 命令。

Step 4 通过曲面复制的方法，复制参考模型上的外表面。在屏幕右下方的“智能选取栏”中，选择“几何”选项，选取模型上的外表面（按住 Ctrl 键依次选取），选取结果如图 16.3.6 所示；单击 **模具** 功能选项卡 操作 ▾ 区域中的“复制”按钮；单击

模具 功能选项卡 操作 ▾ 区域中的“粘贴”按钮，系统弹出 **曲面：复制** 操控板。在操控板中单击 **选项** 按钮，在“选项”界面选中 ◉ 排除曲面并填充孔 单选项，在系统 ➪选择封闭的边环或曲面以填充孔. 的提示下，选择图 16.3.7 所示的曲面，并单击操控板中的 ✔ 按钮。

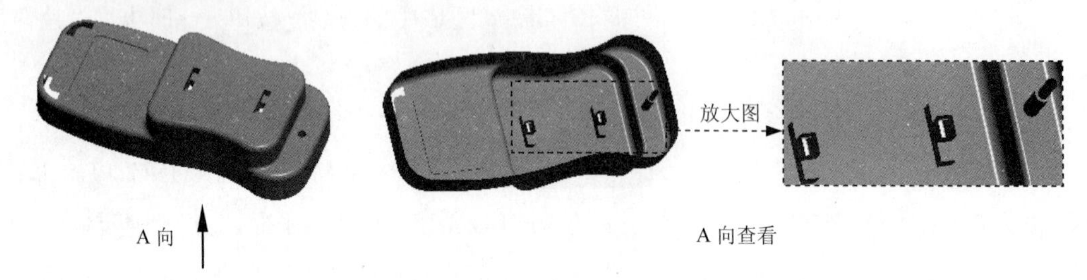

图 16.3.6　选取外表面

Step 5　创建图 16.3.8 所示的（填充）曲面 1。单击 **分型面** 功能选项卡 曲面设计 ▾ 区域中的“填充”按钮，此时系统弹出“填充”操控板；右击，从弹出的菜单中选择 定义内部草绘... 命令，在系统 ➪选择一个平面或曲面以定义草绘平面. 的提示下，选取图 16.3.8 所示的面为草绘平面；进入草绘环境后，选择坯料的边线为参考，用“投影”的命令创建图 16.3.9 所示的截面草图。完成特征截面后，单击“草绘”选项卡中的“确定”按钮 ✔；单击 ✔ 按钮，完成特征的创建。

图 16.3.7　填补曲面上的破孔

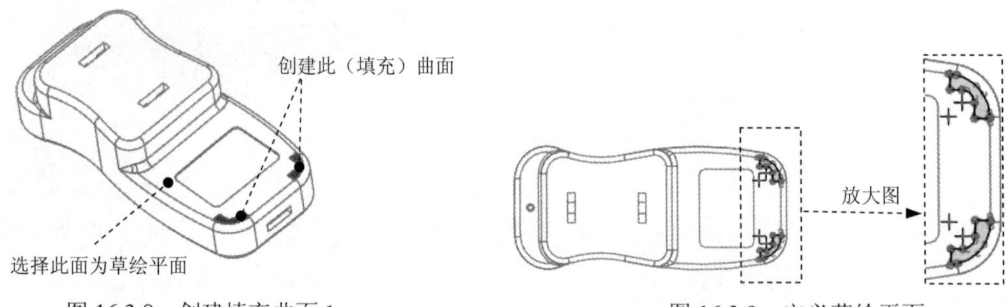

图 16.3.8　创建填充曲面 1　　　图 16.3.9　定义草绘平面

Step 6　创建图 16.3.10 所示的（填充）曲面 2。单击 **分型面** 功能选项卡 曲面设计 ▾ 区域中的“填充”按钮；右击，从弹出的菜单中选择 定义内部草绘... 命令，在系统 ➪选择一个平面或曲面以定义草绘平面. 的提示下，选取图 16.3.10 所示的面为草绘平面；进入草绘环境后，选择坯料的边线为参考，用“投影”的命令创建图 16.3.11 所示的截面草图。完成特征截面后，单击“草绘”选项卡中的“确定”按钮 ✔；在操控板中，单击 ✔ 按钮，完成特征的创建。

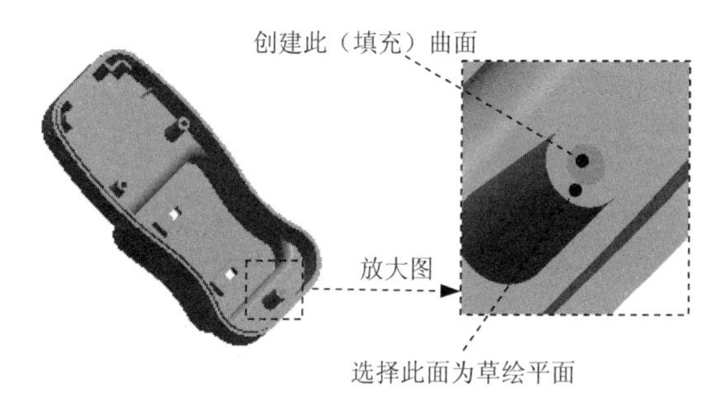

图 16.3.10　创建填充曲面 2

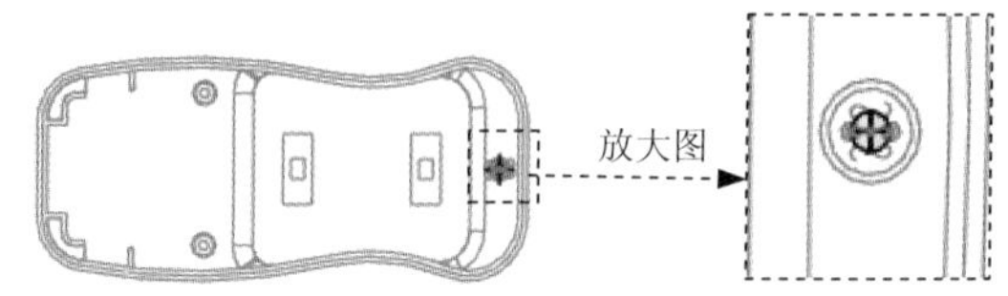

图 16.3.11　定义草绘平面

Step 7　创建图 16.3.12 所示的（填充）曲面 3。单击 **分型面** 功能选项卡 曲面设计 ▾ 区域中的“填充”按钮▨；右击，从弹出的菜单中选择 定义内部草绘... 命令，在系统 ➡选择一个平面或曲面以定义草绘平面. 的提示下，选取图 16.3.12 所示的面为草绘平面；进入草绘环境后，选择坯料的边线为参考，用“投影”的命令创建图 16.3.13 所示的截面草图。完成特征截面后，单击“草绘”选项卡中的“确定”按钮✔；在操控板中，单击✔按钮，完成特征的创建。

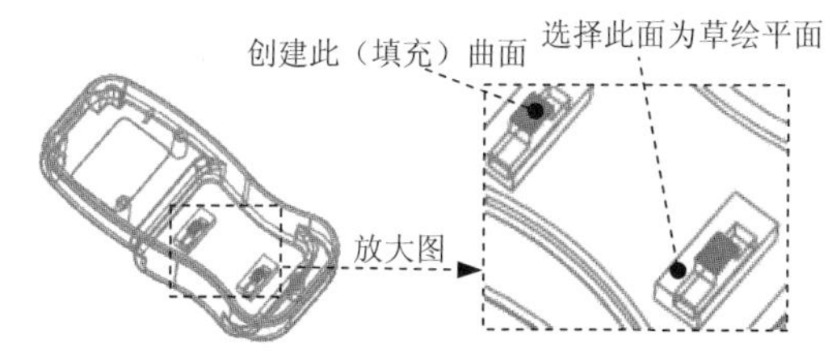

图 16.3.12　创建填充曲面 3

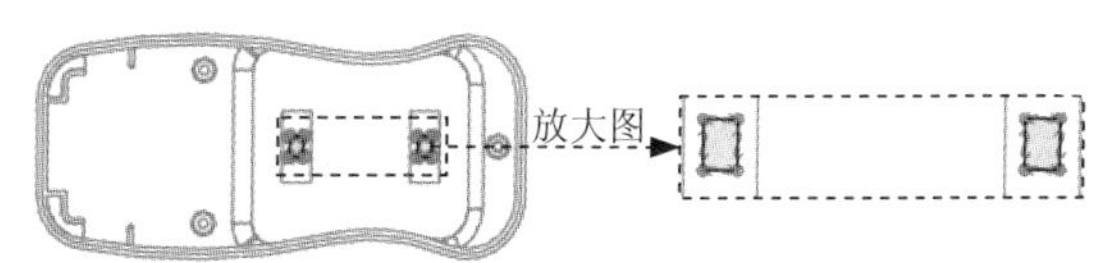

图 16.3.13　定义草绘平面

Step 8　取消坯料的遮蔽。

Step 9　创建图 16.3.14 所示的（填充）曲面。单击 **分型面** 功能选项卡 曲面设计 ▾ 区域中的“填充”按钮▨，此时系统弹出“填充”操控板；右击，从弹出的菜单中选择 定义内部草绘... 命令，在系统 ➡选择一个平面或曲面以定义草绘平面. 的提示下，选取 MAIN_PARTING_PLN 基准平面作为草绘平面，然后选取 MOLD_RIGHT 基准平面为参考平面，方向为 左；进入草绘环境后，选择坯料的边线为参考，用“投影”的命令创建图 16.3.15 所示的截面草图。完成特征截面后，单击“草绘”选项卡中的“确定”按钮✔。

Step 10　将前面创建的面合并在一起。按住 Ctrl 键，在模型树中选取复制曲面 1、填充曲面 1、填充曲面 2、填充曲面 3 和填充曲面 4；单击 **分型面** 功能选项卡 编辑 ▾ 区域中的“合并”按钮◫，此时系统弹出“合并”操控板；单击👓按钮，预览合并后的面组，确认无误后，单击✔按钮。

Step 11　在“分型面”选项卡中，单击“确定”按钮✔，完成分型面的创建。

创建此（填充）曲面

图 16.3.14 创建填充曲面

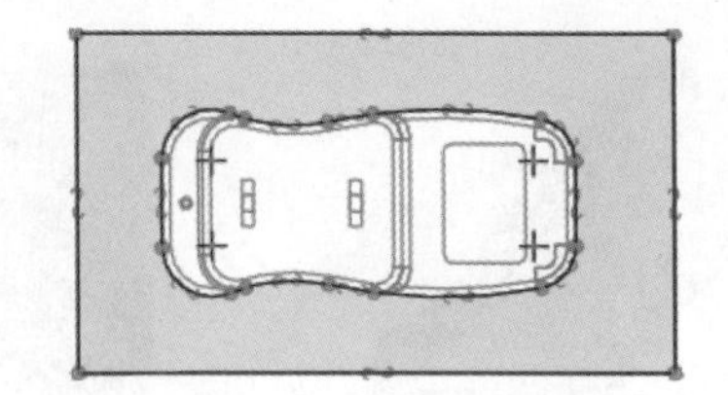

图 16.3.15 截面草图

Task5. 创建滑块分型面

下面的操作是创建零件 charger_down.prt 模具的滑块分型曲面，其操作过程如下：

Step 1 单击 **模具** 功能选项卡 分型面和模具体积块 ▾ 区域中的“分型面”按钮，系统弹出“分型面”选项卡。

Step 2 在系统弹出的“分型面”选项卡中的 控制 区域单击“属性”按钮，输入分型面名称 slide_ps，单击对话框中的 **确定** 按钮。

Step 3 创建拉伸曲面 1。单击 **分型面** 功能选项卡 形状 ▾ 区域中的 拉伸 按钮，此时系统弹出“拉伸”操控板；右击，从弹出的菜单中选择 定义内部草绘... 命令，在系统 ➪选择一个平面或曲面以定义草绘平面. 的提示下，选取图 16.3.16 所示的坯料表面 1 为草绘平面，接受图 16.3.16 中默认的箭头方向为草绘视图方向，然后选取图 16.3.16 所示的坯料表面 2 为参考平面，方向为 右；进入草绘环境后绘制截面草图如图 16.3.17 所示。完成特征截面的绘制后，单击“草绘”选项卡中的“确定”按钮 ✔；选取深度类型 ⊥⊥（到选定的）；选取图 16.3.18 所示的面为终止面；在操控板中单击 **选项** 按钮，在“选项”界面中选中 ☑ 封闭端 复选框。在操控板中单击 ✔ 按钮，完成特征的创建。

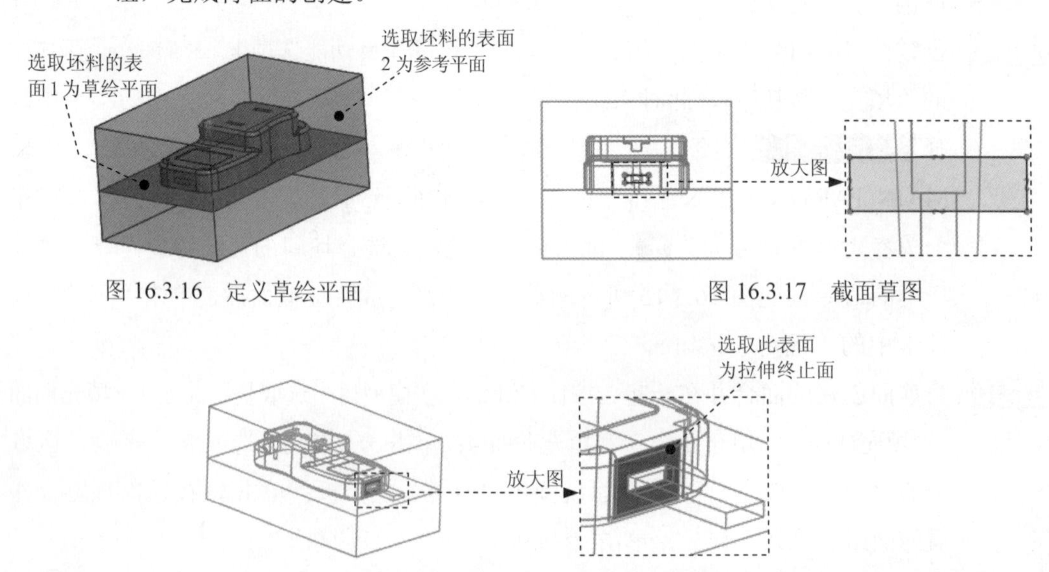

图 16.3.16 定义草绘平面

图 16.3.17 截面草图

图 16.3.18 选取拉伸终止面

Step 4 创建图 16.3.19 所示的拉伸曲面 2。单击 **分型面** 功能选项卡 形状 ▾ 区域中的 拉伸 按钮，此时系统弹出“拉伸”操控板；右击，从弹出的菜单中选择 定义内部草绘... 命令，在弹出的“草绘”对话框中单击 使用先前的 按钮；进入草绘环境后，选取 MAIN_PARTING_PLN 基准平面和 MOLD_FRONT 基准平面为草绘参考，截面草图如图 16.3.20 所示；完成特征截面的绘制后，单击“草绘”选项卡中的“确定”按钮 ✔；在操控板中选取深度类型 （“定值”拉伸），再在“深度”文本框中输入深度值 5.0；在操控板中单击 选项 按钮，在“选项”界面中选中 ☑ 封闭端 复选框；在操控板中单击 ✔ 按钮，完成特征的创建。

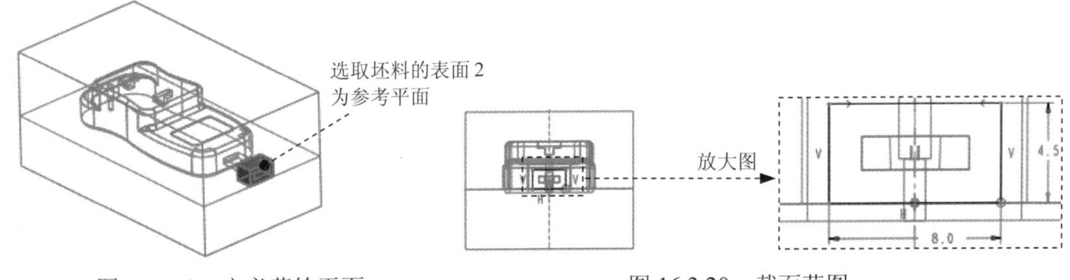

图 16.3.19 定义草绘平面

图 16.3.20 截面草图

Step 5 将拉伸曲面 1 和拉伸曲面 2 进行合并。按住 Ctrl 键，选取拉伸曲面 1 和拉伸曲面 2；单击 **分型面** 功能选项卡 编辑 ▾ 区域中的“合并”按钮，此时系统弹出“合并”操控板；在模型中选取要合并的面组的侧，如图 16.3.21 所示；在操控板中单击 选项 按钮，在“选项”界面中选中 ◉ 相交 单选项；单击 按钮，预览合并后的面组，确认无误后，单击 ✔ 按钮。

Step 6 在“分型面”选项卡中，单击“确定”按钮 ✔，完成分型面的创建。

Task6. 用滑块分型面创建滑块体积块

Step 1 选择 **模具** 功能选项卡 分型面和模具体积块 ▾ 区域中的 模具体积块 ▾ ➡ 体积块分割 命令（即用“分割”的方法构建体积块）。

Step 2 在系统弹出的 ▼ SPLIT VOLUME（分割体积块）菜单中，依次选择 Two Volumes（两个体积块） ➡ All Wrkpcs（所有工件） ➡ Done（完成）命令，此时系统弹出“分割”对话框和“选择”对话框。

Step 3 用“列表选取”的方法选取分型面。在系统 ➡为分割工件选择分型面. 的提示下，先将鼠标指针移至模型中的滑块分型面的位置右击，从快捷菜单中选择 从列表中拾取 命令；在“从列表中拾取”对话框中，单击列表中的 面组:F13(SLIDE_PS)，然后单击 确定(O) 按钮；单击“选择”对话框中的 确定 按钮。

Step 4 单击“分割”对话框中的 确定 按钮。

Step 5 此时，系统弹出“属性”对话框，同时模型中的滑块以外的部分变亮，在该对话

框中单击 着色 按钮，着色后的体积块如图 16.3.22 所示，然后在对话框中输入名称 body_vol，单击 确定 按钮。

Step 6 此时，系统弹出“属性”对话框，同时模型中的滑块部分变亮，在该对话框中单击 着色 按钮，着色后的体积块如图 16.3.23 所示。然后在对话框中输入名称 slide_vol，单击 确定 按钮。

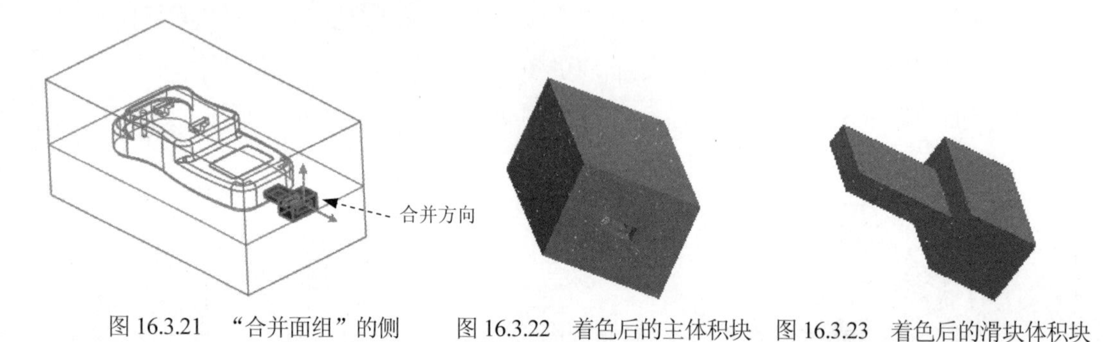

图 16.3.21 “合并面组”的侧　　图 16.3.22 着色后的主体积块　　图 16.3.23 着色后的滑块体积块

Task7. 用主分型面创建上下模体积腔

Step 1 选择 模具 功能选项卡 分型面和模具体积块 ▾ 区域中的按钮 模具体积块 ▾ → 体积块分割 命令。

Step 2 在系统弹出的 ▼ SPLIT VOLUME (分割体积块) 菜单中，依次选择 Two Volumes (两个体积块) → Mold Volume (模具体积块) → Done (完成) 命令。此时系统弹出“分割”对话框和“搜索工具”对话框。

Step 3 在系统弹出的“搜索工具”对话框中，单击列表中的 面組:F17(BODY_VOL) 体积块，然后单击 >> 按钮，将其加入到 已选择 0 个项:(预期 1 个) 列表中，再单击 关闭 按钮。

Step 4 用“列表选取”的方法选取分型面。在系统 ➡为分割选定的模具体积块选择分型面. 的提示下，先将鼠标指针移至模型中主分型面的位置右击，从快捷菜单中选取 从列表中拾取 命令；在系统弹出的“从列表中拾取”对话框中，单击列表中的 面組:F7(MAIN_PS) 分型面，然后单击 确定(O) 按钮；单击“选择”对话框中的 确定 按钮。

Step 5 单击“分割”信息对话框中的 确定 按钮。

Step 6 此时，系统弹出“属性”对话框，同时 BODY_VOL 体积块的外面变亮，在该对话框中单击 着色 按钮，着色后的模型如图 16.3.24 所示，然后在对话框中输入名称 lower_vol，单击 确定 按钮。

Step 7 此时，系统弹出“属性”对话框，同时 BODY_VOL 体积块的里面部分变亮，在该对话框中单击 着色 按钮，着色后的模型如图 16.3.25 所示，然后在对话框中输入名称 upper_vol，单击 确定 按钮。

图 16.3.24　着色后的下模体积块

图 16.3.25　着色后的上模体积块

Task8. 抽取模具元件及生成浇注件

将浇注件命名为 charger_down_molding。

Task9. 定义开模动作

Step 1　将参考零件、坯料和分型面在模型中遮蔽起来。

Step 2　开模步骤 1：移动滑块，输入移动的距离值 50，结果如图 16.3.26 所示。

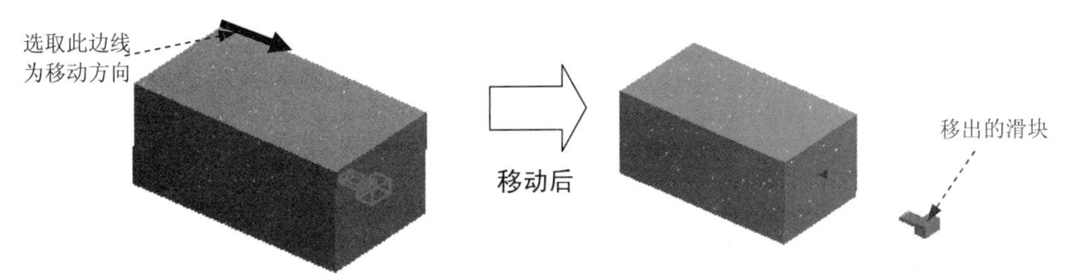

图 16.3.26　移出滑块

Step 3　开模步骤 2：移动上模，输入移动的距离值 60，结果如图 16.3.27 所示。

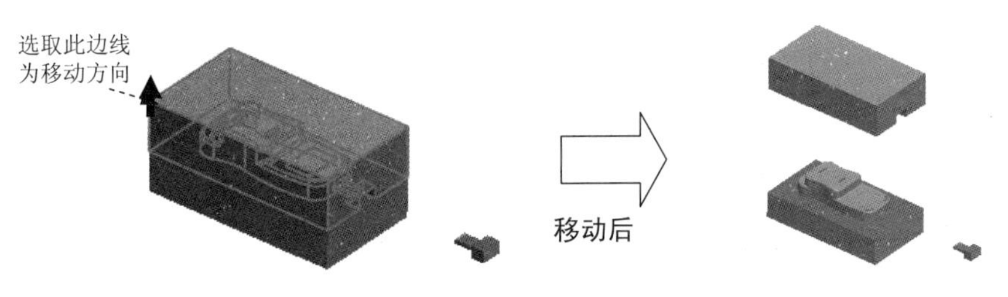

图 16.3.27　移动上模

Step 4　开模步骤 3：移动下模，输入移动的距离值-60，结果如图 16.3.28 所示。

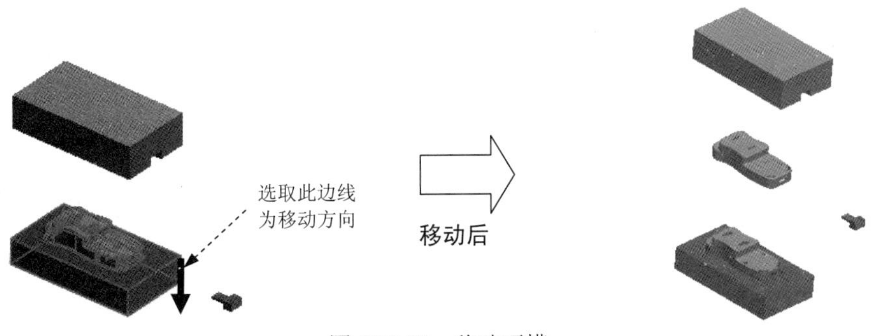

图 16.3.28　移动下模

Step 5 保存文件。选择下拉菜单 文件 → 保存 命令，保存文件。

16.4 带滑块和镶件的模具设计

在图 16.4.1 所示的模具中，设计模型中有通孔，在上下开模时，此通孔的轴线方向就与开模方向垂直，这样就会在型腔与产品模型之间形成干涉，所以必须设计滑块。开模时，先将滑块由侧面移出，然后才能移动产品，使零件顺利脱模，另外考虑到结构部件在实际生产中易于磨损，所以本实例中还在型腔与型芯上设计了多个镶件，从而保证在磨损后便于更换。下面介绍该模具的设计过程。

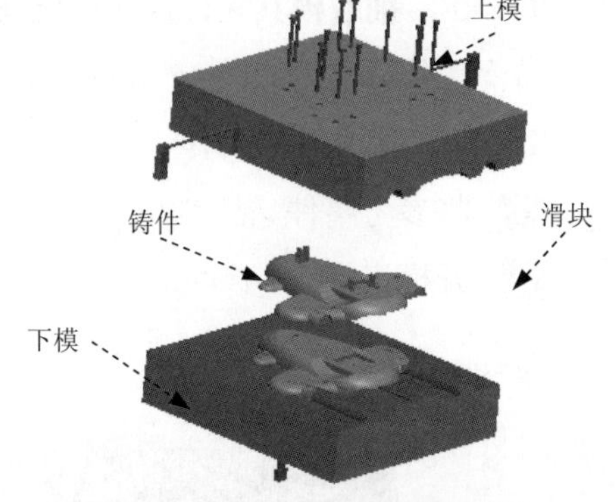

图 16.4.1 带滑块的模具设计

Task1. 新建一个模具制造模型

Step 1 将工作目录设置至 D:\ creo2mo\work\ch16.04。

Step 2 新建一个模具型腔文件，命名为 down_cover_mold，选取 mmns_mfg_mold 模板。

Task2. 建立模具模型

Stage1. 引入参考模型

Step 1 单击 模具 功能选项卡 参考模型和工件 区域的“参考模型”按钮 参考模型 中的“小三角”按钮 ▾，然后在系统弹出的列表中选择 定位参考模型 命令，系统弹出“打开”和“布局”对话框。

Step 2 从弹出的文件“打开”对话框中，选取玩具飞机盖模型——down_cover.prt 作为参考零件模型，并将其打开，系统弹出“创建参考模型”对话框。

Step 3 在“创建参考模型”对话框中选中 ◉ 按参考合并 单选项，然后接受 参考模型 区域的 名称 文本框中系统默认的名称，再单击 确定 按钮。

Step 4 在“布局”对话框的 参考模型起点与定向 区域中单击 按钮，然后在 ▼ GET CSYS TYPE（获得坐标系类型）菜单中选择 Dynamic（动态）命令。系统弹出“参考模型方向”对话框。

Step 5 在系统弹出的“参考模型方向”对话框的 值 文本框中输入数值-90，然后单击 确定 按钮。

Step 6 单击“布局”对话框中的 预览 按钮，定义后的拖动方向如图 16.4.2 所示，然后单击 确定 按钮。系统弹出“警告”对话框，单击 确定 按钮。

Step 7 在 ▼ CAV LAYOUT（型腔布置）菜单管理器中单击 Done/Return（完成/返回）命令。

Stage2. 创建坯料

创建图 16.4.3 所示的坯料，操作步骤如下：

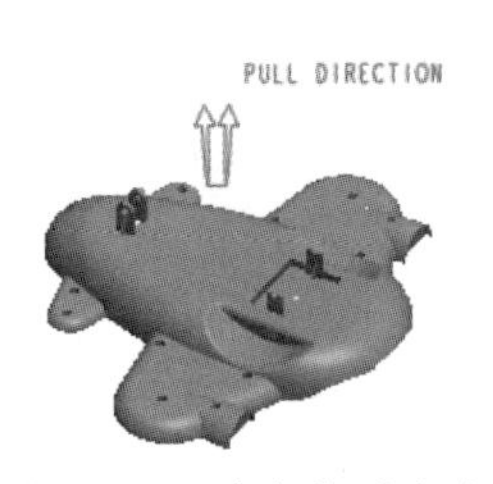

图 16.4.2 定义拖动方向

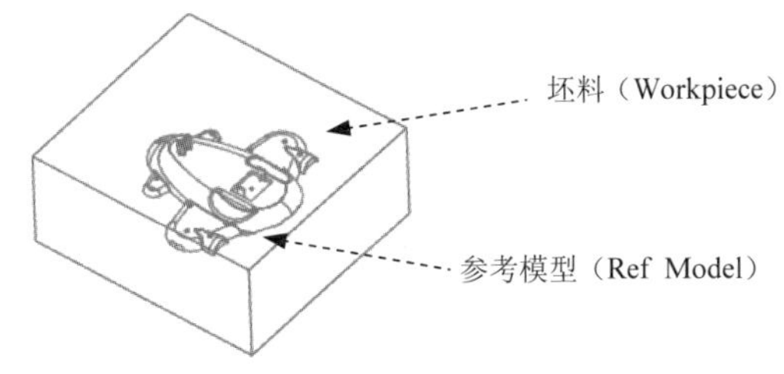

图 16.4.3 模具模型

Step 1 单击 **模具** 功能选项卡 参考模型和工件 区域 工件 中的“小三角”按钮▼，然后在系统弹出的列表中选择 创建工件 命令，系统弹出“元件创建”对话框。

Step 2 在“元件创建”对话框中，在 类型 区域选中 ◉ 零件 单选项，在 子类型 区域选中 ◉ 实体 单选项，在 名称 文本框中，输入坯料的名称 down_cover_wp，然后单击 确定 按钮。

Step 3 在弹出的“创建选项”对话框中，选中 ◉ 创建特征 单选项，然后单击 确定 按钮。

Step 4 创建坯料特征。

（1）选择命令。单击 **模具** 功能选项卡 形状 ▾ 区域中的 拉伸 按钮。此时出现“拉伸”操控板。

（2）创建实体拉伸特征。在出现的操控板中，确认“实体”按钮被按下；在绘图区中右击，从弹出的快捷菜单中选择 定义内部草绘... 命令。选择 MAIN_PARTING_PLN 基准平面作为草绘平面，草绘平面的参考平面为 MOLD_RIGHT 基准平面，方位为 右，单击 草绘 按钮，至此系统进入截面草绘环境；选取 MOLD_RIGHT 基准平面和 MOLD_FRONT 基准平面为草绘参考，截面草图如图 16.4.4 所示，完成特征截面的绘制后，单击“草绘”操控板中的“确定”按钮✔；在操控板中选取深度类型（对称），再在深度文本框中输入深度值 140，并按回车键；在“拉伸”操控板中单击✔按钮，完成特征的创建。

Task3. 设置收缩率

将参考模型的收缩率设置为 0.006。

Task4. 创建主分型面

以下操作是创建玩具飞机盖模具的主分型曲面（图 16.4.5），其操作过程如下：

Step 1 单击 **模具** 功能选项卡 分型面和模具体积块 ▾ 区域中的“分型面”按钮，系统弹出“分型面”选项卡。

Step 2 在系统弹出的“分型面”选项卡中的 控制 区域单击“属性”按钮，输入分型面名称 main_ps，单击对话框中的 确定 按钮。

Step 3 为了方便选取图元，将坯料遮蔽。在模型树中右击 DOWN COVER WP.PRT，从弹出的快捷菜单中选择 遮蔽 命令。

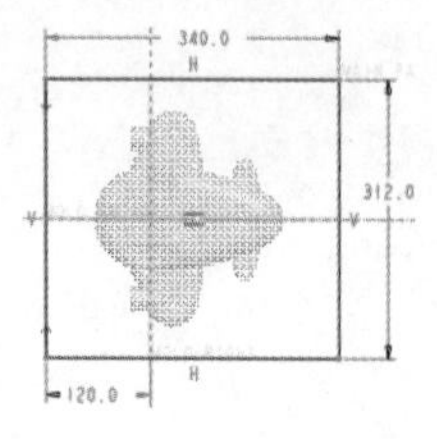

图 16.4.4 截面草图

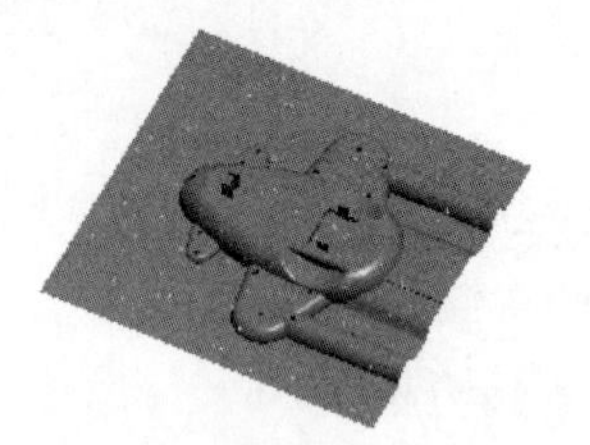

图 16.4.5 创建主分型曲面

Step 4 通过曲面复制的方法，复制参考模型上的外表面。在屏幕右下方的“智能选取栏”中，选择“几何”选项，选取模型上的外表面（按住 Ctrl 键依次选取），选取结果如图 16.4.6 所示；单击 **模具** 功能选项卡 操作 ▾ 区域中的“复制”按钮；单击 **模具** 功能选项卡 操作 ▾ 区域中的“粘贴”按钮，系统弹出 **曲面：复制** 操控板；单击操控板中的 ✔ 按钮，完成曲面复制的创建。（复制曲面的选取过程可参看视频录像。）

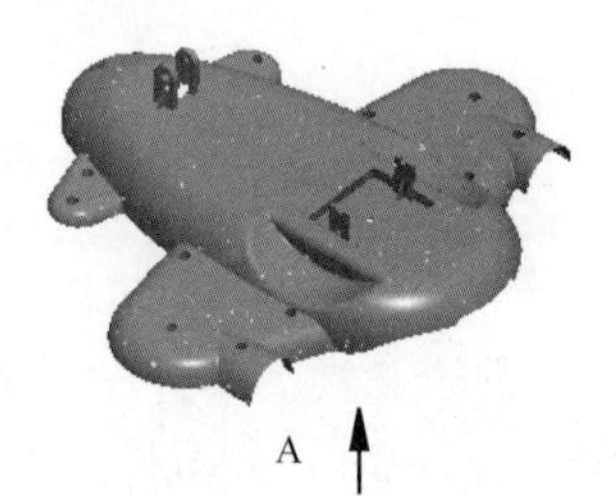

图 16.4.6 选取外表面

Step 5 创建图 16.4.7 所示的填充曲面 1（隐藏上步创建的复制曲面）。单击 **分型面** 功能选项卡 曲面设计 ▾ 区域中的“填充”按钮，此时系统弹出“填充”操控板；右击，从弹出的菜单中选择 定义内部草绘... 命令，在系统 ➡选择一个平面或曲面以定义草绘平面. 的提示下，选取图 16.4.7 所示的面为草绘平面；进入草绘环境后用“投影”的命令创建图 16.4.8 所示的截面草图。完成特征截面后，单击“草绘”选项卡中的“确定”按钮 ✔；在操控板中，单击 ✔ 按钮，完成特征的创建。

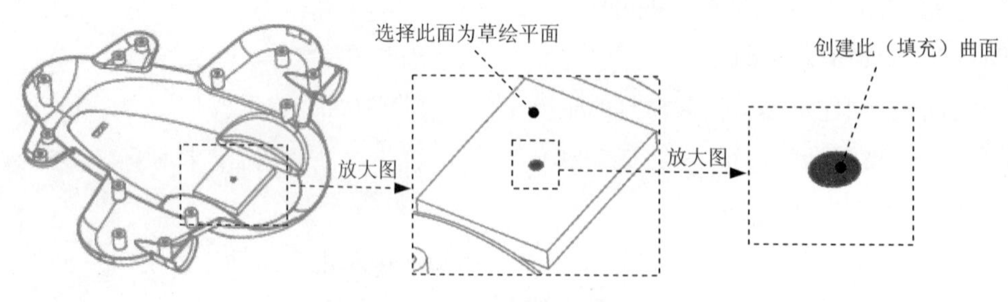

图 16.4.7 创建填充曲面 1

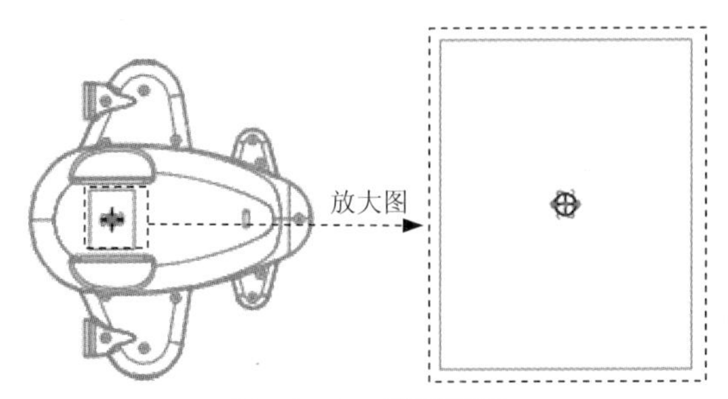

图 16.4.8 截面草图

Step 6 创建图 16.4.9 所示的填充曲面 2。单击 **分型面** 功能选项卡 曲面设计 ▾ 区域中的“填充”按钮；选取图 16.4.9 所示的面为草绘平面；进入草绘环境后用“投影”的命令创建图 16.4.10 所示的截面草图。完成特征截面后，单击“草绘”选项卡中的“确定”按钮 ✔；在操控板中，单击✔按钮，完成特征的创建。

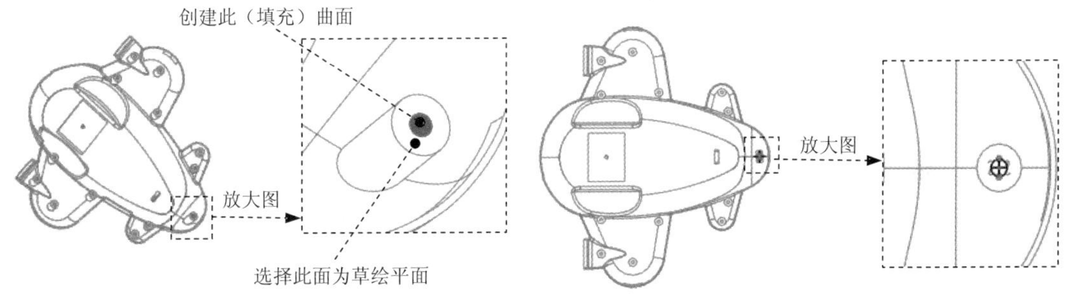

图 16.4.9 创建填充曲面 2

图 16.4.10 截面草图

Step 7 创建图 16.4.11 所示的填充曲面 3。单击 **分型面** 功能选项卡 曲面设计 ▾ 区域中的“填充”按钮；选取图 16.4.11 所示的面 1 为草绘平面；进入草绘环境后，用“投影”的命令选取如图 16.4.12 所示的边链为参照，创建图 16.4.12 所示的截面草图，完成特征截面后单击“草绘”选项卡中的“确定”按钮 ✔；在操控板中，单击✔按钮，完成特征的创建。

说明：图 16.4.12 所示的草图中共有 12 条孔的边链作为参照。

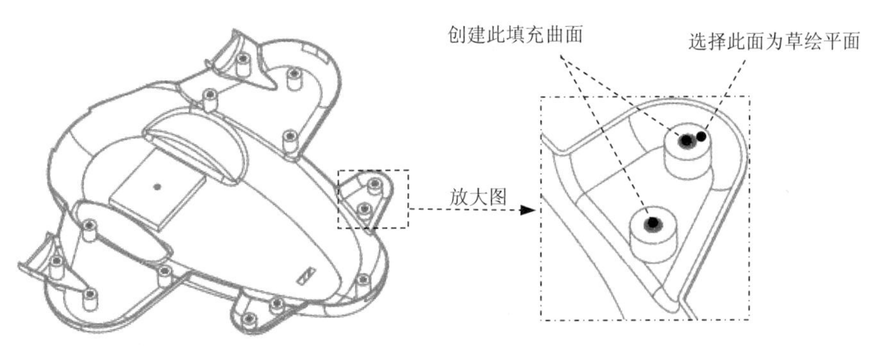

图 16.4.11 创建填充曲面 3

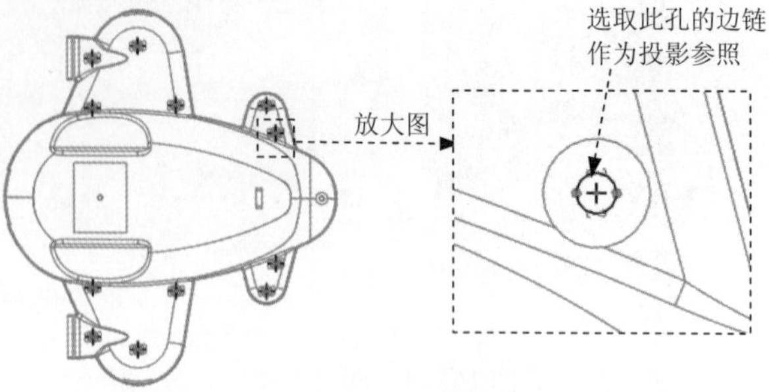

图 16.4.12 截面草图

Step 8 创建图 16.4.13 所示的拉伸曲面 1。单击 **分型面** 功能选项卡 形状 ▾ 区域中的 拉伸 按钮，此时系统弹出“拉伸”操控板；定义草绘截面放置属性。右击，从弹出的菜单中选择 定义内部草绘... 命令，在系统 ◆选择一个平面或曲面以定义草绘平面。的提示下，选取图 16.4.14 所示的表面为草绘平面；进入草绘环境后，用“投影”的命令创建图 16.4.15 所示的截面草图。完成特征截面后，单击“草绘”选项卡中的“确定”按钮 ✔；选取深度类型 ⊥⊥（到选定的），选取图 16.4.16 所示的面为终止面，在操控板中单击 选项 按钮，在“选项”界面中选中 ☑ 封闭端 复选框；在操控板中单击 ✔ 按钮，完成特征的创建。

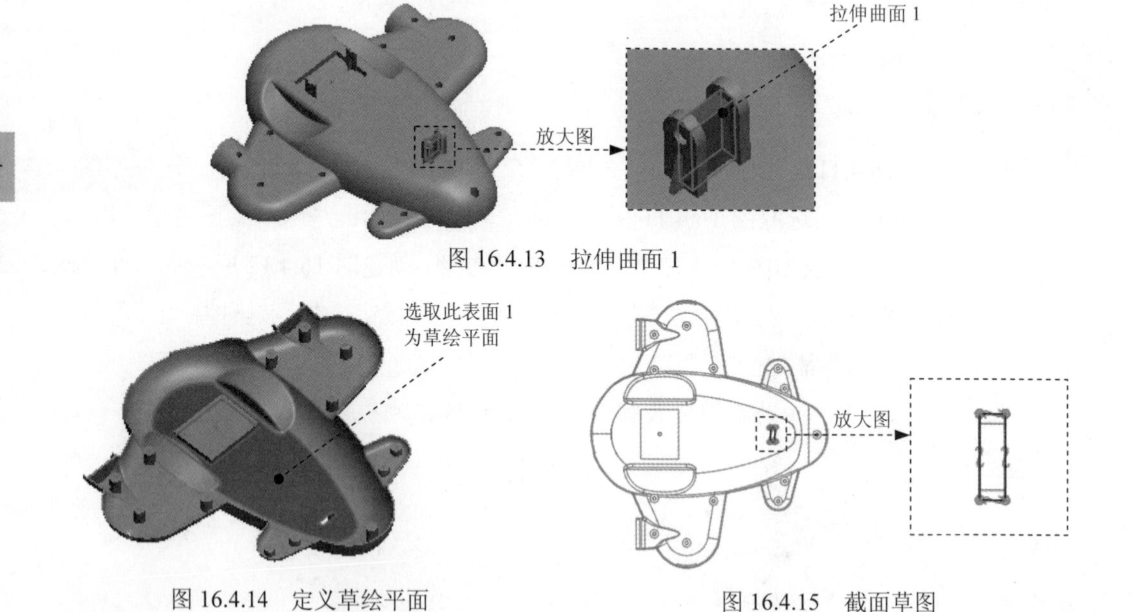

图 16.4.13 拉伸曲面 1

图 16.4.14 定义草绘平面

图 16.4.15 截面草图

Step 9 将复制曲面 1 和填充曲面 1 进行合并（取消隐藏复制曲面 1，然后遮蔽参考模型）。按住 Ctrl 键，选取复制曲面 1 和填充曲面 1；单击 **分型面** 功能选项卡 编辑 ▾ 区域中的“合并”按钮，此时系统弹出“合并”操控板；单击 按钮，预览合并后的面组，确认无误后，单击 ✔ 按钮。

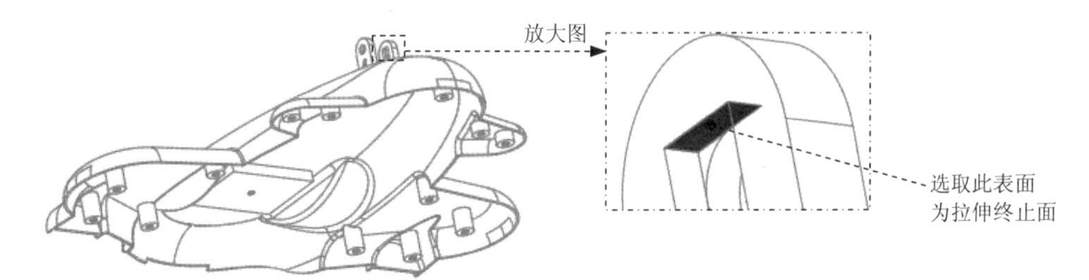

图 16.4.16 选取拉伸终止面

Step 10 创建合并面组 2。在屏幕右下方的“智能选取栏”中，选择“面组”选项；用“在列表中拾取”的方法选取面組:F7(MAIN_PS)，然后按住 Ctrl 键，选取填充曲面 2；单击 **分型面** 功能选项卡 编辑 ▼ 区域中的“合并”按钮，确认无误后，单击✔按钮。

Step 11 创建合并面组 3。选取上一步合并的曲面，然后按住 Ctrl 键，选取填充曲面 3。单击 **分型面** 功能选项卡 编辑 ▼ 区域中的“合并”按钮，确认无误后，单击✔按钮。

Step 12 创建合并面组 4。用“在列表中拾取”的方法选取面組:F7(MAIN_PS)，然后按住 Ctrl 键，选取拉伸曲面 1；单击 **分型面** 功能选项卡 编辑 ▼ 区域中的“合并”按钮；在模型中选取要合并的面组的侧，如图 16.4.17 所示；单击按钮，预览合并后的面组，确认无误后，单击✔按钮。

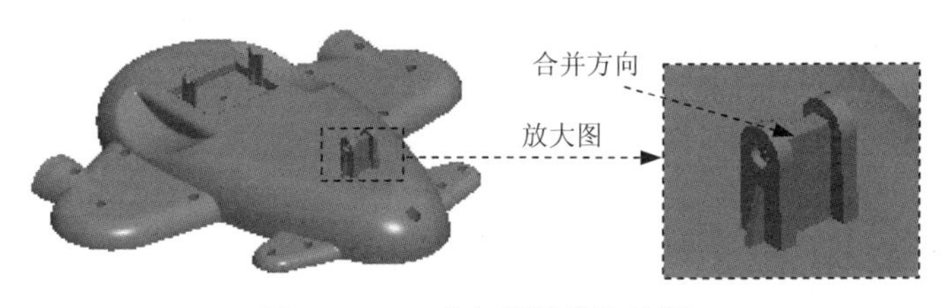

图 16.4.17 “合并面组”的侧

Step 13 将上一步创建的合并面组延伸至坯料的表面（取消遮蔽坯料）。

（1）采用“列表选取”的方法选取图 16.4.18 所示的圆弧为延伸边，操作方法为：将鼠标指针移至图 16.4.18 所示的目标位置并右击，在弹出的菜单中选择从列表中拾取命令，在列表中选择边:F7(复制_1)选项。

（2）单击 **分型面** 功能选项卡 编辑 ▼ 区域中的延伸按钮，此时弹出“曲面延伸：曲面延伸”操控板，然后按住 Shirt 键，依次选取其余的边。

（3）选取延伸的终止面。按下按钮（延伸类型为至平面）；在系统➩选择曲面延伸所至的平面。的提示下，选取图 16.4.18 所示的坯料的表面为延伸的终止面；单击按钮，预览延伸后的面组，确认无误后，单击✔按钮。完成后的延伸曲面如图 16.4.19 所示。

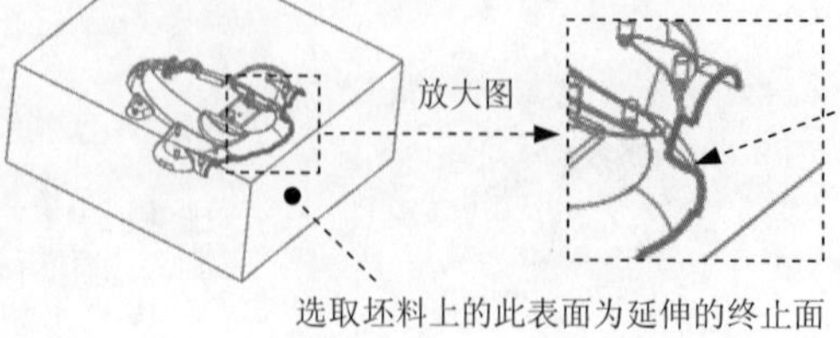

放大图
选取此边链为延伸边
选取坯料上的此表面为延伸的终止面

图 16.4.18 选取延伸边和延伸的终止面

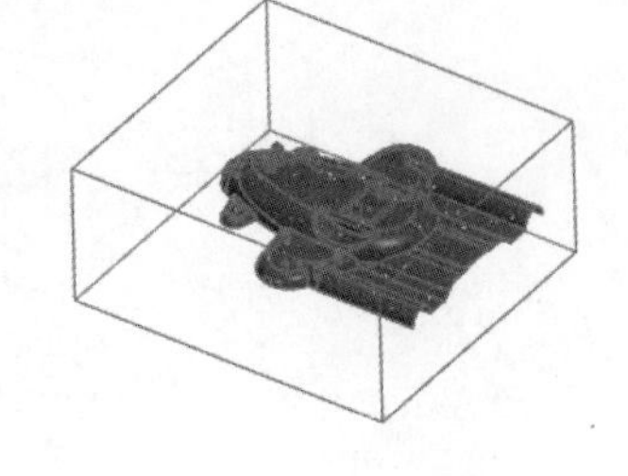

图 16.4.19 完成后的延伸曲面

Step 14 创建图 16.4.20 所示的填充曲面 4。单击 **分型面** 功能选项卡 曲面设计 ▾ 区域中的“填充”按钮；选取 MAIN_PARTING_PLN 基准平面作为草绘平面，然后选取 MOLD_RIGHT 基准平面为参考平面，方向为 左；选择坯料的边线为参考，用“投影”的命令创建图 16.4.21 所示的截面草图。完成特征截面后，单击“草绘”选项卡中的“确定”按钮 ✔。

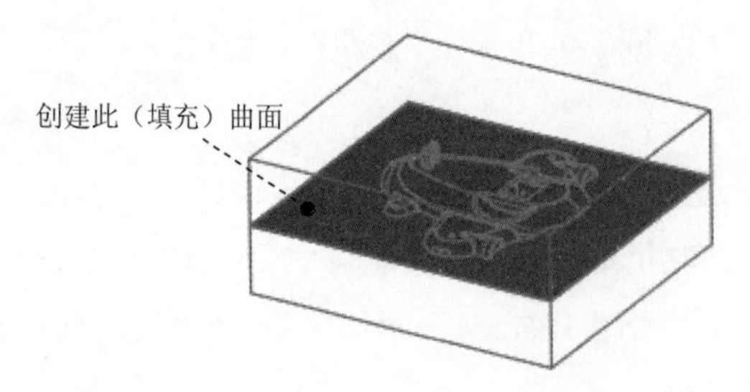

图 16.4.20 创建填充曲面

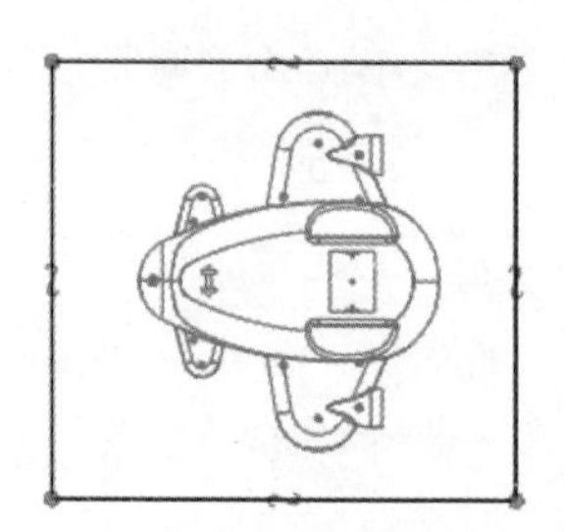

图 16.4.21 截面草图

Step 15 将复制面组（包含延伸部分）与创建的填充曲面 4 进行合并，如图 16.4.22 所示。隐藏坯料，按住 Ctrl 键，选取复制面组和填充曲面 4；单击 **分型面** 功能选项卡 编辑 ▾ 区域中的“合并”按钮，此时系统弹出“合并”操控板；选取要合并的面组的侧，如图 16.4.22 所示；在操控板中单击 **选项** 按钮，在“选项”界面中选中 ◉ 相交 单选项；单击 按钮，预览合并后的面组，确认无误后，单击 ✔ 按钮。

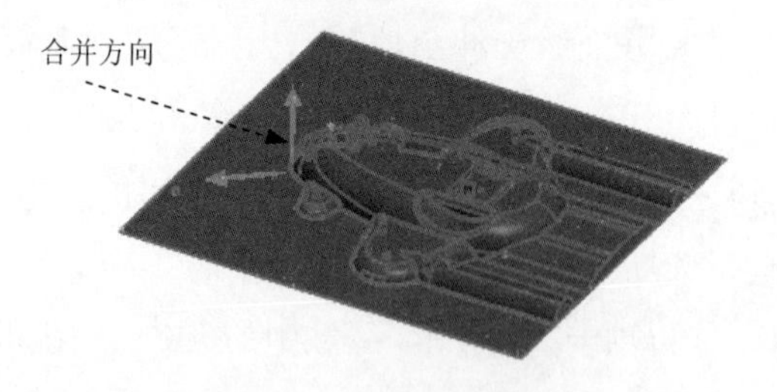

图 16.4.22 将延伸部分的复制面组与填充曲面合并在一起

Step 16 在“分型面”选项卡中，单击“确定”按钮 ✔，完成主分型面的创建。

Task5. 创建滑块分型面

下面的操作是创建零件 down_cover_mold 模具的滑块分型面（图 16.4.23），其操作过程如下：

Step 1 单击 **模具** 功能选项卡 分型面和模具体积块 ▾ 区域中的“分型面”按钮，系统弹出“分型面”选项卡。

Step 2 在系统弹出的“分型面”选项卡中的 控制 区域单击“属性”按钮，输入分型面名称 slide_ps，单击对话框中的 确定 按钮。

Step 3 创建拉伸曲面 2（将主分型面遮蔽，零件和坯料显示）。单击 **分型面** 功能选项卡 形状 ▾ 区域中的 拉伸 按钮，此时系统弹出“拉伸”操控板；右击，从弹出的菜单中选择 定义内部草绘... 命令，在系统 ➡选择一个平面或曲面以定义草绘平面. 的提示下，选取图 16.4.24 所示的坯料表面 1 为草绘平面，然后选取图 16.4.24 所示的坯料表面 2 为参考平面，方向为 右；进入草绘环境后用“投影”的命令创建图 16.4.25 所示的截面草图。完成特征截面后，单击“草绘”选项卡中的“确定”按钮 ✔；选取深度类型（到选定的）；选取图 16.4.26 所示的面为终止面；在操控板中单击 选项 按钮，在“选项”界面中选中 ☑ 封闭端 复选框；在操控板中单击 ✔ 按钮，完成特征的创建。

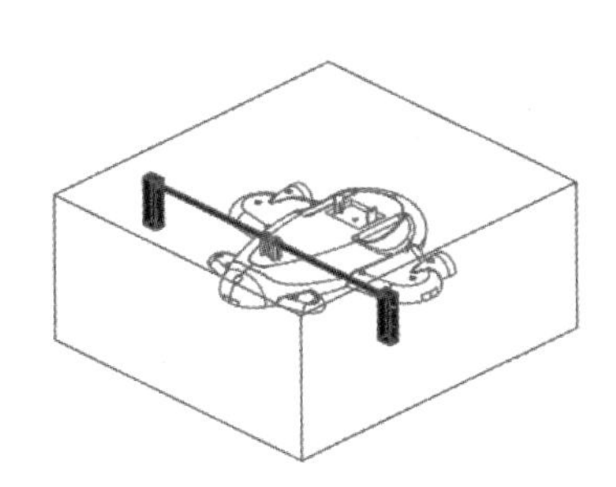

图 16.4.23　滑块分型面

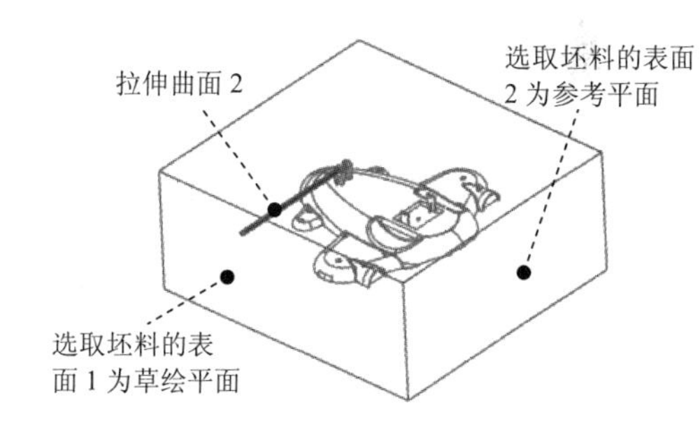

图 16.4.24　拉伸曲面 2

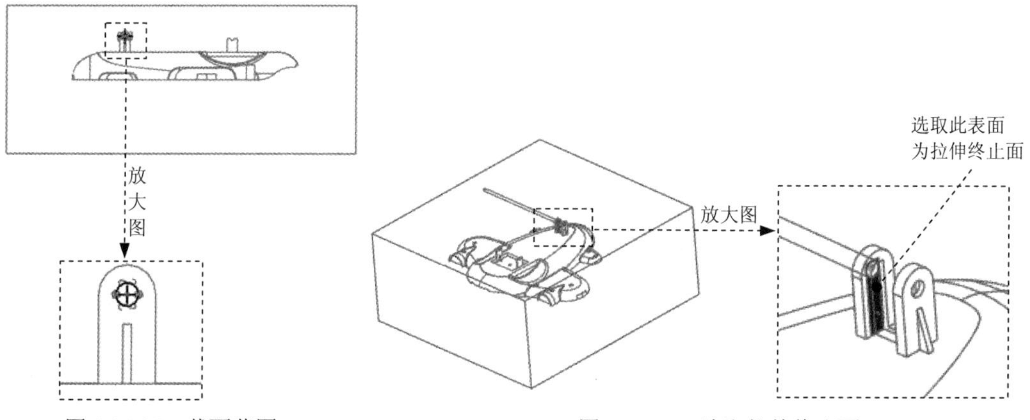

图 16.4.25　截面草图

图 16.4.26　选取拉伸终止面

Step 4 创建图 16.4.27 所示的拉伸曲面 3。单击 **分型面** 功能选项卡 形状 ▾ 区域中的 拉伸按钮，此时系统弹出“拉伸”操控板；在空白处右击，从弹出的菜单中选择 定义内部草绘... 命令，在弹出的“草绘”对话框中单击 使用先前的 按钮；进入草绘环境后，选取 MAIN_PARTING_PLN 基准平面和图 16.4.27 所示的两个表面为草绘参考，创建图 16.4.28 所示的截面草图。完成特征截面后，单击“草绘”选项卡中的“确定”按钮 ✔；在操控板中选取深度类型 （“定值”拉伸），再在“深度”文本框中输入深度值 15.0，单击“反向”按钮 ，在操控板中单击 选项 按钮，在“选项”界面中选中 ☑ 封闭端 复选框；在操控板中单击 ✔ 按钮，完成特征的创建。

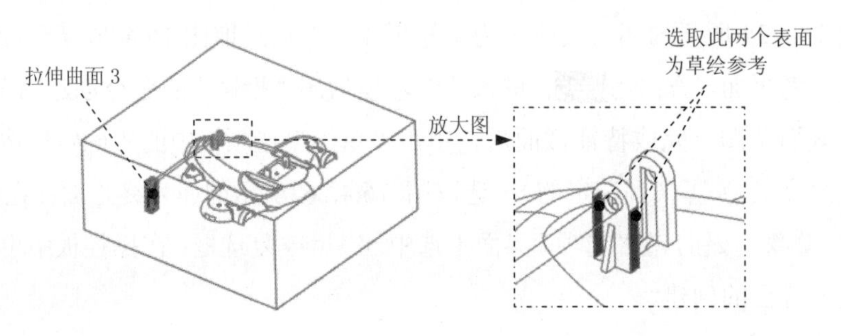

图 16.4.27　拉伸曲面 3

Step 5　将拉伸曲面 2 和拉伸曲面 3 进行合并。按住 Ctrl 键，选取拉伸曲面 1 和拉伸曲面 2。单击 **分型面** 功能选项卡 编辑 ▾ 区域中的“合并”按钮 ，此时系统弹出“合并”操控板；在模型中选取要合并的面组的侧，如图 16.4.29 所示；在操控板中单击 选项 按钮，在“选项”界面中选中 ◉ 相交 单选项；单击 按钮，预览合并后的面组，确认无误后，单击 ✔ 按钮。

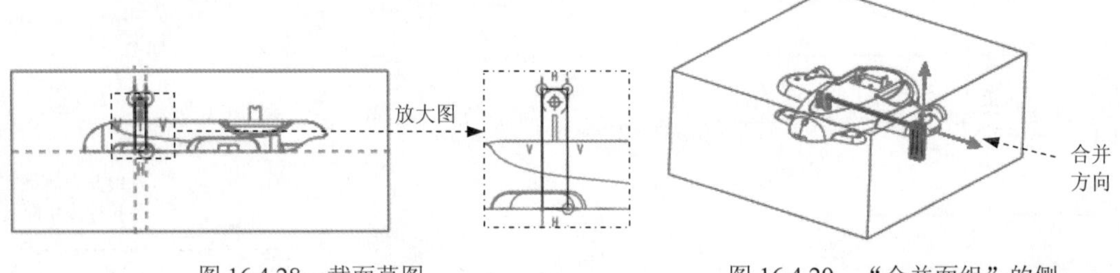

图 16.4.28　截面草图　　　　图 16.4.29　“合并面组”的侧

Step 6　创建图 16.4.30 所示的镜像面组。用“列表选取”的方法选取要镜像的面组。先将鼠标指针移至模型中滑块分型面的位置右击，从快捷菜单中选取 从列表中拾取 命令。单击列表中的 面组:F19(SLIDE_PS) 面组，然后单击 确定(O) 按钮；单击 **分型面** 功能选项卡中的 编辑 ▾ 按钮，然后在下拉菜单中选择 镜像 命令；选择基准平面 MOLD_FRONT 为镜像中心平面；在操控板中单击“完成”按钮 ✔，完成镜像特征的创建。

Step 7　在“分型面”选项卡中，单击“确定”按钮✔，完成滑块分型面的创建。

Task6. 创建销分型面

下面的操作是创建零件 down_cover_mold 模具的销分型面（图 16.4.31），其操作过程如下：

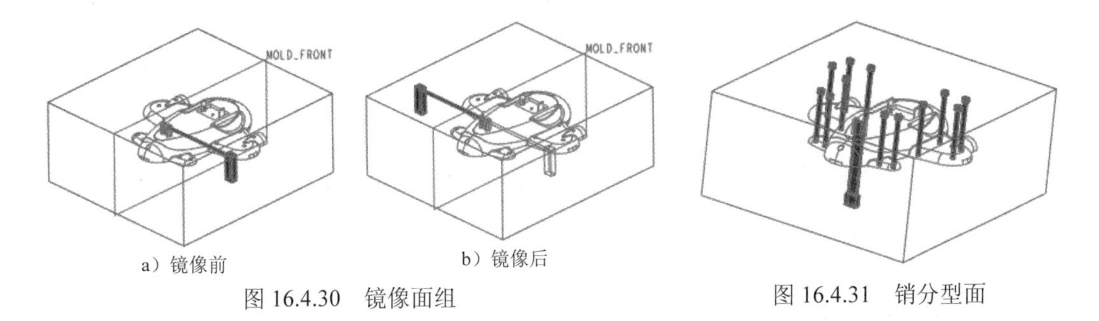

图 16.4.30　镜像面组

图 16.4.31　销分型面

Step 1　遮蔽滑块分型面，将复制曲面显示。

Step 2　单击 **模具** 功能选项卡 分型面和模具体积块 ▾ 区域中的“分型面”按钮，系统弹出“分型面”选项卡。

Step 3　在系统弹出的“分型面”选项卡中的 控制 区域单击“属性”按钮，在对话框中，输入分型面名称 pin_ps，单击对话框中的 **确定** 按钮。

Step 4　创建图 16.4.32 所示的拉伸曲面 4。单击 **分型面** 功能选项卡 形状 ▾ 区域中的 拉伸 按钮，选取图 16.4.32 所示的坯料表面作为草绘平面；用“投影”命令选取如图 16.4.33 所示的边链为参照，创建图 16.4.33 所示的截面草图，完成特征截面后单击“草绘”选项卡中的“确定”按钮✔；选取深度类型（到选定的），选取图 16.3.32 所示的填充曲面 4 为拉伸终止面，在操控板中单击 **选项** 按钮，在“选项”界面中选中 ☑ 封闭端 复选框；在操控板中单击✔按钮，完成特征的创建。

说明： 图 16.4.32 所示的草图中共有 12 条孔的边链作为参照。

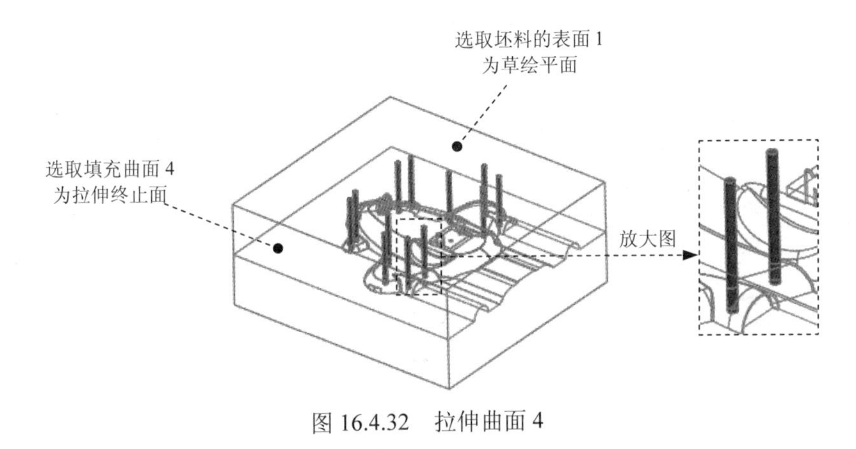

图 16.4.32　拉伸曲面 4

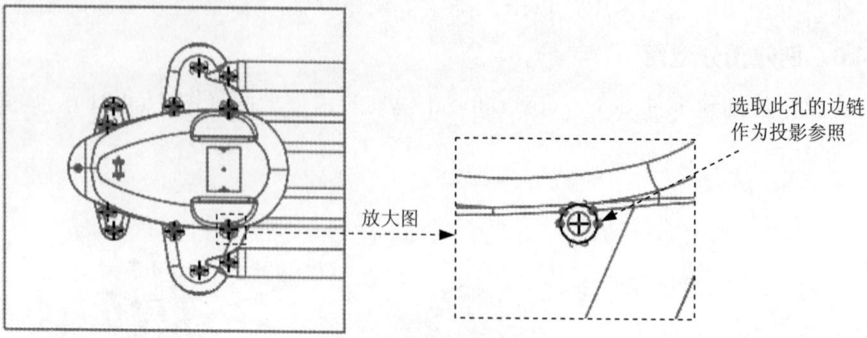

图 16.4.33　截面草图

Step 5 创建图 16.4.34 所示的拉伸曲面 5。单击 **分型面** 功能选项卡 形状▼ 区域中的 拉伸 按钮，此时系统弹出“拉伸”操控板；右击，从弹出的菜单中选择 定义内部草绘... 命令，在弹出的“草绘”对话框中单击 **使用先前的** 按钮；进入草绘环境后，用“偏移”的命令选取如图 16.4.35 所示的边链为参照，创建图 16.4.35 所示的截面草图，完成特征截面后单击“草绘”选项卡中的“确定”按钮 ✔；在操控板中选取深度类型 （“定值”拉伸），再在“深度”文本框中输入深度值 5.0；单击“反向”按钮 ，在操控板中单击 选项 按钮，在“选项”界面中选中 ☑ 封闭端 复选框；在操控板中单击 ✔ 按钮，完成特征的创建。

说明：图 16.4.34 所示的草图中共有 12 条孔的边链需要偏移。

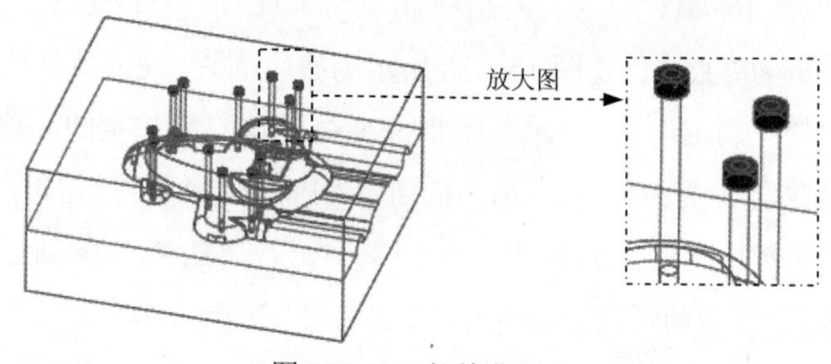

图 16.4.34　拉伸曲面 5

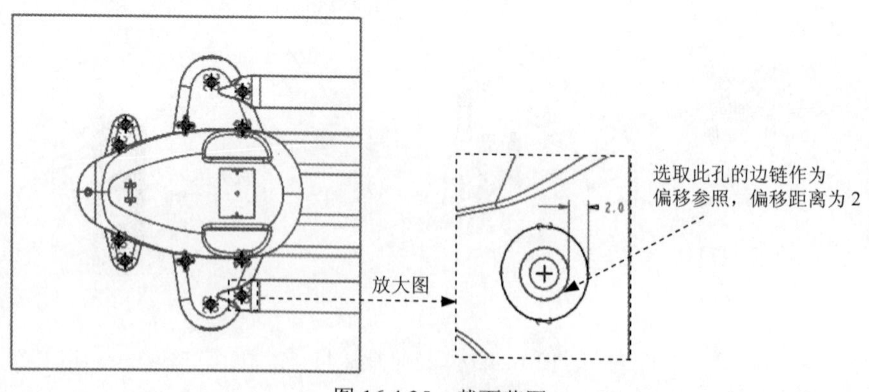

图 16.4.35　截面草图

Step 6 将拉伸曲面 4 和拉伸曲面 5 进行合并。按住 Ctrl 键，选取拉伸曲面 4 和拉伸曲面 5；单击 **分型面** 功能选项卡 编辑▼ 区域中的“合并”按钮，此时系统弹出“合并”操控板；在模型中选取要合并的面组的侧，如图 16.4.36 所示；单击按钮，预览合并后的面组，确认无误后，单击✔按钮。

Step 7 创建图 16.4.37 所示的拉伸曲面 6。单击 **分型面** 功能选项卡 形状▼ 区域中的 拉伸 按钮，此时系统弹出“拉伸”操控板；选取图 16.4.37 所示的坯料表面作为草绘平面；进入草绘环境后，用“投影”命令选取如图 16.4.38 所示的边链为参照，创建图 16.4.38 所示的截面草图，完成特征截面后单击“草绘”选项卡中的“确定”按钮✔；选取深度类型（到选定的），隐藏坯料模型，选取图 16.4.39 所示的面为拉伸终止面，在操控板中单击 **选项** 按钮，在“选项”界面中选中 ☑封闭端 复选框；在操控板中单击✔按钮，完成特征的创建。

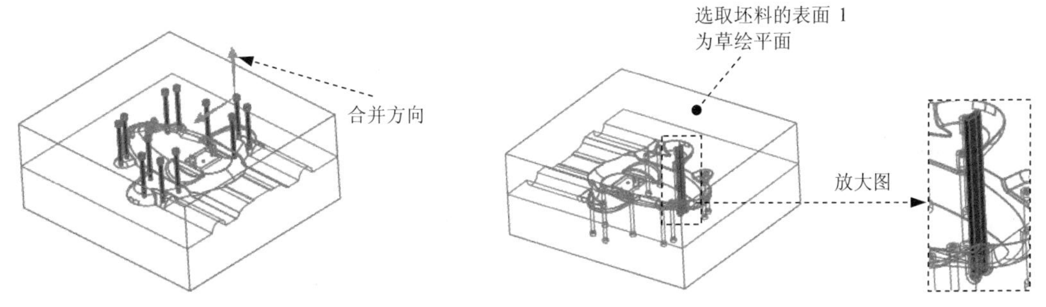

图 16.4.36　“合并面组”的侧　　图 16.4.37　拉伸曲面 6

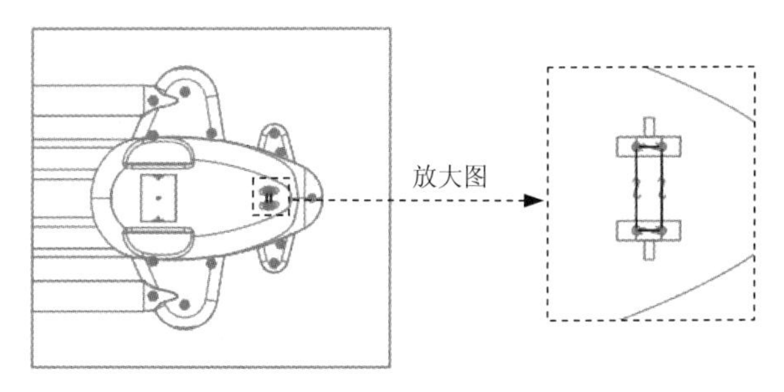

图 16.4.38　截面草图

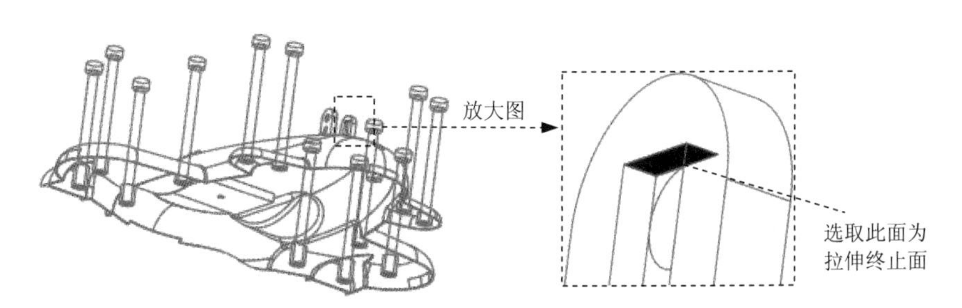

图 16.4.39　拉伸终止面

Step 8 创建图 16.4.40 所示的拉伸曲面 7。单击 **分型面** 功能选项卡 形状 ▾ 区域中的 拉伸 按钮，此时系统弹出“拉伸”操控板；选取图 16.4.40 所示的坯料表面作为草绘平面；进入草绘环境后，用“偏移”命令选取拉伸 6 的边链为参照，创建图 16.4.41 所示的截面草图，完成特征截面后单击“草绘”选项卡中的“确定”按钮 ✔；在操控板中选取深度类型 （“定值”拉伸），再在“深度”文本框中输入深度值 15.0，单击“反向”按钮 ，在操控板中单击 选项 按钮，在“选项”界面中选中 ☑ 封闭端 复选框；在操控板中单击 ✔ 按钮，完成特征的创建。

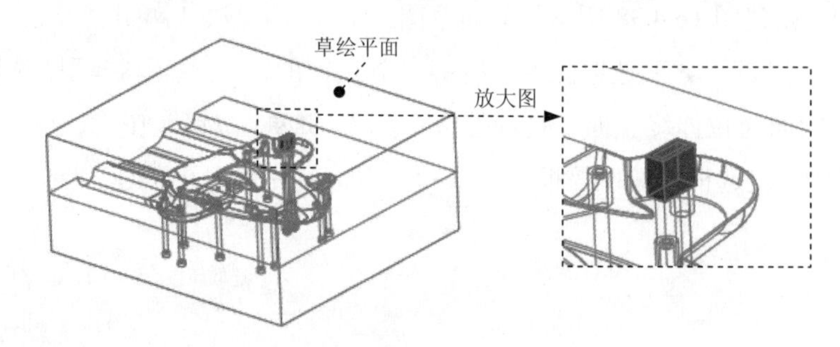

图 16.4.40　拉伸曲面 7

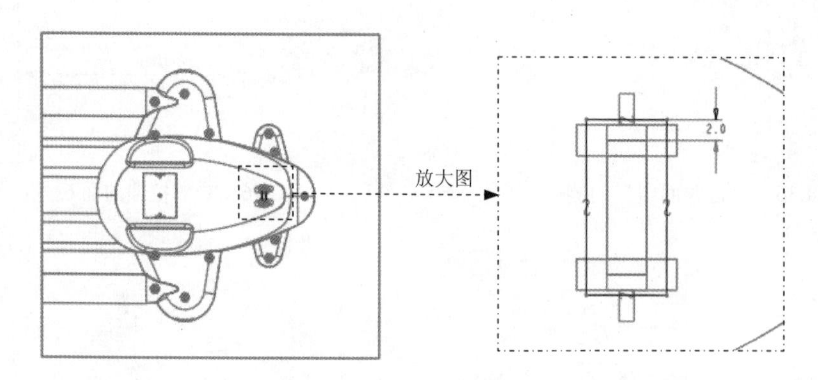

图 16.4.41　截面草图

Step 9 将拉伸曲面 6 和拉伸曲面 7 进行合并。按住 Ctrl 键，选取拉伸曲面 4 和拉伸曲面 5；单击 **分型面** 功能选项卡 编辑 ▾ 区域中的“合并”按钮 ，此时系统弹出“合并”操控板；在模型中选取要合并的面组的侧，如图 16.4.42 所示；单击 按钮，预览合并后的面组，确认无误后，单击 ✔ 按钮。

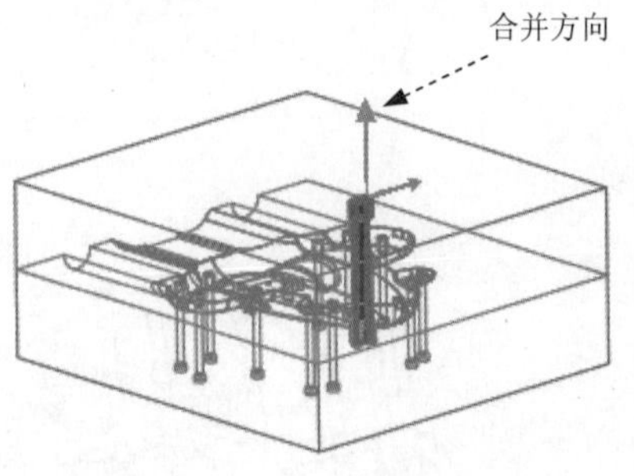

图 16.4.42　“合并面组”的侧

Step 10 在“分型面”选项卡中，单击“确定”按钮 ✔，完成销分型面的创建。

Task7. 用主分型面创建上下模体积块

Step 1 取消遮蔽滑块分型面，选择 **模具** 功能选项卡 分型面和模具体积块 ▾ 区域中的 模具体积块 ▾ ➡ 体积块分割 命令（即用“分割”的方法构建体积块）。

Step 2 在系统弹出的 ▾ SPLIT VOLUME (分割体积块) 菜单中，依次选择 Two Volumes (两个体积块) ➡ All Wrkpcs (所有工件) ➡ Done (完成) 命令，此时系统弹出“分割”对话框和“选择”对话框。

Step 3 用“列表选取”的方法选取分型面。在系统 ➡为分割工件选择分型面. 的提示下，先将鼠标指针移至模型中的主分型面的位置右击，从快捷菜单中选择 从列表中拾取 命令；在“从列表中拾取”对话框中，单击列表中的 面组:F7(MAIN_PS)，然后单击 确定(O) 按钮；单击“选择”对话框中的 确定 按钮。

Step 4 单击“分割”对话框中的 确定 按钮。

Step 5 此时，系统弹出“属性”对话框，同时模型中的下半部分变亮，在该对话框中单击 着色 按钮，着色后的模型如图 16.4.43 所示，然后在对话框中输入名称 lower_vol，单击 确定 按钮。

Step 6 此时，系统弹出“属性”对话框，同时模型中的上半部分变亮，在该对话框中单击 着色 按钮，着色后的模型如图 16.4.44 所示，然后在对话框中输入名称 upper_vol，单击 确定 按钮。

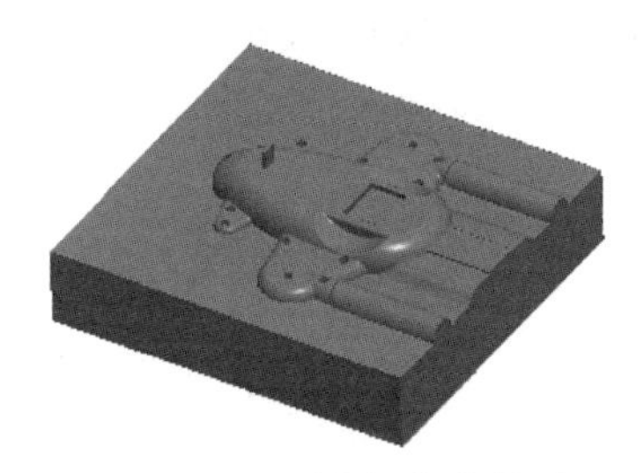

图 16.4.43 下半部分着色后

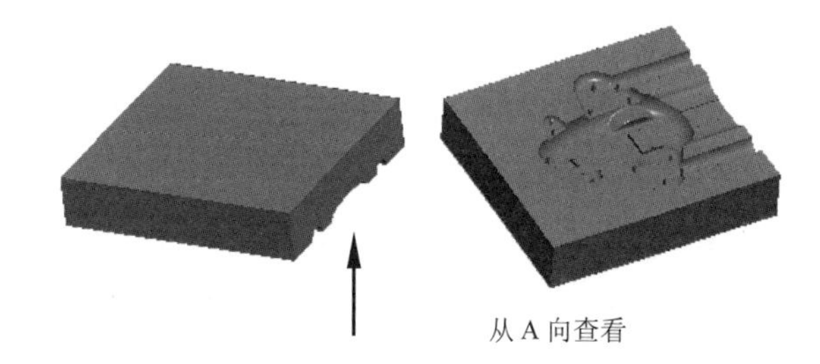

图 16.4.44 上半部分着色后

Task8. 用滑块分型面创建第一侧的滑块体积块

Step 1 选择 **模具** 功能选项卡 分型面和模具体积块 ▾ 区域中的 模具体积块 ▾ ➡ 体积块分割 命令。

Step 2 在系统弹出的 ▾ SPLIT VOLUME (分割体积块) 菜单中，选择 One Volume (一个体积块) ➡ Mold Volume (模具体积块) ➡ Done (完成) 命令。

Step 3 在系统弹出的“搜索工具”对话框中，单击列表中的 面组:F31(UPPER_VOL) 体积块，然后单击 >> 按钮，将其加入到 已选择 0 个项：(预期 1 个) 列表中，再单击 关闭 按钮。

Step 4 用“列表选取”的方法选取分型面。在系统 ➡为分割选定的模具体积块选择分型面. 的提示下，先将鼠标指针移至模型中分型面的位置右击，从快捷菜单中选取 从列表中拾取 命令；在系统弹出的“从列表中拾取”对话框中，单击列表中的 面组:F19(SLIDE_PS) 分型面，然后单击 确定(O) 按钮；在“选择”对话框中单击 确定 按钮，此时系统弹出 ▼岛列表 菜单，在菜单中选中 ☑岛2 复选框，然后选择 Done Sel（完成选取）命令。

Step 5 在“分割”对话框中单击 确定 按钮。

Step 6 系统弹出“属性”对话框，同时上半部分体积块的第一个滑块部分变亮，然后在对话框中输入名称 slide01_vol，单击 确定 按钮。

Task9．用滑块分型面创建第二侧的滑块体积块

参见 Task8 的方法创建第二侧的滑块体积块，并将其命名为 slide02_vol。

Task10．用销分型面创建上模的销体积块

Step 1 选择 **模具** 功能选项卡 分型面和模具体积块 ▾ 区域中的 模具体积块 ▾ ➡ 体积块分割 命令。

Step 2 在系统弹出的 ▼SPLIT VOLUME（分割体积块）菜单中，选择 One Volume（一个体积块）➡ Mold Volume（模具体积块）➡ Done（完成）命令。

Step 3 在系统弹出的“搜索工具”对话框中，单击列表中的 面组:F31(UPPER VOL) 体积块，然后单击 >> 按钮，将其加入到 已选择 0 个项:(预期 1 个) 列表中，再单击 关闭 按钮。

Step 4 用“列表选取”的方法选取分型面。在系统 ➡为分割选定的模具体积块选择分型面. 的提示下，先将鼠标指针移至模型中分型面的位置右击，从快捷菜单中选取 从列表中拾取 命令；在系统弹出的“从列表中拾取”对话框中，单击列表中的 面组:F23(PIN_PS) 分型面，然后单击 确定(O) 按钮；在“选择”对话框中单击 确定 按钮，此时系统弹出 ▼岛列表 菜单，在菜单中选择 Select All（全选）命令，然后取消选中 ☐岛1，最后选择 Done Sel（完成选择）命令。

Step 5 在“分割”对话框中单击 确定 按钮。

Step 6 系统弹出“属性”对话框，同时上半部分体积块的第一个滑块部分变亮，然后在对话框中输入名称 Pin01_vol，单击 确定 按钮。

Task11．用销分型面创建下模的销体积块。

Step 1 选择 **模具** 功能选项卡 分型面和模具体积块 ▾ 区域中的 模具体积块 ▾ ➡ 体积块分割 命令。

Step 2 在系统弹出的 ▼SPLIT VOLUME（分割体积块）菜单中，选择 One Volume（一个体积块）➡ Mold Volume（模具体积块）➡ Done（完成）命令。

Step 3 在系统弹出的“搜索工具”对话框中，单击列表中的 面组:F30(LOWER_VOL) 体积块，然后单击 >> 按钮，将其加入到 已选择 0 个项:(预期 1 个) 列表中，再单击 关闭 按钮。

Step 4 用“列表选取”的方法选取分型面。在系统 ➡为分割选定的模具体积块选择分型面. 的提示下，先将鼠标指针移至模型中分型面的位置右击，从快捷菜单中选取 从列表中拾取 命令；在系统弹出的“从列表中拾取”对话框中，单击列表中的 面组:F26 分型面，然后单击 确定(O) 按钮；在“选择”对话框中单击 确定 按钮，此时系统弹出 ▼岛列表菜单，在菜单中选中 ☑ 岛2 复选框，然后选择 Done Sel（完成选择）命令。

Step 5　在“分割”对话框中单击 确定 按钮。

Step 6　系统弹出“属性”对话框，同时上半部分体积块的第一个滑块部分变亮，然后在对话框中输入名称 Pin02_vol，单击 确定 按钮。

Task12. 抽取模具元件及生成浇注件

将浇注件命名为 down_cover_molding。

Task13. 定义开模动作

Step 1　将参考零件、坯料和分型面在模型中遮蔽起来。

Step 2　开模步骤 1：移动滑块 slide01_vol，输入移动的距离值 150，结果如图 16.4.45 所示。

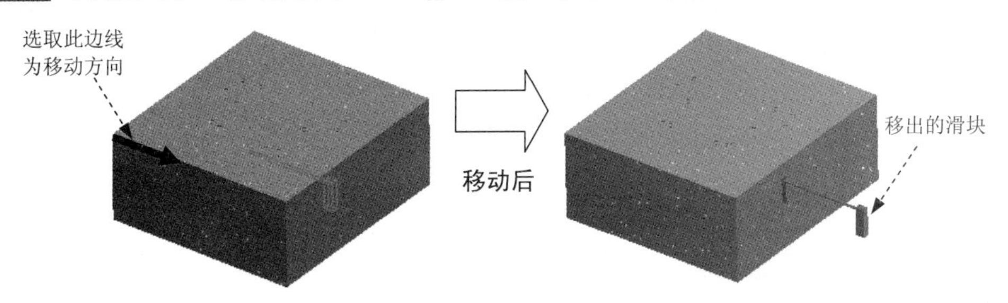

图 16.4.45　移出滑块

Step 3　开模步骤 2：移动滑块 slide02_vol，输入移动的距离值-150，结果如图 16.4.46 所示。

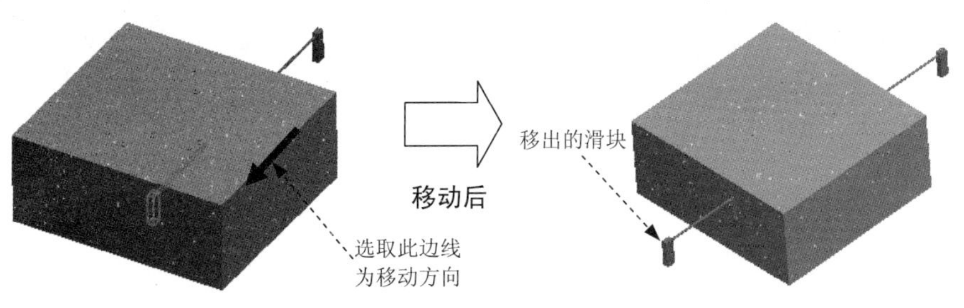

图 16.4.46　移出滑块

Step 4　开模步骤 3：移动销 pin_vol，输入移动的距离值 300，结果如图 16.4.47 所示。

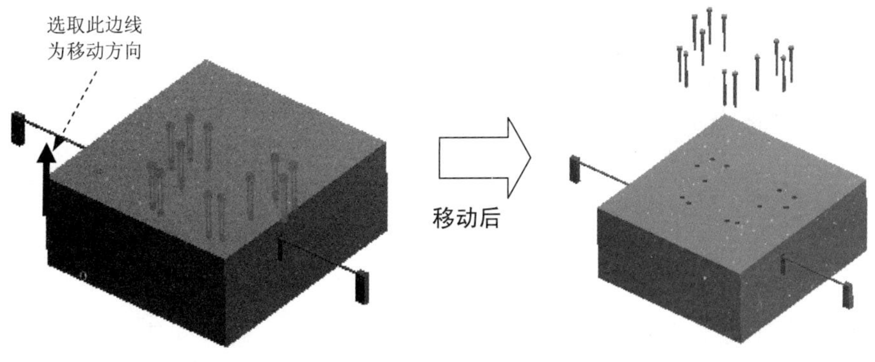

图 16.4.47　移出销

Step 5 开模步骤 4：按住 Ctrl 键，选择上模、滑块 slide01_vol 和滑块 slide02_vol，输入移动的距离值 200，结果如图 16.4.48 所示。

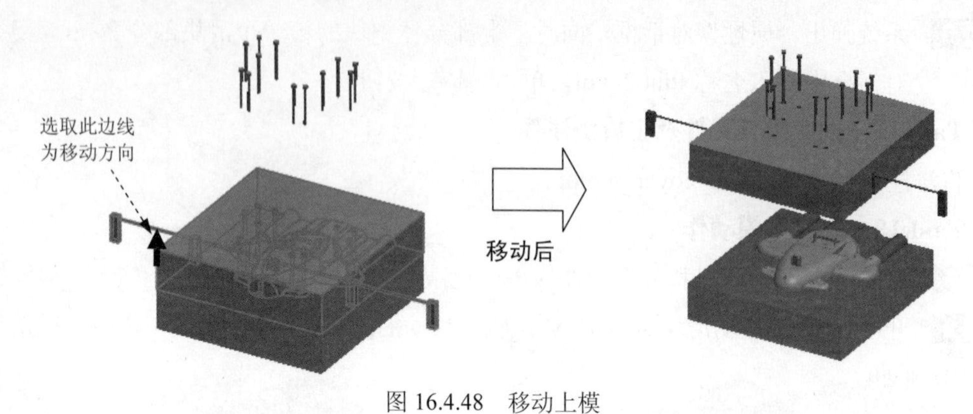

图 16.4.48 移动上模

Step 6 开模步骤 5：移动销 pin02_vol，输入移动的距离值-200，结果如图 16.4.49 所示。

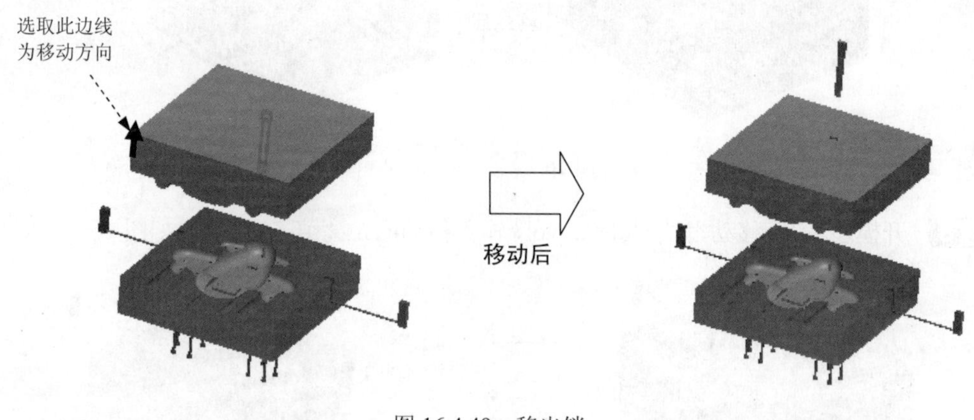

图 16.4.49 移出销

Step 7 开模步骤 6：移动下模，输入移动的距离值-100，结果如图 16.4.50 所示。

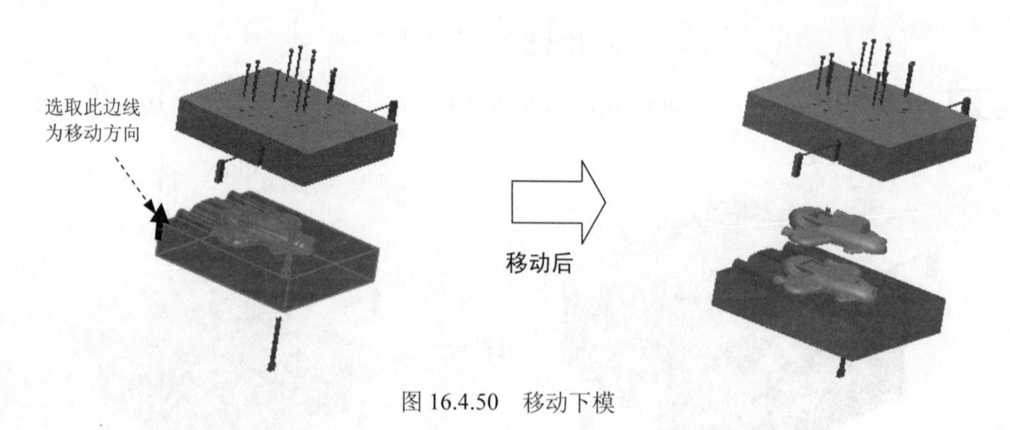

图 16.4.50 移动下模

Step 8 保存文件。选择下拉菜单 **文件** → 保存 命令，保存文件。

16.5 带滑块的模具设计（二）

本实例将介绍图16.5.1所示的一款电热壶主体的模具设计，其中包括滑块的设计和上、下模具的设计。通过对本实例的学习，读者能够熟练掌握带滑块模具的设计方法和技巧。下面介绍该模具的详细设计过程。

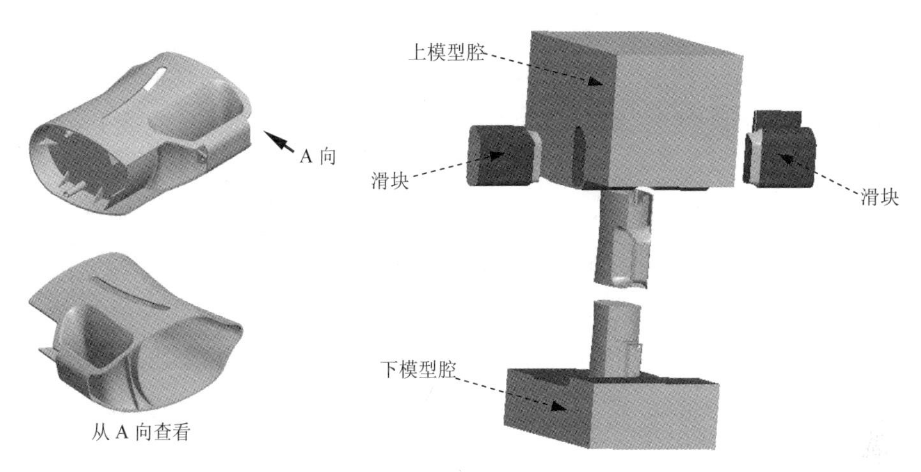

图16.5.1 带滑块的模具设计（二）

Task1. 新建一个模具制造模型文件，进入模具模块

Step 1 将工作目录设置至D:\ creo2mo\work\ch16.05。

Step 2 新建一个模具型腔文件，命名为body_mold；选取mmns_mfg_mold模板。

Task2. 建立模具模型

在开始设计一个模具前，应先创建一个“模具模型”，模具模型包括图16.5.2所示的参考模型和坯料。

Stage1. 引入参考模型

Step 1 单击 **模具** 功能选项卡 参考模型和工件 区域中的按钮 参考模型▾，然后在系统弹出的列表中选择 定位参考模型 命令，系统弹出“打开”、“布局”对话框和 ▼ CAV LAYOUT（型腔布置）菜单管理器。

Step 2 从系统弹出的“打开”对话框中，选取三维零件模型电热壶主体——body.prt作为参考零件模型，并将其打开，系统弹出“创建参考模型”对话框。

Step 3 在“创建参考模型”对话框中选中 ◉ 按参考合并 单选项，然后在 参考模型 文本框中接受默认的名称，再单击 确定 按钮。系统弹出“警告”对话框，单击 确定 按钮。

Step 4 在“布局”对话框的 布局 区域中单击 ◉ 单一 单选项。

Step 5 调整模具坐标系。

（1）在“布局”对话框的参考模型起点与定向区域中单击按钮，系统弹出“获得坐标系类型”菜单。

（2）定义坐标系类型。在“获得坐标系类型”菜单中选择Dynamic (动态)命令，系统弹出“元件”窗口和“参考模型方向”对话框。

（3）旋转坐标系。在“参考模型方向”对话框的轴区域中选择 X 轴作为旋转轴。在值文本框中输入数值 180，按回车键。

（4）在“参考模型方向”对话框中单击 确定 ；在“布局”对话框中单击 确定 按钮；在▼ CAV LAYOUT (型腔布置)菜单中单击 Done/Return (完成/返回) 命令，完成坐标系的调整，结果如图 16.5.2 所示。

Stage2．创建坯料

Step 1 单击 模具 功能选项卡 参考模型和工件 区域中的按钮 工件，然后在系统弹出的列表中选择 创建工件 命令，系统弹出“元件创建”对话框。

Step 2 在系统弹出的“元件创建”对话框中，在类型区域选中 ◉ 零件 单选项，在 子类型 区域选中 ◉ 实体 单选项，在名称文本框中，输入坯料的名称 wp，然后单击 确定 按钮。

Step 3 在系统弹出的“创建选项”对话框中，选中 ◉ 创建特征 单选项，然后单击 确定 按钮。

Step 4 创建坯料特征。

（1）选择命令。单击 模具 功能选项卡 形状 ▾ 区域中的 拉伸 按钮。

（2）创建实体拉伸特征。在绘图区中右击，选择快捷菜单中的定义内部草绘...命令。系统弹出“草绘”对话框，然后选择 MOLD_FRONT 基准平面作为草绘平面，草绘平面的参考平面为 MOLD_RIGHT 基准平面，方位为 右 ，单击 草绘 按钮，系统进入截面草绘环境。选取 MOLD_RIGHT 基准平面和 MAIN_PARTING_PLN 基准平面为草绘参考，然后绘制图 16.5.3 所示的截面草图；完成截面草图的绘制后，单击“草绘”操控板中的“确定”按钮✔。在操控板中，选取深度类型，再在深度文本框中输入深度值 300.0，并按回车键；在“拉伸”操控板中单击✔按钮，完成特征的创建。

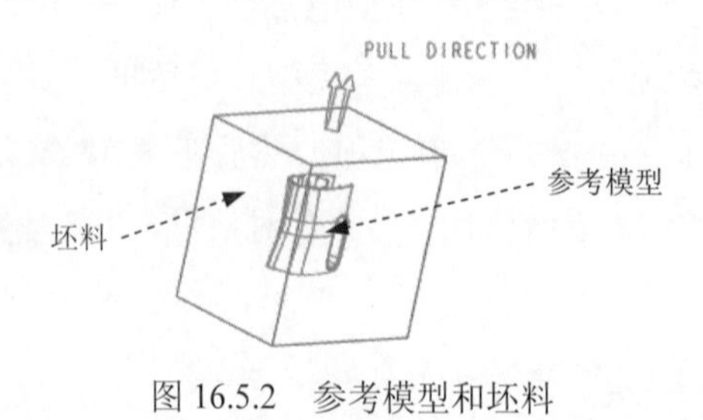

图 16.5.2　参考模型和坯料

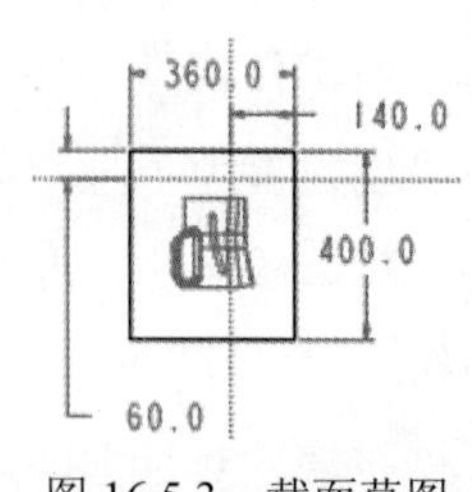

图 16.5.3　截面草图

Task3. 设置收缩率

将参考模型收缩率设置为 0.006。

Task4. 创建模具分型面

创建模具的分型曲面，下面介绍其操作过程。

Stage1. 创建复制曲面

Step 1 单击 **模具** 功能选项卡 分型面和模具体积块 ▼ 区域中的“分型面”按钮。系统弹出“分型面”功能选项卡。

Step 2 在系统弹出的“分型面”功能选项卡中的 控制 区域单击“属性”按钮，在“属性”对话框中，输入分型面名称 MAIN_PS，单击 **确定** 按钮。

Step 3 为了方便选取图元，将坯料遮蔽。在模型树界面中，选择 ▼ → 树过滤器(F)... 命令；在系统弹出的“模型树项”对话框中，选中 ☑ 特征 复选框，然后单击 **确定** 按钮。此时，模型树中会显示出分型面特征；将坯料遮蔽。

Step 4 通过曲面复制的方法，复制参考模型上的内表面。

（1）选取图 16.5.4 中的模型内表面为复制参考面（建议读者参考随书光盘中的视频录像选取）。

（2）单击 **模具** 功能选项卡 操作 ▼ 区域中的“复制”按钮。

（3）单击 **模具** 功能选项卡 操作 ▼ 区域中的“粘贴” 按钮 ▼。系统弹出 **曲面：复制** 操控板。

（4）填补复制曲面上的破孔。在操控板中单击 选项 按钮，在“选项”界面选中 ◉ 排除曲面并填充孔 单选项，在 填充孔/曲面 区域中单击“单击此处添加项”，在系统的提示下，选取图 16.5.5 所示的边线为参考边线。

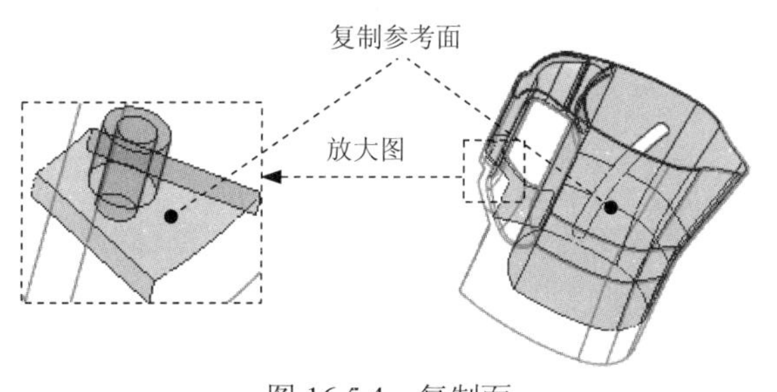

图 16.5.4　复制面

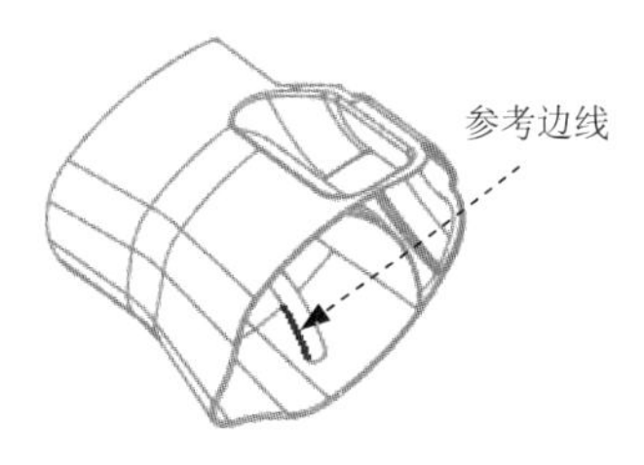

图 16.5.5　填充破孔边

（5）在“曲面：复制”操控板中单击 ✔ 按钮。

Step 5 创建基准平面 ADTM1。单击 **模具** 功能选项卡 基准 ▼ 区域中的“平面”按钮；选取图 16.5.6 所示的模型边线为参考（选择一部分即可），定义约束类型为 穿过，单击“基准平面”对话框中的 **确定** 按钮。

Step 6 创建图 16.5.7 所示的交截 1。按住 Ctrl 键，在模型树中选取复制 1 和 ADTM1 特征，再单击 模型 功能选项卡 修饰符 ▾ 区域中的 相交 按钮，完成相交特征的创建。

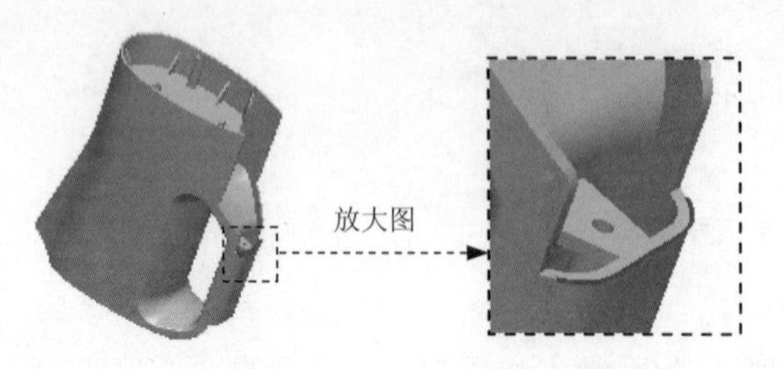

图 16.5.6 基准平面 ADTM1

图 16.5.7 交截 1

Step 7 创建图 16.5.8 所示的填充曲面。单击 **分型面** 操控板 曲面设计 ▾ 区域中的“填充”按钮，此时系统弹出 **填充** 操控板；在绘图区中右击，从系统弹出的快捷菜单中选择 定义内部草绘... 命令，选取 ADTM1 基准平面为草绘截面。草绘平面的参考平面为 MOLD_RIGHT 基准平面，方位为左，单击 草绘 按钮，进入草绘环境，绘制图 16.5.9 所示的截面草图（使用“投影”命令绘制截面草图），完成后单击✔按钮。

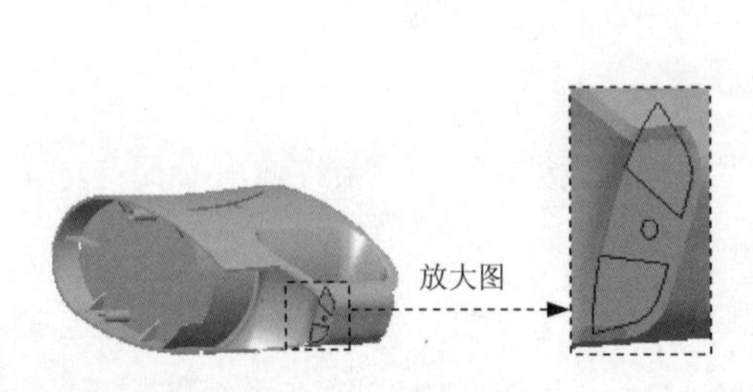

图 16.5.8 填充曲面

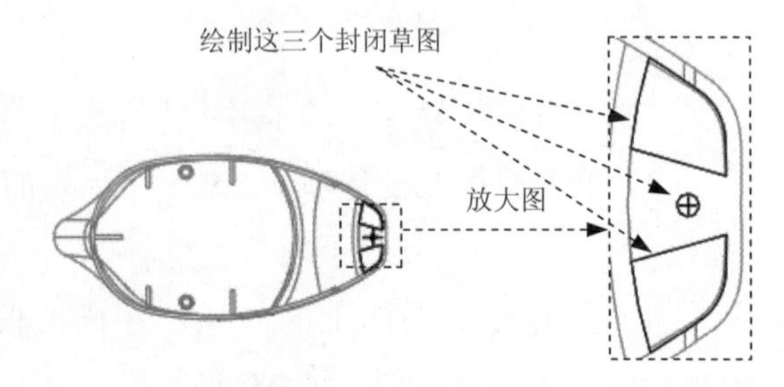

图 16.5.9 截面草图

Step 8 将创建的复制曲面 1 与创建的填充曲面 1 进行合并（为了便于查看合并曲面，遮蔽参考模型）。按住 Ctrl 键，依次选取上一步创建的复制曲面 1 与创建的填充曲面 1；单击 **分型面** 功能选项卡 编辑 ▾ 区域中的 合并 按钮，系统“合并”操控板；在操控板中单击 选项 按钮，在“选项”界面中选中 ◉ 连接 单选项；在模型中选取要合并的面组的侧，结果如图 16.5.10 所示。单击 按钮，预览合并后的面组；确认无误后，单击✔按钮。

a）合并前

b）合并后

图 16.5.10 合并特征

注意：选择曲面的顺序不能错。

Step 9 创建图 16.5.11 所示的延伸曲面 1。选取图 16.5.12 所示的复制曲面的边线（为了方便选取复制边线和创建延伸特征，遮蔽参考模型并取消遮蔽坯料）；单击 **分型面** 功能选项卡 编辑 ▾ 区域的 延伸按钮，此时出现 **曲面延伸：曲面延伸** 操控板；在操控板中按下 按钮。选取图 16.5.12 所示的坯料表面为延伸的终止面；单击 ✔ 按钮，完成延伸曲面的创建。

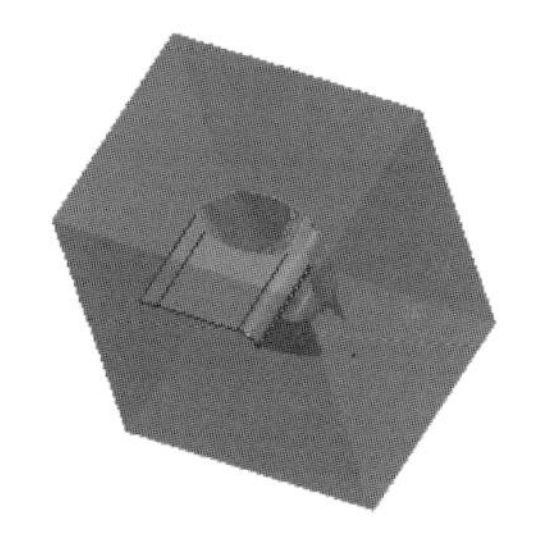

图 16.5.11　延伸曲面 1

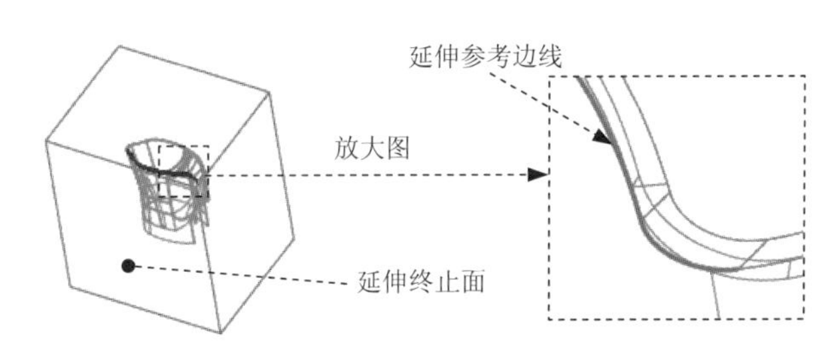

图 16.5.12　延伸参考边线

Step 10 创建图 16.5.13 所示的延伸曲面 2。选取图 16.5.14 所示的复制曲面的边线；单击 **分型面** 功能选项卡 编辑 ▾ 区域的 延伸按钮，此时出现 **曲面延伸：曲面延伸** 操控板；在操控板中按下 按钮。选取图 16.5.14 所示的坯料表面为延伸的终止面；单击 ✔ 按钮，完成延伸曲面的创建。

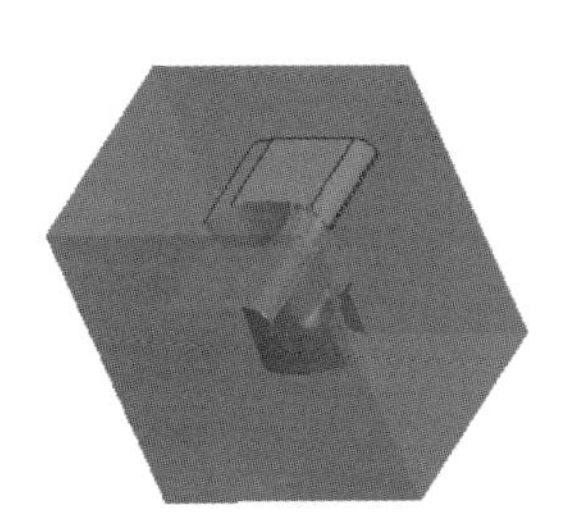

图 16.5.13　延伸曲面 2

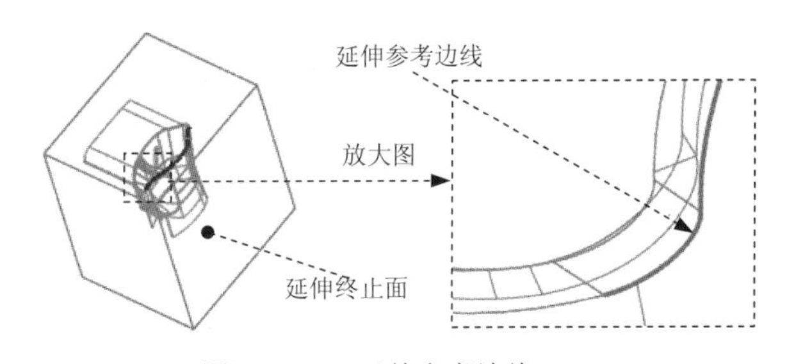

图 16.5.14　延伸参考边线

Step 11 创建图 16.5.15 所示的延伸曲面 3。选取图 16.5.16 所示的复制曲面的边线；单击 **分型面** 功能选项卡 编辑 ▾ 区域的 延伸按钮，此时出现 **曲面延伸：曲面延伸** 操控板；在操控板中按下 按钮。选取图 16.5.16 所示的坯料表面为延伸的终止面；单击 ✔ 按钮，完成延伸曲面的创建。

Step 12 创建图 16.5.17 所示的延伸曲面 4。选取图 16.5.18 所示的复制曲面的边线；单击 **分型面** 功能选项卡 编辑 ▾ 区域的 延伸按钮，此时出现 *延伸* 操控板；选取延伸的终止面。在操控板中按下 按钮。选取图 16.5.18 所示的坯料表面为延伸的终止面；单击 ✔ 按钮，完成延伸曲面的创建；在“分型面”选项卡中，单击“确定”按钮 ✔，完成分型面的创建。

图 16.5.15　延伸曲面 3

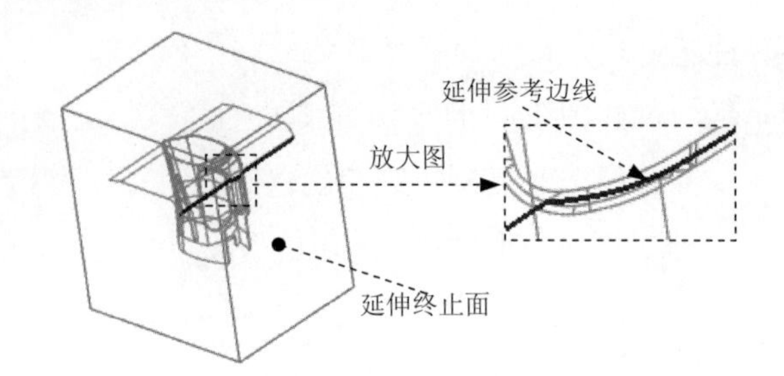

图 16.5.16　延伸参考边线

图 16.5.17　延伸曲面 4

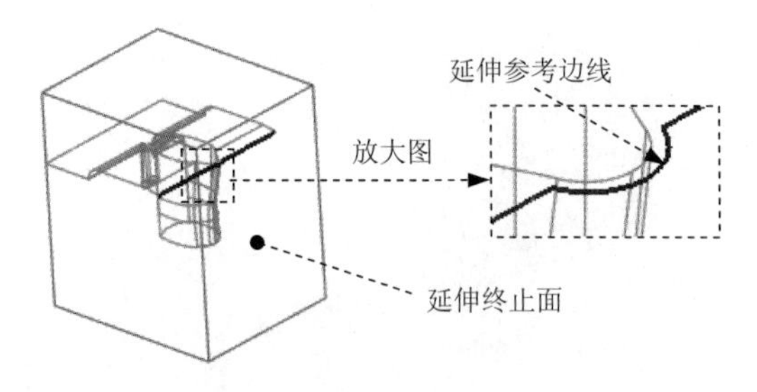

图 16.5.18　延伸参考边线

Stage2．创建拉伸曲面

Step 1　单击 **模具** 功能选项卡 分型面和模具体积块 ▾ 区域中的“分型面”按钮。系统弹出“分型面”功能选项卡。

Step 2　在系统弹出的“分型面”功能选项卡中的 控制 区域单击“属性”按钮，在“属性”对话框中，输入分型面名称 SLIDE_PS，单击 确定 按钮。

Step 3　通过拉伸的方法创建图 16.5.19 所示的曲面。

（1）单击 **分型面** 功能选项卡 形状 ▾ 区域中的 拉伸 按钮，此时系统弹出“拉伸”操控板。

（2）定义草绘截面放置属性：右击，选择菜单中的 定义内部草绘... 命令；选择 MOLD_FRONT 基准平面为草绘平面，然后选取 MOLD_RIGHT 基准平面为参考平面，方向为 右 。单击 草绘 按钮。

注意：此处需要将参考模型显示出来。

（3）进入草绘环境后，利用“投影”命令绘制图 16.5.20 所示的截面草图。单击“草绘”操控板中的“确定”按钮✔。

（4）设置深度选项。在操控板中选取深度类型（到选定的）；将模型调整到合适的视图方位，选取图 16.5.19 所示的坯料表面为拉伸终止面；在操控板中单击 **选项** 按钮，在“选项”界面中选中 ☑封闭端 复选框。

（5）在操控板中单击✔按钮，完成特征的创建。

（6）在“分型面”选项卡中，单击“确定”按钮✔，完成分型面的创建。

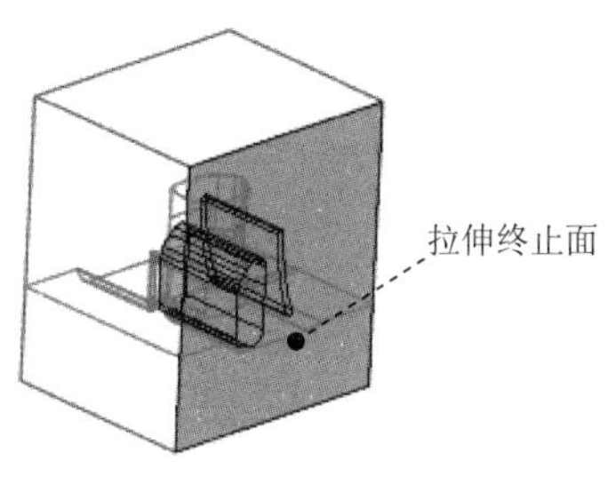

图 16.5.19 创建拉伸曲面

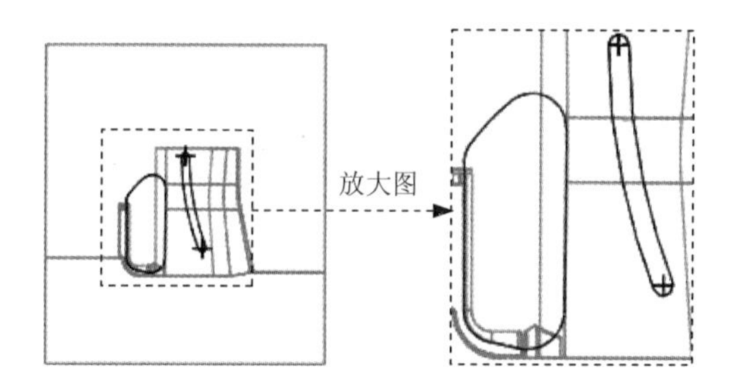

图 16.5.20 截面草图

Stage3. 创建拉伸曲面

Step 1 单击 **模具** 功能选项卡 分型面和模具体积块 ▾ 区域中的“分型面”按钮。系统弹出“分型面”功能选项卡。

Step 2 在系统弹出的“分型面”功能选项卡中的 控制 区域单击“属性”按钮，在“属性”对话框中，输入分型面名称 SLIDE_PS_01，单击 确定 按钮。

Step 3 通过拉伸的方法创建图 16.5.21 所示的曲面。

（1）单击 **分型面** 功能选项卡 形状 ▾ 区域中的 拉伸 按钮，此时系统弹出“拉伸”操控板。

（2）定义草绘截面放置属性：右击，选取菜单中的 定义内部草绘... 命令；选择 MOLD_FRONT 基准平面为草绘平面，然后选取 MOLD_RIGHT 基准平面为参考平面，方向为 右。然后单击 草绘 按钮。

（3）进入草绘环境后，利用“投影”命令绘制图 16.5.22 所示的截面草图。

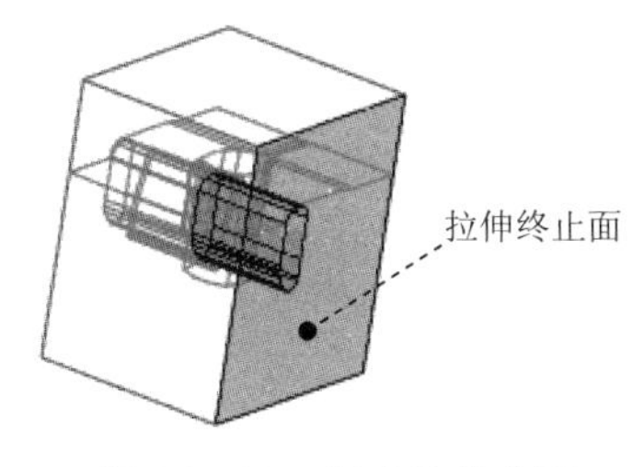

图 16.5.21 创建拉伸曲面

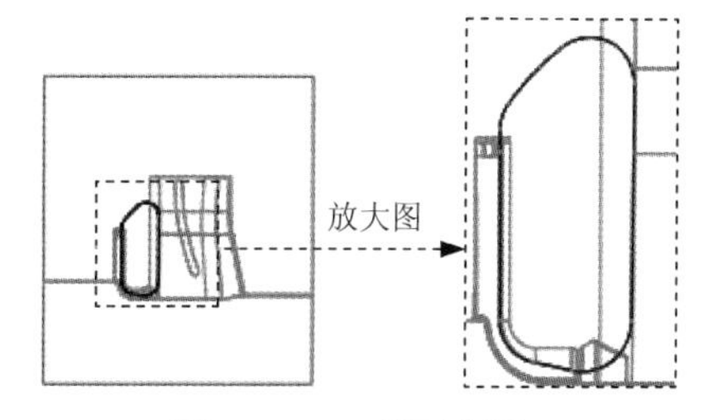

图 16.5.22 截面草图

（4）设置深度选项。在操控板中选取深度类型（到选定的）；将模型调整到合适视图方位，选取图 16.5.21 所示的坯料表面为拉伸终止面；在操控板中单击 选项 按钮，在“选项”界面中选中 ☑ 封闭端 复选框。

（5）在操控板中单击 ✓ 按钮，完成特征的创建。

（6）在“分型面”选项卡中，单击“确定”按钮 ✓，完成分型面的创建。

Task5. 构建模具元件的体积块

Stage1. 用分型面创建上、下两个体积腔

Step 1 选择 **模具** 功能选项卡 分型面和模具体积块 ▾ 区域中的 模具体积块 ▾ ➡ 体积块分割 命令

（即用“分割”的方法构建体积块）。

Step 2 在系统弹出的▼ SPLIT VOLUME（分割体积块）菜单中，依次选择Two Volumes（两个体积块）→ All Wrkpcs（所有工件）→ Done（完成）命令。此时系统弹出“分割”对话框和“选择”对话框。

Step 3 选取分型面。选取分型面 面组:F7(MAIN_PS)（使用“列表选取”的方法选取），然后单击 确定(O) 按钮；在“选择”对话框中单击 确定 按钮。

Step 4 单击“分割”对话框中的 确定 按钮。

Step 5 系统弹出“属性”对话框，在该对话框中单击 着色 按钮，着色后的模型如图 16.5.23 所示。然后在对话框中输入名称 LOWER_MOLD，单击 确定 按钮。

Step 6 系统弹出“属性”对话框，在该对话框中单击 着色 按钮，着色后的模型如图 16.5.24 所示。然后在对话框中输入名称 UPPER_MOLD，单击 确定 按钮。

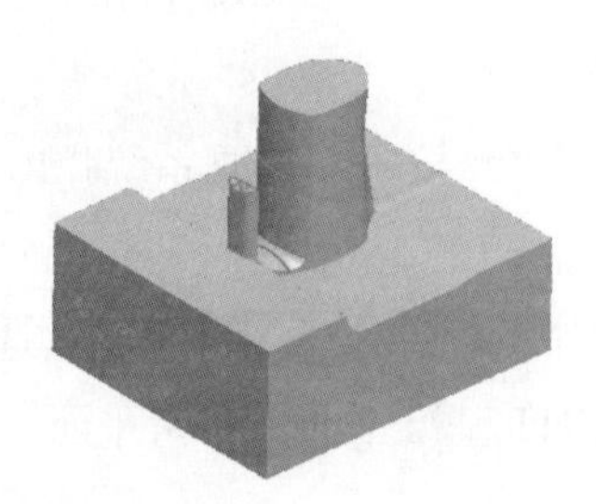

图 16.5.23 着色后的下半部分体积块

图 16.5.24 着色后的上半部分体积块

Stage2. 创建第一个滑块体积块

Step 1 选择 模具 功能选项卡 分型面和模具体积块 ▼ 区域中的 模具体积块 ▼ → 体积块分割 命令（即用“分割”的方法构建体积块）。

Step 2 选择▼ SPLIT VOLUME（分割体积块）→ One Volume（一个体积块）→ Mold Volume（模具体积块）→ Done（完成）命令，此时系统弹出“搜索工具”对话框。

Step 3 在系统弹出的“搜索工具”对话框中，单击列表中的 面组:F20(UPPER_MOLD) 体积块，然后单击 >> 按钮，将其加入到已选择 0 个项:列表中，再单击 关闭 按钮。

Step 4 选取分型面。

（1）选取分型面面组:F16(SLIDE_PS)（用“列表选取”的方法选取），然后在“选择”对话框中单击 确定 按钮。系统弹出▼ 岛列表 菜单。

（2）在“岛列表”菜单中选中☑ 岛2 与☑ 岛4 复选框，选择 Done Sel（完成选择）命令。

Step 5 在“分割”对话框中单击 确定 按钮，系统弹出“属性”对话框。

Step 6 在“属性”对话框中单击 着色 按钮，着色后的模型如图 16.5.25 所示。然后在对话框中输入名称 SLIDE_VOL_1，单击 确定 按钮。

Stage3. 创建第二个滑块体积块

Step 1 选择 **模具** 功能选项卡 分型面和模具体积块 ▾ 区域中的 模具体积块 ▾ ➡ 体积块分割 命令（即用“分割”的方法构建体积块）。

Step 2 选择 ▾ SPLIT VOLUME (分割体积块) ➡ One Volume (一个体积块) ➡ Mold Volume (模具体积块) ➡ **Done (完成)** 命令，此时系统弹出“搜索工具”对话框。

Step 3 在系统弹出的“搜索工具”对话框中，单击列表中的 面组:F20(UPPER_MOLD) 体积块，然后单击 >> 按钮，将其加入到 已选择 0 个项: 列表中，再单击 关闭 按钮。

Step 4 选取分型面。选取分型面 面组:F17(SLIDE_PS_01)（使用“列表选取”的方法选取），然后在“选择”对话框中单击 **确定** 按钮。系统弹出 ▾ 岛列表 菜单；在“岛列表”菜单中选中 ☑ 岛2 复选框，选择 **Done Sel (完成选择)** 命令。

Step 5 在“分割”对话框中单击 **确定** 按钮，系统弹出“属性”对话框。

Step 6 在“属性”对话框中单击 **着色** 按钮，着色后的模型如图 16.5.26 所示。然后在对话框中输入名称 SLIDE_VOL_2，单击 **确定** 按钮。

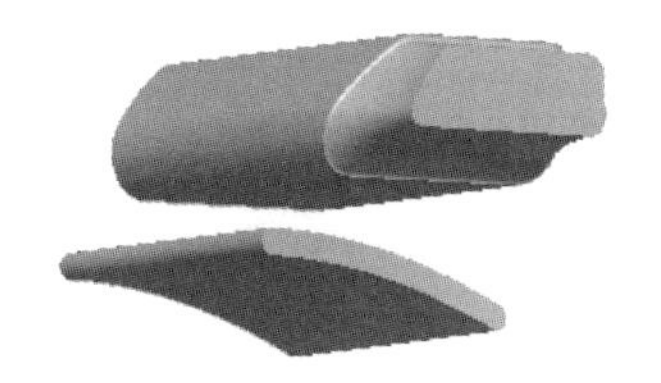

图 16.5.25 着色后的体积块

图 16.5.26 着色后的体积块

Task6. 抽取模具元件及生成浇注件

将浇注件命名为 MOLDING。

Task7. 定义开模动作

Stage1. 开模步骤 1：移动两滑块

Step 1 将参考零件、坯料和分型面在模型中遮蔽起来，将模型的显示状态切换到实体显示方式。

Step 2 移动两滑块。

（1）选择 **模具** 功能选项卡 分析 ▾ 区域中的 命令。系统弹出 ▾ MOLD OPEN (模具开模) 菜单管理器。

（2）在系统弹出的“菜单管理器”菜单中选择 Define Step (定义步骤) ➡ Define Move (定义移动) 命令。

（3）选取要移动的滑块 1。

（4）在系统的提示下，选取图 16.5.27 所示的边线为移动方向，然后在系统的提示下输入要移动的距离值-250，然后按回车键。

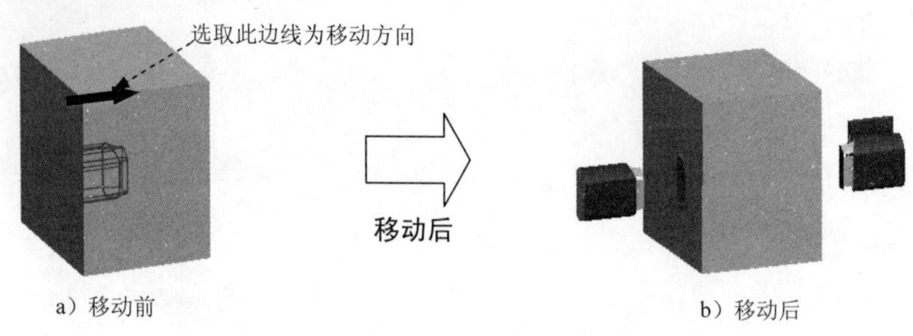

图 16.5.27　移动滑块

（5）在 ▼ DEFINE STEP（定义步骤） 菜单中选择 **Define Move（定义移动）** 命令。

（6）选取要移动的另一个滑块。

（7）在系统的提示下，选取图 16.5.27 所示的边线为移动方向，然后在系统的提示下输入要移动的距离值 250，然后按回车键。

（8）在 ▼ DEFINE STEP（定义步骤） 菜单中，选择 **Done（完成）** 命令，移出后的状态如图 16.5.27b 所示。

Stage2．开模步骤 2：移动上模

移动上模。选取要移动的上模和两滑块。选取图 16.5.28a 所示的边线为移动方向，然后在系统的提示下输入要移动的距离值-500，然后按回车键。在 ▼ DEFINE STEP（定义步骤） 菜单中选择 **Done（完成）** 命令，移出后的状态如图 16.5.28b 所示。

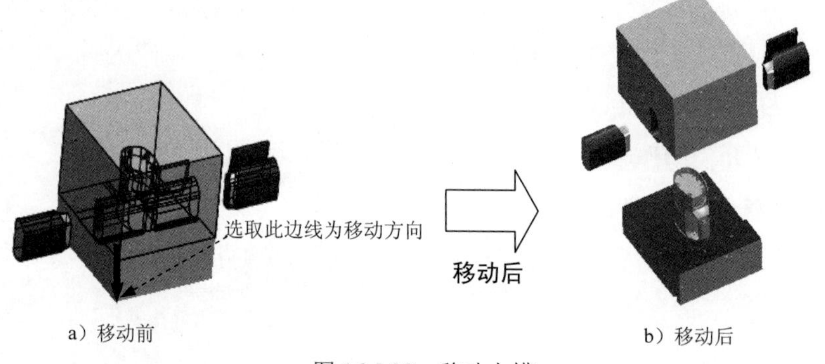

图 16.5.28　移动上模

Stage3．开模步骤 3：移动浇注件

Step 1　移动铸件。参考 Stage2 的操作方法选取铸件，选取图 16.5.29 所示的边线为移动方向，输入要移动的距离值-200，选择 **Done（完成）** 命令，完成铸件的开模动作。

Step 2　保存设计结果。单击 **模具** 功能选项卡中的 操作 ▾ 区域的 重新生成 按钮，在系统弹出的下拉菜单中单击 重新生成 按钮，选择下拉菜单 文件 ▾ → 保存(S) 命令。

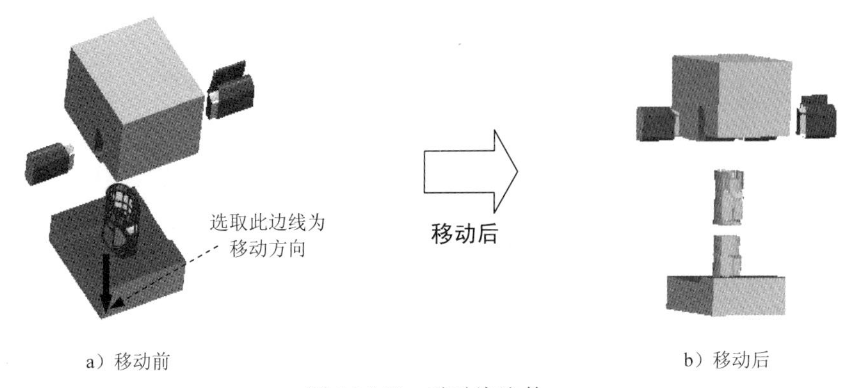

图 16.5.29 移动浇注件

16.6 含滑销的模具设计

图 16.6.1 所示为一个手机盖的模具，该手机盖上包含有两个卡钩，要使手机盖能顺利脱模，必须有滑销的帮助才能完成，下面介绍这套模具的设计过程。

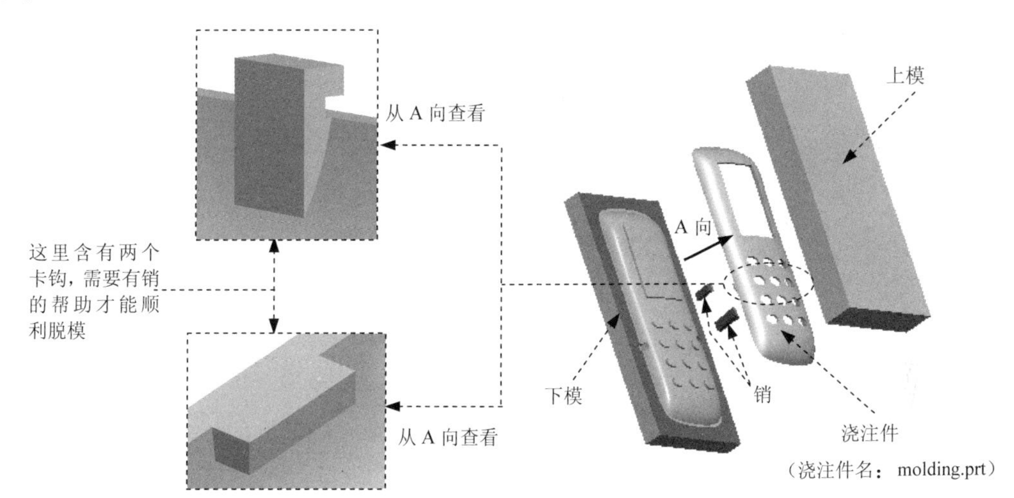

图 16.6.1 含滑销的模具设计

Task1. 新建一个模具制造模型，进入模具模块

Step 1 将工作目录设置至 D:\creo2mo\work\ch16.06。

Step 2 新建一个模具型腔文件，命名为 phone_cover_mold，选取 mmns_mfg_mold 模板。

Task2. 建立模具模型

在开始设计一个模具前，应先创建一个“模具模型”，模具模型包括参考模型（Ref Model）和坯料（Workpiece），如图 16.6.2 所示。

Stage1. 引入参考模型

Step 1 单击 **模具** 功能选项卡 参考模型和工件 区域 参考模型 中的“小三角”按钮 ▾，然后在系统

弹出的列表中选择 组装参考模型 命令，系统弹出“打开”对话框。

Step 2 从弹出的文件“打开”对话框中，选取三维零件模型 phone_cover.prt 作为参考零件模型，并将其打开。

Step 3 在“元件放置”操控板的“约束”类型下拉列表框中选择 默认，将参考模型按默认放置，在操控板中单击 ✔ 按钮。

Step 4 在“创建参考模型”对话框中选中 ◉ 按参考合并 单选项，然后在 参考模型 区域的 名称 文本框中接受默认的名称 PHONE_COVER_MOLD_REF，单击 确定 按钮。

Stage2．创建坯料

Step 1 单击 **模具** 功能选项卡 参考模型和工件 区域 工件 中的“小三角”按钮 ▾，然后在系统弹出的列表中选择 创建工件 命令，系统弹出“元件创建”对话框。

Step 2 在“元件创建”对话框中，在 类型 区域选中 ◉ 零件 单选项，在 子类型 区域选中 ◉ 实体 单选项，在 名称 文本框中输入坯料的名称 wp，然后单击 确定 按钮。

Step 3 在弹出的“创建选项”对话框中，选中 ◉ 创建特征 单选项，然后单击 确定 按钮。

Step 4 创建坯料特征。

（1）选择命令。单击 **模具** 功能选项卡 形状 ▾ 区域中的 拉伸 按钮。此时出现“拉伸”操控板。

（2）创建实体拉伸特征。在出现的操控板中，确认“实体”按钮 被按下；在绘图区中右击，从系统弹出的快捷菜单中，选择 定义内部草绘... 命令。然后选择 MOLD_FRONT 基准平面为草绘平面，草绘平面的参考平面为 MOLD_RIGHT 基准平面，方位为 右，单击 草绘 按钮，至此系统进入截面草绘环境；选取 MOLD_RIGHT 基准平面和图 16.6.3 所示的参考件的边线为草绘参考，然后绘制特征截面，完成特征截面的绘制后，单击“草绘”操控板中的“确定”按钮 ✔；在操控板中选取深度类型 （对称），再在深度文本框中输入深度值 70.0，并按回车键；在操控板中单击 ✔ 按钮，则完成特征的创建。

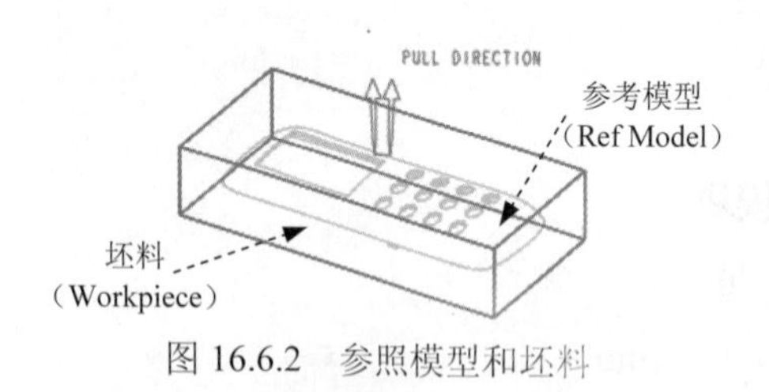

图 16.6.2 参照模型和坯料

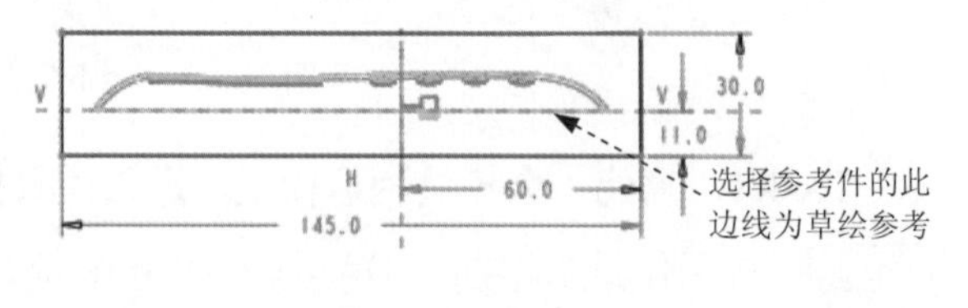

图 16.6.3 截面草图

Task3．设置收缩率

将参考模型的收缩率设置为 0.006。

Task4．建立浇道系统

在模具坯料中，应创建注道（Sprue）和浇口（Gate），这里省略。

Task5. 创建模具分型曲面

Stage1. 定义主分型面

下面将创建模具的主分型面，以分离模具的上模型腔和下模型腔，其操作过程如下：

Step 1　单击 **模具** 功能选项卡 分型面和模具体积块 ▼ 区域中的“分型面”按钮，系统弹出“分型面”选项卡。

Step 2　在系统弹出的“分型面”选项卡中的 控制 区域单击“属性”按钮，在弹出的“属性”对话框中，输入分型面名称 main_pt_surf，单击 确定 按钮。

Step 3　通过“阴影曲面”的方法创建主分型面。单击 **分型面** 功能选项卡中的 曲面设计 ▼ 按钮，在系统弹出的快捷菜单中单击 阴影曲面 按钮。此时系统弹出“阴影曲面”对话框，着色投影的方向箭头如图 16.6.4 所示；在“阴影曲面”对话框中，单击 确定 按钮。

Step 4　着色显示所创建的分型面。单击 视图 功能选项卡 可见性 区域中的“着色”按钮；系统自动将刚创建的分型面 main_pt_surf 着色，着色后的分型曲面如图 16.6.5 所示；在 ▼ CntVolSel (继续体积块选取) 菜单中选择 Done/Return (完成/返回) 命令。

Step 5　在“分型面”选项卡中，单击“确定”按钮✔，完成主分型面的创建。

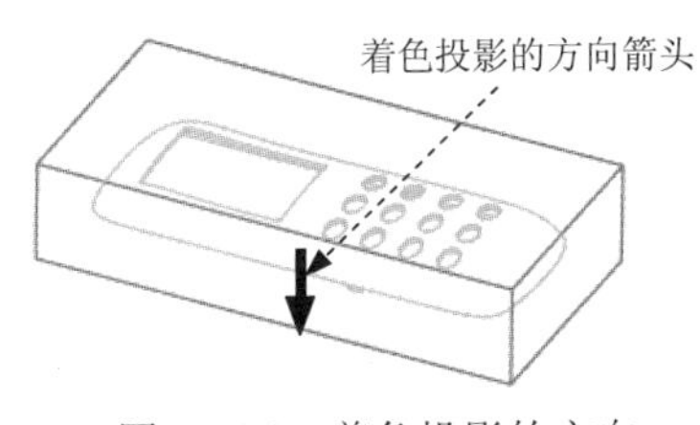

图 16.6.4　着色投影的方向

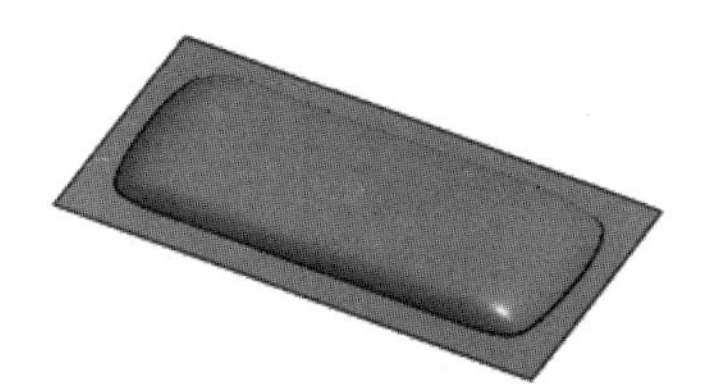

图 16.6.5　着色显示分型面

Stage2. 定义第一个销分型曲面

下面创建模具的第一个销的分型面（图 16.6.6），以分离第一个销元件，其操作过程如下：

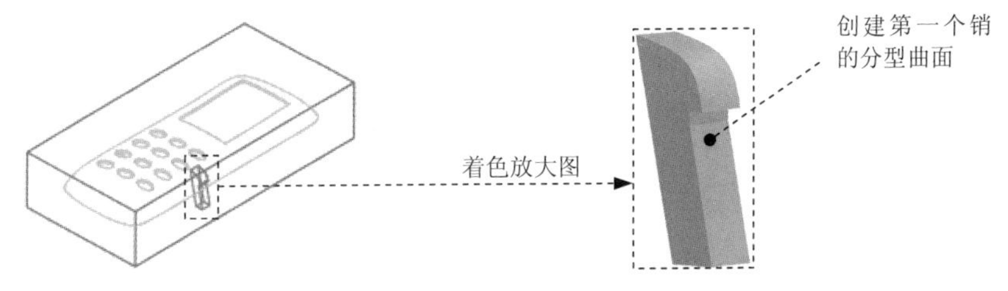

图 16.6.6　创建第一个销分型曲面

Step 1　遮蔽坯料和分型曲面。

Step 2　单击 **模具** 功能选项卡 分型面和模具体积块 ▼ 区域中的“分型面”按钮，系统弹出“分型面”选项卡。

Step 3　在系统弹出的“分型面”选项卡中的 控制 区域单击“属性”按钮，在对话框中，输入分型面名称 pin_pt_surf_1，单击对话框中的 确定 按钮。

Step 4 通过“曲面复制”的方法复制模型上的表面。在屏幕右下方的“智能选取栏”中选择“几何”选项；右击，在弹出的菜单中选择 从列表中拾取 命令，选取图 16.6.7 所示的表面（A）；按住 Ctrl 键，增加面（B）～（F），详细操作顺序如图 16.6.7 所示；单击 **模具** 功能选项卡 操作 ▾ 区域中的“复制”按钮；单击 **模具** 功能选项卡 操作 ▾ 区域中的“粘贴”按钮，系统弹出“曲面：复制”操控板；单击操控板中的 ✔ 按钮。

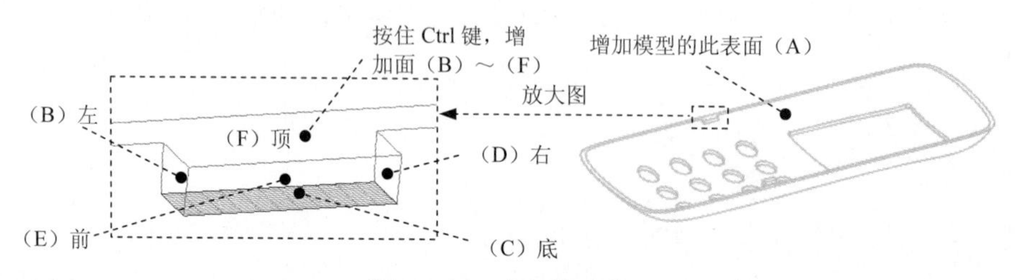

图 16.6.7 选取模型曲面

Step 5 将坯料和分型面重新显示在画面上。

Step 6 通过“拉伸”的方法建立图 16.6.8 所示的拉伸曲面。

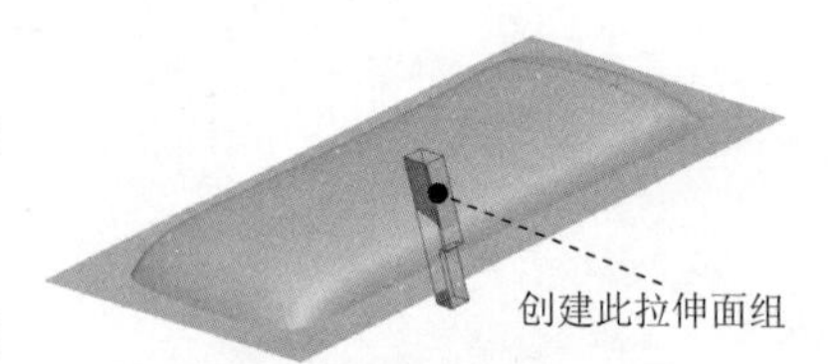

图 16.6.8 创建拉伸面组

（1）单击 **分型面** 功能选项卡 形状 ▾ 区域中的 拉伸 按钮，此时系统弹出“拉伸”操控板。

（2）定义草绘截面放置属性。右击，从弹出的菜单中选择 定义内部草绘... 命令，在系统 ➡选择一个平面或曲面以定义草绘平面. 的提示下，采用“列表选取”的方法，选取图 16.6.9 所示的平面为草绘平面，接受图 16.6.9 默认的箭头方向为草绘视图方向，然后选取图 16.6.9 所示的坯料表面 2 为参考平面，方向为 右 。

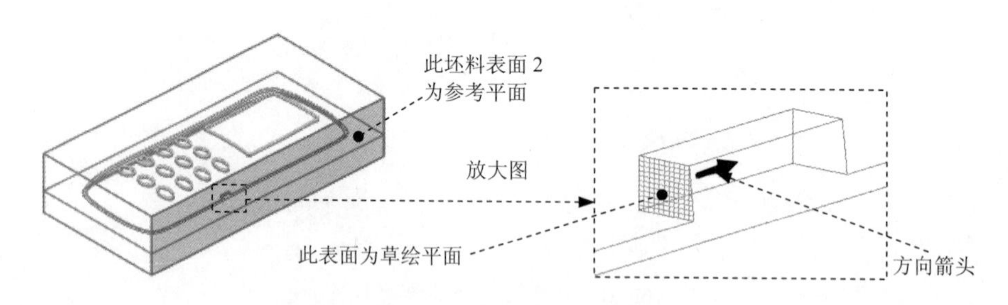

图 16.6.9 定义草绘平面

（3）截面草图。进入草绘环境后，选取图 16.6.10 所示的边线为草绘参考，截面草图如图 16.6.10 所示。完成特征截面的绘制后，单击“草绘”选项卡中的“确定”按钮 ✔ 。

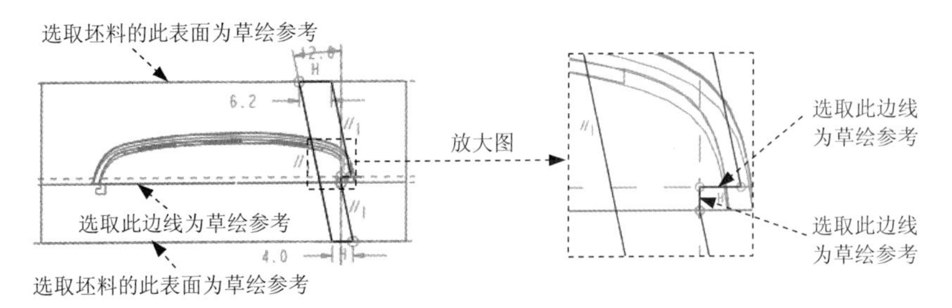

图 16.6.10　截面草图

（4）设置拉伸属性。在操控板中，选取深度类型⊥⊥（到选定的）；将模型调整到图 16.6.11 所示的视图方位，采用“列表选取”的方法，选取图 16.6.11 所示的平面为拉伸终止面；在操控板中单击 **选项** 按钮，在“选项”界面中选中☑封闭端 复选框。

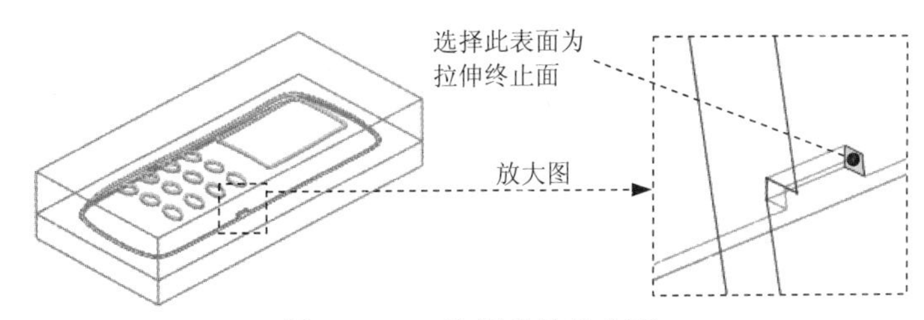

图 16.6.11　选择拉伸终止面

（5）在操控板中单击✔按钮，完成特征的创建。

Step 7 将 Step4 的复制曲面和 Step6 的拉伸曲面合并在一起。按住 Ctrl 键，选取 Step4 创建的复制曲面和 Step6 创建的拉伸曲面，如图 16.6.12 所示；单击 **分型面** 功能选项卡 **编辑 ▾** 区域中的“合并”按钮，此时系统弹出“合并”操控板；在模型中选取要合并的面组的侧；在操控板中单击 **选项** 按钮，在“选项”界面中选中 ◉ 相交 单选项；单击 按钮，预览合并后的面组，确认无误后，单击✔按钮。

Step 8 着色显示所创建的分型面。单击 **视图** 功能选项卡 **可见性** 区域中的“着色”按钮；系统自动将刚创建的分型面 pin_pt_surf-1 着色，着色后的第一个销分型曲面如图 16.6.13 所示；在 ▼ CntVolSel（继续体积块选取）菜单中选择 Done/Return（完成/返回）命令。

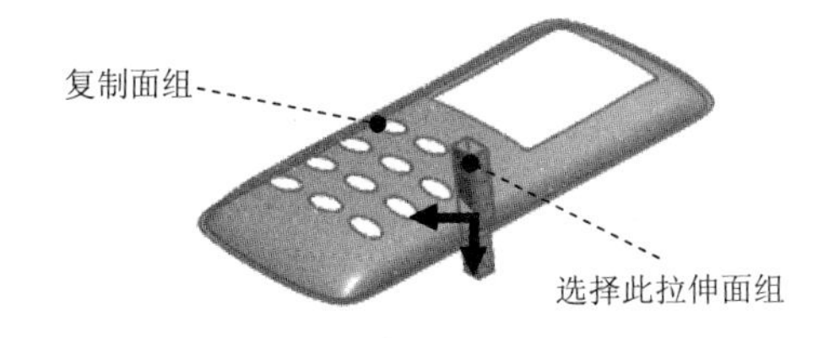

图 16.6.12　选取要合并的拉伸面组

图 16.6.13　销分型曲面

Step 9 在“分型面”选项卡中，单击“确定”按钮✔，完成分型面的创建。

Stage3. 定义第二个销分型曲面

下面创建零件模具的第二个销分型面（图 16.6.14），分离第二个销元件，其操作过程如下：

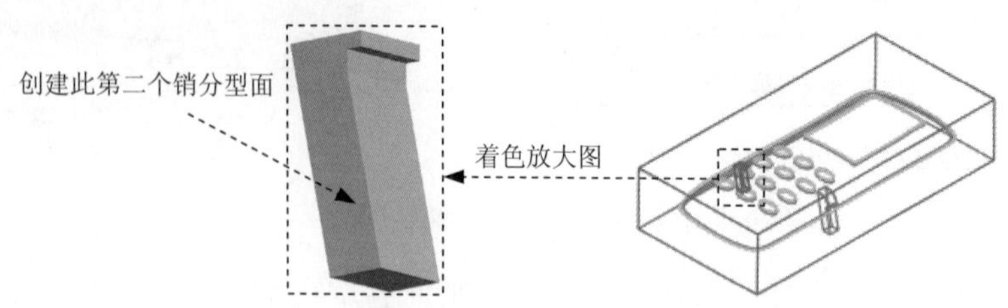

图 16.6.14　创建第二个销分型面

Step 1　单击 **模具** 功能选项卡 分型面和模具体积块 ▾ 区域中的“分型面”按钮，系统弹出“分型面”选项卡。

Step 2　在系统弹出的“分型面”选项卡中的 控制 区域单击“属性”按钮，在弹出的“属性”对话框中，输入分型面名称 pin_pt_surf_2，单击对话框中的 确定 按钮。

Step 3　通过“拉伸”的方法建立销的分型曲面。

（1）单击 **分型面** 功能选项卡 形状 ▾ 区域中的 拉伸 按钮，此时系统弹出“拉伸”操控板。

（2）定义草绘截面放置属性。右击，从弹出的菜单中选择 定义内部草绘... 命令，在系统 ➪选择一个平面或曲面以定义草绘平面. 的提示下，采用“列表选取”的方法，选取图 16.6.15 所示的模型表面 1 为草绘平面，接受图 16.6.15 默认的箭头方向为草绘视图方向，然后选取图 16.6.15 所示的坯料表面 2 为参考平面，方向为 右 。

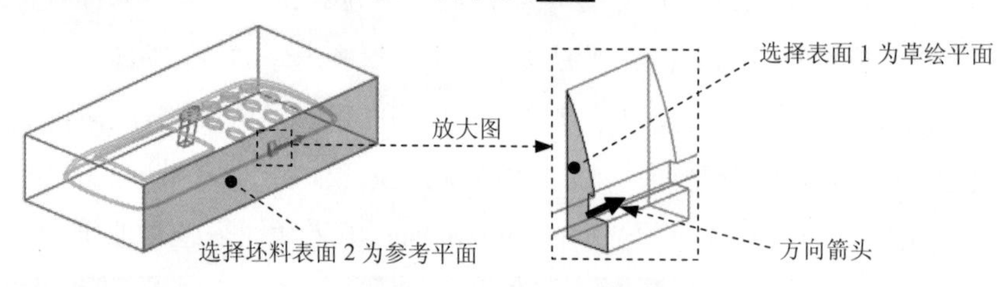

图 16.6.15　定义草绘平面

（3）绘制草图。进入草绘环境后，选取图 16.6.16 所示的边线为参考，绘制图 16.6.16 所示的特征截面。完成特征截面的绘制后，单击“草绘”选项卡中的“确定”按钮 ✔ 。

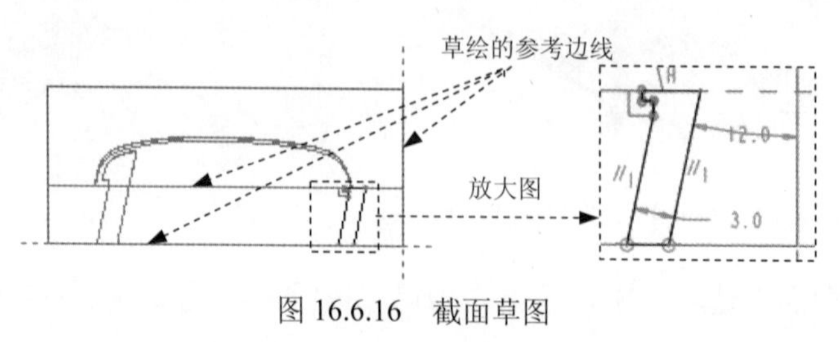

图 16.6.16　截面草图

（4）设置拉伸属性。在操控板中，选取深度类型 ⊥⊥（到选定的）；将模型调整到图 16.6.17 所示的视图方位，采用“列表选取”的方法，选取图 16.6.17 所示的平面为拉伸终止面；在操控板中单击 选项 按钮，在“选项”界面中选中 ☑ 封闭端 复选框。

（5）在操控板中单击 ✔ 按钮，完成特征的创建。

Step 4 在“分型面”选项卡中，单击“确定”按钮 ✔，完成分型面的创建。

Task6．构建模具元件的体积块

Stage1．用主分型面创建元件的体积块

下面介绍用前面创建的主分型面 main_pt_surf 来分离出各模具元件的体积块，其操作过程如下：

Step 1 选择 **模具** 功能选项卡 分型面和模具体积块 ▾ 区域中的 模具体积块 ▾ ➡ 体积块分割 命令（即用“分割”的方法构建体积块）。

Step 2 在系统弹出的 ▾ SPLIT VOLUME（分割体积块）菜单中，依次选择 Two Volumes（两个体积块）➡ All Wrkpcs（所有工件）➡ Done（完成）命令，此时系统弹出“分割”对话框和“选择”对话框。

Step 3 用“列表选取”的方法选取分型面。在系统 ◆为分割工件选择分型面. 的提示下，先将鼠标指针移至模型中分型面的位置右击，从快捷菜单中选取 从列表中拾取 命令。在弹出的图 16.6.18 所示的“从列表中拾取”对话框中，单击列表中的 面组:F7 (MAIN_PT_SURF) 分型面，然后单击 确定(O) 按钮，单击“选择”对话框中的 确定 按钮。

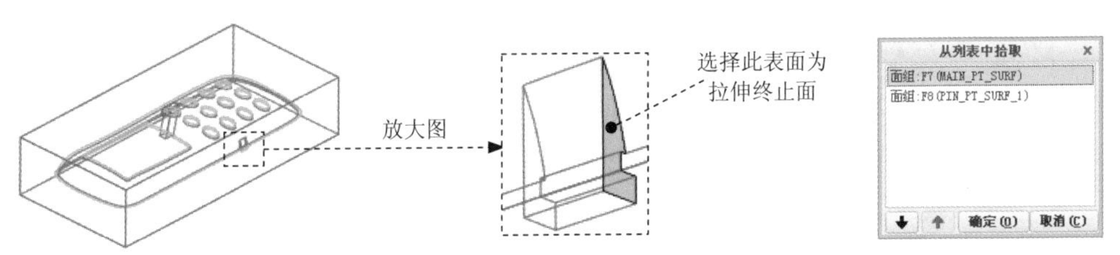

图 16.6.17 选取拉伸终止面

图 16.6.18 “从列表中拾取”对话框

Step 4 单击“分割”信息对话框中的 确定 按钮。

Step 5 系统弹出“属性”对话框，同时模型中的上半部分变亮，如图 16.6.19 所示，在对话框中输入名称 female_mold，单击 确定 按钮。

Step 6 系统弹出“属性”对话框，同时模型中的下半部分变亮，如图 16.6.20 所示，在对话框中输入名称 male_mold，单击 确定 按钮。

Stage2．创建第一个销的体积块

Step 1 选择 **模具** 功能选项卡 分型面和模具体积块 ▾ 区域中的 模具体积块 ▾ ➡ 体积块分割 命令。

图 16.6.19　上半部分着色后

图 16.6.20 下半部分着色后

Step 2　在系统弹出的▼ SPLIT VOLUME（分割体积块）菜单中，选择 One Volume（一个体积块）→ Mold Volume（模具体积块）→ Done（完成）命令。

Step 3　在系统弹出的“搜索工具”对话框中，单击列表中的面组:F14(MALE_MOLD)体积块，然后单击 >> 按钮，将其加入到已选择 0 个项:(预期 1 个)列表中，再单击 关闭 按钮。

Step 4　用“列表选取”的方法选取分型面。在系统 ➡为分割选定的模具体积块选择分型面. 的提示下，将鼠标指针移至模型中分型面的位置右击，从快捷菜单中选取 从列表中拾取 命令；在系统弹出的“从列表中拾取”对话框中，单击列表中的 面组:F8(PIN_PT_SURF-1) 分型面，然后单击 确定(O) 按钮；单击“选择”对话框中的 确定 按钮；系统弹出图 16.6.21 所示的 ▼岛列表 菜单，选中 ☑岛1 复选框，选择 Done Sel（完成选择）命令。

说明：在上面的操作中，当用 pin_pt_surf-1 分型面分割凸模（MALE_MOLD）体积块后，会产生两块互不连接的体积块，这些互不连接的体积块称为 Island（岛）。在图 16.6.21 所示的 ▼岛列表 菜单中，有 ☑岛1 和 ☐岛2 两个岛。将鼠标指针移至岛菜单中这两个选项，模型中相应的体积块会加亮，这样很容易发现：☑岛1 代表第一个销的体积块，☐岛2 是凸模（MALE_MOLD）体积块被第一个销的体积块减掉所剩余的部分。

Step 5　单击“分割”对话框中的 确定 按钮。

Step 6　系统弹出图 16.6.22 所示的“属性”对话框，同时 MALE_MOLD 体积块的第一个销部分变亮，然后在对话框中输入名称 pin-1，单击 确定 按钮。

图 16.6.21　“岛列表”菜单

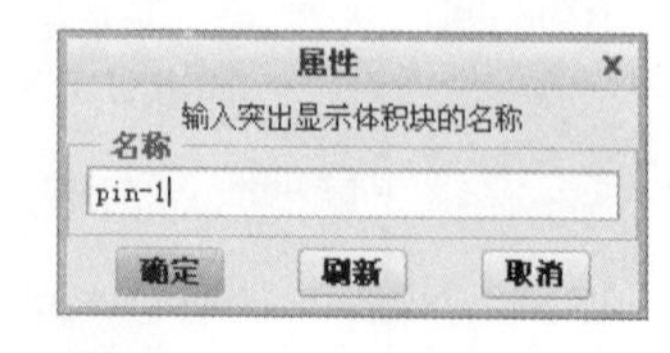

图 16.6.22　“属性”对话框

Stage3. 用下分型面创建第二个滑块销体积腔

Step 1　选择 **模具** 功能选项卡 分型面和模具体积块 ▾ 区域中的 模具体积块 ▾ → 体积块分割 命令。

Step 2 在系统弹出的▼ SPLIT VOLUME (分割体积块)菜单中，选择 One Volume (一个体积块) → Mold Volume (模具体积块) → Done (完成)命令。

Step 3 在系统弹出的“搜索工具”对话框中，单击列表中的面组:F14(MALE_MOLD)体积块，然后单击 >> 按钮，将其加入到已选择 0 个项: (预期 1 个)列表中，再单击 关闭 按钮。

Step 4 用“列表选取”的方法选取分型面。在系统◆为分割选定的模具体积块选择分型面。的提示下，先将鼠标指针移至模型中分型面的位置右击，从快捷菜单中选取从列表中拾取命令；在系统弹出的“从列表中拾取”对话框中，单击列表中的面组:F11(PIN_PT_SURF-2)分型面，然后单击 确定(O) 按钮；在“选择”对话框中单击 确定 按钮，此时系统弹出▼岛列表菜单，在菜单中选中☑岛2复选框，然后选择 Done Sel (完成选择)命令。

Step 5 在“分割”对话框中单击 确定 按钮。

Step 6 系统弹出“属性”对话框，同时 MALE_MOLD 体积块的第二个销部分变亮，然后在对话框中输入名称 pin-2，单击 确定 按钮。

Task7. 抽取模具元件及生成浇注件

将浇注件命名为 molding。

Task8. 定义开模动作

Step 1 将参考零件、坯料和分型面在模型中遮蔽起来。

Step 2 开模步骤 1：移动上模，输入移动的距离值 150，结果如图 16.6.23 所示。

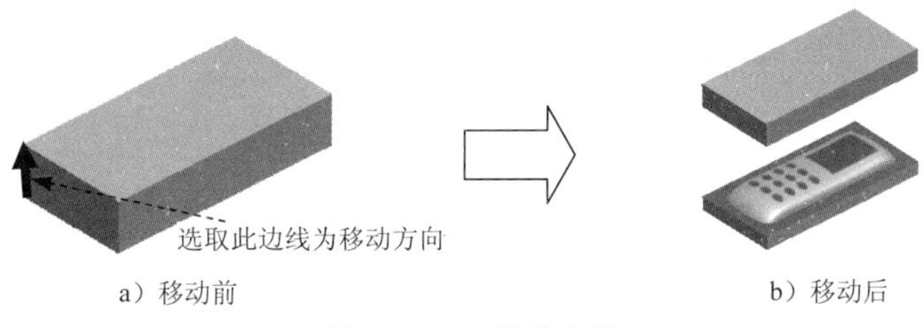

图 16.6.23 移动上模

Step 3 开模步骤 2：移动下模，输入移动的距离值-100，结果如图 16.6.24 所示。

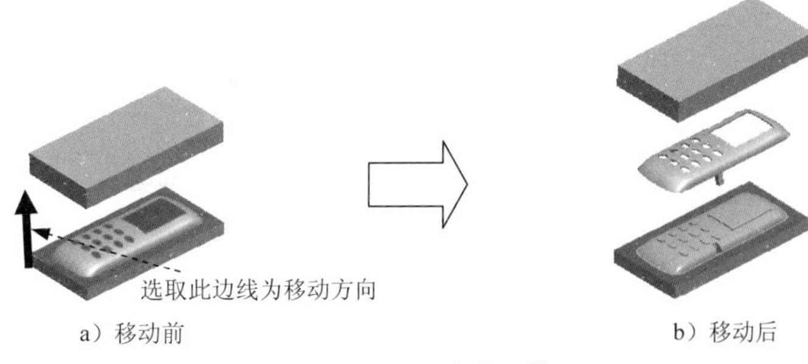

图 16.6.24 移动下模

Step 4 开模步骤 3：

（1）移动 pin-1（销-1），输入移动的距离值-15，结果如图 16.6.25 所示。

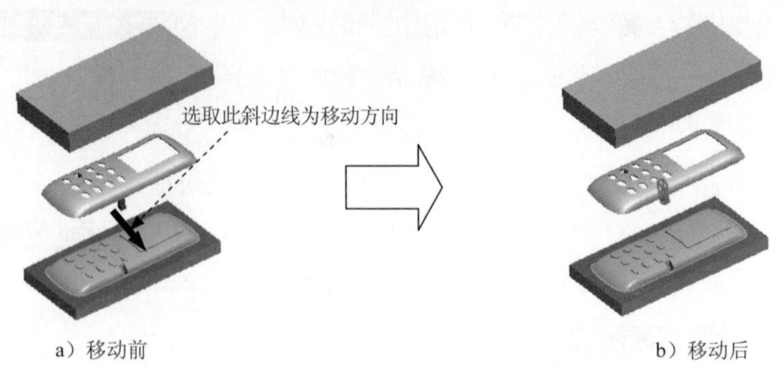

图 16.6.25　移动销-1

（2）移动 pin-2（销-2），输入要移动的距离值 15，结果如图 16.6.26 所示。

Step 5 保存文件。选择下拉菜单 **文件** → 保存(S) 命令，保存文件。

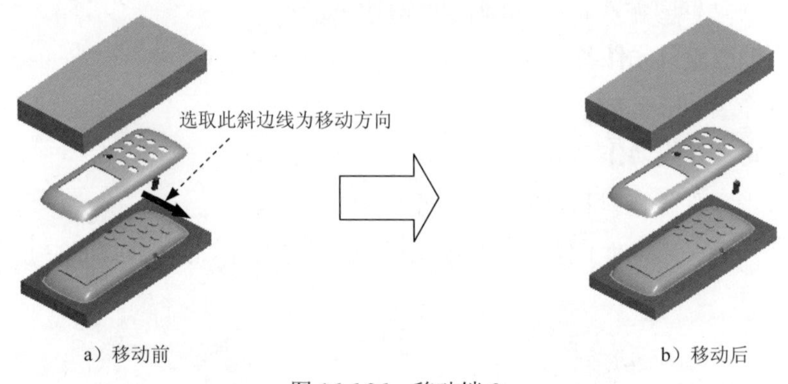

图 16.6.26　移动销-2

16.7　含有复杂破孔的模具设计（一）

本例将介绍图 16.7.1 所示的异形塑料盖的模具设计，该模型中有三处比较复杂的开放区域以及四处一般的圆孔位置，其中一般的圆孔可以通过填充的方式进行修补，而复杂的开放区域需要边界混合与填充相结合的方式才能实现，所以此例的设计关键是复杂孔的修补区域。下面介绍该模具的设计过程。

Task1．新建一个模具制造模型，进入模具模块

Step 1 将工作目录设置至 D:\ creo2mo\work\ch16.07。

Step 2 新建一个模具型腔文件，命名为 case_cover_mold，选取 mmns_mfg_mold 模板。

Task2．建立模具模型

模具模型主要包括参考模型（Ref Model）和坯料（Workpiece），如图 16.7.2 所示。

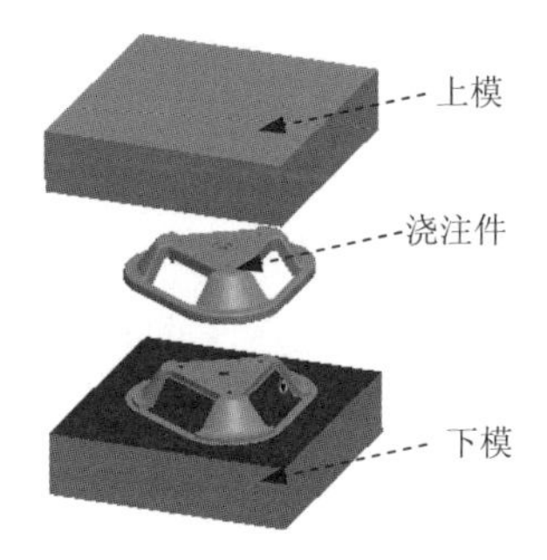

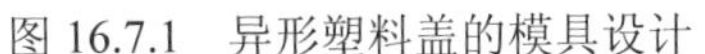
图 16.7.1 异形塑料盖的模具设计

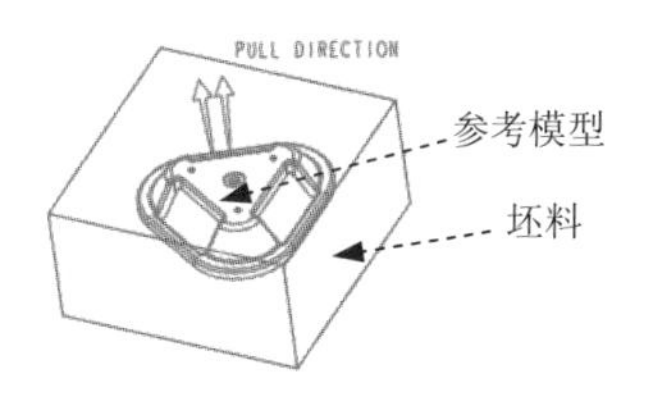

图 16.7.2 参考模型和坯料

Stage1．引入参考模型

Step 1 单击 **模具** 功能选项卡 参考模型和工件 区域的“定位参考模型”按钮 参考模型▾，然后在系统弹出的列表中选择 定位参考模型 命令，系统弹出“打开”对话框、“布局”对话框和“型腔布置”菜单管理器。

Step 2 从系统弹出的“打开”对话框中，选取三维零件模型异形塑料盖——case_cover.prt 作为参考零件模型，并将其打开，系统弹出“创建参考模型”对话框。

Step 3 在“创建参考模型”对话框中选中 ◉ 按参考合并 单选项，然后在 参考模型 区域的 名称 文本框中接受默认的名称，再单击 **确定** 按钮。

Step 4 单击布局对话框中的 **预览** 按钮，可以观察到图 16.7.3a 所示的结果。

说明：此时图 16.7.3a 所示的拖动方向不是需要的结果，需要定义拖动方向。

Step 5 在“布局”对话框的 **参考模型起点与定向** 区域中单击 按钮，然后在 ▾ GET CSYS TYPE（获得坐标系类型）菜单中选择 Dynamic（动态）命令。系统弹出“参考模型方向”对话框。

Step 6 在系统弹出的“参考模型方向”对话框的 值 文本框中输入数值 90.0，然后单击 **确定** 按钮。

Step 7 单击“布局”对话框中的 **预览** 按钮，定义后的拖动方向如图 16.7.3b 所示，然后单击 **确定** 按钮。系统弹出“警告”对话框，单击 **确定** 按钮。

Step 8 在 ▾ CAV LAYOUT（型腔布置）菜单管理器中单击 **Done/Return（完成/返回）** 命令。

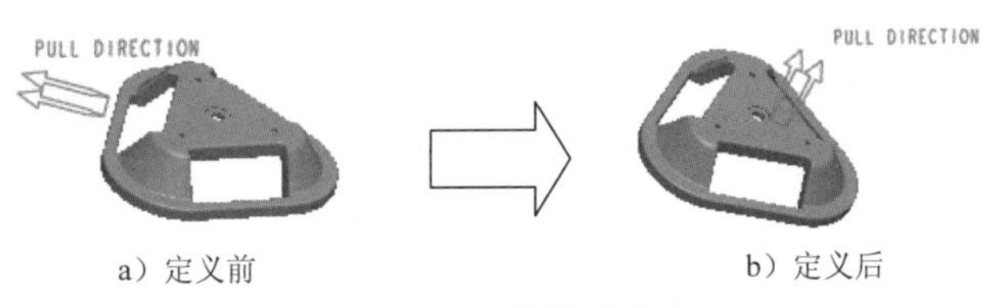

a）定义前 b）定义后

图 16.7.3 定义拖动方向

Stage2．定义坯料

Step 1 单击 **模具** 功能选项卡 参考模型和工件 区域 工件▾ 中的“小三角”按钮 ▾，然后在系统

弹出的列表中选择 创建工件 命令，系统弹出“元件创建”对话框。

Step 2 在弹出的“元件创建”对话框中选中 类型 区域中的 ◉ 零件 单选项，选中 子类型 区域中的 ◉ 实体 单选项，在 名称 文本框中输入坯料的名称 case_cover_mold，单击 确定 按钮。

Step 3 在弹出的“创建选项”对话框中选中 ◉ 创建特征 单选项，然后单击 确定 按钮。

Step 4 创建坯料特征。

（1）选择命令。单击 **模具** 功能选项卡 形状 ▾ 区域中的 拉伸 按钮。此时出现“拉伸”操控板。

（2）创建实体拉伸特征。在出现的操控板中，确认“实体”按钮 被按下；在绘图区中右击，从快捷菜单中选择 定义内部草绘... 命令。系统弹出对话框，然后选择参考模型的 MAIN_PARTING_PLN 基准平面作为草绘平面，草绘平面的参考平面为 MOLD_RIGHT 基准平面，方位为 右，单击 草绘 按钮，至此系统进入截面草绘环境；系统弹出“参考”对话框，选取 MOLD_FRONT 基准平面和 MOLD_RIGHT 基准平面为草绘参考，然后单击 关闭(C) 按钮，绘制图 16.7.4 所示的特征截面。完成特征截面的绘制后，单击“草绘”操控板中的“确定”按钮 ✔；在操控板中选取深度类型 （对称），再在深度文本框中输入深度值 50.0，并按回车键；在操控板中单击 ✔ 按钮，则完成特征的创建。

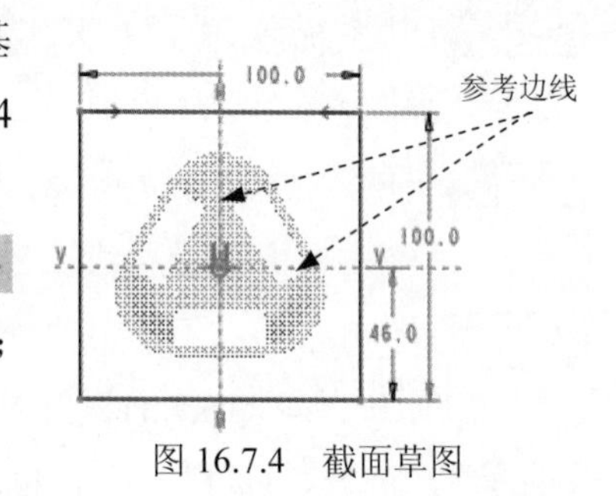

图 16.7.4　截面草图

Task3．设置收缩率

将参考模型的收缩率设置为 0.006。

Task4．创建主分型面

下面将创建图 16.7.5 所示的主分型面，以分离模具的上模型腔和下模型腔。

Step 1 单击 **模具** 功能选项卡 分型面和模具体积块 ▾ 区域中的“分型面”按钮，系统弹出“分型面”选项卡。

Step 2 在系统弹出的“分型面”选项卡中的 控制 区域单击“属性”按钮，在弹出的“属性”对话框中，输入分型面名称 main_ps，单击 确定 按钮。

Step 3 隐藏坯料。

Step 4 通过曲面复制的方法，复制异形塑料盖的外表面。按住 Ctrl 键，选取模型的外表面；单击 **模具** 功能选项卡 操作 ▾ 区域中的“复制”按钮；单击 **模具** 功能选项卡 操作 ▾ 区域中的“粘贴”按钮，系统弹出 **曲面：复制** 操控板，单击 ✔ 按钮，结果如图 16.7.6 所示。

图 16.7.5 用裙边法设计分型面

图 16.7.6 复制曲面

Step 5 创建图 16.7.7 所示的（填充）曲面 1。单击 **分型面** 功能选项卡 曲面设计 ▾ 区域中的“填充”按钮，选取如图 16.7.7 所示的模型表面为草绘平面；绘制图 16.7.8 所示的截面草图；单击✔按钮，完成填充曲面 1 的创建。

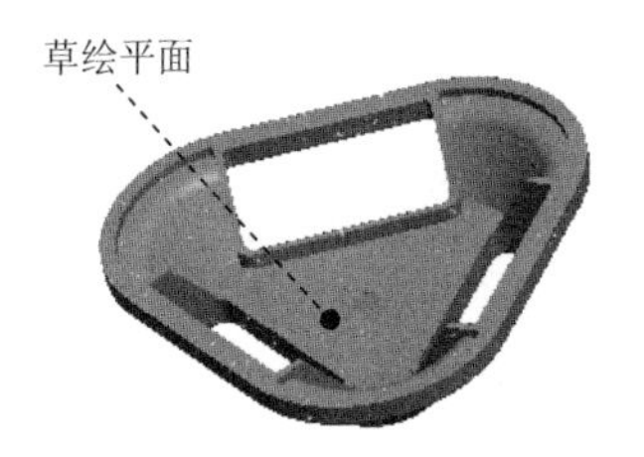

图 16.7.7 填充曲面 1

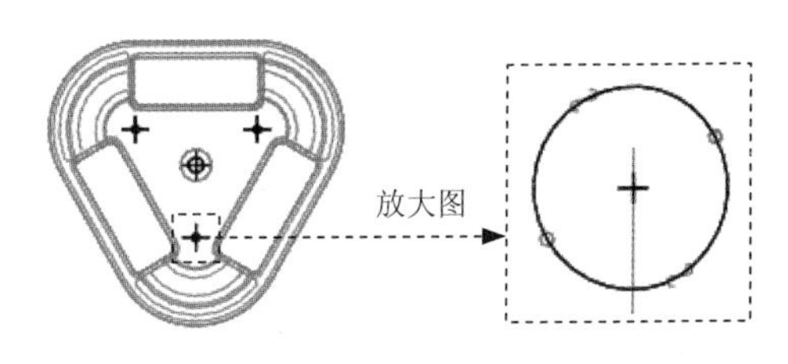

图 16.7.8 截面草图

Step 6 创建图 16.7.9 所示的（填充）曲面 2。单击 填充 按钮；选取如图 16.7.9 所示的模型表面为草绘平面；绘制图 16.7.10 所示的截面草图；单击✔按钮，完成填充曲面 2 的创建。

Step 7 创建图 16.7.11 所示的（填充）曲面 3。单击 填充 按钮；选取如图 16.7.11 所示的模型表面为草绘平面；绘制图 16.7.12 所示的截面草图；单击✔按钮，完成填充曲面 3 的创建。

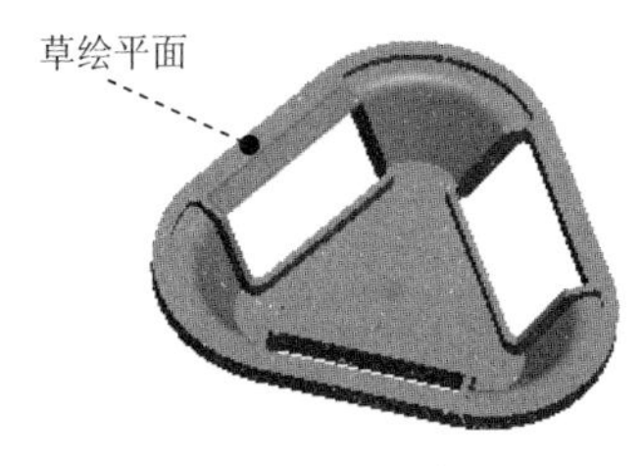

图 16.7.9 填充曲面 2

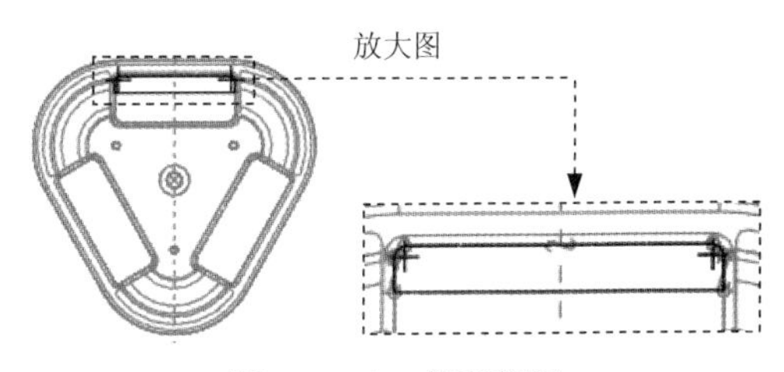

图 16.7.10 截面草图

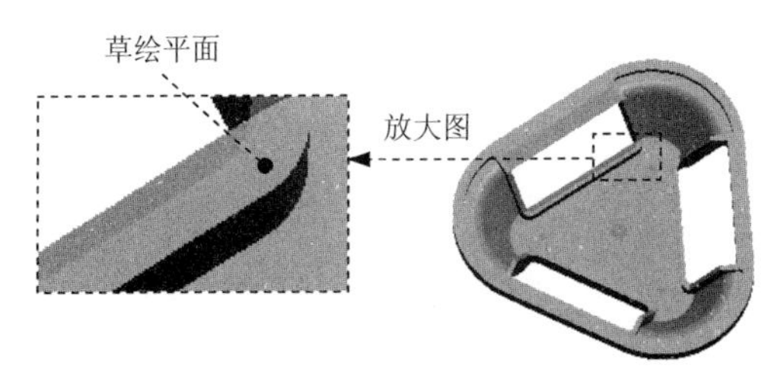

图 16.7.11 填充曲面 3

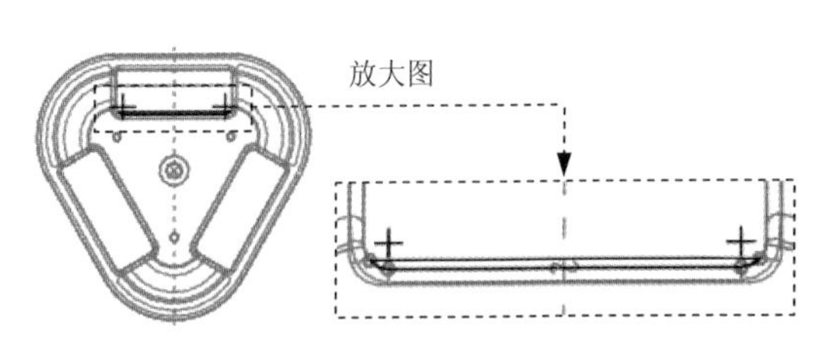

图 16.7.12 截面草图

Step 8 创建边界混合曲面 1。

（1）单击 **分型面** 功能选项卡 曲面设计 ▾ 区域中的按钮，此时弹出“边界混合”操控板。

（2）在图 16.7.13a 所示中，选取边线 1，按住 Shift 键，选取边线 2；然后松开 Shift 键，按住 Ctrl 键，再选取边线 3；再松开 Ctrl 键，然后按住 Shift 键，选取边线 4；单击 **曲线** 选项卡“第二方向”区域中的“选择项”字符，按住 Ctrl 键，分别选取边线 5 和边线 6。

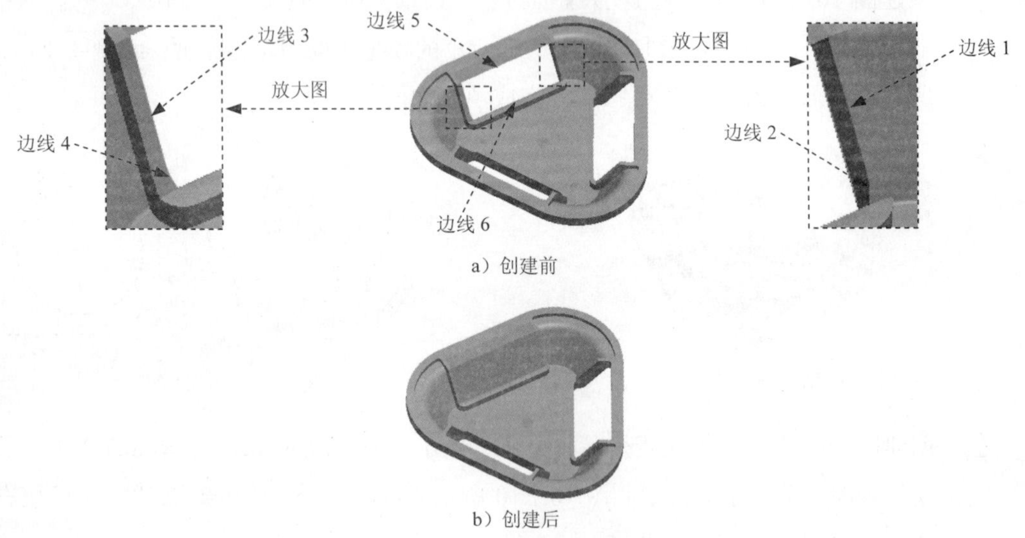

a）创建前

b）创建后

图 16.7.13 边界混合曲面 1

Step 9 将填充曲面 2、边界混合曲面 1 和填充曲面 3 合并。按住 Ctrl 键，在模型树中依次选取填充曲面 2、边界混合曲面 1 和填充曲面 3；单击 **分型面** 功能选项卡 编辑 ▾ 区域中的“合并”按钮，此时系统弹出“合并”操控板；单击按钮，预览合并后的面组，确认无误后，单击 ✔ 按钮。

Step 10 参考 Step6~Step9，创建其余两个曲面，结果如图 16.7.14 所示。

Step 11 显示坯料。

Step 12 创建图 16.7.15 所示的（填充）曲面 8。单击 填充 按钮；选取 MAIN_PARTING_PLN 基准平面为草绘平面，选取 MOLD_RIGHT 基准平面为参考平面，方向为 顶；绘制图 16.7.16 所示的截面草图；单击 ✔ 按钮，完成填充曲面 8 的创建。

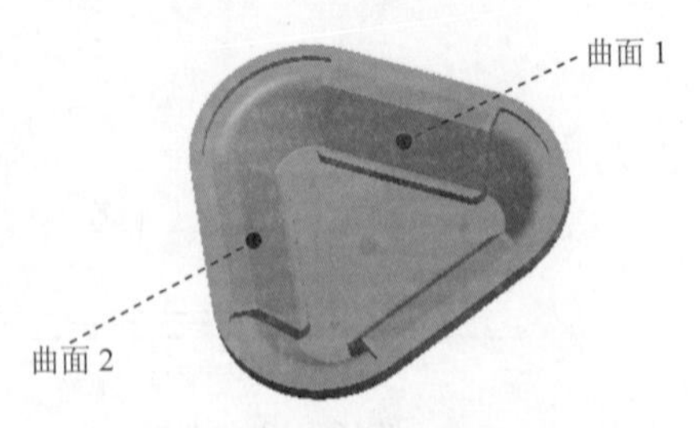

图 16.7.14 创建其余两个曲面

图 16.7.15 填充曲面 8

Step 13 将复制 1、填充 1、合并对象和填充 8 进行合并，合并方向如图 16.7.17 所示。

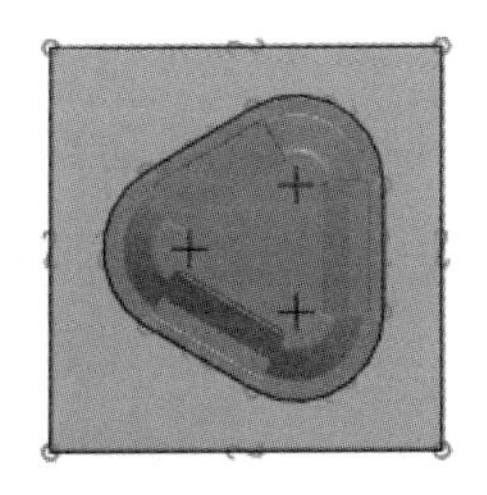
图 16.7.16 截面草图

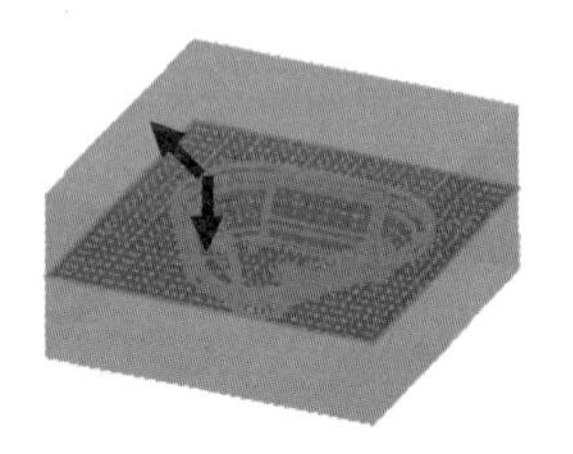
图 16.7.17 调整保留面组的侧

Step 14 在“分型面”选项卡中，单击“确定”按钮✔，完成分型面的创建。

Task5. 用主分型面创建上、下两个体积块

Step 1 选择 **模具** 功能选项卡 分型面和模具体积块 ▾ 区域中的按钮 模具体积块 ▾ ➡ 体积块分割 命令。

Step 2 在系统弹出的 ▼ SPLIT VOLUME（分割体积块）菜单中，依次选择 Two Volumes（两个体积块） ➡ All Wrkpcs（所有工件） ➡ Done（完成）命令，此时系统弹出“分割”对话框和“选择”对话框。

Step 3 在系统 ➡为分割工件选择分型面. 的提示下，选取主分型面，并单击“选择”对话框中的 确定 按钮，再单击对话框中的 确定 按钮。

Step 4 系统弹出“属性”对话框，同时坯料中分型面下侧的部分变亮，如图 16.7.18 所示，输入体积块名称 lower_vol，单击 确定 按钮。

Step 5 系统再次弹出“属性”对话框，同时坯料中分型面上侧的部分变亮，如图 16.7.19 所示，输入体积块名称 upper_vol，单击 确定 按钮。

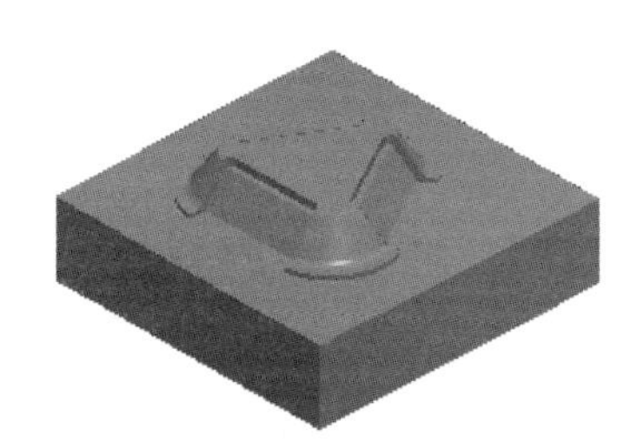
图 16.7.18 着色后的下侧部分

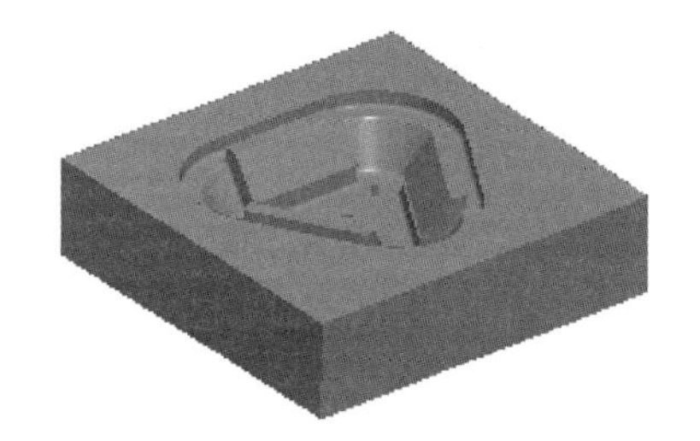
图 16.7.19 着色后的上侧部分

Task6. 抽取模具元件及生成浇注件

将浇注件命名为 case_cover_molding。

Task7. 定义开模动作

Step 1 将参考零件、坯料和分型面在模型中遮蔽起来。

Step 2 开模。

（1）移动上模，输入要移动的距离值 50（如果方向相反则输入-50），结果如图 16.7.20 所示。

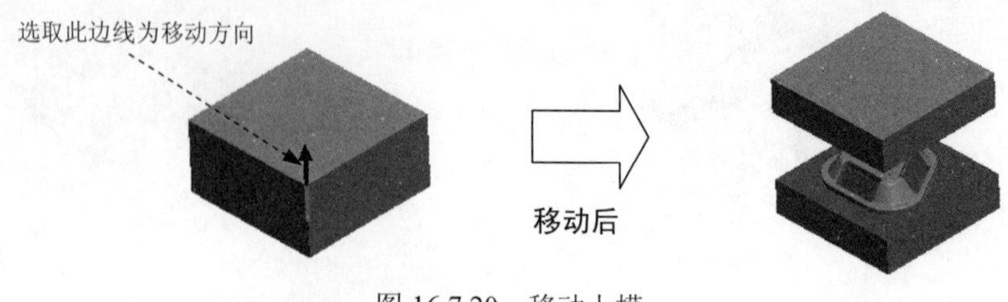

图 16.7.20　移动上模

（2）参考步骤（1），将下模移动-50（如果方向相反输入 50），结果如图 16.7.21 所示。

Step 3　保存文件。选择下拉菜单 **文件** → 保存(S) 命令，保存文件。

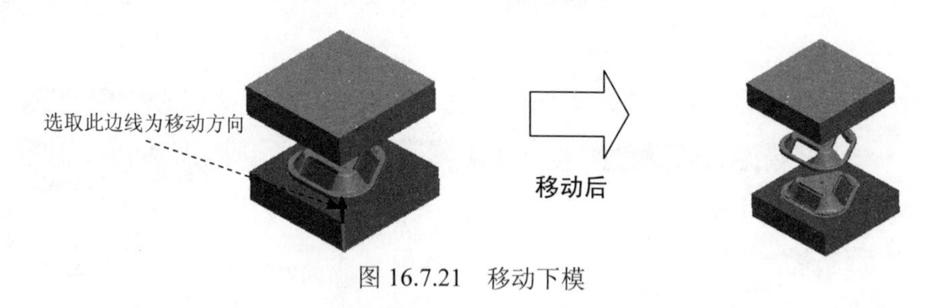

图 16.7.21　移动下模

16.8　含有复杂破孔的模具设计（二）

图 16.8.1 所示为一个鼠标上盖的模型，本例主要介绍该产品模具的设计过程。在该模具的设计过程中，由于产品模型中含有较多的复杂破孔，所以在设计分型面时，运用了一些曲线、曲面的创建工具进行补片，如通过点曲线、相交曲线、通过边界混合曲面、填充曲面等。下面介绍该模具的设计过程。

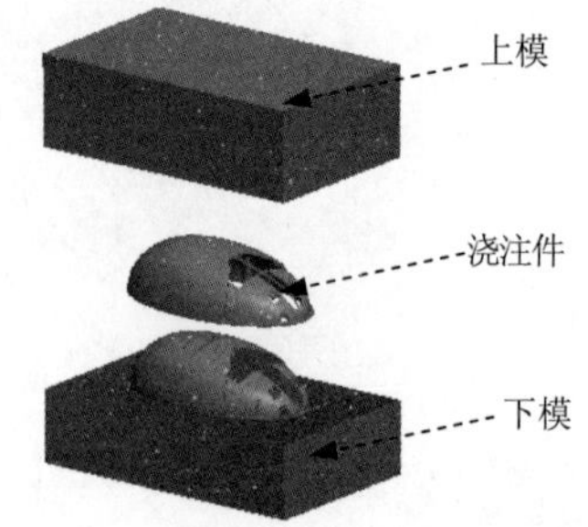

图 16.8.1　鼠标上盖的模具设计

Task1．新建一个模具制造模型，进入模具模块

Step 1　将工作目录设置至 D:\ creo2mo\work\ch16.08。

Step 2　新建一个模具型腔文件，命名为 top_cover_mold，选取 mmns_mfg_mold 模板。

Task2．建立模具模型

模具模型主要包括参考模型（Ref Model）和坯料（Workpiece），如图 16.8.2 所示。

Stage1．引入参考模型

Step 1　单击 **模具** 功能选项卡 参考模型和工件 区域 参考模型 中的“小三角”按钮 ▾，然后在系统弹出的列表中选择 定位参考模型 命令，系统弹出“打开”对话框。

Step 2 从弹出的文件“打开”对话框中，选取三维零件模型 top_cover.prt 作为参考零件模型，并将其打开。

Step 3 在“创建参考模型”对话框中选中 ◉ 按参考合并 单选项，然后在 参考模型 区域的 名称 文本框中接受默认的名称，再单击 确定 按钮。

Step 4 在“布局”对话框的 参考模型起点与定向 区域中单击 ↖ 按钮，然后在 ▼ GET CSYS TYPE (获得坐标系类型) 菜单中选择 Dynamic (动态) 命令。系统弹出“参考模型方向”对话框。

Step 5 在系统弹出的“参考模型方向”对话框的 值 文本框中输入数值 90.0，然后单击 确定 按钮。

Step 6 单击“布局”对话框中的 预览 按钮，定义后的拖动方向如图 16.8.3b 所示，然后单击 确定 按钮。系统弹出“警告”对话框，单击 确定 按钮。

Step 7 在 ▼ CAV LAYOUT (型腔布置) 菜单管理器中单击 Done/Return (完成/返回) 命令。

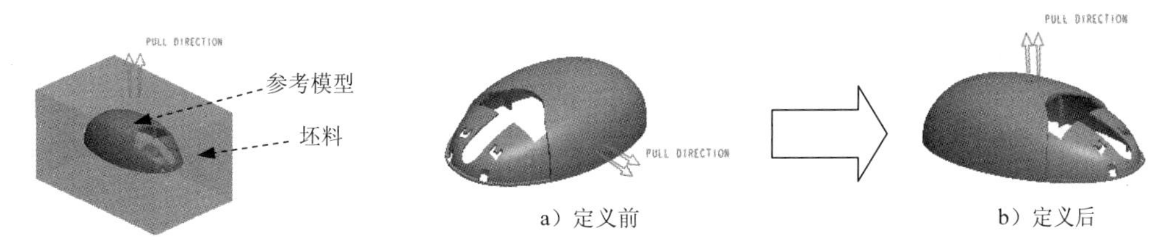

图 16.8.2 参考模型和坯料　　图 16.8.3 定义拖动方向

Stage2. 定义坯料

Step 1 单击 **模具** 功能选项卡 参考模型和工件 区域 工件 中的“小三角”按钮 ▾，然后在系统弹出的列表中选择 创建工件 命令，系统弹出“元件创建”对话框。

Step 2 在弹出的“元件创建”对话框中选中 类型 区域中的 ◉ 零件 单选项，选中 子类型 区域中的 ◉ 实体 单选项，在 名称 文本框中输入坯料的名称 top_cover_wp，单击 确定 按钮。

Step 3 在弹出的“创建选项”对话框中选中 ◉ 创建特征 单选项，然后单击 确定 按钮。

Step 4 创建坯料特征。

（1）选择命令。单击 **模具** 功能选项卡 形状 ▾ 区域中的 拉伸 按钮。此时出现“拉伸”操控板。

（2）创建实体拉伸特征。在出现的操控板中，确认“实体”按钮 被按下；在绘图区中右击，从快捷菜单中选择 定义内部草绘... 命令。系统弹出对话框，然后选择参考模型的 MAIN_PARTING_PLN 基准平面作为草绘平面，草绘平面的参考平面为 MOLD_RIGHT 基准平面，方位为 右，单击 草绘 按钮，至此系统进入截面草绘环境；系统弹出“参考”对话框，选取 MOLD_FRONT 基准平面和 MOLD_RIGHT 基准平面为草绘参考，然后单击关闭(C) 按钮，绘制图 16.8.4 所示的特征截面。完成特征截面的绘制后，单击“草绘”操控板中的“确定”按钮✔；在操控板中选取深度类型 (定值)，再在深度文本框中输入深度值 50.0；单击 选项 选项卡，在深度区域的侧 2 下拉列表中选择 盲孔 选项，再在深度文本框中输入深度值 40.0；在操控板中单击✔按钮，则完成特征的创建。

Task3．设置收缩率

将参考模型的收缩率设置为 0.006。

Task4．创建主分型面

下面将创建图 16.8.5 所示的主分型面，以分离模具的上模型腔和下模型腔。

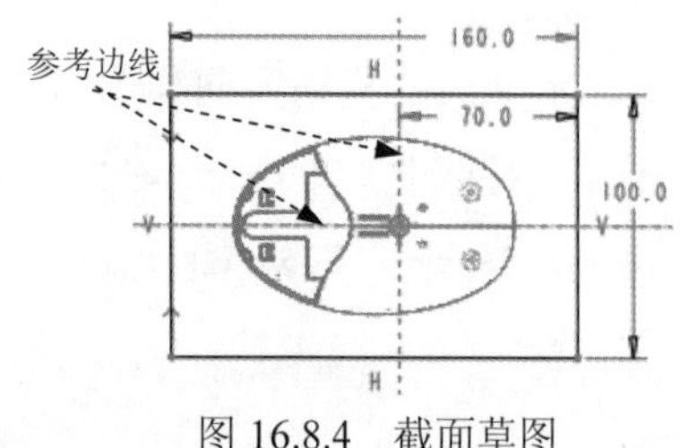

图 16.8.4 截面草图

图 16.8.5 用裙边法设计分型面

Stage1．采用裙边法设计分型面

Step 1 隐藏坯料。

Step 2 单击 模具 功能选项卡 分型面和模具体积块 ▾ 区域中的“分型面”按钮，系统弹出“分型面”选项卡。

Step 3 在系统弹出的“分型面”选项卡中的 控制 区域单击“属性”按钮，在弹出的“属性”对话框中，输入分型面名称 main_ps，单击 确定 按钮。

Step 4 创建曲线 1。

（1）单击 分型面 功能选项卡 基准 ▾ 区域中的 ～曲线 ➡ ～通过点的曲线 命令，此时弹出“曲线：通过点”操控板。

（2）按住 Ctrl 键，选取如图 16.8.6 所示的点 1 和点 2。

（3）单击 末端条件 选项卡 终止条件(E) 下拉列表中的 相切 选项，选取图 16.8.6 所示的边线 1 为参考，单击 反向(F) 按钮；单击 曲线侧(C) 区域中的 终点 选项，单击 终止条件(E) 下拉列表中的 相切 选项，选取图 16.8.6 所示的边线 2 为参考，单击 反向(F) 按钮，单击✔按钮，完成曲线 1 的创建。

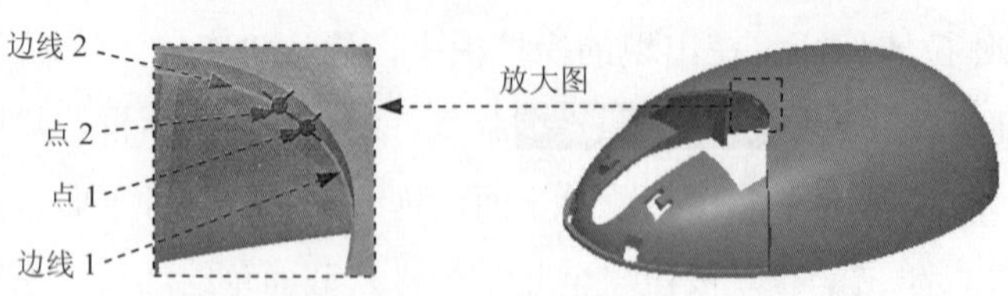

图 16.8.6 创建曲线 1

Step 5　参考 Step4 创建曲线 2，结果如图 16.8.7 所示（具体步骤详见录像）。

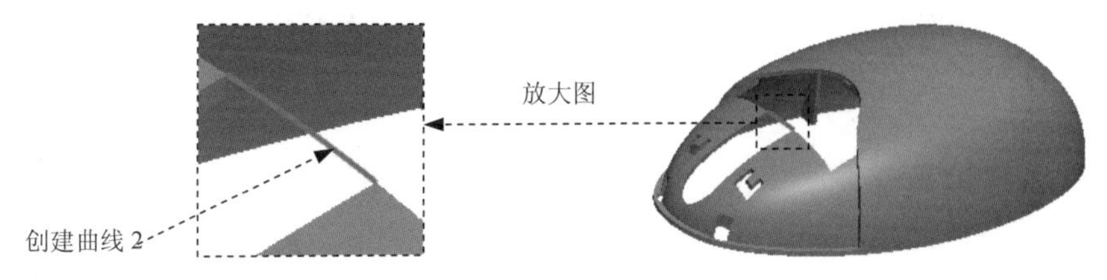

图 16.8.7　创建曲线 2

Step 6　创建边界混合曲面 1。

（1）单击 **分型面** 功能选项卡 曲面设计 ▾ 区域中的按钮，此时弹出“边界混合”操控板。

（2）如图 16.8.8a 所示，选取边线 1，按住 Shift 键，选取边线链 1；然后松开 Shift 键，按住 Ctrl 键，再选取边线 2；再松开 Ctrl 键，然后按住 Shift 键，选取边线链 2；单击 曲线 选项卡“第二方向”区域中的“选择项”字符，用相同方法选取边线链 3 和边线链 4 为第二方向的两条边链 曲线

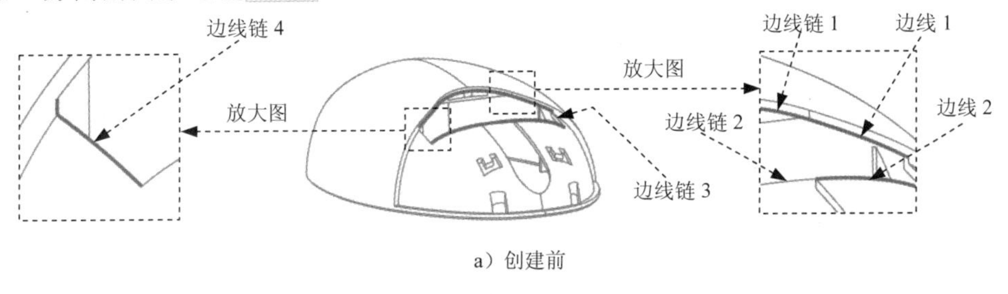

a）创建前

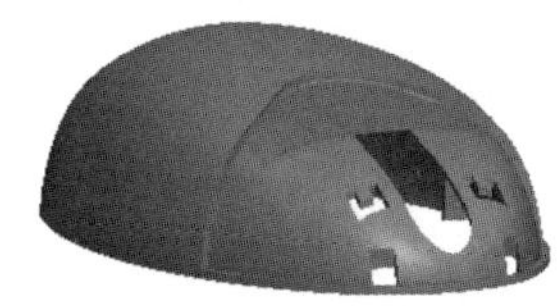

b）创建后

图 16.8.8　边界混合曲面 1

Step 7　创建相交曲线 1。按住 Ctrl 键，选取 Step6 创建的边界混合曲面 1 和 MOLD_FRONT 基准平面；单击 模型 功能选项卡 修饰符 ▾ 区域中的 相交 命令，完成相交曲线 1 的创建，结果如图 16.8.9 所示。

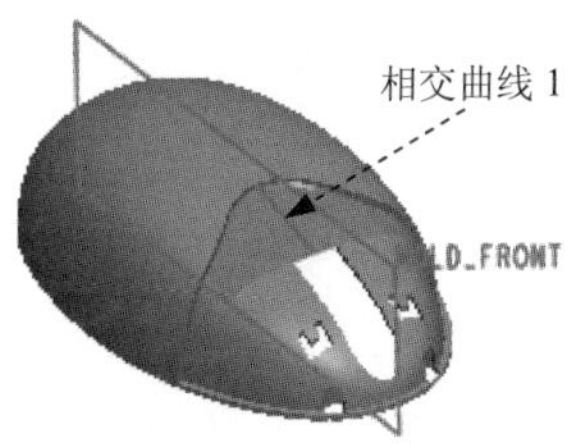

图 16.8.9　相交曲线 1

Step 8 创建图 16.8.10 所示的草图 1。在操控板中单击“草绘”按钮；选取 MOLD_FRONT 基准平面作为草绘平面，单击 反向 按钮，选取 MOLD_RIGHT 基准平面为参考平面，方向为 左，单击 草绘 按钮，绘制图 16.8.11 所示的草图。

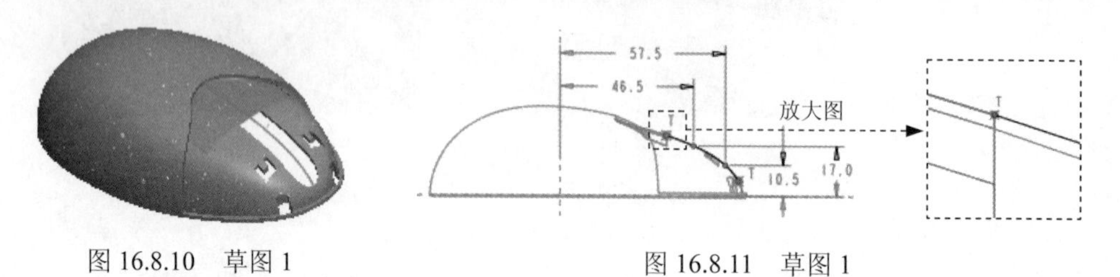

图 16.8.10 草图 1　　图 16.8.11 草图 1

Step 9 创建边界混合曲面 2，选取图 16.8.12a 所示的边链 1、边链 2 和边链 3 为第一方向的三条边链；单击 约束 按钮，将“方向 1”的“第一条链”的“条件”设置为 相切，选取图 16.8.12b 所示的曲面 1 为约束对象，将“最后一条链”的“条件”设置为 相切，选取图 16.8.12b 所示的曲面 2 为约束对象；单击 ✓ 按钮，完成边界混合曲面 1 的创建。结果如图 16.8.12b 所示（具体步骤详见录像）。

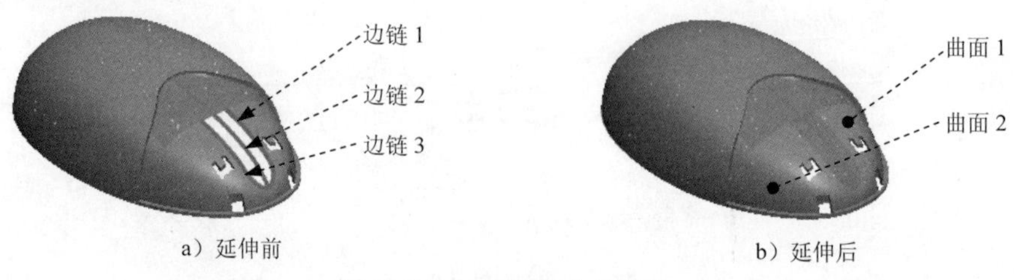

a）延伸前　　b）延伸后

图 16.8.12 边界混合曲面 2

Step 10 参考 Step4 创建曲线 3，结果如图 16.8.13 所示（具体步骤详见录像）。

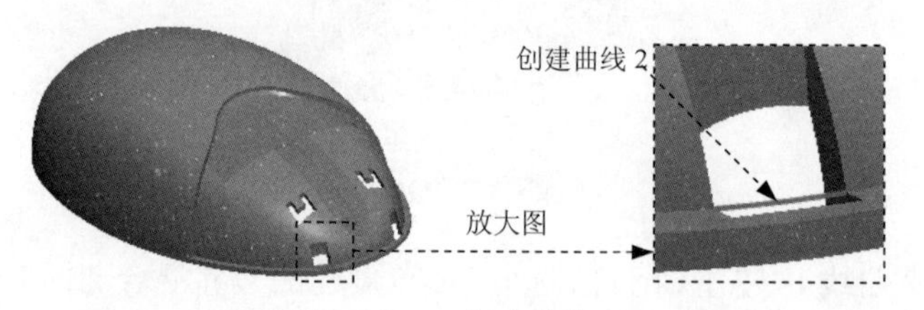

图 16.8.13 创建曲线 3

Step 11 创建边界混合曲面 3。选取图 16.8.14 所示的边线 1 和边线 2 为第一方向曲线；选取图 16.8.14 所示的边线 3 和边线 4 为第二方向的曲线；单击 约束 按钮，将“方向 1”的“第一条链”的“条件”设置为 相切，选取图 16.8.14b 所示的曲面 1 为约束对象；将“方向 2”的“第一条链”的“条件”设置为 相切，选取图 16.8.14b 所示的曲面 1 为约束对象；将“方向 2”的“最后一条链”的“条件”设置为 相切，选取图 16.8.14b 所示的曲面 1 为约束对象；单击 ✓ 按钮，完成边界混合曲面 3 的创建。

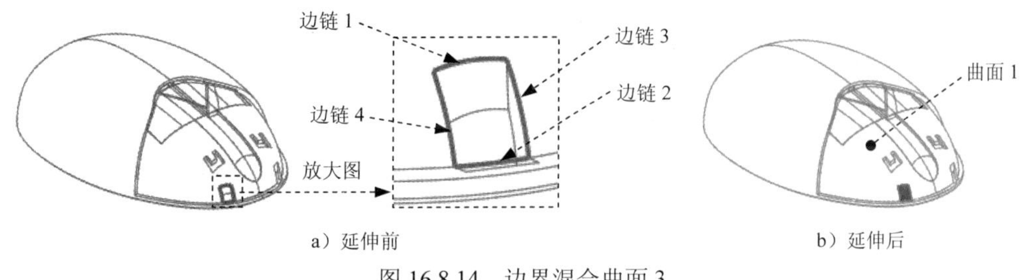

图 16.8.14　边界混合曲面 3

Step 12 创建边界混合曲面 4。选取图 16.8.15 所示的边线 1 和边线 2 为第一方向曲线；选取图 16.8.15 所示的边线 3 和边线 4 为第二方向的曲线；单击✔按钮，完成边界混合曲面 4 的创建。

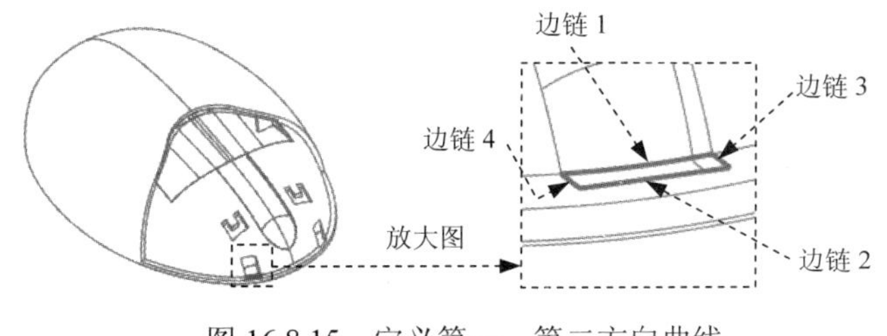

图 16.8.15　定义第一、第二方向曲线

Step 13 参考 Step10、Step11 和 Step12 创建曲线 4、边界混合曲面 5 和边界混合曲面 6，如图 16.8.16 所示（具体步骤详见录像）。

Step 14 通过曲面复制的方法，复制鼠标上盖的外表面。

（1）按住 Ctrl 键，选取模型的外表面（除去边界混合 1、2、3、4、5、6 所创建的曲面，具体操作详见录像）。

（2）单击 **模具** 功能选项卡 操作 ▾ 区域中的“复制”按钮 。

（3）单击 **模具** 功能选项卡 操作 ▾ 区域中的“粘贴”按钮 ▾，系统弹出 **曲面：复制** 操控板。

（4）填补复制曲面上的破孔。在操控板中单击 **选项** 按钮，在“选项”界面选中 ◉ 排除曲面并填充孔单选项，在系统 ➡选择封闭的边环或曲面以填充孔。的提示下，按住 Ctrl 键，分别选取图 16.8.17 中的两个外表面。

Step 15 将 Step14 的复制曲面和边界混合曲面 1 合并在一起。按住 Ctrl 键，选取边界混合曲面 1 和 Step14 创建的复制曲面；单击 **分型面** 功能选项卡 编辑 ▾ 区域中的“合并”按钮，此时系统弹出“合并”操控板；单击按钮，调整要保留的第一、第二面组的侧，如图 16.8.18 所示；单击按钮，预览合并后的面组，确认无误后，单击✔按钮。

Step 16 用相同的方法将上一步合并后的曲面与边界混合曲面 2 合并。

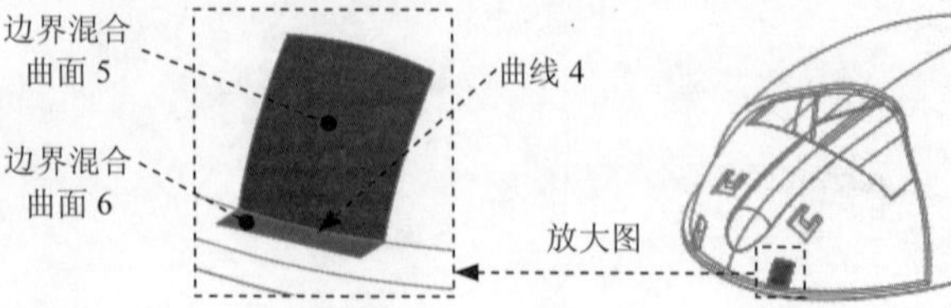

图 16.8.16　创建曲线 4、边界混合曲面 5 和边界混合曲面 6

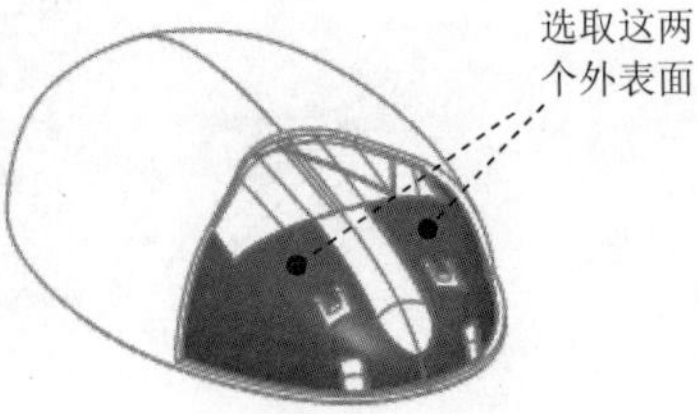

图 16.8.17　复制曲面

Step 17 用相同的方法将上一步合并后的曲面与边界混合曲面 3、边界混合曲面 4、边界混合曲面 5、边界混合曲面 6 合并，结果如图 16.8.19 所示。

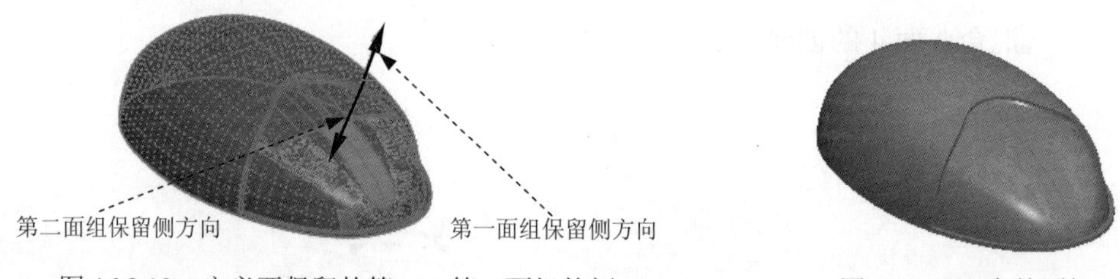

图 16.8.18　定义要保留的第一、第二面组的侧

图 16.8.19　合并面组

Step 18 创建图 16.8.20 所示的(填充)曲面 1。单击 填充 按钮；选取 MAIN_PARTING_PLN 基准平面为草绘平面，选取如图 16.8.20 所示坯料的右表面为参考平面，方向为 左；绘制图 16.8.21 所示的截面草图；单击 ✓ 按钮，完成填充曲面 1 的创建。

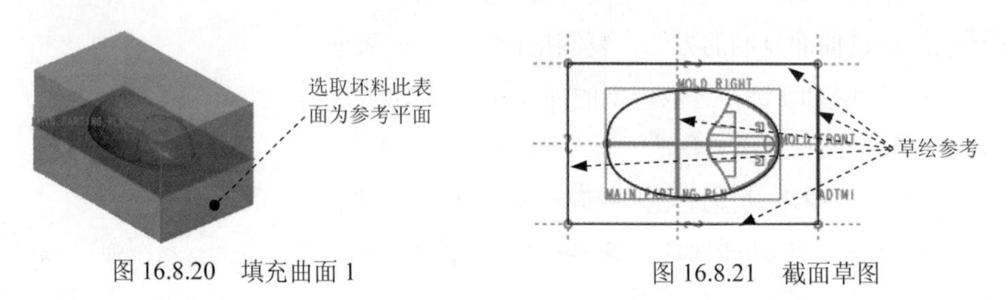

图 16.8.20　填充曲面 1

图 16.8.21　截面草图

Step 19 参考 Step15，将 Step18 创建的填充曲面 1 和 Step17 创建的面组合并在一起（具体步骤详见录像）。

Task5. 用主分型面创建上、下两个体积块

Step 1 选择 **模具** 功能选项卡 分型面和模具体积块 ▾ 区域中的按钮 模具体积块 ▾ ➡ 体积块分割 命令。

Step 2 在系统弹出的 ▾ SPLIT VOLUME (分割体积块) 菜单中，依次选择 Two Volumes (两个体积块) ➡ All Wrkpcs (所有工件) ➡ Done (完成) 命令，此时系统弹出“分割”对话框和“选择”对话框。

Step 3 在系统 ➡为分割工件选择分型面. 的提示下，选取主分型面，并单击“选择”对话框中的

确定 按钮，再单击对话框中的 确定 按钮。

Step 4 系统弹出“属性”对话框，同时坯料中分型面下侧的部分变亮，如图 16.8.22 所示，输入体积块名称 lower_vol，单击 确定 按钮。

Step 5 系统再次弹出“属性”对话框，同时坯料中分型面上侧的部分变亮，如图 16.8.23 所示，输入体积块名称 upper_vol，单击 确定 按钮。

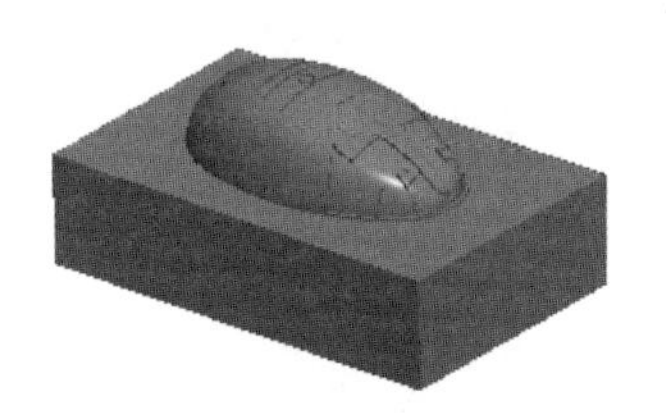

图 16.8.22 着色后的下侧部分

图 16.8.23 着色后的上侧部分

Task6. 抽取模具元件及生成浇注件

将浇注件命名为 top_cover_molding。

Task7. 定义开模动作

Step 1 将参考零件、坯料和分型面在模型中遮蔽起来。

Step 2 开模。

（1）移动上模，输入要移动的距离值 80（如果方向相反则输入-80），结果如图 16.8.24 所示。

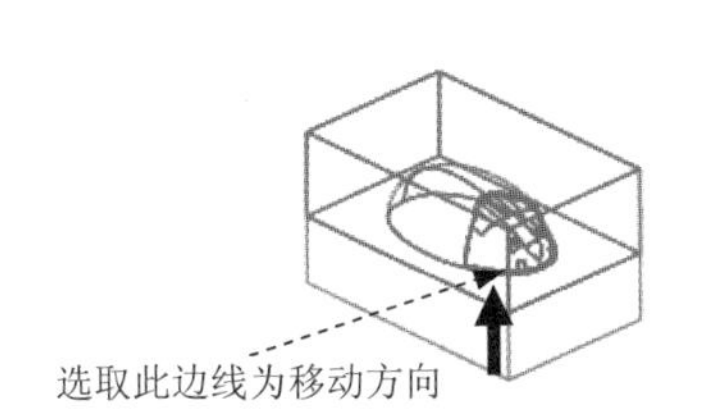

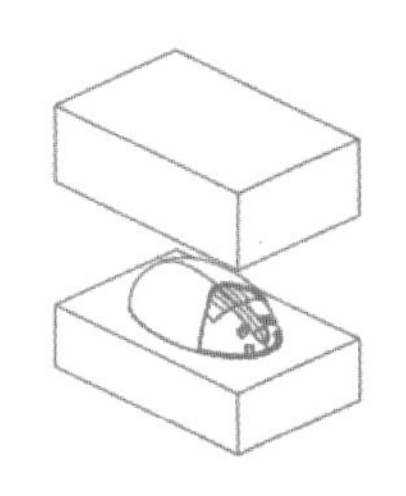

图 16.8.24 移动上模

（2）参考步骤（1），将下模移动-50（如果方向相反则输入 50），结果如图 16.8.25 所示。

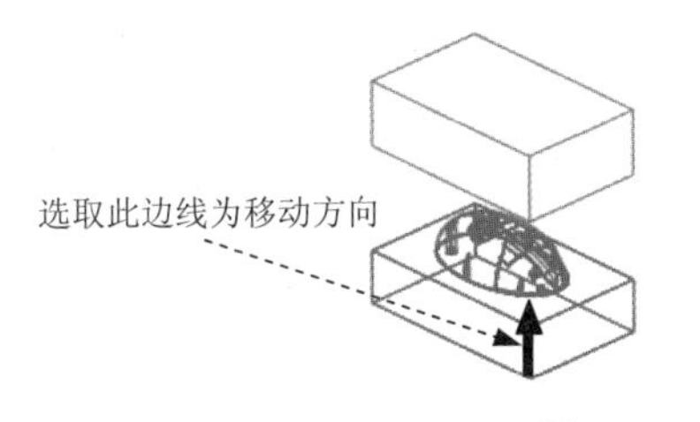

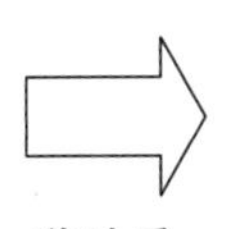

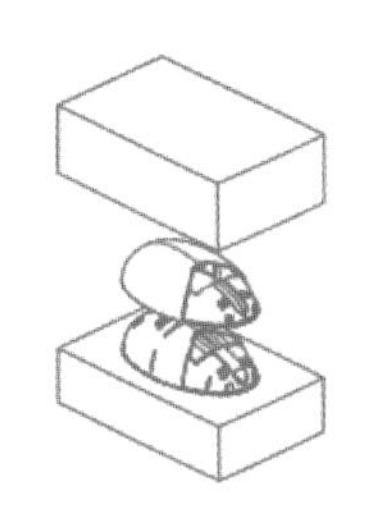

图 16.8.25 移动下模

Step 3 保存设计结果。选择下拉菜单 文件 → 另存为(A) → 保存备份(B) 将对象备份到当前目录。命令，系统弹出“备份”对话框，单击 确定 按钮。

16.9 一模多穴的模具设计

本实例将介绍图 16.9.1 所示的一款塑料叉子的一模多穴设计，其设计的亮点是产品零件在模具型腔中的布置、浇注系统的设计以及分型面的设计，其中浇注系统采用的是轮辐式浇口（轮辐式浇口是指对型腔填充采用小段圆弧进料，如图 16.9.1 所示）；另外本实例在创建分型面时采用了很巧妙的方法，此处需要读者认真体会。

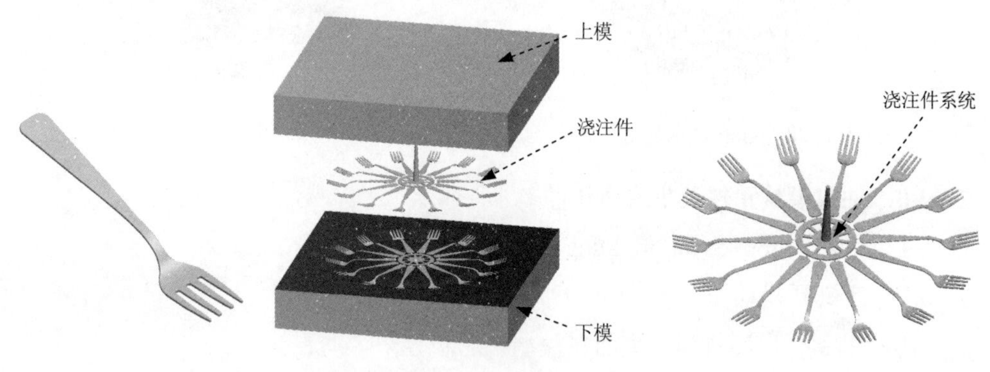

图 16.9.1　叉子的模具设计

Task1．新建一个模具制造模型文件，进入模具模块

Step 1　将工作目录设置至 D:\ creo2mo\work\ch16.09。

Step 2　新建一个模具型腔文件，命名为 fork_mold；选取 mmns_mfg_mold 模板。

Task2．建立模具模型

模具模型主要包括参考模型（Ref Model）和坯料（Workpiece），如图 16.9.2 所示。

Stage1．引入参考模型

Step 1　创建图 16.9.3 所示的基准轴——AA_1。单击 **模具** 功能选项卡 基准 ▾ 区域中的“基准轴”按钮 ；按住 Ctrl 键，选择 MOLO_FRONT 和 MOLO_RIGHT 基准平面为参考，其约束类型均为 穿过 ；单击“基准轴”对话框中的 确定 按钮，完成基准轴 AA_1 的创建。

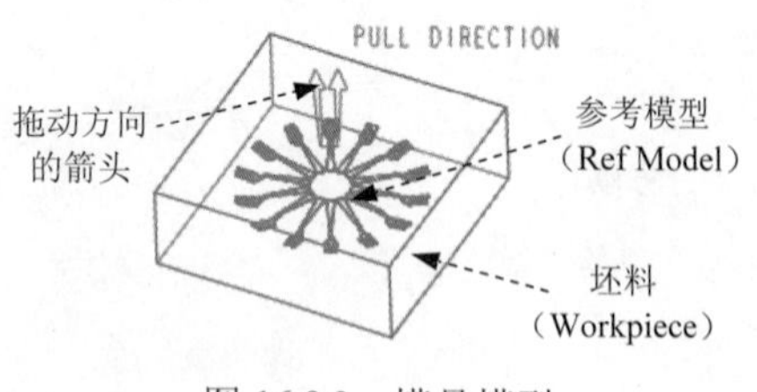

图 16.9.2　模具模型

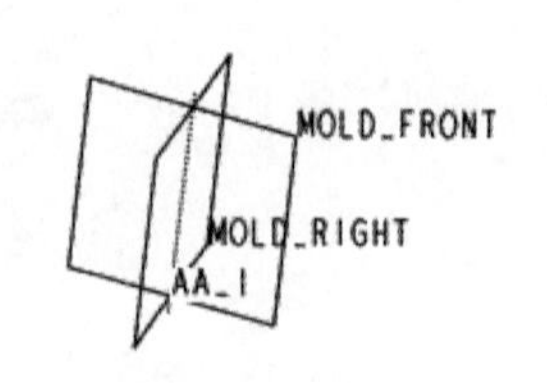

图 16.9.3　基准轴——AA_1

说明：在此创建基准轴是为了方便后面的参考模型阵列使用。

Step 2 单击 **模具** 功能选项卡 参考模型和工件 区域中的按钮 参考模型，然后在系统弹出的列表中选择 组装参考模型 命令，系统弹出“打开”对话框。

Step 3 从系统弹出的文件“打开”对话框中，选取三维零件模型 fork.prt 作为参考零件模型，并将其打开。

Step 4 定义约束参考模型的放置位置。

（1）指定第一个约束。 在操控板中单击 放置 按钮，在“放置”界面的 约束类型 下拉列表中选择 重合，选取参考件的 FRONT 基准平面为元件参考，选取装配体的 MAIN_PARTING_PLN 基准平面为组件参考。

（2）指定第二个约束。单击 ➜新建约束 字符，在 约束类型 下拉列表中选择 距离，选取参考件的 RIGHT 基准平面为元件参考，选取装配体的 MOLD_RIGHT 基准平面为组件参考；在 偏移 的文本框中输入偏移距离值 50，然后按回车键。

（3）指定第三个约束。单击 ➜新建约束 字符，在 约束类型 下拉列表中选择 重合，选取参考件的 TOP 基准平面为元件参考，选取装配体的 MOLD_FRONT 基准平面为组件参考。

（4）约束定义完成，在操控板中单击 ✔ 按钮，完成参考模型的放置；系统自动弹出“创建参考模型”对话框。

Step 5 在“创建参考模型”对话框中选中 ◉ 按参考合并 单选项，然后在 参考模型 区域的 名称 文本框中接受默认的名称（或输入参考模型的名称）。单击 确定 按钮，完成参考模型的命名。

Step 6 创建图 16.9.4 所示的“轴”阵列特征。在模型树中选取参考零件 FORK_MOLD_REF.PRT 并右击，在系统弹出的快捷菜单中选择 阵列... 命令，系统弹出“阵列”操控板；在操控板中选取“阵列”选项 轴，在模型中选取基准轴——AA_1；在操控板中输入阵列的个数 14，在操控板中单击 按钮，按回车键；在“阵列”操控板中单击 ✔ 按钮，完成“轴”阵列特征的创建。

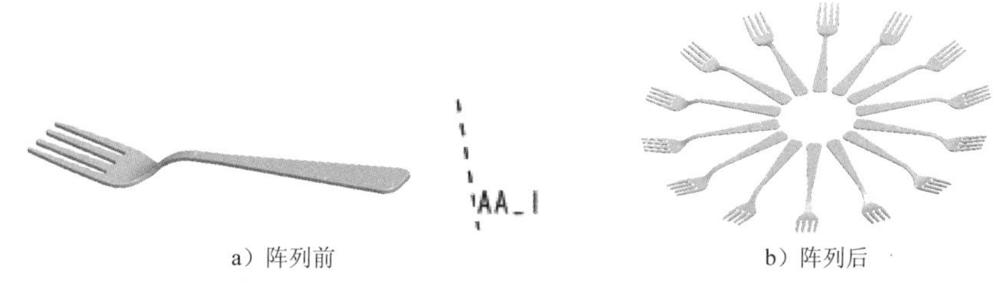

a）阵列前 b）阵列后

图 16.9.4 “轴”阵列

Stage2．隐藏参考模型的基准平面

为了使屏幕简洁，利用“层”的“遮蔽”功能将参考模型的三个基准平面隐藏起来。

Step 1 选择命令。在模型树中，选择 ➜ 层树(L) 命令。

Step 2 在导航选项卡中单击 FORK_MOLD.ASM (顶级模型，活动的) 后面的 ▾ 按钮，选择 FORK_MOLD_REF.PRT 参考模型。

Step 3 在层树中，选择参考模型的基准面层 01___PRT_ALL_DTM_PLN，右击，在系统弹出的快捷菜单中选择 隐藏 命令，然后单击“重画”按钮，这样铸件模型的基准曲线将不显示。

Step 4 操作完成后，选择导航选项卡中的 → 模型树(M) 命令，切换到模型树状态。

Stage3．创建图 16.9.5 所示的坯料

Step 1 单击 **模具** 功能选项卡 参考模型和工件 区域中的按钮 工件，然后在系统弹出的列表中选择 创建工件 命令，系统弹出“元件创建”对话框。

Step 2 在系统弹出的“元件创建”对话框中，在 类型 区域选中 ◉ 零件 单选项，在 子类型 区域选中 ◉ 实体 单选项，在 名称 文本框中，输入坯料的名称 wp，然后单击 确定 按钮。

Step 3 在系统弹出的“创建选项”对话框中，选中 ◉ 创建特征 单选项，然后单击 确定 按钮。

Step 4 创建坯料特征。

（1）选择命令。单击 **模具** 功能选项卡 形状 ▾ 区域中的 拉伸 按钮。系统弹出“拉伸”操控板。

（2）创建实体拉伸特征。在绘图区中右击，从系统弹出的快捷菜单中选择 定义内部草绘... 命令；系统弹出“草绘”对话框，然后选择参考模型的 MAIN_PARTING_PLN 基准平面作为草绘平面，选取 MOLD_RIGHT 平面为参考平面，方向为 右，单击 草绘 按钮，至此系统进入截面草绘环境；系统弹出“参考”对话框，选取 MOLD_RTING 基准平面和 MOLD_FRONT 基准平面为草绘参考，绘制图 16.9.6 所示的截面草图。完成截面草图绘制后，单击“草绘”操控板中的“确定”按钮 ✔；在操控板中，选取深度类型 (即“对称”)，再在深度文本框中输入深度值 200.0，并按回车键；在“拉伸”操控板中单击 ✔ 按钮，完成特征的创建。

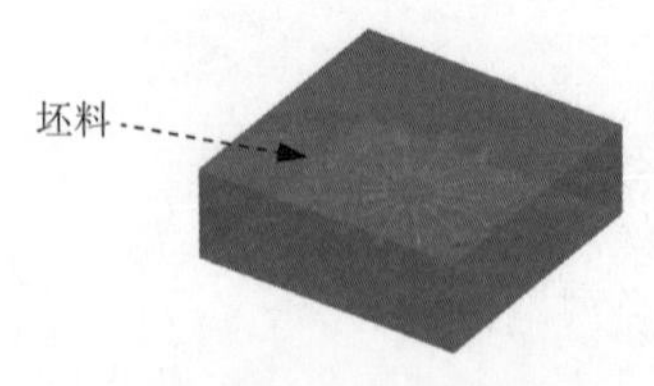

图 16.9.5 创建坯料

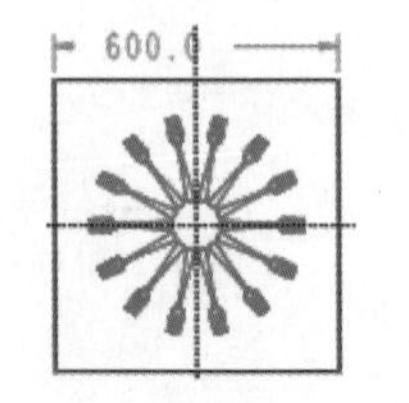

图 16.9.6 截面草图

Task3．设置收缩率

Step 1 单击 **模具** 功能选项卡 生产特征 ▾ 按钮中的小三角按钮 ▾，在系统弹出的菜单中单击

按比例收缩 ▸后的▸按钮，在系统弹出的菜单中单击按尺寸收缩按钮，然后在模型树中选取第一个参照模型。

Step 2 系统弹出“按尺寸收缩”对话框，确认 公式 区域的 1+S 按钮被按下，在 收缩选项 区域选中 ☑ 更改设计零件尺寸 复选框，在 收缩率 区域的 比率 栏中输入收缩率值 0.006，并按回车键，然后单击对话框中的 ✔ 按钮。

说明：因为参考的是同一个模型，当设置第一个模型的收缩率为 0.006 后，系统自动会将其他 13 个模型的收缩率设置为 0.006，不需要将其他 13 个模型的收缩率再进行设置。

Task4. 建立浇注系统

Step 1 创建图 16.9.7 所示的浇道。

（1）单击 模型 功能选项卡 切口和曲面 ▾ 区域中的 旋转 按钮。在绘图区域右击，从系统弹出的菜单中选择 定义内部草绘... 命令；然后选择 MOLD_FRONT 基准平面作为草绘平面，草绘平面的参考平面为 MAIN_RIGHT 基准平面，方位为 右，单击 草绘 按钮，进入截面草绘环境；选取图 16.9.8 所示的边线为参考，单击 关闭(C) 按钮；绘制图 16.9.8 所示的截面草图；完成特征截面的绘制后，单击“草绘”操控板中的“完成”按钮 ✔。

（2）在操控板中选取深度类型 ⊥⊥，输入旋转角度值 360。

（3）在“旋转”操控板，单击操控板中的 ✔ 按钮，完成特征的创建。

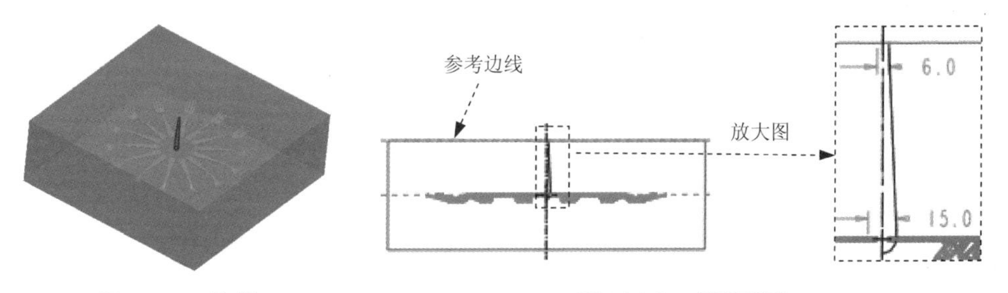

图 16.9.7 浇道　　　图 16.9.8 截面草图

Step 2 创建图 16.9.9 所示的主流道。

（1）单击 模型 功能选项卡 切口和曲面 ▾ 区域中的 拉伸 按钮，系统弹出“拉伸”操控板。在操控板中，确认“实体”按钮 □ 被按下。在绘图区域右击，从系统弹出的菜单中选择 定义内部草绘... 命令；然后选择 MAIN_PARTING_PLN 基准平面作为草绘平面，草绘平面的参考平面为 MAIN_RIGHT 基准平面，方位为 右，单击 草绘 按钮，进入截面草绘环境；绘制图 16.9.10 所示的截面草图；完成特征截面的绘制后，单击“草绘”操控板中的“确定”按钮 ✔。

（2）在操控板中选取深度类型为 ⊟，输入深度值 2.0。

（3）在“拉伸”操控板中单击 ✔ 按钮，完成特征的创建。

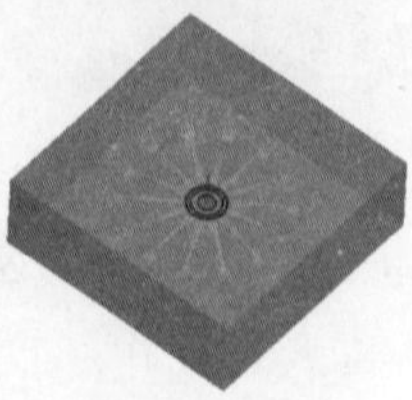

图 16.9.9　主流道 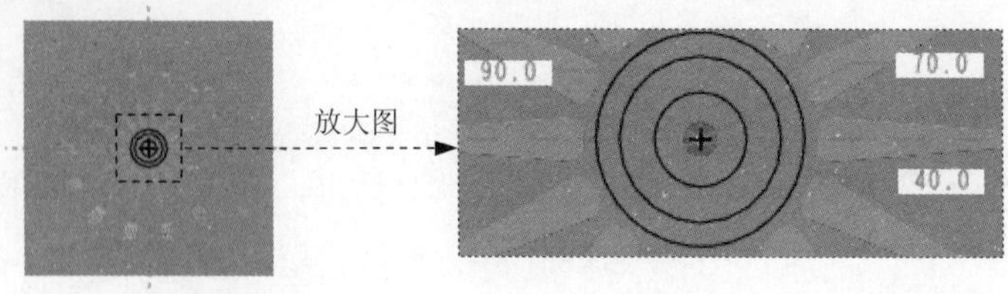　　　　图 16.9.10　截面草图

Step 3　创建图 16.9.11 所示的分流道。

（1）单击 模型 功能选项卡 切口和曲面 ▾ 区域中的 拉伸 按钮，在操控板中，确认“实体”按钮 被按下。在绘图区域右击，从系统弹出的菜单中选择 定义内部草绘... 命令；然后选择 MAIN_PARTING_PLN 基准平面作为草绘平面，草绘平面的参考平面为 MAIN_RIGHT 基准平面，方位为 右，单击 草绘 按钮，进入截面草绘环境；绘制图 16.9.12 所示的截面草图；完成特征截面的绘制后，单击“草绘”操控板中的“确定”按钮 ✔。

（2）在操控板中选取深度类型为 （即“定值”拉伸），输入深度值 2.0。

（3）在“拉伸”操控板中单击 ✔ 按钮，完成特征的创建。

图 16.9.11　分流道　　　　图 16.9.12　截面草图

（4）在模型树中查看前面创建的特征。在模型树界面中，选择 ▾ → 树过滤器(F)... 命令；在系统弹出的“模型树项目”对话框中，选中 ☑ 特征 复选框，然后单击 确定 按钮。此时，模型树中会显示出前面创建的特征。

（5）阵列图 16.9.13 所示的分流道。在模型树中选取上一步创建的拉伸 2 特征并右击，在系统弹出的快捷菜单中选择 阵列... 命令；在操控板中选取“阵列”选项 轴，在模型中选取基准轴——AA_1；在操控板中输入阵列的个数 10，在阵列成员间的角度文本框中输入值 36，并按回车键；在“阵列”操控板中单击 ✔ 按钮，完成特征的创建。

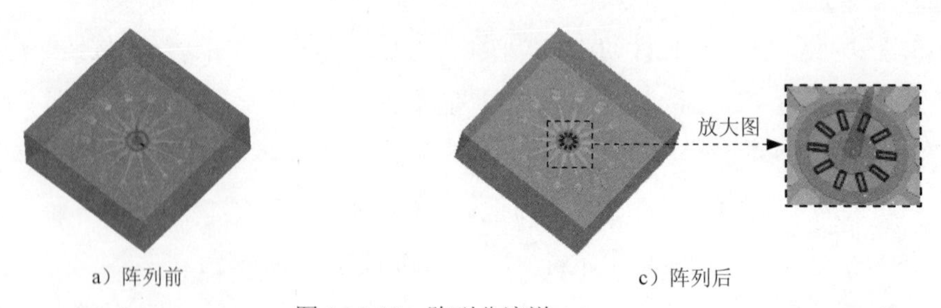

a）阵列前　　　　c）阵列后

图 16.9.13　阵列分流道

Step 4 创建图 16.9.14 所示的浇口。

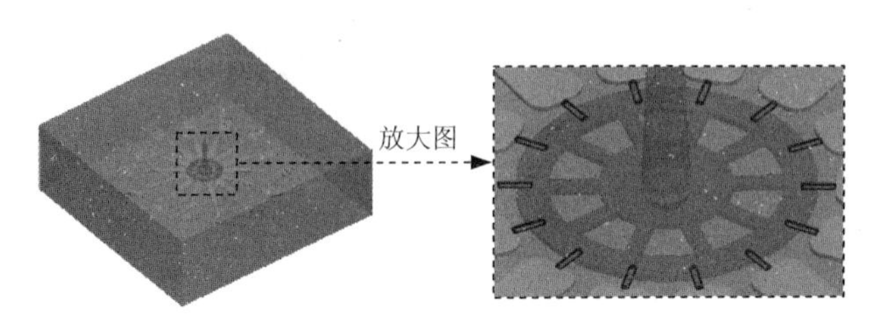

图 16.9.14 浇口

（1）创建图 16.9.15 所示的基准平面 ADTM1。单击 **模具** 功能选项卡 基准 ▾ 区域中的“平面”按钮，选取 MOLD_RIGHT 为参考，定义约束类型为偏移，偏移值为 40；单击“基准平面”对话框中的 确定 按钮，完成 ADTM1 基准平面的创建。

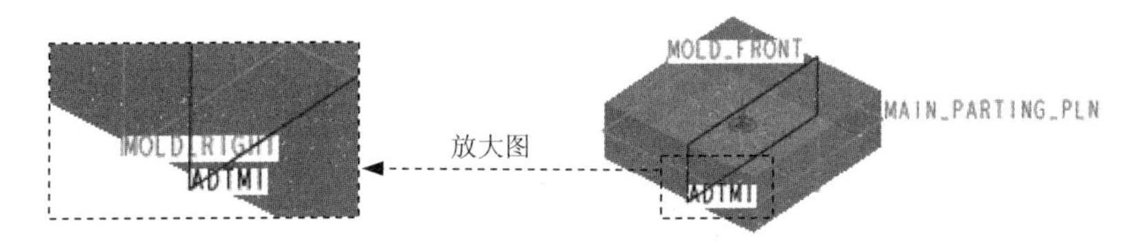

图 16.9.15 基准面 ADTM1

（2）单击 模型 功能选项卡 切口和曲面 ▾ 区域中的 拉伸 按钮，在操控板中，确认“实体”按钮被按下。在绘图区域右击，从系统弹出的菜单中选择 定义内部草绘... 命令；然后选取 ADTM1 基准平面为草绘平面，选取 MOLD_PARITING_PLN 基准平面为参考平面，方向为 顶；单击对话框中的 草绘 按钮；绘制图 16.9.16 所示的截面草图；完成特征截面的绘制后，单击“草绘”操控板中的“确定”按钮✔。

（3）在操控板中选取深度类型为；选取图 16.9.17 所示的模型表面为拉伸终止面。

（4）在“拉伸”操控板中单击✔按钮，完成特征的创建。

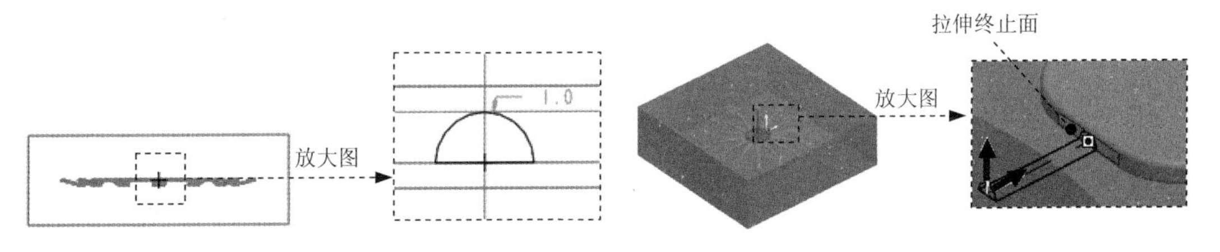

图 16.9.16 截面草图　　图 16.9.17 拉伸终止面

（5）阵列图 16.9.18 所示的浇口。在模型树中选取上一步创建的拉伸 3 特征并右击，在系统弹出的快捷菜单中选择 阵列... 命令；在操控板中选取“阵列”选项 轴，在模型中选取基准轴——AA_1；在操控板中输入阵列的个数 14，在操控板中单击按钮，按回车键；在“阵列”操控板，单击✔按钮，完成特征的创建。

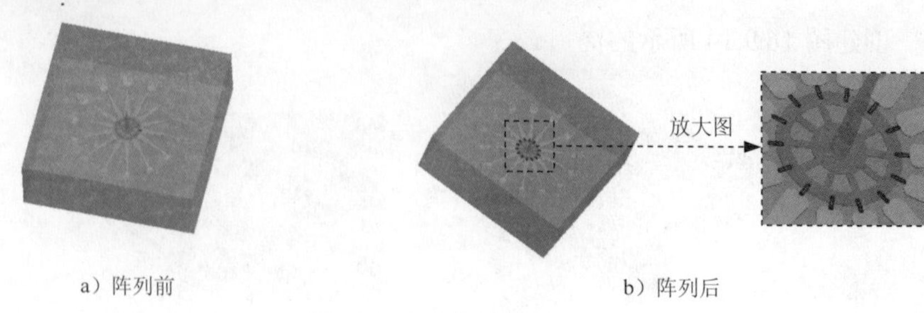

图 16.9.18　阵列浇口

Task5. 创建分型面

下面将创建图 16.9.19 所示的分型面，以分离模具的上模型腔和下模型腔。

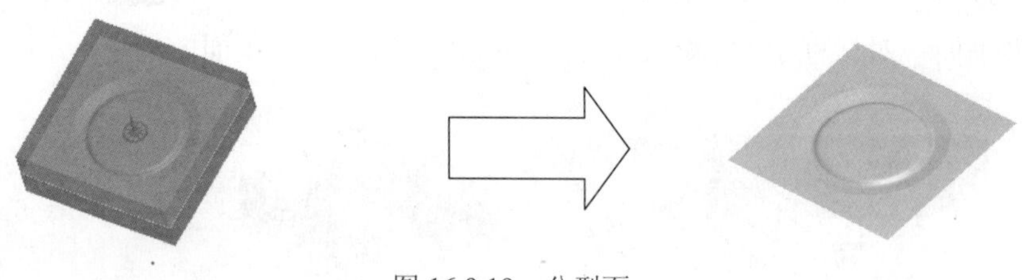

图 16.9.19　分型面

Step 1　单击 **模具** 功能选项卡 分型面和模具体积块 ▾ 区域中的“分型面”按钮。系统弹出“分型面”功能选项卡。

Step 2　在系统弹出的“分型面”功能选项卡中的 控制 区域单击“属性”按钮，在“属性”对话框中，输入分型面名称 main_ps，单击 确定 按钮。

Step 3　通过“旋转”的方法创建图 16.9.20 所示的曲面。单击 **分型面** 功能选项卡 形状 ▾ 区域中的 旋转 按钮；在绘图区域右击，从系统弹出的菜单中选择 定义内部草绘... 命令；然后选择 MOLD_FRONT 基准平面作为草绘平面，草绘平面的参考平面为 MAIN_RIGHT 基准平面，方位为 右，单击 草绘 按钮，进入截面草绘环境。绘制图 16.9.21 所示的截面草图（用“投影”的方法绘制截面草图；草图线段不可重叠或开口，截面图形不封闭）。单击“草绘”操控板中的“确定”按钮✔；在操控板中选取深度类型（即“定值”拉伸），输入旋转角度值 360；在“旋转”操控板中单击✔按钮，完成特征的创建。

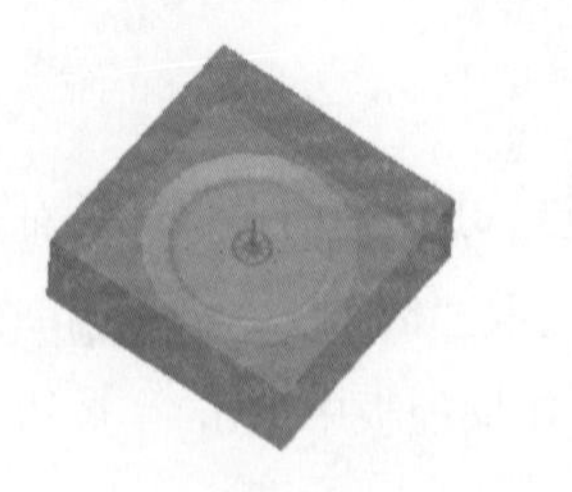
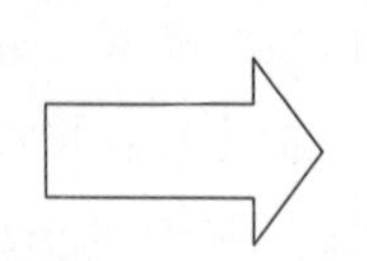
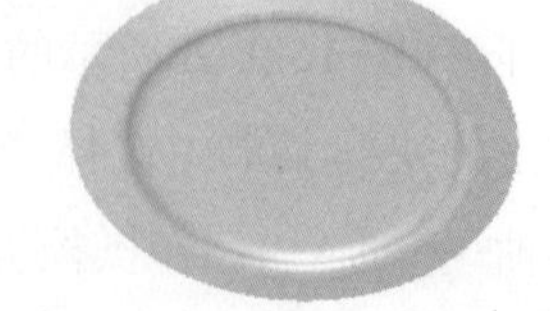

图 16.9.20　旋转曲面

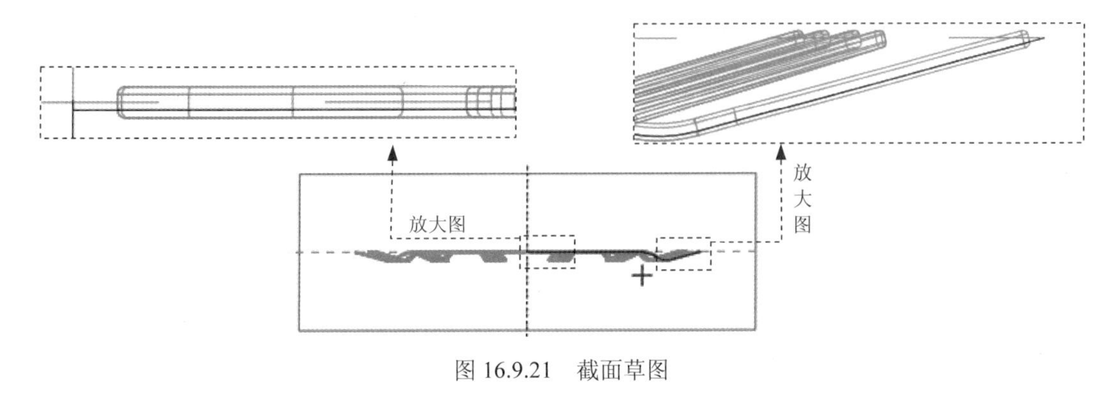

图 16.9.21　截面草图

Step 4　创建图 16.9.22 所示的延伸 1。在屏幕右下方的“智能选取栏”中选择“几何”选项。选取图 16.9.23 所示的旋转曲面边线为延伸对象；单击 **分型面** 功能选项卡 编辑 ▾ 区域的 延伸按钮，此时出现 *延伸* 操控板。在操控板中按下 按钮；在系统 选择曲面延伸所至的平面。的提示下，选取图 16.9.23 所示的表面为延伸的终止面；在 *延伸* 操控板中单击 ✓ 按钮。

Step 5　创建图 16.9.24 所示的延伸 2。选取图 16.9.25 所示的旋转曲面边线为延伸对象；单击 **分型面** 功能选项卡 编辑 ▾ 区域的 延伸按钮；在操控板中按下 按钮；在系统的提示下，选取图 16.9.25 所示的表面为延伸的终止面；在 *延伸* 操控板中单击 ✓ 按钮。

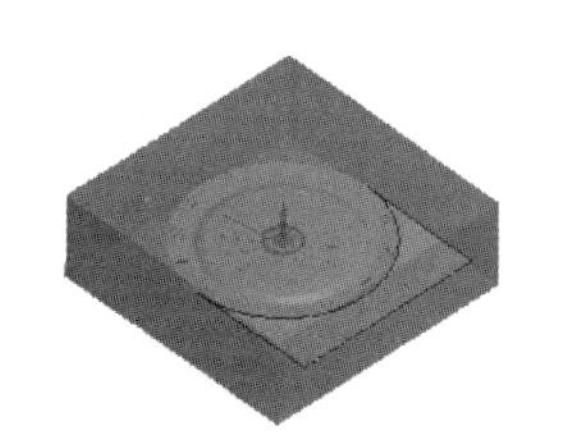

图 16.9.22　延伸 1

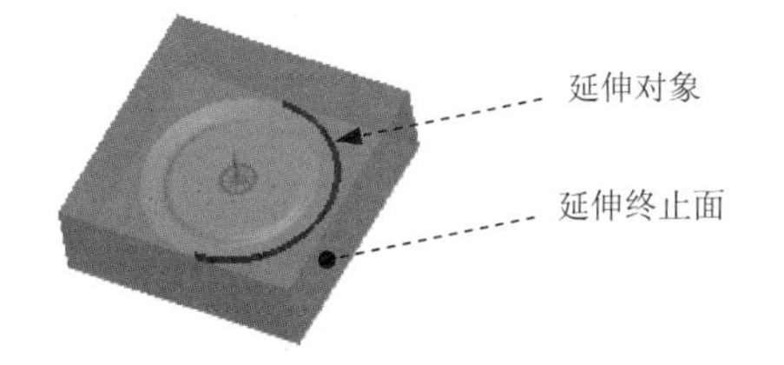

图 16.9.23　延伸参考

图 16.9.24　延伸 2

Step 6　创建图 16.9.26 所示的延伸 3。选取图 16.9.27 所示的边线 1，再按住 Shift 键选取边线 2；单击 **分型面** 功能选项卡 编辑 ▾ 区域的 延伸按钮；在操控板中按下 按钮；在系统的提示下，选取图 16.9.27 所示的表面为延伸的终止面；在 *延伸* 操控板中单击 ✓ 按钮。

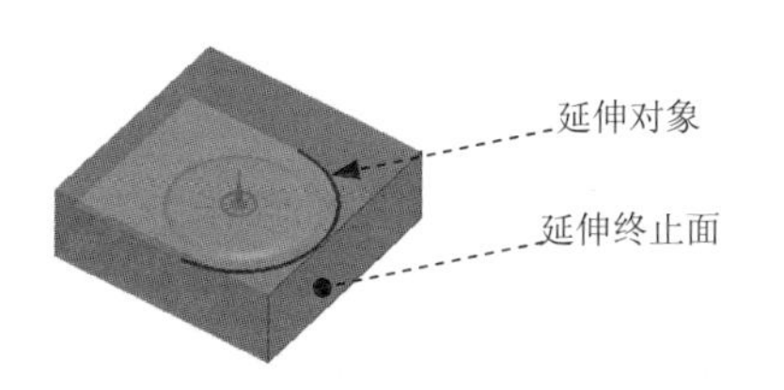

图 16.9.25　延伸参考

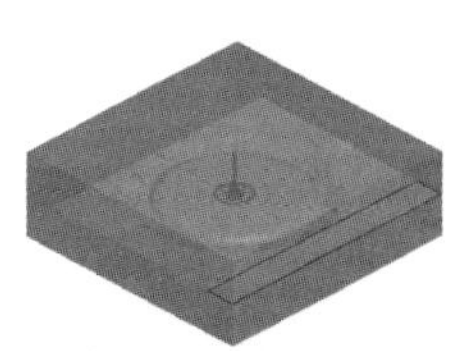

图 16.9.26　延伸 3

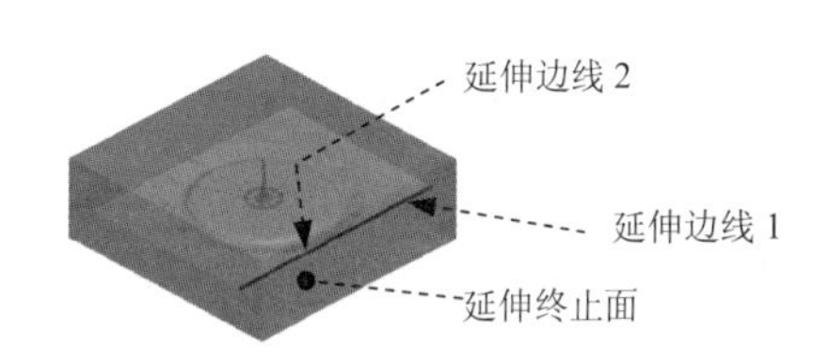

图 16.9.27　延伸参考

Step 7 创建图 16.9.28 所示的延伸 4。参考 Step6 完成延伸 4 的创建。

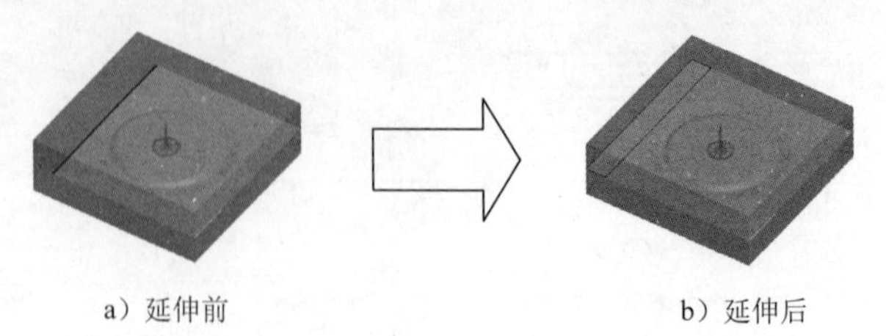

a）延伸前　　b）延伸后

图 16.9.28　延伸 4

Step 8 在“分型面”选项卡中，单击“确定”按钮✔，完成分型面的创建。

Task6．构建模具元件的体积块

Step 1 选择 **模具** 功能选项卡 分型面和模具体积块 ▾ 区域中的 模具体积块 ▾ ➡ 体积块分割 命令（即用“分割”的方法构建体积块）。

Step 2 在系统弹出的 ▼ SPLIT VOLUME (分割体积块) 菜单中，依次选择 Two Volumes (两个体积块) ➡ All Wrkpcs (所有工件) ➡ Done (完成) 命令。此时系统弹出“分割”对话框和“选择”对话框。

Step 3 用“列表选取”方法选取分型面。在系统 ➡为分割工件选择分型面. 的提示下，先将鼠标指针移至模型中主分型面的位置右击，从快捷菜单中选取 从列表中拾取 命令；在系统的“从列表中拾取”对话框中，单击列表中的 面组:F51 (MAIN_PS) ，然后单击 确定 (O) 按钮；单击“选择”对话框中的 确定 按钮。

Step 4 单击“分割”信息对话框中的 确定 按钮。

Step 5 系统弹出“属性”对话框，在该对话框中单击 着色 按钮，着色后的模型如图 16.9.29 所示。然后在对话框中输入名称 lower_mold，单击 确定 按钮。

Step 6 系统弹出“属性”对话框，在该对话框中单击 着色 按钮，着色后的模型如图 16.9.30 所示。然后在对话框中输入名称 upper_mold，单击 确定 按钮。

图 16.9.29　着色后的下半部分体积块

图 16.9.30　着色后的上半部分体积块

Task7．抽取模具元件

Step 1 选择 **模具** 功能选项卡 元件 ▾ 区域中 模具元件 ▾ ➡ 型腔镶块 命令，系统弹出 “创建模具元件”对话框中。

Step 2 在“创建模具元件”对话框中，单击 ≣ 按钮，选择所有体积块，然后单击 确定 按钮。

Task8. 生成浇注件

Step 1 选择 **模具** 功能选项卡 元件 ▾ 区域中的 创建铸模 命令。

Step 2 在系统提示框中，输入浇注零件名称 molding，并单击两次✓按钮。

Task9. 定义开模动作

Stage1. 将参考模型、坯料和分型面在模型中遮蔽起来

Step 1 选择 **视图** 功能选项卡 可见性 区域中的“模具显示”按钮，系统弹出“遮蔽-取消遮蔽”对话框。在该对话框中按下 元件 按钮，在 可见元件 列表框中选中所有的参考模型和坯料，然后单击 遮蔽 按钮。

Step 2 遮蔽分型面。在该对话框中按下 分型面 按钮，单击下部的“选取全部”按钮，然后单击 遮蔽 按钮，再单击 关闭 按钮。

Stage2. 开模步骤 1：移动上模

Step 1 选择 **模具** 功能选项卡 分析 ▾ 区域中的“模具开模”命令。系统弹出 ▼ MOLD OPEN (模具开模) 菜单管理器。

Step 2 在系统弹出的“菜单管理器”菜单中选择 Define Step (定义步骤) ➞ Define Move (定义移动) 命令。系统弹出“选择”对话框。

Step 3 选取上模为要移动的模具元件。在“选择”对话框中单击 确定 。

Step 4 在系统 ◆通过选择边、轴或面选择分解方向。 的提示下，选取图 16.9.31 所示的边线为移动方向，输入要移动的距离值 200，并按回车键。

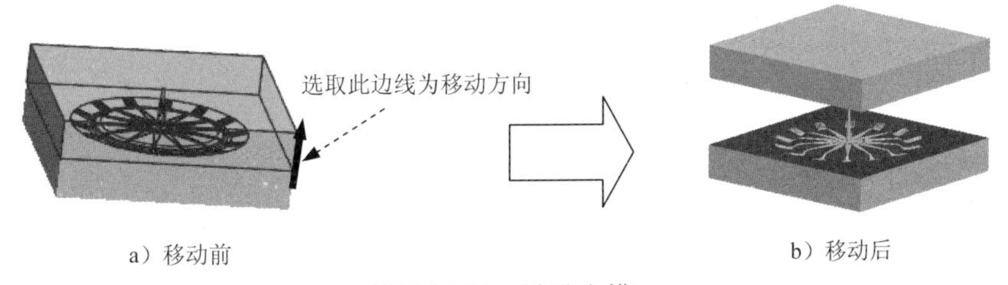

a）移动前　　b）移动后

图 16.9.31　移动上模

Step 5 在 ▼ DEFINE STEP (定义间距) 菜单中选择 Done (完成) 命令，完成上模的移动。

Stage3. 开模步骤 2：移动下模

Step 1 参考开模步骤 1 的操作方法，在模型中选取下模零件，选取图 16.9.32 所示的边线为移动方向，然后输入要移动的距离值-200。

Step 2 在 ▼ DEFINE STEP (定义步骤) 菜单中选择 Done (完成) 命令，完成下模的移动。在 ▼ MOLD OPEN (模具开模) 菜单中单击 Done/Return (完成/返回)。

Step 3 保存设计结果。单击 **模具** 功能选项卡中的 操作 ▾ 区域的 重新生成 ▾ 按钮，在系统弹出的下拉菜单中单击 重新生成 按钮，选择下拉菜单 文件 ▾ ➞ 保存 命令。

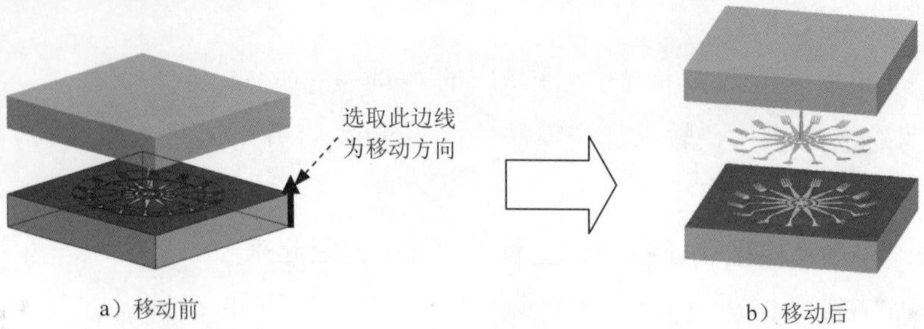

选取此边线
为移动方向
a）移动前
b）移动后

图 16.9.32 移动下模

16.10 内外侧同时抽芯的模具设计

本例将介绍图 16.10.1 所示的内外侧同时抽芯的模具设计，该模型中有三个比较复杂的滑块，其中滑块 1 为内侧抽芯机构，滑块 2 和滑块 3 为外侧抽芯机构，所以此例是比较复杂的模具设计范例。下面介绍该模具的设计过程。

上模
滑块 1
滑块 3
滑块 2
浇注件
下模

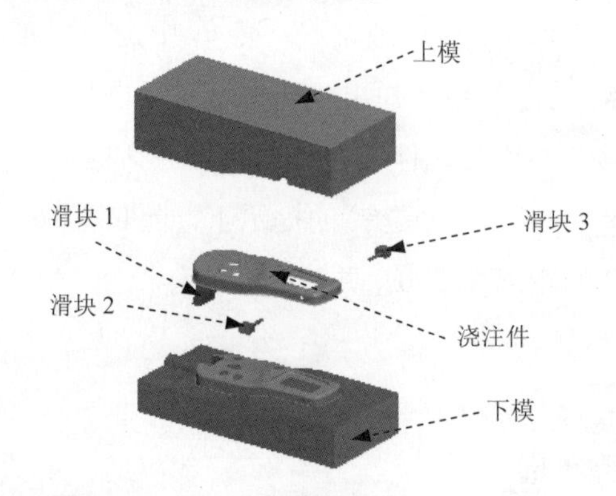

图 16.10.1 内外侧同时抽芯的模具设计

Task1. 新建一个模具制造模型，进入模具模块

Step 1 将工作目录设置至 D:\ creo2mo\work\ch16.10。

Step 2 新建一个模具型腔文件，命名为 remote_control_mold，选取 mmns_mfg_mold 模板。

Task2. 建立模具模型

模具模型主要包括参考模型（Ref Model）和坯料（Workpiece），如图 16.10.2 所示。

Stage1. 引入参考模型

Step 1 单击 **模具** 功能选项卡 参考模型和工件 区域的“定位参考模型”按钮 参考模型▾，然后在系统弹出的列表中选择 定位参考模型 命令，系统弹出“打开”对话框、“布局”对话框和“型腔布置”菜单管理器。

Step 2 从系统弹出的“打开”对话框中，选取三维零件模型遥控器——remote_control.prt 作为参考零件模型，并将其打开，系统弹出“创建参考模型”对话框。

Step 3　在“创建参考模型”对话框中选中 ◉ 按参考合并 单选项，然后在 参考模型 区域的 名称 文本框中接受默认的名称，再单击 确定 按钮。

Step 4　单击布局对话框中的 预览 按钮，可以观察到图 16.10.3a 所示的结果。

说明：此时图 16.10.3a 所示的拖动方向不是需要的结果，需要定义拖动方向。

Step 5　在“布局”对话框的 参考模型起点与定向 区域中单击 按钮，然后在 ▼ GET CSYS TYPE (获得坐标系类型) 菜单中选择 Dynamic (动态) 命令。系统弹出“参考模型方向”对话框。

Step 6　在系统弹出的“参考模型方向”对话框的 值 文本框中输入数值 90.0，然后单击 确定 按钮。

Step 7　单击“布局”对话框中的 预览 按钮，定义后的拖动方向如图 16.10.3b 所示，然后单击 确定 按钮。系统弹出“警告”对话框，单击 确定 按钮。

Step 8　在 ▼ CAV LAYOUT (型腔布置) 菜单管理器中单击 Done/Return (完成/返回) 命令。

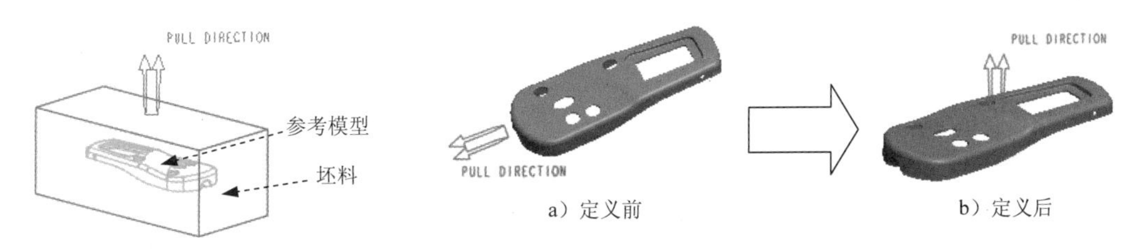

图 16.10.2　参考模型和坯料　　图 16.10.3　定义拖动方向

Stage2. 定义坯料

Step 1　单击 **模具** 功能选项卡 参考模型和工件 区域 工件 中的“小三角”按钮 ▾，然后在系统弹出的列表中选择 创建工件 命令，系统弹出“元件创建”对话框。

Step 2　在弹出的“元件创建”对话框中选中 类型 区域中的 ◉ 零件 单选项，选中 子类型 区域中的 ◉ 实体 单选项，在 名称 文本框中输入坯料的名称 remote_control_wp，单击 确定 按钮。

Step 3　在弹出的“创建选项”对话框中选中 ◉ 创建特征 单选项，然后单击 确定 按钮。

Step 4　创建坯料特征。

（1）选择命令。单击 **模具** 功能选项卡 形状 ▾ 区域中的 拉伸 按钮。此时出现“拉伸”操控板。

（2）创建实体拉伸特征。在出现的操控板中，确认“实体”按钮 被按下；在绘图区中右击，从快捷菜单中选择 定义内部草绘... 命令，然后选择参考模型的 MAIN_PARTING_PLN 基准平面作为草绘平面，草绘平面的参考平面为 MOLD_FRONT 基准平面，方位为 右，单击 草绘 按钮，至此系统进入截面草绘环境；选取 MOLD_FRONT 基准平面和 MOLD_RIGHT 基准平面为草绘参考，然后单击 关闭(C) 按钮，绘制图 16.10.4 所示的特征截面。完成特征截面的绘制后，单击“草绘”操控板中的“确定”按钮✔；在操控板中选取深度类型 ⊥⊥（定值），再在深度文本框中输入深度值 30.0；单击 选项 选项卡，在深度区域的侧 2下拉列表中选择 ⊥⊥ 盲孔 选项，再在深度文本框中输入深度值 40.0；在操控板中单击✔按钮，则完成特征的创建。

Task3. 设置收缩率

将参考模型的收缩率设置为 0.006。

Task4. 创建主分型面

下面将创建图 16.10.5 所示的主分型面，以分离模具的上模型腔和下模型腔。

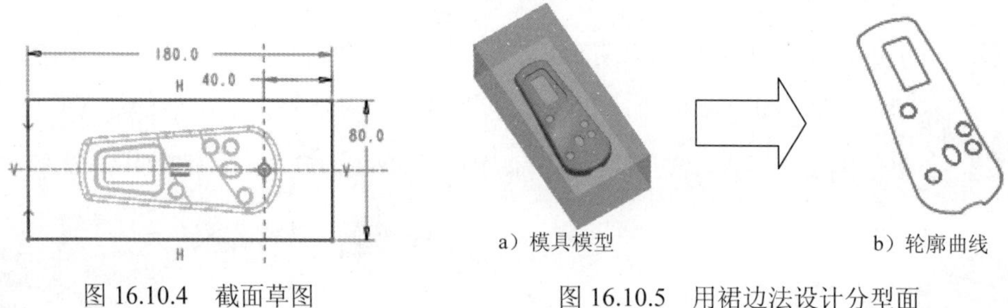

图 16.10.4 截面草图

图 16.10.5 用裙边法设计分型面

Stage1. 创建轮廓曲线

Step 1 单击 **模具** 功能选项卡中 设计特征 区域的“轮廓曲线”按钮，系统弹出“轮廓曲线”对话框。

Step 2 在“轮廓曲线”对话框中，双击图 16.10.6 所示的元素，在系统 ➡选择将垂直于此方向的平面. 的提示下，选取图 16.10.7 所示的坯料表面，选择 **Okay（确定）** 命令，接受图 16.10.7 中的箭头方向为投影方向。

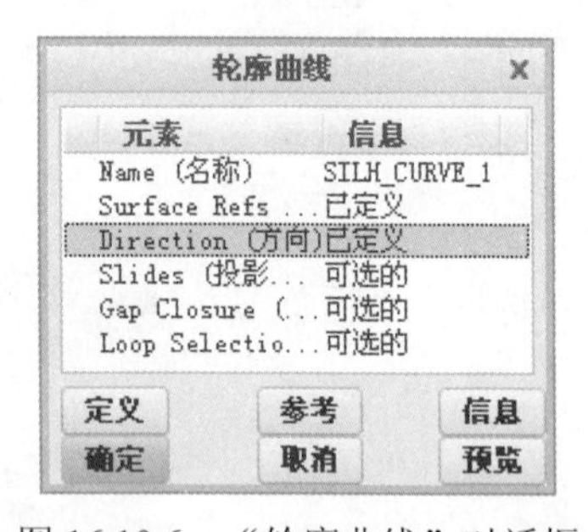

图 16.10.6 “轮廓曲线”对话框

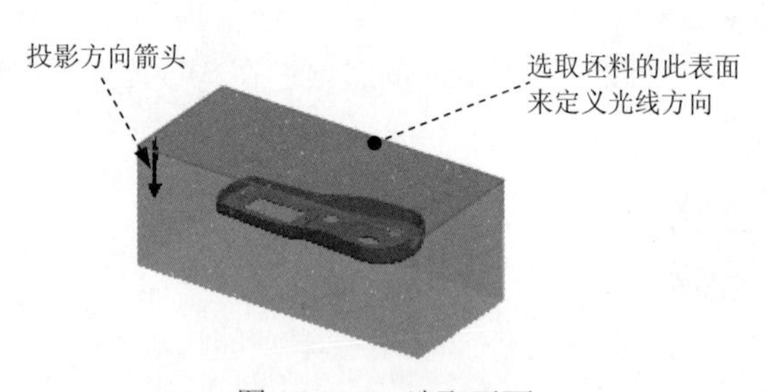

图 16.10.7 选取平面

Step 3 排除边线。双击“轮廓曲线”对话框中的 Loop Selection（环选择 元素，在弹出的“环选择”对话框中，将边线 2、边线 3、边线 4、边线 5 和边线 6 排除，如图 16.10.8 所示，单击 **确定** 按钮，再次单击 **确定** 命令。

Step 4 遮蔽参考零件和坯料，创建轮廓曲线，结果如图 16.10.9 所示。

Step 5 显示参考零件。

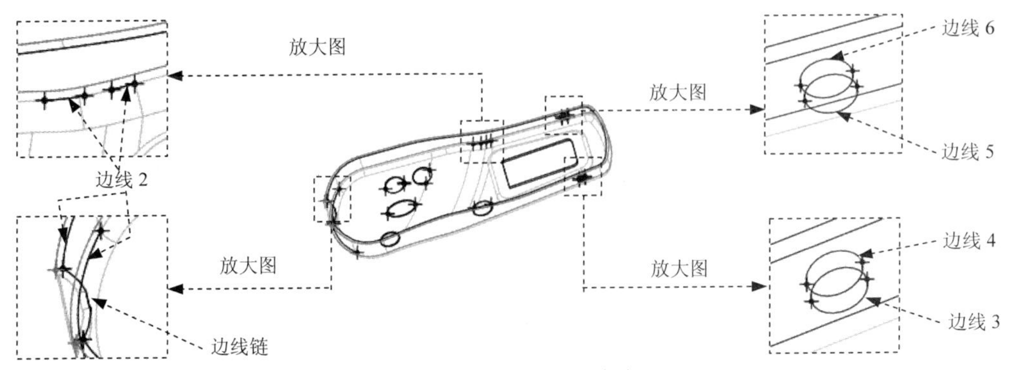

图 16.10.8　排除边线

Step 6 复制边线 1。选取图 16.10.11 所示的边线；单击 **模具** 功能选项卡 操作 ▾ 区域中的“复制”按钮；单击 **模具** 功能选项卡 操作 ▾ 区域中的“粘贴”按钮。在系统弹出的“曲线：复合”操控板中单击 ✔ 按钮，复制结果如图 16.10.10 所示。

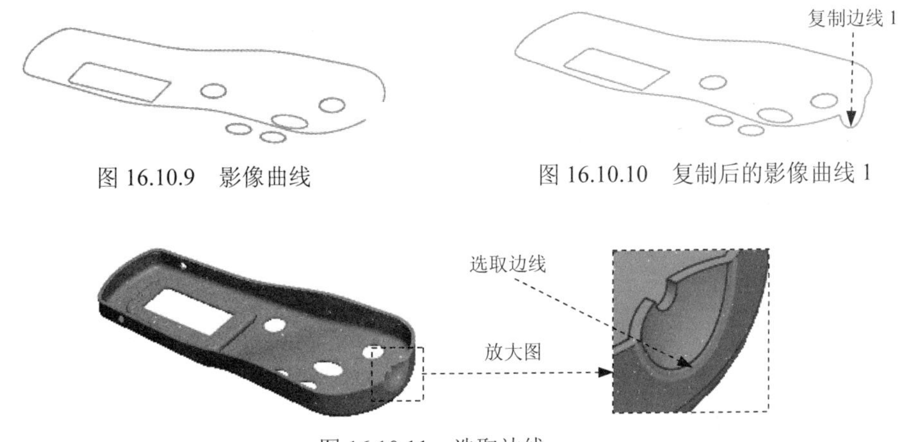

图 16.10.9　影像曲线

图 16.10.10　复制后的影像曲线 1

图 16.10.11　选取边线

Step 7 显示坯料。

Stage2．采用裙边法设计分型面

Step 1 单击 **模具** 功能选项卡 分型面和模具体积块 ▾ 区域中的“分型面”按钮，系统弹出“分型面”操控板。

Step 2 在系统弹出的“分型面”操控板中的 控制 区域单击按钮，在“属性”文本框中输入分型面名称 main_ps，单击 **确定** 按钮。

Step 3 单击 **分型面** 功能选项卡中的 曲面设计 ▾ 区域中的“裙边曲面”按钮，系统弹出“裙边曲面”对话框。

Step 4 在弹出的 ▼ CHAIN (链) 菜单中选择 Feat Curves (特征曲线) 命令，然后在系统 ➪选择包含曲线的特征。的提示下，选取图 16.10.12 所示的轮廓曲线，按住 Ctrl 键，再选取复制的边线 1；选择 Done (完成) 命令。

Step 5 延伸裙边曲面。单击“裙边曲面”对话框中的 预览 按钮，预览所创建的分型面，此时分型面还没有到达坯料的外表面。进行下面的操作后，可以使分型面延伸到坯料的外表面，如图 16.10.13b 所示。

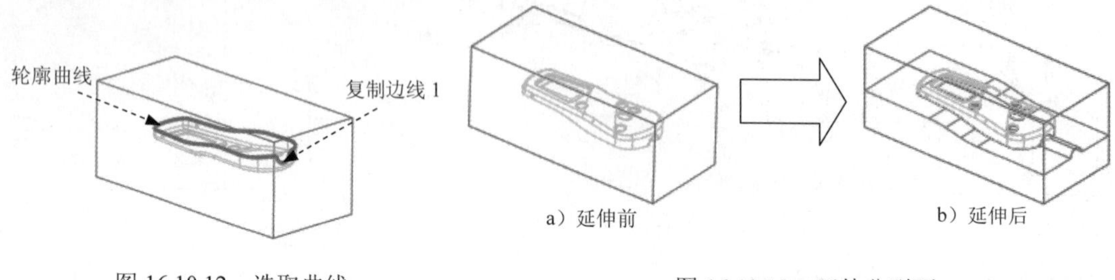

图 16.10.12　选取曲线

图 16.10.13　延伸分型面

（1）在图 16.10.14 所示的“裙边曲面”对话框中双击 Extension (延伸) 元素，系统弹出“延伸控制”对话框，然后选择“延伸方向”选项卡（图 16.10.15）。

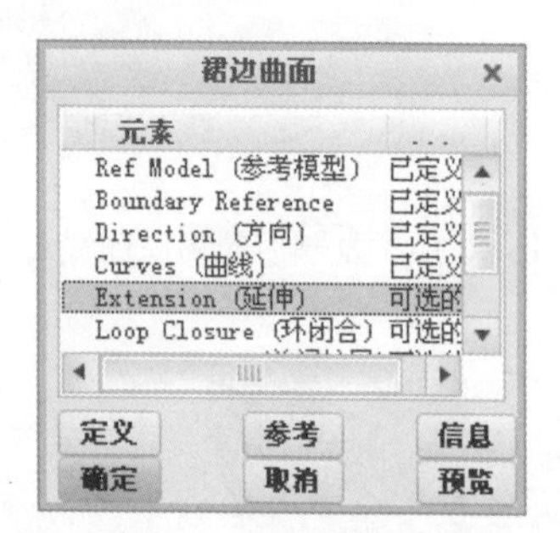

图 16.10.14　“裙边曲面”对话框

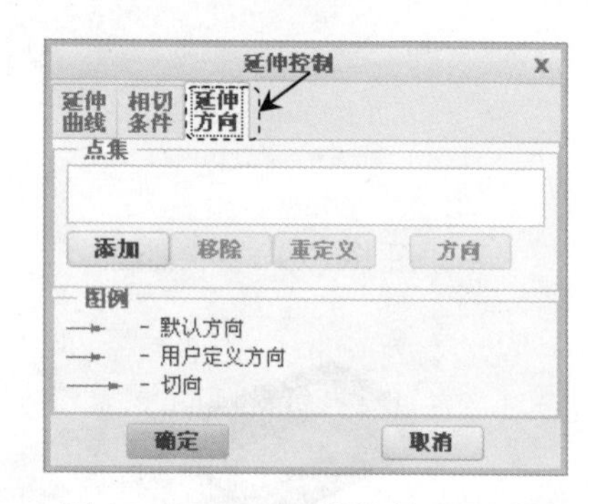

图 16.10.15　“延伸控制”对话框

（2）定义延伸点集 1。在“延伸方向”选项卡中单击 添加 按钮，系统弹出 GEN PNT SEL (一般点选取) 菜单，同时提示 ➔选择曲线端点和/或边界的其他点来设置方向.，按住 Ctrl 键，在模型中选取图 16.10.16 所示的两个点，然后单击“选择”对话框中的 确定 按钮，再在 GEN PNT SEL (一般点选取) 菜单中选择 Done (完成) 命令；在 GEN SEL DIR (一般选取方向) 菜单中选择 Plane (平面) 命令，然后选取图 16.10.16 所示的平面，选择 Okay (确定) 命令，接受该图中的箭头方向为延伸方向。单击“延伸控制”对话框中的 确定 按钮。

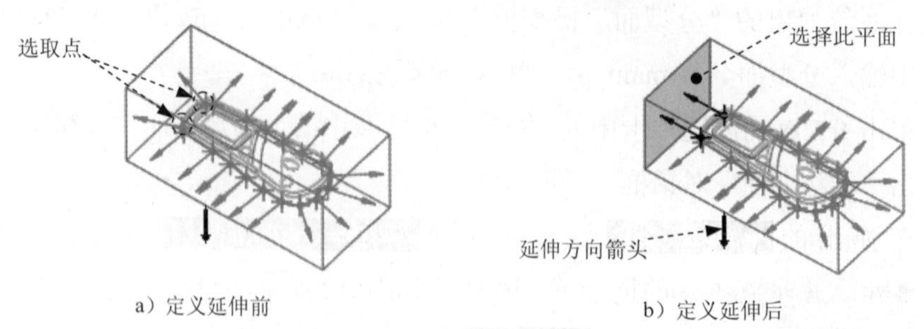

图 16.10.16　定义延伸点集 1

（3）参照上一步定义延伸点集 1 的步骤，定义延伸点集 2、点集 3 和点集 4，其结果如图 16.10.17、图 16.10.18 和图 16.10.19 所示。

（4）在“裙边曲面”对话框中单击 预览 按钮，预览所创建的分型面，可以看到此时分型面已向四周延伸至坯料的表面，单击 确定 按钮。

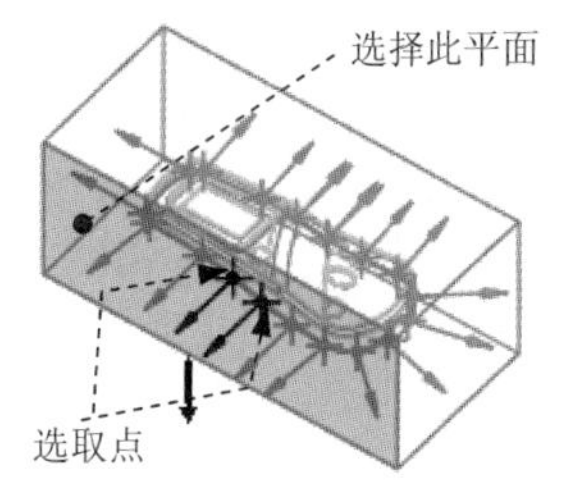

图 16.10.17 定义延伸点集 2

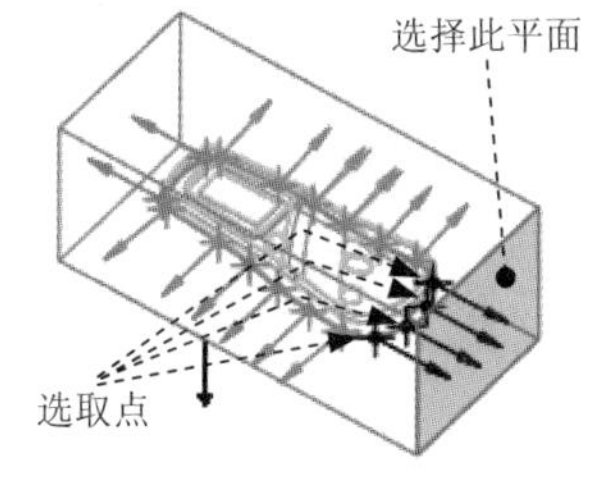

图 16.10.18 定义延伸点集 3

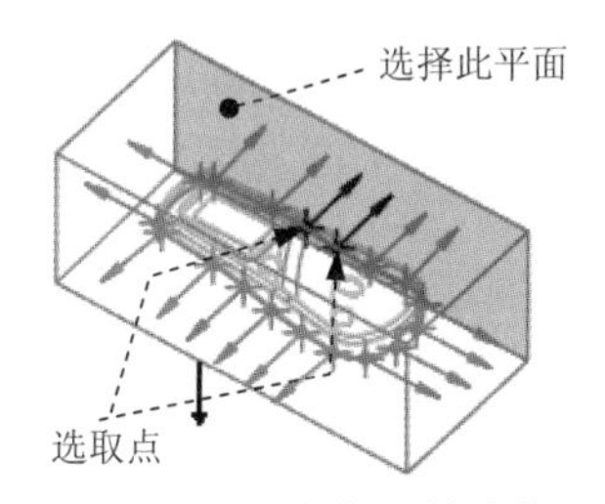

图 16.10.19 定义延伸点集 4

Step 6 通过曲面“复制”的方法，复制参考模型的外表面，具体方法参见录像。

Step 7 创建图 16.10.20 所示的（填充）曲面 1。单击 填充 按钮；选取如图 16.10.20 所示的模型表面为草绘平面；绘制图 16.10.21 所示的截面草图；单击 ✓ 按钮，完成填充曲面 1 的创建。

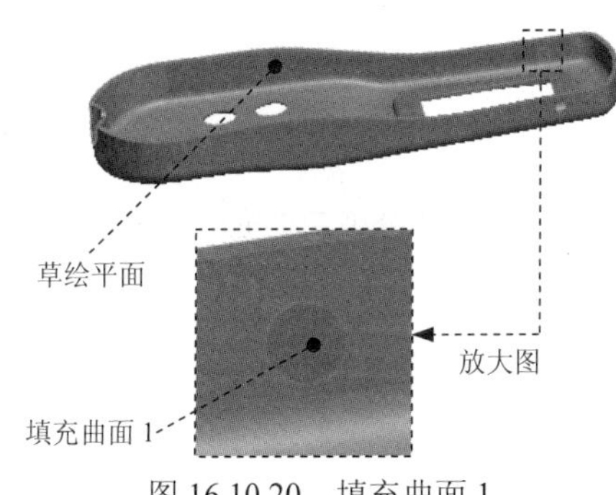

图 16.10.20 填充曲面 1

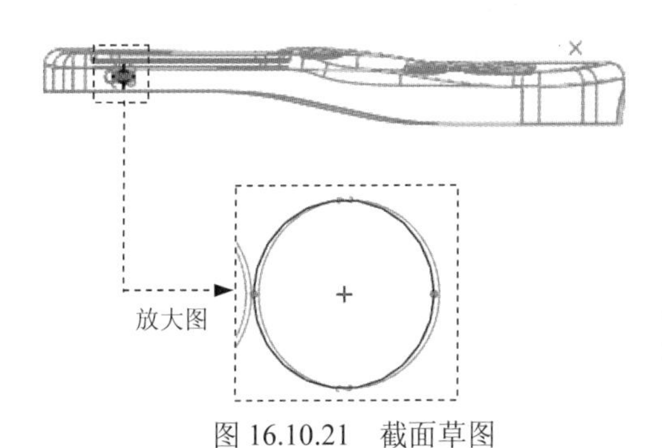

图 16.10.21 截面草图

Step 8 创建图 16.10.22 所示的（填充）曲面 2。单击 填充 按钮；选取如图 16.10.22 所示的模型表面为草绘平面；绘制图 16.10.23 所示的截面草图；单击 ✓ 按钮，完成填充曲面 2 的创建。

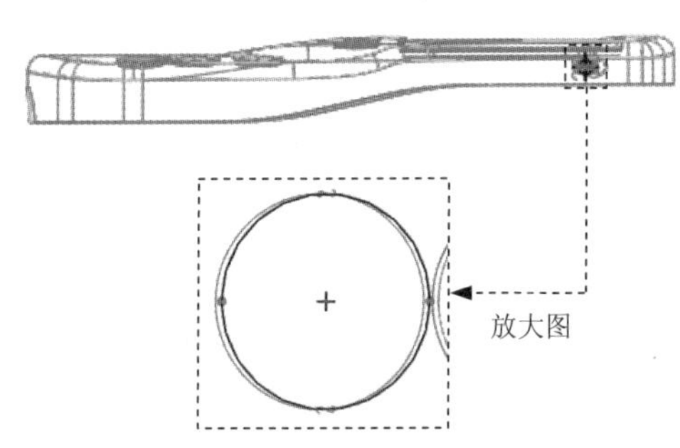

图 16.10.22 填充曲面 2

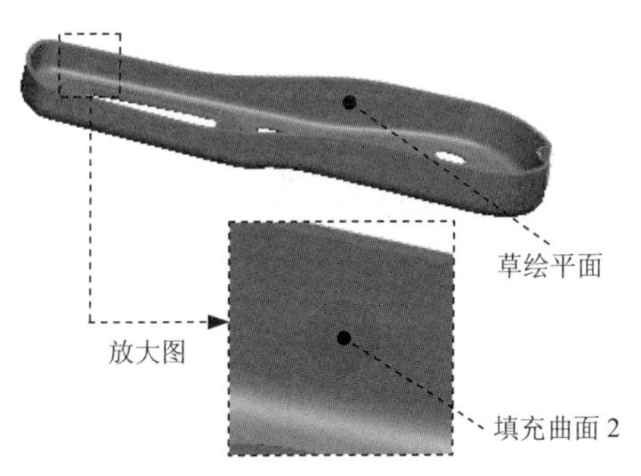

图 16.10.23 截面草图

Step 9 将复制面组（包含延伸部分）与 Step7 中创建的填充曲面进行合并，如图 16.10.24 所示。

（1）将复制面组与填充曲面 1、填充曲面 2 合并。按住 Ctrl 键，选取复制面组、填充曲面 1 和填充曲面 2。单击 **分型面** 功能选项卡 编辑 ▾ 区域中的“合并”按钮，此时系统弹出“合并”操控板；单击按钮，预览合并后的面组，确认无误后，单击✔按钮。

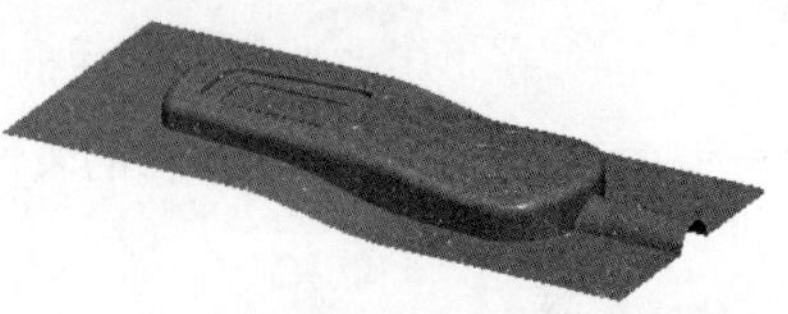

图 16.10.24　将延伸部分复制面组与填充曲面合并在一起

（2）用相同的方法将上一步合并后的曲面与裙边曲面合并。

Step 10 显示坯料。

Step 11 在“分型面”选项卡中，单击“确定”按钮✔，完成分型面的创建。

Task5．用主分型面创建上、下两个体积块

Step 1 选择 **模具** 功能选项卡 分型面和模具体积块 ▾ 区域中的按钮 模具体积块 ▾ ➡ 体积块分割 命令。

Step 2 在系统弹出的 ▾ SPLIT VOLUME（分割体积块）菜单中，依次选择 Two Volumes（两个体积块）➡ All Wrkpcs（所有工件）➡ Done（完成）命令，此时系统弹出“分割”对话框和“选择”对话框。

Step 3 在系统 ➪为分割工件选择分型面. 的提示下，选取主分型面，并单击“选择”对话框中的 确定 按钮，再单击对话框中的 确定 按钮。

Step 4 系统弹出“属性”对话框，同时坯料中分型面下侧的部分变亮，如图 16.10.25 所示，输入体积块名称 lower_vol，单击 确定 按钮。

Step 5 系统再次弹出“属性”对话框，同时坯料中分型面上侧的部分变亮，如图 16.10.26 所示，输入体积块名称 upper_vol，单击 确定 按钮。

图 16.10.25　着色后的下侧部分

图 16.10.26　着色后的上侧部分

Task6．创建第一个滑块

Stage1．通过复制法设计分型面

Step 1 单击 **模具** 功能选项卡 分型面和模具体积块 ▾ 区域中的“分型面”按钮，系统弹出“分型面”选项卡。

Step 2 在系统弹出的“分型面”选项卡中的 控制 区域单击“属性”按钮，在弹出的“属性”对话框中，输入分型面名称 pin_ps，单击对话框中的 确定 按钮。

Step 3 将坯料、分割的体积块和分型面在模型中遮蔽起来；在屏幕右上方的“智能选取栏”中选择“几何”选项。

Step 4　复制曲面。按住 Ctrl 键选取图 16.10.27 所示的四个曲面为复制对象。

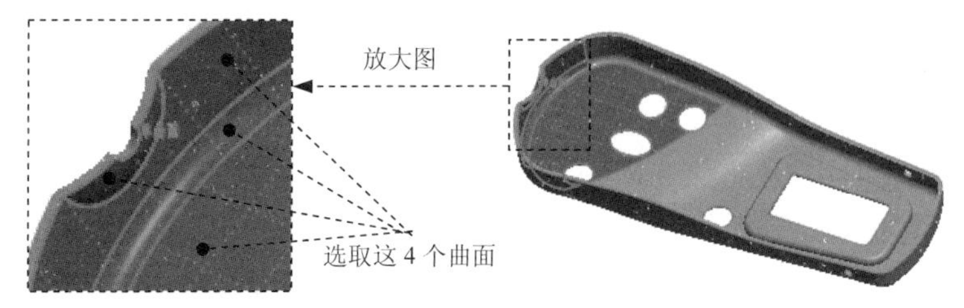

图 16.10.27　选取曲面

Step 5　创建曲线 1。单击 **分型面** 功能选项卡 基准▾ 区域中的 ～曲线 → ～通过点的曲线 命令，此时弹出“曲线：通过点”操控板；按住 Ctrl 键，选取如图 16.10.28 所示的点 1 和点 2；单击 末端条件 选项卡 终止条件(E) 下拉列表中的 相切 选项，选取图 16.10.28 所示的边线 1 为参考；单击 曲线侧(C) 区域中的 终点 选项，单击 终止条件(E) 下拉列表中的 相切 选项，选取图 16.10.28 所示的边线 2 为参考，单击 ✔ 按钮，完成曲线 1 的创建。

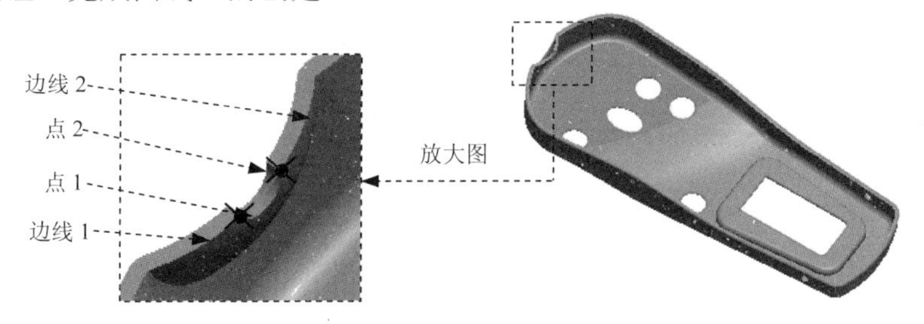

图 16.10.28　创建曲线 1

Step 6　创建边界混合曲面。单击 **分型面** 功能选项卡 曲面设计▾ 区域中的 按钮，此时弹出“边界混合”操控板；选取如图 16.10.29 所示的边线 1，按住 Ctrl 键，选取边线 2；然后松开 Ctrl 键，按住 Shift 键，再选取边线 3。

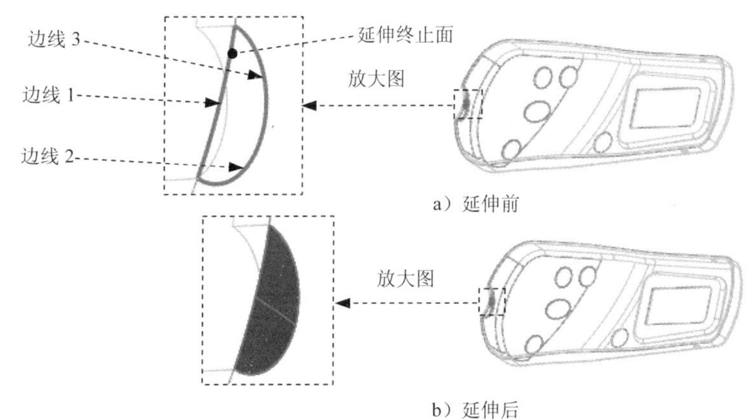

图 16.10.29　边界混合曲面

Step 7 将 Step4 的复制曲面和 Step6 的边界混合曲面合并在一起。按住 Ctrl 键，选取 Step4 创建的复制曲面和 Step6 创建的边界混合曲面；单击 **分型面** 功能选项卡 编辑 ▾ 区域中的“合并”按钮，此时系统弹出“合并”操控板；单击按钮，预览合并后的面组，确认无误后，单击✔按钮。

Step 8 通过“拉伸”的方法创建图 16.10.30 所示的拉伸曲面（显示工件）。单击 **分型面** 功能选项卡 形状 ▾ 区域中的 拉伸 按钮，此时系统弹出“拉伸”操控板；定义草绘截面放置属性。右击，从弹出的菜单中选择 定义内部草绘... 命令，在系统 ➡选择一个平面或曲面以定义草绘平面. 的提示下，选取 MOLD_RIGHT 基准平面为草绘平面，单击按钮，选取图 16.10.31 所示的坯料表面为参考平面，方向为 右 ；选取图 16.10.32 所示的边线为草绘参考，绘制图 16.10.32 所示的截面草图，完成截面的绘制后，单击“草绘”选项卡中的“确定”按钮✔；在操控板中，选取深度类型，再在深度文本框中输入深度值 18.0，在操控板中单击 选项 按钮，在“选项”界面中选中 ☑ 封闭端 复选框；在操控板中单击✔按钮，完成特征的创建。

图 16.10.30 创建拉伸面组

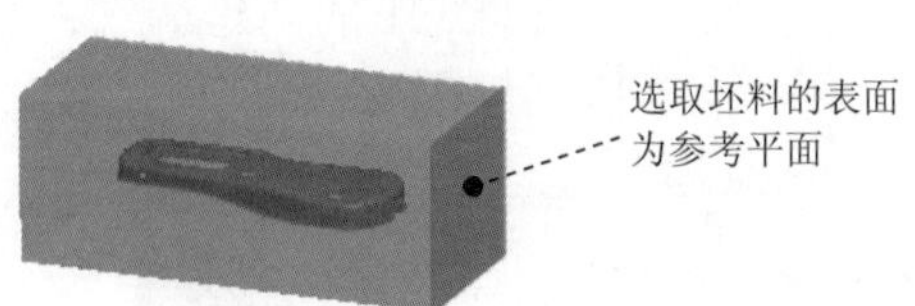

图 16.10.31 定义参照平面

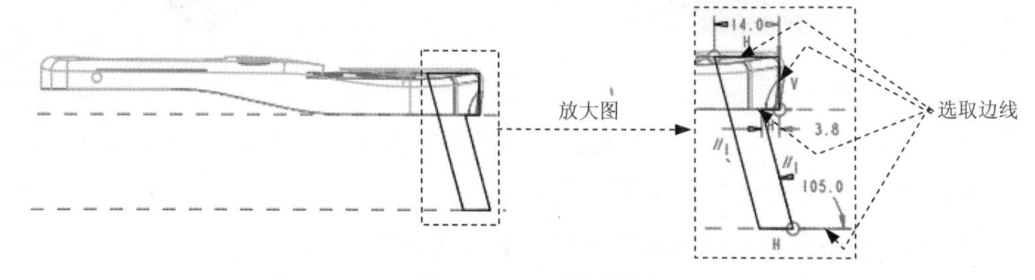

图 16.10.32 截面草图

Step 9 将 Step7 的合并曲面和 Step8 的拉伸曲面合并在一起。按住 Ctrl 键，选取 Step7 创建的合并曲面和 Step8 创建的拉伸曲面；单击 **分型面** 功能选项卡 编辑 ▾ 区域中的“合并”按钮，此时系统弹出“合并”操控板；在模型中选取要合并的面组的侧，如图 16.10.33 所示；单击按钮，预览合并后的面组，确认无误后，单击✔按钮，合并结果如图 16.10.33 所示。

Step 10 着色显示所创建的分型面。单击 视图 功能选项卡 可见性 区域中的“着色”按钮；系统自动将刚创建的分型面 pin_ps 着色，着色后的滑块分型曲面如图 16.10.34 所示；在 ▼ CntVolSel (继续体积块选取 菜单中选择 Done/Return (完成/返回) 命令。

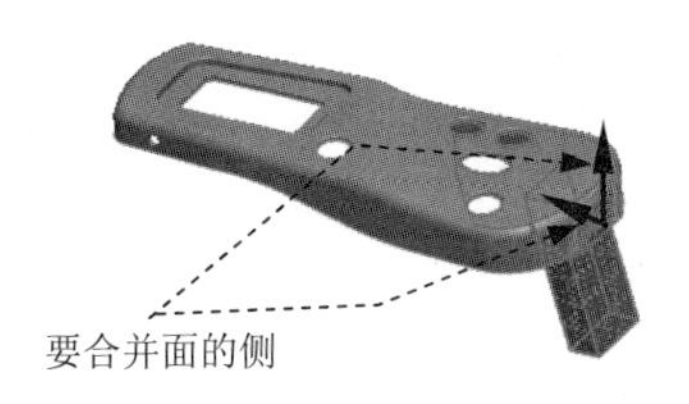

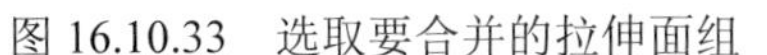

图 16.10.33 选取要合并的拉伸面组

图 16.10.34 着色后的第一个销分型曲面

Step 11 在“分型面”选项卡中，单击“确定”按钮✔，完成分型面的创建。

Stage2．创建第一个滑块的体积块

Step 1 选择 **模具** 功能选项卡 分型面和模具体积块 ▾ 区域中的 模具体积块 ▾ ➡ 体积块分割 命令（即用“分割”的方法构建体积块）。

Step 2 在系统弹出的 ▼ SPLIT VOLUME（分割体积块）菜单中选择 One Volume（一个体积块）➡ Mold Volume（模具体积块）➡ Done（完成）命令。

Step 3 在系统弹出的“搜索工具”对话框中，单击列表中的 面组:F16(LOWER_VOL) 体积块，然后单击 >> 按钮，将其加入到 已选择 0 个项:(预期 1 个) 列表中，再单击 关闭 按钮。

Step 4 用“列表选取”的方法选取分型面。在系统 ➡为分割选定的模具体积块选择分型面. 的提示下，将鼠标指针移至模型中分型面的位置右击，从快捷菜单中选取 从列表中拾取 命令；在系统弹出的“从列表中拾取”对话框中，单击列表中的 面组:F18(PIN_PS) 分型面，然后单击 确定(O) 按钮；单击“选择”对话框中的 确定 按钮；系统弹出 ▼ 岛列表 菜单，选中 ☑ 岛1 复选框，选择 Done Sel（完成选择）命令。

Step 5 单击“分割”对话框中的 确定 按钮。

Step 6 系统弹出“属性”对话框，同时体积块的滑块部分变亮，然后在对话框中输入名称 pin_vol_1，单击 确定 按钮。

Task7．创建第二个和第三个滑块

Stage1．创建第二个滑块分型面

Step 1 单击 **模具** 功能选项卡 分型面和模具体积块 ▾ 区域中的“分型面”按钮，系统弹出“分型面”选项卡。

Step 2 在系统弹出的“分型面”选项卡中的 控制 区域单击“属性”按钮，在弹出的“属性”对话框中，输入分型面名称 Slide_ps，单击对话框中的 确定 按钮。

Step 3 通过“拉伸”的方法建立拉伸曲面。单击 **分型面** 功能选项卡 形状 ▾ 区域中的 拉伸 按钮，此时系统弹出“拉伸”操控板；定义草绘截面放置属性。右击，从弹出的菜单中选择 定义内部草绘... 命令，在系统 ➡选择一个平面或曲面以定义草绘平面. 的提示下，选取图 16.10.35 所示的坯料表面为草绘平面，选取图 16.10.35 所示的坯料下表面为参考平面，方向为 底部；利用“投影”命令，选取参考的边线为草绘截面草图，完成截面的绘制后，如图 16.10.36 所示，单击“草绘”选项卡中的“确定”按钮✔；在操控板中选取深度类型，输入深度值 24.0，单击按钮调整拉伸方向；在操控板中单击 选项 按钮，在“选项”界面中选中☑封闭端复选框；在操控板中单击✔按钮，完成特征的创建。

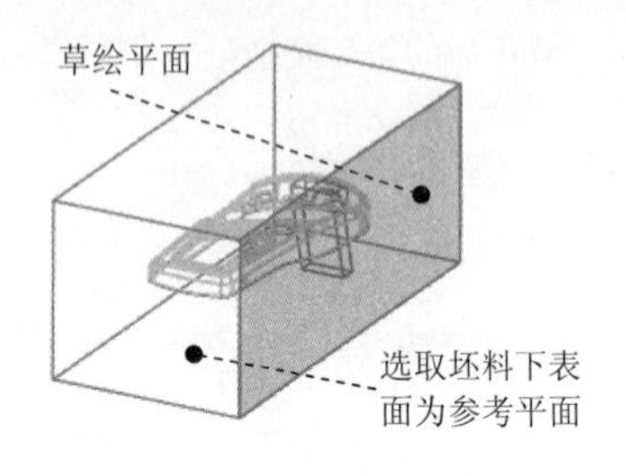

图 16.10.35　定义草绘平面

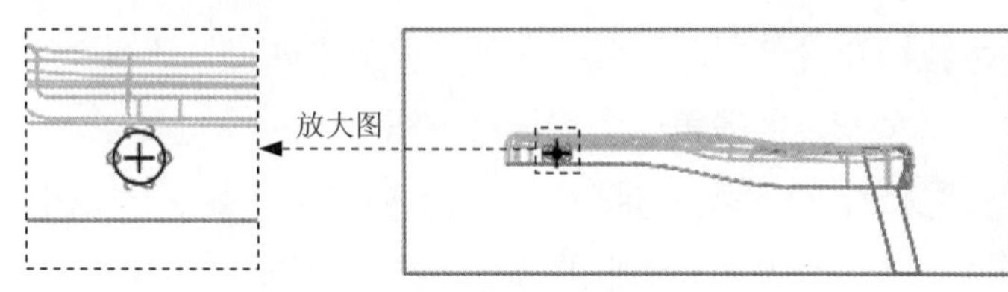

图 16.10.36　截面草图

Step 4 通过“拉伸”的方法建立拉伸曲面。单击 **分型面** 功能选项卡 形状 ▾ 区域中的 拉伸 按钮，此时系统弹出“拉伸”操控板；定义草绘截面放置属性。右击，从弹出的菜单中选择 定义内部草绘... 命令，在系统 ➡选择一个平面或曲面以定义草绘平面. 的提示下，选取图 16.10.37 所示的坯料表面为草绘平面，选取图 16.10.37 所示的坯料下表面为参考平面，方向为 底部，绘制截面草图，结果如图 16.10.38 所示；在操控板中选取深度类型，输入深度值 8.0，单击按钮调整拉伸方向；在操控板中单击 选项 按钮，在“选项”界面中选中☑封闭端复选框；在操控板中单击✔按钮，完成特征的创建。

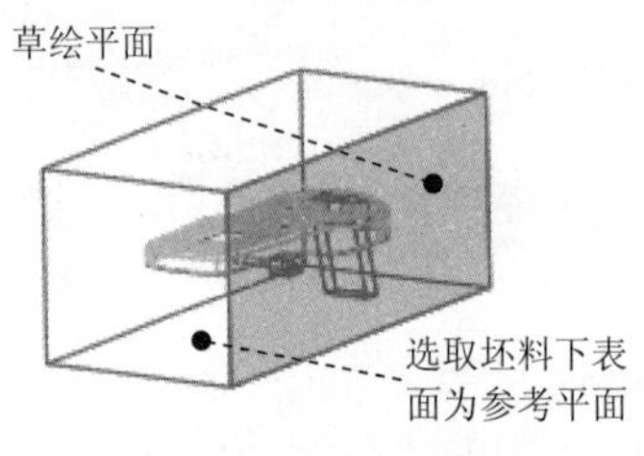

图 16.10.37　定义草绘平面

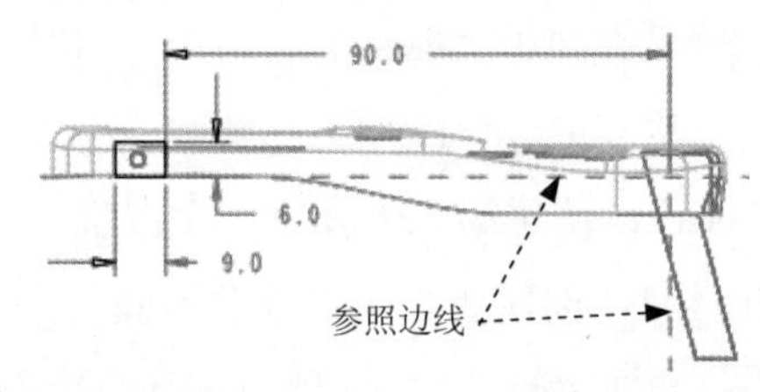

图 16.10.38　截面草图

Step 5 将 Step3 的拉伸曲面和 Step4 的拉伸曲面合并在一起。按住 Ctrl 键，选取 Step3 创建的拉伸曲面和 Step4 创建的拉伸曲面；单击 **分型面** 功能选项卡 编辑 ▾ 区域中的“合并”按钮，此时系统弹出“合并”操控板；在模型中选取要合并的面组的侧，如图 16.10.39 所示；单击按钮，预览合并后的面组，确认无误后，单击✔按钮。

Stage2. 创建第三个滑块分型面

Step 1 创建图 16.10.40 所示的镜像面组。用“列表选取”的方法选取要镜像的面组。先将鼠标指针移至模型中滑块分型面的位置右击，从快捷菜单中选取 从列表中拾取 命令。单击列表中的面组:F25(SLIDE_PS)面组，然后单击 确定(O) 按钮；单击**分型面**功能选项卡中的 编辑 ▾ 按钮，然后在下拉菜单中选择 镜像 命令；定义镜像中心平面。选择基准平面 MOLD_RIGHT 为镜像中心平面；在操控板中单击“完成”按钮✔，完成镜像特征的创建。

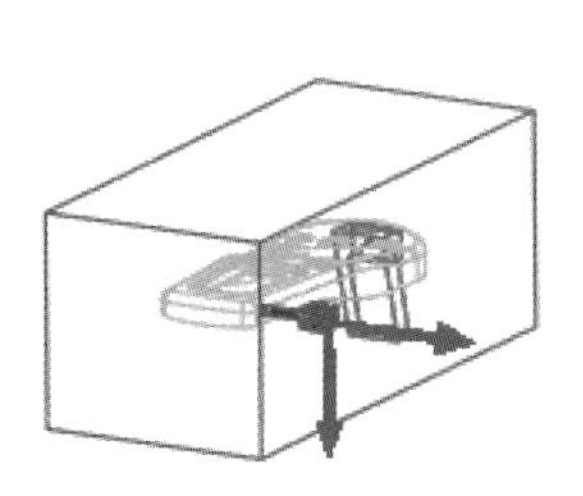

图 16.10.39　选取要合并的面组的侧

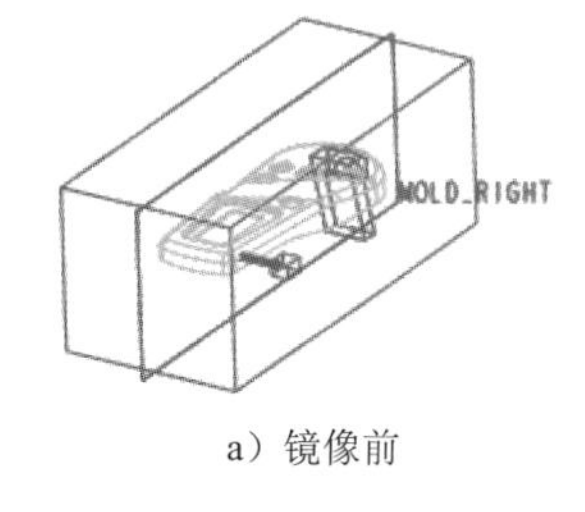

a）镜像前

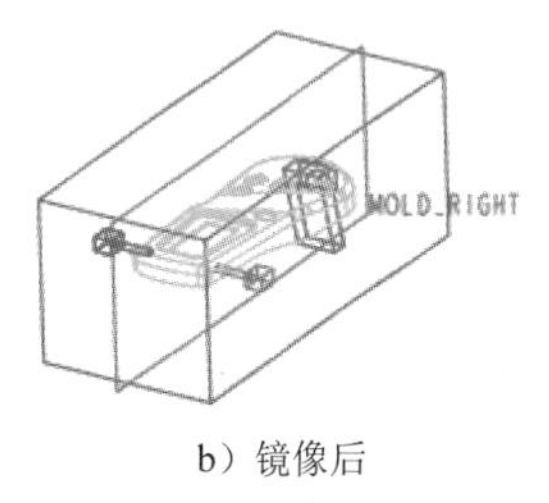

b）镜像后

图 16.10.40　镜像面组

Step 2　在“分型面”选项卡中，单击“确定”按钮✔，完成分型面的创建。

Stage3．创建第二个滑块体积块

Step 1　选择 **模具** 功能选项卡 分型面和模具体积块 ▾ 区域中的 模具体积块 ▾ ➡ 体积块分割 命令（即用“分割”的方法构建体积块）。

Step 2　在系统弹出的 ▾ SPLIT VOLUME（分割体积块）菜单中选择 One Volume（一个体积块） ➡ Mold Volume（模具体积块） ➡ Done（完成）命令。

Step 3　在系统弹出的“搜索工具”对话框中，单击列表中的面组:F17(UPPER_VOL)体积块，然后单击 >> 按钮，将其加入到 已选择 0 个项:(预期 1 个) 列表中，再单击 关闭 按钮。

Step 4　用“列表选取”的方法选取分型面。在系统◆为分割选定的模具体积块选择分型面。的提示下，将鼠标指针移至模型中分型面的位置右击，从快捷菜单中选取 从列表中拾取 命令；在系统弹出的“从列表中拾取”对话框中，单击列表中的面组:F25(SLIDE_PS)分型面，然后单击 确定(O) 按钮；单击“选择”对话框中的 确定 按钮；系统弹出图 16.10.41 所示的 ▾ 岛列表 菜单，选中 ☑ 岛2 复选框，选择 Done Sel（完成选择）命令。

说明：在上面的操作中，当用 Slide_ps 分型面分割凹模体积块后，会产生两块互不连接的体积块，这些互不连接的体积块称为 Island（岛）。在图 16.10.41 所示的 ▾ 岛列表 菜单中，有☐ 岛1 和☑ 岛2 两个岛。将鼠标指针移至岛菜单中这两个选项，模型中相应的体积块会加亮，这样很容易发现：☑ 岛2 代表第二个滑块的体积块，☐ 岛1 是凹模体积块被第二个滑块的体积块减掉所剩余的部分。

Step 5　单击“分割”对话框中的 确定 按钮。

Step 6　系统弹出图 16.10.42 所示的“属性”对话框，同时体积块的第一个销部分变亮，然后在对话框中输入名称 slide_vol_1，单击 确定 按钮。

图 16.10.41 “岛列表”菜单

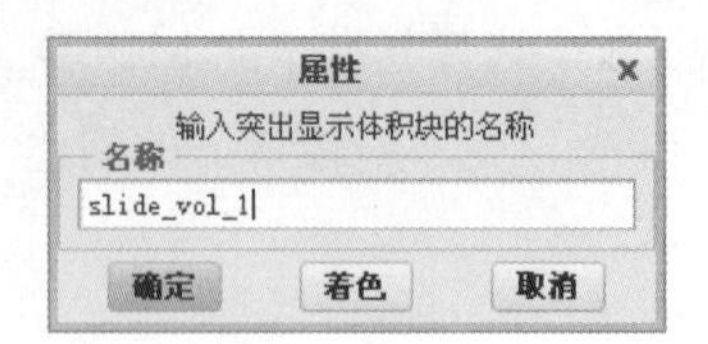

图 16.10.42 “属性”对话框

Stage4．创建第三个滑块体积块

Step 1 选择 模具 功能选项卡 分型面和模具体积块 ▼ 区域中的 模具体积块 ▼ → 体积块分割 命令，（即用“分割”的方法构建体积块）。

Step 2 在系统弹出的 ▼ SPLIT VOLUME （分割体积块） 菜单中选择 One Volume （一个体积块） → Mold Volume （模具体积块） → Done （完成） 命令。

Step 3 在系统弹出的“搜索工具”对话框中，单击列表中的 面组:F17(UPPER_VOL) 体积块，然后单击 >> 按钮，将其加入到 已选择 0 个项:(预期 1 个) 列表中，再单击 关闭 按钮。

Step 4 用“列表选取”的方法选取分型面。在系统 ➡为分割选定的模具体积块选择分型面. 的提示下，先将鼠标指针移至模型中分型面的位置右击，从快捷菜单中选取 从列表中拾取 命令；在系统弹出的“从列表中拾取”对话框中，单击列表中的 面组:F28 分型面，然后单击 确定(O) 按钮；在“选择”对话框中单击 确定 按钮，此时系统弹出 ▼ 岛列表 菜单，在菜单中选中 ☑ 岛2 复选框，然后选择 Done Sel （完成选择） 命令。

Step 5 在“分割”对话框中，单击 确定 按钮。

Step 6 系统弹出“属性”对话框，同时体积块的第二个销部分变亮，然后在对话框中输入名称 slide_vol_2，单击 确定 按钮。

Task8．抽取模具元件及生成浇注件

将浇注件命名为 remote_control_molding。

Task9．定义开模动作

Step 1 将参考零件、坯料和分型面在模型中遮蔽起来。

Step 2 开模步骤 1。

（1）移动滑块 2，输入要移动的距离值 50（如果方向相反则输入-50），结果如图 16.10.43 所示。

图 16.10.43 移动滑块 2

（2）参考步骤（1），将滑块 3 移动-50（如果方向相反则输入 50）。

Step 3 开模步骤 2：移动上模，输入要移动的距离值 100，结果如图 16.10.44 所示。

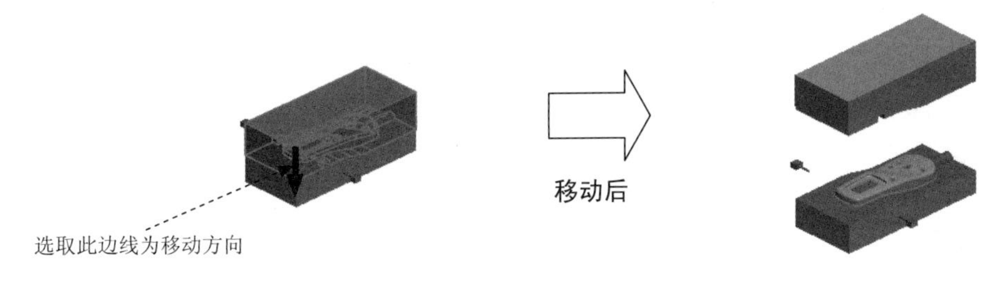

图 16.10.44　移动上模

Step 4 开模步骤 3：移动下模，输入要移动的距离值-80，结果如图 16.10.45 所示。

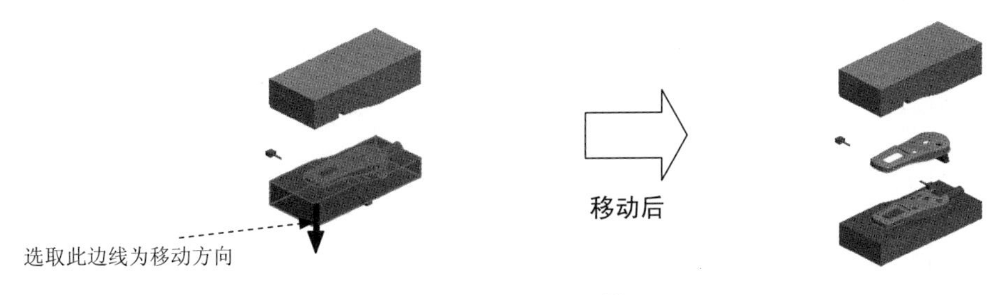

图 16.10.45　移动下模

Step 5 开模步骤 4：移动滑块 1，输入要移动的距离值-10，结果如图 16.10.46 所示。

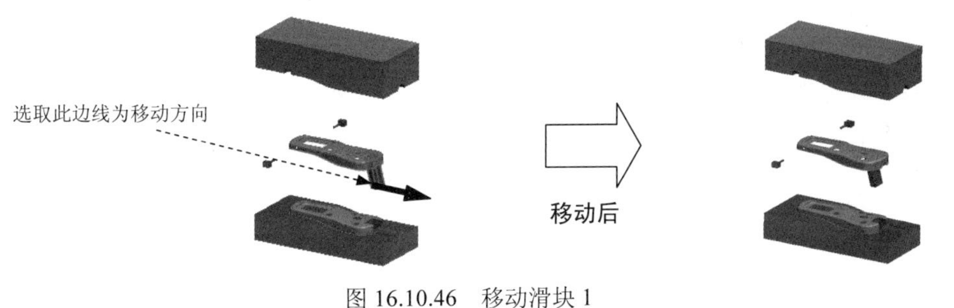

图 16.10.46　移动滑块 1

Step 6 保存设计结果。选择下拉菜单 文件 → 另存为(A) → 保存备份(B) 将对象备份到当前目录。命令，系统弹出“备份”对话框，单击 确定 按钮。

17

模具设计方法——体积块法

17.1 概述

在 Creo 模块里除了使用分型面法来进行模具设计外，还可以使用体积块的方法进行模具设计，与分型面方法相比不同的是，使用体积块法进行模具设计不需要设计分型面，直接通过零件建模的方式创建出体积块，即可抽取出模具元件，完成模具设计。本章将通过四个典型实例来说明使用体积块法进行模具设计的一般过程，并且在设计过程中巧妙地结合分型面的方法，使两者紧密结合起来，希望读者仔细体会其中的思路及技巧。

17.2 叶轮的模具设计

下面以一款叶轮的模具设计为例（图 17.2.1），讲解通过体积块法进行模具设计的一般过程。在创建该模具中的体积块时，读者需领会使用体积块法进行模具设计的优势。下面介绍该模具的设计过程。

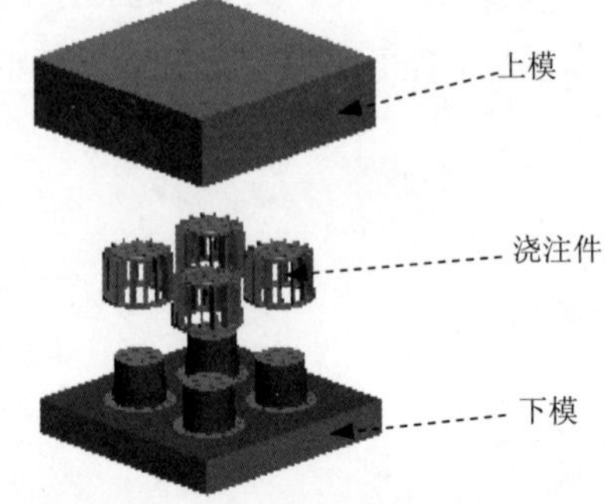

图 17.2.1　模具设计的一般过程

Task1. 新建一个模具制造模型

Step 1　将工作目录设置至 D:\creo2mo\work\ch17.02。

Step 2　新建一个模具型腔文件，命名为 impeller_mold，选取 mmns_mfg_mold 模板。

Task2. 建立模具模型

Stage1. 引入第一个参考模型

Step 1 单击 **模具** 功能选项卡 参考模型和工件 区域 参考模型 中的“小三角”按钮 ▾，然后在系统弹出的列表中选择 组装参考模型 命令，系统弹出“打开”对话框。

Step 2 从弹出的“打开”对话框中，选取三维零件模型叶轮——impeller.prt 作为参考零件模型，并将其打开。

Step 3 定义约束参考模型的放置位置。

（1）指定第一个约束。在操控板中单击 放置 按钮，在“放置”界面的“约束类型”下拉列表中选择 重合，选取参考件的 TOP 基准平面为元件参考，选取装配体的 MAIN_PARTING_PLN 基准平面为组件参考。

（2）指定第二个约束。单击 ➔新建约束 字符，在“约束类型”下拉列表中选择 距离，选取参考件的 FRONT 基准平面为元件参考，选取装配体的 MOLD_FRONT 基准平面为组件参考，在 偏移 文本框中输入数值-28.0。

（3）指定第三个约束。单击 ➔新建约束 字符，在“约束类型”下拉列表中选择 距离，选取参考件的 RIGHT 基准平面为元件参考，选取装配体的 MOLD_RIGHT 基准平面为组件参考，在 偏移 文本框中输入数值-28.0。

（4）至此，约束定义完成，在操控板中单击 ✔ 按钮，系统自动弹出“创建参考模型”对话框，单击两次 确定 按钮。

Step 4 隐藏第一个参考模型的基准平面。

为了使屏幕简洁，利用“层”的“遮蔽”功能将参考模型的三个基准平面隐藏起来。

（1）选择导航命令卡中的 ▾ ➔ 层树(L) 命令。

（2）在导航命令卡中，单击 IMPELLER_MOLD.ASM (顶级模型，活动的) 后面的 ▾ 按钮，选择 IMPELLER_MOLD_REF.PRT 参考模型。

（3）在层树中，选择参考模型的基准平面层 01___PRT_ALL_DTM_PLN，右击，在弹出的快捷菜单中选择 隐藏 命令，然后单击“重画”按钮，这样模型的基准曲线将不显示。

（4）操作完成后，选择导航命令卡中的 ▾ ➔ 模型树(M) 命令，切换到模型树状态，结果如图 17.2.2 所示。

Stage2. 引入第二个参考模型

Step 1 单击 **模具** 功能选项卡 参考模型和工件 区域 参考模型 中的“小三角”按钮 ▾，然后在系统弹出的列表中选择 创建参考模型 命令，此时系统弹出“元件创建”对话框。

Step 2 在对话框的 子类型 区域中，选中 ◉镜像 单选项，在 名称 文本框中输入 impeller_mold_ref_02，单击 确定 按钮，系统弹出“镜像零件”对话框。

Step 3 定义零件参考。在绘图区域中，选取 Stage1 引入的第一个参考模型为镜像对象。

Step 4 定义平面参考。选取装配体的 MOLD_RIGHT 基准平面为镜像平面，单击 确定 按钮，结果如图 17.2.3 所示。

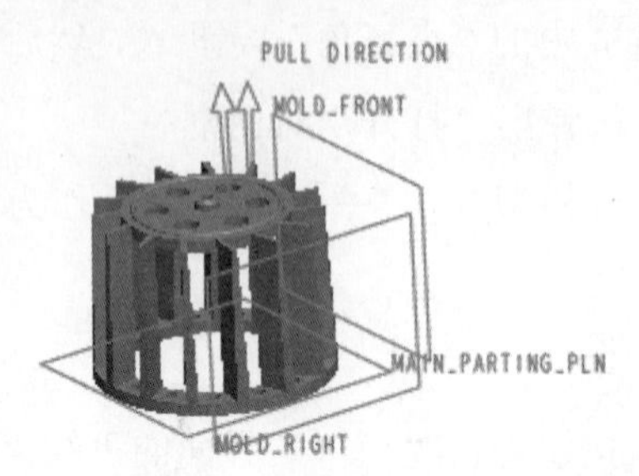

图 17.2.2 第一个参考模型组装完成后

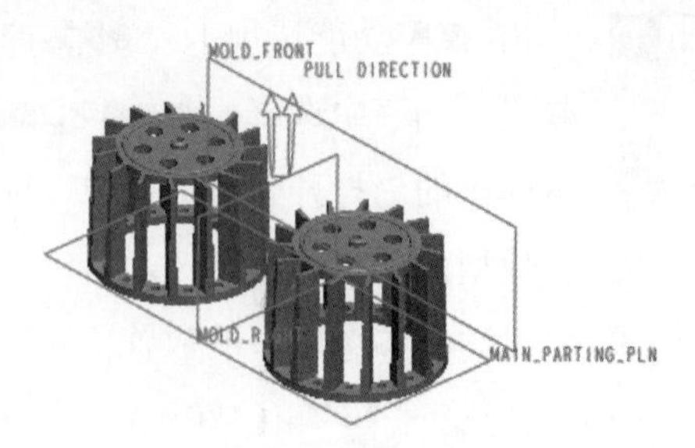

图 17.2.3 第二个参考模型组装完成后

Stage3. 引入第三个参考模型

Step 1 单击 **模具** 功能选项卡 参考模型和工件 区域 参考模型 中的“小三角”按钮 ▾，然后在系统弹出的列表中选择 创建参考模型 命令，此时系统弹出“元件创建”对话框。

Step 2 在对话框的 子类型 区域中选中 镜像 单选项，在 名称 文本框中输入 impeller_mold_ref_03，单击 确定 按钮，系统弹出“镜像零件”对话框。

Step 3 定义零件参考。在绘图区域中，选择 Stage1 引入的第一个参考模型为镜像对象。

Step 4 定义平面参考。选择装配体的 MOLD_FRONT 基准平面为镜像平面，单击 确定 按钮，结果如图 17.2.4 所示。

Stage4. 引入第四个参考模型

Step 1 单击 **模具** 功能选项卡 参考模型和工件 区域 参考模型 中的“小三角”按钮 ▾，然后在系统弹出的列表中选择 创建参考模型 命令，此时系统弹出“元件创建”对话框。

Step 2 在对话框的 子类型 区域中选中 镜像 单选项，在 名称 文本框中输入 impeller_mold_ref_04，单击 确定 按钮，系统弹出“镜像零件”对话框。

Step 3 定义零件参考。在绘图区域中，选取 Stage2 引入的第二个参考模型为镜像对象。

Step 4 定义平面参考。选取装配体的 MOLD_FRONT 基准平面为镜像平面，单击 确定 按钮，结果如图 17.2.5 所示。

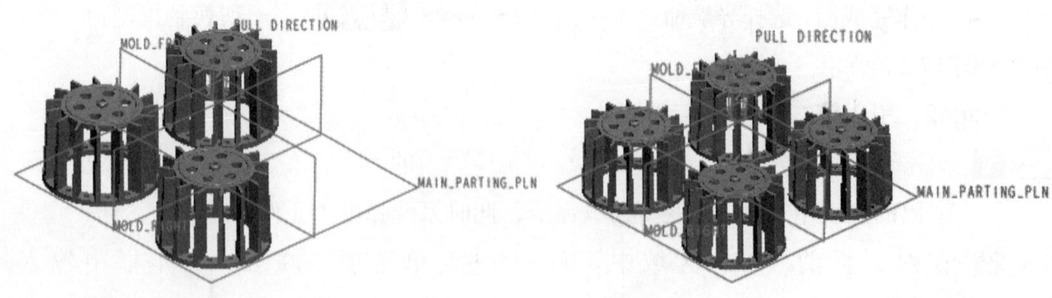

图 17.2.4 第三个参考模型组装完成后

图 17.2.5 第四个参考模型组装完成后

Stage5. 创建坯料

手动创建图 17.2.6 所示的坯料，操作步骤如下：

Step 1 单击 **模具** 功能选项卡 参考模型和工件 区域 工件 中的“小三角”按钮▼，然后在系统弹出的列表中选择 创建工件 命令，系统弹出“元件创建”对话框。

Step 2 在“元件创建”对话框中，在 类型 区域选中 ◉ 零件 单选项，在 子类型 区域选中 ◉ 实体 单选项，在 名称 文本框中，输入坯料的名称 wp，然后单击 确定 按钮。

Step 3 在弹出的“创建选项”对话框中，选中 ◉ 创建特征 单选项，然后单击 确定 按钮。

Step 4 创建坯料特征。

（1）选择命令。单击 **模具** 功能选项卡 形状 ▼ 区域中的 拉伸 按钮。此时出现“拉伸”操控板。

（2）创建实体拉伸特征。在出现的操控板中，确认“实体”按钮被按下；在绘图区中右击，从弹出的快捷菜单中选择 定义内部草绘... 命令。选择 MAIN_PARTING_PLN 基准平面作为草绘平面，草绘平面的参考平面为 MOLD_RIGHT 基准平面，方位为 右，单击 草绘 按钮，至此系统进入截面草绘环境；进入截面草绘环境后，选取 MOLD_RIGHT 基准平面和 MOLD_FRONT 基准平面为草绘参考，截面草图如图 17.2.7 所示，完成特征截面的绘制后，单击“草绘”操控板中的“确定”按钮✔；在操控板中单击 选项 选项卡，在 深度 区域 侧 1 下拉列表中选择 盲孔，输入距离值为 40；在 侧 2 下拉列表中也选择 盲孔，输入距离值为 20 并按回车键；在操控板中单击✔按钮，则完成拉伸特征的创建。

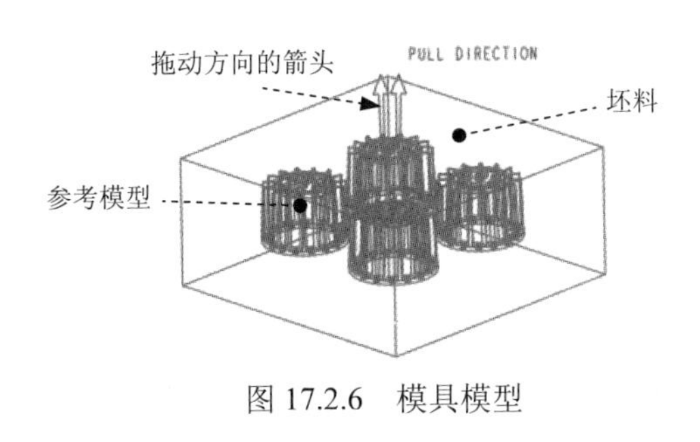

图 17.2.6 模具模型

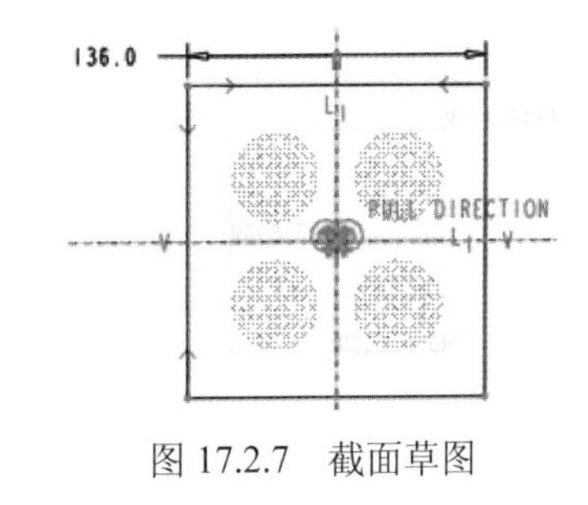

图 17.2.7 截面草图

Task3. 设置收缩率

Step 1 单击**模具**功能选项卡 生产特征 ▼ 区域中的“小三角”按钮▼，在系统弹出的下拉菜单中单击 按比例收缩 ▸后的▸按钮，然后选择 按尺寸收缩 命令，然后在模型树中选择第一个参考模型。

Step 2 系统弹出“按尺寸收缩”对话框，确认 公式 区域的 1+S 按钮被按下，在 收缩选项 区域选中 ☑ 更改设计零件尺寸 复选框，在 收缩率 区域的 比率 栏中输入收缩率 0.006，并按回车键，然后单击对话框中的 ✔ 按钮。

Step 3 单击**模具**功能选项卡 修饰符 区域中 收缩 ▼ 的“小三角”按钮▼，在系统弹出的下拉菜单中单击按尺寸收缩命令，然后在模型树中选择第二个参考模型。

Step 4 系统弹出“按尺寸收缩”对话框，确认公式区域的1+S按钮被按下，在收缩选项区域选中☑更改设计零件尺寸复选框，在收缩率区域的比率栏中输入收缩率0.006，并按回车键，然后单击对话框中的✔按钮。

Step 5 参照 Step3～Step4 对另外两个参考模型进行收缩率的设置。

Task4．创建滑块体积块

Step 1 选择命令。选择**模具**功能选项卡分型面和模具体积块▾区域中的模具体积块▾→模具体积块命令，系统弹出“编辑模具体积块”功能选项卡。

Step 2 单击“编辑模具体积块”功能选项卡基准▾区域中的“平面”按钮，系统弹出“基准平面”对话框，在绘图区域中选取 MOLD_FRONT 平面为参考平面，在偏移区域的平移文本框中输入 28，单击确定按钮，完成图 17.2.8 所示的基准面 1 的创建。

Step 3 参照上一步创建基准面 2，选取 MOLD_FRONT 平面为参考平面，偏移距离为-28，完成后的结果如图 17.2.9 所示。

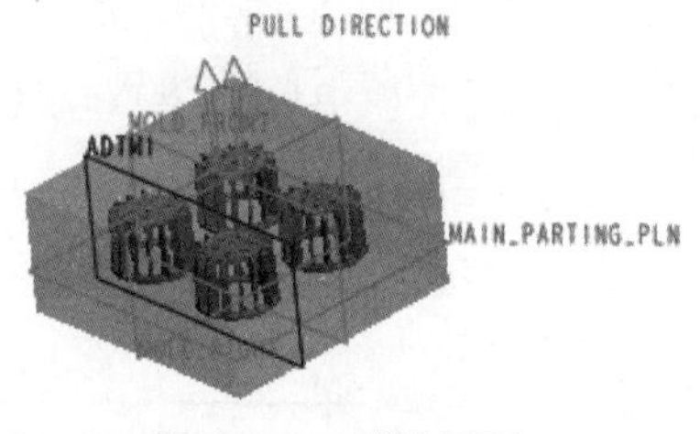

图 17.2.8 基准平面 1

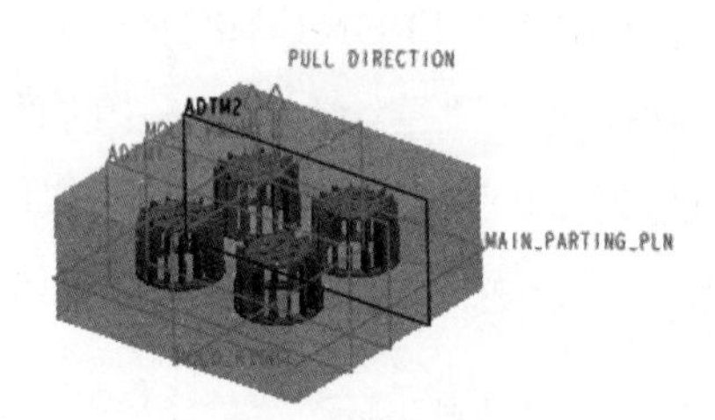

图 17.2.9 基准平面 2

Step 4 创建旋转体积快 1。

（1）选择命令。单击**编辑模具体积块**功能选项卡形状▾区域中的旋转按钮，此时系统弹出“旋转”操控板。

（2）定义草绘截面放置属性。在图形区右击，从弹出的菜单中选择定义内部草绘...命令；在系统➡选择一个平面或曲面以定义草绘平面.的提示下，选取 Step2 中创建的基准平面 1 为草绘平面，接受默认的箭头方向为草绘视图方向，然后选取 MOLD_RIGHT 平面为参考平面，方向为右。

（3）创建参考点 1。单击**模具**功能选项卡基准▾区域中的点▾按钮，系统弹出“基准点”对话框，按住 Ctrl 键选取图 17.2.10 所示的模型边线与基准面 1 为参考。

（4）创建参考点 2。具体操作可参照上一步，选取图 17.2.11 所示的参考。

（5）绘制截面草图。单击**草绘**选项卡，进入草绘环境选取第一个参考模型的 A1 轴、基准点 1、基准点 2 为参考，绘制图 17.2.12 所示的截面草图，完成截面的绘制后，单击“草绘”操控板中的“确定”按钮✔。

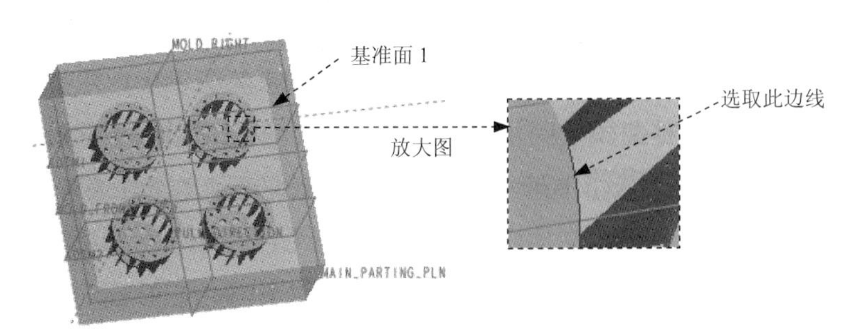

图 17.2.10　定义基准点参考

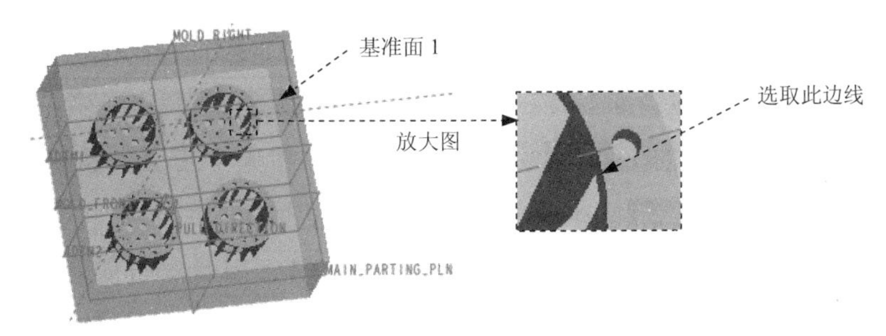

图 17.2.11　定义基准点参考

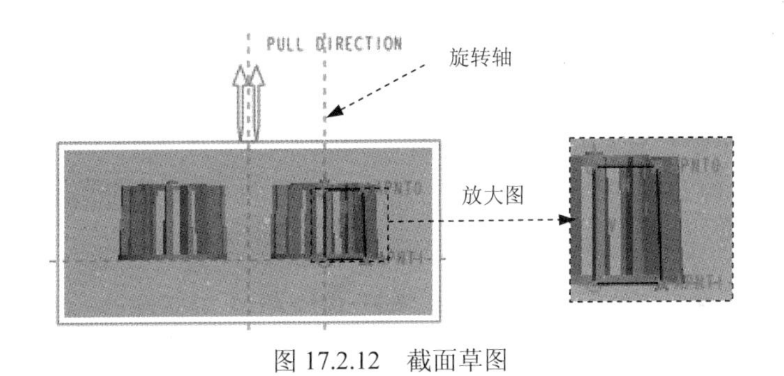

图 17.2.12　截面草图

（6）定义旋转角度参数。在操控板中，选取旋转角度类型 ⊔ （即草绘平面以指定的角度值旋转），再在角度文本框中输入角度值 360.0，并按回车键。

（7）在操控板中单击 ✓ 按钮，完成特征的创建，完成后如图 17.2.13 所示。

Step 5　参照上一步，创建其余旋转体积快，完成后如图 17.2.14 所示。

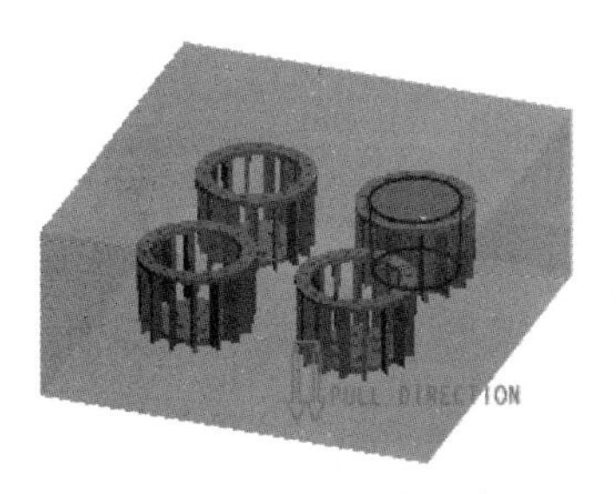

图 17.2.13　旋转体积块 1

图 17.2.14　旋转其余体积块

Task5. 创建下模体积块

Step 1 单击**编辑模具体积块**功能选项卡 形状 ▾ 区域中的 拉伸 按钮，此时系统弹出“拉伸”操控板，选取图 17.2.15 所示的毛坯表面为草绘平面，接受默认的箭头方向为草绘视图方向，然后选取图 17.2.15 所示的毛坯侧面为参考平面，方向为 右 。

Step 2 绘制图 17.2.16 所示的截面草图，单击“草绘”操控板中的“确定”按钮✔。

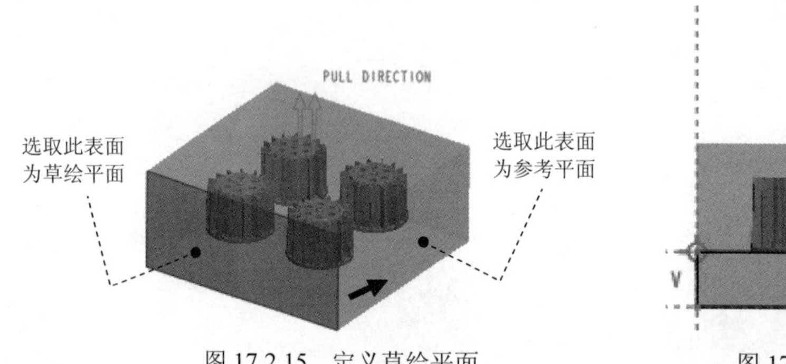

图 17.2.15 定义草绘平面

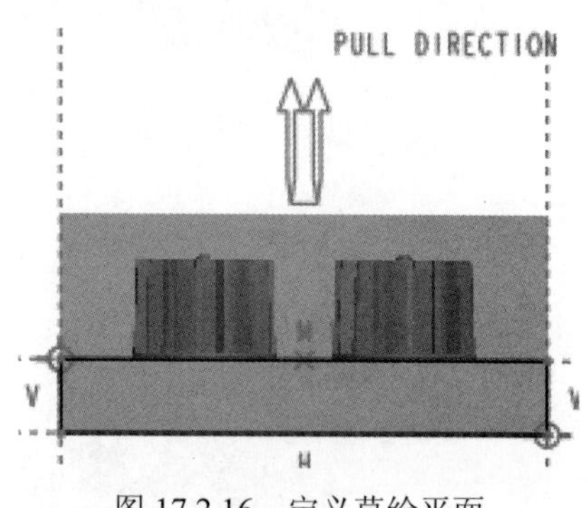

图 17.2.16 定义草绘平面

Step 3 定义深度类型。在操控板单击 按钮，选取深度类型 (给定深度)，在文本框中输入数值 136.0。

Step 4 在操控板中单击 ✔ 按钮，完成特征的创建。

Step 5 在“编辑模具体积块”选项卡中，单击“确定”按钮 ✔，完成体积块的创建。

Task6. 分割上下模体积块

Step 1 选择 **模具** 功能选项卡 分型面和模具体积块 ▾ 区域中的 模具体积块 ▾ ➡ 体积块分割 命令，系统弹出“分割体积块”菜单。

Step 2 在系统弹出的 ▾ SPLIT VOLUME (分割体积块) 菜单中，依次选择 Two Volumes (两个体积块) ➡ All Wrkpcs (所有工件) ➡ Done (完成) 命令。此时系统弹出“分割”对话框和“选择”对话框。

Step 3 定义分割对象。选择 Task4 与 Task5 创建的体积块为分割对象，单击“选择”对话框中的 确定 按钮。

Step 4 在“分割”对话框中单击 确定 按钮。

Step 5 此时，系统弹出“属性”对话框，同时模型的下半部分变亮，在该对话框中单击 着色 按钮，着色后的模型如图 17.2.17 所示，然后在对话框中输入名称 lower_vol，单击 确定 按钮。

Step 6 此时，系统弹出“属性”对话框，同时模型的上半部分变亮，在该对话框中单击 着色 按钮，着色后的模型如图 17.2.18 所示，然后在对话框中输入名称 upper_vol，单击 确定 按钮。

图 17.2.17　着色后的下半部分体积块

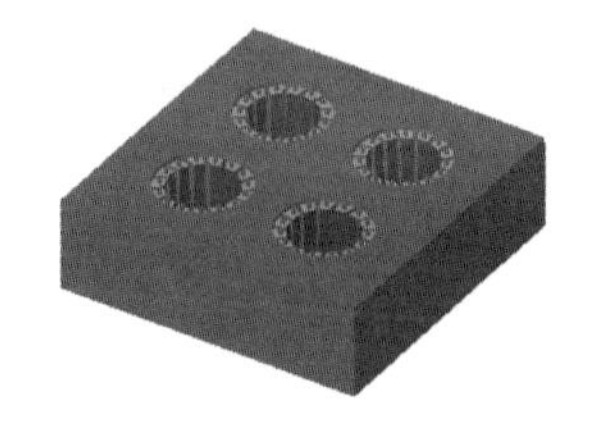

图 17.2.18　着色后的上半部分体积块

Task7. 抽取模具元件

Step 1　选择 **模具** 功能选项卡 元件 ▾ 区域中 模具元件 ▾ ➡ 型腔镶块 命令，系统弹出“创建模具元件”对话框。

Step 2　在系统弹出的“创建模具元件”对话框中选取体积块 LOWER_VOL 和 UPPER_VOL，然后单击 确定 按钮。

Step 3　选择 **模具** 功能选项卡 元件 ▾ 区域中的 创建铸模 命令，输入零件名称为 impeller_molding，然后单击两次 ✓ 按钮。

Task8. 定义开模动作

Step 1　将参考零件、坯料和体积块在模型中遮蔽起来。

Step 2　开模步骤 1：移动上模。选取图 17.2.19 所示的边线为移动方向，输入要移动的距离值 100.0（如果方向相反则输入-100.0），完成后如图 17.2.20 所示。

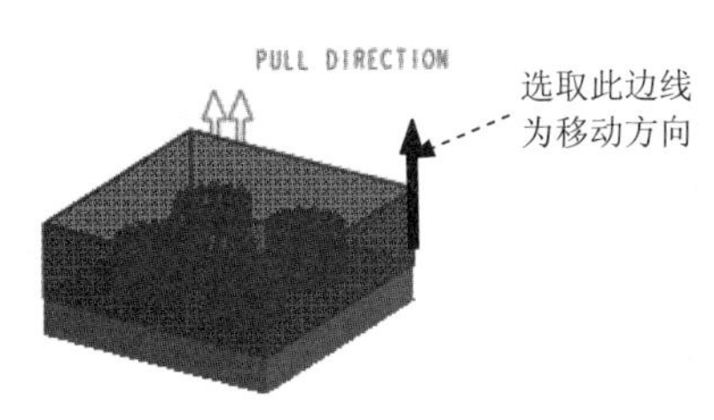

图 17.2.19　选取移动方向

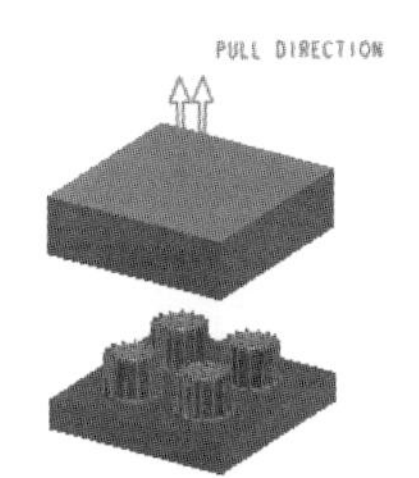

图 17.2.20　移动上模

Step 3　开模步骤 2：移动下模。输入要移动的距离值-60（如果方向相反则输入 60.0），结果如图 17.2.21 所示。

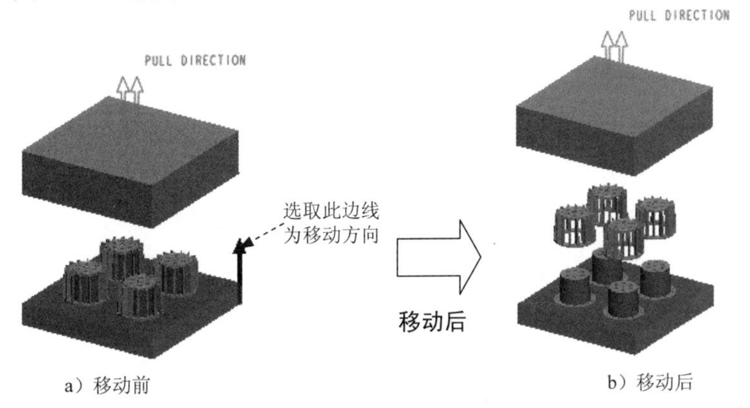

a）移动前　　b）移动后

图 17.2.21　移动下模

Step 4 保存设计结果。选择下拉菜单 文件 ➡ 保存 命令。

17.3 塑料凳的模具设计

下面将介绍一款塑料板凳的模具设计过程，如图 17.3.1 所示。在创建该模具中的体积块时，可以对种子面和边界面的选取有进一步的认识。下面介绍该副模具的设计过程。

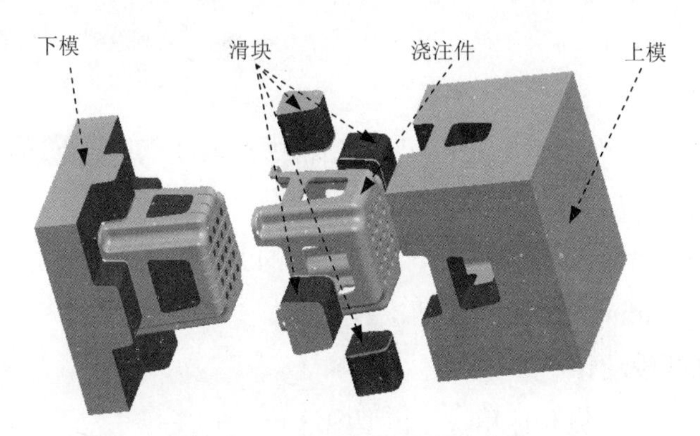

图 17.3.1 塑料板凳的模具设计

Task1. 新建一个模具制造模型

Step 1 将工作目录设置至 D:\creo2mo\work\ch17.03。

Step 2 新建一个模具型腔文件，命名为 plastic_stool_mold，选取 mmns_mfg_mold 模板。

Task2. 建立模具模型

Stage1. 引入参考模型

Step 1 单击 **模具** 功能选项卡 参考模型和工件 区域 参考模型 中的“小三角”按钮 ▾，然后在系统弹出的列表中选择 装配参考模型 命令，系统弹出“打开”对话框。

Step 2 从弹出的“打开”对话框中，选取三维零件模型塑料板凳——plastic_stool.prt 作为参考零件模型，并将其打开。

Step 3 系统弹出“元件放置”操控板，在“约束类型”下拉列表框中选择 默认，将参考模型按默认放置，再在操控板中单击 ✔ 按钮。

Step 4 在“创建参考模型”对话框中选中 ◉ 按参考合并 单选项，然后在 参考模型 区域的 名称 文本框中采用默认的名称，再单击 确定 按钮。

Stage2. 创建坯料

手动创建图 17.3.2 所示的坯料，操作步骤如下：

Step 1 单击 **模具** 功能选项卡 参考模型和工件 区域 工件 中的“小三角”按钮 ▾，然后在系统弹出的列表中选择 创建工件 命令，系统弹出“元件创建”对话框。

Step 2 在弹出的“元件创建”对话框中选中 类型 区域中的 ◉ 零件 单选项，选中 子类型 区

域中的 ◉ 实体 单选项，在名称 文本框中输入坯料的名称 plastic_stool_wp，单击 确定 按钮。

Step 3 在弹出的“创建选项”对话框中选中 ◉ 创建特征 单选项，然后单击 确定 按钮。

Step 4 创建坯料特征。

（1）选择命令。单击 **模具** 功能选项卡 形状 ▾ 区域中的 拉伸 按钮。此时出现“拉伸”操控板。

（2）创建实体拉伸特征。在出现的操控板中，确认“实体”按钮 被按下；在绘图区中右击，从弹出的快捷菜单中选择 定义内部草绘... 命令。选择 MOLD_FRONT 基准平面为草绘平面，草绘平面的参考平面为 MOLD_RIGHT 基准平面，方位为 右，单击 草绘 按钮，至此系统进入截面草绘环境；选取 MOLD_RIGHT 基准平面和 MOLD_PARTING_PLN 基准平面为草绘参考，截面草图如图 17.3.3 所示，完成特征截面的绘制后，单击“草绘”操控板中的“确定”按钮✔；在操控板中选取深度类型 （即“对称”），再在深度文本框中输入深度值 500.0，并按回车键；在操控板中单击✔按钮，则完成特征的创建。

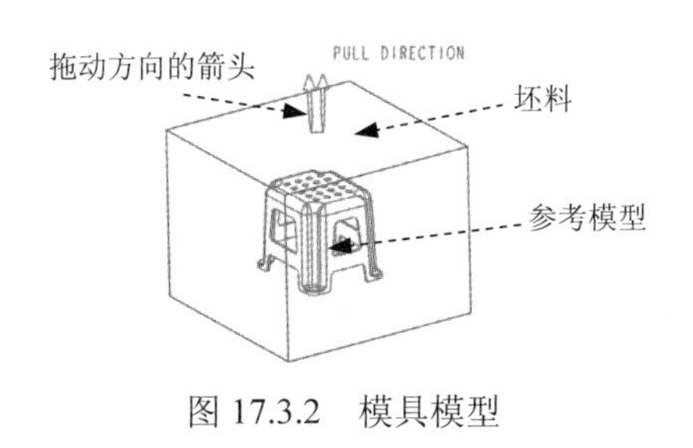

图 17.3.2 模具模型

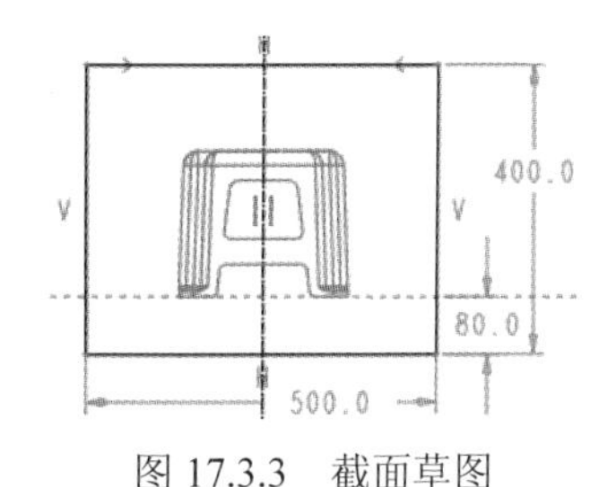

图 17.3.3 截面草图

Task3. 设置收缩率

将参考模型的收缩率设置为 0.006。

Task4. 创建下模体积块

Step 1 选择命令。选择 **模具** 功能选项卡 分型面和模具体积块 ▾ 区域中的 模具体积块 ▾ ➡ 模具体积块 命令，系统弹出“编辑模具体积块”功能选项卡。

Step 2 拉伸体积块。

（1）选择命令。单击**编辑模具体积块** 功能选项卡 形状 ▾ 区域中的 拉伸 按钮，此时系统弹出“拉伸”操控板。

（2）定义草绘截面放置属性。在图形区右击，从弹出的菜单中选择 定义内部草绘... 命令，在系统 ➧选择一个平面或曲面以定义草绘平面. 的提示下，选取图 17.3.4 所示的毛坯表面为草绘平面，接受默认的箭头方向为草绘视图方向，然后选取图 17.3.4 所示的毛坯侧面为参考平面，方向为 右。

（3）截面草图。进入草绘环境后，选取图 17.3.5 所示的毛坯边线和凳子底面为参考，绘制图 17.3.5 所示的截面草图（为一矩形），完成截面的绘制后，单击“草绘”操控板中的

"确定"按钮✔。

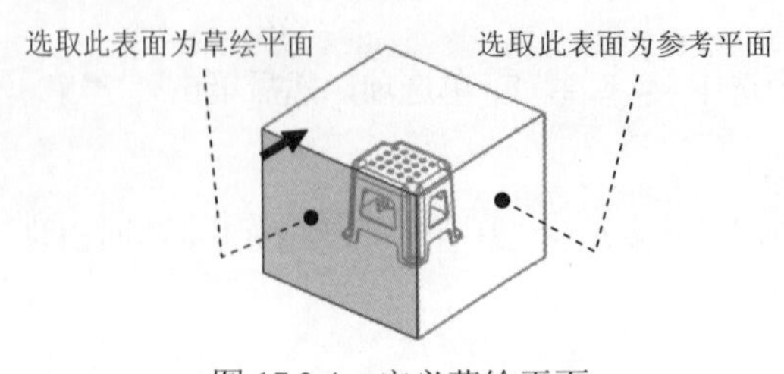

图 17.3.4 定义草绘平面

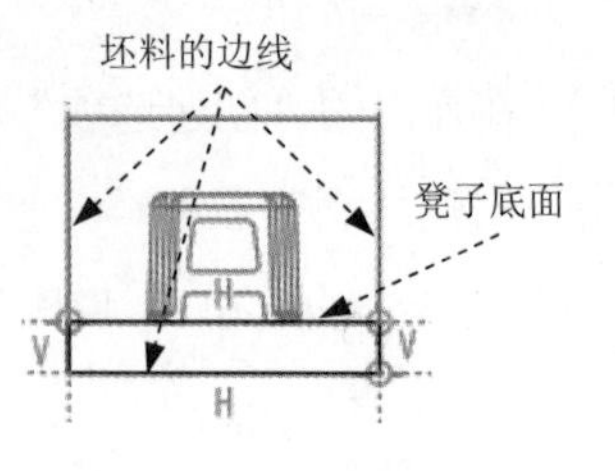

图 17.3.5 截面草图

（4）定义深度类型。在操控板中选取深度类型⊥（到选定的），选择草绘平面的对面为拉伸终止面。

（5）在操控板中单击✔按钮，完成特征的创建。

Step 3 收集体积块。

（1）选择命令。单击"编辑模具体积块"功能选项卡 体积块工具 ▼ 区域中的"收集体积块工具"按钮，此时系统弹出"聚合体积块"菜单管理器。

（2）定义选取步骤。在"聚合步骤"菜单中选中 Select（选择）、Fill（填充） 和 Close（封闭）复选框，单击 Done（完成）命令，此时系统显示"聚合选取"菜单。

（3）定义聚合选取。

① 在"聚合选取"菜单中选择 Surfaces（曲面） → Done（完成）命令。

说明：为了方便后面选取曲面，这里可以将毛坯和前面创建的体积块遮蔽起来。

② 选取曲面。按住 Ctrl 键，选取凳子的所有内表面和底面，如图 17.3.6 所示。单击 确定 → Done Refs（完成参考）按钮，此时系统显示"聚合填充"菜单。

注意：凳子的内表面存在较多的曲面，读者在学习此处时应仔细选取，不能有遗漏的面。

③ 定义填充曲面。按住 Ctrl 键，选取凳子的的内底面（表面 2）和四个内侧的表面（表面 1、3、4 和 5）为填充面，如图 17.3.7 所示，单击 确定 → Done Refs（完成参考） → Done/Return（完成/返回）命令，此时系统显示"封合"菜单。

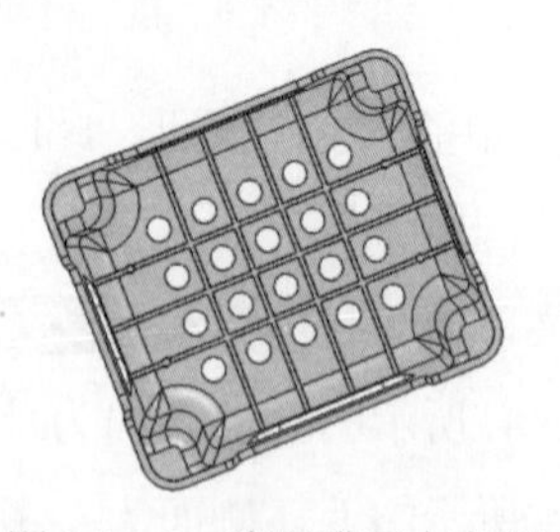

图 17.3.6 选取凳子内表面

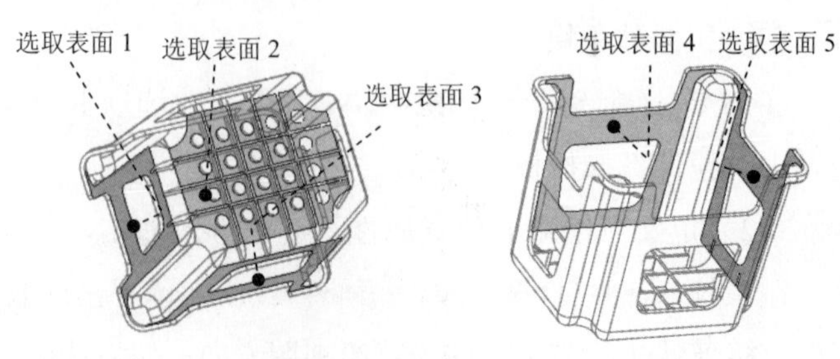

图 17.3.7 定义填充曲面

（4）定义封合类型。在"封合"菜单中选中 Cap Plane（顶平面） → All Loops（全部环）复选框，单击 Done（完成）命令，此时系统显示"封闭环"菜单。

说明：此处需要将前面遮蔽的坯料零件 PLASTIC_STOOL_WP 和体积块 MOLD_VOL_1 去除遮蔽。

（5）定义封闭环。根据系统提示 选择或创建一平面，盖住闭合的体积块.，选取图 17.3.8 所示的平面为封闭面，此时系统显示“封合”菜单，在菜单栏中单击 Done (完成) 命令；再根据系统提示 选择或创建一平面，盖住闭合的体积块.，选取图 17.3.8 所示的平面为封闭面，单击 Done/Return (完成/返回) → Done (完成) 命令。完成收集体积块创建，结果如图 17.3.9 所示。

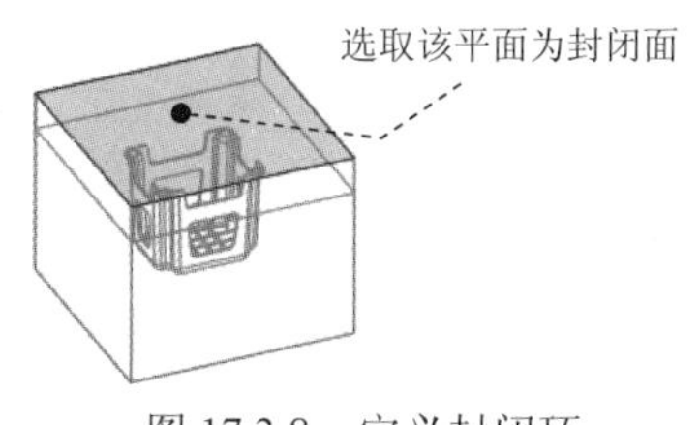

图 17.3.8　定义封闭环

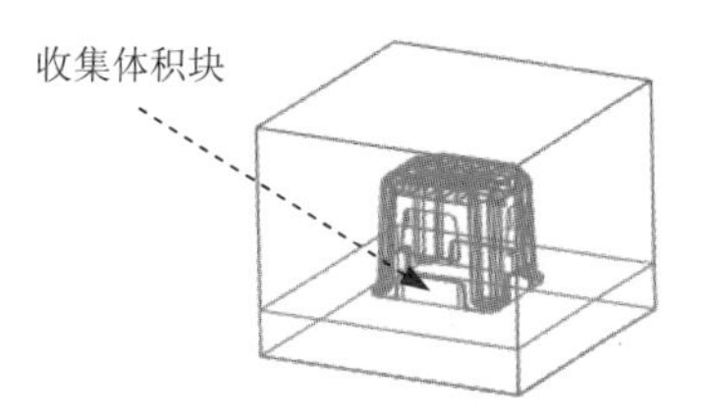

图 17.3.9　收集体积块

Step 4　添加四个体积块。

（1）添加图 17.3.10 所示的体积块 1。单击**编辑模具体积块**功能选项卡 形状 ▾ 区域中的 拉伸 按钮，此时系统弹出“拉伸”操控板；在图形区右击，从弹出的菜单中选择 定义内部草绘... 命令，在系统 选择一个平面或曲面以定义草绘平面. 的提示下，选取图 17.3.11 所示的毛坯表面为草绘平面，接受默认的箭头方向为草绘视图方向，然后选取图 17.3.11 所示的毛坯侧面为参考平面，方向为 右；进入草绘环境后，不需要选取参考，绘制图 17.3.12 所示的截面草图，完成截面的绘制后，单击“草绘”操控板中的“确定”按钮 ✔；在操控板中选取深度类型 ⊥⊥（到选定的），选取凳子的内侧面为拉伸终止面，如图 17.3.13 所示；在操控板中单击 ✔ 按钮，完成特征的创建。

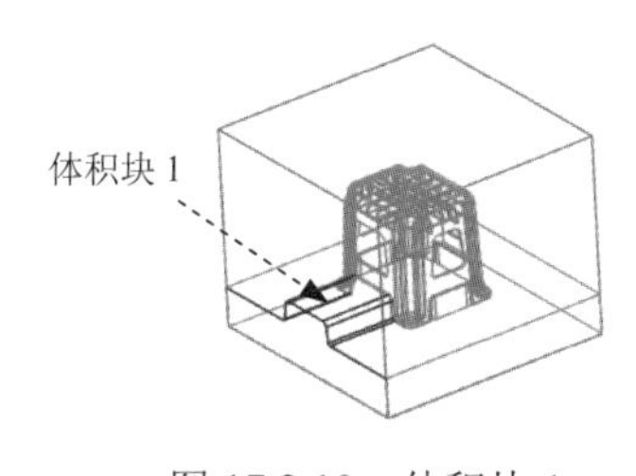

图 17.3.10　体积块 1

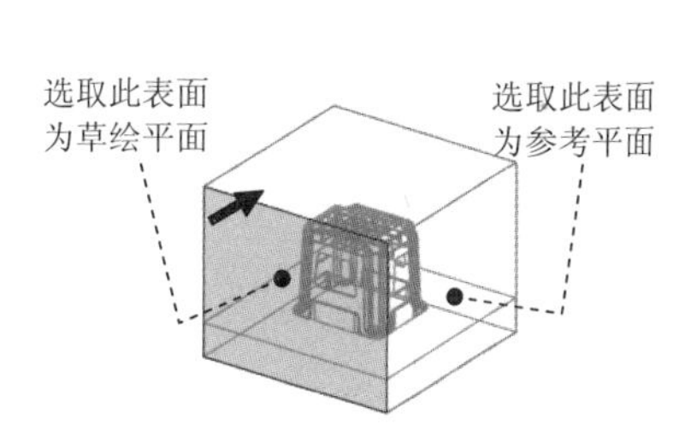

图 17.3.11　定义草绘平面

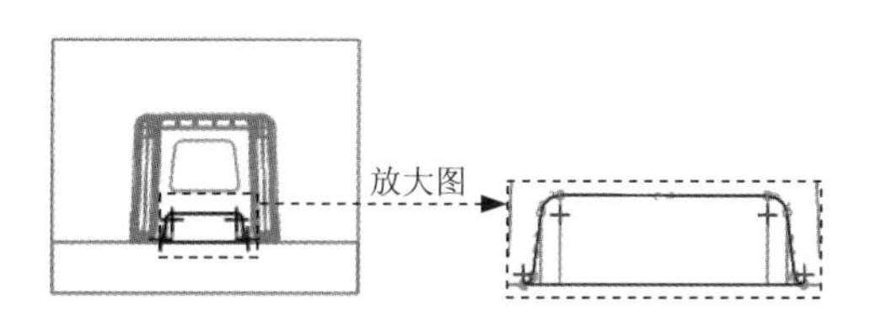

图 17.3.12　截面草图

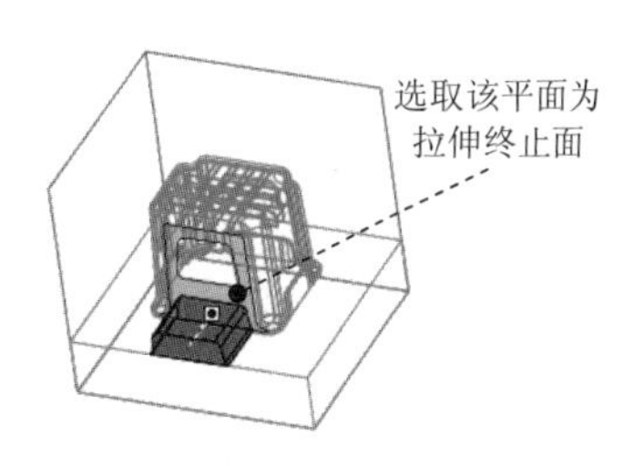

图 17.3.13　定义拉伸终止面

（2）添加图 17.3.14 所示的体积块 2。

① 单击**编辑模具体积块**功能选项卡 形状 ▾ 区域中的 拉伸 按钮，选取图 17.3.15 所示的毛坯表面为草绘平面，接受默认的箭头方向为草绘视图方向，然后选取图 17.3.15 所示的毛坯侧面为参考平面，方向为 右 。

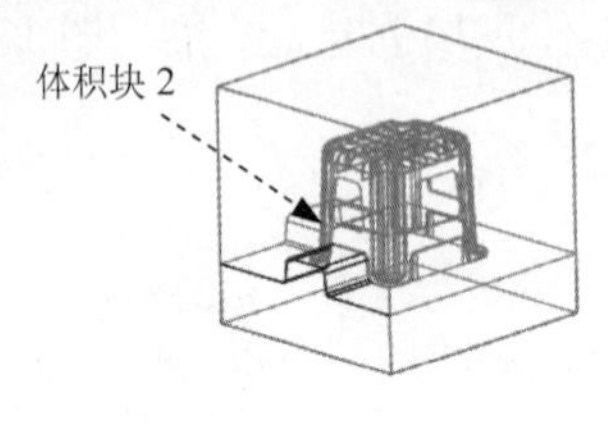

图 17.3.14 体积块 2

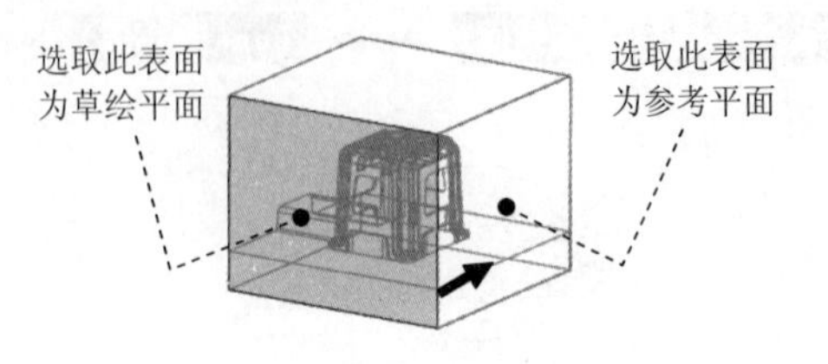

图 17.3.15 定义草绘平面

② 绘制图 17.3.16 所示的截面草图，单击“草绘”操控板中的“确定”按钮✔，在操控板中选取深度类型 ⊥⊥（到选定的），选取凳子的内侧面为拉伸终止面，如图 17.3.17 所示。

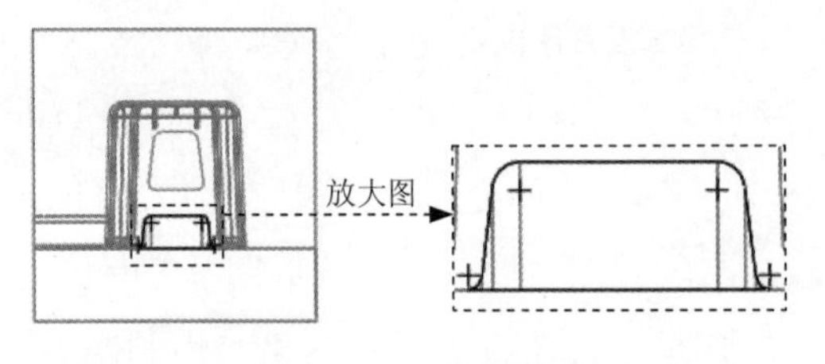

图 17.3.16 截面草图

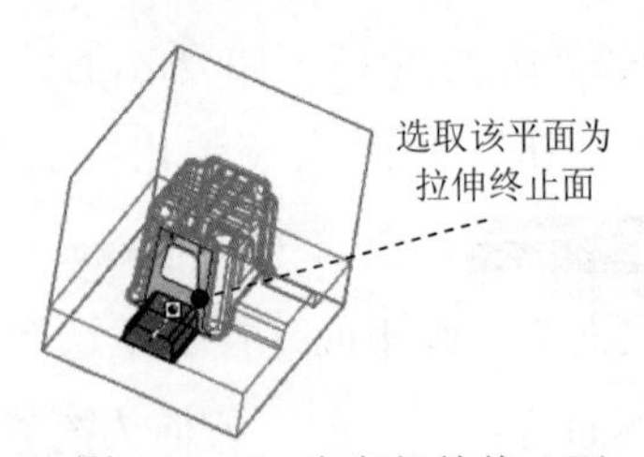

图 17.3.17 定义拉伸终止面

（3）添加图 17.3.18 所示的体积块 3。

① 单击**编辑模具体积块**功能选项卡 形状 ▾ 区域中的 拉伸 按钮，选取图 17.3.19 所示的毛坯表面为草绘平面，接受默认的箭头方向为草绘视图方向，然后选取图 17.3.19 所示的毛坯侧面为参考平面，方向为 右 。

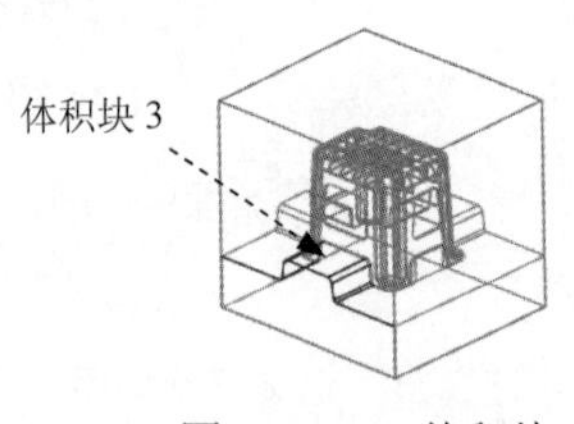

图 17.3.18 体积块 3

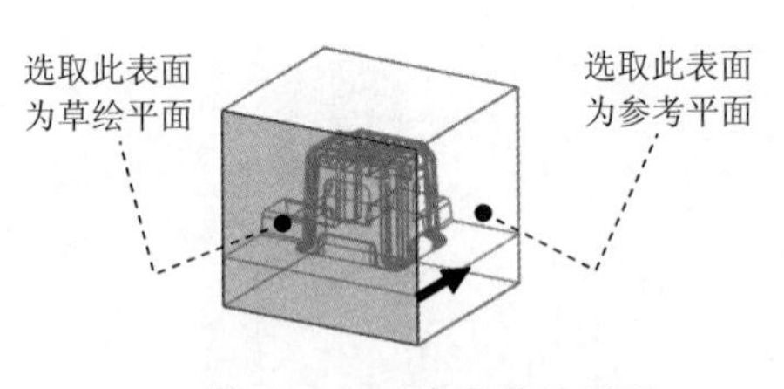

图 17.3.19 定义草绘平面

② 绘制图 17.3.20 所示的截面草图，单击“草绘”操控板中的“确定”按钮✔，在操控板中选取深度类型 ⊥⊥（到选定的），选取凳子的内侧面为拉伸终止面，如图 17.3.21 所示。

（4）添加图 17.3.22 所示的体积块 4。

① 单击**编辑模具体积块**功能选项卡 形状 ▾ 区域中的 拉伸 按钮，选取图 17.3.23 所示的毛坯表面为草绘平面，接受默认的箭头方向为草绘视图方向，然后选取图 17.3.23 所示的毛坯侧面为参考平面，方向为 右 。

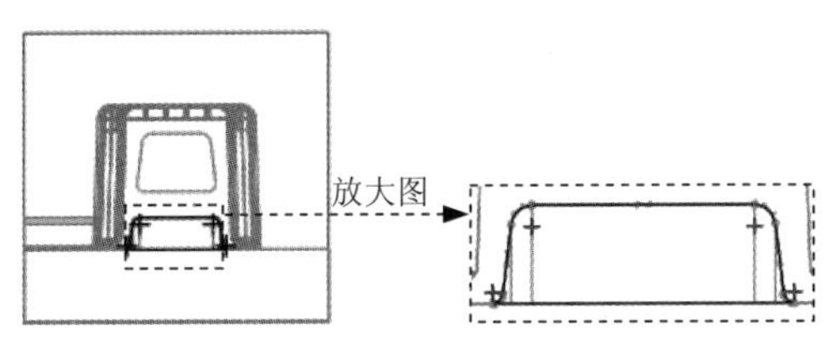

图 17.3.20　截面草图

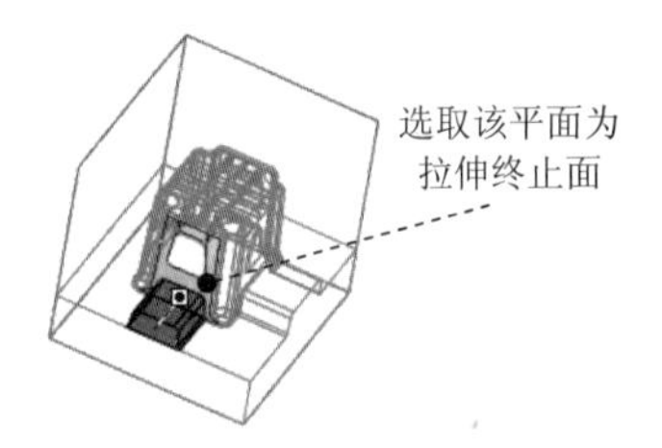

图 17.3.21　定义拉伸终止面

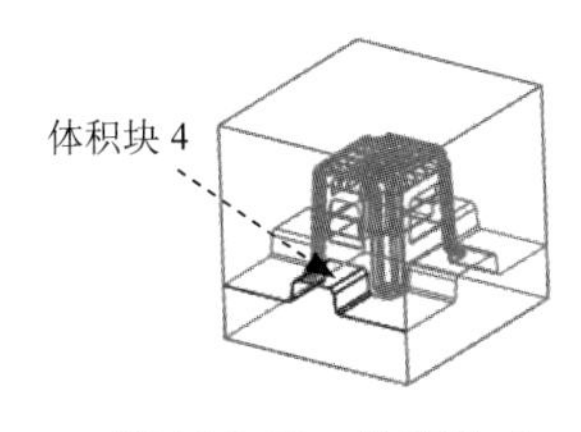

图 17.3.22　体积块 4

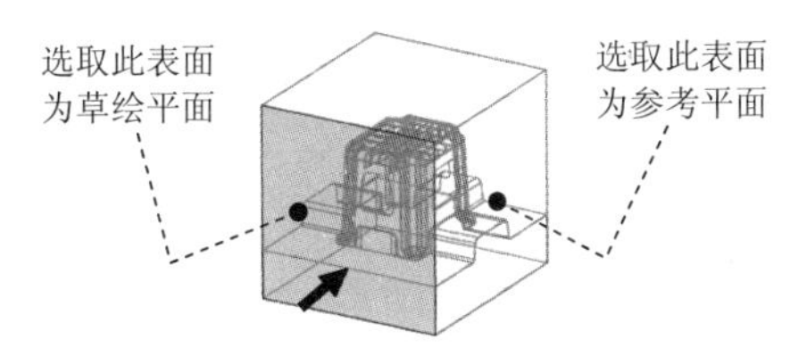

图 17.3.23　定义草绘平面

② 绘制图 17.3.24 所示的截面草图，单击“草绘”操控板中的“确定”按钮✔，在操控板中选取深度类型⊥（到选定的），选取凳子的内侧面为拉伸终止面，如图 17.3.25 所示。

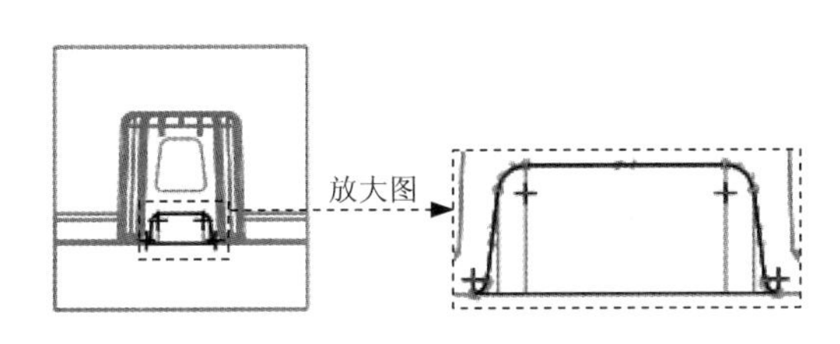

图 17.3.24　截面草图

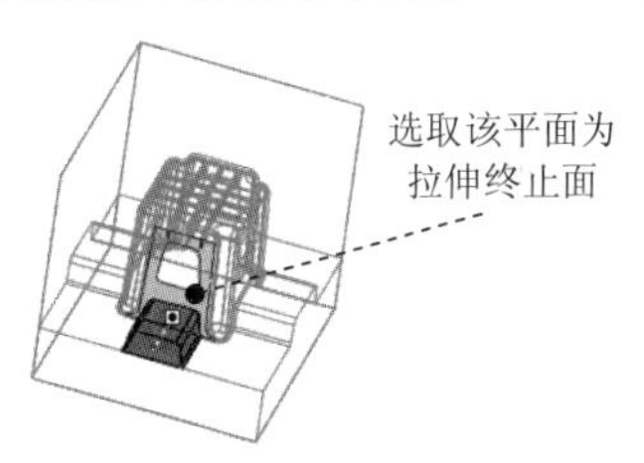

图 17.3.25　定义拉伸终止面

Step 5　在“编辑模具体积块”选项卡中，单击“确定”按钮✔，完成下模体积块的创建。

Task5．创建滑块体积块

Step 1　创建图 17.3.26 所示的滑块体积块 1。

（1）选择命令。选择 **模具** 功能选项卡 分型面和模具体积块 ▾ 区域中的 模具体积块 ▾ ➡ 模具体积块 命令，系统进入体积块创建模式。

（2）单击**编辑模具体积块** 功能选项卡 形状 ▾ 区域中的 拉伸 按钮，选取图 17.3.27 所示的毛坯表面为草绘平面，接受默认的箭头方向为草绘视图方向，然后选取图 17.3.27 所示的毛坯侧面为参考平面，方向为 右 。

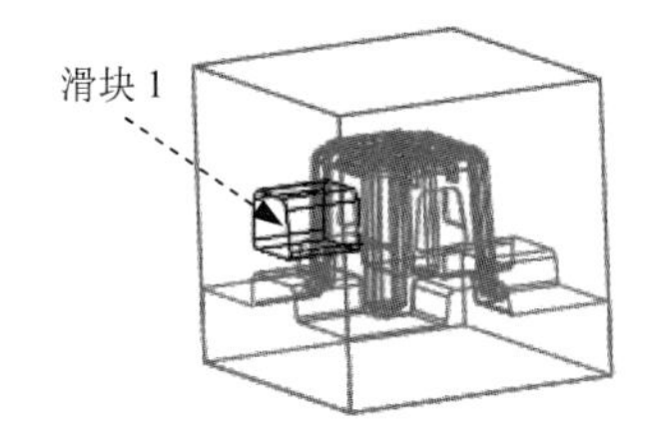

图 17.3.26　滑块体积块 1

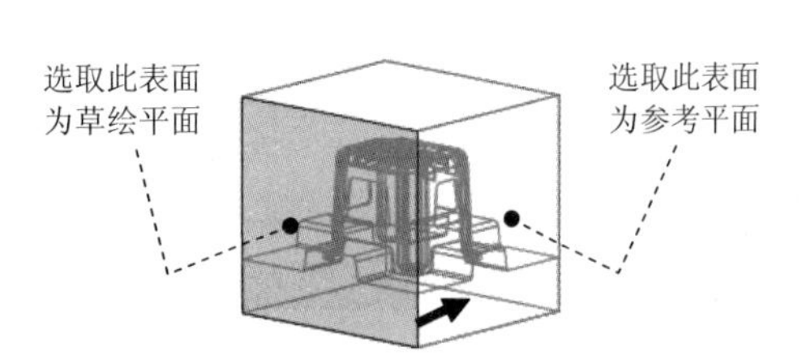

图 17.3.27　定义草绘平面

（3）绘制图 17.3.28 所示的截面草图，单击“草绘”操控板中的“确定”按钮✔，在操控板中选取深度类型⊥⊥（到选定的），选取凳子的内侧面为拉伸终止面。

（4）在操控板中单击✔按钮，完成特征的创建。

（5）在“编辑模具体积块”选项卡中，单击“确定”按钮✔，完成滑块体积块 1 的创建。

Step 2　创建图 17.3.29 所示的滑块体积块 2。

（1）选择命令。选择 **模具** 功能选项卡 分型面和模具体积块 ▾ 区域中的 模具体积块 ▾ → 模具体积块 命令，系统进入体积块创建模式。

（2）单击 **编辑模具体积块** 功能选项卡 形状 ▾ 区域中的 拉伸 按钮，选取图 17.3.30 所示的毛坯表面为草绘平面，接受默认的箭头方向为草绘视图方向，然后选取图 17.3.30 所示的毛坯侧面为参考平面，方向为 右 。

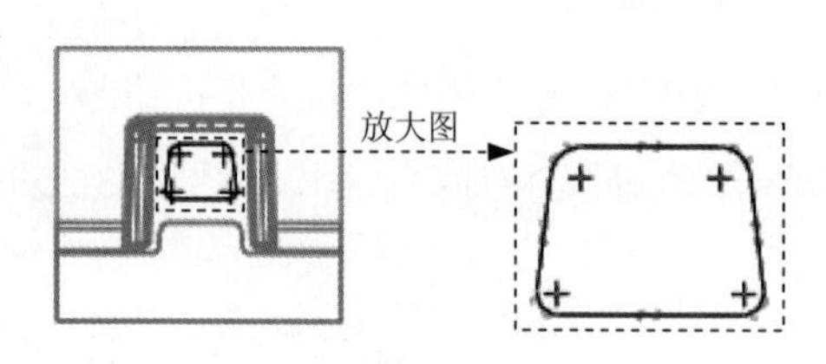

图 17.3.28　定义草绘平面

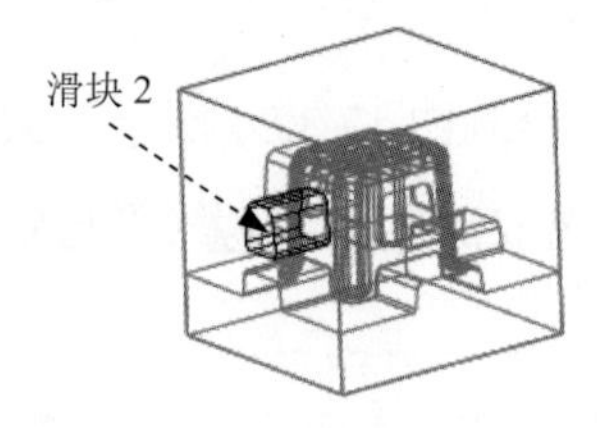

图 17.3.29　滑块体积块 2

（3）绘制图 17.3.31 所示的截面草图，单击“草绘”操控板中的“确定”按钮✔，在操控板中选取深度类型⊥⊥（到选定的），选取凳子的内侧面为拉伸终止面。

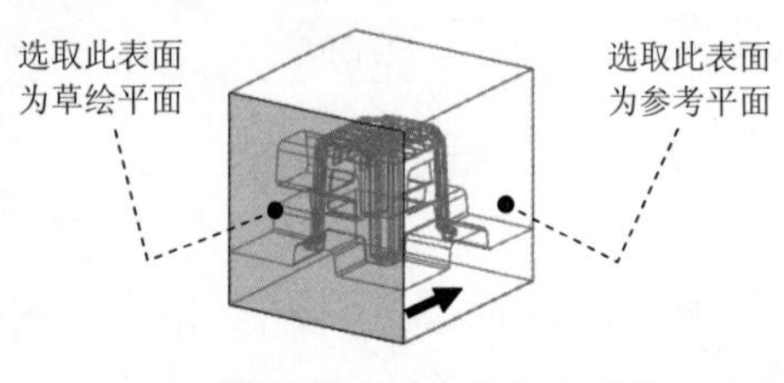

图 17.3.30　定义草绘平面

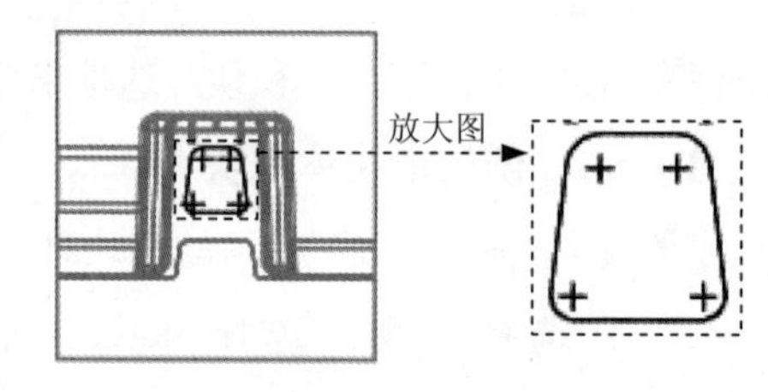

图 17.3.31　定义草绘平面

（4）在操控板中单击✔按钮，完成特征的创建。

（5）在“编辑模具体积块”选项卡中，单击“确定”按钮✔，完成滑块体积块 2 的创建。

Step 3　创建图 17.3.32 所示的滑块体积块 3。

（1）选择命令。选择 **模具** 功能选项卡 分型面和模具体积块 ▾ 区域中的 模具体积块 ▾ → 模具体积块 命令，系统进入体积块创建模式。

（2）单击 **编辑模具体积块** 功能选项卡 形状 ▾ 区域中的 拉伸 按钮，选取图 17.3.33 所示的毛坯表面为草绘平面，接受默认的箭头方向为草绘视图方向，然后选取图 17.3.33 所示的毛坯侧面为参考平面，方向为 右 。

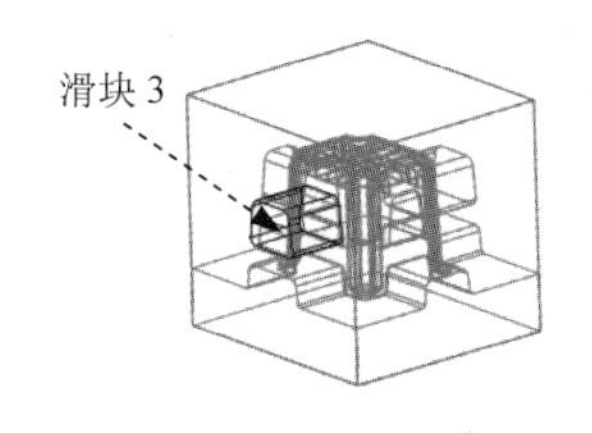

图 17.3.32　滑块体积块 3

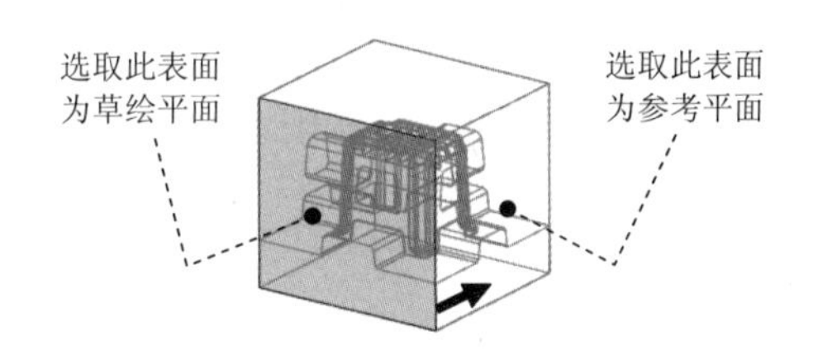

图 17.3.33　定义草绘平面

（3）绘制图 17.3.34 所示的截面草图，单击“草绘”操控板中的“确定”按钮✔，在操控板中选取深度类型 (到选定的)，选取凳子的内侧面为拉伸终止面。

（4）在操控板中单击✔按钮，完成特征的创建。

（5）在“编辑模具体积块”选项卡中，单击“确定”按钮✔，完成滑块体积块 3 的创建。

Step 4　创建图 17.3.35 所示的滑块体积块 4。

（1）选择命令。选择 **模具** 功能选项卡 分型面和模具体积块 ▾ 区域中的 模具体积块 ▾ → 模具体积块 命令，系统进入体积块创建模式。

（2）单击**编辑模具体积块**功能选项卡 形状 ▾ 区域中的 拉伸 按钮，选取图 17.3.36 所示的毛坯表面为草绘平面，接受默认的箭头方向为草绘视图方向，然后选取图 17.3.36 所示的毛坯侧面为参考平面，方向为 右 。

（3）绘制图 17.3.37 所示的截面草图，单击“草绘”操控板中的“确定”按钮✔。在操控板中选取深度类型 (到选定的)，选取凳子的内侧面为拉伸终止面。

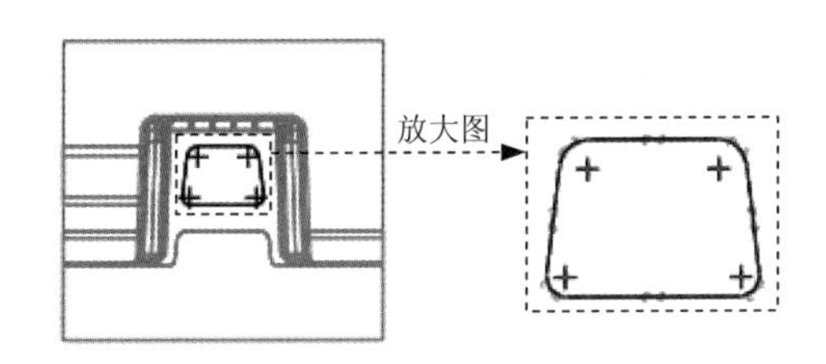

图 17.3.34　定义草绘平面

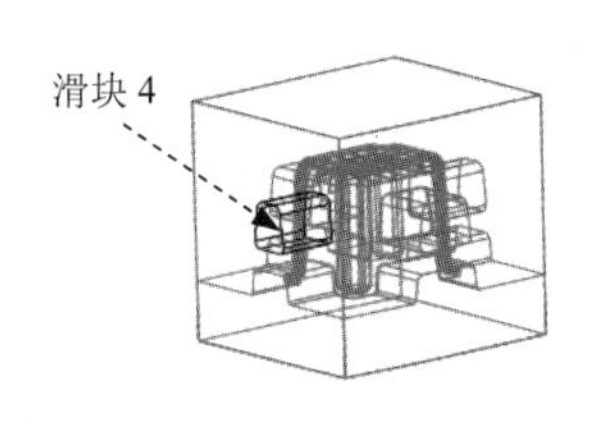

图 17.3.35　滑块体积块 4

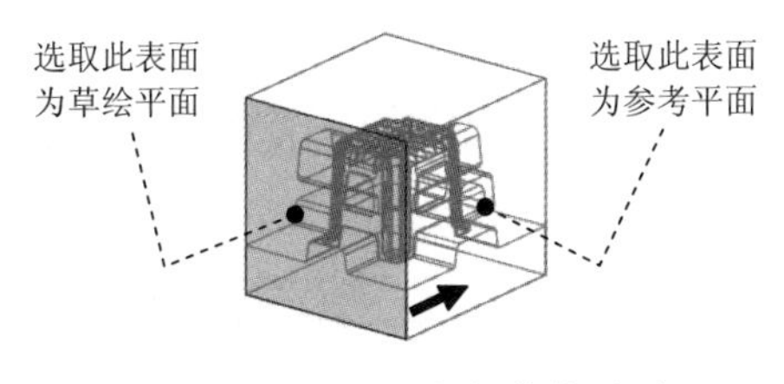

图 17.3.36　定义草绘平面

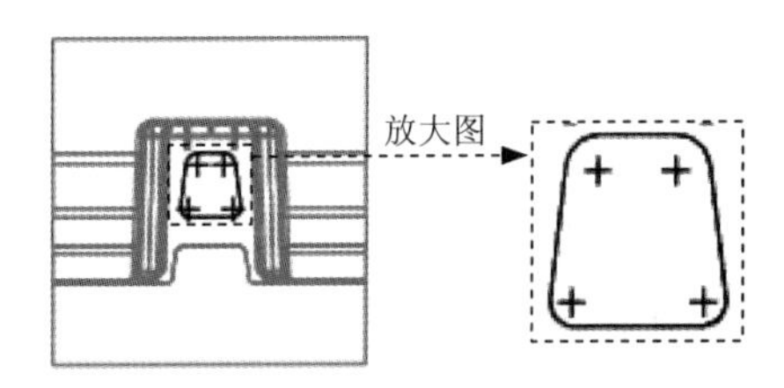

图 17.3.37　定义草绘平面

（4）在操控板中单击✔按钮，完成特征的创建。

（5）在“编辑模具体积块”选项卡中，单击“确定”按钮✓，完成滑块体积块 4 的创建。

Task6. 分割上下模体积块

Step 1 选择 **模具** 功能选项卡 分型面和模具体积块 ▾ 区域中的 模具体积块 ▾ ➡ 体积块分割 命令，系统弹出“分割体积块”菜单。

Step 2 在系统弹出的 ▾ SPLIT VOLUME（分割体积块）菜单中，依次选择 Two Volumes（两个体积块）➡ All Wrkpcs（所有工件）➡ Done（完成）命令。此时系统弹出“分割”对话框和“选择”对话框。

Step 3 定义分割对象。选取 Task4 创建的下模体积块为分割对象，单击“选择”对话框中的 确定 按钮。

Step 4 在“分割”对话框中，单击 确定 按钮。

Step 5 此时，系统弹出“属性”对话框，同时模型的上半部分变亮，在该对话框中单击 着色 按钮，着色后的模型如图 17.3.38 所示，然后在对话框中输入名称 upper_vol，单击 确定 按钮。

Step 6 此时，系统弹出“属性”对话框，同时模型的下半部分变亮，在该对话框中单击 着色 按钮，着色后的模型如图 17.3.39 所示，然后在对话框中输入名称 lower_vol，单击 确定 按钮。

图 17.3.38 着色后的上半部分体积块

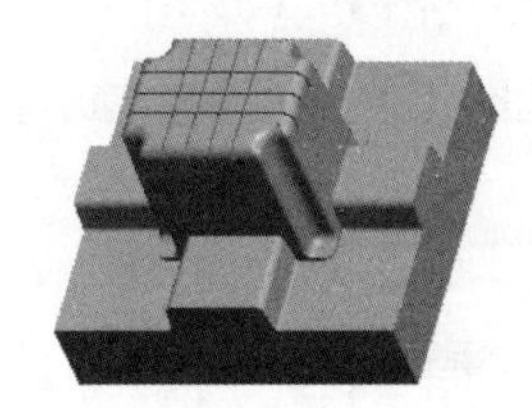

图 17.3.39 着色后的下半部分体积块

Task7. 分割滑块体积块

Stage1. 分割滑块体积块 1

Step 1 选择 **模具** 功能选项卡 分型面和模具体积块 ▾ 区域中的 模具体积块 ▾ ➡ 体积块分割 命令，系统弹出“分割体积块”菜单。

Step 2 在系统弹出的 ▾ SPLIT VOLUME（分割体积块）菜单中选择 One Volume（一个体积块）➡ Mold Volume（模具体积块）➡ Done（完成）命令，此时系统弹出“搜索工具”对话框。

Step 3 在系统弹出的“搜索工具”对话框中，单击列表中的 面组:F18(UPPER_VOL) 体积块，然后单击 >> 按钮，将其加入到 已选择 0 个项:(预期 1 个) 列表中，再单击 关闭 按钮。

Step 4 定义分割对象。选取 Task5 创建的滑块体积块 1 为分割对象，单击“选择”对话框中的 确定 按钮，系统弹出“岛列表”菜单；在弹出的 ▾ 岛列表 菜单中选

中 ☑岛2 复选框，选择 Done Sel (完成选取) 命令。

说明：在系统弹出的“岛列表”菜单中，有 ☑岛1 和 ☑岛2 两个岛。将鼠标指针移至岛菜单中这两个选项，模型中相应的体积块会加亮，这样很容易发现：☑岛1 代表的是上模（UPPER_VOL）体积块被第一个滑块的体积块减掉所剩余的部分；☑岛2 代表第一个滑块的体积块。

Step 5 在“分割”对话框中，单击 确定 按钮。

Step 6 此时，系统弹出“属性”对话框，在该对话框中单击 着色 按钮，着色后的模型如图 17.3.40 所示，然后在对话框中输入名称 slide_vol_1，单击 确定 按钮。

Stage2. 分割滑块体积块 2、3 和 4

参考 Stage1，分别分割滑块体积块 2、3 和 4。将滑块体积块 2、3 和 4 分别命名为 slide_vol_2、slide_vol_3 和 slide_vol_4，结果如图 17.3.41 所示。

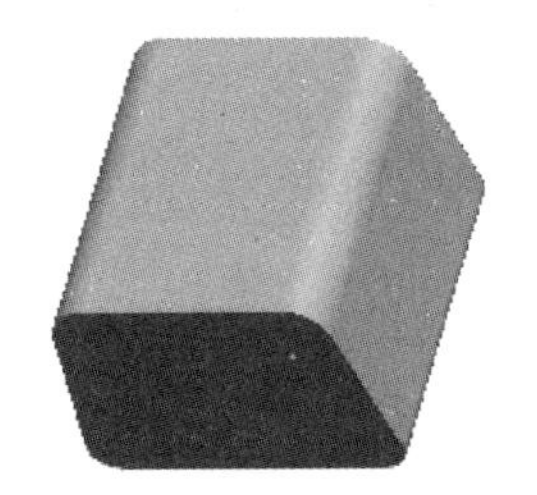

图 17.3.40 着色后的滑块体积块 1

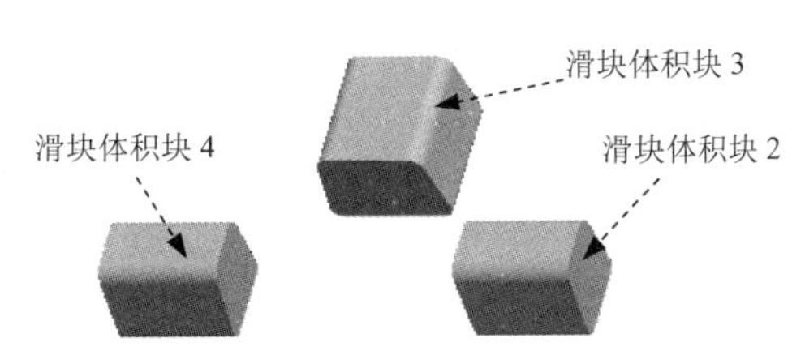

图 17.3.41 着色后的滑块体积块 2、3 和 4

Task8. 抽取模具元件

Step 1 选择 **模具** 功能选项卡 元件 ▾ 区域中 模具元件 ▾ → 型腔镶块 命令，系统弹出“创建模具元件”对话框中。

Step 2 在系统弹出的“创建模具元件”对话框中选取体积块 LOWER_VOL、SLIDE_VOL_1、SLIDE_VOL_2、SLIDE_VOL_3、SLIDE_VOL_4 和 UPPER_VOL，然后单击 确定 按钮。

Task9. 生成浇注件

将浇注件命名为 plastic_stool_molding。

Task10. 定义开模动作

Step 1 将参考零件、坯料和体积块在模型中遮蔽起来。

Step 2 开模步骤 1。

（1）移动滑块 1，选取图 17.3.42 所示的边线为移动方向，输入要移动的距离值-150.0（如果方向相反则输入 150.0），结果如图 17.3.43 所示。

（2）参考上一步，移动滑块 2、3 和 4，结果如图 17.3.44 所示。

Step 3 移动上模，输入要移动的距离值 300，结果如图 17.3.45 所示。

图 17.3.42　选取移动方向

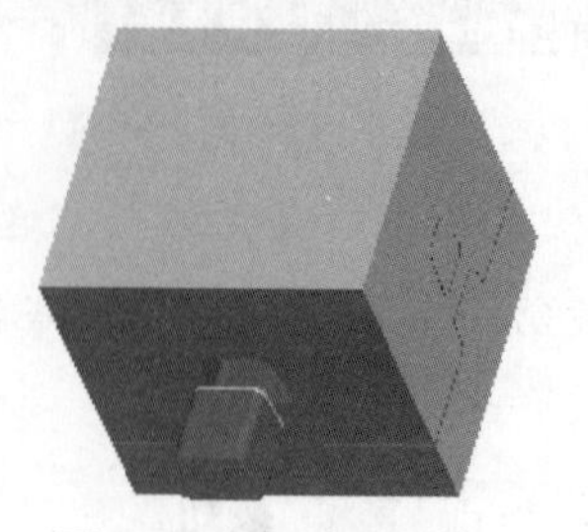

图 17.3.43　移动滑块 1

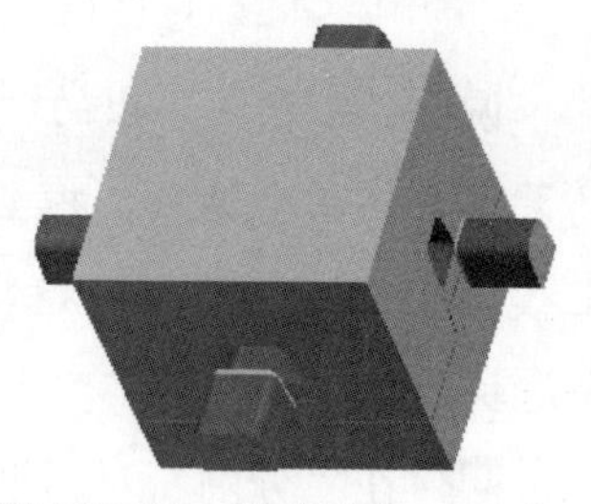

图 17.3.44　移动滑块 2、3 和 4

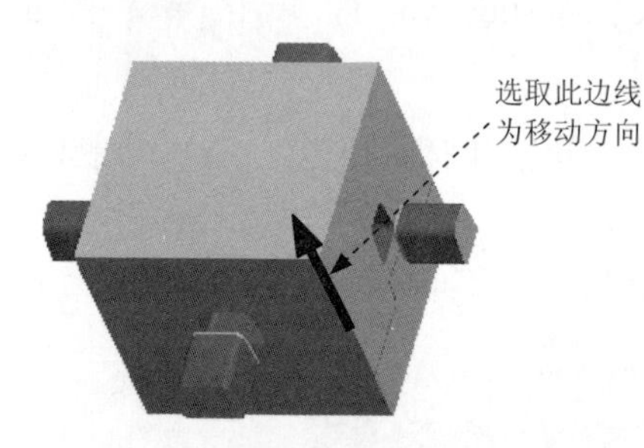

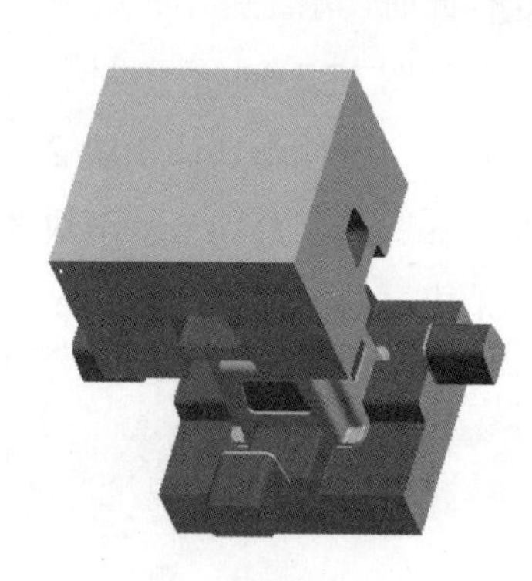

图 17.3.45　移动上模

Step 4　移动下模，输入要移动的距离值-300，结果如图 17.3.46 所示。

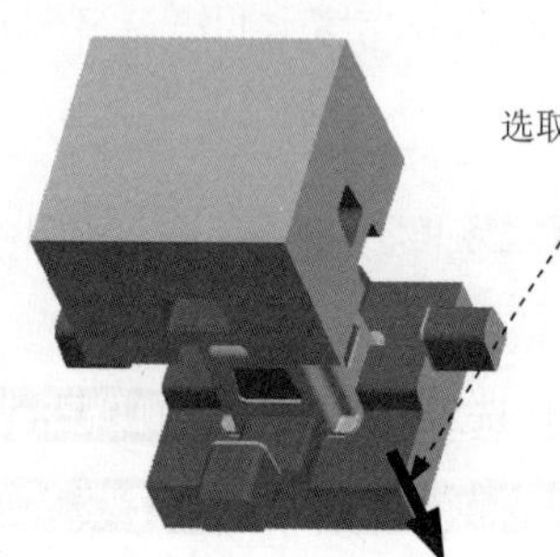

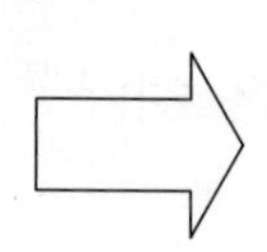

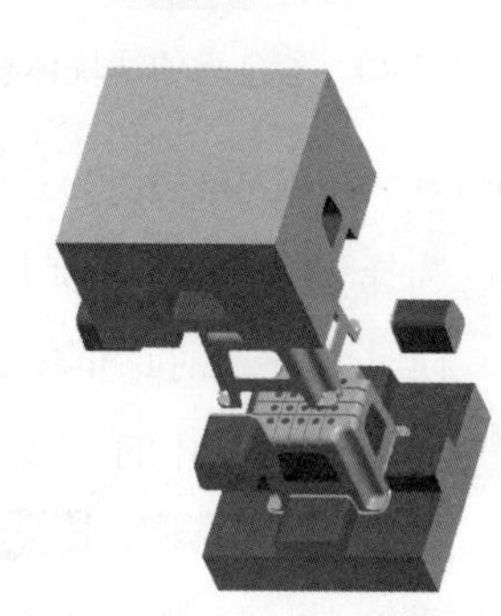

图 17.3.46　移动下模

Step 5　保存设计结果。选择下拉菜单 文件 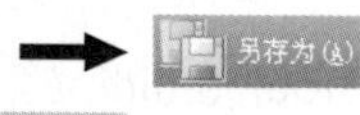  →  命令，系统弹出“备份”对话框，单击 确定 按钮。

17.4　塑料筐的模具设计

本实例介绍图 17.4.1 所示的塑料框的模具设计。该模具设计同时采用了体积块法和分型面法，其灵活性和适用性很强，希望读者通过对本实例的学习，能够灵活地运用各种方法进行模具设计。

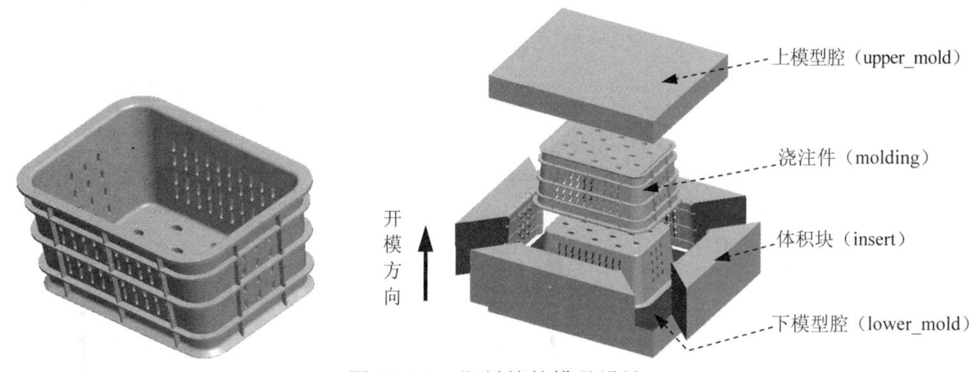

图 17.4.1　塑料筐的模具设计

Task1．新建一个模具制造模型文件，进入模具模块

Step 1　将工作目录设置至 D:\creo2mo\work\ch17.04。

Step 2　新建一个模具型腔文件，命名为 case_mold；选取 mmns_mfg_mold 模板。

Task2．建立模具模型

在开始设计一个模具前，应先创建一个“模具模型”，模具模型包括参考模型（Ref Model）和坯料（Workpiece），如图 17.4.2 所示。

Stage1．引入参考模型

Step 1　单击 **模具** 功能选项卡 参考模型和工件 区域中的按钮 参考模型，然后在系统弹出的列表中选择 定位参考模型 命令，系统弹出“打开”、“布局”对话框和 ▼ CAV LAYOUT（型腔布置）菜单管理器。

Step 2　从系统弹出的文件“打开”对话框中，选取三维零件模型——case.prt 作为参考零件模型，单击 **打开** 按钮，系统弹出“创建参考模型”对话框。

Step 3　在“创建参考模型”对话框中选中 ◉ 按参考合并 单选项，然后在 参考模型 文本框中接受默认的名称，再单击 **确定** 按钮。

Step 4　在“布局”对话框的 布局 区域中单击 ⊙ 单一 单选项，在“布局”对话框中单击 **预览** 按钮，结果如图 17.4.3 所示。

Step 5　调整模具坐标系。

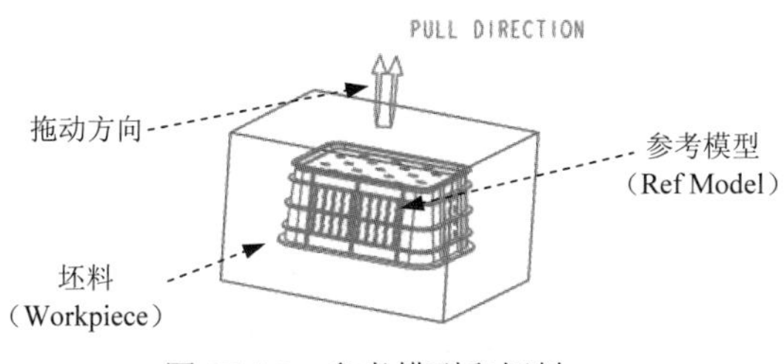

图 17.4.2　参考模型和坯料

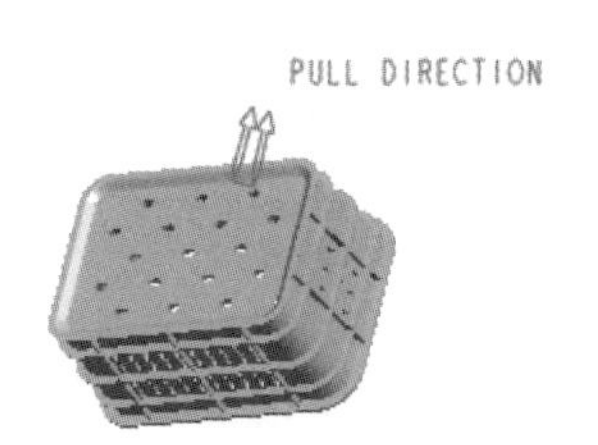

图 17.4.3　引入参考件

（1）在“布局”对话框的参考模型起点与定向区域中单击按钮，系统弹出“获得坐标系类型”菜单。

（2）定义坐标系类型。在“获得坐标系类型”菜单中选择Dynamic（动态）命令，系统弹出“元件”窗口和“参考模型方向”对话框。

（3）旋转坐标系。在“参考模型方向”对话框的轴区域中选择X轴作为旋转轴。在值文本框中输入数值-90。

（4）在“参考模型方向”对话框中单击确定按钮；在“布局”对话框中单击确定按钮；系统弹出“警告”对话框，单击确定按钮。在▼ CAV LAYOUT（型腔布置）菜单中单击Done/Return（完成/返回）命令，完成坐标系的调整，结果如图 17.4.4 所示。

Stage2．创建坯料

Step 1 单击 **模具** 功能选项卡参考模型和工件区域中的按钮工件，然后在系统弹出的列表中选择创建工件命令，系统弹出“元件创建”对话框。

Step 2 在系统弹出的“元件创建”对话框中，在类型区域选中 ◉ 零件单选项，在子类型区域选中 ◉ 实体单选项，在名称文本框中，输入坯料的名称 wp，然后单击确定按钮。

Step 3 在系统弹出的“创建选项”对话框中，选中 ◉ 创建特征单选项，然后单击确定按钮。

Step 4 创建坯料特征。

（1）选择命令。单击 **模具** 功能选项卡形状▼区域中的拉伸按钮。

（2）创建实体拉伸特征。在出现的操控板中，确认“实体”类型按钮被按下；在绘图区中右击，从快捷菜单中选择定义内部草绘...命令。系统弹出“草绘”对话框，然后选择 MOLD_FRONT 基准平面作为草绘平面，接受系统默认的箭头方向为草绘视图方向，然后选取 MOLD_RIGHT 基准平面为参考平面，方位为右，单击草绘按钮，至此系统进入截面草绘环境；选取 MOLD_RIGHT 基准平面和 MAIN_PARTING_PLN 基准平面为草绘参考，然后绘制图 17.4.5 所示的截面草图。完成特征截面的绘制后，单击“草绘”操控板中的“确定”按钮✔；在操控板中选取深度类型（即“对称”），再在深度文本框中输入深度值 800.0，并按回车键；在“拉伸”操控板中单击✔按钮，完成特征的创建。

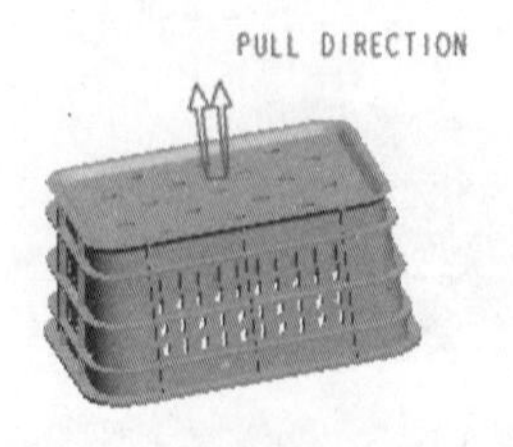

图 17.4.4 调整模具坐标系后

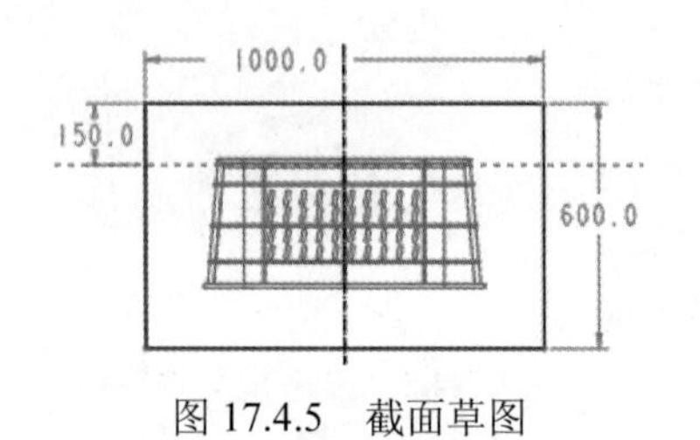

图 17.4.5 截面草图

Task3. 设置收缩率

将参考模型的收缩率设置为 0.006。

Task4. 创建下模体积块

Step 1 选择 **模具** 功能选项卡 分型面和模具体积块 ▾ 区域中的 模具体积块 ▾ → 模具体积块 命令。

Step 2 收集第一个体积块。

（1）选择命令。单击 **编辑模具体积块** 功能选项卡 体积块工具 ▾ 区域中的“收集体积快工具”按钮，此时系统弹出“聚合体积块”菜单管理器。

（2）定义选取步骤。在“聚合步骤”菜单在中选择 Select（选择）、 Fill（填充） 和 Close（封闭）复选框，单击 Done（完成）命令，此时系统显示“聚合选择”菜单。

说明：为了方便在后面选取曲面，可以先将坯料遮蔽起来。

（3）定义聚合选择。

① 在“聚合选择”菜单中选择 Surfaces（曲面） → Done（完成）命令，然后在图形区选取模型内壁所有面，如图 17.4.6 所示，在“选择”对话框中单击 确定 按钮，单击 Done Refs（完成参考）命令。

② 定义填充曲面。选取图 17.4.7 所示的模型内壁有破孔的五个面为填充面；单击 确定 → Done Refs（完成参考） → Done/Return（完成/返回）命令，此时系统显示“封合”菜单。

③ 定义封合类型。在“封合”菜单中选中 Cap Plane（顶平面） → All Loops（全部环）复选框，单击 Done（完成）命令，此时系统显示“封闭环”菜单。

说明：此处需要将前面遮蔽的坯料零件 WP 去除遮蔽。

④ 定义封闭面。根据系统 ◆选择或创建一平面，盖住闭合的体积块. 的提示下，选取图 17.4.8 所示的平面为封闭面，此时系统显示“封合”菜单。

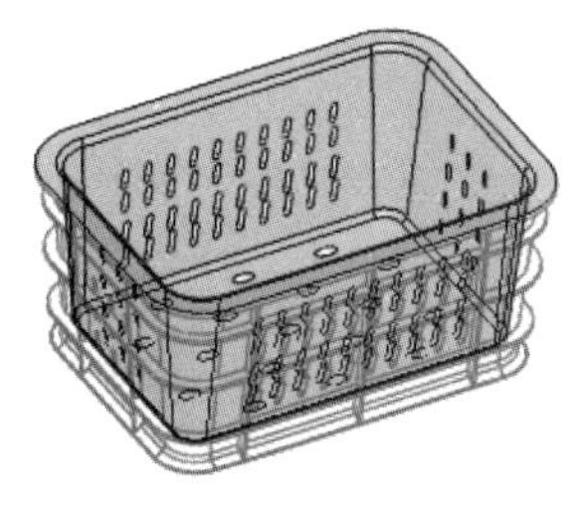

图 17.4.6 选取连续面

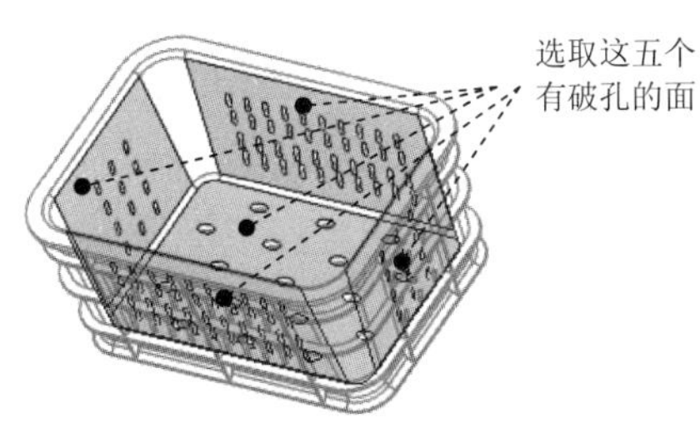

图 17.4.7 选取连续面

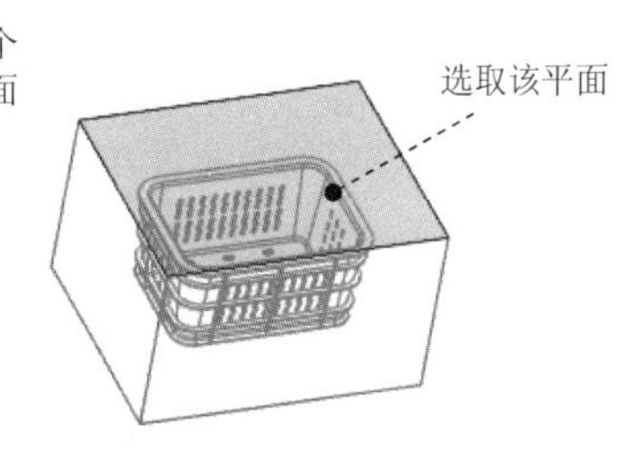

图 17.4.8 定义封闭环

⑤ 在菜单栏中单击 Done（完成） → Done/Return（完成/返回） → Done（完成）命令，完成收集体积块的创建，结果如图 17.4.9 所示。

Step 3 拉伸体积块。

（1）选择命令。单击 **编辑模具体积块** 功能选项卡 形状 ▾ 区域中的 拉伸 按钮，此时系统弹出“拉伸”操控板。

（2）定义草绘截面放置属性。在图形区右击，从系统弹出的菜单中选择 定义内部草绘... 命令；在系统 ◆选择一个平面或曲面以定义草绘平面. 的提示下，选取图 17.4.10 所示的毛坯表面为草绘平面，接受默认的箭头方向为草绘视图方向，然后选取图 17.4.10 所示的毛坯侧面为参考平面，方向为 右 。然后单击 草绘 按钮。

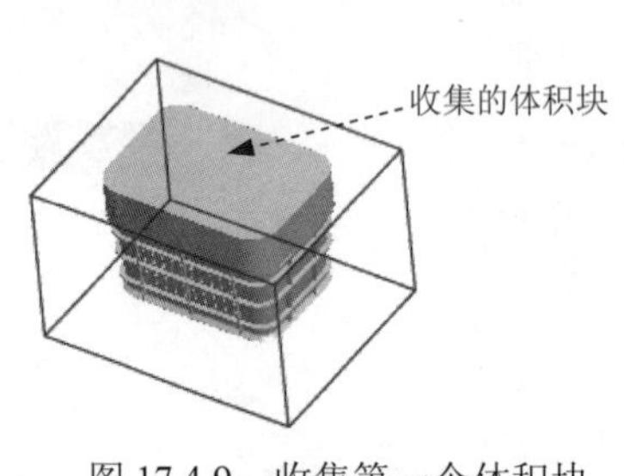

图 17.4.9 收集第一个体积块

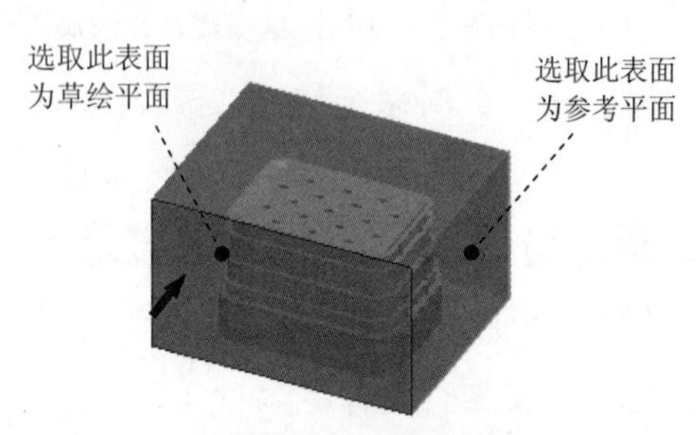

图 17.4.10 定义草绘平面

（3）截面草图。进入草绘环境后，选取图 17.4.11 所示的坯料边线为参考；绘制图 17.4.11 所示的截面草图（为一矩形），完成截面的绘制后，单击“草绘”操控板中的“确定”按钮✔。

（4）定义深度类型。在操控板中选取深度类型⊥⊥（到选定的），选取图 17.4.12 所示的面为拉伸终止面。

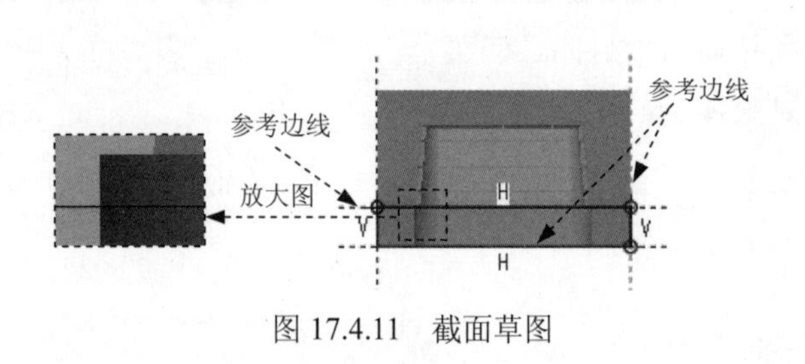

图 17.4.11 截面草图

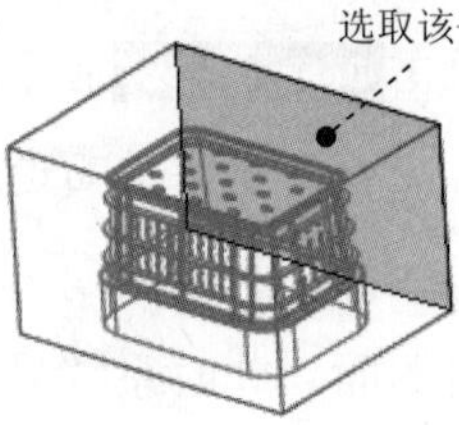

选取该平面

图 17.4.12 拉伸终止面

（5）在操控板中单击✔按钮，完成特征的创建。

Step 4 在“编辑模具体积块”中单击✔按钮，完成体积块的创建。

说明：在进入体积块模式下创建的所有特征都是属于同一个体积块，系统将自动将这些特征合并在一起。

Task5. 构建模具元件的体积块

Step 1 选择 **模具** 功能选项卡 分型面和模具体积块 ▾ 区域中的 模具体积块 ▾ ➡ 体积块分割 命令（即用“分割”的方法构建体积块）。

Step 2 在系统弹出的菜单中选择 ▾ SPLIT VOLUME（分割体积块） ➡ Two Volumes（两个体积块） ➡ All Wrkpcs（所有工件） ➡ Done（完成） 命令，此时系统弹出“分割”对话框和“选择”对话框。

Step 3 选取分型面。选取创建的下模体积块，然后单击“选择”对话框中的 确定 按钮。

Step 4 单击“分割”信息对话框中的 确定 按钮。

Step 5 系统弹出“属性”对话框，在该对话框中单击 着色 按钮，着色后的模型如图 17.4.13 所示。然后在对话框中输入名称 UPPER_VOL，单击 确定 按钮。

Step 6 系统弹出“属性”对话框，在该对话框中单击 着色 按钮，着色后的模型如图 17.4.14 所示。然后在对话框中输入名称 LOWER_VOL，单击 确定 按钮。

图 17.4.13 着色后的上半部分体积块

图 17.4.14 着色后的下半部分体积块

Task6. 构建滑块分型面

Step 1 单击 **模具** 功能选项卡 分型面和模具体积块 ▾ 区域中的“分型面”按钮。系统弹出“分型面”功能选项卡。

Step 2 在系统弹出的“分型面”功能选项卡中的 控制 区域单击“属性”按钮，在“属性”对话框中，输入分型面名称 slide_ps，单击 确定 按钮。

Step 3 为了方便选取图元，将参考模型、坯料和下模体积块遮蔽。

（1）在模型树界面中，选择 ▾ ➡ 树过滤器(F)... 命令。

（2）在系统弹出的“模型树项”对话框中，选中 ☑ 特征 复选框，然后单击 确定 按钮。

（3）在模型树中选中 ▸ CASE_MOLD_REF.PRT、▸ WP.PRT、聚集 标识41 [MOLD_VOL_1 - 模具体积块] 和 分割 标识5259 [LOWER_VOL - 模具体积块] 并右击，从系统弹出的快捷菜单中选择 遮蔽 命令。

Step 4 通过拉伸的方法创建图 17.4.15 所示的拉伸曲面 1。

（1）单击 **分型面** 功能选项卡 形状 ▾ 区域中的 拉伸 按钮，此时系统弹出“拉伸”操控板。

（2）定义草绘截面放置属性：右击，从系统弹出的菜单中选择 定义内部草绘... 命令；在系统 ➡选择一个平面或曲面以定义草绘平面. 的提示下，选取图 17.4.16 所示的表面 1 为草绘平面，接受系统默认的草绘视图方向，然后选取图 17.4.16 所示的表面 2 为参考平面，方向为 顶。然后单击 草绘 按钮。

（3）进入草绘环境后，选取图 17.4.17 所示的点和圆弧边线为草绘参考，然后绘制截面草图，如图 17.4.17 所示。完成特征截面的绘制后，单击“草绘”操控板中的“确定”按钮✔。

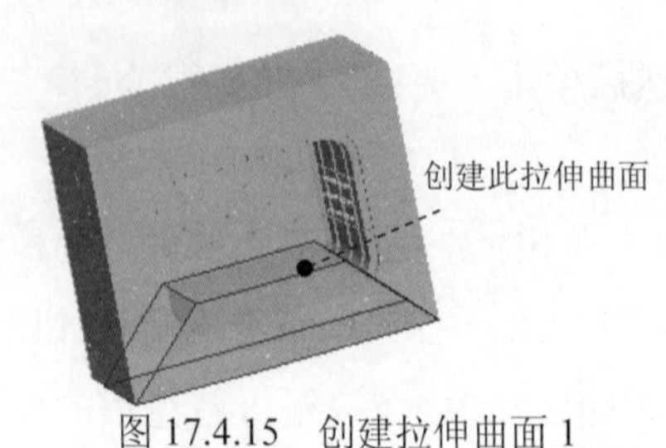

图 17.4.15 创建拉伸曲面 1

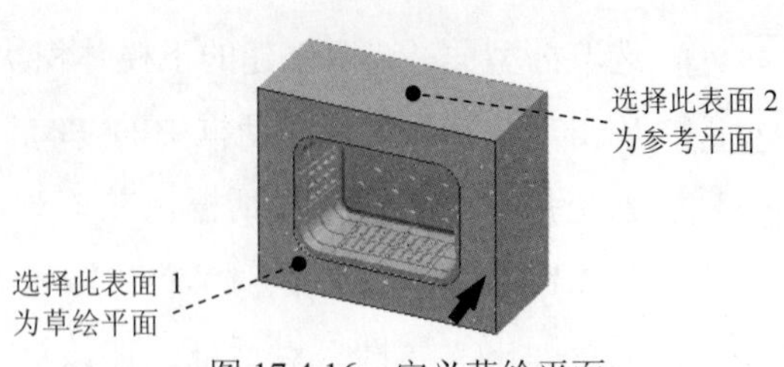

图 17.4.16 定义草绘平面

（4）设置深度选项。在操控板中选取深度类型 ⊥⊥（到选定的）；将模型调整到图 17.4.18 所示的视图方位，使用“从列表选取”的方法，在“从列表选取”对话框中选择 曲面:F9(参照零件切除) 元素，如图 17.4.18 所示；在操控板中单击 选项 按钮，在“选项”界面中选中 ☑ 封闭端 复选框。

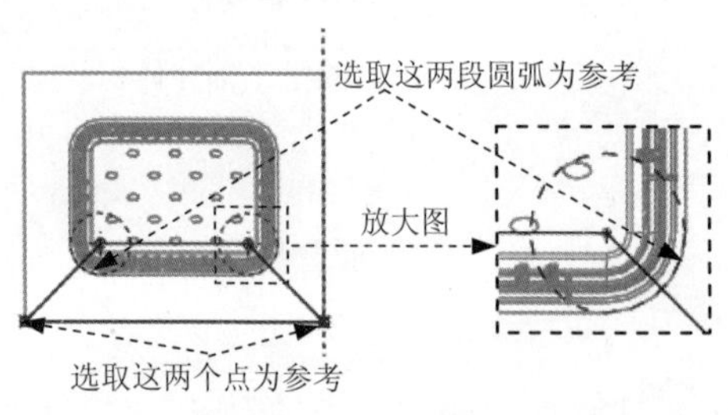

图 17.4.17 截面草图

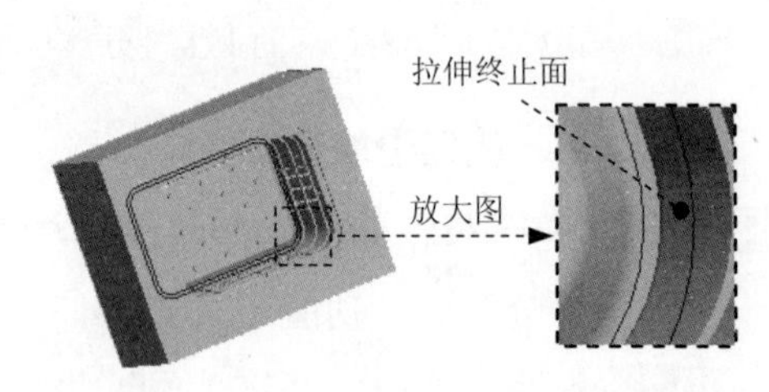

图 17.4.18 定义拉伸终止面

（5）在“拉伸”操控板中单击 ✓ 按钮，完成特征的创建。

Step 5 参考 Step4 创建图 17.4.19 所示的拉伸曲面 2。

Step 6 参考 Step4 创建图 17.4.20 所示的拉伸曲面 3。

Step 7 参考 Step4 创建图 17.4.21 所示的拉伸曲面 4。

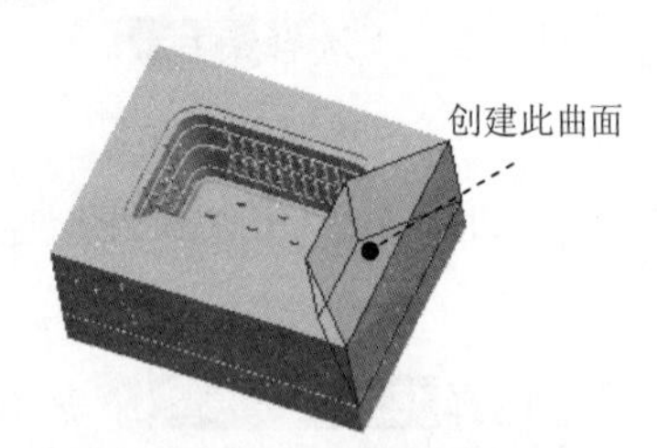

图 17.4.19 创建拉伸曲面 2

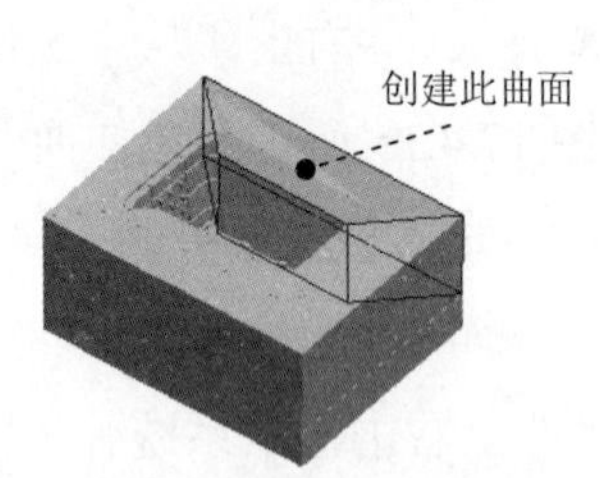

图 17.4.20 创建拉伸曲面 3

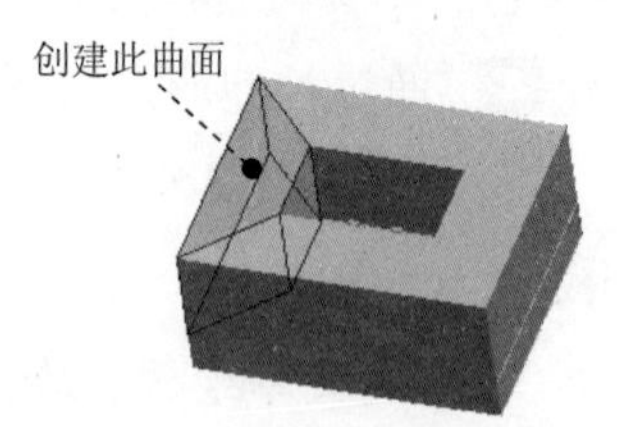

图 17.4.21 创建拉伸曲面 4

Step 8 在“分型面”选项卡中，单击“确定”按钮 ✓，完成分型面的创建。

Task7. 构建模具元件的体积块

Stage1. 创建第一个滑块体积块

Step 1 选择命令。选择 **模具** 功能选项卡 分型面和模具体积块 ▾ 区域中的 模具体积块 ▾ → 体积块分割 命令（即用“分割”的方法构建体积块）。

Step 2 在系统弹出的▼ SPLIT VOLUME (分割体积块) 菜单中，选择 One Volume (一个体积块) → Mold Volume (模具体积块) → Done (完成) 命令。

Step 3 在系统弹出的“搜索工具”对话框中，单击列表中的面组:F10(UPPER_VOL)体积块，然后单击 >> 按钮，将其加入到已选择 0 个项:列表中，再单击 关闭 按钮。

Step 4 在模型中选取拉伸曲面 1 为分割对象，单击“选择”对话框中的 确定 按钮，在系统弹出的菜单管理器中的“岛列表”区域选中☑ 岛2 复选框，然后单击 Done Sel (完成选择) 命令。

Step 5 单击“分割”对话框中的 确定 按钮。

Step 6 系统弹出“属性”对话框，在该对话框中单击 着色 按钮，着色后的模型如图 17.4.22 所示，然后在对话框中输入名称 slide_vol_1，单击 确定 按钮。

Stage2．创建第二个滑块体积块

参考 Stage1，选取拉伸曲面 2 为分割对象；在“岛列表”区域选中☑ 岛2 复选框；将体积块命名为 slide_vol_2，如图 17.4.23 所示。

Stage3．创建第三个滑块体积块

参考 Stage1，选取拉伸曲面 3 为分割对象；在“岛列表”区域选中☑ 岛2 复选框；将体积块命名为 slide_vol_3，如图 17.4.24 所示。

Stage4．创建第四个滑块体积块

参考 Stage1，选取拉伸曲面 4 为分割对象；在“岛列表”区域选中☑ 岛2 复选框；将体积块命名为 slide_vol_4，如图 17.4.25 所示。

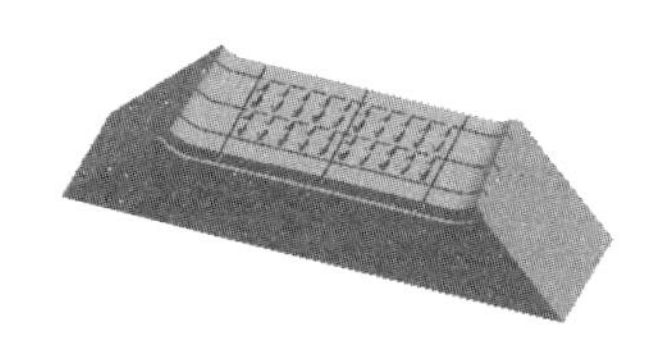
图 17.4.22 滑块体积块 1

图 17.4.23 滑块体积块 2

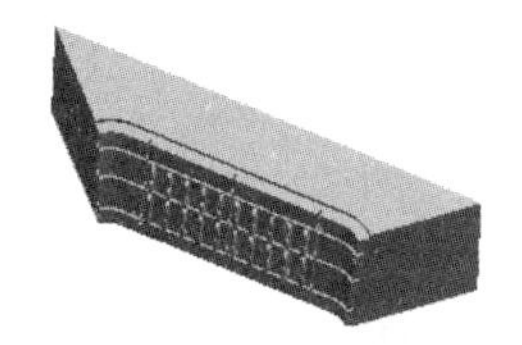
图 17.4.24 滑块体积块 3

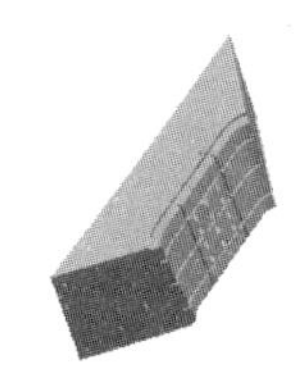
图 17.4.25 滑块体积块 4

Task8．抽取模具元件

Step 1 选择 **模具** 功能选项卡 元件 ▾ 区域中 模具元件 ▾ → 型腔镶块 命令。

Step 2 在系统弹出的“创建模具元件”对话框中，选取除 MOLD_VOL_1 以外的所有体积块，然后单击 确定 按钮。

Task9．生成浇注件

将浇注件命名为 molding。

Task10．定义开模动作

Step 1 将分型面遮蔽。

Step 2 开模步骤 1：移动滑块 1。选取图 17.4.26 所示的边线为移动方向，输入要移动的距离值-200，移出后的模型如图 17.4.27 所示。

Step 3 参考 Step2，移动其他三个滑块，结果如图 17.4.28 所示。

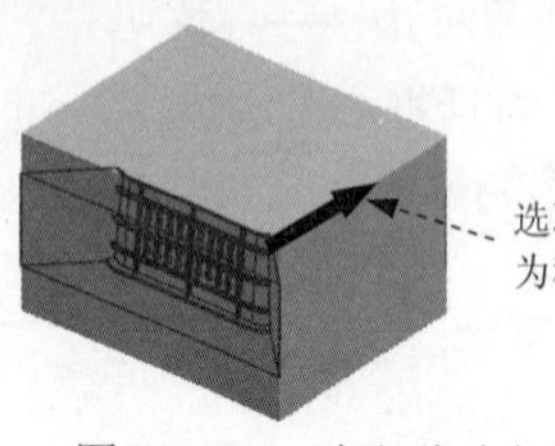

图 17.4.26 选取移动方向

图 17.4.27 移动后的状态

图 17.4.28 移动后的状态

Step 4 开模步骤 2：移动上模。选取图 17.4.29 所示的边线为移动方向，输入要移动的距离值-1000，移出后的模型如图 17.4.30 所示。

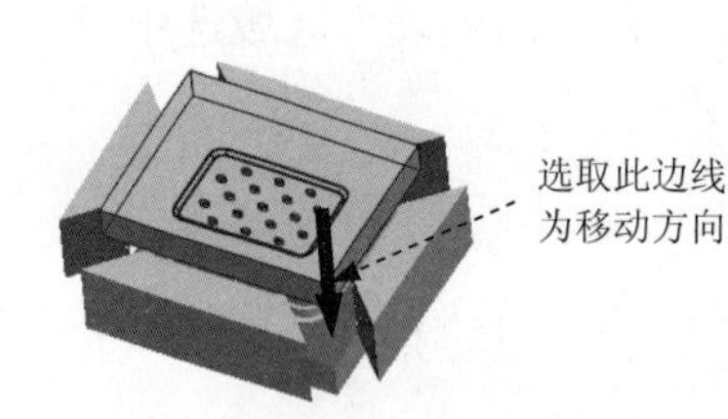

图 17.4.29 选取移动方向

图 17.4.30 移动后的状态

Step 5 开模步骤 3：移动浇注件。选取图 17.4.31 所示的边线为移动方向，输入要移动的距离值 500，移出后的模型如图 17.4.32 所示。在“模具开模”菜单中单击 Done/Return (完成/返回)按钮。

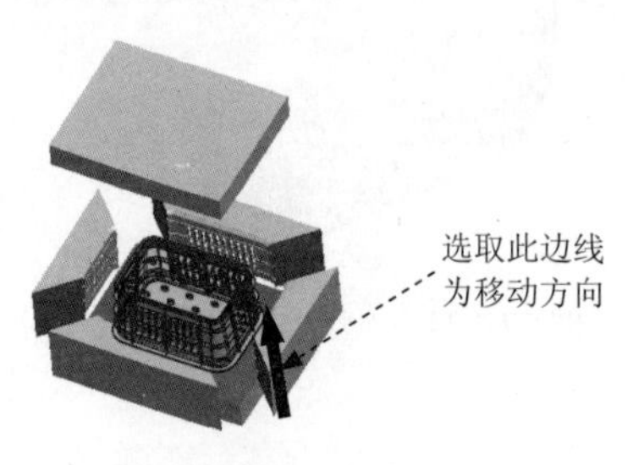

图 17.4.31 选取移动方向

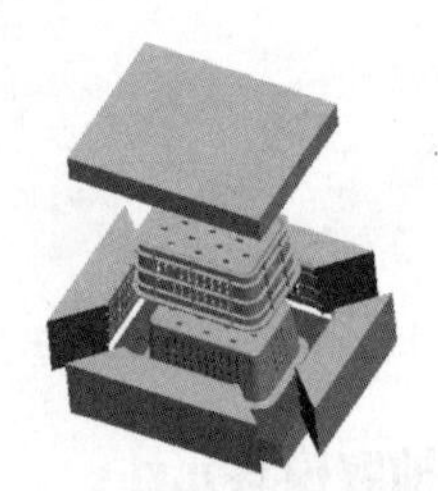
图 17.4.32 移动后的状态

Step 6 保存设计结果。单击 **模具** 功能选项卡中的 操作 ▾ 区域的 重新生成 ▾ 按钮，在系统弹出的下拉菜单中单击 重新生成 按钮，选择下拉菜单 文件 ▾ → 保存(S) 命令。

17.5 带内螺纹的模具设计

本实例将介绍图 17.5.1 所示的带内螺纹瓶盖的模具设计，其脱模方式采用的是内侧抽脱螺纹。下面介绍该模具的主要设计过程。

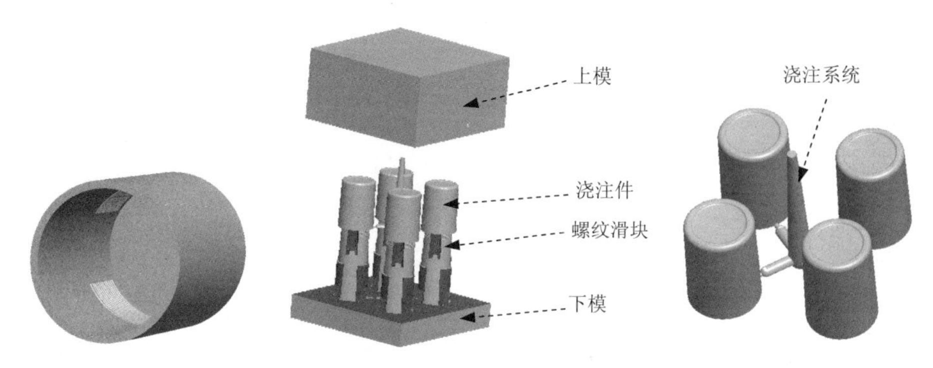

图 17.5.1 带内螺纹的模具设计

Task1. 新建一个模具制造模型文件

Step 1 将工作目录设置至 D:\creo2mo\work\ch17.05。

Step 2 新建一个模具型腔文件，命名为 cover_mold；选取 mmns_mfg_mold 模板。

Task2. 建立模具模型

Stage1. 引入参考模型

Step 1 单击 模具 功能选项卡 参考模型和工件 区域中的按钮 参考模型▾，然后在系统弹出的列表中选择 定位参考模型 命令，系统弹出“打开”、“布局”对话框和 ▼ CAV LAYOUT (型腔布置) 菜单管理器。

Step 2 从系统弹出的文件“打开”对话框中，选取三维零件模型塑料杯盖 cover.prt 作为参考零件模型，单击 打开 按钮。

Step 3 在“创建参考模型”对话框中选中 ◉ 按参考合并 单选项，然后在 参考模型 文本框中接受系统默认的名称，然后单击 确定 按钮。在“布局”对话框单击 预览 按钮。可以观察到图 17.5.2a 所示的结果。

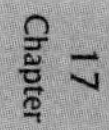

说明：如果此时图 17.5.2a 所示的拖动方向不是需要的结果，则需要定义拖动方向。

Step 4 在“布局”对话框的 参考模型起点与定向 区域中单击 ↖ 按钮，在系统弹出的“获得坐标系类型”菜单中选择 Dynamic (动态) 命令，系统弹出“元件”窗口和“参考模型方向”对话框。

Step 5 旋转坐标系。在“参考模型方向”对话框的 轴 区域中选择 X 轴作为旋转轴。在 值 文本框中输入数值 90，然后单击 确定 按钮。

Step 6 单击“布局”对话框中的 预览 按钮，定义后的拖动方向如图 17.5.2b 所示。

Step 7 在“布局”对话框的 布局 区域中选中 ◉ 矩形 单选项，在 矩形 区域的 增量 文本框中分别输入数值 50 和 50（表示在对应的 X 和 Y 方向上的增量），在“布局”对话框中单击 预览 按钮，结果如图 17.5.3 所示，然后单击 确定 按钮。在 ▼ CAV LAYOUT (型腔布置) 菜单中单击 Done/Return (完成/返回) 命令。完成参考模型的引入。

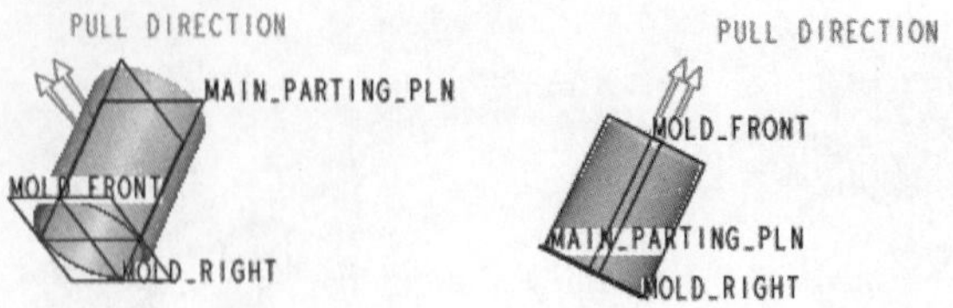

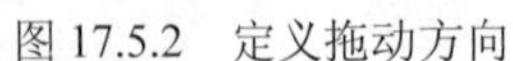

a）定义前　　b）定义后

图 17.5.2　定义拖动方向

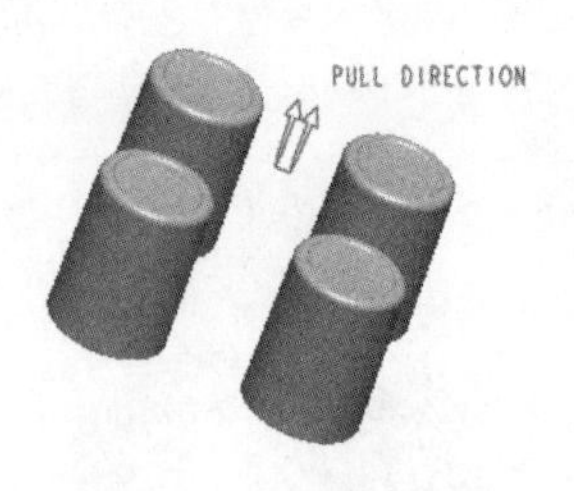

图 17.5.3　放置参考模型

Stage2．创建坯料

自动创建图 17.5.4 所示的坯料，操作步骤如下：

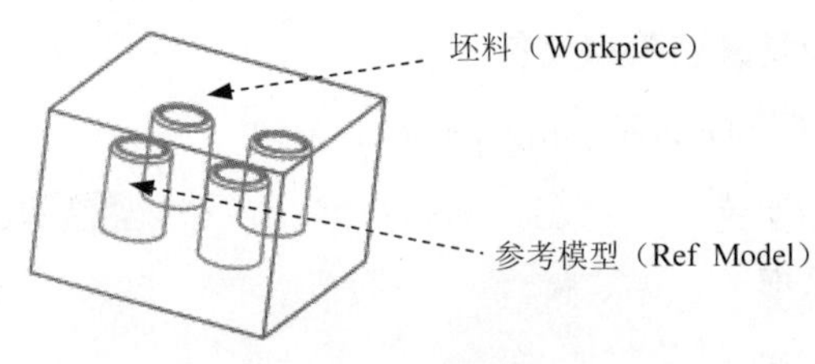

图 17.5.4　模具模型

Step 1　在模型树界面中，选择“设置”按钮 → 树过滤器(F)... 命令。在系统弹出的“模型树项”对话框中，选中 ☑特征 复选框，然后单击 确定 按钮。

Step 2　单击 **模具** 功能选项卡 参考模型和工件 区域中的按钮 工件，然后在系统弹出的列表中选择 自动工件 命令，系统弹出“自动工件”对话框。

Step 3　在模型树中选择 MOLD_DEF_CSYS，然后在“自动工件”对话框的 偏移 区域中的 统一偏移 文本框中输入数值 20，并按回车键。

Step 4　单击 确定 按钮，完成坯料的创建。

Task3．设置第一个参考模型的收缩率

Step 1　单击**模具**功能选项卡 修饰符 区域中的 收缩 后的小三角按钮，在系统弹出的菜单中单击 按尺寸收缩 按钮。在模型树中单击 阵列(COVER_MOLD_REF.PRT) 后的小三角按钮，在弹出的模型中选取任意一个。系统打开其中的一个模型窗口，同时弹出“按尺寸收缩”对话框。

Step 2　在系统弹出的“按尺寸收缩”对话框中，确认 公式 区域的 1+S 按钮被按下，在 收缩选项 区域选中 ☑更改设计零件尺寸 复选框，在 **收缩率** 区域的 **比率** 栏中输入收缩率值 0.006，并按回车键，然后单击对话框中的 ✔ 按钮。

说明：因为参考的是同一个模型，当设置第一个模型的收缩率为 0.006 后，系统自动会将其他三个模型的收缩率设置到 0.006，不需要将其他三个模型的收缩率再进行设置。

Task4．建立浇注系统

下面讲述如何在零件 cover 的模具坯料中创建注道、浇道和浇口（图 17.5.5），以下是操作过程。此例创建浇注系统是通过在坯料中切除材料来创建的。

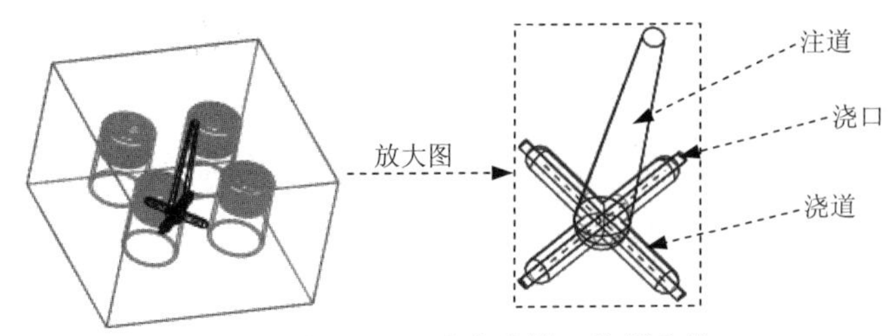

图 17.5.5 建立注道、浇道和浇口

Stage1．创建图 17.5.6 所示的注道（Sprue）

Step 1 选择命令。单击 模型 功能选项卡 切口和曲面 ▾ 区域中的 旋转 按钮。系统弹出“旋转”操控板。

（1）选取旋转类型。在出现的操控板中，确认“实体”类型按钮 被按下。

（2）定义草绘截面放置属性。右击，从快捷菜单中选择 定义内部草绘... 命令。草绘平面为 MOLD_FRONT，草绘平面的参考平面为 MOLD_RIGHT 基准平面，草绘平面的参考方位是 右，单击 草绘 按钮。至此，系统进入截面草绘环境。

（3）进入截面草绘环境后，选取 MOLD_RIGHT 和 MAIN_PARTING_PLN 为草绘参考和图 17.5.7 所示的边线为参考边线，绘制图 17.5.7 所示的截面草图。完成特征截面后，单击“草绘”操控板中的“确定”按钮✔。

注意：要绘制旋转中心轴。

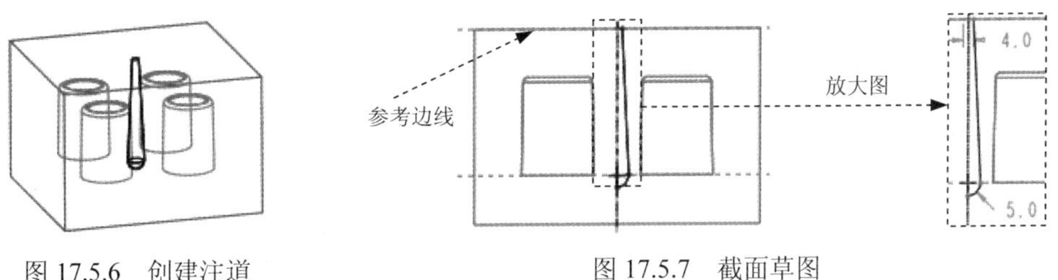

图 17.5.6 创建注道

图 17.5.7 截面草图

（4）定义深度类型。在操控板中，选取旋转角度类型 ，旋转角度为 360°。

（5）在“旋转”操控板中，单击✔按钮，完成特征的创建。

Stage2．创建主流道

Step 1 单击 **模具** 功能选项卡 生产特征 ▾ 区域中的 流道 按钮，系统弹出“流道”信息对话框，在系统弹出的 ▾ Shape（形状）菜单中选择 Half Round（半倒圆角）命令。

Step 2 定义流道的直径。在系统 输入流道直径 的提示下，输入直径值 5，然后按回车键。

Step 3 在 ▾ FLOW PATH（流道）菜单中选择 Sketch Path（草绘路径）命令，在 ▾ SETUP SK PLN（设置草绘平面）菜单中选择 Setup New（新设置）命令。

Step 4　草绘平面。执行命令后，在系统 ➡选择或创建一个草绘平面. 的提示下，选取图 17.5.8 所示的 MAIN_PARTING_PLN 基准平面为草绘平面。在 ▼ DIRECTION (方向) 菜单中选择 Flip (反向) 命令，然后再选择 Okay (确定) 命令，图 17.5.8 中的箭头方向为草绘的方向。在 ▼ SKET VIEW (草绘视图) 菜单中选择 Right (右) 命令，选取图 17.5.8 所示的坯料表面为参考平面。

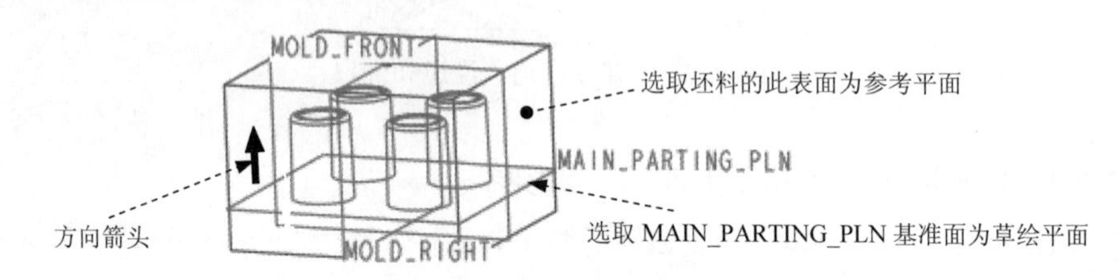

图 17.5.8　定义草绘平面

Step 5　绘制截面草图：进入草绘环境后，选取 MOLD_FRONT 基准平面和 MOLD_RIGHT 基准平面为草绘参考；然后在工具栏中单击 按钮，绘制图 17.5.9 所示的截面草图(即两条中间线段)。完成特征截面的绘制后，单击“草绘”操控板中的“确定”按钮✔。

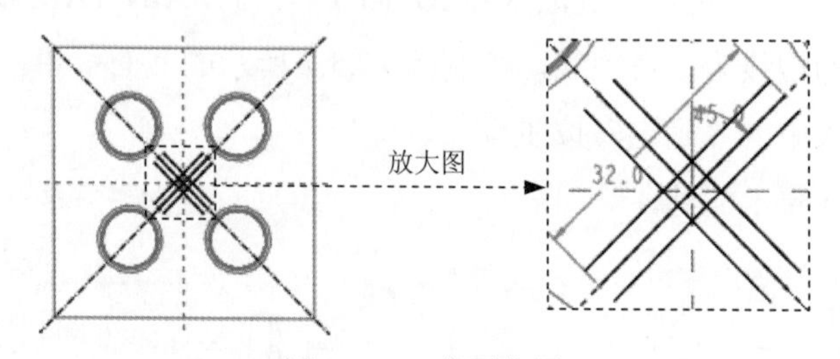

图 17.5.9　截面草图

说明：在绘制草图时，应先画两条中心线，绘制中心线时可先选取四个模型的旋转轴为参照。

Step 6　定义相交元件。在系统弹出的“相交元件”对话框中按下 自动添加 按钮，选中 ☑自动更新 复选框，然后单击 确定 按钮。

Step 7　单击“流道”信息对话框中的 预览 按钮，再单击“重画”按钮，预览所创建的“流道”特征，然后单击 确定 按钮完成操作。

Stage3．创建图 17.5.10 所示的第一个浇口

Step 1　创建图 17.5.11 所示的基准平面 ADTM1。操作过程如下：

（1）单击 **模具** 功能选项卡 基准 ▼ 区域中的“平面”按钮。

（2）按住 Ctrl 键，选取图 17.5.11 所示的基准轴和坯料边线。

（3）在“基准平面”对话框中单击 确定 按钮。

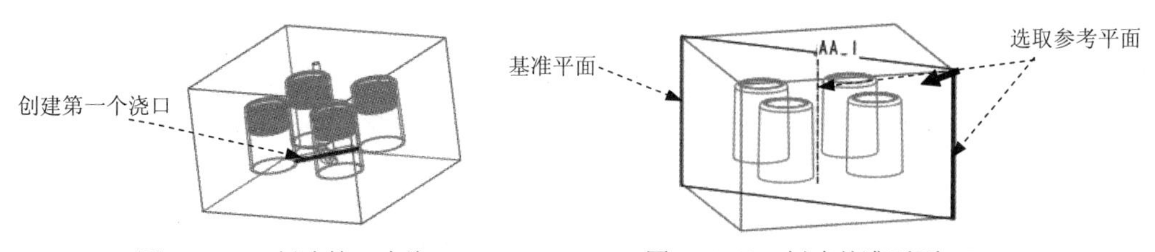

图 17.5.10 创建第一个浇口　　图 17.5.11 创建基准平面 ADTM1

Step 2 选择命令。单击 模型 功能选项卡 切口和曲面 ▾ 区域中的 拉伸 按钮。

Step 3 创建拉伸特征。

（1）在出现的操控板中，确认“实体”类型按钮被按下。

（2）定义草绘属性：右击，从快捷菜单中选择 定义内部草绘... 命令，草绘平面为 ADTM1，草绘平面的参考平面为 MAIN_PARTING_PLN，草绘平面的参考方位为 左。单击 草绘 按钮，至此系统进入截面草绘环境。

（3）将模型切换到线框模式下。在“模型显示”工具栏中单击“线框显示”按钮 线框 。

（4）进入截面草绘环境后，选取图 17.5.12 所示的圆弧的边线和 MAIN_PARTING_PLN 基准面为草绘参考，绘制图 17.5.12 所示的截面草图。完成特征截面后单击“草绘”操控板中的“确定”按钮✔。

（5）在系统弹出的操控板中单击 选项 按钮，在系统弹出的界面中，选取双侧的深度选项均为 到选定项，然后选取图 17.5.13 所示的参考零件的表面为左、右拉伸特征的终止面。

（6）单击操控板中的✔按钮，完成特征创建。

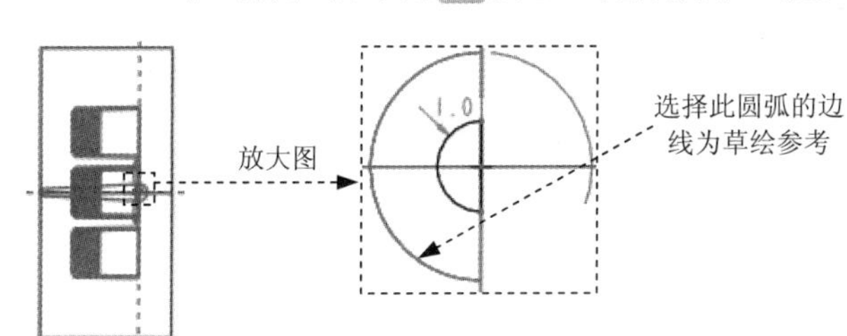

图 17.5.12 截面草图

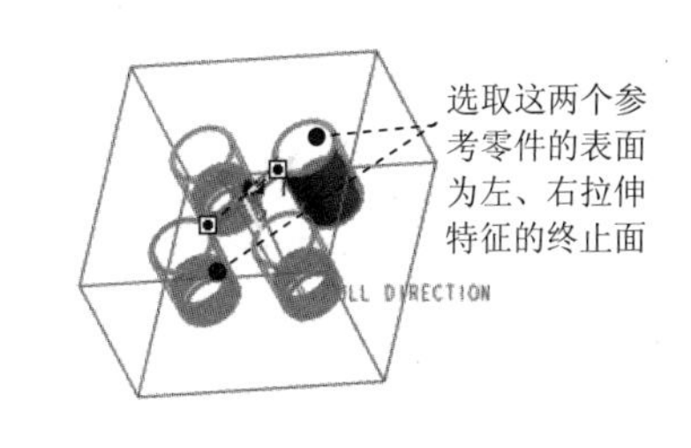

图 17.5.13 选取拉伸特征的终止面

Stage4. 创建第二个浇口

Step 1 单击 **模具** 功能选项卡 操作 ▾ 按钮，在系统弹出的菜单中选择 特征操作 按钮。系统弹出“特征操作”菜单。

Step 2 在 ▾ FEATURE OPER（特征操作） 菜单中选择 Copy（复制） 选项。在系统弹出的 ▾ COPY FEATURE（复制特征） 菜单中选择 Move（移动） ➡ Independent（独立） ➡ Done（完成） 命令，此时出现“选择”对话框。

Step 3 在模型树中选取 拉伸 1，在“选择”对话框中单击 确定 按钮。

Step 4 在系统弹出的 ▾ MOVE FEATURE（移动特征） 菜单中选择 Rotate（旋转） 命令，然后在

▼ GEN SEL DIR（一般选择方向）菜单中选择 Crv/Edg/Axis（曲线/边/轴）命令，选取图 17.5.11 所示的轴线。

Step 5 在系统弹出的 ▼ DIRECTION（方向）菜单中选择 Okay（确定）命令，然后在输入旋转角度文本框中输入数值 90，按回车键。

Step 6 在 ▼ MOVE FEATURE（移动特征）菜单中选择 Done Move（完成移动）命令，然后在系统弹出的“组可变尺寸”菜单中单击 Done（完成）命令，在“组元素”信息窗口中单击 确定 按钮。

Step 7 定义相交元件。在系统弹出的“相交元件”对话框中按下 自动添加 按钮，选中 ☑ 自动更新 复选框，然后单击 确定 按钮。

Step 8 在“特征操作”菜单中选择 Done（完成）命令，完成第二个浇口的创建。

Task5．创建体积块

Stage1．创建图 17.5.14 所示的第一个体积块

Step 1 选择命令。选择 **模具** 功能选项卡 分型面和模具体积块 ▾ 区域中的 模具体积块 ▾ → 模具体积块 命令。此时系统弹出“编辑模具体积块”选项卡。

Step 2 收集体积块。

（1）选择命令。单击 **编辑模具体积块** 选项卡中单击 体积块工具 ▾ 区域中的“收集体积块工具”按钮。此时系统弹出“聚合体积块”菜单。

（2）定义选取步骤。在“聚合体积块”菜单中选择 ☑ Select（选择） → ☑ Close（封闭）复选框，单击 Done（完成）命令，此时系统显示“聚合选取”菜单。

（3）定义聚合选取。

① 在“聚合选取”菜单中选择 Surf & Bnd（曲面和边界） → Done（完成）命令。

② 定义种子曲面。在系统 ➡选择一个种子曲面. 的提示下，先将鼠标指针移至图 17.5.15 所示的模型中的目标位置并右击，在系统弹出的快捷菜单中选取 从列表中拾取 命令，系统弹出“从列表中拾取”对话框，在对话框中选择 曲面:F1(外部合并):COVER_MOLD_REF，单击 确定(O) 按钮。

图 17.5.14 第一个体积块

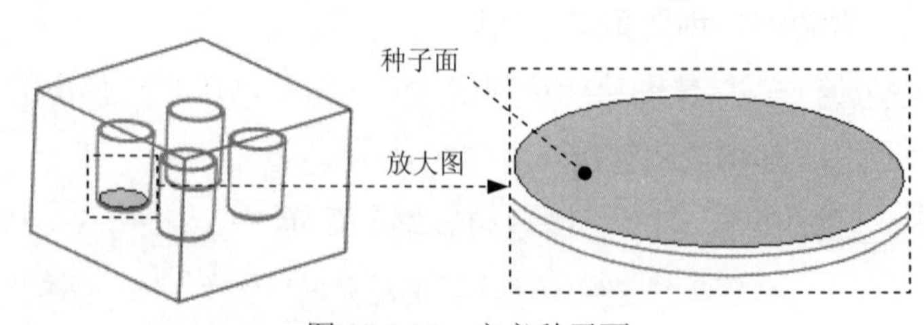

图 17.5.15 定义种子面

说明：在列表框选项中选中 曲面:F1(外部合并):COVER_MOLD_REF 时，此时图 17.5.15 中的塑料杯盖内部的底面会加亮，该底面就是所要选择的“种子面”。

③ 定义边界曲面。在系统 指定限制这些曲面的边界曲面. 的提示下，从列表中拾取图 17.5.16 所示的边界面。

④ 单击 确定 → Done Refs（完成参考） → Done/Return（完成/返回）命令，此时系统显示“封合”菜单。

（4）定义封合类型。在“封合”菜单中选中 Cap Plane（顶平面） → All Loops（全部环）复选框，单击 Done（完成）命令，此时系统显示“封闭环”菜单。

（5）定义封闭环。根据系统 选择或创建一平面，盖住闭合的体积块. 的提示下，选取图 17.5.17 所示的平面为封闭面，此时系统显示“封合”菜单。

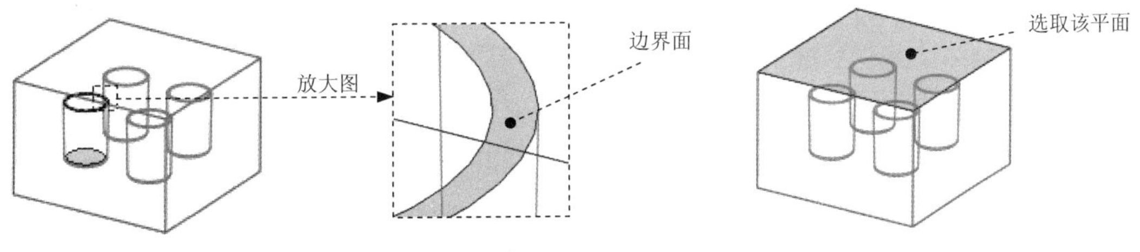

图 17.5.16　定义边界面　　　　图 17.5.17　定义封闭环

（6）在菜单栏中单击 Done（完成） → Done/Return（完成/返回） → Done（完成）命令，完成收集体积块创建，结果如图 17.5.18 所示。

Stage2．参考 Stage1，创建第二个体积块

主要：创建第一个体积块完成后，不用选取“模具体积块”命令，直接从 Step2 开始创建。Stage3 和 Stage4 相同。

Stage3．参考 Stage1，创建第三个体积块

Stage4．参考 Stage1，创建第四个体积块（图 17.5.19）

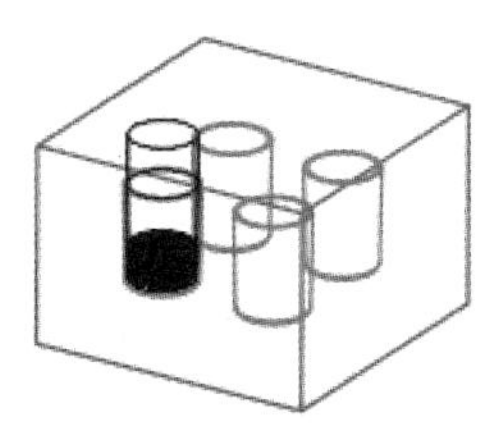

图 17.5.18　收集体积块

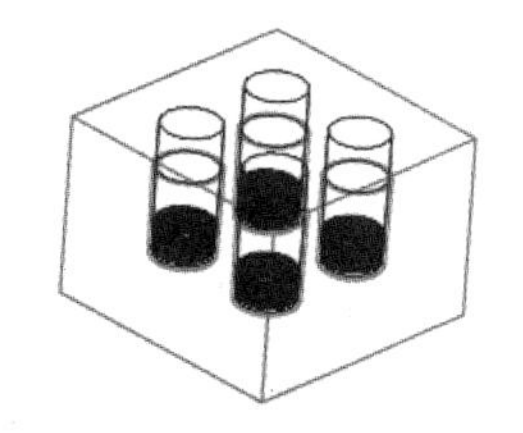

图 17.5.19　收集体积块

Stage5．拉伸体积块

Step 1 选择命令。单击 **编辑模具体积块** 操控板 形状 ▾ 区域中的 拉伸 按钮，此时系统弹出“拉伸”操控板。

Step 2 创建拉伸特征。

（1）定义草绘截面放置属性。在图形区右击，从系统弹出的菜单中选择 定义内部草绘... 命令；在系统 选择一个平面或曲面以定义草绘平面. 的提示下，选取图 17.5.20 所示的毛坯表面为草

绘平面，接受默认的箭头方向为草绘视图方向，然后选取图 17.5.20 所示的毛坯侧面为参考平面，方向为 右 。单击 草绘 按钮，进入草绘环境。

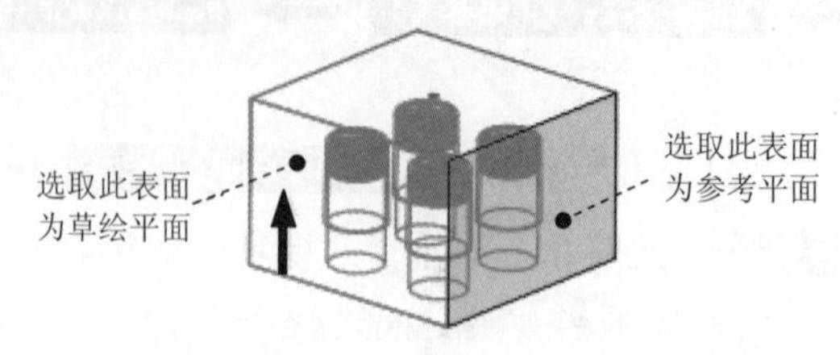

图 17.5.20　定义草绘平面

（2）截面草图。进入草绘环境后，选取图 17.5.21 所示的毛坯边线和 MAIN_PARTING_PLN 基准平面为参考；绘制图 17.5.21 所示的截面草图（为一矩形）。完成截面的绘制后，单击“草绘”操控板中的“确定”按钮✔。

（3）定义深度类型。在操控板中选取深度类型⊥，选择图 17.5.22 所示的平面为拉伸终止面。

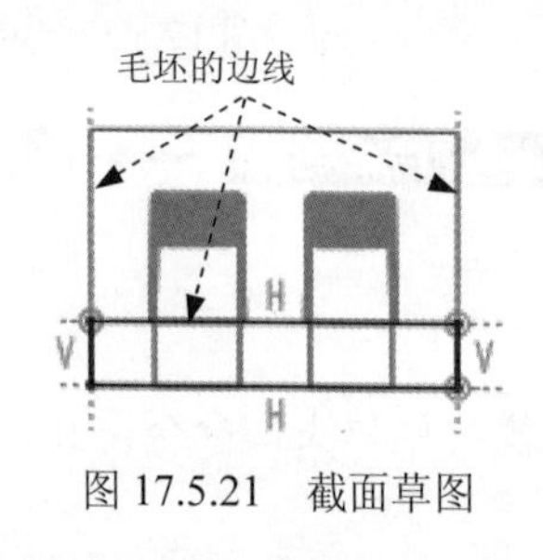

图 17.5.21　截面草图

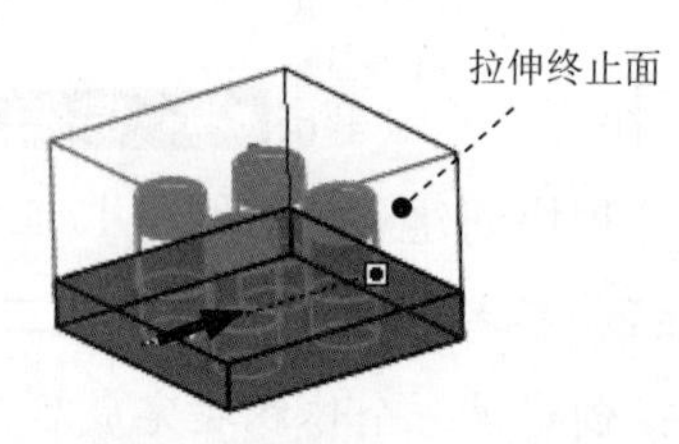

图 17.5.22　拉伸终止面

（4）在“拉伸”操控板中单击✔按钮，完成特征的创建。

Step 3　在“编辑模具体积块”选项卡中单击“确定”按钮✔，完成下模体积块的创建。

Task6. 分割模具体积块

Step 1　选择 **模具** 功能选项卡 分型面和模具体积块 ▾ 区域中的 模具体积块 ▾ → 体积块分割 命令，（即用“分割”的方法构建体积块）。

Step 2　在系统弹出的 ▼ SPLIT VOLUME (分割体积块) 菜单中，选择 Two Volumes (两个体积块) → All Wrkpcs (所有工件) → Done (完成) 命令，此时系统弹出“分割”对话框和“选择”对话框。

Step 3　定义分割对象。选取 Task5 创建的拉伸体积块为分割对象，单击“选择”对话框中的 确定 按钮。

Step 4　在“分割”对话框中单击 确定 按钮。

Step 5　此时，系统弹出“属性”对话框，同时模型的下半部分变亮，在该对话框中单击 着色 按钮，着色后的模型如图 17.5.23 所示；然后，在对话框中输入名称 lower_vol，单击 确定 按钮。

Step 6 此时，系统弹出“属性”对话框，同时模型的上半部分变亮，在该对话框中单击 着色 按钮，着色后的模型如图 17.5.24 所示；然后，在对话框中输入名称 upper_vol，单击 确定 按钮。

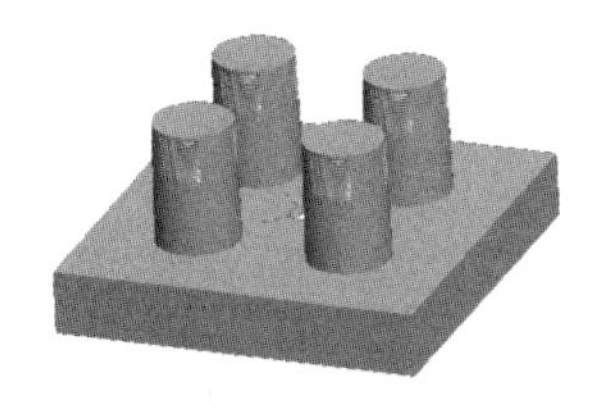
图 17.5.23 着色后的下半部分体积块

图 17.5.24 着色后的上半部分体积块

Task7. 创建滑块体积块

Stage1. 将参考零件、坯料和体积块遮蔽起来

将模型中的参考零件、坯料和体积块遮蔽后，则工作区中模具模型中的这些元素将不显示，这样可使屏幕简洁，方便后面滑块的创建。

Step 1 遮蔽参考零件和坯料。

（1）选择 **视图** 功能选项卡 可见性 区域中的“模具显示”按钮，系统弹出“遮蔽-取消遮蔽”对话框。

（2）单击对话框下部的 按钮，再单击 遮蔽 按钮。

（3）在对话框右边的“过滤”区域中按下 体积块 按钮。按住 Ctrl 键，选择体积块 MOLD_VOL_1 和 UPPER_VOL，再单击 遮蔽 按钮。

（4）单击对话框下部的 关闭 按钮。

Stage2. 创建第一个滑块体积块

Step 1 选择命令。选择 **模具** 功能选项卡 分型面和模具体积块 ▾ 区域中的 模具体积块 ▾ → 模具体积块 命令。

Step 2 选择命令。单击 **编辑模具体积块** 选项卡中依次单击 形状 ▾ → 混合 ▸ → 伸出项 命令，在系统弹出的 ▼ BLEND OPTS（混合选项）菜单中，选择 Done（完成）命令。

Step 3 此时系统弹出“伸出项”对话框和“属性”菜单，选择 Done（完成）命令。

Step 4 创建混合特征。

（1）定义草绘截面放置属性。选取图 17.5.25 所示的面为草绘平面，接受默认的箭头方向为草绘视图方向，单击 Okay（确定）命令，在系统弹出的 ▼ SKET VIEW（草绘视图）菜单中单击 Default（默认）命令。

（2）截面草图。进入草绘环境后，选取 MOLD_RIGHT 和 MOLD_FRONT 基准平面为参考；绘制图 17.5.26 所示的截面草图（一），完成此截面的绘制后，然后在图形区右击，在系统弹出的快捷菜单中选择 切换剖面(T) 命令，绘制图 17.5.27 所示的截面草图（二），单击“草绘”操控板中的“确定”按钮✔。

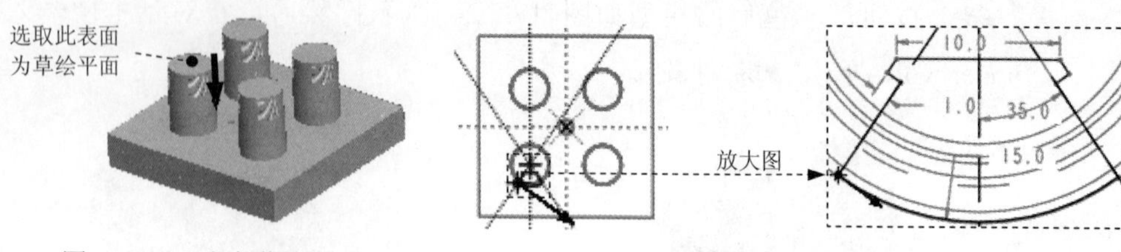

图 17.5.25 定义草绘平面　　　　图 17.5.26 截面草图（一）

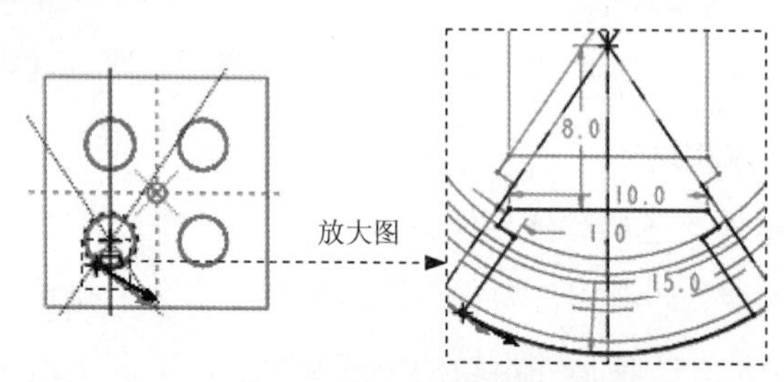

图 17.5.27 截面草图（二）

（3）定义混合截面的深度。在系统弹出的▼ DEPTH (深度) 菜单中选择 Done (完成) 命令，然后在 输入截面2的深度 中输入数值 58，按回车键。

Step 5 单击“伸出项”对话框中的 预览 按钮，结果如图 17.5.28 所示，然后单击 确定 按钮。

Step 6 在“编辑模具体积块”选项卡中单击“确定”按钮✔，完成下模体积块的创建。

Stage3. 创建第二个和第三个滑块体积块

Step 1 选取阵列的特征。选取 Stage2 中创建的第一个滑块体积块。

Step 2 单击 **模具** 操控板 修饰符 区域中的 阵列 ▾ 按钮，此时系统弹出“阵列”操控板。

Step 3 在“尺寸”操控板中的 尺寸 下拉列表中选择 轴 选项。

Step 4 创建图 17.5.29 所示的基准轴，操作过程如下：单击 **模具** 功能选项卡 基准 ▾ 区域中的“轴”按钮 ⁄；选取图 17.5.29 所示的曲面；在“基准轴”对话框中单击 确定 按钮。

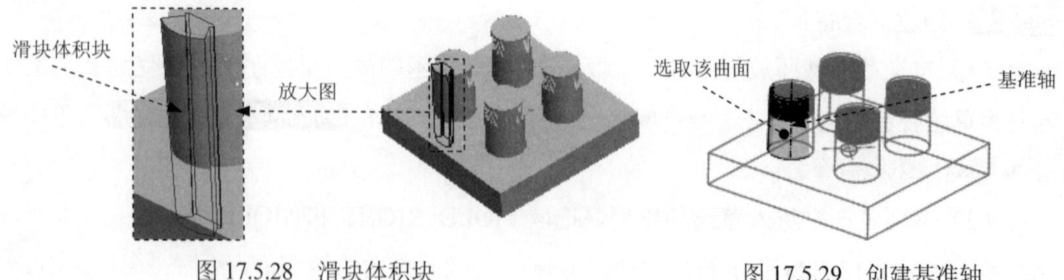

图 17.5.28 滑块体积块　　　　图 17.5.29 创建基准轴

Step 5 在“阵列”操控板中输入要阵列的个数 3，输入阵列成员间的角度值 120，单击

“阵列”操控板中的✔按钮，结果如图 17.5.30 所示。

Stage4．创建第四、第五和第六个滑块体积块

Step 1　单击 **模具** 功能选项卡 操作 ▾ 按钮，在系统弹出的菜单中选择 特征操作 按钮。系统弹出“特征操作”菜单。

Step 2　在 ▼ FEATURE OPER (特征操作) 菜单中选择 Copy (复制) 选项。在系统弹出的 ▼ COPY FEATURE (复制特征) 菜单中选择 Move (移动) ➡ Independent (独立) ➡ Done (完成) 命令，此时出现“选择”对话框。

Step 3　在模型树中选取 阵列 1 / 伸出项，在“选择”对话框中单击 确定 按钮，然后单击 Done (完成) 命令，

Step 4　在系统弹出的 ▼ MOVE FEATURE (移动特征) 菜单中选择 Translate (平移) 命令，然后在 ▼ GEN SEL DIR (一般选取方向) 菜单中选择 Plane (平面) 命令，选取图 17.5.31 所示的平面。方向箭头如图 17.5.31 所示。

Step 5　在系统弹出的“方向 5”菜单中选择 Okay (确定) 命令，然后在 输入偏移距离 文本框中输入数值 50，按回车键。

Step 6　在系统弹出的“移动特征”菜单中选择 Done Move (完成移动) 命令，然后在“组可变尺寸”菜单中单击 Done (完成) 命令，单击 确定 按钮，在“特征操作”菜单中单击 Done (完成) 命令。结果如图 17.5.32 所示。

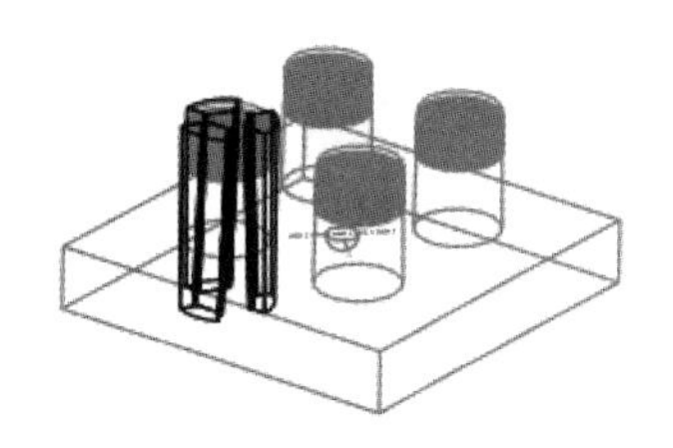

图 17.5.30　阵列结果

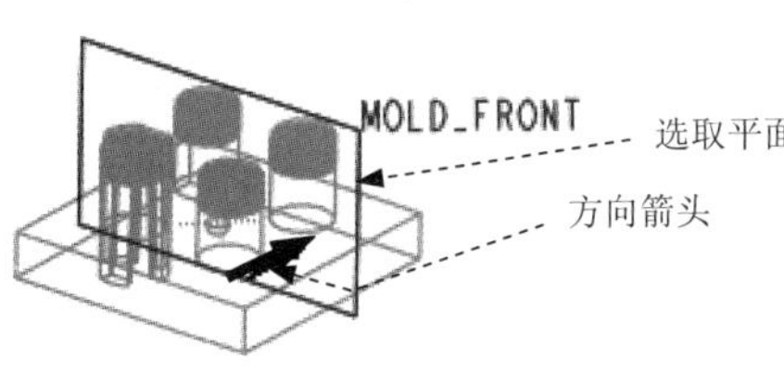

图 17.5.31　选取平面

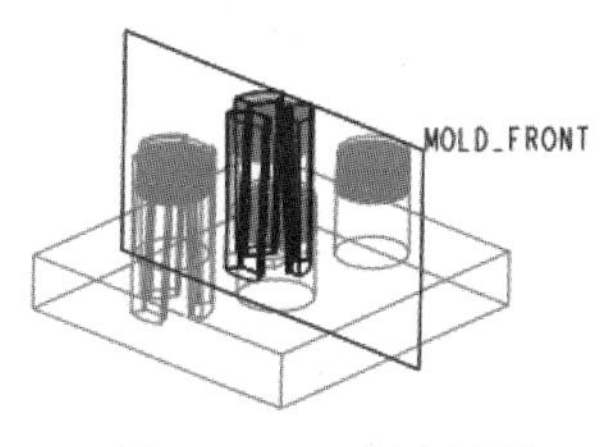

图 17.5.32　创建结果

Stage5．创建其他的滑块体积块

Step 1　单击 **模具** 功能选项卡 操作 ▾ 按钮，在系统弹出的菜单中选择 特征操作 按钮。系统弹出“特征操作”菜单。

Step 2　在 ▼ FEATURE OPER (特征操作) 菜单中选择 Copy (复制) 选项。在系统弹出的 ▼ COPY FEATURE (复制特征) 菜单中选择 Move (移动) ➡ Independent (独立) ➡ Done (完成) 命令，此时出现“选择”对话框。

Step 3　按住 Ctrl 键，在模型树中选取 阵列 1 / 伸出项 和 组COPIED_GROUP_1，在“选择”对话框中单击 确定 按钮，然后单击 Done (完成) 命令。

Step 4　在系统弹出的 ▼ MOVE FEATURE (移动特征) 菜单中选择 Translate (平移) 命令，然后在 ▼ GEN SEL DIR (一般选取方向) 菜单中选择 Plane (平面) 命令，选取图 17.5.33 所示的

平面。单击 Flip（反向）按钮，方向箭头如图 17.5.33 所示。

Step 5 再选择 Okay（确定）命令，在输入偏移距离文本框输入数值 50，按回车键。

Step 6 在系统弹出的“移动特征”菜单中选择 Done Move（完成移动）命令，然后在“组可变尺寸”菜单中单击 Done（完成）命令，单击 确定 按钮，结果如图 17.5.34 所示。

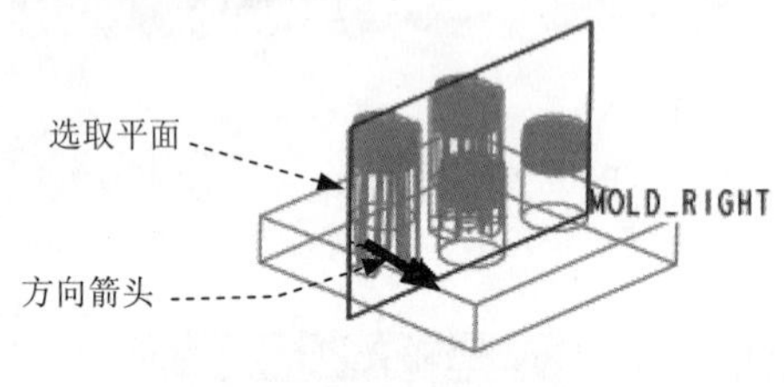

图 17.5.33 选取平面

图 17.5.34 创建结果

Step 7 选择 Done（完成）命令。

Task8. 分割新的模具体积块

Stage1. 分割第一个滑块体积块

Step 1 选择 模具 功能选项卡 分型面和模具体积块 ▾ 区域中的 模具体积块 ▾ → 体积块分割 命令（即用“分割”的方法构建体积块）。

Step 2 在系统弹出的 ▼ SPLIT VOLUME（分割体积块）菜单中，选择 One Volume（一个体积块）、Mold Volume（模具体积块）和 Done（完成）命令。

Step 3 在系统弹出的“搜索工具”对话框中，单击列表中的面组:F23(LOWER VOL)体积块，然后单击 >> 按钮，将其加入到已选择 0 个项:列表中，再单击 关闭 按钮。

Step 4 用“列表选取”的方法选取体积块。

（1）在系统 ➪为分割选定的模具体积块选择分型面. 的提示下，先将鼠标指针移至模型中第一个镶块体积块的位置右击，从快捷菜单中选取 从列表中拾取 命令。

（2）在系统弹出的“从列表中拾取”对话框中，单击列表中的面组:F27(MOLD_VOL_2)，然后单击 确定(O) 按钮。

（3）在“选择”对话框中单击 确定 按钮。

（4）系统弹出 ▼ 岛列表 菜单，选中 ☑ 岛2 复选框，选择 Done Sel（完成选择）命令。

说明：在上面的操作中，当用 MOLD_VOL_2 体积块分割下模体积块后，会产生两块互不连接的体积块，这些互不连接的体积块称之为 Island（岛）。在 ▼ 岛列表 菜单中，有 ☐ 岛1 和 ☑ 岛2 两个岛。将鼠标指针移至岛菜单中这两个选项，模型中相应的体积块会加亮，这样很容易发现：☑ 岛2 代表第一个滑块的体积块，☐ 岛1 是下模体积块被第一个滑块的体积块减掉所剩余的部分。

Step 5 在“分割”对话框中单击 确定 按钮。

Step 6 系统弹出“属性”对话框，同时 LOWER_VOL 体积块的第一个滑块部分变亮，然后在对话框中输入名称 SLIDE_VOL_01，单击 确定 按钮。

Stage2．参考 Stage1，分割第二个滑块体积块（SLIDE_VOL_02）

Stage3．参考 Stage1，分割第三个滑块体积块（SLIDE_VOL_03）

Stage4．参考 Stage1，分割第四个滑块体积块（SLIDE_VOL_04）

Stage5．参考 Stage1，分割第五个滑块体积块（SLIDE_VOL_05）

Stage6．参考 Stage1，分割第六个滑块体积块（SLIDE_VOL_06）

Stage7．参考 Stage1，分割第七个滑块体积块（SLIDE_VOL_07）

Stage8．参考 Stage1，分割第八个滑块体积块（SLIDE_VOL_08）

Stage9．参考 Stage1，分割第九个滑块体积块（SLIDE_VOL_09）

Stage10．参考 Stage1，分割第十个滑块体积块（SLIDE_VOL_10）

Stage11．参考 Stage1，分割第十一个滑块体积块（SLIDE_VOL_11）

Stage12．参考 Stage1，分割第十二个滑块体积块（SLIDE_VOL_12）

Task9．抽取模具元件

Step 1 选择 **模具** 功能选项卡 元件 ▾ 区域中 模具元件 ▾ ➡ 型腔镶块 命令，系统弹出“创建模具元件”对话框中，

Step 2 在系统弹出的“创建模具元件”对话框中，在该对话框中选取体积块 UPPER_VOL 和 LOWER_VOL，然后再选取 Task8 中创建的 12 个滑块体积块，单击 确定 按钮。

Task10．生成浇注件

将浇注件命名为 molding。

Task11．定义模具开启

Stage1．遮蔽参考模型、坯料、上模、下模、浇注件和体积块

Step 1 遮蔽参考模型、坯料、下模、上模和浇注件。选择 **视图** 功能选项卡 可见性 区域中的“模具显示”按钮，系统弹出“遮蔽-取消遮蔽”对话框，在该对话框中按下 元件 按钮，在 可见元件 列表框中选中四个参考零件、坯料、上模、下模和浇注件，然后单击 遮蔽 按钮。

Step 2 遮蔽体积块。在该对话框中按下 体积块 按钮，单击下部的“选取全部”按钮 ，然后单击 遮蔽 按钮，再单击 关闭 按钮。

Stage2．在第一个滑块上创建基准点和基准轴

说明：此创建的基准轴要作为螺纹滑块开模的方向。

Step 1 创建图 17.5.35 所示的基准点 APNT0。单击 **模具** 功能选项卡 基准 ▾ 区域中的“创建基准点”按钮；选取图 17.5.35 所示的边线；在“基准点”对话框中，先选

择基准点的定位方式 比率 ，然后在左边的文本框中输入基准点的定位数值（比率系数）0.5。

Step 2 创建图 17.5.36 所示的基准点 APNT1。在“基准点”对话框中单击 新点 命令；在“基准点”对话框中，先选择基准点的定位方式 比率 ，然后在左边的文本框中输入基准点的定位数值（比率系数）0.5；在“基准点”对话框中单击 确定 按钮。

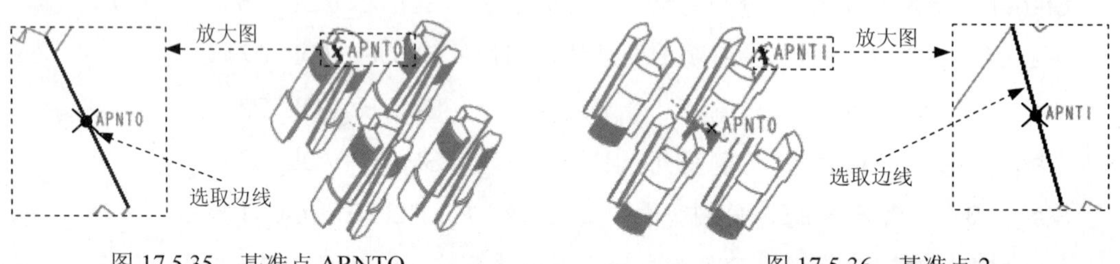

图 17.5.35 基准点 ARNTO　　图 17.5.36 基准点 2

Step 3 创建基准轴，操作过程如下：单击 **模具** 功能选项卡 基准 ▾ 区域中“创建基准轴”按钮 ；按住 Ctrl 键，选取 Step1 创建的基准点 APNT0 和 Step2 创建的基准点 APNT1；在“基准轴”对话框中单击 确定 按钮。

Stage3．参考 Stage2，在第二个滑块上创建基准点和基准轴

Stage4．参考 Stage2，在第三个滑块上创建基准点和基准轴

Stage5．参考 Stage2，在第四个滑块上创建基准点和基准轴

Stage6．参考 Stage2，在第五个滑块上创建基准点和基准轴

Stage7．参考 Stage2，在第六个滑块上创建基准点和基准轴

Stage8．参考 Stage2，在第七个滑块上创建基准点和基准轴

Stage9．参考 Stage2，在第八个滑块上创建基准点和基准轴

Stage10．参考 Stage2，在第九个滑块上创建基准点和基准轴

Stage11．参考 Stage2，在第十个滑块上创建基准点和基准轴

Stage12．参考 Stage2，在第十一个滑块上创建基准点和基准轴

Stage13．参考 Stage2，在第十二个滑块上创建基准点和基准轴

Stage14．将上模、下模和浇注件取消遮蔽

Step 1 选择 **视图** 功能选项卡 可见性 区域中的“模具显示”按钮 ，系统弹出“遮蔽-取消遮蔽”对话框。

Step 2 单击 取消遮蔽 按钮，按住 Ctrl 键，选取上模、下模和浇注件，再单击 取消遮蔽 按钮。

Step 3 单击对话框下部的 关闭 按钮，完成操作。

Stage15．开模步骤 1：移动上模

在模型中选取要移动的上模零件，选取图 17.5.37 所示的边线为移动方向，然后在系统的提示下，输入要移动的距离值 150，移出后的状态如图 17.5.37 所示。

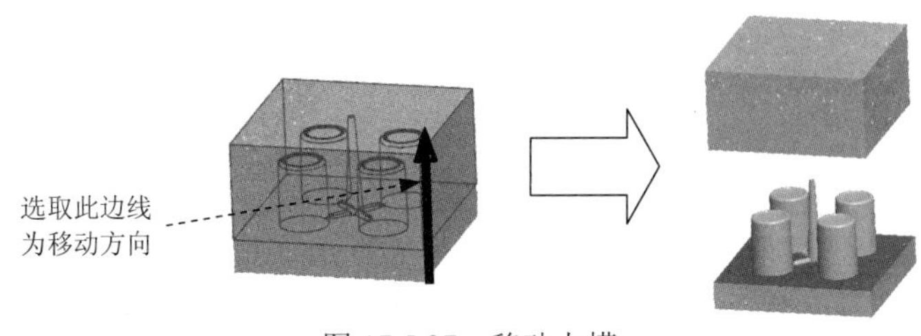

图 17.5.37 移动上模

Stage16．开模步骤 2：移动浇注件

在模型中选取要移动的浇注件，选取图 17.5.38 所示的边线为移动方向，输入要移动的距离值 60，结果如图 17.5.38 所示。

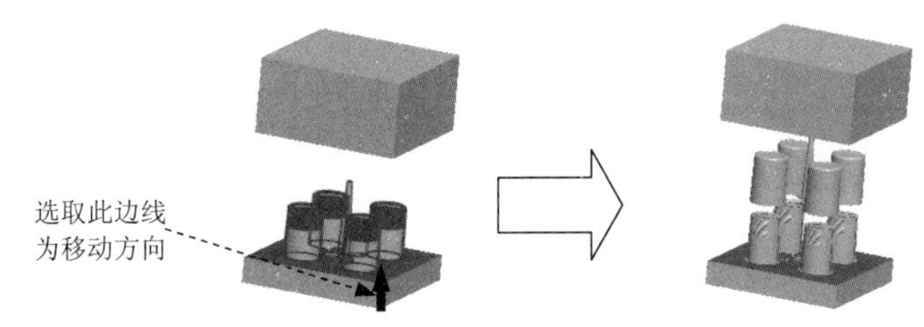

图 17.5.38 移动浇注件

Stage17．开模步骤 3：移动滑块

Step 1 在模型中选取要移动的滑块 1，选取在滑块 1 上创建的基准轴为移动参考，方向如图 17.5.39 所示。输入要移动的距离值 30，完成滑块 1 的开模动作。

Step 2 参考 Step1，将其他的 11 个滑块移动，完成滑块的移动，如图 17.5.39 所示。

说明： 12 个滑块作为一个开模步骤。

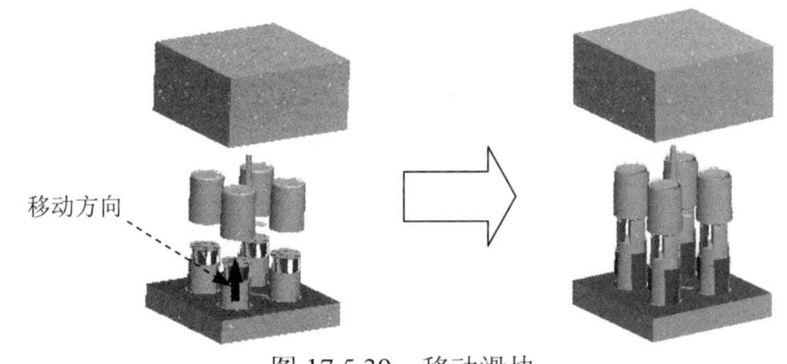

图 17.5.39 移动滑块

Step 3 保存设计结果。单击 **模具** 功能选项卡中的 操作 ▾ 区域的 重新生成 ▾ 按钮，在系统弹出的下拉菜单中单击 重新生成 按钮，选择下拉菜单 文件 ▾ → 保存(S) 命令。

18

模具设计方法——组件法

18.1 概述

在创建模具设计的过程中，除了运用Creo 2.0的模具模块外，用户还可以使用Assembly模块进行模具设计，使用此模块进行模具设计的方法有两种。

（1）以配合件方式进行模具设计。

（2）以 Top-Down 方式进行模具设计。

其中组件法进行模具设计的开模过程主要是通过 Assembly 模块中的**视图**功能选项卡 模型显示 ▾ 区域中的 编辑位置 命令来完成。本章将通过一个扣件的模型设计来说明通过组件法进行模具设计的一般过程。通过本章的学习，读者能够进一步熟悉模具设计的方法，并能根据实际情况不同，灵活地运用各种方法进行模具的设计。

18.2 以配合件方式进行模具设计

以配合件方式进行模具设计主要通过创建一个实体特征作为模具的上模（或下模），再通过复制前面创建的实体特征作为模具的下模（或上模），最后通过元件的切除和曲面实体化来完成模具的设计。下面以扣件为例介绍以配合件方式进行模具设计的一般过程，如图 18.2.1 所示。

Stage1. 准备工作

Step 1 设置工作目录。选择下拉菜单 文件 ▾ ➡ 管理会话(M) ➡ 选择工作目录(W) 更改工作目录。

命令，将工作目录设置至 D:\ creo2mo\work\ch18.02。

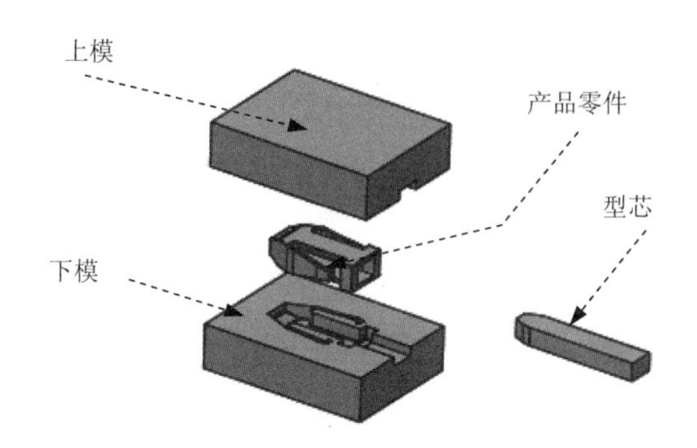

图 18.2.1 以配合件方式进行模具设计一般过程

Step 2 打开文件 fastener_down.prt 零件。

Step 3 设置收缩率。选择 模型 功能选项卡 操作 ▾ 下拉菜单中的 缩放模型 命令；在系统 输入比例[1.0000]: 的提示下，输入比例 1.006，并按回车键；系统弹出“确认”对话框，并单击 是 按钮。

说明：此处输入的比例无法更改。

Step 4 保存文件和关闭窗口。选择下拉菜单 文件 ▾ ➡ 保存(S) 命令，再选择下拉菜单 文件 ▾ ➡ 关闭(C) 命令。

Stage2．新建一个装配模块

Step 1 选择下拉菜单 文件 ▾ ➡ 新建(N) 命令（或单击“新建”按钮）。

Step 2 在“新建”对话框中，选中 类型 区域中的 ◉ 装配 单选项，选中 子类型 区域中的 ◉ 设计 单选项，在 名称 文本框中输入文件名 fastener_down_mold，取消 ✔ 使用默认模板 复选框中的“√”号，单击对话框中的 确定 按钮。

Step 3 在“新文件选项”对话框中选取 mmns_asm_design 模板，单击 确定 按钮。

Stage3．装配产品零件

Step 1 单击 模型 功能选项卡 元件 ▾ 区域中的 组装 按钮，在弹出的菜单中单击 组装 按钮，此时系统弹出“打开”对话框。

Step 2 在系统弹出“打开”对话框中选择 fastener_down.prt 零件，单击 打开 按钮，此时系统弹出“元件放置”操控板。

Step 3 在“约束”类型下拉列表中选择 默认 选项，将元件按默认设置放置，此时 状态 区域显示的信息为 完全约束，单击操控板中的 ✔ 按钮，完成装配件的放置。

Stage4．创建模块

Step 1 单击 模型 功能选项卡 元件 ▾ 区域中的“创建”按钮，此时系统弹出“元件创建”对话框。

Step 2 定义元件的类型及创建方法。

（1）在弹出“元件创建”对话框中，在类型区域选中◉零件单选项，在子类型区域选中◉实体单选项，在名称文本框中输入文件名 fastener_down_core_mold，单击确定按钮，此时系统弹出“创建选项”对话框。

（2）设置模型树。在模型树界面中选择 → 树过滤器(F)...命令。在系统弹出的“模型树项”对话框中选中☑特征复选框，然后单击对话框中的确定按钮。

（3）在弹出的对话框中的创建方法区域中选中◉定位默认基准单选项，在定位基准的方法区域中选中◉对齐坐标系与坐标系单选项，单击确定按钮，在系统的➡选择坐标系.提示下，选取装配坐标系 ASM_DEF_CSYS，完成新零件的装配。

Step 3　隐藏装配件的基准平面。

说明：为了使屏幕简洁，可利用“层”的“隐藏”功能，将装配件的三个基准平面隐藏起来。

（1）在导航选项卡中选择 → 层树(L)命令。

（2）选取基准平面层 01__ASM_DEF_DTM_PLN 并右击，在弹出的快捷菜单中选择隐藏命令，再单击“重画”按钮，这样参考模型的基准平面将不显示。

（3）完成操作后，选择导航选项卡中的 → 模型树(M)命令，切换到模型树状态，结果如图 18.2.2 所示。

Step 4　创建型芯模块。单击模型功能选项卡形状▾区域中的拉伸按钮，此时系统弹出“拉伸”操控板；在图形区右击，从弹出的菜单中选择定义内部草绘...命令，在系统➡选择一个平面或曲面以定义草绘平面.的提示下，选取图 18.2.2 所示的 DTM1 基准平面为草绘平面，接受默认的箭头方向为草绘视图方向，然后选取 DTM2 基准平面为参考平面，方向为底部；接受默认参考，绘制图 18.2.3 所示的截面草图，完成截面的绘制后，单击“草绘”选项卡中的“确定”按钮✔；在操控板中选取深度类型（即“对称”），再在深度文本框中输入深度值 20，并按回车键；在操控板中，单击✔按钮，完成特征的创建。

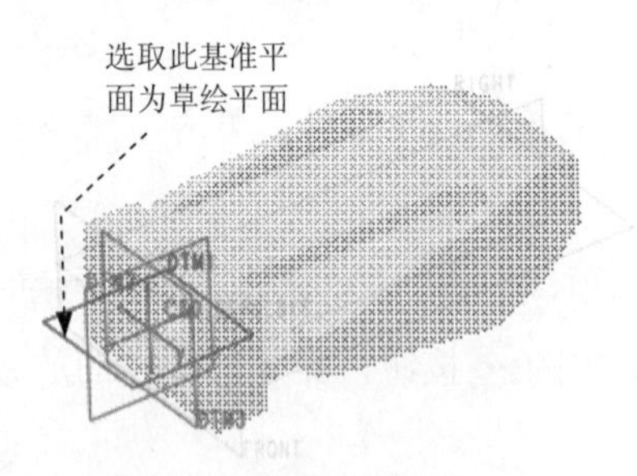

图 18.2.2　隐藏基准面

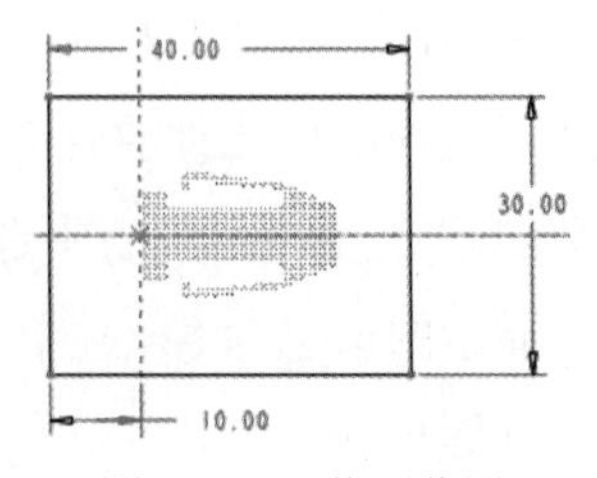

图 18.2.3　截面草图

Step 5　创建上模模块。

说明：此处采用复制的方式来创建上模模块，操作起来简单快捷。

（1）激活总装配体。在模型树中选择 FASTENER_DOWN_MOLD.ASM装配体并右击，在弹出的快捷菜单中选择激活命令。

（2）保存装配体。选择下拉菜单 文件 → 保存命令。

（3）单击 模型 功能选项卡 元件 区域中的“创建”按钮，此时系统弹出“元件创建”对话框。

（4）定义元件的类型及创建方法。在弹出的“元件创建”对话框中，选中类型区域中的 零件 单选项，选中 子类型 区域中的 实体 单选项，然后在 名称 文本框中输入文件名 fastener_down_upper_mold，单击 确定 按钮，此时系统弹出“创建选项”对话框；在弹出对话框的 创建方法 区域中选中 从现有项复制 单选项，在 复制自... 区域中单击 浏览... 按钮，在弹出的“选取模板”对话框中选择 fastener_down_core_mold.prt 零件，单击 打开 按钮，再单击 确定 按钮，此时系统弹出“元件放置”操控板；在“约束”类型下拉列表中选择 默认 选项，将元件按默认设置放置，此时 状态 区域显示的信息为 完全约束，单击操控板中的✔按钮，完成模块的复制操作。

Step 6 创建下模模块。参考 Step5 中的步骤（3）和（4）的操作，在弹出的“元件创建”对话框的 名称 文本框中输入文件名 fastener_down_lower_mold，同样选取 fastener_down_core_mold.prt 零件为复制对象，放置位置选择 默认 选项，完成模块的复制。

说明：此时要处于激活状态，模型树如图 18.2.4 所示。

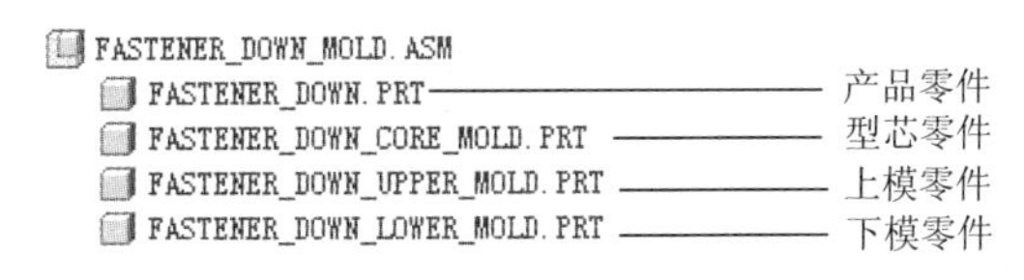

图 18.2.4 复制后的模型树

Stage5. 创建型芯分型面

Step 1 复制模型的内表面。

（1）隐藏模块零件。在模型树中选择 FASTENER_DOWN_CORE_MOLD.PRT、FASTENER_DOWN_UPPER_MOLD.PRT 和 FASTENER_DOWN_LOWER_MOLD.PRT 并右击，在弹出的快捷菜单中选择隐藏命令。

（2）在绘图区域中选取图 18.2.5 所示的面作为要复制的面（共 9 个面）。

（3）单击 模型 功能选项卡 操作 区域中的“复制”按钮。

（4）单击 模型 功能选项卡 操作 区域中的“粘贴”按钮，在系统弹出的操控板中单击 选项 选项卡，选中 排除曲面并填充孔 单选项，单击以激活 填充孔/曲面 文本框，选取图 18.2.6 所示的两条模型边线，单击✔按钮。

Step 2 延伸分型面。

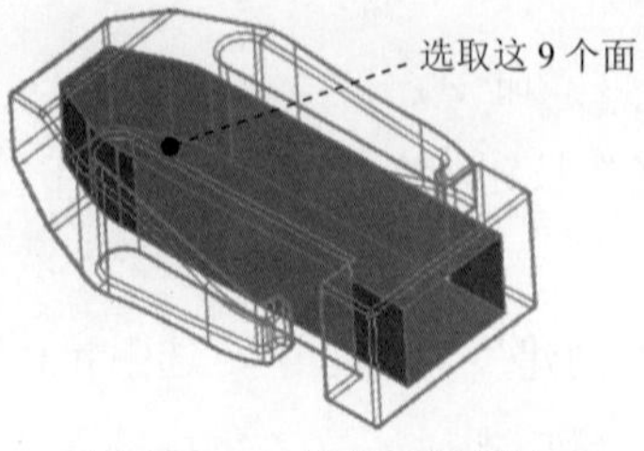

图 18.2.5　定义要复制的面

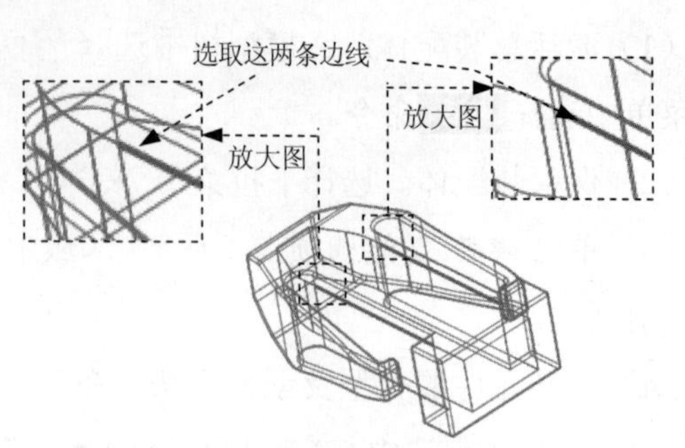

图 18.2.6　选取模型边线

（1）取消隐藏模块零件。选中 Step1 中隐藏的 FASTENER_DOWN_CORE_MOLD.PRT 并右击，在弹出的快捷菜单中选择 取消隐藏 命令。

（2）选取图 18.2.7 所示的延伸曲面边线。

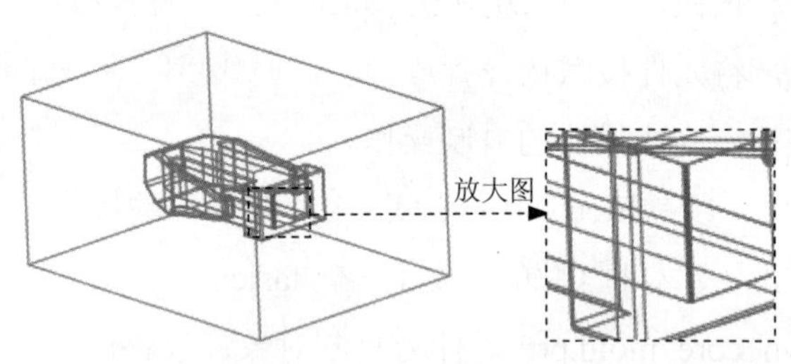

图 18.2.7　选取延伸边 1

说明：此边线为上步复制所得到面的边线。

（3）单击 模型 功能选项卡 修饰符 下拉列表中的 延伸 按钮，此时弹出“延伸”操控板。按住 Shift 键，选取图 18.2.8 所示的其余三条边线为要延伸的曲面边线；在操控板中按下按钮（延伸类型为至平面）；在系统 ◆选择曲面延伸所至的平面. 的提示下，选取图 18.2.9 所示的表面为延伸的终止面；单击按钮，预览延伸后的面组，确认无误后，单击✔按钮，完成后的延伸曲面如图 18.2.9 所示。

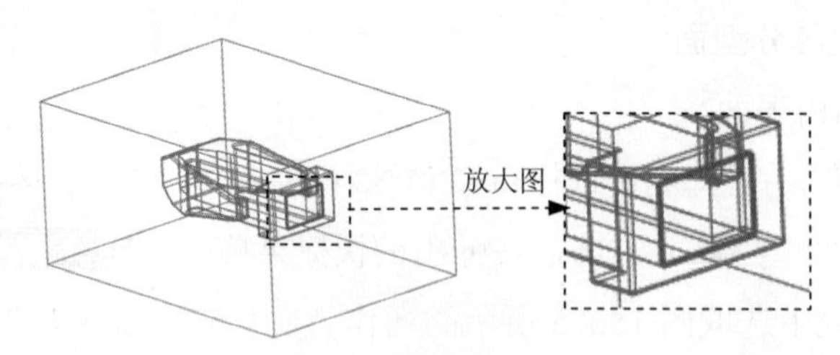

图 18.2.8　选取其他延伸边

Stage6．创建主分型面

Step 1　单击 模型 功能选项卡 切口和曲面 区域中的 拉伸 按钮，此时系统弹出“拉伸”操控板，在操控板中单击“曲面”类型按钮，再单击“移除材料”按钮，确定不是被按下状态。

Step 2 定义草绘截面放置属性。在图形区右击，从弹出的菜单中选择 定义内部草绘... 命令，在系统 ➡选择一个平面或曲面以定义草绘平面. 的提示下，选取图 18.2.10 所示的表面为草绘平面，接受默认的箭头方向为草绘视图方向，然后选取图 18.2.10 所示的表面为参考平面，方向为 右 。

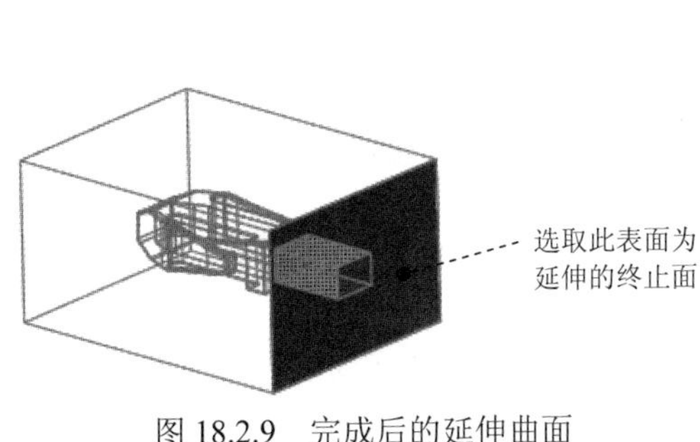

图 18.2.9 完成后的延伸曲面

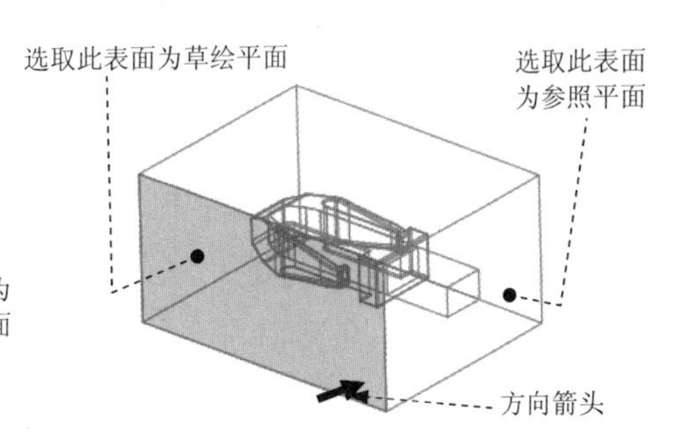

图 18.2.10 定义草绘平面

Step 3 绘制截面草图。进入草绘环境后，选取 DTM1 基准平面和模型的左右表面为草绘参考，绘制图 18.2.11 所示的截面草图（截面草图为一条线段），完成截面的绘制后，单击“草绘”选项卡中的“确定”按钮 ✔ 。

Step 4 设置拉伸属性。在操控板中选取深度类型 ⊥⊥ （到选定的），选取图 18.2.12 所示的表面为拉伸终止面；在操控板中单击 ✔ 按钮，完成特征的创建。

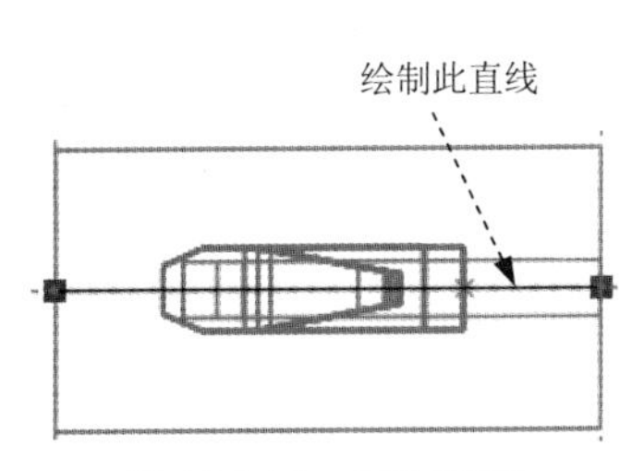

图 18.2.11 截面草图

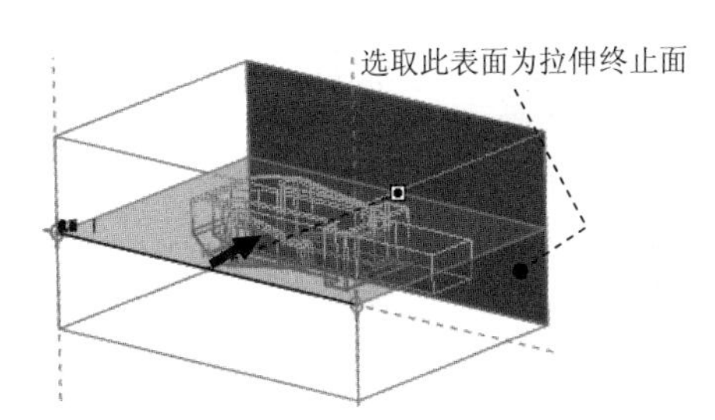

图 18.2.12 定义拉伸终止平面

Stage7. 生成模具型腔

说明：将产品零件从模具模块中切除，即产生模具型腔。

Step 1 选择命令。选择 **模型** 功能选项卡 元件 ▾ 下拉列表中的 元件操作 命令，系统弹出“元件”菜单管理器。

Step 2 定义切除处理的零件。在弹出的菜单管理器中选择 Cut Out (切除) 命令，根据系统的提示 ➡选择要对其执行切出处理的零件. ，在模型树中选取 FASTENER_DOWN_CORE_MOLD.PRT 、FASTENER_DOWN_UPPER_MOLD.PRT 和 FASTENER_DOWN_LOWER_MOLD.PRT 为切除处理零件，单击 确定 按钮。

Step 3 定义切除参考零件。根据系统 ➡为切出处理选择参考零件. 的提示，在模型树中选择

FASTENER_DOWN.PRT 产品零件为切除参考零件，单击 确定 按钮，在“元件”菜单管理器中依次选择 Done（完成）命令，再选择 Done/Return（完成/返回）命令，完成元件的切除。

Stage8．生成型芯、上模和下模

Step 1 显示上模与下模特征。在模型树上选择上模 FASTENER_DOWN_UPPER_MOLD.PRT 与下模 FASTENER_DOWN_LOWER_MOLD.PRT 命令并右击，在弹出的快捷菜单中选择 取消隐藏 命令。

Step 2 生成型芯。

（1）激活型芯零件。在模型树中选择型芯零件 FASTENER_DOWN_CORE_MOLD.PRT 并右击，在弹出的快捷菜单中选择 激活 命令。

（2）切除实体。在窗口右下方的“智能选取栏”中选择 面组，在模型中选取型芯分型面，如图 18.2.13 所示；单击 模型 功能选项卡 编辑 ▾ 区域中的 实体化 按钮，系统弹出“实体化”操控板；在操控板中单击“切除实体”按钮，定义切除方向朝向外，如图 18.2.14 所示；单击按钮，预览切除后的实体，确认无误后，单击✔按钮。

（3）保存型芯零件。在模型树中选择型芯零件 FASTENER_DOWN_CORE_MOLD.PRT 并右击，在弹出的快捷菜单中选择 打开 命令，结果如图 18.2.15 所示；选择下拉菜单 文件 ▾ ➡ 保存(S) 命令；选择下拉菜单 文件 ▾ ➡ 关闭(C) 命令。

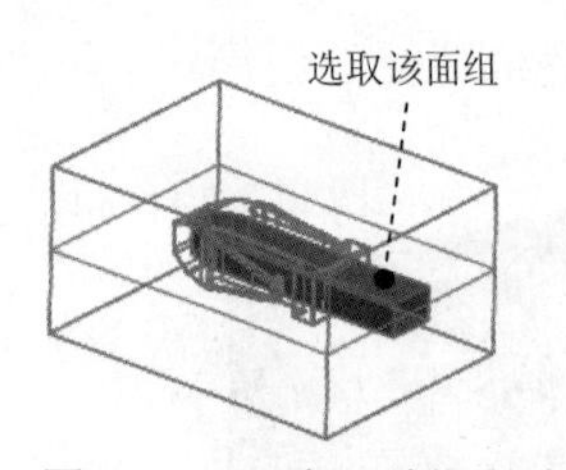

图 18.2.13 选取型芯分型面

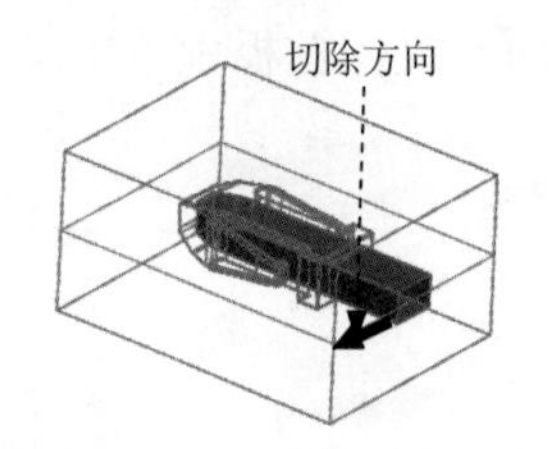

图 18.2.14 定义切除方向

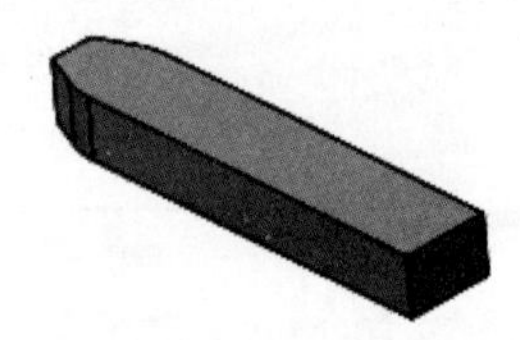
图 18.2.15 型芯零件

Step 3 生成上模。

（1）激活上模零件。在模型树中选择上模零件 FASTENER_DOWN_UPPER_MOLD.PRT 并右击，在弹出的快捷菜单中选择 激活 命令。

（2）切除实体 1。在模型中选取型芯分型面，如图 18.2.16 所示；单击 模型 功能选项卡 编辑 ▾ 区域中的 实体化 按钮，系统弹出“实体化”操控板；在操控板中单击“切除实体”按钮，单击“切换切除方向”按钮，定义切除方向朝向内，如图 18.2.17 所示；单击按钮，预览切除后的实体，确认无误后，单击✔按钮。

（3）切除实体 2。在模型中选取主分型面，如图 18.2.18 所示；单击 模型 功能选项卡 编辑 ▾ 区域中的 实体化 按钮，系统弹出“实体化”操控板；在操控板中，单击“切除实体”按钮，单击“切换切除方向”按钮，定义切除方向如图 18.2.19 所示；单击按钮，预览切除后的实体，确认无误后，单击✔按钮。

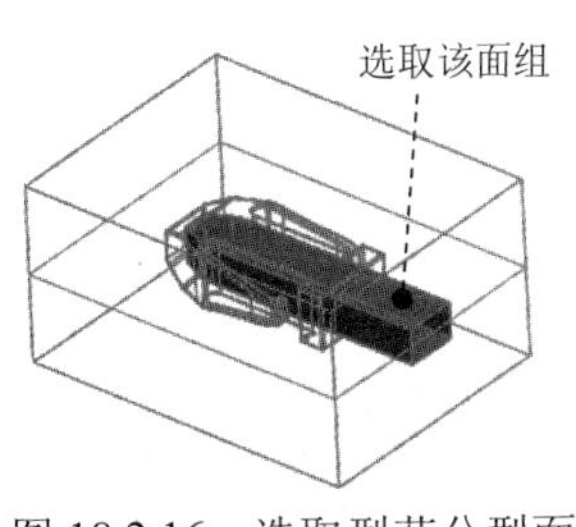

图 18.2.16　选取型芯分型面

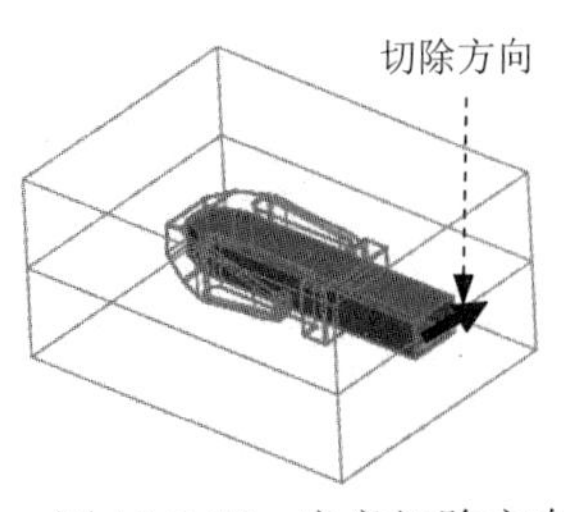

图 18.2.17　定义切除方向

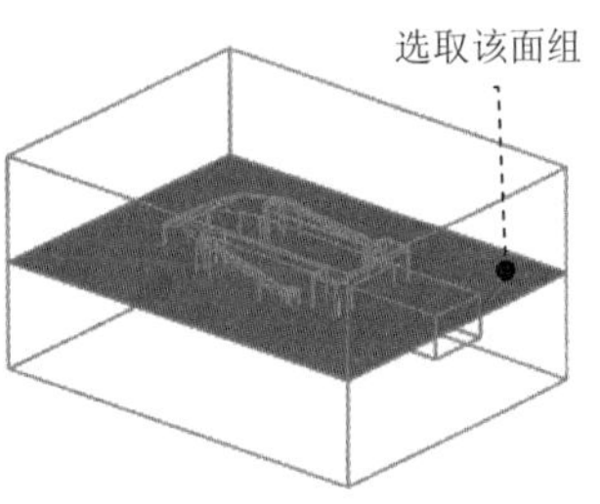

图 18.2.18　选取型芯分型面

（4）保存上模零件。在模型树中选择上模零件 FASTENER_DOWN_UPPER_MOLD.PRT 并右击，在弹出的快捷菜单中选择 打开 命令，结果如图 18.2.20 所示；选择下拉菜单 文件 → 保存 命令；选择下拉菜单 文件 → 关闭 命令。

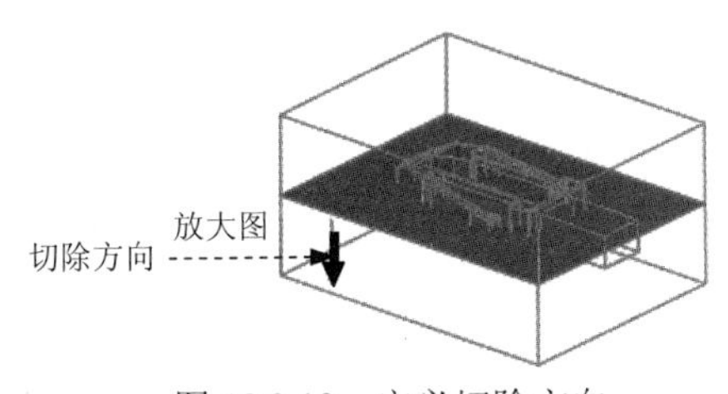

图 18.2.19　定义切除方向

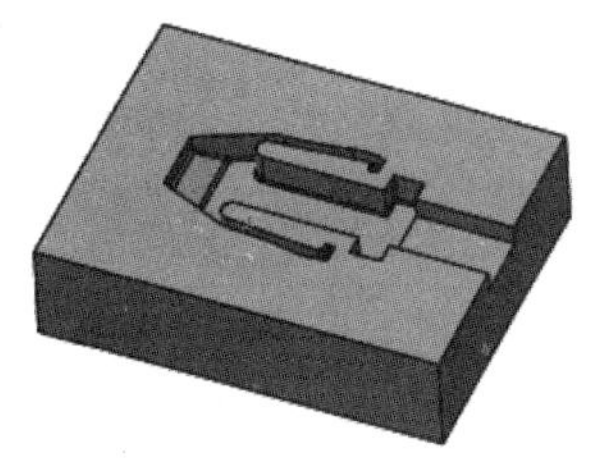
图 18.2.20　上模零件

Step 4　生成下模。

（1）激活下模零件。在模型树中选择上模零件 FASTENER_DOWN_LOWER_MOLD.PRT 并右击，在弹出的快捷菜单中选择 激活 命令。

（2）切除实体 1。在模型中选取型芯分型面，如图 18.2.21 所示；单击 模型 功能选项卡 编辑 区域中的 实体化 按钮，系统弹出“实体化”操控板；在操控板中单击“切除实体”按钮，单击“切换切除方向”按钮，定义切除方向朝向内，如图 18.2.22 所示；单击按钮，预览切除后的实体，确认无误后，单击按钮。

（3）切除实体 2。在模型中选取主分型面，如图 18.2.23 所示；单击 模型 功能选项卡 编辑 区域中的 实体化 按钮，系统弹出“实体化”操控板；在操控板中单击“切除实体”按钮，定义切除方向如图 18.2.24 所示；单击按钮，预览切除后的实体，确认无误后，单击按钮。

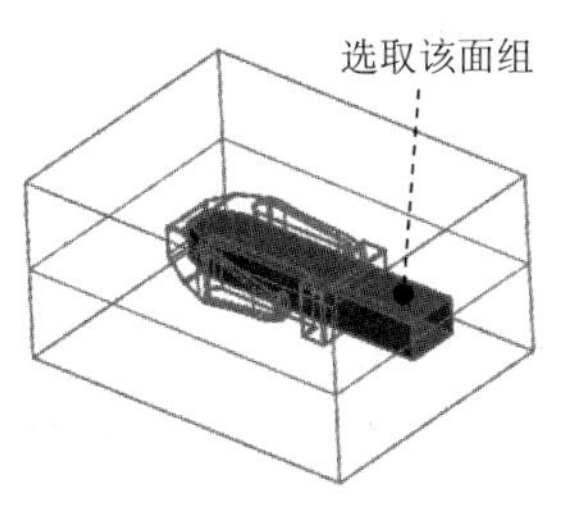

图 18.2.21　选取型芯分型面

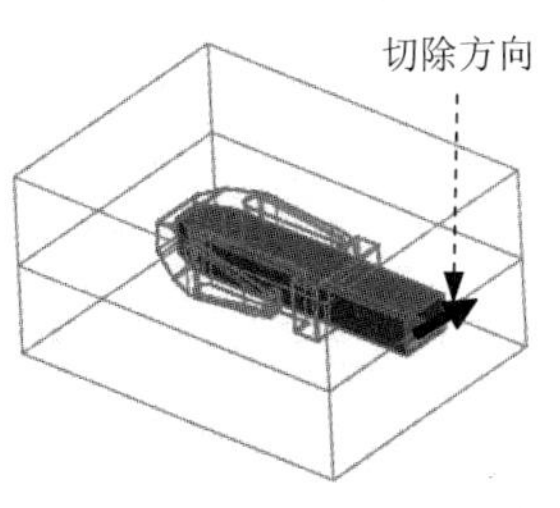

图 18.2.22　定义切除方向

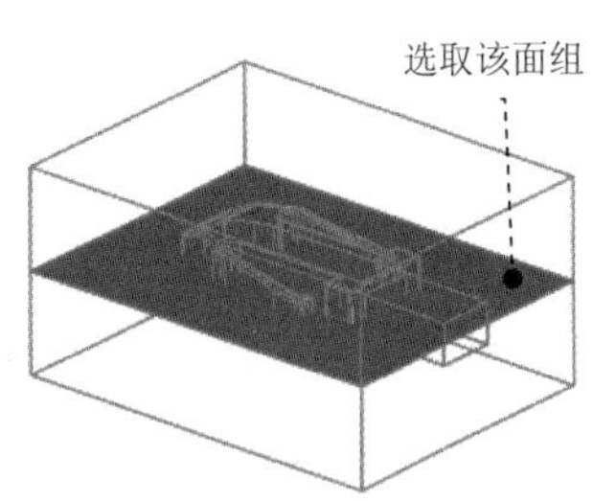

图 18.2.23　选取型芯分型面

（4）保存下模零件。在模型树中选择下模零件 FASTENER_DOWN_LOWER_MOLD.PRT 并右击，在弹出的快捷菜单中选择 打开 命令，结果如图 18.2.25 所示；选择下拉菜单 文件 → 保存(S) 命令；选择下拉菜单 文件 → 关闭(C) 命令。

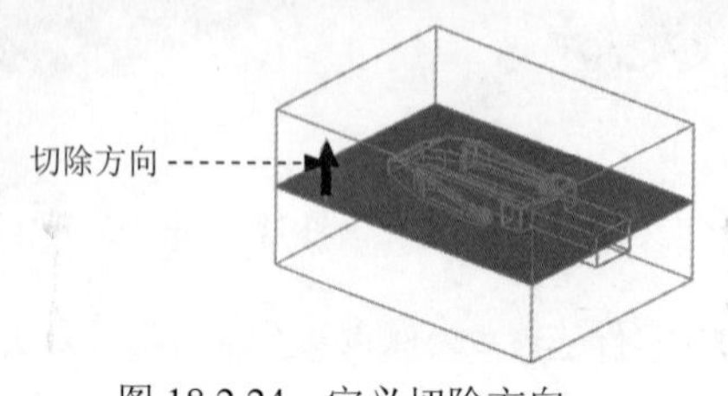

图 18.2.24 定义切除方向

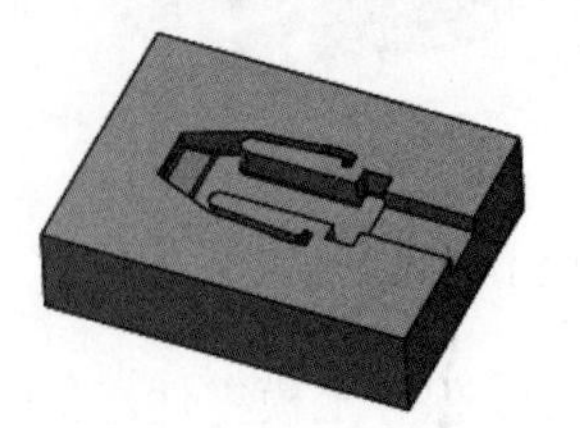

图 18.2.25 下模零件

Stage9．定义开模动作

Step 1 隐藏分型面。在导航选项卡中选择 → 层树(L) 命令；选取 QUILT 并右击，在弹出的快捷菜单中选择 隐藏 命令，再单击“重画”按钮，这样参考模型的基准平面将不显示；完成操作后，选择导航选项卡中的 → 模型树(M) 命令，切换到模型树状态。

Step 2 开模步骤。

（1）选择命令。单击 **视图** 功能选项卡 模型显示 区域中的 编辑位置 按钮，系统弹出图 18.2.26 所示的操控板。

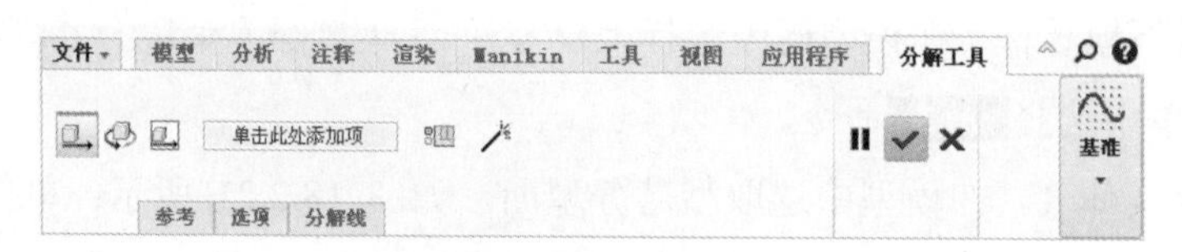

图 18.2.26 操控板

（2）移动型芯元件。单击按钮，选择型芯零件，此时系统会在选择的位置出现一个坐标系，然后移动鼠标至移动方向的坐标轴使其加亮，按住左键不放同时拖动鼠标将零件移动至一个合适的位置，结果如图 18.2.27 所示。

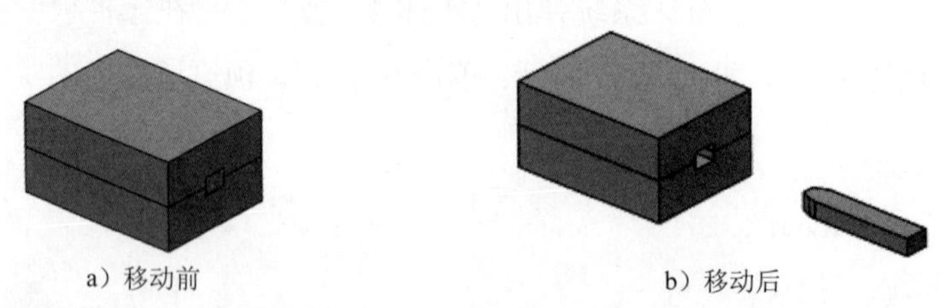

a）移动前　　b）移动后

图 18.2.27 移动型芯

（3）移动上模元件。单击按钮，选取上模零件，此时系统会在选取的位置出现一个坐标系，然后移动鼠标至移动方向的坐标轴使其加亮，按住左键不放拖动鼠标将零件移动至一个合适的位置，结果如图 18.2.28 所示。

（4）移动下模元件。单击按钮，选取下模零件，此时系统会在选取的位置出现一个坐标系，然后移动鼠标至移动方向的坐标轴使其加亮，按住左键不放拖动鼠标将零件移动至一个合适的位置，结果如图 18.2.29 所示。

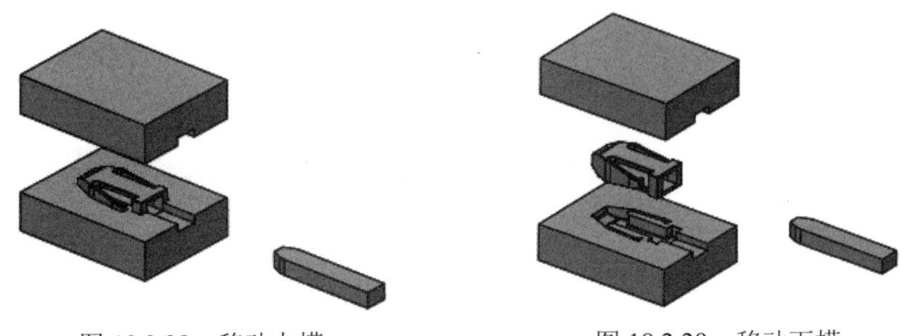

图 18.2.28　移动上模　　　　图 18.2.29　移动下模

Step 3　单击操控板中的按钮。

Step 4　保存装配体。选择下拉菜单 文件 → 保存(S) 命令。完成以配合件方式创建模具设计。

18.3　以 Top-Down 方式进行模具设计

使用 Top-Down 方式进行模具设计，首先通过创建实体特征作为模具毛坯，然后通过元件的切除操作以及使用“曲面实体化”命令来生成模具型腔，最后通过装配完成模具的设计。下面以扣件为例，介绍以 Top-Down 方式进行模具设计的一般过程，如图 18.3.1 所示。

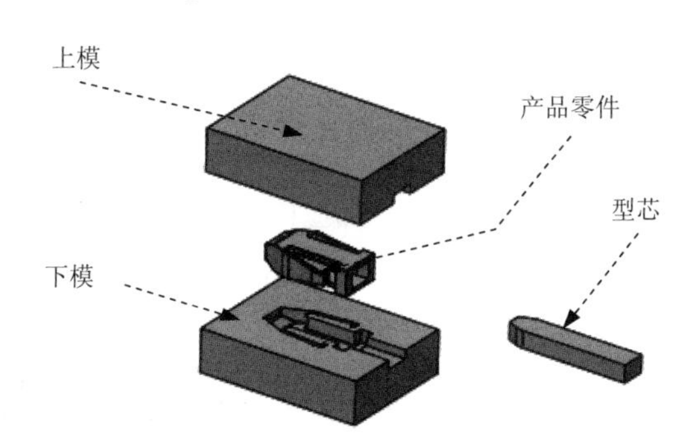

图 18.3.1　以 Top-Down 方式进行模具设计的一般过程

Stage1．准备工作

Step 1　设置工作目录。选择下拉菜单 文件 → 管理会话(M) → 选择工作目录(W) 更改工作目录。命令，将工作目录设置至 D:\creo2mo\work\ch18.03。

Step 2　打开文件 D:\creo2mo\work\ch18.03\fastener_down.prt。

Step 3　设置收缩率。选择 模型 功能选项卡 操作 ▾ 下拉菜单中的 缩放模型 命令；在系

统 输入比例[1.0000]: 的提示下，输入比例 1.006，并按回车键；系统弹出“确认”对话框，并单击 是 按钮。

说明：此处输入的比例无法更改。

Step 4 保存文件和关闭窗口。选择下拉菜单 文件 → 保存(S) 命令，再选择下拉菜单 文件 → 关闭(C) 命令。

Stage2. 新建一个装配文件

Step 1 选择下拉菜单 文件 → 新建(N) 命令（或单击“新建”按钮）。

Step 2 在“新建”对话框中，选中 类型 区域中的 装配 单选项，选中 子类型 区域中的 设计 单选项，在 名称 文本框中输入文件名 fastener_down_mold，取消 使用默认模板 复选框中的“√”号，单击对话框中的 确定 按钮。

Step 3 在“新文件选项”对话框中选取 mmns_asm_design 模板，单击 确定 按钮。

Stage3. 装配参考零件

Step 1 单击 模型 功能选项卡 元件 区域中的 组装 按钮，在弹出的菜单中单击 组装 按钮，此时系统弹出“打开”对话框。

Step 2 在系统弹出的“打开”对话框中选择 fastener_down.prt 零件，单击 打开 按钮，此时系统弹出“元件放置”操控板。

Step 3 在“约束”类型下拉列表中选择 默认 选项，将元件按默认设置放置，此时 状态 区域显示的信息为 完全约束，单击操控板中的 ✓ 按钮，完成装配件的放置。

Stage4. 创建坯料

Step 1 单击 模型 功能选项卡 元件 区域中的“创建”按钮，此时系统弹出“元件创建”对话框。

Step 2 定义元件的类型及创建方法。

（1）在“元件创建”对话框中，在 类型 区域选中 零件 单选项，在 子类型 区域选中 实体 单选项，在 名称 文本框中输入文件名 fastener_down_wp，单击 确定 按钮，此时系统弹出“创建选项”对话框。

（2）设置模型树。在模型树界面中选择 → 树过滤器(F)... 命令。在系统弹出的“模型树项”对话框中选中 ☑ 特征 复选框，然后单击对话框中的 确定 按钮。

（3）在弹出的对话框中的 创建方法 区域中选中 定位默认基准 单选项，在 定位基准的方法 区域中选中 对齐坐标系与坐标系 单选项，单击 确定 按钮，在系统的 ➡选择坐标系。提示下，选取装配坐标系 ASM_DEF_CSYS，完成新零件的装配。

Step 3 隐藏装配件的基准平面。

说明：为了使屏幕简洁，可利用“层”的“隐藏”功能，将装配件的三个基准平面隐藏起来。

（1）在导航选项卡中选择 → 层树(L) 命令。

（2）选取基准平面层 01__ASM_DEF_DTM_PLN 并右击，在弹出的快捷菜单中选择 隐藏 命令，再单击“重画”按钮，这样参考模型的基准平面将不显示。

（3）完成操作后，选择导航选项卡中的 → 模型树(M) 命令，切换到模型树状态，结果如图 18.3.2 所示。

Step 4 通过拉伸来创建毛坯料。

（1）选择命令。单击 模型 功能选项卡 形状 ▾ 区域中的 拉伸 按钮，此时系统弹出“拉伸”操控板。

（2）定义草绘截面放置属性。在图形区右击，从弹出的菜单中选择 定义内部草绘... 命令，在系统 ◆选择一个平面或曲面以定义草绘平面. 的提示下，选取图 18.3.2 所示的 DTM1 基准平面为草绘平面，接受默认的箭头方向为草绘视图方向，然后选取 DTM2 基准平面为参考平面，方向为 底部 。

（3）截面草图。接受默认参考，绘制图 18.3.3 所示的截面草图，完成截面的绘制后，单击“草绘”选项卡中的“确定”按钮 ✔ 。

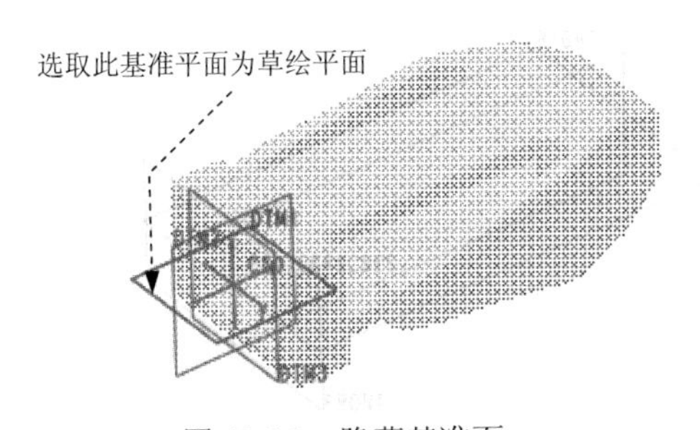

图 18.3.2 隐藏基准面

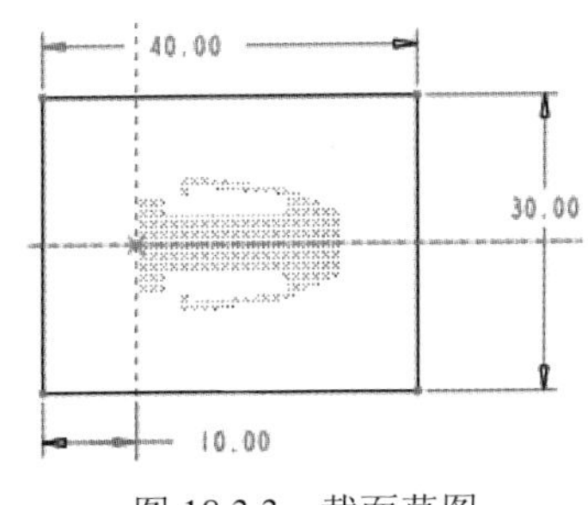

图 18.3.3 截面草图

（4）定义深度类型。在操控板中选取深度类型（对称），在深度文本框中输入深度值 20，并按回车键。

（5）在操控板中单击 ✔ 按钮，完成特征的创建。

Stage5. 创建型芯分型面

Step 1 复制模型内表面。

（1）隐藏模块零件。在模型树中选择毛坯零件 FASTENER_DOWN_WP.PRT 并右击，在弹出的快捷菜单中选择 隐藏 命令。

注意：此时下面的操作步骤中一定要保证毛坯零件 FASTENER_DOWN_WP.PRT 处在被激活的状态下。

（2）在绘图区域中选取图 18.3.4 所示的面作为要复制的面（共 9 个面）。

（3）单击 模型 功能选项卡 操作 ▾ 区域中的“复制”按钮 。

（4）单击 模型 功能选项卡 操作▼ 区域中的“粘贴”按钮，在系统弹出的操控板中单击 选项 选项卡，选中 ◉ 排除曲面并填充孔 单选项，单击以激活 填充孔/曲面 文本框，选取图 18.3.5 所示的两条模型边线，单击 ✔ 按钮。

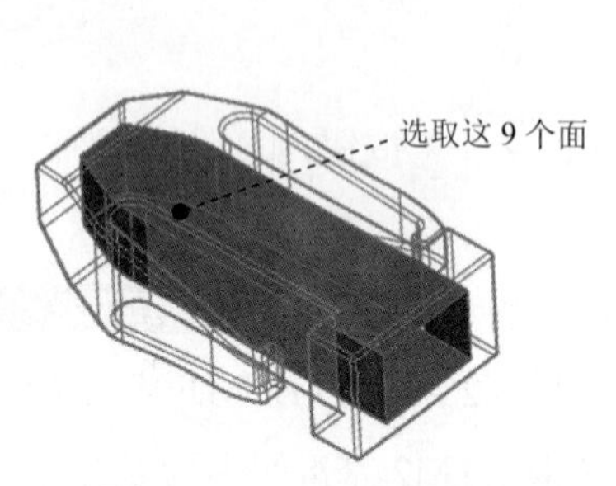

图 18.3.4　定义要复制的面

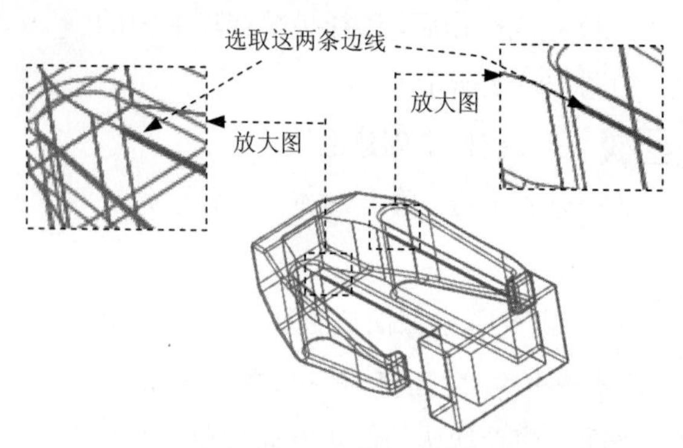

图 18.3.5　选取模型边线

Step 2　延伸分型面。

（1）取消隐藏毛坯零件。选中 Step1 中隐藏的毛坯零件并右击，在弹出的快捷菜单中选择 取消隐藏 命令。

（2）选取图 18.3.6 所示的延伸曲面边线。

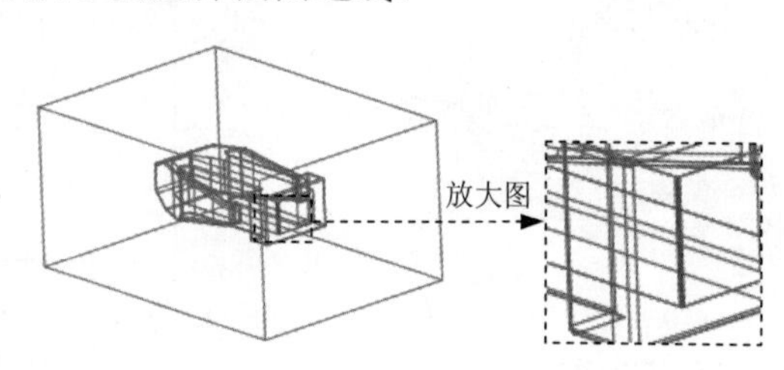

图 18.3.6　选取延伸边 1

说明：在操作时，要在屏幕右下方的“智能选取栏”中选择“几何”选项，且此边线为上步复制所得到面的边线。

（3）单击 模型 功能选项卡 编辑▼ 下拉列表中的 延伸 按钮，此时弹出“曲面延伸：曲面延伸”操控板。

① 按住 Shift 键，选取图 18.3.7 所示的其余三条边线为要延伸的曲面边线。

② 在操控板中按下 按钮（延伸类型为至平面）。

③ 在系统 ➡选择曲面延伸所至的平面. 的提示下，选取图 18.3.8 所示的表面为延伸的终止面。

④ 单击 按钮，预览延伸后的面组，确认无误后，单击 ✔ 按钮，完成后的延伸曲面如图 18.3.8 所示。

Stage6．创建主分型面

Step 1　单击 模型 功能选项卡 形状▼ 区域中的 拉伸 按钮，此时系统弹出“拉伸”操控板，在操控板中单击“曲面”类型按钮。

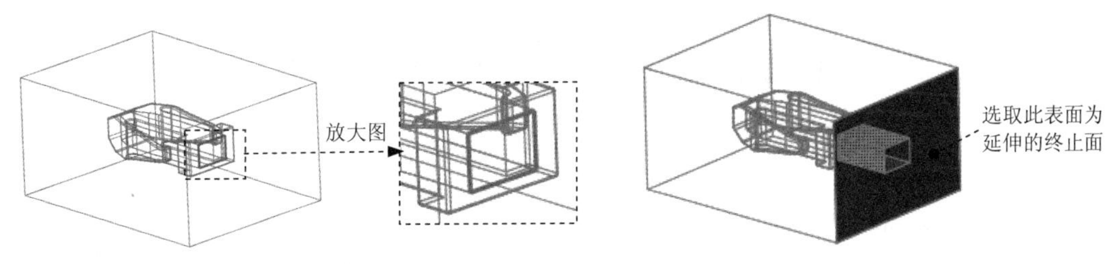

图 18.3.7　选取其他延伸边　　图 18.3.8　完成后的延伸曲面

Step 2　定义草绘截面放置属性。在图形区右击，从弹出的菜单中选择 定义内部草绘... 命令，在系统 ◆选择一个平面或曲面以定义草绘平面. 的提示下，选取图 18.3.9 所示的表面为草绘平面，接受默认的箭头方向为草绘视图方向，然后选取图 18.3.9 所示的表面为参考平面，方向为 右。

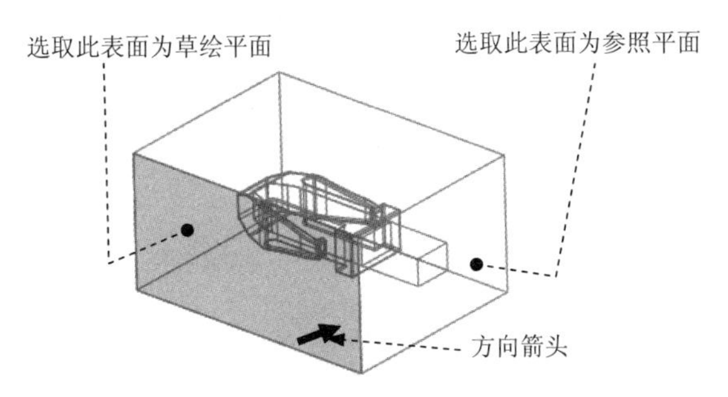

图 18.3.9　定义草绘平面

Step 3　绘制截面草图。进入草绘环境后，选取 DTM1 基准平面和模型的左右表面为草绘参考，绘制图 18.3.10 所示的截面草图（截面草图为一条线段），完成截面的绘制后，单击“草绘”选项卡中的“确定”按钮 ✔。

Step 4　设置拉伸属性。在操控板中选取深度类型（到选定的），选取图 18.3.11 所示的表面为拉伸终止面；在操控板中单击 ✔ 按钮，完成特征的创建。

Stage7．生成模具型腔

说明：将产品零件从模具模块中切除，即产生模具型腔。

Step 1　激活装配体 FASTENER_DOWN_MOLD.ASM 。在模型树中选择装配体 FASTENER_DOWN_MOLD.ASM 并右击，在弹出的快捷菜单中选择 激活 命令。

Step 2　选择命令。选择 **模型** 功能选项卡 元件 ▾ 下拉列表中的 元件操作 命令，系统弹出“元件”菜单管理器。

Step 3　定义切除处理的零件。在弹出的菜单管理器中选择 Cut Out (切除) 命令，根据系统 ◆选择要对其执行切出处理的零件. 的提示，在模型树中选取毛坯零件 FASTENER_DOWN_WP.PRT 为切除处理零件，单击 **确定** 按钮。

Step 4 定义切除参考零件。根据系统 为切出处理选择参考零件. 的提示，在模型树中选择 FASTENER_DOWN.PRT 产品零件为切除参考零件，单击 确定 按钮，在“元件”菜单管理器中单击 Done（完成） ➡ Done/Return（完成/返回）命令，完成元件的切除。

Stage8. 生成型芯、上模和下模零件

Step 1 生成型芯零件。

（1）在模型树中选择毛坯零件 FASTENER_DOWN_WP.PRT 并右击，在弹出的快捷菜单中选择 打开 命令。

（2）隐藏分型面。在导航选项卡中，选择 ➡ 层树(L) 命令；选取 QUILT 并右击，在弹出的快捷菜单中选择 隐藏 命令，再单击“重画”按钮，这样参考模型的分型面隐藏；完成操作后，选择导航选项卡中的 ➡ 模型树(M) 命令，切换到模型树状态。

（3）切除实体。在模型树中选择延伸特征 延伸 1；单击 模型 功能选项卡 编辑 区域中的 实体化 按钮，系统弹出“实体化”操控板；在操控板中单击“切除实体”按钮，定义切除方向朝向外，如图 18.3.12 所示；单击 按钮，预览切除后的实体，确认无误后，单击 ✔ 按钮。完成切除的实体如图 18.3.13 所示。

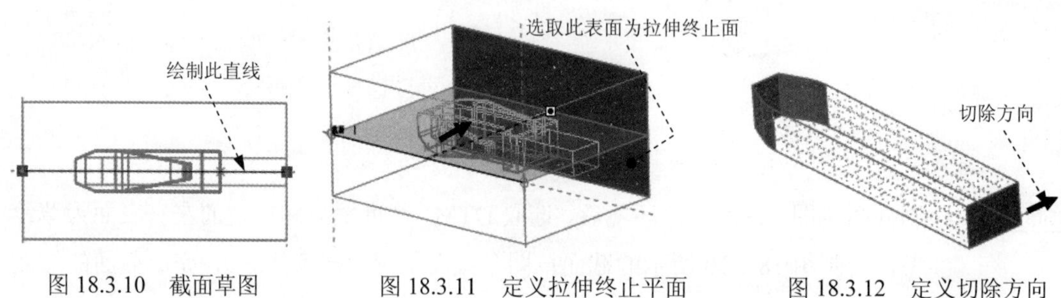

图 18.3.10 截面草图　　图 18.3.11 定义拉伸终止平面　　图 18.3.12 定义切除方向

（4）保存零件。选择下拉菜单 文件 ➡ 另存为(A) ➡ 保存副本(A) 保存活动窗口中对象的副本。命令，在弹出的“保存副本”对话框中的 新名称 文本框后输入 fastener_down_core_mold，单击 确定 按钮，完成型芯的创建。

Step 2 生成上模零件。

（1）切除实体 1。在模型树中选择 实体化 1 特征并右击，在弹出的快捷菜单中选择 编辑定义 命令，系统弹出“实体化”操控板；在操控板中单击“切换切除方向”按钮，定义切除方向朝向内；单击 按钮，预览切除后的实体，确认无误后，单击 ✔ 按钮。完成切除的实体如图 18.3.14 所示。

（2）切除实体 2。在模型树中选取主分型面 拉伸 2；单击 模型 功能选项卡 编辑 区域中的 实体化 按钮，系统弹出“实体化”操控板；在操控板中单击“切除实体”按钮，单击“切换切除方向”按钮，定义切除方向如图 18.3.15 所示；单击 按钮，预览切除

后的实体，确认无误后，单击✔按钮。完成切除的实体如图 18.3.16 所示。

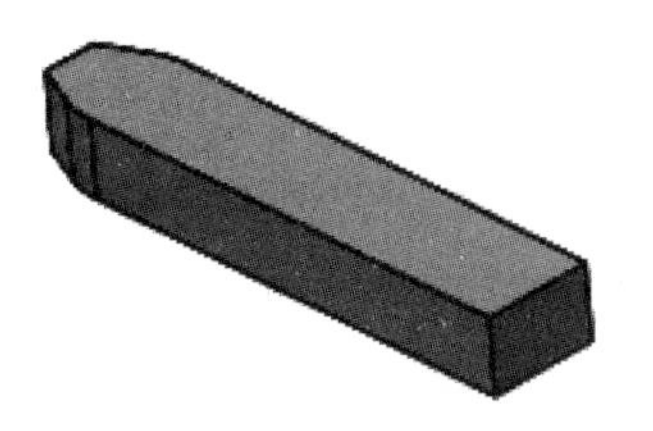
图 18.3.13　型芯零件

图 18.3.14　切除型芯后

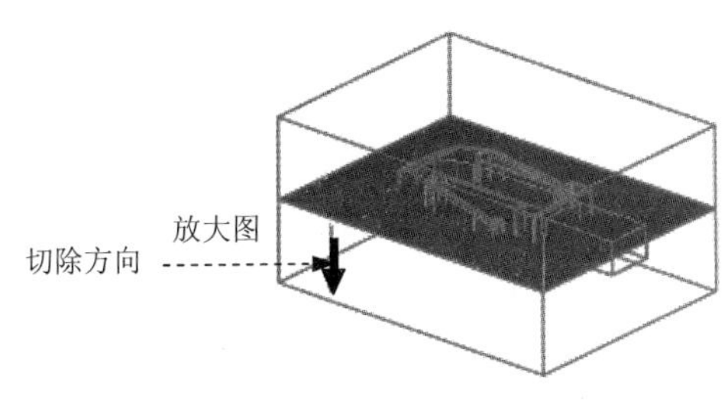

图 18.3.15　定义切除方向

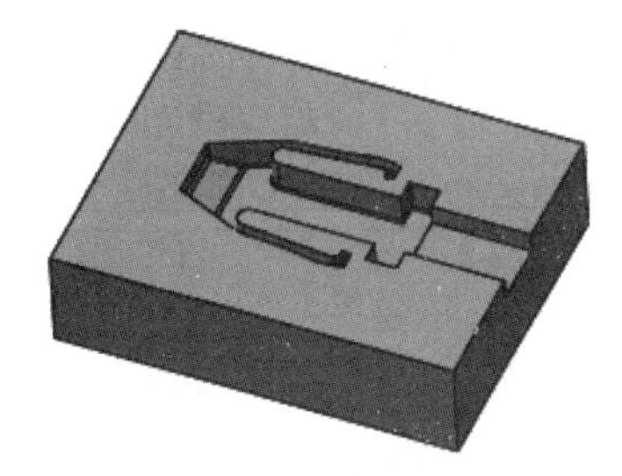
图 18.3.16　上模零件

（3）保存零件。选择下拉菜单 文件 → 另存为(A) → 保存副本(A) 保存活动窗口中对象的副本。命令，在弹出的“保存副本”对话框中的 新名称 文本框后输入 fastener_down_upper_mold，单击 确定 按钮，完成上模的创建。

Step 3　生成下模零件。

（1）切除实体。在模型树中选择 实体化 2 特征并右击，在弹出的快捷菜单中选择 编辑定义 命令，系统弹出“实体化”操控板；在操控板中单击“切换切除方向”按钮，定义切除方向如图 18.3.17 所示；单击 按钮，预览切除后的实体，确认无误后，单击✔按钮。完成切除的实体如图 18.3.18 所示。

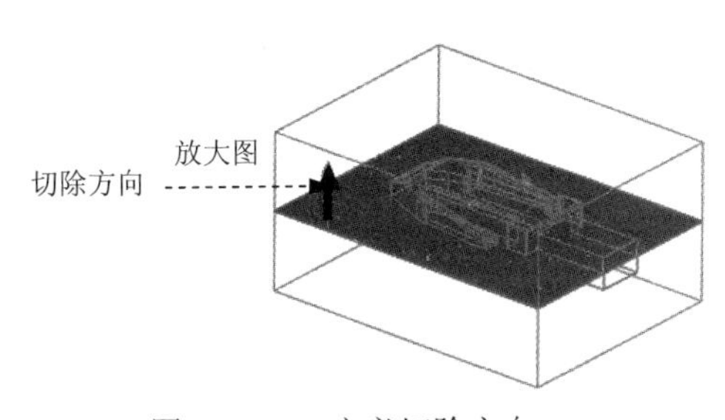

图 18.3.17　定义切除方向

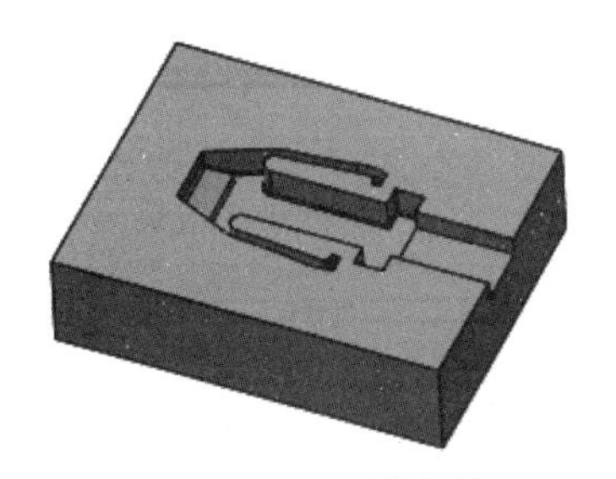
图 18.3.18　下模零件

（2）保存零件。选择下拉菜单 文件 → 另存为(A) → 保存副本(A) 保存活动窗口中对象的副本。命令，在弹出的“保存副本”对话框中的 新名称 文本框后输入 fastener_down_lower_mold，单击 确定 按钮，完成上模的创建。

（3）关闭窗口。选择下拉菜单 文件 → 关闭(C) 命令，系统自动转到装配环境。

Stage9. 装配上模、下模和型芯

Step 1 隐含毛坯零件。在模型树中选取毛坯零件 FASTENER_DOWN_WP.PRT 并右击，在弹出的快捷菜单中选择隐含命令，在系统弹出的“隐含”对话框中单击 确定 按钮。

Step 2 装配上模。

（1）选择命令。单击 模型 功能选项卡 元件▼ 区域中的 组装 按钮，在弹出的菜单中单击 组装 按钮。此时系统弹出“打开”对话框。

（2）在系统弹出的“打开”对话框中选择 fastener_down_upper_mold.prt 零件，单击 打开 按钮，此时系统弹出“元件放置”操控板。

（3）在“约束”类型下拉列表中选择 默认 选项，将元件按默认设置放置，此时 状态 区域显示的信息为 完全约束，单击操控板中的 ✔ 按钮，完成装配件的放置，结果如图 18.3.19 所示。

Step 3 装配下模。参考 Step2 操作，“打开”对话框选择 fastener_down_lower_mold.prt 零件，定义放置类型为 默认 选项，结果如图 18.3.20 所示。

Step 4 装配型芯。参考 Step2 操作，“打开”对话框选择 fastener_down_core_mold.prt 零件，定义放置类型为 默认 选项，结果如图 18.3.21 所示。

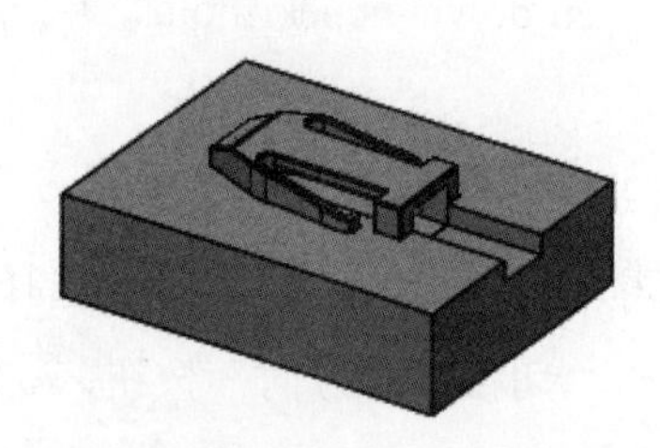

图 18.3.19 装配上模

图 18.3.20 装配下模

图 18.3.21 装配型芯

Stage10. 定义开模动作

参考上一节用组件法创建的开模步骤进行操作。

19 模具的流道与水线设计

19.1 流道设计

19.1.1 概述

在前面的章节中，我们都是用切削（Cut）的方法创建流道，这种创建流道的方法比较繁琐。在 Creo 的模具模块中，系统提供了建立流道的专用命令和功能，该命令位于**模具**功能选项卡生产特征▼区域中的（图 19.1.1），利用命令可以快速地创建所需要的标准流道几何。

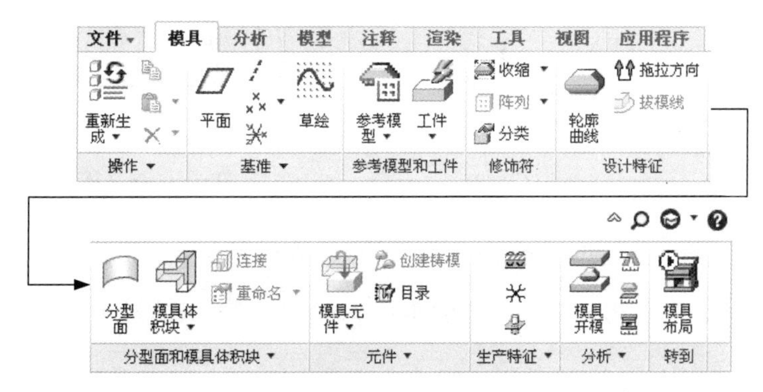

图 19.1.1 “模具”选项卡

选择命令后，系统弹出图 19.1.2 所示的菜单，该菜单提供了五种类型的流道，分别为 Round（倒圆角）、Half Round（半倒圆角）、Hexagon（六边形）、Trapezoid（梯形）及 Round Trapezoid（圆角梯形），这五种类型的流道几何形状如图 19.1.3 所示。

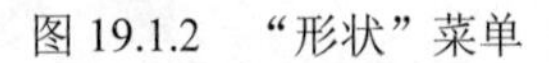

图 19.1.2 “形状”菜单

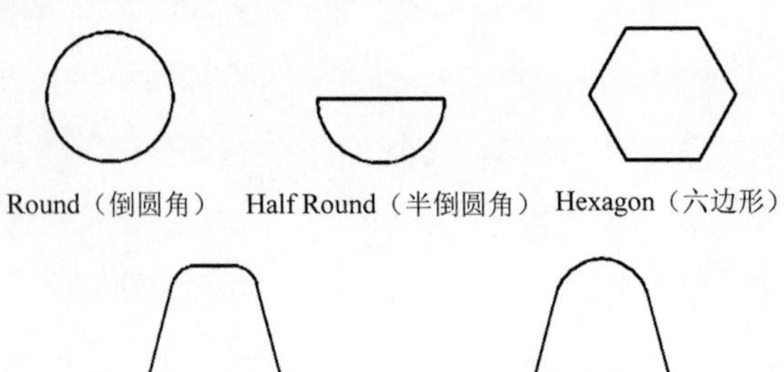

图 19.1.3 流道形状类型

五种流道所需要定义的截面参数说明如下：

- Round（倒圆角）：只需给定流道直径，如图 19.1.4 所示。
- Half Round（半倒圆角）：与 Round 相同，也只需给定直径，如图 19.1.5 所示。

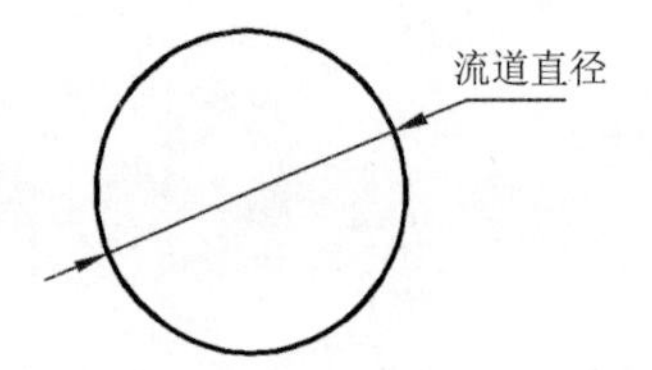

图 19.1.4 Round（倒圆角）流道截面参数

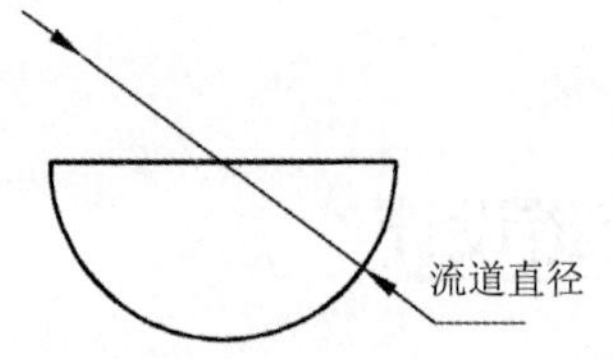

图 19.1.5 Half Round（半倒圆角）流道截面参数

- Hexagon（六边形）：只需给定流道宽度，如图 19.1.6 所示。
- Trapezoid（梯形）：梯形流道的截面参数较多，需给定流道宽度、流道深度、流道侧角度及流道拐角半径，如图 19.1.7 所示。

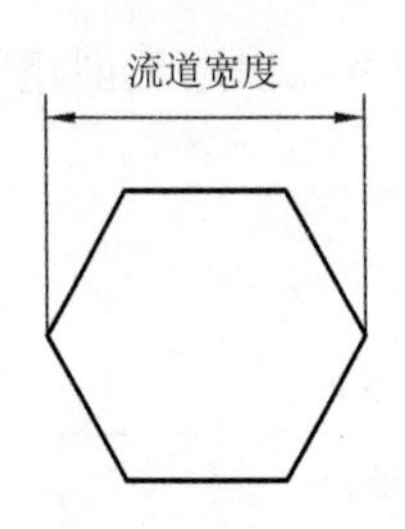

图 19.1.6 Hexagon（六角形）流道截面参数

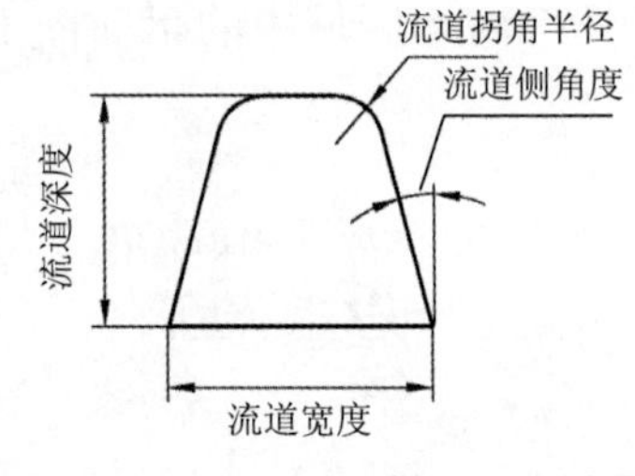

图 19.1.7 Trapezoid（梯形）流道截面参数

- Round Trapezoid（圆角梯形）：需给定流道直径及流道角度，这两个参数尚不能唯一确定圆角梯形的流道，还需要一个参数（深度或宽度），如图 19.1.8 所示。

19.1.2 创建流道的一般过程

创建流道的一般过程如下：

Step 1 单击**模具**功能选项卡生产特征 ▾ 区域中的按钮，系统会弹出“流道”对话框和“形状”菜单管理器。

Step 2　定义流道名称（可选）。系统会默认名称为 RUNNER_1、RUNNER_2 等，如果用户要修改其名称，可在“流道”对话框中双击流道名称进行修改，如图 19.1.9 所示。

Step 3　在系统弹出的▼ Shape (形状) 菜单中，选择所需要的流道类型。

Step 4　根据所选取的流道类型，在系统提示下输入所需的截面参数的尺寸。

Step 5　在草绘环境中绘制流道的路径，然后退出草绘环境。

Step 6　定义相交元件。在图 19.1.10 所示的“相交元件”对话框中，按下 自动添加 按钮，选中 ✔ 自动更新 复选框，在确认相交元件的选取之后，单击该对话框中的 确定 按钮。

注意：如要想顺利创建各种流道，需安装Mold component catalog子组件，请参见本书的1.3节“Creo 2.0模具部分的安装说明”。

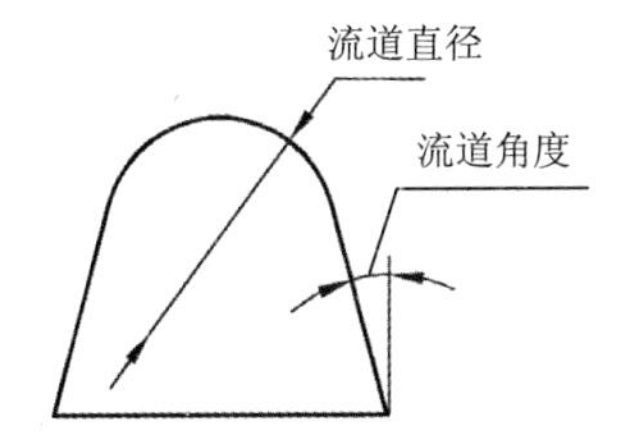

图 19.1.8　Round Trapezoid（圆角梯形）流道截面参数

图 19.1.9　“流道”对话框

图 19.1.10　“相交元件”对话框

19.1.3　流道创建范例

在图 19.1.11 所示的浇注系统中，浇道和浇口仍然采用实体切削的方法设计，而主流道和支流道则采用 Pro/MoldDesign 提供的流道命令创建，操作过程按以下说明进行。

Task1．打开模具模型

Step 1　设置工作目录。选择下拉菜单 文件 ▾ → 管理会话(M) → 选择工作目录(W) 更改工作目录。命令，将工作目录设置至 D:\creo2mo\work\ch19.01.03。

Step 2　打开文件 gas_oven_switch_mold.asm，将显示调整到无隐线状态。

Task2．浇道的设计

Stage1．创建浇道

Step 1　创建一个旋转特征作为浇道。

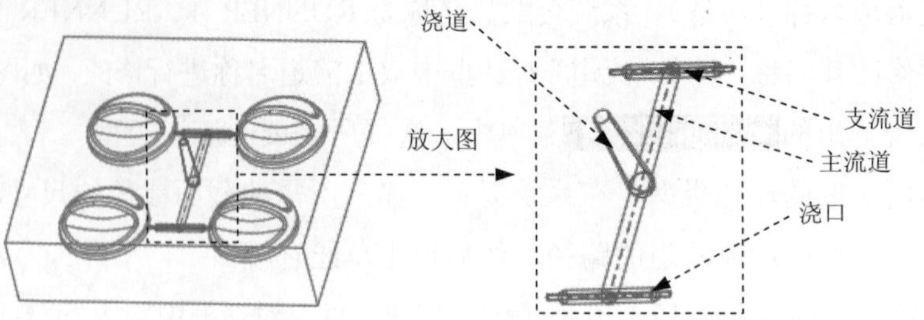

图 19.1.11 浇注系统

（1）单击 模型 功能选项卡 切口和曲面 ▾ 区域中的 旋转 按钮，此时出现“旋转”操控板。

（2）定义草绘截面放置属性。右击，从快捷菜单中选择 定义内部草绘... 命令。草绘平面为 MAIN_FRONT 基准平面，草绘平面的参照平面为 MAIN_RIGHT 基准平面，草绘平面的参照方位是 右 。单击 草绘 按钮，至此系统进入截面草绘环境。

（3）进入截面草绘环境后，选取图 19.1.12 所示的坯料边线为草绘参照，绘制图 19.1.12 所示的截面草图。完成特征截面的绘制后，单击“草绘”操控板中的“确定”按钮 ✔ 。

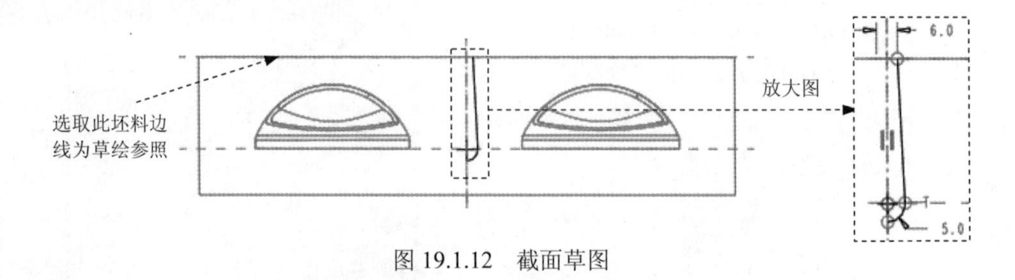

图 19.1.12 截面草图

（4）特征属性。旋转角度类型为 ⊥，旋转角度为 360°。

（5）单击操控板中的 ✔ 按钮，完成特征的创建。

Task3. 主流道的设计（图 19.1.13）

Stage1. 创建主流道

Step 1 单击**模具**功能选项卡 生产特征 ▾ 区域中的 按钮，系统会弹出“流道”对话框和“形状”菜单管理器。

Step 2 在系统弹出的 ▾ Shape (形状) 菜单中选择 Round (倒圆角) 命令。

Step 3 定义流道的直径。在系统 输入流道直径 的提示下，输入直径值 6，然后按回车键。

Step 4 在 ▾ FLOW PATH (流道) 菜单中选择 Sketch Path (草绘路径) 命令，在 ▾ SETUP SK PLN (设置草绘平面) 菜单中选择 Setup New (新设置) 命令。

Step 5 草绘平面。在系统 ➡选择或创建一个草绘平面. 的提示下，选取图 19.1.14 所示的 MAIN_PARTING_PLN 基准平面为草绘平面。在 ▾ DIRECTION (方向) 菜单中选择 Okay (确定) 命令，即接受图 19.1.14 中的箭头方向为草绘的方向。在

▼ SKET VIEW (草绘视图) 菜单中选择 Right (右) 命令，选取图 19.1.14 所示的坯料表面为参照平面。

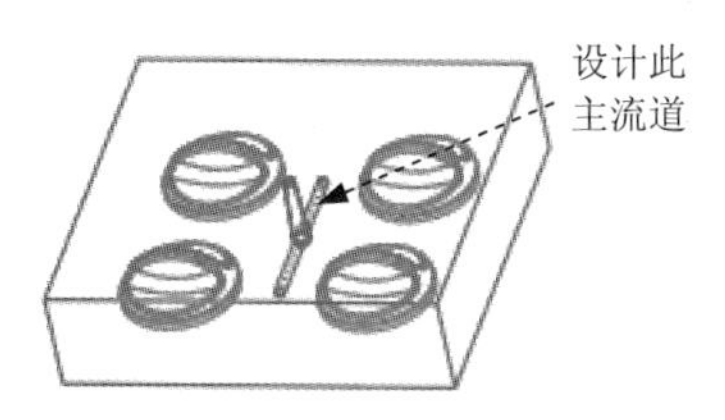

图 19.1.13 主流道的设计

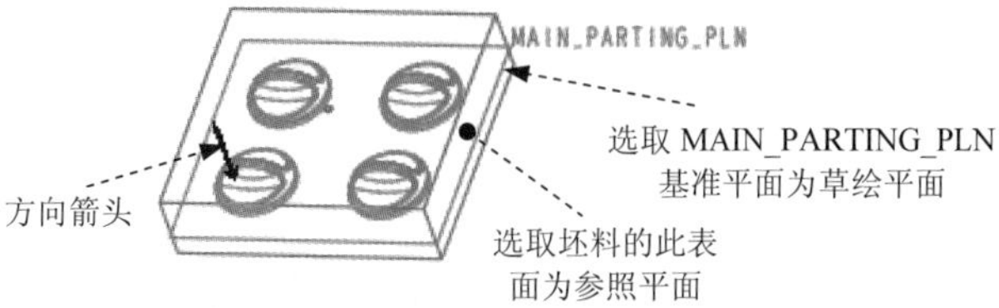

MAIN_PARTING_PLN
选取 MAIN_PARTING_PLN 基准平面为草绘平面
方向箭头
选取坯料的此表面为参照平面

图 19.1.14 定义草绘平面

Step 6 绘制截面草图。进入草绘环境后，选取 MOLD_FRONT 基准平面和 MOLD_RIGHT 为草绘参照，绘制图 19.1.15 所示的截面草图(即一条中间线段)。完成特征截面的绘制后，单击“草绘”操控板中的“确定”按钮 ✔。

Step 7 定义相交元件。在系统弹出的“相交元件”对话框中，按下 自动添加 按钮，选中 ☑ 自动更新 复选框，然后单击 确定 按钮。

Step 8 单击“流道”对话框中的 预览 按钮，再单击“重画”按钮，预览所创建的“流道”特征，然后单击 确定 按钮完成操作。

Task4. 分流道的设计（图 19.1.16）

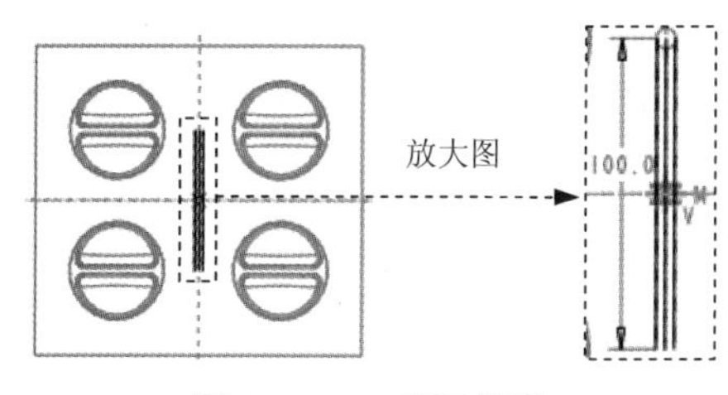

图 19.1.15 截面草图

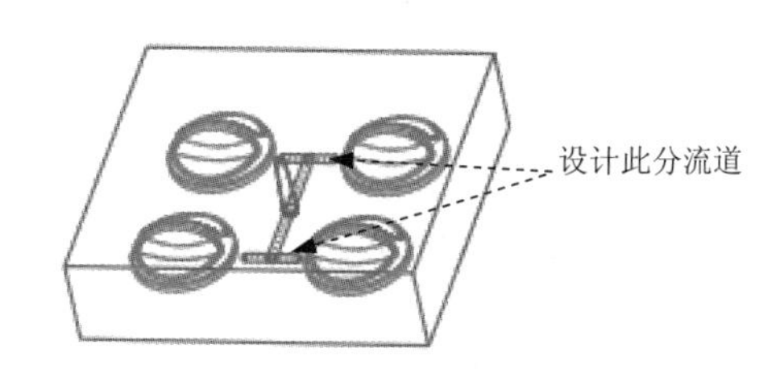

图 19.1.16 分流道的设计

Step 1 单击**模具**功能选项卡 生产特征 ▾ 区域中的 按钮，系统会弹出“流道”对话框和“形状”菜单管理器。

Step 2 在系统弹出的 ▼ Shape (形状) 菜单中选择 Round (倒圆角) 命令。

Step 3 定义流道的直径。在系统 输入流道直径 的提示下，输入直径值 5，然后按回车键。

Step 4 在 ▼ FLOW PATH (流道) 菜单中选择 Sketch Path (草绘路径) 命令，在 ▼ SETUP SK PLN (设置草绘平面) 菜单中选择 Setup New (新设置) 命令。

Step 5 草绘平面。执行命令后，在系统 ◆选择或创建一个草绘平面. 的提示下，选取图 19.1.17 所示的 MAIN_PARTING_PLN 基准平面为草绘平面。在 ▼ DIRECTION (方向) 菜单中选择 Okay (确定) 命令，即接受图 19.1.17 中的箭头方向为草绘的方向。在 ▼ SKET VIEW (草绘视图) 菜单中选择 Right (右) 命令，选取图 19.1.17 所示的坯料表面为参照平面。

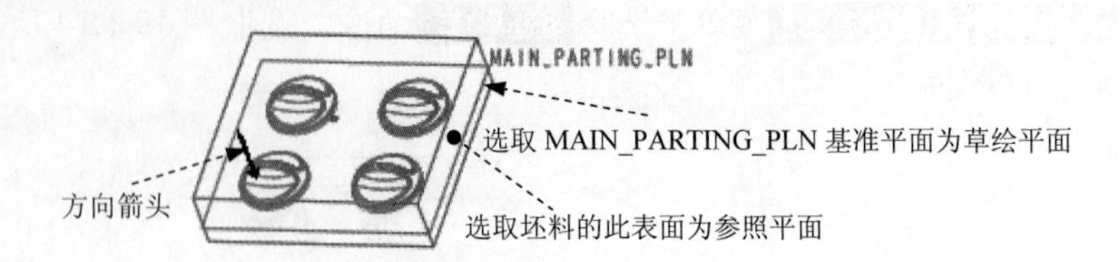

图 19.1.17 定义草绘平面

Step 6 绘制截面草图。进入草绘环境后，选取 MOLD_FRONT 基准平面和 MOLD_RIGHT 为草绘参照，绘制图 19.1.18 所示的截面草图。完成特征截面的绘制后，单击“草绘”操控板中的“确定”按钮 ✔。

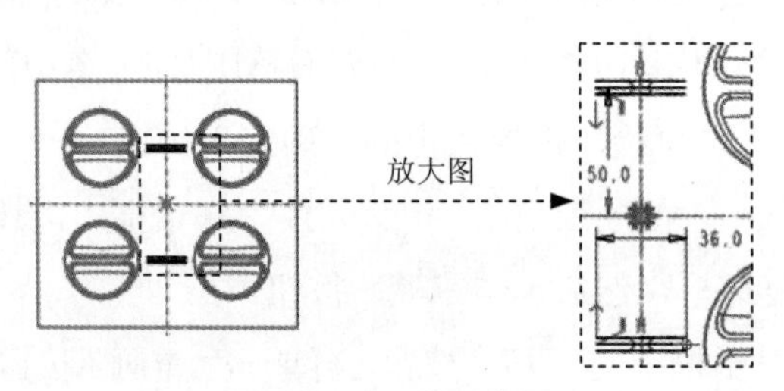

图 19.1.18 截面草图

Step 7 定义相交元件。在“相交元件”对话框中，选中 ☑ 自动更新 复选框，然后单击 确定 按钮。

Step 8 单击“流道”对话框中的 预览 按钮，再单击“重画”按钮，预览所创建的“流道”特征，然后单击 确定 按钮完成操作。

Task5．浇口的设计（图 19.1.19）

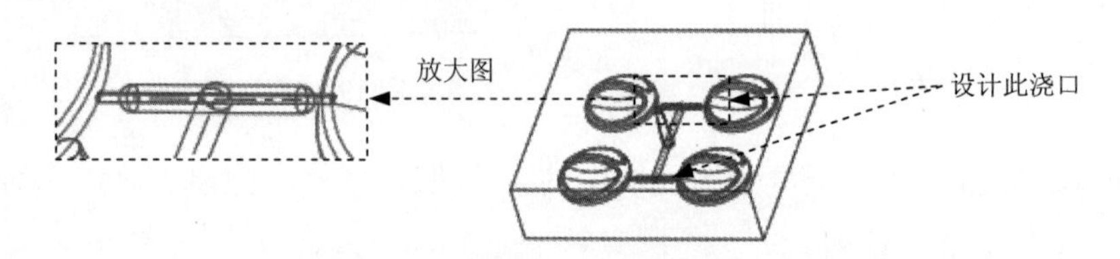

图 19.1.19 浇口的设计

Stage1．创建图 19.1.20 所示的第一个浇口

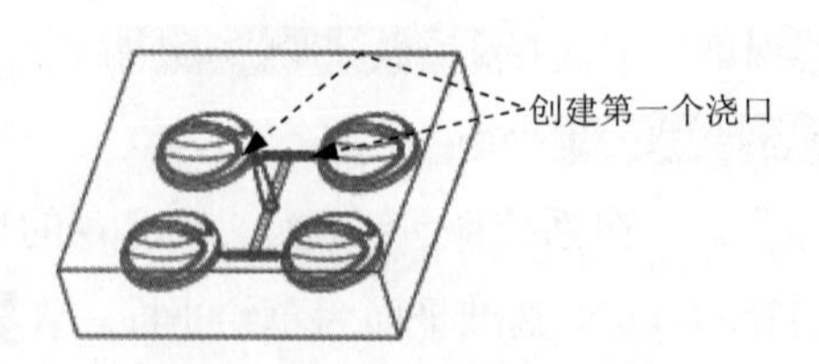

图 19.1.20 创建第一个浇口

Step 1 单击 模型 功能选项卡 切口和曲面 ▾ 区域中的 拉伸 按钮，此时出现“拉伸”操控板。

Step 2 创建拉伸特征。

（1）在出现的操控板中，确认“实体”按钮被按下。

（2）定义草绘属性。右击，从快捷菜单中选择 定义内部草绘... 命令。草绘平面为 MOLD_RIGHT 基准平面，草绘平面的参照平面为 MAIN_PARTING_PLN 基准平面，草绘平面的参照方位为 顶。单击 草绘 按钮，至此系统进入截面草绘环境。

（3）进入截面草绘环境后，选取图 19.1.21 所示的圆弧的边线为草绘参照，绘制图 19.1.21 所示的截面草图。完成特征截面后，单击“草绘”操控板中的“确定”按钮✔。

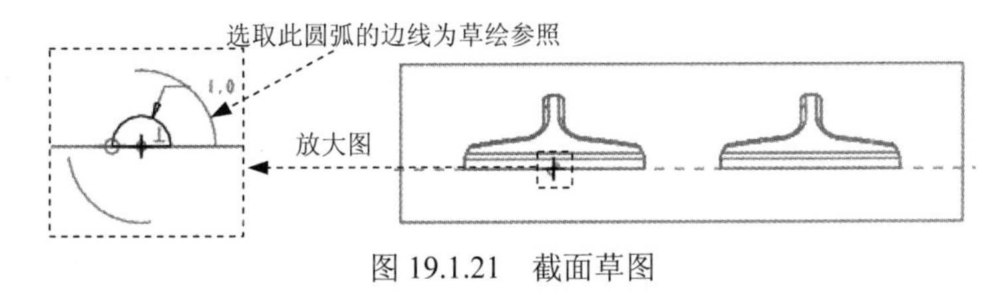

图 19.1.21 截面草图

（4）在操控板中单击 选项 按钮，在弹出的界面中，选取双侧的深度选项均为（至曲面），然后选取图 19.1.22 所示的参照零件的表面为左、右拉伸的终止面。

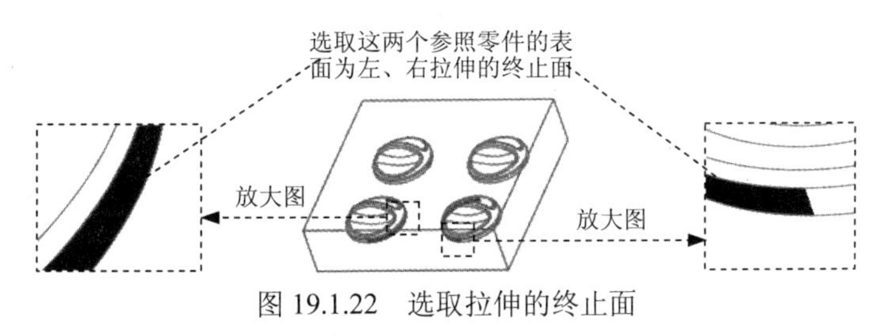

图 19.1.22 选取拉伸的终止面

（5）单击操控板中的✔按钮，完成特征的创建。

Stage2. 创建图 19.1.23 所示的第二个浇口

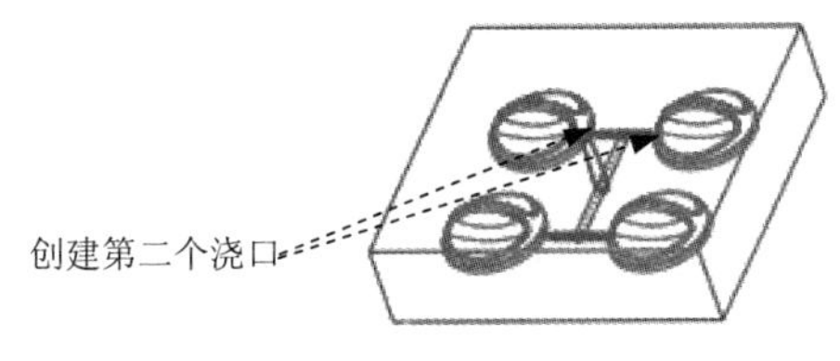

图 19.1.23 创建第二个浇口

Step 1 详细操作步骤参见 Stage1。

Step 2 保存设计结果。

19.2 水线设计

19.2.1 概述

在注射成型生产过程中，当塑料熔融物注射到模具型腔后，需要将塑料熔融物进行快速冷却和固化，这样可以迅速脱模，提高生产效率。

水线（Water Line）是控制和调节模具温度的结构，它实际上是由模具中的一系列孔组成的环路，在孔环路中注入冷却介质——水（也可以是油或压缩空气），可以将注射成型过程中产生的大量热量迅速导出，使塑料熔融物以较快的速度冷却、固化。

Creo 的模具模块提供了建立水线的专用命令和功能，利用此功能可以快速地构建出所需要的水线环路。当然，与流道（Runner）一样，水线也可用切削（Cut、Hole）的方法来创建，但是远不如用水线（Water Line）专用命令有效。

水线（Water Line）专用命令位于**模具**功能选项卡生产特征▼区域中的等高线，如图 19.2.1 所示。

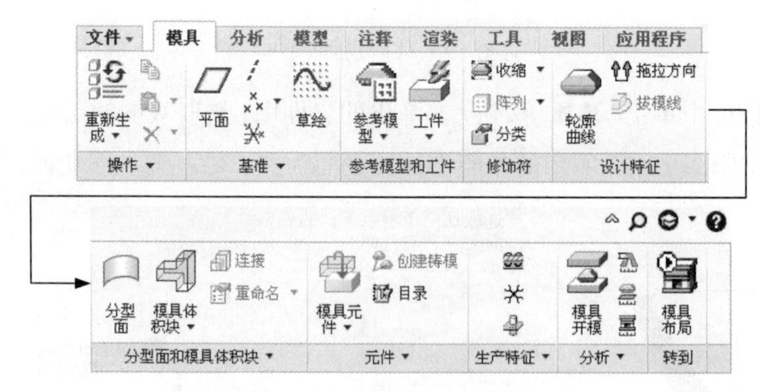

图 19.2.1 “模具”选项卡

说明：等高线命令此处应翻译为“水线”，译成“等高线”不太好。

19.2.2 创建水线的一般过程

水线的截面形状为圆形，使用水线专用命令创建水线结构的一般过程如下：

Step 1 选择命令。单击**模具**功能选项卡生产特征▼区域中等高线按钮，系统会弹出“等高线”（水线）对话框。

Step 2 定义水线名称（可选）。系统会自动默认命名为 WATERLINE_1、WATERLINE_2 等，用户如果要修改其名称，可在“等高线”对话框中双击其名称进行修改。

Step 3 输入水线的截面直径。

Step 4 在草绘环境中绘制水线的回路路径，然后退出草绘环境。

Step 5 定义相交元件。在系统弹出的“相交元件”对话框中，按下**自动添加**按钮，选中☑自动更新复选框，在确认相交元件的选取之后，然后单击该对话框中的**确定**按钮。

19.2.3 水线创建范例

下面以创建图 19.2.2 所示的水线为例，说明其操作过程。

Task1．打开模具模型

Step 1　选择下拉菜单 文件 ▾ ➡ 管理会话(M) ➡ 选择工作目录(W) 更改工作目录。命令，将工作目录设置至 D:\creo2mo\work\ch19.02.03。

Step 2　打开文件 gas_oven_switch_mold.asm。

Task2．创建图 19.2.3 所示的基准平面 ADTM3

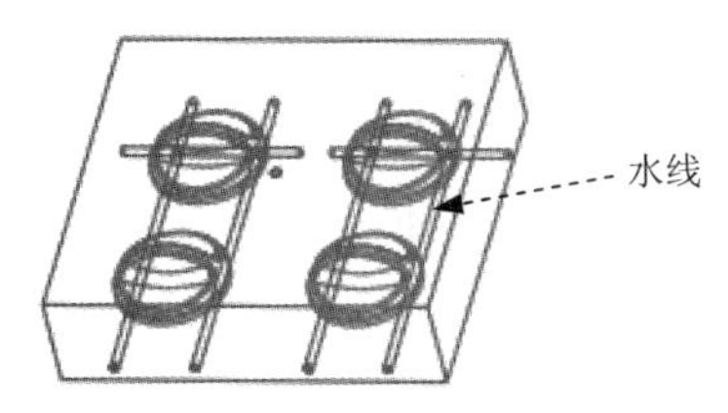

图 19.2.2　设计水线

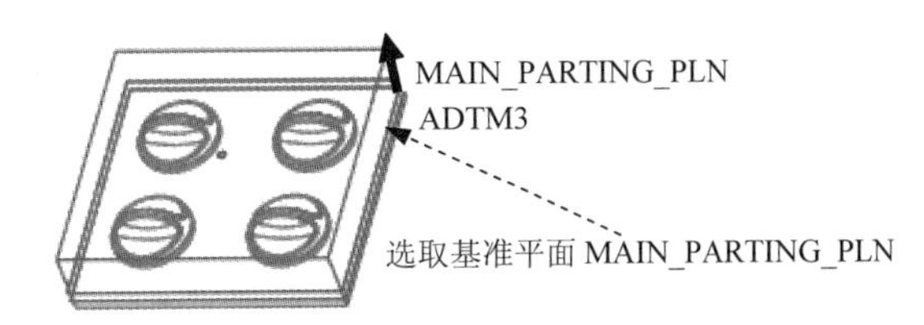

图 19.2.3　选取参照平面

Stage1．创建基准平面

Step 1　单击 模型 功能选项卡 基准 ▾ 区域中的“平面”按钮。

Step 2　在图 19.2.3 中选取基准平面 MAIN_PARTING_PLN 为参照平面。

Step 3　在“基准平面”对话框中输入偏移值-10.0，最后在对话框中单击 确定 按钮。

Task3．创建水线特征

Stage1．创建水线

Step 1　单击**模具**功能选项卡 生产特征 ▾ 区域中的按钮，系统会弹出“等高线”对话框。

Step 2　定义水线的直径。在系统 输入水线圆环的直径 的提示下，输入直径值 5，然后按回车键。

Step 3　在 ▾ SETUP SK PLN (设置草绘平面) 菜单中选择 Setup New (新设置) 命令。

Step 4　草绘平面。在系统 ➡选择或创建一个草绘平面。的提示下，选取图 19.2.4 所示的 ADTM3 基准平面为草绘平面。在 ▾ SKET VIEW (草绘视图) 菜单中选择 Right (右) 命令，选取图 19.2.4 所示的坯料表面为参照平面。

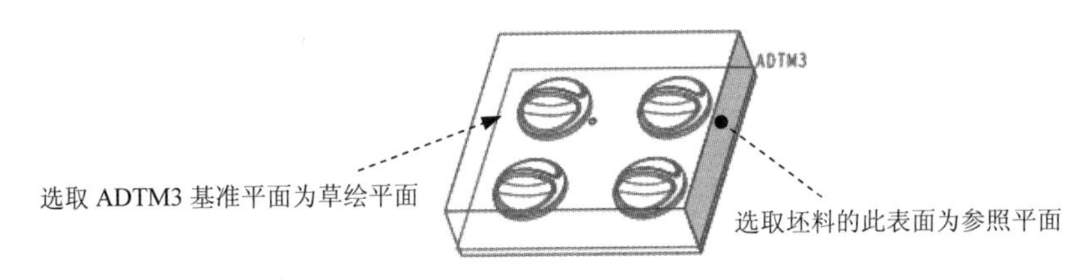

图 19.2.4　定义草绘平面

Step 5　绘制截面草图。进入草绘环境后，选取 MOLD_FRONT 基准平面、MOLD_RIGHT 基准平面和图 19.2.5 所示的坯料边线为草绘参照；绘制图 19.2.6 所示的截面草图。完成特征截面的绘制后，单击“草绘”操控板中的“确定”按钮 ✔。

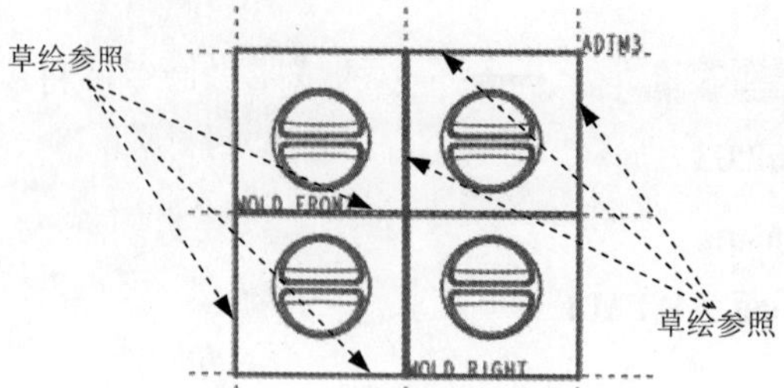

草绘参照

ADTM3

MOLD FRONT

MOLD RIGHT

草绘参照

图 19.2.5　定义草绘参照

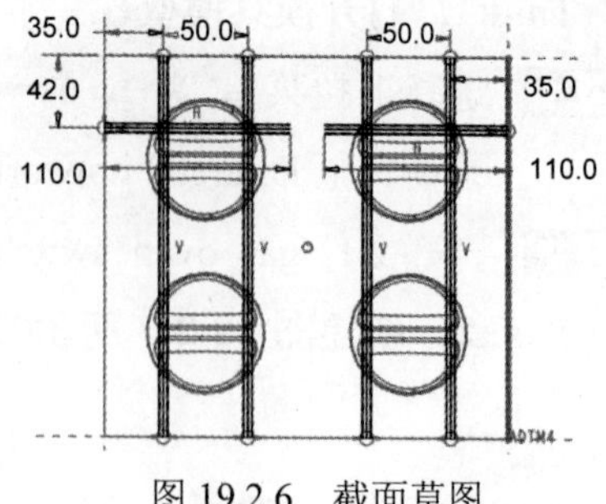

图 19.2.6　截面草图

Step 6 定义相交元件。系统弹出“相交元件”对话框，在该对话框中选中 ☑自动更新 复选框，然后单击 确定 按钮。

Step 7 单击“等高线（水线）”对话框中的 预览 按钮，再单击“重画”命令按钮，预览所创建的“水线”特征，然后单击 确定 按钮完成操作。

Step 8 保存设计结果。

20 模具设计的修改

20.1 修改名称

在模具设计中，可以修改下列模具元件和模具设计要素的名称：原始设计零件（模型）、模具设计文件、模具组件、参考模型（零件）、坯料（工件）、模具型腔零件、浇注件、分型面和体积块。

图 20.1.1 所示为一个模具设计的模型树，下面说明该模具的各元件和要素名称的修改方法。

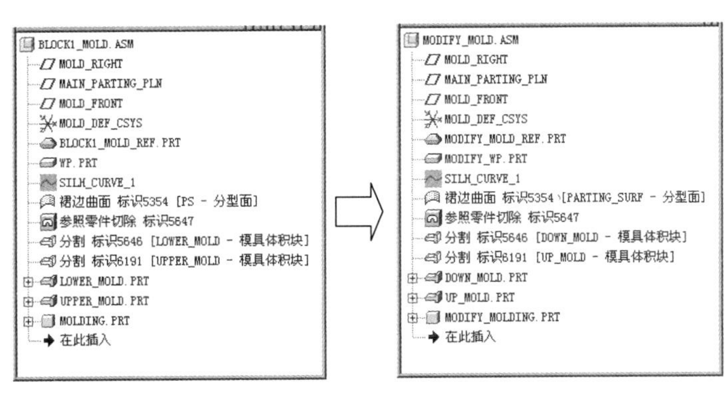

a）修改名称前　　b）修改名称后

图 20.1.1　模型树

Task1．打开模具模型

Step 1　将工作目录设置至 D:\creo2mo\work\ch20.01。

Step 2 打开文件 clock_surface_mold.asm。

Task2. 修改原始设计零件的名称

Step 1 选择下拉菜单 文件 → 打开(O) 命令，打开零件 clock_surface.prt。

Step 2 选择下拉菜单 文件 → 管理文件(F) → 重命名(R) 重命名当前对象和子对象. 命令。

Step 3 系统弹出图 20.1.2 所示的“重命名”对话框，在对话框的 新名称: 文本框中输入新名称 MODIFY（大小写均可），然后确认 ◉ 在磁盘上和会话中重命名 单选项被选中，单击 确定 按钮。

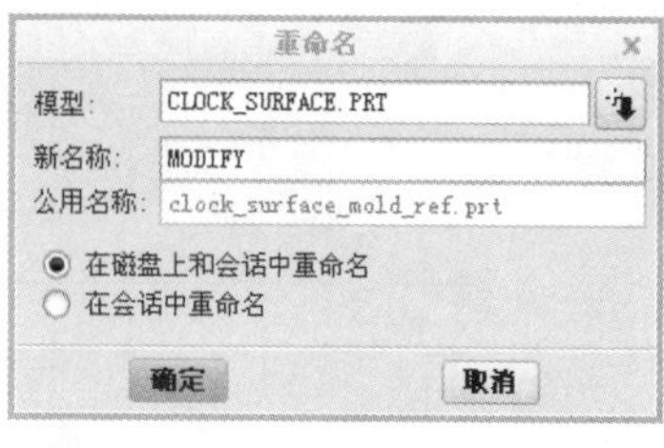

图 20.1.2 “重命名”对话框

Step 4 选择下拉菜单 → 1 CLOCK_SURFACE_MOLD.ASM 命令，返回到模具环境。

Task3. 修改模具设计文件的名称

Step 1 选择下拉菜单 文件 → 管理文件(F) → 重命名(R) 重命名当前对象和子对象. 命令。

Step 2 系统弹出“重命名”对话框，输入新名称 MODIFY_MOLD，单击 确定 按钮。

Step 3 系统弹出“装配重命名”对话框，单击 确定 按钮。

Task4. 修改模具参考零件、坯料等模具元件的名称

Stage1. 修改参考零件 CLOCK_SURFACE_MOLD_REF.PRT 的名称

Step 1 选择下拉菜单 文件 → 管理文件(F) → 重命名(R) 重命名当前对象和子对象. 命令。

Step 2 在弹出的图 20.1.3 所示的“重命名”对话框中单击 按钮，在弹出的菜单中选择 选择... 命令，然后在模型树中选取 CLOCK_SURFACE_MOLD_REF.PRT 选项。

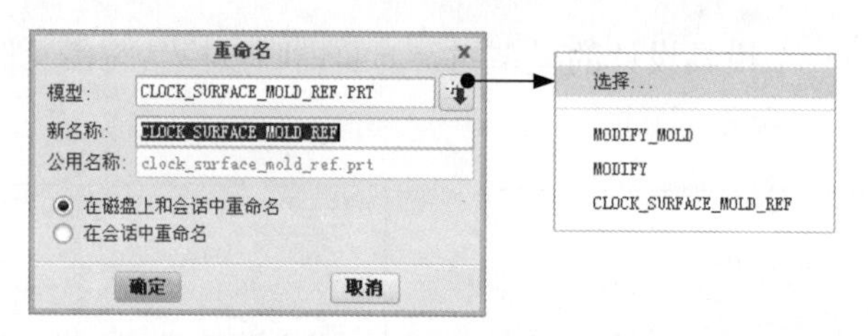

图 20.1.3 “重命名”对话框

Step 3 在“重命名”对话框中输入新名称 MODIFY_MOLD_REF.PRT，如图 20.1.3 所示，单击 确定 按钮。

Stage2. 修改坯料 CLOCK_SURFACE_WP.PRT 的名称

参考 Stage1，将坯料的名称改为 MODIFY_WP.PRT。

Stage3. 修改浇注件 MOLDING.PRT 的名称

参考 Stage1，将浇注件的名称改为 MODIFY_MOLDING.PRT。

Stage4. 修改下模型腔零件 LOWER_VOL_1.PRT 的名称

参考 Stage1，将下模型腔零件的名称改为 DOWN_MOLD.PRT。

Stage5. 修改上模型腔零件 UPPER_VOL_1.PRT 的名称

参考 Stage1，将上模型腔零件的名称改为 UP_MOLD.PRT。

Task5. 修改分型面的名称

Step 1 在模型树界面中选择 → 树过滤器(F)... 命令。

Step 2 在系统弹出的“模型树项”对话框中选中 ☑特征 复选框，然后单击对话框中的 确定 按钮。

Step 3 在模型树中选取 裙边曲面 标识149 [PS - 分型面] 选项，然后选择 **模具** 功能选项卡 分型面和模具体积块 ▾ 区域中的 重命名 ▾ → 重命名分型面 命令，此时系统弹出“属性”对话框。

说明：只有选取对象后，重命名 ▾ 按钮才会加亮显示，否则此项为灰色（即不可选）。

Step 4 在“属性”对话框中输入分型面的新名称 PARTING_ SURF，如图 20.1.4 所示，然后单击对话框中的 确定 按钮。

属性	
名称	PARTING_SURF
确定	取消

图 20.1.4 “属性”对话框

Task6. 修改体积块的名称

Stage1. 修改下模型腔体积块的名称

Step 1 着色查看要改名的下模型腔体积块 LOWER_VOL。

（1）单击 视图 功能选项卡 可见性 区域中的“着色”按钮。

（2）系统弹出“搜索工具”对话框，在 找到 3 项: 列表中选取 LOWER_ VOL 列表项，然后单击 >> 按钮，将其加入到 已选择 0 个项: (预期 1 个) 列表中，再单击 关闭 按钮。

（3）系统显示着色后的下模型腔体积块（图 20.1.5），在 ▼ CntVolSel (继续体积块选取) 菜单（图 20.1.6）中选择 Done/Return (完成/返回) 命令。

图 20.1.5 着色后的下模型腔体积块

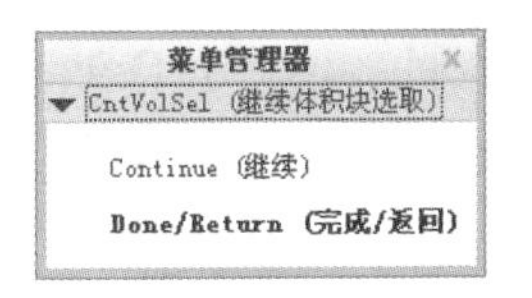

图 20.1.6 “继续体积块选取”菜单

Step 2 修改下模型腔体积块 LOWER_VOL 的名称。

（1）在模型树中选取 分割 标识188 [LOWER_VOL - 模具体积块] 选项，然后选择 **模具** 功能选项卡 分型面和模具体积块 ▾ 区域中的 重命名 ▾ → 重命名模具体积块 命令，此时系统弹出“属性”对话框。

（2）在“属性”对话框中输入新名称 DOWN_MOLD，单击对话框中的 确定 按钮。

Stage2. 修改上模型腔体积块 UPPER_VOL 的名称

Step 1 着色查看上模型腔体积块 UPPER_VOL。

（1）单击 视图 功能选项卡 可见性 区域中的“着色”按钮。

（2）在弹出的“搜索工具”对话框中选取要着色的体积块 UPPER_VOL，然后单击 >> 按钮，将其加入到 已选择 0 个项：(预期 1 个) 列表中，再单击 关闭 按钮；着色后的 UPPER_VOL 如图 20.1.7 所示。

图 20.1.7　着色后的上模型腔体积块

（3）在 ▼CntVolSel (继续体积块选取) 菜单中选择 Done/Return (完成/返回) 命令。

Step 2 修改上模型腔体积块 UPPER_VOL 的名称。

（1）在模型树中选取 分割 标识669 [UPPER_VOL - 模具体积块] 选项，然后选择 **模具** 功能选项卡 分型面和模具体积块 ▾ 区域中的 重命名 ▾ ➡ 重命名模具体积块 命令，此时系统弹出“属性”对话框。

（2）在“属性”对话框中输入新名称 UP_MOLD，然后单击对话框中的 确定 按钮。

Step 3 选择下拉菜单 文件 ▾ ➡ 保存(S) 命令，保存文件。

20.2　修改流道系统与水线

在下面的例子中，将先修改模具的浇道和流道，然后在模具中增加水线。

Task1．设置工作目录及打开模具模型文件

Step 1 将工作目录设置至 D:\creo2mo\work\ch20.02。

Step 2 打开文件 impeller_mold.asm。

Task2．准备工作

Stage1．显示参考零件及坯料

Step 1 单击 **视图** 功能选项卡 可见性 区域中的“模具显示”按钮。

Step 2 在弹出的“遮蔽-取消遮蔽”对话框的 取消遮蔽 选项卡中按下 元件 按钮，然后按住 Ctrl 键，从列表中选取参考件 IMPELLER_MOLD_REF、IMPELLER_MOLD_REF_02、IMPELLER_MOLD REF_03、IMPELLER_MOLD_REF_04 及坯料 WP，单击 取消遮蔽 按钮，再单击 关闭 按钮。

Stage2．设置模型树的显示

Step 1 在模型树界面中选择 ▾ ➡ 树过滤器(F)... 命令。

Step 2 在弹出的“模型树项”对话框中选中 ☑ 特征 复选框，单击 确定 按钮。

Task3. 修改流道系统

流道系统包括浇道、流道（主流道和支流道）和浇口，图 20.2.1 所示为模具流道系统修改前后的示意图。

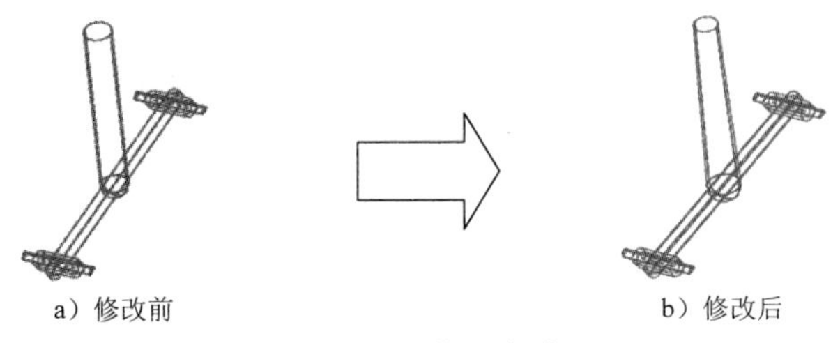

图 20.2.1 修改流道

Stage1. 修改浇道的形状

图 20.2.2 所示为将圆柱形的浇道改为圆锥形的注道。

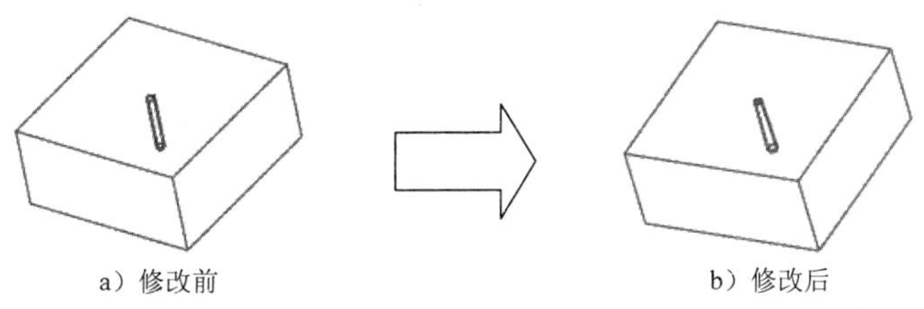

图 20.2.2 修改浇道形状

Step 1 在模型树中右击 旋转 5，然后在弹出的快捷菜单中选择 编辑定义 命令，此时出现“旋转”操控板。

Step 2 在绘图区右击，选择 编辑内部草绘... 命令。

Step 3 修改截面草图。

（1）进入草绘环境后，删除图 20.2.3a 中的竖直约束。

（2）添加所需的尺寸，修改后的草图如图 20.2.3b 所示。

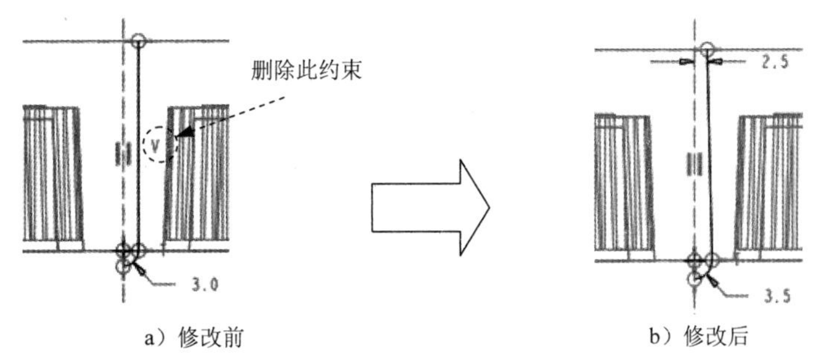

图 20.2.3 浇道的截面草图

（3）完成修改后，单击“草绘”操控板中的“确定”按钮 ✔ 。

Step 4 单击操控板中的 ✔ 按钮，完成操作。

Stage2．修改主流道及分流道的形状

下面将把主流道和支流道的六角形截面修改为半圆形截面。

Step 1 修改主流道的形状。

（1）在模型树中右击 RUNNER_1，选择 编辑定义 命令。

（2）在图 20.2.4 所示的“流道”对话框中双击 Shape (形状) 元素，在弹出的图 20.2.5 所示的 ▼Shape (形状) 菜单中选择 Half Round (半倒圆角) 命令。单击对话框中的 预览 按钮；在对话框中双击 Direction (方向) 元素，在弹出的 DIRECTION (方向) 对话框中选择 Flip (反向) 选项，然后单击 Okay (确定)，再单击“重画”按钮，预览所修改的流道特征，然后单击 确定 按钮完成操作。

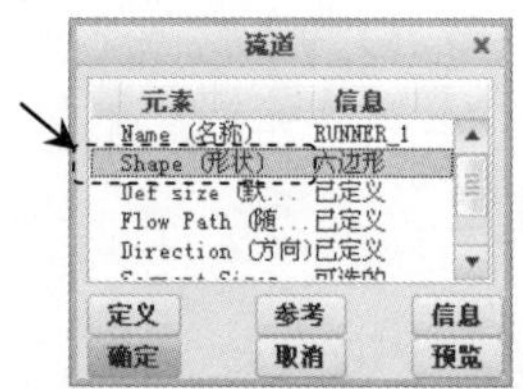

图 20.2.4 “流道”对话框

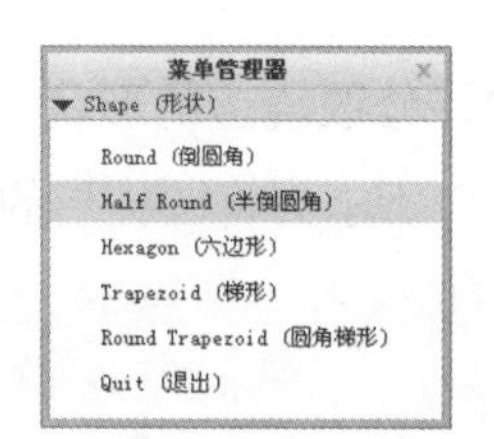

图 20.2.5 “形状”菜单

Step 2 参考 Step1，将分流道 RUNNER_2 的截面形状也改为半圆形。

注意：如要顺利进行流道修改，需安装Mold component catalog子组件，请参见本书1.3节“Creo 模具部分的安装说明”。

Stage3．修改浇口尺寸

下面将把模具的浇口尺寸从 Φ2.0 改为 Φ2.5。

Step 1 修改第一个浇口的尺寸。在模型树中右击 拉伸 2，在弹出的快捷菜单中选择 编辑 命令，此时该浇口的尺寸在模型中显示出来，如图 20.2.6a 所示，双击图 20.2.6a 中的浇口尺寸 Φ2.0，然后输入新的尺寸 2.5，然后按回车键。

Step 2 修改第二个浇口的尺寸。在模型树中右击 拉伸 3，在弹出的快捷菜单中选择 编辑 命令，在模型中将尺寸 Φ2.0 改为 Φ2.5，然后按回车键。

Step 3 单击“重新生成”按钮，重新生成模型。

Task4．增加水线

下面将在模具中增加水线（图 20.2.7），操作步骤如下：

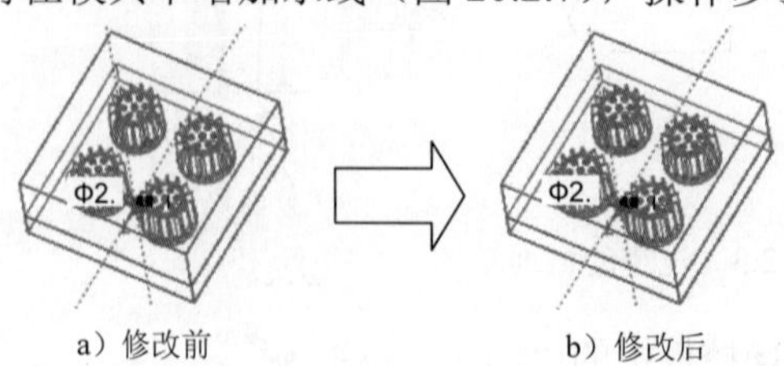

图 20.2.6 修改浇口尺寸

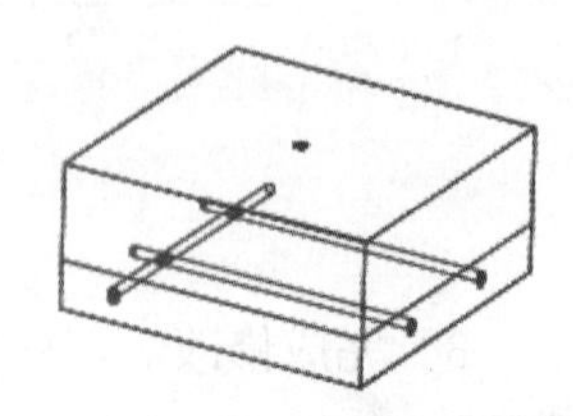

图 20.2.7 增加水线

Step 1 在模型树中单击 → 在此插入 符号，然后按住左键不放并移动鼠标，将其拖至 拉伸 3 特征的下面。

Step 2 创建图 20.2.8 所示的基准平面 ADTM5，该基准平面将作为水线的草绘平面。

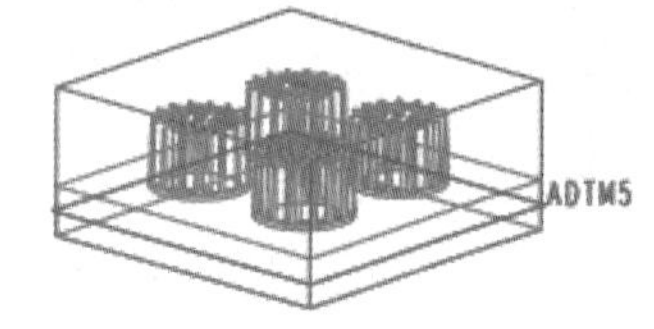

图 20.2.8 创建基准平面 ADTM5

（1）单击 模型 功能选项卡 基准 ▾ 区域中的“平面”按钮，系统弹出“基准平面”对话框。

（2）选取图 20.2.9 所示的 MAIN_PARTING_PLN 基准平面为参考面，然后在对话框中输入偏移值-8.0，单击 确定 按钮。

Step 3 创建水线。

（1）单击**模具**功能选项卡 生产特征 ▾ 区域中的 按钮，系统弹出“等高线”对话框。

（2）定义水线的直径。在系统 输入水线圆环的直径 的提示下，输入直径值 4.0，并按回车键。

（3）设置草绘平面。在 ▾ SETUP SK PLN（设置草绘平面）菜单中选择 Setup New（新设置）命令，然后在系统 ➡选择或创建一个草绘平面. 的提示下，选取 ADTM5 基准平面为草绘平面，在 ▾ SKET VIEW（草绘视图）菜单中选择 Right（右）命令，然后选取图 20.2.10 所示的坯料表面为参考平面。此时，系统进入草绘环境。

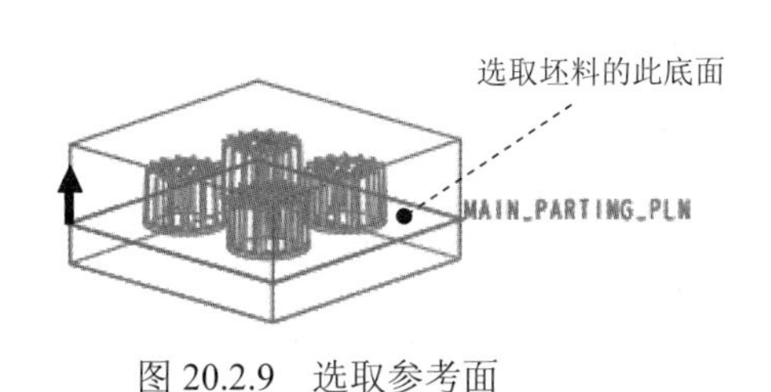

图 20.2.9 选取参考面

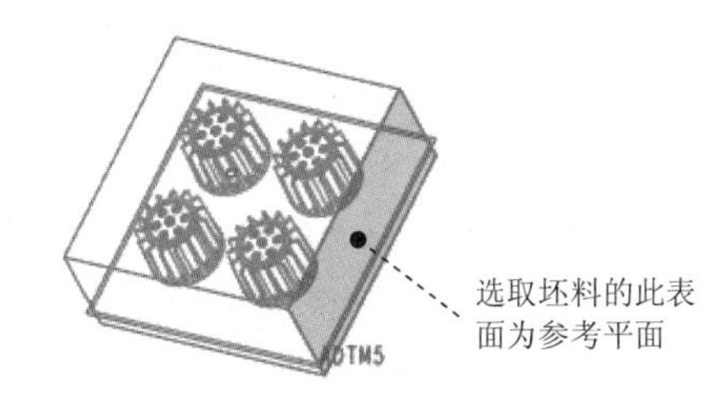

图 20.2.10 选择参考平面

（4）绘制截面草图。选取 ADTM1 基准平面、ADTM2 基准平面和坯料边线为草绘参考并绘制参考中心线（图 20.2.11），绘制图 20.2.12 所示的截面草图，单击“草绘”操控板中的“确定”按钮 ✔ 。

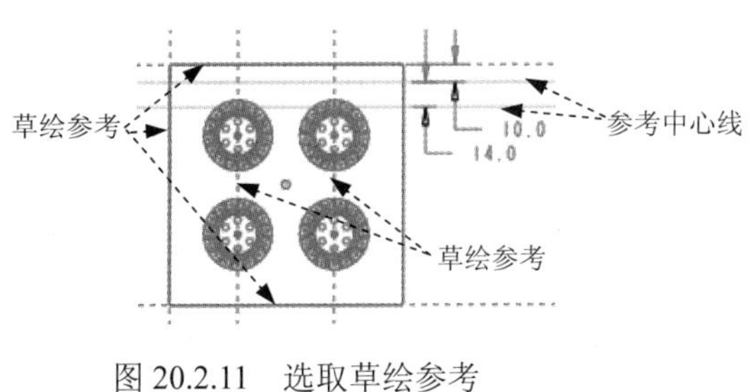

图 20.2.11 选取草绘参考

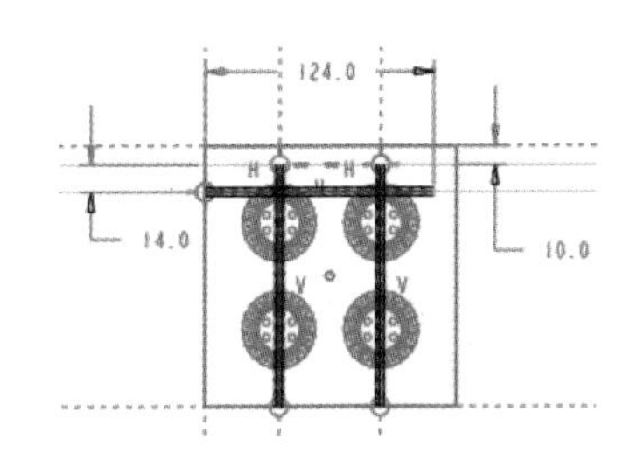

图 20.2.12 截面草图

（5）定义相交元件。此时系统弹出“相交元件”对话框，在对话框中选中 ✔ 自动更新 复选框，单击 确定 按钮。

（6）单击信息对话框中的 预览 按钮，再单击“重画”按钮，预览所创建的“水线”特征，然后单击 确定 按钮完成操作。

Step 4 将模型树中的 → 在此插入 符号拖至模型树的最下面。

Step 5 单击“重新生成”按钮，重新生成模型。

Step 6 选择下拉菜单 文件 → 保存(S) 命令，保存文件。

20.3 修改原始设计零件及分型面

在产品升级换代时，如果产品的变化不大，则可以直接在原来的模具设计基础上，通过修改原始设计零件及分型面进行模具的修改与更新，这样可极大地提高模具设计的效率，加快新产品的上市时间。下面通过几个例子来说明修改原始设计零件及分型面的几种情况及一般的操作方法。

20.3.1 范例 1——修改原始设计零件的尺寸

在本例中，只是对原始设计零件的尺寸进行修改（图 20.3.1），但由于这种尺寸修改不会引起模具分型面的本质变化，所以无需重新定义分型面，只需对坯料的大小进行适当的修改即可。

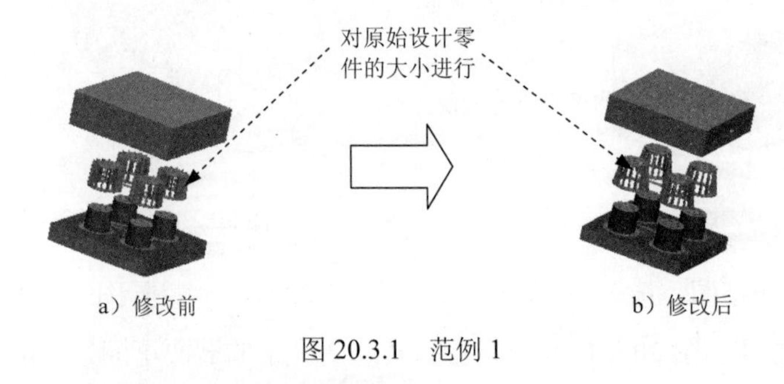

图 20.3.1 范例 1

Task1. 设置工作目录及打开模具模型文件

将工作目录设置至 D:\creo2mo\work\ch20.03.01，打开文件 impeller_mold.asm。

Task2. 修改原始设计零件的尺寸

Step 1 选择下拉菜单 文件 → 打开(O) 命令，打开零件 impeller.prt。

Step 2 在模型树中右击 旋转 2，从快捷菜单中选择 编辑 命令，此时该旋转特征的尺寸在模型中显示出来（图 20.3.2），对各尺寸值进行修改。

Step 3 单击“重新生成”按钮，重新生成原始设计零件。

Task3. 修改坯料尺寸

Step 1 选择下拉菜单 → 1 IMPELLER_MOLD.ASM 命令，返回到模具环境。

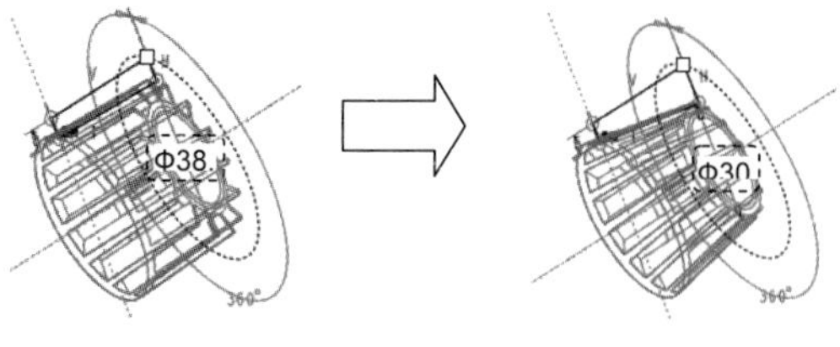

a）修改前　　　　b）修改后

图 20.3.2　改变设计件的尺寸

Step 2　单击 **视图** 功能选项卡 可见性 区域中的“模具显示”按钮，对参考模型 IMPELLER_MOLD_REF、IMPELLER_MOLD_REF_02、IMPELLER_MOLD_REF_03、IMPELLER_MOLD_REF_04 和坯料 WP 取消遮蔽。

Step 3　对模型树进行设置，使“特征”项目在模型树中显示出来。选择屏幕左侧导航卡中的 → 树过滤器(F)... 命令，在弹出的“模型树项”对话框中选中 ☑ 特征 复选框，单击 **确定** 按钮。

Step 4　修改坯料的尺寸。在模型树中单击 ▶ WP.PRT 前面的 ▶ 号，然后右击 拉伸 1，从快捷菜单中选择 编辑 命令。此时该拉伸特征的尺寸在模型中显示出来，如图 20.3.3 所示，可对各尺寸值进行修改。

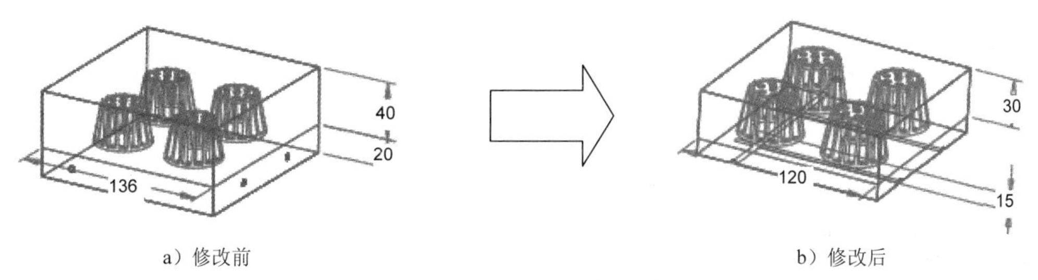

a）修改前　　　　b）修改后

图 20.3.3　改变坯料的尺寸

Task4. 更新模具设计

单击“重新生成”按钮，更新模具设计。

Task5. 通过开模重验证更新后的模具

Step 1　单击 **视图** 功能选项卡 可见性 区域中的“模具显示”按钮，将参考模型 IMPELLER_MOLD_REF、IMPELLER_MOLD_REF_02、IMPELLER_MOLD_REF_03、IMPELLER_MOLD_REF_04 和坯料 WP 遮蔽。

Step 2　选择 **模具** 功能选项卡 分析 ▾ 区域中的“模具开模”按钮，可观察到更新后的模具开启成功，单击 **Done/Return（完成/返回）** 命令。

Step 3　选择下拉菜单 **文件** ▾ → 保存(S) 命令。保存文件。

20.3.2　范例 2——删除原始设计零件中的孔

在本例中删除了原始设计零件中的几个孔（图 20.3.4），但由于模具分型面是采用裙边法创建的，原始设计零件中孔的删除并不影响裙边曲面的生成，所以无需重新定义分型面。

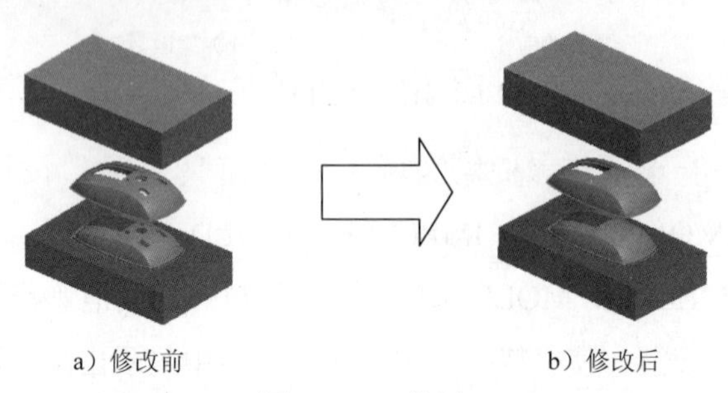

a）修改前　　　b）修改后

图 20.3.4　范例 2

Task1．设置工作目录及打开模具模型文件

将工作目录设置至 D:\creo2mo\work\ch20.03.02，打开文件 hole_cover_mold.asm。

Task2．修改原始设计零件

Step 1　选择下拉菜单 文件 → 打开(O) 命令，打开零件 hole_cover.prt。

Step 2　在模型树中将零件的拉伸 4 特征删除（在模型树中选取拉伸 4 特征，然后右击，选择 删除 命令）。

Step 3　单击“重新生成”按钮，再生原始设计零件。

Task3．更新模具设计

Step 1　选择下拉菜单 → 1 HOLE_COVER_MOLD.ASM 命令，切换到模具窗口。

Step 2　单击“重新生成”按钮，更新模具设计。

Task4．通过开模重验证更新后的模具

选择 **模具** 功能选项卡 分析 ▾ 区域中的“模具开模”按钮，可观察到更新后的模具开启成功，单击 Done/Return (完成/返回) 命令，选择下拉菜单 文件 → 保存(S) 命令，保存文件。

20.3.3　范例 3——在原始设计零件中添加孔

本例中在原始设计零件上添加了一个破孔（如图 20.3.5 所示，该孔的轴线方向与开模平行），由于模具分型面是采用复制参考模型表面的方法创建的，因而需要重新定义分型面以填补破孔。

Task1．设置工作目录及打开模具模型文件

将工作目录设置至 D:\creo2mo\work\ch20.03.03，打开文件 charger_down_mold.asm。

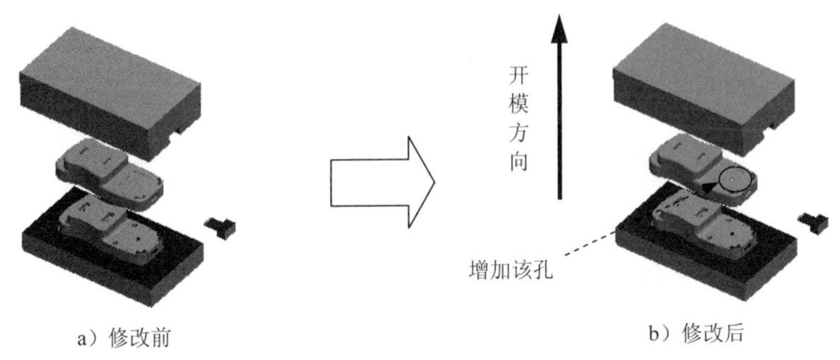

图 20.3.5　范例 3

Task2. 修改原始设计零件

在原始设计零件中添加图 20.3.6 所示的切削孔特征。

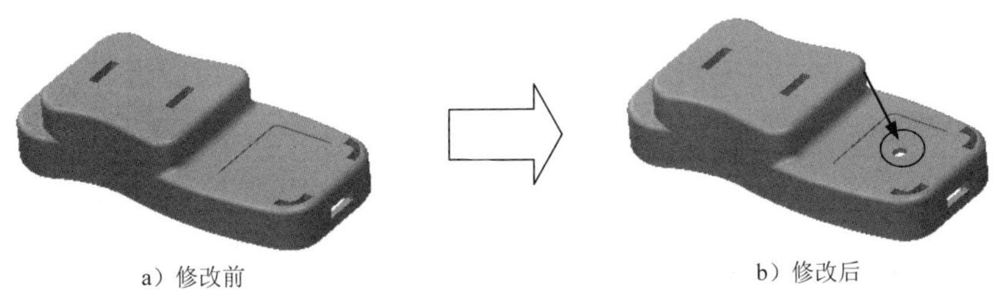

图 20.3.6　在设计件上增添剪切特征

Step 1　选择下拉菜单 文件 → 打开(O) 命令，打开零件 charger_down.prt。

Step 2　将模型树中的 → 在此插入 符号移至 按尺寸收缩 标识3251 的上面。

Step 3　创建剪切特征。单击 模型 功能选项卡 形状 区域中的 拉伸 按钮，在操控板中按下“移除材料”按钮，选取图 20.3.7 所示的表面为草绘平面，RIGHT 基准平面为参考平面，方向为 左，特征截面草图如图 20.3.8 所示，拉伸方式为（穿透），然后单击✔按钮。

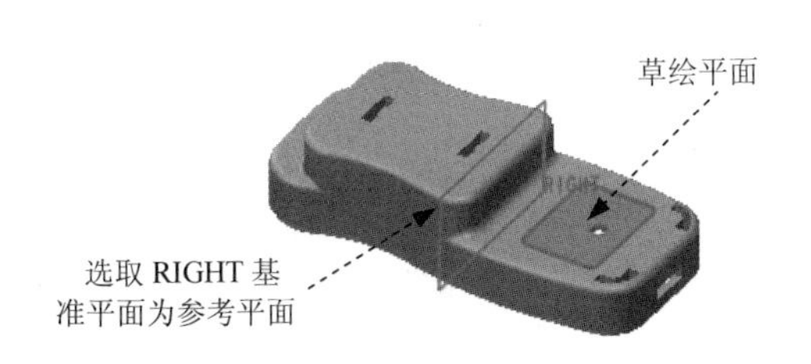

图 20.3.7　定义草绘平面

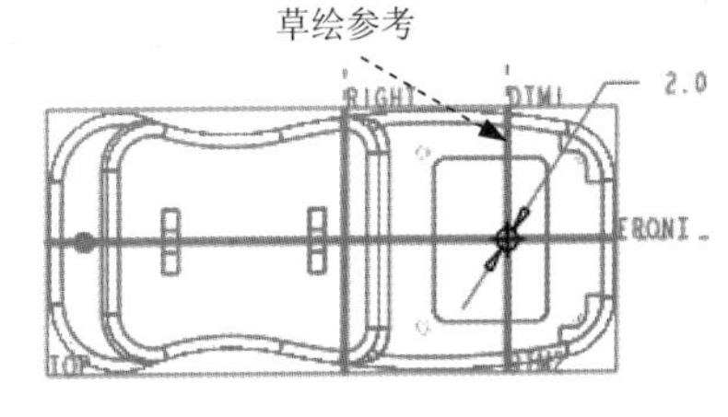

图 20.3.8　截面草图

Step 4　将模型树中的 → 在此插入 符号移至模型树的最下面。

Step 5　单击“重新生成”按钮，再生原始设计零件。

Task3. 更新参考模型

Step 1　选择下拉菜单 → 1 CHARGER_DOWN_MOLD.ASM 命令，切换到模具窗口。

Step 2 单击 **视图** 功能选项卡 可见性 区域中的“模具显示”按钮，取消参考模型和坯料遮蔽。

Step 3 对模型树进行设置，使“特征”项目在模型树中显示出来。选择屏幕左侧导航卡中的 → 树过滤器(F)... 命令，在弹出的“模型树项”对话框中选中 ☑特征 复选框，单击 确定 按钮。

Step 4 将模型树中的 → 在此插入 符号移至 CHARGER_DOWN_WP.PRT 的下面，然后单击 **模具** 功能选项卡 操作 ▾ 区域中的“重新生成”按钮，更新参考模型。这时可观察到参考模型上出现了前面增加的破孔。

Task4. 重新定义主分型面

Step 1 模型树中的 合并 1 是分型面的最后一个特征，为了顺利进行主分型面重新定义，需将 → 在此插入 符号移至 复制 1 的下面。

Step 2 在模型树中右击 复制 1 项，从弹出的快捷菜单中选择 编辑定义 命令，此时系统弹出“曲面：复制”操控板。

Step 3 填补复制曲面上的破孔。在操控板中单击 选项 按钮，此时系统已选中 ◉ 排除曲面并填充孔 单选项，然后单击 填充孔/曲面 文本框，在系统 ➡选择封闭的边环或曲面以填充孔。的提示下，按住 Ctrl 键，选取图 20.3.9 所示的模型表面。完成后，单击操控板上的 ✔ 按钮。

Step 4 通过着色主分型面，查看填充后的破孔。

(1) 单击 视图 功能选项卡 可见性 区域中的“着色”按钮。

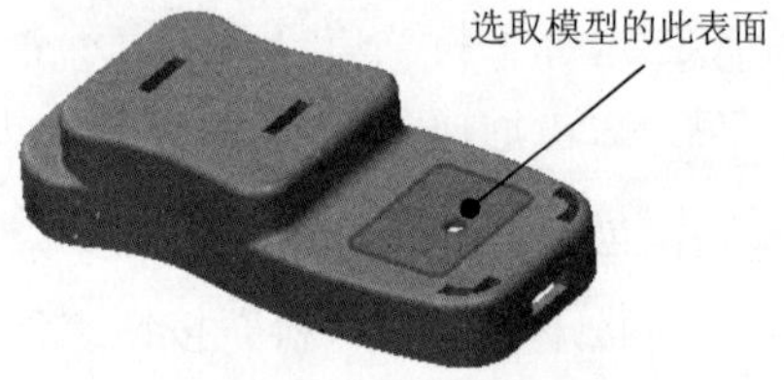

图 20.3.9 选取模型表面

(2) 系统弹出“搜索工具”对话框，选择 面组:F7(MAIN_PS) 选项，然后单击 >> 按钮，将其加入到 已选择 0 个项:(预期 1 个) 列表中，再单击 关闭 按钮。此时可查看到破孔已被成功填充。

(3) 在 ▼ CntVolSel (继续体积块选取) 菜单中选择 Done/Return (完成/返回) 命令。

Task5. 更新模具设计

Step 1 将模型树中的 → 在此插入 符号移至模型树的最下面。

Step 2 单击 **视图** 功能选项卡 可见性 区域中的“模具显示”按钮，将参考模型和坯料遮蔽。

Step 3 单击 **模具** 功能选项卡 操作 ▾ 区域中的“重新生成”按钮，更新模具设计。

Task6. 通过开模重验证更新后的模具

选择 **模具** 功能选项卡 分析 ▾ 区域中的“模具开模”按钮，可观察到更新后的模具开启成功，单击 Done/Return (完成/返回) 命令，选择下拉菜单 文件 ▾ → 保存(S) 命令，保存文件。

20.4 修改体积块

20.4.1 概述

图 20.4.1 所示是一个手机盖模具，下面将对该模具中的体积块进行修改。

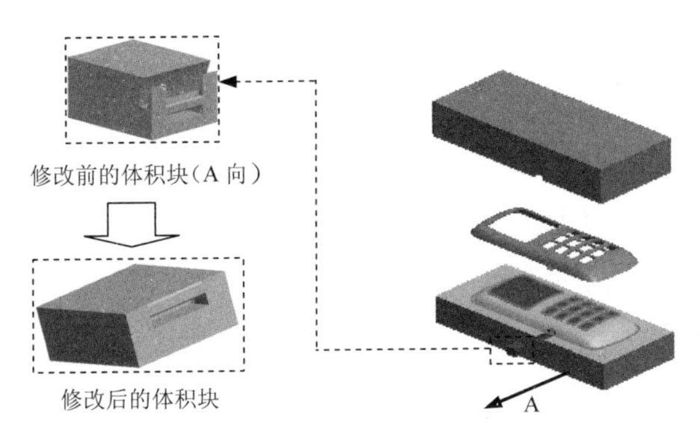

图 20.4.1 修改体积块

20.4.2 范例

Task1. 设置工作目录及打开模具模型文件

将工作目录设置至 D:\creo2mo\work\ch20.04，打开 phone_cover1_mold.asm。

Task2. 准备工作

Step 1 显示参考模型、坯料和分型面。

Step 2 设置模型树，使“特征”项目在模型树中显示出来。

Task3. 修改体积块

Step 1 在模型树中右击 伸出项 标识584，在弹出的快捷菜单中选择 编辑定义 命令。

Step 2 在绘图区中右击，从快捷菜单中选择 编辑内部草绘... 命令。

Step 3 进入草绘环境后，将图 20.4.2 所示的截面草图修改为图 20.4.3 所示的截面草图，然后单击“草绘”操控板中的“确定”按钮 ✔。

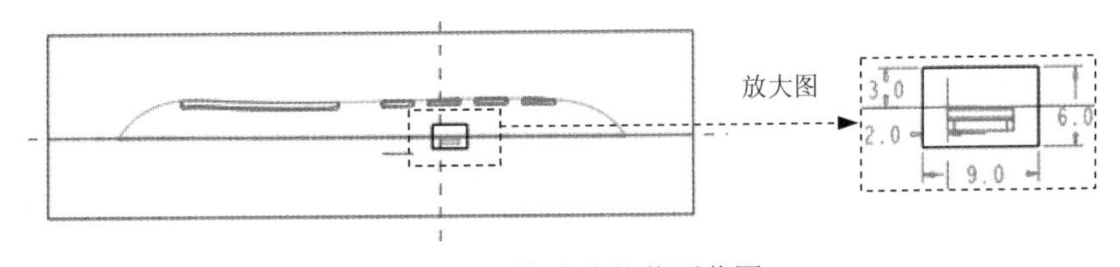

图 20.4.2 修改前的截面草图

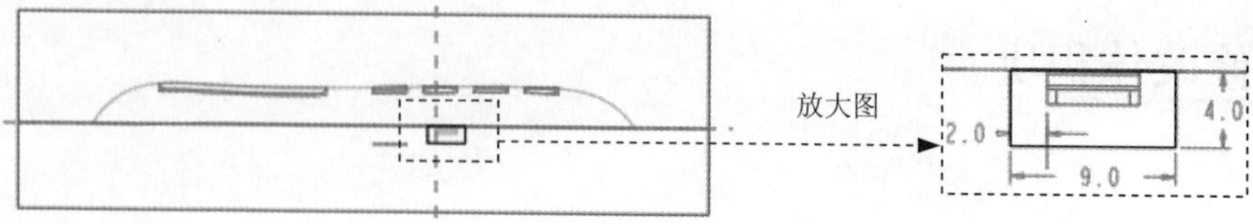

图 20.4.3 修改后的截面草图

Step 4 单击操控板中的 ✓ 按钮，完成特征的修改。

Task4. 更新模具设计

单击“重新生成”按钮，更新模具设计。

Task5. 通过开模重验证更新后的模具

Step 1 单击 **视图** 功能选项卡 可见性 区域中的“模具显示”按钮，将参考模型、坯料和分型面遮蔽。

Step 2 选择 **模具** 功能选项卡 分析 ▾ 区域中的“模具开模”按钮，可观察到更新后的模具开启成功，单击 **Done/Return (完成/返回)** 命令。

Step 3 选择下拉菜单 **文件** ▾ ➡ 保存(S) 命令，保存文件。

20.5 修改模具开启

在本例中，将对模具的开模顺序进行修改。

Task1. 设置工作目录及打开模具模型文件

将工作目录设置至 D:\creo2mo\work\ch20.05，打开文件 charger_down_mold.asm。

Task2. 修改模具开启

Stage1. 查看当前的开模步骤

Step 1 选择 **模具** 功能选项卡 分析 ▾ 区域中的“模具开模”按钮，然后在图 20.5.1 所示的菜单管理器中选择 Explode (分解) 命令，此时的模具如图 20.5.2 所示。

Step 2 在弹出的图 20.5.3 所示的 ▾ STEP BY STEP (逐步) 菜单中选择 Open Next (打开下一个) 命令，此时的模具如图 20.5.4 所示。

图 20.5.1 菜单管理器

图 20.5.2 分解状态（一）

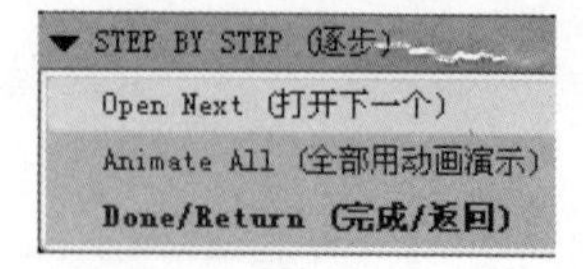

图 20.5.3 “逐步”菜单

Step 3 再选择 Open Next (打开下一个) 命令，此时的模具如图 20.5.5 所示。

Step 4　再选择 Open Next（打开下一个）命令，此时的模具如图 20.5.6 所示。

图 20.5.4　分解状态（二）

图 20.5.5　分解状态（三）

图 20.5.6　分解状态（四）

Stage2. 调整开模顺序

Step 1　在 ▼ MOLD OPEN（模具开模）菜单中选择 Reorder（重新排序）命令。

Step 2　将开模步骤 1 调整为步骤 2。在 ▼ 模具间距 菜单中选择 步骤1，然后选择 步骤2。

Step 3　查看调整顺序后的开模步骤。

（1）在 ▼ MOLD OPEN（模具开模）菜单中选择 Explode（分解） → Open Next（打开下一个）命令，此时的模具如图 20.5.7 所示。

（2）选择 Open Next（打开下一个）命令，此时的模具如图 20.5.8 所示。可以看出，开模顺序已经被调整。

图 20.5.7　分解状态（五）

图 20.5.8　分解状态（六）

Step 4　选择两次 Done/Return（完成/返回）命令，选择下拉菜单 文件 → 保存(S) 命令，保存文件。

21

模具设计的分析工具——塑料顾问

21.1 塑料顾问模块概述

塑料顾问模块（Plastic Advisor）是 Creo 系统的分析模块之一，在该模块中，通过用户的简单设定，系统将自动进行塑料注射成型的模流分析，这样在模具设计阶段，设计人员就能够对塑料在模腔中的填充情况、注射时产生的气泡、融合线和塑料变形等有所掌握，便于及早改进设计。塑料顾问模块的安装参见本书“12.3 节 Creo 模具部分的安装说明”。

使用“塑料顾问模块”进行模流分析，应该注意：

- 分析时，系统直接读取 Creo 三维模型数据，不用另外建立分析网格。
- 计算时将熔化的塑料视为牛顿流体，即线性的假设。
- 该分析模块着重于初期充填分析，并不支持后充填及冷却。

Creo 模具安装成功后，首先对塑料顾问模块（Plastic Advisor）的位置进行设定。

Step 1 选择下拉菜单中的 文件 → 选项 命令，系统弹出“Creo Parametric 选项”对话框。

Step 2 选择塑料顾问模块。在“Creo Parametric 选项”对话框中单击 快速访问工具栏 区域，在 从下列位置选取命令(C): 区域中的 备用 | 主页 选项卡 下拉列表中选择 所有命令 选项，在 所有命令 的下拉列表中选择

Plastic Advisor 模块。

Step 3 定义添加位置。在 自定义快速访问工具栏(Q): 区域中选择 打开 选项，然后在“Creo Parametric 选项”对话框中单击 添加(A) >> 按钮，此时 Plastic Advisor 模块就添加到 打开 选项之后，结果如图 21.1.1 所示。

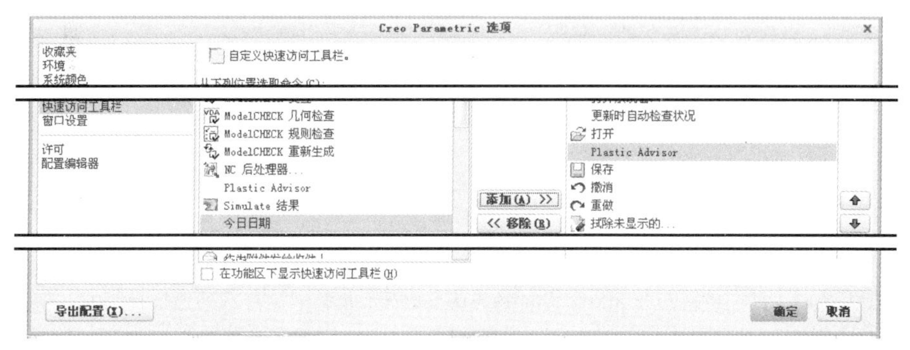

图 21.1.1　“Creo Parametric 选项”对话框

Step 4 在“Creo Parametric 选项”对话框中单击 确定 按钮，完成塑料顾问模块的添加，如图 21.1.2 所示。

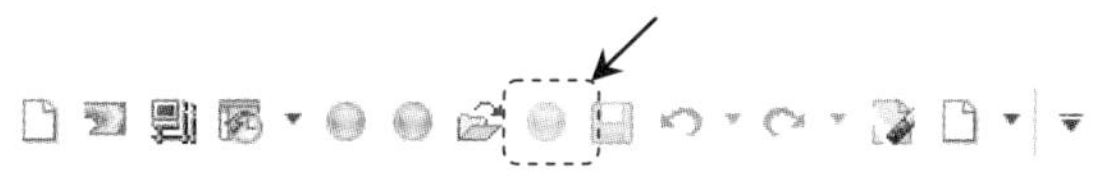

图 21.1.2　快速访问工具栏

21.2　塑料顾问模块范例操作

下面以浇注件 gas_oven_switch_molding.prt 为例，详细介绍用塑料顾问模块进行零件模流分析的一般操作方法。

Step 1 设置工作目录及打开文件。将工作目录设置至 D:\creo2mo\work\ch21；选择下拉菜单 文件 → 打开(O) 命令，打开浇铸件 gas_oven_switch_molding.prt。

Step 2 创建图 21.2.1 所示的基准点 PNT0，该基准点将作为模流分析时的浇注位置点，其操作方法如下：

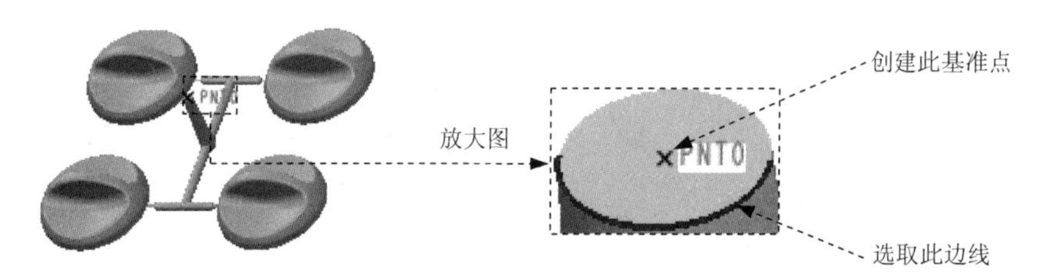

图 21.2.1　创建基准点 PNT0

（1）单击“创建基准点”按钮 点，系统弹出“基准点”对话框。

（2）在模型中选取图 21.2.1 所示的边线为参照，再在“基准点”对话框中选择约束类型为 居中，如图 21.2.2 所示。

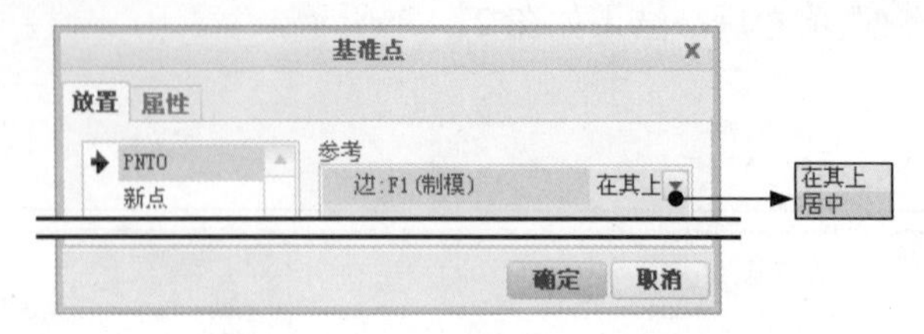

图 21.2.2　“基准点”对话框

（3）单击对话框中的 确定 按钮。

Step 3　在快速访问工具栏中单击 Plastic Advisor 按钮，进入“塑料顾问”模块。

Step 4　选取浇注位置点。此时系统的提示如图 21.2.3 所示，选取前面创建的基准点 PNT0 为浇注点，并单击“选择”对话框中的 确定 按钮。

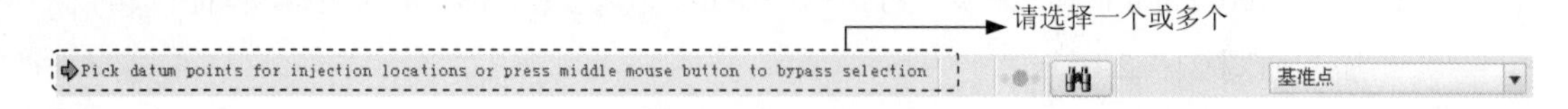

图 21.2.3　系统提示信息

Step 5　此时出现图 21.2.4 所示的 PLASTIC Advisor 7.0 操作界面，若在此操作界面中显示的是“导航已取消”窗口，可单击操作界面下方的 gas_oven_switch_molding 按钮进行切换，显示 gas_oven_switch_molding 窗口。

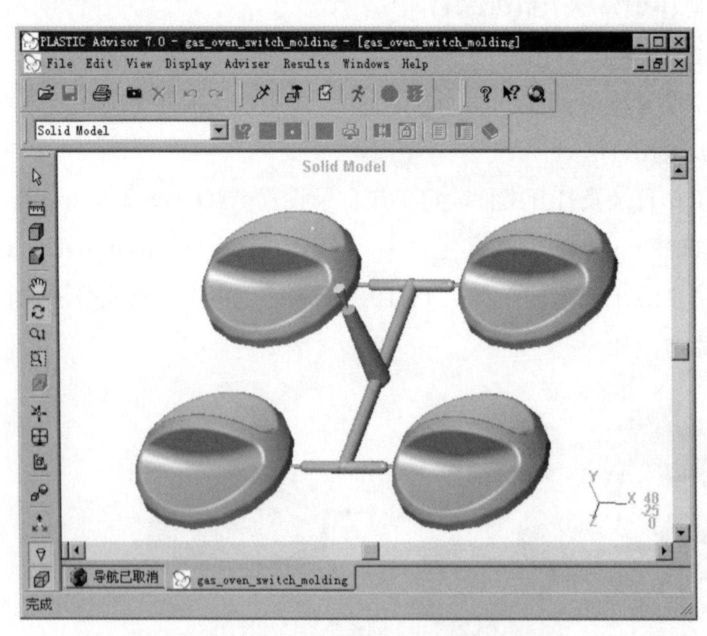

图 21.2.4　PLASTIC Advisor 7.0 操作界面

Step 6 在图 21.2.4 所示的 PLASTIC Advisor 7.0 操作界面工具栏中，单击 按钮，系统弹出图 21.2.5 所示的“Analysis Wizard-Analysis Selection”（分析选择）对话框（一），在该对话框中选中☑Plastic Filling 复选框，然后单击 下一步(N) > 按钮，此时 “Analysis Wizard- Select Material”对话框（二）如图 21.2.6 所示，在此对话框中可以设置零件的塑料材料类型及工艺参数，方法如下：

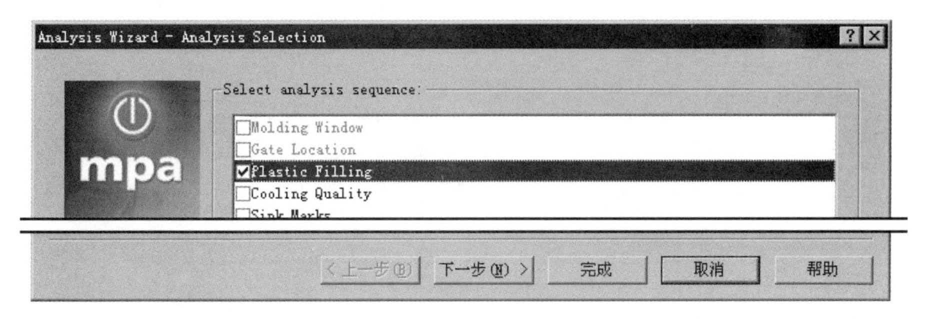

图 21.2.5 “Analysis Wizard-Analysis Selection”对话框（一）

图 21.2.6 “Analysis Wizard- Select Material”对话框（二）

（1）选择塑料材料的供应商及其产品名。

① 选中◉ Specific Materia（指定材料）单选项。

② 在 Manufacturer （供应商）列表框中选择 Shell（壳牌）。

③ 在 Trade name （产品名称）列表框中选择 7525，这样便选取了 Shell（壳牌）公司的 7525 聚丙烯塑料。

（2）查看所选材料的相关属性。

① 单击对话框中的 Details... （详细资料）按钮，系统便弹出图 21.2.7 所示的对话框，在 Description （一般属性）选项卡中，可以了解有关该材料的基本信息。

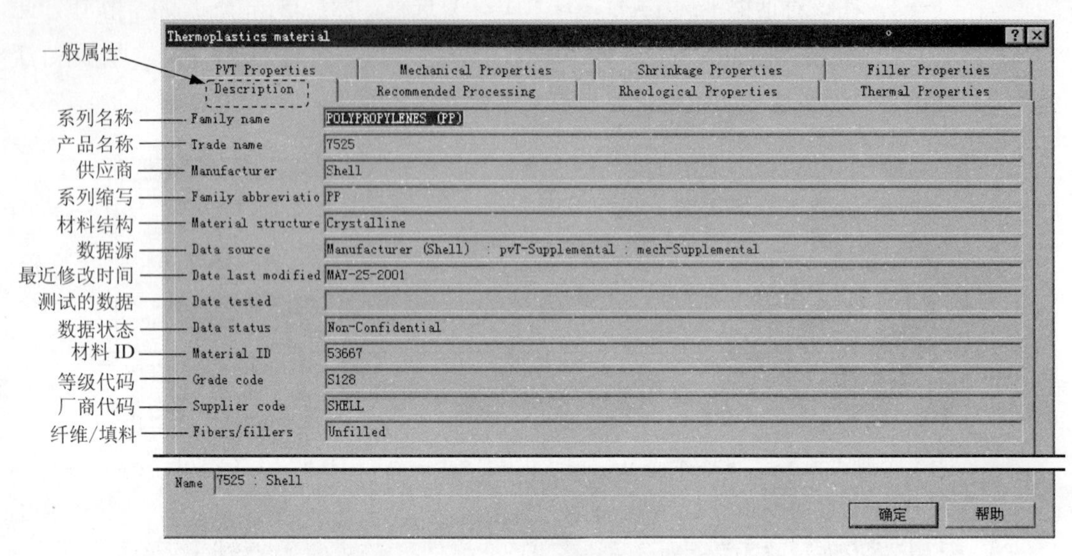

图 21.2.7 “一般属性”选项卡

② 选择 Recommended Processing （推荐工艺参数）选项卡（图 21.2.8），查看相关信息。

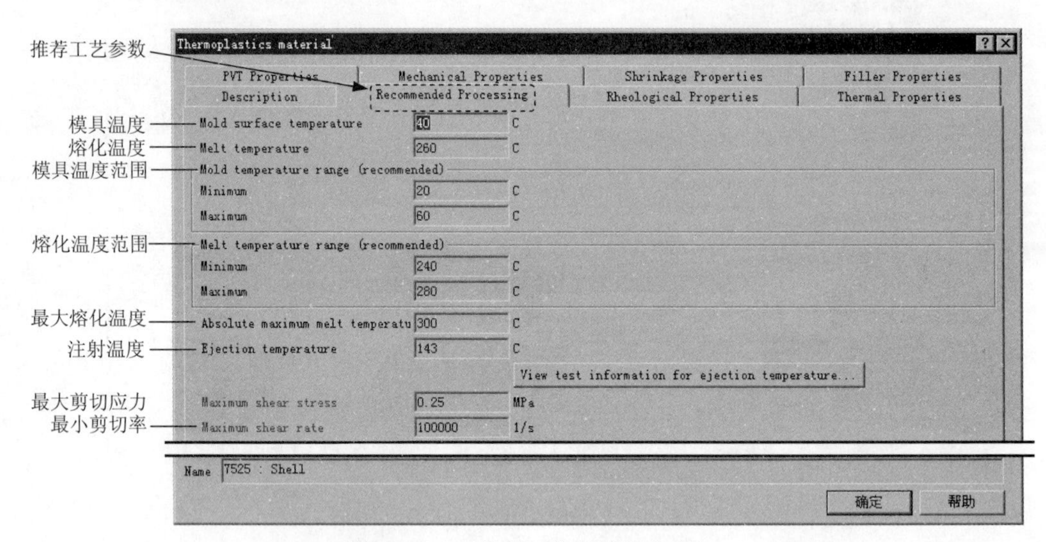

图 21.2.8 “推荐工艺参数”选项卡

③ 打开 Rheological Properties （流变学属性）选项卡（图 21.2.9），查看相关信息。在该选项卡中，可以单击 Default viscosity model 区域的 View viscosity model coefficients... （显示）按钮，则系统会弹出图 21.2.10 所示的对话框，可以了解相关信息。

④ 打开 Thermal Properties （热力学属性）选项卡（图 21.2.11），查看相关信息。

⑤ 打开 PVT Properties （压力、体积和温度）选项卡（图 21.2.12），查看相关信息。

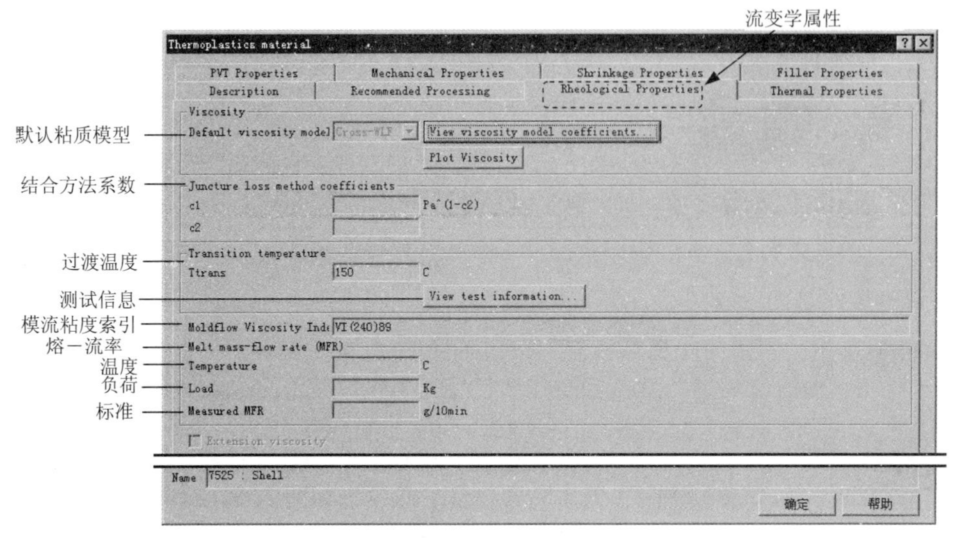

图 21.2.9 “流变学属性”选项卡

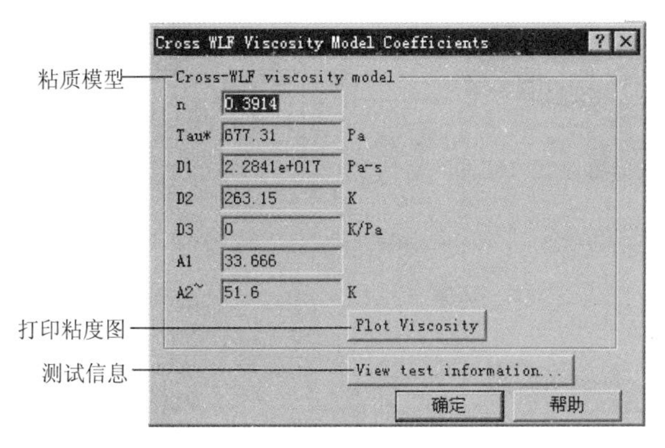

图 21.2.10 “默认粘质模型”对话框

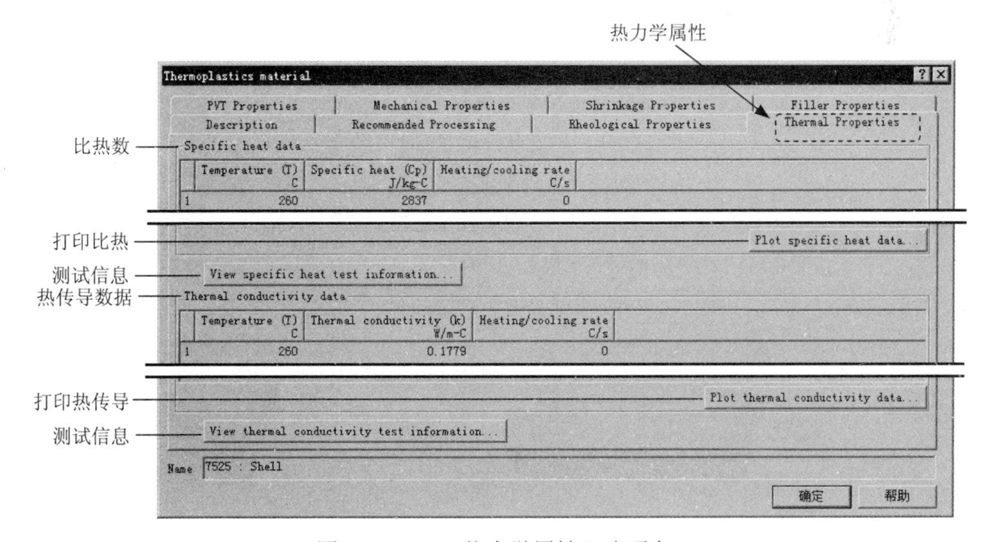

图 21.2.11 “热力学属性”选项卡

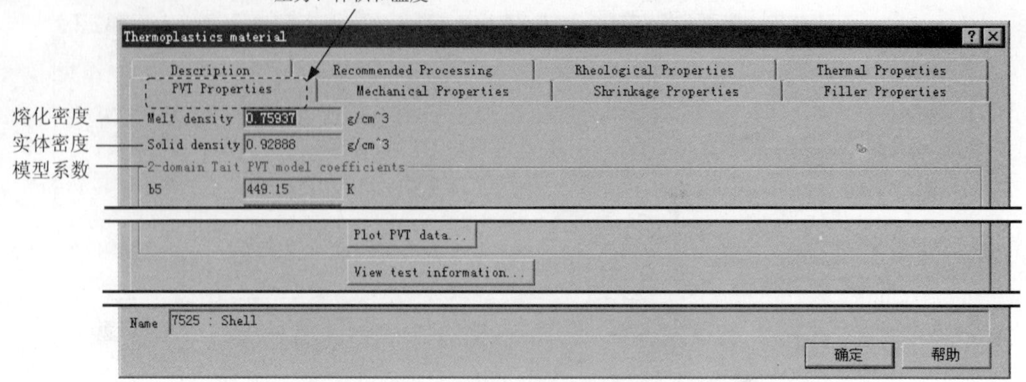

图 21.2.12 “压力、体积和温度”选项卡

⑥ 打开Mechanical Properties（机械动力属性）选项卡（图 21.2.13），查看相关信息。

⑦ 查看了所选材料的相关信息后，单击 确定 按钮。

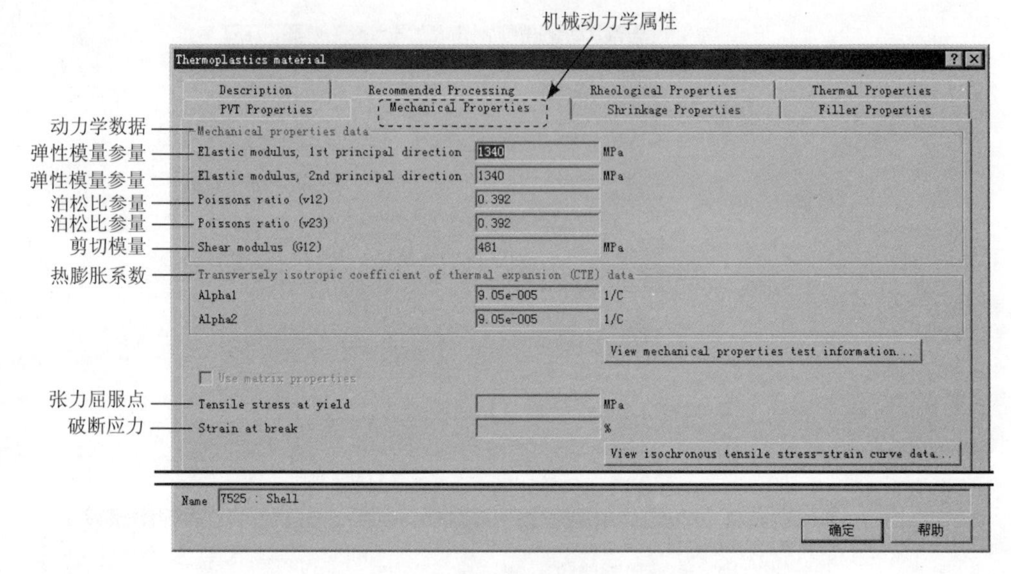

图 21.2.13 “机械动力属性”选项卡

（3）模拟注射分析。在“Analysis Wizard- Select Material”对话框中单击 下一步(N) > 按钮，系统弹出“Analysis Wizard-Processing Conditions”对话框，在该对话框中接受厂商推荐的设置值，然后单击 完成 按钮，此时系统开始注射模拟分析，如图 21.2.14 所示。

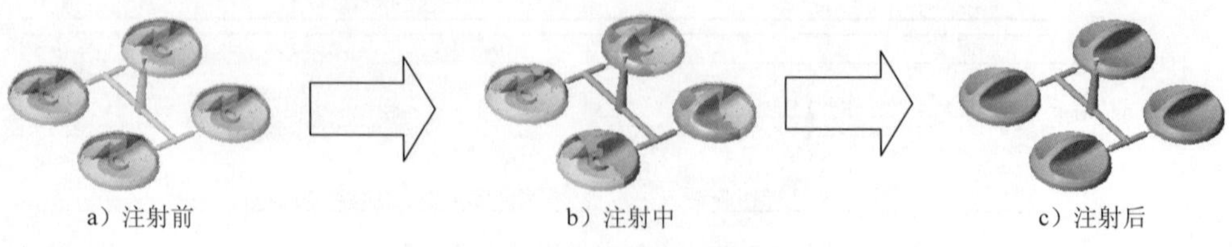

a）注射前　　b）注射中　　c）注射后

图 21.2.14 注射模拟分析

Step 7 进行分析计算。

（1）查看注射模拟分析结果。注射模拟分析后，系统弹出图 21.2.15 所示的“Results Summary”对话框，显示大概的分析结果。该对话框中有一个信号灯的标志，若显示绿灯，表示分析结果合格；若显示红灯，则表示分析结果不合格。查看结果后，单击 Close 按钮，关闭对话框。

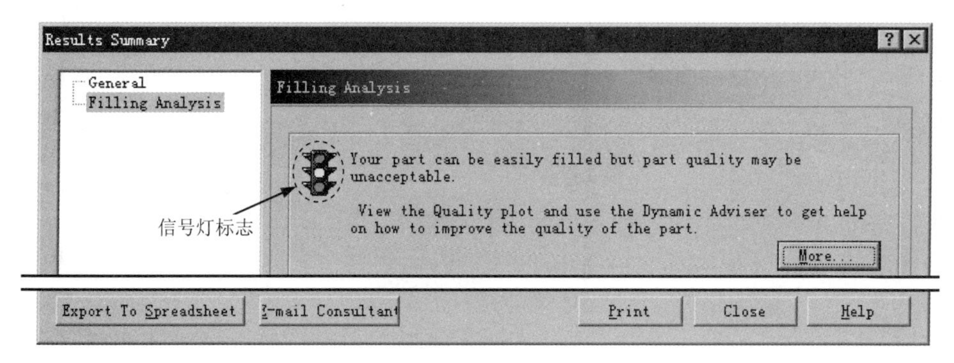

图 21.2.15 “Results Summary”对话框

（2）对塑件进行熔接痕分析。在工具栏中单击“熔接痕分析”按钮，可以检查塑件上出现的 Weld Line（熔接痕）位置。此时系统将会在塑件上给出可能产生熔接痕的位置，分析结果表明该注射件在注射的过程中不会产生熔接痕。

说明：熔接痕是由于来自不同方向的熔融塑料前端部分被冷却，在结合处未能完全融合而产生的。在结合处开设冷料穴、提高喷嘴温度、提高塑料温度、提高模具温度，可避免产生熔接痕。

（3）对塑件进行气泡分析。在工具栏中单击按钮，可以检查塑件上出现的 Air Trap（气泡）位置。此时系统将会在塑件上给出可能产生气泡的位置，分析结果表明该塑件在注射的过程中会产生气泡，结果如图 21.2.16 所示。

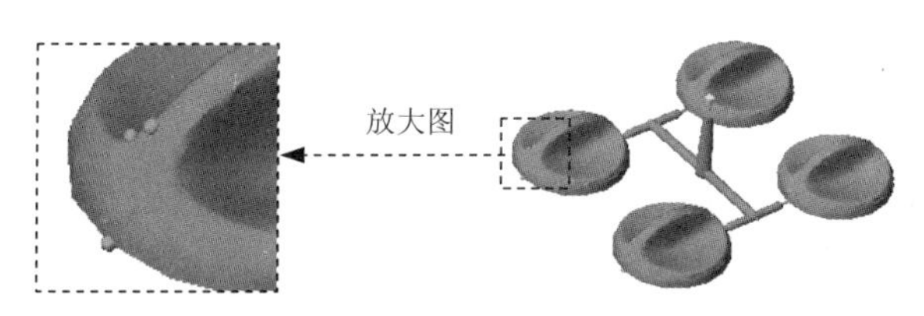

图 21.2.16 进行气泡分析结果

说明：熔融塑料进入模腔后，如果模腔内的气体没有完全排除，则会在塑件表面产生气泡。在气泡出现的位置开设排气结构，可防止气泡的产生。

（4）对塑件进行填充时间分析。

① 在工具栏中的图 21.2.17 所示的下拉列表中，可以选择分析项目 Fill Time，如图 21.2.17（填充时间），可观察熔融塑料填充整个模腔的时间，分析结果如图 21.2.17 所示。

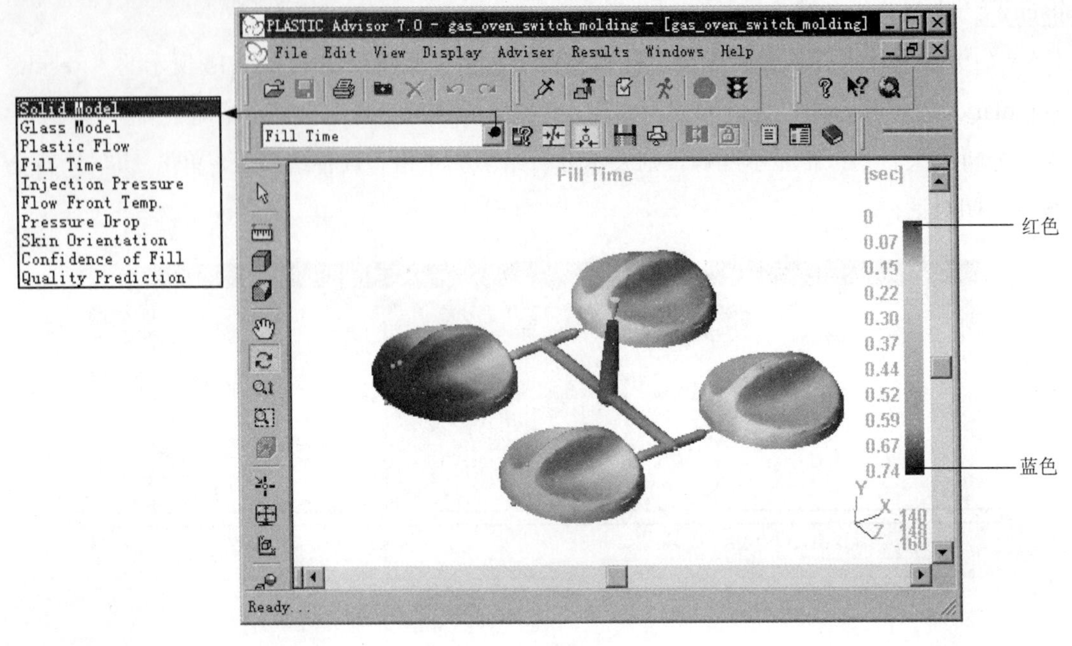

图 21.2.17　填充时间分析

② 在工具栏中的播放控制工具条 100% 中单击“播放”按钮，查看塑料填充的先后过程。

说明：

① 图 21.2.17 所示模腔中（塑件上）不同的部位显示不同颜色，不同的颜色代表不同的填充时刻。在屏幕右部带有时间刻度的竖直颜色长条上，可查出每个部位的填充时间。在颜色长条上，红色区域表示填充时间最短，蓝色区域表示填充时间最长。

② 根据填充时间可以计算塑件生产时间、安排产能，更主要的是根据填充时间可以设置推料杆的压力（推力），控制熔融塑料填充模腔的速度，减少注射过程产生银丝、缺料缺陷。

（5）对塑件进行注射压力分析。

① 在工具栏中图 21.2.17 所示的下拉列表中，可以选择分析项目 Injection Pressure（注射压力），可观察熔融塑料填充整个模腔的压力分布情况，分析结果如图 21.2.18 所示。

说明：图 21.2.18 所示的模腔中（塑件上），不同的部位显示不同颜色，不同的颜色代表不同的压力值，在屏幕右部带有压力的竖直颜色长条上，可查出每个部位的压力。在压力长条上，红色区域表示注射压力最大，蓝色区域表示注射压力最小。根据注射压力的大小，可选择合适压力规格的注射机。另外，注射压力分析结果还可帮助模具设计师合理安排浇注点的位置和模穴的数目，确定模具的结构。

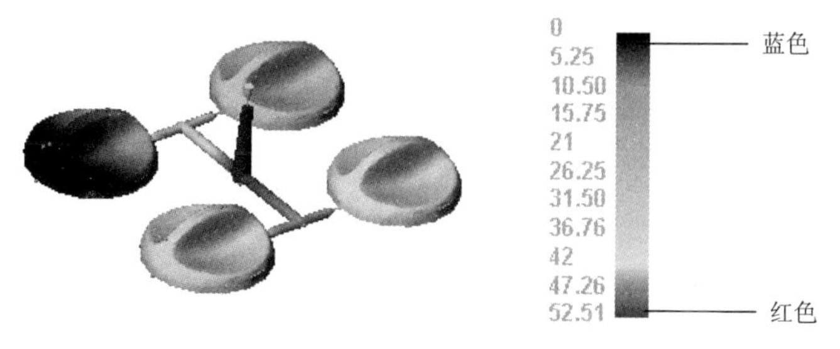

图 21.2.18 注射压力分析

② 在工具栏中的播放控制工具条 100% 中单击“播放”按钮，查看在注射过程中的压力分布情况。

注意：对于较复杂的模具，可以尝试选择多个浇注点分别进行模流分析，然后根据各自的分析结果选择一个最佳的浇注点。

（6）对塑件进行注射温度分析。

① 在工具栏中图 21.2.17 所示的下拉列表中，可以选择分析项目 Flow Front Temp.（注射温度），可观察熔融塑料填充整个模腔的温度分布情况，分析结果如图 21.2.19 所示。

说明：图 21.2.19 所示模腔中（塑件上）不同的部位显示不同颜色，不同的颜色代表不同的注射温度。在屏幕右部带有时间刻度的竖直颜色长条上，可查出每个部位的注射温度。在颜色长条上，红色区域表示注射温度最大，蓝色区域表示注射温度最小。

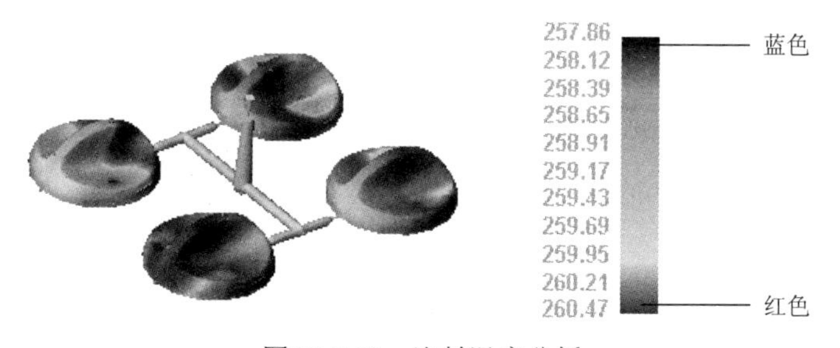

图 21.2.19 注射温度分析

② 在工具栏中的播放控制工具条 100% 中单击“播放”按钮，查看在注射过程中的温度分布情况。

说明：根据注射温度的大小，可以确定创建冷却系统或加热系统的位置分布情况，以完成模具上冷却系统或加热系统结构的设计。

（7）对塑件进行注射压力损失分析。

① 在工具栏中图 21.2.17 所示的下拉列表中，可以选择分析项目 Pressure Drop（压力损失），可观察熔融塑料填充整个模腔的注射压力损失分布情况，分析结果如图 21.2.20 所示。

说明：图 21.2.20 所示的模腔中（塑件上），不同的部位显示不同颜色，不同的颜色代表不同的注射压力损失值。在屏幕右部带有时间刻度的竖直颜色长条上，可查出每个部位的注射压力损失值。在颜色长条上，蓝色区域表示注射压力损失最小，红色区域表示注射压力损失最大。

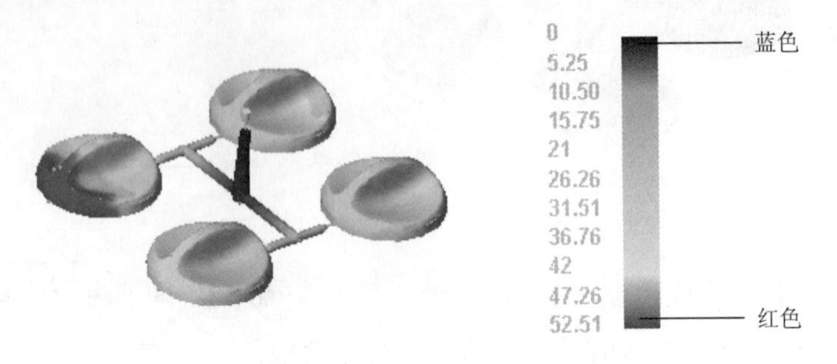

图 21.2.20 注射压力损失分析

② 在工具栏中的播放控制工具条 100% 中单击“播放”按钮，查看在注射过程中的压力损失分布情况。

（8）对注射件进行填充质量分析。

在工具栏中图 21.2.17 所示的下拉列表中，可以选择分析项目 Quality Prediction （填充质量），可观察熔融塑料填充整个模腔的质量分布情况，分析结果如图 21.2.21 所示。

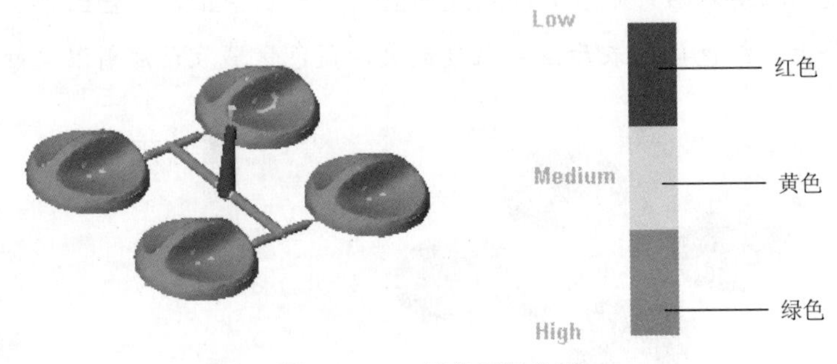

图 21.2.21 填充质量分析

说明：

- 图 21.2.21 所示模腔中（塑件上），不同的部位显示不同颜色，不同的颜色代表不同的填充质量。在屏幕右部带有时间刻度的竖直颜色长条上，可查出每个部位的填充质量。在颜色长条上，红色区域表示填充质量低，黄色区域表示填充质量中，绿色区域表示填充质量高。
- 根据填充质量分析得到的结论，可以提前得知注射件的结果，若分析出来存在问题可以提前将其解决，以提高设计效率，减少后续的返工。

（9）对注射件进行流动取向分析。

在工具栏中图 21.2.17 所示的下拉列表中，可以选择分析项目 Skin Orientation （流动取向），可观察熔融塑料填充整个模腔的流动情况，分析结果如图 21.2.22 所示。

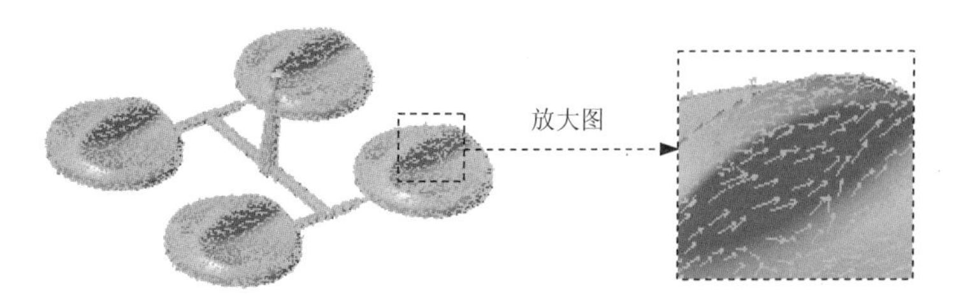

图 21.2.22　流动取向分析

Step 8　制作分析报告书。

（1）在 PLASTIC Advisor 7.0 操作界面中选择下拉菜单 File → Preferences... 命令，在弹出的“Preferences”对话框中选取 External Programs 选项，指定浏览器的路径，如图 21.2.23 所示，再单击 Cancel 按钮。

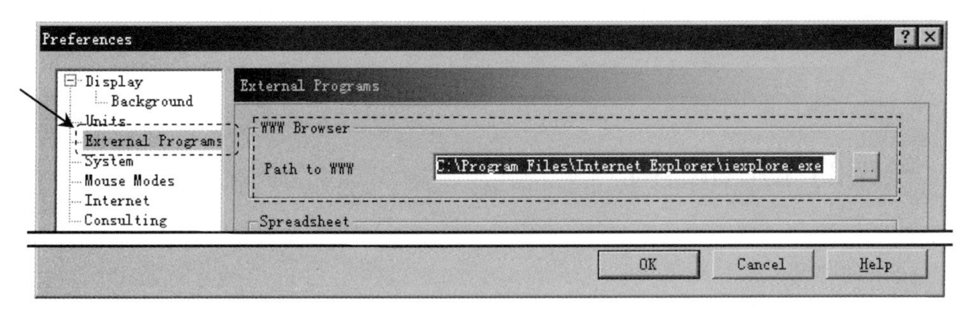

图 21.2.23　指定浏览器的路径

说明：单击工具栏 按钮，可以编辑要加入报告书的批注。

（2）单击工具栏 按钮，系统弹出“Report Wizard”对话框，选中 Create new report（创建新报表）单选项，然后单击 下一步(N) > 按钮。

（3）在“Report Wizard”对话框中，可以输入 Title（标题）、Author（作者）、Company（公司）、Recipient（接受者）、Recipient Company（接受公司）以及 Logo（标识）等信息，此处接受默认（不输入信息），直接单击 下一步(N) > 按钮。

（4）在系统弹出的“Report Wizard”对话框中 Select Results 区域的下拉列表中，选择要报告其分析结果的零件为 gas_oven_switch_molding，然后选择要加入报告书中的分析项目（本例中按默认设置），单击 下一步(N) > 按钮。

（5）在系统弹出的“Report Wizard”对话框中，接受默认设置，然后单击 Generate（生成报告）按钮，系统弹出“Select target directory...”对话框，在该对话框中单击选择路径按钮 Select （本例中按默认路径），在弹出的“PLASTIC Advisor 7.0”对话框中单击 是(Y) 按钮，此时系统便开始制作报告书，制作完成后系统将自动打开生成的报告。

22 模架的结构与设计

22.1 模架的作用和结构

1. 模架的作用

模架（Moldbase）是模具的基座，模架作用如下：

- 引导熔融塑料从注射机喷嘴流入模具型腔。
- 固定模具的塑件成型元件（上模型腔、下模型腔和滑块等）。
- 将整个模具可靠地安装在注射机上。
- 调节模具温度。
- 将浇注件从模具中顶出。

2. 模架的结构

图 22.1.1 是一个塑件（pad.prt）的完整模具，它包括模具型腔零件和模架，读者可以将工作目录设置至 D:\creo2mo\work\ch22.01，然后打开文件 fastener_top_mold.asm，查看其模架结构。模架中主要元件（或结构要素）的作用说明如下：

- 定座板（top_plate）1：该元件的作用是固定 A 板（a_plate）6。
- 定座板螺钉（top_plate_screw）2：通过该螺钉将定座板（top_plate）1 和 A 板（a_plate）6 紧固在一起。
- 注射浇口 3：注射浇口位于定座板（top_plate）1 上，它是熔融塑料进入模具的入口。由于浇口与熔融塑料和注射机喷嘴反复接触、碰撞，因而在实际模具设计中，一般浇口不直接开设在定座板（top_plate）1 上，而是将其制成可拆卸的浇口套，用螺钉固定在定座板上。

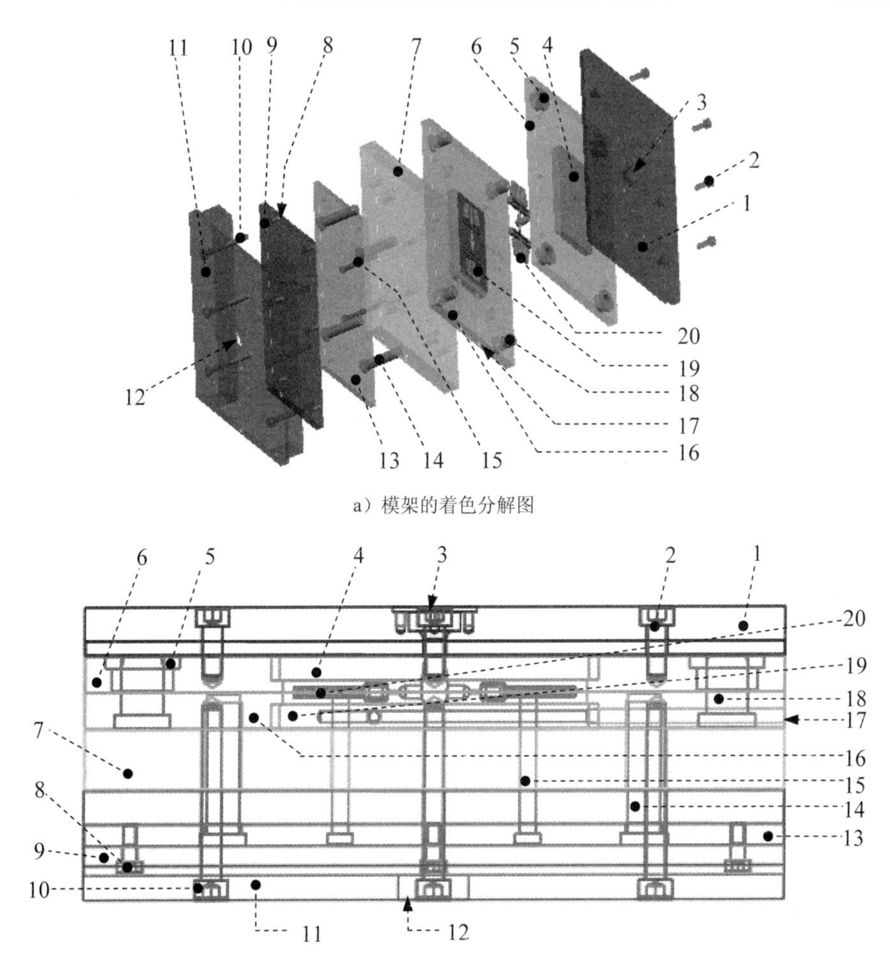

a）模架的着色分解图

b）模架的线框正视图

1—定座板（top_plate）
2—定座板螺钉（top_plate_screw），6个
3—注射浇口
4—上模型腔（upper_mold）
5—隔套（bush），4个
6—A板（a_plate）
7—支撑板（support_plate）
8—顶出板螺钉（ej_plate_screw），6个
9—下顶出板（eject_down_plate）
10—动座板螺钉（house_screw），6个
11—动座板（house）
12—顶出孔
13—上顶出板（eject_up_plate）
14—复位销钉（pin），4个
15—顶出杆（eject_pin），2个
16—B板（b_plate）
17—冷却水道的进出孔
18—导向柱（pillar），4个
19—下模型腔（lower_mold）
20—浇注件（fastener_top_molding）

图22.1.1 模架（Moldbase）的结构

- A板（a_plate）6：该元件的作用是固定上模型腔（upper_mold）4。
- 隔套（bush）5：该元件固定在A板（a_plate）6上。在模具工作中，模具会反复开启，隔套（bush）起耐磨作用，保护A板（a_plate）零件不被磨坏。
- B板（b_plate）16：该元件的作用是固定下模型腔（lower_mold）19。如果冷却水道（水线）设计在下模型腔（lower_mold）19上，则B板（b_plate）16上应设有冷却水道的进出孔17。
- 导向柱（pillar）18：该元件安装在B板（b_plate）16上，在开模后复位时，该元件起导向作用。

- 动座板（house）11：该元件的作用是固定 B 板（b_plate）16。
- 动座板螺钉（house_screw）10：通过该螺钉将动座板（house）11、支撑板（support_plate）7 和 B 板（b_plate）16 紧固在一起。
- 顶出板螺钉（ej_plate_screw）8：通过该螺钉将下顶出板（eject_down_plate）9 和上顶出板（eject_up_plate）13 紧固在一起。
- 顶出孔 12：该孔位于动座板（house）11 的中部。开模时，当动模部分移开后，注塑机在此孔处推动下顶出板（eject_down_plate）9 带动顶出杆（eject_pin）15 上移，直至将浇注件（fastener_top_molding）20 顶出上模型腔（upper_mold）4。
- 顶出杆（eject_pin）15：该元件用于把浇注件（fastener_top_molding）20 从模具型腔中顶出。
- 复位销钉（pin）14：该元件的作用是使顶出杆（eject_pin）15 复位，为下一次注射做准备。在实际的模架中，复位销钉（pin）14 上套有复位弹簧。在浇注件（fastener_top_molding）20 落下后，当顶出孔 12 处的推力撤销后，在弹簧的弹力作用下，上顶出板（eject_up_plate）13 将带着顶出杆（eject_pin）15 下移，直至复位。

22.2 模架设计

模架一般由浇注系统、导向部分、推出装置、温度调节系统和结构零部件组成。模架的设计方法主要可以分为两种：手动设计法和自动设计法。

手动设计是指用户在设计一些特殊产品的模具时，标准模架满足不了生产需要，在这种情况下，用户就必须根据产品的结构来自行定义模架，以便后续的使用。

自动设计是指用户在设计模具时，采用标准模架来完成一套完整的模具设计，采用标准模架可以减少设计成本、缩短设计周期以及肯定设计质量等。在 Creo 2.0 软件中提供了一个外挂的模架设计专家（EMX）模块，供用户选择使用。

本章将详细介绍使用手动设计法创建模架的一般设计过程，在第 23 章中将详细介绍模架的自动设计法（即 EMX）。

为了说明模架设计的要点，下面介绍图 22.2.1 所示模具的设计过程，这是一个一模两穴的模具，即通过一次射出成型可以生成两个零件。该模具的主要设计内容如下：

- 模具型腔元件（上模型腔和下模型腔）的设计。
- 模具型腔元件与模架的装配。
- 上模型腔与 A 板配合部分的设计。
- 下模型腔与 B 板配合部分的设计。
- 在下模型腔中设计冷却水道。

- 在 B 板中设计冷却水道的进出孔。
- 含模架的模具开启设计。

Task1．新建一个模具制造模型，进入模具模块

Step 1　选择下拉菜单 文件 → 管理会话(M) → 选择工作目录(W) 更改工作目录. 命令，将工作目录设至 D:\creo2mo\work\ch22.02。

Step 2　选择下拉菜单 文件 → 新建(N) 命令（或单击“新建”按钮）。

Step 3　在“新建”对话框中，在 类型 区域中选中 ◉ 制造 单选项，在 子类型 区域中选中 ◉ 模具型腔 单选项，在 名称 文本框中输入文件名 fastener_top_mold，取消 ☑ 使用默认模板 复选框中的“√”号，然后单击 确定 按钮。

Step 4　在弹出的“新文件选项”对话框中，选取 mmns_mfg_mold 模板，单击 确定 按钮。

Task2．建立模具模型

在开始设计模具前，需要先创建图 22.2.1 所示的模具模型（包括参考模型和坯料）。

Stage1．引入第一个参考模型

Step 1　单击 **模具** 功能选项卡 参考模型和工件 区域的 参考模型 按钮下的“小三角”按钮▾，在系统弹出的菜单中单击 组装参考模型 按钮。

Step 2　系统弹出文件“打开”对话框，选取零件模型 fastener_top.prt 作为参考零件模型，并将其打开。

Step 3　系统弹出“元件放置”操控板，在“约束类型”下拉列表框中选择 默认，将参考模型按默认放置，再在操控板中单击 ✔ 按钮。

Step 4　系统弹出图 22.2.2 所示的“创建参考模型”对话框，选中 ◉ 按参考合并 单选项（系统默认选中该单选项），然后在 参考模型 区域的 名称 文本框中接受默认的名称 FASTENER_TOP_MOLD_REF，单击对话框中的 确定 按钮；系统弹出“警告”对话框，再单击 确定 按钮。参考模型装配后，模具的基准平面与参考模型的基准平面对齐，如图 22.2.3 所示。

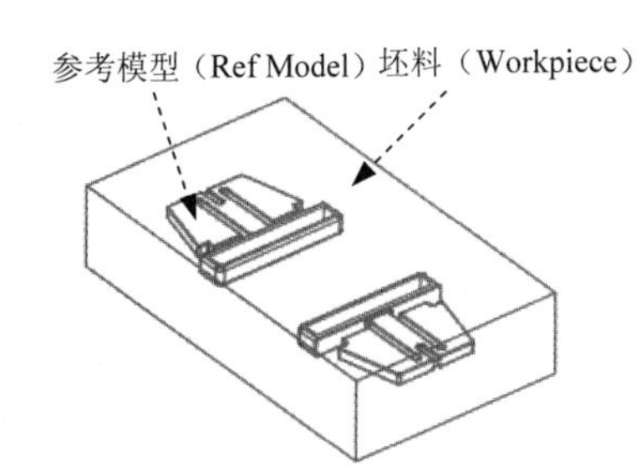

图 22.2.1　模具模型

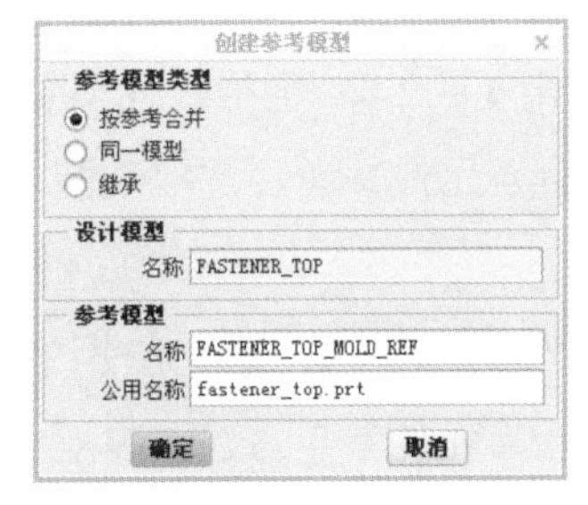

图 22.2.2　“创建参考模型”对话框

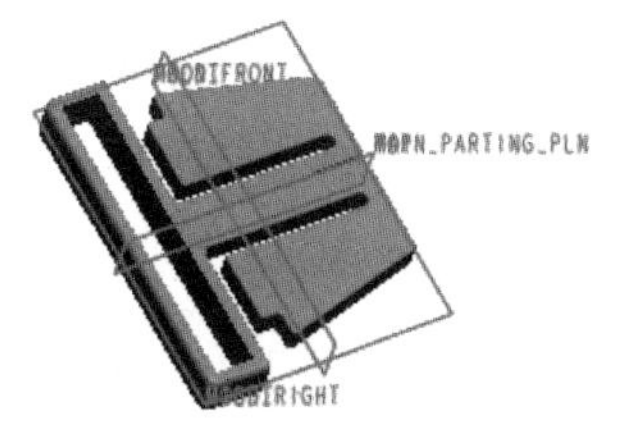

图 22.2.3　参考件组装完成后

Stage2．隐藏第一个参考模型的基准平面

为了使屏幕简洁，可利用层的隐藏功能，将参考模型的三个基准平面隐藏起来。

Step 1 在导航选项卡中选择 → 层树(L) 命令。

Step 2 在导航选项卡中单击 FASTENER_TOP_MOLD.ASM (顶级模型，活动的) 后面的 按钮，选择参考模型 FASTENER_TOP_MOLD_REF.PRT 为活动层对象。

Step 3 在参考模型的层树中选取基准平面层 01___ASM_DEF_DTM_PLN，然后右击，在弹出的快捷菜单中选择 隐藏 命令，再单击“重画”按钮，这样参考模型的基准平面将不显示。

Step 4 完成操作后，选择导航选项卡中的 → 模型树(M) 命令，切换到模型树状态。

Stage3. 引入第二个参考模型

Step 1 单击 **模具** 功能选项卡 参考模型和工件 区域的 参考模型 按钮下的“小三角”按钮，在系统弹出的菜单中单击 组装参考模型 按钮。

Step 2 在弹出的文件“打开”对话框中，选取零件模型 fastener_top.prt 作为参考零件模型，并将其打开。

Step 3 系统弹出图 22.2.4 所示的“元件放置”操控板，在操控板中进行如下操作：

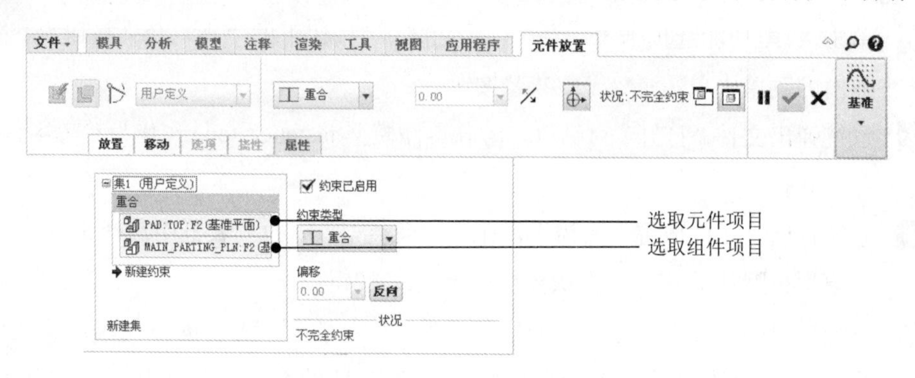

图 22.2.4 “元件放置”操控板

（1）指定第一个约束。在操控板中单击 放置 按钮；在“放置”界面的“约束类型”下拉列表中选择 重合；选取参考件的 TOP 基准平面为元件参考，选取装配体的 MAIN_PARTING_PLN 基准平面为组件参考。

（2）指定第二个约束。单击 新建约束 字符；在“约束类型”下拉列表中选择 重合；选取参考件的 RIGHT 基准平面为元件参考，选取装配体的 MOLD_RIGHT 基准平面为组件参考。单击 反向 按钮。

（3）指定第三个约束。单击 新建约束 字符；在“约束类型”下拉列表中选择 距离；选取参考件的 FRONT 基准平面为元件参考，选取装配体的 MOLD_FRONT 基准平面为组件参考；先在“偏移”区域后面的文本框中输入 80，并按回车键。

（4）至此，约束定义完成，在操控板中单击 按钮，系统自动弹出“创建参考模型”对话框，单击 确定 按钮，完成后的装配体如图 22.2.5 所示。

Stage4．隐藏第二个参考模型的基准平面

Step 1 为了使屏幕简洁，将第二个参考模型的三个基准平面隐藏起来。

（1）在导航选项卡中选择 → 层树(L) 命令。

（2）在导航选项卡的 FASTENER_TOP_MOLD.ASM（顶级模型，活动的）列表框中，选择第二个参考模型（FASTENER_TOP_REF_1.PRT）为活动层对象。

（3）在层树中，右击参考模型的基准平面层 01___PRT_ALL_DTM_PLN，选择 隐藏 命令，然后单击“重画”按钮，这样参考模型的基准平面将不再显示。

Step 2 操作完成后，选择导航选项卡中的 → 模型树(M) 命令，切换到模型树状态。

Stage5．创建坯料

Step 1 单击 **模具** 功能选项卡 参考模型和工件 区域的“工件”按钮按钮下的 工件 按钮，在系统弹出的菜单中单击 创建工件 按钮。

Step 2 系统弹出“元件创建”对话框，在 类型 区域选中 ◉ 零件 单选项，在 子类型 区域选中 ◉ 实体 单选项，在 名称 文本框中，输入坯料的名称 wp，然后单击 确定 按钮。

Step 3 在弹出的“创建选项”对话框中，选中 ◉ 创建特征 单选项，然后单击 确定 按钮。

Step 4 创建坯料特征。

（1）单击 **模具** 功能选项卡 形状 ▾ 区域中的 拉伸 按钮，此时系统弹出“拉伸”操控板。

（2）创建实体拉伸特征。在操控板中，确认“实体”类型按钮被按下；右击，选择 定义内部草绘... 命令，选择 MOLD_RIGHT 基准平面为草绘平面，MOLD_FRONT 基准平面为参考平面，方向为 右，单击 草绘 按钮，系统进入草绘环境；进入草绘环境后，选取 MOLD_FRONT 和MAIN_PARTING_PLN基准平面为参考，绘制图 22.2.6 所示的截面草图。完成绘制后，单击“草绘”操控板中的“确定”按钮✔；在操控板中选取深度类型（对称），深度值为 30.0；在“拉伸”操控板中单击✔按钮，完成特征的创建。

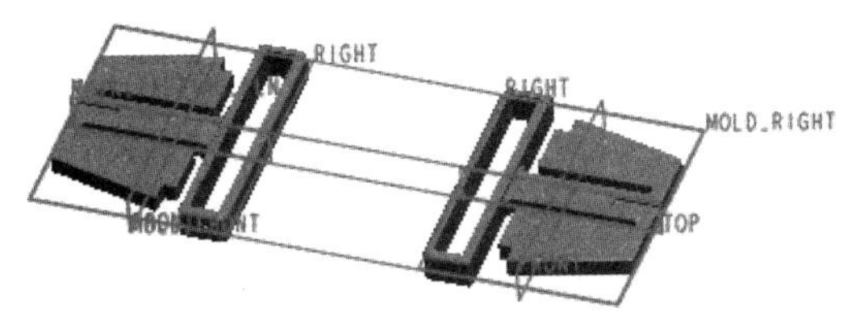

图 22.2.5 完成的装配体

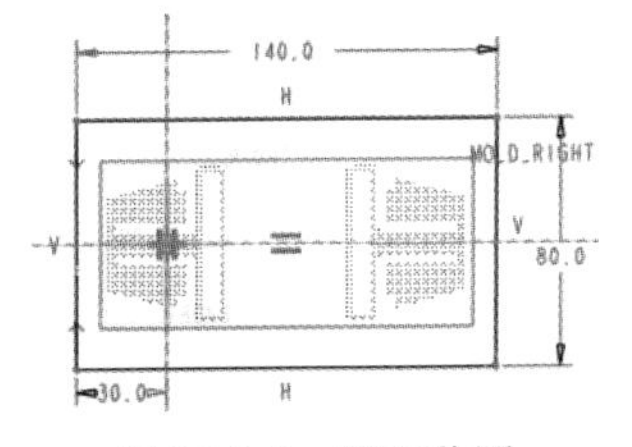

图 22.2.6 截面草图

Task3．设置收缩率

Step 1 单击 **模具** 功能选项卡 生产特征 ▾ 按钮中的小三角按钮，在弹出的菜单中单击 按比例收缩 ▸后的▸，在弹出的菜单中单击 按尺寸收缩 按钮。选择其中任意一个模型，系统弹出“按尺寸收缩”对话框。

Step 2 在“按尺寸收缩”对话框，确认 公式 区域的 1+S 按钮被按下，在 收缩选项 区域

选中 ☑ 更改设计零件尺寸 复选框，在 收缩率 区域的 比率 栏中输入收缩率 0.006，并按回车键，然后单击对话框中的 ✔ 按钮。

说明：参考模型为同一设计模型，故设置任意一个参考模型即可。

Task4. 建立浇道系统

下面在模具坯料中创建图 22.2.7 所示的浇道、流道和浇口。

Stage1. 创建基准平面 ADTM1

下面将在模型中创建一个基准平面 ADTM1（图 22.2.8），这是一个装配级的基准特征，其作用如下：

- 作为流道特征的草绘参考。
- 作为浇口特征的草绘平面。

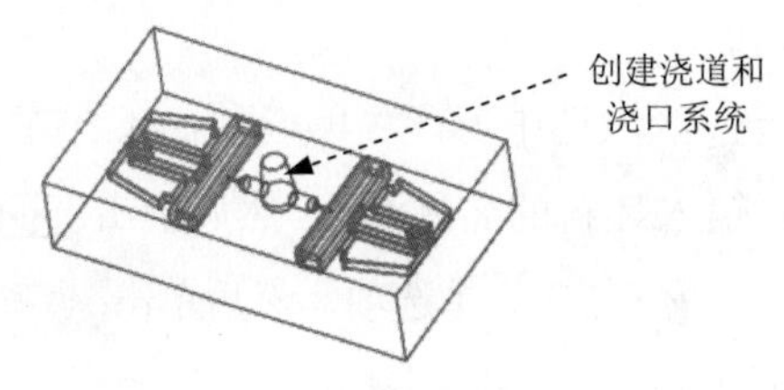

图 22.2.7 创建浇道和浇口系统

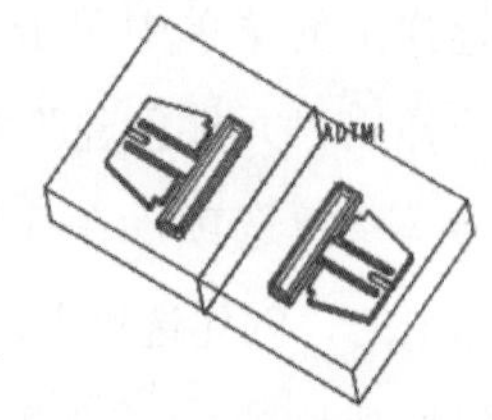

图 22.2.8 创建基准平面 ADTM1

Step 1 单击 模具 功能选项卡 基准 ▾ 区域中的“平面”按钮 ▱，系统弹出“基准平面”对话框。

Step 2 选取 MOLD_FRONT 基准平面为参考平面（图 22.2.9），偏移值为 40，单击 确定 按钮。

Stage2. 创建浇道

下面将创建图 22.2.10 所示的浇道（Sprue）。

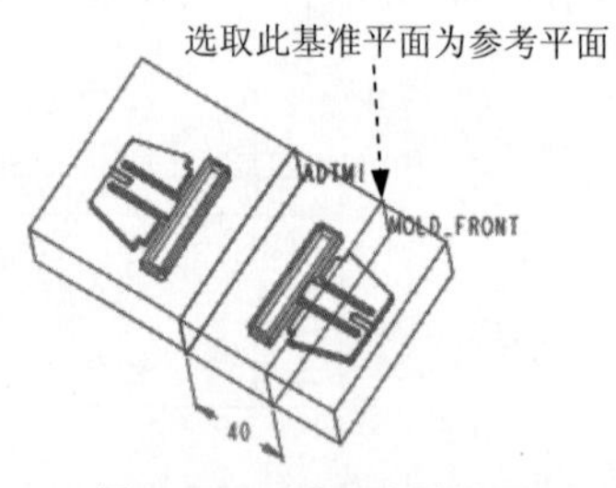

图 22.2.9 选取参考平面

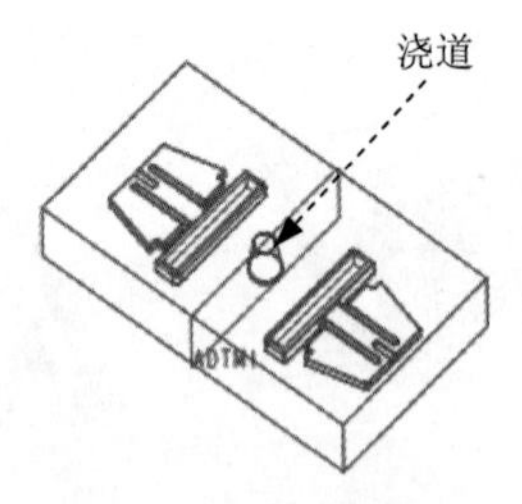

图 22.2.10 创建浇道

Step 1 单击 模型 功能选项卡 切口和曲面 ▾ 区域中的 旋转 按钮。系统弹出“旋转”操控板。

Step 2 创建旋转特征。设置 MAIN_PARTING_PLN 基准平面为草绘平面，MOLD_FRONT 基准平面为参考平面，方向为 右，单击 草绘 按钮，此时系统进入截面草绘环境。草绘参考为 ADTM1 基准平面以及图 22.2.11 中的边线，截面草图如图 22.2.11 所示，单击“草绘”操控板中的“完成”按钮 ✔。旋转角度类型为 ⊥，旋转角度为 360°。单击“旋转”操控板中的✔按钮，完成特征的创建。

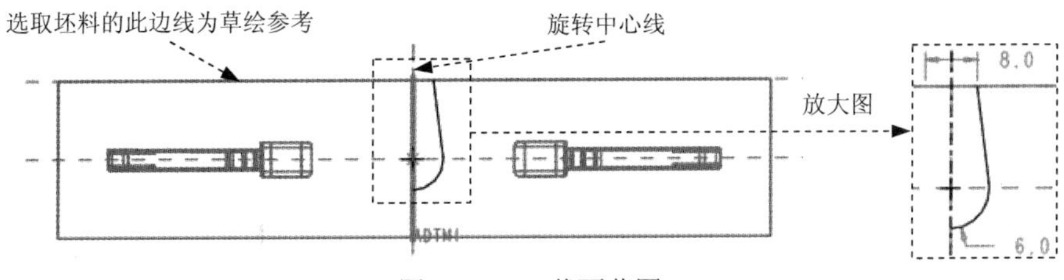

图 22.2.11 截面草图

Stage3. 创建流道

下面创建图 22.2.12 所示的主流道（Runner）。

Step 1 单击 模型 功能选项卡 切口和曲面 ▾ 区域中的 旋转 按钮，系统弹出“旋转”操控板。

Step 2 创建旋转特征。设置 MAIN_PARTING_PLN 基准平面为草绘平面，图 22.2.13 所示的坯料上表面为参考平面，方向为顶，选取 ADTM1 和 MOLD_RIGHT 基准平面为参考，绘制图 22.2.14 所示的截面草图，选取旋转角度类型⊥⊥，旋转角度值为 360°。单击操控板中的✔按钮，完成特征的创建。

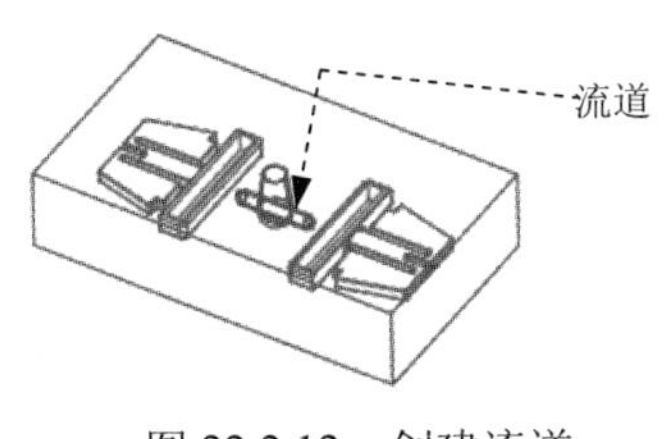

图 22.2.12 创建流道

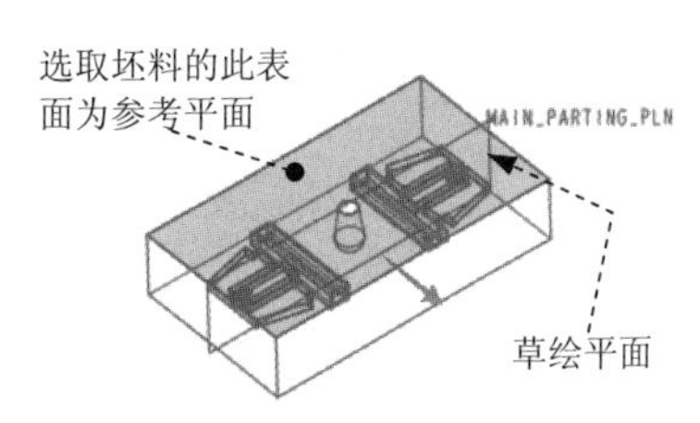

图 22.2.13 定义草绘平面

Stage4. 创建浇口

下面创建图 22.2.15 所示的浇口（gate）。

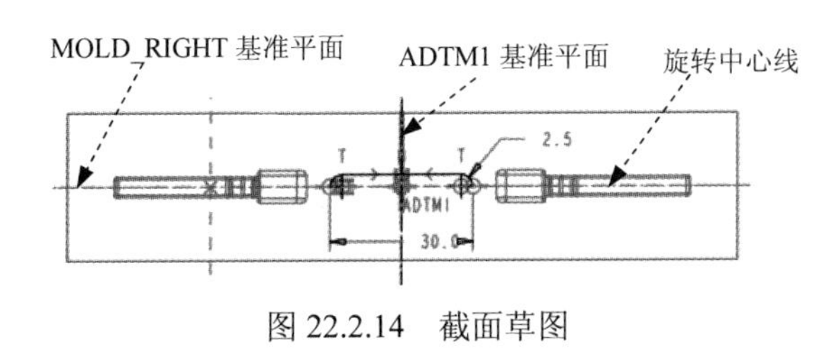

图 22.2.14 截面草图

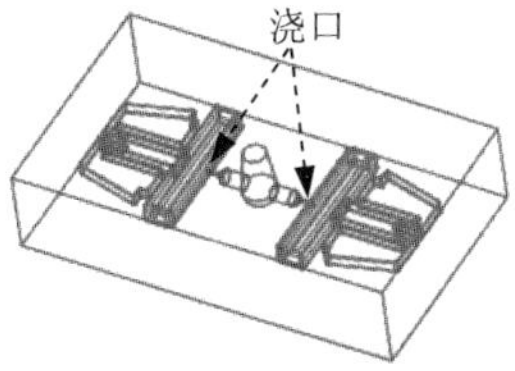

浇口

图 22.2.15 创建浇口

Step 1 单击 模型 功能选项卡 切口和曲面 ▾ 区域中的 拉伸 按钮，此时出现“拉伸”操控板。

Step 2 创建拉伸特征。设置 ADTM1 基准平面为草绘平面，MAIN_PARTING_PLN 基准平面为参考平面，方向为左，绘制图 22.2.16 所示的截面草图，在操控板的选项界面中，选取两侧的深度类型均为 ⊥⊥ 到选定项（至曲面），两侧的拉伸终止面如图 22.2.17 所示。单击操控板中的✔按钮，完成特征的创建。

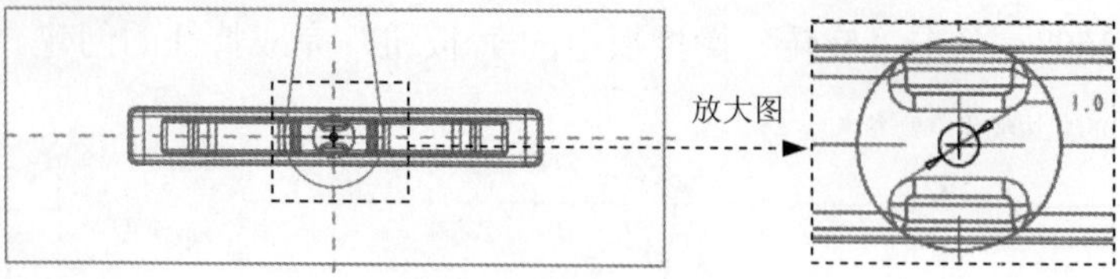

放大图

1.0

图 22.2.16　截面草图

Task5. 创建模具分型面

下面创建图 22.2.18 所示的分型面，以分离模具的上模型腔和下模型腔。

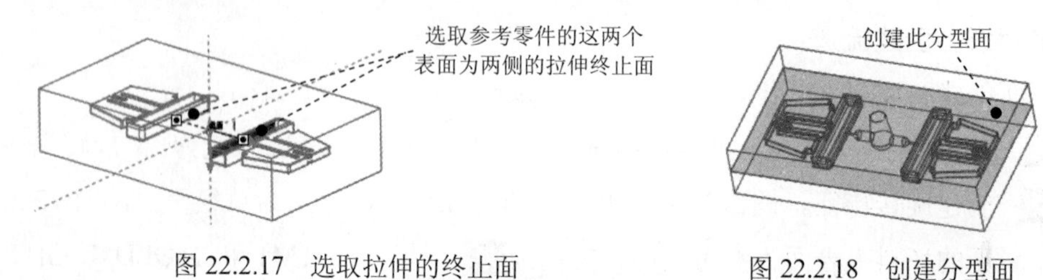

图 22.2.17　选取拉伸的终止面

图 22.2.18　创建分型面

Step 1 单击 **模具** 功能选项卡 分型面和模具体积块 ▾ 区域中的“分型面”按钮，系统弹出“分型面”功能选项卡。

Step 2 在系统弹出的“分型面”功能选项卡中的 控制 区域单击“属性”按钮，在弹出的“属性”对话框中输入分型面名称 ps，单击 确定 按钮。

Step 3 用拉伸的方法创建分型面。

（1）单击 **分型面** 功能选项卡 形状 ▾ 区域中的“拉伸”按钮 拉伸，此时系统弹出“拉伸”操控板。

（2）定义草绘截面放置属性。在绘图区右击，从弹出的菜单中选择 定义内部草绘... 命令，在系统 ➪选择一个平面或曲面以定义草绘平面. 的提示下，选取图 22.2.19 的坯料表面 1 为草绘平面，接受默认的箭头方向为草绘视图方向，然后选取图 22.2.19 的坯料表面 2 为参考平面，方向为 顶。

（3）绘制截面草图。进入草绘环境后，选取 MOLD_RIGHT 基准平面和图 22.2.20 所示的坯料边线为参考，绘制图 22.2.20 所示的截面草图（截面草图为一条线段）。

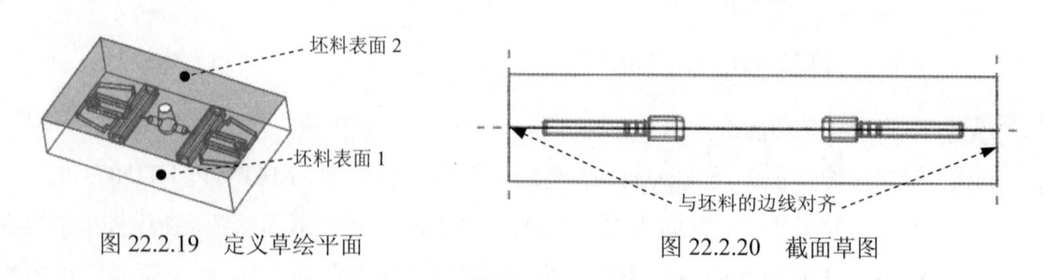

图 22.2.19　定义草绘平面

图 22.2.20　截面草图

（4）设置深度选项。在操控板中选取深度类型，选取图 22.2.21 所示的坯料表面（虚线面）为拉伸终止面，然后在操控板中单击 ✔ 按钮，完成特征的创建。

Step 4 在“分型面”选项卡中，单击“确定”按钮✔，完成分型面的创建。

Task6．创建模具元件的体积块

Step 1 选择 模具 功能选项卡 分型面和模具体积块 ▾ 区域中的按钮 模具体积块 ▾ ➡ 体积块分割 命令（即用“分割”的方法构建体积块）。

Step 2 在系统弹出的 ▼ SPLIT VOLUME（分割体积块） 菜单中，选择 Two Volumes（两个体积块）、All Wrkpcs（所有工件） 和 Done（完成） 命令，此时系统弹出“分割”对话框和“选择”对话框。

Step 3 在系统 ➡为分割工件选择分型面. 的提示下，选取前面创建的分型面，并在“选择”对话框中单击 确定 按钮，再在“分割”对话框中单击 确定 按钮。

Step 4 系统弹出“属性”对话框，单击对话框中的 着色 按钮，着色后的体积块如图 22.2.22 所示，输入体积块名称 lower_mold，单击 确定 按钮。

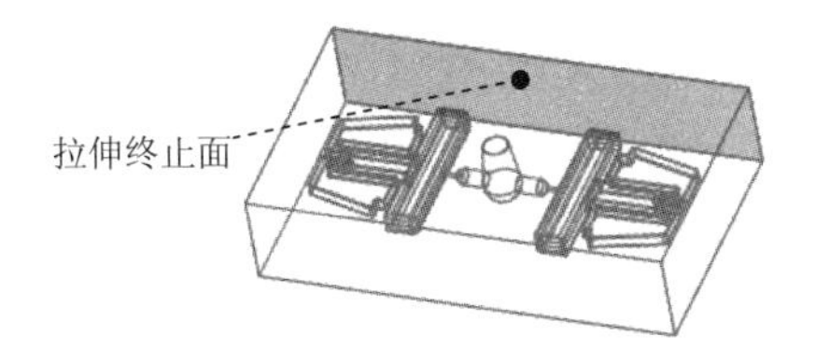

图 22.2.21 选择拉伸终止面

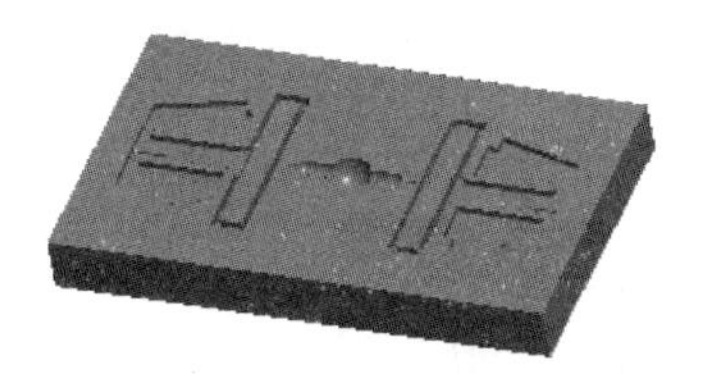

图 22.2.22 着色后的下侧体积块

Step 5 系统再次弹出“属性”对话框，单击 着色 按钮，着色后的体积块如图 22.2.23 所示，输入体积块名称 upper_mold，单击 确定 按钮。

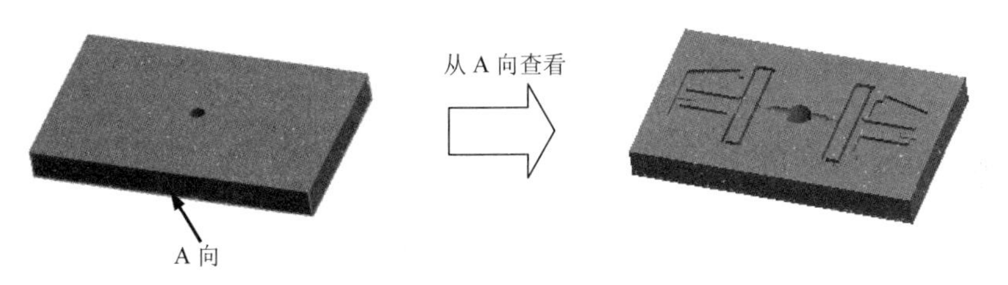

图 22.2.23 着色后的下侧体积块

Task7．抽取模具元件

Task8．对上、下型腔的四条边进行倒角

下面将上、下模具型腔的四条边进行倒角（图 22.2.24）。

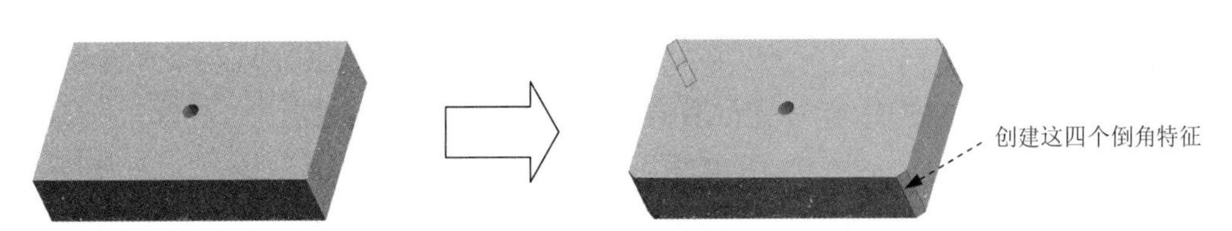

图 22.2.24 创建倒角特征

Stage1．将上型腔的四条边进行倒角

Step 1 在模型树中，右击 ▸ UPPER_MOLD.PRT，从快捷菜单中选择 打开 命令。

Step 2 单击 模型 功能选项卡 工程 ▾ 区域中的 倒角 ▾ 按钮，此时系统弹出“边倒角”操控板。在操控板中选择倒角类型为 D x D，输入倒角尺寸值 4.0，并按回车键。

Step 3 按住 Ctrl 键，在模型中选取图 22.2.25 所示的四条边线。

Step 4 在“边倒角”操控板中单击 ✔ 按钮，完成特征的创建。

Step 5 选择下拉菜单 文件 ▾ → 关闭(C) 命令。

Stage2．将下型腔的四条边进行倒角

Step 1 在模型树中，右击 ▸ LOWER_MOLD.PRT，选择 打开 命令。

Step 2 单击 模型 功能选项卡 工程 ▾ 区域中的 倒角 ▾ 按钮，此时系统弹出“边倒角”操控板。在操控板中选择倒角类型为 D x D，输入倒角尺寸值 4.0，并按回车键。

Step 3 按住 Ctrl 键，在模型中选取下型腔的四条边线。

Step 4 在“边倒角”操控板中单击 ✔ 按钮，完成特征的创建。

Step 5 选择下拉菜单 文件 ▾ → 关闭(C) 命令。

Task9．创建凹槽

在上、下模具型腔的结合处，挖出图 22.2.26 所示的凹槽，以便将上、下模具型腔固定在模架上。

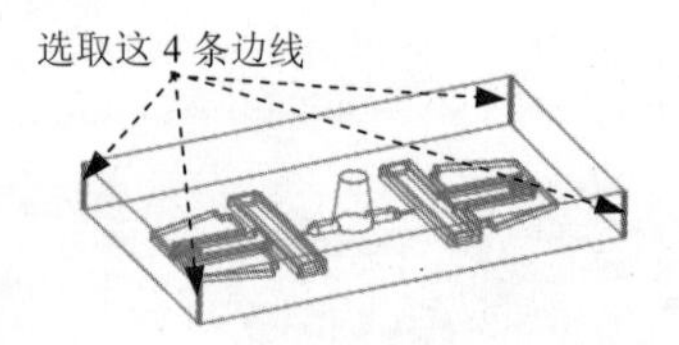

图 22.2.25　选取要倒角的四条边线

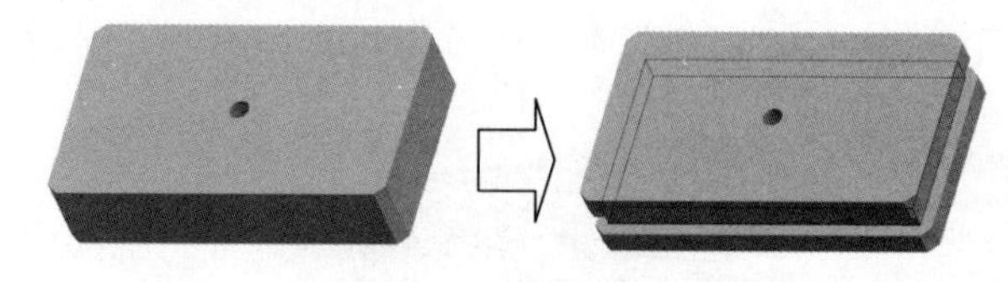
图 22.2.26　挖出阶梯形凹槽

Step 1 遮蔽参考件、坯料及分型面。选择 视图 功能选项卡 可见性 区域中的按钮“模具显示”命令。系统弹出“遮蔽-取消遮蔽”对话框，按下 元件 按钮，按住 Ctrl 键，从列表中选取参考零件 FASTENER_TOP_MOLD_REF、FASTENER_TOP_MOLD_REF_1 和坯料 WP，单击 遮蔽 按钮；按下 分型面 按钮。从列表中选取分型面 PS，单击 遮蔽 按钮，再单击 关闭 按钮。

Step 2 单击 模型 功能选项卡 切口和曲面 ▾ 区域中的 拉伸 按钮，此时系统弹出“拉伸”操控板。

Step 3 创建拉伸特征。设置 MOLD_RIGHT 基准平面为草绘平面，图 22.2.27 所示的模型表面为参考平面，方向为 右，选取 ADTM1 和 MAIN_PARTING_PLN 基准平面为参考平面，绘制如图 22.2.28a 所示的截面草图，选取深度类型 (对称)，深度值为 10，设置剪切方向如图 22.2.28b 所示。

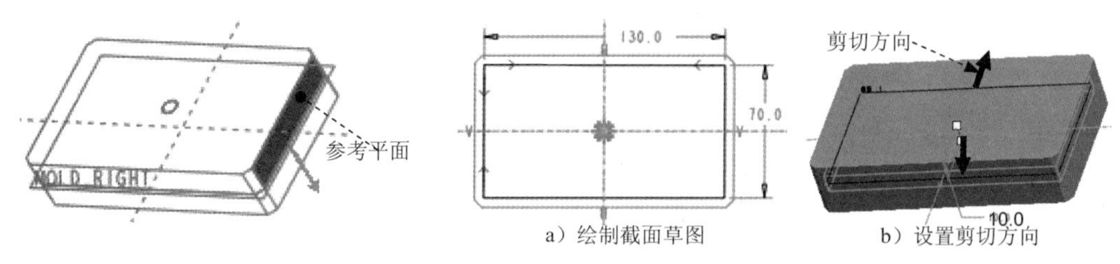

图 22.2.27　定义草绘平面　　　　图 22.2.28　截面草图及剪切方向

Task10．生成浇注件

输入浇注零件名称 fastener_top_molding，并按两次回车键。

Task11．模具型腔元件与模架的装配设计

下面将把前面设计的模具型腔元件与模架组件装配起来，模架组件模型如图 22.2.29 所示，读者可以直接调用随书光盘中编者提供的模架组件。模架组件中的各零件可在零件模式下分别创建，然后将它们组装起来。另外，PTC 公司提供一张包含各种标准规格模架的 Moldbase 光盘，如果安装了该光盘，则可以使用 **模具** 功能选项卡 转到 区域中的“模具布局”按钮，调用所需要的标准模架。

Step 1　选择下拉菜单 文件 → 打开(O) 命令，打开文件 moldbase.asm。

Step 2　设置模型树的显示内容。在模型树界面中选择 → 树过滤器(F)... 命令，在弹出的“模型树项”对话框中选中 ☑ 特征 复选框，单击 确定 按钮。

Step 3　使装配模型仅显示出 B 板（图 22.2.30），以便以后与型腔装配时的画面比较简单，易于操作。其操作方法如下：

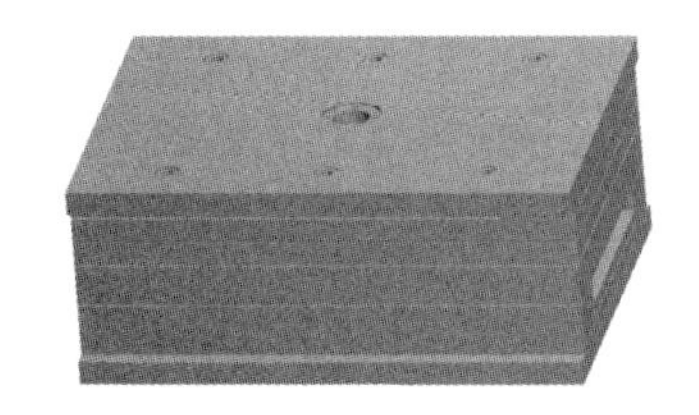

图 22.2.29　模架装配模型

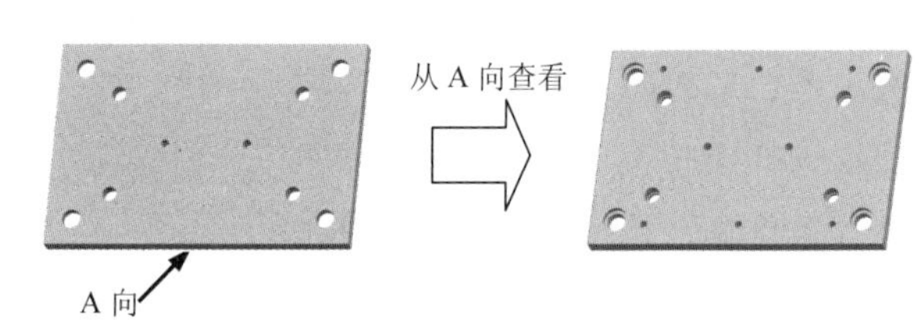

图 22.2.30　使装配模型仅显示出 B 板

（1）在模型树中，对除 B 板零件 B_PLATE.PRT 以外的所有零件，逐一选择进行隐藏（分别右击每个零件，从弹出的快捷菜单中选择 隐藏 命令）。隐藏后的模型树如图 22.2.31 所示。

（2）隐藏组件的 ASM_RIGHT、ASM_TOP 和 ASM_FRONT 基准平面如图 22.2.31 所示。

（3）隐藏零件中的 DTM1、DTM2、DTM3 和 DTM4 基准平面如图 22.2.31 所示。

说明：对于除 B 板零件 B_PLATE.PRT 以外的所有零件的隐藏，可以用图 22.2.32 所示的“搜索工具”选取要隐藏的元件，然后对其进行隐藏。操作方法如下：

- 单击 **工具** 功能选项卡 调查 ▾ 区域中的“查找”按钮。

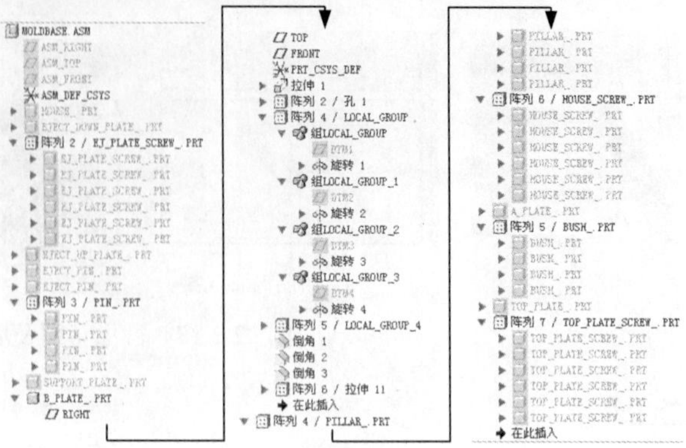

图 22.2.31　隐藏操作后的模型树

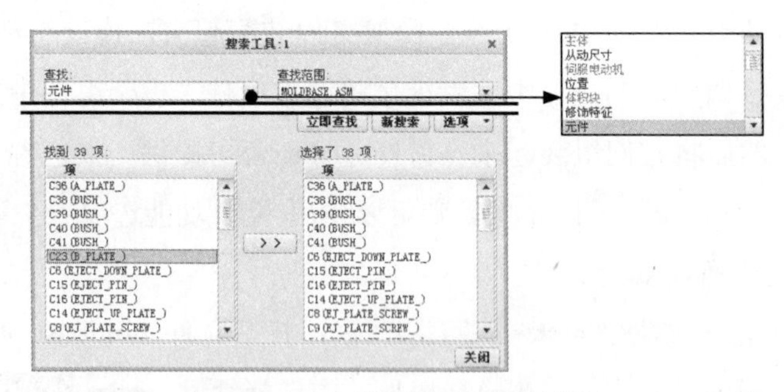

图 22.2.32　“搜索工具”对话框

- 在系统弹出的“搜索工具”对话框中，选择 查找: 列表中的 元件 项，单击 立即查找 按钮，系统列出了找到的 39 个零件，单击 >> 按钮，将除 B 板零件（B_PLATE）以外的所有元件移至右边的栏中，然后单击 关闭 按钮。
- 在模型树的空白处右击，从弹出的快捷菜单中选择 隐藏 命令。

Step 4 选择下拉菜单单击“窗口”按钮，在下拉菜单中选中 1 FASTENER_TOP_MOLD.ASM 单选项，切换到模具文件窗口。

Step 5 遮蔽上模 UPPER_MOLD.PRT 和浇注件 FASTENER_TOP_MOLDING.PRT，使模具仅显示出下模。

Step 6 装配模架。

（1）单击 **模具** 功能选项卡中 元件 ▾ ➡ 模架元件 ▸ ➡ 组装基础元件 按钮。

（2）在“打开”对话框中打开模架文件 moldbase.asm。

（3）在弹出的“元件放置”操控板中，进行如下操作：

① 定义第一个约束。选择 重合 选项，使 B 板的 FRONT 基准平面和下模的 MAIN_PARTING_PLN 基准平面（图 22.2.33）重合。

② 定义第二个约束。选择 重合 选项，使 B 板的 RIGHT 基准平面和下模的 ADTM1 基准平面重合，然后单击 反向 按钮调整至完全约束。

③ 定义第三个约束。选择 重合 选项，使 B 板的模型表面和下模的模型表面（图

22.2.33）重合。

④ 在操控板中单击✔按钮。完成特征的创建。完成对装配件的全部约束。模架装配后如图 22.2.34 所示。

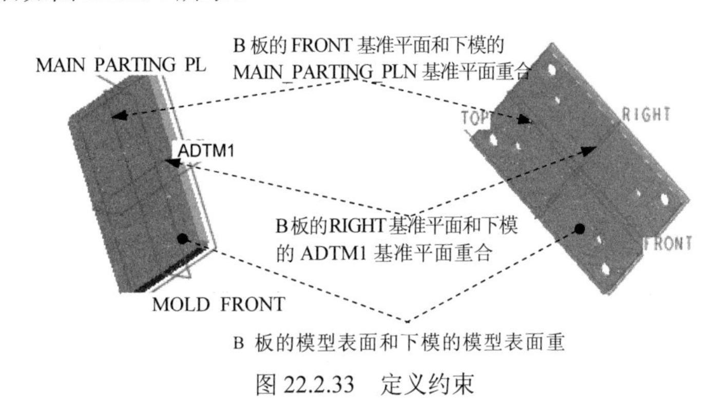

图 22.2.33 定义约束

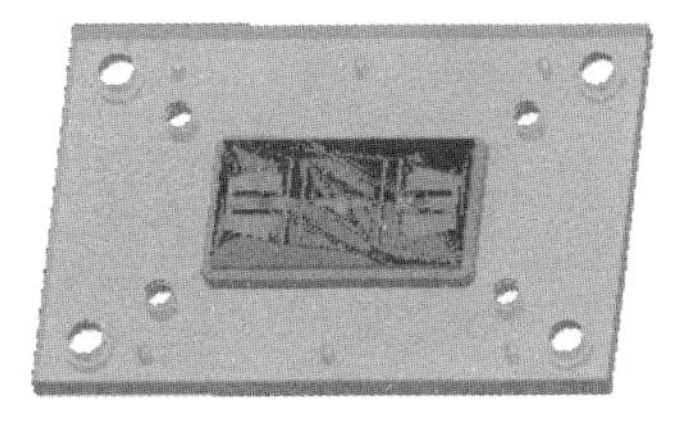

图 22.2.34 模架装配完成后

Step 7 取消上模 UPPER_MOLD.PRT 的遮蔽。

Step 8 显示模架 MOLDBASE.ASM 中的隐藏元件。选取所有被隐藏的模架元件，然后右击，选择 取消隐藏 命令。

Task12. 设置简化表示

在下面的操作中，将简化表示 a_upper 和 b_lower，把以后有配合关系的零件置入同一个简化表示中。关于简化表示的细节，请参见詹友刚主编的《Creo 2.0 快速入门教程》一书。

Step 1 创建简化表示 a_upper，包含 A 板和上模这两个零件。

（1）选择 **视图** 功能选项卡 模型显示 ▼ 区域中的 管理视图 按钮，在弹出的菜单中单击 视图管理器，系统弹出“视图管理器”对话框。

（2）在对话框的 **简化表示** 选项卡中，单击 新建 按钮，输入视图名称 a_upper，并按回车键。此时，系统弹出图 22.2.35 所示的“编辑”对话框。

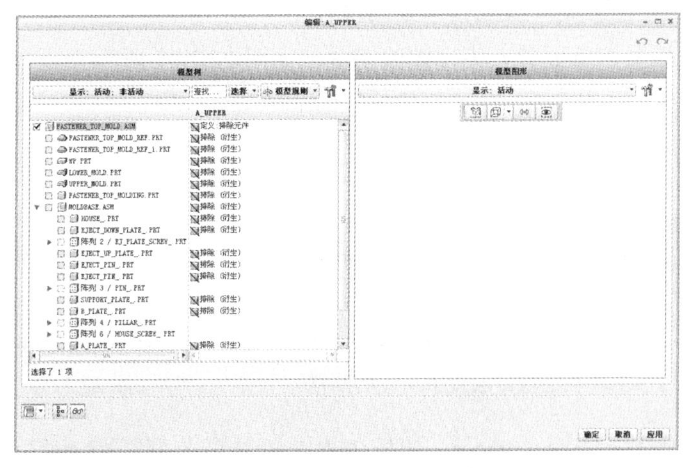

图 22.2.35 “编辑”对话框

（3）在系统弹出的“编辑”对话框中，进行如下操作：找到零件 UPPER_MOLD.PRT 和 A_PLAE.PRT，分别单击后面的排除（衍生），变为衍生，再单击选择下拉列表中的包括选项，如图 22.2.36 所示；单击“编辑”对话框中的确定按钮，完成视图的编辑。

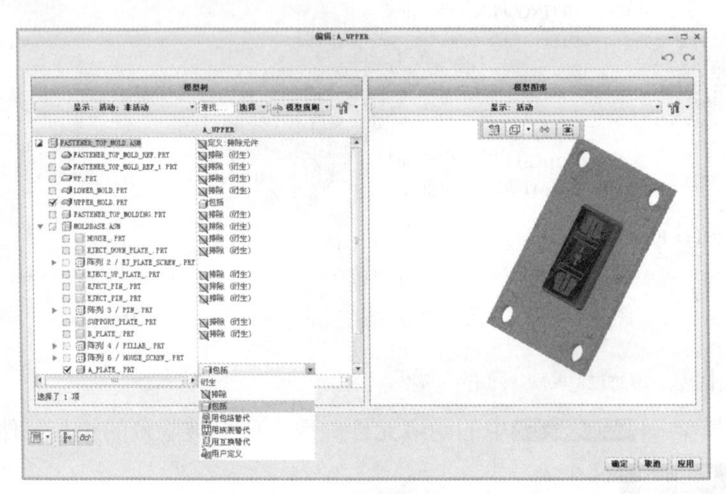

图 22.2.36 “编辑”对话框

Step 2 创建简化表示 b_lower，该简化表示中仅包含 B 板和下模这两个零件。

（1）在“视图管理器”对话框的 简化表示 选项卡中，单击新建按钮，输入视图名称 b_lower，并按回车键，此时系统弹出“编辑”对话框。

（2）在“编辑”对话框中，找到零件 LOWER_MOLD.PRT 和 B_PLATE.PRT，分别单击后面的排除（衍生），变为衍生，再单击选择下拉列表中的包括选项。

（3）单击“编辑”对话框中的确定按钮，完成视图的编辑。

（4）单击“视图管理器”对话框中的关闭按钮。

Task13. 上模型腔与 A 板配合部分的设计

下面将在 A 板上挖出放置上模型腔的凹槽，如图 22.2.37 所示。

Stage1. 创建剪切特征 1

下面将创建图 22.2.38 所示的剪切特征 1。

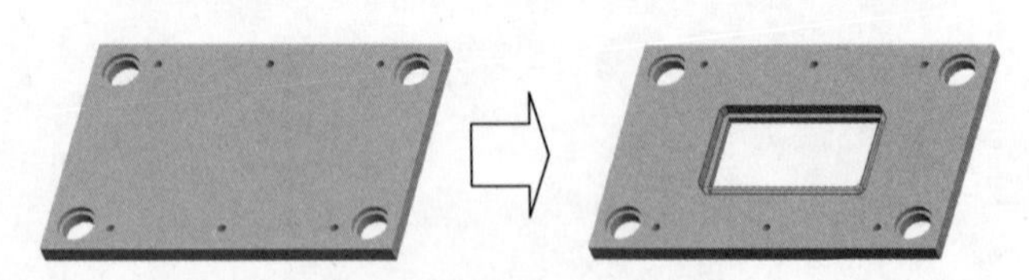

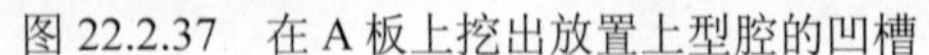

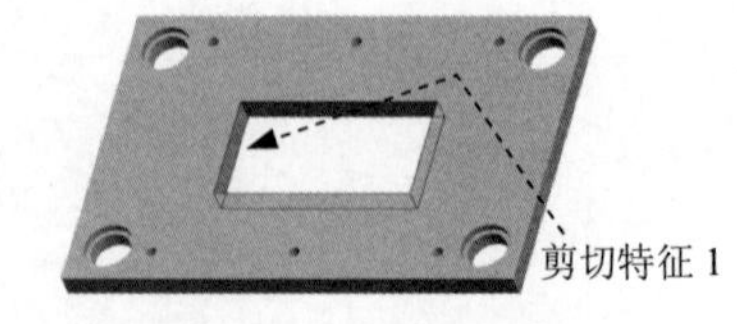

图 22.2.37 在 A 板上挖出放置上型腔的凹槽

图 22.2.38 创建剪切特征 1

Step 1 设置简化表示视图 a_upper。选择 视图 功能选项卡 模型显示 ▾ 区域中的管理视图按钮，在弹出的菜单中单击视图管理器，在“视图管理器”对话框中，右击 A_Upper，选择➔ 激活命令，然后单击 关闭 按钮。

Step 2 在模型树中，右击 A_PLATE.PRT，选择 激活 命令。

Step 3 单击 **模具** 功能选项卡 形状▾ 区域中的 拉伸 按钮，此时系统弹出“拉伸”操控板。

Step 4 创建拉伸特征。

（1）设置草绘平面。选取图 22.2.39 中的模型表面 1 为草绘平面，模型表面 2 为参考平面，方向为 右 。

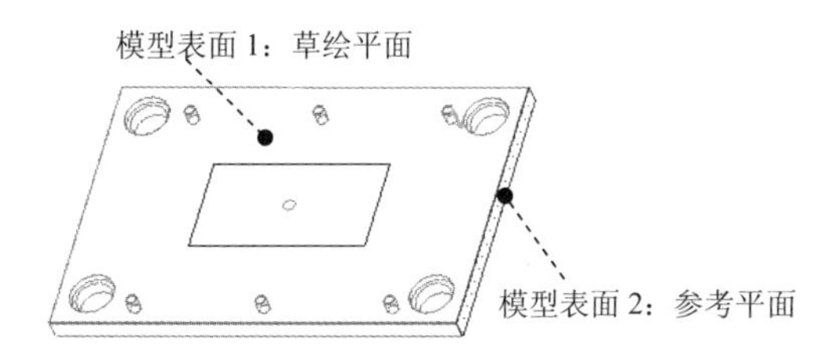

图 22.2.39 定义草绘平面

（2）创建截面草图。单击“投影”按钮，选取图 22.2.40 所示的四条边线为“投影”（这四条边线为图 22.2.41 所示的上模阶梯凹槽的内边界线），从而得到截面草图。

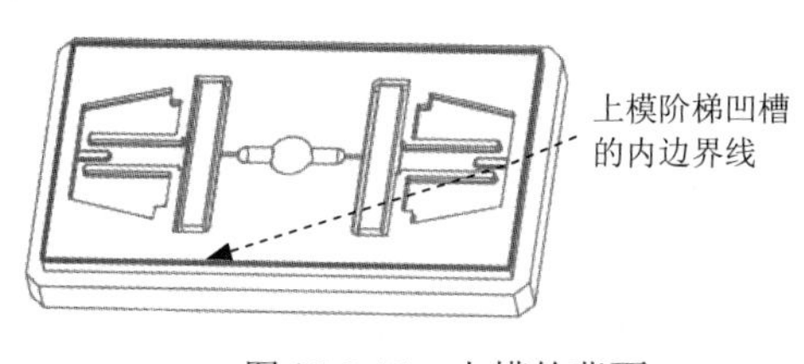

图 22.2.40 上模的背面

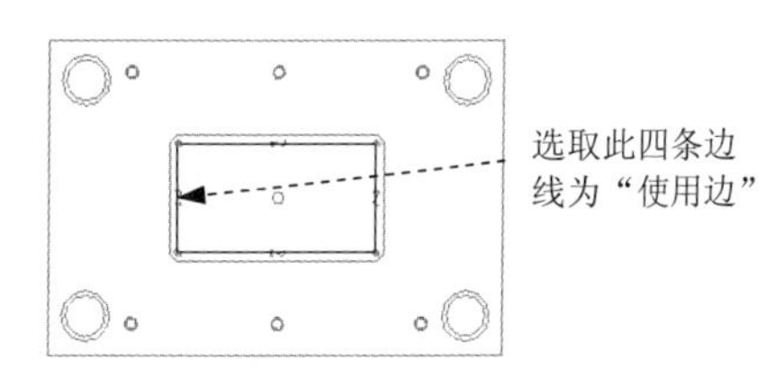

图 22.2.41 截面草图

（3）定义拉伸深度。选取深度类型为（穿透）。单击“移除材料”按钮，单击按钮。

（4）在“拉伸”操控板中单击✔按钮，完成特征的创建。

Stage2．创建图 22.2.42 所示的剪切特征 2

Step 1 单击 **模具** 功能选项卡 形状▾ 区域中的 拉伸 按钮，此时系统弹出“拉伸”操控板。

Step 2 创建拉伸特征。

（1）设置草绘平面。设置图 22.2.43 所示的模型表面 1 为草绘平面，模型表面 2 为参考平面，方向为 右 。

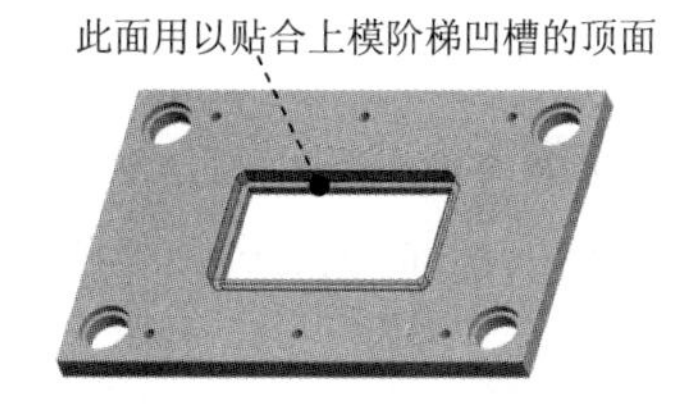

图 22.2.42 创建剪切特征 2

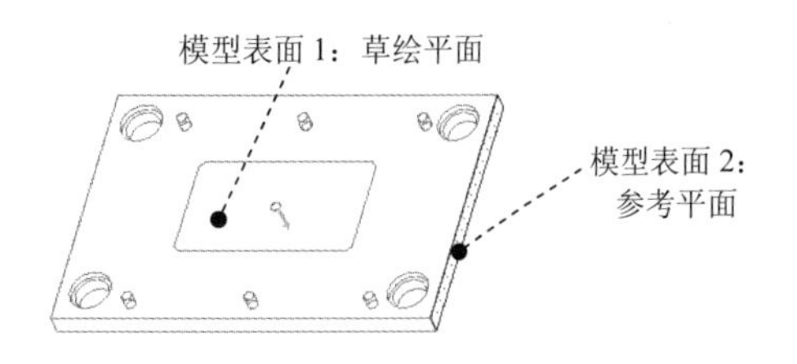

图 22.2.43 定义草绘平面

（2）创建截面草图。切换到虚线线框显示方式，然后选取图 22.2.44 所示的八条边线为“投影”（这八条边线为图 22.2.45 所示的上模凹槽的外边界线），从而得到截面草图。

图 22.2.44 截面草图　　　　图 22.2.45 上模的背面

（3）定义拉伸深度。选取深度类型为 (到选定的)，单击“移除材料”按钮，然后用“列表选取”的方法，选取图 22.2.46 所示的上模（upper_mold）凹槽表面（列表中的曲面:F3(装配切剪):UPPER_MOLD选项）为拉伸终止面。在“拉伸”操控板中单击✔按钮，完成特征的创建。

Step 3 查看挖出的凹槽。

（1）在模型树中，右击 A_PLATE.PRT，选择 打开 命令，即可看到挖出的凹槽。

（2）选择下拉菜单 文件 → 关闭(C) 命令。

Step 4 单击“窗口”按钮，在下拉菜单中选中 1 FASTENER_TOP_MOLD.ASM 单选项。

Task14. 下模型腔与 B 板配合部分的设计

下面将在 B 板上挖出放置下模型腔的凹槽，如图 22.2.47 所示。

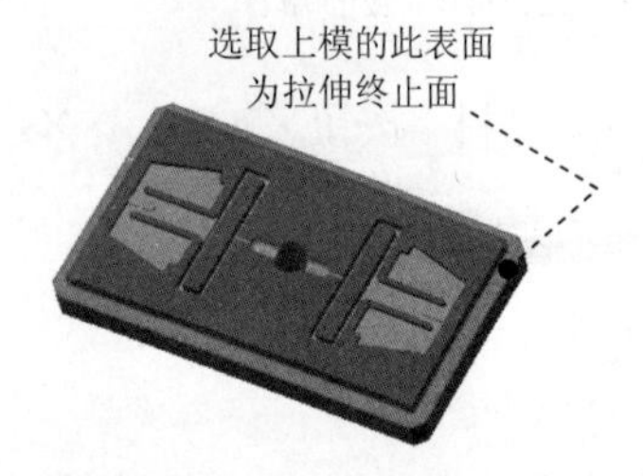

图 22.2.46 选取拉伸终止面

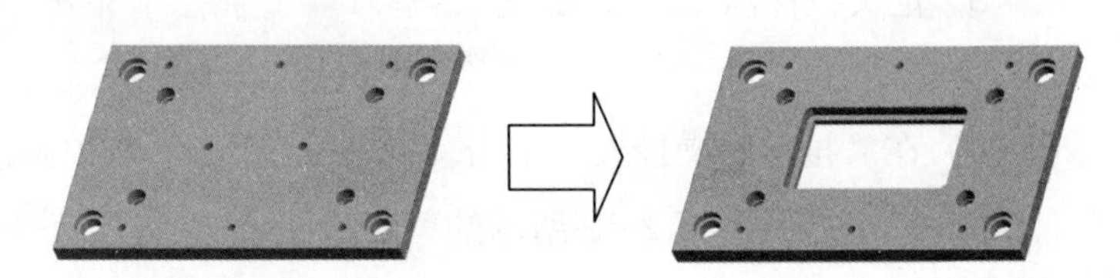

图 22.2.47 在 B 板上挖出放置下型腔的凹槽

Stage1. 创建图 22.2.48 所示的剪切特征 1

Step 1 设置简化表示视图 b_lower。选择 **视图** 功能选项卡 模型显示 ▾ 区域中的 管理视图 按钮，在弹出的菜单中单击 视图管理器，在“视图管理器”对话框中，右击 b_lower，选择 ➜ 激活 命令，然后单击 关闭 按钮。

Step 2 在模型树中，右击 B_PLATE.PRT，选择 激活 命令。

Step 3 单击 **模具** 功能选项卡 形状 ▾ 区域中的 拉伸 按钮，此时系统弹出“拉伸”操控板。

Step 4 创建拉伸特征。

（1）设置草绘平面。设置图 22.2.49 所示的模型表面 1 为草绘平面，模型表面 2 为参考平面，方向为**右**。

图 22.2.48　创建剪切特征 1

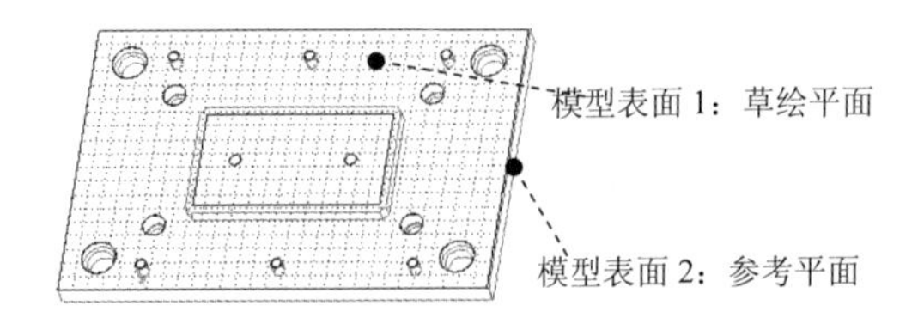

图 22.2.49　定义草绘平面

（2）创建截面草图。选取图 22.2.50 所示的四条边线为“投影”（这四条边线为图 22.2.51 所示的下模阶梯凹槽的内边界线），从而得到截面草图。

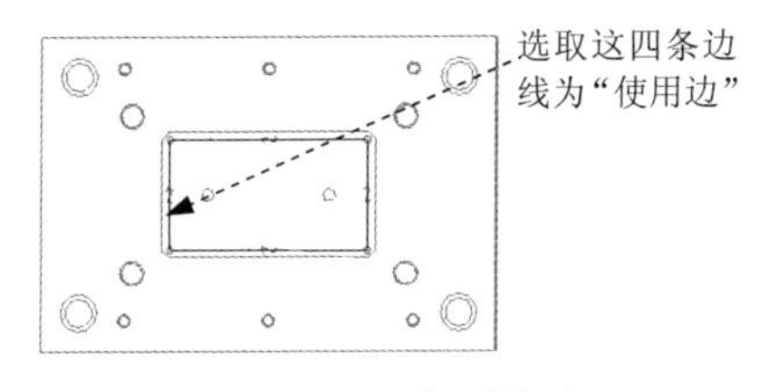

图 22.2.50　截面图形

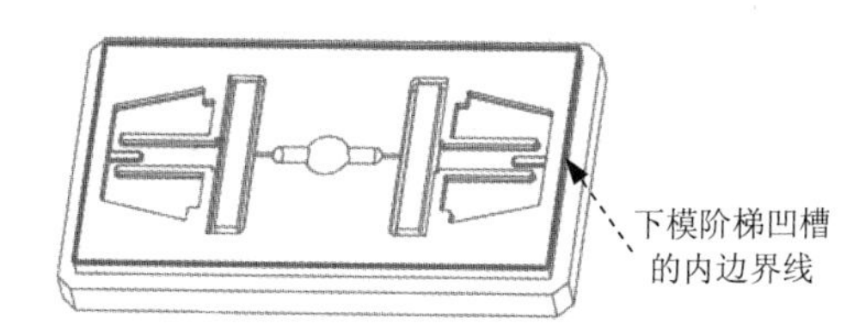

图 22.2.51 下模的正面

（3）定义拉伸深度。选取深度类型为 ⫼（穿透）。单击“移除材料”按钮，单击 按钮。

（4）在“拉伸”操控板中单击 ✔ 按钮，完成特征的创建。

Stage2．创建图 22.2.52 所示的剪切特征 2

Step 1 单击 **模具** 功能选项卡 形状 ▾ 区域中的 拉伸 按钮，此时系统弹出“拉伸”操控板。

Step 2 创建拉伸特征。图 22.2.53 所示的模型表面 1 为草绘平面，模型表面 2 为参考平面，方向为**右**，选取图 22.2.54 所示的八条边线为“投影”（这八条边线为图 22.2.55 所示的下模阶梯凹槽的外边界线），从而创建截面草图，选取深度类型为 ⊥⊥（到选定的），单击“移除材料”按钮，拉伸终止面为图 22.2.56 所示的模型表面（列表中的 曲面:F3(装配切剪):LOWER_MOLD 选项）。

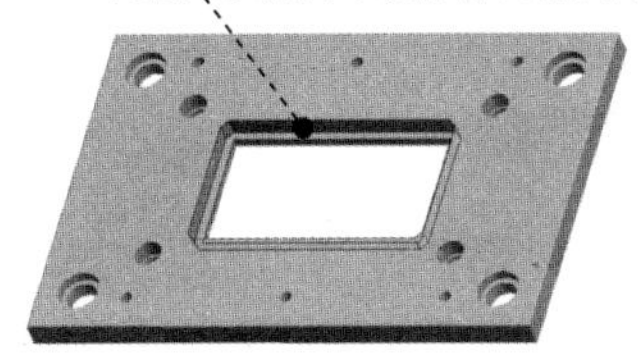

图 22.2.52　创建剪切特征 2

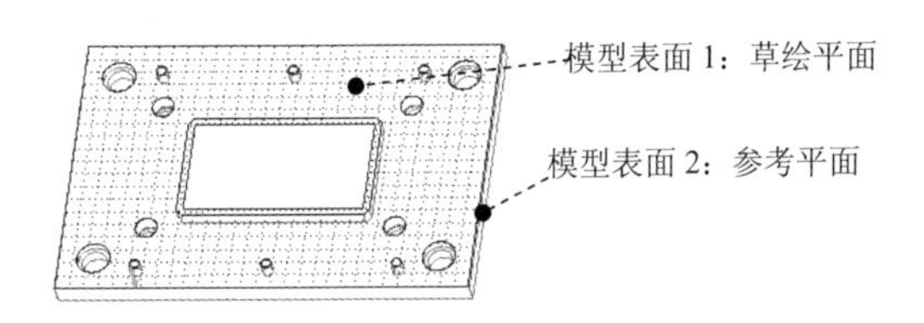

图 22.2.53　定义草绘平面

Step 3 查看挖出的凹槽。在模型树中，右击 B_PLATE.PRT，选择 **打开** 命令，查看挖出的凹槽，查看后选择下拉菜单 **文件** ▾ ➜ 关闭(C) 命令。

Step 4 单击“窗口”按钮 ▾，在下拉菜单中选中 ◉ 1 FASTENER_TOP_MOLD.ASM 单选项。

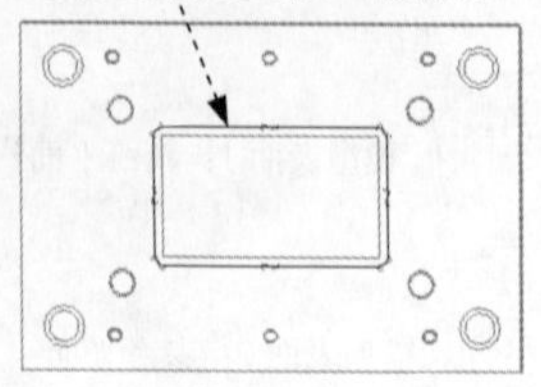

图 22.2.54　截面草图

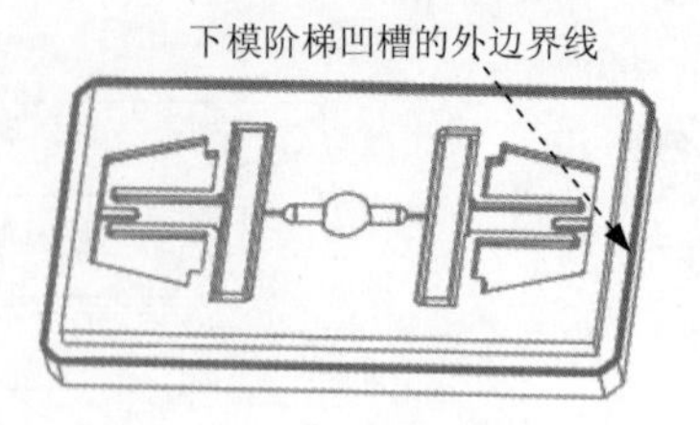

图 22.2.55　下模的正面

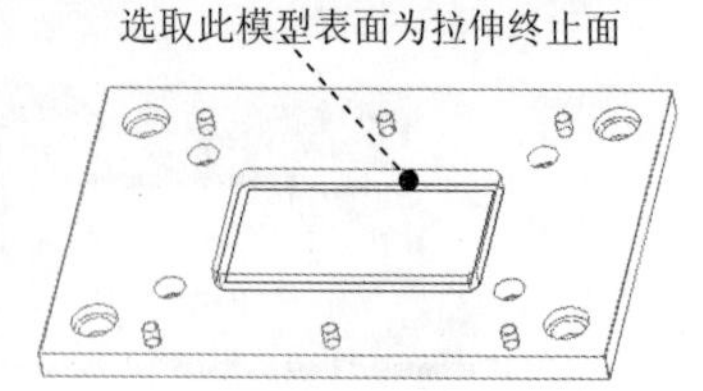

图 22.2.56　选取拉伸终止面

Task15. 在下模型腔中设计冷却水道

下面将在下模型腔中建立图 22.2.57 所示的三个圆孔，作为型腔冷却水道。

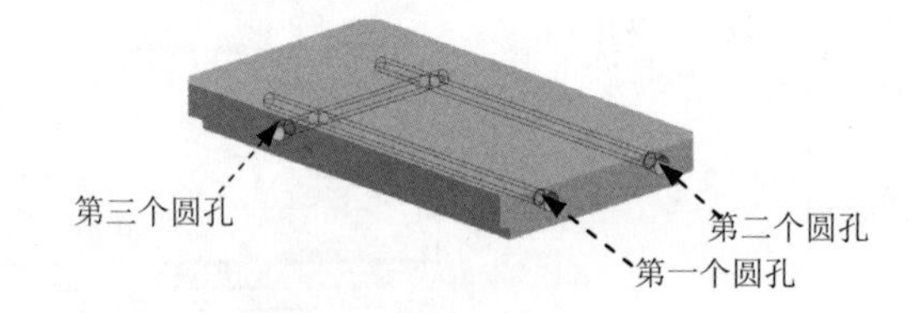

图 22.2.57　创建型腔冷却水孔

Stage1. 创建第一个圆孔

Step 1 将视图中的模架 MOLDBASE.ASM 遮蔽，仅显示出下模。

Step 2 创建图 22.2.58 所示的基准平面 ADTM2，作为创建型腔冷却水孔的草绘平面。单击 **模具** 功能选项卡 基准 ▾ 区域中的“平面”按钮，选取图 22.2.59 所示的下模的背面为参考平面，偏移值为-5.0（如果相反则输入 5.0）。

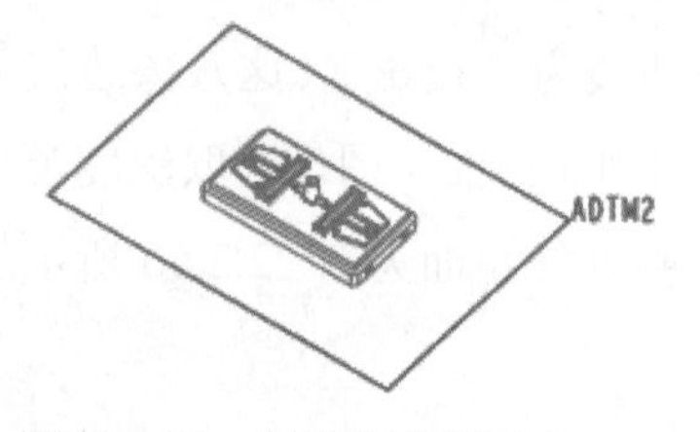

图 22.2.58　创建基准平面 ADTM2

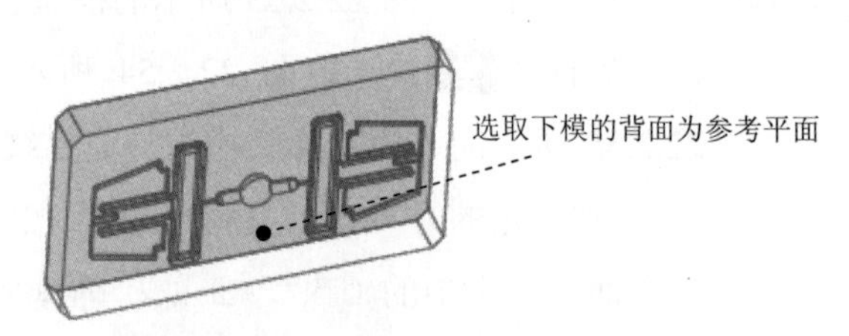

图 22.2.59　选取参考平面

Step 3 在模型树中，右击 LOWER_MOLD.PRT，选择 激活 命令。

Step 4 单击 **模具** 功能选项卡 形状 ▾ 区域中的 旋转 按钮。系统弹出“旋转”操控板。

Step 5 创建旋转特征。草绘平面为 ADTM2 基准平面，参考平面为图 22.2.60 所示的模型的表面，方向为 底部，选取图 22.2.61 所示的两条边线为参考，绘制图 22.2.61 所示的截面草图，选取旋转类型，旋转角度值为 360°，单击“移除材料”按钮。

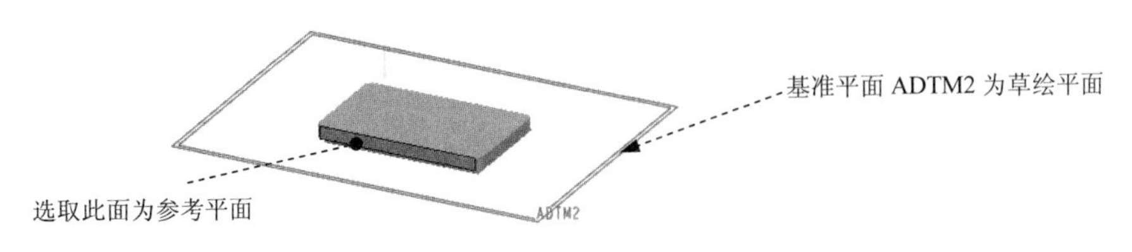

图 22.2.60 定义草绘平面

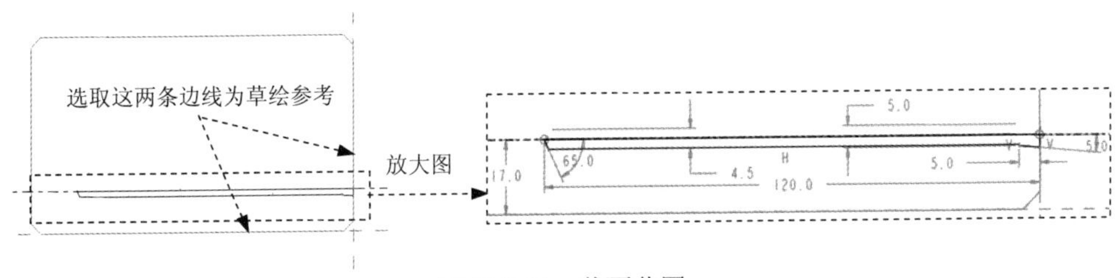

图 22.2.61 截面草图

Stage2．创建图 22.2.57 所示的第二个圆孔

Step 1 在模型树界面中，选择 → 树过滤器(F)... 命令。在系统弹出的“模型树项”对话框中，选中 特征 复选框，然后单击 确定 按钮。

Step 2 在模型树中选取 Stage1 所创建的圆孔特征。单击 模型 功能选项卡中 编辑 ▾ 区域的 阵列 ▾ 按钮，系统弹出“阵列”操控板。

Step 3 在系统提示 选择要在第一方向上改变的尺寸. 下，在模型中，选取阵列的引导尺寸 17，如图 22.2.62 所示。

Step 4 在操控板中，进行如下操作：

（1）单击 **尺寸** 按钮，然后输入第一方向的尺寸增量值 46。

（2）输入第一方向的阵列数量 2，单击 ✓ 按钮，阵列结果如图 22.2.63 所示。

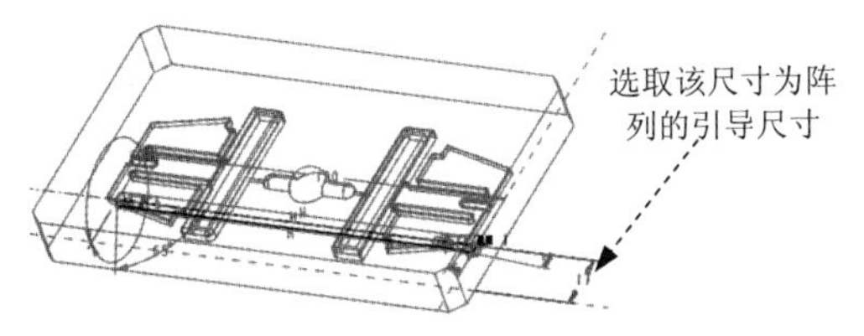

图 22.2.62 选取引导尺寸

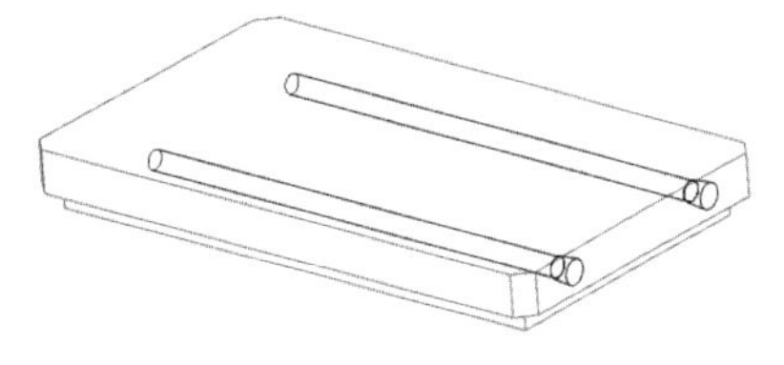

图 22.2.63 阵列结果

Stage3．创建图 22.2.57 所示的第三个圆孔

Step 1 单击 **模具** 功能选项卡 形状 ▾ 区域中的 旋转 按钮。系统弹出“旋转”操控板。

Step 2 创建旋转特征。选择 ADTM2 基准平面为草绘平面，选取图 22.2.64 所示的模型表面为参考平面，方向为 右，选取图 22.2.65 所示的两条边线为参考，绘制图 22.2.65 所示的截面草图，选取旋转类型 ，旋转角度值为 360°，单击“移除材料”按钮 。

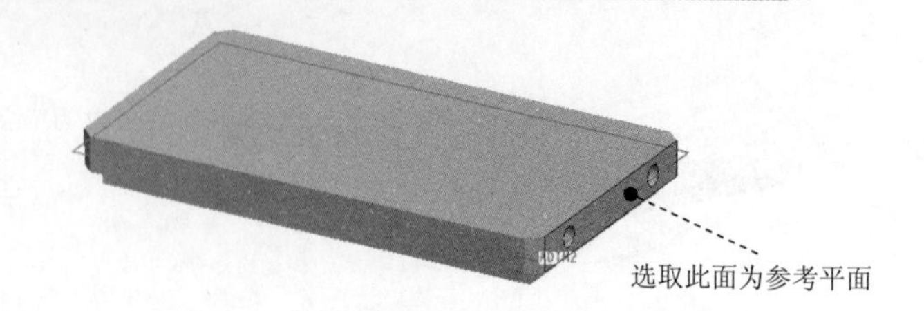

图 22.2.64　定义参考平面

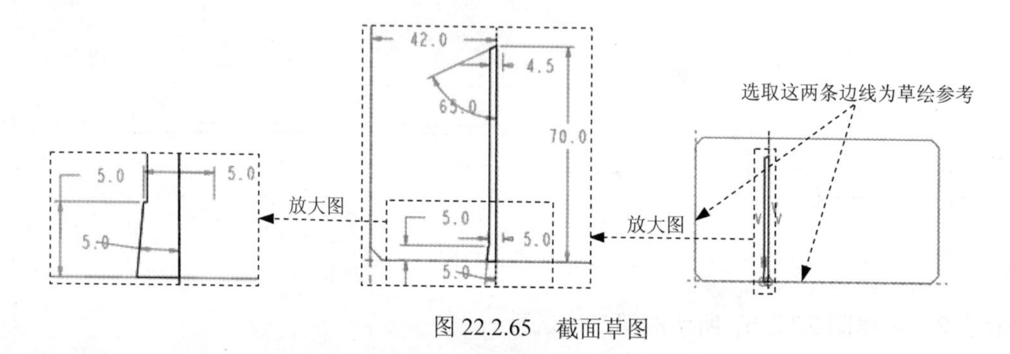

图 22.2.65　截面草图

Task16. 在 B 板中设计冷却水道的进出孔

下面将在 B 板上创建图 22.2.66 所示的三个圆孔，作为通向下模型腔冷却水孔的过道，这三个圆孔须与对应的下模型腔冷却水孔相连，三个圆孔大小与相应冷却水孔的入口处的大小相同。

Stage1. 在 B 板的侧面创建图 22.2.67 所示的两个圆孔

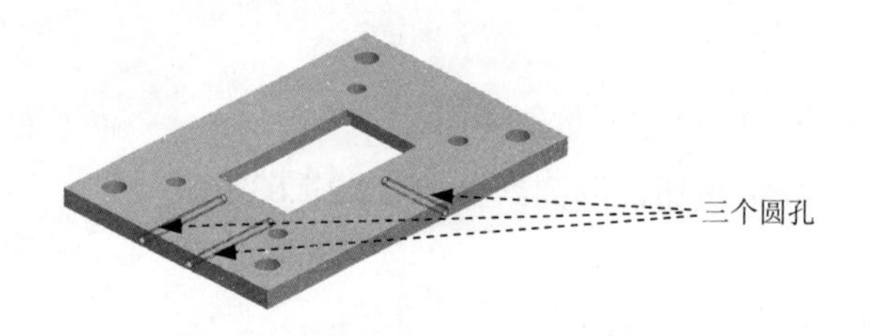

图 22.2.66　在 B 板上创建三个圆孔

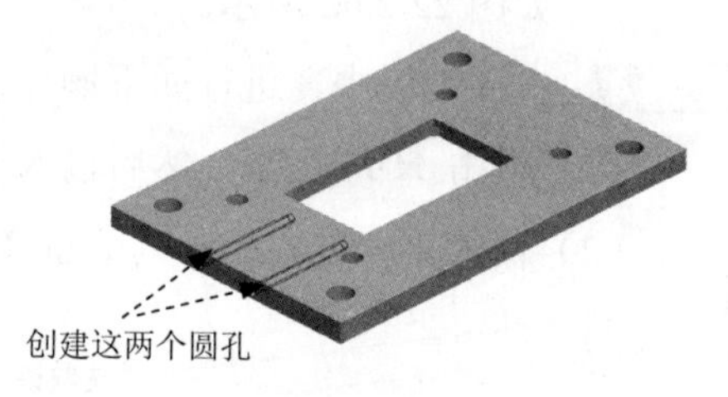

图 22.2.67　在 B 板的侧面创建两个圆孔

Step 1　取消模架 MOLDBASE.ASM 的遮蔽。

Step 2　从模型树中激活 B_PLATE.PRT。

Step 3　单击 **模具** 功能选项卡 形状 ▾ 区域中的 拉伸 按钮，此时系统弹出“拉伸”操控板。

Step 4　创建拉伸特征。草绘平面为图 22.2.68 所示的模型表面 1，参考平面为图 22.2.68 所示的模型表面 2，方向为 右，截面草图为图 22.2.69 所示的两个圆（这两个圆为“投影”），选取深度类型为 (到下一个)，单击“移除材料”按钮，单击 按钮。

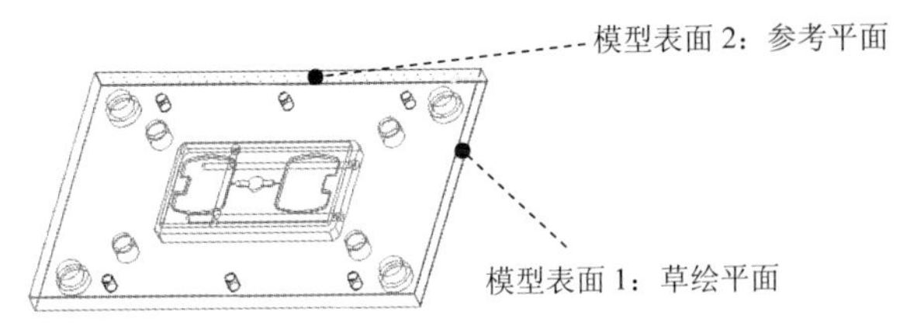

图 22.2.68 定义草绘平面

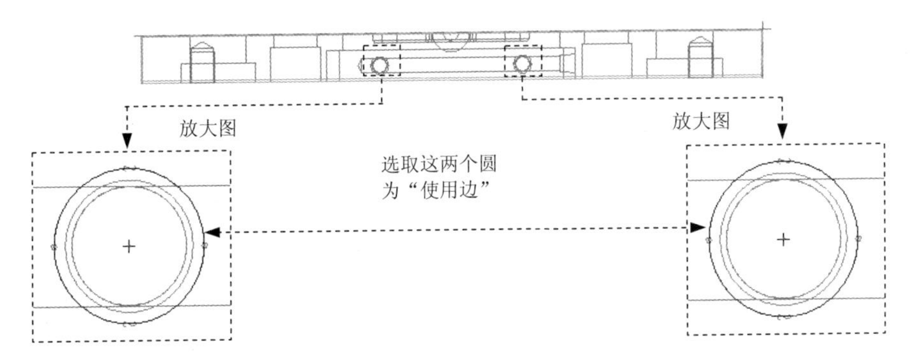

图 22.2.69 截面草图

Stage2．在 B 板的前侧创建图 22.2.70 所示的一个圆孔

Step 1 单击 **模具** 功能选项卡 形状 ▾ 区域中的 拉伸 按钮，此时系统弹出“拉伸”操控板。

Step 2 创建拉伸特征。草绘平面为图 22.2.71 所示的模型表面 1，参考平面为模型表面 2，方向为 顶，截面草图为图 22.2.72 所示的一个圆（此圆为“投影”），选取深度类型为 (到下一个)，单击 按钮，单击“移除材料”按钮 。

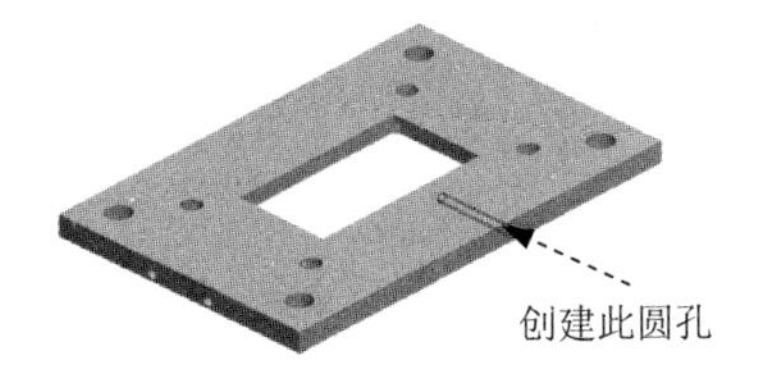

图 22.2.70 在 B 板的前侧创建一个圆孔

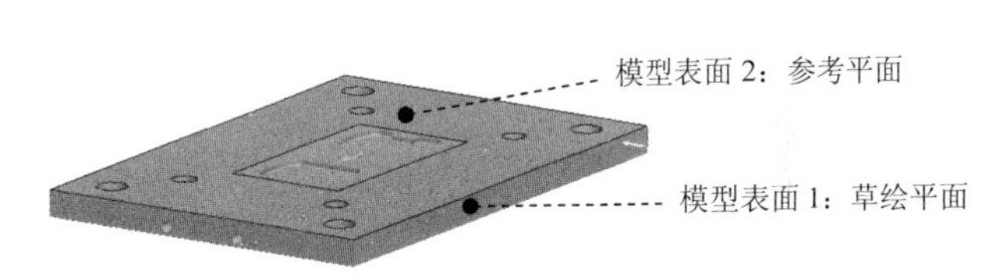

图 22.2.71 定义草绘平面

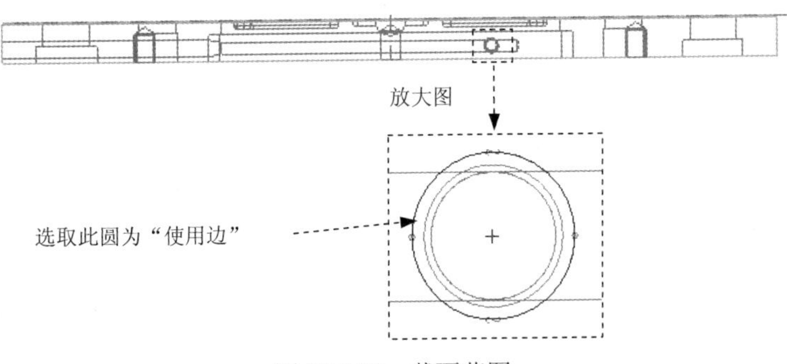

图 22.2.72 截面草图

Task17. 切除顶出销多余的长度

下面将切除图 22.2.73 所示的顶出销多余的长度。

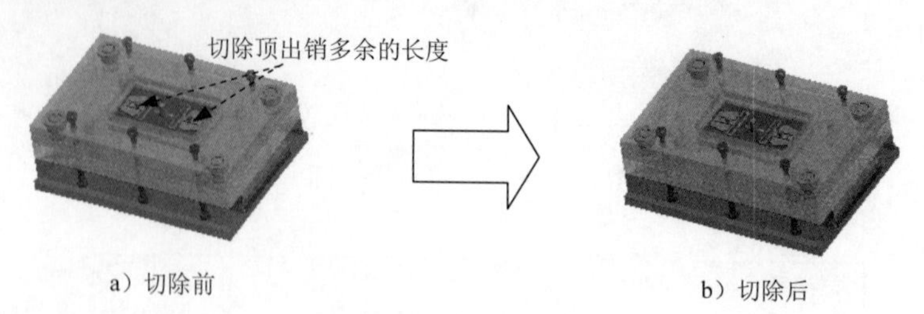

图 22.2.73　切除顶出销

Step 1　将视图设置到“主表示”状态。选择 **视图** 功能选项卡 模型显示 ▾ 区域中的 管理视图 ▾ 按钮，在弹出的菜单中单击 视图管理器，在“视图管理器”对话框中，右击 主表示 选项，选择 ➜ 激活 命令，然后单击 关闭 按钮。

Step 2　在模型树中，将 FASTENER_TOP_MOLD.ASM 激活，然后遮蔽模架的上盖 TOP_PLATE.PRT 和上模 UPPER_MOLD.PRT。

Step 3　激活模型树中位于上部的顶出销零件 EJECT_PIN.PRT。

注意：在图 22.2.74 所示的视图方位中，激活的顶出销位于左边（而不是右边）。

Step 4　对顶出销零件进行剪切。

（1）单击 **模具** 功能选项卡 形状 ▾ 区域中的 拉伸 按钮，此时系统弹出“拉伸”操控板，单击“移除材料”按钮。

（2）创建切削拉伸特征。设置草绘平面为图 22.2.74 所示的模型表面 1，参考平面为模型表面 2，方向为 右。

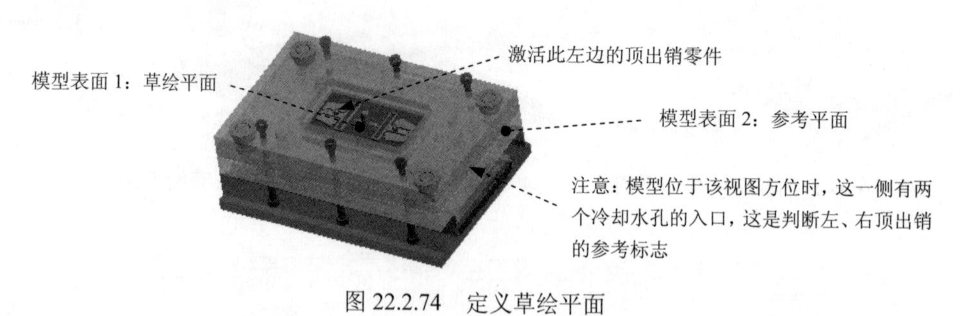

图 22.2.74　定义草绘平面

（3）绘制截面草图。绘制图 22.2.75 所示的正方形草图。

（4）选取深度类型为（穿透），特征的拉伸方向为上（图 22.2.76），特征的去材料的方向为里（图 22.2.76）。

说明：由于左、右两个顶出销名称相同，为同一个零件，所以左边的顶出销切削后，右边的顶出销也同时被切掉。

Step 5　在模型树中，将 FASTENER_TOP_MOLD.ASM 激活。

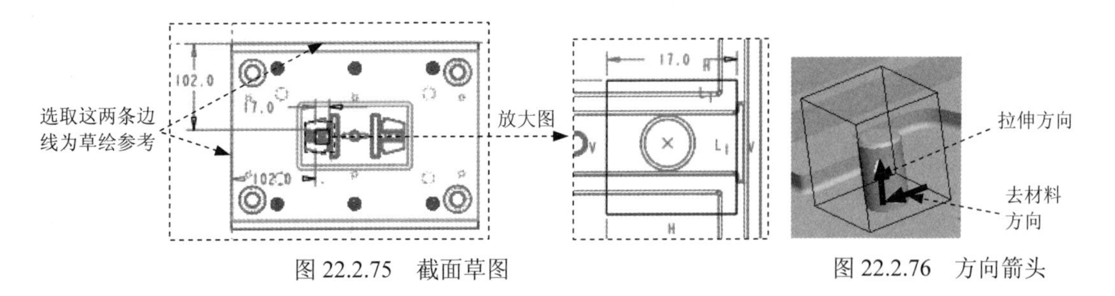

图 22.2.75 截面草图

图 22.2.76 方向箭头

Task18. 模架的模具开启设计

模具开启包括如下步骤：

（1）开模步骤 1：打开模具。要移动的元件包含 A 板（a_plate）、上模型腔（upper_mold）、定座板（top_plate）以及六个定座板螺钉（top_plate_screw）。

（2）开模步骤 2：顶出浇注件。要移动的元件包含浇注件（pad_molding）、下顶出板（eject_down_plate）、上顶出板（eject_up_plate）、六个顶出板螺钉（ej_plate_screw）、两个顶出杆（eject_pin）以及四个复位销钉（pin）。

（3）开模步骤 3：浇注件落下。要移动的元件为浇注件（pad_molding）。

（4）开模步骤 4：顶出杆复位。要移动的元件包含下顶出板（eject_down_plate）、上顶出板（eject_up_plate）、六个顶出板螺钉（ej_plate_screw）、两个顶出杆（eject_pin）以及四个复位销钉（pin）。

（5）开模步骤 5：闭合模具。要移动的元件包含 A 板（a_plate）、上模型腔（upper_mold）、四个隔套（bush）、定座板（top_plate）以及六个定座板螺钉（top_plate_screw）。

下面介绍模具开启的操作过程。

Stage1. 显示模具元件

取消上模 UPPER_MOLD.PRT、浇注件 FASTENER_TOP_MOLDING.PRT 和模架上盖 TOP_PLATE.PRT 的遮蔽。

Stage2. 定义开模步骤 1

Step 1 单击 **模具** 功能选项卡 分析 ▾ 区域中的“模具开模”按钮，系统弹出“模具开模”菜单管理器，选择 Mold Opening（模具开模） ➡ Define Step（定义步骤） ➡ Define Move（定义移动）命令。

Step 2 在模型树中选取要移动的模具元件。

（1）在系统 ➧为迁移号码1 选择构件. 的提示下，在模型树中，按住 Ctrl 键，依次选取元件 UPPER_MOLD.PRT、A_PLATE.PRT 以及六个 TOP_PLATE_SCREW.PRT。

（2）在“选择”对话框中单击 **确定** 按钮。

Step 3 在系统 ➧通过选择边、轴或面选择分解方向. 的提示下，选取图 22.2.77 所示的边线定义移动方向，然后输入移动距离值-120，然后按回车键。

Step 4 选择 Done (完成) 命令，结果如图 22.2.78 所示。

Stage3. 定义开模步骤 2

Step 1 选择 Define Step (定义步骤) → Define Move (定义移动) 命令。

Step 2 选取移动元件。选取元件 FASTENER_TOP_MOLDING.PRT、EJECT_DOWN_PLATE.PRT、六个 EJ_PLATE_SCREW.PRT、EJECT_UP_PLATE.PRT、两个 EJECT_PIN.PRT 以及四个 PIN.PRT。

Step 3 定义移动方向（图 22.2.79），移动距离值为 14.0（如果相反则输入-14.0），并按回车键，选择 Done (完成) 命令，结果如图 22.2.80 所示。

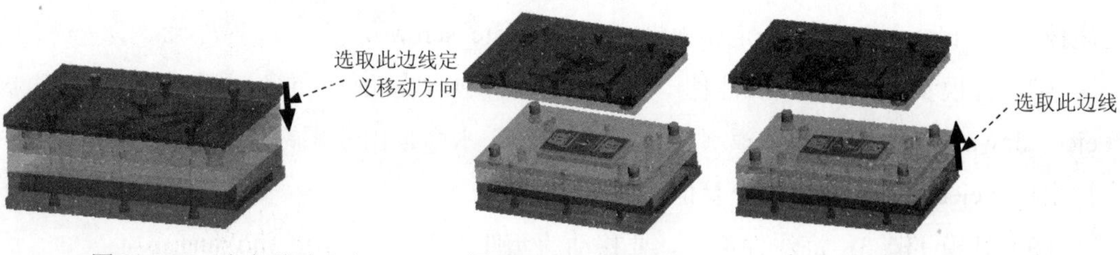

图 22.2.77 定义移动方向　　图 22.2.78 移动后　　图 22.2.79 定义移动方向

Stage4. 定义开模步骤 3

Step 1 选择 Define Step (定义步骤) → Define Move (定义移动) 命令。

Step 2 选取移动元件。要移动的元件为 FASTENER_TOP_MOLDING.PRT。

Step 3 定义移动方向（图 22.2.81），移动距离值为-260，并按回车键，选择 Done (完成) 命令，移出后的状态如图 22.2.82 所示。

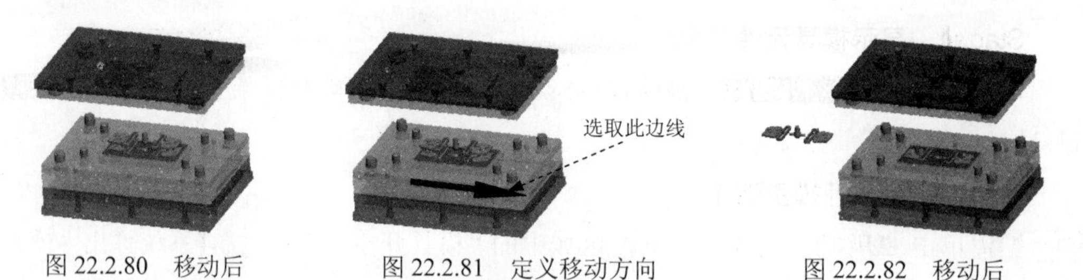

图 22.2.80 移动后　　图 22.2.81 定义移动方向　　图 22.2.82 移动后

Stage5. 定义开模步骤 4

Step 1 选择 Define Step (定义步骤) → Define Move (定义移动) 命令。

Step 2 选取移动元件。要移动的元件为 EJECT_DOWN_PLATE.PRT、六个 EJ_PLATE_SCREW.PRT、两个 EJECT_PIN.PRT 以及四个 PIN.PRT。

Step 3 定义移动方向（图 22.2.83），移动距离值为-14.0，并按回车键，选择 Done (完成) 命令，移出后的状态如图 22.2.84 所示。

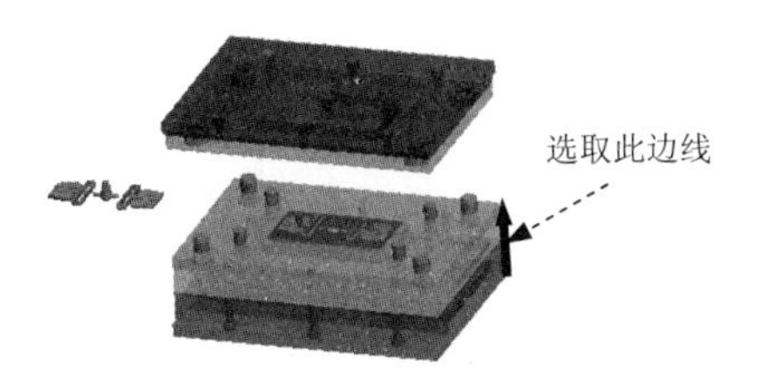

图 22.2.83 定义移动方向

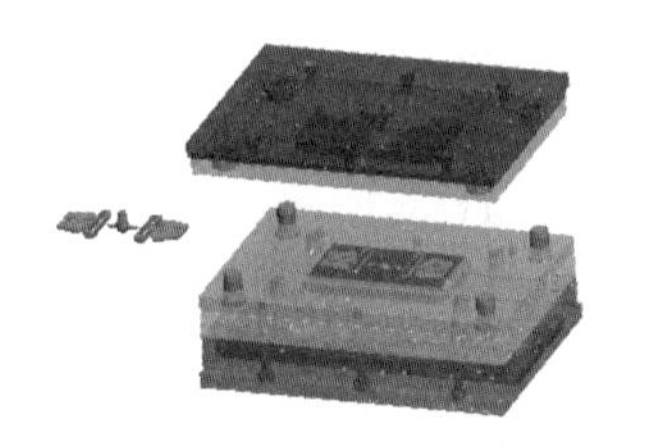
图 22.2.84 移动后

Stage6．定义开模步骤 5

Step 1 选择 Define Step（定义步骤） → Define Move（定义移动）命令。

Step 2 要移动的元件与开模步骤 1 的移动元件一样（即依次选取元件 UPPER_MOLD.PRT、A_PLATE.PRT 以及六个 TOP_PLATE_SCREW.PRT）。

Step 3 定义移动方向（图 22.2.85），移动距离值为 120.0，并按回车键，选择 Done（完成）命令，移出后的状态如图 22.2.86 所示。

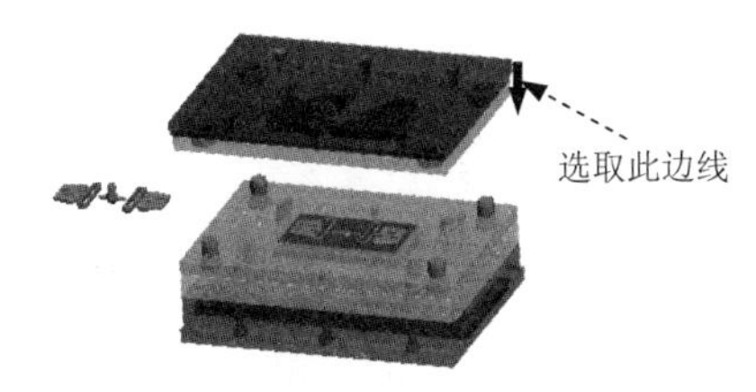

图 22.2.85 定义移动方向

图 22.2.86 移动后

Stage7．分解开模步骤

通过下面的操作，可以查看模具开启的每一步动作。

Step 1 在 Mold Opening（模具开模）菜单中选择 Explode（分解）命令。

Step 2 在 ▼ STEP BY STEP（逐步）菜单中，选择 Open Next（打开下一个） → Open Next（打开下一个） → Open Next（打开下一个） → Open Next（打开下一个） → Open Next（打开下一个）命令。

Step 3 选择 Done/Return（完成/返回）命令。

Step 4 选择下拉菜单 文件 → 保存(S) 命令。

23

EMX 7.0 模架设计

23.1 概述

EMX 是 Expert Moldbase Extension 的缩写，即 Creo 2.0 的模架设计专家。通过 EMX 模块来创建模具设计可以简化模具的设计过程，减少不必要的重复性工作，提高设计效率。模架设计专家（EMX）提供一系列快速设计模架以及一些辅助装置的功能，将整个模具设计周期缩短。在 Creo 2.0 的注塑模具设计模块中，所有可以利用的解决方案都是以族表或通过输入几何体的办法来解决，模架设计专家（EMX）却是以使用不受约束的参数元件为基础，完成模具设计非常灵活，能够快速地改变设计意图或修改尺寸。

EMX 模具库不单单是一个标准的 3D 模具库，它的“智能式”设计可以让用户轻松实现零件装配及更改，从而减少设计时的误差及公式化和费时的工序。另外，只需要点击鼠标，用户便可从模具库内提取出满足设计的零部件，然后组装成一个完整的模具。

23.2 EMX 7.0 的安装

EMX 是 Creo 2.0 的一个外挂模块，只有安装该外挂模块后才可以使用，安装 EMX 模块后，系统会增加用于标准模架设计的工具栏和下拉菜单。安装 EMX 模块的操作步骤如下：

注意：*在安装 EMX 外挂模块前，必须先安装 Creo 2.0 主体软件。*

Step 1　运行安装光盘中的安装文件 setup.exe，系统弹出图 23.2.1 所示的安装界面。

Step 2　单击安装界面上“EMX”，系统弹出图 23.2.2 所示的安装选项界面，系统默认选择所有产品功能，直接单击 安装 按钮。

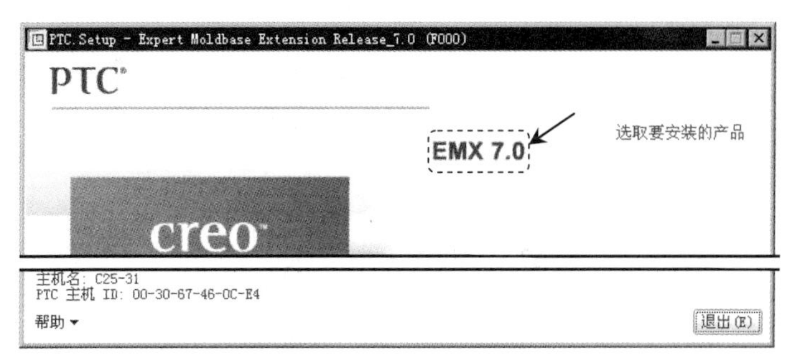

图 23.2.1 安装界面

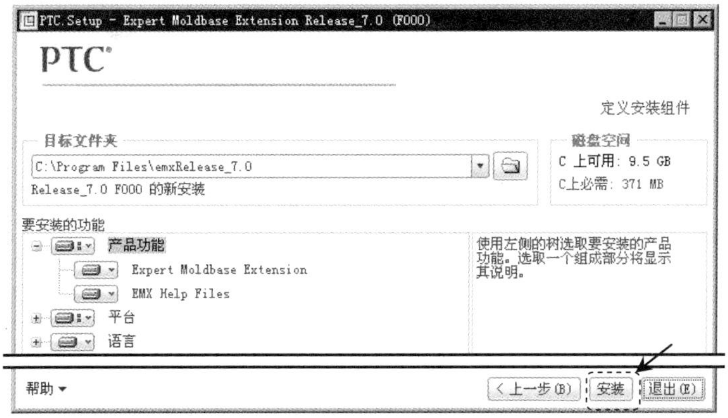

图 23.2.2 安装选项界面

Step 3 安装完成后单击 退出(E) 按钮。

23.3 EMX 7.0 模架设计的一般过程

标准模架是在模具型腔的基础上创建的。首先在 Creo 2.0 的 Creo/MOLDESIGN 模块里完成模具型腔的创建，然后将模具型腔导入到 EMX 中进行模架设计。下面以图 23.3.1 为例，说明利用 EMX 7.0 模块进行模架设计的一般过程。

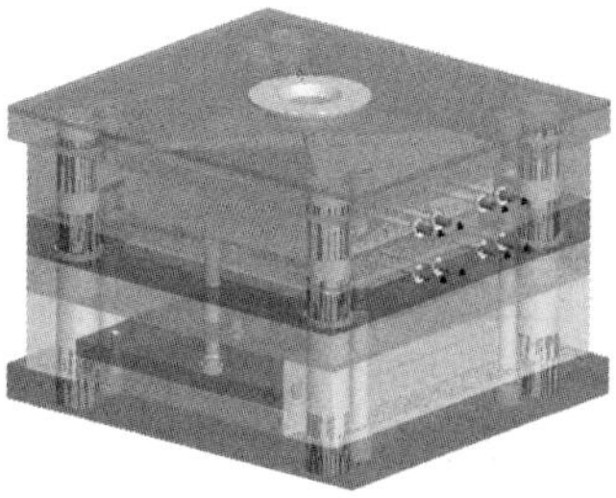

图 23.3.1 EMX 标准模架

23.3.1 设置工作目录

将工作目录设置至 D:\creo2mo\work\ch23.03。

23.3.2 新建项目

项目是 EMX 模架的顶级组件，在创建新的模架设计时，必须定义一些将用于所有模架元件的参数和组织数据，其主要包括：项目名称的定义、模具型腔元件的添加和型腔元件的分类。

Step 1 选择命令。依次单击 **EMX** 功能选项卡 项目 控制区域中的按钮，系统弹出“项目”对话框，在对话框中进行如图 23.3.2 所示的设置，单击✔按钮，系统进入装配环境。

Step 2 添加元件。

（1）单击 **模型** 功能选项卡 元件 ▾ 区域中的 组装 按钮，在系统弹出的菜单中单击 组装 选项。此时系统弹出“打开”对话框，在“打开”对话框中，选择 gas_oven_switch_mold.asm 装配体，单击 **打开** 按钮，此时系统弹出“元件放置”操控板。

（2）在该操控板中单击 放置 按钮，在“放置”界面的 约束类型 下拉列表中选择 默认 选项，将元件按缺省设置放置，此时“元件放置”操控板显示的信息为 完全约束，单击✔按钮，完成装配件的放置。

Step 3 元件分类。依次单击 **EMX 常规** 功能选项卡 项目 ▾ 控制区域中的 分类 按钮，系统弹出“分类”对话框，在对话框中进行如图 23.3.3 所示的设置，单击✔按钮。

图 23.3.2 “项目”对话框

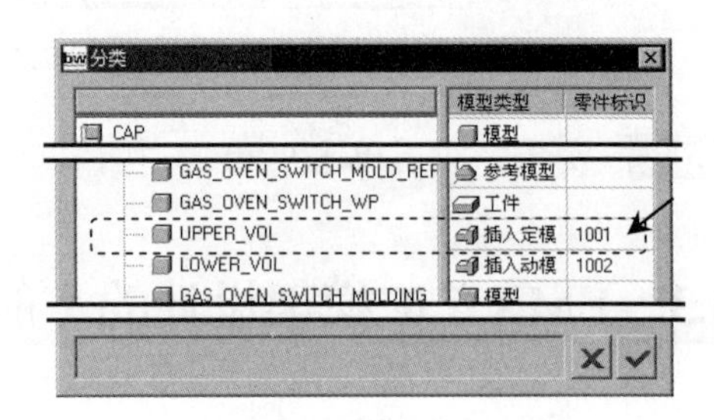

图 23.3.3 “分类”对话框

23.3.3 添加标准模架

通过添加标准模架，可以将一些繁琐的工作变得快捷简单。

Stage1. 定义标准模架

在 EMX 模块中，软件提供了很多标准模架供用户选择，只需通过下拉菜单中的 装配定义 命令，就可以完成标准模架的添加。

Step 1 选择命令。依次单击 **EMX 常规** 功能选项卡 模架 ▸ 控制区域中的按钮，系统弹出“模架定义”对话框。

Step 2 定义模架系列。在对话框左下角单击“从文件载入装配定义”按钮，系统弹出“载入 EMX 装配”对话框，在对话框的 保存的组件 列表框中选择 emx_tutorial_komplett 选项，在选项区域中取消选中□ 保留尺寸和模型数据复选框，单击“载入 EMX 装配”对话框右下角的“从文件载入装配定义”按钮，单击✔按钮。

Step 3 更改模架尺寸。在“模架定义”对话框右上角的尺寸下拉列表中选择396x396选项，此时系统弹出图 23.3.4 所示的“EMX 问题”对话框，单击✔按钮。系统经过计算后，标准模架加载到绘图区中，然后单击 模型 功能选项卡操作▼区域中的“重新生成”按钮，如图 23.3.5 所示。

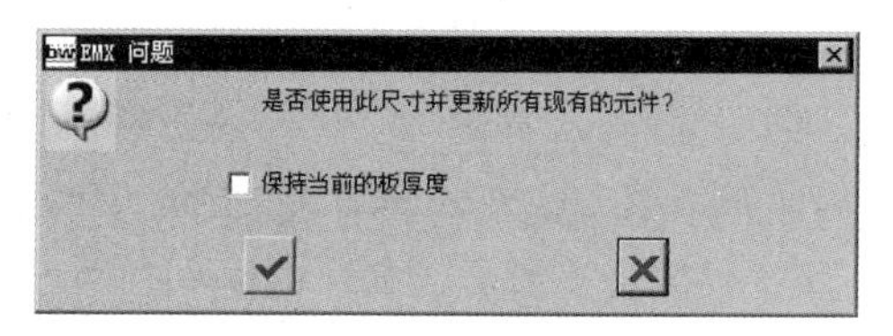

图 23.3.4 “EMX 问题”对话框

图 23.3.5 标准模架

Stage2．删除多余元件

在完成标准模架的添加后，模架中有些元件是不需要的，可以通过“模架定义”对话框中的“删除元件”按钮来删除多余元件。

Step 1 删除支撑衬套。在“模架定义”对话框的下方单击“删除元件”按钮，选取图 23.3.6 所示的支撑衬套为删除对象，此时系统弹出图 23.3.7 所示的“EMX 问题”对话框，单击✔按钮。

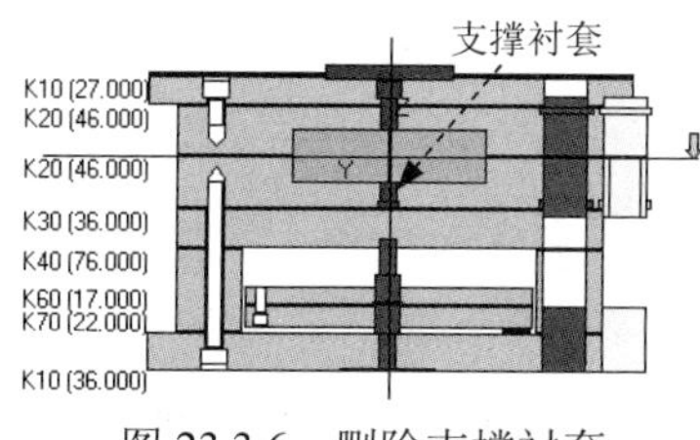

图 23.3.6 删除支撑衬套

图 23.3.7 “EMX 问题”对话框

Step 2 删除图 23.3.8 所示的导向件。在“模架定义”对话框的下方单击“删除元件”按钮，分别选取图 23.3.8 所示的两个导向件为删除对象，此时系统弹出“EMX 问题”对话框，单击✔按钮。

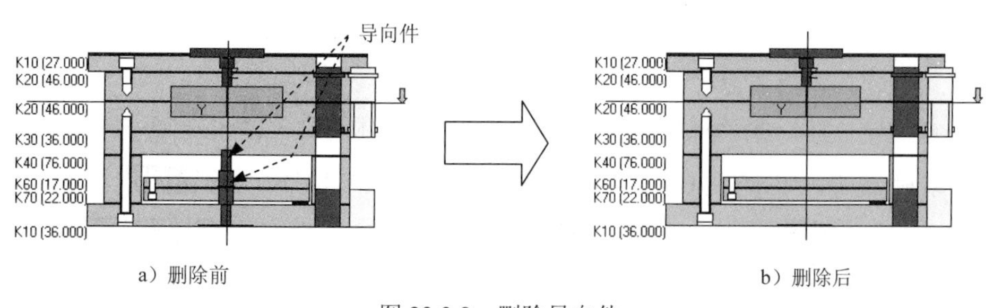

a）删除前　　b）删除后

图 23.3.8 删除导向件

Stage3．定义模板厚度

模板的厚度主要是根据型腔零件和型芯零件进行设置，其一般过程如下：

Step 1 定义定模板厚度。在“模架定义”对话框中，右击图 23.3.9 所示的定模板，此时系统弹出图 23.3.10 所示的“板”对话框，在对话框的 厚度 (T) 文本框中输入数值 70.0，单击 ✓ 按钮。

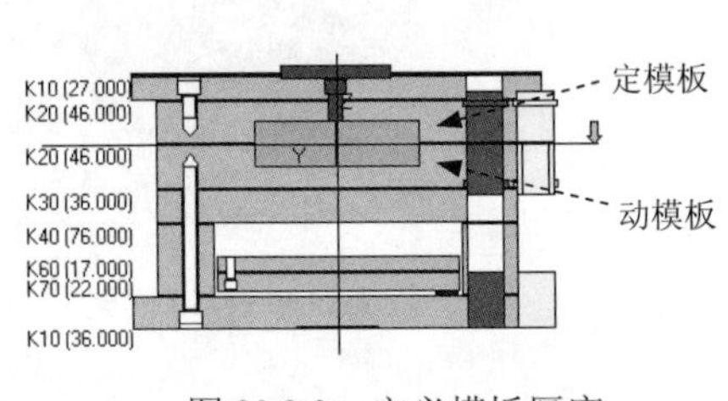

图 23.3.9 定义模板厚度

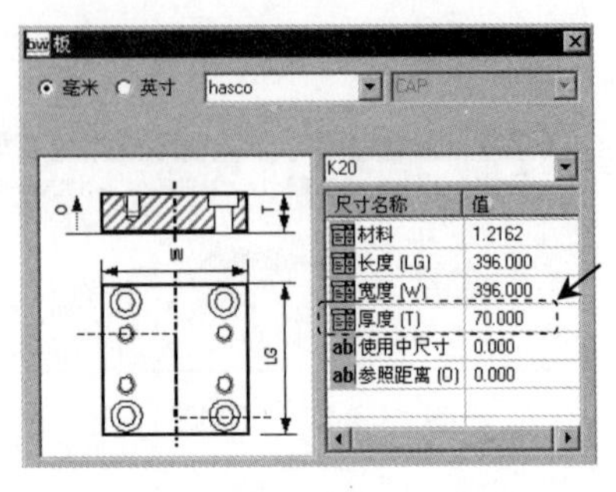

图 23.3.10 “板”对话框

Step 2 定义动模板厚度。用同样的操作方法右击图 23.3.9 所示的动模板，在“板”对话框的 厚度 (T) 文本框中输入数值 40.0，单击 ✓ 按钮。

23.3.4 定义浇注系统

浇注系统是指模具中由注射机到型腔之间的进料通道，主要包括主流道、分流道、浇口和冷料穴。下面介绍在标准模架中编辑主流道衬套和定位环的操作方法。

Step 1 定义主流道衬套。在“模架定义”对话框中，右击图 23.3.11 所示的主流道衬套，此时系统弹出图 23.3.12 所示的“主流道衬套”对话框。定义衬套型号为 Z512r 选项，在 OFFSET-偏移 文本框中输入数值 0，单击 ✓ 按钮。

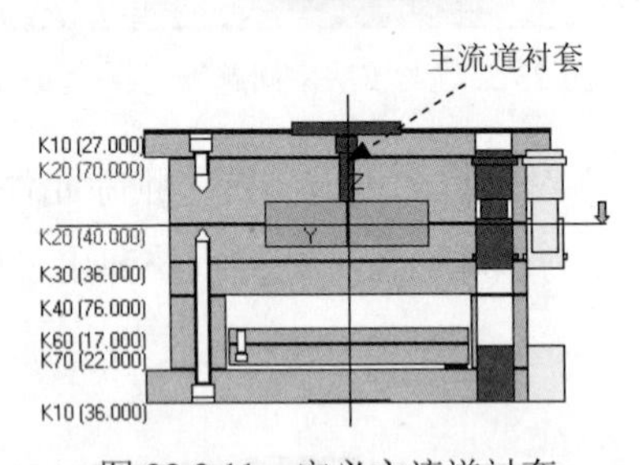

图 23.3.11 定义主流道衬套

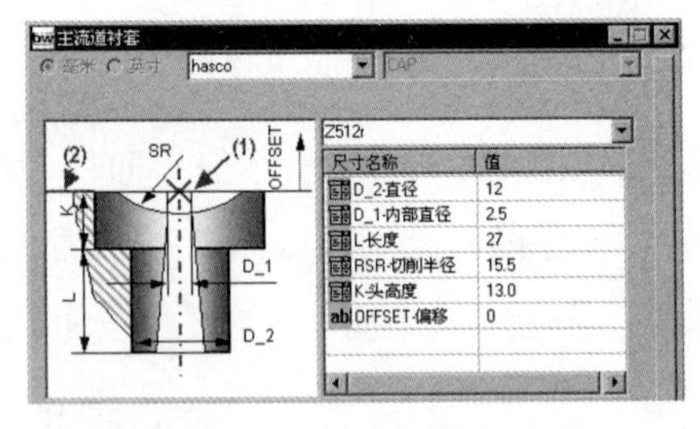

图 23.3.12 “主流道衬套”对话框

Step 2 定义定位环。在“模架定义”对话框中，右击图 23.3.13 所示的定位环，此时系统弹出图 23.3.14 所示的“定位环”对话框。定义定位环型号为 K100，在 HG1-高度 下拉列表中选择 11，在 DM1-直径 下拉列表中选择 100，在 OFFSET-偏移 文本框中输入数值 0，单击 ✓ 按钮。单击“模架定义”对话框中的 ✓ 按钮，完成标准模架的添加，然后单击“重新生成”按钮。

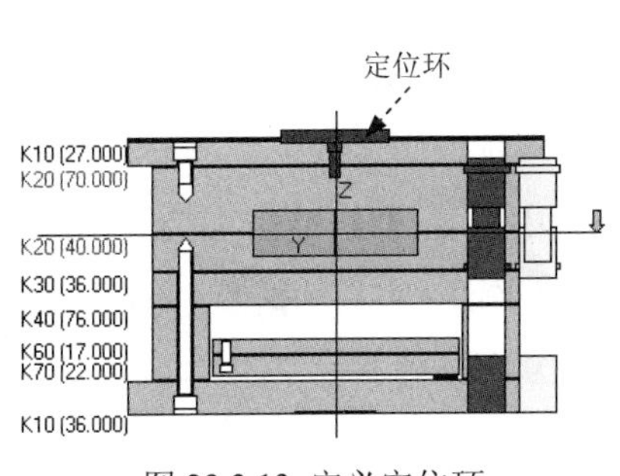

图 23.3.13 定义定位环

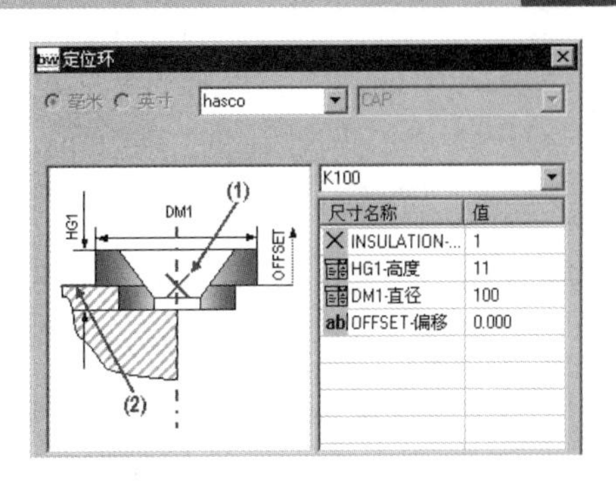

图 23.3.14 “定位环”对话框

23.3.5 添加标准元件

标准元件一般包括导柱、导套、顶杆、定位销、螺钉及止动系统等。在 EMX 模块中可以通过下拉菜单中的 元件状态 命令来完成标准元件的添加。

Step 1 选择命令。依次单击 EMX 工具 功能选项卡 元件 控制区域中的 按钮，系统弹出“元件状态”对话框。

Step 2 定义元件选项。在图 23.3.15 所示的对话框中单击“选择所有元件类型”按钮，再单击 按钮，结果如图 23.3.16 所示。

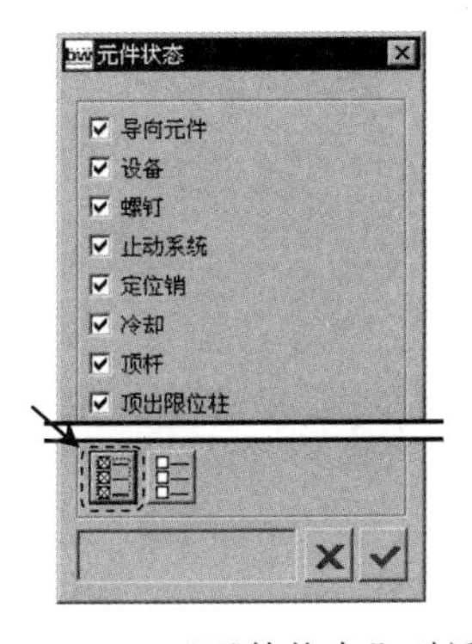

图 23.3.15 “元件状态”对话框

图 23.3.16 添加标准元件

23.3.6 添加顶杆

顶杆是指开模后塑件在顶出零件的作用下通过一次动作将塑件从模具中脱出。下面介绍顶杆的一般添加方法。

Step 1 显示动模。依次单击 EMX 常规 功能选项卡 视图 控制区域中的 显示 → 动模 按钮。

Step 2 创建基准平面。单击 模型 功能选项卡 基准 区域中的“平面”按钮，以图 23.3.17 所示的表面为偏移参考平面，偏移方向朝上，偏移距离值为 30.0，单击 确定 按钮。

Step 3 创建顶杆参考点。单击 模型 功能选项卡 基准 ▾ 区域中的“草绘”按钮，系统弹出“草绘”对话框；定义草绘平面，在模型树界面中，选择 ▾ → 树过滤器(F)... 命令。在系统弹出的“模型树项”对话框中，选中 ☑特征 复选框，然后单击 确定 按钮，在模型树中选择 Step2 中创建的基准平面为草绘平面 ADTM51，选取图 23.3.18 所示的工件侧面为参照平面，方向为 右。单击 草绘 按钮，至此系统进入截面草绘环境；绘制图 23.3.19 所示的截面草图（四个点），单击 **草绘** 功能选项卡 基准 ▾ 区域中的“点”按钮 ×，完成截面的绘制后，单击“草绘”操控板中的“确定”按钮 ✔。

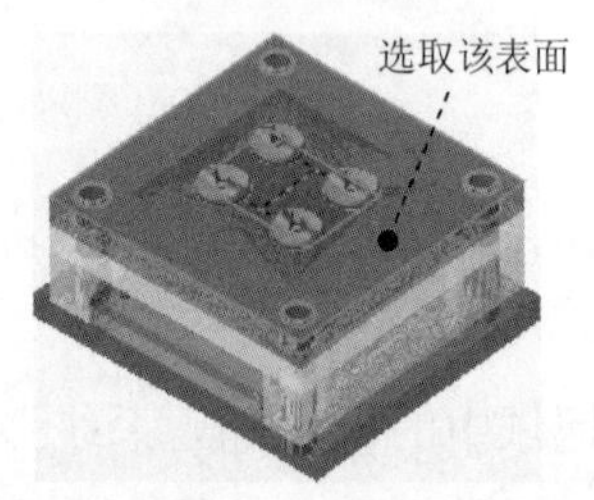

图 23.3.17　定义偏移参考平面

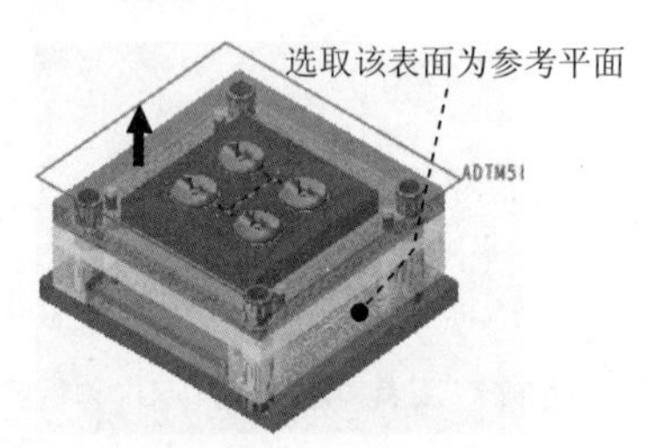

图 23.3.18　定义草绘平面

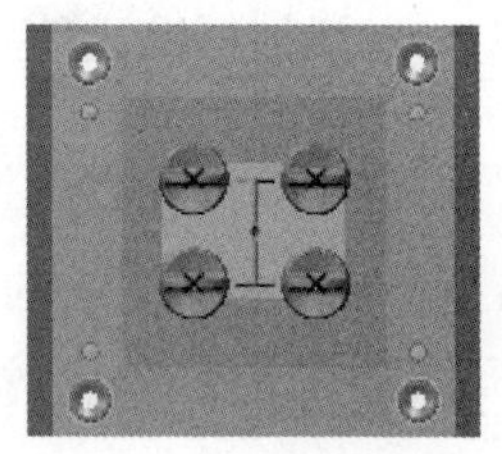

图 23.3.19　截面草图

Step 4 创建顶杆修剪面。

（1）复制曲面。在屏幕右下角的“智能选择栏”中选择“几何”选项。按住 Ctrl 键，选取图 23.3.20 所示的表面，单击 模型 功能选项卡 操作 ▾ 区域中的“复制”按钮。单击“粘贴”按钮 ▾，在“曲面：复制”操控板中单击 ✔ 按钮。

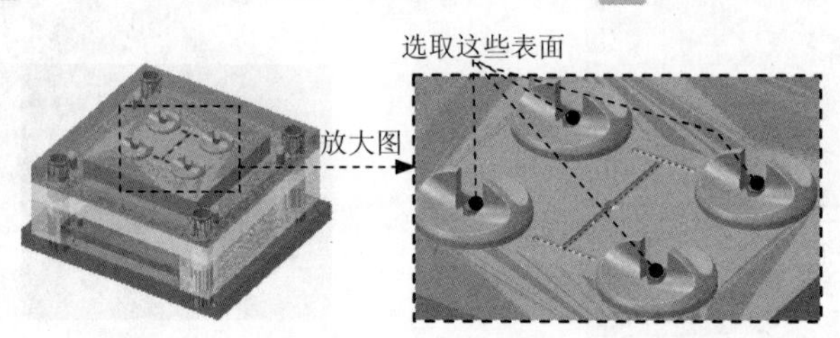

图 23.3.20　复制曲面

（2）依次单击 **EMX 常规** 功能选项卡 工具 ▾ 控制区域中的 EMX 工具 ▾ → 识别修剪面 选项，系统弹出“顶杆修剪面”对话框，单击对话框中的 + 按钮（图 23.3.21），系统弹出“选择”对话框，选取步骤（1）复制的曲面为顶杆修剪面，单击“选择”对话框中的 确定 按钮，单击“完成”按钮 ✔。

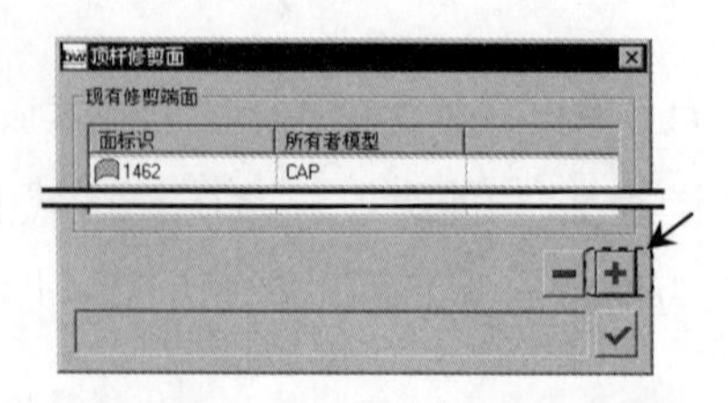

图 23.3.21　“顶杆修剪面”对话框

Step 5 定义顶杆 1。

(1) 选择命令。依次单击 **EMX 工具** 功能选项卡 顶杆 控制区域中的 按钮，系统弹出“顶杆”对话框。

(2) 定义顶杆直径为 6.0，在对话框中选中 ☑ 按面组/参照模型修剪 复选框，取消选中 ☐ 自动长度 复选框，定义顶杆长度为 160.0。

(3) 定义参考点。单击对话框中的 (1)点 按钮，系统弹出“选择”对话框，选取 Step3 中创建的任意一点，如图 23.3.22 所示。单击“完成”按钮 ✓，结果如图 23.3.23 所示。

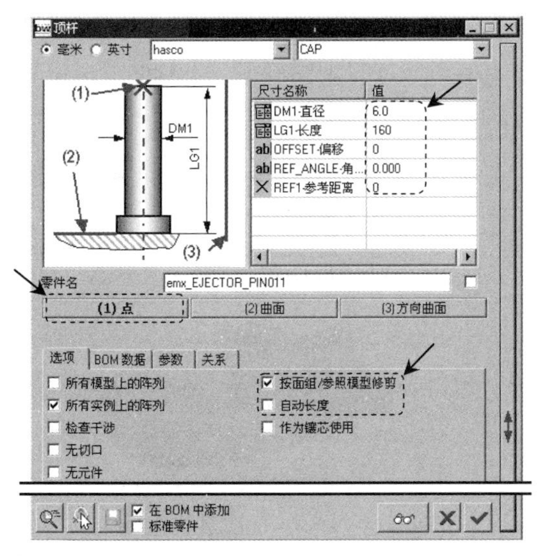

图 23.3.22 “顶杆”对话框

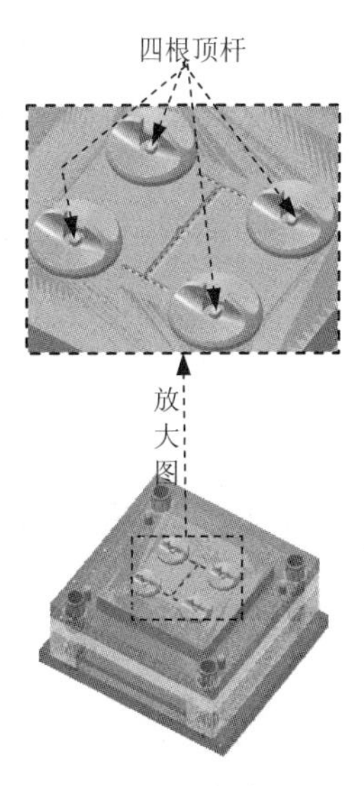

图 23.3.23 定义顶杆

23.3.7 添加复位杆

模具在闭合的过程中为了使推出机构回到原来的位置，必须设计复位装置，即复位杆。设计复位杆时，要将它的头部设计到动、定模的分型上，在合模时，定模一接触复位杆，就将顶杆及顶出装置恢复到原来的位置。下面介绍复位杆的一般添加过程。

说明：创建复位杆与创建顶杆使用的命令相同，创建时要确认在总装配环境中。

Step 1 创建复位杆参考点。

(1) 选择命令。单击 模型 功能选项卡 基准 ▾ 区域中的“草绘”按钮，系统弹出“草绘”对话框。

(2) 定义草绘平面，选取图 23.3.24 所示的表面为草绘平面，选取图 23.3.24 所示的工件侧面为参照平面，方向为 右。单击 草绘 按钮，至此系统进入截面草绘环境 。

(3) 截面草图。绘制图 23.3.25 所示的截面草图（两个点），单击 **草绘** 功能选项卡 基准 ▾ 区域中的“点”按钮 ×，完成截面的绘制后，单击“草绘”操控板中的“确定”按钮 ✔。

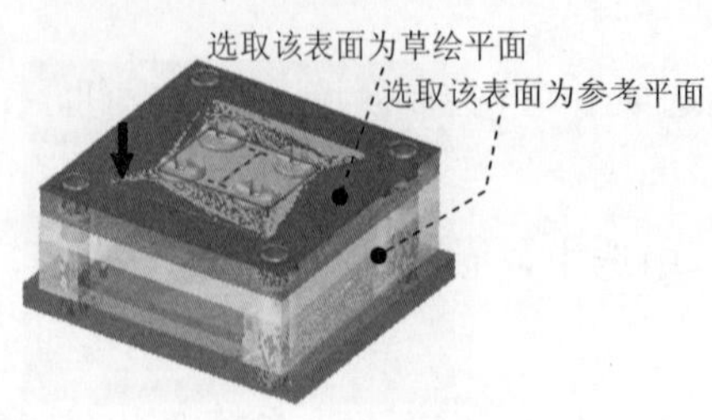

图 23.3.24　定义草绘平面

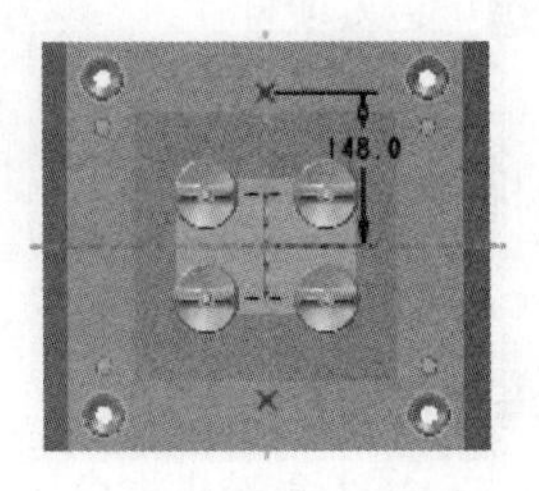

图 23.3.25　截面草图

Step 2　定义复位杆。

（1）复制复位杆修剪曲面。在屏幕右下角的“智能选择栏”中选择“几何”选项。选取图 24.3.26 所示的表面，单击 模型 功能选项卡 操作 ▼ 区域中的“复制”按钮，单击“粘贴”按钮。在“曲面：复制”操控板中单击 ✓ 按钮。

（2）依次单击 EMX 常规 功能选项卡 工具 ▼ 控制区域中的 EMX 工具 ▼ ➡ 识别修剪面 选项，系统弹出“顶杆修剪面”对话框，单击对话框中的 +，系统弹出“选择”对话框，选取步骤（1）复制的曲面为顶杆修剪面，在“选择”对话框中单击 确定 按钮，单击“完成”按钮 ✓。

（3）选择命令。依次单击 EMX 工具 功能选项卡 顶杆 控制区域中的按钮，系统弹出“顶杆”对话框。

（4）定义复位杆直径和长度。在对话框中选中 ☑ 按面组/参照模型修剪 复选框，取消选中 ☐ 自动长度 复选框，然后在 DM1-直径 下拉列表中选择 16.0，在 LG1-长度 下拉列表中选择 160。

（5）定义参考点。单击对话框中的 (1)点 按钮，系统弹出“选择”对话框，选取 Step1 创建的任意一点，单击“完成”按钮 ✓，结果如图 23.3.27 所示。

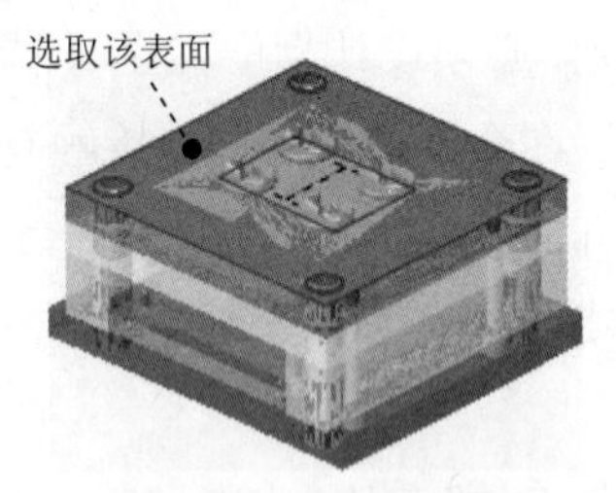

图 24.3.26　复制曲面

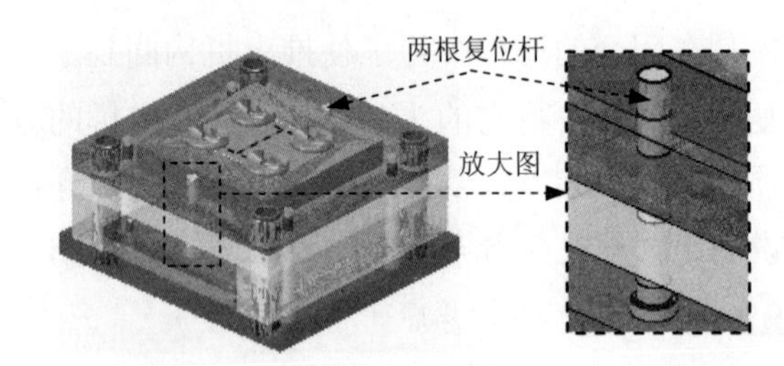

图 23.3.27　定义复位杆

23.3.8　添加拉料杆

模具在开模时，将浇注系统中的废料拉到动模一侧，保证在下次注塑时不会因废料而影响到注塑，再通过顶出机构将废料和塑件一起顶出。下面介绍拉料杆的一般添加过程。

说明：创建拉料杆与创建顶杆使用的命令相同，创建时要确认在总装配环境中。

Step 1　创建拉料杆参考点。单击 模型 功能选项卡 基准 ▾ 区域中的“草绘”按钮，系统弹出“草绘”对话框；定义草绘平面，选取图 23.3.28 所示的表面为草绘平面，选取图 23.3.28 所示的工件侧面为参照平面，方向为 右。单击 草绘 按钮，至此系统进入截面草绘环境；绘制图 23.3.29 所示的截面草图（一个点），单击 草绘 功能选项卡 基准 ▾ 区域中的“点”按钮，完成截面的绘制后，单击“草绘”操控板中的“确定”按钮✔。

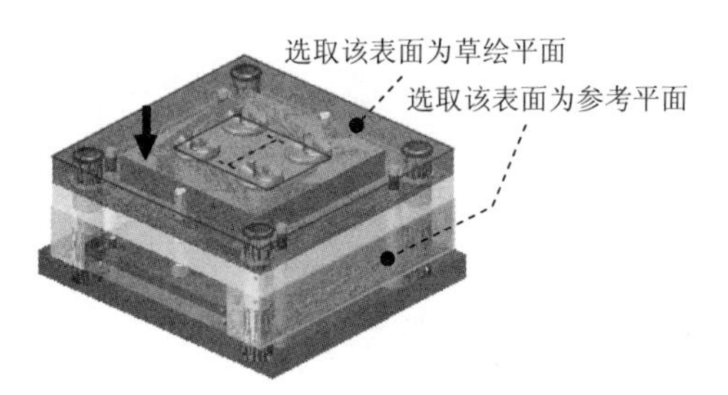

图 23.3.28　定义草绘平面

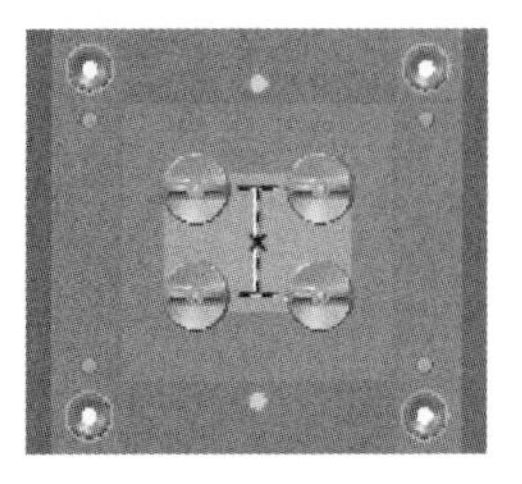

图 23.3.29　截面草图

Step 2　定义拉料杆。依次单击 EMX 工具 功能选项卡 顶杆 控制区域中的按钮，系统弹出“顶杆”对话框；单击对话框中的 (1)点 按钮，系统弹出“选择”对话框，选择 Step1 创建的点；在对话框中的 DM1-直径 下拉列表中选择 9.0，在对话框中选中 ☑ 按面组/参照模型修剪 复选框，取消选中 ☐ 自动长度 复选框，在 LG1-长度 下拉列表中选择 160，单击“完成”按钮✔；根据系统 选择一个修剪面。的提示，依次在“选择”对话框中单击 确定 按钮，结果如图 23.3.30 所示。

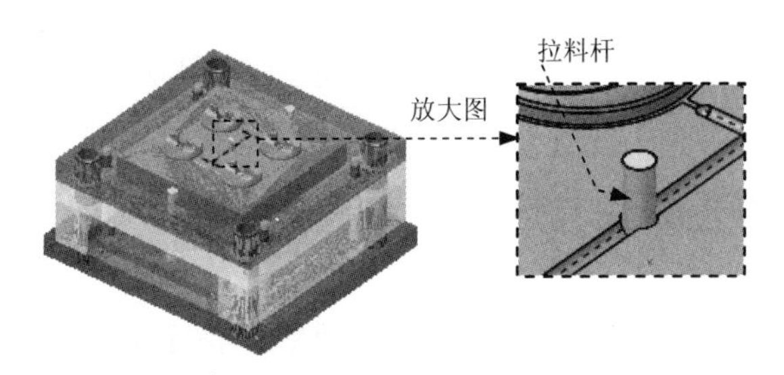

图 23.3.30　定义拉料杆

Step 3　编辑拉料杆。

（1）打开模型。在模型树中选择 Step2 创建的拉料杆 ▸ EMX_EJECTOR_PIN016.PRT 并右击，在弹出的快捷菜单中选择 打开 命令，系统转到零件模式下。

（2）单击 模型 功能选项卡 形状 ▾ 区域中的 拉伸 按钮，此时出现“拉伸”操控板。

（3）定义草绘截面放置属性。右击，从弹出的菜单中选择 定义内部草绘... 命令，在系统 ➡选择一个平面或曲面以定义草绘平面。的提示下，在模型树中选取 DTM_X_Z 为草绘平面，然后选取 DTM_Y_Z 为参照平面，方向为 右 。单击 草绘 按钮，至此系统进入截面草绘环境 。

（4）截面草图。绘制图 23.3.31 所示的截面草图，完成截面的绘制后，单击“草绘”操控板中的“确定”按钮✔。

（5）设置深度选项。在操控板中选取深度类型（对称的），在文本框中输入 10.0；在操控板中单击“移除材料”按钮；在“拉伸”操控板中单击✔按钮。完成特征的创建。结果如图 23.3.32 所示。

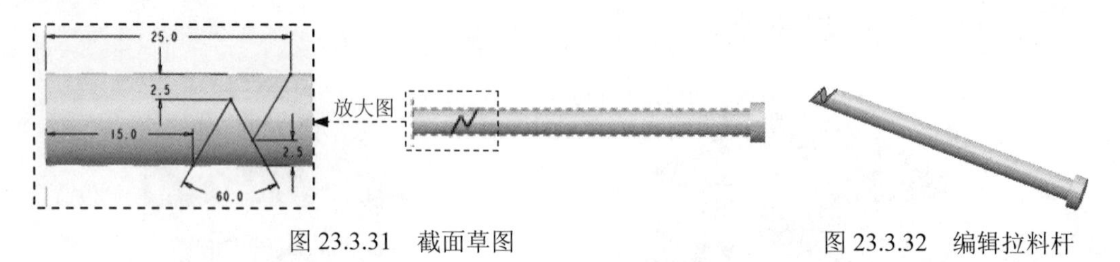

图 23.3.31　截面草图　　　　图 23.3.32　编辑拉料杆

（6）关闭窗口。选择下拉菜单 文件 → 关闭(C) 命令。

23.3.9　定义模板

考虑添加后的模板并不完全符合模具设计要求，需要对模具元件和模板进行重新定义，即在定模板和动模板中挖出凹槽来放置型腔，用于镶嵌模具的型腔零件和型芯零件。

Step 1　定义动模板。

（1）打开模型。在模型树中选择动模板 EMX_CAV_PLATE_MH001.PRT 并右击，在弹出的快捷菜单中选择 打开 命令，系统转到零件模式下。

（2）单击 模型 功能选项卡 形状 区域中的 拉伸 按钮，此时出现“拉伸”操控板。

（3）定义草绘截面放置属性。选取图 23.3.33 所示的表面为草绘平面，然后选取图 23.3.33 所示的表面为参照平面，方向为 右 。单击 草绘 按钮，至此系统进入截面草绘环境 。

（4）截面草图。绘制图 23.3.34 所示的截面草图，完成截面的绘制后，单击“草绘”操控板中的“确定”按钮✔。

（5）设置深度选项。在操控板中选取深度类型（指定深度值），在文本框中输入数值 30.0（如果方向相反则单击反向按钮）；在操控板中单击“移除材料”按钮；在“拉伸”操控板中单击✔按钮。完成特征的创建，结果如图 23.3.35 所示。

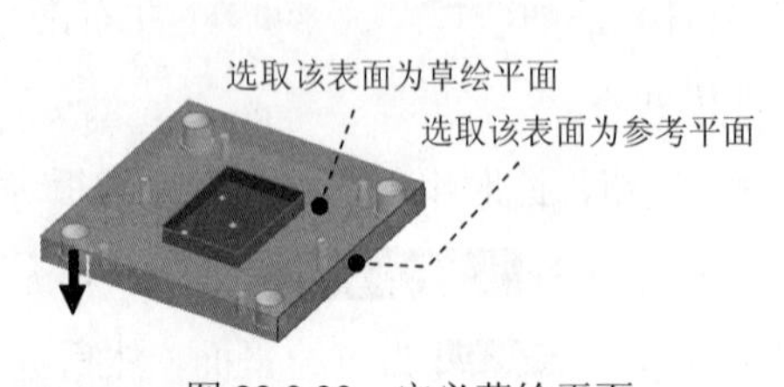

图 23.3.33　定义草绘平面

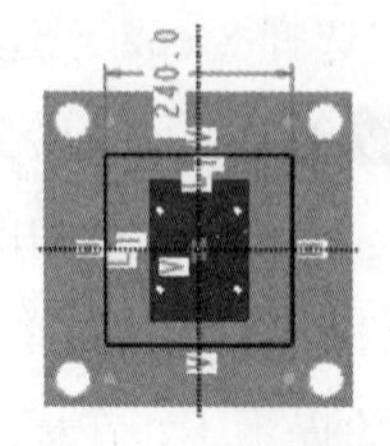

图 23.3.34　截面草图

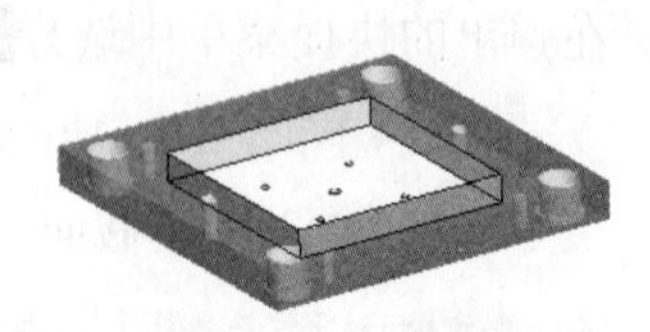

图 23.3.35　编辑动模板

（6）单击 模型 功能选项卡 形状▼ 区域中的 拉伸 按钮，此时出现“拉伸”操控板。

（7）定义草绘截面放置属性。选取图 23.3.36 所示的表面为草绘平面，然后选取图 23.3.36 所示的表面为参照平面，方向为 右 。单击 草绘 按钮，至此系统进入截面草绘环境 。

（8）截面草图。绘制图 23.3.37 所示的截面草图，完成截面的绘制后，单击“草绘”操控板中的“确定”按钮✔。

（9）设置深度选项。在操控板中选取深度类型 （指定深度值），在文本框中输入数值 10.0。(如果方向相反则输入-10.0)；在操控板中单击“移除材料”按钮 ；在“拉伸”操控板中单击✔按钮。完成特征的创建。结果如图 23.3.38 所示。

选取该表面为草绘平面

选取该表面为参考平面

图 23.3.36　定义草绘平面

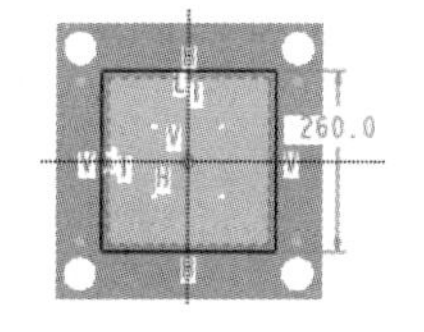

图 23.3.37　截面草图

图 23.3.38　编辑动模板

（10）关闭窗口。选择下拉菜单 文件▼ ➡ 关闭(C) 命令。

Step 2 定义下模元件。

（1）打开模型。在模型树中选择▼ GAS_OVEN_SWITCH_MOLD.ASM 节点下的下模元件 ▶ LOWER_VOL.PRT 并右击，在弹出的快捷菜单中选择 打开 命令，系统转到零件模式下。

（2）单击 模型 功能选项卡 形状▼ 区域中的 拉伸 按钮，此时出现“拉伸”操控板。

（3）定义草绘截面放置属性。选取图 23.3.39 所示的表面为草绘平面，然后选取图 23.3.39 所示的表面为参照平面，方向为 右 。单击 草绘 按钮，至此系统进入截面草绘环境。

（4）截面草图。绘制图 23.3.40 所示的截面草图（使用偏移命令），完成截面的绘制后，单击“草绘”操控板中的“确定”按钮✔。

（5）设置深度选项。在操控板中选取深度类型 （指定深度值），在文本框中输入数值 30.0(如果方向相反则输入-30.0)；在操控板中单击“移除材料”按钮 ；在“拉伸”操控板中单击✔按钮。完成特征的创建。结果如图 23.3.41 所示。

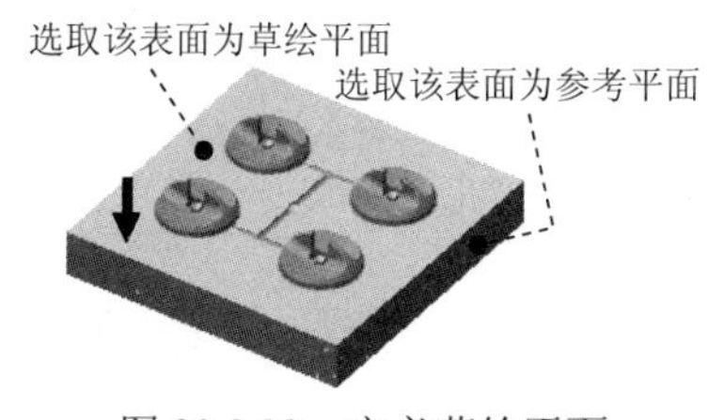

图 23.3.39　定义草绘平面

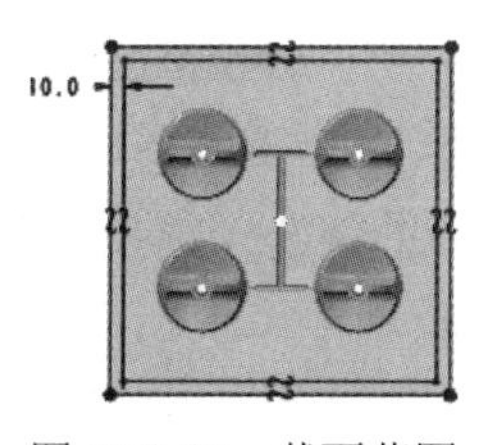

图 23.3.40　截面草图

图 23.3.41　编辑动模板

（6）关闭窗口。选择下拉菜单 文件▼ ➡ 关闭(C) 命令。

Step 3 定义动模座板。

（1）打开模型。在模型树中选择动模座板 EMX_CLP_PLATE_MH001.PRT 并右击，在弹出的快捷菜单中选择 打开 命令，系统转到零件模式下。

（2）单击 模型 功能选项卡 形状 区域中的 拉伸 按钮，此时出现“拉伸”操控板。

（3）定义草绘截面放置属性。选取图 23.3.42 所示的表面为草绘平面，然后选取图 23.3.42 所示的表面为参照平面，方向为 右 。单击 草绘 按钮，至此系统进入截面草绘环境 。

（4）截面草图。绘制图 23.3.43 所示的截面草图（一个圆），完成截面的绘制后，单击“草绘”操控板中的“确定”按钮✔。

（5）设置深度选项。在操控板中选取深度类型，（如果方向相反单击按钮），单击“移除材料”按钮，在“拉伸”操控板中单击✔按钮。完成特征的创建，结果如图 23.3.44 所示。

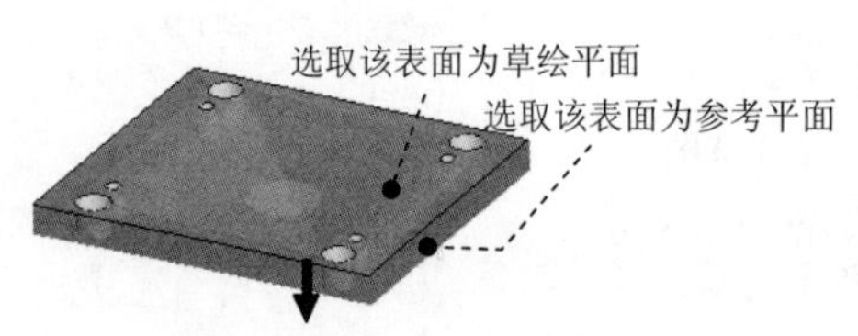

图 23.3.42　定义草绘平面

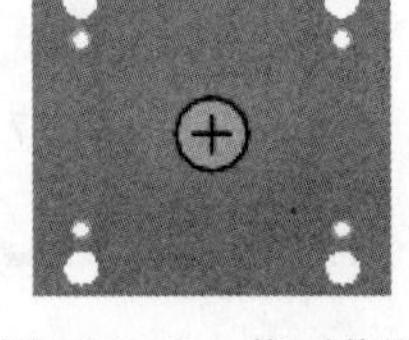
图 23.3.43　截面草图

图 23.3.44　编辑动模座板

（6）关闭窗口。选择下拉菜单 文件 → 关闭(C) 命令。

Step 4　定义定模板。

（1）显示定模。依次单击 EMX 常规 功能选项卡 视图 控制区域中的 显示 → 定模 按钮。

（2）打开模型。在模型树中选择动模座板 EMX_CAV_PLATE_FH001.PRT 并右击，在弹出的快捷菜单中选择 打开 命令，系统转到零件模式下。

（3）单击 模型 功能选项卡 形状 区域中的 拉伸 按钮，此时出现“拉伸”操控板。

（4）定义草绘截面放置属性。选取图 23.3.45 所示的表面为草绘平面，然后选取图 23.3.45 所示的表面为参照平面，方向为 顶 。单击 草绘 按钮，至此系统进入截面草绘环境。

（5）截面草图。绘制图 23.3.46 所示的截面草图，完成截面的绘制后，单击“草绘”操控板中的“确定”按钮✔。

（6）设置深度选项。在操控板中选取深度类型（指定深度值），在文本框中输入数值 60.0（如果方向相反单击按钮）；在操控板中单击“移除材料”按钮；在“拉伸”操控板中单击✔按钮。完成特征的创建，结果如图 23.3.47 所示。

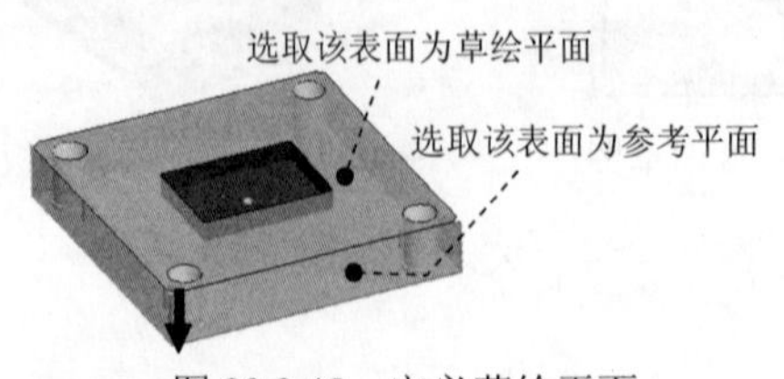

图 23.3.45　定义草绘平面

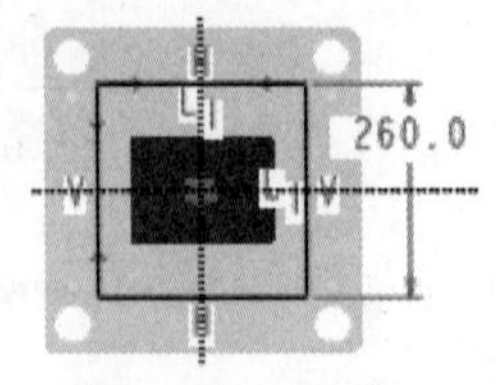

图 23.3.46　截面草图

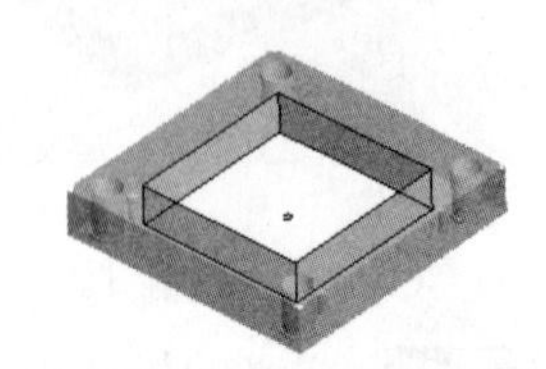
图 23.3.47　编辑定模板

（7）关闭窗口。选择下拉菜单 文件 → 关闭(C) 命令。

23.3.10 创建冷却系统

设计一个良好的冷却系统，可以缩短成型周期和提高生产效率。下面介绍冷却系统的一般创建过程。

Step 1 显示模架。依次单击 EMX 常规 功能选项卡 视图 控制区域中的显示 → 主视图 按钮。

Step 2 创建冷却孔参考点。

（1）选择命令。单击 模型 功能选项卡 基准 区域中的“草绘”按钮，系统弹出“草绘”对话框。

（2）定义草绘平面，选取图 23.3.48 所示的表面为草绘平面，选取图 23.3.48 所示的工件侧面为参照平面，方向为顶。单击 草绘 按钮，至此系统进入截面草绘环境 。

（3）截面草图。绘制图 23.3.49 所示的截面草图（八个点），完成截面的绘制后，单击“草绘”操控板中的“确定”按钮✔。

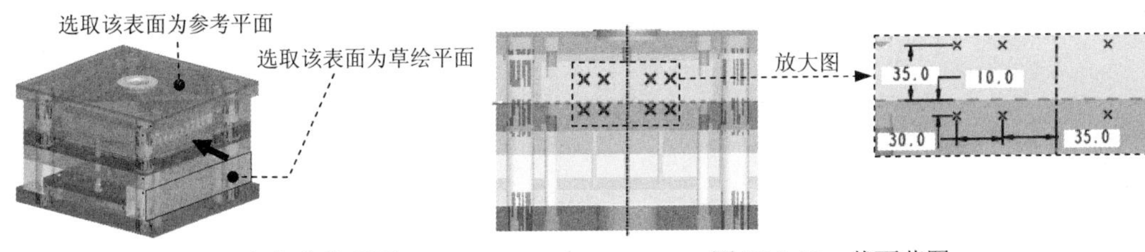

图 23.3.48 定义草绘平面　　图 23.3.49 截面草图

Step 3 定义冷却孔。

（1）选择命令。依次单击 EMX 工具 功能选项卡 Cooling 控制区域中的 定义 按钮，系统弹出“冷却元件”对话框。

（2）定义参考点。单击对话框中的 (1) 曲线|轴|点 按钮，系统弹出“选择”对话框，选取 Step2 创建的任意一点，单击 确定 按钮。

（3）定义参考曲面。单击对话框中的 (2) 曲面 按钮，系统弹出“选择”对话框，选取图 23.3.50 所示的曲面为参考曲面。

（4）在对话框的 NOM-直径 下拉列表中选择 9.0，在 G_DM-螺纹直径 下拉列表中选择 M8x0.75 选项，在 OFFSET-偏移 对话框中输入数值 0，在 概述 区域的 T5 文本框中输入数值 400.0，如图 23.3.51 所示，单击“完成”按钮✔，结果如图 23.3.52 所示。

图 23.3.50 定义参考曲面

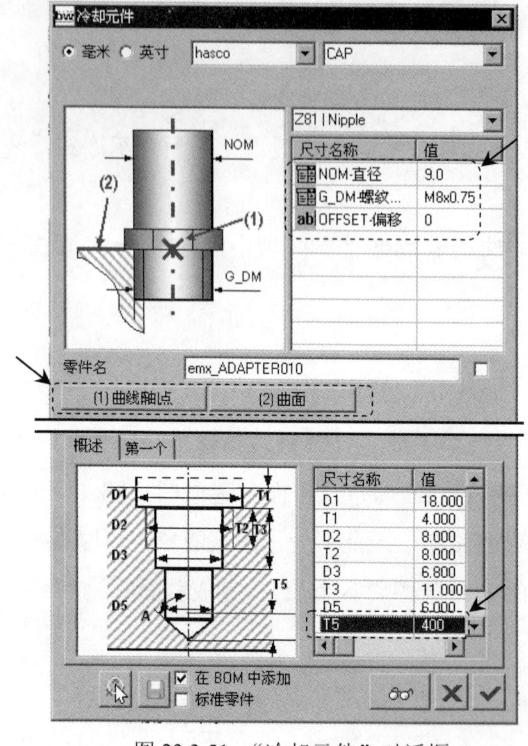

图 23.3.51 “冷却元件”对话框

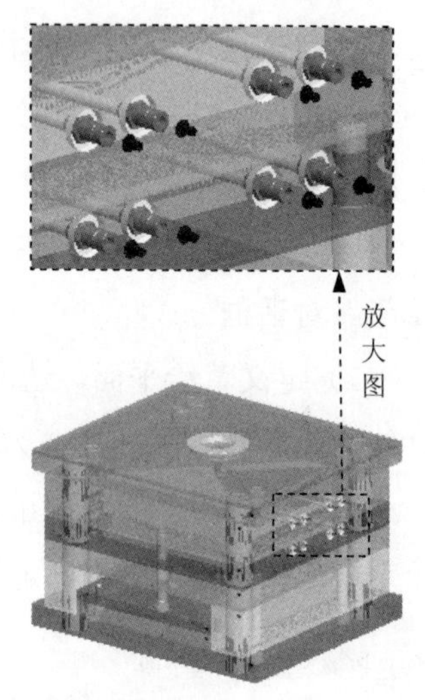

图 23.3.52 定义冷却系统

23.3.11 模架开模模拟

完成模架的所有创建和修改工作后，可以通过 EMX 模块中的 模架开模模拟 命令，来完成模架的开模仿真过程，并且还可以检查出模架中存在的一些干涉现象，以便用户做出及时的修改。下面介绍模架开模模拟的一般过程。

Step 1 选择命令。依次单击 **EMX 常规** 功能选项卡 工具 ▾ 控制区域中的 模架开模模拟 按钮，系统弹出“模架开模模拟”对话框。

Step 2 定义模拟数据。在 模拟数据 区域的 步距宽度 文本框中输入数值 5，在 模拟组 区域选中所有模拟组，单击“计算新结果”按钮，计算结果如图 23.3.53 所示。

Step 3 开始模拟。单击对话框中的“运行开始模拟”按钮，此时系统弹出图 23.3.54 所示的“动画”对话框，单击对话框中的播放按钮 ▶ ，视频动画将在绘图区中演示。

Step 4 模拟完后，单击“关闭”按钮 关闭 ，在“模架开模模拟”对话框中单击“完成”按钮✔。

Step 5 保存模型。单击 模型 功能选项卡中的 操作 ▾ 区域的 重新生成 ▾ 按钮，在系统弹出的下拉菜单中单击 重新生成 按钮，选择下拉菜单 文件 ▾ ➡ 保存(S) 命令。

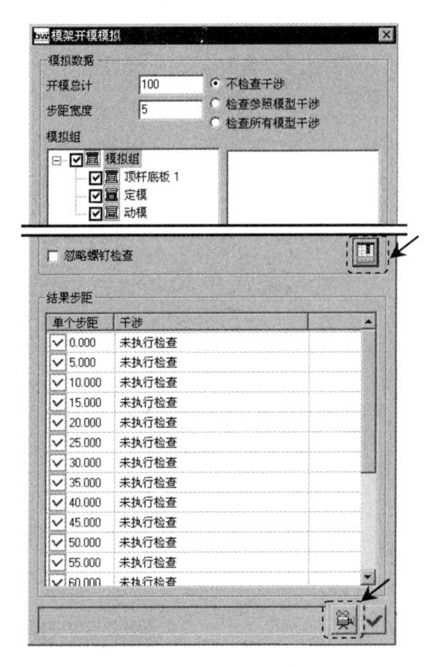

图 23.3.53 “模架开模模拟”对话框

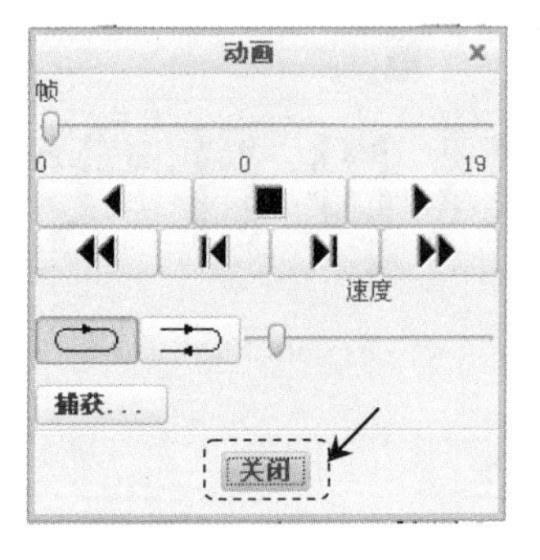

图 23.3.54 “动画”对话框

24 模具设计实际综合应用

24.1 应用 1——滑块和侧抽芯机构的模具设计

24.1.1 概述

进行塑件的模具设计，设计人员首先应对塑件进行分析与检查，包括拔模检查、厚度检查以及面积的计算等；其次进行模具的结构设计，包括型腔的数目、分型线及分型面的设计等；最后调入标准模架，包括顶出机构、侧抽结构设计等。在本应用中介绍了一个完整模具的设计过程，重点为滑块和侧抽芯机构的设计，在学习本应用时，应注意体会各个机构的设计思路，同时应注意设置相应的参数。载入模架后的结果如图 24.1.1 所示。下面介绍该模具型腔的设计过程。

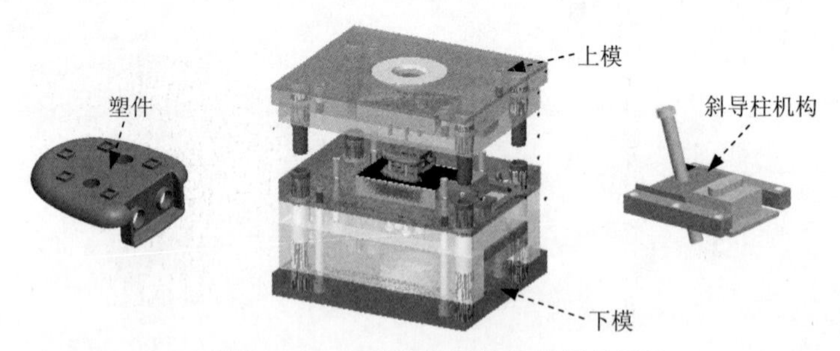

图 24.1.1　滑块和侧抽机构的模具设计

24.1.2 技术要点分析

（1）分型面的设计中使用复制与延伸、填充及边界混合相结合的方法。

（2）创建滑块分型面是为了能顺利开模，侧孔则需要使用滑块结构。

（3）该模型只设计了一个滑块进行抽取，如果在设计中创建两个滑块同样也可以抽取，但在后面的标准模架上添加斜导柱就相对比较繁琐。

（4）在进行模仁设计后，进行了塑料顾问的分析，可使设计者更清楚地了解塑料在模仁中的填充情况等。

（5）在标准模架中添加斜导柱滑块时，要注意参考坐标系中 X 及 Z 轴的定义，X 轴要指向滑块的放置方向，Z 轴要指向定模的一侧。

24.1.3　模具设计前分析与检查

Task1．拔模检查

Stage1．进行零件内表面的拔模检查分析

Step 1　打开 D:\creo2mo\work\ch24.01.03\ power_cover_mold.asm。

Step 2　遮蔽坯料。在模型树中右击 ▸ WP.PRT，选择 遮蔽 命令。

Step 3　单击 **模具** 功能选项卡 分析 ▾ 区域中的“模具分析”按钮。在系统弹出的“模具分析”对话框中进行如下操作：

（1）选择分析类型。在 类型 区域的下拉列表中选择 拔模检查 选项。

（2）选择分析曲面。在 曲面 区域的下拉列表中，选择 零件 选项，然后单击 按钮，系统弹出“选择”对话框。选取零件 POWER_COVER_MOLD_REF.PRT 为要拔模检查的对象，在“选择”对话框中单击 确定 按钮。

（3）定义拖动方向。在 拖拉方向 下拉列表中选择 平面 选项，选取 MAIN_PARTING_PLN 基准平面作为拔模参考平面。此时系统显示出拔模方向，由于要对零件内表面进行拔模检查，因此该方向不是正确的拔模方向，单击 **反向方向** 按钮。

（4）设置拔模角度选项。在 角度选项 区域选中 ○ 双向 单选项，然后设置拔模角度检查值为 2.0，然后按 Enter 键。

（5）单击对话框中的 显示... 按钮，系统弹出“拔模检查-显示设置”对话框，在对话框中，将 色彩数目 设置为 4，选中 ☑ 条纹着色 复选框，选中 ☑ 动态更新 复选框，单击 确定 按钮。

（6）在“模具分析”对话框中单击 计算 按钮，此时系统开始进行分析，然后在参考模型上以色阶分布的方式显示出检查的结果，如图 24.1.2 所示。从图中可以看出，零件的内表面显示为紫红色，表明由此方向拔模时没有干涉。

Stage2．进行零件外表面的拔模检查分析

Step 1　在“模具分析”对话框中单击 **反向方向** 按钮。

Step 2　单击 计算 按钮，对零件外表面进行拔模检查，则检查结果如图 24.1.3 所

示。从图中可以看出，零件的外表面凹槽为蓝色，表明拔模时此部位将会有干涉，所以此凹槽部位必须设计滑块，才能顺利脱模。

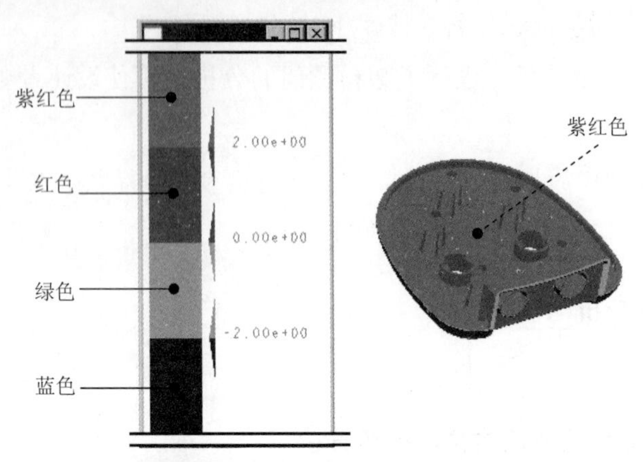

图 24.1.2　内表面拔模检测分析

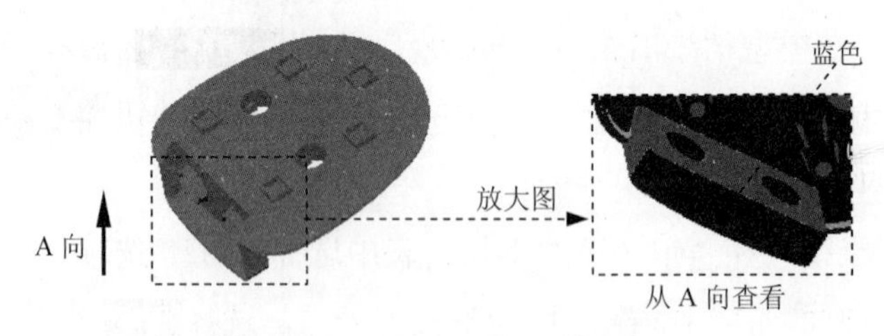

图 24.1.3　外表面拔模检查分析

Step 3　在“模具分析”对话框中单击 关闭 按钮，完成拔模检查分析。

Task2. 厚度检查

Step 1　单击 **模具** 功能选项卡 分析 ▾ 区域中的“厚度检查”按钮，系统弹出“模具分析”对话框。

Step 2　零件 区域的 按钮自动按下，选择 POWER_COVER_MOLD_REF.PRT 为要检查的零件。系统弹出“设置平面”菜单。

Step 3　在 设置厚度检查 区域，按下 **层切面** 按钮。

Step 4　定义层切面的起始和终止位置。此时 起点 区域的 按钮自动按下，选取零件前部端面上的一个顶点，以定义切面的起点（图 24.1.4），此时 终点 区域的 按钮自动按下，选取零件后部端面上的一个顶点以定义切面的终点（图 24.1.4）。

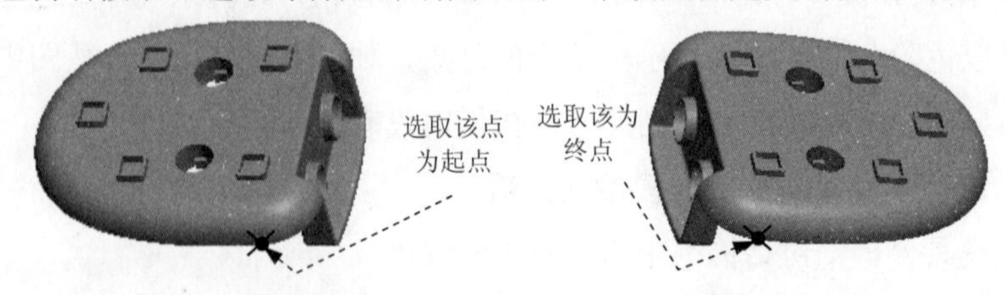

图 24.1.4　选择层切面的起点和终点

Step 5 定义层切面的排列方向。在 层切面方向 下拉列表中选择 平面 选项，然后在系统 ➡选择将垂直于此方向的平面. 的提示下，选取 MOLD_RIGHT 基准平面， 在“一般选取方向”菜单中选择 Okay（确定）命令，确认该图中的箭头方向为层切面的方向。

Step 6 设置各切面间的偏距值。设置 层切面偏移 的值为 6.0。

Step 7 定义厚度的最大和最小值。在 厚度 区域，设置最大厚度值为 4.0，然后选中 ☑ 最小 复选框，设置最小厚度值为 0.5。

Step 8 结果分析。

（1）单击对话框中的 计算 按钮，系统开始进行分析，然后在 结果 栏中显示出检查的结果。也可以单击 信息 按钮，则系统弹出图 24.1.5 所示的窗口，从该窗口可以清晰地查看每一个切面的厚度是否超出设定范围以及每个切面的截面积，查看后关闭该窗口。

信息窗口（thickn.dat）

文件 编辑 视图

#	大于最大	小于最小	横截面面面积
1:	否	是	61.169081
2:	是	否	191.467785
3:	否	否	198.861039
4:	是	否	358.931677
5:	是	是	312.347118
6:	否	否	269.943878
7:	否	否	317.277208
8:	否	否	262.137168
9:	否	否	255.918028
10:	否	否	355.858368
11:	是	否	372.124345
12:	是	否	198.551411

关闭

图 24.1.5 信息窗口

（2）单击对话框中的 全部显示 按钮，则参考模型上显示出全部剖面，如图 24.1.6 所示，图中加黑显示的剖面表示超出厚度范围，浅黑色剖面表示符合厚度范围（在缺省状态下）。

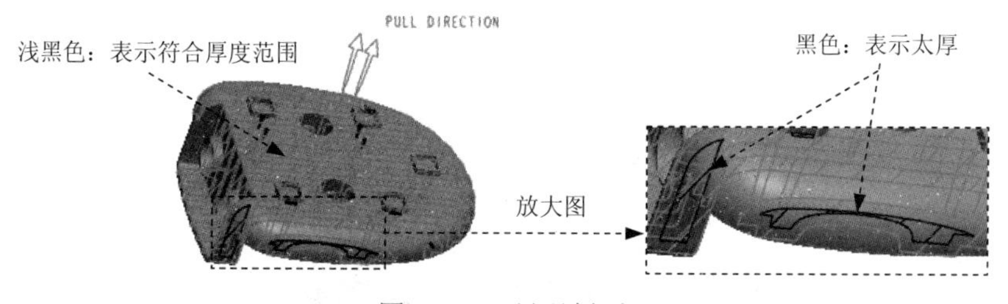

图 24.1.6 显示剖面

Step 9 单击“模具分析”对话框中的 关闭 按钮，完成零件的厚度检查。

Task3. 计算投影面积

Step 1 单击 **模具** 功能选项卡 分析 ▾ 区域中的“投影面积”按钮，系统弹出图 24.1.7

所示的“测量”对话框。

Step 2 在 图元 区域的下拉列表中选择所有参考零件选项。

Step 3 在 投影方向 下拉列表中选择平面选项，此时系统提示 选择将垂直于此方向的平面.，选取 MAIN_PARTING_PLN 基准平面以定义投影方向，如图 24.1.8 所示。

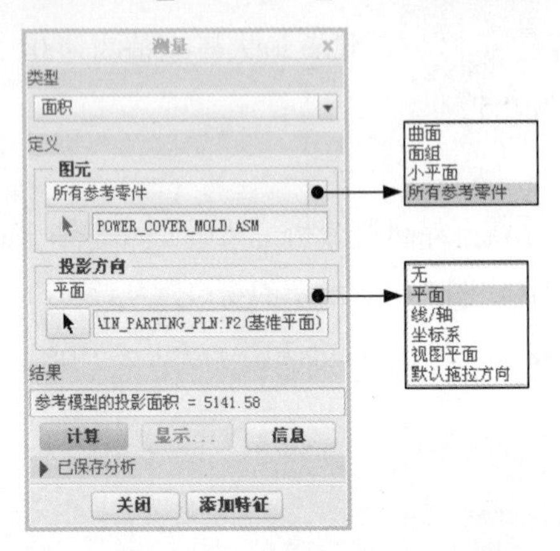

图 24.1.7 “测量”对话框

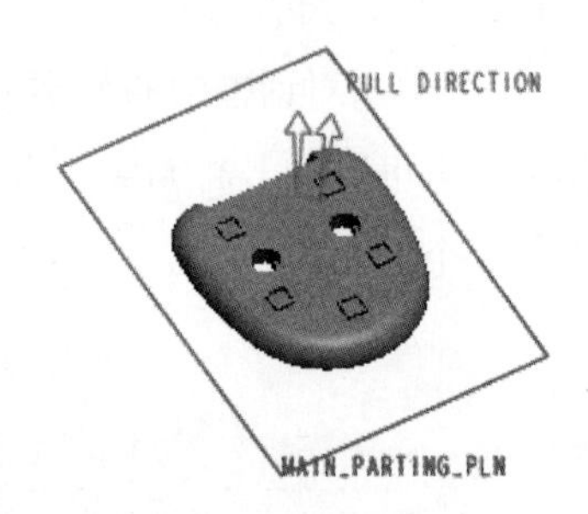

图 24.1.8 定义投影方向

Step 4 单击对话框中的 计算 按钮，系统开始计算，然后在结果栏中显示出计算结果，投影面积为 5141.58，如图 24.1.7 所示。

Step 5 单击对话框中的 关闭 按钮，完成投影面积的计算。

Step 6 关闭窗口。选择下拉菜单 文件 → 关闭(C) 命令。单击 文件 → 管理会话(M) → 拭除未显示的(D)，系统弹出“拭除未显示的”对话框，单击 确定 按钮。

24.1.4 模具型腔设计

在图 24.1.9 所示的模具中，设计模具中创建了一个滑块，在开模时必须抽取滑块，才能将上、下模开启，下面介绍该模具型腔的设计过程。

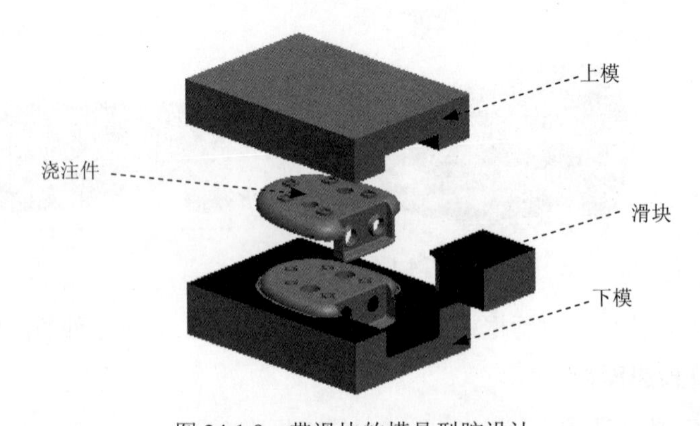

图 24.1.9 带滑块的模具型腔设计

Task1．新建一个模具制造模型，进入模具模块

Step 1 将工作目录设置为 D:\creo2mo\work\ch24.01.04。

Step 2 新建一个模具型腔文件，命名为 power_cover_mold，并选取 mmns_mfg_mold 模板。

Task2．建立模具模型

模具模型主要包括参考模型（Ref Model）和坯料（Workpiece），如图 24.1.10 所示。

Stage1．引入参考模型

Step 1 单击 **模具** 功能选项卡 参考模型和工件 区域 参考模型 中的“小三角”按钮 ▾，然后在系统弹出的列表中选择 组装参考模型 命令，系统弹出“打开”对话框。

Step 2 从弹出的文件“打开”对话框中，选取三维零件模型 power_cover.prt 作为参考零件模型，并将其打开。

Step 3 在“元件放置”操控板的“约束”类型的下拉列表框中选择 默认，将参考模型按默认放置，再在操控板中单击 ✓ 按钮。

Step 4 在系统自动弹出的“创建参考模型”对话框中单击 确定 按钮，完成后的结果如图 24.1.11 所示。

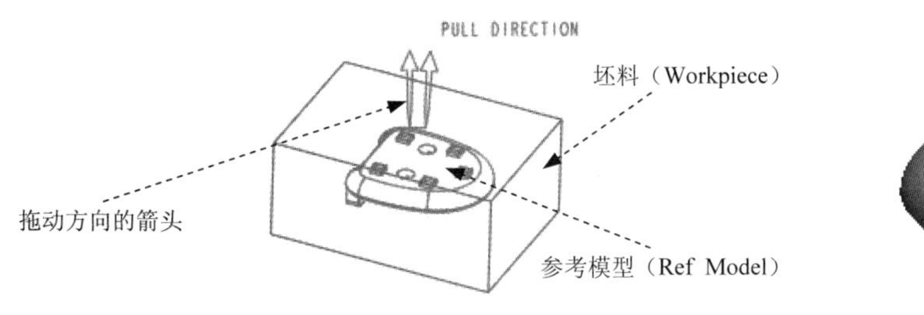

图 24.1.10 模具模型

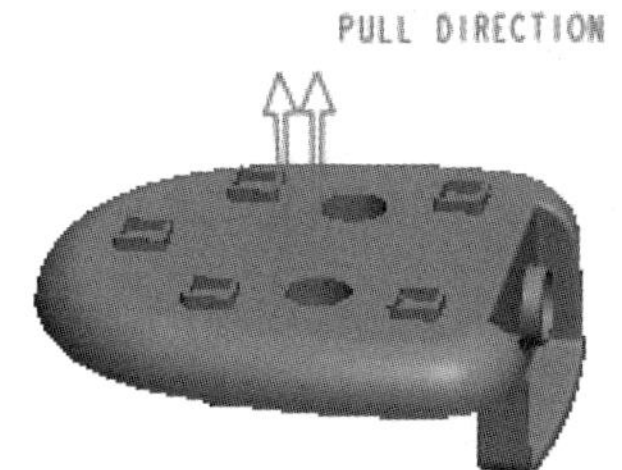

图 24.1.11 放置后

Stage2．定义坯料

Step 1 单击 **模具** 功能选项卡 参考模型和工件 区域 工件 中的“小三角”按钮 ▾，然后在系统弹出的列表中选择 创建工件 命令，系统弹出“元件创建”对话框。

Step 2 在弹出的“元件创建”对话框中，在 类型 区域选中 ◉ 零件 单选项，在 子类型 区域选中 ◉ 实体 单选项，在 名称 文本框中，输入坯料的名称 wp，然后单击 确定 按钮。

Step 3 在弹出的“创建选项”对话框中，选中 ◉ 创建特征 单选项，然后单击 确定 按钮。

Step 4 创建坯料特征。

（1）选择命令。单击 **模具** 功能选项卡 形状 ▾ 区域中的 拉伸 按钮，此时系统弹出“拉伸”操控板。

（2）创建实体拉伸特征。在出现的操控板中，确认“实体”按钮 被按下；在绘图区中右击，从快捷菜单中选择 定义内部草绘... 命令。系统弹出对话框，然后选择参考模型的 MAIN_PARTING_PLNMOLD_RIGHT 基准平面作为草绘平面，草绘平面的参考平面为

MOLD_RIGHT 基准平面，方位为顶；单击 草绘 按钮，系统进入截面草绘环境；系统弹出“参考”对话框，选取 MOLD_FRONT 基准平面和 MOLD_RIGHT 基准平面为草绘参考，然后单击 关闭(C) 按钮，绘制图 24.1.12 所示的特征截面。完成特征截面的绘制后，单击“草绘”操控板中的“确定”按钮✔；在操控板中选取深度类型（对称），再在深度文本框中输入深度值 60.0，并按回车键；在“拉伸”操控板中单击✔按钮，完成特征的创建。

Task3．设置收缩率

Step 1 单击**模具**功能选项卡生产特征按钮中的“小三角”按钮，在弹出的菜单中单击 按比例收缩 后的，在弹出的菜单中单击 按尺寸收缩 按钮。

Step 2 系统弹出“按尺寸收缩”对话框，确认公式区域的 1+S 按钮被按下，在收缩选项区域选中 ☑更改设计零件尺寸 复选框，在收缩率区域的 比率 栏中输入收缩率 0.006，并按回车键，然后单击对话框中的✔按钮。

Task4．创建模具主分型曲面

Stage1．采用复制法创建分型面

Step 1 单击 **模具** 功能选项卡 分型面和模具体积块 区域中的“分型面”按钮，系统弹出“分型面”功能选项卡。

Step 2 在系统弹出的“分型面”功能选项卡中的 控制 区域单击“属性”按钮，在弹出的“属性”对话框中输入分型面名称 main_ps，单击 确定 按钮。

Step 3 通过曲面复制的方法，复制模型的外表面。操作方法如下：

（1）在屏幕右下方的“智能选取栏”中选择“几何”选项，按住 Ctrl 键，依次选取模型的外表面；单击 **模具** 功能选项卡 操作 区域中的“复制”按钮。

说明：在选取模型外表面时可将毛坯遮蔽以便于选择，见视频录像。

（2）单击 **模具** 功能选项卡 操作 区域中的“粘贴”按钮，系统弹出“曲面：复制”操控板。

（3）在“曲面：复制”操控板中单击✔按钮，复制的分型面结果如图 24.1.13 所示。

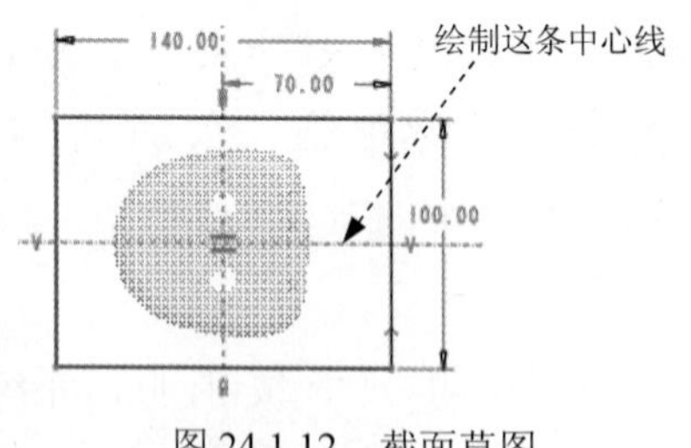

图 24.1.12　截面草图

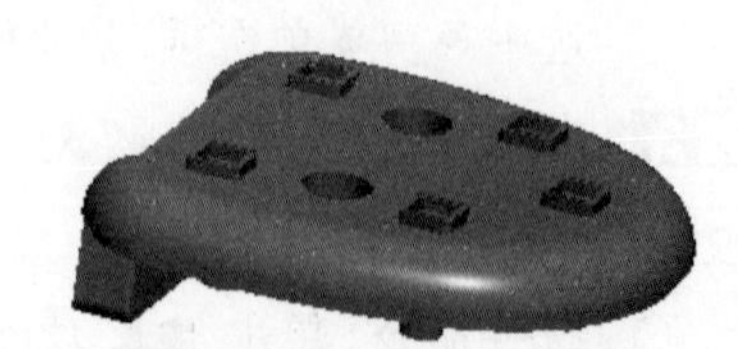

图 24.1.13　复制分型面

Step 4 创建图 24.1.14 所示的（填充）曲面 1。单击 填充 按钮；选取如图 24.1.14 所示的模型表面为草绘平面；绘制图 24.1.15 所示的截面草图；单击✔按钮，完成填充曲面 1 的创建。

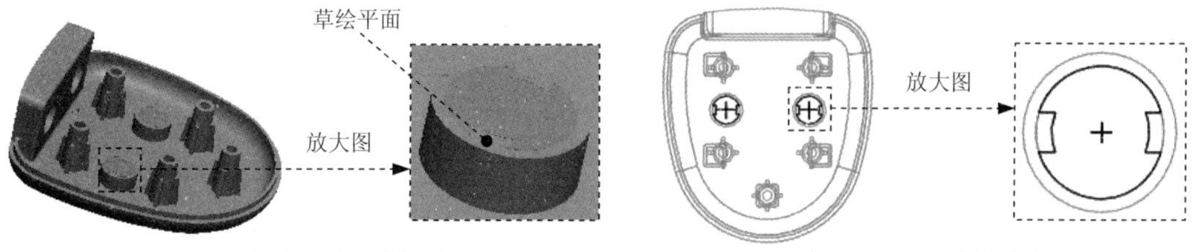

图 24.1.14　填充曲面 1　　　　图 24.1.15　截面草图

Step 5 通过“拉伸”的方法创建图 24.1.16 所示的拉伸曲面 1。单击 **分型面** 功能选项卡 形状 ▾ 区域中的 拉伸 按钮，此时系统弹出“拉伸”操控板；右击，从弹出的菜单中选择 定义内部草绘... 命令，在系统 ➪选择一个平面或曲面以定义草绘平面。 的提示下，依次选取图 24.1.17 所示的坯料表面为草绘平面和参考平面，方向为 底部；选取图 24.1.18 所示的边线为草绘参考，绘制图 24.1.18 所示的截面草图，完成截面的绘制后，单击“草绘”选项卡中的“确定”按钮 ✔；在操控板中，选取深度类型 ⊥⊥，选取图 24.1.16 所示的模型表面为拉伸终止面；在操控板中单击 ✔ 按钮，完成特征的创建。

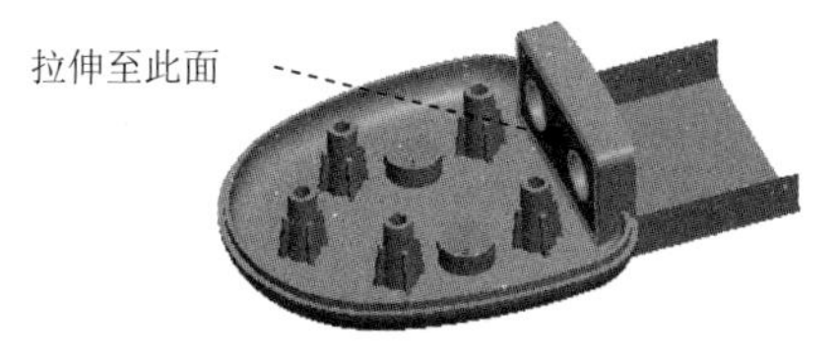

图 24.1.16　创建拉伸曲面 1

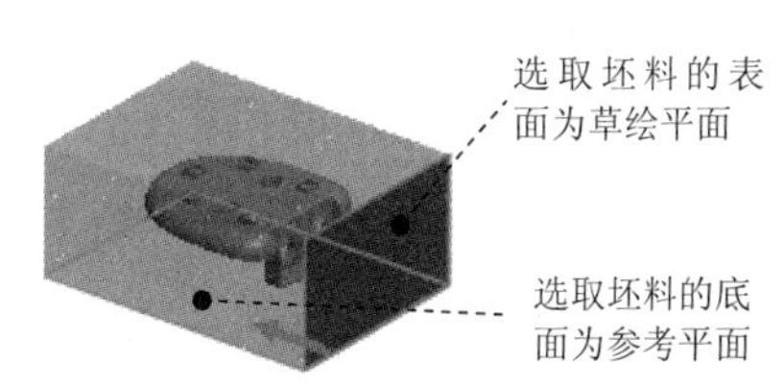

图 24.1.17　定义参照平面

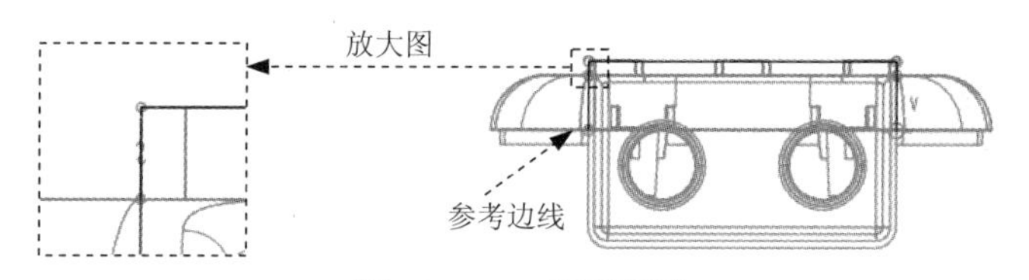

图 24.1.18　截面草图

Step 6 创建图 24.1.19 所示的（填充）曲面 2。单击 填充 按钮；选取如图 24.1.19 所示的模型表面为草绘平面，绘制图 24.1.20 所示的截面草图；单击 ✔ 按钮，完成填充曲面 2 的创建。

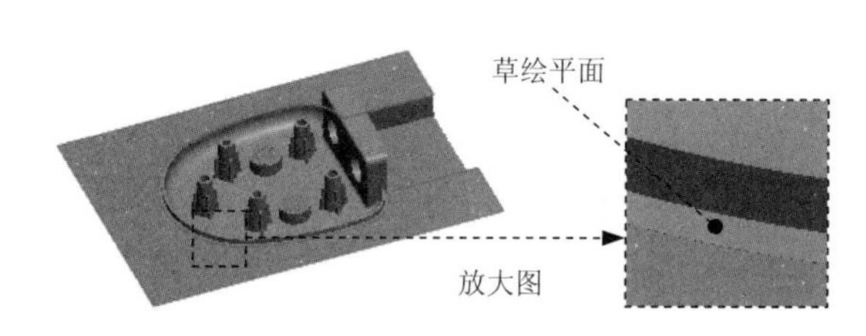

图 24.1.19　填充曲面 2

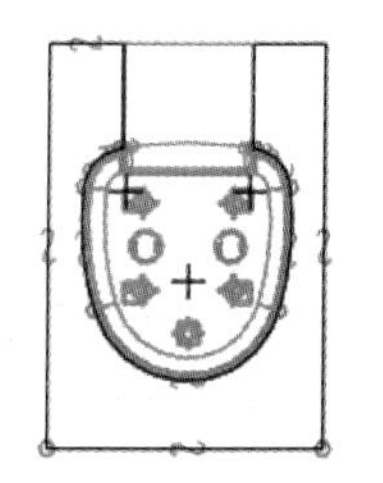

图 24.1.20　截面草图

Step 7 创建边界混合曲面 1。单击 **分型面** 功能选项卡 曲面设计 ▼ 区域中的按钮，此时弹出“边界混合”操控板；选取如图 24.1.21a 所示两条边线链第一方向的两条链，单击✔按钮。

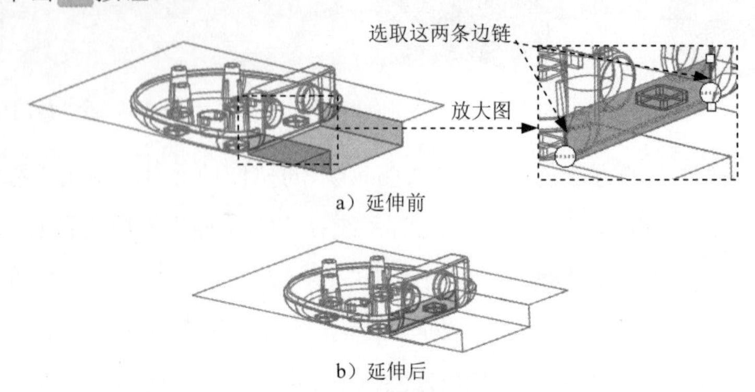

a）延伸前

b）延伸后

图 24.1.21 边界混合曲面 1

Step 8 将 Step5 的拉伸曲面 1 和 Step7 的边界混合曲面 1 合并在一起。按住 Ctrl 键，选取 Step5 创建的拉伸曲面 1 和 Step7 创建的边界混合曲面 1；单击 **分型面** 功能选项卡 编辑 ▼ 区域中的“合并”按钮，此时系统弹出“合并”操控板；单击按钮，预览合并后的面组，确认无误后，单击✔按钮，结果如图 24.1.22 所示。

Step 9 用相同的方法将填充曲面 1 与复制曲面 1 合并在一起。

Step 10 用相同的方法将 Step8 合并后的曲面与填充曲面 2 合并在一起。

Step 11 用相同的方法将上一步合并后的曲面与 Step9 创建的曲面合并在一起，要保留的方向如图 24.1.23 所示。

Step 12 在“分型面”选项卡中，单击“确定”按钮✔，完成分型面的创建。

Task5. 创建滑块分型曲面

Step 1 单击 **模具** 功能选项卡 分型面和模具体积块 ▼ 区域中的“分型面”按钮，系统弹出“分型面”功能选项卡。

Step 2 在系统弹出的“分型面”功能选项卡中的 控制 区域单击“属性”按钮，在弹出的“属性”对话框中输入分型面名称 slide_ps，单击 确定 按钮。

Step 3 通过“拉伸”的方法创建图 24.1.24 所示的拉伸曲面 2。

（1）单击 **分型面** 功能选项卡 形状 ▼ 区域中的 拉伸 按钮，此时系统弹出“拉伸”操控板。

图 24.1.22 合并曲面

图 24.1.23 保留方向

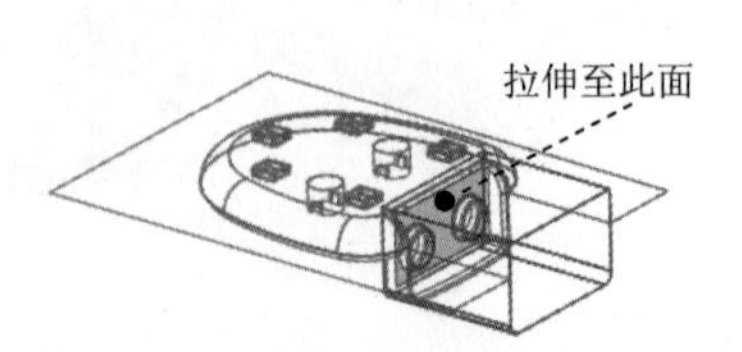

图 24.1.24 创建拉伸曲面 2

（2）定义草绘截面放置属性。右击，从弹出的菜单中选择 定义内部草绘... 命令，在系统 ➡选择一个平面或曲面以定义草绘平面. 的提示下，依次选取图 24.1.25 所示的坯料表面为草绘平面和参考平面，方向为 底部 。

（3）截面草图。绘制图 24.1.26 所示的截面草图，完成截面的绘制后，单击“草绘”选项卡中的“确定”按钮 ✔ 。

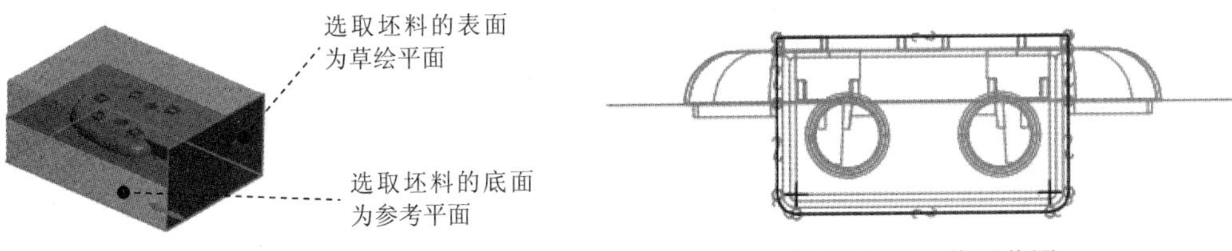

图 24.1.25 定义参照平面

图 24.1.26 截面草图

（4）选取深度类型并输入深度值。在操控板中，选取深度类型 ⊥⊥，选取图 24.1.24 所示的模型表面为拉伸终止面。

（5）在操控板中单击 ✔ 按钮，完成特征的创建。

Step 4 创建图 24.1.27 所示的（填充）曲面 3。单击 ▨ 填充 按钮；选取如图 24.1.25 所示的模型表面为草绘平面，绘制图 24.1.28 所示的截面草图；单击 ✔ 按钮，完成填充曲面 3 的创建。

图 24.1.27 填充曲面 3

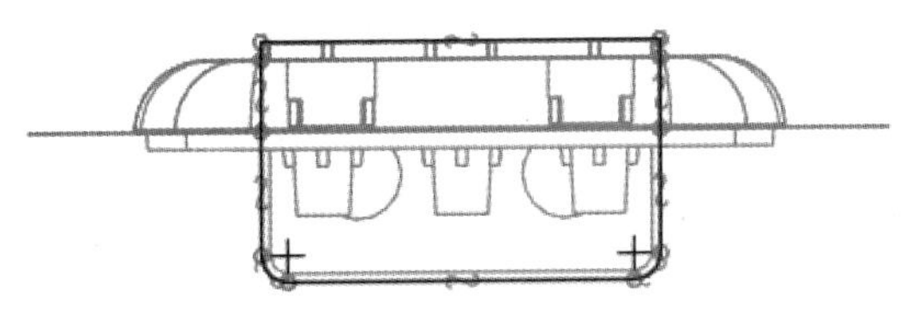

图 24.1.28 截面草图

Step 5 将拉伸曲面 2 与填充曲面 3 合并在一起。

Step 6 在“分型面”选项卡中，单击“确定”按钮 ✔，完成分型面的创建。

Task6. 用主分型面创建上、下两个体积块

Step 1 选择 **模具** 功能选项卡 分型面和模具体积块 ▾ 区域中的按钮 模具体积块 ▾ ➡ 体积块分割 命令（即用“分割”的方法构建体积块）。

Step 2 在 ▼ SPLIT VOLUME（分割体积块）菜单中，依次选择 Two Volumes（两个体积块）、All Wrkpcs（所有工件）和 Done（完成）命令，此时系统弹出“分割”对话框和“选择”对话框。

Step 3 在系统 ➡为分割工件选择分型面. 的提示下，选取主分型面，在“选择”对话框中单击 确定 按钮。在“分割”对话框中单击 确定 按钮。

Step 4 系统弹出“属性”对话框，同时坯料中分型面上侧的部分变亮，如图 24.1.29 所

示，输入体积块名称 lower_vol，单击 确定 按钮。

Step 5 系统再次弹出“属性”对话框，同时坯料中分型面下侧的部分变亮，如图 24.1.30 所示，输入体积块名称 upper_vol，单击 确定 按钮。

Task7. 创建滑块体积块

Step 1 选择 模具 功能选项卡 分型面和模具体积块 ▾ 区域中的按钮 模具体积块 ▾ → 体积块分割 命令（即用“分割”的方法构建体积块）

Step 2 选 择 ▼ SPLIT VOLUME（分割体积块） → One Volume（一个体积块） → Mold Volume（模具体积块） → Done（完成）命令，此时系统弹出“搜索工具”对话框。

Step 3 在系统弹出的“搜索工具”对话框中，单击列表中的 面组:F20(LOWER_VOL) 体积块，然后单击 >> 按钮，将其加入到 已选择 0 个项: 列表中，再单击 关闭 按钮。

Step 4 用“列表选取”的方法选取分型面。在系统 ➡为分割选定的模具体积块选择分型面. 的提示下，将鼠标指针移至模型中滑块分型面的位置右击，从快捷菜单中选取 从列表中拾取 命令；在系统弹出的“从列表中拾取”对话框中，单击列表中的 面组:F16(SLIDE_PS) 分型面，然后单击 确定(O) 按钮；然后单击“选择”对话框中的 确定 按钮；系统弹出 ▼ 岛列表 菜单，选中 ☑ 岛2 复选框，选择 Done Sel（完成选取）命令。

Step 5 单击“分割”对话框中的 确定 按钮。

Step 6 此时系统弹出“属性”对话框，同时体积块的滑块部分变亮，单击 着色 按钮，然后在对话框中输入名称 slide_vol，着色后的滑块分型曲面如图 24.1.31 所示，单击 确定 按钮。

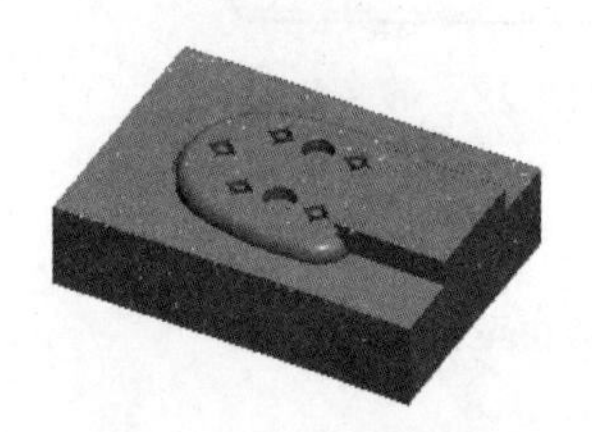
图 24.1.29 着色后的下侧部分

图 24.1.30 着色后的上侧部分

图 24.1.31 滑块体积块

Task8. 抽取模具元件及生成浇注件

将浇注件命名为 POWER_COVER_MOLDING。

Task9. 定义开模动作

Stage1. 将参考零件、坯料、分型面在模型中遮蔽起来

Stage2. 移动上模

Step 1 单击 模具 功能选项卡 分析 ▾ 区域中的“模具开模”按钮。系统弹出 ▼ MOLD OPEN（模具开模）菜单管理器。

Step 2　在弹出的 ▼ MOLD OPEN（模具开模）菜单管理器中依次单击 Define Step（定义步骤）➡ Define Move（定义移动）命令，系统弹出“选择”对话框。

Step 3　用“列表选取”的方法选取要移动的模具元件。在系统 ➡为迁移号码1 选择构件. 的提示下，先将鼠标指针移至模型中的上模位置，并右击，选取快捷菜单中的 从列表中拾取 命令；在系统弹出的“从列表中拾取”对话框中，单击列表中的上模模具零件 UPPER_VOL.PRT，然后单击 确定(O) 按钮；在“选择”对话框中单击 确定 按钮。

Step 4　在系统 ➡通过选择边、轴或面选择分解方向. 提示下，选取图 24.1.32 所示的边线为移动方向，然后在系统的提示下，输入要移动的距离值 50，按回车键。

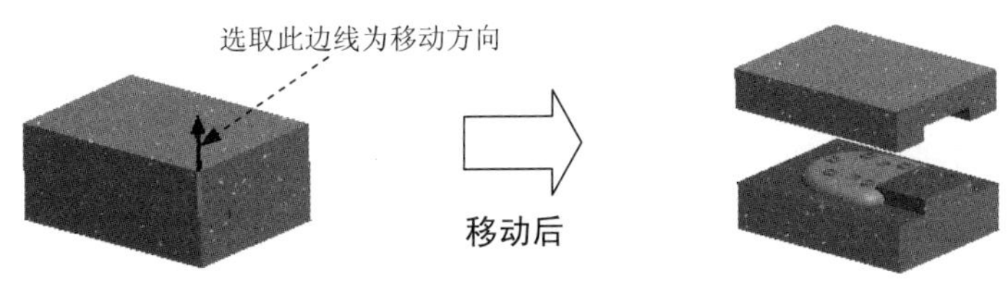

图 24.1.32　移动上模

Step 5　在 ▼ DEFINE STEP（定义步骤）菜单中选择 Done（完成）命令，完成上模的移动。

Stage3．移动滑块

参考 Stage2 的步骤，在 ▼ DEFINE STEP（定义步骤）菜单中选择 Define Move（定义移动）命令，选择滑块，移动方向如图 24.1.33 所示，移动距离值为-50.0，按回车键，选择 Done（完成）命令。

图 24.1.33　移动滑块

Stage4．移动下模

Step 1　参考 Stage2 的步骤，在 ▼ DEFINE STEP（定义间距）菜单中选择 Define Move（定义移动）命令，下模的移动方向如图 24.1.34 所示，移动距离值为-50.0，选择 Done（完成）命令。

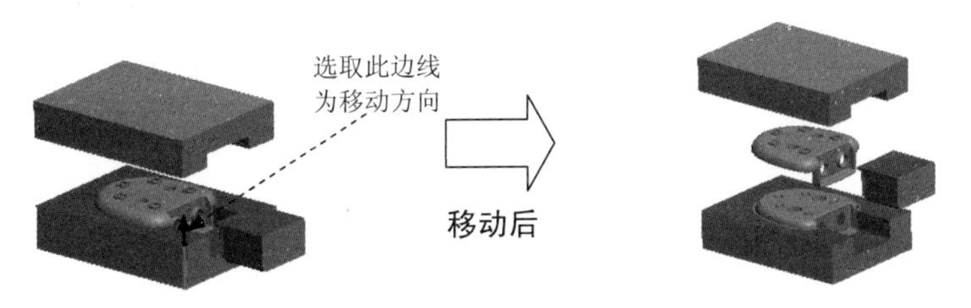

图 24.1.34　移动铸件

Step 2 在▼ MOLD OPEN（模具开模）菜单中，选择 Done/Return（完成/返回）命令，完成模具的开启。

Step 3 保存文件。单击 **模具** 功能选项卡中的 操作▼ 区域的 重新生成▼ 按钮，在系统弹出的下拉菜单中单击 重新生成 按钮，选择下拉菜单 文件▼ ➡ 保存(S) 命令，完成带滑块的模具型腔设计。

24.1.5 塑料顾问分析

塑料顾问是 Creo 2.0 系统的分析模块之一，在该模块中，用户通过简单的设定，系统将自动对塑料射出的成型模流进行分析，这样在模具设计阶段，使设计者能了解塑料在模穴中的填充情况。下面简要介绍塑料顾问在本例中的应用。

Step 1 设置工作目录及打开文件。将工作目录设置至 D:\ creo2mo\work\ch24.01.05；选择下拉菜单 文件▼ ➡ 打开(O) 命令，打开浇铸件 power_cover_molding.prt。

Step 2 在快速访问工具栏中单击“Plastic Advisor”按钮，进入“塑料顾问”模块。

Step 3 在系统弹出的”选择”对话框中单击 取消 按钮，进入 Plastic Advisoi 7.0 操作界面，系统显示 power_cover_molding 窗口。

说明：在不清楚浇口的最佳位置时，则可以不进行基准点的选择，直接单击 取消 按钮。

Step 4 分析最佳浇口位置。

（1）在 PLASTIC Advisor 7.0 操作界面工具栏中，单击按钮，系统弹出“Analysis Wizard-Analysis Selection”（分析选择）对话框，在该对话框中，选中 ☑Gate Location 复选框，单击 完成 按钮（接受塑料材料类型及默认工艺参数）。系统经过一段时间的计算，弹出“Results Summary”对话框，显示大概的分析结果，单击 Close 按钮，关闭对话框。分析结果如图 24.1.35 所示。

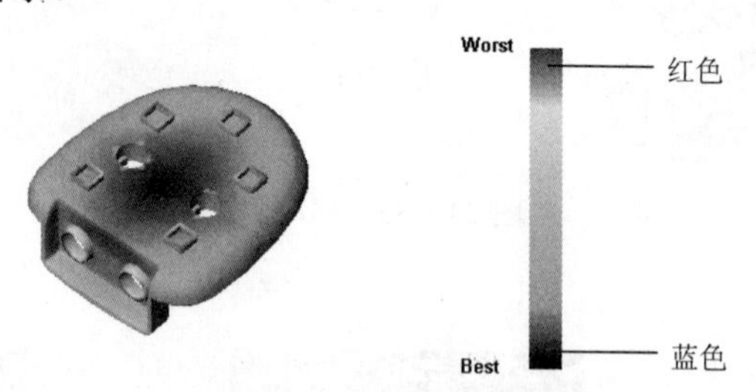

图 24.1.35 浇口位置分析

说明：图 24.1.35 所示的模腔中（塑件上）不同的部位显示不同颜色，不同的颜色代表不同的浇口位置质量。在屏幕右部带有浇口位置质量刻度的竖直颜色长条上，可查出每个部位的浇口位置质量。在颜色长条上，红色区域表示创建浇口位置质量最差处，蓝色区域表示创建浇口位置质量最好处。

（2）在工具栏中的播放控制工具条 100% 中，单击“播放”按钮▶，查看在注射过程中浇口位置的分布情况。

Step 5 模拟注射分析。

（1）在 PLASTIC Advisor 7.0 操作界面工具栏中单击按钮，在图 24.1.36 所示的位置单击一点，以确定浇口位置。此时系统弹出图 24.1.37 所示的对话框，单击 否(N) 按钮。

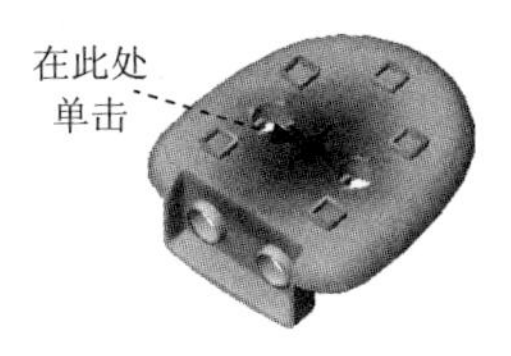

图 24.1.36　定义浇口位置

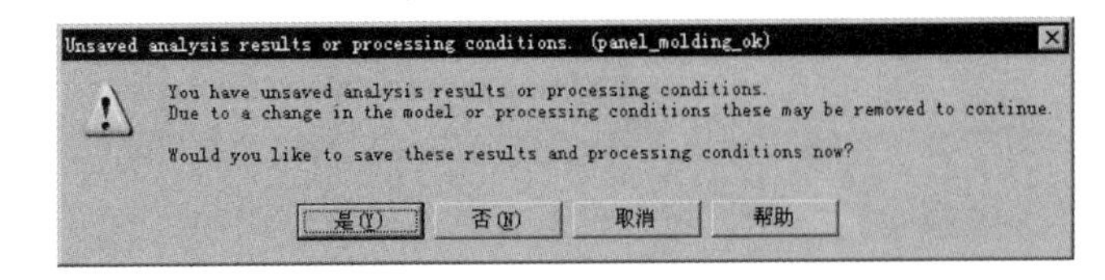

图 24.1.37　“Unsaved analysis results or processing conditions”对话框

（2）在 PLASTIC Advisor 7.0 操作界面工具栏中，单击按钮，系统弹出“Analysis Wizard-Analysis Selection”（分析选择）对话框，在该对话框中选中 Plastic Filling 复选框，单击 完成 按钮（接受塑料材料类型及工艺默认参数）。此时系统弹出图 24.1.37 所示的对话框，单击 否(N) 按钮，此时系统开始注射模拟分析，如图 24.1.38 所示。

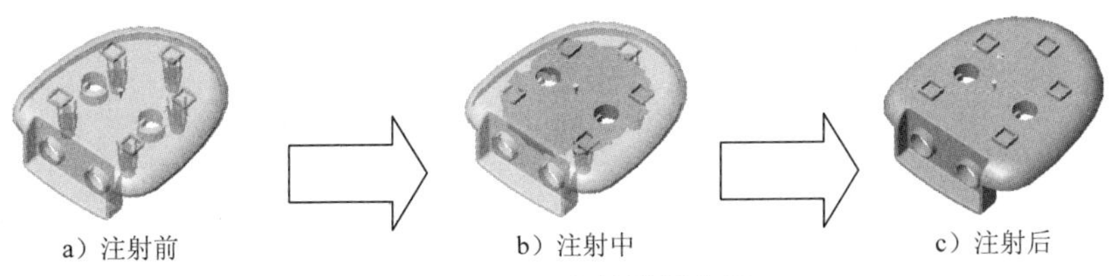

图 24.1.38　注射模拟分析

（3）注射模拟分析后，系统弹出“Results Summary”对话框，单击 Close 按钮，查看结果如图 24.1.39 所示。

说明： 图 24.1.39 所示的模腔中（塑件上）显示绿色，表示此塑件在完成注射后能够注满。

Step 6 对塑件进行熔接痕分析。在工具栏中单击“熔接痕分析”按钮，可以检查塑件上出现的 Weld Line（熔接痕）位置。此时系统将会在塑件上给出可能产生熔接痕的位置，分析结果表明该塑件在注塑的过程中会产生熔接痕，结果如图 24.1.40 所示。

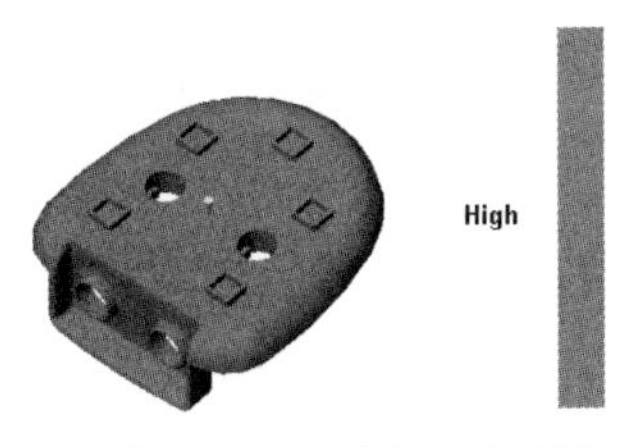

图 24.1.39　注射分析结果

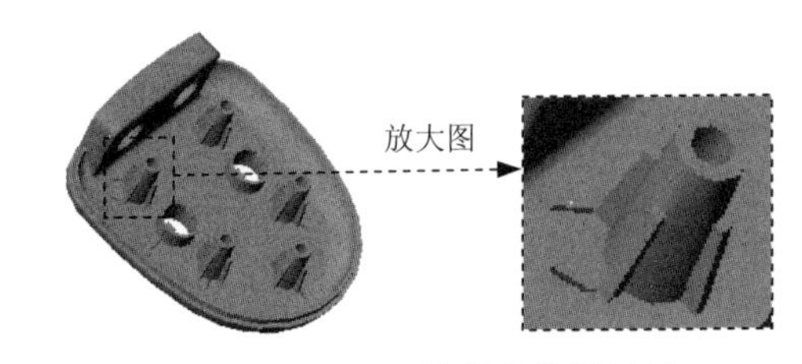

图 24.1.40　熔接痕分析结果

说明： 熔接痕是由于来自不同方向的熔融塑料前端部分被冷却，在结合处未能完全融合而产生的。在结合处开设冷料穴、提高喷嘴温度、提高塑料温度、提高模具温度，可避免产生熔接痕。

Step 7　对塑件进行气泡分析。在工具栏中单击按钮，可以检查塑件上出现的 Air Trap（气泡）位置。此时系统将会在塑件上给出可能产生气泡的位置，分析结果表明该塑件在注塑的过程中会产生气泡，结果如图 24.1.41 所示。

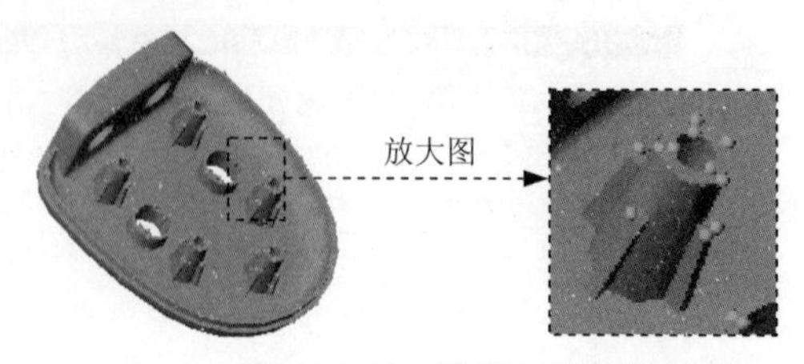

图 24.1.41　进行气泡分析结果

说明：熔融塑料进入模腔后，如果模腔内的气体没有完全排除，会在塑件表面产生气泡。在气泡出现的位置开设排气结构，可防止气泡的产生。

Step 8　关闭模流分析窗口，在弹出的对话框中单击 否(N) 按钮，完成塑件分析操作。

说明：读者可以参考第 21 章继续往下做一些其他的分析，如填充质量、注射温度、注射压力以及注射时间等的分析，此处就不再介绍了。

24.1.6　创建标准模架

通过 EMX 模块来创建模具设计可以简化模具的设计过程，减少不必要的重复性工作，提高设计效率。模架设计专家（EMX）提供一系列快速设计模架以及一些辅助装置的功能，将整个模具设计的周期缩短到最短。标准模架是在模具型腔的基础上创建的。下面介绍图 24.1.42 所示带斜导柱的标注模架的一般创建过程。

Task1．设置工作目录

将工作目录设置至 D:\creo2mo\work\ch24.01.06。

Task2．新建模架项目

Step 1　选择命令。依次单击 EMX 功能选项卡 项目 控制区域中的按钮，在对话框中进行图 24.1.43 所示的设置，单击按钮，系统进入装配环境。

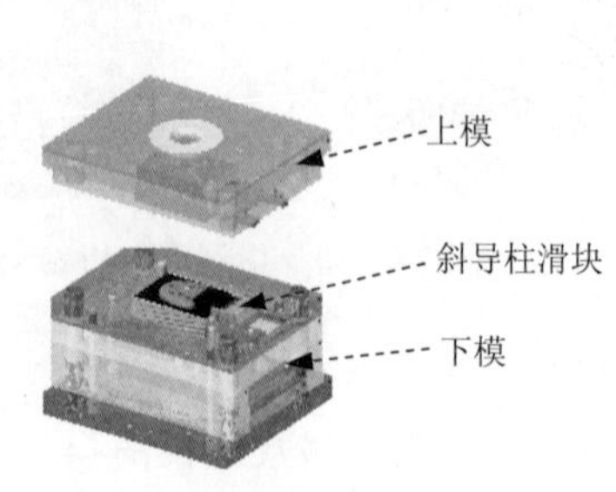

图 24.1.42　EMX 标准模架

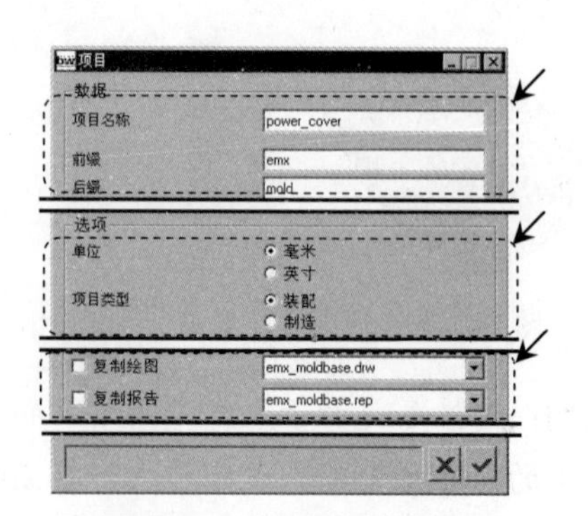

图 24.1.43　“项目”对话框

Step 2 添加元件。在下拉菜单中，单击 **模型** 功能选项卡 元件▼ 区域中的组装按钮，在系统弹出的菜单中单击组装选项。此时系统弹出“打开”对话框；在系统弹出的“打开”对话框中，选择 power_cover_mold.asm 装配体，单击 打开 按钮，此时系统弹出“元件放置”操控板；在该操控板中单击 **放置** 按钮，在“放置”界面的 约束类型 下拉列表中选择 默认，将元件按缺省设置放置，此时“元件放置”操控板显示的信息为 完全约束，单击✔按钮，完成装配件的放置。

Step 3 元件分类。依次单击 **EMX 常规** 功能选项卡 项目▼ 控制区域中的 分类 按钮，系统弹出“分类”对话框，在对话框中完成图 24.1.44 所示的设置，单击✔按钮。

Step 4 编辑装配位置。

（1）显示动模。依次单击 **EMX 常规** 功能选项卡 视图 控制区域中的显示 ➡ 动模 按钮。

（2）定义约束参考模型的放置位置。

① 删除缺省约束。在模型树中选择装配体 POWER_COVER_MOLD.ASM 并右击，在弹出的快捷菜单中选择 编辑定义 命令，系统弹出“元件放置”操控板，在操控板中单击 放置 按钮，选择 默认 约束并右击，在弹出的快捷菜单中选择 删除 命令。

② 指定第一个约束。在操控板中单击 放置 按钮，在 **放置** 界面的“约束类型”下拉列表中选择 重合，选取图 24.1.45 所示的平面为元件参考，选取装配体的 MOLDBASE_X_Y 基准平面为组件参考。

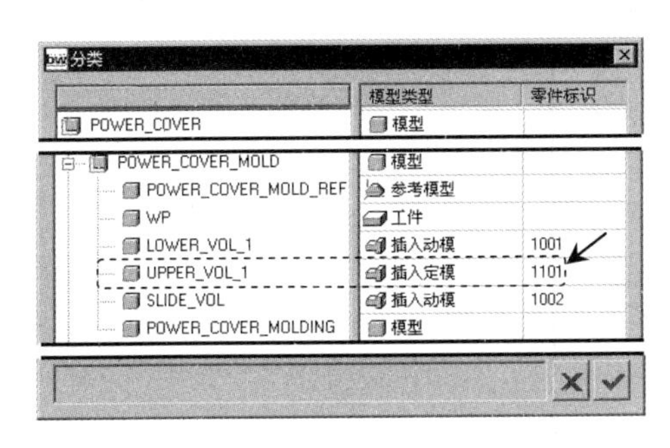

图 24.1.44 “分类”对话框

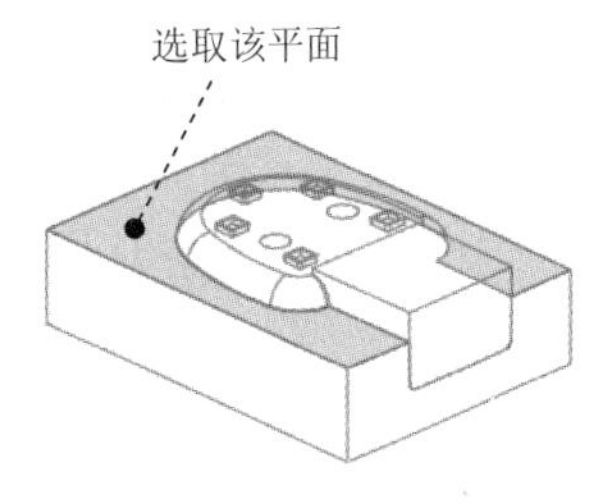

图 24.1.45 定义参考平面

③ 指定第二个约束。单击 新建约束 字符，在“约束类型”下拉列表中选择 重合，选取参考件的 MOLD_RIGHT 基准平面为元件参考，选取装配体的 MOLDBASE_X_Z 基准平面为组件参考。

④ 指定第三个约束。单击 新建约束 字符，在“约束类型”下拉列表中选择 重合 命令，选取参考件的 MOLD_FRONT 基准平面为元件参考，选取装配体的 MOLDBASE_Y_Z 基准平面为组件参考。

⑤ 至此，约束定义完成，在操控板中单击✔按钮，完成装配体的编辑。

（3）显示模座。依次单击 **EMX 常规** 功能选项卡 视图 控制区域中的显示 ➡ 主视图按钮。

Task3. 添加标准模架

Stage1. 定义标准模架

Step 1 选择命令。依次单击 **EMX 常规** 功能选项卡 模架 ▸ 控制区域中的按钮，系统弹出“模架定义”对话框。

Step 2 定义模架系列。在对话框的左下角单击“从文件载入装配定义”按钮，系统弹出“载入 EMX 装配”对话框，在对话框的 保存的组件 列表框中选择 emx_tutorial_komplett 选项，在 选项 区域中取消选中 □ 保留尺寸和模型数据 复选框，单击“载入 EMX 组件”对话框右下角的“从文件载入装配定义”按钮，单击✔按钮。

Step 3 更改模架尺寸。在“模架定义”对话框右上角的 尺寸 下拉列表中选择 246x346 选项，此时系统弹出图 24.1.46 所示的“EMX 问题”对话框，单击✔按钮。系统经过计算后，标准模架加载到绘图区中，然后单击“重新生成”按钮，如图 24.1.47 所示。

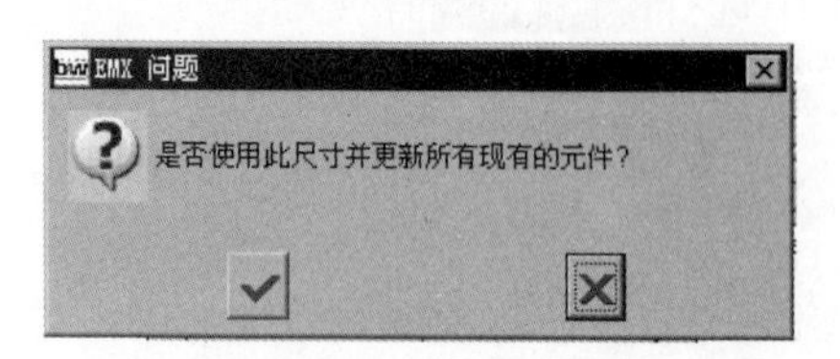

图 24.1.46 “EMX 问题”对话框

图 24.1.47 标准模架

Stage2. 删除多余元件

Step 1 删除支撑衬套。在“模架定义”对话框的下方，单击“删除元件”按钮，选取图 24.1.48 所示的支撑衬套为删除对象，此时系统弹出图 24.1.49 所示的“EMX 问题”对话框，单击✔按钮。

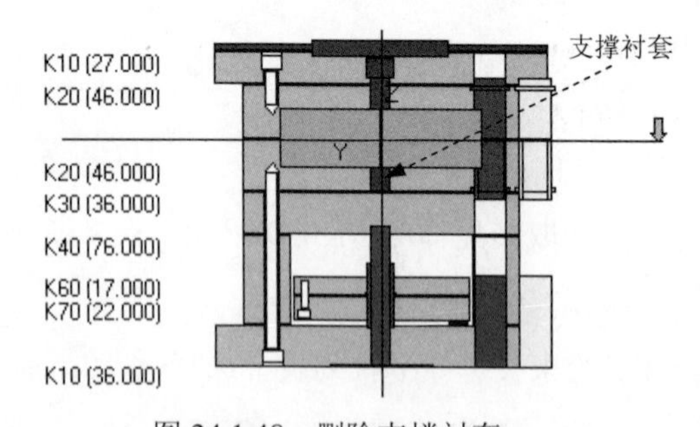

图 24.1.48 删除支撑衬套

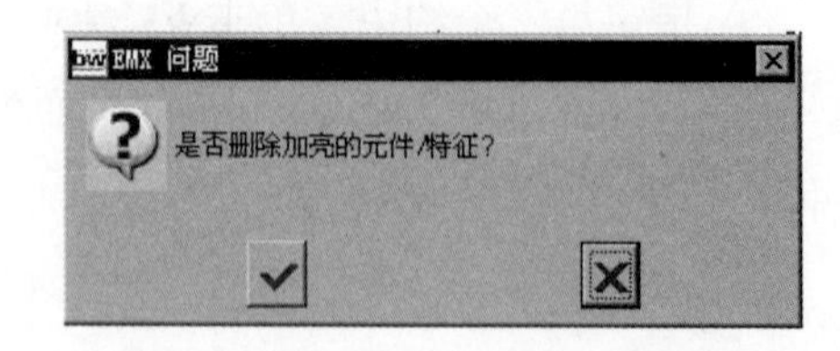

图 24.1.49 “EMX 问题”对话框

Step 2 删除导向件 1。在“模架定义”对话框的下方单击“删除元件”按钮，分别选取图 24.1.50a 所示的两个导向件为删除对象，此时系统弹出“EMX 问题”对话框，单击✔按钮，结果如图 24.1.50b 所示。

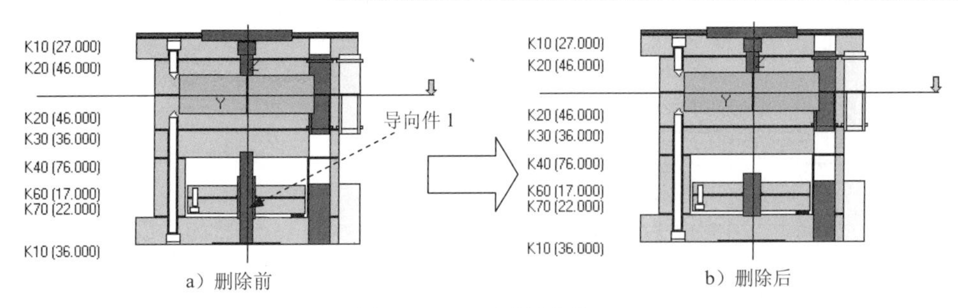

图 24.1.50　删除导向件 1

Step 3　删除导向件 2，结果如图 24.1.51 所示。

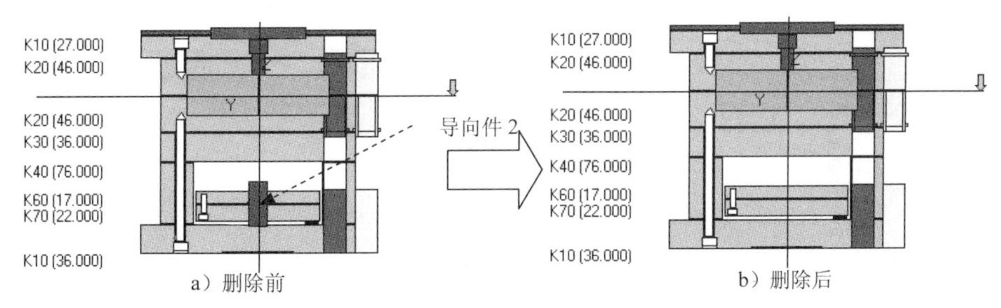

图 24.1.51　删除导向件 2

Stage3．定义模板厚度

Step 1　定义定模板厚度。在“模架定义”对话框中，右击图 24.1.52 所示的定模板，此时系统弹出图 24.1.53 所示的“板”对话框，在对话框中双击 厚度 (T) 后的下拉列表，输入厚度值 36，单击 按钮。

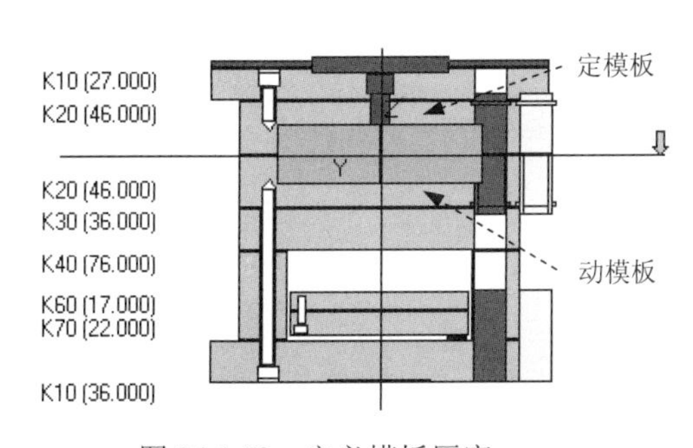

图 24.1.52　定义模板厚度

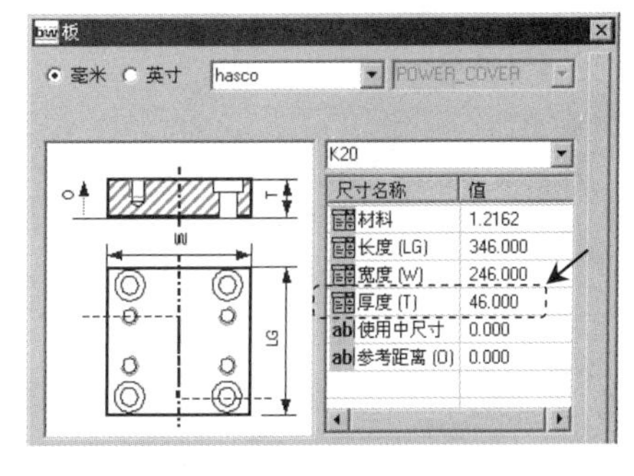

图 24.1.53　“板”对话框

Step 2　定义动模板厚度。用同样的操作方法右击图 24.1.52 所示的动模板，在“板”对话框中，双击 厚度 (T) 后的下拉列表，输入厚度值 36，单击 按钮。

Task4．添加浇注系统

Step 1　定义主流道衬套。在“模架定义”对话框中，右击图 24.1.54 所示的主流道衬套，此时系统弹出图 24.1.55 所示的“主流道衬套”对话框。定义衬套型号为 Z51r，在 L·长度 下拉列表中选择 27，在 OFFSET·偏移 文本框中输入数值 0，单击 按钮。

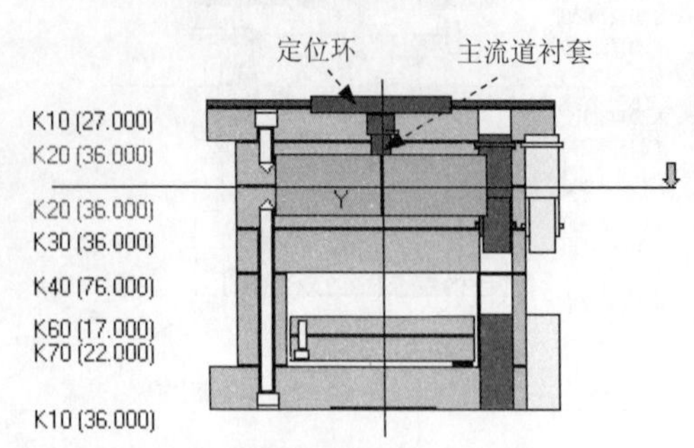

图 24.1.54 定义主流道衬套

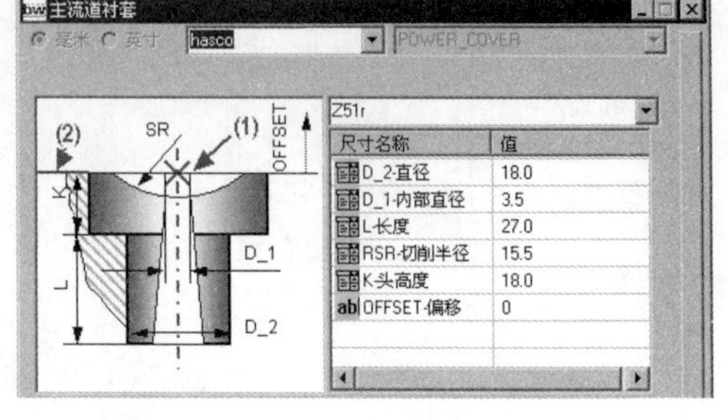

图 24.1.55 “主流道衬套”对话框

Step 2 定义定位环。在“模架定义”对话框中，右击图 24.1.54 所示的定位环，此时系统弹出“定位环”对话框。定义定位环型号为 K100，在 HG1-高度 下拉列表中选择 11，在 DM1-直径 下拉列表中选择 120，在 OFFSET-偏移 文本框中输入数值 0，单击✔按钮。

Step 3 单击“模架定义”对话框中的✔按钮，完成标准模架的添加，然后单击“重新生成”按钮。

Task5. 添加标准元件

Step 1 选择命令。依次单击 EMX 工具 功能选项卡 元件 控制区域中的按钮，系统弹出“元件状态”对话框。

Step 2 定义元件选项。在图 24.1.56 所示的对话框中，单击“全选”按钮，单击✔按钮，完成结果如图 24.1.57 所示。

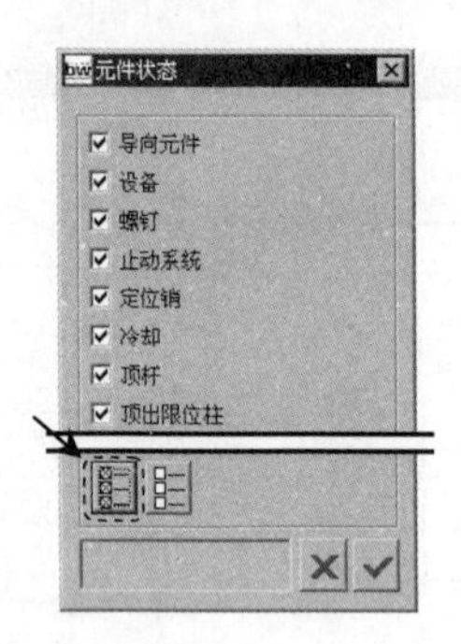

图 24.1.56 “元件状态”对话框

图 24.1.57 添加标准元件

Task6. 定义模板

添加后的模板并不完全符合模具设计要求，需要对模具元件和模板进行重新定义。

Step 1 定义动模板。

(1)显示动模。依次单击 EMX 常规 功能选项卡 视图 控制区域中的显示 ➡ 动模 按钮。

(2) 激活模型。在模型树中选择动模板 EMX_CAV_PLATE_MH001.PRT 并右击，在弹出的快捷菜单中选择 激活 命令。

（3）在模型树中选择动模板子特征▸ 组INSERT_RECT_ZMINUS 并右击，在弹出的快捷菜单中选择 删除 命令。

（4）单击 模型 功能选项卡 形状▾ 区域中的 拉伸 按钮，此时出现“拉伸”操控板。

（5）定义草绘截面放置属性。选取图 24.1.58 所示的表面为草绘平面，然后选取图 24.1.58 所示的表面为参考平面，方向为 右 。单击 草绘 按钮，至此系统进入截面草绘环境 。

（6）截面草图。绘制图 24.1.59 所示的截面草图，完成截面的绘制后，单击“草绘”操控板中的“确定”按钮✔。

（7）设置深度选项。在操控板中选取深度类型⊥⊥（到选定的），将鼠标移至图 24.1.60 所示的矩形框位置并右击，在弹出的快捷菜单中选择 从列表中拾取 命令，在弹出的“从列表中拾取”对话框中选择 曲面:F1(提取):LOWER_VOL_1 选项，单击 接受 按钮；在操控板中单击“切除材料”按钮◪；在“拉伸”操控板中单击✔按钮，完成特征的创建。

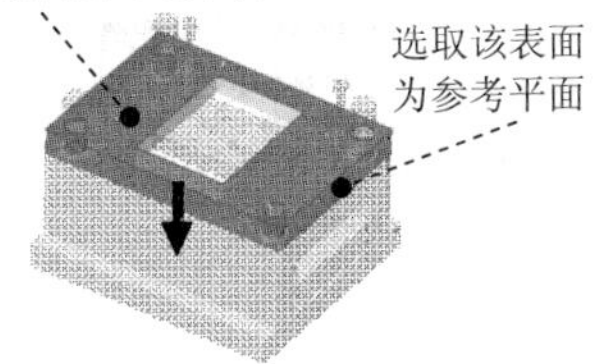

图 24.1.58　定义草绘平面

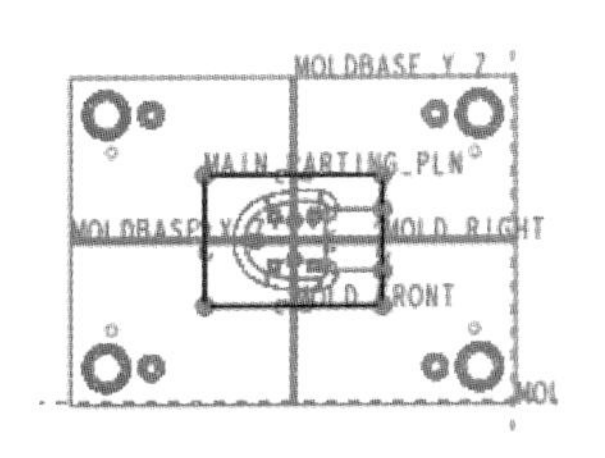

图 24.1.59　截面草图

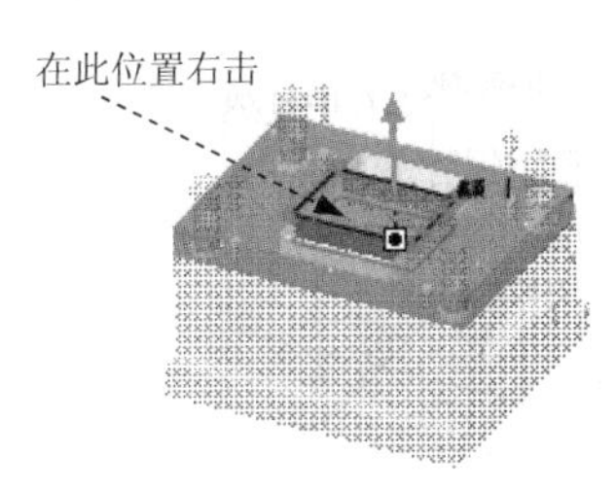

图 24.1.60　定义选定到的面

Step 2　定义动模座板。

（1）激活模型。在模型树中选择动模座板 ▸ EMX_CLP_PLATE_MH001.PRT 并右击，在弹出的快捷菜单中选择 激活 命令。

（2）单击 模型 功能选项卡 形状▾ 区域中的 拉伸 按钮，此时出现“拉伸”操控板。

（3）定义草绘截面放置属性。选取图 24.1.61 所示的表面为草绘平面，然后选取图 24.1.61 所示的表面为参考平面，方向为 右 。单击 草绘 按钮，至此系统进入截面草绘环境 。

（4）截面草图。绘制图 24.1.62 所示的截面草图（一个圆），完成截面的绘制后，单击“草绘”操控板中的“确定”按钮✔。

（5）设置深度选项。在操控板中选取深度类型⫶⫶（直到最后），如果方向相反则单击 ⁄ 按钮；在操控板中单击“切除材料”按钮◪；在“拉伸”操控板中单击✔按钮。完成特征的创建，结果如图 24.1.63 所示。

Step 3　定义定模板。

参考 Step1 步骤对定模板进行定义即可。

Task7. 添加顶杆

Step 1　显示动模。依次单击 EMX 常规 功能选项卡 视图 控制区域中的 显示▾ ➡ 动模 按钮。

Step 2　创建顶杆参考点 1。

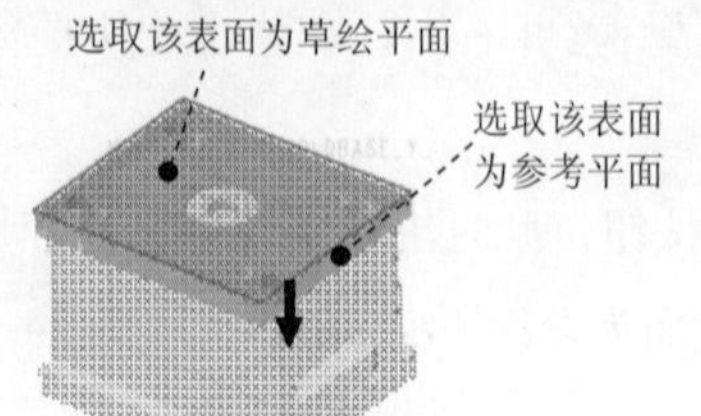

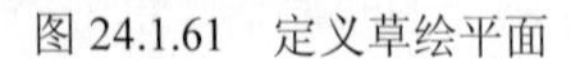

图 24.1.61 定义草绘平面

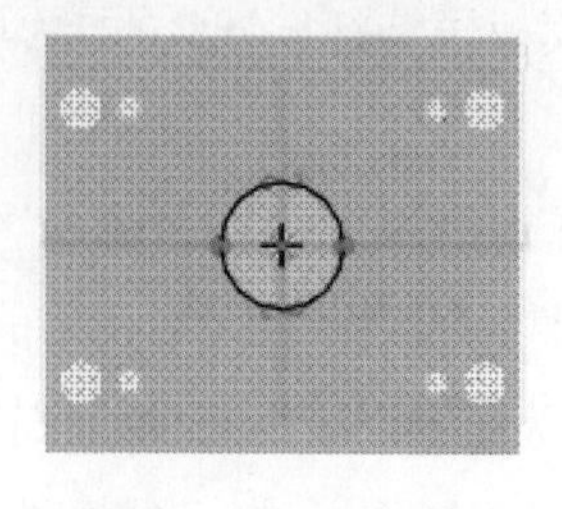

图 24.1.62 截面草图

图 24.1.63 编辑动模座板

（1）选择命令。单击 模型 功能选项卡 基准 ▾ 区域中的“草绘”按钮，系统弹出“草绘”对话框。

（2）定义草绘平面，选取图 24.1.64 所示的表面为草绘平面。

（3）截面草图。绘制图 24.1.65 所示的截面草图（六个点），完成截面的绘制后，单击“草绘”操控板中的“确定”按钮✔。

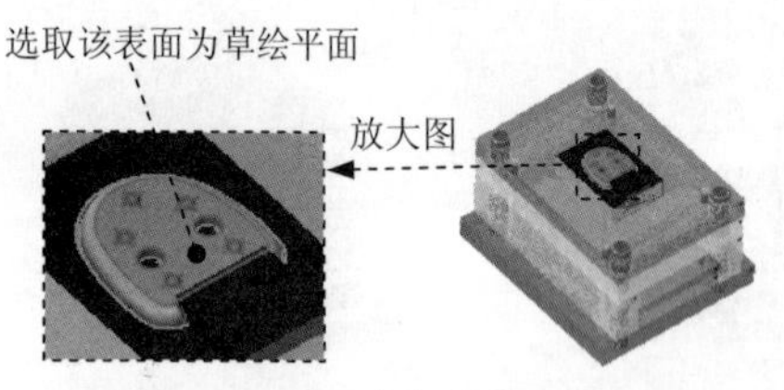

图 24.1.64 定义草绘平面

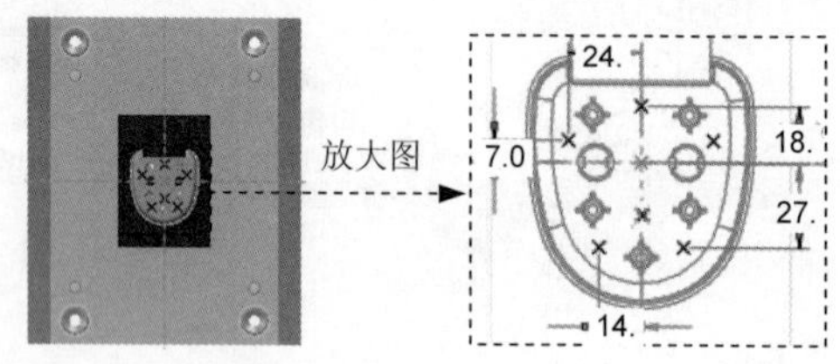

图 24.1.65 截面草图

Step 3 创建顶杆修剪面。

（1）复制曲面。在屏幕右下角的“智能选择栏”中选择“几何”选项。选取图 24.1.66 所示的表面，单击 模型 功能选项卡 操作 ▾ 区域中的“复制”按钮。单击“粘贴”按钮。在“曲面：复制”操控板中单击✔按钮。

（2）依次单击 EMX 常规 功能选项卡 工具 ▾ 控制区域中的 EMX 工具 ▾ ➡ 识别修剪面 选项，系统弹出“顶杆修剪面”对话框，单击对话框中的＋，系统弹出“选择”对话框，选取步骤（1）复制的曲面为顶杆修剪面，在“选择”对话框中单击 确定 按钮，单击“完成”按钮✔。

Step 4 定义顶杆 4。

（1）选择命令。依次单击 EMX 工具 功能选项卡 顶杆 控制区域中的按钮，系统弹出“顶杆”对话框。

（2）定义复位杆直径和长度。在对话框中选中 ☑ 按面组/参照模型修剪 复选框，取消选中 ☐ 自动长度 复选框；在对话框的 DM1-直径 下拉列表中选择 6.0，在 LG1-长度 下拉列表中选择 160。

（3）定义参考点。单击对话框中的 (1)点 按钮，系统弹出“选择”对话框，选择 Step2 创建的任意一点，单击“完成”按钮✔。

（4）单击 ▾ 下拉列表中的 ◉ 1 POWER_COVER.ASM 选项，返回到总装配操作界面。

Task8. 添加复位杆

说明：创建复位杆与创建顶杆使用的命令相同。

Step 1 创建复位杆参考点。

（1）选择命令。单击 模型 功能选项卡 基准 ▾ 区域中的“草绘”按钮，系统弹出“草绘”对话框。

（2）定义草绘平面，选取图 24.1.67 所示的表面为草绘平面，选取图 24.1.67 所示的工件侧面为参考平面，方向为 底部。单击 草绘 按钮，至此系统进入截面草绘环境。

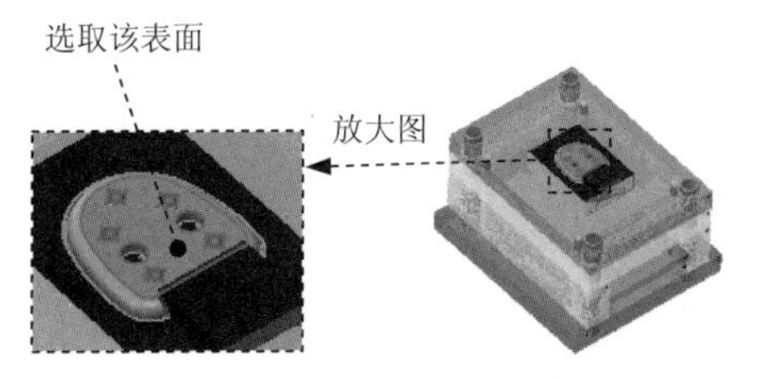

图 24.1.66 复制曲面

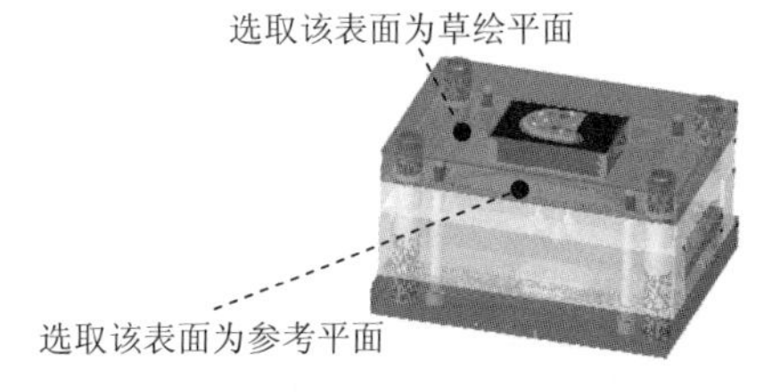

图 24.1.67 定义草绘平面

（3）截面草图。绘制图 24.1.68 所示的截面草图（四个点），完成截面的绘制后，单击“草绘”操控板中的“确定”按钮✔。

Step 2 创建复位杆修剪面。

（1）复制曲面。在屏幕右下角的“智能选择栏”中选择“几何”选项。选取图 24.1.69 所示的表面，单击 模型 功能选项卡 操作 ▾ 区域中的“复制”按钮。单击“粘贴”按钮。在“曲面：复制”操控板中单击✔按钮。

（2）依次单击 EMX 常规 功能选项卡 工具 ▾ 控制区域中的 EMX 工具 ▾ ➡ 识别修剪面 选项，系统弹出“顶杆修剪面”对话框，单击对话框中的+，系统弹出“选择”对话框，选取步骤（1）复制的曲面为顶杆修剪面，在“选择”对话框中单击 确定 按钮，单击“完成”按钮✔。

Step 3 定义复位杆。

（1）选择命令。依次单击 EMX 工具 功能选项卡 顶杆 控制区域中的按钮，系统弹出“顶杆”对话框。

（2）定义复位杆直径和长度。在对话框中选中 ☑ 按面组/参照模型修剪 复选框，取消选中 ☐ 自动长度 复选框；在对话框的 DM1-直径 下拉列表中选择 12.0，在 LG1-长度 下拉列表中选择 160。

（3）定义参考点。单击对话框中的 (1)点 按钮，系统弹出“选择”对话框，选择 Step2 创建的任意一点，单击“完成”按钮✔。

（4）单击 ▾ 下拉列表中的 ◉ 1 POWER_COVER.ASM 选项，返回到总装配操作界面。

Task9. 添加斜导柱滑块

Step 1 创建斜导柱滑块参考坐标系。

（1）打开装配体。在模型树中选择装配体▸ POWER_COVER_MOLD.ASM 并右击，在弹出的快捷菜单中选择 打开 命令。

（2）在系统弹出的“打开表示”对话框中选择主表示，单击 确定 按钮。

（3）隐藏上模零件。在模型树中选择上模零件▸ UPPER_VOL_1.PRT 并右击，在弹出的快捷菜单中选择 隐藏 命令。

（4）单击 模型 功能选项卡 基准 ▾ 区域中的按钮，系统弹出“坐标系”对话框。

（5）定义坐标系参考平面。按住 Ctrl 键，选取图 24.1.70 所示的表面 1、MOLD_RIGHT 和表面 2 为坐标系的参考平面。

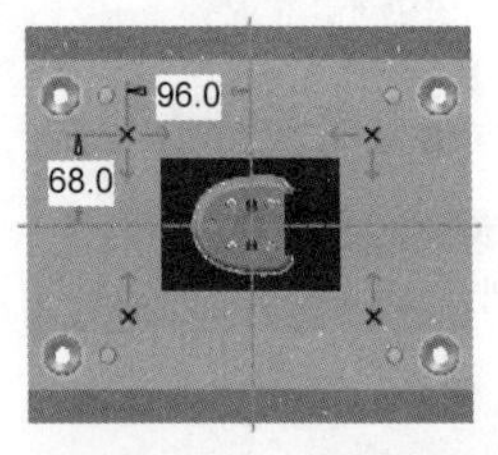

图 24.1.68　截面草图

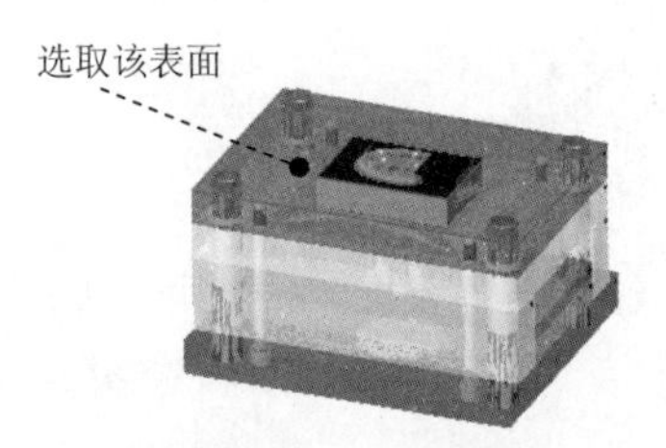

图 24.1.69　复制曲面

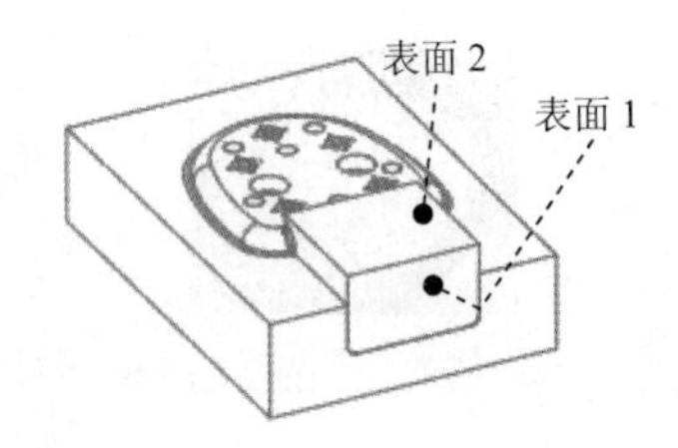

图 24.1.70　定义坐标系参考平面

说明：在选择参考平面时顺序不能有错。

（6）取消隐藏上模零件。在模型树中选择上模零件▸ UPPER_VOL_1__OK.PRT 并右击，在弹出的快捷菜单中选择 取消隐藏 命令。

（7）选择下拉菜单 ▾ ➡ 1 POWER_COVER.ASM 命令，返回到总装配环境。

Step 2　定义斜导柱滑块。

（1）选择命令。依次单击 EMX 工具 功能选项卡 滑块 控制区域中的按钮，系统弹出图 24.1.71 所示的“滑块”对话框。

（2）定义参考点。单击对话框中的 (1) 坐标系 按钮，系统弹出“选择”对话框，选择 Step1 创建的坐标系。

（3）定义滑块尺寸值。在对话框的 Size-SIZE 下拉列表中选择 16×50×63，在 ab 高度-CAM_HEI... 后的文本框中输入数值 28，ab 长度-CAM_LEN... 后的文本框中输入数值 50，ab 宽度-CAM_WID... 后的文本框中输入数值 63，单击“完成”按钮✔，结果如图 24.1.72 所示。

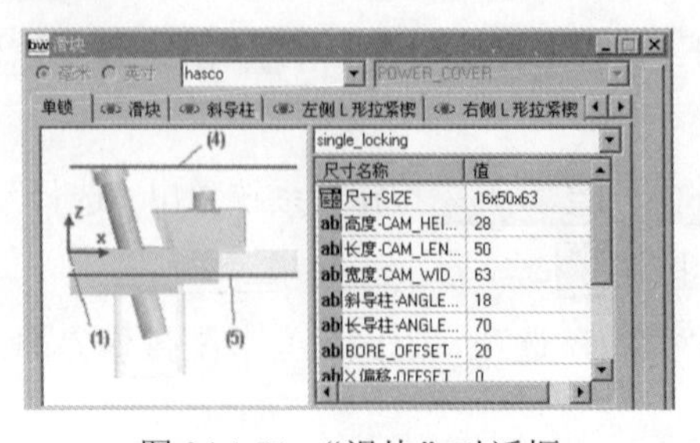

图 24.1.71　“滑块”对话框

图 24.1.72　定义斜导柱滑块

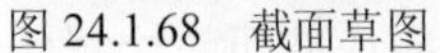

Step 3 装配图 24.4.73 所示的螺钉。

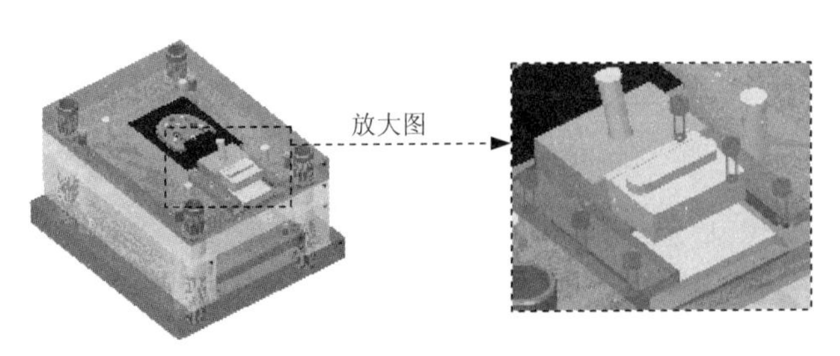

图 24.1.73 添加六个螺钉

（1）选择命令。依次单击 EMX 工具 功能选项卡 螺钉 控制区域中的按钮，系统弹出图 24.1.74 所示的“螺钉”对话框。

（2）定义参考点。单击对话框中的 (1)点轴 按钮，系统弹出“选择”对话框，选取图 24.1.75 所示的点 PNT4 为螺钉定位点，在“选择”对话框中单击 确定 按钮。单击“螺钉”对话框中的 (2)曲面 按钮，选取图 24.1.75 所示的面为螺钉定位面，单击“螺钉”对话框中的 (3)螺纹曲面 按钮，系统弹出“选择”对话框，再选取图 24.1.75 所示的面为螺纹曲面。

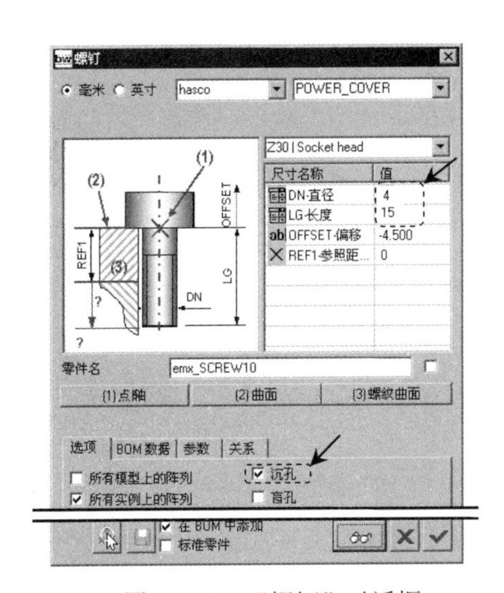

图 24.1.74 “螺钉”对话框

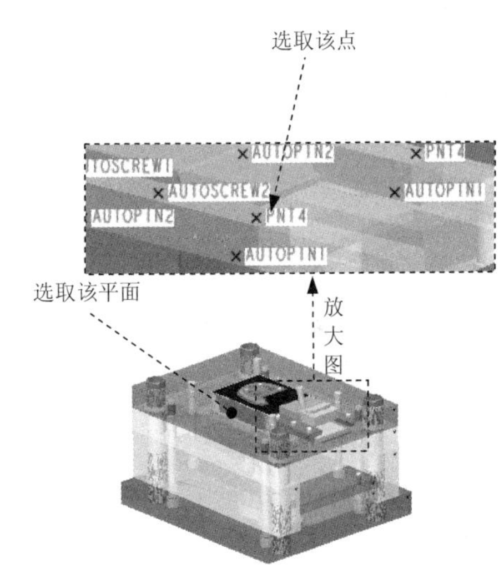

图 24.1.75 定义螺钉位置

说明：*在选取螺钉定位点时，只需要选择其中一个点，系统会默认选择其他需要定位螺钉的点。螺钉定位面与螺纹曲面选取同一个平面。*

（3）在对话框中选中 ☑ 沉孔 复选框，取消选中 ☐ 盲孔 复选框，再选中 ☑ 所有实例上的阵列 复选框。

（4）定义螺钉尺寸值。在对话框的 DN-直径 下拉列表中选择 4，在 LG-长度 下拉列表中，选择 15。单击“完成”按钮 ✔。

Step 4 装配定位销。依次单击 EMX 工具 功能选项卡 定位销 控制区域中的 按钮，系统弹出图 24.1.76 所示的“定位销”对话框；单击对话框中的 (1)点轴 按钮，系统弹出“选择”对话框，选取图 24.1.77 所示的点 AUTOPIN1 为定位销的定位点，选取图 24.1.77 所示的面为定位销的定位面；在对话框中选中 ☑ 所有实例上的阵列 复选框；定义螺钉尺寸值。在对话框的 DM1-直径 下拉列表中选择 4，在 L-长度 下拉列表中选择 10，在 ab OFFSET-偏移 后的文本框中输入数值 0，单击“完成”按钮 ✓；同样的方法创建对面的两个定位销。

说明：在选取螺钉定位点时，只需要选取其中一个点，系统默认选择其他需要定位螺钉的点。

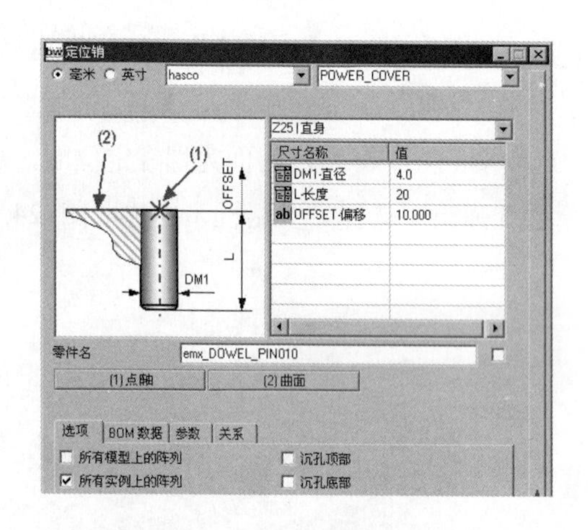

图 24.1.76 “定位销”对话框

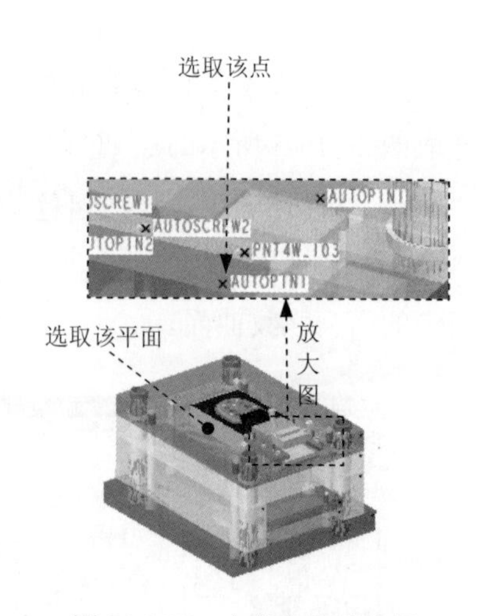

图 24.1.77 定义定位销位置

Step 5 编辑斜导柱滑块。

说明：因为添加的斜导柱滑块与前面创建模具型腔上的滑块没有连接机构，所以此处需要对其进行编辑，创建出连接机构。

（1）打开模具型腔上的滑块。在模型树中选择装配体 POWER_COVER_MOLD.ASM 节点下的 SLIDE_VOL.PRT 并右击，在弹出的快捷菜单中选择 打开 命令。

（2）单击 模型 功能选项卡 形状 ▾ 区域中的 拉伸 按钮，此时系统弹出“拉伸”操控板。

（3）定义草绘截面放置属性。右击，从弹出的菜单中选择 定义内部草绘... 命令，在系统 ➡选择一个平面或曲面以定义草绘平面. 的提示下，选取图 24.1.78 所示的表面为草绘平面，然后选取图 24.1.78 所示的表面为参考平面，方向为 右。单击 草绘 按钮，至此系统进入截面草绘环境。

（4）截面草图。绘制图 24.1.79 所示的截面草图，完成截面的绘制后，单击“草绘”操控板中的“确定”按钮 ✔。

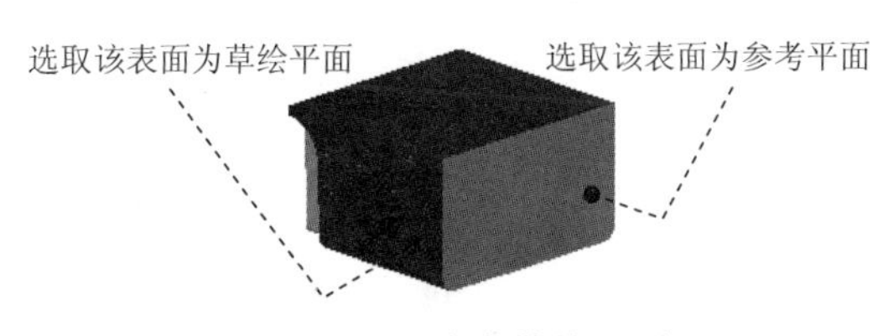

图 24.1.78　定义草绘平面

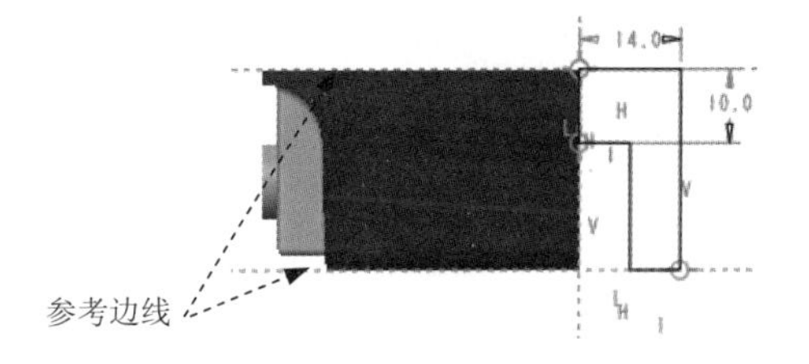

图 24.1.79　截面草图

（5）设置深度选项。在操控板中选取深度类型（到选定的），选取草绘平面的背面为拉伸终止面，在“拉伸”操控板中单击按钮，完成特征的创建。

（6）关闭窗口。选择下拉菜单 文件 → 关闭(C) 命令。

（7）选择下拉菜单 → 1 POWER_COVER.ASM 命令，返回到总装配环境。

（8）型腔开槽。单击 **应用程序** 功能选项卡 工程 区域中的“模具布局”按钮，此时系统弹出“模具型腔”菜单；在下拉菜单中选择 Cavity Pocket (型腔腔槽) → Pocket CutOut (腔槽开孔) 命令，系统弹出“选择”对话框；根据系统 ➡选择要对其执行切出处理的零件. 的提示，选取图 24.1.80 所示的斜导柱滑块，单击 确定 按钮；再根据系统 ➡为切出处理选择参考零件. 的提示，选取图 24.1.80 所示的型腔上的滑块，单击 确定 按钮；在系统弹出的“选项”菜单中，选择 Done (完成) → Done/Return (完成/返回) 命令。

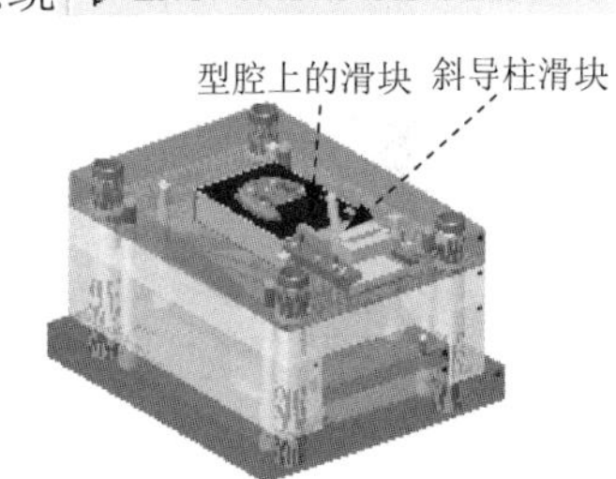

图 24.1.80　定义型腔开槽

（9）再次单击 **应用程序** 功能选项卡 工程 区域中的“模具布局”按钮，关闭对话框。

Task10.　模架开模模拟

Step 1　显示模座。依次单击 **EMX 常规** 功能选项卡 视图 控制区域中的 显示 → 主视图 按钮。

Step 2　选择命令。依次单击 **EMX 常规** 功能选项卡 工具 控制区域中的 模架开模模拟 按钮，系统弹出“模架开模模拟”对话框。

Step 3　定义模拟数据。在 模拟数据 区域的 步距宽度 文本框中输入数值 5，选中所有模拟组。单击“计算新结果”按钮，如图 24.1.81 所示。

Step 4　开始模拟。单击对话框中的“运行开模模拟”按钮，此时系统弹出图 24.1.82 所示的“动画”对话框，单击对话框中的“播放”按钮，视频动画将在绘图区中演示。

Step 5　模拟完后，单击“关闭”按钮 关闭，单击“完成”按钮。

Step 6　保存模型。单击 **模具** 功能选项卡中的 操作 区域的 重新生成 按钮，在系统弹出的下拉菜单中单击 重新生成 按钮，选择下拉菜单 文件 → 保存(S) 命令。

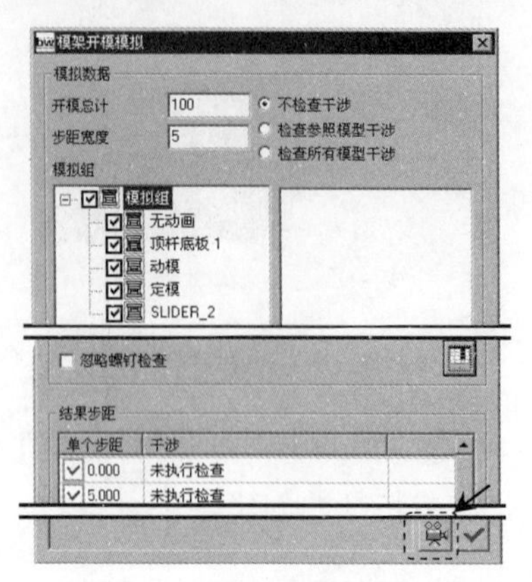

图 24.1.81 “模架开模模拟”对话框

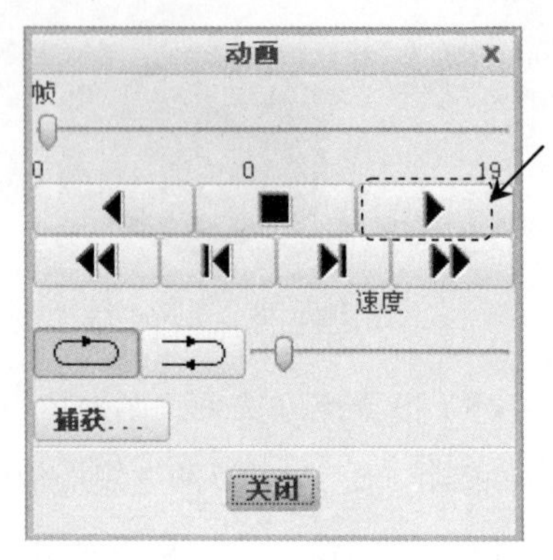

图 24.1.82 “动画”对话框

24.2 应用 2——斜导柱侧抽芯机构的模具设计

24.2.1 概述

本应用是一个带斜抽机构模仁的设计，如图 24.2.1 所示，与前面创建模仁的最大区别是增加了手动斜导柱的设计，包括滑块的设计、斜销的设计以及斜抽机构的设计。在学过本应用之后，希望读者能够熟练掌握带斜抽机构模具设计的方法和技巧。

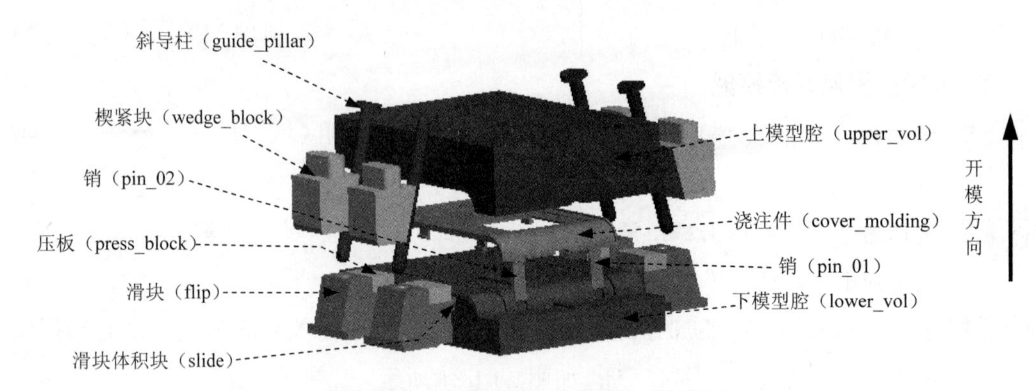

图 24.2.1 斜导柱侧抽芯机构的模具设计

24.2.2 技术要点分析

（1）分型面的设计中使用复制与延伸的方法。

（2）在进行斜销设计时，要注意倾斜角的考虑，不能过大或过小，一般在 5°至 15°。

（3）创建模具元件的体积块时要注意顺序及岛的选取，否则结果不同。

（4）进行滑块设计时，只需创建一个完整的滑块即可，另外三个可通过镜像方式实现。

24.2.3　设计过程

本应用的模具设计结果如图 24.2.1 所示，以下是具体的操作过程。

Task1．新建一个模具制造模型文件，进入模具模块

Step 1　将工作目录设置至 D:\creo2mo\work\ch24.02。

Step 2　新建一个模具型腔文件，命名为 video_cover_mold，选取 mmns_mfg_mold 模板。

Task2．建立模具模型

在开始设计模具前，应先创建一个“模具模型”，模具模型包括参考模型（Ref Model）和坯料（Workpiece），如图 24.2.2 所示。

Stage1．引入参考模型

Step 1　单击 **模具** 功能选项卡 参考模型和工件 区域的“定位参考模型”按钮 参考模型，然后在系统弹出的列表中选择 定位参考模型 命令，系统弹出“打开”对话框、“布局”对话框和“型腔布置”菜单管理器。

Step 2　从系统弹出的“打开”对话框中，选取三维零件模型——video_cover.prt 作为参考零件模型，并将其打开，系统弹出“创建参考模型”对话框。

Step 3　在“创建参考模型”对话框中选中 ◉ 按参考合并 单选项，然后在 参考模型 区域的 名称 文本框中接受默认的名称，再单击 确定 按钮。

Step 4　单击布局对话框中的 预览 按钮，可以观察到图 24.2.3a 所示的结果。

说明：此时图 24.2.3a 所示的拖动方向不是需要的结果，需要定义拖动方向。

Step 5　在“布局”对话框的 参考模型起点与定向 区域中单击 按钮，然后在 ▼ GET CSYS TYPE（获得坐标系类型）菜单中选择 Dynamic（动态）命令。系统弹出“参考模型方向”对话框。

Step 6　在系统弹出的“参考模型方向”对话框的 值 文本框中输入数值 90.0，然后单击 确定 按钮。

Step 7　单击“布局”对话框中的 预览 按钮，定义后的拖动方向如图 24.2.3b 所示，然后单击 确定 按钮。系统弹出“警告”对话框，单击 确定 按钮。

Step 8　在 ▼ CAV LAYOUT（型腔布置）菜单管理器中单击 Done/Return（完成/返回）命令。

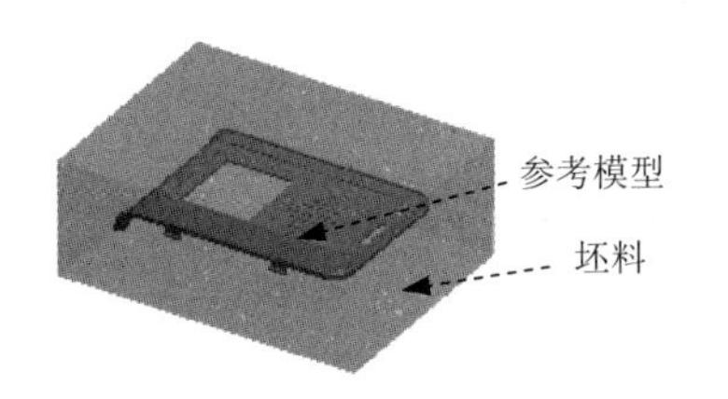

图 24.2.2　参考模型和坯料

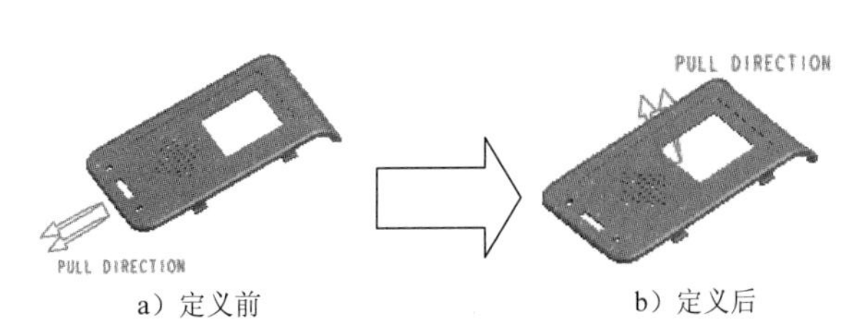

a）定义前　b）定义后

图 24.2.3　定义拖动方向

Stage2．创建坯料

Step 1 单击 **模具** 功能选项卡 参考模型和工件 区域的“工件”按钮下的 工件 按钮，在系统弹出的菜单中单击 创建工件 按钮。

Step 2 系统弹出“元件创建”对话框，在 类型 区域选中 ◉ 零件 单选项，在 子类型 区域选中 ◉ 实体 单选项，在 名称 文本框中，输入坯料的名称 video_cover_wp，然后单击 确定 按钮。

Step 3 在弹出的“创建选项”对话框中，选中 ◉ 创建特征 单选项，然后单击 确定 按钮。

Step 4 创建坯料特征。

（1）选择命令。单击 **模具** 功能选项卡 形状 ▾ 区域中的 拉伸 按钮。

（2）定义草绘截面放置属性。在出现的操控板中，确认“实体”按钮被按下；在绘图区中右击，从弹出的快捷菜单中选择 定义内部草绘... 命令。系统弹出“草绘”对话框，然后选择 MOLD_RIGHT 基准平面作为草绘平面，MOLD_FRONT 基准平面为草绘平面的参考平面，方位为 左，然后单击 草绘 按钮，系统进入截面草绘环境；选取 MOLD_FRONT 基准平面和 MAIN_PARTING_PLN 基准平面为草绘参考，然后绘制图 24.2.4 所示的特征截面，完成特征截面的绘制后，单击“草绘”操控板中的“确定”按钮✔；在操控板中选取深度类型（对称），再在深度文本框中输入深度值 60.0，并按回车键；在操控板中单击✔按钮，则完成拉伸特征的创建。

Task3．设置收缩率

将参考模型的收缩率设置为 0.006。

Task4．创建模具分型曲面

Stage1．定义主分型面

下面将创建模具的主分型面，以分离模具的上模型腔和下模型腔，其操作过程如下：

Step 1 遮蔽坯料。

Step 2 单击 **模具** 功能选项卡 分型面和模具体积块 ▾ 区域中的“分型面”按钮，系统弹出的“分型面”功能选项卡。

Step 3 在系统弹出的“分型面”功能选项卡中的 控制 区域单击“属性”按钮，在“属性”对话框中，输入分型面名称 main_ps，单击 确定 按钮。

Step 4 通过“曲面复制”的方法复制模型上的表面。

（1）在屏幕右下方的“智能选取栏”中选择“几何”选项，按住 Ctrl 键，依次选取模型的外表面（详见录像）；单击 **模具** 功能选项卡 操作 ▾ 区域中的“复制”按钮。

（2）单击 **模具** 功能选项卡 操作 ▾ 区域中的“粘贴” 按钮，系统弹出“曲面：复制”操控板。

（3）在“曲面：复制”操控板中单击✔按钮，复制的分型面结果如图 24.2.5 所示。

（4）在操控板中单击 选项 按钮，在“选项”界面选中◉排除曲面并填充孔单选项，在系统➡选择封闭的边环或曲面以填充孔.的提示下，按住 Ctrl 键，分别选取图 24.2.5 中的两个外表面。

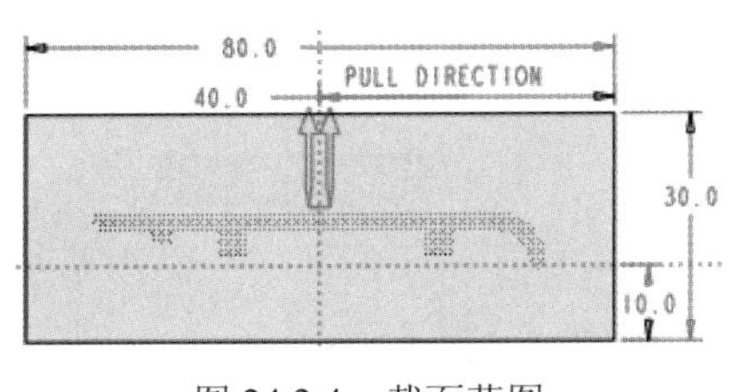

图 24.2.4　截面草图

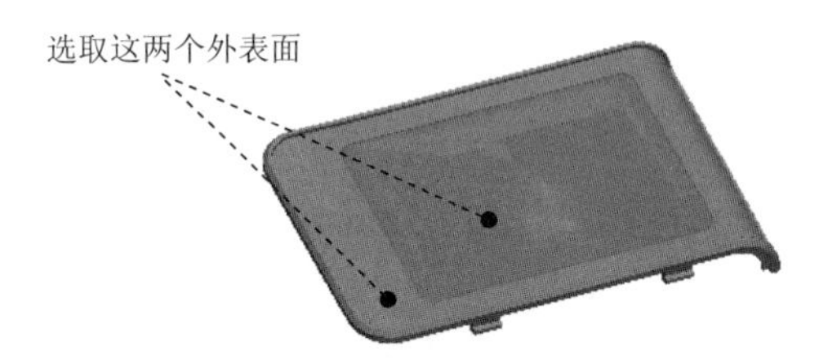

图 24.2.5　选取模型曲面

Step 5　将复制后的表面延伸至坯料的表面。

（1）显示坯料。将鼠标指针移至如图 24.2.6 所示的位置右击，从快捷菜单中选取 从列表中拾取 命令；在系统弹出的“从列表中拾取”对话框中，单击列表中的 边:F7(复制_1) 分型面，然后单击 确定(O) 按钮。

（2）选取图 24.2.6 所示的要延伸的边线（其中一条），边线必须是复制后的曲面的边线，单击 **分型面** 功能选项卡 编辑 ▾ 区域中的 延伸 按钮，此时系统弹出“延伸曲面：延伸曲面”操控板。

（3）按住 Shift 键，选取图 24.2.6 所示的其余要延伸的边线。

（4）选取延伸的终止面。在操控板中按下按钮（延伸类型为至平面）；在系统➡选择曲面延伸所至的平面.的提示下，选取图 24.2.7 所示的坯料的表面为延伸终止面；在“延伸曲面：延伸曲面”操控板中单击✔按钮，完成延伸曲面 1 的创建。

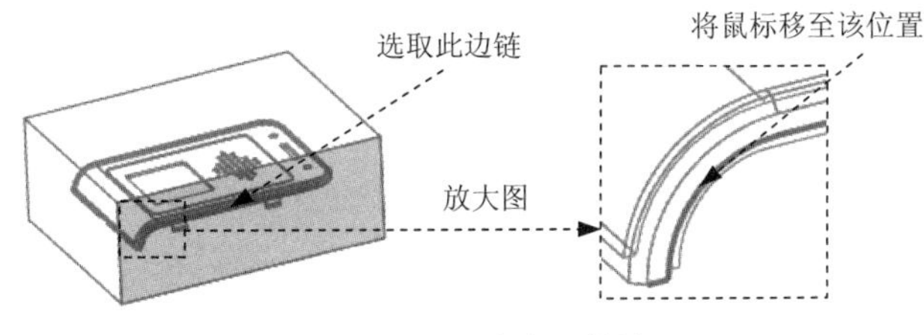

图 24.2.6　选取延伸边

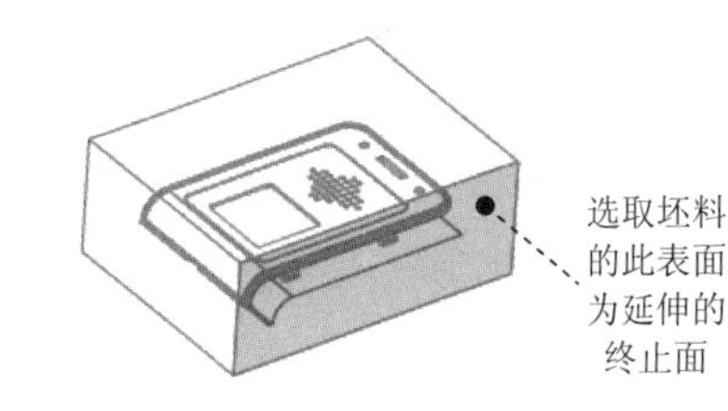

图 24.2.7　选取延伸的终止面

Step 6　用同样的方法将剩余的三个方向延伸至坯料表面，结果如图 24.2.8 所示（具体操作详见视频录像）。

Step 7　在“分型面”选项卡中，单击“确定”按钮✔，完成分型面的创建。

图 24.2.8　将复制表面延伸至坯料表面

Stage2．定义滑块分型面

Step 1　单击 **模具** 功能选项卡 分型面和模具体积块 ▾ 区域中的“分型面”按钮，系统弹出的“分型面”功能选项卡。

Step 2 在系统弹出的“分型面”功能选项卡中的 控制 区域单击“属性”按钮，在“属性”对话框中，输入分型面名称 slide_ps，单击 确定 按钮。

Step 3 通过“拉伸”的方法建立图 24.2.9 所示的拉伸曲面 1。

（1）单击 **分型面** 功能选项卡 形状 ▾ 区域中的“拉伸”按钮 拉伸，此时系统弹出“拉伸”操控板。

（2）定义草绘截面放置属性。右击，从弹出的菜单中选择 定义内部草绘... 命令，在系统 ➡选择一个平面或曲面以定义草绘平面. 的提示下，依次选取图 24.2.10 所示的坯料表面为草绘平面和参考平面，方向为 右。单击 草绘 按钮，至此系统进入截面草绘环境。

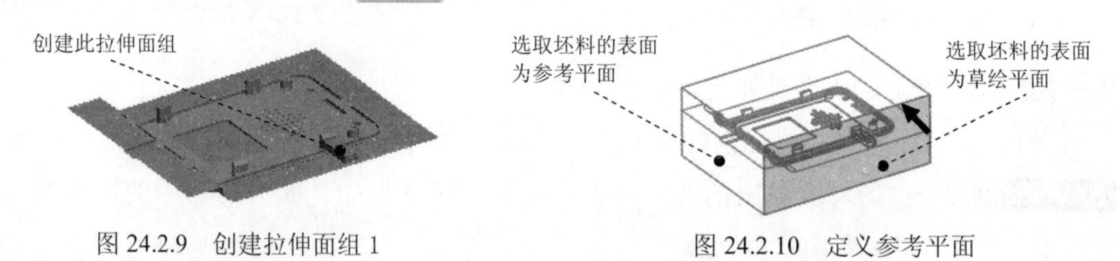

图 24.2.9 创建拉伸面组 1　　　　图 24.2.10 定义参考平面

（3）截面草图。选取图 24.2.11 所示的边线为草绘参考。将模型切换到线框模式下，绘制图 24.2.11 所示的截面草图，完成截面的绘制后，单击“草绘”操控板中的“确定”按钮✔。

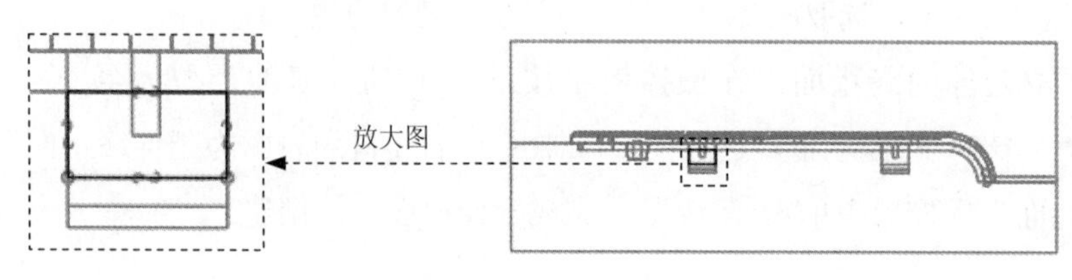

图 24.2.11 截面草图

（4）选取深度类型并输入深度值。单击 ⁄ 按钮，在操控板中选取深度类型 ⊥，选取如图 24.2.12 所示的模型表面为参考平面，在操控板中单击 选项 按钮，在“选项”界面中选中 ☑ 封闭端 复选框。

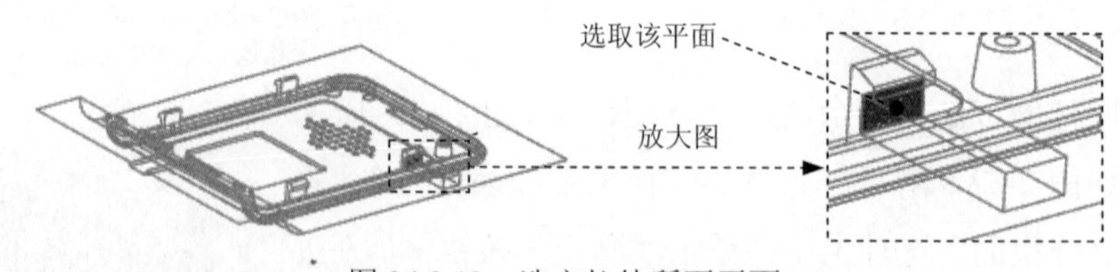

图 24.2.12 选定拉伸所至平面

（5）在“拉伸”操控板中单击✔按钮，完成特征的创建。

Step 4 参考上一步，创建拉伸曲面 2、拉伸曲面 3 和拉伸曲面 4，结果如图 24.2.13 所示（具体操作详见视频录像）。

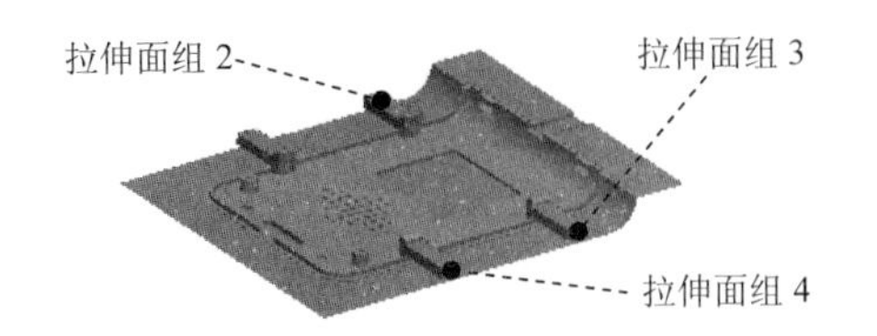

图 24.2.13　创建拉伸曲面 2、3、4

Step 5　在“分型面”选项卡中，单击“确定”按钮✔，完成分型面的创建。

Stage3．定义斜镶件分型面

Step 1　单击 **模具** 功能选项卡 分型面和模具体积块 ▾ 区域中的“分型面”按钮，系统弹出“分型面”功能选项卡。

Step 2　在系统弹出的”分型面”功能选项卡中的 控制 区域单击“属性”按钮，在“属性”对话框中，输入分型面名称 pin_ps，单击 确定 按钮。

Step 3　创建拉伸曲面 5。

（1）单击 **分型面** 功能选项卡 形状 ▾ 区域中的“拉伸”按钮 拉伸，此时系统弹出“拉伸”操控板。

（2）定义草绘截面放置属性。右击，从弹出的菜单中选择 定义内部草绘... 命令，在系统 ➪选择一个平面或曲面以定义草绘平面。的提示下，选取图 24.2.14 所示的平面为草绘平面，然后选取图 24.2.14 所示的坯料表面为参考平面，方向为 右 。单击 草绘 按钮，至此系统进入截面草绘环境。

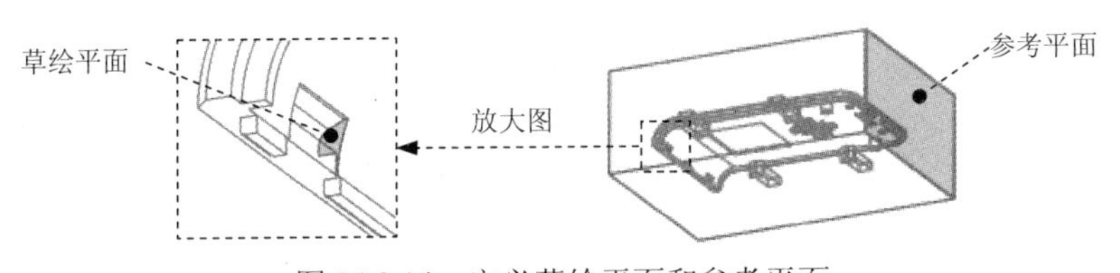

图 24.2.14　定义草绘平面和参考平面

（3）截面草图。选取图 24.2.15 所示的边线为草绘参考，绘制图 24.2.15 所示的截面草图（即右面两条曲线之间的一段圆弧），完成截面的绘制后，单击“草绘”操控板中的“确定”按钮✔。

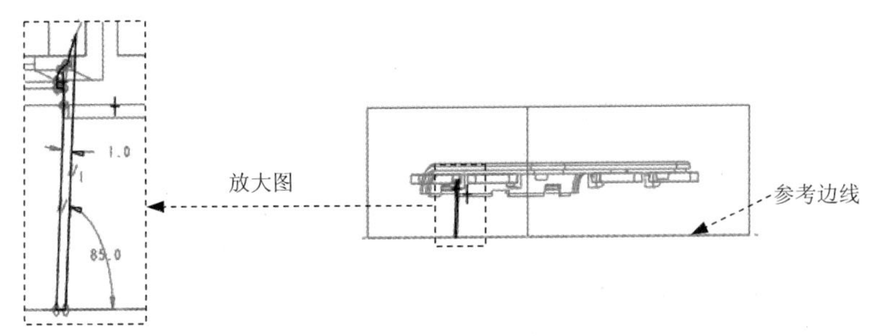

图 24.2.15　截面草图

（4）设置拉伸属性。在操控板中选取深度类型⊥⊥（到选定的）；将模型调整到图 24.2.16 所示的视图方位，选取图 24.2.16 所示的平面为拉伸终止面；在操控板中单击 选项 按钮，在“选项”界面中选中 ☑封闭端 复选框。

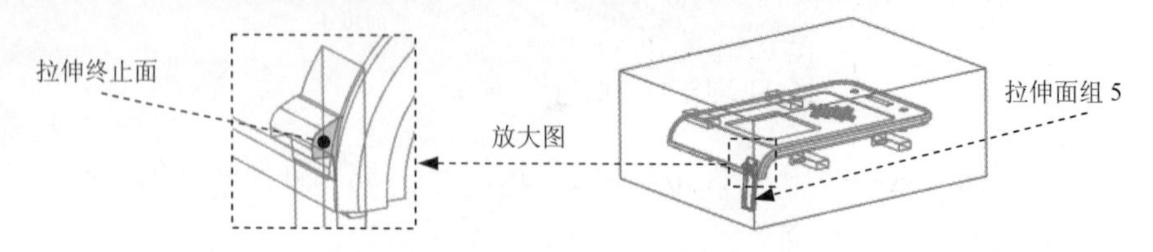

图 24.2.16　拉伸曲面 5

（5）在“拉伸”操控板中单击✔按钮，完成特征的创建。

Step 4　用同样的方法创建拉伸曲面 6，结果如图 24.2.17 所示（具体操作详见录像）。

Task5．构建模具元件的体积块

Stage1．用主分型面创建元件的体积块

Step 1　选择 模具 功能选项卡 分型面和模具体积块 ▾ 区域中的按钮 模具体积块 ▾ ➡ 体积块分割 命令（即用“分割”方法构建体积块）。

Step 2　在系统弹出的 ▼ SPLIT VOLUME（分割体积块）菜单中，依次选择 Two Volumes（两个体积块）、All Wrkpcs（所有工件）、Done（完成）命令。此时系统弹出“分割”对话框和“选择”对话框。

Step 3　选取分型面。在系统 ➡为分割工件选择分型面. 的提示下，选取分型面 MAIN_PS，然后在“选择”对话框中单击 确定 按钮。

Step 4　单击“分割”信息对话框中的 确定 按钮。

Step 5　系统弹出“属性”对话框，同时模型中的体积块的上半部分变亮，在该对话框中单击 着色 按钮，着色后的体积块如图 24.2.18 所示，然后在对话框中输入名称 upper_vol，单击 确定 按钮。

Step 6　系统弹出“属性”对话框，同时模型中的体积块的下半部分变亮，在该对话框中单击 着色 按钮，着色后的体积块如图 24.2.19 所示，然后在对话框中输入名称 lower_vol，单击 确定 按钮。

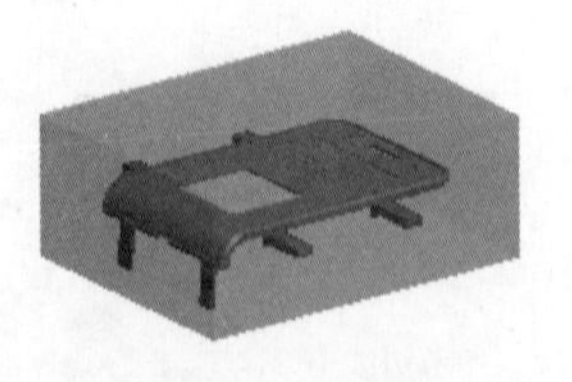

图 24.2.17　拉伸面组 6

图 24.2.18　着色后的上半部分体积块

图 24.2.19　着色后的下半部分体积块

Stage2．创建第一个滑块体积腔

Step 1　选择 模具 功能选项卡 分型面和模具体积块 ▾ 区域中的 模具体积块 ▾ ➡ 体积块分割 命令

（即用“分割”方法构建体积块）。

Step 2 在系统弹出的 ▼ SPLIT VOLUME（分割体积块） 菜单中，选择 One Volume（一个体积块）、Mold Volume（模具体积块） 和 Done（完成） 命令。

Step 3 在系统弹出的“搜索工具”对话框中，单击列表中的 面组:F20(LOWER_VOL) 体积块，然后单击 >> 按钮，将其加入到 已选择 0 个项: 列表中，再单击 关闭 按钮。

Step 4 用“列表选取”的方法选取分型面。

（1）在系统 ➾为分割选定的模具体积块选择分型面. 的提示下，将鼠标指针移至模型中滑块分型面的位置右击，从快捷菜单中选取 从列表中拾取 命令。

（2）在系统弹出的“从列表中拾取”对话框中，单击列表中的 面组:F14 分型面，然后单击 确定(O) 按钮。

（3）单击“选择”对话框中的 确定 按钮。

（4）在系统弹出的 ▼ 岛列表 菜单中选中 ☑ 岛2 复选框，选择 Done Sel（完成选择） 命令。

说明：在上面的操作中，当用 slide_ps 分割下模体积块后，会产生两块互不连接的体积块，这些互不连接的体积块称之为 Island（岛）。在 ▼ 岛列表 菜单中，有 ☐ 岛1 和 ☑ 岛2 两个岛。将鼠标指针移至岛菜单中这两个选项，模型中相应的体积块会加亮，这样很容易发现：☑ 岛2 代表滑块的体积块，☐ 岛1 是下模体积块被第一个滑块的体积块减掉所剩余的部分。

Step 5 单击“分割”信息对话框中的 确定 按钮。

Step 6 系统弹出“属性”对话框，在对话框中输入名称 slide01_vol，单击 确定 按钮，结果如图 24.2.20 所示。

Stage3. 创建第二个、第三个和第四个滑块体积腔

参考 Stage2 的步骤，创建剩余三个滑块体积腔，依次命名为 slide02_vol、slide03_vol 和 slide04_vol。

Stage4. 创建第一个销体积腔

Step 1 选择 **模具** 功能选项卡 分型面和模具体积块 ▾ 区域中的按钮 模具体积块 ▾ ➞ 体积块分割 命令（即用“分割”的方法构建体积块）。

Step 2 在系统弹出的 ▼ SPLIT VOLUME（分割体积块） 菜单中，选择 One Volume（一个体积块）、Mold Volume（模具体积块） 和 Done（完成） 命令。

Step 3 在系统弹出的“搜索工具”对话框中，单击列表中的 面组:F20(LOWER_VOL) 体积块，然后单击 >> 按钮，将其加入到 已选择 0 个项: 列表中，再单击 关闭 按钮。

Step 4 用“列表选取”的方法选取分型面。

（1）在系统 ➾为分割选定的模具体积块选择分型面. 的提示下，将鼠标指针移至模型中分型面的位置右击，从快捷菜单中选取 从列表中拾取 命令。

（2）在系统弹出的“从列表中拾取”对话框中，单击列表中的面组:F16(PIN_PS)分型面，在“从列表中拾取”对话框中单击 确定(O) 按钮。

（3）在“选择”对话框中单击 确定 按钮。

（4）系统弹出 ▼岛列表 菜单，选中 ☑岛2 复选框，选择 Done Sel（完成选取）命令。

说明：在上面的操作中，当用 pin_ps 分割下模体积块后，会产生两块互不连接的体积块，这些互不连接的体积块称之为 Island（岛）。在 ▼岛列表 菜单中，有 ☑岛1 和 □岛2 两个岛。将鼠标指针移至岛菜单中这两个选项，模型中相应的体积块会加亮，这样很容易发现：☑岛1 代表销的体积块，□岛2 是下模体积块被销的体积块减掉所剩余的部分。

Step 5 在“分割”对话框中单击 确定 按钮。

Step 6 系统弹出“属性”对话框，在对话框中输入名称 pin01_vol，单击 确定 按钮，结果如图 24.2.21 所示。

图 24.2.20　滑块体积块

图 24.2.21　销体积块

Stage5．创建第二个销体积腔

参考 Stage2 的步骤，创建第二个销的体积腔，命名为 pin02_vol。

Task6．抽取模具元件及生成浇注件

浇注件命名为 video_cover_molding，单击 **模具** 功能选项卡中的 操作▼ 区域的 重新生成▼ 按钮，在系统弹出的下拉菜单中单击 重新生成 按钮，选择下拉菜单 文件▼ → 保存(S) 命令。

Task7．完善模具型腔

Stage1．完善滑块

Step 1 遮蔽坯料、参考模型和分型面。

Step 2 新建一个组件文件。选择下拉菜单 文件▼ → 新建(N) 命令（或单击“新建”按钮）。在“新建”对话框中，在 类型 区域中选中 ◉ 装配 单选项，在 子类型 区域中选中 ◉ 设计 单选项，在 名称 文本框中输入文件名 video_cover_asm，取消 ☑ 使用默认模板 复选框中的“√”号，然后单击 确定 按钮。在弹出的“新文件选项”对话框中，选取 mmns_asm_design 模板，单击 确定 按钮。

Step 3 添加元件。

（1）单击 **模型** 功能选项卡中的 元件▼ 区域的 装配▼ 按钮，在弹出的菜单中选择 装配 选项。此时系统弹出“打开”对话框，在“打开”对话框中，选择 video_cover_mold.asm，单击 打开 按钮，此时系统弹出“元件放置”操控板。

（2）在该操控板中，单击放置按钮，在“放置”界面的约束类型下拉列表中选择默认，将元件按缺省设置放置，此时“元件放置”操控板显示的信息为完全约束，单击操控板中的✔按钮，完成装配件的放置。

Step 4　设置模型树。在模型树界面中，选择 → 树过滤器(F)...命令。在系统弹出的“模型树项”对话框中，选中☑特征复选框，然后单击确定按钮。

Step 5　在模型树中右击▶ SLIDE01_VOL.PRT，从弹出的快捷菜单中选择激活命令。

Step 6　创建实体拉伸特征 1。

（1）单击模型功能选项卡形状▾区域中的拉伸按钮，此时出现“拉伸”操控板。

（2）选取拉伸类型。在系统弹出的操控板中，确认“实体”按钮被按下。

（3）定义草绘截面放置属性。右击，从弹出的菜单中选择定义内部草绘...命令，在系统◆选择一个平面或曲面以定义草绘平面。的提示下，选取图 24.2.22 所示的平面为草绘平面，接受图 24.2.22 中默认的箭头方向为草绘视图方向，然后选取图 24.2.22 所示的表面为参考平面，方向为右。单击草绘按钮，至此系统进入截面草绘环境。

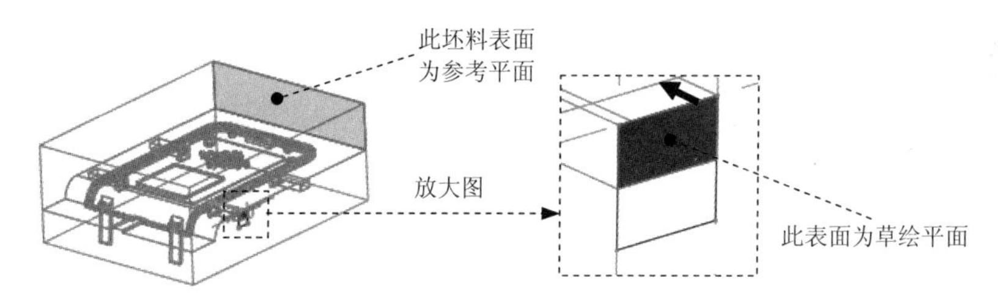

图 24.2.22　定义草绘平面

（4）进入截面草绘环境后，选取图 24.2.23 所示的边线为草绘参考，绘制图 24.2.23 所示的截面草图，单击“草绘”操控板中的“确定”按钮✔。

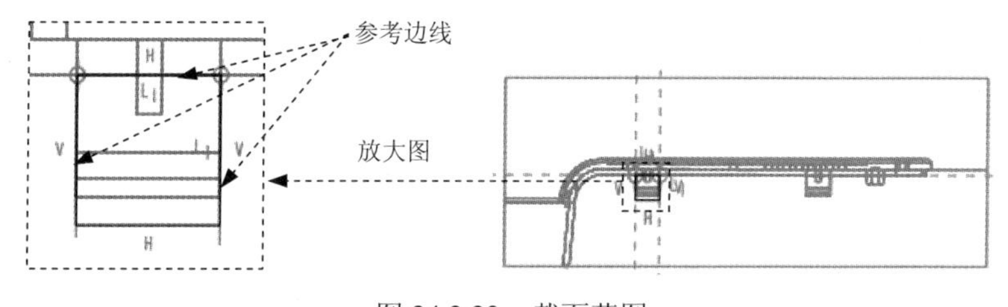

图 24.2.23　截面草图

（5）选取深度类型并输入深度值。在操控板中选取深度类型，再在深度文本框中输入深度值 4.0，并按回车键。

说明：拉伸方向是向坯料外，若方向相反则单击反向箭头。

（6）完成特征。在“拉伸”操控板中单击✔按钮，完成特征的创建。

Step 7　创建实体拉伸特征 2。

（1）单击 模型 功能选项卡 形状 ▾ 区域中的 拉伸 按钮，此时出现“拉伸”操控板。

（2）选取拉伸类型。在系统弹出的操控板中，确认“实体”按钮□被按下。

（3）定义草绘截面放置属性。右击，从弹出的菜单中选择 定义内部草绘... 命令，在系统 ➪选择一个平面或曲面以定义草绘平面. 的提示下，选取图 24.2.24 所示的平面为草绘平面；单击 草绘 按钮，至此系统进入截面草绘环境。

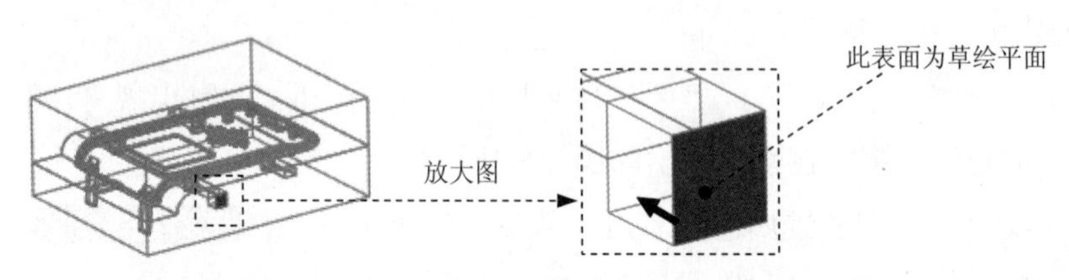

图 24.2.24　定义草绘平面

（4）进入截面草绘环境后，选取图 24.2.25 所示的边线为草绘参考，绘制图 24.2.25 所示的截面草图。完成特征截面的绘制后，单击“草绘”操控板中的“确定”按钮✔。

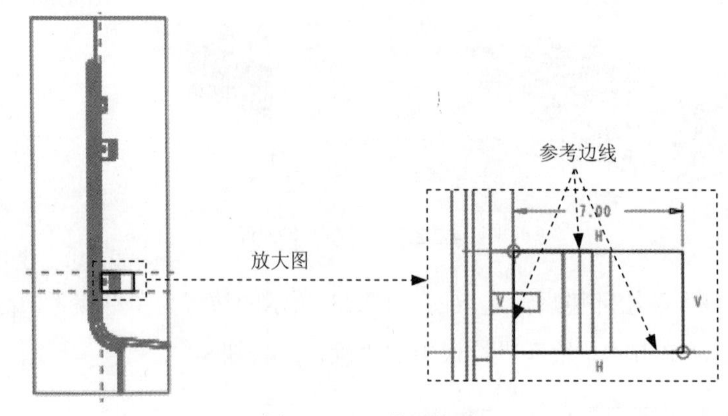

图 24.2.25　截面草图

（5）选取深度类型并输入深度值。在操控板中选取深度类型 ⊥⊥，再在深度文本框中输入深度值 4.0，并按回车键。

（6）完成特征。在“拉伸”操控板中单击✔按钮，完成特征的创建。

Stage2. 创建滑块

Step 1 在模型树中右击▸ VIDEO_COVER_MOLD.ASM，从弹出的快捷菜单中选择 激活 命令。

Step 2 单击 模型 功能选项卡的 元件 ▾ 按钮，在弹出的菜单中选择“创建”按钮，系统弹出“元件创建”对话框。

Step 3 系统弹出“元件创建”对话框，在 类型 区域选中 ◉ 零件 单选项，在 子类型 区域选中 ◉ 实体 单选项，在 名称 文本框中，输入坯料的名称 FLIP，然后单击 确定 按钮。

Step 4 在弹出的“创建选项”对话框中，选择 ◉ 创建特征 单选项，然后单击 确定 按钮。

Step 5 创建实体拉伸特征。

（1）单击 模型 功能选项卡 形状▾ 区域中的 拉伸 按钮，此时系统弹出“拉伸”操控板。

（2）选取拉伸类型。在系统弹出的操控板中，确认“实体”按钮被按下。

（3）定义草绘截面放置属性。右击，从弹出的菜单中选择 定义内部草绘... 命令，在系统 ➧选择一个平面或曲面以定义草绘平面. 的提示下，选取图 24.2.26 所示的平面为草绘平面，接受图 24.2.26 中默认的箭头方向为草绘视图方向，然后选取图 24.2.26 所示的坯料表面为参考平面，方向为 右。单击 草绘 按钮，至此系统进入截面草绘环境。

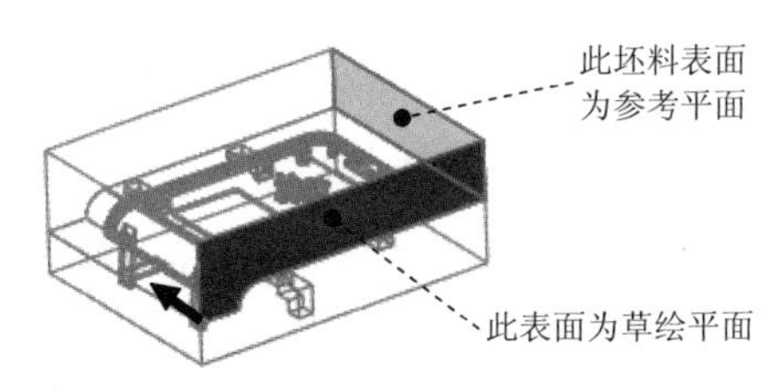

图 24.2.26 定义草绘平面

（4）进入截面草绘环境后，选取如图 24.2.27 所示的平面为草绘参考，然后绘制图 24.2.27 所示的截面草图，完成特征截面的绘制后，单击“草绘”操控板中的“确定”按钮✔。

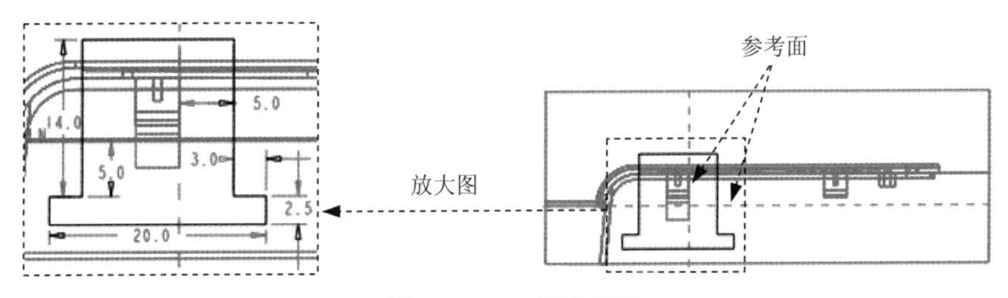

图 24.2.27 截面草图

（5）选取深度类型并输入深度值。在操控板中选取深度类型，再在深度文本框中输入深度值 20.0，并按回车键。

（6）在“拉伸”操控板中单击✔按钮，完成特征的创建。

Step 6 创建实体切削特征 1。

（1）单击 模型 功能选项卡 形状▾ 区域中的 拉伸 按钮，此时系统弹出“拉伸”操控板。

（2）在系统弹出的操控板中，确认“实体”按钮被按下，在操控板界面中按下按钮。

（3）定义草绘截面放置属性。在绘图区右击，从弹出的菜单中选择 定义内部草绘... 命令，在系统 ➧选择一个平面或曲面以定义草绘平面. 的提示下，选取图 24.2.28 所示的平面为草绘平面，接受图 24.2.28 中默认的箭头方向为草绘视图方向，然后选取图 24.2.28 所示的表面为参考平面，方向为 右 。单击 草绘 按钮，至此系统进入截面草绘环境。

（4）进入截面草绘环境后，选取图 24.2.29 所示的边线为草绘参考，绘制图 24.2.29 所示的截面草图，完成特征截面的绘制后，单击“草绘”操控板中的“确定”按钮✔。

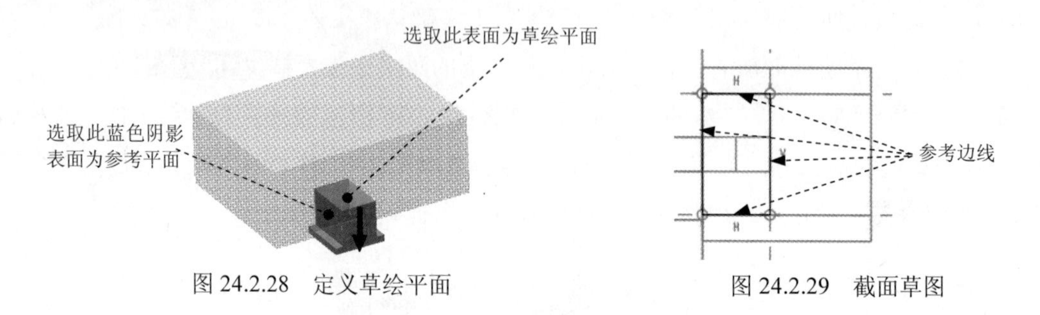

图 24.2.28　定义草绘平面　　图 24.2.29　截面草图

（5）设置深度选项。在操控板中选取深度类型 （到选定的）；将模型调整到图 24.2.30 所示的视图方位，选取图 24.2.30 所示的表面为拉伸终止面。

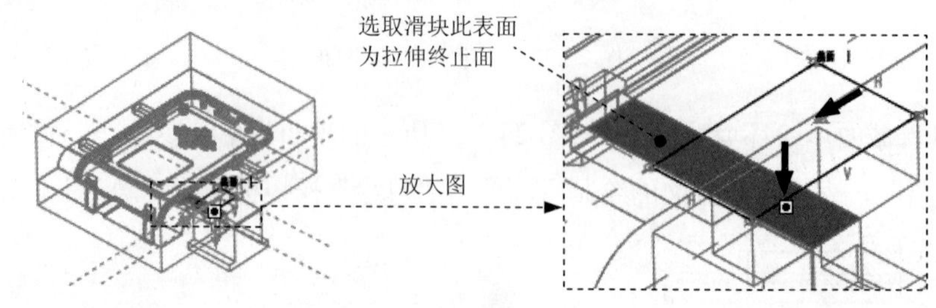

图 24.2.30　选取拉伸终止面

（6）在“拉伸”操控板中单击 ✔ 按钮，完成特征的创建。

Step 7　创建实体切削特征 2。

（1）单击 模型 功能选项卡 形状 ▾ 区域中的 拉伸 按钮，此时出现“拉伸”操控板。

（2）在系统弹出的操控板中，确认“实体”按钮 被按下，在操控板界面中按下 按钮。

（3）定义草绘截面放置属性。右击，从弹出的菜单中选择 定义内部草绘... 命令，在系统 ◆选择一个平面或曲面以定义草绘平面. 的提示下，选取图 24.2.31 所示的平面为草绘平面，接受图 24.2.31 中默认的箭头方向为草绘视图方向，然后选取图 24.2.31 所示的表面为参考平面，方向为 右 。单击 草绘 按钮，至此系统进入截面草绘环境。

（4）进入截面草绘环境后，选取图 24.2.32 所示的边线为草绘参考，绘制图 24.2.32 所示的截面草图。完成特征截面的绘制后，单击“草绘”操控板中的“确定”按钮✔。

（5）选取深度类型并输入深度值。在操控板中选取深度类型 （到选定的）；将模型调整到图 24.2.33 所示的视图方位，选取图 24.2.33 所示的表面为拉伸终止面。

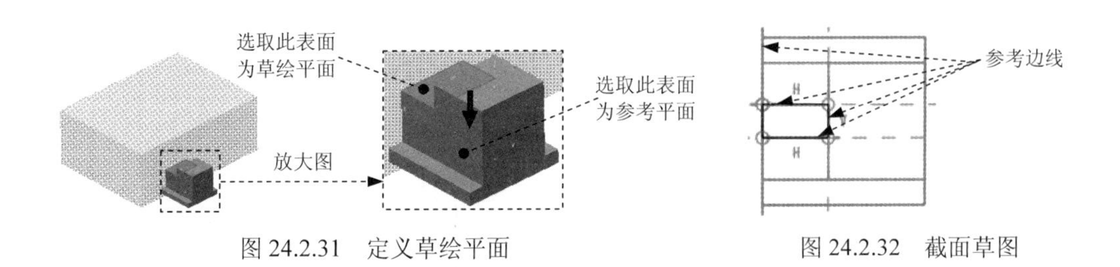

图 24.2.31 定义草绘平面　　图 24.2.32 截面草图

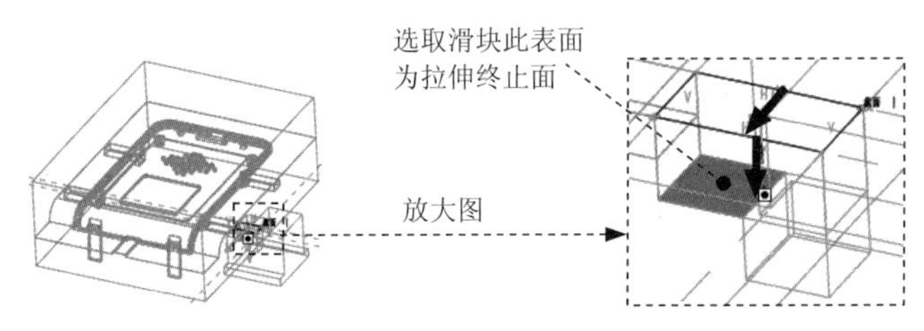

图 24.2.33 选取拉伸终止面

（6）在“拉伸”操控板中单击✔按钮，完成特征的创建。

Step 8 创建实体切削特征 3。

（1）单击 模型 功能选项卡 形状 ▾ 区域中的 拉伸 按钮，此时出现“拉伸”操控板。

（2）在出现的操控板中，确认“实体”按钮□被按下，在操控板界面中按下◿按钮。

（3）定义草绘截面放置属性。右击，从弹出的菜单中选择 定义内部草绘... 命令，在系统 ➡选择一个平面或曲面以定义草绘平面。的提示下，选取图 24.2.34 所示的平面为草绘平面，接受图 24.2.34 中默认的箭头方向为草绘视图方向，然后选取图 24.2.34 所示的表面为参考平面，方向为 右 。单击 草绘 按钮，至此系统进入截面草绘环境。

（4）进入截面草绘环境后，选取图 24.2.35 所示的边线为草绘参考，绘制图 24.2.35 所示的截面草图，完成特征截面的绘制后，单击“草绘”操控板中的“确定”按钮✔。

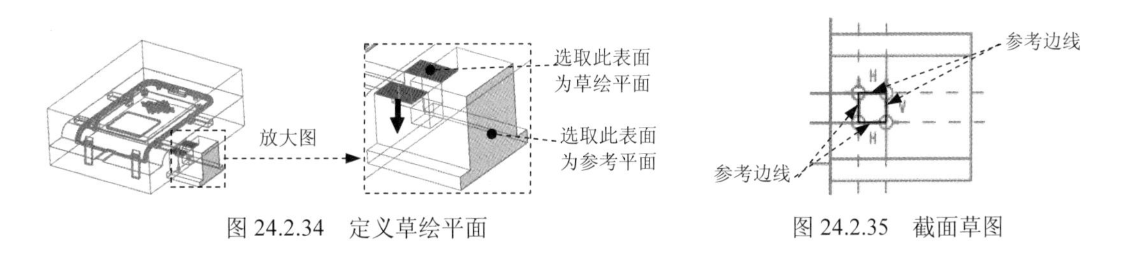

图 24.2.34 定义草绘平面　　图 24.2.35 截面草图

（5）设置深度选项。在操控板中选取深度类型⊥⊥（到选定的）；将模型调整到图 24.2.36 所示的视图方位，选取图 24.2.36 所示的滑块表面为拉伸终止面。

（6）在“拉伸”操控板中单击✔按钮，完成特征的创建。

Step 9 创建实体切削特征 4。

（1）单击 模型 功能选项卡 形状 ▾ 区域中的 拉伸 按钮，此时出现“拉伸”操控板。

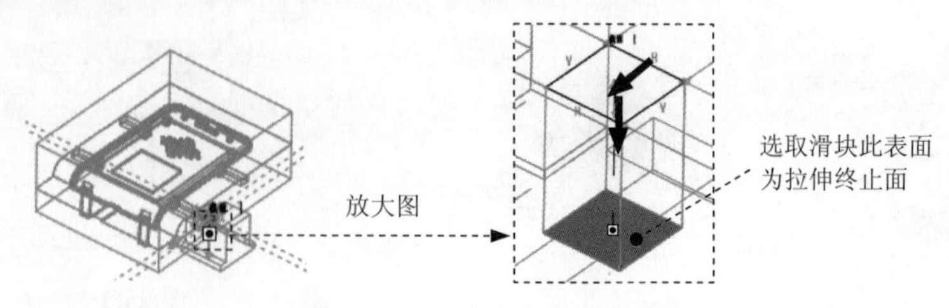

图 24.2.36　选取拉伸终止面

（2）在系统弹出的操控板中，确认“实体”按钮被按下，在操控板界面中按下按钮。

（3）定义草绘截面放置属性。右击，从弹出的菜单中选择 定义内部草绘... 命令，在系统弹出的“草绘”对话框中单击 使用先前的 按钮。

（4）进入截面草绘环境后，绘制图 24.2.37 所示的截面草图。完成特征截面的绘制后，单击“草绘”操控板中的“确定”按钮✔。

（5）选取深度类型并输入深度值。在操控板中选取深度类型（穿透所有），方向如图 24.2.38 所示。

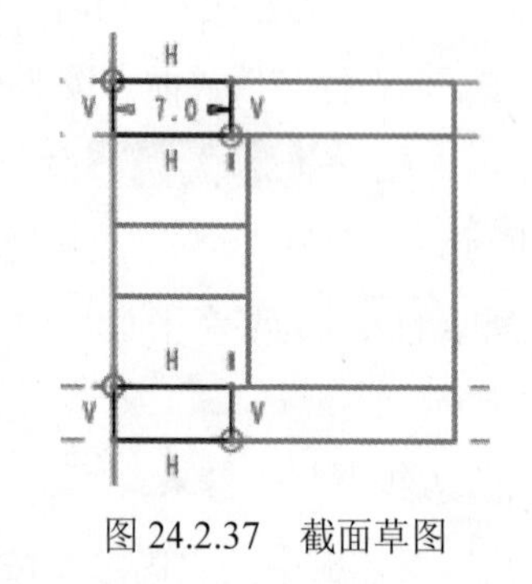

图 24.2.37　截面草图

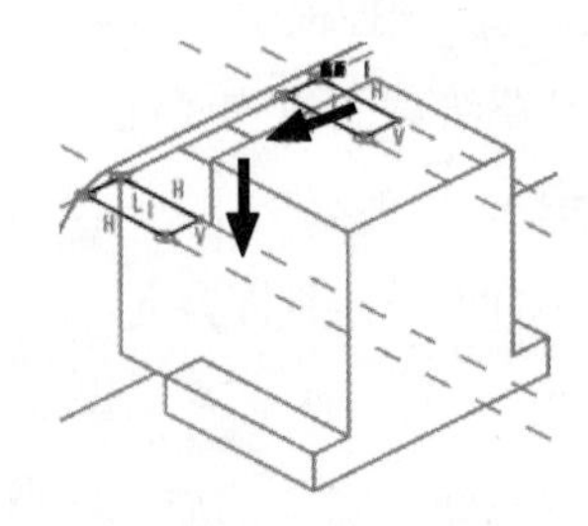

图 24.2.38　定义穿透方向

（6）在“拉伸”操控板中单击✔按钮，完成特征的创建。

Step 10　创建实体切削特征 5。

（1）单击 模型 功能选项卡 形状 ▾ 区域中的 拉伸 按钮，此时出现“拉伸”操控板。

（2）在系统弹出的操控板中，确认“实体”按钮被按下，在操控板界面中按下按钮。

（3）定义草绘截面放置属性。右击，从弹出的菜单中选择 定义内部草绘... 命令，在系统 ➡选择一个平面或曲面以定义草绘平面. 的提示下，选取图 24.2.39 所示的平面为草绘平面，接受图 24.2.39 中默认的箭头方向为草绘视图方向，然后选取图 24.2.39 所示的表面为参考平面，方向为 顶。单击 草绘 按钮，至此系统进入截面草绘环境

（4）进入截面草绘环境后，选取图 24.2.40 所示的三条边线为草绘参考，然后绘制图 24.2.40 所示的截面草图，完成特征截面的绘制后，单击“草绘”操控板中的“确定”按钮✔。

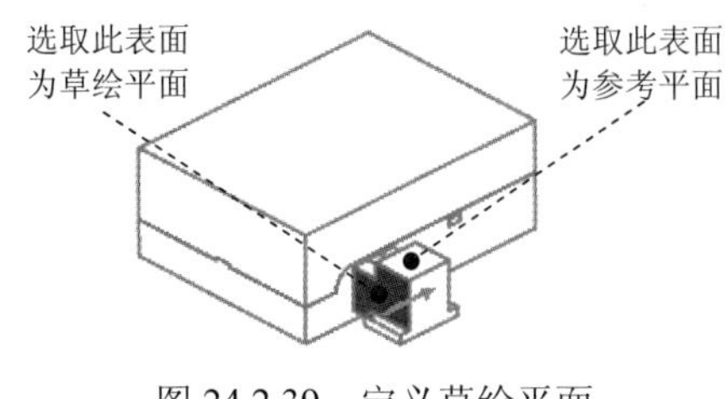

图 24.2.39 定义草绘平面

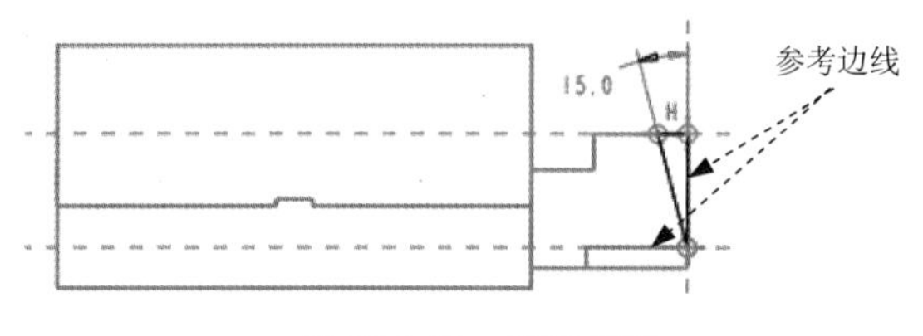

图 24.2.40 截面草图

（5）选取深度类型并输入深度值。在操控板中选取深度类型 （穿透所有），方向如图 24.2.41 所示，如果方向相反则单击 按钮。

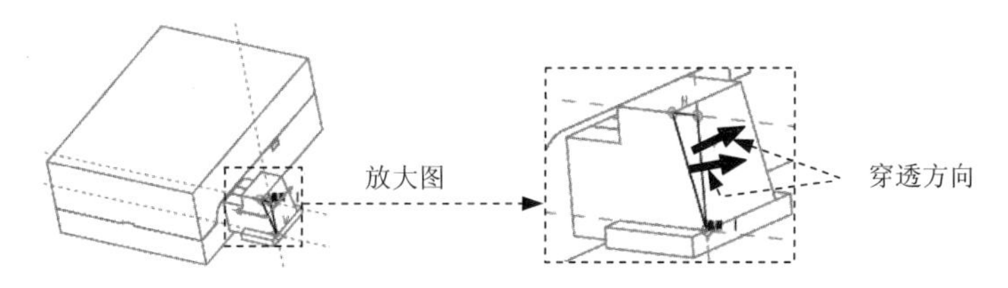

图 24.2.41 定义穿透方向

（6）在“拉伸”操控板中单击 按钮，完成特征的创建。

Stage3. 创建斜导柱

Step 1 在模型树中右击 VIDEO_COVER_MOLD.ASM，从弹出的快捷菜单中选择 激活 命令。

Step 2 单击 模型 功能选项卡的 元件 ▾ 按钮，在弹出的菜单中选择“创建”按钮 ，系统弹出“元件创建”对话框。

Step 3 系统弹出“元件创建”对话框，在 类型 区域选中 ◉ 零件 单选项，在 子类型 区域选中 ◉ 实体 单选项，在 名称 文本框中，输入坯料的名称 GUIDE_PILLAR，然后单击 确定 按钮。

Step 4 在弹出的“创建选项”对话框中，选中 ◉ 创建特征 单选项，然后单击 确定 按钮。

Step 5 创建基准点 PNT0。依次单击 模型 功能选项卡 基准 ▾ 区域中的 ▾ ➡ 点 命令，系统弹出“基准点”对话框；选取如图 24.2.42 所示的边线，在对话框中输入偏移距离值 0.5；在“基准点”对话框中单击 确定 按钮。

Step 6 创建图 24.2.43 所示的基准平面 DTM1。单击 模型 功能选项卡 基准 ▾ 区域中的“平面”按钮 ；在模型树中选取 ASM_FRONT 基准平面，在 ASM_FRONT:F3(基准平面) 下拉列表中选择 平行 选项，按住 Ctrl 键，再选取 PNT0 基准点，在 PNT0:F1(基准点):GUID... 下拉列表中选择 穿过 选项；单击对话框中的 确定 按钮，完成基准平面 1 的创建。

Step 7 创建旋转特征。单击 模型 功能选项卡 形状 ▾ 区域中的 旋转 按钮，系统弹出“旋转”操控板；在系统弹出的操控板中，确认“实体”按钮 被按下；右击，从快

捷菜单中选择 定义内部草绘... 命令，选择 DTM1 基准平面为草绘平面，箭头方向如图 24.2.43 所示，单击 草绘 按钮，此时系统进入截面草绘环境。

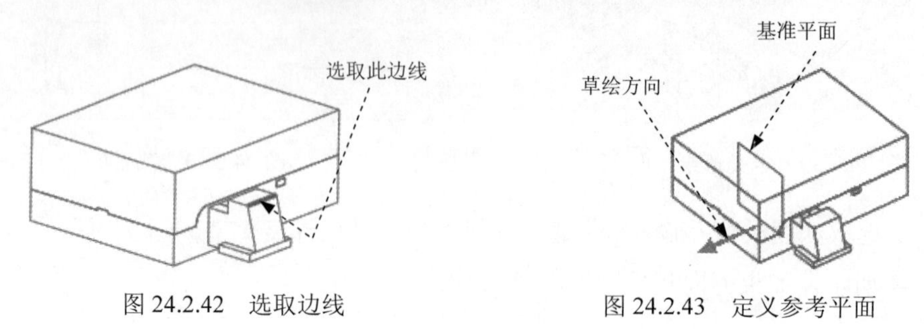

图 24.2.42 选取边线　　图 24.2.43 定义参考平面

（1）进入截面草绘环境后，选取图 24.2.44 所示的边线为草绘参考，然后绘制图 24.2.44 所示的截面草图。完成特征截面的绘制后，单击“草绘”操控板中的“完成”按钮 ✔ 。

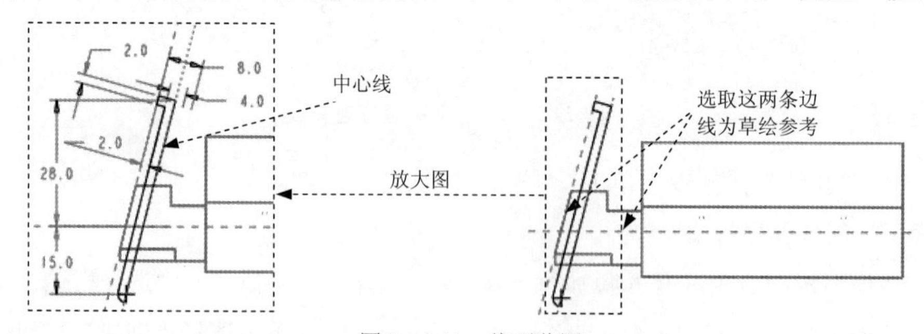

图 24.2.44 截面草图

注意：*要绘制旋转中心轴。*

（2）定义深度类型。在操控板中，选取旋转角度类型，旋转角度为 360°。

（3）单击操控板中的 ✔ 按钮，完成特征的创建。

Step 8 创建实体切削特征。

（1）单击 模型 功能选项卡 形状 ▾ 区域中的 拉伸 按钮，此时系统弹出“拉伸”操控板。

（2）在系统弹出的操控板中，确认“实体”按钮 被按下，在操控板界面中按下 按钮。

（3）定义草绘属性。右击，从快捷菜单中选择 定义内部草绘... 命令，选取 DTM1 基准平面为草绘平面，箭头方向如图 24.2.45 所示。单击 草绘 按钮，至此系统进入截面草绘环境 。

（4）进入截面草绘环境后，利用“投影”命令绘制图 24.2.46 所示的截面草图，完成特征截面的绘制后，单击“草绘”操控板中的“确定”按钮 ✔ 。

（5）选取深度类型。在操控板中，选取深度类型（穿透所有）；在操控板中单击 选项 按钮，在“选项”界面中选择“第 2 侧”深度类型。

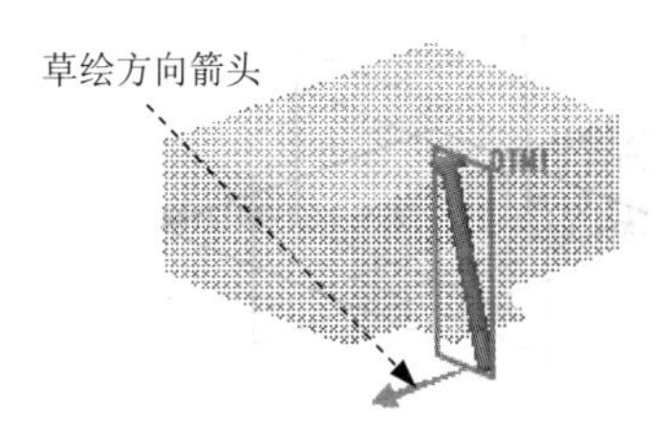

图 24.2.45　定义草绘平面

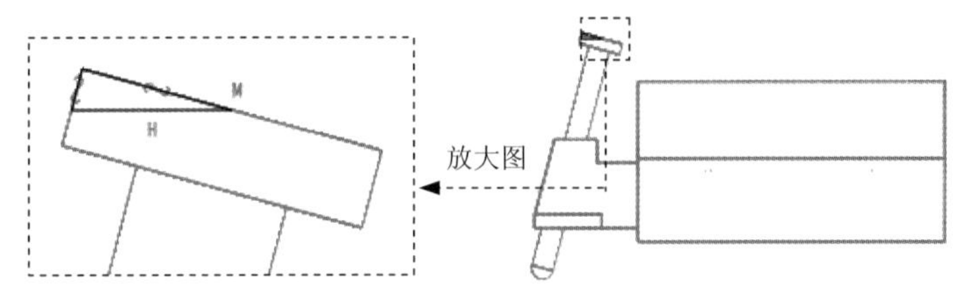

图 24.2.46　截面草图

（6）在“拉伸”操控板中单击✔按钮，完成特征的创建。

Step 9　在滑块上创建导柱孔。在模型树中右击 ▶ FLIP.PRT，从弹出的快捷菜单中选择 激活 命令；单击 模型 功能选项卡 形状 ▾ 区域中的 旋转 按钮，系统弹出“旋转”操控板；在系统弹出的操控板中，确认“实体”按钮被按下，在操控板界面中按下按钮；右击，从快捷菜单中选择 定义内部草绘... 命令，选取 DTM1 基准平面为草绘平面，箭头方向如图 24.2.47 所示。单击 草绘 按钮，此时系统进入截面草绘环境。

（1）进入截面草绘环境后，选取图 24.2.48 所示的边线为草绘参考，然后绘制图 24.2.48 所示的截面草图。完成特征截面的绘制后，单击“草绘”操控板中的“完成”按钮✔。

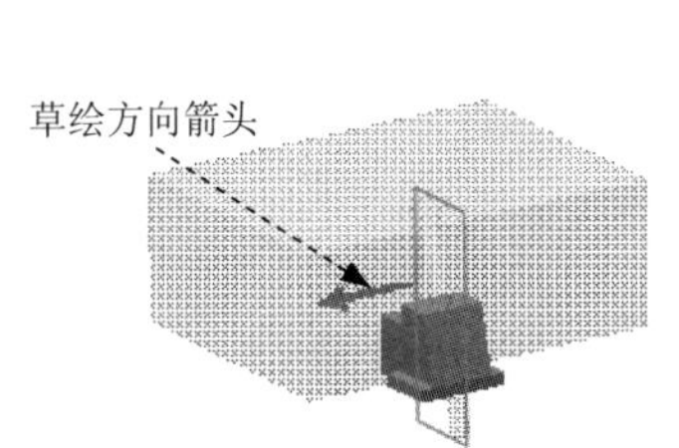

图 24.2.47　定义参考平面

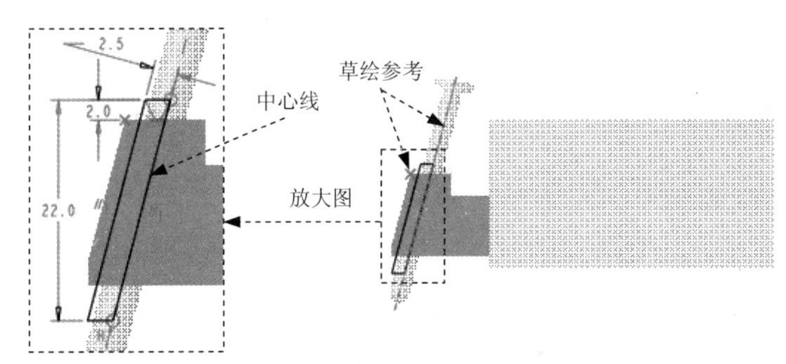

图 24.2.48　截面草图

注意：要绘制旋转中心轴。

（2）定义深度类型。在操控板中，选取旋转角度类型，旋转角度为 360°。

（3）单击“旋转”操控板中的✔按钮，完成特征的创建。

Step 10　创建导柱孔的圆角特征。

（1）单击 模型 功能选项卡 工程 ▾ 区域中的 倒圆角 ▾ 按钮，此时系统弹出“倒圆角”操控板。

（2）选取图 24.2.49 所示的一圈边线为倒圆角的参考边。

（3）设置圆角属性。在文本框中输入半径值 0.5，并按回车键。

（4）在操控板中单击✔按钮，完成特征的创建。

Stage4. 创建楔紧块

Step 1　在模型树中右击 ▶ VIDEO_COVER_MOLD.ASM，从弹出的快捷菜单中选择 激活 命令。

Step 2 单击 模型 功能选项卡 元件▼ 按钮，在弹出的菜单中选择“创建”按钮，系统弹出“元件创建”对话框。

Step 3 在类型区域选中 ◉ 零件 单选项，在 子类型 区域选中 ◉ 实体 单选项，在名称文本框中，输入坯料的名称 WEDGE_BLOCK，然后单击 确定 按钮。

Step 4 在弹出的“创建选项”对话框中，选中 ◉ 创建特征 单选项，然后单击 确定 按钮。

Step 5 创建实体拉伸特征。

（1）单击 模型 功能选项卡 形状▼ 区域中的 拉伸 按钮，此时系统弹出“拉伸”操控板。

（2）选取拉伸类型。在出现的操控板中，确认“实体”按钮被按下。

（3）定义草绘截面放置属性。右击，从弹出的菜单中选择 定义内部草绘... 命令，在系统 ➡选择一个平面或曲面以定义草绘平面。 的提示下，选取图 24.2.50 所示的平面 1 为草绘平面，接受图 24.2.50 中默认的箭头方向为草绘视图方向，然后选取图 24.2.50 所示的表面 2 为参考平面，方向为左。单击 草绘 按钮，至此系统进入截面草绘环境。

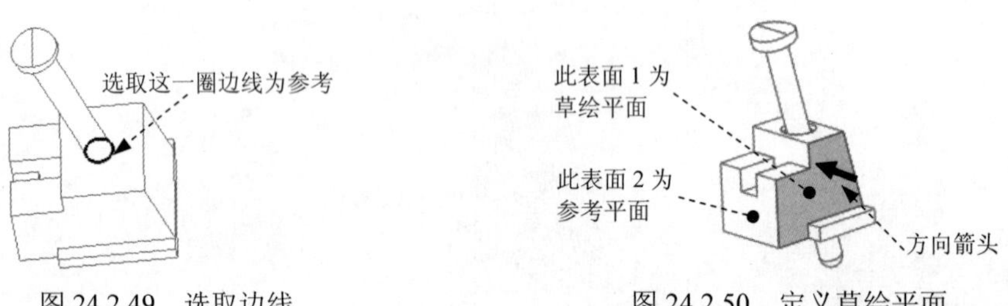

图 24.2.49　选取边线　　　　图 24.2.50　定义草绘平面

（4）进入截面草绘环境后，选取图 24.2.51 所示的边线为草绘参考，然后绘制图 24.2.51 所示的截面草图，完成特征截面的绘制后，单击“草绘”操控板中的“确定”按钮✔。

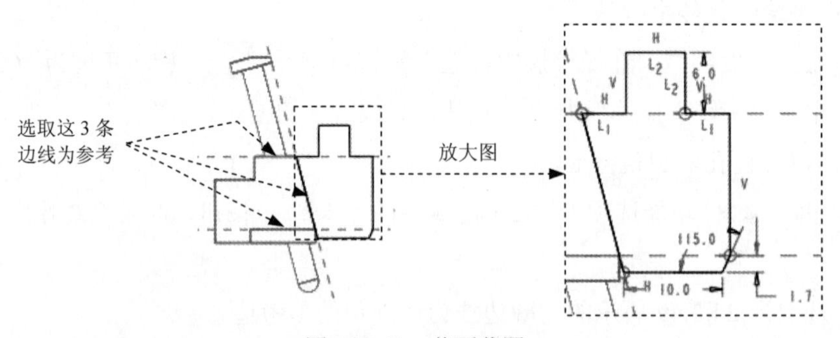

图 24.2.51　截面草图

（5）设置深度选项。

① 在操控板中选取深度类型（到选定的）。

② 将模型调整到图 24.2.52 所示的视图方位，选取图 24.2.52 所示的滑块表面为拉伸

终止面。

（6）在“拉伸”操控板中单击✔按钮，完成特征的创建。

Step 6　创建圆角特征。单击 模型 功能选项卡 工程▾ 区域中的 倒圆角▾ 按钮，此时系统弹出“倒圆角”操控板；按住 Ctrl 键，选取图 24.2.53 所示的四条棱线为倒圆角的参考边；在文本框中输入半径值 2.0，并按回车键；在“倒圆角”操控板中单击✔按钮，完成特征的创建。

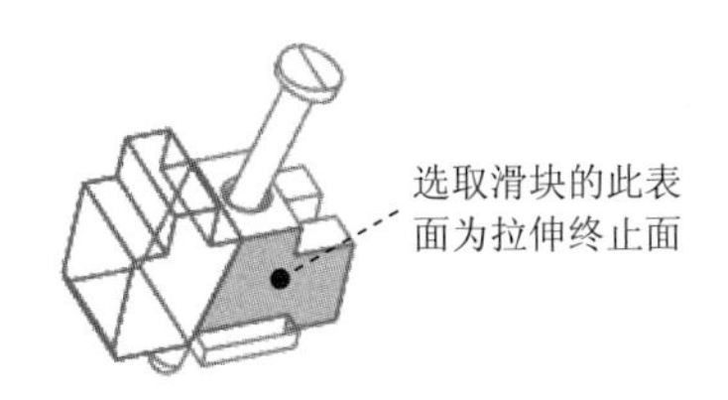

图 24.2.52　选取拉伸终止面

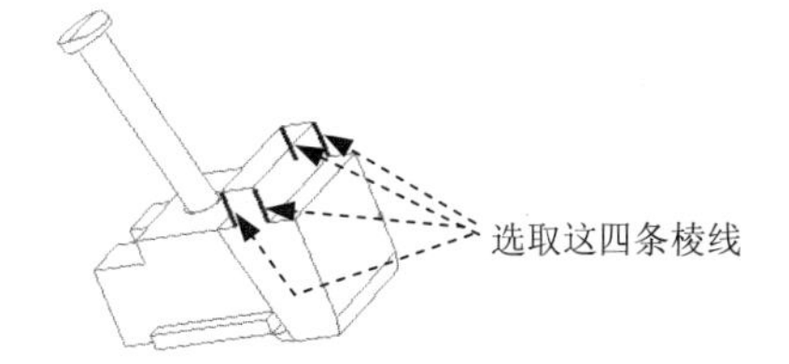

图 24.2.53　选取边线

Stage5. 创建压板

Step 1　在模型树中右击▸ VIDEO_COVER_MOLD.ASM，从弹出的快捷菜单中选择 激活 命令。

Step 2　单击 模型 功能选项卡 元件▾ 按钮，在弹出的菜单中选择“创建”按钮。系统弹出“元件创建”对话框。

Step 3　在 类型 区域选中 ◉ 零件 单选项，在 子类型 区域选中 ◉ 实体 单选项，在 名称 文本框中，输入坯料的名称 PRESS_BLOCK，然后单击 确定 按钮。

Step 4　在弹出的“创建选项”对话框中，选中 ◉ 创建特征 单选项，然后单击 确定 按钮。

Step 5　创建实体拉伸特征。

（1）单击 模型 功能选项卡 形状▾ 区域中的 拉伸 按钮，此时出现“拉伸”操控板。

（2）选取拉伸类型。在出现的操控板中，确认“实体”按钮被按下。

（3）定义草绘截面放置属性。右击，从弹出的菜单中选择 定义内部草绘... 命令，在系统 ➡选择一个平面或曲面以定义草绘平面。的提示下，选取图 24.2.54 所示的平面 1 为草绘平面，接受图 24.2.54 中默认的箭头方向为草绘视图方向，然后选取图 24.2.54 所示的表面 2 为参考平面，方向为 左。单击 草绘 按钮，至此系统进入截面草绘环境。

（4）进入截面草绘环境后，选取图 24.2.55 所示的四条边线为草绘参考，然后绘制图 24.2.55 所示的截面草图，完成特征截面的绘制后，单击“草绘”操控板中的“确定”按钮✔。

（5）设置深度选项。在操控板中选取深度类型（到选定的）；将模型调整到图 24.2.56 所示的视图方位，选取图 24.2.56 所示的滑块表面为拉伸终止面。

（6）在“拉伸”操控板中单击✔按钮，完成特征的创建。

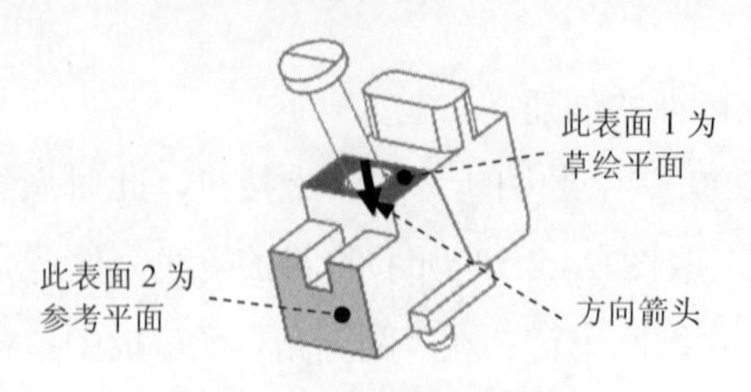

图 24.2.54　定义草绘平面

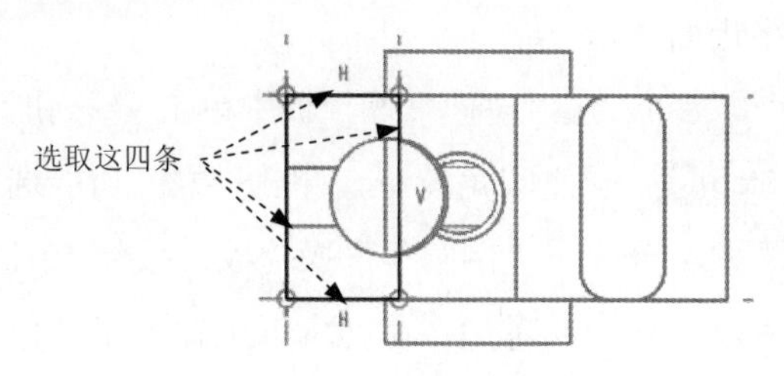

图 24.2.55　截面草图

Stage6. 完善剩余三个侧抽机构

Step 1　参考 SLIDE01_VOL.PRT 中拉伸 1 和拉伸 2 的创建方法，依次激活 SLIDE02_VOL.PRT、SLIDE03_VOL.PRT 和 SLIDE04_VOL.PRT 后创建其子特征，结果如图 24.2.57 所示。

Step 2　在模型树中右击 VIDEO_COVER_MOLD.ASM，从弹出的快捷菜单中选择 激活 命令。

Step 3　创建基准平面特征 ADTM1。单击 模型 功能选项卡 基准 ▼ 区域中的“平面”按钮，在模型树中选取 DTM1 基准平面为偏距参考面，在对话框中输入偏移距离值为 14.15，单击对话框中的 确定 按钮，结果如图 24.2.58 所示。

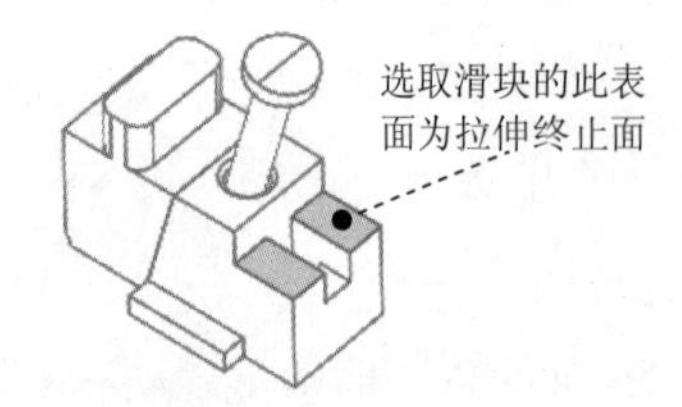

图 24.2.56　选取拉伸终止面

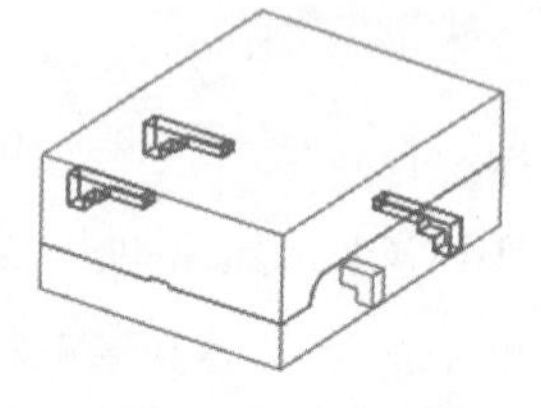

图 24.2.57　创建拉伸特征

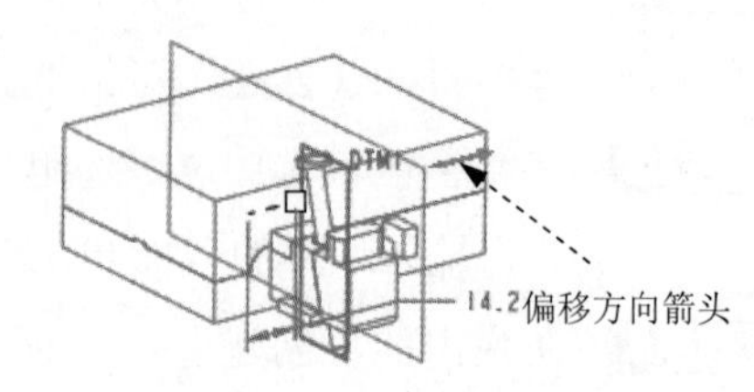

图 24.2.58　创建拉伸特征

Step 4　单击 模型 功能选项卡 元件 ▼ 按钮，在弹出的菜单中选择“创建”按钮；系统弹出“元件创建”对话框，在 类型 区域选中 ◉ 零件 单选项，在 子类型 区域选中 ◉ 镜像 单选项，在 名称 文本框中，输入坯料的名称 FLIP_MIRROR，然后单击 确定 按钮；在模型树中选取 FLIP.PRT 为零件参考，然后选取 ADTM1 为平面参考，最后单击 确定 按钮完成创建，结果如图 24.2.59 所示。

Step 5　参考 Step4，在模型树中选取 GUIDE_PILLAR.PRT，以 ADTM1 为平面参考，创建其镜像特征 GUIDE_PILLAR_MIRROR.PRT，结果如图 24.2.60 所示。

Step 6　参考 Step4，在模型树中选取 WEDGE_BLOCK.PRT，以 ADTM1 为平面参考，创建其镜像特征 WEDGE_BLOCK_MIRROR.PRT，结果如图 24.2.60 所示。

Step 7　参考 Step4，在模型树中选取 PRESS_BLOCK.PRT，以 ADTM1 为平面参考，创建其镜像特征 PRESS_BLOCK_MIRROR.PRT，结果如图 24.2.60 所示。

Step 8　参考 Step4~ Step7，在模型树中创建如图 24.2.61 所示的镜像。

Step 9　将组件激活。在模型树中右击 VIDEO_COVER_ASM.ASM，从弹出的快捷菜单中选择 激活 命令。

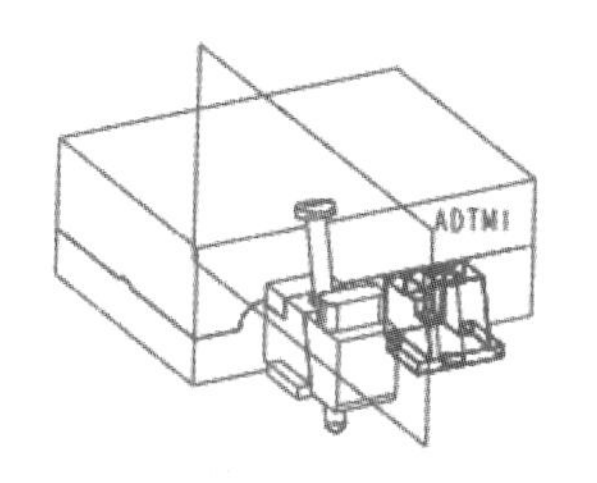

图 24.2.59 创建镜像特征

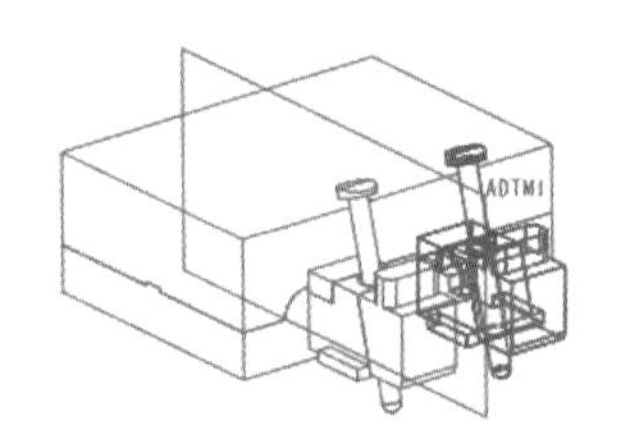

图 24.2.60 创建镜像特征

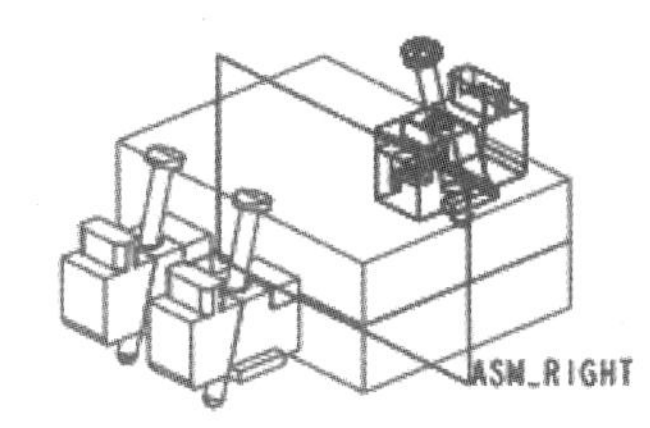

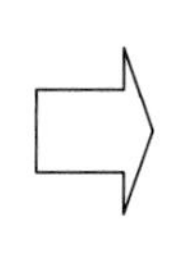

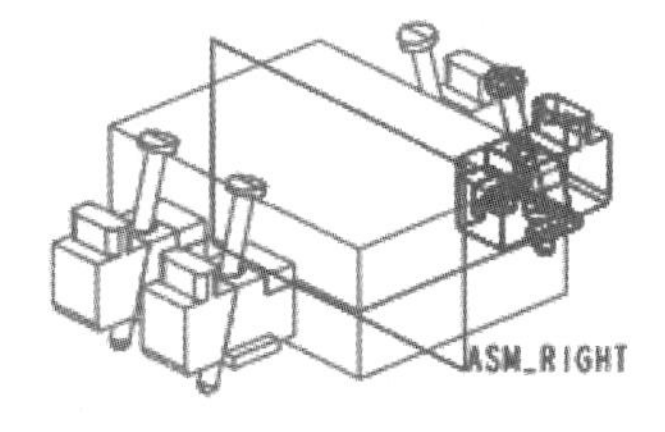

图 24.2.61 创建镜像特征

Step 10 保存设计结果。单击 **模具** 功能选项卡中的 操作 ▾ 区域的 重新生成 按钮，在系统弹出的下拉菜单中单击 重新生成 按钮，选择下拉菜单 文件 ▾ ➡ 保存(S) 命令。

Step 11 选择下拉菜单 文件 ▾ ➡ 关闭(C) 命令。

Task8. 定义开模动作

Stage1. 开模步骤 1：移动滑块、上模、斜导柱、楔紧块和压板

Step 1 单击 **模具** 功能选项卡 分析 ▾ 区域中的“模具开模”按钮，系统弹出“模具开模”菜单管理器。

Step 2 依次单击 Define Step（定义步骤）和 Define Move（定义移动）命令，此时系统弹出“选择”对话框。

Step 3 选取第一组要移动的模具元件。

（1）按住 Ctrl 键，在模型树中选取 SLIDE01_VOL.PRT、FLIP.PRT 和 PRESS_BLOCK.PRT。此时步骤 1 中要移动的第一组元件模型被加亮。

（2）在“选择”对话框中单击 确定 按钮。

Step 4 在系统 ◆通过选择边、轴或面选择分解方向. 的提示下，选取图 24.2.62 所示的边线为移动方向，然后在系统 输入沿指定方向的位移 的提示下，输入要移动的距离值-5，并按回车键。

Step 5 在 Define Step（定义步骤）菜单中选择 Define Move（定义移动）命令，此时系统弹出”选择”对话框。

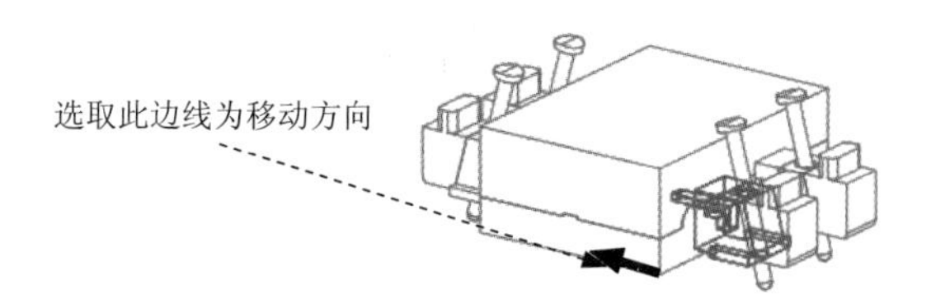

图 24.2.62 选取移动方向

Step 6 选取第二组要移动的模具元件。

（1）按住 Ctrl 键，在模型树中选取 UPPER_VOL.PRT、GUIDE_PILLAR.PRT 和 WEDGE_BLOCK.PRT。此时步骤 1 中要移动的第二组元件模型被加亮。

（2）在“选择”对话框中单击 确定 按钮。

Step 7 在系统 ◆通过选择边、轴或面选择分解方向. 的提示下，选取图 24.2.63 所示的边线为移动方向，然后在系统 输入沿指定方向的位移 的提示下，输入要移动的距离值 30，并按回车键。

Step 8 在 Define Step（定义步骤）菜单中选择 Done（完成）命令，移动后的模型如图 24.2.64 所示。

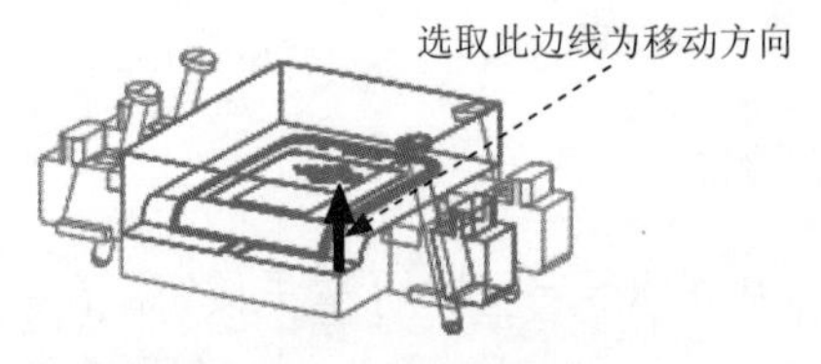

图 24.2.63 选取移动方向

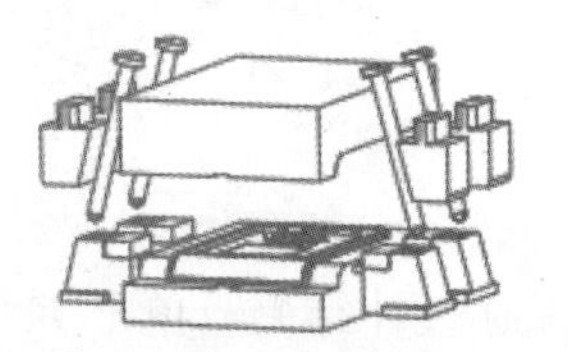
图 24.2.64 移动后的状态

Stage2．开模步骤 2：移动浇注件和销

Step 1 移动浇注件。

（1）在 ▼ MOLD OPEN（模具开模）菜单中选择 Define Step（定义步骤）命令。

（2）在 Define Step（定义步骤）菜单中选择 Define Move（定义移动）命令。

（3）用“列表选取”的方法选取要移动的模具元件 VIDEO_COVER_MOLD.PRT（浇注件），在“从列表中拾取”对话框中单击 确定(O) 按钮，在“选择”对话框中单击 确定 按钮。

（4）在系统 ◆通过选择边、轴或面选择分解方向. 的提示下，选取图 24.2.65 所示的边线为移动方向，然后输入要移动的距离值 15，并按回车键。

Step 2 移动 PIN_VOL_01.PRT（销 1）。

（1）在 Define Step（定义步骤）菜单中选择 Define Move（定义移动）命令。

（2）选取要移动的模具元件 PIN01_VOL.PRT（销 1），在“选择”对话框中单击 确定 按钮

（3）在系统 ◆通过选择边、轴或面选择分解方向. 的提示下，用“列表选取”的方法选取图 24.2.66 所示的销的斜边线为移动方向，然后输入要移动的距离值-7，并按回车键。

Step 3 参考 Step2，移动 PIN02_VOL.PRT（销 2）。

Step 4 在 Define Step（定义步骤）菜单中选择 Done（完成）命令，完成浇注件和销的开模动作，如图 24.2.67 所示，然后选择 Done/Return（完成/返回）命令。

Step 5 单击 **模具** 功能选项卡中的 操作 ▾ 区域的 重新生成 ▾ 按钮，在系统弹出的下拉菜单中单击 重新生成 按钮，选择下拉菜单 文件 ▾ ➡ 保存(S) 命令。

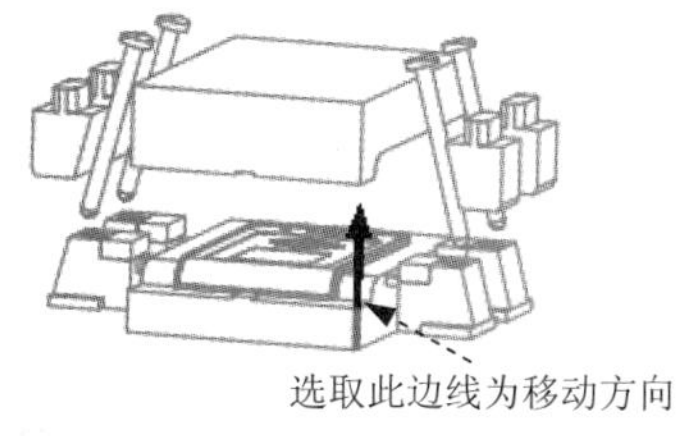

图 24.2.65 选取移动方向

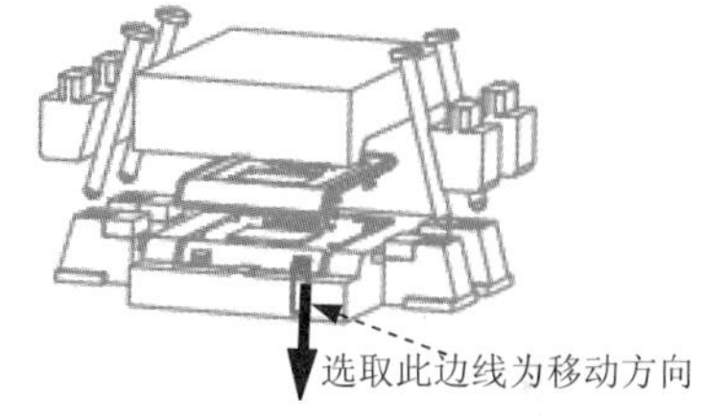

图 24.2.66 选取移动方向

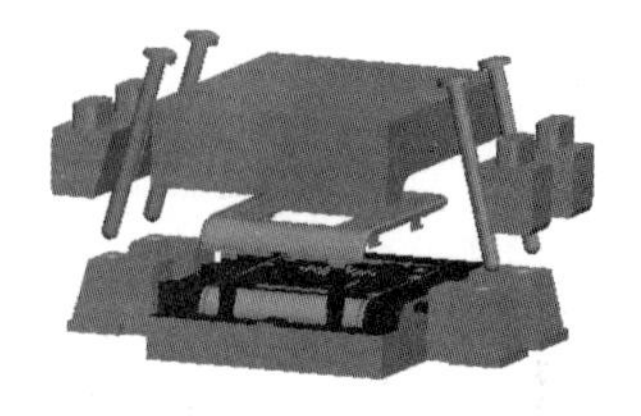
图 24.2.67 移动后的状态

24.3 应用 3——镶件、浇注及冷却系统的模具设计

24.3.1 概述

本应用是一个镶件、浇注及冷却系统的模具设计，从产品模型的外形上可以看出，该模具的设计是比较复杂的，其中包括产品模型有多个不规则的破孔，在设计过程中要考虑将部分结构做成镶件等问题，在学过本应用之后，希望读者能够熟练掌握带镶件和浇注系统模具设计的方法和技巧。

24.3.2 技术要点分析

（1）一模两穴模型的布局方法。

（2）在进行分型面的创建时，可只对一个模型进行复杂孔的修补及复制面的操作，另一个模型即可通过镜像与变换命令实现。

（3）创建模具元件镶件体积块时要注意顺序及岛的选取，否则结果不同。

24.3.3 设计过程

本应用的模具设计结果如图 24.3.1 所示，以下是具体操作过程。

Task1．新建一个模具制造模型

Step 1 将工作目录设置至 D:\creo2mo\work\ch24.03。

Step 2 新建一个模具型腔文件，命名为 boat_top_mold，选取 mmns_mfg_mold 模板。

Task2．建立模具模型

Stage1．引入第一个参考模型

Step 1 单击 **模具** 功能选项卡 参考模型和工件 区域 参考模型 中的“小三角”按钮 ▼，然后在系统弹出的列表中选择 组装参考模型 命令，系统弹出“打开”对话框。

Step 2 从弹出的“打开”对话框中，选取三维零件模型船体——boat_top.prt 作为参考零件模型，并将其打开。

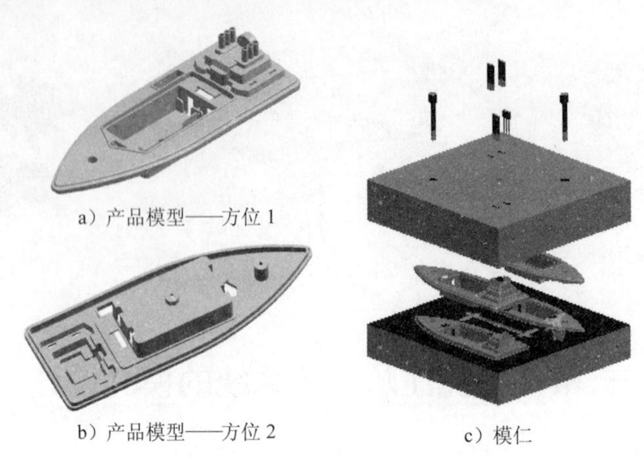

图 24.3.1　船体的模具设计

Step 3　定义约束参考模型的放置位置。

（1）指定第一个约束。在操控板中单击 放置 按钮，在“放置”界面的“约束类型”下拉列表中选择 重合，选取参考件的 TOP 基准平面为元件参考，选取装配体的 MAIN_PARTING_PLN 基准平面为组件参考。

（2）指定第二个约束。单击➔新建约束 字符，在“约束类型”下拉列表中选择 距离，选取参考件的 FRONT 基准平面为元件参考，选取装配体的 MOLD_FRONT 基准平面为组件参考，在 偏移 文本框中输入数值 40.0，单击 反向 按钮。

（3）指定第三个约束。单击➔新建约束 字符，在“约束类型”下拉列表中选择 距离，选取参考件的 RIGHT 基准平面为元件参考，选取装配体的 MOLD_RIGHT 基准平面为组件参考，在 偏移 文本框中输入数值 55.0。

（4）至此，约束定义完成，在操控板中单击✔按钮，系统自动弹出“创建参考模型”对话框，单击两次 确定 按钮。

Step 4　隐藏第一个参考模型的基准平面。

为了使屏幕简洁，利用“层”的“遮蔽”功能将参考模型的三个基准平面隐藏起来。

（1）选择导航命令卡中的 ➔ 层树(L) 命令。

（2）在导航命令卡中，单击 BOAT_TOP_MOLD.ASM (顶级模型，活动的) 后面的 按钮，选择 BOAT_TOP_MOLD_REF.PRT 参考模型。

（3）在层树中，选择参考模型的基准平面层 01__PRT_ALL_DTM_PLN，右击，在弹出的快捷菜单中选择 隐藏 命令，然后单击“重画”按钮，这样模型的基准平面将不显示。

（4）操作完成后，选择导航命令卡中的 ➔ 模型树(M) 命令，切换到模型树状态，结果如图 24.3.2 所示。

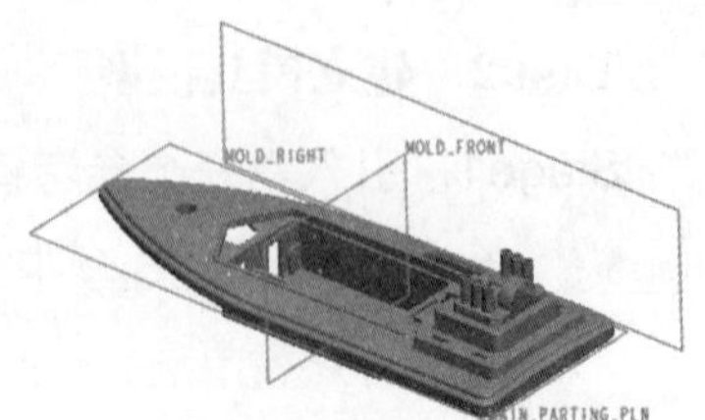

图 24.3.2　第一个参考模型组装完成后

Stage2．引入第二个参考模型

Step 1　单击 **模具** 功能选项卡 参考模型和工件 区域 参考模型 中的“小三角”按钮 ▾，然后在系统弹出的列表中选择 组装参考模型 命令，系统弹出“打开”对话框。

Step 2　从弹出的“打开”对话框中，选取三维零件模型船体——boat_top.prt 作为参考零件模型，并将其打开。

Step 3　定义约束参考模型的放置位置。

（1）指定第一个约束。在操控板中单击 放置 按钮，在“放置”界面的“约束类型”下拉列表中选择 重合，选取参考件的 TOP 基准平面为元件参考，选取装配体的 MAIN_PARTING_PLN 基准平面为组件参考。

（2）指定第二个约束。单击➔新建约束 字符，在“约束类型”下拉列表中选择 距离，选取参考件的 FRONT 基准平面为元件参考，选取装配体的 MOLD_FRONT 基准平面为组件参考，在 偏移 文本框中输入数值 40.0。

（3）指定第三个约束。单击➔新建约束 字符，在“约束类型”下拉列表中选择 距离，选取参考件的 RIGHT 基准平面为元件参考，选取装配体的 MOLD_RIGHT 基准平面为组件参考，在 偏移 文本框中输入数值-55.0。

（4）至此，约束定义完成，在操控板中单击✔按钮，系统自动弹出“创建参考模型”对话框，单击两次 确定 按钮。

Step 4　隐藏第二个参考模型的基准平面。

为了使屏幕简洁，利用“层”的“遮蔽”功能将参考模型的三个基准平面隐藏起来。

（1）选择导航命令卡中的 ▾ ➔ 层树(L) 命令。

（2）在导航命令卡中，单击 BOAT_TOP_MOLD.ASM (顶级模型，活动的) ▾后面的▾按钮，选择BOAT_TOP_MOLD_REF_1.PRT参考模型。

（3）在层树中，选择参考模型的基准平面层 01___PRT_ALL_DTM_PLN，右击，在弹出的快捷菜单中选择 隐藏 命令，然后单击“重画”按钮，这样模型的基准平面将不显示。

（4）操作完成后，选择导航命令卡中的 ▾ ➔ 模型树(M)命令，切换到模型树状态，结果如图 24.3.3 所示。

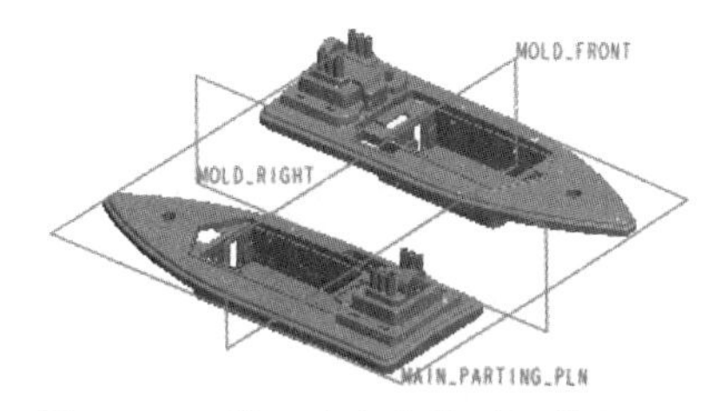

图 24.3.3　第二个参考模型组装完成后

Stage3．创建坯料

手动创建图 24.3.4 所示的坯料，操作步骤如下：

Step 1　单击 **模具** 功能选项卡 参考模型和工件 区域 工件 中的“小三角”按钮 ▾，然后在系统弹出的列表中选择 创建工件 命令，系统弹出“元件创建”对话框。

Step 2 在“元件创建”对话框中，在 类型 区域选中 ◉ 零件 单选项，在 子类型 区域选中 ◉ 实体 单选项，在 名称 文本框中，输入坯料的名称 wp，然后单击 确定 按钮。

Step 3 在弹出的“创建选项”对话框中，选中 ◉ 创建特征 单选项，然后单击 确定 按钮。

Step 4 创建坯料特征。

（1）选择命令。单击 **模具** 功能选项卡 形状 ▾ 区域中的 拉伸 按钮，此时出现“拉伸”操控板。

（2）创建实体拉伸特征。在出现的操控板中，确认“实体”按钮被按下；在绘图区中右击，从弹出的快捷菜单中选择 定义内部草绘... 命令。选择 MAIN_PARTING_PLN 基准平面作为草绘平面，草绘平面的参考平面为 MOLD_RIGHT 基准平面，方位为 右，单击 草绘 按钮，至此系统进入截面草绘环境；选取 MOLD_RIGHT 基准平面和 MOLD_FRONT 基准平面为草绘参考，截面草图如图 24.3.5 所示，完成特征截面的绘制后，单击“草绘”操控板中的“确定”按钮✔；在操控板中单击 选项 选项卡，在 深度 区域 侧 1 下拉列表中选择 盲孔，输入距离值为 50；在 侧 2 下拉列表中也选择 盲孔，输入距离值为 40 并按回车键；在操控板中单击✔按钮，则完成拉伸特征的创建。

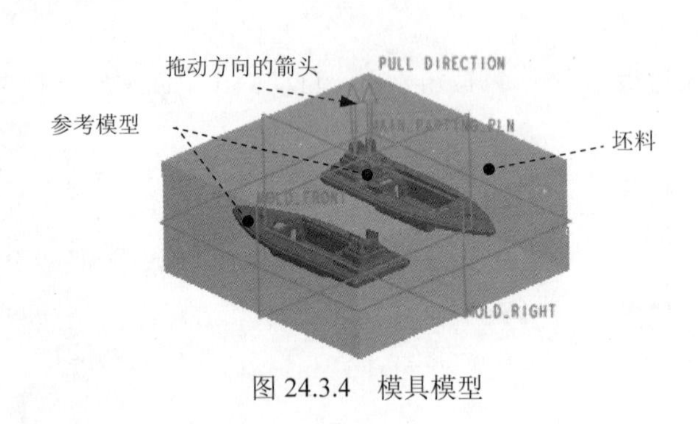

图 24.3.4 模具模型

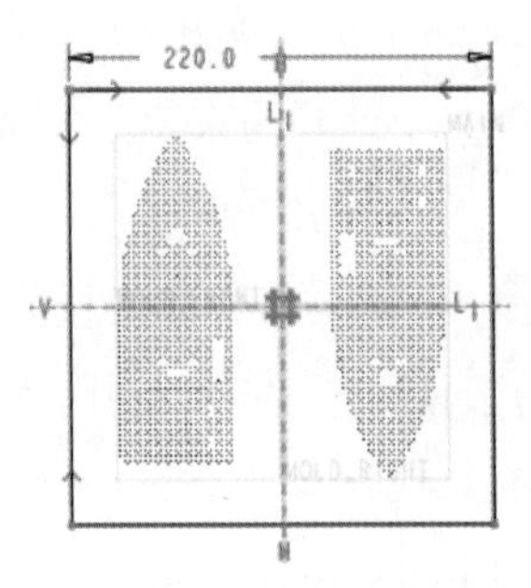

图 24.3.5 截面草图

Task3. 设置收缩率

Step 1 在模型树中将总装配模型激活。

Step 2 单击**模具**功能选项卡 修饰符 区域中 收缩 ▾ 的“小三角”按钮▾，在系统弹出的下拉菜单中单击 按尺寸收缩 命令，然后在模型树中选择第一个参考模型。

Step 3 系统弹出“按尺寸收缩”对话框，确认 公式 区域的 1+S 按钮被按下，在 收缩选项 区域选中 ☑ 更改设计零件尺寸 复选框，在 收缩率 区域的 比率 栏中输入收缩率 0.006，并按回车键，然后单击对话框中的 ✔ 按钮。

Step 4 参照 Step2～Step3 对另外一个参考模型进行收缩率的设置。

Task4. 创建模具分型曲面

Stage1. 定义主分型面

Step 1 将坯料在模型中遮蔽起来。

Step 2　单击**模具**功能选项卡 基准 ▾ 区域中的“草绘”按钮；选取图 24.3.6 所示的模型表面作为草绘平面，单击 草绘 按钮，系统进入草绘环境；绘制图 24.3.7 所示的草图。

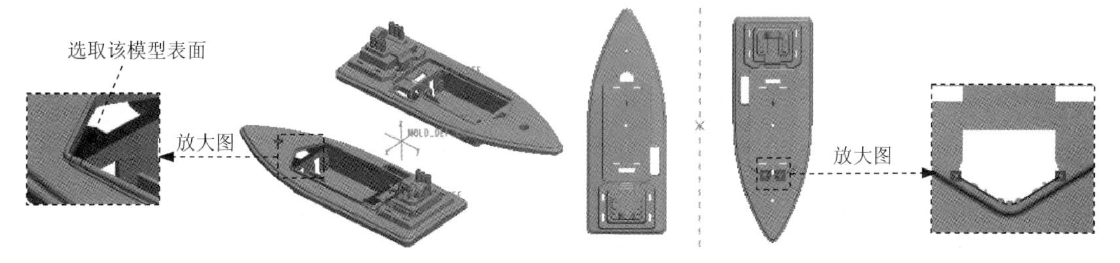

图 24.3.6　定义草图平面　　　图 24.3.7　草绘 1

说明：图 24.3.6 所示的面为第一个参考模型的模型表面。

Step 3　单击 **模具** 功能选项卡 分型面和模具体积块 ▾ 区域中的“分型面”按钮，系统弹出“分型面”选项卡。

Step 4　在系统弹出的“分型面”选项卡中的 控制 区域单击“属性”按钮，在“属性”对话框中，输入分型面名称 main_ps，单击 确定 按钮。

Step 5　创建图 24.3.8 所示的边界曲面 1。单击 ***分型面*** 功能选项卡 曲面设计 ▾ 区域中的“边界混合”按钮，系统弹出“边界混合”操控版；按住 Ctrl 键，分别选取图 24.3.9 所示的第一方向的两条边界曲线；在操控板中单击按钮后面的第二方向曲线操作栏中的“单击此处添加项”字符，按住 Ctrl 键，选取图 24.3.9 所示的第二方向的两条边界曲线；在操控板中单击“完成”按钮，完成边界曲面 1 的创建。

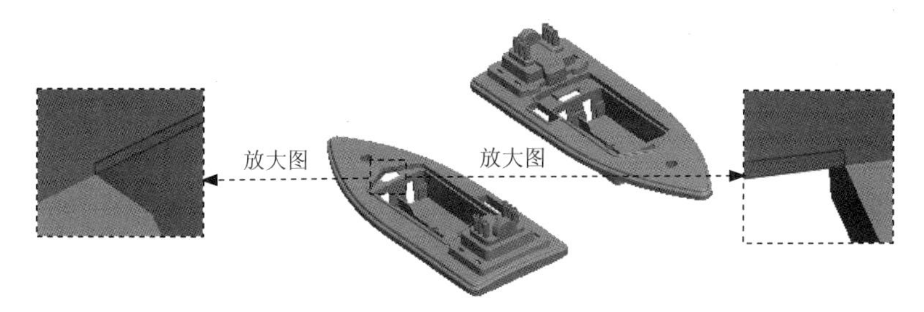

图 24.3.8　边界曲面 1

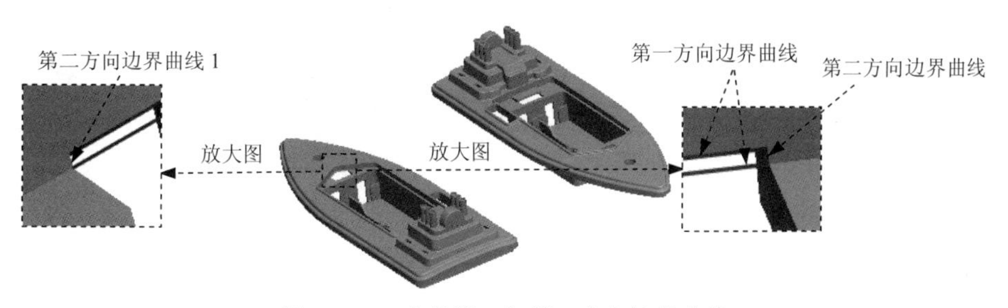

图 24.3.9　定义第一与第二方向边界曲线

Step 6 创建图 24.3.10 所示的边界曲面 2。单击 分型面 功能选项卡 曲面设计 ▾ 区域中的“边界混合”按钮，系统弹出“边界混合”操控版；按住 Ctrl 键，分别选取图 24.3.11 所示的第一方向的两条边界曲线；在操控板中单击按钮后面的第二方向曲线操作栏中的“单击此处添加项”字符，按住 Ctrl 键，选取图 24.3.11 所示的第二方向的两条边界曲线；在操控板中单击“完成”按钮✔，完成图 24.3.10 所示的边界曲面 2 的创建。

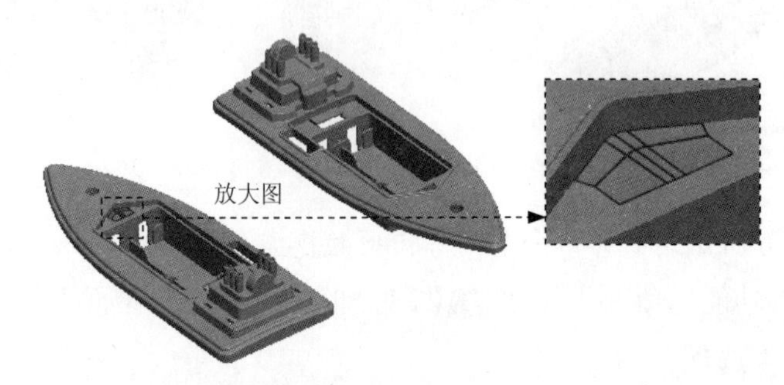

图 24.3.10 边界曲面 2

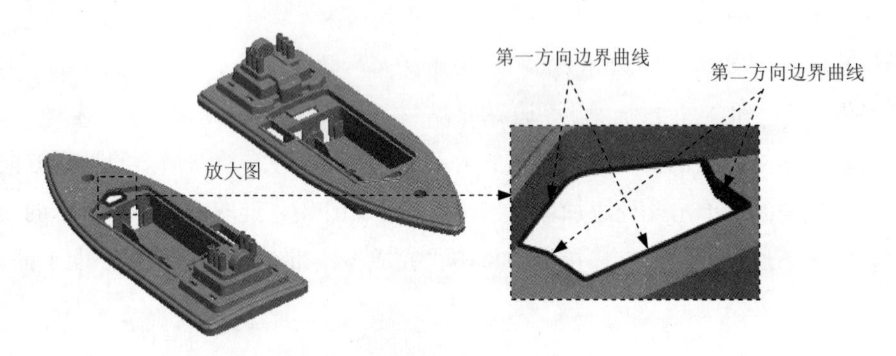

图 24.3.11 定义第一与第二方向边界曲线

Step 7 参照 Step6 创建图 24.3.12 所示的边界曲面 3。

Step 8 参照 Step6 创建图 24.3.13 所示的边界曲面 4。

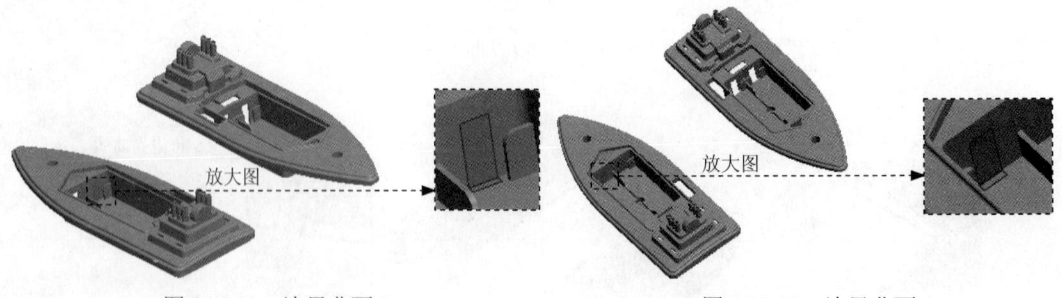

图 24.3.12 边界曲面 3　　图 24.3.13 边界曲面 4

Step 9 参照 Step6 创建图 24.3.14 所示的边界曲面 5。

Step 10　参照 Step6 创建图 24.3.15 所示的边界曲面 6。

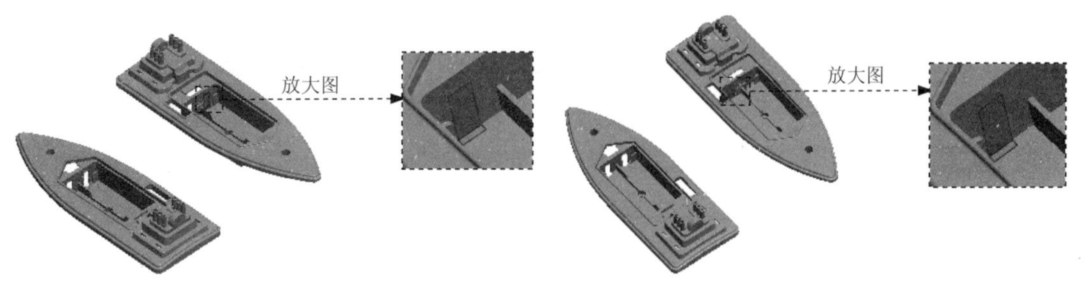

图 24.3.14　边界曲面 5　　图 24.3.15　边界曲面 6

Step 11　参照 Step6 创建图 24.3.16 所示的边界曲面 7。

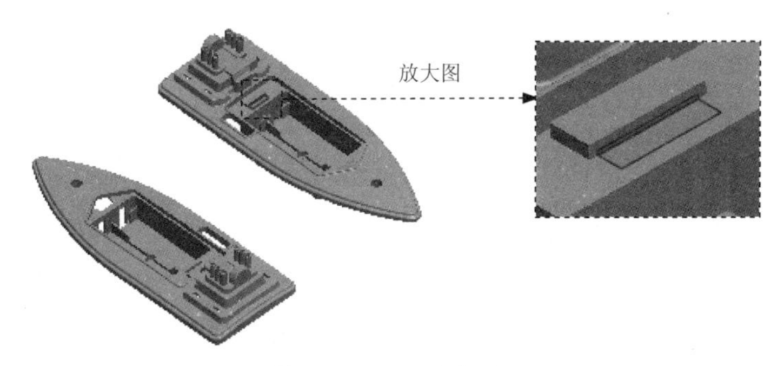

图 24.3.16　边界曲面 7

Step 12　创建图 24.3.17 所示的填充曲面 1。单击 ***分型面*** 功能选项卡 曲面设计 ▾ 区域中的□按钮，系统弹出“填充”操控板；在绘图区中右击，从弹出的快捷菜单中选择 定义内部草绘... 命令，选取图 24.3.17 所示的模型表面作为草图平面，进入草绘环境，创建图 24.3.18 所示的草绘截面，完成后单击✔按钮；在操控板中单击“完成”按钮✔，完成填充曲面的 1 创建。

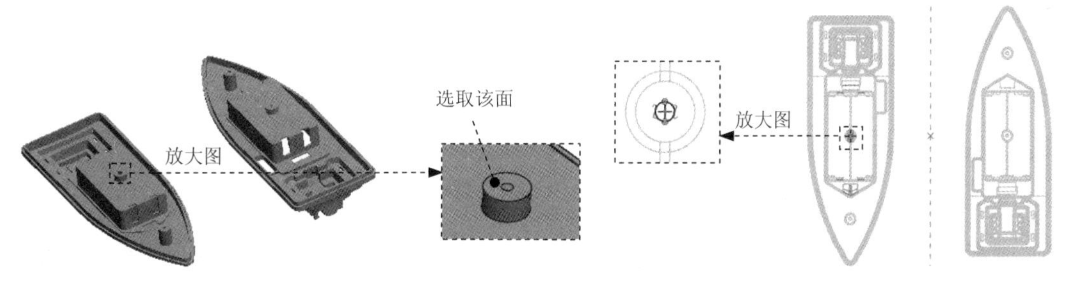

图 24.3.17　填充曲面 1　　图 24.3.18　草绘截面

Step 13　参照 Step12 创建图 24.3.19 所示的填充曲面 2。

Step 14　参照 Step12 创建图 24.3.20 所示的填充曲面 3。

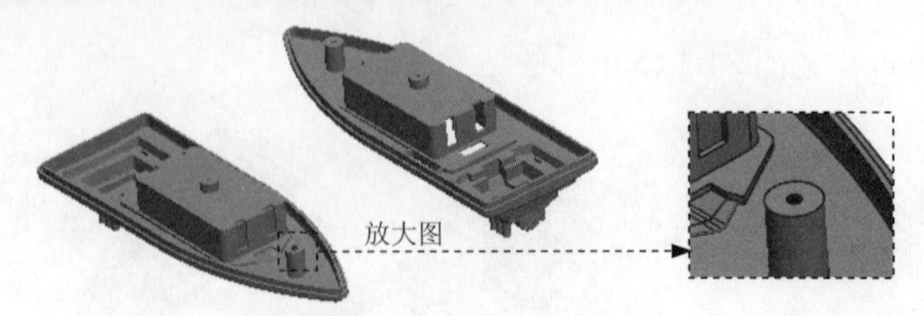

图 24.3.19　填充曲面 2

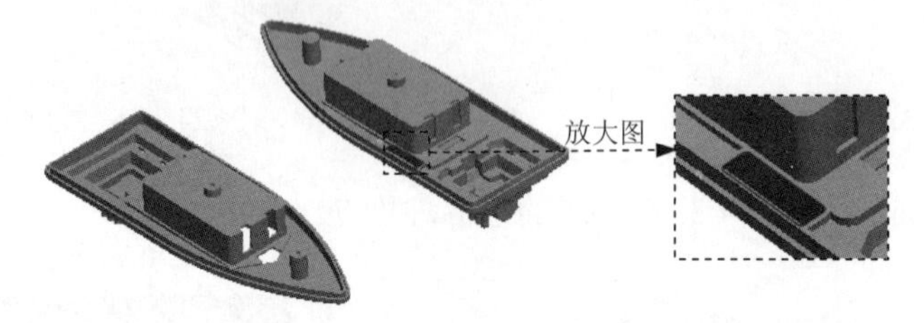

图 24.3.20　填充曲面 3

Step 15　参照 Step12 创建图 24.3.21 所示的填充曲面 4（共 4 个封闭区域）。

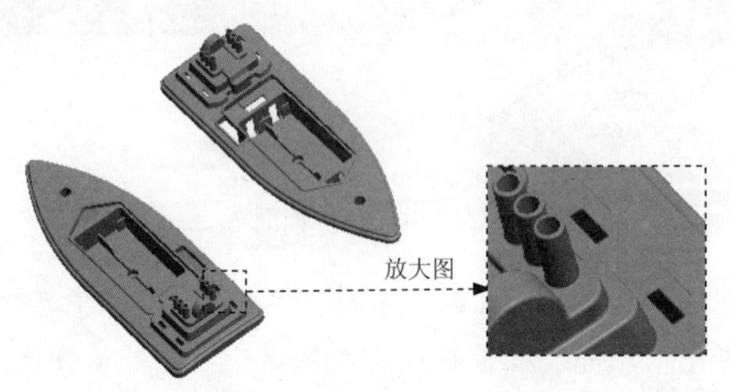

图 24.3.21　填充曲面 4

Step 16　通过曲面“复制”的方法，复制参考模型的模型表面。在屏幕下方的智能选取栏中选择“几何”选项，然后在模型中选取图 24.3.22 所示的面作为要复制的面，单击 模型 功能选项卡 操作 ▾ 区域中的“复制”按钮，单击 模型 功能选项卡 操作 ▾ 区域中的“粘贴”按钮，在操控板中单击“完成”按钮，则完成曲面的复制操作。

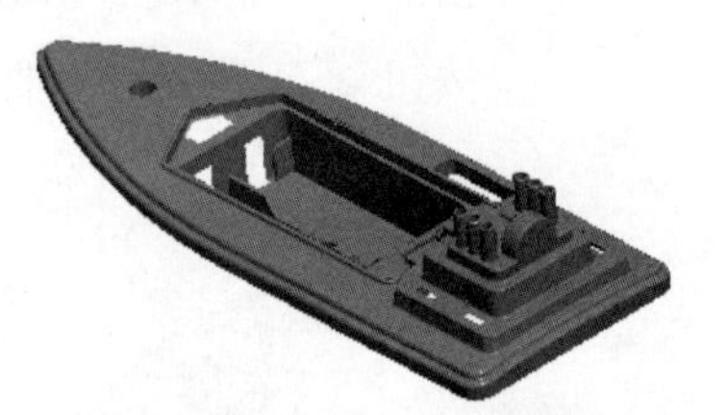

图 24.3.22　复制曲面 1

说明：采用“种子面与边界面”的方法选取所需要的曲面，具体操作可参照视频录像；读者分别选取种子面和边界面后，系统会自动选取从种子曲面开始向四周延伸直到边界曲面的所有曲面（其中包括种子曲面，但不包括边界曲面）。

Step 17　创建合并曲面 1。按住 Ctrl 键，选取要合并的边界混合 1 与边界混合 2 两个面组（曲面），单击 模型 功能选项卡 编辑 ▾ 区域中的 合并 按钮，系统弹出“合并”操控板，单击 按钮，预览合并后的面组，确认无误后，单击 按钮。

Step 18 创建合并曲面 2。按住 Ctrl 键，选取要合并的复制曲面 1、边界混合 3、边界混合 4、边界混合 5、边界混合 6 与边界混合 7 共六个面组（曲面），单击 模型 功能选项卡 编辑 ▾ 区域中的 合并 按钮，系统弹出“合并”操控板，单击 按钮，预览合并后的面组，确认无误后，单击 ✔ 按钮。

Step 19 创建合并曲面 3。按住 Ctrl 键，选取要合并的合并 2、填充 1、填充 2、填充 3 与填充 4 五个面组（曲面），单击 模型 功能选项卡 编辑 ▾ 区域中的 合并 按钮，系统弹出“合并”操控板，单击 按钮，预览合并后的面组，确认无误后，单击 ✔ 按钮。

Step 20 创建合并曲面 4。按住 Ctrl 键，选取要合并的合并 1 与合并 3 两个面组（曲面），单击 模型 功能选项卡 编辑 ▾ 区域中的 合并 按钮，系统弹出“合并”操控板，单击 按钮，预览合并后的面组，确认无误后，单击 ✔ 按钮。

Step 21 创建图 24.3.23 所示的镜像特征 1。在绘图区域中选取合并曲面 4 为镜像特征；单击 分型面 功能选项卡 编辑 ▾ 区域中的“镜像”按钮 ；选取 MOLD_RIGHT 基准平面为镜像平面，单击 ✔ 按钮，完成镜像特征 1 的创建。

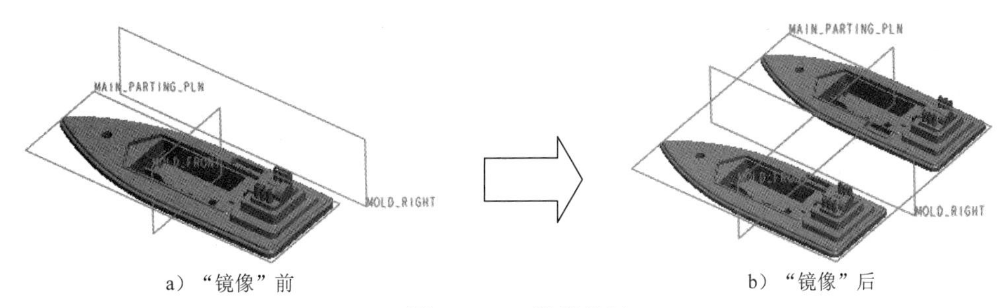

a）“镜像”前　　b）“镜像”后

图 24.3.23　镜像特征

Step 22 创建图 24.3.24 所示的变换特征 1。单击 分型面 功能选项卡 编辑 ▾ 区域中的“变换”按钮 变换 ，在 ▾ OPTIONS (选项) 菜单中依次选择 Mirror (镜像) 、No Copy (无副本) 与 Done (完成) 选项，在系统 ➡为处理选择曲面和图元. 的提示下选取镜像 1 为要变换的对象，单击中键确认，在系统 ➡选择一个平面或创建一个基准以其作镜象. 的提示下，选取 MOLD_FRONT 平面为镜像中心平面，完成后如图 24.3.24 所示。

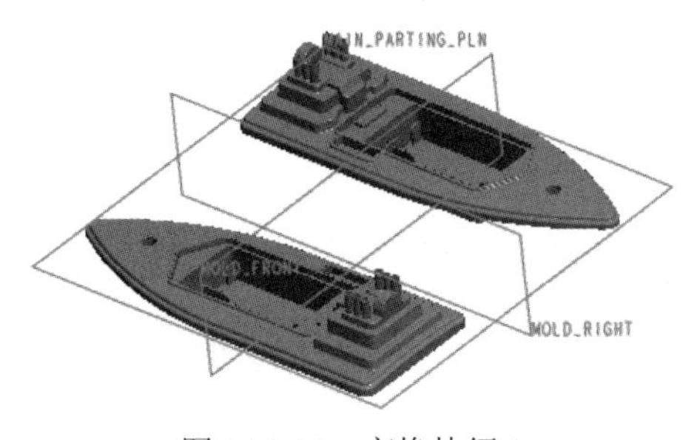

图 24.3.24　变换特征 1

Step 23 创建图 24.3.25 所示的填充曲面 5。在模型树上右击 WP.PRT，然后选择 取消遮蔽 命令，单击 分型面 功能选项卡 曲面设计 ▾ 区域中的□按钮，系统弹出“填充”操控板；在绘图区中右击，从弹出的快捷菜单中选择 定义内部草绘... 命令，选取 MAIN_PARTING_PLN 基准平面，选取 MOLD_RIGHT 基准平面为参考平面，方向为 右；单击 草绘 按钮；绘制图 24.3.26 所示的草绘截面，完成后单击✔按钮；在操控板中单击“完成”按钮✔，完成图 24.3.25 所示的填充曲面 5 的创建。

图 24.3.25　填充曲面 5

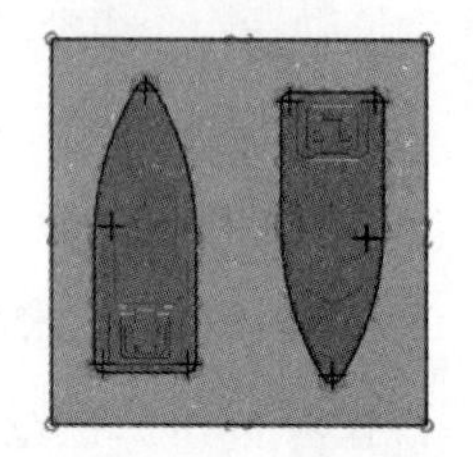
图 24.3.26　草绘截面

Step 24 创建合并曲面 5。按住 Ctrl 键，选取要合并的填充 5 与变换 1 两个面组（曲面），单击 模型 功能选项卡 编辑 ▾ 区域中的 合并 按钮，系统弹出“合并”操控板，单击 按钮，预览合并后的面组，确认无误后，单击✔按钮。

Step 25 创建合并曲面 6。按住 Ctrl 键，选取要合并的合并 4 与合并 5 两个面组（曲面），单击 模型 功能选项卡 编辑 ▾ 区域中的 合并 按钮，系统弹出“合并”操控板，单击 按钮，预览合并后的面组，确认无误后，单击✔按钮。

Stage2．定义镶件分型面 1

Step 1 单击 **模具** 功能选项卡 分型面和模具体积块 ▾ 区域中的“分型面”按钮，系统弹出“分型面”选项卡。

Step 2 在系统弹出的“分型面”选项卡中的 控制 区域单击“属性”按钮，在“属性”对话框中，输入分型面名称 pin_ps，单击 **确定** 按钮。

Step 3 创建图 24.3.27 所示的拉伸 1。在操控板中单击“拉伸”按钮 拉伸。选取图 24.3.28 所示的模型表面作为草绘平面，进入草绘环境，绘制图 24.3.29 所示的截面草图，在操控板中选择拉伸类型为⊥⊥，选取图 24.3.30 所示的面为拉伸终止平面；单击 **选项** 选项卡，选中 ☑ 封闭端 复选项；单击✔按钮，完成拉伸 1 的创建。

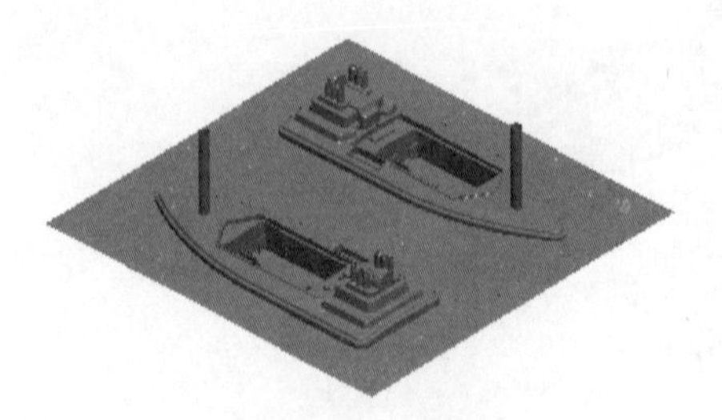
图 24.3.27　拉伸 1

图 24.3.28　定义草绘平面

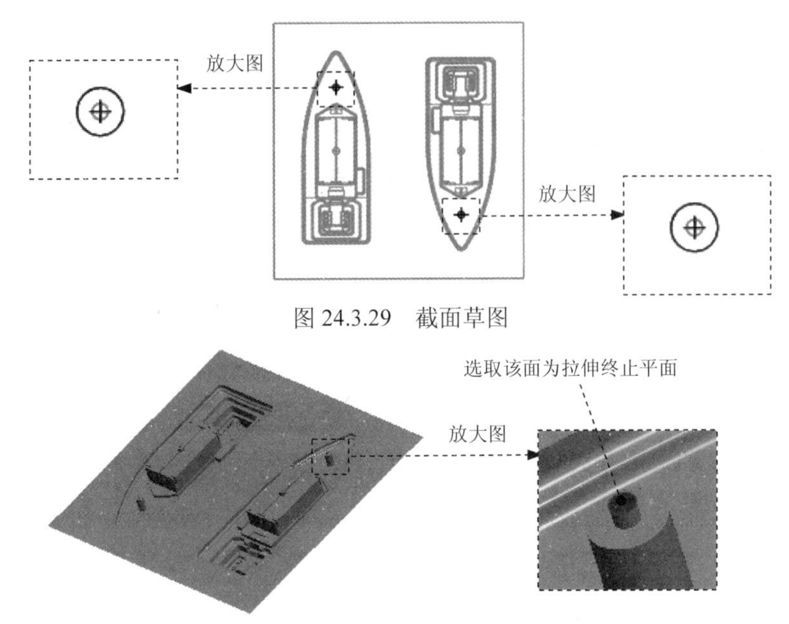

图 24.3.29　截面草图

图 24.3.30　定义拉伸终止平面

Step 4 创建图 24.3.31 所示的拉伸 2。在操控板中单击“拉伸”按钮 拉伸 。选取图 24.3.28 所示的模型表面作为草绘平面，进入草绘环境，绘制图 24.3.32 所示的截面草图，在操控板中选择拉伸类型为 ⊥⊥，输入深度值 10，单击 ✗ 按钮调整拉伸方向；单击 **选项** 选项卡，选中 ☑ 封闭端 复选项；单击 ✔ 按钮，完成拉伸 2 的创建。

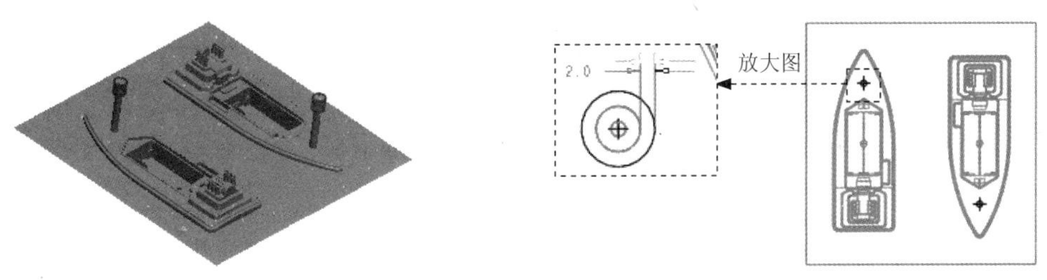

图 24.3.31　拉伸 2　　　图 24.3.32　截面草图

Step 5 创建合并曲面 7。按住 Ctrl 键，选取要合并的拉伸 1 与拉伸 2 两个面组（曲面），单击 **模型** 功能选项卡 编辑 ▾ 区域中的 合并 按钮，系统弹出“合并”操控板，分别单击“合并”操控板中的两个 ✗ 按钮，单击 ∞ 按钮，预览合并后的面组，确认无误后，单击 ✔ 按钮。

Stage3．定义镶件分型面 2

Step 1 创建图 24.3.33 所示的拉伸 3。在操控板中单击“拉伸”按钮 拉伸 。选取图 24.3.28 所示的模型表面作为草绘平面；进入草绘环境，绘制图 24.3.35 所示的截面草图，在操控板中选择拉伸类型为 ⊥⊥，选取图 24.3.34 所示的面为拉伸终止平面；单击 **选项** 选项卡，选中 ☑ 封闭端 复选项；单击 ✔ 按钮，完成拉伸 3 的创建。

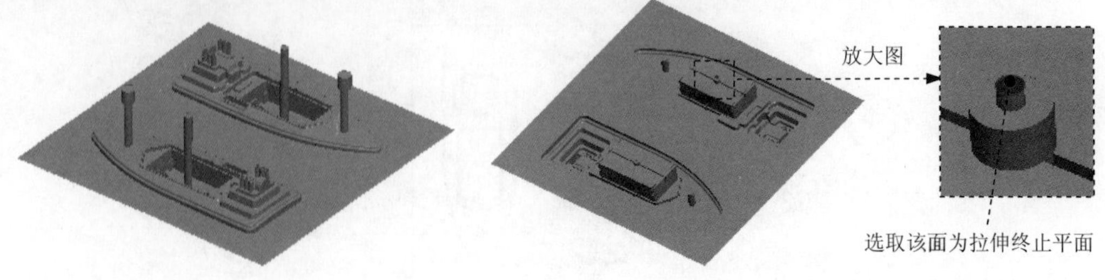

图 24.3.33　拉伸 3　　　　图 24.3.34　定义拉伸终止平面

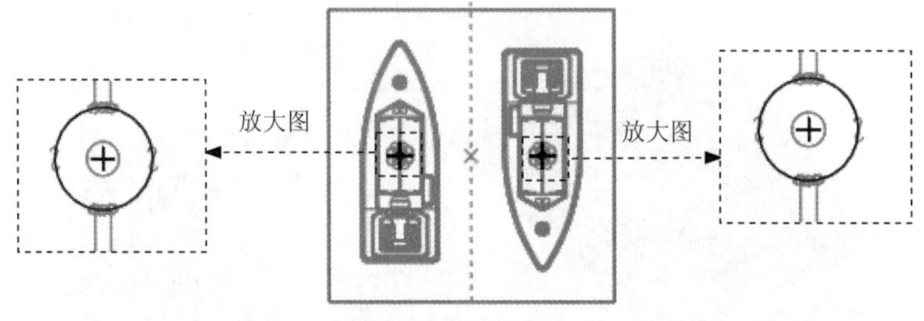

图 24.3.35　截面草图

Step 2　创建图 24.3.36 所示的拉伸 4。在操控板中单击“拉伸”按钮 拉伸。选取图 24.3.28 所示的模型表面作为草绘平面；进入草绘环境，绘制图 24.3.37 所示的截面草图，在操控板中选择拉伸类型为 ⊥⊥，输入深度值 10，单击 ⁄ 按钮调整拉伸方向；单击 **选项** 选项卡，选中 ☑ 封闭端 复选项；单击 ✔ 按钮，完成拉伸 4 的创建。

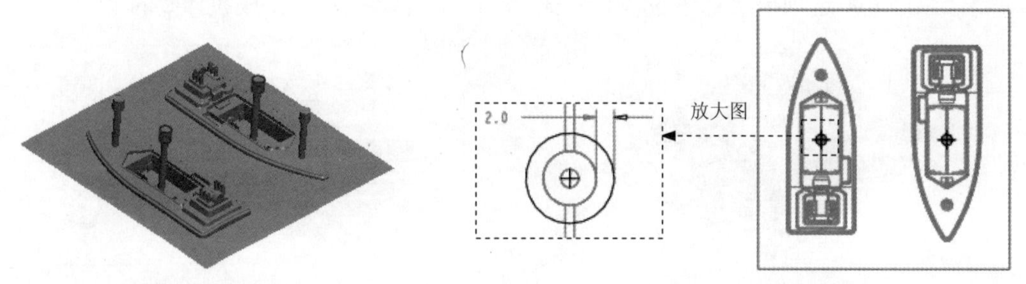

图 24.3.36　拉伸 4　　　　图 24.3.37　截面草图

Step 3　创建合并曲面 7。按住 Ctrl 键，选取要合并的拉伸 3 与拉伸 4 两个面组（曲面），单击 **模型** 功能选项卡 编辑 ▾ 区域中的 合并 按钮，系统弹出“合并”操控板，分别单击“合并”操控板中的两个 ⁄ 按钮，单击 ∞ 按钮，预览合并后的面组，确认无误后，单击 ✔ 按钮。

Stage4．定义镶件分型面 3

Step 1　创建图 24.3.38 所示的拉伸 5。在操控板中单击“拉伸”按钮 拉伸，选取图 24.3.28 所示的模型表面作为草绘平面；进入草绘环境，绘制图 24.3.40 所示的截面草图，在操控板中选择拉伸类型为 ⊥⊥，选取图 24.3.39 所示的面为拉伸终止平面；单击 **选项** 选项卡，选中 ☑ 封闭端 复选项；单击 ✔ 按钮，完成拉伸 5 的创建。

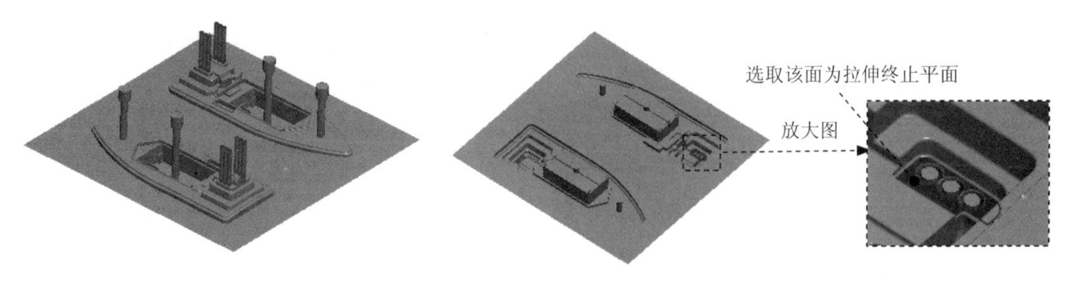

图 24.3.38 拉伸 5　　图 24.3.39 定义拉伸终止平面

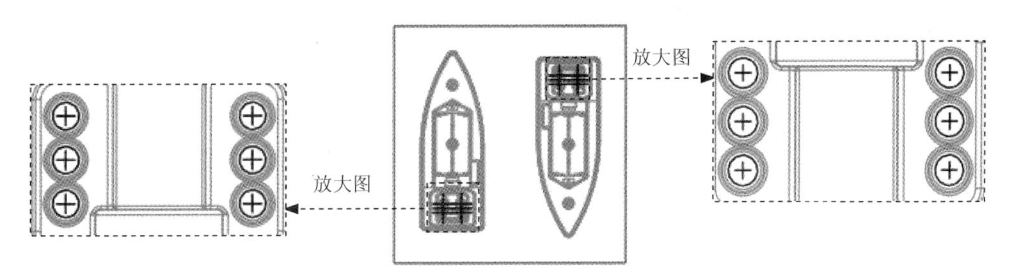

图 24.3.40 截面草图

Step 2 创建图 24.3.41 所示的拉伸 6。在操控板中单击“拉伸”按钮 拉伸，选取图 24.3.28 所示的模型表面作为草绘平面；进入草绘环境，绘制图 24.3.42 所示的截面草图，在操控板中选择拉伸类型为 ，输入深度值 10，单击 按钮调整拉伸方向；单击 **选项** 选项卡，选中 ☑ 封闭端 复选项；单击 ✓ 按钮，完成拉伸 6 的创建。

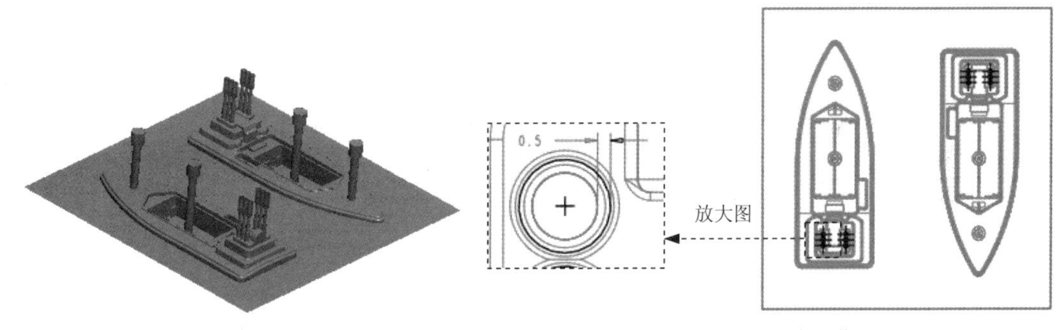

图 24.3.41 拉伸 6　　图 24.3.42 截面草图

Step 3 创建合并曲面 8。按住 Ctrl 键，选取要合并的拉伸 5 与拉伸 6 两个面组（曲面），单击 **模型** 功能选项卡 编辑 ▾ 区域中的 合并 按钮，系统弹出“合并”操控板，分别单击“合并”操控板中的两个 按钮，单击 按钮，预览合并后的面组，确认无误后，单击 ✓ 按钮完成合并的操作，单击 ***分型面*** 功能选项卡 控制 区域中的 ✓ 按钮。

Task5. 创建浇注系统

Step 1 创建图 24.3.43 所示的旋转特征 1。单击 **模型** 功能选项卡 切口和曲面 ▾ 区域中的旋转按钮。选取 MOLD_FRONT 基准平面为草绘平面，MOLD_RIGHT 基准平面为参考平面，方向为右；单击草绘按钮，绘制图 24.3.44 所示的截面草图（包括中心线）；在操控板中选择旋转类型为，在角度文本框中输入角度值 360.0，单击按钮，完成特征的创建。

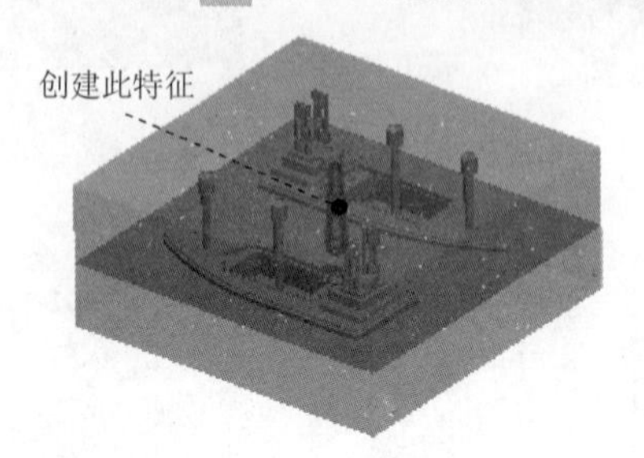

图 24.3.43　旋转特征 1

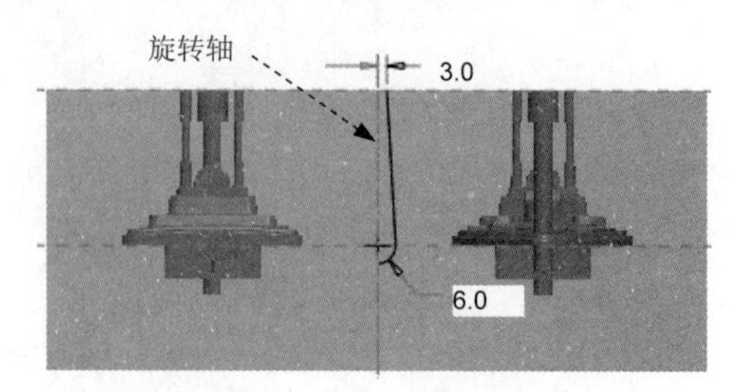

图 24.3.44　截面草图

Step 2　创建图 24.3.45 所示的旋转特征 2。单击模型功能选项卡切口和曲面区域中的旋转按钮，选取 MAIN_PARTING_PLN 基准平面为草绘平面，MOLD_RIGHT 基准平面为参考平面，方向为右；单击草绘按钮，绘制图 24.3.46 所示的截面草图（包括中心线）；在操控板中选择旋转类型为，在角度文本框中输入角度值 360.0，单击按钮，完成特征的创建。

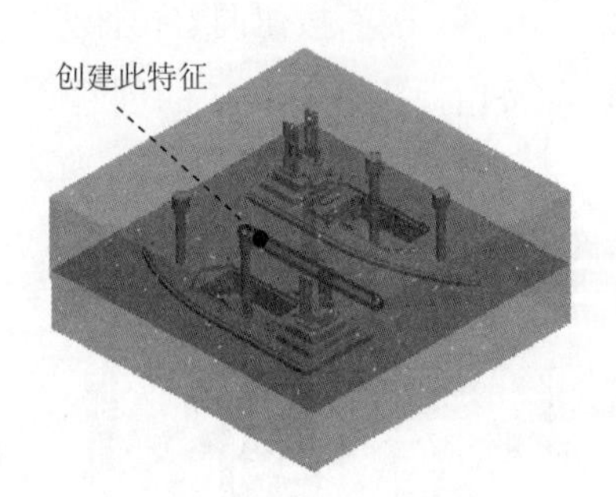

图 24.3.45　旋转特征 2

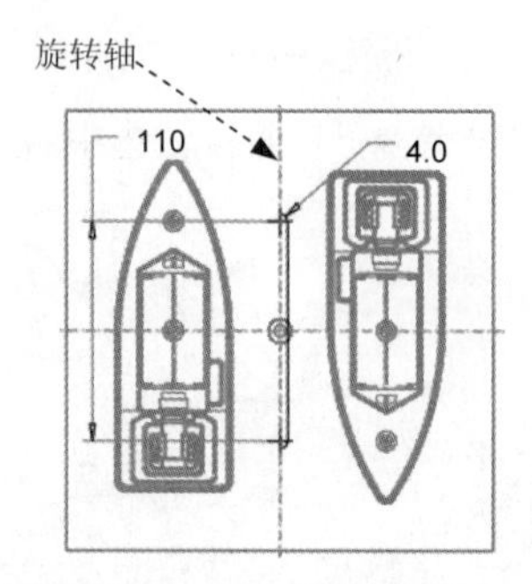

图 24.3.46　截面草图

Step 3　创建图 24.3.47 所示的旋转特征 3。单击模型功能选项卡切口和曲面区域中的旋转按钮，选取 MAIN_PARTING_PLN 基准平面为草绘平面，MOLD_RIGHT 基准平面为参考平面，方向为右；单击草绘按钮，绘制图 24.3.48 所示的截面草图（包括中心线）；在操控板中选择旋转类型为，在角度文本框中输入角度值 360.0，单击按钮，完成特征的创建。

Step 4　创建图 24.3.49 所示的旋转特征 4。单击模型功能选项卡切口和曲面区域中的旋转按钮。选取 MAIN_PARTING_PLN 基准平面为草绘平面，MOLD_RIGHT 基准平面为参考平面，方向为右；单击草绘按钮，绘制图 24.3.50 所示的截面草图（包括中心线）；在操控板中选择旋转类型为，在角度文本框中输入角度值 360.0，单击按钮，完成特征的创建。

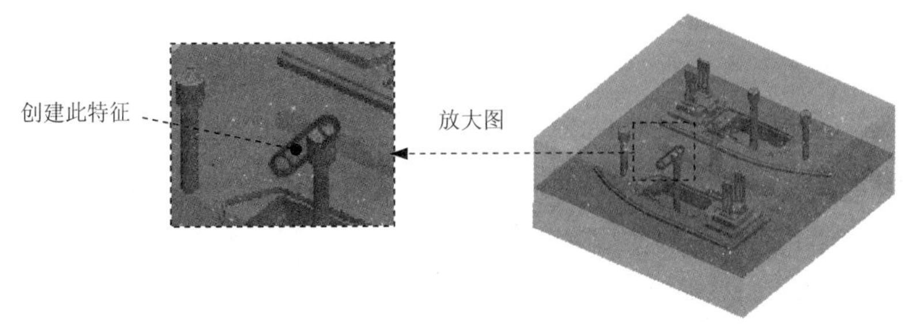

图 24.3.47　旋转特征 3

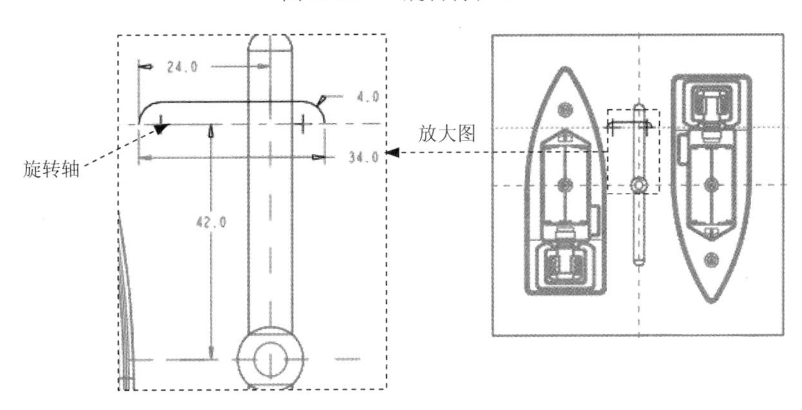

图 24.3.48　截面草图

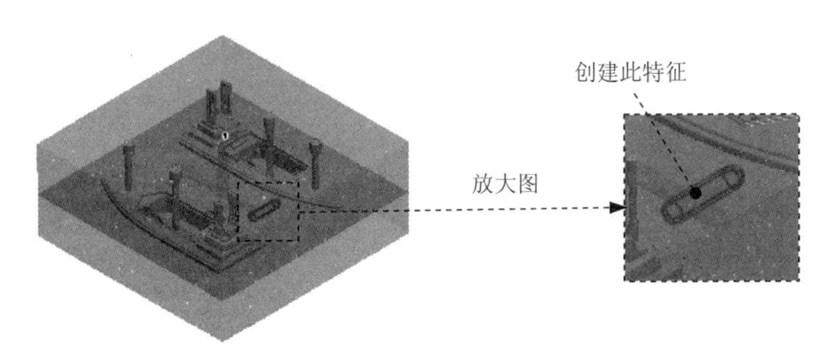

图 24.3.49　旋转特征 4

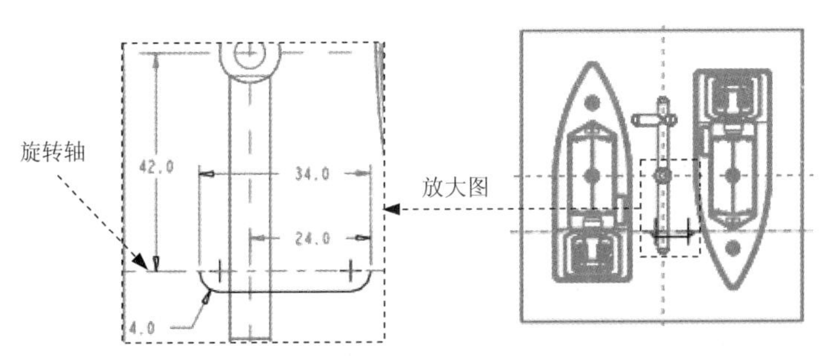

图 24.3.50　截面草图

Step 5 创建图 24.3.51 所示的拉伸 7。单击 模型 功能选项卡 切口和曲面 ▾ 区域中的 拉伸 按钮，选取 MOLD_RIGHT 基准平面作为草绘平面，选取图 24.3.51 所示的模型表面为参照平面，方向为右；绘制图 24.3.52 所示的截面草图，在操控板中选择拉伸类型为⫫，选取图 24.3.51 所示的面为拉伸终止平面；单击✔按钮，完成拉伸 7 的创建。

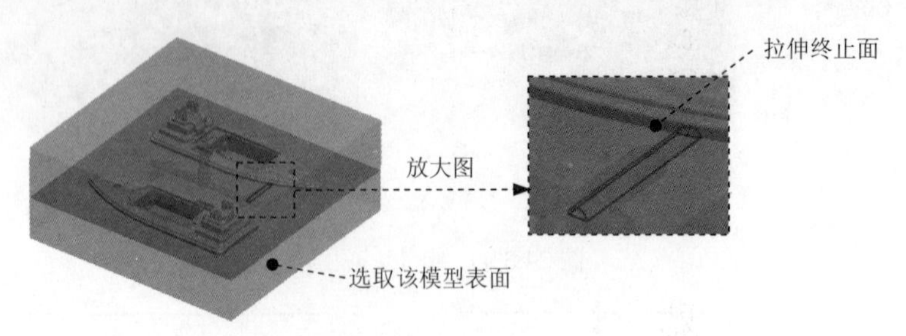

图 24.3.51　拉伸 7

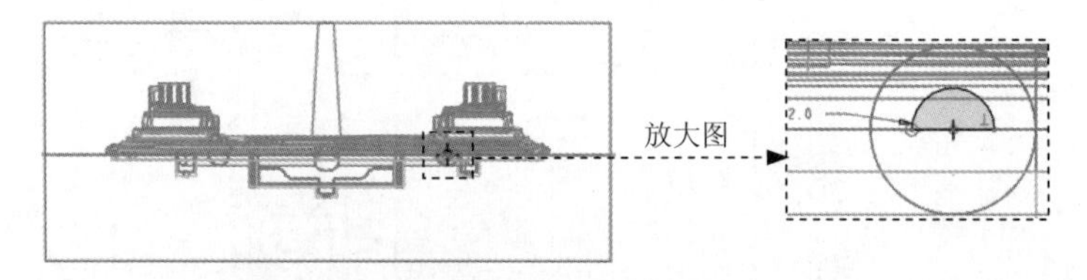

图 24.3.52　截面草图

Step 6　创建图 24.3.53 所示的拉伸 8。具体操作可参照上一步。

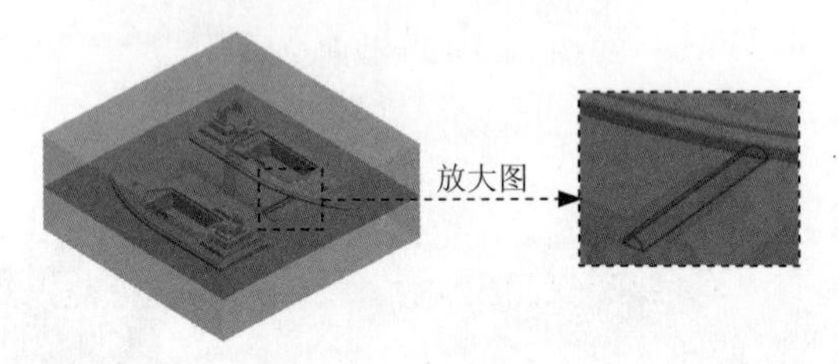

图 24.3.53　拉伸 8

Task6．创建冷却系统

Step 1　创建图 24.3.54 所示的基准平面 ADTM1。单击 模型 功能选项卡 基准 ▾ 区域中的“平面”按钮，在模型树中选取 MAIN_PARTING_PLN 基准平面为偏距参考面，在对话框中输入偏移距离值为 28，单击对话框中的 确定 按钮。

Step 2　创建图 24.3.55 所示的基准平面 ADTM2。单击 模型 功能选项卡 基准 ▾ 区域中的“平面”按钮，在模型树中选取 MAIN_PARTING_PLN 基准平面为偏距参考面，在对话框中输入偏移距离值为-22，单击对话框中的 确定 按钮。

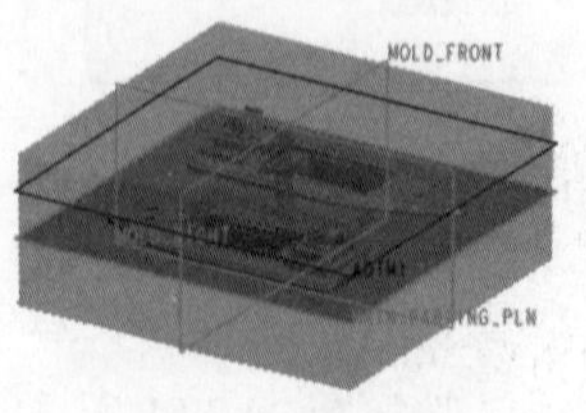

图 24.3.54　基准平面 1

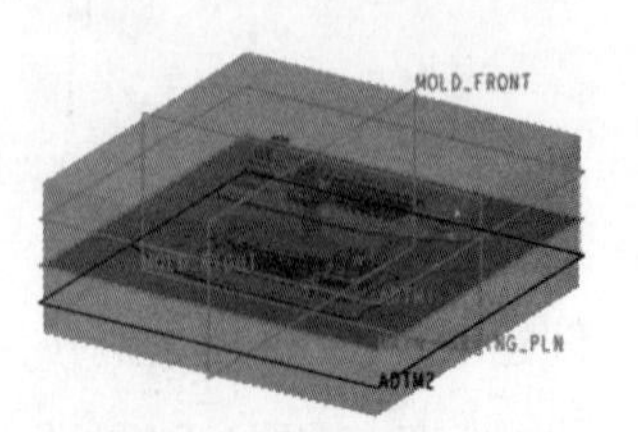

图 24.3.55　基准平面 2

Step 3 创建图 24.3.56 所示的水线 1。单击**模具**功能选项卡生产特征 ▾ 区域中 等高线 按钮，系统弹出“等高线”对话框，在系统输入水线圆环的直径 的提示下，输入直径值 6，然后按回车键，在 ▼ SETUP SK PLN（设置草绘平面）菜单中选择 Setup New（新设置）命令，在系统 ➪选择或创建一个草绘平面。的提示下，选取 ADTM1 基准平面为草绘平面。在 ▼ SKET VIEW（草绘视图）菜单中选择 Right（右）命令，选取 MOLD_RIGHT 基准平面为参照平面，选取图 24.3.57 所示的坯料边线为草绘参照，绘制图 24.3.58 所示的截面草图。完成特征截面的绘制后，单击“草绘”操控板中的“确定”按钮 ✔，系统弹出“相交元件”对话框，在该对话框中选中 ☑ 自动更新 复选框，然后单击 确定 按钮，单击“等高线（水线）”对话框中的 预览 按钮，再单击“重画”命令按钮，预览所创建的“水线”特征，然后单击 确定 按钮完成操作。

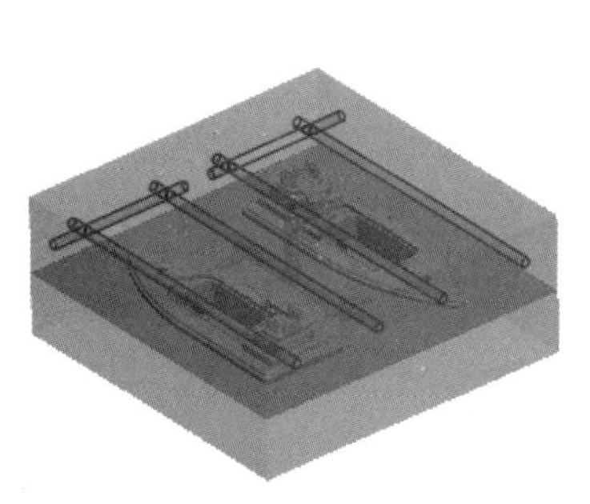

图 24.3.56 水线 1

图 24.3.57 定义草绘参考

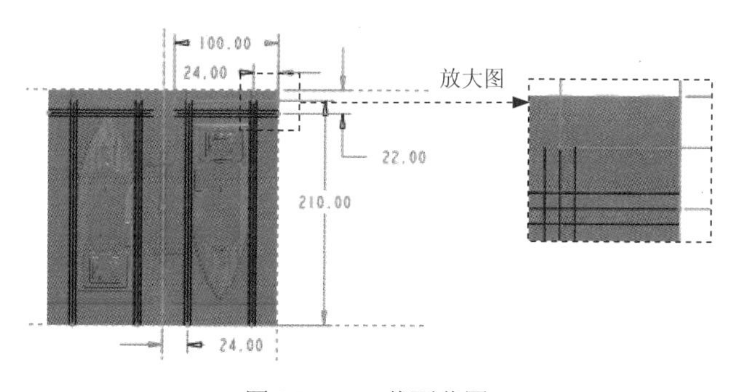

图 24.3.58 截面草图

Step 4 创建图 24.3.59 所示的水线 2。单击**模具**功能选项卡生产特征 ▾ 区域中 等高线 按钮，系统会弹出“等高线”对话框，在系统输入水线圆环的直径 的提示下，输入直径值 6，然后按回车键，在 ▼ SETUP SK PLN（设置草绘平面）菜单中选择 Setup New（新设置）命令，在系统 ➪选择或创建一个草绘平面。的提示下，选取 ADTM2 基准平面为草绘平面。在 ▼ SKET VIEW（草绘视图）菜单中选择 Right（右）命令，选取 MOLD_RIGHT 基准平面为参照平面，绘制图 24.3.60 所示的截面草图。完成特征截面的绘制后，单击“草绘”操控板中的“确定”按钮✔，系统弹出“相交元件”对话框，在该对话框中选中☑自动更新复选框，然后单击 确定 按钮，单击“等高线（水线）”对话框中的 预览 按钮，再单击“重画”命令按钮，预览所创建的“水线”特征，然后单击 确定 按钮完成操作。

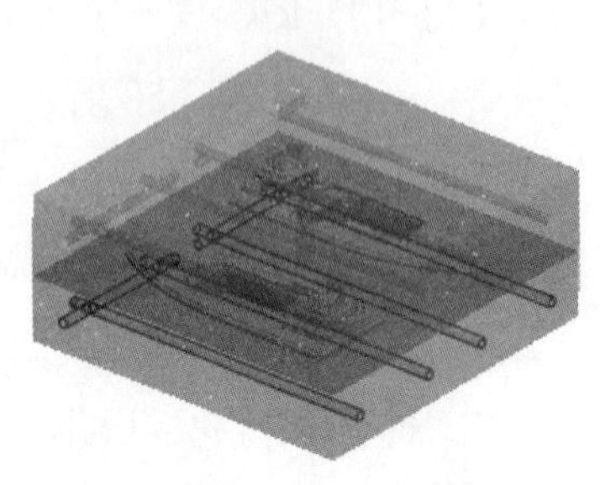

图 24.3.59　水线 2

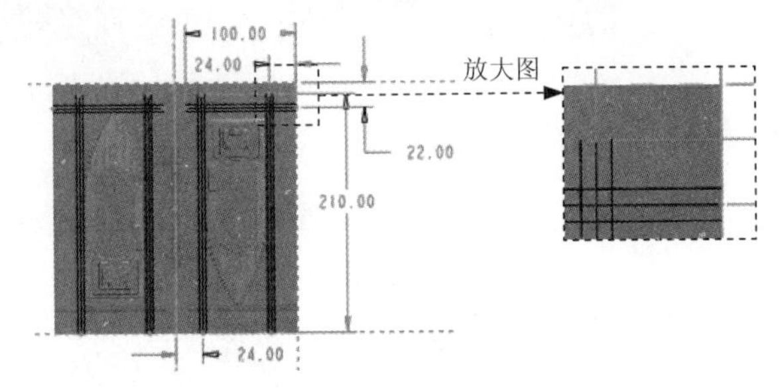

图 24.3.60　截面草图

Task7．用分型面创建体积块

Stage1．用主分型面创建上下模体积快

Step 1 选择 **模具** 功能选项卡 分型面和模具体积块 ▾ 区域中的按钮 模具体积块 → 体积块分割 命令。

Step 2 在系统弹出的 ▾ SPLIT VOLUME（分割体积块）菜单中，依次选择 Two Volumes（两个体积块）→ All Wrkpcs（所有工件）→ Done（完成）命令，此时系统弹出“分割”对话框和“选择”对话框。

Step 3 在系统 ➪为分割工件选择分型面. 的提示下，选取主分型面，并单击“选择”对话框中的 确定 按钮，再单击对话框中的 确定 按钮。

Step 4 系统弹出“属性”对话框，同时坯料中分型面下侧的部分变亮，如图 24.3.61 所示，输入体积块名称 LOWER_VOL，单击 确定 按钮。

Step 5 系统再次弹出“属性”对话框，同时坯料中分型面上侧的部分变亮，如图 24.3.62 所示，输入体积块名称 UPPER_VOL，单击 确定 按钮。

图 24.3.61　着色后的下侧部分

图 24.3.62　着色后的上侧部分

Stage2．用镶件分型面 1 创建镶件体积块

Step 1 选择 **模具** 功能选项卡 分型面和模具体积块 ▾ 区域中的 模具体积块 → 体积块分割 命令（即用“分割”方法构建体积块）。

Step 2 在系统弹出的 ▾ SPLIT VOLUME（分割体积块）菜单中选择 One Volume（一个体积块）→

Mold Volume（模具体积块） → Done（完成）命令。

Step 3 在系统弹出的“搜索工具”对话框中，单击列表中的面组:F51(UPPER_VOL)体积块，然后单击 >> 按钮，将其加入到已选择 0 个项:(预期 1 个)列表中，再单击 关闭 按钮。

Step 4 用“列表选取”的方法选取分型面。在系统◆为分割选定的模具体积块选择分型面.的提示下，将鼠标指针移至模型中分型面的位置右击，从快捷菜单中选取从列表中拾取命令；在系统弹出的“从列表中拾取”对话框中，单击列表中的面组:F30(PIN_PS)分型面，然后单击 确定(O) 按钮；单击“选择”对话框中的 确定 按钮；在▼岛列表菜单中选中☑岛2 与 ☑岛3 复选框，选择 Done Sel（完成选择）命令。

Step 5 单击“分割”对话框中的 确定 按钮。

Step 6 在“属性”对话框中，体积块的第一个销部分变亮，然后在对话框中输入名称 PIN01_VOL，单击 确定 按钮。

Stage3. 用镶件分型面 2 创建镶件体积块

Step 1 选择 **模具** 功能选项卡 分型面和模具体积块 ▾ 区域中的 模具体积块 ▾ → 体积块分割 命令（即用“分割”方法构建体积块）。

Step 2 在系统弹出的▼ SPLIT VOLUME（分割体积块）菜单中选择 One Volume（一个体积块） → Mold Volume（模具体积块） → Done（完成）命令。

Step 3 在系统弹出的“搜索工具”对话框中，单击列表中的面组:F51(UPPER_VOL)体积块，然后单击 >> 按钮，将其加入到已选择 0 个项:(预期 1 个)列表中，再单击 关闭 按钮。

Step 4 用“列表选取”的方法选取分型面。在系统◆为分割选定的模具体积块选择分型面.的提示下，将鼠标指针移至模型中分型面的位置右击，从快捷菜单中选取从列表中拾取命令；在系统弹出的“从列表中拾取”对话框中，单击列表中的面组:F33 分型面，然后单击 确定(O) 按钮；单击“选择”对话框中的 确定 按钮；在▼岛列表菜单中选中☑岛2 与 ☑岛3 复选框，选择 Done Sel（完成选择）命令。

Step 5 单击“分割”对话框中的 确定 按钮。

Step 6 在“属性”对话框中，体积块的第一个销部分变亮，然后在对话框中输入名称 PIN02_VOL，单击 确定 按钮。

Stage4. 用镶件分型面 3 创建镶件体积块

Step 1 选择 **模具** 功能选项卡 分型面和模具体积块 ▾ 区域中的 模具体积块 ▾ → 体积块分割 命令（即用“分割”方法构建体积块）。

Step 2 在系统弹出的▼ SPLIT VOLUME（分割体积块）菜单中选择 One Volume（一个体积块） → Mold Volume（模具体积块） → Done（完成）命令。

Step 3 在系统弹出的“搜索工具”对话框中，单击列表中的面组:F51(UPPER_VOL)体积块，然后单击 >> 按钮，将其加入到已选择 0 个项:(预期 1 个)列表中，再单击 关闭 按钮。

Step 4 用“列表选取”的方法选取分型面。在系统➡为分割选定的模具体积块选择分型面。的提示下，将鼠标指针移至模型中分型面的位置右击，从快捷菜单中选取 从列表中拾取 命令；在系统弹出的“从列表中拾取”对话框中，单击列表中的 面组:F36 分型面，然后单击 确定(O) 按钮；单击“选择”对话框中的 确定 按钮；在▼岛列表菜单中选中除□岛1之外的所有复选框，选择 Done Sel（完成选择）命令。

Step 5 单击“分割”对话框中的 确定 按钮。

Step 6 在“属性”对话框中，体积块的第一个销部分变亮，然后在对话框中输入名称 PIN03_VOL，单击 确定 按钮。

Task8. 抽取模具元件及生成浇注件

将浇注件命名为 MOLDING。

Task9. 定义开模动作

Step 1 将参考零件、坯料和分型面在模型中遮蔽起来。

Step 2 开模步骤 1：移动上模与镶件体积块，输入移动的距离值 100，结果如图 24.3.63 所示。

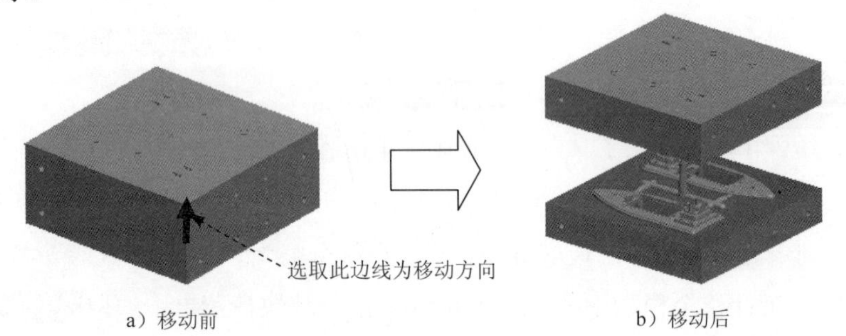

图 24.3.63　移动上模与销体积块

Step 3 开模步骤 2：移动镶件体积块，输入移动的距离值 50，结果如图 24.3.64 所示。

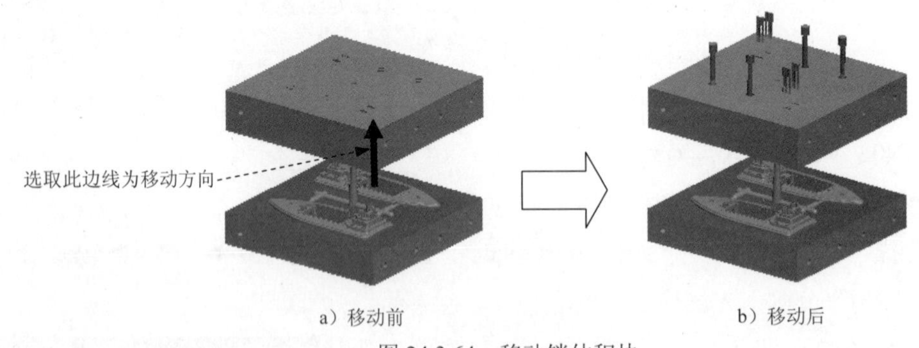

图 24.3.64　移动销体积块

Step 4 开模步骤 2：移动下模，输入移动的距离值-100，结果如图 24.3.65 所示。

Step 5 保存文件。选择下拉菜单 文件 → 保存 命令，保存文件。

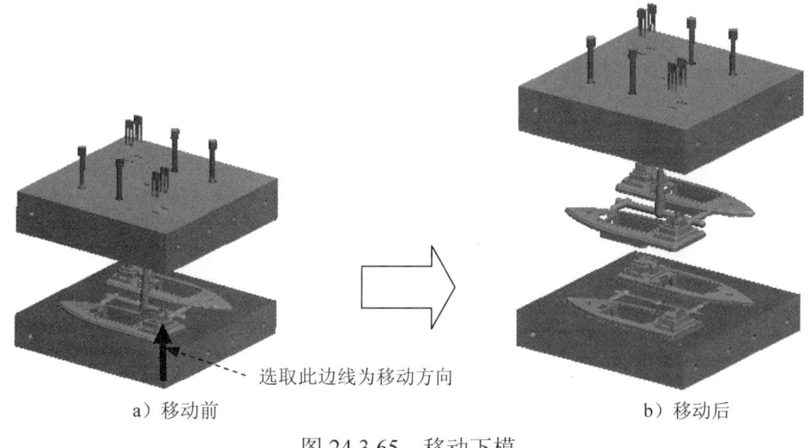

a）移动前　　b）移动后

图 24.3.65　移动下模

24.4　应用 4——EMX 标准模架设计

24.4.1　概述

本应用采用了 EMX 模架的设计，通过 EMX 模块来创建模具设计可以简化模具的设计过程，减少不必要的重复性工作，提高设计效率。模架设计专家（EMX）提供一系列快速设计模架以及一些辅助装置的功能，将整个模具设计周期缩短，其中包括浇口套、顶杆、复位杆、拉料杆、镶件模板的设计。在学过本应用之后，希望读者能够熟练掌握 EMX 标准模架设计的方法和技巧。

24.4.2　技术要点分析

（1）分型面的设计中使用复制与延伸的方法，可以快速选取复制的曲面。

（2）在进行分型面的创建时，可以只对一个模型进行复杂孔的修补及复制面的操作，另一个模型通过镜像与变换命令实现。

（3）创建顶出系统时，要分步完成才能达到理想的效果。

24.4.3　设计过程

本应用的模具设计结果如图 24.4.1 所示，以下是具体操作过程。

Task1．新建一个模具制造模型

Step 1　将工作目录设置至 D:\creo2mo\work\ch24.04。

Step 2　新建一个模具型腔文件，命名为 lampshade_back_mold，选取 mmns_mfg_mold 模板。

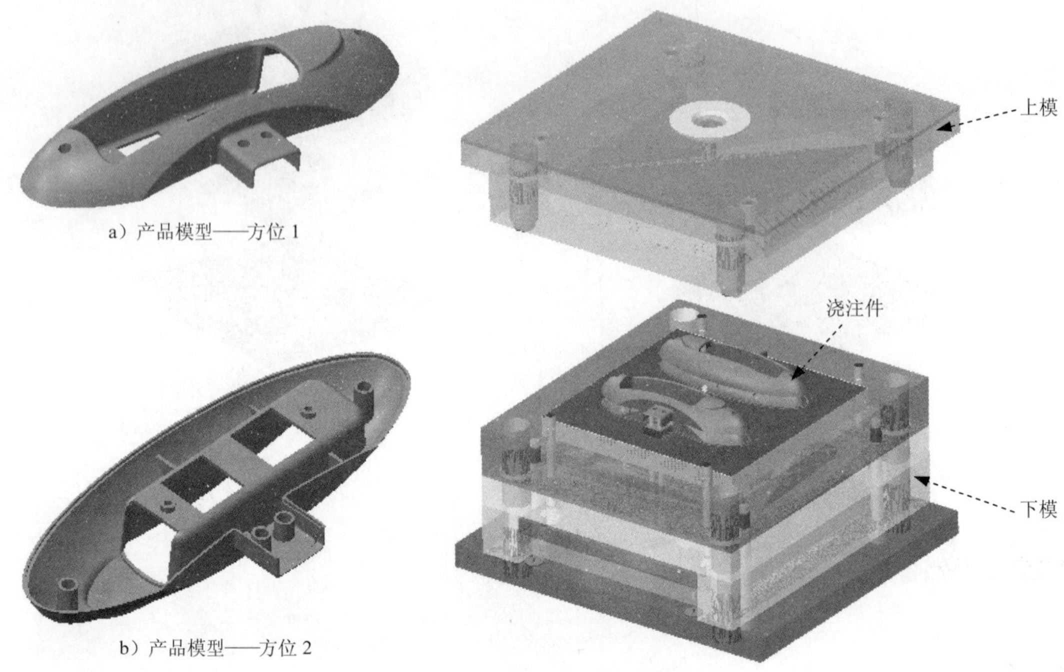

a）产品模型——方位 1

b）产品模型——方位 2

图 24.4.1　EMX 标准模架设计

Task2. 建立模具模型

Stage1. 引入第一个参考模型

Step 1　单击 **模具** 功能选项卡 参考模型和工件 区域 参考模型 中的“小三角”按钮 ▾，然后在系统弹出的列表中选择 组装参考模型 命令，系统弹出“打开”对话框。

Step 2　从弹出的“打开”对话框中，选取三维零件——lampshade_back_prt.prt 作为参考零件模型，并将其打开。

Step 3　定义约束参考模型的放置位置。

（1）指定第一个约束。在操控板中单击 放置 按钮，在“放置”界面的“约束类型”下拉列表中选择 重合，选取参考件的 FRONT 基准平面为元件参考，选取装配体的 MAIN_PARTING_PLN 基准平面为组件参考，单击 反向 按钮。

（2）指定第二个约束。单击 ➔新建约束 字符，在“约束类型”下拉列表中选择 重合，选取参考件的 RIGHT 基准平面为元件参考，选取装配体的 MOLD_RIGHT 基准平面为组件参考。

（3）指定第三个约束。单击 ➔新建约束 字符，在“约束类型”下拉列表中选择 距离，选取参考件的 TOP 基准平面为元件参考，选取装配体的 MOLD_FRONT 基准平面为组件参考，在 偏移 文本框中输入数值 80。

（4）至此，约束定义完成，在操控板中单击 ✔ 按钮，系统自动弹出“创建参考模型”对话框，单击两次 确定 按钮。

Step 4 隐藏第一个参考模型的基准平面。

为了使屏幕简洁，利用“层”的“遮蔽”功能将参考模型的三个基准平面隐藏起来。

（1）选择导航命令卡中的 → 层树(L) 命令。

（2）在导航命令卡中，单击 LAMPSHADE_BACK_MOLD.ASM (顶级模型，活动的) 后面的按钮，选择LAMPSHADE_BACK_MOLD_REF.PRT参考模型。

（3）在层树中，选择参考模型的基准平面层 01___PRT_ALL_DTM_PLN，右击，在弹出的快捷菜单中选择隐藏命令，然后单击“重画”按钮，这样模型的基准曲线将不显示。

（4）操作完成后，选择导航命令卡中的 → 模型树(M)命令，切换到模型树状态，结果如图 24.4.2 所示。

Stage2．引入第二个参考模型

Step 1 单击 **模具** 功能选项卡 参考模型和工件 区域 参考模型 中的“小三角”按钮，然后在系统弹出的列表中选择 组装参考模型 命令，系统弹出“打开”对话框。

Step 2 从弹出的“打开”对话框中，选取三维零件——lampshade_back_prt.prt 作为参考零件模型，并将其打开。

Step 3 定义约束参考模型的放置位置。

（1）指定第一个约束。在操控板中单击 **放置** 按钮，在“放置”界面的“约束类型”下拉列表中选择 重合，选取参考件的 FRONT 基准平面为元件参考，选取装配体的 MAIN_PARTING_PLN 基准平面为组件参考，单击**反向**按钮。

（2）指定第二个约束。单击 新建约束 字符，在“约束类型”下拉列表中选择 重合，选取参考件的 RIGHT 基准平面为元件参考，选取装配体的 MOLD_RIGHT 基准平面为组件参考，单击**反向**按钮。

（3）指定第三个约束。单击 新建约束 字符，在“约束类型”下拉列表中选择 距离，选取参考件的 TOP 基准平面为元件参考，选取装配体的 MOLD_FRONT 基准平面为组件参考，在 偏移 文本框中输入数值-80.0。

（4）至此，约束定义完成，在操控板中单击✔按钮，系统自动弹出“创建参考模型”对话框，单击两次 **确定** 按钮。

Step 4 隐藏第二个参考模型的基准平面。

为了使屏幕简洁，利用“层”的“遮蔽”功能将参考模型的三个基准平面隐藏起来。

（1）选择导航命令卡中的 → 层树(L) 命令。

（2）在导航命令卡中，单击 LAMPSHADE_BACK_MOLD.ASM (顶级模型，活动的) 后面的按钮，选择LAMPSHADE_BACK_MOLD_REF_1.PRT 参考模型。

（3）在层树中，选择参考模型的基准平面层 01___PRT_ALL_DTM_PLN，右击，在弹出的快捷菜单中选择隐藏命令，然后单击“重画”按钮，这样模型的基准曲线将不显示。

（4）操作完成后，选择导航命令卡中的 → 模型树(M) 命令，切换到模型树状态，结果如图 24.4.3 所示。

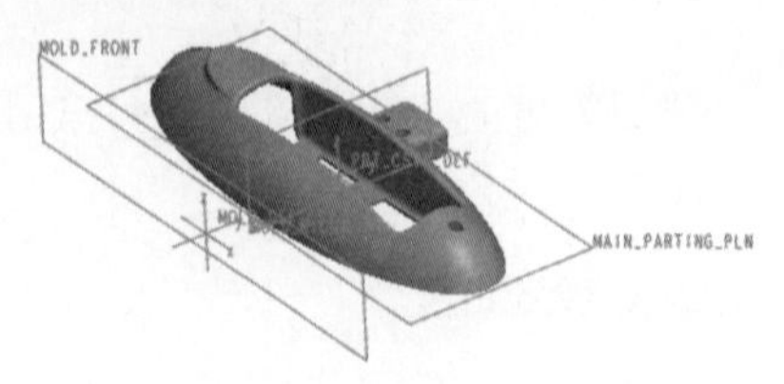

图 24.4.2　第一个参考模型组装完成后

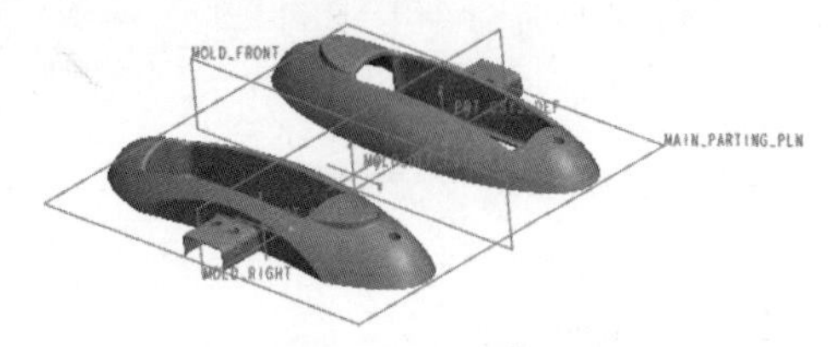

图 24.4.3　第二个参考模型组装完成后

Stage3．创建坯料

手动创建图 24.4.4 所示的坯料，操作步骤如下：

Step 1　单击 **模具** 功能选项卡 参考模型和工件 区域 工件 中的“小三角”按钮 ▾，然后在系统弹出的列表中选择 创建工件 命令，系统弹出“元件创建”对话框。

Step 2　在“元件创建”对话框中，在 类型 区域选中 ◉ 零件 单选项，在 子类型 区域选中 ◉ 实体 单选项，在 名称 文本框中，输入坯料的名称 lampshade_back_wp，然后单击 确定 按钮。

Step 3　在弹出的“创建选项”对话框中，选中 ◉ 创建特征 单选项，然后单击 确定 按钮。

Step 4　创建坯料特征。

（1）选择命令。单击 **模具** 功能选项卡 形状 ▾ 区域中的 拉伸 按钮，此时出现“拉伸”操控板。

（2）创建实体拉伸特征。在出现的操控板中，确认“实体”按钮 被按下；在绘图区中右击，从弹出的快捷菜单中选择 定义内部草绘... 命令。选择 MAIN_PARTING_PLN 基准平面作为草绘平面，草绘平面的参考平面为 MOLD_RIGHT 基准平面，方位为 右，单击 草绘 按钮，至此系统进入截面草绘环境；进入截面草绘环境后，选取 MOLD_RIGHT 基准平面和 MOLD_FRONT 基准平面为草绘参考，截面草图如图 24.4.5 所示，完成特征截面的绘制后，单击“草绘”操控板中的“确定”按钮 ✔；在操控板中单击 选项 选项卡，在 深度 区域 侧 1 下拉列表中选择 盲孔，输入距离值为 60；在 侧 2 下拉列表中也选择 盲孔，输入距离值为 30 并按回车键；在操控板中单击 ✔ 按钮，完成拉伸特征的创建。

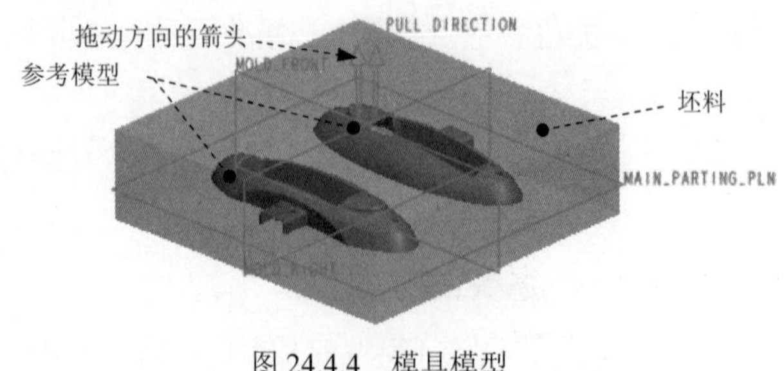

图 24.4.4　模具模型

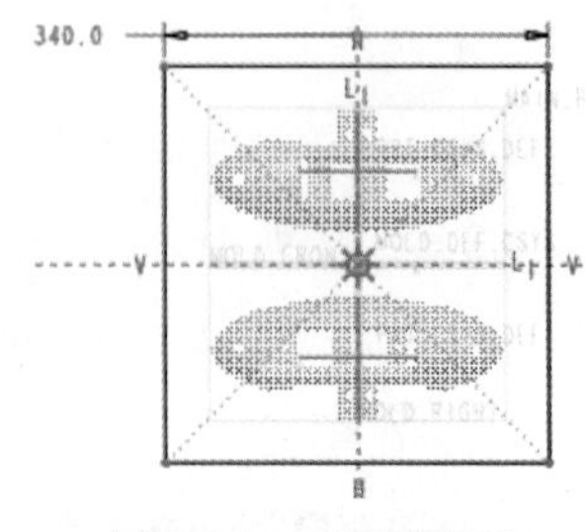

图 24.4.5　截面草图

Task3. 设置收缩率

Step 1 在模型树中将总装配模型激活。

Step 2 单击**模具**功能选项卡 修饰符 区域中 收缩 的“小三角”按钮，在系统弹出的下拉菜单中单击 按尺寸收缩 命令，然后在模型树中选择第一个参考模型。

Step 3 系统弹出“按尺寸收缩”对话框，确认 公式 区域的 1+S 按钮被按下，在 收缩选项 区域选中 更改设计零件尺寸 复选框，在 收缩率 区域的 比率 栏中输入收缩率 0.006，并按回车键，然后单击对话框中的 ✓ 按钮。

Step 4 参照 Step2～Step3 对另外一个参考模型进行收缩率的设置。

Task4. 创建模具分型曲面

Step 1 单击 模具 功能选项卡 分型面和模具体积块 区域中的“分型面”按钮，系统弹出“分型面”选项卡。

Step 2 在系统弹出的“分型面”选项卡中的 控制 区域单击“属性”按钮，在“属性”对话框中，输入分型面名称 main_ps，单击 确定 按钮。

Step 3 将坯料在模型中遮蔽起来。

Step 4 在屏幕下方的智能选取栏中选择“几何”选项，然后在第一个参照模型中选取 24.4.6 所示的面作为要复制的面，单击 模型 功能选项卡 操作 区域中的“复制”按钮，单击 模型 功能选项卡 操作 区域中的“粘贴”按钮，在操控板中单击“完成”按钮✓，则完成曲面的复制操作。

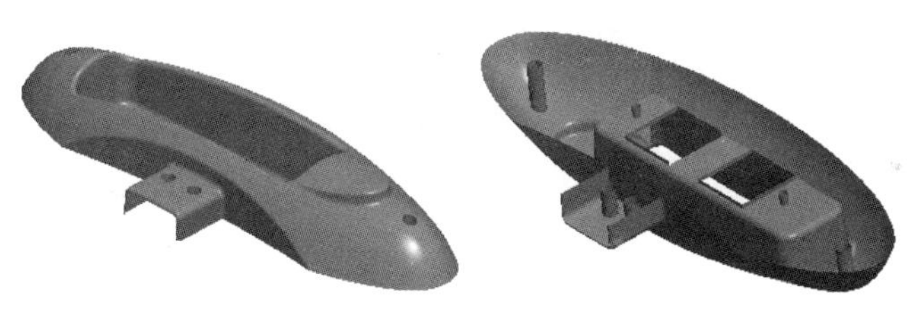

图 24.4.6　要复制的面

Step 5 单击 *分型面* 功能选项卡 曲面设计 区域中的□按钮，系统弹出“填充”操控板；在绘图区中右击，从弹出的快捷菜单中选择 定义内部草绘... 命令，选取图 24.4.7 所示的模型表面作为草图平面，进入草绘环境，创建图 24.4.8 所示的草绘截面，完成后单击✓按钮；在操控板中单击“完成”按钮✓，完成图 24.4.7 所示的填充曲面的创建。

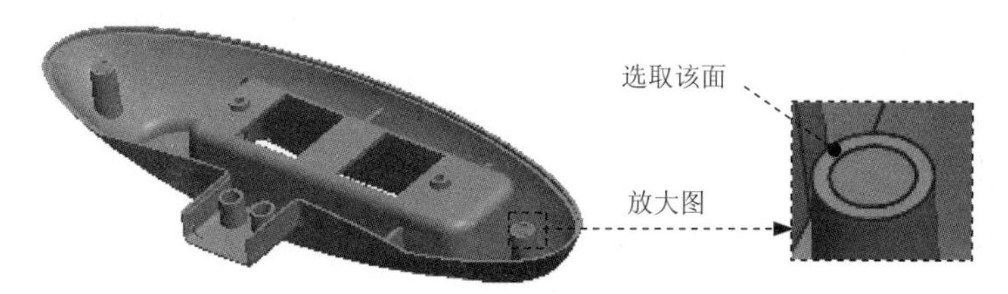

图 24.4.7　填充曲面 1

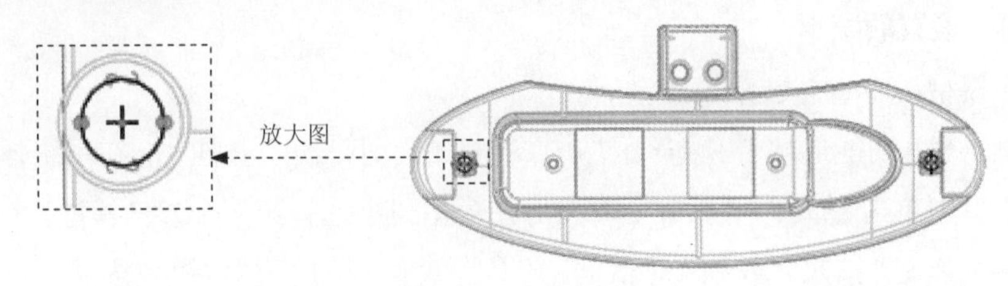

图 24.4.8　草绘截面

Step 6　参照 Step5 创建图 24.4.9 所示的填充曲面 2。

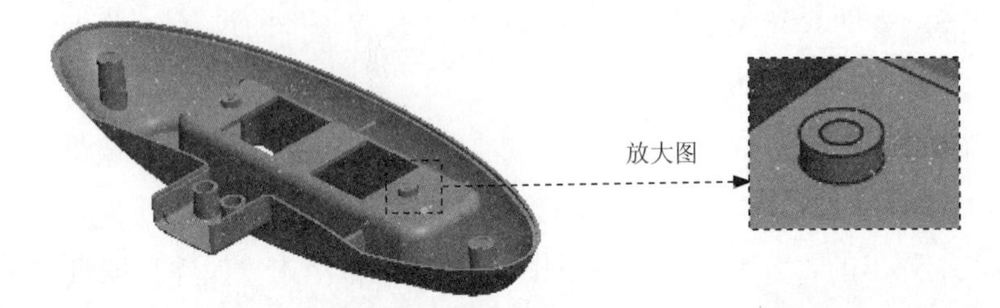

图 24.4.9　填充曲面 2

Step 7　参照 Step5 创建图 24.4.10 所示的填充曲面 3。

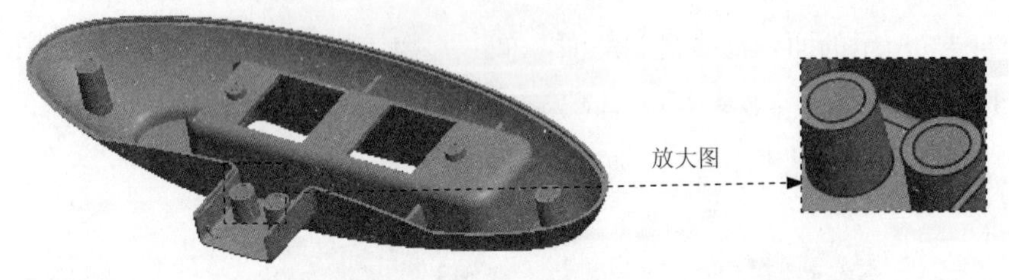

图 24.4.10　填充曲面 3

Step 8　参照 Step5 创建图 24.4.11 所示的填充曲面 4。

图 24.4.11　填充曲面 4

Step 9　单击 ***分型面*** 功能选项卡 曲面设计▼ 区域中的“边界混合”按钮，系统弹出“边界混合”操控版；按住 Ctrl 键，分别选取图 24.4.12 所示的第一方向的两条边界曲线；在操控板中单击按钮后面的第二方向曲线操作栏中的“单击此处添加项”字符，按住 Ctrl 键，选取图 24.4.12 所示的第二方向的两条边界曲线；在操控板中单击“完成”按钮，完成图 24.4.13 所示的边界曲面 1 的创建。

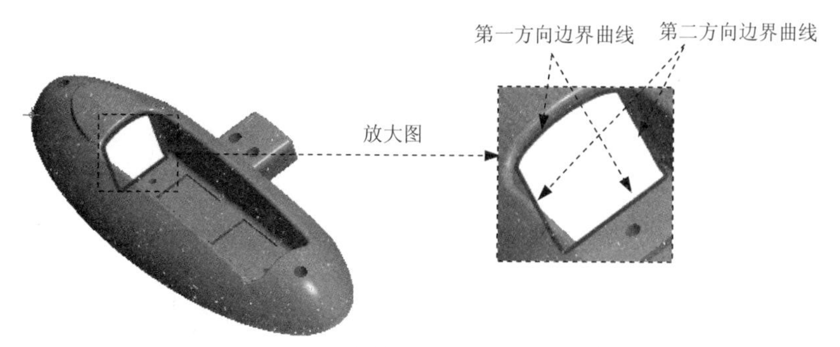

图 24.4.12 定义第一与第二方向边界曲线

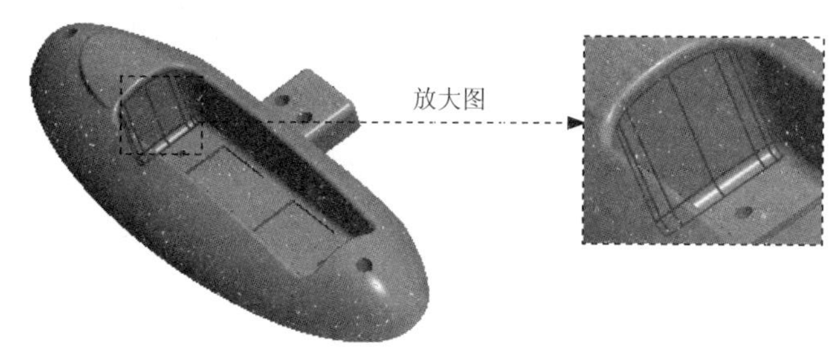

图 24.4.13 边界曲面 1

Step 10 单击 *分型面* 功能选项卡 基准 ▾ 区域中的“平面”按钮▱，选取 MOLD_FRONT 基准平面与图 24.4.14 所示的点为参考，

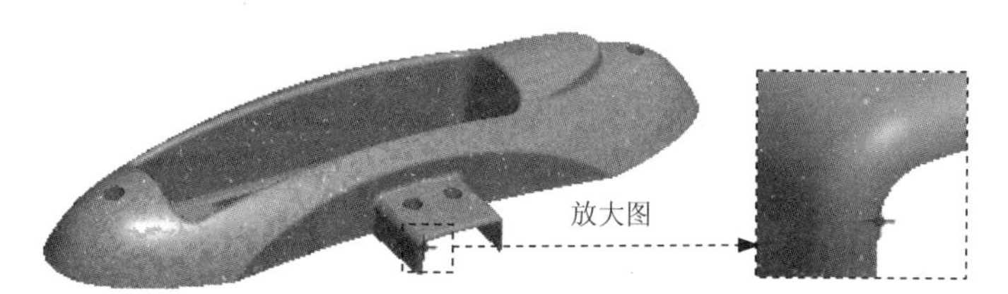

图 24.4.14 选取参考点

Step 11 参照 Step5 创建图 24.4.15 所示的填充曲面 5。

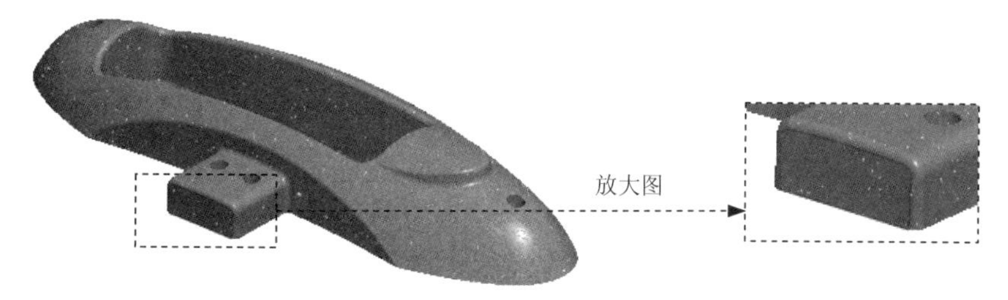

图 24.4.15 填充曲面 5

Step 12 创建合并曲面 1。按住 Ctrl 键，选取要合并的复制曲面 1、填充 1、填充 2、填充 3、填充 4、填充 5 与边界曲面 1 共 7 个面组(曲面)，单击 模型 功能选项卡 编辑 ▾ 区域中的 合并 按钮，系统弹出“合并”操控板，单击 按钮，预览合并后的面

组，确认无误后，单击✔按钮。

Step 13 创建图 24.4.16 所示的镜像特征 1。在绘图区域中选取合并曲面 1 为镜像特征；单击 分型面 功能选项卡 编辑▼ 区域中的“镜像”按钮；选取 MOLD_FRONT 基准平面为镜像平面，单击✔按钮，完成镜像特征 1 的创建。

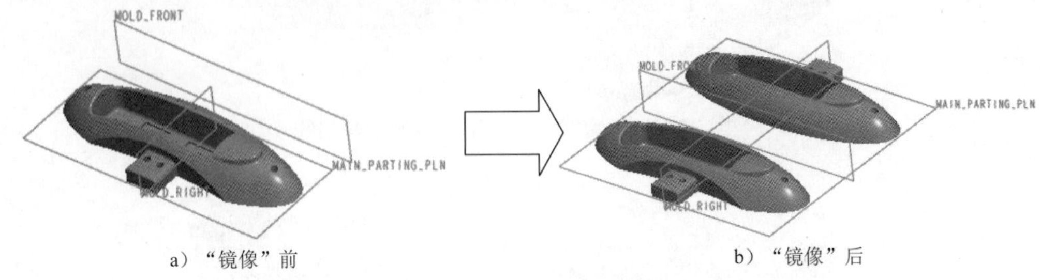

a）“镜像”前　　b）“镜像”后

图 24.4.16　镜像特征

Step 14 创建图 24.4.17 所示的变换特征 1。单击 分型面 功能选项卡 编辑▼ 区域中的“变换”按钮 变换，在 ▼ OPTIONS（选项）菜单中依次选择 Mirror（镜像）、No Copy（无副本）与 Done（完成）选项，在系统 ➡为处理选择曲面和图元. 的提示下选取镜像 1 为要变换的对象，单击中键确认，在系统 ➡选择一个平面或创建一个基准以其作镜象. 的提示下，选取 MOLD_RIGHT 平面为镜像中心平面，完成效果如图 24.4.17 所示。

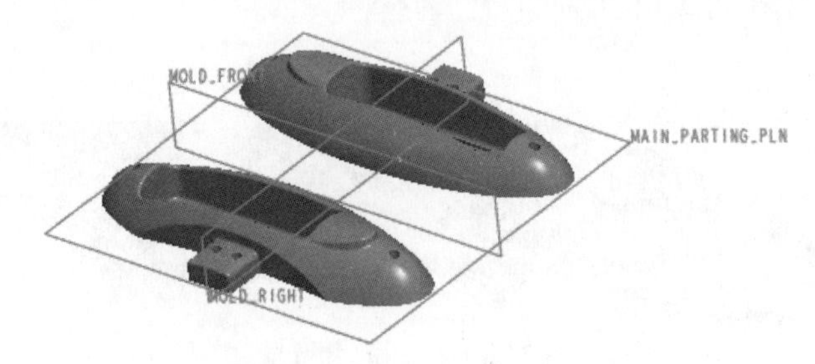

图 24.4.17　变换特征 1

Step 15 创建图 24.4.18 所示的拉伸 1。在模型树中右击 LAMPSHADE_BACK_WP.PRT，然后选择 取消遮蔽 命令，在操控板中单击“拉伸”按钮 拉伸。选取图 24.4.19 所示的模型表面作为草绘平面，进入草绘环境，绘制图 24.4.20 所示的截面草图，在操控板中选择拉伸类型为，输入深度值 340；单击✔按钮，完成拉伸 1 的创建。

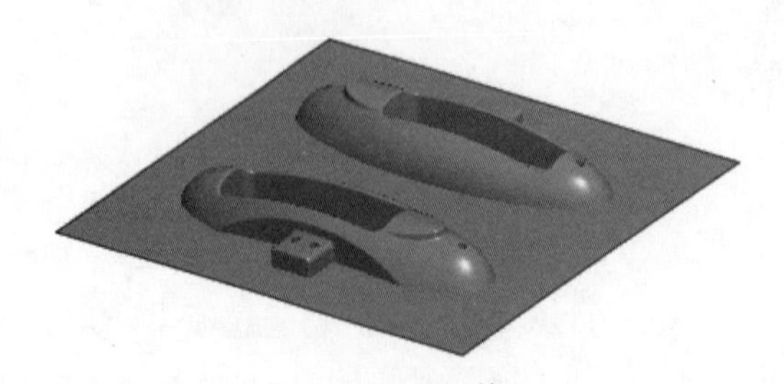

图 24.4.18　拉伸 1

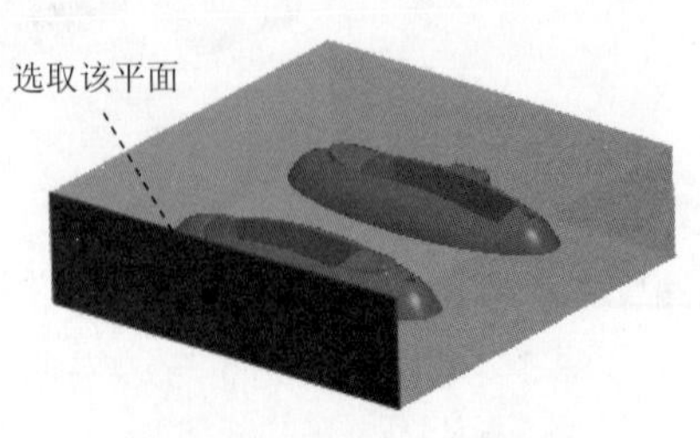

图 24.4.19　定义草绘平面

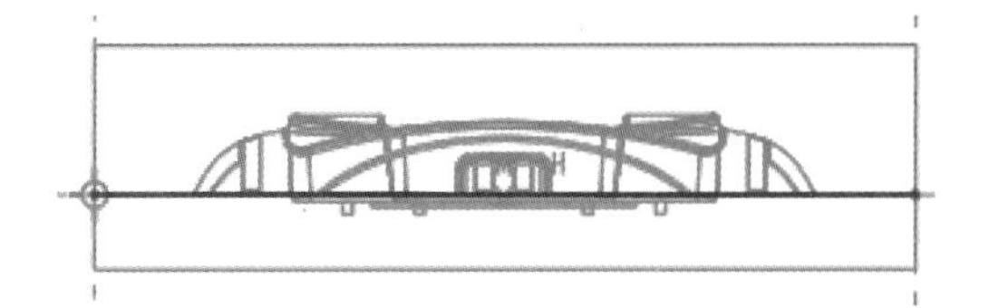

图 24.4.20　截面草图

Step 16　创建合并曲面 2。按住 Ctrl 键，选取要合并的合并 1 与拉伸 1 共 2 个面组（曲面），单击 模型 功能选项卡 编辑 ▾ 区域中的 合并 按钮，系统弹出“合并”操控板，单击 按钮，预览合并后的面组，确认无误后，单击 ✔ 按钮。

Step 17　创建合并曲面 3。按住 Ctrl 键，选取要合并的合并 2 与镜像 1 共 2 个面组（曲面），单击 模型 功能选项卡 编辑 ▾ 区域中的 合并 按钮，系统弹出“合并”操控板，单击 按钮，预览合并后的面组，确认无误后，单击两次 ✔ 按钮。

Task5．创建浇注系统

Step 1　创建图 24.4.21 所示的流道。单击**模具**功能选项卡 生产特征 ▾ 区域中 流道 按钮，系统弹出“流道”对话框和“形状”菜单管理器；在系统弹出的 ▼ Shape (形状) 菜单中选择 Round (倒圆角) 命令；在系统 输入流道直径 的提示下，输入直径值 6，然后按回车键；在 ▼ FLOW PATH (流道) 菜单中选择 Sketch Path (草绘路径) 命令，在 ▼ SETUP SK PLN (设置草绘平面) 菜单中选择 Setup New (新设置) 命令；在系统 ➪选择或创建一个草绘平面. 的提示下，选取 MAIN_PARTING_PLN 基准平面为草绘平面，在 ▼ DIRECTION (方向) 菜单中选择 Okay (确定) 命令。在 ▼ SKET VIEW (草绘视图) 菜单中选择 Right (右) 命令，选取图 24.4.21 所示的坯料表面为参照平面；选取 MOLD_FRONT 基准平面和 MOLD_RIGHT 为草绘参照，绘制图 24.4.22 所示的截面草图（即一条中间线段）。完成特征截面的绘制后，单击“草绘”操控板中的“确定”按钮 ✔；在系统弹出的“相交元件”对话框中，按下 自动添加 按钮，选中 ☑ 自动更新 复选框，然后单击 确定 按钮；单击“流道”对话框中的 预览 按钮，再单击“重画”命令按钮，预览所创建的“流道”特征，然后单击 确定 按钮完成操作。

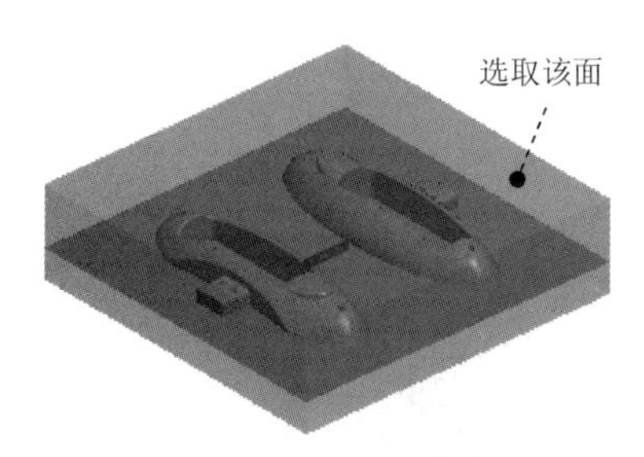

图 24.4.21　流道 1

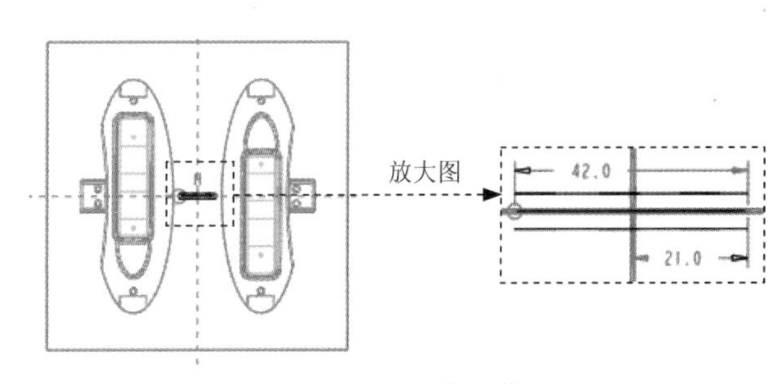

图 24.4.22　截面草图

Step 2 创建图 24.4.23 所示的拉伸 2。在操控板中单击“拉伸”按钮 拉伸 。选取 MOLD_FRONT 基准平面作为草绘平面，进入草绘环境，绘制图 24.4.24 所示的截面草图，在操控板中选择拉伸类型为 ，输入深度值 56；单击 ✔ 按钮，完成拉伸 2 的创建。

图 24.4.23 拉伸 2

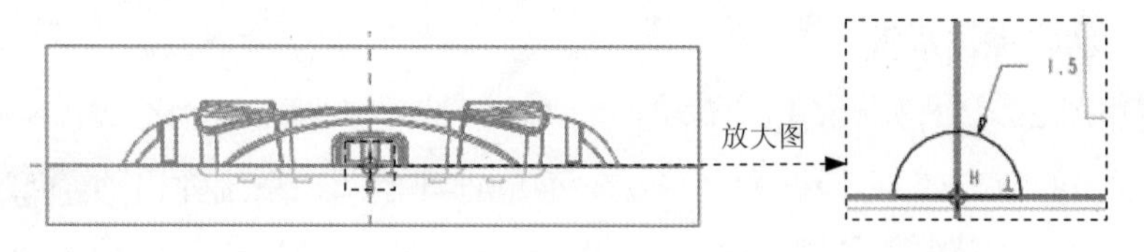

图 24.4.24 截面草图

Task6. 用分型面创建体积块

Step 1 选择 **模具** 功能选项卡 分型面和模具体积块 ▾ 区域中的按钮 模具体积块 ▾ ➡ 体积块分割 命令。

Step 2 在系统弹出的 ▾ SPLIT VOLUME（分割体积块）菜单中，依次选择 Two Volumes（两个体积块）➡ All Wrkpcs（所有工件）➡ Done（完成）命令，此时系统弹出“分割”对话框和“选择”对话框。

Step 3 在系统 ➡为分割工件选择分型面. 的提示下，选取分型面，并单击“选择”对话框中的 **确定** 按钮，再单击对话框中的 **确定** 按钮。

Step 4 系统弹出“属性”对话框，同时坯料中分型面下侧的部分变亮，如图 24.4.25 所示，输入体积块名称 UPPER_VOL_1，单击 **确定** 按钮。

Step 5 系统再次弹出“属性”对话框，同时坯料中分型面上侧的部分变亮，如图 24.4.26 所示，输入体积块名称 LOWER_VOL_1，单击 **确定** 按钮。

图 24.4.25 着色后的下侧部分

图 24.4.26 着色后的上侧部分

Task7. 抽取模具元件及生成浇注件

将浇注件命名为 MOLDING。

Task8. 保存设计结果

选择下拉菜单 **文件** → 保存 命令，保存文件。

Task9. 添加模架

Stage1. 新建模架项目

Step 1 依次单击 EMX 功能选项卡 项目 控制区域中的按钮，在对话框中进行图 24.4.27 所示的设置，单击✔按钮，系统进入装配环境。

Step 2 添加元件。

（1）在下拉菜单中，单击 **模型** 功能选项卡 元件▾ 区域中的 组装 按钮，在系统弹出的菜单中单击 组装 选项。此时系统弹出"打开"对话框。

（2）在系统弹出的"打开"对话框中，选择 lampshade_back_mold.asm 装配体，单击 **打开** 按钮，此时系统弹出"元件放置"操控板。

（3）在该操控板中单击 **放置** 按钮，在"放置"界面的 约束类型 下拉列表中选择 默认，将元件按缺省设置放置，此时"元件放置"操控板显示的信息为 完全约束，单击✔按钮，完成装配件的放置。

Step 3 元件分类。依次单击 EMX 常规 功能选项卡 项目▾ 控制区域中的 分类 按钮，系统弹出"分类"对话框，在对话框中完成图 24.4.28 所示的设置，单击✔按钮。

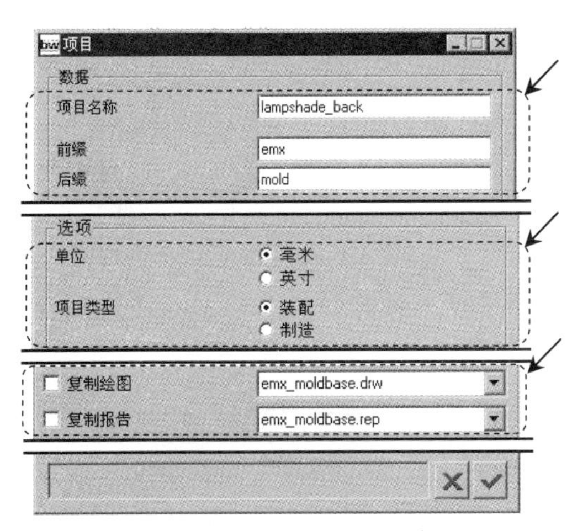

图 24.4.27 "项目"对话框

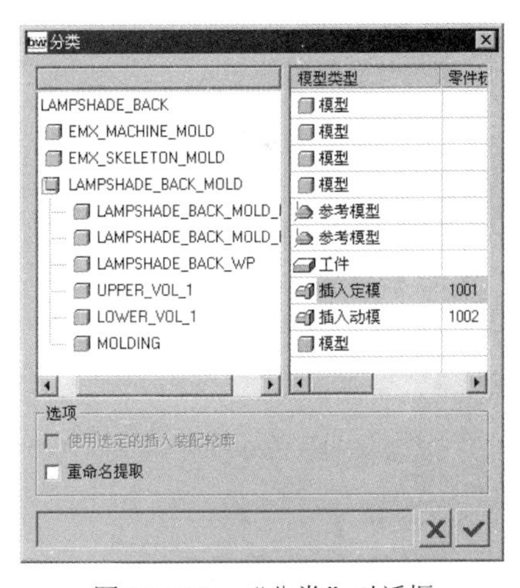

图 24.4.28 "分类"对话框

Stage2. 添加标准模架

Step 1 选择命令。依次单击 EMX 常规 功能选项卡 模架 ▸控制区域中的按钮，系统弹出"模架定义"对话框。

Step 2 定义模架系列。在对话框的左下角单击"从文件载入组件定义"按钮，系统弹出“载入 EMX 装配”对话框，在对话框的 保存的組件 列表框中选择 emx_tutorial_komplett 选项，在 选项 区域中取消选中 □ 保留尺寸和模型数据 复选框，单击“载入 EMX 组件”对话框右下角的“从文件载入组件定义”按钮，单击✔按钮。

Step 3 更改模架尺寸。在“模架定义”对话框右上角的 尺寸 下拉列表中选择 446x496 选项，此时系统弹出图 24.4.29 所示的“EMX 问题”对话框，单击✔按钮。系统经过计算后，标准模架加载到绘图区中，然后单击“重新生成”按钮，如图 24.4.30 所示。

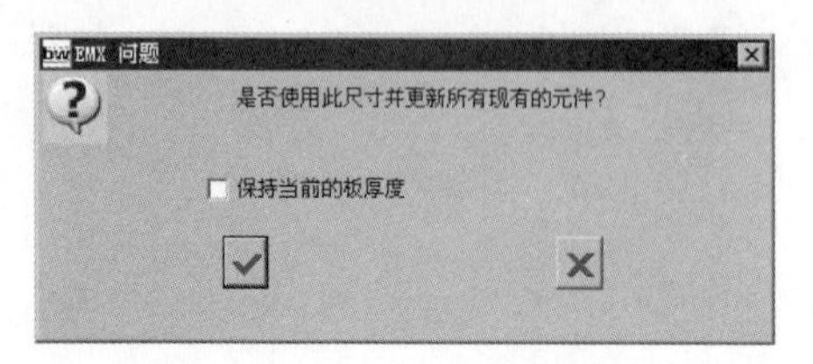

图 24.4.29 “EMX 问题”对话框

图 24.4.30 标准模架

Step 4 删除支撑衬套。在“模架定义”对话框的下方，单击“删除元件”按钮，选取图 24.4.31 所示的支撑衬套为删除对象，此时系统弹出图 24.4.32 所示的“EMX 问题”对话框，单击✔按钮。

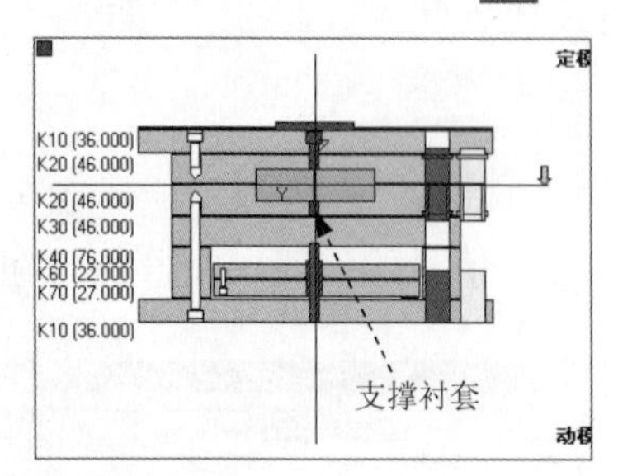

图 24.4.31 删除支撑衬套

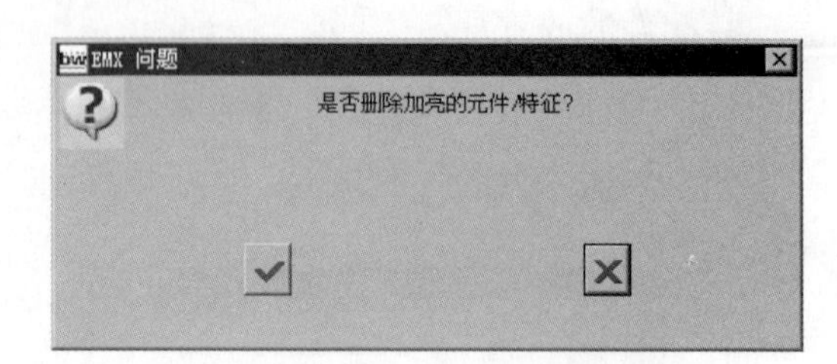

图 24.4.32 “EMX 问题”对话框

Step 5 删除导向件 1。在“模架定义”对话框的下方单击“删除元件”按钮，分别选取图 24.4.33a 所示的两个导向件为删除对象，此时系统弹出“EMX 问题”对话框，单击✔按钮，结果如图 24.4.33b 所示。

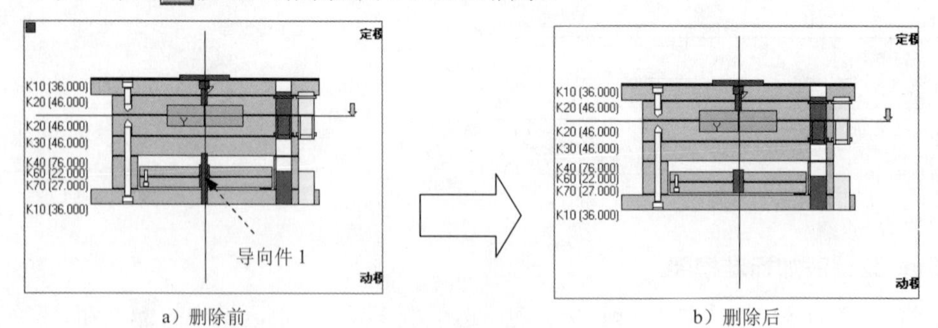

a）删除前　　b）删除后

图 24.4.33 删除导向件 1

Step 6 删除导向件 2，结果如图 24.4.34 所示。

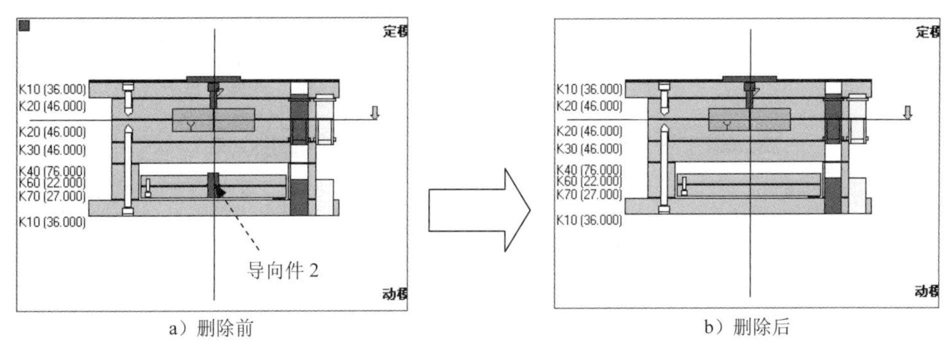

a）删除前　　b）删除后

图 24.4.34　删除导向件 2

Step 7 定义定模板厚度。在“模架定义”对话框中，右击图 24.4.35 所示的定模板，此时系统弹出图 24.4.36 所示的“板”对话框，在对话框中双击 厚度 (T) 后的下拉列表，输入厚度值 76，单击✔按钮。

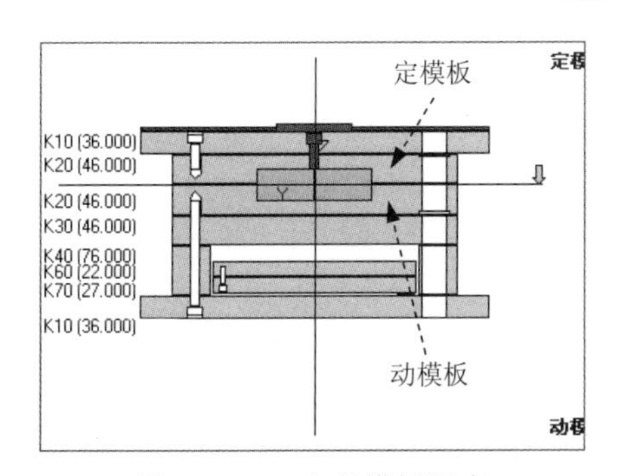

图 24.4.35　定义模板厚度

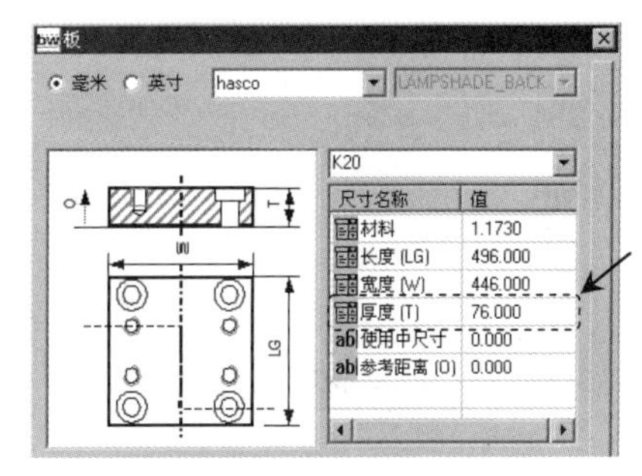

图 24.4.36　“板”对话框

Step 8 定义动模板厚度。用同样的操作方法右击图 24.4.37 所示的动模板，在“板”对话框中，双击 厚度 (T) 后的下拉列表，输入厚度值 76，单击✔按钮。

Stage3．定义浇注系统

Step 1 定义主流道衬套。在“模架定义”对话框中，右击图 24.4.37 所示的主流道衬套，此时系统弹出图 24.4.38 所示的“主流道衬套”对话框。定义衬套型号为 Z51r ，在 L-长度 下拉列表中选择 36，在 OFFSET-偏移 文本框中输入数值 0，单击✔按钮。

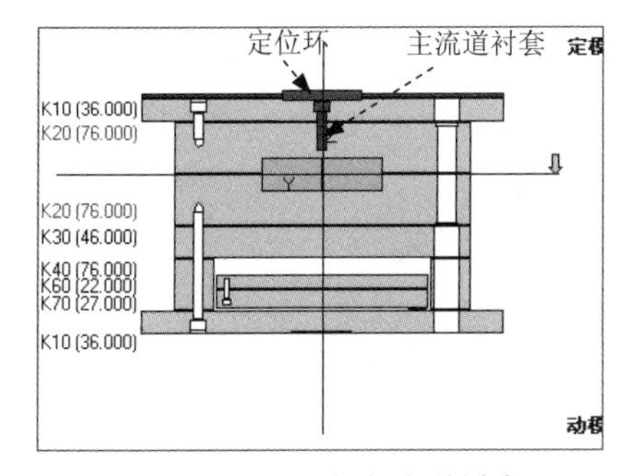

图 24.4.37　定义主流道衬套

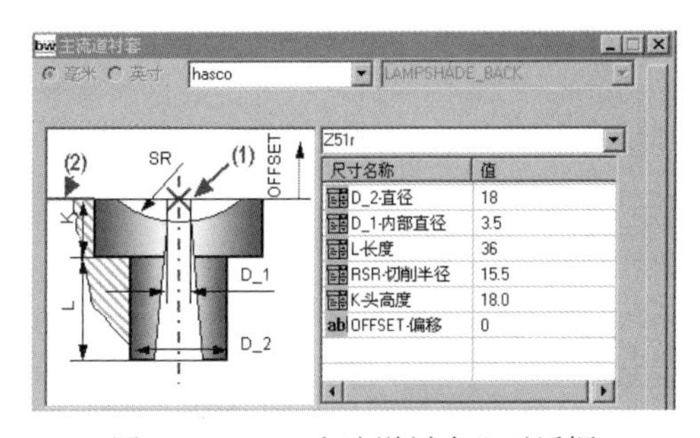

图 24.4.38　“主流道衬套”对话框

Step 2　定义定位环。在“模架定义”对话框中，右击图 24.4.37 所示的定位环，此时系统弹出“定位环”对话框。定义定位环型号为K100，在HG1-高度下拉列表中选择 11，在DM1-直径下拉列表中选择 120，在OFFSET-偏移文本框中输入数值 0，单击✓按钮。

Step 3　单击“模架定义”对话框中的✓按钮，完成标准模架的添加，然后单击“重新生成”按钮。

Stage4．添加标准元件

Step 1　选择命令。依次单击 EMX 工具 功能选项卡 元件▾ 控制区域中的按钮，系统弹出“元件状态”对话框。

Step 2　定义元件选项。在系统弹出的“元件状态”对话框中，单击“全选”按钮（如图 24.4.39 所示），单击✓按钮，完成结果如图 24.4.40 所示。

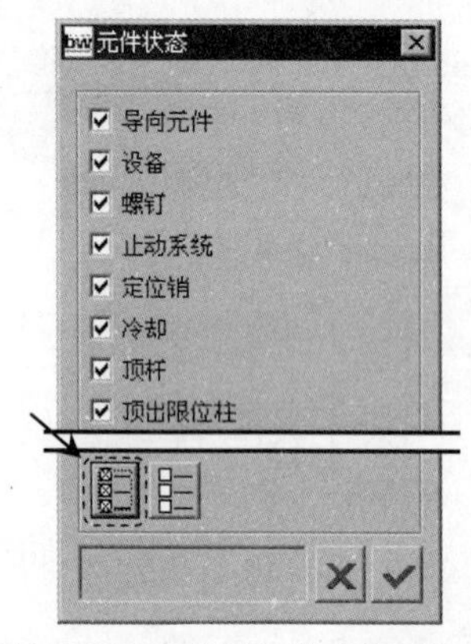

图 24.4.39　“元件状态”对话框

图 24.4.40　添加标准元件

Stage5．添加顶杆

Step 1　显示动模。依次单击 EMX 常规 功能选项卡 视图 控制区域中的显示 ➡ 动模 按钮。

Step 2　创建顶杆参考点 1。单击 模型 功能选项卡 基准▾ 区域中的“草绘”按钮，系统弹出“草绘”对话框；选取图 24.4.41 所示的表面为草绘平面；绘制图 24.4.42 所示的截面草图（四个点），完成截面的绘制后，单击“草绘”操控板中的“确定”按钮✓。

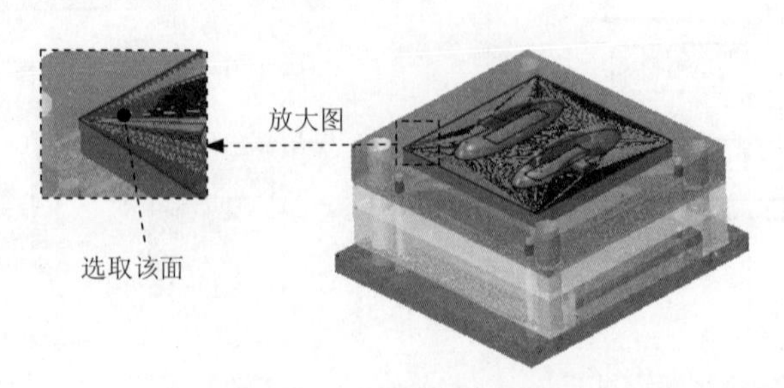

图 24.4.41　定义草绘平面

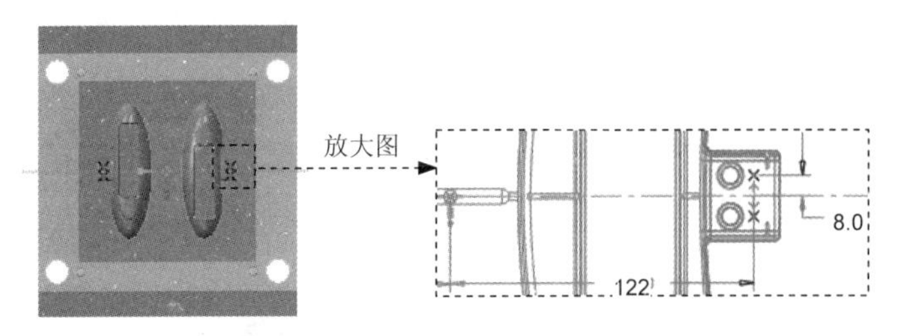

图 24.4.42　截面草图

Step 3　创建顶杆修剪面。

（1）复制曲面。在屏幕右下角的“智能选择栏”中选择“几何”选项。选取图 24.4.43 所示的表面（共 24 个面），单击 模型 功能选项卡 操作 ▾ 区域中的“复制”按钮。单击“粘贴”按钮。在“曲面：复制”操控板中单击✔按钮。

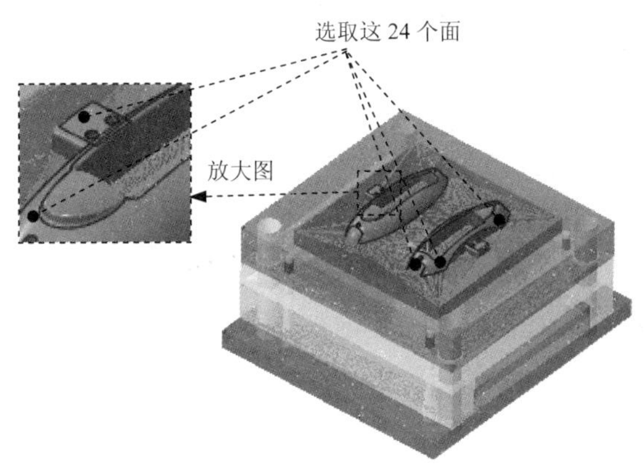

图 24.4.43　复制曲面

（2）依次单击 EMX 常规 功能选项卡 工具 ▾ 控制区域中的 EMX 工具 ▾ ➡ 识别修剪面 选项，系统弹出“顶杆修剪面”对话框，单击对话框中的 ✚，系统弹出“选择”对话框，选取步骤（1）复制的曲面为顶杆修剪面，在“选择”对话框中单击 确定 按钮，单击“完成”按钮✔。

Step 4　定义顶杆 1。

（1）选择命令。依次单击 EMX 工具 功能选项卡 顶杆 控制区域中的按钮，系统弹出“顶杆”对话框。

（2）定义复位杆直径和长度。在对话框中选中 ☑ 按面组/参照模型修剪 复选框，取消选中 ☐ 自动长度 复选框；在对话框的 DM1-直径 下拉列表中选择 8.0，在 LG1-长度 下拉列表中选择 200。

（3）定义参考点。单击对话框中的 (1)点 按钮，系统弹出“选择”对话框，选择 Step2 创建的任意一点，单击“完成”按钮✔。

（4）单击下拉列表中的 ◉ 1 LAMPSHADE_BACK.ASM 选项，返回到总装配操作界面。

Step 5　创建顶杆参考点 2。单击 模型 功能选项卡 基准 ▾ 区域中的“草绘”按钮，系统弹出“草绘”对话框；选取图 24.4.44 所示的表面为草绘平面；绘制图 24.4.45 所示的截面草图（四个点），完成截面的绘制后，单击“草绘”操控板中的“确定”按钮✔。

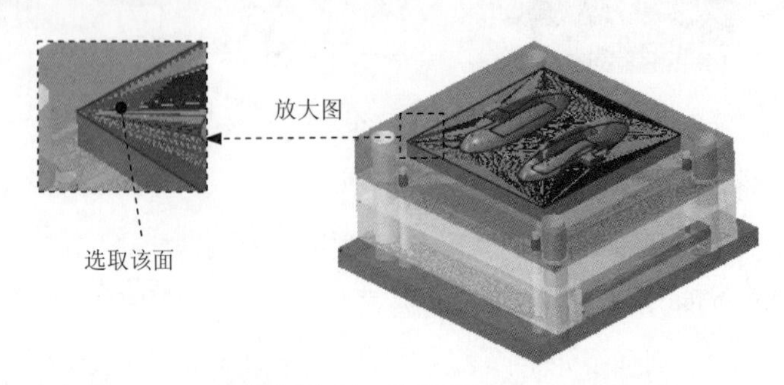

图 24.4.44　定义草绘平面

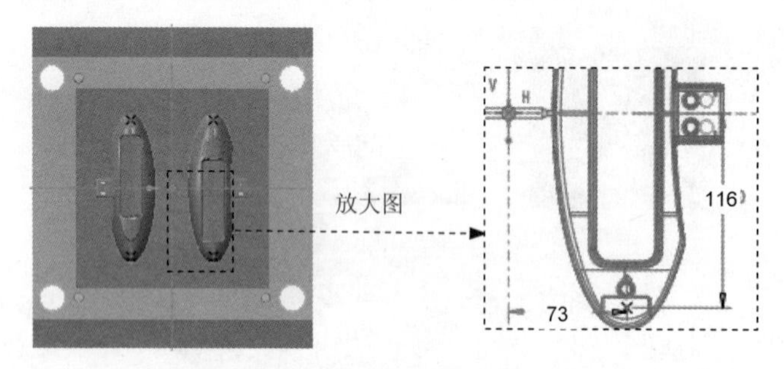

图 24.4.45　截面草图

Step 6　定义顶杆 2。依次单击 EMX 工具 功能选项卡 顶杆 控制区域中的按钮，系统弹出“顶杆”对话框；在对话框中选中 ☑ 按面组/参照模型修剪 复选框，取消选中 □ 自动长度 复选框；在对话框的 DM1-直径 下拉列表中选择 8.0，在 LG1-长度 下拉列表中选择 200；单击对话框中的 (1)点 按钮，系统弹出“选择”对话框，选择 Step2 创建的任意一点，单击“完成”按钮✔；单击下拉列表中的 ◉ 1 LAMPSHADE_BACK.ASM 选项，返回到总装配操作界面。

Step 7　创建顶杆参考点 3。详细操作可参照 Step5，完成结果如图 24.4.46 所示。

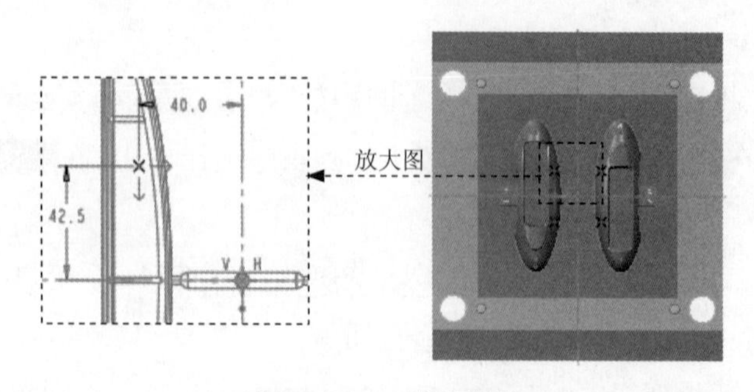

图 24.4.46　截面草图

Step 8 定义顶杆 3。详细操作可参照 Step6。

Step 9 创建顶杆参考点 4。详细操作可参照 Step5，完成结果如图 24.4.47 所示。

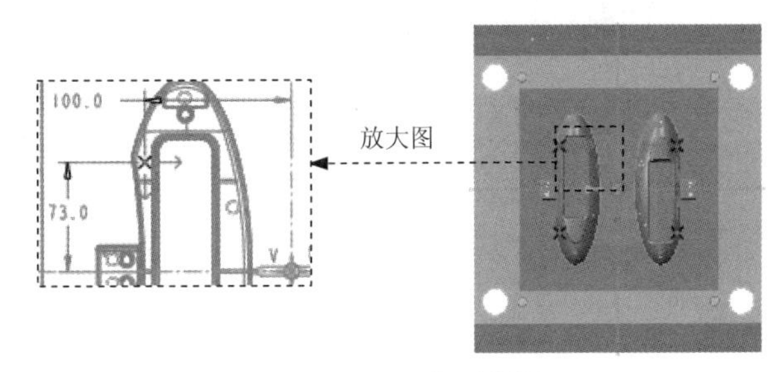

图 24.4.47 截面草图

Step 10 定义顶杆 4。详细操作可参照 Step6。

Stage6．添加复位杆

Step 1 创建复位杆参考点 1。单击 模型 功能选项卡 基准 ▾ 区域中的“草绘”按钮，系统弹出“草绘”对话框；选取图 24.4.44 所示的表面为草绘平面；绘制图 24.4.48 所示的截面草图（四个点），完成截面的绘制后，单击“草绘”操控板中的“确定”按钮✔。

Step 2 创建顶杆修剪面。

（1）复制曲面。在屏幕右下角的“智能选择栏”中选择“几何”选项。选取图 24.4.49 所示的表面，单击 模型 功能选项卡 操作 ▾ 区域中的“复制”按钮，单击“粘贴”按钮。在“曲面：复制”操控板中单击✔按钮。

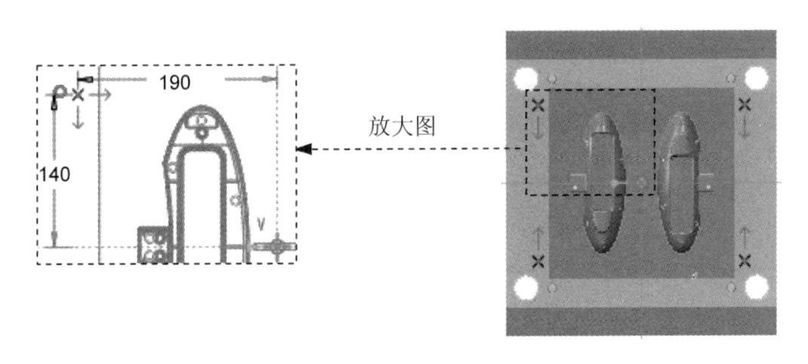

图 24.4.48 截面草图

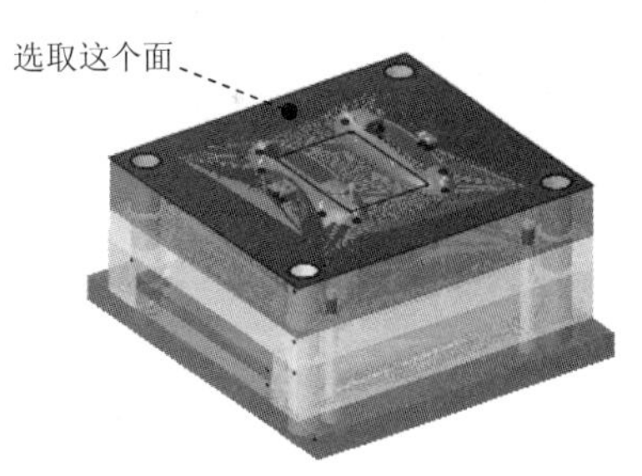

图 24.4.49 复制曲面

（2）依次单击 **EMX 常规** 功能选项卡 工具 ▾ 控制区域中的 EMX 工具 ▾ ➡ 识别修剪面 选项，系统弹出“顶杆修剪面”对话框，单击对话框中的+，系统弹出“选择”对话框，选取步骤（1）复制的曲面为顶杆修剪面，在“选择”对话框中单击 确定 按钮，单击“完成”按钮✔。

Step 3 定义复位杆 1。

（1）选择命令。依次单击 **EMX 工具** 功能选项卡 顶杆 控制区域中的按钮，系统弹出“顶杆”对话框。

（2）定义复位杆直径和长度。在对话框中选中 ☑ 按面组/参照模型修剪 复选框，取消选中 □ 自动长度 复选框；在对话框的 DM1-直径 下拉列表中选择 14.0，在 LG1-长度 下拉列表中选择 200。

（3）定义参考点。单击对话框中的 (1)点 按钮，系统弹出“选择”对话框，选择 Step2 创建的任意一点，单击“完成”按钮✔。

（4）单击 下拉列表中的 ◉ 1 LAMPSHADE_BACK.ASM 选项，返回到总装配操作界面。

Stage7．添加拉料杆

Step 1 创建拉料杆参考点 1。单击 模型 功能选项卡 基准▾ 区域中的“草绘”按钮，系统弹出“草绘”对话框；选取图 24.4.44 所示的表面为草绘平面；绘制图 24.4.50 所示的截面草图（一个点），完成截面的绘制后，单击“草绘”操控板中的“确定”按钮✔。

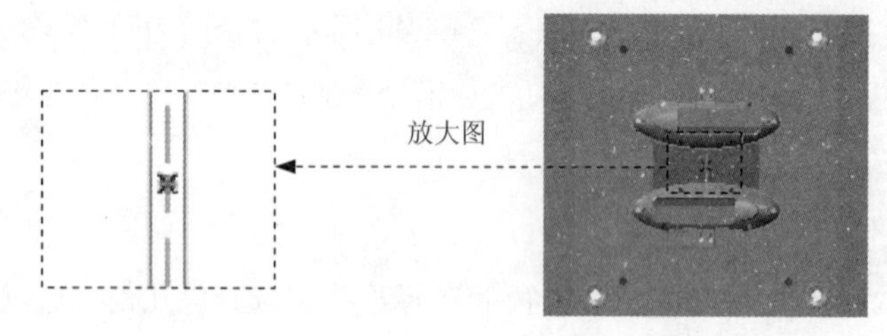

图 24.4.50　截面草图

Step 2 定义拉料杆。依次单击 EMX 工具 功能选项卡 顶杆 控制区域中的 按钮，系统弹出“顶杆”对话框；单击对话框中的 (1)点 按钮，系统弹出“选择”对话框，选择 Step1 创建的点；在对话框的 DM1-直径 下拉列表中选择 8.0，在对话框中选中 ☑ 按面组/参照模型修剪 复选框，取消选中 □ 自动长度 复选框，在 LG1-长度 下拉列表中选择 200，单击“完成”按钮✔；根据系统 选择一个修剪面。的提示，依次在“选择”对话框中单击 确定 按钮，结果如图 24.4.51 所示。

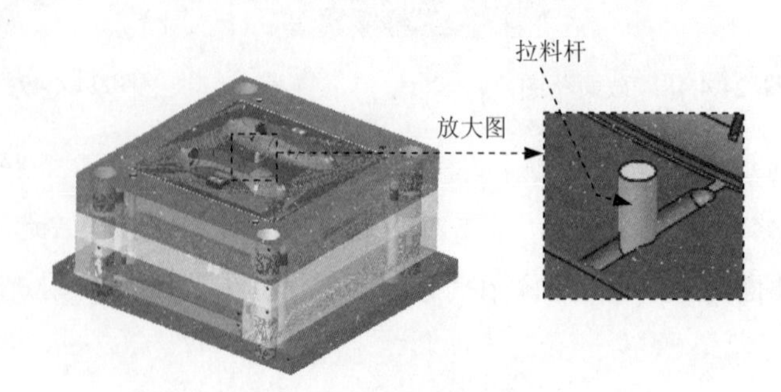

图 24.4.51　定义拉料杆

Step 3 编辑拉料杆。

（1）打开模型。在模型树中选择 Step2 创建的拉料杆 EMX_EJECTOR_PIN015.PRT 并右击，在弹出的快捷菜单中选择 打开 命令，系统转到零件模式下。

（2）单击 模型 功能选项卡 形状 区域中的 拉伸 按钮，此时出现“拉伸”操控板。

（3）定义草绘截面放置属性。右击，从弹出的菜单中选择 定义内部草绘... 命令，在系统 选择一个平面或曲面以定义草绘平面。的提示下，在模型树中选取 DTM_X_Z 为草绘平面，然后选取 DTM_Y_Z 为参照平面，方向为 右。单击 草绘 按钮，至此系统进入截面草绘环境 。

（4）截面草图。绘制图 24.4.52 所示的截面草图，完成截面的绘制后，单击“草绘”操控板中的“确定”按钮✔。

（5）设置深度选项。在操控板中选取深度类型（对称的），在文本框中输入 10.0；在操控板中单击“移除材料”按钮；在“拉伸”操控板中单击✔按钮，完成特征的创建。结果如图 24.4.53 所示。

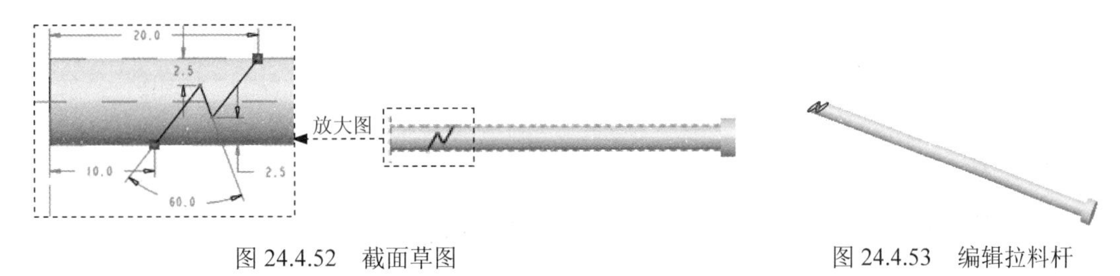

图 24.4.52 截面草图

图 24.4.53 编辑拉料杆

（6）关闭窗口。选择下拉菜单 文件 → 关闭(C) 命令。

Stage8. 定义模板

Step 1 定义动模板。

（1）打开模型。在模型树中选择动模板 EMX_CAV_PLATE_MH001.PRT 并右击，在弹出的快捷菜单中选择 打开 命令，系统转到零件模式下。

（2）单击 模型 功能选项卡 形状 区域中的 拉伸 按钮，此时出现“拉伸”操控板。

（3）定义草绘截面放置属性。选取图 24.4.54 所示的表面为草绘平面，然后选取图 24.4.54 所示的表面为参照平面，方向为 右。单击 草绘 按钮，至此系统进入截面草绘环境 。

（4）截面草图。绘制图 24.4.55 所示的截面草图，完成截面的绘制后，单击“草绘”操控板中的“确定”按钮✔。

（5）设置深度选项。在操控板中选取深度类型（指定深度值），在文本框中输入数值 30.0（如果方向相反则单击反向按钮）；在操控板中单击“移除材料”按钮；在“拉伸”操控板中单击✔按钮。完成特征的创建，结果如图 24.4.56 所示。

（6）关闭窗口。选择下拉菜单 文件 → 关闭(C) 命令。

Step 2 定义动模座板。

（1）打开模型。在模型树中选择动模座板 EMX_CLP_PLATE_MH001.PRT 并右击，然后在系统弹出的快捷菜单中选择 打开 命令，系统转到零件模式下。

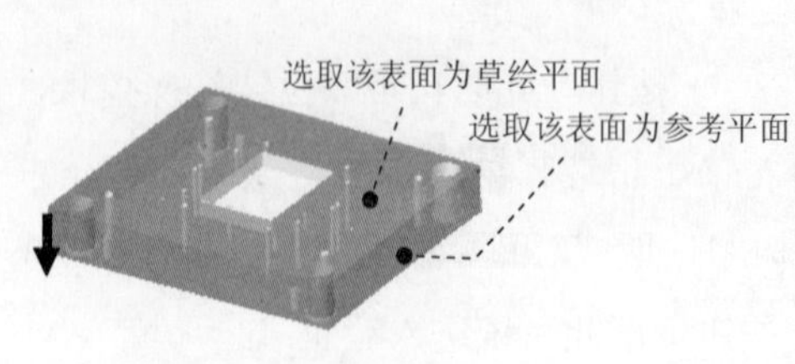

图 24.4.54　定义草绘平面

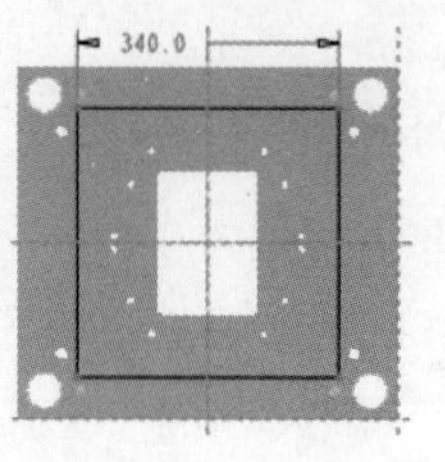

图 24.4.55　截面草图

图 24.4.56　编辑动模板

（2）单击 **模型** 功能选项卡 形状 ▾ 区域中的 拉伸 按钮，此时系统弹出“拉伸”操控板。

（3）定义草绘截面放置属性。选取图 24.4.57 所示的表面为草绘平面，然后选取图 24.4.57 所示的表面为参考平面，方向为 右 。单击 草绘 按钮，进入草绘环境。

（4）截面草图。绘制图 24.4.58 所示的截面草图（一个圆）；完成截面的绘制后，单击“草绘”操控板中的“确定”按钮✔。

（5）设置深度选项。在操控板中选取深度类型，单击“切除材料”按钮；在“拉伸”操控板中单击✔按钮，完成特征的创建，结果如图 24.4.59 所示。

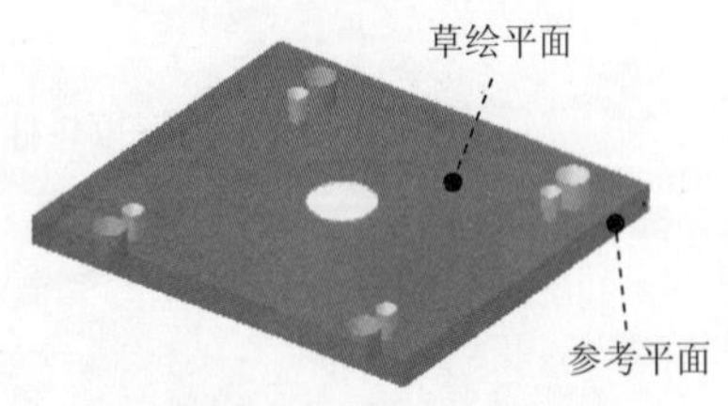

图 24.4.57　定义草绘平面

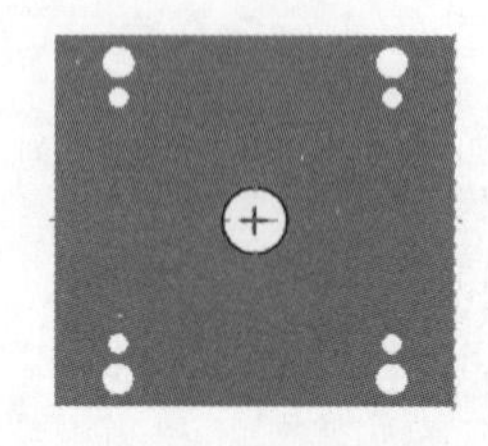

图 24.4.58　截面草图

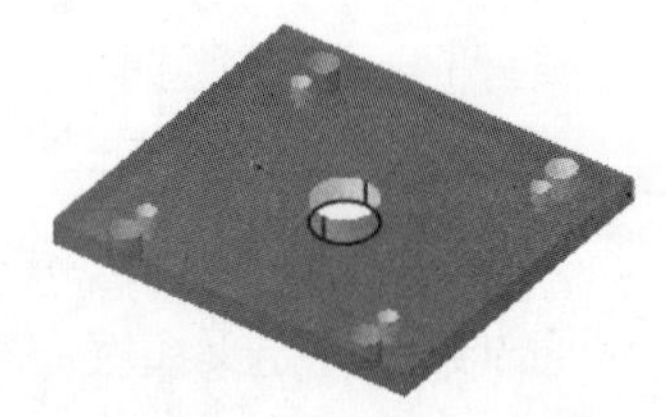

图 24.4.59　编辑动模座板

（6）关闭窗口。选择下拉菜单 文件 ▾ ➡ 关闭(C) 命令。

Step 3　参照 Step1 定义定模板（具体操作可参照录像）。

Task10．模架开模模拟

Step 1　显示模座。依次单击 EMX 常规 功能选项卡 视图 控制区域中的 显示 ➡ 主视图 按钮。

Step 2　选择命令。依次单击 EMX 常规 功能选项卡 工具 ▾ 控制区域中的 模架开模模拟 按钮，系统弹出“模架开模模拟”对话框。

Step 3　定义模拟数据。在 模拟数据 区域的 步距宽度 文本框中输入数值 5，选中所有模拟组。单击“计算新结果”按钮。

Step 4　开始模拟。单击对话框中的“运行开模模拟”按钮，此时系统弹出“动画”对话框，单击对话框中的“播放”按钮 ▶ ，视频动画将在绘图区中演示。

Step 5　模拟完后，单击 关闭 按钮，单击“完成”按钮✔。

Step 6　保存模型。单击 模型 功能选项卡中的 操作 ▾ 区域的 重新生成 按钮，在系统弹出的下拉菜单中单击 重新生成 按钮，选择下拉菜单 文件 ▾ ➡ 保存(S) 命令。